U0325231

育儿百科

Parenting Encyclopedias

孟斐 编著

天津出版传媒集团

天津科学技术出版社

图书在版编目（CIP）数据

育儿百科 / 孟斐编著 . —天津 : 天津科学技术出版社 , 2014.5
（2020.8 重印）

ISBN 978-7-5308-8741-7

Ⅰ . ①育… Ⅱ . ①孟… Ⅲ . ①婴幼儿—哺育—基本知识
Ⅳ . ① TS976.31

中国版本图书馆 CIP 数据核字（2014）第 042157 号

育儿百科
YUER BAIKE
策划编辑：杨　　譞
责任编辑：郑东红
责任印制：兰　　毅
出　　版：天津出版传媒集团
　　　　　天津科学技术出版社
地　　址：天津市西康路 35 号
邮　　编：300051
电　　话：（022）23332490
网　　址：www.tjkjcbs.com.cn
发　　行：新华书店经销
印　　刷：鑫海达（天津）印务有限公司

开本 880×1 230　1/32　印张 30　字数 900 000
2020 年 8 月第 1 版第 2 次印刷
定价：78.00 元

前 言

　　育儿是一项系统工程，不仅需要把孩子带大，更要注重养育的质量以及语言、社交、心理等多方面能力的培养。然而对于初为父母者来说，面临的一切都是新课题。新生儿有哪些发育特点，新生儿该如何喂养、如何护理，宝宝生病怎么办，诸如此类的喂养问题都足以让初为父母者手足无措。随着孩子不断成长，父母对孩子的喂养渐渐得心应手，随之而来的智力开发、教育、学习问题更令父母们煞费脑筋。为了做一个称职的家长，培养出健康、聪明的孩子，年轻的爸爸妈妈们需要吸收更多的实用育儿经验，学习更多的科学育儿方法，同时在自己的育儿实践中不断地摸索和思考。

　　"一切为了孩子，为了孩子的一切。"面对育儿过程中出现的一切问题，家长们都迫切希望自己能轻松有效地解决，于是积极地参加各类育儿培训班，阅读各种图书，上各大育儿网站交流，学习育儿知识和经验，恨不得成为一个既懂得孕产保健、优生知识，又懂得儿童保健、早期教育等知识的全能型专家。为了给现代家长提供一个科学、实用、有效且值得信赖的育儿读本，我们组织专业人士精心编写了这部《育儿百科》，从家长的实际需要出发，大量综合了国内外妇产科学、遗传学、营养学、儿科、早教等相关领域的最新研究成果，介绍了先进的育儿理念、实用的育儿知识和科学的育儿方法，解答现代父母的困惑。

人们常说："养第一个孩子照书养，养第二个孩子照第一个养。"现代人育儿通常是"照书养"，但"照书养"最重要的前提便是用作指导的这本书要具有科学性和实用性。没有科学性，后果不堪设想；没有实用性，也就没有使用的价值。本书旨在应家长之所需，急家长之所急，想家长之所想，为家长出谋划策，解决实际问题。凡家长普遍关心和最经常遇到的问题，诸如，孩子使用抗生素的问题，母乳喂养和人工喂养的问题，训练孩子大小便的问题，进行早期智力开发的问题，等等，你都可以在书中找到答案。每个问题都有科学的解答，阐述得详细而深入，彻底把育儿知识讲清楚了，让家长学起来轻松，用起来放心。

书中详尽介绍了备孕、十月怀胎、0～6岁婴幼儿的喂养、上学后的生活和精神教育、饮食营养和安全问题等，全面、系统地贯穿孩子成人前家长要关注的方方面面。重点详解了0～6岁婴幼儿的喂养和护理，在宝宝1岁以前，以月龄为单元划分，各部分相互独立，内容包括这个月龄段宝宝的生长与发育、喂养方法、能力开发、护理重点、四季注意事项等，帮助父母解决育儿遇到的各种难题；1～6岁以年龄为单元划分，切实为家长提供育儿帮助。对于6～18岁的孩子，本书从学校的学习和精神教育两个方面出发，全面关注孩子的细微感受，帮助家长有的放矢地引导和帮助孩子成长。

本书倡导现代、先进的育儿方法，鼓励爸爸妈妈都积极地参与育儿这一项系统的"工程"中来，总结无数父母育儿实践经验、育儿专家科学理念，关注孩子的感受，科学地为家长提供各种难题的解决方法，有着极高的实用价值。

目 录

第二章　出生到 28 天新生儿

第四章 1~3 岁幼儿

第五章 3~6岁儿童

第七章 安全与健康

第八章 常见发育和行为问题

第十章 幼儿常见疾病

第十一章 婴幼儿安全用药

第一章

宝宝出生之前

生个健康宝宝对每个家庭都十分重要，尤其现在的夫妻"晚婚晚育"的比较多，因此更加注重"优生优育"。在宝宝出生前，夫妻双方都要认真了解关于备孕、遗传的知识，经过检查、保养、饮食调节、营养补充，使双方身体都达到理想状态。怀孕后，双方也要注意孕期生活细节的改善。了解和掌握孕期的护理要点，帮助孕妈妈安全舒适地度过这一关键时期，也是每对夫妻应该做好的功课。

孕前体检及相关知识

孕前体检的重要性

　　生个健康宝宝对每个家庭都十分重要，尤其现在实行"一对夫妻只生一个孩子"的政策，因此孕前体检十分必要。

　　事实上，许多人对孕前体检不够重视，他们觉得"我爸妈那辈人就没有孕前体检，我们现在也都挺健康的"，"即便有特殊情况，我也不会那么倒霉的"。有些人觉得检查过程太麻烦，耽误时间；还有一些人知道体检很重要，但因为工作忙，没有时间去体检，就一拖再拖。孕前体检是很有必要的。调查显示，在中国每年约有120万的先天性残障婴儿出生，这应该引起年轻夫妻的注意。孕前体检，不仅可以避免不必要的流产和宫外孕等情况的出现，还是保证优生的重要措施。

　　所以，对待孕前体检，年轻夫妻应当充分重视起来，一旦计划准备要宝宝了，首先就要到医院进行相关的各项身体指标检查，确定没问题了再全身心地投入孕育工作。

准妈妈要做的检查项目

一般检查项目

物理检查

　　包括血压、体重、心肺听诊、腹部触诊、甲状腺触诊等，目的是发现有无异常体征。

血常规检查

　　目的是了解准妈妈是否有贫血、感染。血型检查包括在血常规检查项目中，目的是预测是否会发生母婴不合溶血症，如ABO血型不合、Rh血型不合，为可能需要输血做准备。

尿常规检查

　　目的是了解是否有泌尿系统感染；其他肾脏疾患的初步筛查，间接了解糖代谢、胆红素代谢是否正常，有助于肾脏疾病的早期诊断。急性肾炎患者最好在临床症状消失3年后再行妊娠。

肝功检查

　　包括乙肝表面抗原。目的是及时发现乙肝病毒携带者和病毒性肝炎患者，及时给予治疗。如果准妈妈患有病毒性肝炎，又没及时发现，怀孕后会造成早产，甚至新生儿死亡。

心电图检查

目的是了解心脏的基本情况。判断准妈妈的心脏功能是否能够承受孕育历程中额外增加的负担。

胸透检查

目的是发现是否有肺结核。如果准妈妈是肺结核患者，怀孕后，病情会对母体或胎儿都很不利。妊娠会加重母体心肺负担，胎宝宝的生长发育需要母体供氧及其他营养，这都不利于准妈妈病体康复。而且，准妈妈往往顾忌胎宝宝的发育而不愿服药，这会使结核病灶扩散，加重病情。病情严重时，如果不得不采取联合应用各种药物治疗时，某些药物又有致畸胎作用，于胎宝宝发育不利。

口腔检查

目的是了解口腔的健康状况，以免女性的口腔疾病影响到胎儿，例如牙龈炎可能会引发流产、早产或是胎儿低体重的问题，龋齿可能会将口中的蛀牙细菌传染给肚子里的宝宝，所以有牙龈炎、龋齿、阻生智齿的女性更应该在孕前做好口腔检查。这是容易被大多数女性漏掉的检查项目。

🐾 特殊检查项目

乙肝标志物检查

常规肝功和乙肝表面抗原检查有问题时，需要做进一步检查，其中就包括乙肝标志物检查。及时发现肝炎病毒携带者，对易感准妈妈实施必要的保护措施，如接种乙肝疫苗。对乙肝病毒携带者，根据携带情况给予相应的处理，降低母婴传播率，并进行孕期监测。

血糖、血脂检查

目的是发现糖、脂代谢异常。

肾功能检查

目的是了解准妈妈的肾脏功能，及时发现不宜妊娠的肾脏疾患。

心脏超声检查

目的是排除先天性心脏病和风湿性心脏病。

遗传病检查

如果家族中有遗传病史，或女方有不明原因的自然流产、胎停育、分娩异常儿等历史，准妈妈在孕前做一些遗传病方面的咨询和检查非常必要，如染色体检查。

妇科检查项目

生殖器检查

包括生殖器 B 超检查，阴道分泌物检查和医生物理检查，目的是排除生殖道感染等疾病。

优生四项检查

目的是排除准妈妈身体内是否有病原菌感染，即弓形虫、巨细胞病毒、单纯疱疹病毒、风疹病毒感染。如果女性孕前存在风疹病毒、巨细胞病毒和弓形虫等感染时，自身并不会有明显的自觉症状，也不会有太大危害。但是这些病毒和微生物都能造成胎儿的宫内感染，风疹病毒可以引起先天性心脏病和眼部畸形、神经损害；单纯疱疹病毒可以引起眼病和神经损害；巨细胞病毒感染和弓形虫病可以引起耳聋、神经损害和眼病等。但是如果在孕前检查优生四项，根据结果进行干预，那么就可以使宝宝远离出生缺陷。

病毒六项检查

也称为优生六项检查。除上述优生四项外，还包括人乳头瘤病毒、解脲支原体两项检查。

性病筛查

有的医院已经把艾滋病、淋病、梅毒等性病作为孕前和孕期的常规检查项目，其目的是及时发现无症状性病患者，给予及时治疗，防止对胎儿造成伤害。如果检测结果异常要及时治疗，暂时不能怀孕。

准爸爸要做的检查项目

一般检查项目

血常规检查

目的是了解有无病毒感染、白血病、组织坏死、败血症、营养不良、贫血、ABO 溶血等。避免婴儿发生溶血病。

尿常规检查

目的是了解泌尿系统是否有感染、是否有糖尿病。避免传染给准妈妈，不利于准妈妈受孕。

大便常规检查

目的是判断准爸爸是否患有消化系统、寄生虫感染等疾病。大便常规的检查主要是从粪便中观察有无红细胞、白细胞，辅助诊断消化道疾病、消化道出血及一系列寄生虫疾病。在做粪便潜血试验时，最好在 3 天内不食用瘦肉类、含动物血类的食物和含铁剂的药物，避免影响大便检查的准确性。

特殊检查项目

肾肝功能检测

目的是了解肾脏是否受损、是否有急（慢）性肾炎、尿毒症等疾病。

染色体异常检查

目的是检查遗传性疾病，孕前检查早发现遗传性疾病及本人是否有影响生育的染色体异常、常见性染色体异常，以采取积极有效的干预措施，降低遗传疾病的发生概率。

支原体、衣原体、淋球菌检查

这是针对生殖道感染梅毒血清检查及艾滋病病毒的检验，有助于了解有无梅毒螺旋体及艾滋病病毒感染。

男科检查项目

前列腺液检查

正常为乳白色、偏碱性，高倍镜下可见满视野的微小、折光的卵磷脂颗粒，少许上皮细胞、淀粉样体及精子，白细胞数大于 10/HP，有炎症时白细胞数目增加，甚或见到成堆脓细胞，卵磷脂颗粒显著减少。

精液常规检查

目的是了解男性的精子质量。精液常规分析是检测男性生育力的传统方法，其主要检测内容包括精子密度、活率与活力、形态学的检查等。它可提供睾丸精子发生及附睾精子成熟情况。

性病检查

目的是及时发现无症状性病患者，给予及时治疗，防止对胎儿造成伤害。如果在近年内没有进行过身体检查或婚检，那么也需要做肝炎、梅毒、艾滋病等传染病检查，以便及时发现无症状的性病，给予及时治疗，防止对胎儿造成伤害。

备孕的身体准备

孕前女性生殖器官保养

女性生殖器系统

女性生殖器官系统由内生殖器和外生殖器两部分组成。外生殖器是指生殖器官的外露部分，包括大阴唇、小阴唇、阴蒂、阴道前庭部和前庭大腺及处女膜，统称为外阴。内生殖器位于盆腔内，包括阴道、子宫、输卵管和卵巢。

外阴：外阴部有大阴唇和小阴唇，两小阴唇之间为阴裂。阴裂中上方有尿道口，下方是阴道口。小阴唇两侧的前方融合，包绕阴蒂。阴蒂头富于神经末梢，极为敏感，是性感觉最强的部位，它是一个很小的结节组织，很像阴茎，位于两侧小阴唇的顶端，在阴道口和尿道口的前上方。

阴道：介于膀胱、尿道和直肠之间，是内外生殖器官中间的一个通道。是女性的性交器官和月经排出通道，也是顺产时胎儿娩出的必经之路。作为性交器官，阴道前壁外 1/3 处为性兴奋的敏感区。

子宫：子宫位于骨盆腔内，前有膀胱，后与直肠相邻，两侧有卵巢、输卵管和子宫阔韧带，向下连接于阴道。子宫是月经的产生地、性生活时精子上行的通道、受孕后胎儿发育生长的场所。它形如倒置的梨状，可分为子宫颈和子宫体两部分。成年女性未妊娠时，子宫长约 7.5 厘米，宽 4 厘米，厚 2 ~ 5 厘米。

输卵管：输卵管是一对位于子宫左右的细长管道，长约 10 厘米，一端与子宫角相通，另一端游离，与卵巢接近。游离端顶端呈伞状，能捡拾卵巢排出的卵子。输卵管是精卵结合形成受精卵的场所，也是运送受精卵进入子宫腔的通道。输卵管有炎症等异常情况时，受精卵的运送将受到影响，是导致不孕或异位妊娠（俗称宫外孕）重要原因之一。

卵巢：卵巢是卵子的巢穴，是女性生殖器官中最主要的器官。卵巢是一对位于子宫两旁的扁椭圆体，能周期性产生卵子和排卵，并能分泌女性激素——雌激素和孕激素。

女性生殖器官健康的标准

1. 生殖器官没有任何不适症状，如外阴瘙痒、干涩、疼痛、烧灼感和异味。

2. 常规妇科物理检查未发现任何异常体征。

3. 优生优育筛查项目无异常。

4. 无乳腺炎等乳腺疾病。

5. 宫颈防癌涂片无异常。

6. 子宫附件盆腔 B 超未发现异常，如卵巢囊肿、畸胎瘤等。

7. 血 HIV（艾滋病病毒）、PRP（梅毒血清学检查）、HSV（单纯疱疹病毒）检查结果为阴性。

8. 实验室检查白带分泌物，没有发现如滴虫、霉菌、解脲脲原体、沙眼衣原体、淋球菌等病原菌。

9. 白带清洁度在 2 度以下（白带清洁度分为三度，1 度接近正常，2 度为轻度炎性改变，3 度为中重度炎性改变。医生通常根据白带检测报告，结合临床检查，以初步判断生殖道感染程度）。

10. 没有对性生活的厌烦感。

女性生殖器官保养

对女性来说，应在婚前先做好生殖道感染检查，一旦发现有生殖道感染，应在治愈后再考虑结婚和受孕。在准备怀孕前，女性也要做好生殖器道感染检查，如果有感染的情况，也应该先予以治疗，再考虑受孕。

此外，日常生活中女性要养成良好的卫生习惯，注意生殖器官的清洁卫生，每天用清水清洗外阴；在没有疾病情况下不要擅自使用任何有治疗作用的外阴清洗剂和阴道栓剂，进行阴道盥洗；保持阴部的舒适状态，内外裤都不要过紧，更不需要一定穿棉质的内裤；保持内裤的清洁卫生，避免内裤有尿液、清洗不彻底、没有经过阳光照射、放置时间过长等现象；使用卫生巾选择有质量保证的正规品牌。

孕前男性生殖器官保养

男性生殖器系统

男性的生殖器官分为内生殖器和外生殖器两个部分。男性内生殖器官包括睾丸、附睾、输精管、射精管、精囊腺、前列腺和尿道球腺等；男性外生殖器官由阴茎、尿道和阴囊构成。

睾丸：睾丸是男性的性腺，位于阴囊内，左右各一，一般左侧比右侧低约 1 厘米，形态为两侧扁的椭圆体，表面光滑。一般右侧睾丸略大于左侧。睾丸是男性的性腺，是产生精子、分泌男性激素的器官。

附睾：紧附于睾丸的后上外方，左右各一，为长而粗细不等的圆柱体，长 4～6 厘米，直径约 0.5 厘米，由许多卷曲、细小的管子组成。睾丸产生的精子，就是通过这些小管输送至附睾中储存。一切哺乳动物，包括人的精子，都必须通过附睾培养才能成熟，从而具有受精的能力。附睾是精子发育成熟和储藏的地方。

精囊腺：左右各一，为椭圆形的囊状器官，长 2 ~ 5 厘米，它与输精管末端合成，构成射精管，在尿道前列腺部开口于尿道。精囊腺具有分泌的功能，其功能受睾丸激素的调节，分泌物为黏稠的蛋白质，呈碱性、淡黄色，为液体状，可稀释精液，并对阴道和子宫颈管处的酸性物质起中和作用，维持精子在阴道与子宫内的活力。精液中的大部分果糖也是由精囊腺分泌的，有营养精子和使精子活动增强的功能。精液中如缺乏果糖，可严重影响精子的活动能力。

前列腺：是不成对的实质性器官，是男性生殖器官中最大的腺体，中间有尿道通过。前列腺能分泌前列腺液，前列腺液为乳白色液体，也是精液的一部分。前列腺的发育与性激素有密切关系，在幼年时前列腺不发达，随着性成熟而迅速生长，平均到 24 岁左右达到高峰。一般认为，50 岁以后前列腺的腺组织开始退化、萎缩，分泌减少。如果出现结缔组织增生，就会发生前列腺肥大。

尿道球腺：为左右各一、豌豆大小的腺体，直径为 0.5 ~ 0.8 厘米，位于尿道球的后上方。尿道球腺分泌一种碱性黏蛋白，其功能可润滑尿道，中和尿道内残存的酸性尿液，有利于精子生成。精囊腺、前列腺和尿道球腺均为男性生殖器官的附属腺体，主要分泌液体形成精液，对精子有保护、营养及增强活力的作用，并使精液排出后有一个凝固、液化过程。

阴茎：阴茎是男性的性交器官，负责运送精子进入女性生殖道，阴茎上有丰富的血管及神经分布，在性欲勃起时可表现为充血、增大、勃起，性高潮后恢复疲软。阴茎头又称龟头，是男性的性敏感区。

尿道：尿道位于阴茎内，是排尿的通道，在性生活时也是精液射出的通道。

阴囊：阴囊是一个皮囊，包裹着睾丸、附睾和输精管的下半段。阴囊在一般情况下多处于收缩状态，表面多出现皱褶。它对温度变化特别敏感，并能随之收缩松弛和分泌汗腺、皮脂，以保持睾丸的低温环境（35℃左右），利于精子的产生和成熟。

男性生殖器官健康的标准

1. 生殖器官没有任何不适症状，如尿道口瘙痒、疼痛、烧灼感、分泌物和异味等。

2. 精液实验室检查无异常。

3. 常规物理检查未发现任何如包皮过长、过短、包茎、精索静脉曲张等异常体征。

4. 血 HIV（艾滋病病毒）、PRP（梅毒血清学检查）呈阴性。

5. 没有对性生活的厌烦感。

男性生殖器官保养

男性要做好生殖器官的保养，首先要做的和女性一样，在婚前做一个系统的生殖器官健康检查，一旦发现有生殖系统感染，应积极配合治疗，治愈后再结婚为好。此外，尽量穿棉质内裤，内外裤都不要过紧，尤其不要穿很瘦的牛仔裤；性爱前要用清水清洗生殖器，特别是龟头、沟槽部分，保持生殖器官的清洁卫生。

准妈妈应治愈的疾病

阴道炎

阴道炎是阴道黏膜及黏膜下结缔组织的炎症，是妇科门诊常见的疾病。阴道炎如果不及时治疗，就会使胎儿被感染，胎儿皮肤上会出现红斑疹，脐带上出现黄色针尖样斑，若胎儿从阴道分娩，则有 2/3 的新生儿会发病，出现鹅口疮和臀红。如果准妈妈患有轻度霉菌性阴道炎，一般对怀孕无妨，但是如果准妈妈患有比较严重的阴道炎，则应治愈后再怀孕。阴道炎在治疗期间不宜怀孕，治愈后观察一段时间，如无复发，就可以安心孕育宝宝了。

宫颈糜烂

宫颈糜烂是由于炎症分泌物的刺激致使颈管外口黏膜的鳞状上皮细胞脱落，被增生的柱状上皮所覆盖。其表面颜色鲜红，光滑或高低不平的症状，是妇科疾病中最常见的一种。宫颈糜烂对生育是有一定影响，一般来说，宫颈糜烂时宫颈分泌物会比以前明显增多，并且质地黏稠，由于含有大量白细胞。当精子通过子宫颈时，炎症环境会降低精子的活力，黏稠的分泌物同样使得精子难以通过。炎症细胞还会吞噬大量的精子，剩下的部分精子还会被细菌及其毒素破坏。如果还有大肠杆菌感染，会使精子产生较强的凝集作用，使精子丧失活力，对精子的活动度产生了一定影响，同时又妨碍精子进入宫腔，从而最终减少精子和卵子结合的机会。因此，宫颈糜烂人群的生育能力普遍低于正常人群，准妈妈要想顺利受孕，就需要尽早治愈宫颈糜烂。

盆腔炎

盆腔炎是指女性盆腔、生殖器官（包括子宫、输卵管、卵巢）、盆腔腹膜和子宫周围的结缔组织发生炎症，统称为盆腔炎。根据不同症状，盆腔炎分为慢性盆腔炎和急性盆腔炎。当机体的抵抗能力下降，或由于其他原因使女性的自然防御机能遭到破坏时，就会导致盆腔炎症的发生。

引起盆腔炎的因素有四个：

1. 子宫受到创伤，如分娩、流产或剖宫产，身体的机体抵抗力下降或手术消毒不彻底，使细菌病毒通过破损部位进入子宫、卵巢和输卵管，引起了这些部位的炎症。

2. 由于经期不注意卫生或经期性生活等导致各种病原体感染，经阴道上行到子宫等生殖器官。

3. 放置宫内节育器、扩张术及刮宫术都会使局部炎症的机会增加。

4. 由于子宫和输卵管与腹腔相通，女性生殖器通过血液和淋巴管又与腹腔相联系，所以生殖器官的炎症会引起其周围的盆腔组织发炎，反之盆腔的感染也会引起生殖器官的炎症。

所以盆腔炎很少局限于一个部位，而是几个部位同时发病。盆腔炎对准妈妈备孕是一种很大的威胁，这种疾病并不难以治疗，只要明确病原菌，进行正规治疗，是完全可以治愈的。

输卵管不通

输卵管是受孕的重要生殖器官，精子和卵子在输卵管中结合成为受精卵，再通过输卵管到达宫腔，完成受孕过程。输卵管很细，最细的部位甚至像头发丝一样，如果有些炎症会使输卵管扭曲变形，以致管腔部分阻塞。虽然精子可能会勉强通过，并与卵子会合，但形成的受精卵逐渐长大后，容易滞留在输卵管，形成宫外孕。当胚胎长到一定大时，就会导致输卵管破裂的严重后果。所以如果女性有输卵管炎症的话，在准备怀孕前就要先去妇科治愈输卵管炎并将其疏通，保证受孕通道畅通后再受孕。

子宫肌瘤

子宫肌瘤如果处理不当的话，很可能引起早产或流产。子宫肌瘤的直径大小和生长位置决定了其是否会影响怀孕。

由于怀孕后体内激素发生变化，子宫肌瘤很有可能会突然增大，严重情况会影响到胎儿的生长发育。一般而言，直径在5厘米以内的子宫肌瘤可以通过保守治疗的方法处理，但如果超过5厘米就必须进行手术。

肌瘤生长的位置也很关键，如果肌瘤占据了宫腔位置，后果就比较严重。此外，当怀孕时，肌瘤还有可能发生红色变性，引起肚子痛、发热等临床症状。因此，子宫肌瘤患者怀孕前一定要到医院复诊，听取医生意见，以免引发意外。

泌尿系统感染

泌尿系感染主要包括膀胱炎和肾盂肾炎，患有这类疾病的女性一旦怀孕会使病情加重。膀胱炎的症状有尿频、尿急及尿痛等，并可能发展成肾盂肾炎，在妊娠、生产时容易引起感染。肾盂肾炎主要表现为腰痛、发热，严重时可导致肾功能受损。因此，女性如果想要怀孕，一定要彻底治愈泌尿系统感染，尽量避免妊娠中疾病的复发。

如果夫妻一方在怀孕前曾患有生殖器官的疾病，如疱疹病毒感染，经过正规的治疗，在孕期没有复发或新的感染，可以正常妊娠。如果是在孕期发生感染、复发，或病毒培养呈阳性反应时，就会对胎儿有很大的危险，可以导致胎儿发育迟缓；产后还会在宝宝的眼睛、口腔和皮肤黏膜等处出现疱疹病毒感染的征象。因此，夫妻双方在怀孕前一定要治愈这类疾病，如果疾病发生在孕期，应请教医生选择适宜的治疗及恰当的分娩方式。

隐匿性梅毒

梅毒会影响生育，而且对生育能力的危害极大。梅毒所造成的不孕不育率非常高，主要是因为梅毒螺旋体可以直接通过胎盘来对胎儿进行感染，并引发胎盘的多发性小动脉炎，形成梗死和坏死，直接就导致胎儿中途流产。

现在大多数女性梅毒患者多由男方传染而来，其症状一般表现在硬下疳或者是大小阴唇、会阴部、尿道外口周围、阴蒂或子宫颈等处，这些地方是会先出现椭圆形硬结，无痛、皮肤及黏膜等。晚期梅毒，发生在感染后4年，可侵犯心血管、骨骼及中枢神经系统。因此，为了有效地预防梅毒性脑血管病、脊髓痨及麻痹性痴呆等症状的发生，更应该积极地到正规医院进行检查和治疗，预防梅毒对生育能力的影响。

梅毒属于性传播疾病，对人体危害是多方面的，有的可直接损害生殖系统，甚至全身性损害严重，使机体健康状况明显下降，严重者会死亡。梅毒对生育功能构成严重威胁，有的人即使怀了孕，也会引起流产、死胎、早产或娩出先天性性病患儿，严重地影响人口质量。建议及早检查明确，对症治疗，及早治疗，不要错过怀孕的最佳年龄。

结核病

结核病是由结核杆菌引起的慢性传染病，曾一度被认为是不治之症，但随着医学的发展，目前结核病的治愈率很高。如果女性患有结核病，没治愈之前是不应当怀孕的，否则就会传染给胎儿，并有导致早产、流产的危险。

当患有肺结核病的女性患者怀孕时，结核病与妊娠会相互产生影响。孕妇的肺脏要承受很多额外的负担，这对于有结核病的肺来说是非常有害的；孕妇普遍的食欲不振和恶心呕吐现象会影响营养摄入，加重结核病情。此外，整个妊娠期间孕妇新陈代谢增加，身体的营养消耗很严重，再加上需要额外供应胎儿大量营养，孕妇就很可能因入不敷出而降低母体抵抗力；胎儿娩出后，产妇腹腔内压力大大降低，横膈迅速下降，由此造成的肺部突然扩张，常是肺结核病复发的重要因素。而患者产后机体抵抗力低下，也可能导致肺结核病情恶化。所以，结核病人要想顺利妊娠，应及时治愈。

牙周疾病

牙周疾病不可小视，因为怀孕会引起许多生理变化，如果孕前的牙周疾病未加以控制治疗的话，就有可能会给孕妇的妊娠带来不少隐患。

怀孕期间，雌性激素增加，免疫功能较差，牙菌斑菌落生态改变，这些变化会使牙龈中血管增生，血管的通透性增强，牙周组织对牙菌斑的局部刺激反应加重，从而出现血管增生等发炎症状，还会发生其他牙周问题，如牙周水肿、牙齿松动、脓肿等。研究发现，孕妇的牙周病越严重，造成早产或新生儿低体重的概率越大。所以，怀孕前应该进行牙周疾病的检查和系统治疗，消除炎症，去除牙菌斑、牙结石等局部刺激因素。

准妈妈应控制的疾病

糖尿病

糖尿病是由于胰岛素绝对或者相对不足而引起的全身代谢紊乱性疾病，有家庭遗传的倾向。若夫妻双方为糖尿病患者，则子女糖尿病患病率是 60%；妊娠合并糖尿病发病率为 0.66%～1%。

糖尿病可以引起各系统代谢和功能的异常。糖尿病患者怀孕后，妊娠可加重糖尿病，也可使糖尿病并发症加重。因此，妊娠糖尿病属高危妊娠，它对孕妇、胎儿、新生儿都会产生不利的影响。对孕妇而言，它可以发生高血压、肾盂肾炎、羊水过多、产后出血和感染等并发症。对胎儿而言，则可能会有先天性畸形、巨大儿、胎儿宫内发育迟缓、新生儿窒息、呼吸窘迫综合征以及低血糖等情况发生。

糖尿病至今尚难根治，虽然经过恰当治疗可以控制血糖或尿糖，临床症状会有所改善，但大多数患者糖耐量试验难以恢复正常，所以应该慎重对待生育问题。

从原则上讲，对于1型糖尿病或2型糖尿病伴有血管病变者不宜生育；而对于2型糖尿病无肾脏、眼底视网膜病变，无心血管系统异常者，经饮食控制病情稳定，无须药物治疗，空腹血糖在6.7毫摩尔／升以下女性患者，可以怀孕生育，但孕期要监测病情变化。

高血压

高血压是一种有遗传倾向的疾病。如果有慢性高血压，在要孩子之前，需要请心血管方面的专家进行全面检查，以决定能否妊娠。高血压病患者如果怀孕，容易出现妊娠中毒症，而且会成为重症。有慢性高血压的女性在怀孕后期，很难控制血压的急剧变化，有时血压升得很高，容易发生子痫（即头痛、眼花、恶心、胸闷等症状）或脑出血。同时，慢性高血压患者伴有血管痉挛和血管狭窄，会使母体及胎儿营养代谢受到影响，易发生胎盘早期剥离，造成死胎。

高血压患者想要小孩，要按照医生的治疗方案，认真服药和休息，以便尽快恢复正常。待血压指数正常或接近正常后，在医生的全面评估允许下，才可以妊娠。

心脏病

患有心脏病女性能否耐受怀孕和生产，主要取决于其病情的严重程度及孕前心功能的状况。怀孕和生产会加重女性的心脏负担：孕妇全身的血容量比未孕期女性高，心脏负担明显加重；分娩是一种强体力劳动，心脏负担十分重；在胎儿、胎盘从体内排出后，原来供给胎儿、胎盘的血液也回到心脏，再次加重心脏的负担。

患有心脏病女性往往因为承受不了妊娠、分娩及产后这么多次的负担，而出现心跳、气急、唇色发紫等心力衰竭的症状。孕前早已有过心力衰竭、心脏已扩大、心律失常或有心内膜炎等情况的女性，妊娠后发生问题的概率就会大得多。妊娠期发生的心功能代偿失调往往比非孕期更为严重，有时对胎儿生命造成威胁。

当然也不是所有女性心脏病患者孕期都会出现这种现象，只是心脏功能属于 III ~ IV 级的女性才会出现此种情况。孕前心脏功能越差，孕后发生问题的概率就越大。有心脏病的女性如果计划妊娠，一定要先去医院做全面检查，请心脏专家认真评估心脏状况，只有在专家的许可和严密的观察下才能妊娠。妊娠晚期应住院待产。

肝脏病

肝病患者怀孕应该注意几个方面的问题，比如肝功能和乙肝病毒复制。如果肝功能不正常，不建议怀孕，建议治疗后再考虑怀孕。

肝病患者怀孕，会加重肝脏负担。怀孕时，胎儿的代谢产物要通过孕妇的肝脏代谢，加上自身代谢产物的排泄，增加了肝脏负担，会导致体内转氨酶升高。而且怀孕期间，肝病会使孕妇并发症增高。人体内部分凝血因子是在肝内合成的，肝功能异常的患者，凝血因子合成会有障碍；孕妇分娩时，产后出血的风险会加重。一些孕妇还会出现肝功能衰竭、肝性脑病或肝肾综合征等严重并发症。医生建议肝病患者怀孕前一定要做肝功能、HBV-DNA（乙肝病毒复制及活跃程度）以及 B 超的检查以明确是否适合怀孕或需要治疗。

肾脏病

肾脏疾病非常不利于怀孕。患有这种疾病的女性一旦怀孕，通常较早合并妊娠高血压综合征（妊高征），可能导致肾衰竭和尿毒症，危及孕妇的生命安全，此时必须终止妊娠。同时，这一疾病不利于胎儿发育，易导致胎儿流产、早产等。患有肾脏病的女性，怀孕前一定要积极治疗，在未经医生确认之前，不要计划怀孕。

贫血

如果患有贫血的女性怀孕，可能会因为早孕反应影响自身营养的吸收，而宝宝生长额外的需要也会使孕妈妈贫血加重。重度贫血可致宝宝宫内发育迟缓、出现早产或死胎，使孕妇发生贫血性心脏病、心力衰竭、产后出血、产后感染等。生活中我们见到的宝宝出生时体重过低、贫血或营养不良、脑发育不全等大多是这一原因造成的。计划怀孕的女性如果患有贫血，应该在食物中充分摄取铁和蛋白质，多食肉、蛋、奶、肝、豆类食品，在贫血得到治疗并已彻底纠正后再怀孕。怀孕后还要定期检查，继续注意防治。

哮喘

哮喘是由各种因素引起的支气管痉挛而反复发作，又称支气管哮喘。哮喘对母婴的影响取决于哮喘的严重程度。长期患慢性哮喘的患者，由于心肺功能受到严重损害，是不能承受妊娠负担的，因此不适合怀孕。哮喘发作时呼吸困难，严重时会引起全身性缺氧，包括胎儿的缺氧，造成胎儿发育迟缓和早产，或使胎儿及新生儿死亡；如果患哮喘的孕妇需要用药，那么应该注意不宜长期服用碘化物化痰，否则会引起胎儿甲状腺肿大。皮质激素类药，如地塞米松、泼尼松，有造成胎儿畸形的可能，但一般影响不太大，哮喘发作时，可在医生的指导下使用药物。

患哮喘的女性，如果心肺功能正常，一般情况下是可以怀孕和分娩的，不会出现并发症和心肺功能病变，所以不必为此终止妊娠。在分娩时，只要采取适当的手术助产，缩短产程，减轻产妇负担，就会保证分娩安全。

癫痫

癫痫发作时，表现为典型的癫痫性抽搐及意识丧失。癫痫的病因是继发于脑外伤、大脑炎后遗症、脑内血管性病变或占位性病变，称继发性癫痫；另有一些患者的发病原因不明，称为原发性癫痫。对有癫痫病史的女性来说，妊娠是个考验。孕妇在癫痫发作时，由于全身痉挛，可能造成胎儿缺氧、窒息而发生流产或早产。此外，由于治疗需要，必须持续服用抗癫痫药物，这些药物对胎儿可能造成危害。如果孕妇孕前即有癫痫史，因为妊娠而停用或减量使用抗癫痫药物，很容易引起癫痫持续发作，对胎儿造成严重危害。

一般来说，继发性癫痫不会造成遗传，治愈后可以怀孕，故不必担心会影响婴儿健康。但在原发性癫痫的孕妇中，一部分有明显的遗传性，其婴儿发病率高达4%，因此，原发性癫痫患者，虽然临床治愈，但仍不应怀孕，以免遗传给宝宝。

系统性红斑狼疮

系统性红斑狼疮是一种主要是育龄女性的自身免疫性疾病，与妊娠关系较为密切。过去多认为患这种病的人不宜妊娠，一旦怀孕，以早期终止妊娠为宜。但近年报道，轻度的或缓解期的红斑狼疮女性妊娠成功的概率较大，且妊娠期不易恶化，所以对必须终止妊娠有了争议。同时，因治疗性流产也可以使系统性红斑狼疮恶化，引起生殖道感染和流产后出血过多等。因此，当患有此病的孕妇必须流产时，流产前后也应有积极的预防措施。

系统性红斑狼疮一般不影响受孕，但可增加自然流产、胎死宫内、死产等风险，使妊娠失败的危险增加。因此，对有生育要求的准妈妈，孕前应评估疾病的活动性，处在活动期不可妊娠。对于已经受孕的又处在红斑狼疮的活动期、特殊化验不正常的高危孕妇，宜早期进行治疗性流产，以避免本病恶化及减少不成功的妊娠。如果妊娠到了中、晚期，而准妈妈有强烈的生育要求，同时又无本病的高危因素，仍可继续妊娠。

治疗性流产前后必须使用激素、抗生素，术中术后使用止血剂，以预防病情恶化、宫腔感染和减少出血。

艾滋病患者可以要宝宝吗

艾滋病患者作为特殊人群，也会有要健康宝宝的想法，那么这种可能性到底存在吗？

艾滋病是由人类免疫缺陷病毒引起的一种性病，其表现为患者的免疫力不断下降，易于发生多种感染和恶性疾病。近期的研究指出，怀孕本身并不会加速或减慢艾滋病的病情，适当的产前护理，配合抗艾滋病毒的药物加上医疗保健的帮助，艾滋病女性患者健康地度过怀孕期的概率会大大增加，并能生产没有感染艾滋病的健康宝宝。

母婴传染是艾滋病扩散的一种方式。据统计，患艾滋病的孕妇中 25%～40% 可垂直传播艾滋病毒给胎儿（即在孕期通过胎盘传染给胎儿），也可通过接触母体的血液、乳汁和产道分泌物而被传染。而剖宫产也不能降低垂直传播的危险性。在艾滋病的治疗方面，迄今尚无特效治疗。因此在产科处理方面、分娩时应尽量避免器械助产，保护胎儿的皮肤和黏膜不受损伤。在胎儿分娩后，应给予其身体清洁处理并加以隔离，主张人工喂养、远离母乳。所以，只要做好各方面的护理，艾滋病患者有生产健康宝宝的可能性。

准爸爸应治愈的疾病

前列腺炎

男性有一半左右前列腺都有炎症表现，有的是无菌性的，有的是有菌性的，有的症状重，有的症状轻。男性精液 1/3 是前列腺液，如果前列腺炎不治愈的话，会对男性的生育，或对女性的生育产生一些影响。

淋菌性尿道炎

淋菌性尿道炎简称淋病，是一种常见的性病。男性患有淋病，初期可能没有什么明显症状，但可能会传播给妻子，双方发生生殖器感染会对胎儿造成很大的影响，特别是女性。男性淋病性尿道炎患者还可能出现如前列腺炎、精囊炎、附睾炎等并发症，给生育造成影响。建议在准备怀孕之前，夫妻双方都应做全面的生殖健康检查，只有一切正常的情况下，未来胎儿的健康才会有保证。

精子质量异常

男性精子的质量和数量是决定其生育能力以及优生优育的基础，精子质量不好或数量不足，受精卵异常的概率就大，而孕早期自然流产，大多数都是因为受精卵本身不健康，精子不健康，胚胎难以存活。

正常男性每次射精量为 2 ~ 6 毫升，小于 1 毫升或大于 6 毫升对生育能力均有一定影响。正常情况下，精子数量应为（50 ~ 100）× 10^6 个 / 毫升，如果每毫升精液中的精子数量少于 $20 × 10^6$ 个 / 毫升，就可能造成男性不育。如果小头、双头、双尾、胞浆不脱落等异常精子超过 20%，或精子活动能力减弱等，也可引起男性不育。

精子活动力一般用 5 级划分，0 级表示无活动精子，加温后仍不活动；1 级表示精子活动不良，不做向前运动；2 级表示精子活动较好，缓慢的波形运动；3 级表示精子有快速运动，但波形运动较多；4 级表示精子基本上是快速直线运动。正常精子活动力一般大于 3 级，0 级和 1 级精子占一次射精量 40% 以上时，即构成男性不育的原因。

腹腔疾病

准爸爸最易患的腹腔疾病有：脂肪肝、乙型肝炎或乙肝病毒携带等慢性肝脏疾病、酒精肝、胃炎、胃十二指肠溃疡、结肠炎等。准爸爸如有上述腹腔疾病，就一定要先进行治疗，治愈后再考虑生育。

准爸爸可以创造的优生条件

优生优育是每个家庭的希望和责任，而优生的责任，责无旁贷地落到了年轻夫妻身上。对于丈夫而言，精子的数量和质量是优生的关键要素，因而精子被称为"优生之本"。因此，凡是影响精子质量的因素，丈夫应尽量排除；凡是有利于优生的条件，丈夫应积极创造。

及时医治生殖系统疾病

在男性生殖器官中，睾丸是创造精子的"工厂"，附睾是储存精子的"仓库"，输精管是"交通枢纽"，精索动、静脉是后勤供应的"运输线"，前列腺液是运送精子必需的"润滑剂"。当这些关键部位发生了故障，优生必然受到影响。例如，双侧隐睾、睾丸先天发育不全者，就无法产生正常的精子；如果睾丸、附睾、精囊发生了炎症、结核、肿瘤，造成睾丸萎缩，组织破坏，大多数精子就是废品；精索静脉曲张、前列腺炎、输精管部分缺损、尿道下裂、阳痿、早泄等疾患，都会使妻子不孕；还有梅毒、淋病等性病都会直接或间接地影响精子的生成、发育和活动能力，对生育造成一定危害。所以，丈夫首先要及时治疗生殖器官疾病。

戒除不良嗜好

吸烟、酗酒、吸毒不仅影响身体健康，而且还是优生优育的大敌。每日吸烟10支以上者，其体内精子的活动度明显下降，并且随吸烟量的增加，精子畸形率也呈显著增多趋势。饮酒过度造成机体酒精中毒，使精子发生形态和活动的改变，甚至会杀死精子，从而会影响受孕和胚胎发育。为此，国外将周末因夫妻酗酒后同房而孕育的畸形儿称为"星期天婴儿"。有资料表明，酒后孕育的胎儿60%先天智力低下。一般情况下，男性的精原细胞发育成为成熟的精子，大约需80天，即将孕育后代的夫妻，一定要在这段时间戒除烟酒。近年来吸烟男性在我国有逐年增多趋势，由此引发的围产儿死亡也非鲜见。常常导致所育胎儿宫内发育迟缓、早产、胎儿窘迫，弱智儿童发生率增加，危害家庭及社会。

节制性生活

性生活频繁，必然使精液稀少，精子的数量和质量也会相应减少和降低。为了保证新生命的正常孕育，夫妻双方节制房事是十分必要的，尤其是男方，养精蓄锐更为重要。这一点，对性欲旺盛的新婚夫妻尤应引起注意。

避免接触有害物质

科学研究表明，许多物理、化学、生物因素作用于人体，对生殖功能会产生损害，使染色体异常，精子畸形，影响胎儿的正常孕育。工作和生活中接触的铅、苯、二甲苯、汽油、氯乙烯等物质，X线及其他放射性物质，农药、除草剂、麻醉药等均可致胎儿染色体异常，增加流产率。

慎用药物

良药苦口利于病，而某些药物在治疗疾病的同时，也对生殖功能造成损害，导致胎儿先天畸形，如吗啡、甲硝唑（灭滴灵）、链霉素、红霉素、丝裂霉素、环磷酰胺等对精子都有不良影响。凡因治疗服用损害精子的药物时，一定要避免新生命的孕育，以免造成遗憾。

增加受孕概率的诀窍

健康的饮食规律，全面的营养摄取

恰当饮食，改善营养平衡，保持一个健康的体重很必要。另外，男性体内的锌缺乏会导致睾丸激素分泌过低，减少精子数量，所以男性应该多食富含锌的食物，例如精肉、鸡、海鲜以及所有谷物等，而女性则可以常喝清茶，研究表明，女性每天喝半杯清茶，怀孕的概率会提升7倍。

戒掉烟酒和其他不健康的食物

　　较多的酒精能够影响精子和卵子的质量，酒精中毒的卵细胞可与精子结合形成畸形胎儿。而如果爸爸长期大量饮酒会发生性功能障碍，也会使70% 的精子发育不全或游动能力差，不利于胎儿的发育。烟草中有 20 多种有害成分可以致使染色体和基因发生变化，当中的尼古丁有降低性激素分泌和杀伤精子的作用，它会影响生殖细胞和胚胎的发育，造成胎儿畸形，有些有害诱变物质会导致男性精子数量下降，甚至阳痿。

女性锻炼适度、告别节食

　　很多女性为了保持身材而坚持修身运动锻炼，对饮食也做相应节制。但在怀孕之前应先停止修身计划，因为女性的脂肪过低会造成排卵停止或症状明显的闭经，严重的还可能会导致女性失去怀孕的能力。

穿宽松、舒适的内外衣裤

　　在准备怀孕之前，夫妻双方尽量选择舒适、宽松、透气性好的内外衣裤，因为男性的精子数量会因为过热的睾丸而迅速降低，而女性如果经常穿紧身裤也会影响血液循环和汗液、分泌物的正常排泄，不利于创造一个好的孕育环境。

避免洗澡水过热，减少桑拿次数

　　热水在汽化时会产生一种叫氯仿的致癌物质，随蒸气被身体部分吸收，因此准备受孕的夫妻，在洗澡时尽量不要用温度过高的热水，在 34℃左右为宜。另外，精子的适宜温度是 35.5 ~ 36℃，比体温低 1.0 ~ 1.5℃，温度过高会影响睾丸的精子质量，特别是桑拿浴，会造成死精，所以在计划怀孕 3 个月前，准爸爸最好是告别桑拿浴。

计算排卵期

　　想生宝宝，准确掌握排卵周期很关键。排卵预测器是提升受孕机会的好帮手，它能迅速而准确地检测到尿液中黄体激素是否增加，从而计算出是否到了排卵期。

利用最佳时期

　　受孕前 1 个月，同房次数不宜过频，最好按女方排卵期一次成功。而且，男性睾丸激素分泌和精子活动在清晨最为活跃，并且清晨是夫妻双方精力最充沛的时候，所以更易受孕。

停止避孕药的服用

　　想要生宝宝的女性，至少应提前 3 个月停止服用避孕药。这样，生理周期才能恢复正常，才能更好地计算出受孕时间。

选择恰当的姿势

研究表明，男上女下式的姿势能够使精子更加深入地到达子宫内部，如果女性有性高潮，频繁的收缩也会将精子带入子宫。注意的是，在准备怀孕以后的性生活中不要使用人工润滑剂、甘油，甚至口水，这样有可能会杀死精子，导致不孕。

孕前 3 个月补充营养

叶酸

叶酸是一种广泛存在于绿叶蔬菜中的 B 族维生素，由于它最早从叶子中提取而得，故名"叶酸"。研究发现，叶酸对孕妇尤为重要，如果在怀孕前 3 个月内缺乏叶酸，可引起胎儿神经管发育缺陷，导致畸形。第 12 周时，胎儿的神经管已经完全形成，服用叶酸已经失去意义。虽然叶酸存在于绿叶蔬菜、橘子、香蕉中，但单纯这些食物不足以满足需要。所以建议吃一些叶酸补充剂或人工加入了叶酸的强化食物，如一些面包和早餐麦片。与其他维生素恰好相反，人工合成的叶酸比天然叶酸更容易被吸收。

维生素

维生素不仅是人体生长发育的必需，同样是生殖功能正常的需要。人体维生素缺乏会导致不易怀孕、抵抗力弱、贫血、水肿、皮肤病、神经炎、胎儿骨骼发育不全，还可能造成流产、早产、死胎或影响子宫收缩，导致难产。因此，在孕前就应有意识地补充维生素，多进食肉类、牛奶、蛋、肝、蔬菜、水果等。

蛋白质

蛋白质是生命的基础，是脑、肌肉、脏器最基本的营养素，占总热量的 10% ~ 20%，准备怀孕的夫妻应增加蛋白质的摄入量，保证平均每天每千克体重摄入蛋白质 1.5 ~ 2 克，应多吃肉、鱼、蛋、奶、豆制品等食品。

铁

铁元素是人体生成红细胞的主要原料之一，是血色素的重要成分。孕期的缺铁性贫血，不但可以导致孕妇出现心慌气短、头晕、乏力，还可导致胎儿宫内缺氧，生长发育迟缓，出生后宝宝出现智力发育障碍，出生后 6 个月之内易患营养性缺铁性贫血等。铁在人体内可贮存 4 个月之久，所以在孕前 3 个月就应该注意铁的补充。在日常生活中，准妈妈应多进食含铁多的食物，如牛奶、猪肉、鸡蛋、大豆、海藻等，还可用铁锅做饭炒菜。

钙

钙元素是骨骼与牙齿的重要组成成分，女性怀孕时需要量为平时2倍。准妈妈未摄入足量的钙，易使胎儿发生佝偻病、缺钙抽搐，准妈妈也会因失钙过多易患骨质软化症，抽搐。孕前开始补钙，对孕期有好处，富含钙的食物有海带、黄豆、腐竹、奶制品类、黑木耳、鱼虾类等。尽管这些食物含有丰富的钙，但人体对钙很难吸收。因此，计划怀孕的夫妻或已经怀孕的夫妻，必须额外补充一定量的钙剂，如碳酸钙、葡萄糖酸钙等，以促进钙的吸收。

硒

硒元素是影响精子产生和代谢的一系列酶的组成成分，缺硒可致精子生成不足。研究证实，硒是对抗某些精子毒性作用的代谢元素，可避免有害物质伤及生殖系统，维持精子细胞的正常形态。硒的不足可引起睾丸发育和功能受损，附睾也会受到很大影响。缺硒的男性性欲会减退，其精液质量变差，影响生育质量。所以准爸爸需要更多的硒。补硒可以在日常多吃一些蛋类、蘑菇、动物肝脏等食物；也可以服用补硒的口嚼片。

锌

锌元素在人体生命活动过程中起着转运物质和交换能量的作用。锌是人体100多种酶或激活剂的组成成分，对胎儿尤其胎儿脑的发育起着不可忽视的作用。准妈妈每天要摄入足够的锌元素这样才能保证将来在怀孕期间胎儿的正常发育，对分娩也起到重大帮助，所以，备孕期间及孕期女性应多摄入富含锌的食物，如牡蛎、贝、海带、黄豆、扁豆、麦芽、黑芝麻、南瓜子、瘦肉等。

碘

碘元素是人体各个时期所必需的微量元素之一。备孕期间要补碘要比怀孕的时候补碘对宝宝脑发育有很明显的促进作用。因为碘元素是人体甲状腺激素的主要构成成分，可以促进身体的生长发育，促进大脑发育。

怀孕期间母体摄入的碘不足，可造成胎儿甲状腺激素缺乏，影响其宝宝大脑发育。所以准妈妈最好提前检测一下尿碘水平，以判断身体是否缺碘，对缺乏碘元素应在医生指导下服用含碘酸钾的营养药，食用碘盐及经常吃一些富含碘的食物，如紫菜、海带、裙带菜、海参、虾仁、蛤蜊、蛏子、干贝、海蜇等，可以补充碘含量改善体内碘缺乏状况。

脂肪

脂肪不仅含有可以预防早产、流产、促进乳汁分泌的物质，而且对胎儿各个器官的发育都有着不可替代的作用，它是构成大脑组织的重要营养物质，主要来源是平常所吃的植物和动物的脂肪，坚果、鱼虾和动物内脏。脂肪在被吸收时产生的不饱和脂肪酸也是准妈妈和胎儿所必需的，它最充分的来源就是动物性脂肪，例如新鲜的家禽、鲤鱼、竹节虾等，特别是鱼类，除了拥有比其他动物肉类更丰富的不饱和脂肪酸，而且还含有另一种更能健脑的物质——DHA（二十二碳六烯酸）。DHA 是组成脑组织的重要成分，能够促进大脑发育和神经兴奋的传导，增强记忆力、防止脑老化等功效。所以，在孕前 3 个月，准妈妈应注意经常摄取这一类脂肪酸类食物。

注意的是，脂肪的摄取一定要适量，过多的脂肪会导致血液中的胆固醇增高，还会使准妈妈过多肥胖。准妈妈在摄入脂肪时，以植物性脂肪为好，动物性脂肪为辅，多吃瘦肉和鱼类，尽量不要吃肥腻的肉类。

孕前饮食禁忌

辛辣食物

过食辛辣食物可以引起正常人的消耗功能紊乱，出现胃部不适、消化不良，便秘，甚至发生痔疮。尤其是想怀孕的夫妻，孕前吃辛辣的食物，出现消化不良，必定影响营养素的吸收，一旦出现便秘、痔疮，身体会不适，精神不悦，这样对于受孕非常不利，所以在孕前 3 个月要忌食辛辣食物。

含咖啡因类食品

咖啡因对受孕有直接影响，咖啡、可可、茶叶、巧克力和可乐型饮料中均含有咖啡因。计划怀孕的女性或孕妇大量饮用后，都会出现恶心、呕吐、头痛、心跳加快等症状。此外，咖啡因还会通过胎盘进入胎儿体内，刺激胎儿兴奋，影响胎儿大脑、心脏和肝脏等器官的正常发育，使胎儿出生后体重较轻。所以，准备怀孕的女性不要过多饮用咖啡、茶以及其他含咖啡因的饮料和食品。

高糖食物

常吃高糖食物会使人体吸收糖分过量，这样会刺激人体内胰岛素水平升高，使体内的热能代谢、蛋白质、脂肪、糖类代谢出现紊乱，引起糖耐量降低，使血糖升高，甚至成为潜在的糖尿病患者。备孕女性经常食用高糖食物可能引起糖代谢紊乱，如果孕前体内血糖较高，在孕期极易出现妊娠期糖尿病，不仅危害母体的健康，还会影响胎儿的健康发育和成长。另外，常食高糖食物还容易引起体重增加，同时容易引起蛀牙，对怀孕不利。

含酒精的食物

酒精能使身体里的儿茶酚胺浓度增高，血管痉挛，睾丸发育不全，甚至使睾丸萎缩，生精功能就会发生结构改变，睾酮等雄性激素分泌不足，会使男性出现声音变细、乳房增大等女性化表现，这种情况下容易发生男性不育，即使生育，下一代发生畸形的可能性也较大。女性可能导致月经不调、闭经、卵子生成变异、无性欲或停止排卵等。

可乐饮料

科研人员对市场出售的三种不同配方的可口可乐饮料进行了杀伤精子的实验，得出的结论是，育龄男子饮用可乐型饮料，会直接伤害精子，影响生育能力。如果受损伤的精子与卵子结合，就可能导致胎儿畸形或先天不足。科研人员将成活的精子加入一定量的可乐饮料中，1分钟后测定精子的成活率。结果表明，新型配方的可乐饮料能杀死58％的精子，而早期配方的可乐型饮料可杀死全部精子。

科研人员对育龄女性饮用可乐型饮料也提出了忠告，奉劝她们少饮或不饮为佳。因为多数可乐型饮料都含有咖啡因，很容易通过胎盘的吸收进入胎儿体内，可危及胎儿的大脑、心脏等重要器官，会使胎儿畸形或患先天生痴呆。另外，可可、茶叶、巧克力等食品中均含有咖啡因，对孕育非常不利，最好不吃为佳。

腌制食品

在腌制鱼、肉、菜等食物时，容易产生亚硝酸盐，它在体内酶的催化作用下，易与体内的各种物质作用生成亚硝酸胺类的致癌物质。这类食品虽然美味，但内含亚硝酸盐、苯并芘等，对身体有害。

生的水产品

如果想怀孕就一定要避免各种各样的感染，其中最容易忽视、也最不容易做到的是放弃一些饮食习惯，比如吃生鱼片、生蚝等。因为这些生的水产品中的细菌和有害微生物能导致流产或死胎。

快餐

快餐的营养成分有欠均衡。快餐中含有太多的饱和脂肪酸，容易导致胆固醇过高，危害心脑血管健康，这样就增加了受孕的不利因素。多数快餐的调味料都有大量盐分，对肾脏没有益处，肾脏健康才有助于受孕。

罐头食品

有些人喜欢食用罐头食品，虽然罐头食品口味多，也鲜美，但在制作过程中会加入一定量的添加剂，如人工合成色素、香精、防腐剂等。尽管这些添加剂对成人影响不大，但食入过多则对健康不利。另外，罐头食品经高温处理后，食物中的维生素和其他营养成分都已受到一定程度的破坏，营养价值不高，因此，计划怀孕的女性应尽量避免此类食品。

微波炉加热的食品

微波炉加热油脂类食品时，首先破坏的是亚麻酸和亚油酸，而这两样都是人体必需而又最缺乏的优质脂肪酸。这对孕前脂肪的摄入会有影响，不利于孕育健康宝宝。

胡萝卜

胡萝卜含有丰富的胡萝卜素、多种维生素以及对人体有益的其他营养成分。但是，想要孕育宝宝的话，胡萝卜是不宜多吃的。这是因为，过量的胡萝卜素会影响卵巢的黄体素合成，分泌减少，有的甚至会造成无月经、不排卵、月经变乱，影响受孕。

方便面

方便面是方便食品，为了方便，利于保存，会含有一定的化学物质。对怀孕有不利影响，同时营养不全面。作为临时充饥的食品尚可，但不可作为主食长期食用，以免造成营养缺乏，影响健康受孕的成功概率。

豆腐

常吃豆腐不利于人类生育。科学家在大豆中发现的一种植物化学物质可能对精子有害，影响男性的生育能力。

大蒜

大蒜有明显的杀灭精子的作用，准备怀孕的夫妻如食用过多大蒜的话，无疑是对生育非常不利的。

葵花子

葵花子的蛋白质部分含有抑制睾丸成分，能引起睾丸萎缩，影响正常的生育功能，因此，育龄青年不宜多食。

有助于受孕的食谱

	原料	做法	功效
青葱红烧蹄筋	青葱50克、蹄筋、酱油、糖、料酒	1.青葱洗净，去头、须、尾，切小段 2.蹄筋洗净，放入热水中烫一下，捞起沥干 3.锅置火上，倒入适量清水及调味料，烧开；放入蹄筋，用小火煮约15分钟，蹄筋入味；再放入青葱，大火煮约3分钟即可	改善女性筋骨酸痛、不灵活等症状
鱼子酱沙拉	鸡蛋、鱼子酱、洋葱、美乃滋、莴苣	1.鸡蛋入水中，煮熟切半，挖出蛋黄 2.洋葱切末，与蛋黄和美乃滋和匀，再填入蛋白中 3.莴苣切丝，铺于盘上，蛋摆于其上，将鱼子酱铺于蛋黄上，可以用红椒丝装饰	可滋阴、增强体力，对于肥胖、腰膝时常酸软者很有帮助
大蒜鸡丝粥	鸡胸肉、大蒜、白米、盐、油、太白粉	1.白米洗净，加水煮成粥 2.鸡胸肉洗净，切丝，拌太白粉和匀；大蒜切细丝 3.锅中入油烧热，放入大蒜爆香，用小火炒至金黄色，捞起沥油 4.待粥将熟时，放入鸡丝，加盐调味，盛盘，撒上大蒜丝即可	改善体虚、脸色苍白等症状，预防疾病
麻油炒腰花	黑麻油、腰花、老姜、酱油、酒	1.腰花横切半，切去中间的白膜，腰面十字切花，再切斜片；入热水中滚烫捞起；再入清水中，反复浸泡去血水 2.姜洗净，切片 3.锅烧热入麻油，再入姜片，小火爆香至姜微焦，用大火入腰花炒；续入调味料，大火翻炒即可	具有改善手脚冰冷、气血循环差的功能，同时能增强体力
西芹鲑鱼	鲑鱼、西洋芹、葱末、酒、盐	1.西洋芹洗净，切大块，用盐水浸泡，捞出沥干，盛盘 2.鲑鱼去鱼刺，切小块，用刀面拍碎，再剁成泥 3.葱末、酒、盐与鲑鱼泥混合，搅拌均匀，入微波炉加热3分钟 4.将鲑鱼泥放在西洋芹上即可	鲑鱼富含维生素E，对于准备怀孕的妈妈，有助孕的功效

孕前忌服的药物

夫妻双方在孕前服药，会影响将来胎儿的生长发育吗？研究表明，许多药物会影响精子与卵子的质量，致使胎儿致畸。"忽略用药问题"必须引起准爸爸和准妈妈的警惕。需要长时间服用某种药物的妻子、丈夫都需经医生指导，才能确定受孕时间。

安眠药

育龄青年夫妻，由于操劳工作压力等原因，常常出现失眠、乏力、头昏、目眩等症状。为此，经常采用服用安眠药的方法来调节，但这种做法对受孕是十分有害的。安眠药对男女双方的生理功能和生殖功能均有损害。如安定、氯氮卓（利眠宁）、丙咪嗪等，都可作用于间脑，影响垂体促性腺激素的分泌。男性服用安眠药可使睾酮生成减少，导致阳痿、遗精及性欲减退等，从而影响生育能力。女性服用安眠药则可影响下丘脑功能，引起性激素浓度的改变，表现为月经紊乱或闭经，并引起生殖功能障碍，从而影响受孕能力，造成暂时性不孕。

为了不影响双方的生育能力，准备怀孕的夫妻千万不要服用安眠药。一旦出现失眠现象，最好采取适当休息、加强锻炼、增加营养、调节生活规律等方法来解决，从根本上增强体质不可靠服用安眠药来改善症状。

一般来说，女性在停用此药 20 天后怀孕就不会影响下一代，20 天是个最低限度。

激素类药

激素类药品在治疗哮喘、慢性肾炎、皮炎等疾病方面有不可替代的疗效，同时它也会对全身器官组织产生不良刺激。某些激素类药物会直接影响精子或卵子的质量，导致胎儿先天性缺陷，有些雌性激素药物会增加后代患上生殖器官肿瘤的危险，有的甚至会导致性别变化。

抗高血压药

由于不少抗高血压药物都是肾上腺素的阻滞剂，可作用于交感神经系统而干扰射精，并引起勃起障碍，如甲基多巴、利舍平（利血平）可引起阳痿，但较少引起射精困难。噻嗪类利尿药亦可引起阳痿。长期服用普萘洛尔（心得安）可使患者失去性欲。此外，上述药物可导致女性闭经、溢乳、性兴奋降低或性欲高潮丧失，应在孕前 3 个月停止用药。

胃肠解痉药

胃肠解痉药，如阿托品、莨菪碱、普鲁苯辛等，在孕前 3 个月服用可引起阳痿、早泄、逆行射精、性欲冷淡、月经不调、性快感降低。

抗生素

慎用类抗生素：此类抗生素（如喹诺酮类抗生素）对胎儿可能有影响，应尽量在怀孕 3 个月以后再使用，而且必须是短疗程、小剂量的。

禁用类抗生素：此类抗生素对胎儿损害严重，应该远离。如氯霉素，可造成胎儿肝内酶系统不健全，引起再生障碍性贫血；磺胺类药，孕晚期食用易引起胎儿黄疸。尽量在怀孕前 6 个月至怀孕后 3 个月这段时间内停用可能对怀孕造成不良影响的药物。

避孕药

避孕药的某些成分会导致胎儿发生畸形，如生殖系统畸形、兔唇、腭裂等，至少在孕前 6 个月停止服用避孕药。

免疫疫苗

中国每年有 120 万的新生儿出生缺陷，很大一部分是因为病毒和微生物造成的宫内感染，风疹病毒可以引起先天性心脏病和眼部畸形、神经损害和精神发育迟滞；单纯疱疹病毒可以引起眼病和神经损害；巨细胞病毒感染和弓形虫病可以引起耳聋、神经损害和眼病等，弓形虫可以导致孕妇流产、早产、死胎、先天性心脏病、脑积水或新生儿弓形虫病。

此外，水痘、带状疱疹病毒、肝炎病毒、梅毒螺旋体等，都可以造成出生缺陷。而如果女性在孕前免疫就可以避免很多疾病和出生缺陷的发生。每个准备做妈妈的人都希望在孕育宝宝的 10 个月里平平安安，不受疾病的打扰。我们知道加强锻炼、增强机体抵抗力是根本的解决之道。但针对某些传染疾病，最直接、最有效的办法就是注射疫苗。

风疹疫苗

风疹病毒可以通过呼吸道传播。有 25% 的早孕期风疹感染的女性会出现先兆流产、流产、胎死宫内等严重后果，也可能会造成婴儿先天性畸形、先天性耳聋等不幸。因此，如果在妊娠初期感染上风疹病毒，医生很可能会建议你做人工流产。如果想在孕期避免感染风疹病毒，目前最可靠的方法就是接种风疹疫苗。但千万不要在怀孕之后才进行接种。

风疹疫苗至少应在受孕前 6 个月注射。因为注射后大约需要 3 个月的时间，人体内才会产生抗体。此外，疫苗注射有效率在 98% 左右，可以达到终身免疫。

乙肝疫苗

我国是乙型肝炎高发地区，被乙肝病毒感染的人群高达10%左右。母婴垂直传播是乙型肝炎的主要传播途径之一。一旦传染给孩子，他们中85%～90%的人会发展成慢性乙肝病毒携带者，其中25%在成年后会转化成肝硬化或肝癌。因此还是及早预防为好。

乙肝疫苗的注射要按照"0、1、6"的程序，即从第一针算起，此后1个月时注射第二针，在6个月的时候注射第三针。加上注射后产生抗体需要的时间，至少应在受孕前9个月进行注射。乙肝疫苗的免疫率可达95%以上，免疫有效期在7年以上，如果有必要，可在注射疫苗五六年后加强注射1次。

根据自身的需求选择甲肝疫苗、流感疫苗和水痘疫苗

还有一些疫苗可根据自己的需求，向医生咨询，做出选择：

1. 甲肝疫苗：甲肝病毒可以通过水源、饮食传播。而妊娠期因为内分泌的改变和营养需求量的增加，肝脏负担加重，抵抗病毒的能力减弱，极易感染。因此专家建议高危人群（经常出差或经常在外面吃饭者）应该在受孕前3个月注射甲肝疫苗。

2. 流感疫苗：接种流感疫苗以后可以提供长达一年的抗体保护，一般可有效防止流感病毒的感染。如果准备怀孕的前3个月，刚好是在流感疫苗注射期，则可以考虑注射。如果你对鸡蛋过敏，则不宜注射流感疫苗。

3. 水痘疫苗：早孕期感染水痘可导致胎儿先天性水痘或新生儿水痘，如果孕后期感染水痘可能导致孕妇患严重肺炎甚至致命。因此女性至少应在受孕前3个月注射水痘疫苗。

孕前接种的注意事项

1. 备孕女性在接种疫苗前，应该向医生说明自身情况，以及以往、目前的健康情况和过敏史等，让医生决定究竟该不该注射。如果你不确定体内是否有抗体，可先做抗体检测，再接种疫苗。一般来说，接种疫苗后应间隔3～6个月再怀孕。

2. 风疹疫苗在怀孕前和怀孕后3个月内应绝对禁忌。最好接种半年后再怀孕，因为注射后就相当于一次风疹感染，如果受孕，对胎儿不安全。

3. 准备怀孕前3个月，无论是活疫苗还是死疫苗，最好都不要接种。

4. 有流产史的准妈妈，不宜进行任何接种。

孕前排毒

人体每天都会通过呼吸、饮食及皮肤接触等方式从外界接触有毒物质，天长日久，毒素在机体内蓄积，就会对健康造成危害，对于备孕夫妻来说，这种危害更为严重。因为身体内积累的毒素会影响精子和卵子的质量，阻挡"好孕"的脚步，甚至会造成胎儿的畸形。年轻夫妻在孕前6个月需要净化自身的内环境，以下方法可以帮助身体排出毒素。

食物排毒法

动物血：猪、鸭、鸡、鹅等动物血液中的血红蛋白被胃液分解后，可与侵入人体的烟尘和重金属发生反应，提高淋巴细胞的吞噬功能，具有排毒作用。孕前准爸爸和准妈妈应每周吃1～2次畜禽血。

鲜果蔬汁：鲜果蔬汁所含的生物活性物质能阻断亚硝酸铵对机体的危害，还能调节血液的酸碱度，有利于防病排毒。

海藻类：海带、紫菜等所含的胶质能促使体内的放射性物质随粪便排出体外，因此，多吃海带、紫菜可减少放射性疾病的发生。

春韭：韭菜富含挥发油、纤维素等成分，粗纤维可帮助吸烟饮酒者排出毒物。

豆芽：豆芽含多种维生素，能清除体内致畸物质，促进性激素分泌。

海鱼：富含多种不饱和脂肪酸，能阻断人体对香烟的吸收，增强身体的免疫力。海鱼有"脑黄金"之称。

运动排毒法

出汗是最好的排毒方法，而运动可以轻松实现出汗排毒的效果。运动前后一定要多喝水，才能借由排尿、排汗来排毒。但应该注意不能运动过度，且运动之后不要马上淋浴，等汗水蒸发或擦干之后再清洗，避免感冒。

中医排毒法

刮痧、按摩、淋巴排毒是中医中行之有效的排毒方法。刮痧可以排毒、去除淤积，让紧绷、毒素过多的肌肉和身体得到缓释；淋巴排毒是使用按摩淋巴系统等方法，排出体内毒素。刮痧、淋巴排毒一定要由专业人士操作，以免力度、时间等掌握失当而造成不良后果。备孕妈妈可以自己用手掌心在肚脐下顺时针按摩50下，再逆时针按摩50下，早晚各一次，可以帮助排宿便，以清除体内毒素。

运动健身

适当的运动不仅有利于增加受孕概率，还能够使女性产后的身材恢复事半功倍，同时还可以有效提高女性的肌肉质量和关节的稳定能力，利于孕期的健康，保证生产过程的顺利。因此，在准备怀孕时，夫妻双方都应做一些适宜的运动。

一般女性身体的柔韧性和灵活性较强，而耐力和力量较差，快走、慢跑、健美操、游泳、瑜伽、户外旅游等运动有助于女性提高免疫力，保持良好的身体状态。经常运动，不但能缓解将来孕期的不适，也有效助力自然分娩；男性的力量感和速度感更强，适合的运动也更多，如跑步、篮球、壁球、游泳、俯卧撑、哑铃、单双杠运动等，这些运动对有利于增强男性肌肉、臂力、腰、背的力量，也能提高男性"性趣"，同时有助产生健康、有活力的精子群，为受孕创造了重要条件。

备孕女性锻炼的时间每天应不少于 15 ~ 30 分钟，一般最好在空气新鲜的清晨进行。压力大的男性可考虑每天运动 30 ~ 45 分钟，以不引起疲劳为准，在锻炼时应穿宽松透气性能好的衣服以利于散热。剧烈的跑步运动或长距离的骑车不适合备孕的男性，剧烈的跑步运动会使睾丸的温度升高，破坏精子成长所需的凉爽环境，降低精子活力；而长时间骑车则会使脆弱的睾丸外囊血管处于危险之中，因此，建议男性在骑车时要穿有护垫的短裤，并选择减震功能良好的自行车。

角色转换

为人父母是人生的一个转折点，在此之前你可能每天还在无忧无虑地生活，但一旦有了孩子，生活就会变得有些不一样了。

从夫妻二人到三口之家，整个家庭成员的角色都会发生一个比较大的变化。作为准爸爸，当妻子怀孕后，除了要担负起整个家庭的责任之外，还要对怀孕的妻子倍加宽容疼爱，容忍妻子因为怀孕而出现的情绪起伏变化，多体谅而不是抱怨，更不能争吵厮打。妻子怀孕之后，准爸爸要承担起家里大部分的家务劳动，做到事必躬亲，以减轻妻子的疲劳。生活中有很多细小琐碎的事情，可能在以前这些事情不会引起多数男性的关注，但自从成为一名准爸爸后，要做好充分的心理准备，细心应对各种琐碎的家庭事务。

作为准妈妈，必须要懂得，从怀孕那一刻开始你的责任就随之而来，不能再像以前那样任性挑剔了，一切行为要以肚子里的宝宝的健康为前提。

而且，随着怀孕，准妈妈的身体也会发生改变，对于爱美的女性来说，一定要做好身材改变到你可能会觉得有些"不堪"的心理准备。

此外，准妈妈在怀孕期间通常会得到全家的关注，而生产过后全家的关注点必然会转移到宝宝身上，这个时候妈妈们一定要避免失落甚至嫉妒的心理，要从积极层面上去理解这种变化：孩子是很脆弱的，必然会受到大家的集中关注，这也是为了孩子好。

最后，准爸爸和准妈妈在宝宝未出生前，要学习做好准备照料宝宝的日常事务，如给婴儿洗澡、换尿布、洗奶瓶等，只有对这些琐事有了事先的熟悉和良好的心理准备，才不至于在宝宝出生之后，把自己弄得手忙脚乱。

心理准备

怀孕后，孕妈妈会出现一系列疲劳、嗜睡、恶心呕吐、食欲不振的生理现象，也就是妊娠反应。这对孕妈妈是一个巨大的挑战，所以准妈妈在备孕阶段就需要做好充足的应对妊娠反应的心理准备。

妊娠反应是由于怀孕期间，孕妈妈体内的荷尔蒙激素和HCC（人绒毛膜促性腺激素）分泌异常所导致的，每个人的身体素质不同，妊娠反应也就因人而异。不一样的个体，反应的程度也不一样的有些人反应剧烈，有些人则几乎无明显不适感。

一般来说，妊娠反应在孕5～12周之间最为最严重，这段时间里的孕妈妈常会感觉头晕乏力、倦怠嗜睡，并且食欲减退，有些人还可能有食欲异常、挑食、喜欢酸食、讨厌油腻，这些将会在怀孕12周左右自然消失。即使有的孕妈妈还没有出现妊娠反应，也有必要做好心理准备，因为妊娠反应随时都可能开始。做好充足的心理准备，孕妈妈们就能轻松地度过孕早期。

孕妈妈要知道，尽管妊娠反应很难受，但一般的反应是不会影响健康、无须治疗的。有些孕妈妈担心妊娠剧吐、食欲不振会影响肚子里宝宝的营养供给，因而变得紧张，甚至强迫自己吃很多的东西，继而引发更为剧烈的孕吐。其实这种担心是多余的，因为妊娠反应越剧烈，可能代表着你的宝宝的抵抗力越强、越健康。

我们平时吃下的食物中可能会含有一些不健康的元素，成人由于自身的抗体作用，对摄入的这些不健康元素能够自行消解，不会出现不适症状。但在怀孕早期，肚子里的宝宝对这些不健康的因素无法适应，因而做出抗拒行为，这些抗拒行为就会反映为孕妈妈的早期反应。所以说，孕妈妈的妊娠反应从另一方面来看，正是肚子里的宝宝在主动保护自己不受外界的侵袭。当了解了这一点，孕妈妈们便可轻松消除妊娠反应带来的顾虑了。

除了孕吐之外，妊娠反应通常还表现为乏力嗜睡，孕妈妈们出现这种现象时，一定不要沮丧地认为自己变懒了，而是因为自己的身体正在分泌一种类似于麻醉剂的激素，帮助宝宝不受干扰的成长。因此，孕妈妈们可以养成睡午觉的习惯，避免熬夜，保持充足的休息睡眠，同时在睡觉时不要将室内温度调得过高，也不必太过分在意睡姿，因为这个时候的宝宝还小，在妈妈盆腔的保护下可以不受外力滋扰。

有的孕妈妈且在妊娠反应现象严重时期，每天早上睁眼时就已经开始担忧"今天又怎么熬过去"，这种恐慌忧愁的心理可以说对缓解妊娠反应无任何帮助。应对妊娠反应，最重要的是保持心情的轻松乐观，不要拿它当作一件可怕的事情，因为等肚子里的宝宝再大一些的时候，这些反应就会自动消失了。

环境准备

生育一个健康的宝宝不能操之过急，一个良好的孕育环境在决定着新生命的质量，同时也决定着其智力、心理、生理特点和健康水平。因此，在宝宝到来之前，准爸爸和准妈妈们要为宝宝创造一个良好的孕育环境。

良好的体内环境

良好的内环境即健康的身体。父母的健康对胎儿的健康有着最为直接的影响，建议在准备怀孕前的6个月，夫妻双方共同到医院做一次孕前检查，以判断身体情况是否适合怀孕，以免给宝宝带来不必要的麻烦。

舒适的居住环境

健康的身体是孕育宝宝的内部环境，但是涉及宝宝健康的外部环境仍不可忽视。新生命的哺育也需要一个温暖舒适的家，因此要为即将到来的宝宝准备好一个安全、整洁、安静、舒适的居住环境。由于环境中的污染可能会导致胎儿、婴儿罹患一些疾病，所以在准备怀孕前和宝宝出生前，最好做一个室内环境检测，看是否达到安全的标准。

充裕的经济环境

宝宝的出生必然要带来一定的经济负担，例如妈妈营养、医疗保健费用、婴儿用品、保健品、营养品、护理费用等，在计划怀孕之前，夫妻应做好经济预算和资金的预留。

愉悦的心理环境

宝宝在母体内对妈妈的情绪变化十分敏感，准妈妈如果情绪不稳或是患有某些心理疾病的话，是非常不利于胎儿的生长发育的。因此，在准备怀孕之前，夫妻双方要保持轻松愉悦的心理状态，如果患有某些心理疾病的话，最好是先予以治疗，恢复正常会在考虑受孕。

备孕的知识准备

最佳的怀孕年龄

女性在 24 ~ 29 周岁阶段的身体健康度高，卵子质量也相对较高，分娩的危险性小，心理上也比较成熟，具备了做妈妈的内外条件。如果太早或太晚怀孕，尤其是超过 35 岁，即为"高龄产妇"，在怀孕时容易并发各种妊娠疾病，不利于妈妈和宝宝的健康。如果备孕妈妈错过了最佳受孕年龄，那么就要在备孕阶段多加注意了。

男性最佳生育年龄为 27 ~ 35 岁。在此阶段，精子的质量达到高峰，有利于培育优质宝宝。如果超过 35 岁，男性体内的雄性激素开始衰减，精子的数量和质量都会开始走下坡路。而且在此阶段，大部分男性有了一定的经济基础，能承担得起家庭的责任。但如果两个人的年龄无法协调，还是以女性的年龄为主。

最佳的怀孕季节

秋季是最佳怀孕季节。研究证明，冬季精子数量最多，春季次之。夏季不成熟精子的比例最高，这是因为天热的缘故。春季是精子尾部缺陷出现频率最高的季节，冬季是最容易使男性精子尾部出现缺陷的季节。尾部缺陷的精子活动性差，难以接触到卵子使其受精。而秋季是精子活动能力最强的季节。精液质量的关键因素是精子的活动能力强弱，而不是精子的数量，所以，秋季才是怀孕的最佳季节，选择在 7 月上旬到 9 月上旬这段时期受孕比较合理。

根据胎儿发育的规律以及准妈妈对环境的要求，大多数准妈妈选择七八月份受孕是比较合适的。在秋季，丰富新鲜的蔬菜和水果较多，有助于孕妈妈的营养吸收，并促进胎宝宝的生长发育，怀孕的时候吃水果，对孩子的肌肤很有好处；最主要的是胎宝宝的大脑皮质在妊娠的前 3 个月开始形成，4～9个月发育最快，这时需要充分的氧气和营养，把这一时期安排在春季或秋季，那么准妈妈便可以多在室外散步，并呼吸到新鲜空气，从而有助于胎宝宝获得最好的大脑发育条件；孕妈妈的户外活动也会促进钙、磷吸收，帮助胎宝宝骨骼发育。

人类虽无动物那样有明显的发情期，但有关研究表明，在温度适宜、气候舒爽的季节，人体生理系统比较活跃，性激素分泌增多，性欲也旺盛，女性较易受孕。该研究同时指出，13.6～23℃是受孕的最佳环境气温，秋季就比较适合了。

经过十月怀胎，宝宝在来年的4～5月份出生，正是春末夏初，风和日暖，气候适宜，便于对新生儿的护理。这个季节衣着日趋单薄，宝宝洗澡不易受凉，居室可以开窗换气，减少污染，有利于母婴健康。孩子满月后又可抱出室外进行日光浴、空气浴，可预防佝偻病的发生。同时，由于气候适宜和营养丰富，产妇的伤口也易愈合，有利于产妇身体迅速恢复。当盛夏来临，妈妈和宝宝的抵抗力都已得到加强，容易顺利度过酷暑。到了严冬时节，宝宝已经半岁，对健康过冬十分有利。所以，秋季是最佳的受孕季节。

最佳的受孕体位

受孕的原理是精子首先经过宫颈进入宫腔，再到达输卵管，与卵子结合。所以，要想受孕成功，最重要的是夫妻在行房时，要为精子能顺利进入宫腔而采取正确的体位。

男上女下式

总是保持男上女下似乎是件很乏味的事，但这却是女性受孕的最佳体位。采取这种体位时，位于上方的男性一次次冲刺都能更深更近地触到女方宫颈，等于无形中帮助精子更快更容易地"找到"卵子结合。而对女方而言，平躺仰卧的姿势方便精液射在宫颈口周围，当宫颈外口浸泡在精液中时，为精子进入子宫创造了有利条件。而男方在最后冲刺的时候，尽量接近深处，也是使精子路程缩短的方法。

最大限度深入的后位式

采取后位式，确实可以确保爱人的精液尽可能地接近制造新生命的圣地——子宫，因为这是可以最大限度深入的角度。但有一点需要注意，那就是如果性爱时男方已经射精完毕，而女方还保持原来的站位或者跪位时，精液就会直接顺原路掉落。因此，在采取后位式时，当丈夫射完精后，妻子应立即翻身躺下。

后入位和并排侧卧式

其他利于受孕的姿势有后入位和并排侧卧的姿势。后入位是指男方从女方后面进入，无论是俯卧，还是跪式，都可以使精液靠近宫颈，有助于受孕，这种方法尤为适用于子宫呈后倾后屈式，影响精子进入子宫的女性。并排侧卧体位可以让人比较放松，从而使性交更和谐，另外，对于较胖或背部有疾的一方来说，也更容易些，对受孕有帮助。

男方射精后，应尽快抽身，让女方赶快平躺下来，这样不但可以防止精液外流，还可以借助地球引力的力量帮助精子游动，加大受孕概率。女方还可以采取侧卧的办法，让膝盖尽量向胃部弯曲，为精子的游动创造最佳的条件。

根据体型选体位

高大型女性最好采用缩短身体的体位，如屈曲位或后背位；

娇小型女性一般动作比较敏捷，可适应各种体位，但如果男方相当高大，则不宜采取屈曲位和伸张位，最好采用坐位或骑乘位；

肥胖型女性适合采用一般体位和后背位；

瘦削型女性最好采用坐位、后背位、侧位或骑乘位。

计算排卵期

正常育龄女性每个月来1次月经，从本次月经来潮到下次月经来潮第1天，称为1个月经周期。如果从避孕方面考虑，可以将女性的每个月经周期分为月经期、排卵期和安全期。

女性的排卵日期一般在下次月经来潮前的14天左右，一般将排卵日的前5天和后4天，连同排卵日在内共10天称为排卵期。测算排卵期有以下几种方法：

观察宫颈黏液

月经干净后，宫颈黏液常稠厚而量少，甚至没有黏液，称为"干燥期"，为非排卵期。月经周期中期，随着内分泌的改变，黏液增多而稀薄，阴道的分泌物增多，称为"湿润期"。接近排卵期黏液变得清亮、滑润而富有弹性，一般情况下出现这种黏液的前后两天即为排卵期。

基础体温测量

女性基础体温有周期性的变化，排卵一般发生在基础体温上升前由低到高上升的过程中，在基础体温处于升高水平的3天内为"易孕阶段"，但这种方法只能提示排卵已经发生，不能预告排卵将何时发生。

正常情况下排卵后的体温上升 0.3 ~ 0.5℃，称"双相型体温"。如无排卵，体温不上升，整个周期间呈现低平体温，称"单相型体温"。

注意的是，基础体温的测量必须要经 6 小时充足睡眠后，醒来尚未进行任何活动之前测体温并记录，任何特殊情况都可能影响基础体温的变化，要记录下来，如前一天夜里的性生活、近日感冒等。需要反复多次测试，并用看表点线相连。月经不规律或生活不规律者不适用此方法。

经期推算法

许多女性不知道自己的排卵到底是哪一天，利用下面公式，经过一段时间的测试，很容易计算出来。

对于月经周期正常者，推算方法为从下次月经来潮的第 1 天算起，倒数 14 天或减去 14 天就是排卵日，排卵日及其前 5 天和后 4 天加在一起称为排卵期。例如，以月经周期为 30 天为例来算，这次月经来潮的第 1 天在 9 月 29 日，那么下次月经来潮是在 10 月 29 日（9 月 29 日加上 30 天），再从 10 月 29 日减去 14 天，则 10 月 15 日就是排卵日。排卵日及其前 5 天和后 4 天，也就是从 10 月 10 ~ 19 日，这 10 天为排卵期。

对于月经不正常者，排卵期计算公式为：

排卵期第一天＝最短一次月经周期天数减去 18 天

排卵期最后一天＝最长一次月经周期天数减去 11 天

例如，月经期最短为 28 天，最长为 37 天，将最短的规律期减去 18（28 － 18 ＝ 10）以及将最长的规律期减去 11（37 － 11 ＝ 26），所以在月经来潮后的第 10 天至 26 天都属于排卵期。

使用排卵试纸

排卵试纸是通过检测黄体生成激素（LH）的峰值水平，来预知是否排卵的。女性排卵前 24 ~ 48 小时内，尿液中的黄体生成激素（LH）会出现高峰值，用排卵试纸自测，结果就会显示为阳性。

B 超监测法

通过 B 超检查，有经验的医生会看到卵泡从小到大排出来的过程。这个方法相对来说是比较准确的。

白带观察法

在一个月经周期中，白带并不是一成不变的。大多数时候的白带比较干、比较稠、比较少，而在两次月经中间的那一天，白带又清、又亮、又多，像鸡蛋清，更像感冒时的清水样鼻涕，出现这种状态的白带时就意味着已进入排卵期。

提高精子质量

男性因为工作繁忙，生活压力大，加之所处环境及食物污染严重，晚婚晚育蔚然成风，直接导致了准爸爸们精子质量下降，精子活力降低，为将来孕育健康宝宝设置了关卡。那么，男性如何保护精子，提高精子活力呢？英国生育问题专家温斯特指出：精子成长有一个过渡时间，只要改变生活习惯，坚持一段时间，就能立竿见影提高精子的质量和数量。

男性"护精"应该时刻坚持，尤其孕前半年，男性必须遵守以下四大原则：

保持适当的运动

研究表明，男性缺少锻炼，身体肥胖，会导致腹股沟处的温度升高，损害精子的成长。运动不仅可以保持健康的体力，还是有效的减压方式。压力大的男人更可以考虑每天运动 30 ~ 45 分钟，增强精子活力。

注意的是激烈的跑步运动或长距离骑车会使睾丸的温度升高，从而降低精子活力，因此锻炼要适量，不要过于激烈。

注重对肾精的养护

一些男性平时工作忙，对保健养生毫不在意。但男性保健养生是极其重要的。男性养生一是注重调整饮食结构，充养肾精；二是减少对肾精的耗损。尤其是自身肾精不足的，一定要注重后天的调养，对提高精子活动是非常有效的。

建议：富含锌的食物（如豆类、花生、牡蛎、牛肉、猪肉等）具有补精壮阳的作用；动物内脏富含肾上腺皮质激素和性激素，适当食用可以增强性功能；滑黏食物（如鳝鱼、海参、墨鱼、章鱼等）富含的精氨酸是精子形成的必需成分，并能增强精子的活力，对维持男性生殖系统正常功能有重要作用。同时，为注重养生，男性应着重多摄入含有维生素 E 和各种微量元素的水果、蔬菜，有助于抵御破坏精子的病菌。

规律的、卫生的性生活

如果男性生殖器经常充血，会使阴囊的温度升高，从而造成精子活力降低。因此，最好要有规律地进行性生活，保证精子的产生和活动。一旦很频繁，就容易耗损肾精，导致男人身体亏空，精子质量下降，所以把握好度十分重要。

同时，医学研究表明，生殖道感染对精子的活力产生很大的杀伤力。

一旦精液被感染后会显著影响精子的活力，就好比将鱼养在污水里一样。从临床角度来分析，年轻人的感染机会主要来源于不洁性生活以及桑拿之类的活动，因此尽量不要去不洁的公共场所，保证性生活是安全且卫生的。

建议：性生活要注意规律、卫生。性生活后一定要清洁生殖器，隐私部位更容易藏污纳垢。最好每天对包皮、阴囊进行清洗。

戒烟戒酒，避免环境污染

不健康的生活方式，如长期吸烟、酗酒，长期处于辐射环境，也是导致男性精子数量下降的凶手之一。

数据显示，44%的人认为，吸烟是精子数量下降的最主要因素，每天吸烟的男人，精子活力总是比不吸烟者的精子弱，因此戒烟势在必行。而大量饮酒也可直接导致精子质量下降。

另外，手机、电脑、复印机、空调、微波炉等发射出的高频微波对男性的生殖功能影响非常明显，可以使精子数量大量减少，精子活力严重不足，甚至引起睾丸内生精细胞异常。长时间开车，或一直接触汽车尾气污染，也会引发男性生理功能紊乱，引起精子活力下降。

建议：请立即抛弃香烟，并尽量少饮酒。同时，尽量远离辐射、高温、汽车废气等环境。从细微处改变生活方式，你会发现改善精子活力很有成效。

特别需要指出的是，高温环境对精子的生成破坏力很大，所以必须少做会让睾丸温度升高的事情。比如，剧烈运动、洗桑拿蒸浴、穿紧身裤、长时间开车、把笔记本电脑放在双腿上操作、使用电热毯等。为了未来宝宝的健康聪明，准爸爸们必须做出"牺牲"，改变自己以往的不良生活习惯。

受孕的过程

虽然卵子只需要与一个精子结合便能形成受精卵，但是男性每次射精都会释放大约3亿个精子。释放如此庞大的精子群是为了保证有着正常形状、可运动的精子能够足够快地往上游，并且与卵子结合。实际上，精子是按照一条相对比较直的线沿着阴道向上游去。先是经过宫颈口，进入宫腔，最终进入输卵管，如果运气好的话就能够投入一个成熟的卵子的怀抱。这个过程持续时间在45分钟到12个小时。实际上是输卵管肌肉的收缩作用、输卵管纤毛的拍打作用与精子自身运动的共同作用使得精子进入输卵管的。如果男性没有数百万个有着正常形状，可快速运动的精子，女性的受孕率就会大大减少。

虽然有如此庞大的精子队伍，但是只有几百或是几千个精子可到达卵子所处的输卵管。其他成千上万的精子则在非常恶劣的环境中被损坏了。许多精子在阴道内会被杀死；宫颈黏液可能会很稠而使精子不能进入子宫；精子的运动能力很弱，很少能够存活下来；精子一旦从阴道经过，子宫和输卵管就会破坏它的结构，导致它不能够运动，从而给精子接近卵子制造了动力方面的困难；此外，到达宫颈管的精子有一半会进错输卵管去寻找那个并不存在的卵子。在那些进对输卵管的精子中，有很多在输卵管错综复杂的褶皱中丢失了。余下的精子在这个旅程中将会经历一个叫作精子获能的过程。这个过程可以使余下的精子获得穿透卵子并使之受孕的能力。

怀孕不是一个瞬间的事件，它是由一系列生理上的各个重要事件组成的，这些事件会持续好几天。从卵子到胚胎，要经过以下 8 个步骤：

1. 排卵是受孕过程的第 1 步，但有时候也是最难的一步。在每个月经周期的中期，都有一个成熟的卵子从卵巢表面的卵泡中释放出来。

2. 只有单个的精子能够穿透包在卵子外致密的外膜，这个外膜被称为透明带。这层外膜紧密地包住卵子以阻止另外的精子进入而造成另外一次受精。这次受精所形成的单细胞叫作受精卵。

3. 受精卵在受精开始的几个小时后就开始生长，从一个单细胞开始分裂，再分裂，这个阶段叫作卵裂。一开始形成两个细胞，然后 4 个，再分裂就是 8 个——每次分裂时细胞数量都会加倍。

4. 当受精卵持续分裂时，它从输卵管往下运动到子宫。尽管每次分裂时细胞数目都会增加了，但是细胞会变得更小，所以整个受精卵不会变大。如果整个受精卵的大小增加，它将会因为太大而不能穿过狭窄的输卵管通道，从而不能进入到子宫之中。

5. 受精卵由输卵管的肌肉收缩提供动力，在输卵管表面精细的纤毛的引导下进入子宫。快速分裂的受精卵在这里要用 2 ~ 3 天生长分化为最终具有各种功能的细胞。

6. 在受精后的第 7 天，受精卵丢掉了保护性的外膜。此时受精卵变成 1 个有空隙的球状体，叫作胚泡，它新生成时能在子宫腔内自由漂动。现在胚泡必须自己附在子宫壁上或是着床于子宫壁中。

7. 此时受精卵大约分裂成了 100 个细胞。胚泡把自己安顿在子宫壁上，准备着床于子宫壁了。在这个阶段，胚泡分为两个截然不同的部分——内细胞群和称作滋养层的外层扁平细胞群。滋养层将会生长为产生激素的器官，分泌人体绒毛膜促性腺激素。

8. 在受精卵着床于子宫时，滋养层细胞穿过子宫壁，嵌入子宫内膜。

在受精以后的第12天时，胚泡紧紧地附着在或者着床于子宫壁上。

胚泡有时候会着床于输卵管内而不是子宫腔，这就叫作宫外孕。这种妊娠有生命危险，人们经常用手术或者药物的方法使之中止。

滋养层将会变成胚胎的营养器官，内细胞群将会变成胚胎本身。内细胞群和滋养层相接的那一点就是脐带。滋养层在着床于子宫的过程中生长成一个叫作滋养层绒毛的指状组织，这个组织与周围的母体组织结合在一起。滋养层绒毛像刚毛一样呈放射状突出，伸入子宫内膜上的丰富的血管中。子宫内膜允许细微的滋养层绒毛浸浴在营养丰富的血管之中。这一层滋养层绒毛是一个叫作绒毛膜的新器官形成的开端。绒毛膜是在胚胎和母亲之间生长的，它容许母亲的循环系统来为胚胎提供营养。绒毛膜的一部分将会发育成胎盘。胎盘将会发育成一个通过产生激素来维持妊娠的器官。

怀孕的征兆

1. 月经停止。月经停止是怀孕最显著也是最早的信号。排除因为营养、饮食、心情，甚至工种突然改变等种种原因出现暂时停经，女性有正常的性生活停经14天以上，应立即到医院化验检查。

2. 早孕反应。如果月经已经停止了数周，到了停经的第六周，就会出现恶心、呕吐、乏力，嗜吃酸辣、生猛等所谓的"早孕反应"。

3. 乳房变化。怀孕后，在雌激素和孕激素的共同刺激下，在怀孕伊始，乳房逐渐长大，乳头和乳晕部颜色加深，乳头周围有深褐色结节等现象，12周以后还会有少许清水样乳汁分泌。

4. 怀孕8周以后，由于增大的子宫压迫膀胱，会反射性地引起排尿增多，有时甚至高达一小时几次、十几次。排尿的次数增多，但尿量并不增多，并伴有轻度的头晕、恶心等症状。

5. 容易疲劳。在怀孕前期，很多女性感到疲劳，没有力气，想睡觉。不过这个时期不会太长，很快就可以过去。因为每个女性的身体情况不一样，所以怀孕的症状也不尽相同，女性一定要引起注意。

推算预产期

由于每一位准妈妈都难以准确地判断受孕的时间，所以，医学上规定，以末次月经的第一天起计算预产期，其整个孕期共为280天，10个妊娠月（每个妊娠月为28天）。预产期主要有以下几种计算方法：

根据末次月经计算

末次月经日期的月份加 9 或减 3 为预产期月份数；天数加 7，为预产期日。例如，最后一次月经是 2 月 1 日，预产期则为 11 月 8 日（2+9<月份>，1+7<天数>）。

根据胎动日期计算

如果记不清末次月经日期的话，可以依据胎动日期来进行推算。一般胎动开始于怀孕后的 18 ~ 20 周。计算方法是：初产妇是胎动日加 20 周；经产妇是胎动日加 22 周。

根据基础体温曲线计算

将基础体温曲线的低温段的最后一天作为排卵日，从排卵日向后推算 264 ~ 268 天，或加 38 周。

根据 B 超检查推算

医生做 B 超时测得胎头双顶间径、头臀长度及股骨长度即可估算出胎龄，并推算出预产期（此方法大多作为医生 B 超检查诊断应用）。

从孕吐开始的时间推算

反应孕吐一般出现在怀孕 6 周末，就是末次月经后 42 天，由此向后推算至 280 天即为预产期。

根据子宫底高度大致估计

如果末次月经日期记不清，可以按子宫底高度大致估计预产期。妊娠四月末，子宫高度在肚脐与耻骨上缘当中（耻骨联合上 10 厘米）；妊娠五月末，子宫底在脐下 2 横指（耻骨上 16 ~ 17 厘米）；妊娠六月末，子宫底平肚脐（耻骨上 19 ~ 20 厘米）；妊娠七月末，子宫底在脐上三横指（耻骨上 22 ~ 23 厘米）；妊娠八个月末，子宫底的剑突与脐的正中（耻上 24 ~ 25 厘米）；妊娠九月末，子宫底在剑突下 2 横指（耻骨上 28 ~ 30 厘米）；妊娠十个月末，子宫底高度又恢复到八个月时的高度，但腹围比八个月时大。

预产期这一天看得那么精确，孕 37 周后就做好分娩的准备，但也不要过于焦虑，听其自然，如到了孕 41 周还没有分娩征兆出现，可以到医院进行住院观察或适时引产。

关于遗传，你最关心的问题

什么是遗传性疾病

遗传性疾病是指由于遗传物质改变（如基因的突变或染色体畸变）而导致的疾病。人类已发现约 4000 种遗传病，而且每年新发现的遗传病约 100 种以上，是严重危害人类健康的因素，而且不同程度地代代相传。

我们已熟悉的人类遗传的奥秘在于细胞核中的基因。基因掌握着遗传的"大权"，它们可以在结构上、形态上、数量上发生改变，也就是如果来自父母的许多信息，通过基因由染色体携带传给下一代。

在人的 23 对染色体上约有 5 万对基因，经常由于某种原因出现几个异己分子，也是很自然的。可以这么认为，我们每个人都有可能程度不同地带有几个有缺陷的异常基因。换而言之，我们几乎人人都可能是一种或几种的遗传病基因携带者，并不表现出异常症状，只是因为在受孕时父母其中一方的某个基因有异常，又被另一方正常情况取而代之，也就是被正常的基因所掩盖。

例如，父亲的某个基因是异常的，而母亲与之相对应的基因则是正常的，这样结合后所生的孩子绝大多数是表现正常的。尽管在这些孩子体内潜伏着有缺陷的基因，但却没发生遗传病。如果他们的父母同时存在相同基因的缺陷，便再也无法被掩盖，难以避免遗传疾病的厄运，那么所生下的孩子常表现异常。

另外，由多基因以及环境因子的相互作用引起的疾病，如唇裂、腭裂、脊柱裂等，其子女不患病的概率较高。还有一些遗传病仅由父母一方的缺陷基因所决定，在后代身上就可以显示患病。这种遗传方式为显性遗传病，如镰状细胞贫血是一种直接危及生命的血液病，子女发病率约为 25%。此外，遗传病也可能由影响胎儿的染色体的数目、结构或排列异常引起，是不胜枚举的。

遗传性疾病的特点

遗传性

患者携带的致病基因将会通过后代的繁衍而继续遗传下去，给人口素质带来不可低估的危害。遗传性疾病即使能通过治疗来控制，但患者体内仍携带者致病基因，继续遗传给后代，继续给后代的健康带来威胁，继续向下遗传，所以最有效的方法是从择偶、婚姻着手，或者最好提前检测出患有遗传性疾病或先天畸形的胎儿，必要时终止妊娠，实行流产手术，从而防止不健康的孩子出生后，对家庭、社会与患儿本身造成痛苦。

家族性

在一个家族中有一个人患有一种遗传性疾病，就会在这个家族中屡见此病患者，并通过携带致病基因传给子代。如19世纪英国维多利亚女王家族是一个著名的血友病家族，在女王的后裔中，血友病患者屡见不鲜，并通过携带病基因的女儿与其他皇族的联姻，将血友病传给了欧洲的皇族中，由此谱写出一系列的血友病患者和血友病基因携带者的家谱系，这就是家族性特征。

终身性

大多数遗传病是属终身性的，也就是很难治疗的，目前只有少数病种可以治疗，缓解症状，对症处理，但不能根除致病因素，如蚕豆病患者不吃蚕豆不接触蚕豆的花粉，就可避免临床的不适症状发生，但致病基因还在，还可以将这有害基因往下遗传。又如多指（趾）畸形者，就是一种显性遗传病，只要从父母一方得到这种遗传基因，后代就会发病，即使通过手术矫形为正常，但他的体内基因仍是畸形遗传者，如同一个健康正常人结婚所生育的后代也有患同样病的可能性。

如此同样的病还有很多，如原发性青光眼，多发性神经纤维瘤等，都是给患者终生带来痛苦的终生遗传病。另外遗传病有家庭性和高发病率的特点。为了我们每个人每个家庭生活的幸福，就要在婚姻和生育的环节上多下点功夫。

先天性

遗传病可以出生时就表现出来，如唐氏综合征、多指、并指等。但也有一些遗传病，患儿出生时并不出现症状，而是生长发育到某个阶段才表现出来，如遗传性小脑共济失调，一般到35岁左右才发病。无论出生后何时发病，病的根源是精卵结合后的瞬间就已种下，所以说遗传病共有先天的特点。往往在孩子出生前就带有先天性畸形或遗传性疾病，或者若干年后出现临床症状。

发病率高

遗传病患者的后代，很有可能重蹈覆辙，尤其是近亲结婚，其后代遗传病发病率很高。

遗传性疾病有哪些

按照遗传方式和与遗传物质的关系，遗传病的分类如下：

单基因遗传病

一对主基因突变造成的疾病，其遗传符合孟德尔定律，因此亦称为孟德尔式遗传性疾病。目前世界上已发现6600种，且每年以10～50种的速度递增。包括显性遗传病、隐性遗传病、伴性遗传病。常见病例有先天性聋哑、白化病、软骨发育不全、红绿色盲、血友病、抗VD性佝偻病、鸭蹼病等。

多基因遗传病

病因涉及许多个基因位点和多种环境因素的遗传病。起源于遗传素质和环境因素，在群体中发病率较高，并有家族聚集倾向。常见病例有原发性高血压、动脉粥样性硬化、糖尿病、无脑儿、兔唇、腭裂等。

染色体病

由染色体数目异常和结构异常所引起的疾病，通常分为常染色体病和性染色体病。目前已发现100多种。染色体异常往往造成较严重的后果，甚至在胚胎期就引起自然流产。

以往，很多人认为遗传性疾病是无法治疗的。随着医学遗传学的发展，目前不仅弄清了一些遗传病的发病机制，而且也找出了治疗和预防一些遗传病的方法，如产前诊断、饮食疗法、酶的治疗、基因治疗等。

线粒体遗传病

这是极为罕见的遗传病，致病基因位于线粒体基因组上，由于精子的线粒体外膜上存在有泛素，当精子进入卵子后，受精卵以一种主动的方式降解了来自精子的线粒体及其中的DNA。线粒体遗传病是典型的母系遗传，只有女性患者可将致病基因传递给后代，而后代无论男女均可发病。

为什么要进行遗传咨询

遗传咨询俗称遗传商谈、遗传询问、遗传指导。也就是通过咨询者与咨询师的交谈，解决咨询者的一些疑问。它是应用遗传学和临床医学的基本原理和技术，与遗传病患者及其亲属以及有关社会服务人员，讨论遗传病的发病原因、遗传方式、转归、诊断、再发风险、预防、治疗和缓解的方法等问题，并在权衡对个人、家庭、社会利弊的基础上，给予婚姻、生育、防治、预防等方面的医学指导和建议的过程。现在有些人认为自己身体健康，又没有遗传病家族史，去不去咨询无关紧要，这种想法是不对的。

目前由于生存环境的污染，新的遗传病在不断产生，遗传病的种类和数量每年以新增病种高达435种的惊人速度在增长，因此，建议每对已结婚夫妻都应该去正规医院接受遗传咨询。

如果已经有了怀孕打算，夫妻俩就可以抽时间到妇产科医院进行孕前咨询。特别是以前因不想要宝宝而做过人工流产、患有慢性病而长期服药，或长期接触有毒物质的女性，要听取医生的建议。但并不意味着这几类人都不能要宝宝，而是需要向专家咨询。通过咨询，医生会收集夫妻双方的病史资料，并结合体检资料，做出全面分析及判断，帮助年轻夫妻了解自己以前的身体状况，并进行预测。随着人们观念的转变和技术的进步，在受孕前，夫妻俩即可进行遗传学咨询。

遗传咨询的方式

一对夫妻、孕妇或遗传病患者及其家属，向医生或遗传学家提出有关遗传病的问题，并请求给予解答，就是遗传咨询。遗传咨询分回顾的咨询和前瞻的咨询两种。

回顾遗传咨询

一个家庭中已经出现一个患遗传病的孩子，夫妻应向医生询问未来的孩子是否还会出现遗传病，称为前瞻性遗传咨询。医生在确定第一个患儿的遗传病类型以后，再判断和估计未来孩子发生同类型疾病的危险率。如果危险率很高，医生将劝告夫妻采取措施，不要再生育；假如已经怀孕，就需要进行产前诊断，看看胎儿是否正常以决定引产还是继续妊娠。如果危险率并不很高，并且可以采取必要措施或通过性别选择来避免遗传病的发展，那么医生将会给予具体的指导。目前进行的遗传咨询工作几乎都属于这种回顾性遗传咨询。

前瞻性遗传咨询

当有缺陷的基因还没有在家庭中表现出来时进行的咨询，称为前瞻性遗传咨询。如果男女双方中有一方的父母、兄弟姐妹或叔、舅、姑、姨以及祖父母、外祖父母中有遗传病患者，那么，在婚前，至少在孕前应进行前瞻的咨询。医生将会根据家族中遗传病的种类以及遗传规律，向你提出建议，并在孕后密切注视胎儿的发育，防止遗传病的延续，防止畸形儿的诞生给家庭和社会带来沉重的负担。近年来发展起来的群体筛查技术，使前瞻性咨询成为可能，它通过对群体筛查寻找出致病基因携带者，进而对他们进行遗传咨询，对于减少遗传病婴儿的出生、降低人群中遗传病的发生率、提高人口质量有着明显作用。

遗传咨询的时间

进行遗传咨询，总的原则是宜早不宜迟。知道自己的家族中有遗传病史，应在婚前检查中如实地告诉医生，以便通过对双方染色体的检查，来判断婚后是否会生畸形儿。如果双方染色体的重新组合会导致遗传病的延续，那么，是结合还是分手，应该科学地、慎重地考虑。

孕前咨询

夫妻双方中一方有遗传病家族史或已生过一个先天性畸形儿，应在准备怀孕前去咨询。有的遗传病与环境、季节有关系，医生会对何时怀孕有利提出具体意见。另外，有些遗传病需要在孕前做必要的治疗，或服一些药品对胎儿发育有利，因此，孕前先去咨询，遵照医生的嘱咐怀孕，是会有利于优生的。

孕早期及时咨询

怀孕后应该在1~2个月时去咨询，最晚不要超过3个月。孕早期咨询，医生可以通过询问妊娠反应，做必要的检查来判断胎儿是否正常，如果正常，仍需要继续观察监护胎儿发育情况，如果出现异常，早期引产对孕妇身体的影响会小一些。

可提供遗传咨询的人员

遗传学专业人员、遗传门诊医师、婚前检查医师、掌握遗传学知识的妇产科医师，都可以提供遗传咨询。备孕父母可以去遗传科、产前或妇科看门诊等，进行专业的遗传咨询。

遗传咨询到底咨询什么

遗传咨询的内容

妊娠分娩史：包括妊娠情况、时间、流产、死产、围生期死亡史及有害物质接触史。遗传学专家将这些资料加以科学的综合分析，可为将来怀孕的夫妻提出忠告或建议。

家庭史：主要包括夫妻双方的父母、祖父母、兄弟姐妹的健康情况，亲属死亡的原因、年龄、亲属中发生缺陷史，以此来帮助判断咨询者本人出现异常情况的可能性。

近亲结婚：近亲结婚的夫妻所生的婴儿出现遗传缺陷的危险性大大增加。如果是近亲结婚，应如实告诉医生。

遗传咨询的步骤

对所询问的疾病做出正确诊断，以确定是否为遗传病。遗传病的确定方法以家系调查和系谱分析为主，并结合临床特征，再借助于染色体、性染色体分析和生化分析等检查结果，共同做出正确诊断。如确定为遗传病，还须进一步分析致病基因是新突变产生还是由双亲遗传下来的，这对预测危险率有重要意义。

确定该遗传病的遗传方式。从遗传方式看，人类遗传病大致可分单基因遗传病、多基因遗传病和染色体病三大类。

推算疾病复发风险率。按风险程度，可将人类遗传病分为三类：一类属一般风险率，指主要是由环境因素引起的疾病。第二类属轻度风险率，指多基因遗传病，它是由遗传因素和环境因素共同作用引起的。第三类属高风险率，所有单基因遗传病和双亲之一为染色体平衡易位携带者，其复发风险较大。

向患者或家属提出对策和建议，如停止生育、终止妊娠或进行产前诊断后再决定终止妊娠或进行治疗等。

哪些人需要进行遗传咨询

遗传咨询的目的是确定遗传病患者和携带者，对生育患病后代的危险率进行预测，以便商谈应采取的预防措施，减少遗传病及先天畸形患儿的出生。这是降低遗传病的发病率及减少出生缺陷儿、做好优生工作的最主要手段之一。

对于有下述情况之一的进行孕前准备的夫妻，应该到优生遗传咨询门诊进行询问：

1. 已生育过一个有遗传病或先天畸形患儿的夫妻；

2. 夫妻双方或一方，或亲属是遗传病患者或有遗传病家族史；

3. 夫妻双方或一方可能是遗传病基因携带者；

4. 夫妻双方或一方可能有染色体结构或功能异常；

5. 夫妻或家族中有不明原因的不育不孕史习惯流产史、原发性闭经、早产史、死胎史、夫妻或家族中有性腺或性器官发育异常、不明原因的智力低下患者、行为发育异常患者；

6. 一方或双方接触有害毒物作业的夫妻；

7. 近亲结婚和高龄备孕的夫妻在孕前都要做好遗传咨询。

怎样预防遗传性疾病

　　遗传性疾病除了带来家庭不幸及病人终身痛苦外，还可以将疾病传给后代。因此预防就成为重要环节。所谓遗传病的预防，就是防止患有严重遗传病的婴儿出生，以提高我国国民人口素质。

实行优生保护法

　　对凡是一定能导致或有很大可能导致其后代发生先天性疾病者，均应避免生育。这些疾病包括：唐氏综合征、白痴、遗传性精神病，显著的遗传性躯体疾患，如舞蹈病、肌紧张病和白化病等。

禁止近亲结婚

　　直系血亲或三代以内旁系血亲之间不准通婚。直系血亲是指以本人为中心，垂直上下三代以内的血亲。包括父母、祖（外祖）父母、子女、孙（外孙）子女。三代以内旁系血亲是指从祖父母、外祖父母同源而出的男男女女，如兄弟姐妹（包括同父异母或同母异父），叔、伯、舅、姨、姑、堂、表兄弟姐妹等。亲上加亲会增加一些遗传病的发生率，这在医学统计学上已得到证实。如肝豆状核变性病人，非近亲婚配后代中的发病率为1/400万，而在表兄妹结婚后代中的发病率为1/64。又如近亲婚配所生子女智力差的比非近亲结婚的高3.8倍。近亲结婚的夫妻所生下的后代，常出现痴呆、畸形和遗传病。亲缘关系越近，其子女患病的可能性也越大。所以，我国婚姻法已禁止近亲结婚。

提倡适龄生育

　　女子生育的最适年龄为25～29岁。过早生育由于女子自身发育尚未完成，所生子女发病率高——统计表明，20岁以下女子生育，孩子先天性疾病发病率比适龄女子高出50%；过晚生育则由于体内积累的致突变因素增多，生患病小孩的风险也相应增大——资料表明40岁以上女子生育的子女中，患21三体综合征的概率比25～34岁女子所生子女高出10倍。

遗传咨询

　　通过对病人家庭调查、实验室检查及结合临床特点，对病人的疾病做出正确诊断。有以下情况者孕前或妊娠后应及早进行咨询：

　　1. 女35岁以上，男45岁以上；

　　2. 有遗传病家族史；

　　3. 夫妻一方有遗传病或是染色体畸变的携带者；

　　4. 有生育畸形儿史；

5. 有多次流产或胎死宫内史；

6. 有接触致畸物质史，如接触放射线、放射性核素等；

7. 早孕期有病毒感染史，如感染风疹、流感病毒等。

产前诊断

胎儿出生前，医生用专门的检测手段对孕妇进行检查，以便确定胎儿是否患有某种遗传病或先天性疾病。常用的方法是羊水检查、B超检查、孕妇血细胞检查、基因诊断等。产前诊断能在怀孕早期及时确定胎儿是否患有遗传病或其他先天性疾病，避免这样的胎儿出生。

选择生男生女

因性别的不同，遗传的情形也不同，这种情形就称为"性别（X染色体）遗传"。发生这种情形的原因就是遗传因子只与X染色体有关，而与Y染色体无关。

及时终止妊娠

产前诊断中发现孕妇或胎儿患有严重疾病时应终止妊娠，防止有严重疾病的胎儿出生。

宝宝的外貌会像谁

肤色：遵循父母"中和"色的自然法则。比如，父母皮肤较黑，不会有白嫩肌肤的子女。如果一方白、一方黑，那么，在胚胎时"平均"后大部分会给子女一个不白不黑的"中性"肤色，也有像一方的。

眼睛：眼形是遗传的，而且大眼睛相对小眼睛是显性遗传的。这对小眼睛的人来讲，无疑是件高兴的事，不管自己怎样，只要配偶是大眼睛，生的孩子大眼睛的可能性大一些。双眼皮也属"绝对"性遗传。父亲是双眼皮，大多数会留给子女们，有些儿童出生时是单眼皮，成人后又会"补"上父亲那样的双眼皮。长睫毛也是显性遗传的。

下部：下部是不容"商量"的显性遗传。比如父母任何一方有突出的下部，子女们通常毫无例外地长成酷似的下颌。

秃顶：秃顶只会遗传给男性。比如，父亲是秃顶，遗传给儿子的概率则有50%，就连母亲的父亲，也会把自己秃顶的25%的概率遗传给外孙。

肥胖：父母若肥胖，子女将有53%的可能性成为肥胖者若一方肥胖，概率就会下降到40%。这说明，胖与不胖，大约有一半可以由人为因素决定。

身高：一般来说，身高的遗传度为0.70，就是说，身高70%取决于遗传，35%来自父亲，35%来自母亲，只有30%的主动权握在自己的手里，这就决定了力求长个的尝试，不会有太明显的效果。不过，遗传只能决定身高生长的潜力，但此种潜力能否得到正确发挥则有赖于各种环境条件。

腿型：酷似父母有双脂肪堆积的腿，完全可能通过充分的健美运动而塑造为修长健壮的腿。倒是双腿若因遗传而显得过长或太短时，就无法再塑，只能任其自然了。

声音：通常男孩的声音大小、高低像父亲，女孩像母亲。但是，这种由父母生理解剖结构的遗传所影响的音质如果不美，多数可以通过后天的发音训练而改变。

宝宝的智力和遗传有关系吗

科学家的大量研究认为，智力的遗传是客观存在的。智力在50%~60%的程度上是由遗传决定的。

在一个家庭中，父母亲双方有一方智力低下的，他们所生的子女中智力低下的发生率明显高于父母亲智力均正常者所生的子女；同样，父母亲都是智力低下，他们所生的子女智能低的发生率会更高。这说明了智力与遗传的关系。

虽然智力和某些遗传基因有关，但也受着外界环境的影响。如果父母有意识在智力方面给予培养，加上本身主观努力，刻苦求学，亦能补救遗传缺陷。

以往多子女的家庭中，同一个家庭的子女，有的孩子长大后做出了惊人的成就，而有的则一生平平。这也充分说明了遗传固然能传给下一代某些天赋，但后天因素，如家长的教育、父母的行为对孩子的影响，以及个人学习和实践、刻苦的程度是造成智力差异的重要因素。

唇腭裂与遗传有关系吗

唇腭裂是一种常见的先天性畸形，即俗称的"兔唇"。研究表明，唇腭裂属于遗传病之一，属多基因遗传。虽然父母外观正常，但都带有致病基因，同时受不良环境因素影响，就可能生出唇腭裂的子女。父为患者，后代发生率3%，母为患者，后代发生率为14%。多基因遗传病发病往往是遗传因素与环境因素共同作用的结果，由于目前尚不能改变遗传因素，所以应当重视环境因素：如夫妻带有有关致病基因；妊娠最初的三个月，因营养缺乏，如维生素 A、维生素 B_2 或叶酸等；感染病毒，如风疹病毒；精神紧张或损伤后，可以出现应激反应而致内分泌的变化，特别是肾上腺皮质激素的变化可引起胎儿唇腭裂的发生。

饮食习惯也能遗传吗

一系列的测试与研究表明，一个儿童在饮食上的喜好与其母亲在怀孕及哺乳期间所进食物有着异常密切的关联。对于一位孕妈妈来说，她每天所摄取的食物可能会直接影响到自己的胎儿，使他们间接地受到孕妈妈的遗传，从而对某些食物产生强烈的偏好差别。怀孕或哺乳期间的妈妈每天吃的东西会影响到胎儿，胎儿便也通过某种特殊渠道开始认同相应食物的口味。这可能就是人们在食物口味偏好选择方面的最初根源。

调查也已经表明，大多数人都喜欢或认同自己妈妈特别喜爱的食物。如果一位女性在怀孕或哺乳期间能够尽量保持食物荤素均衡，多进食一些时令蔬菜及新鲜水果，其胎儿在长大后也会相对更容易接受水果及蔬菜，从而避免孩子平日进餐时出现严重性偏食现象的出现或减少复发频率。

精神病会遗传吗

精神病的遗传倾向是很明显的。调查表明，精神分裂症在患者的亲属中有高于一般人群的患病率，而且亲缘关系越密切，患病率越高。精神病不完全是遗传的，外界不良环境、精神刺激是诱发精神分裂症的重要因素。患有精神病的上一代会通过遗传，让下一代有了精神病的易患性。同样的环境刺激，对一般人不容易引起精神病，而对有精神病家族史的人，也就是有精神病易患性的人，则可能是"致病的因素"。所以说，精神病不会直接让下一代也直接遗传精神病症状，只是增加了下一代患病的概率，增加了风险性。

白化病会遗传吗

白化病是常染色体隐性遗传，也就是说白化病患儿的父母亲都是致病基因的携带者。如果父母亲只有一方是致病基因的携带者，下一代不会发病。白化病的遗传特点有以下三种：第一，如两个患白化病的病人结婚，他们的子女都将患白化病，从优生学上来说这种情况应禁止婚配；第二，白化病人同正常人结婚，他们的子女不表现病态，但在体内都带有白化病的基因；第三，夫妻俩均带有白化病基因，所生的子女中，患病的可能是白化病患者，有1/2的可能不表现症状，但实际上是白化病基因的携带者，有1/4的可能为正常孩子。对于白化病的患者，目前尚无有效的治疗方法，主要是预防。所以提倡生育前做染色体检查，只有早查出来，才可以预防。

近视会遗传吗

近视会遗传吗？这是很多人心中的一个疑问。近视眼在发生和发展过程中，遗传因素起重要作用。调查显示，凡是家中父母双方有近视者，其子女有近视眼百分比明显高于其他家系。尤其高度近视眼的双亲家庭，下一代发生高度近视的概率很高，但对一般低度数的近视而言遗传倾向就不很明显。从后天环境因素来看，近视眼的发生和发展与近距离用眼的关系非常密切。总结近视产生的原因和影响因素，我们认为高度近视，遗传起了相当大的作用，但绝大多数的青少年单纯性近视，后天环境因素的影响更大。

性格会遗传吗

心理遗传学认为，孩子的性格一半来自遗传，这包括直系亲属的DNA遗传以及血型遗传，例如父母一方是急性子，一方是慢性子，那么子女儿乎有一半的可能性是急性子或慢性子；而如果母亲在孕期常生气、发脾气，则血液中激素水平会很快升高，体内的有害化学物质的浓度也会在短时间内增多，这些物质通过血液循环很快就会遍及全身，并且能通过胎盘屏障进入羊膜腔。这些物质还会在胎儿身上直接发生作用。孩子出生后在性格、情绪上会还原母亲的性格和情绪。

孩子性格的另一半则来自后天发展，包括孩子所处的生活环境、家庭氛围、教养方式，甚至包括居住条件和饮食习惯。并且随着孩子的慢慢长大，在社会生活中接触的范围扩大，他的性格趋向社会性，受环境的影响加深，成长道路中各种错综复杂的外部因素都会影响其性格的形成。事实上，在人的一生中，其性格都有变化和被重塑的可能。这也就是我们经常说的性格既有稳定性，又有可变性的特征。

特殊情况下的备孕提醒

流产后再孕的提醒

流产分为自然流产和人工流产，自然流产通常是指怀孕后胎宝宝还没有满 28 周就因非人为原因产出的情况，一般可能是由于内分泌异常或活动剧烈引起的；人工流产，是指在已怀孕女性的妊娠 24 周以前，采用人工方法，把已复发育但还没有成熟的胚胎和胎盘从子宫里取出来，达到结束妊娠的目的。

做过人工流产手术的女性，子宫内膜因器械在宫腔内吸引、抓刮，会受到一定程度的损伤，要使内膜恢复正常，需要一个较长期的调整过程。人工流产后的女性，头几次月经不正常，说明子宫内膜处在修复中。虽说人工流产一般不会影响以后的怀孕，但也会带来其他意外，如感染、出血、宫腔粘连、宫颈内口松弛等，需要及时治疗。因此，人工流产后切不可过早怀孕，以免体力不足、人体内分泌功能没有很好恢复、子宫内膜发育不好等原因，造成胚胎发育不良，导致自然性流产发生。

98% 的流产是发生在怀孕的前 3 个月，一般在流产后再次怀孕成功的概率为 80%。注意的是，流产会随着孕妈妈年龄的增加而增加，如果孕妈妈年纪超过 30 岁，并在第一次怀孕就流产，应该去专业医院好好检查一下，在医生的帮助下将潜在的导致流产的原因找出来，避免下次怀孕再发生流产。

除了影响身体外，流产还会对女性造成不同程度的心理伤害。流产而带来的各种负面情绪，如伤心、自责等可能需要专业的心理医师来帮助调节。千万不要小看了这些负面情绪，一旦处理不好，任其发展，很可能产生很严重的心理疾病，影响到自己的身心发展。一般情况下，医生会在饮食和生活方式上提供建议，并辅助相应的治疗，各种放松疗法都有不错的效果，这些帮助会让女性在经历流产后更好地调节自己，将心理状态调整到最佳，迎接下一次怀孕。

剖宫产后再孕的提醒

剖宫产就是将子宫做一个切口然后将宝宝取出，帮助妈妈完成分娩，因此，子宫不可避免地受到一定的伤害。有高危妊娠迹象的产妇、孕妇年龄在 40 岁以上，或因一些生理机能的原因不能自然分娩的孕妈妈都会选择剖宫产。现在剖宫产的比例越来越高，但也为那些准备再孕的妈妈增加了许多风险。因此剖宫产后再孕需要更小心。

剖宫产后再怀孕的注意事项：

1. 剖宫产后再生育，需在两年后再孕。因为剖宫产后子宫壁的刀口在短期愈合不佳。过早的怀孕，由于胎儿的发育使子宫不断增大，子宫壁变薄，尤其是手术刀口处是结缔组织，缺乏弹力。新鲜的瘢痕在妊娠末期或分娩过程中很容易胀破，而造成腹腔大出血甚至威胁生命。因此，再次妊娠最好是在手术两年以后较为安全。

2. 妊娠晚期要防止腹部受挤压。为预防发生瘢痕处裂开，必须注意保护，不能受到挤压。妊娠晚期在日常生活中，乘车、走路等要避开拥挤的人群，家务劳动要适当，睡眠应仰卧或侧卧，性生活应有节制，避免腹部受到撞压。

3. 发生腹痛及早就医。瘢痕子宫到妊娠晚期有的会出现自发性破裂，腹痛是主要表现。由于子宫瘢痕愈合不良随妊娠月份的增加，宫内压力增大，虽无任何诱因，子宫也可从其瘢痕处胀发而破裂。子宫破裂时可出现轻重不等的腹痛，有时腹痛虽轻，但子宫已破裂，必须提高警惕。

4. 注意胎动情况。胎动是胎儿在子宫内发出不规律的活动，胎动的快慢是胎儿在宫内安危的早期表现之一。一般于妊娠期每小时要有 3 ~ 5 次或一天（12 小时）至少要有 10 次以上的胎动。剖宫产术后，带有伤痕的子宫如果有轻微的破裂及胎盘的异常，均将导致胎儿死亡。这时胎心音消失。胎儿死亡前的 24 ~ 48 小时，先有胎动减慢或消失。因此注意胎动变化可提前发现胎儿的异常情况，以便及时采取措施。

5. 再次剖宫产时，应行输卵管结扎。剖宫产手术分娩，一人仅能做两次。为保证母亲的健康，在第二次剖宫产手术的同时，要做输卵管结扎，以达绝育目的。

6. 再次分娩应以剖宫产为宜。第一次剖宫产术后再孕的产妇，第二次分娩有 80% 做剖宫产，这比阴道分娩安全。再次剖宫产的手术时机要选择适当。过早，胎儿不易存活；过迟，易造成子宫破裂或死胎。只要胎儿发育成熟，便可进行手术，不必非等到临产才做手术。

7. 宜提前住院待产。瘢痕性子宫越接近产期，破裂的危险越大。为预防发生子宫破裂或胎儿死亡，应提前两周住院待产，以便发现问题及时处理。

高龄女性的备孕提醒

高龄孕妇指的是年龄在 35 岁以上第一次妊娠的孕妇。一般来讲，高龄产妇的胎儿宫内发育迟缓和早产的可能性较大，不明原因的死胎也较多，先天性畸形率也相对增加，并且在生产时肌肉力量差，易发生宫缩不好、宫颈的扩张力差、宫颈水肿、宫口不易开大，导致产程延长或难产，使胎儿滞留宫内从而引起胎儿窘迫症。因此，高龄孕妇应更加注意妊娠期的保健、产前监测和检查。

此外，高龄孕妇还极有可能患有妊娠高血压症和妊娠糖尿病，容易影响母胎健康和生命的安危，若原有夹杂其他疾病，可导致胎盘功能过早退化，对胎儿更为不利，这些都应引起高度重视。

具体来说，高龄孕妇在妊娠期需要注意的有：

1. 孕前要进行身体检查。夫妻双方在孕前都要进行的身体检查，特别是准备怀孕的女性，除了要进行心、肝、肾等常规检查，还要重点检查生殖系统。

2. 孕前要提前 1 个月口服叶酸。服用叶酸可以避免神经系统发育疾病，如果孕前没有及时吃叶酸，怀孕后要继续补充，直到怀孕 12 周为止。

3. 忌口。高龄孕妇在妊娠期间比 20 多岁怀孕更容易发胖，如果体重过度增加的话极易患上糖尿病，而且腹中的宝宝长得太大会给分娩带来困难，因而高龄准妈妈更需要忌食含糖量高的食物来控制体重，一般妊娠 40 周的孕妇体重增加不要超过 12.5 千克，其中胎儿占 3.0 ~ 3.5 千克。

4. 进行唐氏筛查。孕 16 ~ 20 周时，要进行唐氏筛查。通过提取孕妇的血液，检测血液中所含有的各种物质的量和浓度来判定胎儿可能出现的一些病症。

5. 进行绒毛及羊水检查。在孕 11 周左右，用一根活检针通过宫颈或腹壁进入宫腔到达胎盘位置，取出少许绒毛组织，进行检查；也可在 16 周左右，在麻醉的状态下，以针头穿刺的方法，取羊水、收集胚胎脱落细胞，进行检查。这项检查是正常的年轻孕妇不需要做的。研究表明，孕妇年龄愈大，先天愚型和畸形儿的发病率愈高。因为随着女性年龄增长，卵巢逐渐衰老退变，产生的卵子自然老化，发生染色体畸形的机会就会增多。这项检查可以直接获得染色体的数量，根据检查结果可以知道胎儿是否有异常。这项检查有 0.5% 的概率会因此导致流产。

6. 进行甲胎蛋白检测。甲胎蛋白检测通常在孕 16 ~ 20 周进行，它是一种无危险的血样检查，通过测定血液中甲胎蛋白水平判定胎儿是否有神经缺损、肾脏和肝脏疾病等。

7.进行超声波检查。高龄孕妇的超声波检查一般需要做两次，分别在孕12周和孕20周的时候进行，用来进一步确定怀孕日期及任何发育异常的情况，如腭裂、脏器异常。

8.加强对血糖、血压等指标的自我监测。高龄产妇易患妊娠合并心脏病、妊娠高血压综合征和妊娠期糖尿病等，由于孕妇体内的血容量比非孕期明显增加，心脏负担加重，有些本身患有心脏病的高龄孕妇很可能由于无法耐受而只得提前终止妊娠。

9.高龄产妇自然分娩的难度更大，需要提前做好准备。高龄孕妇的骨盆比较坚硬，韧带和软产道组织弹性较小，子宫收缩力相应减弱，容易导致产程延长，甚至难产、胎儿产伤和窒息，所以90%以上的高龄孕妇会选择剖宫产。

人工受孕的备孕准备

人工受孕前男女双方都要做很多准备工作。只有通过了严格的检查和详尽的准备，才能进行人工受孕，提高受孕成功率。人工受孕是一种辅助受孕方式，就是将精液置于不同的培养液利用离心及游离方式，除去活动力不佳的精子、白细胞、细胞、细菌及一些化学物质等，将活动力良好的精子浓缩后，再把这些活动力良好的精子，利用特殊设计的导管，经由阴道及子宫颈，送到子宫腔内，从而协助受孕。这样受孕的成功概率会高两三成。

人工受孕前男女双方要注意以下事项：

1.女方要经过检查，证明具有正常生育能力，除月经基本正常外，还应进行包括子宫内膜病理检查、输卵管通液试验或造影，以证实输卵管通畅。

2.女方要测定基础体温2～3个月（或到医院测定血尿孕酮、雌二醇等激素的变化、用B超监测排卵情况）以估计排卵日，以便在排卵前2～3天到医院，再经医院检查最后决定合适的移植时机。若第一月经周期人工授精未成功，可在以后周期继续进行，如果6周期后仍未成功，男女双方均应重新检查其生育能力。

3.男女双方检查血型，并据此以选择同血型人的精液。

4.把证明丈夫不能生育的证明带来。

职场女性备孕提醒

相比全职太太的安逸生活,"备孕"对于职场女性来说似乎成了一件更困难的事儿。结婚生子是人生必经之路,而对不少女性而言却是职业生涯的一道坎儿。在做好本职工作的同时,职场女性若想顺利有个宝宝就需要了解更多的准备工作和注意事项:

1. 远离装修污染。在备孕和怀孕期间,职场女性必须远离化学药剂,除了杀虫剂等有强烈气味的化学用品等,更要避免在新装修的场所出入,尤其是家居环境、工作场所等需要长时间待着的环境。因为涂料和油漆中的化学成分容易造成胎儿发育畸形及引发流产。

2. 全方位防辐射。生活中各种各样的辐射有点让人防不胜防,这对于职场女性的备孕是一个很大的挑战。其实,如果工作环境中电脑数量不多的话,应该没有什么大问题。但是对于从事 IT 业或是电视台等需要频繁、大量接触电子仪器的准妈妈来说,办公室内经常会有几十台,甚至上百台电脑。辐射量过大的结果,可能会对胎宝宝产生一定的不良影响。

因此,如果女性的工作环境必须面对大量电脑,那么建议在准备怀孕期间就开始穿上防辐射服,因为等你得知自己怀孕的时候,早期的胚胎其实已经形成,所以防辐射服要及时穿。在整个孕期,尤其是怀孕期的前 3 个月,要特别注意防辐射。

3. 均衡饮食。日常生活中,许多职场女性的饮食习惯不是很好,可能会造成营养不良和贫血,这些不良习惯要在怀孕前及时纠正。

如果准妈妈在贫血的状况下怀孕,有可能会引起流产。由于胎儿和母体的交流是通过血液循环进行的,准妈妈贫血会造成胎儿的营养不良。此外,有素食习惯的职业女性最好在备孕时进行适当的饮食调整,摄入适当的营养,特别注意补充必要的 8 大营养:维生素 B_6、维生素 C、维生素 E、钙、铁、锌,以保证宝宝的健康成长。

胎宝宝和孕妈妈的10个月

	1月	2月
简介	从最后1次月经的第1天算起，到28天结束，称为孕1月。受精卵开始细胞分裂，并向子宫移动着床。胎儿从第3周才真正开始成长	现在是胎宝宝各个器官形成的关键时期，视神经、听神经、脑神经已生成，心脏、肝脏、胃的外形已出现。各器官形成，逐渐出现人的形态
图样		
胎宝宝	受精后7～12天受精卵着床成长，胚芽长约1厘米，重约1克。外形柔软像条小鱼；这个月的胎宝宝性别在受精的那一刻就已经决定；受精卵在子宫着床后便开始成长，最先生成的是神经管，神经管随着时间的推移会发育成脑和脊椎	这个月，胚芽基本出现人的轮廓。胚芽进一步发育，至7周末的时候，胚芽长为2～5厘米，重约4克。7周时在B超里可听见心跳，血管已能运送全身血液；具备人的雏形，7周后可区分出头、身、手脚的形态，视觉神经、听觉神经及脑都急速发育，内脏具有雏形；羊水已经产生，脐带组织发育得非常迅速，胎盘渐渐发育
孕妈妈	很多孕妈妈这个时期并不知道自己已经怀孕了。孕妈妈此时没有特别的征兆；乳房变得硬硬的，卵巢分泌的黄体素会促进乳腺发达，乳房跟着变大，乳头变得格外敏感，稍有碰触便会感觉疼痛，颜色也会变深；子宫大小没变化，子宫内膜在受精卵着床后会变得比较柔软、比较厚，以保护刚刚成形的胚胎；全身无力像感冒，少数准妈妈可能会有轻微发热、全身无力等类似感冒的症状	孕妈妈一般到停经才发现怀孕，有些准妈妈可能会有少量阴道出血，被误认为是月经，有出血状况时务必立即告知医师；这个月，孕妈妈的妊娠反应正式开始，因体质不同差异性非常大，有的人完全没有感觉，而有的人妊娠反应严重而导致营养失调；子宫渐渐变大对膀胱造成压迫，孕妈妈常常会有小便的感觉，另外，激素使肠蠕动变缓慢从而引起便秘

	3 月	4 月
简介	本月是容易流产的时期，妊娠反应渐渐变得严重。准妈妈为了自己和腹中的胎儿，一定要多多休息	妊娠反应渐渐消失，食欲变得较佳。胎儿的重要器官大部分形态已具备，胎盘大致完成发育。度过流产危险期，进入安定期
图样		
胎宝宝	这个月胎宝宝迅速成长，身长为8~9厘米，重为20~50克。大部分脑细胞发育完成，第3个月结束时脑细胞发育已大致完成，可看到胎儿四肢，已有人的雏形了；胎宝宝开始长出手指及脚趾，手指有了指纹，会弯曲及伸展，会握拳再打开，会低头再抬头，胎儿羊水中游着，皮肤产生触觉，但不敏锐	这个月胎宝宝身长约10厘米，重约120克。内脏和手脚等器官已经形成，头的大小类似乒乓球，面孔出现胎毛；性器官开始明显，胎儿能在羊水中旋转，通过B超能确认其手脚活动的状况；吸吮反射机能开始，通过超声波就能看到宝宝吸手指的可爱模样
孕妈妈	孕妈妈这个月妊娠反应明显。从身体外表仍然看不出来怀孕，子宫像拳头一样大，下腹部有些微隆起，看不出来，手摸才会感觉到；孕妈妈心情起伏不定，激素变化会让孕妈妈出现忧虑、暴躁等非理性的行为，强烈的饥饿感或消化不良的现象也属正常；孕妈妈体内分泌物增加，分泌物成乳白色黏稠状，无味、不痒；外阴颜色加深；真正的妊娠反应现在开始，有的人严重到喝水都恶心，有的人则胃口好得很。还可能产生饮食口味改变	这个月孕妈妈妊娠反应逐渐消失，已可看出下腹部的突出，子宫上升到骨盆上方，支撑子宫的韧带被拉长会致使腰酸，胃口开始变好，注意孕期体重控制；可能会出现贫血、牙龈出血；保持阴道清洁，流产危机消除；体温变高，阴道内酸度降低，容易感染，注意保持清洁，胎盘发育完善，准妈妈与宝宝之间有脐带连接，所以流产危险降低

	5 月	6 月
简介	进入第 16～19 周就可感受到频繁的胎动。胎位不正是胎儿在这时期不停活动的缘故，很快就会恢复为正常胎位	羊水变得更多，胎儿在里头自由自在地游着，也因为胎儿肌肉和神经充分发育，因此胎动变得明显
图样		
胎宝宝	胎宝宝生长较快，变化明显，身长约 23 厘米，重约 250 克。这个月胎宝宝的神经系统进一步发育，可以通过胎动来感受胎儿在子宫中悠游，胎儿神经系统发育更加完善，胎儿的活动变得有自我意识；脑部发育的黄金期胎儿长出胎毛、头发与眉毛，神经系统发育更加成熟，可以控制视觉与听觉，掌管五官感觉的脑前额叶发展得更为完善	这个月胎宝宝发育接近成熟，身长约 30 厘米，重约 600 克，头围为 22 厘米，身体各部位比例逐渐匀称。耳朵已经听得见，眼皮及眉毛、手指甲基本形成，耳朵能听见妈妈血液流动及胃消化的声音，也听得见子宫外的声音，多和宝宝说话互动；胎脂分泌量增加，胎脂可让胎儿免受羊水的伤害，分娩时起润滑作用；胎儿会小便，胎儿会喝进羊水再尿出来，渣滓最后形成胎便，出生后 1 周内排净
孕妈妈	这时，孕妈妈开始感受到胎动，由于对胎动的感受因人而异，所以你要耐心地等待它的到来；稳定期可进行孕期运动，简单安全的孕期运动（如游泳、瑜伽、体操与散步等）可锻炼生产时须使用到的肌肉部位，帮助顺产	孕妈妈的腹部此时已经明显增大，子宫的高度为 18～24 厘米。腹部感觉疼痛，下腹隆起许多，常会感觉疼痛，呼吸急促，心脏负担较大，腹胀，消化不良，容易燥热；血液循环不顺。脚常会抽筋疼痛，脸及手都容易变红甚至瘀血。为避免孕中期生理贫血应多摄取铁；皮肤觉得瘙痒，激素会导致皮肤瘙痒，甚至水疱、湿疹，尽量穿棉质衣物，避免摄取油炸、辛辣食物

	7月	8月
简介	若在此阶段生产，就是"早产"。第7个月之后产下的宝宝，只要适当地护理，还是有很高的存活概率的	从28周开始产检变成每2周1次。胎儿急剧成长，肚子一下子变得很大，日常生活中，行动一定要格外小心
图样		
胎宝宝	这个月胎宝宝头与躯干比例接近新生儿，身长约35厘米，重约1000克。胎宝宝听力与皮肤发育日趋成熟，皮肤厚度发育完成，眼睛会张开，并可以睁开与闭合，听力发育成熟，可听到妈妈心脏的跳动，眼球会转动，味觉逐渐发达，大脑皮质发达，能以自己的意志改变身体的方向，会有伸展、收缩身体与抓握手脚等肢体动作，胎儿的思考、记忆及各种情感发展也开始萌芽	这个月羊水量增加速度减缓，胎宝宝生长迅速，身长约40厘米，重为1100~1500克。胎宝宝此时已没有自由活动的余地，头部朝下的胎位为正常胎位；皮下脂肪开始生成，羊水量不再增加了，胎儿位置与姿势趋于稳定，皮肤皱纹逐渐消失，骨骼大致完成，神经系统更为活跃；五种感觉器官大致完成发育，听觉、视觉、触觉、味觉与嗅觉发育完成
孕妈妈	这段时期容易发生早产，孕妈妈要格外注意。这个月80%的孕妈妈都会在腹部与乳房、大腿上出现紫红色的妊娠纹；孕中期一般情况下夫妻之间可以享受性爱，注意不要压迫到腹部，有不适时立即暂停，行房结束后要清洁身体，避免子宫感染；孕妈妈为了保持身体平衡会略微朝后仰，腰部的负担加重，容易感觉到疲劳和酸痛	这个时期下肢水肿的孕妈妈增多，而且容易出现妊娠高血压综合征、贫血、眼花、静脉曲张、痔疮、便秘、抽筋等现象；因为子宫增大，孕妈妈腹部、大腿出现妊娠纹，面部也可能有妊娠斑；孕妈妈的分泌物开始增加，这会使孕妈妈面临霉菌感染，但若瘙痒难耐，立即去医院处理

	9月	10月
简介	做好生产计划，参加专业的孕妈妈产前培训，让自己在迎接生产时，能有更好的生理与心理的准备	280天的孕期生活就要接近尾声，此阶段的孕妈妈应尽量放松心情，安心地等待胎儿的来临
图样		
胎宝宝	这个月的胎宝宝身长约45厘米，重约1800克。大脑迅速发育，大脑形成皱褶和凹槽，大脑和神经循环系统已能运作；感觉器官发育完全，听觉发育已完成，巨大声响会惊吓宝宝，会转动眼球，能感受到妈妈的喜怒哀乐；头开始转向，把头慢慢转向骨盆下方，子宫内空间变小，动作会变得较少，可以自己呼吸和调节体温；如果早产，基本具备生存能力	这个月的胎宝宝已经成长为成熟儿，身长为48～56厘米，重为2500～5200克，头围约35厘米，头盖骨变硬；发育完成的皮下脂肪，形成胎儿圆滚滚的可爱体形；胎脂脱离，胎毛消失，内脏、肌肉、神经系统充分发育，做好了出生后立即呼吸、调节体温与喝奶的准备
孕妈妈	这个月孕妈妈的腹部高度隆起，行动会比以前迟缓，而且容易疲劳。胸闷、呼吸困难子宫上移，影响肺、心脏，导致呼吸短而急促，也压迫到胃导致食物堵在食管下不去的感觉；增大的子宫压迫到膀胱，导致尿频或尿失禁，情况严重可使用成人尿裤；有的孕妈妈早晨醒来时手臂、腿、脚踝肿胀发麻尤其严重，如果整天都没消退，要考虑是否患子痫前症或孕期高血压综合征，建议及时就医	孕妈妈从此时开始，要坚持每周一次的产前体检。这段时期孕妈妈要注意全身清洁，按摩乳头；同时禁止性生活，避免引起破水和早产；孕妈妈要随时做好住院的准备，胎儿随时都有可能降临，准备好生产所需的待产包，就算临时有产兆发生，也不会手忙脚乱

孕期 10 个月的胎教

运动胎教——孕中期是最佳时期

运动胎教以刺激胎儿的运动积极性和动作灵敏性，可以轻轻拍打或抚摩胎儿，动作轻柔。抚摩时，孕妇平卧，双手轻轻放在腹部，顺一个方向，用手指轻轻压抚，以激发胎儿的运动积极性，同时胎儿也获得爱抚，一般每次 5 分钟，一天可进行数次。

美国的育儿专家提出一种胎儿"踢肚游戏"胎教法，怀孕 5 个月的孕妇，当胎儿踢肚子时，孕妈妈轻轻拍打被踢的部位，然后等待第二次胎儿踢肚。一般在一两分钟后，胎儿会再踢，这时候再轻拍几下，接着停下来。如果你拍的地方改变了，胎儿会向你改变的地方再踢，此时要注意改变拍的位置，离原来胎动的位置不要改变过远。这种游戏可每天进行两次，每次数分钟。

视觉胎教——贯穿整个孕期

胎儿在官腔内是处于一个黑暗的环境里，因此胎儿的视觉功能发育比较晚。孕 8 月末，胎儿可对光照刺激产生应答反应。研究证明，当用手电筒照射孕妇腹壁胎头部位时，可感觉到胎心率增快的现象，持续照射几分钟，胎心率又恢复至照射前的状态。光照可促进胎儿视觉功能健康发育，光照 5 分钟，通过刺激胎儿的视觉信息传递，使胎儿大脑中动脉扩张，对脑细胞的发育有益。

听觉胎教——贯穿整个孕期

听觉胎教，包括音乐及语言的胎教，多在妊娠后期进行。音乐胎教时要考虑对胎儿的听觉神经和大脑有无损伤的频率范围，正确的音乐频率范围应为 500 ~ 1500 赫兹，音乐磁带必须经过医学检测。其次，胎教音乐的节奏要求平缓、流畅，最好不要带歌词。

触觉胎教——出现明显胎动时进行

触觉胎教在本书中主要指抚摸胎教，用手在孕妈妈的腹壁轻轻地抚摸胎宝宝，引起胎宝宝触觉上的刺激，不但可以促进胎宝宝感觉神经及大脑的发育，还能促进亲子之间的联系。

孕期各月重点胎教表

孕1月	环境胎教	孕妈妈应为胎宝宝的到来创造优良的外部环境、身体环境及心理环境，并保证充足的营养，积极迎接胎宝宝的到来
孕2月	情绪胎教	此时是胚胎腭部发育关键时期，孕妈妈长期情绪过度不安或焦虑，会导致胚胎的发育异常和新生儿腭裂或唇裂。孕妈妈应重点注意情绪胎教，保持豁达和轻松的心情
孕3月	音乐胎教	音乐对安抚孕妈妈的情绪，帮助孕妈妈克服早孕反应，促进胎宝宝健康发展有重要作用
孕4月	语言胎教	这个时期胎宝宝对声音已相当敏感，坚持跟胎宝宝对话，不但胎宝宝会认识孕妈妈的声音，还能成为培养他语言能力的捷径
孕5月	运动胎教	此阶段是孕期运动最安全的时期，孕妈妈可以选择柔韧性和灵活性较强的锻炼方法，如健美操、瑜伽、游泳、慢跑等，促进孕妈妈和宝宝的健康
孕6月	抚摸胎教	此时胎动明显，当隔着母体触摸胎儿的头部、臀部和身体的其他部位时，胎儿会做出相应的反应，促进胎宝宝感觉器官及大脑发育
孕7月	光照胎教	这个月份，胎儿初步的意识萌动已经建立，所以，对胎儿心智发展的训练可以较抽象、较立体的美育胎教法为主
孕8月	美学胎教	这个月份，胎儿初步的意识萌动已经建立，所以，对胎儿心智发展的训练可以较抽象、较立体的美育胎教法为主
孕9月	音乐胎教	听力逐步完善，音乐胎教可促进胎宝宝的大脑发育，尽早开发他的音乐潜能，对其性格培养也有重要作用
孕10月	冥想胎教	冥想能够提高孕妈妈的自信心，并能最大限度地激发宝宝的潜能，对克服分娩恐惧也很有效

孕期护理要点

孕期常见不适与疾病防护

♋ 孕吐

"孕吐"特指孕妇晨吐，在孕早期比较常见，疲劳可使晨吐症状加重。12周后，恶心一般可以消失，但有时稍后又会出现。孕妈妈常在闻到某些食物或吸烟的味道时就会感到不舒服，并且孕吐总是发生在一天中的特定时间。

孕妈妈可以在很难受的状态下设法吃些东西以抑制恶心，避开使自己感到不舒服的食物以及气味。此外，孕妈妈全天要少吃多餐。

♋ 气喘

妊娠末期，生长中的胎儿压迫横膈膜，妨碍孕妈妈自由地呼吸。分娩前1个月当胎儿的头部进入骨盆时，气喘会有所缓解。此外，贫血也会引起气喘。孕妈妈经常在用力做事时感到透不过气来。

当孕妈妈有气喘现象时，应尽可能多休息，晚上睡觉可以多加一个枕头，严重者就需要去看医生或与助产士商量。

♋ 皮疹

皮疹常见于超重并大量出汗的孕妇，是由于激素的变化引起的，多出现在孕晚期。红色皮疹常发生在乳房下或腹股沟处被汗浸湿的皮肤褶皱内。

当孕妈妈发现自己有皮疹时，可以用五香味的肥皂清洗患处，并使患处保持干燥，可以用炉甘石洗剂（痱子水的一种）来减轻皮肤的不适。此外，孕妇可以挑选宽大的棉质衣服，这样有利于缓解皮疹。

♋ 出汗

孕中期和孕晚期，孕妈妈由于激素的改变以及流到皮肤的血液增加，而引起出汗。这时孕妈妈稍用力气后就会出汗，或者夜间醒来感觉热并且出汗。

对于经常出汗的孕妈妈可以穿一些宽松的棉质衣服，避免人造纤维的衣料，可以大量饮水，偶尔也可以夜间开窗，来缓解出汗现象。

♋ 水肿

怀孕后，孕妈妈体内的血容量增加，会加重体内滞留的水分，血液中的化学变化也会令一部分液体转移到身体的组织中，造成水肿。此外，在孕中晚期，越来越大的子宫会压迫骨盆静脉和下腔静脉，减慢血液从腿部回流的速度，造成血液淤积，从而迫使静脉内的部分液体留在脚和踝部的组织中，出现孕期水肿。除了脚和踝部出现一定程度的水肿外，孕妈妈手部也会出现轻度肿胀的情况。通常情况下，水肿现象晚上比较严重，炎热的天气和身体疲劳也会加重水肿。

孕妈妈应尽量避免长期坐姿、站姿，坐着的时候，不要跷二郎腿，每隔一段时间要活动活动。要尽可能垫高脚部。还要保持饮食均衡，少吃含盐量高的食物。睡姿多采取左侧卧位。要注意穿着，在孕期，孕妈妈应穿着舒服、宽松的鞋子，不要穿脚踝或小腿处袜口特别紧的短袜或长袜，避免水肿的脚受挤压。

失眠

孕妈妈在整个孕期都可能会出现失眠的状况。胎儿踢动，想要上厕所，不断膨大的腹部等，这些原因都会使孕妈妈在床上感觉不舒服，就会失眠。但医生是不会给孕妈妈开安眠药的。孕妈妈在这一时期往往入睡困难，而且醒来后很难再入睡。有些孕妈妈会做有关分娩或胎儿的噩梦，但孕妈妈千万不要为梦而烦恼，梦到的事情并不能反映将要发生的事。

出现失眠状况时，孕妈妈可以看书，做缓和的运动或睡前洗个热水澡来缓解一下。也可以尝试多加一个枕头，对促进睡眠或许有帮助。

疲倦

怀孕初期，孕妈妈的生理出现了前所未有的变化，基础新陈代谢加快、体内热量消耗变快、血糖不足、体内黄体素升高等原因都可能让刚刚怀孕的孕妈妈出现疲劳、嗜睡的症状。等到怀孕中期，孕妈妈的睡眠就能够逐渐恢复正常了，到了临产前几个月，孕妈妈由于体重增加，子宫压力加重，从而造成心脏输出血量增加，又会总是感到疲倦想睡，但在睡觉时很容易惊醒，有效睡眠时间反而减少，有的孕妈妈还可能会出现睡眠障碍，如失眠等。

充足的睡眠对孕妈妈来说是十分重要的，如果嗜睡情形影响了生活或作息，建议孕妈妈可以少量多餐，维持血糖一定浓度；当白天感到疲倦时，不妨小睡片刻，但最好不要超过一小时，以免夜里失眠。

便秘

怀孕以后，孕妈妈的内分泌水平发生变化，使胃肠道平滑肌的张力降低的孕激素增多，膨大的子宫体压迫结肠，再加上孕妈妈在孕期的活动减少，胃肠的蠕动也相对减少，食物残渣在肠内停留时间长，就会造成便秘，甚至引起痔疮。

孕妈妈在日常饮食中要注意摄取足够量的膳食纤维，以促进肠道蠕动；还应该进行适当的户外运动，养成每日定时排便的习惯。如果解大便的间隔比平时长很多，且大便很硬，很难解，腹部感觉很胀，甚至便血的话，就需要去医院诊治了。

尿频

在孕早期和孕晚期，孕妈妈体内的血液大量增加，导致了大量额外的液体通过肾的"加工"进入膀胱，致使小便次数增加。随着孕期的进展，孕妈妈的排尿频率和尿量都在增加，没有在孕中期出现减轻的迹象。而在孕晚期，由于胎头下降进入骨盆腔，使得子宫重心再次重回骨盆腔内，压迫位于前方及后方的膀胱和直肠，导致尿频现象加重。一般而言，尿频现象会在夜间变得更明显。

预防尿频，孕妈妈首先要保持外阴部清洁、干爽，清洗外阴时用中性的皂液避免刺激；内衣内裤要选用纯棉材料；平日里多饮水、多排尿，尽量不憋尿，以减少膀胱压力；睡眠和休息时尽量采取左侧卧位，以减少增大的子宫对输尿管的压迫。如果孕妈妈在排尿时感到疼痛或有烧灼感，或者尽管有强烈的想排尿的感觉，但每次只能尿出几滴，那就应该去医院就诊了。这可能是尿路感染的征兆。

漏尿

孕晚期孕妈妈容易出现漏尿的情况，这可能是由于骨盆底肌肉无力以及生长中的胎儿压迫膀胱造成的。孕妈妈在咳嗽、打喷嚏或者大笑时，都会有漏尿。这种情况出现时，孕妈妈要经常拍掉小便，不要有短时间的憋尿行为；要经常进行骨盆底肌肉的锻炼；防止便秘、避免提重物。

痔疮

在孕中期和孕晚期，孕妈妈日益膨大的子宫压迫下腔静脉，腹内压增加，影响了血液的回流，致使痔静脉充血、扩张、弯曲成团，形成痔疮；此外，孕期便秘也会造成或加重痔疮。当孕妈妈在排便时觉得痒痛，擦拭时有血丝时，就极有可能出现了痔疮。有的孕妈妈会发现肛门处有一团软软的、肿胀的东西，那是痔疮突出到肛门外，医学上称为外痔。

孕妈妈要避免便秘；排便时不要太用力，不要在厕所蹲太长的时间；不要长时间地坐着或站着；此外，还可以定时按摩肛门，在排便后清洗局部，用热毛巾按压肛门，顺时针和逆时针方向各按摩15次；建议依靠饮食调理，不吃辛辣食物以及油炸的食物，少吃不易消化的东西；多吃富含膳食纤维的蔬菜和水果；每天早上喝一杯淡盐水加速肠道的运转；每天进行温水坐浴、避免久站、久坐、久蹲；当有轻微便秘现象时，可以少量口服或外用缓泻药，如蜂蜜、开塞露等，也可在医生指导下使用药膏及软便剂，以避免如厕时用力过度而加重痔疮脱出的情况。

妊娠纹

妊娠纹多出现在孕中期和孕晚期。妊娠纹的形成主要是受孕期激素影响，由于怀孕时腹部的膨隆，皮肤的弹力纤维与胶原纤维会因外力牵拉而受到不同程度的损伤或断裂，皮下毛细血管及静脉壁变薄、扩张，皮肤因此变薄变细，腹壁皮肤就会出现一些宽窄不同、长短不一的粉红色或紫红色的波浪状花纹。除腹部外，妊娠纹还可延伸到胸部大腿、背部及臀部等处。

孕妈妈要在怀孕期间避免摄取过多的甜食及油炸食品；多吃些对皮肤内胶原纤维有利的食品以改善皮肤的肤质，帮助皮肤增强弹性；正确的喝水习惯也会有效提升皮肤弹性；孕妈妈一定要在孕期严格控制自己的体重；可以辅助使用一些妊娠纹防护产品，以到达减少妊娠纹出现、淡化妊娠纹纹路等效果。

胃灼痛

在孕晚期，孕妈妈会出现胃灼痛，这是由于激素的变化使胃的入口处瓣膜松弛，胃酸逆流到食管而引起。随着子宫的增大，胎儿对胃有较大的压力，胃排空速度减慢，胃液在胃内滞留时间较长，也容易使胃酸返流到食管下段，致使孕妈妈进餐后总觉得胃部有烧灼感。通常"胃灼痛"发生于怀孕中期及末期，50%以上的女性会在怀孕期间出现胃部灼热的现象。

应对孕期胃灼痛，孕妈妈要避免吃大量谷类、豆类、有很多调味料的或油煎的食物；建议晚上喝一杯温热的牛奶，多用一个软垫把头垫高；适量增加体重；日常生活中，需要低下身子时，用屈膝来代替弯腰；孕妈妈要穿着宽松舒服的衣服；也可以选择去看医生，吃一些治疗胃酸过多的药物。

晕厥感

在孕早期和孕晚期，孕妈妈的血压较低，所以很可能出现晕厥感，感觉头晕眼花，站不稳，需要坐下或躺下。出现这些情况时，孕妈妈要注意平时不能站立太久；如果突然感到晕厥，要坐下并把头放在自己的两膝之间，直到感觉稍好；在洗澡后，有坐位或卧位起身时要慢，如果是仰卧，先将身体转向一侧再起来。

静脉曲张

随着怀孕月份的增加，孕妈妈会发现除了常见的下肢水肿不适之外，还出现了会阴与下肢尤其是小腿浅表部的静脉有异常扩大、增长、曲折的迹象，也就是所谓的静脉曲张。孕期的静脉曲张多是由于体内增加的黄体素造成血管壁扩张，加上全身血流量增加，使原本闭合的静脉瓣膜分开，造成静脉血液逆流；或是由于增大的子宫压迫骨盆腔静脉和下腔静脉，使下肢血液回流不畅，致使静脉血淤积而引起的；还有一些是由家族遗传的血管先天静脉瓣膜薄弱而闭锁不全，或是孕期体重过重引发的。

　　孕期静脉曲张多数情况下对孕妇和胎儿危险不大，所以主要是以预防为主治疗为辅。为了预防孕期静脉曲张，孕妇可以穿着渐进压力式的医疗级弹性袜，这种医疗级弹性袜可以在医疗器材行买到。刚开始可以试着穿强度为 20 ~ 30 毫米汞柱的弹性袜，适应之后可以穿效果较佳的 30 ~ 40 毫米汞柱弹性袜；除此之外，坚持每天适度的运动；不要提过重的物品；尽量避免长期保持站姿、坐姿或双腿交叉压迫；睡觉时保持左侧卧、脚步用枕头垫高；避免用过冷或过热的水洗澡等都可以有效预防静脉曲张；当刚刚出现静脉曲张迹象时，可以经常变换体位休息，如坐着时注意脚腿部的活动、将腿部抬高 45° 等。

痛性痉挛

　　在孕晚期，孕妈妈容易缺钙，这就容易引起痛性痉挛。一般在夜间，孕妈妈的小腿部位和脚部的肌肉会发生痛性收缩。孕妈妈在发生痛性痉挛时可以按摩发生痉挛的小腿或脚部肌肉；为了改善血液循环，可以多活动一下；还可以找医生开一些钙及维生素 D 的补充剂。

牙龈出血

　　孕期牙龈出血通常是由妊娠性牙龈炎引起的。妊娠期间性激素水平发生变化，使牙龈毛细血管扩张、瘀血，炎症细胞和液体渗出增多，增加了局部原有的炎症反应所致。然而，妊娠本身并不会引起牙龈炎，如果没有局部的刺激物和菌斑，妊娠性牙龈炎是不会产生的。因此，去除局部刺激因素，如施行牙齿洁治术，及时清除牙面的菌斑和结石是止血的关键步骤。

　　为了治愈牙龈出血，孕妈妈需要彻底清洁牙齿，每天至少刷牙两次，刷牙时，使用软毛刷和含有氟化物的牙膏，顺着牙缝刷，尽量不要碰伤牙龈，也可以用牙线清洁牙齿；刷牙时不要忘记刷舌头，因为口腔中的细菌大部分是沉积在舌头上的，所以清洁舌头是口腔清洁的关键；不要吃过冷或过热的食物，少吃硬的食物，尽量挑选质软、不需要用牙齿用力咀嚼的食物，以减少对牙龈的损伤；多吃富含维生素 C 的蔬菜水果或口服维生素 C 制剂，以降低毛细血管的通透性，防止牙龈出血；此外，孕妈妈要定期接受牙齿护理，清除牙刷刷不到的菌斑和牙垢，或者针对孕期牙龈问题进行专门性的治疗。

🐾 阴道出血

从早期怀孕开始，阴道不正常出血是一种常见的问题。孕期出血是怀孕异常症状的警讯，无论血量的多寡和并发症状的严重程度如何，孕妈妈都要提高警觉，孕期出血的原因和状况因人而异，危险程度也各不相同。一般来说，孕期出血有以下几种可能：流产、宫外孕、葡萄胎、子宫颈息肉、子宫糜烂、子宫颈病变、早产、前置胎盘、胎盘早剥等。

流产：由于在胎盘发展之前，胚胎着床并不稳定，因此很多因素都容易造成流产。当流产发生时，胚胎与子宫壁会发生不同程度的分离，分离面的血管一旦破裂，就会造成阴道出血症状。

宫外孕：据临床统计，中95%的子宫外孕都发生在输卵管。由于输卵管的管壁非常薄，无法供给胚胎足够的血液循环及营养，因此在怀孕7～8周时便会产生不正常阴道出血，甚至有严重腹痛或是因腹内大量出血而导致休克。

葡萄胎：葡萄胎是一种良性绒毛膜疾病，发生率大约是千分之一。因为胎盘绒毛滋养细胞异常增生，末端绒毛转变成水疱，水疱间相连成串，状似葡萄因而称为葡萄胎。葡萄胎患者在怀孕初期，也会出血不正常阴道出血、严重孕吐，甚至心悸等症状。

子宫颈息肉、糜烂或是子宫颈病变：对于初期怀孕出血，很多人往往会忽略子宫颈的问题。子宫颈严重发炎导致糜烂，或是原本已有子宫颈息肉，很容易因怀孕激素的改变而造成表面微血管破裂出血。

早产：如果在怀孕后期，子宫收缩的频率增加，下腹有强烈的下坠感，而且已有疼痛的感觉，阴道出血甚至腰酸、阴唇抽痛等，这些都是早产的症状，应加以警惕。

前置胎盘：正常怀孕时，胎盘是附着在子宫壁的前、后壁或顶部，如果胎盘附着于子宫的部位过低，遮盖子宫颈内口，阻塞了胎儿先露部，即称为前置胎盘。如果在孕8个月之后出现前置胎盘的话，则阴道出血的概率大为提高。大部分的前置胎盘在卧床休息后即停止出血，但有的孕妇出血量大到像血崩，甚至可能会进一步引起子宫收缩诱发产痛，不仅对于腹内胎儿可能造成严重缺血及缺氧，孕妇本身也可能导致休克死亡。

胎盘早剥：正常情况下，胎盘在胎儿产出后才剥离，如果在胎儿娩出前，部分或完全的胎盘与着床部位的子宫壁分离，则称为胎盘早期剥离。胎盘早期剥离是妊娠晚期的一种严重并发症，进展相当快，若处理不及时，可能危及母亲和胎儿的生命。发生胎盘早剥时，就会表现出阴道流血，出血量多，颜色暗红，伴有轻度腹痛的症状。

无论是上述哪种原因，一旦在孕期有阴道出血的现象，应马上去医院诊治。要注意在去医院的途中避免过度颠簸震荡，如有可能的话最好以平躺静卧的姿势送至医院就诊，必要时进行住院保胎治疗，保证绝对的卧床静养。

♂ 霉菌性阴道炎

霉菌性阴道炎是由念珠菌感染引起的。孕妈妈之所以容易发生念珠菌感染，是由于妊娠期性激素水平升高，使阴道上皮内糖原含量增加，阴道pH值有所改变，加上尿糖含量增高，使念珠菌更易在体内生长繁殖，常见的症状是白带增多且含白色片状物，外阴及阴道灼热瘙痒，外因性排尿困难，外阴地图样红斑等。妊娠期霉菌性阴道炎的瘙痒症状尤为严重，有的甚至坐卧不宁，痛苦异常，有的还会出现尿频、尿痛及性交痛等症状。

对于孕期霉菌性阴道炎的治疗，可以先用弱碱性液体冲洗阴道，再选择抗霉菌的栓剂做进一步的杀菌治疗；建议孕妈妈到医院进行治疗，以免自行冲洗阴道时伤及胎儿。注意的是，症状改善或消失并不意味着霉菌性阴道炎已痊愈，只是念珠菌暂时受到了抑制并未完全消除，因而患者千万不要就此停药，而是应该遵照医生嘱咐，完成治疗疗程，中间可以在医院做妇科检查和白带的显微镜检查，显示阴性则表示痊愈。只有连续三个月妇科检查及白带显微镜检查均无异常，才算完全治愈。

孕期常见酸痛部位及调理方法

♂ 颈肩

在孕程后期，由于子宫变大变重，身体会不自觉地前倾。为了保持平衡，孕妈妈通常会努力往后撑，如果用力习惯不佳，常以某个姿势硬撑着做动作（如拿取物品、坐着休息等），就可能会拉到颈肩某处的肌肉，导致疼痛发生。

♂ 关节

孕妈妈关节疼痛主要是由于体内的雌激素和泌乳素等内分泌激素增加，使肌肉、肌腱的弹性和力量有不同程度的下降，关节囊和关节附近的韧带也会出现张力下降，引起关节松弛，造成手指关节和手腕关节疼痛，类似无菌性关节炎的症状。这种变化属于妊娠期生理现象，并不是病患。在产后，伴随着机体内分泌系统功能状态的渐渐恢复，前述关节症状也就会随之渐渐消失。

同时考虑到孕期用药安全的问题，可以选择外敷用药治疗，如用生姜片敷痛处。我们也可以选择保健处理，可进行局部热敷和按摩，通常关节酸痛不适感的症状可得到缓解。另外，孕妈妈体质比较弱，对外界不利因素都比较敏感，在这种情况下，如果孕妈妈不很好地休息，经常接触冷水等，而易诱发手疼、关节疼。这种情况下只要避免再用冷水，关节疼痛慢慢就会好的。

下肢

怀孕期间，下肢也会经常疼痛，尤其是静脉曲张时，会出现剧烈疼痛。下肢酸痛多见于小腿和大腿的后面，往往出现与坐骨神经痛一般的疼痛。这种疼痛感通常比较持久，很难缓解。孕妈妈吃一些含 B 族维生素和镁的药可能有效。

自妊娠第 5 个月起，孕妈妈大腿和小腿处可能出现痉挛。这种症状常常在夜间发作，有时疼痛非常剧烈，以至于被疼醒。那么孕妈妈应该采取什么措施呢？

出现下肢肌肉痉挛，孕妈妈可以起身，对腿部肌肉进行按摩。如果孕妈妈身旁有人，可以让他把孕妈妈的小腿抬得足够高。伸腿时，尽量把脚绷紧，让抬着孕妈妈小腿的人反方向用力，从而使足背与小腿成直角，症状即可缓解。腿部痉挛消失后，孕妈妈可以下床走一走。

腿部抽筋或下肢痉挛的原因是身体内缺少 B 族维生素。医生也会给孕妈妈开一些含镁的制剂，这种治疗方法通常是很有效的。当孕妈妈移动双腿的时候，她就会有不舒服和很奇怪的感觉，这就是腿部痉挛综合征。这种综合征或许还会引起失眠症的发生。可以根据痉挛的应对方法来治疗这种综合征。

腰背

腰背酸痛是孕妈妈在孕期常见的不适，有 50% ~ 75% 的孕妈妈在孕期的某段时间，特别是孕晚期会感觉到腰背酸痛。孕妈妈应注意预防，并采取措施缓解孕期腰背酸痛，防止其变成长期的问题。

女性在怀孕后，由于胎儿发育，子宫逐月增大，妊娠激素的作用与影响、关节韧带松弛等原因，会出现不同程度的腰背酸痛感，平时体质瘦弱者更易发生；到了妊娠中、晚期，随着腹部逐渐向前突出，身体的重心也会随之前移，为保持身体的平衡，孕妈妈经常需要双腿分开站立，上身代偿性后仰，致使背伸肌处于紧张状态，当腰椎过度前凸时则更明显。肌肉这种长时期的紧张状态，也会使孕妈妈产生腰酸背痛的感觉。

孕妈妈可以用以下方法保护自己，预防腰背酸痛。孕妈妈要学会正确睡姿、坐姿；避免提重物；多做运动；尽量穿着软底低跟轻便鞋；还可以用热水袋敷在痛处做局部按摩；此外，孕妈妈也可以适当补充维生素。

如果孕妈妈已经出现了腰背酸痛，可以采取以下方法来缓解：使用托腹带，孕妈妈可以使用托腹带来分担宝宝的一部分重量，缓解对腹肌和背部造成的压力；侧卧时，用枕头支撑背部，可以减轻背痛；适度按摩，孕妈妈可以趴在椅背上或者侧躺着，让准爸爸轻轻按摩孕妈妈脊柱两侧的肌肉，尤其是下腰部，可以放松疲劳疼痛的肌肉；还可以经常热敷或热水澡。这些都可以缓解孕妈妈腰背酸痛。

一般来说，妊娠期的腰背痛是正常现象，没有危险性，只要适当注意休息，避免长时间站立或步行就可缓解消除。然而，有一种腰痛必须引起重视，它主要表现为右下腹部伴有疼痛感，并向右大腿放射，同时伴有尿频、尿急等症状。当出现上述症状时，可能就不仅仅是正常的疼痛了，应警惕是否患上了一种名为"卵巢静脉综合征"的妊娠期并发症，最好尽快到医院做详细的检查和诊治。

◎酸痛缓解法

如果孕妈妈有时候感觉酸痛不适，在这种情况下，孕妈妈最好能放下手边的事情先休息，然后以物理性且温和的方式缓解为佳，以免因延迟处理，而使伤害扩大。

热敷

孕妈妈酸痛部位的肌肉，大多呈僵硬状态，建议可采用直接热敷的方式，时间约 20 分钟，有助于软化肌肉组织和促进血液循环。另外提醒热敷温度不够时，要随时更换新的热源，才能延续效果，但也要小心过热而烫伤的问题。

电疗

电疗主要是以适量的电流刺激肌肉，以达到放松肌肉、促进血液循环的效果。一般来说，孕妈妈必须先到医院或诊所就诊，再经由专业复健科医师检查后，才会给予其电疗的帮助。

按摩

适当力道的按摩，亦能软化肌肉组织，帮助排出乳酸及活络血液循环，因此一直都是不错的消除酸痛方式，而且随时随地都可以施行。然而，如果酸痛处有伤口，并不适合按摩，或孕妈妈本身有慢性病（如妊娠糖尿病），最好能先询问医师后，再确定是否可以实行。

孕妈妈的站姿

不良姿势。妊娠期间这种不良的站立姿势是常见的。由于胎儿的生长，其重量使你处于不平衡的状态，所以你可能会过分拱背，并且向前挺出腹部。

正确姿势。在可照到全身的镜子前面，就能检查自己站立的姿势是否正确。要让你的背部舒展并且挺直，目的是使胎儿的重量集中到你的大腿、臀部以及腹部的肌肉上，并且受到这些部位的支撑。这种站立的姿势将有助

不良姿势　　　　正确姿势

于防止背痛，并可增强腹部肌肉的力量，如此训练自己会使你分娩后较容易恢复原有的体形。

孕早期的营养补充

妊娠各个时期的营养原则都是由该时期孕妈妈的生理状况决定的，在孕早期，胚胎生长发育速度缓慢，胎盘及母体有关组织增长不明显，母体和胚胎对各种营养素的需求比孕中、晚期相对少。而胚胎正处于细胞组织分化增殖及主要器官形成阶段，易受不良因素的影响，大多数孕妇会有早孕反应，食欲不佳的现象。

针对孕早期特点，孕早期的膳食要以重质量、高蛋白、富营养、清淡少油腻、易消化吸收为宜，多补充奶类、蛋类、豆类、坚果类食物，保证蛋白质的摄入量，尽可能选择自己喜欢的食物，饮食安排上可以选择少食多餐，以瘦肉、鱼类、蛋类、面条、牛奶、豆浆、新鲜蔬菜和水果为佳。每天添加两三次辅食，注意不要摄取热量过多的食物，也不宜食用油腻、油煎、炒、炸、辛辣刺激等不易消化的食物，适当吃些酸的食物可以帮助增进食欲。孕早期的膳食营养强调营养全面、合理搭配、避免营养不良或过剩。

综上所述，孕早期的营养摄取要遵从以下原则：

1. 全面而合理的营养。应避免偏食，摄取胚胎各器官、组织的形成所需要的各种营养素，包括蛋白质、脂肪、糖类、矿物质、维生素和水，同

时还应考虑早孕反应的特点，要适合孕妇的口味。

2.保证优质蛋白质的供应。孕早期胚胎的生长发育及母体组织的增大均需要蛋白质，孕早期是胚胎发育的关键时期，此时蛋白质、氨基酸缺乏或供给不足能引起胎儿生长缓慢，甚至造成畸形，而早期胚胎不能自身合成需要的氨基酸，要由母体供给。蛋白质主要靠动物性食品来进行补充，因此肉类、蛋类、奶类、鱼类要在饮食中占一定比例。如果孕妇不愿吃动物性食物，可以补充奶类、蛋类、豆类、坚果类食物。

3.适当增加热能摄入。孕早期的生理特点决定了热能的摄入量只要比未孕时略有增加就可以满足需要，胎盘需要将一部分能量以糖原形式贮存，随后以葡萄糖的形式释放到血液循环，供胎儿使用。

热能主要来源于脂肪和糖类，脂肪主要来源于动物油和植物油。植物油中如花生油、大豆油、芝麻油、玉米油等既能够提供热能，又能满足母婴对脂肪酸的需要，是理想的烹调用油，糖类主要来源于面粉、大米、小米、红薯、白薯、玉米等。

4.确保无机盐、维生素、矿物质的摄取。无机盐、维生素和矿物质对保证孕早期胚胎器官的形成与发育有重要作用，孕妈妈应摄取富含钙、铁、锌、磷的食物，如奶类、芝麻、海带、木耳、花生、核桃等。呕吐严重者还应多食蔬菜、水果等碱性食物，以防止发生酸中毒。

孕中期的营养补充

孕中期是胎儿迅速发育的时期，处于孕中期的孕妈妈体重迅速增加。进入孕中期以后，孕妈妈的食欲逐渐好转，很多孕妈妈纷纷开始大规模的营养补充计划。但是，即使营养补充，也不能不加限制地过多进食，否则不仅会造成孕妈妈身体负担过重，还可能导致妊娠糖尿病的产生。

孕中期主要保证的是钙、磷、铁、蛋白质、维生素的摄入量，并适当增加粗粮及含钙食品，不宜摄入过多的碳水化合物。

孕中期的营养摄入原则：

1.荤素兼备、粗细搭配，食物品种多样化；避免挑食、偏食，防止矿物质及微量元素的缺乏；避免进食过多的油炸、油腻的食物和甜食，防止出现自身体重增加过快。

2.保证适宜的脂肪供给。脂肪开始在腹壁、背部、大腿等部位存积，为分娩和产后哺乳作必要的能量贮存。因此，孕妈妈应适当增加植物油的量，也可适当选食花生仁、核桃、芝麻等含必需脂肪酸量较高的食物。

3.多吃无机盐和微量元素。孕中期是孕妈妈血容量增加速度最快的时期，营养不当的话很容易形成妊娠性贫血，故应当多吃含铁丰富的食物。此外，孕妈妈从孕中期开始，对钙的吸收和贮存也开始加速，应多吃含钙丰富的食物，补充奶类及奶制品、豆制品、鱼、虾等食物；另外，孕中期对碘的需要量也会增加，多吃海带、紫菜等富含碘的食物。

4. 适当注意补充含铁丰富的食物，如动物肝、血和牛肉等，预防缺铁性贫血，同时补充维生素 C 也能增加铁的吸收。

5. 增加维生素的摄入量。孕中期对叶酸、维生素 B_{12}、维生素 B_6、维生素 C 以及其他 B 族维生素的需要量增加，应增加食物的摄入。这就要求孕中期选食米、面并搭配杂粮，保证孕妈妈摄入足够的热能和避免硫胺素摄入不足，同时还应注意烹调加工合理，少食多餐，每日 4 ~ 5 餐以满足孕妈妈和胎儿的要求。

孕晚期的营养补充

到了孕晚期，胎儿生长到了最迅速的阶段，此时需要的营养素最多，同时孕妈妈的食量增加，体重增长到了最快的时候。随着胎儿的长大，使母体受到压迫，胃容量相对减少，消化功能减弱，孕妈妈们常常会有胃部不适或饱胀感，因此孕晚期的饮食宜少吃多餐，多吃清淡可口，易于消化，减少食盐，不吃过咸的食物。

孕晚期的营养摄入原则：

1. 增加蛋白质的摄入。首先应增加蛋白质的入，此期是蛋白质在体内储存相对多的时期，其中胎儿存留约为 170 克，母体存留约为 375 克，这要求孕妈妈膳食蛋白质供给比未孕时增加 25 克，应多摄入动物性食物和大豆类食物。

2. 保证足量的钙和维生素 D 的摄入。孕期全过程都需要补钙，但孕晚期的需要量更要明显增加，每日应摄入 1500 毫克。因为胎儿的牙齿和骨骼的钙化加速，体内钙的一半以上是在孕晚期最后两个月储存的。补钙同时还应增加维生素 D 的摄入，以促进钙的吸收。孕妈妈在孕晚期应经常取奶类、鱼和豆制品，最好将小鱼炸或用醋酥后连骨吃，饮用排骨汤。虾皮含钙丰富，汤中可放入少许；动物的肝脏和血液含铁量很高，利用率高，应经常选用。

3. 必需脂肪酸的摄入。孕晚期是胎儿大脑细胞增值的高峰，需要提供充足的必需脂肪酸以满足大脑发育所需，多吃海鱼可利于 DHA 的供给。

4. 充足的水溶维生素。孕晚期需要充足的水溶性维生素，尤其是硫胺素，如果缺乏则容易引起呕吐、倦怠，并在分娩时子宫收缩乏力，导致产程延缓。

5. 脂肪和碳水化合物不宜摄入过多。孕晚期绝大多数孕妈妈由于各器官负荷加大，血容量增大，血脂水平增高，活动量减少，总热能供应不宜过高。尤其是最后一个月，要适当控制脂肪和碳水化合物的摄入量，以免胎儿过大，造成分娩困难。

孕期饮食禁忌

棉籽油：有杀精作用，对女性引起闭经或子宫萎缩。

大蒜：虽然中医认为是强精的，但现代药理学研究认为，大蒜体外抑精。

豆类食物：男性孕前要少吃，大多数女性可以正常食用。

芹菜：由于抑制睾酮，减少精子数量，因此，男性要少吃。

可乐：有杀精作用，男性少喝。

咖啡：有雌激素样作用，男性和部分雌激素水平较高的女性少喝。

味精：味精含有"邻苯二甲酸盐"，会造成男性精子数量下降，对女性，卵巢功能会受到影响，从而影响女性生育能力。而且味精的主要成分是谷氨酸钠，可以与血液中的锌结合后从尿中排出，味精摄入过多会消耗大量的锌，导致缺锌。

浓茶：浓茶中的鞣酸影响铁的吸收，容易造成缺铁性贫血；而且英国的学者发现茶叶中含有不少氟化物成分，氟化物具有生殖毒性和胚胎毒性。

菠菜：菠菜中含有丰富的铁质是一种误传，其实，菠菜中含铁不多，而且还含有大量草酸，草酸可影响锌、钙的吸收。

山楂：山楂对子宫有收缩作用，会增加孕早期流产的概率；当然，反过来，山楂在孕妇临产时有催生的效果，在产后同样能兴奋子宫，促进子宫复原。

久存的土豆：土豆中含有生物碱，储存的越久的土豆生物碱含量越高，过多食用这种土豆，生物碱的累积会产生较强的胚胎毒性和一定的生殖毒性。

反式脂肪酸：就是氢化脂肪酸，常温下凝固的脂肪酸，男女都应该少吃，膨化食品、面包、蛋糕、南瓜饼、巧克力派、咖啡伴侣等都含有。

镉、铅、铜、汞、锰含量高的食物：男女都要少吃。含铜较多的食物有黄豆、猪肝、河虾、面粉、糙米、豆腐、鸭肉、土豆、核桃、葡萄干等；含铅较多的食物，如皮蛋、爆米花、铅质焊锡罐头食品、水果皮以及彩釉餐具中的食品等；含镉量高的食物，如动物肝、肾、比目鱼、浅海贝类以及在污泥中长成的蔬菜；而被污染的水产品如鱼、虾、贝类，是食品中汞含量比较高的。

养殖动物的肝脏和肾脏：我们知道，我们日常食用的肉类多数是养殖的，养殖的过程中，各种药物、催肥的激素等被大量使用，与人类一样，动物也是通过体内的肝脏和肾脏来分解和排毒，因此在动物的肝肾里面，化学成分含量会非常高，这是比较危险的食品，注意少量进食。而且，美国和芬兰，已经对孕妇发出少吃猪肝的忠告。动物肝脏里面维生素 A 含量很高，催肥剂里面维生素 A 含量也很高，而维生素 A 在人类的体内是可以蓄积的，并且能引起中毒和胎儿畸形的。因而应该少吃。

各种成品食品、被污染的食品和罐头食品：在孕前应尽量选用新鲜天然的食品，避免食用含食品添加剂、色素、防腐剂的食品、熟食等，同时要注意食品安全，水果蔬菜等要洗净后才食用，以避免农药残留。

腌制食品：这类食品虽然美味，但内含亚硝酸盐、苯并芘等，对身体很不利。

烧烤食品：尤其是木炭烧烤的肉类，含有苯并芘，而苯并芘是除了花生的黄曲霉毒素，唯一确定可以致癌的食物。

孕前禁忌的食物当然不止这些，这些是比较常见的。

孕期饮食误区

1.价钱越高，营养越好。很多人对营养品的选择常常会走入"以价取物"的误区，认为越贵的营养品，其营养就越好。事实上并不尽然，营养品的价格取决于生产成本和市场需求，因此，选择营养品更应考虑自己是否需要，不可盲目追求高价格。

2.以零食、保健品代替饭。有些孕妈妈认为，只要营养品摄入量够了，不吃饭也行。但事实上，这样的做法对自身和宝宝都是很不健康的，因为营养品大多是强化某种营养素或改善某一种功能的产品，单纯使用还不如普通膳食的营养均衡。

3.水果代替蔬菜。水果口感好，食用方便，富含维生素 C、矿物质和膳食纤维，深得孕妈妈喜爱，所以很多人认为吃水果越多就越好。一般来说，水果中所含水分中有 10% 是果糖、葡萄糖、蔗糖和维生素，这些糖类很容易被孕妈妈吸收。如果水果吃得太多，孕妈妈同样有可能会发胖，血糖增高。所以，吃水果要有度，一般每天吃水果总量控制在 500 克为最佳。

4.只要是有营养的东西，摄入越多越好。孕期中加强营养固然正确，却绝非多多益善。过多摄入营养会加重身体的负担，并存积过多的脂肪，导致肥胖和冠心病的发生。体重过重还限制了体育锻炼，导致抗病能力下降，并造成分娩困难。过多的维生素 A 和维生素 D，还能引起中毒出现胎儿畸形。

5. 补钙只能靠喝骨头汤。很多老人认为，孕妈妈补钙只能通过猛喝骨头汤达到效果。但按照营养学的标准，喝骨头汤补钙的效果并不理想，因为骨头中的钙不容易溶解在汤中，也不容易被肠胃吸收。相对而言，具有活性成分的钙片、钙剂更容易为人体吸收。人体每天必须吸收的钙是 1500 毫克，如果膳食平衡的话，大多可以通过食物摄取。而喝了过多骨头汤，也可能因为油腻等，引起孕妈妈不适。

6. 多吃动物胎盘好安胎。有的孕妈妈平时稍有点磕磕碰碰，就觉得身体不适，便要医生给她打安胎针，还有的信奉"吃什么补什么"的道理，四处搜罗动物胎盘来进补。其实，需不需要打安胎针是有严格的诊疗标准的。安胎针补充的是黄体酮，动物胎盘、卵巢里也含有孕黄体酮。这种激素在孕妈妈出现阴道少量流血等流产先兆时，能够起到稳定妊娠的效果。但是，如果没有流产先兆却使用人工合成孕激素类的药品，一旦过量，就可能影响胎儿生殖器官的发育。

7. 妊娠期吃糖易患糖尿病。有的孕妈妈担心患上妊娠期高血压、糖尿病，从怀孕开始就拒绝吃糖、巧克力，这完全是出于对妊娠期糖尿病发病原理的误解。正常人摄入的碳水化合物在体内会转化为葡萄糖，如果有剩余，则会通过胰岛素的作用，转化为糖原储存在肝脏或变为脂肪。而在妊娠期间，胎盘可以分泌物质对胰岛素进行抵抗，以保护胎儿获得充分的糖供应。如果孕妈妈摄入的糖越多，胰岛素消耗得就越多，而遭遇胎盘分泌物质的"抵抗"也就越多，直至不堪负荷，才可能出现糖尿病症状。所以，正常女性特别是偏瘦的女性根本不需要对糖避之不及，肥胖女性、以前在妊娠期曾患有糖尿病的孕妈妈，虽然的确不宜多吃糖，但也不需要一点糖都不碰。

8. 呕吐厉害就要多吃零食。怀孕初期常有呕吐、恶心和胃口不佳等症状，嗜好多吃酸、吃辣。为压制孕吐，有的孕妈妈索性餐餐吃话梅、果脯等零食。但实际上，这样并不能缓解孕吐。孕吐是由于胃酸分泌不足、胃肠功能下降失调才会出现的。虽然酸辣口味的食物可以刺激胃酸分泌，但如果长期大量食用，终究可能损害肠胃功能。如果孕妈妈孕吐得厉害，应尽快到医院检查，并进行治疗才能缓解症状。

孕期应远离的有害物质

甲醛、苯和苯系物

装饰材料中的各种人造板和家具中的游离甲醛不仅是可疑致癌物，而且还会致使胎儿畸形；苯和苯系物主要来自于室内装修和家具中的涂料、油漆和黏合剂。医学专家的研究证明，室内空气里的苯和苯系物污染，对人体的造血机能危害极大，是诱发新生儿再生障碍性贫血和白血病的主要原因。因此，计划要宝宝或是已经怀有宝宝的家庭，尽量不要进行家庭装修或是购买新的家具，如果有必要装修的话，也一定要选择质量过关、没有辐射的装修材料，或是让孕妈妈们远离装修环境。职场中的孕妈妈们在办公室里要时刻保持座位附近的空气流通，还可以在办公室里放置绿色植物和药用炭，使用甲醛驱除剂等来减少工作环境中可能存有的某些有害物质对宝宝的伤害。

电磁辐射、放射性物质

电磁辐射是微波炉、收音机、电视机、电脑以及手机等家用电器工作时所产生的各种不同波长频率的电磁波，这些电磁波充斥着室内空间，产生的高能量会损害 DNA、造成细胞分解或突变，甚至造成胚胎死亡、胎儿畸形、脑部发育不良及增加日后患癌症的概率。特别是孕妇妊娠头三个月，由于胎儿稚嫩和弱小，极易受到电磁辐射伤害，进而造成畸形，甚至死亡。而放射性物质则会对夫妻双方生殖能力产生巨大的影响，不利于成功受孕。

B超

B超检查在评估胎儿发育是否正常和检测胎儿出生缺陷方面很重要，但目前普遍认为，在孕早期如无异常情况是不宜做 B 超检查的，而且 B 超的检查时间不宜过长，检查次数也不宜过多。一般来说，妊娠期两次 B 超检查为最佳，第一次检查在妊娠 18 ~ 20 周，重点在于除外畸形；第二次检查在妊娠 20 ~ 22 周，主要目的是了解胎儿生长发育情况、羊水状况及胎盘有无异常等。妊娠未满 8 周之前，尽量不要做 B 超检查。

孕期检查

孕早期

0 ~ 5 周孕期检查

如果超过一周月经没来，就有怀孕的可能。确定怀孕，孕妈妈即可马上算出预产期。有妊娠可能性的女性，要注意药物的服用和 X 光线的照射，事先告知医生已有妊娠的可能性，不可以任意服用市面上所卖的成药。月经比平常来得少，也可作为判别怀孕的可能。若有出血或是茶色分泌物的出现，就要注意，有些人会误以为是下一次月经的来潮。

5～6周孕期检查

通过超声波检查，大致能看到胚囊在子宫内的位置，若仍未看到，则要怀疑是否有子宫外孕的可能。若无阴道出血的情况，仅需看看胚囊着床的位置。若有阴道出血时，通常是"先兆性流产"，这段时间若有一些组织从阴道中掉出来，就要考虑是否真的流产。另外，在孕期5～8周间，还可以看到胚胎数目，以确定是否孕育了双胞胎!

6～8周孕期检查

可看到胎儿心跳、卵黄囊。孕妈妈在孕期6～8周内做超声波检查时，可看到胚胎组织在胚囊内，若能看到胎儿心跳，即代表胎儿目前处于正常状态。此外，在超声波的扫描下，还可以看到供给胎儿12周前营养所需的卵黄囊，这可是胎儿自己所带的一个"小便当"啊! 若未看到胎儿心跳，孕妈妈可以隔上几天或1周，再赴医院做超声波检查。

9～11周孕期检查

做绒毛膜采样，如果孕妈妈家族本身有遗传性疾病，可在这个时间段做"绒毛膜采样"。但是，此项检查具有侵入性，常会造成孕妈妈流产以及胎儿受伤，做之前要仔细听从医生的建议。

12周孕期检查

第1次正式产检——领取"孕妈妈健康手册"，做各项基本检查。大多数孕妈妈在孕12周左右开始进行第1次产检。由于此时已经进入相对稳定的阶段，一般医院会给妈妈们办理"孕妇健康手册"。

🤰 孕中期

13～16周孕期检查

第二次产检——唐氏症筛检，施行羊膜穿刺。从第二次产检开始，基本检查包括：称体重、量血压、问诊以及看宝宝的胎心音等。孕妈妈在16周以上，可抽血做唐氏症筛检（但以16～18周最佳），并看第一次产检的抽血报告。至于施行羊膜穿刺的周期，原则上是以16～20周开始进行，主要是看胎儿的染色体异常与否。这段时间，孕妈妈体重每周增加不超过500克最理想。

17～20周孕期检查

第三次产检——详细超音波检查，可看出胎儿性别，首次胎动，假性宫缩的出现。孕妈妈在孕期20周做超声波检查，主要是看胎儿外观发育上是否有较大问题。医师会仔细测量胎儿的头围、腹围、大腿骨长度及检视脊柱是否有先天性异常。孕妈在 16 周时，已可看出胎儿性别。首次胎动，第 1 胎在 18 ～ 20 周出现；第 2 胎则在 16 ～ 18 周会感觉到。

21 ～ 24 周孕期检查

第四次产检——妊娠糖尿病筛检。大部分妊娠糖尿病的筛检，是在孕期第 24 周做的。先抽取孕妈妈的血液样本，来做一项耐糖试验，不需要禁食。喝下 50 克的糖水，等 1 小时后，再进行抽血，当结果出来后，血液指数若在 140 以下，属正常；指数若为 140 以上，就要怀疑是否有妊娠糖尿病，需要再回医院做第二次抽血。此次要先空腹 8 小时后，再进行抽血，然后喝下 100 克的糖水，1 小时后抽 1 次血，2 小时后再抽 1 次，3 小时后再抽 1 次，总共要抽 4 次血。只要有 2 次以上指数高于标准值的话，即代表孕妈妈有妊娠糖尿病。在治疗上，要采取饮食及注射胰岛素来控制，不可口服药物来治疗，以免胎儿畸形。

25 ～ 28 周孕期检查

第五次产检——乙型肝炎抗原，梅毒血清试验，德国麻疹。此阶段最重要的是为孕妈妈抽血检查乙型肝炎，如果孕妈妈的乙型肝炎两项检验皆呈阳性反应，一定要让小儿科医师知道，才能在孕妈妈生下胎儿 24 小时内，为新生儿注射疫苗，以免新生儿遭受感染。此外，要再次确认孕妈妈前次所做的梅毒反应，是呈阳性还是阴性反应，如此方能在胎儿未出生前，为孕妈妈彻底治疗梅毒。至于在德国麻疹方面，孕妈妈除了要抽血检验。在此特别提醒曾注射过德国麻疹疫苗的女性，由于是将活菌注射于体内，所以，最好在注射后 3 ～ 6 个月内不要怀孕，因为可能会对胎儿造成一些不良影响。

🐣 孕晚期

29 ～ 32 周孕期检查

第 6 次产检——下肢水肿，子痫前症的发生，预防早产；在孕期 28 周以后，医师要陆续为孕妈妈检查是否有水肿现象。因为孕妈妈的子宫，此时已大到一定程度，有可能会压迫到静脉回流，所以，静脉回流不好的孕妇，此阶段较易出现下肢水肿现象。预防水肿的发生，平时可穿着弹性袜，睡觉时将双脚抬高，并以左侧位躺着。

33 ～ 35 周孕期检查

第七次产检——超声波检查，评估胎儿体重；从 30 周以后，孕妇的产检是每2周检查1次。到了孕期34周时，建议做一次详细的超声波检查，以评估胎儿当时的体重及发育状况，并预估胎儿至足月生产时的重量。一旦发现胎儿体重不足，孕妈妈就应多补充一些营养素；若发现胎儿过重，在饮食上就要稍加控制，以免在生产过程中出现难产。

36 周孕期检查

第8次产检——为生产事宜做准备，减少性生活次数，注意性爱姿势；从36周开始，孕妈妈愈来愈接近生产日期，此时所做的产检，以每周检查1次为原则，并持续监视胎儿的状态。此阶段的孕妈妈，可开始准备一些生产用的东西，以免生产当天太过匆忙，变得手忙脚乱。由于此时已属怀孕后期，应减少性生活次数，并注意性爱姿势。

37 周孕期检查

第9次检查——注意胎动；由于胎动愈来愈频繁，孕妈妈应该随时注意胎儿及自身的情况，以免胎儿提前出生。如果运动量不足，每天可以持续做些产前运动。最后阶段仍要注意体重增加的问题，不可摄取过量的盐分，要持续营养均衡的饮食生活。

38 ~ 42 周孕期检查

第10次产检——胎位固定，胎头下来，准备生产，考虑催生；从38周开始，胎位开始固定，胎头已经下来，并卡在骨盆腔内，此时孕妈妈应有随时准备生产的心理。有的孕妈妈到了42周以后，仍没有生产迹象，就应考虑让医师使用催产素。

🤰 15 项孕检项目

血常规检查

判断孕妈妈是否贫血，正常值是 100 ~ 160g/L（克／升）；轻度贫血影响不大，重度贫血可引起早产、低体重儿等不良后果。

看懂检查报告：白细胞在机体内起着消灭病原体，保卫健康的作用，正常值是 $4 \sim 10 \times 10^9$/L，超过这个范围说明有感染的可能，但孕期可以轻度升高；血小板在止血过程中起重要作用，正常值为 $100 \sim 300 \times 10^{12}$/L，如果血小板低于 100×10^{12}/L，则会影响准妈妈的凝血功能。

尿常规检查

如果发现有红细胞和白细胞，则提示有尿路感染的可能，需引起重视，如伴有尿频、尿急等症状，需及时治疗。

看懂检查报告：如果蛋白阳性，提示有妊娠高血压、肾脏疾病的可能；如果糖或酮体阳性，说明有糖尿病的可能，需进一步检查；如果发现有红细胞和白细胞，则提示有尿路感染的可能，需引起重视，如伴有尿频、尿急等症状，需及时治疗。

肝、肾功能检查

检查有无肝炎、肾炎等疾病，怀孕时肝脏、肾脏的负担加重，如肝、肾功能不正常，怀孕会使原来的疾病"雪上加霜"。

看懂检查报告：肝功能正常值：谷丙转氨酶 0 ~ 55U/L；谷草转氨酶 0 ~ 55U/L；肾功能正常值：尿素氮 9 ~ 20mg/dL（毫克 / 分升）；肌酐 0.5 ~ 1.1mg/dL。

血型检查

孕妈妈了解自己的血型很重要。如果准爸爸为 A 型、B 型或 AB 型血，孕妈妈为 O 型血，生出的小宝宝有 ABO 溶血的可能。

看懂检查报告：如果准爸爸为 A 型、B 型或 AB 型血，准妈妈为 O 型血，生出的小宝宝有 ABO 溶血的可能。在亚洲人中 Rh 血型阴性的较少，大多数为 Rh 血型阳性。如果男女 Rh 血型不合，也有可能发生小宝宝溶血；如果准妈妈为 Rh 阴性，在生产前医院还要预先备好 Rh 阴性的血液，一旦分娩时发生意外，就能够及时输血。

梅毒血清学试验

梅毒是由梅毒螺旋体引起的一种性传播性疾病。检查项为螺旋体抗体血凝试验（TPHA）和快速血浆反应素试验（RPR）。如果孕妈妈患梅毒可通过胎盘直接传给胎儿，有导致新生儿先天梅毒的可能。

看懂检查报告：正常准妈妈这两项试验结果均为阴性反应。当机体受到梅毒螺旋体感染后，会产生两种抗体，表现为 RPR 阳性和 TPHA 阳性。RPR 阳性的特异性不高，会受到其他疾病的影响而出现假阳性，TPHA 阳性可作为梅毒的确诊试验。

艾滋病的血清学检查

艾滋病（HIV）是获得性免疫缺陷综合征的直译名称，是严重免疫缺陷疾患，病原体是 HIV 病毒。正常孕妈妈 HIV 抗体为阴性。

看懂检查报告：如果感染了 HIV 病毒，则结果为阳性。HIV 病毒会通过胎盘传播给胎儿，会造成新生儿 HIV 病毒感染。

淋病的细菌学检查

淋病是由淋病双球菌引起的性传播疾病，通过不洁性交直接传播，也可通过被淋病污染的衣物、便盆等传播，也可通过患病孕妈妈的产道传染给新生儿。

看懂检查报告：一般是取孕妈妈的宫颈管分泌物做淋菌培养，正常孕孕妈妈培养结果为阴性。如果为阳性，说明有淋球菌的感染，需及时治疗。

乙型肝炎（HBV）病毒学检查

病毒性肝炎中，乙型肝炎发病率最高，妊娠早期使早孕反应加重，易发展为急性重症肝炎，危及生命。乙肝病毒可通过胎盘感染胎儿。

看懂检查报告：正常孕妈妈各项指标均为阴性。如果单纯乙型肝炎表面抗体（HBsAb）阳性，说明以前感染过乙肝病毒，现已经痊愈，并且对乙肝病毒具有免疫力；如果其他指标（HBsAg、HBeAg、HBeAb、HBcAb IgG、HBcAb IgM）呈阳性则需引起重视，说明目前病毒具有传染性，应向医生进行咨询。

丙型肝炎（HCV）病毒检查

丙型肝炎病毒是丙肝的病原体，75%患者并无症状，仅25%患者有发热、呕吐、腹泻等症状。丙型肝炎病毒也可通过胎盘传给胎儿。

看懂检查报告：正常孕妈妈检查结果为阴性。如果为阳性，说明有丙型肝炎病毒感染，需引起医生和孕妈妈的重视。

唐氏综合征产前筛查

唐氏综合征产前筛查是用一种比较经济、简便、对胎儿无损伤性的检测方法在孕妈妈中查找出怀有先天愚型胎儿的高危个体。

看懂检查报告：每位孕妈妈在孕中期14～20周进行检查，阴性报告只表明胎儿发生该种先天异常的机会很低，并不能完全排除这种异常。产前筛查结果以风险率表示，＞1/275为筛查阳性，则需进一步做羊水检查。

TORCH综合征产前筛查

孕妈妈在妊娠4个月以前如果感染了风疹病毒（RV）、弓形虫（TOX）、巨细胞病毒（CMV）这些病毒，都可能使胎儿发生严重的先天性畸形，甚至流产。

看懂检查报告：最好是在准备怀孕前进行此项检查，正常为阴性，如果检查呈阳性，应经治疗后再怀孕。对于家中养宠物的准妈妈更要进行检查。

心电图检查

这项检查是为了排除心脏疾病，以确认孕妈妈是否能承受分娩。

看懂检查报告：正常情况下结果为：正常心电图。如心电图异常，需及时向医生咨询，并做进一步检查。

超声检查

B 超检查可看到胎儿的躯体、头部、胎心跳动、胎盘、羊水和脐带等。可检测胎儿是否存活,是否多胎、鉴定是否畸形。

看懂检查报告:羊水深度在 3 ~ 7 厘米为正常,超过 7 厘米为羊水增多,少于 3 厘米则为羊水减少,都对胎儿生长不利;胎心存在,说明胎儿存活。正常胎心率为 120 ~ 160 次 / 分,低于或超出这个范围则提示胎儿在宫内有缺氧的可能。

阴道分泌物检查

白带是阴道黏膜渗出物、宫颈管及子宫内膜腺体分泌物。清洁度为Ⅰ~Ⅱ度,Ⅲ~Ⅳ度为异常白带,表示阴道炎症。

看懂检查报告:正常情况下清洁度为Ⅰ~Ⅱ度,Ⅲ~Ⅳ度为异常白带,表示阴道炎症。念珠菌或滴虫阳性说明有感染,需进行相应的治疗,正常值为阴性。线索细胞是细菌性阴道病最敏感最具特异性,在阴道分泌物中找有线索细胞即可做出细菌性阴道病的诊断,如为阴性说明正常。

妊娠糖尿病筛查

这是一种妊娠糖尿病筛查试验。在妊娠 24 ~ 28 周进行,口服含 50克葡萄糖的水,一小时后抽血检测血浆血糖值。

看懂检查报告:如果 ≥ 7.8mmol/L(或 140mg/dL),则说明筛查阳性,需进一步进行 75 克葡萄糖耐量试验,以明确有无妊娠糖尿病。

孕期服饰

孕妇装

孕期准备几套合适漂亮的孕妇装不但利于胎宝宝的发育,而且会让孕妈妈孕味十足,心情愉悦。大多数孕妈妈在怀孕 3 ~ 4 个月时,就要开始考虑选购孕妇装了。毕竟怀孕期间购买的衣服利用率低,所以孕妈妈们最好能精打细算,用最少的钱购置最合适的衣物。

面料:选择天然的、舒适性和透气性以及吸水性好的面料是购买孕妇装不变的原则,因为怀孕期间孕妈妈的皮肤变得敏感且易出汗,如果经常接触人造纤维的面料就容易引起皮肤过敏。孕妈妈的皮肤出现了问题,必然会影响到肚子里的胎宝宝。天然面料包括棉、麻、真丝等,而以全棉最为常见。除此之外,目前市场上出现的一些新材料也能给孕妈妈带来舒适安全的感受,比如莫代尔,它由植物纤维素精加工而成,对皮肤无刺激,穿着起来也柔软贴身舒适;还有一种叫精梳棉,是将棉花中短一些的绒去掉，留下整齐的长绒，是最好的棉，它的蓬松性和保暖性更强，更为舒适。但是这些材料制成的衣服价格上会稍贵一些。

季节：从季节上来看，夏季孕妇装以棉、麻织物居多，春秋季以平纹织绒织物、毛织物、混纺织物及针织品为主，冬季则是各种呢绒或带有蓬松性填料的服装。

款式：孕妇装的款式要以舒适为前提，宜选用穿在身上能够完美地体现胸部线条的，领口材质不易过厚，以 V 字领、圆领为宜，一般不选择翻领衫。上小下大的连衣裙装是孕妇装中的经典。它不但塑形美观，而且宽松的裙摆穿起来方便凉快；上下身分开的拼装款易于穿脱，可以减少孕妈妈的笨重身体所带来的不便；此外，像一些娃娃款的衫裙还会显得孕妈妈俏皮可爱又韵味十足，也可以选择。

色彩：色彩可爱鲜艳的衣服能起到调节孕妈妈情绪的作用，有利于孕妈妈和胎宝宝的身心健康。孕妇装多以赏心悦目的柔和性色彩为主，如米白色、浅灰色、粉红、苹果绿等，可以根据自己的偏好选择一款亮眼的服装。

图案：孕妈妈的孕妇装最好是选择那些图案线条简洁明快，清新淡雅的，不要选择过于夸张图案的衣服，一般来说，清淡的小碎花、可爱的小动物装饰是最好的选择。

尺寸：绝大部分的孕妈妈不会希望自己买来的孕妇装只能穿上一两个月就再也穿不上了，所以最好是能用长远的眼光选择一个能够为未来迅速膨胀的身体留有盈余空间的尺码。目前市场上专业品牌的孕妇装，他们的尺码标准都是经过无数第一手数据资料研究而来，你只要根据自己的身高与三围数字，就能轻松找到属于自己的尺码了。如果比较讲究时尚一些的孕妈妈们希望衣服一直贴身合体的话，就需要在每个孕期段内购置不同款式和尺寸的衣服，比如孕早期，小腹微微隆起，需要一些可以调腰的便裤即可；孕中期小肚子大了有坠胀感，可以穿托腹裤，将小肚子托起来会舒服些；孕后期小肚子明显坠胀，便裤的弹力带勒得肚子会很难受，这时就需要穿背带裤，既能使小肚子完全被裤子包裹托起，又能让孕妈妈们有安全感也更舒适。

内衣

由于内分泌的变化和体内循环代谢的变化，孕妈妈在这一时期的皮肤变得非常敏感，并且容易多汗，所以内衣内裤尽量选择密度较高、透气性好的棉质材料。

文胸：孕期需挑选合适的孕妇文胸能更好地帮助孕妈妈适应乳房变化。

挑选孕妇文胸时，最好选择正规厂家的产品，应综合以下几个特征来考虑：

在孕期，孕妈妈的皮肤敏感，特别是到了孕晚期，乳头皮肤可能会变得更加敏感易损，所以孕妇文胸的材质更需要注重柔软、透气、吸湿性强。一般而言，最好是柔软的棉质材料，触感舒适，对孕妈妈的皮肤刺激相对也较小。

选择文胸时，支撑力一定要好。在整个孕期，孕妈妈的乳房会增重大约400克，需要专门的文胸来支撑孕期乳房的变化，文胸的支撑能力可以从肩带和钢托两方面体现。肩带宽些的款式往往能够提供更好的拉力，肩带紧贴在肩胛骨附近的文胸更舒适，在试穿时，孕妈妈可以举起手臂或耸耸肩，试试它是否容易滑落下来或有什么不适；硬钢托会压迫下胸围和乳房下半部分，影响血液循环，但如果使用没有支撑物的文胸，乳房下垂的幅度比较大，乳房内的纤维组织就有断裂的风险，这会导致产后乳房下垂，孕妇文胸的软钢托提供了更好的支撑和保护。

孕妈妈要注意选择合适的文胸。因为如果罩杯太小，就会阻碍胸部的血液循环，压迫乳腺、乳头，影响乳房的发育；罩杯太大，又会起不到对乳房的承托作用，容易造成乳房变形。在孕期，孕妈妈的胸部会较孕前增大两个尺码，其中在孕3～5月时增大一个尺码；在孕7～9月时，罩杯又会升级一个尺码。你要经常观察自己乳房的变化，适时换用尺码合适的文胸。也可以在购买时请专业销售人员测量胸围，以选择最适合自己的文胸。

注意的是，在怀孕后，女性的胸部开始发生变化，最明显的就是胸围激增，很多孕妈妈在怀孕期间穿戴的内衣要比孕前大1～2个尺码，并且随着胸围增大还会出现胸部下垂的迹象。随着孕程的增长，孕妈妈要养成勤换内衣的好习惯，并且根据身体的变化，适时更换适合的胸罩。

内裤：内裤的选择上，孕妈妈要暂时告别三角裤和T字裤了。孕早期的孕妈妈腹部还没有明显的变化，还可以穿平时穿的三角裤，但还是会有腰围变粗的感觉，所以应尽早选择合适的孕妇内裤。内裤选择的原则是不压迫腹部、包附性好、无勒感、透气性佳，现在市场上有专门的孕妇内裤，配有活动腰带的设计，方便孕妈妈根据腹围的变化随时调整内裤的腰围大小，十分方便，并且裤长往往是加长的，高腰的设计可将整个腹部包裹，具有保护肚脐和保暖的作用。再有，由于孕妈妈的阴道分泌物增多，所以最好选择透气性好、吸水性强、触感柔和无刺激的纯棉质内裤，以免引发皮疹；到了孕后期，孕妈妈的腹壁扩张并出现所谓妊娠纹，变大的子宫会往前倾而使腹部更突出，此时可以选择一些有前腹加护的内裤，这样较为舒适。

孕期健身

孕妈妈可以从怀孕开始就坚持进行适当的锻炼，这不仅可以增强孕妈妈和胎宝宝的抵抗力，促进顺利分娩，增加皮肤对抗牵拉的能力，防止或缓解妊娠纹的出现，也有利于产后的身体恢复。但怀孕是个特殊时期，孕妈妈在运动时需加倍小心，在运动前注意以下安全提示，最大可能地保证孕期运动安全。

运动前的准备

1. 运动前咨询医生。孕前经常运动的孕妈妈，如果身体状况良好，基本上可以坚持继续运动；如果以前没有运动习惯的孕妈妈，可以尝试散步、盆底肌锻炼及一些帮助顺产的小运动。但孕期毕竟是特殊时期，在开始一些你不确定的运动前，最好向专业人士咨询，确保自己和胎宝宝的安全。

2. 准备专用运动服和运动鞋。运动专用的服装往往具有吸汗散热的功能，可避免不吸汗材质为皮肤带来的不适，有弹性的运动服装也才有利于身体的活动及伸展。一双合适的运动鞋可以让孕妈妈的运动更安全。

3. 做好热身运动。由于激素的变化，孕妈妈的肌肉、关节较为松弛，孕妈妈若没有做好暖身运动，很容易在运动过程中造成肌肉、关节的拉伤。

4. 运动前喝水。在进行运动之前，孕妈妈要多喝些水，促进排汗散热，避免体温升高。

运动过程中的注意事项

1. 注意自己的身体状况。在做孕期运动的过程中，你需要根据自己的状况不断调整运动的节奏和强度。如果孕妈妈有任何不舒服的感觉，记住要马上停下来。

2. 控制运动的时间。为避免过度劳累与心动过速，孕妈妈每运动15 ~ 20分钟就要停下来稍作休息，等心跳平稳后再继续进行。

3. 控制运动强度。孕妈妈在运动时心跳速率需在每分钟140下以内，若是超过此范围，孕妈妈的血流量较高，血管可能负荷不了。如果孕妈妈感到跟别人谈话都有困难时，就要降低运动的强度了。

4. 运动时起身要慢。随着肚子向上隆起，孕妈妈身体的重心也会发生改变，如果孕妈妈起身太快，可能会感到头昏，或失足摔倒，所以孕妈妈变换姿势时，一定要特别小心。

5. 避免身体过热。在运动中，孕妈妈很容易感觉到热。为避免对胎宝宝造成危害，孕妈妈需避免让自己感到过热，尤其是在孕早期。如果孕妈妈出汗很多，热得不舒服，或者感到头昏，喘不过气，就要引起注意了。如果天气炎热或闷湿，就要暂停锻炼，或者改在通风好、有空调的室内锻炼。穿着宽松、没有束缚的衣服，多喝水，避免体温上升过快。

孕期应避免的运动项目

1. 仰卧起坐运动。怀孕 4 个月后，腹部隆起明显，为避免压迫到胎儿，禁止做仰卧运动。

2. 仰面平躺的运动。平躺时，增大的子宫会压迫腔静脉，导致流到大脑和子宫的血液减少，让孕妈妈感到头昏，喘不过气，或者恶心。所以，在怀孕 3 月之后，孕妈妈就要避免仰面平躺的运动。

3. 举重和其他需要长时间静止站立的运动。这些运动可能会使流向胎儿的血液量减少，影响宫内的供氧状况。

4. 跳跃和震荡性的运动。震荡或跳跃性的运动都容易使孕妈妈重心不稳，若是滑到或碰撞到物体，都容易使胎儿产生撞击造成宫缩或破水，甚至发生早产。

5. 潜水和其他会受到压力的运动会让孕妈妈血液中可能会形成气泡，导致危险状况。孕妈妈也不能参加。

运动时应注意的异常状况

如果孕妈妈在做孕期运动中出现了以下任何一种症状，都要马上停止锻炼，并去医院检查。比如，体温突然变化；恶心、头晕或感觉昏厥；行走困难；心动过速、气短；阴道出血或流出液体；子宫收缩；身体任何部位的疼痛等。

孕期性生活

孕早期——停止性生活

孕早期孕妈妈通常会有劳累感和妊娠反应，加之内分泌的变化，因而有的孕妈妈在怀孕早期通常会表现出性欲减退的迹象。而且，孕早期胚胎和胎盘正处在形成时期，胎盘尚未发育完善，如果此时进行性生活，容易引起子宫收缩，加上精液中含有的前列腺素对阴道的刺激，使子宫发生强烈收缩，很容易导致流产。

因此，在孕早期，准爸爸和孕妈妈要禁止性生活，尤其是有流产史和有任何不适的孕妈妈，更要避免孕早期的性生活。

孕中期——进行性生活的最佳时机

孕中期是进行孕期性生活的最佳时机，在这一时期进行适度的性生活，不但有利于增进夫妻感情，对孕妈妈的身心健康也十分有益。这一时期，胎盘已经发育完全，子宫中有胎盘和羊水作为屏障，可以缓冲外界的刺激，使胎宝宝得到有效的保护，比较不容易流产；性生活带来一定程度的子宫收缩，对胎宝宝也是一种锻炼；而且在孕晚期之前，孕妈妈的子宫颈是紧闭的，并有许多黏液封闭着，能够防止病原菌的侵入。因此，此时进行和谐的孕期性生活，可以让孕妈妈心情愉快、情绪饱满，这对胎宝宝也是一种良好的情绪胎教。但注意的是，此时夫妻间的性生活不宜过频、动作过大，更不要过于兴奋，以防止出现胎膜破裂，影响胎宝宝正常发育。

孕晚期——谨慎性生活

孕晚期的性生活危害更大，特别是在临产前一个月，不加控制的性生活，往往可导致孕妇羊水感染和早产，严重时还可将细菌带入阴道，产后易发生产褥感染。

孕妈妈在孕8～9月应谨慎性生活，在此时胎宝宝生长迅速，子宫增大很明显，胎膜里的羊水量也日渐增多，张力也随之加大，在性生活中稍有不慎，就可能导致胎膜早破，甚至引起新生儿感染。因此，这一段时间不一定要绝对禁止性生活，但在过性生活时要非常非常小心。在进行性生活时，需注意体位，不要压迫孕妈妈的腹部，并注意控制频率和时间，动作要轻柔，避免给予机械性的强刺激，以免引起子宫强烈收缩。如果孕妈妈在孕期性生活过程中或之后发觉自己的阴道分泌物量突然发生变化，如感到液体在缓慢地渗漏，有可能就是胎膜早破，孕妈妈应去医院检查。

在孕期的最后一个月进行性生活时可能会诱发宫缩，引起早产，所以最后一个月应避免性生活。这时，孕妈妈的子宫已经变得很大，对外来的刺激非常敏感。尤其是孕9月后，子宫口逐渐张开，随时会出现分娩征兆，如果适时进行性生活，很容易使胎膜发生破裂、羊水受到感染或子宫收缩而引起早产。因此，为了孕妈妈和胎宝宝的安全，最后一个月一定要停止过性生活。如果有早产史，应在孕期的最后3个月都需要避免性生活。

孕妈妈的睡姿

随着腹部的逐渐增大，孕妈妈有可能需要改变怀孕前的睡姿，重新调整一个安全又舒适的睡姿。左侧卧是孕妈妈的正确睡姿。它可以减轻子宫的右旋转，缓解子宫供血不足，对胎儿生长发育和孕妈妈生产都有利。

应避免的睡姿

趴着睡：怀孕后，孕妈妈的乳房会变得比较敏感，趴着睡时会感到很不舒服，而且随着乳房和腹部的不断增大，趴着睡会变得越来越难受。趴着睡觉还会使胎宝宝间接受压，同时影响腹腔血液循环和脐带血循环，导致宫内缺氧，不利于胎宝宝的健康。

平躺着睡：在孕中晚期，平躺着睡觉会把子宫的全部重量都压到孕妈妈的脊柱、背部肌肉、肠道和下腔静脉上，可能导致孕妈妈出现背痛、长痔疮、消化不良、呼吸和循环系统不畅等情况。

仰卧位睡：当子宫逐渐增大后，若采取仰卧位睡觉的话，增大的子宫会对脊柱侧前方腹主动脉和下腔静脉产生压迫。与此同时，还会造成子宫胎盘血流灌注量减少、回心血量和心血输出量减少、各器官血供减少、肾血流量减少，容易加重或诱发妊娠高血压和水钠潴留等病症；由于人体腹腔左下侧有乙状结肠，因此增大的子宫都会发生不同程度的右旋，进而对子宫的血管和韧带造成牵拉，这时若采取右侧卧位的话，会进一步加剧子宫的右旋，使子宫血管受到的牵拉或扭曲加重，子宫胎盘的供血量减少。

正确睡姿

人在睡觉时以右侧卧位为好，因为心脏位于胸腔左侧，采用这种睡姿可以减少对心脏的压力。但是对孕妇来说，情况却正好相反，应以左侧卧位为宜，这样不但有利于孕妇将来的分娩，还有利于胎儿的生长发育。

一般来说，左侧卧的睡姿对孕妈妈和胎宝宝都有益，是孕期的最佳睡姿。子宫是一个呈右旋转的器官，采取左侧卧的睡姿可以改善子宫的右旋程度，减轻子宫血管张力和对主动脉、髂动脉的压迫，增加胎盘血流量，改善子宫内的供氧状态，有利于胎宝宝的生长发育。此外，左侧卧位有助于肾脏有效地将废物和废液排出体外，不但可以减轻孕妈妈孕期水肿的状况，还有利于避免和减轻妊娠高血压综合征的发生。

因此，孕妈妈最好是用左侧卧睡眠的方式。但是，很少有人能够在一整夜坚持不变一种睡眠姿势，孕妈妈只要做到躺下休息睡眠时采取并坚持左侧卧位就可以了，如果当醒来后发现自己改变了睡眠姿势的话，改成左侧卧位就可以。千万不要为了保持这一姿势而造成夜不能寐或是睡不安稳，要知道，感到最舒服的睡眠姿势就是最好的姿势，胎宝宝也有一定的自我保护能力，如果你的睡眠姿势使他感到不舒服的话，他会发出一些信号让你醒来，或是让你在睡梦中调整到一个舒适的姿势。

睡姿调整

多数孕妈妈都知道，孕期采用左侧卧睡眠是最好的，因此很多人从怀孕一开始就坚持一动不动的左侧睡眠。但实际上，睡眠影响健康的前提是子宫的增大，所以睡眠姿势纵然对孕妈妈和胎宝宝有影响，但这影响并不是从怀孕一开始就开始的。睡眠姿势对胎宝宝和孕妈妈的影响，来源于子宫对腹主动脉、下腔静脉和输尿管的压迫，而只有增大的子宫才会产生这样的影响。孕早期子宫并未增大时，睡眠姿势不压迫腹部，就不会对自身和胎宝宝造成影响。注意调整睡眠姿势一般来说，是从孕中期，即妊娠 5 个月以后才有必要引起重视的。

孕妈妈在调整睡姿时，可以利用枕头或靠垫。孕妈妈在面向左侧躺的时候，可以试着在双腿间夹一个枕头，也可以选择比较长的枕头，将一侧放置于肚子下，包覆整个腹部，还可以在背后也放置一个靠垫，不但可以用来稳定睡姿，还可以分散腹部重量，减轻背部的负担，让孕妈妈睡得更舒服。现在市面上有各种各样的孕妇专用枕头，孕妈妈可以根据自己的需要来选择。

孕期生活细节

孕妈妈的化妆问题

爱美是女人的天性，不过孕妈妈生理情况特殊，腹中小宝宝的生长发育也易受到外界环境的刺激，因此孕妈妈的爱美之心应当适当收敛，以免伤害自己的身体或影响宝宝的发育。

孕妇身体抵抗力差，容易受外界病菌和微生物的感染。化妆品大多含有各种化学成分和较多的色素、添加剂、防腐剂等物质，孕妇如果经常使用很可能会引起过敏或中毒反应，对身体健康危害极大。同时，化学制剂还有致畸、致癌的可能，对胎儿的生长发育会产生较大的隐患。化学制剂若经胎盘被胎儿吸收，很可能会导致流产、早产、胎儿畸形或患有严重的先天性疾病。

另一方面，孕妇在整个妊娠期要进行 9 ～ 13 次的身体检查，孕妇化妆的话，医生就很难通过脸色、唇色和指甲的颜色等重要信息源来判断孕妇的身体状况，如是否贫血等。这势必在一定程度上干扰医生对孕妇健康状况的正确诊断，影响了一些病症的及时治疗，这对母婴健康都存在着较大的威胁。

所以，妇幼保健专家提醒孕妈妈们，孕期尽量不要化妆，尤其不能浓妆艳抹。因为各种化妆品对身体及胎儿产生影响。

平底鞋还是高跟鞋

孕妈妈在怀孕期间身体的重量一般增加 15 千克左右，走路时对腿和脚的压力就大了许多，重心也发生改变，穿一双不合脚的鞋常常会使孕妈妈感到不适疲惫，从而影响腹中胎宝宝的发育。脚的柔韧度主要是靠脚弓来完成，脚弓除了可以吸收人体行走时的震荡外，还可以保持人的身体平衡，因此孕妈妈在选购鞋时，除了讲究舒服、保暖，还要考虑脚弓的需要。

有些孕妈妈认为平底鞋是最佳选择，但是穿平底鞋走路时，一般是脚跟先着地而脚心后着地，穿平底鞋不能维持足弓吸收震荡，又容易引起肌肉和韧带的疲劳及损伤。相对而言，选择一双后跟 2 ~ 3 厘米高的低跟鞋或坡跟鞋最为合适，但不宜穿高跟鞋，因为这时候孕妈妈的身体开始变胖，尤其是臀部开始突起，胸部和腰部的位置都向前挺，身体也自然往后仰。

如果穿着高跟鞋走路时，孕妈妈身体的重心就会向前倾斜而失去平衡，有摔倒或闪腰等潜在的危险，还可能造成腹腔前后径距离缩短，使骨盆的倾斜度加大，人为地诱发头位难产。同时，腹部受到的压力会上升，使血管受到更大的压力，从而整个血液循环受到限制，这样还容易发生妊娠水肿。

此外，孕妈妈最好选择一双宽松一点、弹性好的鞋，因为在怀孕中后期孕妈妈的脚很容易发生水肿，所以最好是选择比平时大一码的鞋；再有，在选鞋时除了注意鞋子的大小舒适之外，还要看鞋底是否防滑，以免造成不必要的伤害。

口腔护理

温暖和湿润的口腔是培养致病细菌的温床，如果这些细菌经过牙龈上的伤口进入血液，到达心脏，就很容易引起心脏病。曾有医疗学者从这一发病机制出发，对早产儿与口腔疾病的关系进行调查，结果发现，在一些早产儿体内有与其母亲口腔细菌相应对的抗体，初步证实孕妈妈口腔的病菌与一些早产有关。所以，做好孕期口气护理、保持孕期口腔卫生是安胎的重要措施之一。如果患有较严重的口腔疾病，也应在治疗好这些疾病后再怀孕。

那么，孕妈妈应如何做好日常的口腔护理呢？

1. 重视怀孕期口腔卫生。孕妈妈应坚持每日两次的有效刷牙，以清除口腔内的有害细菌。对于容易感染蛀牙的孕妈妈，可以适当用一些局部使用的氟化物，如氟化物漱口液、氟化物涂膜等。

2. 利用口香糖清洁牙齿。要使用不含蔗糖的口香糖清洁牙齿，如木糖醇口香糖。这种口香糖具有促进唾液分泌、减轻口腔酸化、抑制细菌和清洁牙齿的作用，如果能在餐后和睡觉前咀嚼一片，每次咀嚼至少 5 分钟，可以使蛀牙的发生率减少 70% 左右。

3. 做好定期口腔检查和适时的口腔治疗。孕期口腔疾病会发展较快，定期检查能保证早发现、早治疗，使病灶限于小范围。对于较严重的口腔疾病，应选择妊娠中期相对安全的时间治疗。

4. 增加营养摄入，保持营养平衡。除了充足的蛋白质外，维生素 A、维生素 D、维生素 C 和一些无机物如钙、磷摄入也十分重要。怀孕期间增加这些营养元素的摄取，不仅可以使孕妈妈机体组织对损伤的修复能力增强，对胎宝宝的牙齿的发育也很有帮助。

孕期浪漫不能丢

女性在怀孕后身体会开始逐渐变胖，臀部变宽，全身脂肪和肌肉的含量会逐渐增多，身材会日益走形。很多准妈妈都担心自己在准爸爸眼中不再漂亮了，不再具有吸引力了，由此会产生一连串的假想和忧虑。此时，准爸爸不能光靠解释和安慰，也要拿出一点"实际行动"，多制造一些甜蜜的浪漫，比如给准妈妈写一封情书。准爸爸是否从来没给准妈妈写过情书呢？从现在做起也不晚。准爸爸要告诉孕妈妈，她在你心目中占有什么样的地位，你对她的爱是不会因为外貌的变化而改变的，她为给你怀孕生子所付出的辛劳和代价你将用一生的爱来报答，你们的孩子将是你们爱情的最好见证，你要和她一起迎接宝宝成长的每一个时刻，等等。

孕期正确洗澡

女性在怀孕以后，内分泌的改变会导致汗腺和皮脂腺分泌增多。常洗澡可以有效保持皮肤清洁、预防皮肤和尿路感染。但孕妈妈在洗澡需要格外小心，尤其是怀孕 12 周以内的孕早期，由于这时候胚胎刚刚着床并开始慢慢发育，非常娇嫩，对各种刺激都非常敏感，稍有不慎就容易造成意外，所以孕妈妈在洗澡时要注意以下方面：

选择淋浴的方式

在洗澡时，孕妈妈最好选择淋浴，这是因为孕妈妈的内分泌功能发生了变化，阴道内具有杀菌功效的酸性分泌物变少，自然防御机能下降，阴道及子宫很容易受到细菌的感染，而盆浴时下半身浸泡在水中，水里的细菌极易进入阴道或宫颈，从而引发炎症。所以，孕期孕妈妈需要暂时放弃泡澡。在孕晚期，为了安全起见，孕妈妈洗澡时可以坐在小板凳上淋浴。

时间不宜过长

孕妈妈洗澡时间不能过长。这是因为，洗澡时浴室内由于通风不良，空气混浊，湿度大，会使空气中的氧气含量降低，再加上热水的刺激，会使人体内的血管扩张。血管扩张的最直接影响就是使流入人体躯干、四肢的血液增多，而进入大脑和胎盘的血液就会相对暂时减少，氧气的含量也必然减少。如果孕妈妈洗澡时间过长的话，就会因为脑细胞暂时缺氧而导致眩晕昏倒，有一定的危险性。此外，长时间洗澡对胎宝宝也有一定的影响，因为母体缺氧的情况下必然会导致通过胎盘输送给胎宝宝的氧气量减少，继而导致胎宝宝缺氧。如果胎宝宝长时间缺氧的话，就会影响到神经系统的发育，带来不良后果。因此，建议孕妈妈将每天洗澡的时间控制在15分钟以内，如果在洗澡时有头昏眼花、胸闷心慌等不适症状出现时，一定要停止洗澡。

水温控制在38℃以下

孕妈妈不要用温度太高的热水洗澡，尤其是在胎宝宝还不稳定的孕早期。这是因为，过高的洗浴温度会使孕妈妈的体温升高，羊水的温度也会随之升高，胎宝宝就会处在一个高热的环境下。高热是导致先天畸形的重要原因，高热程度越高、时间越长、重复次数越多，个体敏感性就越高，危险性也就越大，特别是在胚胎发育早期。研究表明，孕妈妈体温比正常体温升高1.5℃时，胎宝宝脑细胞发育就可以停止；孕妈妈体温上升3℃，就可能有杀伤胎宝宝脑细胞的危险，容易造成胎宝宝发育不良，严重者还会导致死胎、流产等现象。

因此，建议孕妈妈的洗澡温度应控制在27～37℃，最好不要超过38℃，冬天最好不要超过45℃。

饭前饭后1小时内不许洗澡

空腹洗澡易诱发低血糖而虚脱昏倒；饱餐后洗澡，皮肤血管扩张，血液过多流向体表，影响消化，甚至引起晕厥。

孕妈妈正确洗头

由于孕妈妈的新陈代谢旺盛，上脂腺、汗腺分泌增多，特别容易出汗。为了保证身体每个部分的清洁卫生，孕妈妈们必须经常洗头。怀孕后，油性发质的孕妈妈头发会比平时更油一些，而干性发质孕妈妈的头发则不会像平常那样干涩了。由于孕期孕妈妈的身体较为敏感，所以在洗护头发上也需要注意一些问题：

洗头的频率：因为孕妈妈全身各系统发生生理变化的同时，体内汗腺和皮脂腺的分泌也非常旺盛，使孕妈妈容易出汗，头部的油性分泌物增多，特别是在炎热的天气里出汗更为明显，所以在夏天可以天天洗头。至于天气较冷的时候，可以依据个人的发质选择洗头的频率，对于中性或油性头发的孕妈妈来说，每周洗头 1 ～ 2 次为宜，而干性头发的孕妈妈，每周洗一次即可。

洗发水的选择：如果皮肤十分敏感的话，为了防止刺激头皮而影响到胎宝宝，孕妈妈要选择适合自己发质且性质较温和的洗发水，最好不要突然换用其他品牌洗发水，避免皮肤由于不适应造成过敏现象。

洗头后湿发的处理：孕妈妈洗头后应戴上吸水性强、透气性佳的干发帽，尽可能快地弄干头发，防止感冒。不过要注意选用抑菌卫生、质地柔软的干发帽、干发巾；用吹风机的时候，吹风机距离头发的距离至少要在 15 厘米以上，且温度不宜太高、风力不宜过强。在吹头发的同时，要避免固定吹同一个地方，应该来回晃动吹风机，让头发均匀受热，防止毛鳞片受损。

婴儿降生前的准备工作

婴儿床

婴儿床是宝宝健康睡眠的保障。婴儿床没必要买得太大，能放在父母床边的小号床就可以了。婴儿床要使用无铅的涂料，如果宝宝呼吸含铅的灰尘或烟雾，或是吞食任何含铅的东西，都可能造成铅中毒，会导致学习能力障碍和其他神经系统问题。

婴儿床的床面坚实度是非常重要的，因为过于柔软的床垫很可能会使宝宝面朝向下的时候发生窒息。床的四周要有护垫护栏保护，护栏的板条间距不能超过 6 厘米，以防宝宝将来活动时卡住头部。床两头如是镂空图案的话，镂空间距同样不能超过 6 厘米。

小床应配有温暖舒适的床垫和能够防止儿童打开护栏的机械锁扣，床垫要紧贴床头和床尾的挡板。围栏的最高处与床垫可以调试的最低处之间至少要有 66 厘米的距离。

要小心锋利的边角，拐角处的木条如果伸出 1.5 毫米以上的话也要特别小心，因为这个长度足以把衣服挂住，从而可能拽住或者勒住宝宝。婴儿床最好是配有质量轻薄透气的蚊帐，不宜选择图案色彩过于鲜艳丰富的蚊帐，以免影响宝宝的休息睡眠质量。

床上用品

宝宝的床上用品无论是自己缝制还是外面购买，都要选择纯棉的面料，另外还要尽量选择色泽较浅的布料。尽量不要给宝宝使用含有化纤成分的小毛毯，如果要有的话，毛毯外边要套上纯棉布料的被套。3 个月以前的宝宝不用睡枕头，否则会影响大脑发育。3 个月以后最好是用纯白的浴巾叠一个和小床一样宽的 1 ~ 2 厘米高的小枕头，好用又好清洗。可以多准备几条两面都是法兰绒的小块防水布垫在床下，以防宝宝尿湿无法及时更换。

如果使用普通防水布的话，就要在上面铺上一块棉垫，防止宝宝尿湿同时还能保证宝宝身体下面的空气流通。

婴儿所有的床上用品都必须可以水洗、拆洗的，如果有不可水洗的物品，就必须经常放到阳光下暴晒消毒。

婴儿服

刚出生宝宝的婴儿服不讲求漂亮时髦，方便舒适为最好。可以给宝宝准备三四套质地柔软舒服的棉布和尚服或开肩套头的宝宝服，两套宽松好穿脱的婴儿睡衣，几双小的棉袜，还可以预备一件小斗篷。衣服刚开始没有必要买太多，因为宝宝的成长速度是很惊人的。

尿布

尿布是宝宝离不开的生活必需品，而且用量惊人，所以最好多准备一些。除了备好一次性纸尿布、婴儿纸尿裤之外，还应准备几条纯棉织品的布尿布。虽然目前市场上买的纸尿布、纸尿裤用起来方便，并且有一定的透气性能，但终究还是不如布尿布用得舒服。所以爸爸妈妈不要怕换洗尿布麻烦，为了宝宝的舒适健康，最好能用家里的干净棉织品给宝宝改几条尿布，并且在使用前要做好清洗消毒工作。

奶具

即使是母乳喂养，也应准备两三套婴儿用具，包括奶瓶、奶锅、水杯、小勺、榨汁器、暖瓶、滤网或是纱布。注意的是，宝宝的哺乳工具都不可以是铝制品，所有餐具都应注意做好用后及时清洁和定期消毒的工作。

婴儿玩具

婴儿床头的方向一般要有悬挂玩具的地方，妈妈可以买一些玩具促进宝宝的视力发育。玩具最好是可以晃动的，如床铃等，因为新生宝宝喜欢用眼睛搜寻目标，一旦发现目标就会盯住不放，如果目光是停留在一处，容易形成"斗鸡眼"，而他的眼睛随着玩具转动时，就不会发生这种情况。一旦宝宝可以借助手或膝盖支起来，妈妈必须把那些可爱的床铃以及所有横挂在小床上方的玩具取下来，以免造成危险。

婴儿浴盆

金属盆较凉较重，并且又硬又薄的金属边还可能会磕碰到宝宝，所以给宝宝选择浴盆时不要选择金属质地的盆，应选用无毒无味的塑料盆或自然的木盆。为了防止宝宝洗澡时滑脱或是牵拉宝宝太用力，最好给宝宝同时配上一张小浴床。

专题：了解分娩的三个产程

产前练习

分娩前的呼吸练习

在分娩时将会用到这个练习（包括子宫颈扩大阶段和娩出阶段）。从第4个月开始你就可以练习，直到分娩。这将会给孕妈妈带来舒适和放松。做这个练习时要躺着、腿弯曲，或者把腿放在椅子上稍稍分开。孕妈妈也可以盘腿而坐，如果你觉得在开始时这对你来说更容易的话。当我们正常呼吸时，我们并不会注意空气进入气管的方式：胸脯稍稍鼓起，或腹部有一点鼓起，或者这两处都鼓起；如果不是鼻塞，我们就闭着嘴呼吸。

以下方式可帮你意识到自己是如何呼吸的：躺着或坐着，把一只手放在胸脯上，另一只手放在肚子上，看看当本能地呼吸时，你是鼓起肚子还是胸脯，换句话说，你的呼吸是胸式呼吸还是腹式呼吸或者两者都是（见图5）。

深呼吸：当你很好地意识到你呼吸的方式后，深深地呼气，然后用鼻子深深地吸气，同时使肚子膨胀。把手放在肚子上来帮助自己，你将会感受到它是如何鼓起来的（见图2）。现在，用嘴呼吸，最大限度地缩回肚子。非常慢地做这个动作。然后重新开始做几次。

做深呼吸是十分有用的。许多医生都建议准妈妈们这样做：想象空气沿着子宫，同时也沿着想象中画在肚子上的一条灰色的线上升。当你吸气到最大限度的时候，不要停止，并开始呼气，同时，想象着你呼出的气体沿着你的脊柱一直到底并朝向会阴和子宫颈口的方向。你的呼吸形成了一个圈，围绕着子宫和你的宝宝。想象的循环对呼吸的循环很有帮助。

一开始，在肋骨处可能会有阻滞的感觉。逐渐地，这种感觉会消失。

几天之后，你的呼吸将会越来越容易，又慢又深。这个时候，你可以开始用别的姿势来做这个练习：步行时、上楼时。

这样，第一次子宫收缩来临时，你就可以做深呼吸同时可以继续活动：这将使你更加舒适，并且有助于子宫颈的扩大和胎儿的下降。

深呼吸对于腹部也是一个很好的运动，因为宝宝出生时腹部将会承受很大的压力。

浅呼吸：吸气，然后轻轻地快速地呼气，不要发出声音。只有胸部较高的部分起伏；肚子几乎保持不动（见图1）。这种呼吸应该是有节奏的。不要呼吸得越来越重，而是伴随着规律的节奏越来越快：大概两秒钟呼吸一次（吸气和呼气）。闭上眼睛很可能会做得更好。

　　医生建议做这种呼吸时嘴要闭上（这是浅呼吸），或者嘴张开（这是喘息）。你会知道对你来说哪个更容易。

　　这种呼吸将会在因子宫颈扩大而引起的强烈收缩时派上用场，在你想用力时它可阻止你。在子宫颈扩大结束和娩出时不能运用这种呼吸方式。

　　你可以每天练习上几分钟。这种呼吸让空气最大限度地进入到肺中，有时会引起眩晕感和手发麻的感觉。这种症状让人不舒服，因为它会令人焦虑，但是不要紧，停止练习后几秒钟之内它就会消失。

　　用力时的呼吸：这时的呼吸涉及分娩的最后阶段：宝宝下降直到出生。此时有两种呼吸方式。

图 1

图 2

图 3

图 4

图 5

屏息——这就是传统的"吸气、屏气、用力"。建议进行以下练习：深深地吸气，到达吸气顶点时，保持住呼吸，脑子里数到5，然后用嘴呼出那口气。逐渐地你将会数到10，20甚至30，也就是说屏气半分钟。

抑制呼气——先做一个深深的腹部的吸气，同时鼓起肚子，在缩回肚子时，空气通过嘴轻轻地呼出；腹肌尽最大可能地收缩。

这和深呼吸是一个方法，但是我们着重强调腹肌的收缩来帮助胎儿出生。为了训练，你可以吹气球。但是不要在第9个月做这个练习，以免使子宫颈承受压力。

分娩的时候到了，准妈妈呼吸加速的时候就需要这两种呼吸方式。你可以运用第一个方法屏息；或者第二种方法抑制呼气。但这要根据你的感觉、医生的指导以及其有效性来选择。不管用哪种方法，好的骨盆位置有助于宝宝的娩出：把腿放在搁脚架上（见图3），然后把膝盖抬高到胸部，把背放得很平，然后手可以放到膝盖底下，肘轻抬朝外（见图4）。如果你做了硬膜外麻醉，做这个姿势可能会有困难。要让你的丈夫帮助你。

你可以总结不同的呼吸对应着分娩的不同阶段：深呼吸伴随着宫缩来临，这意味着又一次宫缩要开始了；在子宫颈扩大阶段、收缩变得很强烈时不应该用力，应运用浅呼吸；在用力娩出和宝宝出生时，或者屏息，或者抑制呼气。

另外，这些不同的呼吸方式分别对应着分娩的关键时刻：胎儿开始朝下移动；胎儿下降了；胎儿娩出。

一开始，你也许不能分辨出这些呼吸的不同和它们的效能，但是你很快就会对其熟悉。当你分娩时，在你身边将会有一个助产士来引导你。

分娩前的肌肉练习

这些练习是在第4～7个月做的。

增强骨盆关节的柔韧度：如图所示下蹲（见图6）。一开始，把脚在地板上放平将会很困难。你会感到小腿的肌肉和大腿的肌肉很疼痛地紧绷着。不用过于坚持，因为只要几天的时间你就能毫无困难地做这个练习了。要习惯于你每次弯腰俯身时就做这个动作，而不是向前倾斜。要学会抬高分开的膝盖，背挺直，尤其要避免弯成弓形。

为了更好地做出这个动作，请深呼吸，在呼气时重新挺直。

盘腿而坐（见图7），脚后跟放在臀部下面，膝盖离地。保持背部挺直。一开始，你很快就会感到累。为了放松，可把腿向前伸开。这个姿势有利于拉牵大腿肌肉和增强骨盆关节的柔韧度，当你习惯了这个姿势时，在读书、看电视等时都可以采用它。如果这个姿势对你来说很困难，请在臀部下面放一个垫子。

增强会阴的弹性：会阴在分娩时将会承受很大压力。因此首先应该认识到会阴准确的位置；其次，做练习来加强它，使其灵活柔韧。

你可以这样感知会阴的位置：当你的膀胱有清空的需要时，收缩可阻止这种需要。想要排便时也是一样。这前后收缩的肌肉就是会阴，也就是

图6

图7

图8

你应该使其变得柔韧灵活的肌肉。所以，为了达到这个目的，应该同时收缩关闭尿道和直肠的肌肉。以下是要做的练习：

坐下，稍稍向前倾，膝盖彼此分开，前臂和肘放在大腿上：慢慢地收缩会阴，保持上几秒钟，然后放松双倍的时间（见图8）。

这个练习坐着站着都可以做，重复12次，一天2~3遍。这个运动可以一直持续到分娩。

为了使会阴的肌肉变发达，做练习时应该有点强度，每次至少保持5秒钟。如果中途没有坚持住，要循序渐进地做练习，而不能急于求成。

这个练习可能很枯燥乏味，但是值得一散，因为它非常有用：会阴灵活柔韧，分娩会更加容易，尤其是使得产后排泄的问题（大小便失禁）得到改善。这也是为什么在分娩之后女性仍经常做这个练习的原因。

锻炼腹肌：我们不建议进行运动腿和躯干的传统腹肌练习，因为这种练习有可能使腹壁变得松弛，导致子宫下垂和大小便失禁。然而，恢复腹部的练习，锻炼腹肌的肌肉组织有利于用力娩出，并且可以加快分娩后腹

部的恢复。这种练习也会减少腹部下部的重物感，改善便秘问题。收缩时没有风险。以下就是做这个练习时的要领：

深深地吸气，然后在呼气时缩回腹部大概10秒钟，放松自己，然后重新开始。你一天中可以做好几次这个练习。

骨盆摇摆运动： 随着宝宝重量的增加，你会越来越把自己弯成弓形，并且在腰部有一种持续的压力。这就是背部和腰部疼痛的主要原因，所有的孕妇都抱怨过这一点。为了缓解这种情况，你应该通过改变骨盆的方向，来做弓形弯曲的反向运动。

首先，站立，腰部挺直，腹部朝前，把左手放在腹部，右手放在臀部。吸气。

然后，慢慢地逐渐收缩腹肌，夹紧臀部同时向前向下推动。呼气。为了帮助你很好地完成这个动作，把右手向下伸，左手向上伸；如此，力作用于骨盆，使其改变方向。当你能够正确地做这个动作时，你就不用手的帮助了。

现在同样是做骨盆摇摆运动，不过是通过爬行：胳膊伸直并且垂直，两手相隔30厘米，大腿同样垂直，膝盖相隔20厘米。

首先，慢慢地使背部成凹形，抬头，尽可能高地提臀。做这些动作时吸气，并且使腹部放松（见图9）。

然后，像小猫一样把背弓成弧形，收缩腹部，最大限度夹紧臀部并垂向地面，轻轻地把头垂向两个胳膊之间。做运动时要吸气（见图10）。

骨盆摇摆运动也可以平躺着做（见图12、13）：平躺，腿蜷起来，腰部轮流地贴近和离开地面（需要的话把一只手插在腰下）。寻找运动的流畅感和正在收缩的肌肉的感觉非常重要。

骨盆摇摆运动很重要：它不仅会让你在怀孕时十分轻松，而且使得脊柱骨盆的关节变得灵活，并且避免腹肌松弛。做这个运动时要慢慢地进行，分别做6次站立，6次爬行和6次平躺练习。

保持胸形： 首先站直，肩部向后张。然后有规律地运动支撑腰部的肌肉。

练习1（见图13）：把肘抬高到和肩一样高，手指分开，两手在第一个指节处相触，两掌尽最大力量互压。停止互压，但是手不要分开，放下肘部，然后重新开始（10次）。

练习2：成水平伸开两臂，然后尽可能地向后伸。最后沿着身体归位（10次）。

图 9

图 10

图 11

图 12

练习 3：把两臂伸直水平画圆圈，圈要尽可能地大（10 次）。

分娩前的放松练习

这个练习应从第 4 个月开始做，并一直持续到分娩。

放松练习：一开始要关闭房间里的门和窗户，远离噪声；拉上窗帘，因为太强烈的光会妨碍放松。清空膀胱，否则你很难适当地放松会阴的肌肉，如果你戴眼镜的话请摘掉眼镜；然后躺在一个有点儿硬的床垫上（见图 14），或者铺上毯子躺在地上。要在头下放一个枕头，在膝盖下放一个枕头，还需要一个来垫脚，以便身体的所有部分都被很好地支撑，并且可以毫不费力地保持图中所示的姿势。

图 13

练习的目的是让身体所有的肌肉同时得到放松。为了达到这个目的，首先你应该认识到放松的肌肉和收缩的肌肉间的不同之处。你可以逐步地先收缩，然后放松你身体的不同肌肉。请集中精力来做你应该做的，每个动作都要慢慢地做。先从右手开始：握拳，但是不要太用力，保持几秒钟，然后逐渐地松开，再慢慢地收缩胳膊，

图 14

保持几秒钟压力，再慢慢地放松。左手和左臂也做同样的练习；然后轮到腿，相继地收缩和放松脚趾、小腿和大腿的肌肉。为了能习惯地辨别肌肉的收缩和放松，你每次都要保持几秒钟的收缩。

在收缩时要吸气，放松时要呼气。现在从四肢转移到身体的躯干部分：收缩臀部、腹部、会阴等的肌肉，最后是面部。一开始要想完全放松面部可能会有困难，因为面部有接近 60 块肌肉。首先试试同时收缩这些肌肉：闭上眼睛和嘴，收缩上下颌，别忘了额头。这样保持上几秒钟。然后完全放松。重复练习 3 ~ 4 次。

你放松的第一课可以用来认识所有的肌肉。下一课是身体每一部分分别地放松，第 1 天是胳膊，第 2 天是腿，第 3 天是面部，等等。只有当你能够一部分一部分地放松时，你才能够达到整体的放松。因为为了达到整体放松，你应该能够控制所有的肌肉。以下的测验将会让你确认你是否达到了这一点：完全放松你的胳膊，然后让人把它稍微托起。如果他毫不费力地做到了，并且当他松开时，你的胳膊完全惯性地垂下，说明放松得很彻底。

现在试着同时放松身体的所有肌肉。深呼吸 3 ~ 4 次。然后，在吸气的同时收缩所有的肌肉：胳膊、腿、腹部、会阴、面部。这样保持 3 ~ 4 秒钟。然后呼气的同时完全放松。片刻之后，你会感到身体完全松弛，深陷在床里。如果你完全放松了，你的眼皮应该是半睁，嘴稍微张开，颌骨稍微下垂。逐渐地，一种舒适感会将你包围。你的呼吸将会规律而平稳。这样保持 l0 ~ 15 分钟。放松之后不要突然站起来，这样会头晕。先做两三个深呼吸，伸长胳膊和腿，坐起来，最后慢慢地起身。

注意事项：1. 你肯定会需要几天的时间来达到很好的放松，所以如果一开始练习时，你觉得好像很困难也不要泄气。

2. 如果没有真正全神贯注地努力就不会有完全的放松。一开始每天只要做 5 分钟，否则你不会放松，反而会感到疲倦。一段时间之后，你就不会错过每天的放松了：它是那么的使你放松，尤其是你对怀孕感到有点紧张的时候。

3.也许第一次做放松练习时你会觉得有点乏味，但建议你不要用多睡一刻钟来代替它。睡眠并不意味着身心的完全放松，因为睡觉时，你移动胳膊和腿，改变姿势会干扰你的放松，此外做梦也会干扰放松。这也就是为了保证睡眠质量建议你睡前做一下放松练习的原因。放松是对睡眠最好的准备。要不你就在做完练习或者吃完早餐后做一刻钟的放松。

4.到了第6个月或者第7个月，当宝宝的重量已经很重时，平躺着睡觉对你来说会有困难——你将会呼吸困难。从这个时候起，请做一些侧着睡觉的练习，把胎儿的重量转移到床上。假如你有一个可以让你觉得舒适的垫子，那么这个垫子会帮助你安神。

分娩方式
经阴道分娩

阴道分娩包括自然分娩和仪器助产分娩。

自然分娩是指在有安全保障的前提下，通常不加以人工干预手段，让胎儿经阴道娩出的分娩方式。健康的孕妇，如果骨盆大小正常、胎位正常、胎儿大小适中，孕妇如无各种不适宜分娩的并发症，及无医疗上剖宫产的手术指征，医生会鼓励孕妇自然分娩。

自然分娩对宝宝是非常好的。胎儿生活在羊水内，呼吸道内存在着一定量的羊水和黏液。阴道分娩的胎儿经过子宫收缩和产道的挤压，使胎儿肺里和呼吸道内的羊水和黏液得以流出，减少了新生儿羊水、胎粪吸入肺炎的发生。胎儿胸廓受到有节律的压缩和扩张，促使胎儿肺部产生一种叫作肺泡表面活性物质的东西，使胎儿出生后肺泡富有弹性，容易扩张。阴道分娩时，胎儿头部不断受挤压，刺激胎儿呼吸中枢，有利于出生后建立正常呼吸。

自然分娩同样也有利于产妇的健康恢复。经阴道自然分娩的产妇，由于分娩时出血少、感染概率小、子宫无伤口，因而产后的身体恢复大大快于剖宫产，能有更多的精力照料婴儿，而且还能避免剖宫产的许多并发症和后遗症。因此，如果具备自然分娩的条件的话，尽量选用阴道分娩这种自然、安全、对母婴都有利的分娩方式。

以自然方式分娩的孕妇，在怀孕期间应了解生产的全过程及做相应的检查以便能够全面了解孕妇及胎儿的情况。孕妇应做一般状况的检查及产前检查，以便及早发现异常，及早进行处理；对胎儿也应进行相应的检查，如胎盘功能、胎儿成熟度、胎儿先天畸形的宫内诊断以及胎儿遗传性疾病的宫内诊断，可以确切地掌握胎儿的发育情况及胎产式。

剖宫产分娩

剖宫产就是剖开腹壁及子宫，取出胎儿。有些孕妇由于自身的某些原因，无法进行常规经阴道分娩，或经阴道分娩可能对产妇或胎儿造成危险时，就需要进行剖腹生产。

在实施剖腹术前，准妈妈要保持愉快、平静的心情，避免过分的紧张和焦虑，待产时可以通过听音乐、看休闲读物和其他孕妇进行交流来放松精神，注意多休息，术前一日晚保证充足的睡眠，并且进食易消化的食物，术前至少4小时不要再饮水、进食；做好腹部、外阴清洁，脐窝较深者提前进行清洁。

手术前护士会进行合血（取静脉血2～3毫升，以备手术中需要输血时配血用）、备皮（用剃毛刀刮去腹部、腰部等处的毛发）、肌肉注射防出血针剂、安放导尿管和对腹部皮肤初次消毒等准备工作，孕妇应在准备工作进行前将发卡、隐形眼镜、首饰等身上多余物品取下，交给家属妥善保管。

剖宫产手术进行时，医生首先要将腹壁进行切开，拉出子宫，将子宫切开拉出胎儿剥离胎衣后以此对子宫和腹壁进行术后缝合，缝合完毕后给手术部位涂以碘酊或消炎软膏以预防感染。剖宫产手术结束后，产妇在产后6小时内要绝对禁食，将头偏向一侧去枕平卧，有时护士会在产妇的腹部放置一个沙袋以减少腹部伤口的渗血。

剖宫产手术常见并发症有出血、休克等。出血多半是缝针刺破血管或结扎脱落引起，对于这种出血要重新进行结扎，对缝合后针孔或缝合部分渗血的病人，可局部滴注肾上腺素止血；手术期间发生休克的原因可能是拉出胎儿后腹内压骤然下降及大出血等引起。一旦出现休克征兆（如昏迷、呼吸浅快，结膜苍白，耳鼻发凉等）应采取紧急救治措施，可肌肉注射肾上腺素和血管收缩药。静脉补液特别是补充钾离子，对挽救患者生命更为有益。

虽然剖宫产的手术指征明确，麻醉和手术一般都很顺利，还能免去遭受阵痛之苦，手术过程也比较安全，但其对产妇来说是一个很大的创伤不易恢复。此外，剖宫产术后还可能发生泌尿、心血管、呼吸等系统的并发症，以及引发子宫切口愈合不良、晚期产后流血、腹壁窦道形成、切口长期不愈合、肠粘连或子宫内膜异位症等病症。剖宫产的新生儿，还有可能发生呼吸窘迫综合征。

常规分娩好还是剖宫产好

常规分娩无论是对产妇还是对宝宝都是很好的锻炼，但产妇需要承受较大的痛苦。剖宫产产妇承受的痛苦较少，但不利于产后的恢复和宝宝的健康。常规分娩和剖宫产各有利弊，到底选择哪一种生产方式，很多孕妈妈在妊娠期都会考虑这个问题。

剖宫产作为一种手术，尽管现在已是一种非常成熟的技术，而且整个生产过程不必经历分娩阵痛、产道不会裂伤、没有难产的忧虑，但与阴道分娩相比，剖宫产的出血多、卧床时间长、住院时间长、增加住院费用、产妇恢复慢，会有一定的风险和并发症。所以，除非有医疗上的手术指征，否则不建议孕妇去做剖宫腹产术。

医疗上的手术指征主要有：

胎儿窘迫：胎儿窘迫可以发生在妊娠的各个时期，特别是后期及阵痛之后。胎儿窘迫的原因很多，例如脐带绕颈、胎盘功能不良、吸入胎便，或是产妇本身有高血压、糖尿病、子痫前兆等并发症。大部分的胎儿窘迫可通过胎儿监视器看到胎儿心跳不好，或是在超声波下显示胎儿血流有不良变化，如果经过医师紧急处理后仍未改善，则应该施行剖宫产迅速将胎儿取出，防止发生生命危险。

产程迟滞：产程迟滞是指产程延长。通常宫颈扩张的时间因人而异，但初产妇的宫颈扩张时间平均比经产妇长，需 14 ~ 16 小时，超过 20 小时称为产程迟滞。遇到这种情况的产妇最辛苦，因为阵痛已经持续了一段时间，才不得已改为剖宫产，等于是产前阵痛和术后痛都必须经历，共痛了两次。

一般产程迟滞可以根据分娩的异常分为 3 种：潜伏期延长、活跃期延长、活跃期停滞。通常造成产程迟滞的原因，有可能是子宫收缩力量的异常、胎儿身体或胎位或胎向异常、母亲产道异常等。如果有明显的产程迟滞情况发生，却仍然勉强选择经阴道分娩，可能会对胎儿或母体造成伤害，因而必须实施剖宫产手术。

骨盆狭窄或胎头与骨盆腔不对称：产妇如果有骨盆结构上的异常，比如小儿麻痹患者、有骨盆骨折病史、身材过于娇小或侏儒症患者，由于骨盆出口异常无法让胎儿顺利通过，故应该采取剖宫产。

此外，胎头与骨盆腔不对称是相对性的，也就是说即使产妇本身的骨盆腔无异常也不狭窄，但因为胎儿的头太大，无法顺利通过产道，也必须实行剖宫产。

胎位不正：初产妇胎位不正时，以剖宫产为宜。一般而言，初产妇若在足月时已经确认胎位不正，可事先安排剖宫产的时间。但如果阵痛开始后才发现胎位不正，可能要直接安排紧急手术。不过，若是属于臀位的胎位不正，并且产妇本身有阴道生产的意愿，仍然可以利用各种助产方法尝试，但臀位阴道分娩具有较高的危险性，因此要和主治医师讨论其优缺点才可实行。

多胞胎：如果产妇怀的是双胞胎，且胎儿胎位都是正常的，可以尝试自然生产，但若是三胞胎或更多胎的怀孕，建议优先考虑剖宫产。

前胎剖宫生产：前胎剖宫生产是目前国内常见的适应证，大约占30%，有许多产妇都是第一胎剖宫产后，再次分娩也会选择剖宫产。一般来说，一次的前胎剖宫产后，的确会增加近 1% 的子宫破裂机会。若是直式的子宫剖开方式，则子宫破裂的机会则会增加 4 倍左右，因此，多数妇产科医师及产妇会在前胎剖宫产的前提下，在进入产程之前安排好手术时间。

胎盘因素：胎盘的位置及变化与生产方式也有关系，比如胎盘位置太低，挡住了子宫颈的开口，前置胎盘或是胎盘过早与子宫壁剥离而造成大出血或胎儿窘迫等，都是进行剖宫产的可能原因。

子宫曾经历过手术：如果产妇曾经做过剖宫产，子宫壁上就会有手术所留下的瘢痕组织，这些瘢痕组织的确会增加子宫在阵痛时破裂的危险概率，因此大多会安排剖宫产。

母体不适合阴道生产：如果母体本身有如子痫前症或严重的内科疾病（心脏病等）等重大疾病，经产科医生评估无法进行阴道生产者，也需要选择剖宫产。

巨大儿：巨大儿的定义为胎儿体重等于或超过 4 千克，产前检查时，如果产科医师评估胎儿体重可能大于 4 千克，能以自然生产方式娩出的机会很小时，也可以安排剖宫产，以避免发生难产。

一般来说，自然生产对大部分的孕妈妈而言，相对比较安全且伤害性较小，并且随着临产时子宫有节律的收缩，胎儿的胸廓受到节律性的收缩，这种节律性的变化，使胎儿的肺迅速产生一种叫作肺泡表面活性物质的磷脂，因此出生后的婴儿，其肺泡弹力足，容易扩张，很快建立自主呼吸。其次，在分娩时，胎儿由于受到阴道的挤压，呼吸道里的黏液和水分都被挤压出来，因此，出生后患有"新生儿吸入性肺炎""新生儿湿肺"的相对减少。另外随着分娩时胎头受压，血液运行速度变慢，相应出现的是血液充盈，兴奋呼吸中枢，建立正常的呼吸节律。据观察统计，通过阴道分娩的胎儿，由于大脑受到阴道挤压而对其今后的智力发育大有好处。

剖宫产则是经腹部切开子宫取出胎儿的过程，它并非胎儿最安全的分娩方式。首先，由于没有子宫节律性收缩的刺激，肺泡表面活性物质的产生相应要少且慢，出现有规律的自主呼吸相应减慢，而且新生儿易于并发肺部疾患。其次，剖宫产时因产道的改变，使孩子降临人世时的自然环境发生变化，正常产道生产过程带来的神经接触等感觉失去，从而使孩子在成长过程中易得多动等神经精神疾病。另外，剖宫产新生儿的脐血中，免疫球蛋白含量比自然分娩的新生儿要低，能抗病的抗体含量更低。所以，剖宫产生的新生儿更易感染疾病。从婴儿角度看剖宫产并不如自然分娩。

自然分娩和剖宫产到底如何选择，一要看孕妈妈自身的情况，二要看胎宝宝的发育情况。如果无不适症的话，建议孕妈妈们选择常规分娩，毕竟对宝宝和妈妈们自身都是大有好处的。

第一产程

自然分娩从规律性阵痛到将胎儿娩出，一共可以分为三个产程。第一产程是指从腹部开始出现规律性阵痛，宫口逐渐扩张，直至扩展到10厘米，即宫口开全的过程。对于第一次分娩的初产妇，这一阶段经历10～12小时，经产妇大约经历8小时。在整个分娩过程中，第一产程历时最长，并且会因越来越频繁的腹部阵痛而最为痛苦。通常将第一产程分为三个期：早期或潜伏期、活跃期及过渡期。对多数女性而言，这些分期显而易见，而对有些人而言，上述各期之间并无明显分界。

早期或潜伏期

通常此期持续时间最长，但也最舒适。在此期间，宫颈不断变薄，宫颈口逐渐扩张至3厘米或4厘米。在这一阶段，产妇可感觉到子宫在收缩，但这种宫缩通常可以耐受，即便在宫缩时，产妇也能入睡。

此期开始时，宫缩持续时间短，每次持续20～60秒，两次宫缩之间的间歇期为20分钟。以后，宫缩逐渐增强，间歇期逐渐变短。潜伏期通常持续6～8小时，可能出现黏液栓脱落或胎膜破裂。若无医学上的原因，此期待在家里更为舒适。

如果第一次宫缩发生在夜间，可继续休息。若不能休息，可做一些既能分散注意力又不太剧烈的活动。这时，不要忘记吃夜宵。一般认为，产妇在临产时最好不要进食，以防需要全身麻醉时吸入食物。但研究表明，这种危险性很小，而临产时进食一些固体性食物的确能促进分娩。因为分娩是一项艰苦的劳动，要完成这项工作，机体需要消耗能量。

　　早期临产的症状与临产前相似，可出现腹痛、背痛、尿频、腹泻、阴道排出物增多、骨盆压力增大及腿和臀部疼痛，许多女性还可表现为兴奋。此时应注意为即将到来的分娩保存体力。

活跃期

　　宫颈口开始快速扩张即进入活跃期。在初产妇，宫颈口通常1小时最少扩张1厘米。宫缩开始增强，如果做宫颈检查，宫颈口可开大到3厘米。每次宫缩持续时间为45～60秒，强度逐渐增加，间歇时间逐渐变短，由开始时的5～7分钟缩短至2～3分钟。

　　当宫缩强度增加及持续时间延长时，产妇更需在宫缩时及两次宫缩之间放松。试着通过活动及改变体位使肌肉松弛。分娩中的体力消耗可导致呼吸和心率加快、出汗甚至恶心，此时要大量饮水，以防脱水。

　　随着宫缩进一步增强，产妇会感到腹部疼痛加重，疲倦无力。若胎膜尚未破，此时可破裂。这时，产妇不愿与人交谈，注意力完全集中在自己身上。这一阶段，产妇会出现"分娩毫无尽头"的感觉。记住：这一期通常很快，宫颈口将迅速扩张。这时，产妇可能担心产程的进展，向医生咨询使自己感到担忧的问题。若感觉有什么不便，可让陪护人员代问。

a　　　　　　　　　　　　　b

分娩的前奏

几个小时后，这个孩子将会出生。a图显示了他的胎儿生活结束时候的状态。b图中，我们看到孩子即将出生的位置。

过渡期

　　过渡期是分娩过程中最困难和对产妇要求最高的时期，该期持续 1 ~ 2 小时。此期宫颈口由 8 厘米扩张到 10 厘米，宫缩极度增强，每次持续 60 ~ 90 秒，间歇时间为 2 ~ 3 分钟。在活跃期，产程已取得快速进展，此时进展速度减慢。但可以确信，已经胜利在望了。

　　过渡期常伴有明显的体力和情绪的变化。当胎儿下降进入骨盆时，产妇会感到下背部或会阴部有一种巨大的压力，而且会有一种急于向下用力排便的感觉。产妇的腿会颤抖而且感到无力。常出现明显的应激反应，如出汗、过度换气、颤抖、恶心、呕吐及筋疲力尽感。在这期间，产妇常拒绝陪护人员的帮助，感觉任何帮助都是不可接受的。许多女性会失去理智，常以喊叫、诅咒来宣泄其无助的感觉。这时，更应充满信心，分娩推进期很快就会到来，所有的不适感很快就会消除。记住：宫缩越强，分娩越快。要明确表达自己的意愿，需要什么帮助，不需要什么帮助。要尽量放松，放松是有效保持体力的关键，是帮助宫缩以便达到分娩目的的最好方法。

分娩的体位

　　分娩过程中取直立位最好，因为这种体位可借助重力作用，促进胎儿娩出。分娩的体位有多种，产妇可能希望选用其中的一种或试用几种，无论怎样，应选择最舒适的体位，以缓解疼痛，帮助胎儿娩出。

膝胸位：双膝跪下，双臂伏在一叠枕头或软垫上，如果背部疼痛，试着左右晃动自己的臀部。如果胎儿较大，这种体位可帮助减轻背痛并可使枕后位的胎儿转为枕前位；若胎儿下降过快，这种体位可减慢其下降速度。

蹲位：是最常采用的体位，这种体位可促使胎儿快速下降并使骨盆加宽2厘米，产妇不必费很大力气去屏气。但这是一个很易疲劳的体位，不易坚持很长时间。可请陪护人员从背部扶持，或用分娩工具协助。

仰卧位：仰卧位是产科医生喜欢用的传统的分娩体位，这种体位便于手术操作。对于全身麻醉的产妇，这也是最安全的体位。然而，它不能利用重力，胎儿对产妇背部的压力可增加背疼及会阴损伤的危险。

坐位：这是一种缓解疲劳最好的体位，如果胎儿需要，此体位适用于做连续的电子监护。坐位需要产妇尽可能地将背部挺直，背后用枕头支撑，双腿保持分开状态。产床常带有保持这种体位的装置。这种体位也适用于硬膜外麻醉。

侧卧位：侧卧在地板上，身下垫些软垫或枕头。如果上面一条腿疲劳，可请陪护人员将其抬起。这种体位适用于硬膜外麻醉后或疲劳时，因为它能使宫缩更有效。若胎儿下降过快，该体位还可减慢其下降速度。

支撑式跪位：双膝跪在床上，陪护人员和医生分别站在产妇的两侧。当产妇屏气向下用力时，将双臂环绕他们的肩部以获支撑。这种体位可帮助枕后位的胎儿转为枕前位。

第二产程

第二产程也称娩出期，是指胎儿从宫口开全到胎儿娩出为止。第二产程通常需要1小时，但也可短至10分钟或长达3小时。此时，虽然比第一产程时间短了很多，但却是整个产程中最关键的时期。

像临产早期一样，如果给予麻醉，第二产程可明显延长。许多产妇发现，虽然经历了第一产程的长时间消耗，第二产程却突然增添了力量，因为这时宫颈口已经开全，而且她们知道胎儿很快就会娩出。这时，产妇可以采用一种更主动的分散注意力的方法，使自己感到更加自信。

第二产程的一个显著特点是：随宫缩而屏气用力时，不适感似乎完全消失。只要第二产程进展不是太快，能使会阴部逐渐扩展，那么产妇感到的仅是一种压迫感，而不是疼痛。胎儿入盆后，盆腔压力极度增高，局部神经因受压会出现麻痹。对许多女性来说，正是由于神经受压，感觉阻断，所以会阴撕裂、会阴切开及缝合均不会使她们感到疼痛。

第二产程的宫缩每次仍持续 60 ~ 90 秒，但间歇时间为 2 ~ 4 分钟。产妇的体位可影响分娩模式，直立位可以使宫缩增强，侧卧及膝胸卧位可以使宫缩减弱。

虽然产妇总是不由自主地想向下用力，但在医生说"屏气，用力"之前一定不要用力，这一点非常重要。当胎儿头部出现在阴道口时，产妇会有急需排便的感觉以及刺痛和烧灼感。这时产妇的情绪可能发生改变，由疲惫、流泪变为兴奋，因为马上就可以见到自己的宝宝了。

用力的时间

如果医生告诉产妇可以用力了，那么，产妇就可在宫缩出现时向下用力。这时，因抑制用力所致的不适感会被有效缓解。实际上，在医生告知之前，许多女性的身体已经"告诉"她们：宫颈口已开全，可以用力了。当胎儿压迫盆底肌肉时，通过反射活动会激发出一种驱使产妇屏气并向下用力的冲动。这种冲动常被误为急需排便，因为胎儿对直肠的压迫刺激了肠壁上的排便感受器。

通常在一次宫缩过程中出现 2 ~ 4 次向下用力的冲动，或者是一次长时间的连续的冲动。做一次深呼吸，放松盆部肌肉，而后利用腹部肌肉屏气用力。用力时间的长短不像宫缩的时间那样重要，通常持续 5 ~ 6 秒的短时用力较好，这样可使更多的氧气进入血流。

有时，当向下用力的冲动第一次出现时，宫颈前唇可能没有完全扩张，这可能是因为胎儿下降太快或位置不当所致。推动未扩张的宫颈能引起局部肿胀及阻止产程进展。为使宫颈前唇缩短，试着以左侧卧位或俯卧位再忍过几次宫缩。有时"吹气式"呼吸能帮助产妇避免对宫颈的推动。这种呼吸就像在吹灭烛火一样，可阻止产妇屏住呼吸，以避免向下对宫颈施加压力。膝胸卧位能减少对宫颈和骨盆肌肉的压力，减少向下用力的冲动。

宝宝的出生

胎儿即将娩出的第一征兆是肛门和会阴部膨隆。随着每次宫缩的进行，在阴道口处，胎头的露出部分不断增大，在宫缩间歇期，胎头又缩回阴道内，当胎头不再缩回，保留在阴道口处，即称为胎头着冠。

在很短的时间内，会阴的厚度由约 5 厘米变成不到 1 厘米。这完全是一种自然过程，在分娩后几分钟内即复原。当胎儿的头部或臀部（臀位时）扩张阴道口时，产妇会感到强大的压力，可能还会伴有轻微的刺痛。如果估计可能会出现严重的会阴裂伤，即应行会阴切开术。

当胎儿娩出时，最好缓慢地、有控制地向下用力，这样可使会阴逐渐扩张，防止会阴裂伤。医生甚至会告诉产妇不要用力，这样产妇的子宫就会不太费力地完成最后一搏。

剪断脐带

　　胎儿娩出后，用两把血管钳夹住脐带，然后在两钳之间剪断。如果需要，宝宝出生后，可立即钳夹和剪断脐带，这便于医生对宝宝的检查，也便于新妈妈尽早抱一抱自己的宝宝。但是否立即断脐并不重要，有些医生喜欢等脐带搏动停止后才剪断它，如果母婴状况良好，这不失为一种明智的选择。

胎儿方向的改变

　　如你在骨盆的图示上看到的，孩子并不是"直直地"出来的：他需要改变两次方向。a图中，产妇是躺着的，b图中，产妇是站着的。

孩子出生的"路径"

第三产程
顺利娩出

第三产程也称胎盘娩出期，从胎儿娩出到胎盘娩出为止，一般经历10 ~ 15分钟。一般不超过30分钟。

当胎儿娩出后，产妇顿时就有如释重负的感觉，这个时候的宫缩暂时停止，子宫逐渐缩小，羊水全部流出，胎盘也会自动地从子宫壁上剥离、娩出，此时没有剧烈地腹痛。这个时候产妇可以放松休息了，医生会检查胎盘胎膜是否完整，产道有无裂伤，并进行相应的处理，阴道分娩的全过程就此完成。产后产妇需要暂时留在产房，观察子宫有无大量出血，测量血压和脉搏。如果没有特殊情况，产妇会被送回病房休息。

注意的是，在胎盘尚未娩出之前，产妇不要用手去碰触下腹部，以免刺激下腹造成子宫颈口反射性地收缩，阻碍胎盘顺利娩出。等胎盘娩出之后，在外阴部消毒干净前，产妇要尽量将双腿张开，以方便医生进行处理。

由于胎盘娩出后，如果产妇会阴部有伤，医生要马上进行缝合。为了更好地让医生处理，虽然非常疲累，但要继续忍耐，并采取医生要求的姿势，坚强地与医生充分进行配合。这样才能方便医生缝合阴道壁及阴道入口的伤口，不至于使日后的性生活受到影响。由于会阴在分娩时受到极大压迫，所以不会感到太疼痛。

难产

难产，是指无法顺利将胎儿分娩出来。产力、产道和胎儿状况（主要看胎儿的大小）这三个因素中任何一个或一个以上异常，都会使分娩的进程不同程度上受阻进而发生难产。难产对产妇和胎儿的危害都是非常大的，必须要妥善处理。

造成难产的因素有很多，有些在生产之前是可以预知的，也有些是在生产过程中出其不意发生的。难产主要有宫缩乏力、宫缩过强、软产道坚韧、胎儿旋转异常、胎盘早剥、子宫颈管裂伤和胎盘滞留等问题。

宫缩乏力是指当分娩发动后，子宫收缩推出胎儿的力量很微弱。宫缩乏力有时会发生在分娩刚刚开始时，有时也会随着分娩进程逐渐减弱。一般来说，宫缩乏力在产程中间发生的，多是由于产程过长或用力方法不得当导致产妇疲劳所造成的。如果出现这种情况的话，医生会给产妇使用促进宫缩增强的药物，如催产素。

宫缩过强也不利于顺利生产。如果在分娩时不恰当地使用了促进子宫收缩的药物或是产妇早破水，都会引起子宫收缩过强。当子宫收缩过强时，产妇大多不能承受，因为过强的宫缩会引发剧烈的疼痛。如果产妇能够承受过强的宫缩，产道和胎儿又没有异常，多能急速分娩。急速分娩可能会发生产道裂伤或产后出血，胎儿头部也可能会受到伤害。所以，如果宫缩过强，腹痛过于强烈时，医生会采取相应措施，产妇不要过于紧张进一步给分娩造成障碍。

有些高龄孕妇的软产道过于坚韧，也会造成不同程度的难产。当出现这种情况时，医生会使用促使子宫颈软化的药物，使产道变得柔软，易于胎儿娩出。

胎儿在产道中通过时，为了适应产道的曲线，会不断转换方向，但有时由于各种原因会引胎头旋转异常，因此给胎儿的顺利娩出造成障碍。一旦遇到这种情况，医生或助产士可能会协助胎儿改变不正常的位置，进行人工干预，帮助胎儿娩出。

胎盘早剥、滞留也会引发难产。正常情况下，胎盘是在胎儿娩出后才开始剥离娩出的。当胎儿还没有娩出的时候，胎盘就开始剥离，会发生阴道出血现象。遇到这种情况，医生会立即行剖宫产；随着胎儿的娩出，胎盘也就随之娩出，如果胎盘长时间没有娩出，就称为胎盘滞留，这时医生和助产士都会帮助产妇顺利地将滞留的胎盘分娩出来。

当急产或产力比较大时，可能会发生子宫颈管裂伤，这时有经验和的助产士或医生会在产妇娩出胎儿后，对产妇的产道和宫颈进行检查，如果发现有裂伤会及时缝合。需要注意的是，如果产后宫缩很好，阴道和外阴也没有伤口，却有鲜血流出，就要考虑是否有宫颈裂伤的可能，如果是就需要立即进行缝合术。所以，当产后发现阴道有鲜血流出，必须立即就医。

遇到难产时，产妇切不可丧失意志力和信心，要知道即使发生难产，宝宝无法经阴道分娩，医生还可以通过产钳助娩，或剖宫产助娩等方式帮助宝宝分娩，只要处理及时，这并不会对宝宝造成伤害。

最佳分娩三策略
策略一：与医生多多沟通

1. 与产科医生保持良好的沟通。孕妈妈在待产时，应把自己疼痛频率和疼痛程度的变化及时与医生交流，如果对自己的身体状况有任何的担忧和疑虑都可以向医生提出，千万别有顾虑，只有足够的沟通，才能让医生了解自己的状况，才能正确评价产程进展是否顺利，并做出相应的决策。如果为了躲避检查，一味忍耐疼痛，甚至拒绝检查，将延误产程处理时机，给自己和宝贝带来不良后果。

2. 和医生一起制订一个合理的分娩计划。分娩计划最好在孕妈妈怀孕第 36 周的时候制订好，以防分娩过早开始。孕妈妈制订好分娩计划书之后，需要产科医生医生来做审核，医生拥有丰富的专业知识和经验，而且对孕妈妈的情况也非常熟悉，会给予更好的建议。即使不写下来，也要把分娩过程提前想想，并提前与产科医生讨论，这都会对分娩有帮助。即使做了计划，还要有随时根据情况改变计划的心理准备，最重要的是确保宝宝的安全。

策略二：发挥身体的力量

1. 孕期多做运动可以减轻分娩疼痛。适度的运动能加速孕妈妈的血液流动、心血管储备力和适应性，还能调节神经系统，增强内脏功能，帮助消化，促进血液循环，有利于减轻腰酸腿痛、下肢水肿等压迫性症状，从而增强孕妈妈的体质，为以后的分娩提供体能上的储备。多数的直立姿态可以使骨盆扩张的更大，和跪立、端坐等姿态一样，能帮孕妈妈提高耐力，平安分娩。

2. 对自己的身体要有信心。如果孕妈妈产前体检显示胎位、骨盆大小等各项指标都很正常，医生就会建议孕妈妈选择自然分娩。此时孕妈妈要对自己的身体有信心，这样才能有一个健康聪明的宝宝。有的孕妈妈明明知道自己产检各项指标都很正常，却还是要求剖宫产，说明她对自己的身体缺乏信心。

策略三：放松心情是顺利分娩的保障

1. 放松心情有助于分娩。一般而言，心情舒展，肌肉也会放松，心情越紧张，肌肉就会绷得越紧。如果孕妈妈精神极度紧张，心理负担很重，则肌肉也会绷得很紧，产道也不容易扩张，延缓分娩时间，加剧产痛，还可能会导致难产、滞产、新生儿窒息等状况。孕妈妈可以通过深呼吸、联想、转移注意力等方法放松心情。

2. 家人的关爱是顺利分娩的强大力量。家人关爱的恰当表达，可以缓解孕妈妈待产和分娩时的紧张情绪，使孕妈妈顺利度过分娩期。准爸爸的陪伴对孕妈妈具有独特的作用，准爸爸能够知道孕妈妈的爱好，可以在她们疼痛时给予爱抚、安慰及感情上的支持。孕妈妈在得到丈夫亲密无间的关爱与体贴时，也可以缓解紧张恐惧的心理，减少了孤独感。

第二章

出生到 28 天新生儿

　　"十月怀胎一朝分娩"，宝宝经过了妈妈痛苦的分娩过程，终于出生了。对宝宝来说，从温暖的子宫到一个崭新的世界，宝宝要经历生命中很多的第一次，第一次呼吸、第一次吮吸、第一次与妈妈的肌肤之亲……此时，年轻父母一下子也会变得手忙脚乱起来，尤其是在宝宝出生后的第一个月里，父母和宝宝都要面对很多的第一次，所以新生儿时期，变得异常关键，新晋的爸爸妈妈们需要认真学习，怎样照顾好新到来的宝宝。

新生儿概念

从娩出到诞生后 28 天的婴儿，称为新生儿。诞生至 28 天这段时间，称新生儿期。

根据胎龄分类

足月儿指胎龄满 37 ~ 42 周的新生宝宝，这类宝宝各器官、系统发育基本成熟，对外界环境适应能力较强；

早产儿指胎龄满 28 ~ 37 周的新生宝宝，这类宝宝尚能存活，但由于各器官系统未完全发育成熟，对外界环境适应能力差，各种并发症多，因此要给予特别的护理。

过期产儿指胎龄满 42 周以上的新生宝宝。这类宝宝并不意味着他们比足月儿发育的更成熟，相反一部分过期产儿是由于妈妈或胎宝宝患某种疾病造成的，出生后危险性更大，所以一定要认真监护。

根据体重分类

低出生体重儿指出生体重小于 2500 克的新生宝宝。这类宝宝大部分为早产儿，部分为过期产儿。这样的宝宝有一套严格的护理方法，请严格按照医生的建议进行护理。

正常体重儿指出生体重在 2500 ~ 4000 克之间的新生宝宝。这类宝宝是最健康的宝宝，可参考本书内容进行护理。

巨大儿指出生体重超过 4000 克的新生宝宝。这类宝宝是由于妈妈或胎宝宝患某些疾病所致，如妈妈患糖尿病，胎宝宝有 Rh 溶血症等，所以不能盲目地认为新生宝宝越胖越好，要加强监护。

新生儿体格标准

体重

新生宝宝体重正常范围是 3.12 ~ 3.21 千克，男宝宝比女宝宝略重些。新生宝宝出生后一周常会有体重减轻的现象，称之为生理性体重下降，这是暂时的，10 天内即可恢复。

身高

身长正常范围是 49.6 ~ 50.2 厘米，男宝宝比女宝宝略长。宝宝身高与遗传有关，当然，过高或过低还要求助于医生进行诊断。

头围

男宝宝约为 34.4 厘米，女宝宝约为 34.01 厘米。只要不低于 33.5 ~ 33.9 厘米的均值就视为正常。

胸围

男宝宝约为 32.65 厘米，女宝宝约为 32.57 厘米。只要不低于 32.57 厘米的均值就视为正常。

头部

新生宝宝的头顶前中央的囟门呈长菱形，开放而平坦，有时可见搏动。爸爸妈妈要注意保护新生宝宝的囟门，不要让它受到碰撞。大约 1 岁以后它会慢慢闭合。

腹部

新生宝宝的腹部柔软，较膨隆，故要注意新生宝宝腹部的保护，不要让其磕着、碰着，尤其要注意不要着凉。洗澡时，可以用毛巾裹住宝宝的肚子后，再放入盆中进行其他部位的清洗。

四肢

新生宝宝一般双手握拳，四肢短小，并向体内弯曲。有些新生宝宝出生后会有双足内翻，两臂轻度外转等现象，这是正常的，大多满月后缓解，双足内翻大约 3 个月后也会缓解。

新生儿生理特点

体温

出生后体温明显下降，1 小时内可降低 2.5℃，以后逐渐回升，并在 12 ~ 24 小时内达到 36 ~ 37℃；体温不稳定是由于体温中枢发育不完善，体表面积相对较大，皮下脂肪层薄、血管丰富而易于散热，在寒冷的冬季若不注意保暖，可能会出现新生儿硬肿症，使生理状态发生紊乱；足月儿通过皮肤水分的蒸发和出汗而散热，如果体内水分不足，血液浓缩，可能使新生儿发生"脱水热"。

睡眠

睡觉是刚出生的宝宝最主要的任务，也是评价新生儿生活是否规律的重要指标。同时，由于新生儿在睡眠时会分泌大量的成长激素，所以也可以说"新生儿是在睡眠中长大的"。

新生儿每天要睡 16 ~ 20 小时，一般在吃饱奶水后会很快进入睡眠状态，睡醒后接着吸吮乳汁，然后再睡。深睡时，新生儿很少活动，面部平静、眼球不转动、呼吸规则；而浅睡时有吸吮动作，面部有很多表情，有时微笑，有时�’嘴，眼睛虽然闭合，但眼球在眼睑下转动，四肢有时还会有舞蹈样动作。这个时候爸爸妈妈不可以去打扰他，应让他在光线、温度和湿度都适宜的房间内舒舒服服地睡觉。

呼吸

新生宝宝以腹式呼吸为主。每分钟 40 ~ 45 次。新生宝宝的呼吸浅表且不规律，有时会有片刻暂停，这是正常现象，不用担心。新生宝宝心率为每分钟 90 ~ 160 次。

循环

宝宝出生后，循环系统发生的最重要变化是体循环和肺循环分开。有的宝宝出生后一两天内心前区听到杂音，过几天又消失。这与动脉导管暂时性未关闭有关，并不是先天性心脏病。先天性心脏病在新生儿期常听不到杂音；心率波动较大，生后 24 小时内 85 ~ 145 次 / 分，以后 100 ~ 190 次 / 分；血压为收缩压 6.65 ~ 9.31 千帕，舒张压 3.99 ~ 5.32 千帕。

血液

血容量与脐带结扎早晚有关，若推迟结扎 5 分钟，血容量可以从 78 毫升 / 千克增至 126 毫升 / 千克，一般血液总量占体重的 8% ~ 10%。出生时，血液中红细胞数及血红蛋白较高，以后逐渐下降，血红蛋白中，胎儿血红蛋白渐被成人血红蛋白替代。出生时白细胞也较高，第 3 天开始下降。

胃肠

新生儿出生后，吞咽功能就已发育完善。而且新生儿消化道面积相对较大，肌层薄，能够适应较大量流质食物的消化吸收。所以，宝宝生下来就会吃，妈妈只需准备充足的乳汁就可以了。

但是，新生儿食管的括约肌，在吞咽时还不会关闭，食管不蠕动，食管下部的括约肌也不关闭，就会出现吃奶后容易溢乳的状况。新生儿消化道能分泌足够的消化酶，凝乳酶帮助蛋白质的消化吸收，解脂酶帮助脂肪消化吸收。

母乳中的脂肪，新生儿能消化 85% ~ 90%，相对高于对牛乳脂肪的消化能力。新生儿肠壁有较大的通透性，利于初乳中免疫球蛋白的吸收。所以母乳喂养的宝宝，血液中免疫球蛋白的浓度，比牛乳喂养的要高，这是母乳喂养的最大好处。同样是因为新生儿肠道通透性大，母乳以外的蛋白质通过肠壁，容易产生过敏反应，如牛乳、豆乳等的蛋白质过敏反应。这再次体现了母乳喂养的优势。

泌尿

多数新生儿在生后第一天排尿，个别迟到第二天，如出生后 48 小时仍未排尿，需要检查原因，看是否有肾发育不良、严重肾畸形、泌尿道梗阻等.有的新生儿在胎内就已排尿或生后喝水少造成排尿迟。最初几天因液体摄入量少，每日仅排尿 4 ~ 5 次，6 ~ 10 天后进水量增多，由于膀胱容量小，因而每日排尿次数可迅速增至 20 ~ 30 次。

体态姿势

新生儿神经系统发育尚不完善，对外界刺激的反应是泛化（当某一反应与某种刺激形成条件联系后，这一反应也会与其他类似的刺激形成某种程度的条件联系，这一过程称为泛化）的，缺乏定位性。妈妈会发现，新生儿的身体某个部位受到刺激时，全身都会发出动作。清醒状态下，新生儿总是双拳紧握，四肢屈曲，显出警觉的样子。受到声响刺激，宝宝四肢会突然由屈变直，出现抖动。妈妈会认为宝宝受了惊吓，其实这不过是宝宝对刺激的泛化反应，不必紧张。

新生儿颈、肩、胸、背部肌肉尚不发达，不能支撑脊柱和头部，所以新手爸爸妈妈不能竖着抱新生儿宝宝，必须用手把宝宝的头、背、臀部几点固定好，否则会造成脊柱损伤。这也是减少宝宝溢乳的有效方法。

新生儿特有生理现象

生理性黄疸

宝宝出生 2 ~ 3 天后，皮肤出现轻度发黄，但精神、吃奶都很好，这就是生理性黄疸。这是由于胎儿时期体内的红细胞数量较多，出生后红细胞破坏，产生过量的胆红素。而新生儿肝脏代谢胆红素的能力较低，多余的胆红素在血液内积聚，从而染黄了皮肤和巩膜。这种现象一般会在生后 7 ~ 10 天内自行消退。

生理性脱皮

新生儿出生两周左右，出现脱皮现象。好好的宝宝，一夜之间稚嫩的皮肤开始爆皮，紧接着就开始脱皮，漂亮的宝宝好像涂了一层糨糊，干裂开来。这是新生儿皮肤的新陈代谢，旧的上皮细胞脱落，新的上皮细胞生成。出生时附着在新生儿皮肤上的胎脂，随着上皮细胞的脱落而脱落，这就形成了新生儿生理性脱皮的现象，不需要治疗。

"螳螂嘴" "马牙"

有些新生儿口腔的两侧颊部都有一个较厚的脂肪垫隆起，老百姓俗称"螳螂嘴"。有人认为"螳螂嘴"妨碍婴儿吃奶，要将它挑掉。其实这样做是不科学的，脂肪垫属于新生儿正常的生理现象，不仅不会影响宝宝的吸奶，反而有助于宝宝的吸吮。有些宝宝的牙龈上，有时会看到一些淡黄色米粒大小的颗粒，被俗称为"马牙"，有人习惯将它用粗布擦掉。所谓"马牙"是由上皮细胞堆积而形成的，属于正常生理现象，几个星期后会自行消失。

先锋头

经产道分娩的新生儿，头部受到产道的外力挤压，引起头皮水肿、瘀血、充血，颅骨出现部分重叠，头部高而尖，像个"先锋"，医生们称之为"先锋头"，也叫产瘤。剖宫产的新生儿，头部比较圆，没有明显的变形，所以就不存在先锋头了。产瘤是正常的生理现象，出生后数天就会慢慢转变过来。

抖动

新生儿会出现下颌或肢体抖动的现象，新手妈妈常常认为这是"抽风"，小题大做了。新生儿神经发育尚未完善，对外界的刺激容易做出泛化反应。当新生儿听到外来的声响时，往往是全身抖动，四肢伸开，成拥抱状，这就是对刺激的泛化反应。新生儿对刺激还缺乏定向力，不能分辨出刺激的来源。妈妈可以试一下，轻轻碰碰宝宝任何一个部位，宝宝的反应几乎都是一样的——四肢伸开，并很快向躯体屈曲。下颌抖动也是泛化反应的表现，不是抽搐，妈妈大可不必紧张。

皮肤红斑

新生儿出生头几天，可能出现皮肤红斑。红斑的形状不一，大小不等，色为鲜红，分布全身，以头面部和躯干为主。新生儿有不适感，但一般几天后即可消失，很少超过一周。个别新生儿出现红斑时，还伴有脱皮现象。新生儿红斑对健康没有任何威胁，不用处理，自行消退。

发稀和枕秃

新生儿的头发质量，与妈妈孕期营养有极大的关系。进入婴幼儿时期，宝宝的头发质量开始与家族遗传关系密切。新生儿枕秃，并不是新生儿缺钙的特有体征，枕头较硬、缺铁性贫血、其他营养不良性疾病，都可导致枕秃。

挣劲

新手妈妈常常问医生，宝宝总是使劲，尤其是快睡醒时，有时憋得满脸通红，是不是宝宝哪里不舒服呀？宝宝没有不舒服，相反，他很舒服。新生儿憋红脸，那是在伸懒腰，是活动筋骨的一种运动，妈妈不要大惊小怪。把宝宝紧紧抱住，不让宝宝使劲，或带着宝宝到医院，都是没有必要的。

新生儿的能力

运动

新生宝宝的运动多属无意识和不协调的。接近满月的宝宝被抱起时，头部可维持极短时间的直立位，如果将其直立抱起，使其小脚与床面接触时，他的一条小腿会伸直，另一条小腿则会抬起。当把手指或者玩具放入他的小手掌心时，他会抓得很紧，不肯轻易松手。

视觉

通常新生宝宝在觉醒状态时能注视物体，并且能追随物体移动的方向，尤其对颜色鲜艳的物体，更容易表现出兴趣。比如在宝宝的头顶上方挂上一个红色的气球，宝宝就会用眼睛追随气球移动的方向，有时还会专注地注视着某一个物体。新生宝宝对光也比较敏感，遇到强光刺激时就会闭眼。

听觉

新生宝宝出生时，由于耳朵的鼓室没有空气和有羊水潴留等原因，听力稍差，出生 3 ~ 7 天后，听力就已经很好了。如果在宝宝的耳边轻声呼唤，宝宝会把头转向发声的方向，有时还会用眼睛去寻找声源。如果声音过大，宝宝则会用哭叫表示抗议。宝宝的听觉起始于胎儿期。近年来，儿童早期教育研究者认为，胎儿在妈妈腹内已有听觉，早期听觉刺激是胎教的主要方法之一。因此，对于宝宝来说，听觉是各项智能里最基础的因素。

味觉和嗅觉

味觉和嗅觉能力是一种最原始感官能力，相对于视觉和听觉能力来说，味觉和嗅觉能力要更加灵敏些。宝宝出生时，味觉和嗅觉已经基本发育完善。如果喂他糖水，他会欣然接受，要是把小檗碱（黄连素）放入他口中，他就会用咧嘴或者吐出表示抗拒。并且新生宝宝对于浓度不同的糖水吸吮的强度和量都有所不同，对于一些浓度较高的糖水他们吮吸的比那些浓度较低的糖水不但量多而且吸吮力也很强。这说明，新生宝宝不但有味觉能力，而且还相当敏感。新生宝宝对母乳的香味比较敏感，哺乳时闻到奶香味就会把头扎到母亲怀里，去寻找母亲的乳头。有些宝宝甚至还能分辨出自己母亲与其他乳母的不同气味。

心理

对于刚出世的宝宝来说，除了吃奶的需要，再也没有比母爱更珍贵、更重要的精神营养了。母爱是无与伦比的营养素，这不仅是因为从宫内来到这个大千世界感觉到了许多东西，更重要的是在心理上已经懂得母爱，并能用宝宝的语言（哭声）与微笑来传递他的内心世界。宝宝最喜欢的是妈妈温柔的声音和笑脸，当妈妈轻轻地呼唤宝宝的名字时，他就会转过脸来看母亲，好像一见如故，这是因为宝宝在宫内时就听惯了妈妈的声音，尤其是把他抱在怀中，抚摸着他并轻声呼唤着逗引他时，他就会很理解似的对你微笑。宝宝越早学会"逗笑"就越聪明。这一动作，是宝宝的视、听、触觉与运动系统建立了神经网络联系的综合过程，也是条件反射建立的标志。

新生儿喂养方法

新生儿的营养需求

新生儿的营养需要包括维持基础代谢和生长发育的能量消耗。一般在适中环境温度下，基础热量消耗为每千克 209 千焦（50 千卡），加上活动、食物的特殊动力作用，每餐共需摄入热量为每千克 250 ~ 335 千焦

（59.7 ～ 80.1 千卡）。

对于出生还不到 1 周的宝宝来说，最理想的食物就是母乳。这个阶段宝宝的消化吸收能力还不强，母乳中的各种营养无论是数量比例，还是结构形式，都最适合小宝宝食用。因此，如果宝宝健康足月的话，就没有必要给他额外补充其他的营养物质；如果宝宝是早产儿或具有先天性某种营养物质缺乏症的话，就应根据具体情况适当予以额外药物补充了。

母乳喂养

母乳按照泌乳阶段可以分为初乳、过渡乳和成熟乳，初乳是指分娩后 5 天内的乳汁，过渡乳是指分娩 5 ～ 10 天后的乳汁，而成熟乳则是指分娩 10 ～ 14 天后的乳汁，不同阶段的乳汁能够适应不同阶段宝宝的成长需要。

当宝宝一出生，初乳就已形成。初乳虽然较少、较黄，但却弥足珍贵，因为它里面蕴含了能满足新生儿出生头几天所需的蛋白质、矿物质、维生素、乳糖及脂肪，是新生宝宝最为宝贵的营养来源，既符合新生儿的消化能力，同时还能有效增强他的抵抗力。

此外，初乳中还含有一种极其珍贵的免疫物质，对新生宝宝的健康尤为重要。在妊娠后期，妈妈乳房内就已经逐渐开始蓄积少量的黄色黏稠状的乳汁，这便是初乳。初乳当中所含的蛋白质里，含有一种叫作分泌型免疫球蛋白 A 的免疫物质，这种物质具有防止新生儿患病、促使其健康发育的重要功能。而这种免疫物质只存在于母乳，其他任何奶制品中都几乎很难发现。

分泌型免疫球蛋白 A 既不会被消化、也不会被吸收和分解，摄入之后会紧紧覆盖住宝宝呼吸器官和消化器官黏膜的表面上，防止大肠菌、伤寒菌和病毒等的侵入而引起某些疾病。刚刚出生的宝宝自身支气管和消化器官的黏膜无法造出这种分泌型免疫球蛋白 A 物质，只能依靠从初乳中的摄取来达到保护作用，因此初乳会赋予新生儿很强的抵抗能力。

除了分泌型免疫球蛋白 A 之外，初乳当中还含有丰富的复合铁质蛋白和溶菌酶，可以起到减弱细菌的活动和消灭细菌的作用。同时初乳还有效刺激肠蠕动，加速胎便的排出，加速肝肠循环，减轻新生儿生理性黄疸的症状。

尽管初乳的量很小，但同样刚刚出生的宝宝胃容量也很小，所以不用担心宝宝吃不饱。宝宝在初生时，常常睡的时间很多，所以妈妈只要遵循"按需哺乳"的原则给宝宝哺喂，那么，少量多次的乳汁就足够宝宝的成长需要了。

正确的哺乳姿势

哺乳时可以选择坐下、向后斜靠着、侧卧或站立等各种姿势。无论哪种姿势，只要能让宝宝含着乳头时感觉舒服，同时自己也觉得舒适而放松即可。不必为了让宝宝嘴巴能靠近乳房而刻意地弯腰或者蜷起身子。若想做到这一点，只需用枕头枕住自己的后背，手臂抱稳宝宝，然后把脚垫高即可。

乳腺
乳腺管
乳头

当乳头被深深吸入嘴中时，表明宝宝含乳头的方式很正确另外，舌头应该在乳头下面，而上下齿龈应从舌头后面夹住乳头。

摇篮式抱姿

让宝宝的头靠在妈妈的前臂刚刚低于臂弯的位置上，让他的身体顺着前臂被托起来；并且用手抱住宝宝的臀部，确保妈妈和宝宝的腹部相贴；然后把宝宝的前臂围到自己的腰间。这种姿势可以使妈妈们在哺乳时感觉很舒适。

紧握式抱姿

把宝宝面朝妈妈夹到胳膊下方；手捧着宝宝的头和肩；用前臂支好宝宝的后背；并把宝宝的双腿放到妈妈身后的枕头上休息。这种姿势能让妈妈很轻松地把宝宝的头部引导至自己胸部，因而也是很好的入门级姿势。如果妈妈是剖宫产，那么不妨使用这种姿势哺乳。另外，当妈妈有一对双胞胎宝宝时，使用这种姿势还可以给两个宝宝同时哺乳。

躺卧哺乳的姿势

妈妈和宝宝侧卧着面对面躺下，把枕头垫到头部下方、背后以及双膝间以便提供额外的支持；将前臂举过头顶，或者用前臂挽住宝宝的肩膀和头部。这种姿势非常适合夜间哺乳，但有些妈妈在最开始时会觉得难于掌握。

人工喂养

如果妈妈因疾病及其他原因不能母乳喂养，或者宝宝因乳糖不耐受综合征等疾病，选用配方奶或其他代乳品喂养婴儿，这些统称为人工喂养。

人工喂养虽然不如母乳，但也有其独特的优点：

1. 奶粉的制作取得了巨大的进步，而且品种繁多，能够根据每个宝宝的特殊需要提供合适的奶。

2. 爸爸可以代替妈妈给宝宝喂奶。这可以使父亲在喂奶中享受额外的和宝宝接触的机会。

3. 人工喂养使妈妈与宝宝之间保持一定距离，使亲子关系并不完全属于宝宝和妈妈。

4. 人工喂养是实行母乳喂养时的一种辅助喂养方式，比如当母亲感到疼痛或宝宝不合作的时候。这种辅助喂养方式可能是暂时的，但也可能成为喂养宝宝的主要方式。

5. 人工喂养时的时间和量更容易掌握，而这使很多妈妈更放心。

配方奶是最好的选择

人工喂养时，配方奶喂养是较好的选择，特别是母乳化的配方奶。目前市场上配方奶种类繁多，在选择时应选择质量有保证的配方奶。有些配方奶中强化了钙、铁、维生素 D，因此在调配配方奶时，一定要仔细阅读说明并严格按照说明书的方式配比，不能随意冲调。使用配方奶要注意妥善保存，否则会影响其质量。应贮存在干燥、通风、避光处，温度不宜超过 15℃。

虽然宝宝有一定的消化能力，但如果配方奶调配过浓的话，还是会增加他消化的负担，而若冲调过稀则会影响宝宝的生长发育。正确的冲调比例，若是按重量比应是 1 份奶粉配 8 份水；若按容积比应是 1 份奶粉配 4

份水。另外，还可以根据奶瓶上的刻度来进行配比。奶瓶上的刻度指的是毫升数，如将奶粉加至50毫升刻度，加水至200毫升刻度，就冲成了200毫升的奶。

由于水温过高会使奶粉中的乳清蛋白产生凝块、某些对热不稳定的维生素和免疫活性物质遭到破坏，从而影响宝宝的营养摄取和消化吸收，所以冲泡的水必须调至适当的温度，以40℃左右为宜，并必须保证水是完全煮沸过的。而且，也不要用纯净水或矿泉水冲奶粉，因为纯净水较普通自来水来说缺少了必需的矿物元素，而矿泉水则是本身矿物质含量比较多且复杂，所以用普通的自来水煮沸后是最合适的。

有些宝宝是从母乳改喂配方奶的，由于配方奶的味道大多比母乳重些，所以宝宝很容易出现拒奶现象。这时妈妈要循序渐进地让宝宝改变，一点点减少母乳，增加配方奶，或者将母乳和配方奶调在一起喂宝宝，便于宝宝逐渐习惯接受。如果宝宝不爱喝的话，也可以尝试更换一种配方奶来喂。

由于更换配方奶可能会使宝宝产生不良反应，如腹泻和过敏，所以换奶也需掌握一定的方法。换奶的基本原则是减少一小匙原配方奶粉，改成新配方奶粉一小匙,如果宝宝没有不良反应,即可再更改第二小匙,以此完成更换。

人工喂养的量和方式

新生儿初期每隔2.5～3小时需要喂1次；几天后，间隔就可以长一些，只要不超过4小时就没问题，每天喂6～7次就可以了。出生1～2天的新生儿每次只能吃20～30毫升，几天后可以达到60毫升。有的宝宝胃口大，可以吃80毫升。慢慢观察总结，如果这次冲60毫升，剩下了，下次就少冲10～20毫升；如果不够，下次就多冲10～20毫升。

喂奶时应该把宝宝抱起来，让他的身体与水平面成30°，以便奶水可以顺利进入食管。奶嘴塞入宝宝嘴里后应让奶瓶和宝宝的脸成90°，以便奶水充满奶嘴，避免宝宝吸大量空气到肚子里。

人工喂养的注意事项

1. 喂奶前先试温。配方奶不宜过热，也不宜过冷，冲调奶的温度应以50～60℃为宜。在喂奶前，应将奶瓶的奶水向手腕内侧的敏感皮肤上滴几滴，检查一下奶的温度。

2. 检查奶的流速。喂奶前要提前检查好奶的流速，合适的流速应该是在瓶口向下时，配方奶能呈连续的奶滴流出。如果需要几秒钟的时间才能形成一滴，就说明孔过小，会造成宝宝吮吸困难；如果配方奶呈线状流出不止，说明孔过大，容易呛着宝宝。

3. 让奶瓶里进点空气。喂奶前应该要把奶瓶的盖子略微松开，让空气能够进入瓶内，以补充吸出奶后的空间。如果不这样做的话，在奶瓶瓶内就会形成负压使瓶子变成扁形，而且宝宝的吸吮也会变得非常费力。这时宝宝可能会发脾气、生气或者不想再接着吃剩下的配方奶。出现这种情况时，可以轻轻地把奶嘴从宝宝的嘴里拉出让空气进入瓶内，然后继续喂奶。

4. 刺激宝宝吸吮奶嘴。在喂奶的时候，可以轻轻地触碰宝宝靠近妈妈一侧的脸蛋，诱发出宝宝的吸吮反射。当他把头转向你的时候，顺势把奶嘴送入宝宝的嘴里。注意的是，不要把奶嘴捅得过深，以免呛着宝宝。

5. 吃奶后立即拿开奶瓶。当宝宝吃过奶后，妈妈要轻轻而果断地移去奶瓶，以防宝宝吸入空气。通常这时候宝宝也会主动放开奶瓶。如果宝宝不肯放开的话，妈妈可以轻轻地把自己的小手指塞到宝宝的嘴角，诱使其放开奶瓶。

6. 保持安静舒适的环境。给宝宝喂奶时，一定要找一个安静、舒适的地方坐下来，必要时可以用垫子或枕头垫好胳膊。把宝宝放在膝上，使他的头部在妈妈的肘窝里，用前臂支撑起宝宝的后背。不要把宝宝水平放置，应该让其呈半坐姿势，这样才能保证宝宝的呼吸和吞咽安全，也不会呛着他。

7. 喂奶时也要注重交流。喂奶的时候，妈妈要亲切注释着宝宝的眼睛和他的表情，不要只是静静地坐着，可以对着他说说话、唱唱歌，或是发出一些能令他感到舒服和高兴的声音，同时要保持亲切的微笑。有时宝宝在吃奶的过程中可能停下来，四处看看，玩一玩奶瓶等，这时妈妈应该安静地等着宝宝再去吸食，或是趁机换一下手臂，这样会给宝宝一个新的视角，而且还能休息一下胳膊。另外在这个时候，还可以顺便轻拍宝宝的背部让他打一打嗝。

不宜喂母乳的情况

宝宝患有苯丙酮尿症

苯丙酮尿症是一种氨基酸代谢异常引起的疾病，属于常染色体阴性遗传病。这种病症是由于苯丙氨酸代谢途径中的酶缺陷，使得苯丙氨酸不能转变成为酪氨酸，从而导致苯丙氨酸及其酮酸蓄积并从尿中大量排出。患有此症的患儿，会在出生后表现为一定程度的智能障碍。

宝宝患有母乳性黄疸

宝宝如患有母性黄疸，需要暂停 48 小时母乳喂养，然后即可恢复。如果恢复母乳之后，黄疸再次加重，可以再次停喂 1 ~ 2 天。绝大多数的宝宝经过 2 ～ 3 次这样的过程，母乳性黄疸的症状都能消除，这时就可以继续喂母乳了。

宝宝氨基酸代谢异常

氨基酸代谢异常主要影响神经系统发育，是宝宝智力发育落后的重要原因。氨基酸代谢异常所引起的疾病有 70 多种，其中苯丙酮尿症就是比较常见的一种。

宝宝患有乳糖不耐受综合征

患有乳糖不耐受综合征的宝宝，由于体内乳糖酶的缺乏，导致乳糖不能被消化吸收，因此吃了母乳或牛乳后容易出现腹泻。长期腹泻不仅会影响宝宝正常的生长发育，还会宝宝的免疫力下降，进而容易引发感染和其他疾病。患有此症的宝宝不宜喂母乳，应以不含乳糖的配方奶粉或大豆配方奶代之。

妈妈患慢性病需长期用药

如癫痫需用药物控制者，甲状腺功能亢进尚在用药物治疗者，肿瘤患者正在抗癌治疗期间，这些药物均可进入乳汁中，对宝宝不利。

妈妈处于细菌或病毒急性感染期

妈妈的乳汁里如果含有致病的细菌或病毒，可通过乳汁传给宝宝。而感染期的妈妈常需应用药物，因大多数药物都可从乳汁中排出，如红霉素、链霉素等，均对宝宝儿有不良后果，故应暂时中断哺乳，以配方奶代替，定时用吸乳器吸出母乳以防回奶，等妈妈病愈停药后可继续哺乳。

妈妈正在进行放射性碘治疗

由于碘能进入乳汁，有损宝宝甲状腺的功能，应该暂时停止哺乳，待疗程结束后，检验乳汁中放射性物质的水平，达到正常后可以继续喂奶。

妈妈患严重心脏病和心功能衰竭

哺乳会令妈妈的心功能进一步恶化，严重时可危及生命，故应停止喂哺母乳。

妈妈患有传染病或在恢复期

如妈妈患开放性结核病，各型肝炎的传染期，此时哺乳对宝宝感染的机会将增加。

妈妈患有其他不宜给宝宝喂乳的疾病

如患严重肾脏疾病、肾功能不全，喂乳会增加肾脏的负担；患严重精神病及产后抑郁症，会对宝宝的安全构成威胁；服用过哺乳期禁忌药物、乳头疾病、产后严重并发症、红斑狼疮、恶性肿瘤等以及经常接触有毒化学物质或农药者，都不宜用母乳喂养宝宝。

混合喂养

　　如果母乳分泌量不足或因工作原因白天不能哺乳，需加用其他乳品或代乳品喂养的称为混合喂养。混合喂养虽然比不上纯母乳喂养，但总体还是优于人工喂养。所以，即使母乳分泌不足也不能放弃母乳喂养。加用其他乳品或代乳品调配同人工喂养，另外，混合喂养还需要特别注意以下几点：

　　1. 每天母乳喂养应按时，即先喂母乳，再喂其他乳品，这样可以保持母乳不断分泌。因为母乳量少，宝宝吸吮时间长，易疲劳，所以每次哺乳时间不超过 10 分钟，然后再喂其他乳品。补喂的其他乳品量多少，可以通过观察宝宝吃完奶后，能否坚持到下一喂养时间。

　　2. 如果母亲乳汁分泌不足，又因工作原因白天不能哺乳，可在每日特定时间哺喂，最好不要少于 3 次，这样既保证母乳充分分泌，又可满足宝宝每次的需要量。其余的几次可完全用其他乳品代替，这样每次喂奶量较易掌握。

新生儿护理要点

室内温度、湿度

　　恒定适宜的温度和湿度，对于刚刚出生一周的宝宝非常重要。刚刚出生的宝宝，对温度的自身调节能力很低，如果室内温度不适当的话，很容易造成寒冷损伤或发热；如果室内相对湿度过低的话，会加快新生儿的水分蒸发从而导致新生儿脱水、呼吸道黏膜干燥，降低呼吸道抵抗病原菌的能力；室内相对湿度过高会利于一些病原菌，特别是霉菌的繁殖，会增加新生儿感染病菌的危险。

　　对于此时的宝宝，最适合的室内温度为 24 ~ 26℃，一般保持在25℃。相对湿度适宜在 50% 左右，一般维持在 45% 是比较好的。

奶具的消毒

　　奶具被细菌污染是导致婴儿腹泻的主要原因，因此家长一定要认真对宝宝的奶具进行消毒。奶粉渣滓很容易残留在奶嘴的头部和内侧，清洗不净易滋生细菌，家长一定要认真清洗消毒。

婴儿用的食具，如奶瓶、奶嘴、水瓶、盛果汁的小碗、小勺等，每日都要消毒。最好按婴儿吃奶次数准备奶瓶，如每日吃5次奶，即准备5个奶瓶。

宝宝食具的消毒方法是：将奶瓶洗干净，放入锅内，锅内放入凉水，水面要盖过奶瓶，加热煮沸5分钟，用夹子夹出，盖好待用。

橡皮奶嘴可在沸水中煮3分钟；每次用完后，立即取下清洗干净，待下次用时用沸水烧烫即可。

新生儿的大小便

新生宝宝一般在生后12小时开始排大便，大便呈棕褐色或者墨绿色黏稠状，医学上称为"胎便"。如果新生宝宝出生36小时后尚无大便排出，应该请医生检查是否患有先天性消化道畸形。正常情况下，出生后3~4天宝宝的胎便可排尽，之后的大便逐渐转成黄色。喝配方奶的宝宝每天1~2次大便，吃母乳的宝宝每天4~5次。

新生宝宝可在分娩中或出生后立即排小便，尿液呈透明黄色，第一天的尿量很少，为10~30毫升。在出生后36小时之内排尿都属正常。随着哺乳摄入水分的增多，宝宝的尿量逐渐增加，每天可达10次以上，日尿量可达100~300毫升，满月前后可达250~450毫升。

宝宝尿的次数多，这是正常现象，不要因为宝宝尿多，就减少喂水量。尤其是夏季，如果喂水少，室温又高，宝宝会出现脱水热。

纸尿裤的选择

纸尿裤用起来方便，但仍有一定的缺陷。

目前很多的纸尿裤并非完全是纸质的，外层有塑料，并且为了增强防漏和吸湿作用，还会在内层加入吸收剂、特种纤维等物质，长期使用对宝宝幼嫩的肌肤会造成一定的伤害。再有，有医学专家表示，长时间使用纸尿裤会造成男宝宝睾丸处温度升高，对今后的生育能力造成影响。尽管目前并不能完全肯定纸尿裤的使用是造成男性不育一个绝对性因素，但若纸尿裤挑选和使用不当的话，的确会对宝宝产生某些隐患。

家长在为宝宝穿着纸尿裤时，一定注意不要包得太紧和长期使用。如果让宝宝的小屁股一直处于纸尿裤的包裹之下，或使用的是劣质的纸尿裤的话，就会影响到宝宝的正常生长发育，甚至会造成尿道感染、肛周炎、肛瘘等疾病。

正确选择纸尿裤，要根据以下的原则：

表层干爽，吸湿能力强，不外漏

纸尿裤的吸湿能力是选择纸尿裤时首先要考虑的问题。倘若宝宝的小屁股总是与潮湿的表层保持接触的话，很容易患尿布疹。很多妈妈担心纸尿裤的吸湿能力不够强，所以晚上会给宝宝换尿裤，从而导致宝宝会因此醒来 1 ~ 2 回，阻碍了宝宝的持续睡眠。所以，选择一款吸湿能力好的纸尿裤尤为重要。

吸湿能力好的纸尿裤不仅能够能吸收大量水分，而且可以迅速牢牢地锁住水分避免外漏。新妈妈们由于缺乏经验很难一次买对，不妨通过测量各牌子纸尿裤的吸收量，来判定哪一种纸尿裤吸收能力强。测量方法是：向不同品牌的纸尿裤里面倒入等量的水，等水吸收后，将一张干的纸巾轻轻地放在上面，看一看差别。如果是具有高分子吸湿材料的纸尿裤，能够快速地吸收大量水分，所以纸巾上不会留有水印。一般来说，最好是选择四层结构的纸尿裤，这种纸尿裤上多加了一层吸水纤维纸，可以充分吸水，有效减少渗漏。

透气性能好，不闷热

如果宝宝使用的纸尿裤透气性能不佳的话，很容导致尿布疹的发生，还可能会使男宝宝阴囊局部环境温度增高，对今后的睾丸发育造成不利的影响。当然，纸尿裤的透气性情况是无法用肉眼分辨的，这就需要妈妈除了在选购时对不同品牌的纸尿裤多做比较外，还特别需要多观察宝宝使用后的情况。一般来说，大品牌的纸尿裤都是经过严格的多方测试的，所以选择这些纸尿裤会较有保障。

触感舒服，具有护肤保护层

触觉在宝宝还是胎儿的时候就已形成，因而异常敏锐，对任何不良刺激都会表现出相应的反应。因此，只要有一点点的不适，宝宝就会感到非常的不舒服。纸尿裤与宝宝皮肤接触的面积是很大的，而且几乎长时间不理，所以一定要选择超薄的、合体的、柔软的、材质触感好的纸尿裤，以充分保证宝宝的舒适。另外，尿布疹的成因主要是尿便中的刺激性物质直接接触到肌肤，目前市场上有些纸尿裤中添加了护肤成分，能够直接借助体温在宝宝的小屁股上形成保护层，抵抗外界刺激并有效减少皮肤摩擦，可以让宝宝有更舒服的肤触感。

尺码合适，价格适中

目前市场上的纸尿裤基本上能够满足不同宝宝的多种需要，在选择纸尿裤的时候，可以参照包装上的表示购买。纸尿裤的腰围要紧贴在宝宝的腰部，胶贴贴于腰贴的数字指示在 1 ~ 3 之间比较合适。如胶贴贴于 3 号指示上，就说明纸尿裤的尺寸小了，下次购买时要买大一码的了。还可以检查腿部橡皮筋的松紧程度，如果太紧的话就表示尺码过小，如果未贴在腿部的话就表示尺码过大。

此外，市场上出售的纸尿裤品牌众多，价格也高低不等。好的纸尿裤生产成本较高，因此价格不会过低。为了保证宝宝的健康，建议妈妈们不要一味地贪图便宜，买回质量不过关的纸尿裤给宝宝使用，尽量还是选择有品质保证、评价较高的知名品牌。

如何换纸尿裤

1. 把褶皱展平
将新纸尿裤展开，把褶皱展平，以备使用。

2. 彻底地擦拭屁股
打开脏污的纸尿裤，用浸湿的纱布擦拭小屁股，不能有大便残留。

3. 取下脏纸尿裤
慢慢地将脏纸尿裤卷起，小心不要弄脏衣服、被褥或宝宝的身体。

4. 更换新纸尿裤
一只手将宝宝的小屁股抬起，另一只手将新的纸尿裤放到下面。

5. 穿好新纸尿裤
将纸尿裤向肚子上方牵拉，注意将左右的间隙黏好。

6. 保留腰部的纸袋
在腰部留出妈妈两指的间隙，目测左右的对称性之后，将腰部的纸带粘好即可。

尿布叠法

新生儿尿布叠法

当宝宝很小时，即便你打算使用有固定形状的尿布，也不妨暂时先选用厚绒尿布。而如果你用其他天然材质的尿布，则可能会需要防水衬垫来防止渗漏。

① ② ③ ④

1. 将正方形尿布对半叠成矩形，然后再次对折，叠成一个小正方形。
2. 将有尿布四角的一边置于顶部，横向拉动顶部上层的一角，形成一个三角形。
3. 将尿布翻转过来，横向拉动上层另一角，在三角形的中间形成一个放衬垫的位置。
4. 加上一个衬垫，把孩子放到尿布上，将尿布底部向上折，将其中一片叠到另一片之上。然后加以固定。

风筝叠法

在最初的几星期中，新生儿尿布叠法十分适宜，但孩子长得太快，不久便无法再继续使用这种叠法的尿布。这种风筝叠法适合更大的宝宝，而且可以延长厚绒尿布的使用时间。

① ② ③ ④

1. 将正方形尿布的一个角朝着你的方向摆好。
2. 将两个边向内折叠，形成一个风筝的形状。
3. 将突出的顶部向下折，把孩子抱到尿布上躺着，让他的腰部对准尿布的顶角。
4. 将尿布底部向上折，使其中的一片叠在另一片上面，然后用一根尿布别针或塑料纽扣固定。

如何换尿布

白天，你可以把换尿布变成一件乐事。这是同宝宝嬉戏的好时机——和他说话，唱歌给他听，把脸贴到他的肚皮上，吐舌头，做出一些鬼脸逗他笑。换尿布时可在宝宝的头顶悬挂一件不停转动的玩具或者一面小镜子。这些物品能分散宝宝的注意力。在夜间，你只需在尿布非常湿或非常脏时，再给宝宝换尿布。保持房间的安静和幽暗，这样可以使宝宝不会轻易受到打扰。

擦身和换尿布

在开始清洁前应将所需的各种物品放到手边备用。可以拿一条毛巾铺在专门用于换尿布的垫子上，让宝宝感觉更舒适，同时，毛巾还可以吸收宝宝身上所有的便溺污渍。在整个换尿布的过程中，应该一直和宝宝说话，让他安心。

1.将宝宝的裤子脱去，解开尿布。如果大便很稀，可用少许纸巾擦去其主要部分，然后用湿棉絮（或棉球）仔细擦干净。

2.提起宝宝的双腿，将尿布对折后拿走。彻底清洁每一处，即使腿上的皱痕也不要忽略。如果宝宝是女孩，应从前面往后面擦。如果是男孩，应仔细清洁睾丸以下的部位，但注意不要向后翻，这样容易拉包皮。

3.当宝宝皮肤发红时，可抹上少许护肤霜。握住宝宝的脚踝，提起双腿，将干净的尿布垫到身体下面，使尿布顶端和宝宝的腰部齐平。等尿布铺好后，放下宝宝，系紧尿布。

尿布疹的防治

刚出生的宝宝皮肤极为娇嫩，如果长期浸泡在尿液中或尿布透气性较差，造成臀部潮湿的话，就会出现红色的小疹子、发痒肿块或是皮肤变得比较粗糙，这就是常说的尿布疹。

尿布疹的外观并不完全相同，有的宝宝只是在很小的一块区域内长一些红点，也有些严重的会出现一碰就疼的肿块，并分散到肚子和大腿上。如果发现宝宝放尿布的地方看上去发红、肿胀和发热的话，那就有可能表示他出尿布疹了。

引起尿布疹的原因有很多，成了尿布透气性能和尿布摩擦的问题，新的辅食、外界环境感染也是造成尿布疹的原因。但是对于不足一个月的宝宝，患上尿布疹多是由于尿布使用不合理，或是护理不得当造成的。要预防尿布疹，最好的措施就是使宝宝的小屁股时刻保持干爽清洁，在护理时要特别注意以下几点：

1. 要经常给宝宝更换尿布，保持臀部的洁净和干爽。

2. 每次换尿布时，要彻底清洗宝宝的臀部。洗完后要用软毛巾或纸巾揾干水分，不要来回地擦。

3. 不要为了怕宝宝尿湿处理麻烦而给宝宝加垫上橡胶布、油布、塑料布等不透气的布料，否则会让他的臀部长期处于湿热的状态。

4. 女宝宝的屁股底下尿布要垫得厚一些，男宝宝的生殖器上要垫的厚一些。

5. 如果宝宝腹泻的话，除了要治疗腹泻外，还要每天在臀部涂上防止尿布疹的药膏。

6. 发现宝宝有轻微臀部发红时，及时使用护理臀膏。

7. 选择品质好、质量合格、大小合适的纸尿裤或尿布纸，并注意使用方法要正确。

8. 给宝宝的尿布一定要是柔软的、纯棉质地的、无色无味或浅色的布料，不能选择质地粗糙或是深色的尿布。

9. 漂洗宝宝的尿布一定要用热水漂洗干净，还可以在第一次漂洗时加入一点儿醋，以消除碱性刺激物。不能用含有芳香成分的洗涤剂清洗宝宝的棉质尿布，也不要使用柔顺剂，因为这些东西都会使宝宝的皮肤产生过敏反应。

10. 如果宝宝出现尿布疹的话，可以适当让他光着小屁股睡觉，还可以在床单下垫一块塑料布，以保护床垫不被尿湿了，但这时要特别注意给宝宝保暖。

抱起和放下宝宝的姿势

在最初的几个星期中，宝宝需要安全和舒适的怀抱，直到他们的颈部肌肉逐步发育到能够支撑其自己的头部为止。每次都应缓慢、轻柔地抱起宝宝，以免吓到他。

抱起姿势

1. 如果宝宝仰卧在床上，你可以把一只手轻轻放在他的下背部及臀部下面。

2. 另一只手在另一侧轻轻放在他的头、颈下方。

3. 轻轻地、慢慢地抱起他，这样，他的身体有依靠，头不会往后耷拉。

将宝宝抱于手臂中

你也可以将宝宝抱在你的臂弯里，让他的头部及肢体感受到很好的支撑，有安全感。

将宝宝面向下抱着

如果你的宝宝可能喜欢向下被抱在手里，那么要注意他的下巴及脸颊靠近你的前臂。

将婴儿靠着你的肩膀抱着

一只手放在他的小屁股下，支持他的体重，另一只手抚摸他的头，像这样直抱着他，也会让他感到安全。

放下姿势

1. 把一只手置于他的头颈部下方，然后用另一只手抓住他的小屁股，慢慢地、轻轻地放下她，手一直扶住他的身体，直到其重量落到床褥上为止。

2. 从宝宝的臀部轻轻抽出你的手，用这只手稍稍抬高他的头部，使你能够轻轻抽出另一只手，轻轻地放低他的头，不要让头向后掉到床上，或太快抽出你的手臂。

眼睛护理

宝宝的眼睛多少都会产生一些分泌物，通常情况下这些分泌物应该是透明或白色的，若发现宝宝的眼睛出现了黄绿色分泌物，或者是分泌物的量突然增多时，就应该就医检查。

宝宝眼部的日常清洗

给宝宝清洗眼部的时候，让宝宝仰卧，把消过毒的棉棒用生理食盐水蘸湿，由内眼角向外眼角清洁宝宝的眼睛。

要特别注意的是，使用过的棉棒绝对不能重复使用，应该改换干净的棉棒，再清洁另一只眼睛。

给宝宝滴眼药水

医院一般会在新生宝宝袋中放入眼药水，这是因为即使在分娩过程中宝宝未受感染，出生后，宝宝也很有可能会患上结膜炎、泪囊炎，因此为宝宝滴眼药水是必要的。妈妈可按说明，适当地给宝宝滴眼药水。

在给宝宝滴眼药水时，妈妈要将消毒棉棒与宝宝的眼睛平行，轻轻横放在上眼睑接近眼睫毛处，再平行上推宝宝的眼皮，宝宝的眼睑就可顺利扒开，把眼药水滴在宝宝内侧的眼角。别担心宝宝闭上眼睛眼药水会被挤出来，只要宝宝一眨眼，药水就会回到宝宝的眼睛里。

鼻腔护理

爸爸妈妈可能会发现，宝宝的鼻腔内总是长鼻疖。中医认为这与内热有关，并且与母乳也有关。不管是什么原因造成的，宝宝鼻腔内的分泌物要及时清理，以免结痂。

鼻腔的清理方法

简便有效的方法是：把消毒纱布一角，按顺时针方向捻成布捻，轻轻放入宝宝鼻腔内，再逆时针方向边捻动边向外拉，这样就可把鼻内分泌物带出，重复几次，不会损伤鼻黏膜。

有的妈妈用宝宝专用吸鼻器为宝宝清理鼻腔内的分泌物，这当然可以，但如果宝宝的鼻腔分泌物较少时，没有必要使用吸鼻器。

预防宝宝鼻腔分泌物增多

宝宝鼻腔的分泌物与母乳也有关，妈妈要注意饮食清淡，少吃辛辣刺激性食物和鱼腥食物，还应注意休息，以保证给宝宝提供高质量的母乳。

天气好的时候，要让宝宝接触室外的空气，这样可以使宝宝的鼻腔通畅。

避免室内的空气太干燥，可以用加湿器保持室内适宜的湿度。

口腔护理

及时清洁口腔

新生儿期，宝宝易患鹅口疮，为了预防发病，每次喝完奶后最好让宝宝喝口水，以冲掉口腔中残留的奶液。如宝宝吃奶后就入睡，不易喂水，可以每天早晚用清洁口腔专用湿巾或消毒棉棒沾水，轻轻在宝宝口腔里清理一下。注意此时期宝宝的唾液腺发育不足，唾液分泌少，黏膜细嫩而干燥，易受损伤，护理时动作一定要轻柔。

不擦口腔

新生儿口腔黏膜柔嫩，即使用很软的纱布轻轻擦洗，也会引起肉眼看不见的黏膜损伤。口腔内有多种细菌、霉菌等，一旦黏膜受损，病原菌就会入侵而出现炎症。有的父母越用力把白色斑块擦去，黏膜损伤越严重，以后会长出更多的白色斑片。新生儿的唾液已发育到一定的程度，经常有唾液分泌进入口腔，起到清洁口腔的作用，所以用纱布擦洗口腔是"画蛇添足"。

不挑"马牙"

胚胎在6周时，就形成了牙的原始组织叫牙板，而牙胚则是在牙板上形成的，以后牙胚脱离牙板生长牙齿，断离的牙板被吸收而消失，有时这些断离的牙板形成一些上皮细胞团，其中央角化成上皮珠，有些上皮珠长期留在颌骨内，有的被排出而出现在牙床黏膜上，即为"马牙"。马牙一般没有不适感，个别宝宝可出现爱摇头、烦躁、咬奶头，甚至拒食，这是由于局部发痒、发胀等不适感引起的，一般不需做任何处理，随牙齿的生长发育，"马牙"或被吸收或自动脱落。因为新生宝宝口腔黏膜的娇嫩，抵抗力低，擦破、挑破后都容易感染，甚至出现败血症而危及宝宝的生命。

皮肤护理

新生儿的皮肤比较薄嫩，保护不当容易破损。保护新生儿的皮肤需注意以下几点：

保持皮肤干燥

要保持新生宝宝皮肤的干燥，避免汗液、尿液等长期浸泡宝宝的皮肤，特别是宝宝的颈部、腋下、大腿根及臀部等皱褶多的地方。一是为了预防感染，二是因为宝宝的皮肤也是重要的呼吸器官之一，担负着一部分气体交换的任务，如果皮肤不干燥、不清洁就会阻塞这条通道。

衣物的清洁

因新生宝宝皮下的毛细血管非常丰富，使皮肤具有很高的吸收和通透能力，如果给新生的宝宝穿或用了含有不洁物质的衣服、尿布等，很可能使宝宝发生溶血。所以，新生宝宝的衣被等物存放时不要用卫生球、樟脑丸，也不能用含磷的洗衣粉洗。宝宝的衣服、尿布最好用纯棉布制作，清洗时用肥皂。如果给宝宝买尿布用，要买消毒的无刺激性的合格尿布产品。

避免刺激物

由于新生宝宝皮肤角化层薄，具有较高的吸收及通透能力，故为宝宝涂药或洗浴时应避免使用含有刺激性及易吸收的药物或肥皂，以防宝宝中毒或过敏。

及时除污

新生宝宝的新陈代谢旺盛，易产生污垢，所以皮肤一定要清洁，尤其是耳后、颈下、腋窝、手指及脚趾缝内。男婴的包皮内、女婴的阴唇内容易积汗、积垢，如果不及时清洗，在汗液和污垢的侵蚀下，宝宝的皮肤极易充血，稍有摩擦就容易出现糜烂。

改变体位

要给新生宝宝经常改变体位，避免皮肤局部长期受压而影响血液循环。

定期检查

每天都要检查新生宝宝的皮肤，看看有无皮疹、糜烂，发现问题后要及时处理。因一旦发生感染，新生宝宝皮下丰富的毛细血管网，会将感染迅速传播，有可能发生败血症。

脐带护理

脐带是宝宝在子宫中与母体相连的部分，随着出生，脐带会被医生剪断，并且做简单的结扎处理。正常情况下，脐带在出生后 1～2 周后就会自行脱落。但在脐带脱落前后，脐部易成为细菌繁殖的温床。细菌及毒素如果进入脐血管的断口处并进入血循环，就会引起菌血症。因此，脐带断端的护理是很重要的。

肚脐消毒

刚出生的小宝宝，脐窝里经常有分泌物，分泌物干燥后，会使脐窝和脐带的根部发生粘连，不容易清洁，脐窝里可能会出现脓液，所以要彻底清洁小脐窝。每天用棉签蘸上 75% 的酒精，一只手轻轻提起脐带的结扎线，另一只手用酒精棉签仔细在脐窝和脐带根部细细擦拭，使脐带不再与脐窝粘连；再用新的酒精棉签从脐窝中心向外转圈擦拭。清洁后把提过的结扎线用酒精消毒。

保持肚脐干爽

宝宝的脐带脱落前或刚脱落，脐窝还没干燥时，一定要保证脐带和脐窝的干燥，因为即将脱落的脐带是一种坏死组织，很容易感染上细菌。所以，脐带一旦被水或被尿液浸湿，要马上应用干棉球或干净柔软的纱布擦干，然后用酒精棉签消毒。脐带脱落之前，不能让宝宝泡在浴盆里洗澡，可以先洗上半身，擦干后再洗下半身。

防止摩擦

脐带未脱落或刚脱落时，要避免衣服和纸尿裤对宝宝脐部的刺激。可以将尿布前面的上端往下翻一些，以减少纸尿裤对脐带残端的摩擦。

如果脐带不脱落

一般情况下，宝宝的脐带会慢慢变黑、变硬，1～2 周脱落。如果宝宝的脐带 2 周后仍未脱落，要仔细观察脐带的情况，只要没有感染迹象，如没有红肿或化脓，没有大量液体从脐窝中渗出，就不用担心。

另外，可用酒精给宝宝擦拭脐窝，使脐带残端保持干燥，加速脐带残端脱落和肚脐愈合。

如果脐带有分泌物

愈合中的脐带残端经常会渗出清亮的或淡黄色黏稠的液体。这是愈合中的脐带残端渗出的液体，属于正常现象。脐带自然脱落后，脐窝会有些潮湿，并有少许米汤样液体渗出，这是由于脐带脱落的表面还没有完全长好，肉芽组织里的液体渗出所致，用 75％的酒精轻轻擦干净即可。一般 1天 1 ～ 2 次，2 ～ 3 天后脐窝就会干燥：用干纱布轻轻擦拭脐带残端，也能加速肚脐的愈合。如果肚脐的渗出液像脓液或有恶臭味，说明脐部可能出现了感染，要带宝宝去医院。

女宝宝特殊护理

女宝宝私处护理的方法是：女宝宝阴道内菌群复杂，但能互相制约形成平衡，在护理的时候尽量不要去打乱这种平衡，所以清洁时只用温开水即可，千万不要添加别的东西。

清洗的时候，要先洗净自己的手，然后用柔软的毛巾从上向下，从前向后擦洗。先清洗阴部后清洗肛门，以免肛门脏污污染阴道。另外要注意，只清洁外阴，不要洗阴道里面。

新生儿期，宝宝与尿布密不可分，为保护私处，尿布一定要干净。用过的尿布可以用滚开水浸泡 30 分钟再清洗，然后放在阳光下晒干，彻底消毒杀菌。收纳尿布的地方也应该是通风、干燥的。

男宝宝特殊护理

男宝宝的私处也需要天天清洗。清洗前先检查一下尿道口有无红肿、发炎。没有异常时，用温开水轻轻擦洗阴茎根部和尿道口即可。一旦有红肿现象，最好带到医院做检查，预防感染。另外，注意在给宝宝清洁阴部前要先洗净自己的手。

四季护理

春季护理

春季里病毒感染的概率很高，出生没多久的宝宝还不会到户外活动，但却很容易被家人携带的病菌传染，所以家长要特别注意自身的防护工作，不要让细菌通过自己传给宝宝。宝宝最容易患的是呼吸道感染，所以如果家人患病的话，要保证与宝宝隔离。开窗通风的时间要短，并且在通风时要把宝宝抱到别的房间，避免让风直接吹到宝宝，特别是对流风，对宝宝的刺激会更大。

夏季护理

在新生儿期不能给宝宝用爽身粉或痱子粉来防汗，因为爽身粉或痱子粉遇到汗时会紧贴在宝宝的皮肤上，使脆弱的皮肤受到刺激后发生红肿糜烂，特别是颈部、腋窝、大腿根、臀部、肘窝、耳后等容易发生糜烂的地方；

湿粉还会增大摩擦，磨坏宝宝的皮肤；有些宝宝本身对爽身粉或痱子粉中的某些成分过敏，所以更不宜使用。

宝宝所处的室内环境温度和湿度要特别控制好，无论天气多么炎热，室内温度与室外温差也不能超过7℃。如果室外温度不是很高的话，那么室内温度就不宜低于24℃，湿度也要控制在40%～50%，过高或过低的湿度都不利于宝宝的健康。

夏天天气炎热，要勤给宝宝洗澡。健康足月的宝宝可以每天洗澡了，此外还要注意给宝宝补水。母乳喂养的宝宝此时不用喂水，但妈妈要多喝水，以保证给宝宝的水分摄入补给。

秋季护理

初秋天气刚刚转凉，没有必要给宝宝穿太厚的衣服。虽然此时宝宝对外界环境的适应能力很差，但如果过早给宝宝增加过厚的衣物，不利于宝宝对环境变化的适应。而且，初秋的气温时有反复，有时还会比较燥热，一旦给宝宝加了衣服就很难再脱下，这样就会使宝宝身体燥热，进而出现某些疾病。

深秋要特别预防新生儿呼吸道感染，要保证室内的清洁和空气流通，调节室内的空气湿度，如果家人有呼吸道感染症状的话，最好与宝宝隔离。如果必须要对宝宝进行护理的话，也要洗净双手、戴上口罩后再抱宝宝。

冬季护理

冬季最要警惕的是室内温度过高。很多爸爸妈妈都怕刚出生不到一个月的宝宝受凉，因此总喜欢给宝宝穿得暖暖的，然后把室温调的高高的，实际上这对宝宝的健康是很不利的。过高的室温会使室内的空气质量下降，从而使宝宝的呼吸道黏膜抵抗能力下降、发生呼吸道感染的概率增加。

给宝宝穿得太多，会使宝宝的身体长期处于燥热的状态。宝宝的房间不可能是密闭的，大人开门进出的过程中很难避免冷气进入，而宝宝由于体热而张开的毛孔这时还很难随着冷空气的刺激而迅速收缩，进而发生感冒。事实上，出生没多久的宝宝在冬季患病最主要的不是着凉而是受热，所以爸爸妈妈们要特别注意。

剖宫产儿的护理

目前我国的剖宫产率已接近 50%，有些医院高达 80%。很多孕妈妈认为剖宫产可以少受罪，所以选择剖宫产。但是，剖宫产的宝宝比起正常产道分娩的宝宝来，比较容易出现一些养育问题。

剖宫产儿特点

1. 易患新生儿肺炎：经剖宫产出生的新生儿，由于没经过产道的挤压过程，使肺部存留的羊水不能彻底排出体外，容易导致呼吸系统疾患，造成新生儿肺炎等。

2. 感官统合能力失调，平衡能力差，手脚笨拙：当宝宝正常分娩的时候，宝宝的头部会受到挤压，产道的压迫对宝宝的感觉器官是一种良性刺激，这种刺激传导大脑，对脑部血管循环加强刺激，为脑部的呼吸中枢提供更多的物质基础，对宝宝的听觉等能力是一次非常好的训练，而剖宫产的宝宝则失去了这一锻炼机会。剖宫产的宝宝没有经过产道的挤压，会造成胎儿大脑前庭功能发育不足。

3. 适应能力差：剖宫产的宝宝与自然分娩的宝宝在智力上并无差异，但剖宫产宝宝的适应能力要比自然分娩宝宝的适应能力差。宝宝需要通过皮肤认识自身和环境，从而对客观世界有一个正常的反应。剖宫产的宝宝有先天的触觉学习不良的现象，皮肤的触觉信息比较差，在宝宝时期都会有表现。他们往往不能适应皮肤所接触的各种信息，比如洗澡、换衣服。

4. 情绪化、注意力不大集中：剖宫产的宝宝往往在家时脾气特别大，出门胆小退缩，不大方，怕拥挤；在社交上，宝宝表现得胆小退缩，情绪波动比较大，这种宝宝先天触觉防御过度，具体的表现是爱哭、睡不好觉、好动。

5. 剖宫产宝宝免疫力低下：剖宫产的宝宝免疫力低下，这使得他们比自然分娩的宝宝更易生病。消化道早期定植的肠道菌群在宝宝免疫系统的发育成熟过程中扮演着重要角色。新生儿刚出生时肠道是无菌的，自然分娩自然分娩的宝宝最初的肠道菌群主要来源于母亲的产道和外周的细菌。其出生后肠道立即被来自母体和周围环境中的微生物定植，可促进新生儿免疫系统细胞因子的产生，而剖宫产没有接触到母体消化道和产道内的微生物，其肠道菌群建设与发育明显滞后。可以改变或延迟新生儿肠道菌群早期定植并增加特异性疾病的发生率。所以，剖宫产分娩的宝宝肠道乳酸杆菌和长双歧杆菌数量较自然分娩的宝宝要低。

剖宫产儿喂养方法

剖宫产分娩过程中，宝宝由于没有受到自然分娩过程中产道挤压，导致肺内和肠道内液体过多。剖宫产儿胃肠液体过多，出生后肠蠕动比自然分娩儿偏慢，甚至可以出现逆蠕动，出现呕吐现象。又由于剖宫产过程属于非生理分娩过程，妈妈没有经过正常分娩过程中的激素水平变化，自身母乳产生延迟，也造成剖宫产儿进食母乳时间偏晚。

诸多因素造成剖宫产儿进食偏晚，特别是母亲乳汁分泌偏晚，导致人们认为宝宝配方粉应当是这些宝宝的早期优先食物。实际上，这种说法并不完全正确。正常母乳喂养过程是宝宝先吸吮妈妈乳头和乳头周围皮肤，并吞咽下这些皮肤表面正常的氧气中能够存活的需氧菌；再通过吸吮吸出妈妈乳管内的无氧气才能存活的厌氧菌；最后才能吸到乳汁的过程。这样的有菌喂养过程，可以保证宝宝肠道首先形成正常菌群，不仅利于宝宝胃肠道对母乳的消化和吸收，而且更利于肠道和全身免疫系统的启动和建立。

给剖宫产儿早期喂养普通宝宝配方粉，看似可以满足营养的需求，但实际上在肠道菌群尚未建立之前可能造成肠道吸收营养的功能下降，肠道黏膜受损，还有可能导致牛奶蛋白致敏的前期致敏的形成。如果宝宝出生早期出现对牛奶蛋白致敏现象，今后出现过敏的机会就会明显增加。

对于剖宫产儿的喂养应该分成两步。首先在妈妈身体状况允许的前提下，尽早吸吮妈妈乳房，不仅可以获得妈妈乳头和乳头周围皮肤上的需氧菌，还可促进妈妈的乳汁尽早分泌。如果宝宝出生后体重下降没有超过出生体重的 7%，就可继续坚持直接吸吮。当体重降低接近 7% 时，宝宝已完成多次吸吮，肠道菌群初具规模。此时，如果母乳仍然不足，应选用含有益生菌（代替妈妈乳管内的厌氧菌）的婴幼儿配方奶粉补充不足，以此就可基本模拟了母乳喂养过程。

母乳喂养过程是宝宝先吞咽妈妈乳头和乳头周围皮肤上需氧菌，再吸吮乳管内厌氧菌，后吸吮获得乳汁的过程。由于剖宫产儿的特殊性，很多宝宝早期无法获得充足的母乳，因此出生后应尽可能早地吸吮妈妈乳房。每次喂养前，先吸吮妈妈乳房 10 ~ 20 分钟，再用含有益生菌的配方粉通过奶瓶喂养补其不足。这样的连续过程也会避免宝宝产生乳头和人工奶嘴的混淆，利于紧接着的纯母乳喂养。

剖宫产儿护理要点

1. 哭闹：95% 以上剖宫产儿出生后很快就会出现不同程度的哭闹、多动、不喜欢触摸、易惊，出现睡眠障碍，即使很小的声响也能引起过强的反应，而且多发生在晚上，常常莫名其妙地哭闹。这些宝宝的哭闹很难安抚，甚至拒绝进食，引起爸爸妈妈紧张而焦虑不安，久而久之超出了爸爸妈妈忍耐的限度，引起反感而疏远宝宝，不利于亲子依恋关系的建立。据研究发生这种情况是因为胎儿在子宫内吞咽了大量羊水，由于实施了剖宫产，不能通过产道的挤压而排出来，大量的羊水羁留在新生儿消化道造成了危害，引起肠绞痛。也有的专家认为剖宫产儿哭闹主要与感觉统合失调，即触觉防御性反应过度有关。

2. 容易发生"剖宫产儿综合征"："剖宫产儿综合征"主要是指剖宫产儿呼吸系统并发症，如窒息、湿肺、羊水吸入，肺不张和肺透明膜病等。剖宫产儿湿肺的发生率为 8%，阴道产儿湿肺的发生率仅为 1%。

在孕期中，由于发育的需要，胎儿肺内存在着一定量的肺液，但是在出生的瞬间，这些肺液必须迅速加以清除，为出生后气体顺利进入呼吸道，减少阻力，保证肺能够马上进行气体交换，建立有效的自主呼吸。因此阴道产儿由于产道的挤压和儿茶酚胺的调节使得胎儿呼吸道内的肺液 1/3 ~ 2/3 被挤出，剩余的肺液在出生后被进一步清除和吸收。但是剖宫产儿缺乏这一过程，肺液排出较少，肺内液体积聚过多增加了呼吸道内的阻力，减少了肺泡内气体的容量，影响了通气和换气，导致不少的剖宫产儿特别是择期剖宫产儿出生后出现呼吸困难、发绀、呻吟、吐沫、反应差、不吃、不哭等症状，发生新生儿湿肺，严重者导致窒息、新生儿肺透明膜病、新生儿缺血缺氧性脑病的发生。另外，由于剖宫产儿没有经过产道挤压，无法更好地适应出生后血流动力学和血生化的瞬间改变，所以颅内出血也时有发生。

3. 提高免疫力：剖宫产的宝宝，要提高宝宝的免疫力。首选的是母乳哺育。由于肠道黏膜上存有免疫细胞，这些细胞的激活物是肠道内的正常细菌，包括双歧杆菌、乳酸杆菌等。这就是为何新生儿第一口应是母乳喂养的原因。因母乳喂养的有菌过程，利于肠道正常菌群的建立。但如果因病因故无法母乳喂养的宝宝，可以适当添加益生菌。益生菌是模拟母乳喂养宝宝肠道正常菌群而应运而生的产品，应该包括双歧杆菌和乳酸杆菌。所以，真正的益生菌在调整肠道功能的前提下，会通过刺激肠道免疫细胞，调节全身免疫。

目前，有不少人工喂养的奶粉产品可帮助宝宝平衡肠道菌群、提升自身抵抗力，以减低过敏发生率、肠道菌群缺乏所引起的腹泻、吸收不好、成长滞缓等问题。剖宫产宝宝的爸爸妈妈应多花精力于居家护理上，如多给予剖宫产宝宝轻轻摇晃，尤其在宝宝出生后的前 3 个月。适当的运动锻炼可以弥补一些剖宫产的缺陷。我们都知道剖宫产的宝宝免疫力比较低，妈妈们只有更好地认识到这种差异，才能够做到心中有数，及时通过一些方法来弥补这种缺陷，从而提高宝宝的免疫力。

剖宫产儿能力训练

医学研究表明，剖宫产的宝宝在出生时，因为没有经过产道的挤压，所以缺乏生命中第一次触觉和本体感的体验与学习。这种体验的缺乏虽然不会影响到宝宝的智商，但却很容易让他们产生情绪敏感、注意力不集中、手脚笨拙等问题，但是这个问题剖宫产的爸爸妈妈不必过于担心，以上现象都可以通过后天三个方面的训练来解决：

1. 触觉训练：剖宫产出生的宝宝如果两三岁以后还是很喜欢吮自己的手，家长们可就要注意了。除了吮手指以外，他们还喜欢咬指甲、咬笔头等。在性格上，这类宝宝比较容易发脾气、胆小、紧张、爱哭、偏食，喜欢招惹人等。随着年龄的不断增长，多让宝宝进行各种触觉训练，例如：从小让宝宝玩水、玩沙、玩泥土；给宝宝洗完澡以后用比较粗糙的毛巾擦身体，并用电吹风吹干身体；让他们学习游泳或光着脚走路；总之，要多和宝宝玩一切需要身体接触的游戏。

2. 大脑平衡功能训练：孕妈妈选择剖宫产很多是因为胎位不正、脐带缠绕、体重过大等因素，而这些因素通常会造成胎儿大脑前庭功能发育不足、在母体内的活动不充分。因此，这样的宝宝出生以后，注意力方面必然会受到一定的影响。

前 3 个月，爸爸妈妈要经常并且适度地抱着宝宝轻轻摇晃，让其大脑平衡能力得到最初的锻炼；7 ~ 8 个月大的时候，一定要训练宝宝的爬行能力，这样对锻炼宝宝的手脚协调能力很有帮助；1 岁以后，要让宝宝多走平衡木，或者多做荡秋千、旋转木马等游戏。

3. 本体感训练：剖宫产出生的宝宝，由于缺乏产道挤压这一最自然的本体感训练，通常身体感觉反应比较迟钝，协调能力也相对较差；长大以后容易出现做事拖拉磨蹭、现语言表达有障碍等问题。鼓励宝宝多进行各种体育活动。较小的宝宝，可以玩翻跟斗的游戏，再大一点可以进行拍皮球、跳绳、游泳、打羽毛球等多种训练。

剖宫产出生的宝宝是很聪明、顽皮，也很容易紧张，家长不要为此而训斥、惩罚他们，因为他们不是故意捣乱，而是需要训练矫正，我们要用正确的态度和良好的引导，去帮助他们来完成这一个非常时期的训练，来保证宝宝身体的健康成长。

早产儿的护理

早产儿是指胎龄未满 37 周（小于 260 天），出生体重不足 2500 克，身长在 46 厘米以下的宝宝。早产儿由于组织器官发育不成熟，功能不全，生活能力差，抵抗力低，因此要加强护理。尤其是早产儿出院回家后。

早产儿除按正常新生儿护理外，还必须在喂养、保暖和预防疾病上给予特殊护理。医院里将出生 2 千克以下的极低体重儿，放在新生儿培养箱内进行特别护理，等体重超过 2.5 千克后才可出院。这样的宝宝出院后，身体仍然很弱，父母要非常小心地加以护理才好。

早产儿特点

1. 外表：体重大多在 2500 克以下，身长不到 47 厘米，哭声轻，颈肌软弱，四肢肌张力低下，皮肤红嫩，胎毛多，耳壳软，乳晕不清，足底纹少，男婴睾丸全降或未全降，女婴大阴唇不能盖住小阴唇。

2. 体温：体温调节功能更差，棕色脂肪少，基础代谢低，产热少，而体表面积相对大，皮下脂肪少，易散热，汗腺发育不成熟和缺乏寒冷发抖反应。因此，早产儿的体温容易随环境温度变化而变化。

3. 呼吸：呼吸中枢相对更不成熟，呼吸不规则；常发生呼吸暂停。呼吸暂停（apnea）指呼吸停止时间达 15 ~ 20 秒，或虽不到 15 秒，但伴有心率减慢（< 100 次 / 分）和出现发绀。早产儿的肺发育不成熟，表面活性物质少，易发生肺透明膜病。有宫内窘迫史的早产儿，易发生吸入性肺炎。

4. 消化：吞咽反射弱，容易呛乳而发生乳汁吸入。胃贲门括约肌松弛、容量小，易溢乳。早产儿以母乳喂养为宜，但需及时增加蛋白质。早产儿易发生坏死性小肠炎，要注意乳汁的渗透压不可超过 460mmol/L（毫摩尔 / 升）。

5. 血液：早产儿血液成分不正常，血小板数比正常新生儿少。出生后，体重越轻，其血液中的红细胞、血红蛋白降低愈早，而且毛细血管脆弱，因而容易发生出血、贫血等症状。

6. 肝脏：肝功不健全，生后酶的发育也慢，所以生理性黄疸较重，持续时间亦较长。贮存维生素 K 较少，凝血因子低，所以容易出血。合成蛋白质功能亦低，易引起营养不良性水肿。

7. 肾脏：肾发育不成熟，抗利尿激素缺乏，尿浓缩能力较差，所以生理性体重下降显著，且易因感染、腹泻等而出现酸碱平衡失调。

8. 神经：神经系统的功能和胎龄有密切关系，胎龄越小，反射越差。

早产儿易发生缺氧，导致缺氧缺血性脑病。此外，由于早产儿脑室管膜下存在发达的胚胎生发层组织，因而易导致颅内出血。

9. 免疫：早产儿的免疫功能较足月儿更差，对细菌和病毒的杀伤和清除能力不足，从母体获得的免疫球蛋白较少，由于对感染的抵抗力弱，容易引起败血症，其死亡率亦较高。

早产儿营养需求

一般认为早产儿对热量的要求高于成熟儿，每日每千克体重需要热量461 ~ 628千焦（110 ~ 150千卡）。因早产儿安静代谢率，即肺呼吸的做功，比成熟儿大，但吸收能力低于成熟儿，所以热能的供给还是以稍低开始为宜，视情况逐步增加。

1. 蛋白质：成熟儿从母乳中摄入的蛋白质占总热量的6% ~ 7%，早产儿摄入的蛋白质占总热量的10.2%，高于正常儿。

2. 氨基酸：正常儿必需氨基酸为9种，早产儿为11种，因早产儿缺乏有关的转化酶，不能将蛋氨酸转化成胱氨酸，苯丙氨酸转化成酪氨酸，因此胱氨酸、酪氨酸成为必需氨基酸，必须从食物中摄取。

3. 无机盐：早产儿比成熟儿需要的多，因为胎儿的最后阶段，是无机盐增加的阶段，如：钙、磷、铁都要增加，不足月的，早产儿体内就会缺乏无机盐。

4. 维生素：早产儿缺维生素E，易出现溶血性贫血，早产儿对脂肪的吸收率不如成熟儿，并可能缺乏脂溶性维生素及其他营养素。所以早产儿喝配方奶好，还是以母乳喂养好，这个问题还有待研究。总之早产儿的营养应因人而异。因情况不同，个体差异，营养上应结合个体情况细致考虑。

早产儿喂养方法

1. 精心喂养：凡出生体重低于1.5千克以及不能吸吮的早产宝宝，刚出生时一般家庭是无法自行喂养的，必须留在医院继续观察。我们这里介绍的是出生体重为1.5 ~ 2.5千克的早产儿的喂养。

首先，需要考虑用母乳喂养早产的宝宝。母乳是早产儿最理想的天然营养食品。早产儿生理机能发育不很完善，要尽一切可能用母乳（特别是初乳）喂养。母乳内蛋白质含乳白蛋白较多，它的氨基酸易于促进宝宝生长，而且初乳含有多种抗体，这些对早产儿尤为可贵。用母乳喂养的早产儿，发生消化不良性腹泻和其他感染的机会较少，宝宝体重会逐渐增加。

在万不得已的情况下才考虑用代乳品喂养早产儿。首选为优质母乳化奶粉，它的成分接近母乳，营养更易吸收，能使宝宝体重增长较快；也可考虑用配方奶喂养，但采用时应谨慎从事，以减低配方奶脂肪含量，增加糖量，使之成为低脂、高糖、高蛋白的乳品。在用代乳品喂养的过程中，要密切注意宝宝有无呕吐、腹泻、便秘以及腹胀等消化不良的症状。

其次注意的是早产宝宝的喂养量及喂养次数。母乳喂养的早产宝宝应该经常称体重，观察早产儿体重的增加情况，这是判断喂养是否合理的重要指标。一般足月新生儿在最初几日内由于喂哺不足或大小便排泄的原因，体重略有减轻，这是正常现象。但早产儿此时体重的维持至关重要，要重视出生后的早期喂养，设法防止宝宝体重的减轻。

由于早产儿口舌肌肉力量弱、消化能力差、胃容量小，而每日所需能量又比较多，因此可采用少量多餐的喂养方法。如果采用人工喂养，一般体重 1500 ~ 2000 克的早产儿一天喂哺 12 次，每 2 小时喂一次；2000 ~ 2500 克体重的宝宝一天喂 8 次，每 3 小时喂次。每日的喂奶量不同宝宝差别较大，新生儿期每日可喂奶 10 ~ 60 毫升不等。如宝宝生长情况良好，则夜间可适当延长间隔时间，这样可以在保证摄入量的基础上逐步养成夜间不喂的习惯。

2. 喂养方式：早产儿父母应咨询有经验的医生，选择合理的喂养方式。

母乳：对于出生体重大于 2000 克、无营养不良高危因素的早产儿，母乳仍是出院后首先的选择。要注意母亲的饮食和营养均衡。

母乳 + 母乳强化剂：极（超）低出生体重儿和出院前评价营养状况不满意者需要继续强化母乳喂养至胎龄 40 周。此后母乳强化的热量密度应较住院期间略低，如半量强化（306kJ/100 mL），根据生长情况而定。

由于母乳喂养对早产宝宝尤其重要，因此在宝宝住院期间，妈妈要坚持每天把奶挤出来送到医院。吃不完可以将母乳冷冻，在 6 个月内没有问题。这样妈妈的奶水才会越来越多，当宝宝出院后可以继续吃到母乳。

早产配方奶：人工喂养的极（超）低出生体重儿需要喂至胎龄 40 周。如母乳喂养体重增长不满意可混合喂养（早产配方奶不超过每日总量的 1/2），作为母乳的补充。

早产儿出院后配方奶：适用于人工喂养的早产儿或作为母乳的补充。

宝宝配方奶：适用于出生体重大于 2000 克、无营养不良高危因素、出院后体重增长满意、人工喂养的早产儿或作为母乳不足时的补充。

早产儿喂养注意事项

1. 切忌奶水浓度过高：由于早产儿在医院多与妈妈分房而居，所以很多宝宝失去了吃母乳的机会。除了母乳之外，早产儿专用配方奶粉就成了早产宝宝的最佳食品。但目前，专用配方奶粉只有在医院才能吃到。

由于早产儿的消化功能非常不完善，奶中的脂肪含量不宜过高，所以除了母乳和专用配方奶粉，大众化的脱脂奶粉成了宝宝必要的营养来源。

早产的宝宝肾脏没有发育完善，如果奶的浓度过高，对宝宝的体重增长会带来影响。因为早产儿的体内含水量很高，一般新生儿的含水量占人体的70%，而早产儿达到了80%～85%，体内含水量高了，面临的最大问题就是容易脱水。如果奶水浓度太高，从小便中带出的水分也越多，即便吃得再多，也会从小便中溜走，体重增长也会非常缓慢。

所以早产儿的奶水浓度应是2∶1，即2份奶，1份水，相比较而言，新生儿的奶水浓度是3∶1的比例。早产宝宝的早期阶段就是按照2∶1的比例吃，一直吃到满月（假如提早出生一个月，宝宝虽然已经2个月了，但真正月龄应以满月宝宝计算），然后再逐渐按照3∶1的浓度给宝宝喂奶，逐渐过渡到吃全奶（"全奶"是指一平勺配方奶粉加4勺的水，奶粉恰好溶解成全奶）。

除了市面上卖的脱脂奶粉外，家庭也可以自制脱脂奶——将普通牛奶煮沸，去掉最上面一层奶油，用同样方法连煮三遍即可。

2. 半卧位慢喂方式：由于早产儿吞咽功能不完善，有时会发生吐奶及呼吸运动不协调现象，使奶逆流至咽喉部，再吸进肺部，引起吸入性肺炎，严重者会立即窒息致死。所以喂养时，最好使宝宝处于半卧位，奶嘴最好质地软，吸入孔大小适宜。如果发现溢奶，立即将宝宝俯卧或侧卧，让口中奶流出。对吸吮力很差的宝宝，可用小匙喂养，但需注意保持奶的温度，不可太凉。

3. 按需喂奶：宝宝吃得慢是早产儿的进食特点，妈妈要有耐心，而且吃奶时要给宝宝一个休息时间：吃1分钟后，让宝宝停下来休息一下，等10秒钟后再继续喂食，这样可减少吐奶的发生。

早产儿护理要点

1. 早产儿室：条件应与足月儿室分开，除满足足月儿室条件外，还应配备宝宝培养箱、远红外保暖床、微量输液泵、吸引器和复苏囊等设备。工作人员相对固定，为加强早产儿的护理管理，最好开展系统化整体护理。

2. 温度湿度：早产儿存在着某些器官的障碍或缺陷，不能很好地适应正常的生活环境。早产儿皮下脂肪少，体温中枢发育不完善，对环境温度的变化敏感，容易随环境温度变化而变化，而宝宝自身又不能有效地调节体温，因此护理中对温、湿度的要求就显得很重要。但保温并不等于把宝宝如竹笋般层层包裹，在家庭护理中，室内温度要保持在 24 ~ 28℃，室内相对湿度在 55% ~ 65%，如果室内温度达不到，可以考虑用暖水袋给宝宝保温。宝宝体温应保持在 36 ~ 37℃，上、下午各测量体温 1 次，当最高体温与最低体温相差超过 1℃时，应采取相应的措施以保证体温的稳定。若体重达到 3000 克以上，每次吃奶达 100 毫升时，可与正常新生宝宝一样洗澡。但在寒冷季节，要注意洗澡时的室内温度和水温度。

3. 维持有效呼吸：早产儿易发生缺氧和呼吸暂停。有缺氧症状者给予氧气吸入，吸入氧浓度及时间根据缺氧程度及用氧方法而定，若持续吸氧最好不超过 3 天，或在血气监测下指导用氧，预防氧疗并发症。呼吸暂停者给予弹足底、托背、吸氧处理，条件允许放置水囊床垫，利用水振动减少呼吸暂停发生。

4. 防止感染：除专门照看宝宝的人外，最好不要让其他人走进早产儿的房间，更不要把宝宝抱给外来的亲戚邻居看。专门照看宝宝的人，在给宝宝喂奶或做其他事情时，要换上干净清洁的衣服，洗净双手。

5. 保持舒适体位：早产儿的头部应该偏向一侧，使他口中的黏液外流，避免黏液或呕吐物吸入气管引起窒息。胃食管反流的早产儿最好采取俯卧位，以促进胃排空，缩短乳汁在胃内停留的时间，减少腹胀。早产儿采用俯卧位睡眠时，更有助于睡眠状态的延长、身体活动的减少，哭泣时间的缩短，但俯卧位容易引起窒息缺氧，这时必须拿去枕头，让宝宝的头侧向一边，最好有人在一旁监护。舒适的体位能促进早产儿自我安抚和自我行为控制，有利于早产儿神经行为的发展。用毛巾或床单制作早产儿的卧具，使宝宝的脚能触及衣物，手能触及毛巾和床单，能感觉毛巾和床单的边际，有安全感。

6. 抚触按摩：早产宝宝不仅生长发育落后于正常宝宝，心理和智力上的发育也会在起跑线上落后。对宝宝进行良好的情感抚慰和心理引导，宝宝的先天不足是可以通过后天的努力来弥补的。抚触是宝宝非常需要的亲密接触，有助于调节其神经、内分泌及免疫系统，增加迷走神经的紧张性，促使胃泌素、胰岛素分泌增加，同时减少宝宝的焦虑情绪，增加睡眠时间和奶量。抚触可以减少宝宝哭闹，使宝宝更好地睡眠。而腹部的按摩，可以使宝宝的消化吸收功能增强。抚触给宝宝带来的触觉上的刺激会在宝宝大脑形成一种反射，这时宝宝的眼睛、手脚跟着活动起来，当这种脑细胞之间的联系和活动较多时，就促进了宝宝智力的发育。

7. 有下列情况时，应及时与医生联系：体温下降到35℃以下，或上升到38℃以上，采取相应的升温或降温措施后，仍没有效果者；咳嗽、吐白沫、呼吸急促时；吃奶骤减，脸色蜡黄，哭声很弱时；突然发生腹胀时；发生痉挛、抽搐时。在护理早产儿时，千万不要急躁，要精心，多观察宝宝变化，但不要过分紧张，要科学调理，要有信心，宝宝一定会健康成长的。实践证明，2岁前是弥补先天不足的宝贵时间，只要科学地喂养，在两周岁以前早产儿的体质赶上正常儿是完全可能的。这样的早产儿，体力、智力都不会比正常儿差。

早产儿身体检查

1. 听力检查：在宝宝出院前，医院应对早产宝宝进行第一次听力筛查，妈妈一定要向医生询问结果。如果筛查没有通过，应根据医生的安排进行复查。如果已通过筛查，爸爸妈妈也应注意宝宝对声音的反应。存在任何疑虑，都应进行再次听力筛查或诊断性评估。再次筛查或诊断性评估应在耳鼻喉科进行。

2. 视力检查：早产宝宝视网膜血管发育往往不成熟，这种情况称为"早产儿视网膜病"，是导致婴幼儿视力损伤和失明的重要原因。对于在孕34周以下出生，出生体重小于1500克或出生后有吸氧史的早产宝宝，在生后4～6周应进行"早产儿视网膜病"筛查。发现问题及时治疗，可避免或减轻宝宝日后视力异常的出现或程度。

3. 脑部检查：早产宝宝出生后脑发育过程中也会存在各种异常情况，定期请具有指导宝宝生长发育经验的医生检查，如发现问题，及时进行早期治疗和纠正。只要宝宝在出生后1个月内不存在脑出血、不存在先天性脑发育异常等遗传或严重损伤性脑病，定期接受医生的指导后，宝宝的行为发育与正常宝宝间不应有明显差异。

早产儿体能锻炼

早产儿的体格训练也应该遵循小儿动作发育的规律：如动作发育是由上而下的，先学会抬头后抬胸，先学会坐、再学会站和走；肢体活动也是由近到远，如先抬肩、伸臂，再双手握物而至手指取物；行为也是由不协调到协调、由泛化到集中的；动作由粗糙到精细，先发展抬头、坐、站、走等大动作后才有手指摘物、脚尖走路等细动作；先有正面动作后再会反面动作；如先学会抓东西才能会放下东西，先学会向前走后才会向后退，最后再协调平衡全身所有的动作。

　　早产儿的体格训练还要参照矫正月龄，尽管有许多理由给予宝宝更多的训练，但还是应该根据早产儿的不同年龄，不同的发育情况，选择合适于自己宝宝的运动。如当宝宝到了矫正 8 个月的月龄但还不能支撑身体时，就不能强迫他去爬行。早产儿体能训练的方法一般有以下几类：

　　1. 宝宝体操：体操是促进宝宝动作发展的一种好方法。主要是通过一些被动和主动的活动，使宝宝身体各部位灵活起来，以帮助和促进宝宝运动能力的发展。家长可以先用手辅助宝宝的四肢，进行伸直、弯曲、向上、向下的运动。

　　2. 爬行训练：不会走或行走姿势异常的宝宝要从爬行开始训练，爬行是行走的基础，爬行训练有斜板爬、俯爬、障碍爬、膝手爬等。通过四肢及头部、手掌、脚掌、小腿内侧的活动，促进其正确运动的出现，纠正错误的运动姿势并改善其感知觉，这是治疗早产儿运动发育迟缓及运动障碍症的主要方法。在宝宝发育过程中爬行是一项能够促进智力及体格发育的好运动，爬行可使全身肌肉得到锻炼，爬行有利于宝宝脑损伤的康复。

　　3. 体育锻炼：当宝宝能独立行走时，可以指导宝宝做一些力所能及的体育运动，如体操、散步、爬山，然后可以增加一些有技巧的运动，如跳绳、拍球等。

　　4. 生活能力的训练：当宝宝有了一定的行为能力时，可以训练宝宝一些生活自理能力，如训练宝宝吃饭、穿衣、拿东西、放东西、游戏等，这不仅是运动，也是智力开发，动手对大脑有好处。不要认为宝宝不能做，应该相信他一定会做到。

　　总之，对早产宝宝进行体能训练不仅能促进早产儿的生长发育，增加其肢体灵活性，还可以促进其智力发育。

新生儿护理常见问题

吐奶

　　吐奶分为病理性呕吐和生理性溢奶两种，多数宝宝属于正常的溢奶，是新生儿特有的正常现象。溢奶多发生在喂奶过后，新生儿会吐出一两口奶，特点是吐出的奶量较少，而且宝宝没有任何不适表现。而病理性呕吐则表现为吐奶量较多，而且宝宝表现出痛苦、焦躁的表情，这就表示可能出现了某些胃肠道疾病，以及时就医治疗。

防止宝宝溢奶，每次喂奶适可而止，一次不能喂得过多，可以分开多次喂；在每次喂奶时不要太急、太快，中间应暂停片刻，以便宝宝的呼吸更顺畅；每次喂奶中及喂奶后，让宝宝竖直趴在大人肩上，轻拍宝宝背部，帮助宝宝将吞入胃中的空气排出，以减少胃的压力；如果妈妈奶水太冲的话，在喂奶时要控制好奶量，防止宝宝呛着；使用奶瓶的话奶嘴开口不能过大；喂食过后尽量让宝宝右侧卧，也可以将宝宝的上半身垫高一些，这样胃中的食物不易流出；另外在喂食之后，不要让宝宝有激动的情绪，也不要随意摇动或晃动宝宝。

宝宝含住奶头的正确位置

当宝宝吮吸乳头时，妈妈应该可以看到他的下巴和耳朵在动，并听到吞咽的声音。如果宝宝发出很响的声音或者脸颊凑得太近，则表明他没能正确地含住乳头。

1. 把宝宝抱到身前，让他的肚子正对着妈妈，鼻子对着乳头。让宝宝保持较舒服的姿势，头、肩和后背成一条直线。用手指托起乳房，注意不要接触到乳晕。宝宝会自动张开嘴凑近乳头。如果他没有这样做，用乳头贴近宝宝的下嘴唇。

2. 当宝宝嘴张得很大时，轻轻地搂住他的肩膀往妈妈身上靠，以便让宝宝含住乳头，并且尽可能让他将更多的乳晕吸到口里。宝宝的齿龈应该合上，但不要接触到乳头。在喂奶时，如果连续数秒感到不适，可将手指弄湿，轻快地滑进宝宝嘴中以缓解吃奶时产生的吸力。妈妈还可以把宝宝暂时挪开然后再喂一次。

拒奶

新生儿拒绝吸奶，其中最常见的原因之一就是呼吸困难。如不能够通过他的鼻子呼吸的同时进行吞咽。这时就必须注意乳房是否盖住了他的鼻孔。宝宝不能正常呼吸的另一个原因，是因为他鼻塞或鼻子不通畅。请医生开一些滴鼻药，以便在每次哺乳前给他滴鼻，以畅通鼻道。宝宝拒绝吸吮乳房的原因还可能是烦躁不安。如果他醒来，很想吃奶，但却发现他不理不睬、烦躁不安或动来动去，那么也许宝宝是由于太累而不吸吮乳房。在这种情况下，应把他紧抱怀中，轻轻说话加以安慰，而不要试图授乳，直到他安静下来。

呼吸不匀

新生儿的鼻腔、咽、气管和支气管均较狭小，胸腔较小且呼吸肌肉较弱，主要靠膈肌呼吸。所以，新生儿呼吸时胸廓运动较浅，要观察腹部才可较明显地察觉到他们的呼吸运动。新生儿在平静呼吸时，每次吸入或呼出的气量（称潮气量）小，但他们代谢所需要氧气的量并不低，故只能通过加快呼吸来补偿每次吸入气量的不足。正常新生儿每分钟呼吸 35 ~ 45 次。新生儿的呼吸中枢欠健全，呼吸节律常常不规则，入睡时更为明显。虽然，正常新生儿的呼吸有深浅交替和速率快慢不等的现象，但不应有面色难看或发生青紫等现象。由于新生儿的通气道狭小，轻度炎症即可引起呼吸困难，即使发生鼻塞，也能使新生儿产生吸乳动作障碍。鉴于新生儿以腹式呼吸为主，因此，妈妈不要将小儿的腹部束缚过紧，以免妨碍呼吸。

早产儿的肺发育差，呼吸肌更薄弱，呼吸中枢不成熟，他们比足月儿更易患呼吸道疾病，这是家长要特别注意的。

如何给新生儿保暖

新生儿体温调节中枢发育不完善，皮下脂肪比成人薄，保温能力差，新生儿的体表面积相对较大，按体重计算的话，是成人的 3 倍，因此，新生儿身体散热的速度也快，比成人快 4 倍。完全靠新生儿自己来保持正常体温非常困难，必须采取一些措施来补救。除了控制新生儿的室温外，还可以借用衣服被褥的保暖作用。也可采取其他一些保暖措施。

在什么情况下需要保暖呢？在家中可以摸一下宝宝的手脚冷暖来粗略估计，如果小手暖而不出汗，说明不需另外再采取保暖措施了。如果热而出汗，说明体温升高，在 37.5 ℃以上。如果手脚发凉，体温可能低于

36℃，对新生儿就要采取措施了。新生儿体温过低，严重时可发生硬肿症，威胁新生儿的生命，必须予以处理。

在家庭中对新生儿保暖的方法很多，最简单的是给他们准备好适宜的衣服。因为新生儿身体与衣服之间的间隙的温度在 30 ~ 34℃ 之间最适宜，可防止身体散热，维持新生儿的体温。因此，新生儿的衣服过于宽松或太紧身，都不利于保持体温。有的家长喜欢给新生儿穿上几层衣服，如内衣、棉背心、几件毛线衣、棉袄，感觉是很暖和了，其实保暖效果不一定好。最好在内衣外面穿一件背心，再穿一件棉袄，保证身体与衣服之间有一定间隙，上面再盖上小棉被或毛毯就可以了。

如采取以上措施仍不能保持正常体温，可用热水袋、热水瓶进行保暖比较方便，热水袋中的水温不可太热，而且不可与新生儿的身体直接接触，以免烫伤，最好用布包好，放在距新生儿小脚丫 20 ~ 30 厘米处，经常更换热水袋中的水，以保持一定的温度。电热毯对成人来说是很好的保温方法，但不适用于新生儿，因电热毯的温度难以控制，往往会过热，而使新生儿体温升高，发生"脱水热"。另外新生儿的小便也多，万一弄湿电热毯，也是非常危险的。因此，最好不用电热毯来取暖。

怎样给宝宝测体温

刚出生的宝宝又娇嫩又脆弱，体温调节中枢发育还不完善，有时会有明显的体温变动，所以给新生儿测体温需要特别的方法。

腋下测温方法：解松宝宝衣服露出腋胸，把体温表水银端放在腋窝中央，将同侧手臂靠躯干挟紧体温表，将其固定，持续测温 5 分钟，所测得温度一般比口表所测略低。

颈部测温方法：即将体温表水银端横放于颈部皮肤皱褶处，调整头部位子，挟住固定体温表，至少测温 5 分钟，能测 10 分钟更好。颈部测温不易固定，受气温高低影响也较大，准确性比腋下测温更差。所测温度较低，比口表低 0.5 ~ 0.7℃，寒冷季节更低。

肛门内测温方法：先用酒精棉球消毒肛表水银端，再抹上少许食用油（煮沸后冷却），加以润滑，缓缓插入宝宝肛门约 3 厘米，持续测温 3 分钟，所测体温正常值为 37.5℃ 左右，冬季体温不足的新生儿肛表体温可在 36℃ 左右。

家长注意的是新生儿由于体温调节功能差，患病时不一定发热，所以体温正常，不一定表示宝宝没有病，有异常表现，如无故哭闹，不吃不哭，呕吐腹泻，脸色苍白、发青等，应及时去看医生。

宝宝衣物的洗涤

宝宝的衣服买回来要洗涤

新购买的宝宝衣物一定要先清洗，因为为了让衣服看来更鲜艳漂亮，衣服制造的过程，可能会加入苯或荧光制剂，却也因此对宝宝的健康产生威胁，尤其正值口腔期的小宝宝，什么东西都想放进嘴巴咬，一旦碰到有添加剂的衣物，可是会出问题的。建议家长不要为了贪小便宜而选购便宜的衣物，尽量挑选有品牌的衣服较有保障，且如果是购买品牌出清的衣服，虽然没问题，但大部分都是压箱货，让宝宝穿上前还是要先洗过。

成人与宝宝的衣服分开洗

要将宝宝的衣物和成人的衣物分开洗，避免交叉感染。因为成人活动范围广，衣物上的细菌也更"百花齐放"，同时洗涤细菌会传染到宝宝衣服上。这些细菌可能对大人无所谓，但婴幼儿皮肤只有成人皮肤厚度的1/10，皮肤表层稚嫩，抵抗力差，稍不注意就会引发宝宝的皮肤问题，宝宝的内衣最好用专门的盆单独手洗。

用洗衣液清洁宝宝衣物

宝宝的贴身衣物直接接触宝宝娇嫩的皮肤，而洗衣粉等对宝宝而言碱性较大，不适于用来洗涤宝宝的衣物。而洗衣粉很容易残留化学物，用洗衣粉洗涤过的婴幼儿衣物会使婴幼儿瘙痒不安，这是由于洗衣粉含有磷、苯、铅等多种对人体有害的物质，长时间穿着留有这些有害物的衣物会使宝宝皮肤粗糙、发痒，甚至是接触性皮炎、宝宝尿布疹等疾病。并且这些残留化学物还会损坏衣物纤维，使宝宝柔软的衣物变硬。因此，宝宝衣物清洗忌用洗衣粉。

目前，国外普遍使用洗衣液代替洗衣粉来清洗宝宝衣物，因为使用洗衣液不仅能彻底清洁污渍而无残留，并且能减少衣物纤维的损害，从而保持宝宝衣物柔软。而妈妈在选购洗衣液时，应选择一些有信誉的品牌。

漂白剂要慎用

借助漂白剂使衣服显得干净的办法并不可取，因为它对宝宝皮肤极易产生刺激；漂白剂进入人体后，能和人体中的蛋白质迅速结合，不易排出体外。清洗宝宝衣物时不适合使用漂白剂，有些清洁剂含有磷化合物，不容易分解，会造成河川污染；有的漂白剂则有荧光剂附着，难以去除，长期接触皮肤会引起不舒服，甚至是起疹子、发痒等现象。

要洗的不仅是表层污垢

洗净污渍，只是完成了洗涤程序的1/3，而接下来的漂洗绝对是重头戏，要用清水反复过水洗两三遍，直到水清为止。否则，残留在衣物上的洗涤剂或肥皂对宝宝的危害，绝不亚于衣物上的污垢。

清理污垢要在第一时间

宝宝的衣服沾上奶渍、果汁、菜汁、巧克力是常有的事。洒上了马上就洗，是保持衣物干净如初的有效方法；如果等一两天，脏物深入纤维，花上几倍的力气也难洗干净。另外，也可以把衣服用苏打水浸一段时间后，再用手搓，效果也不错。

阳光是最好的消毒剂

阳光是天然的杀菌消毒剂、没有副作用，还不用经济投入。因此，享受阳光，衣物也不例外，宝宝衣服清洗后，可以放在阳光下晒一晒。衣物最佳的晾晒时间为早上十点到下午三点，如果连日阴雨，可将衣物晾到快干时，再拿去热烘十分钟。天气不好时，晾过的衣服摸起来会凉凉的，建议在穿之前用吹风机吹一下，让衣服更为干爽，不过这样的效果不比直接用阳光曝晒杀菌的方式好，假若天气许可，仍以自然晾晒为第一考量。所以要将宝宝衣物晾在通风，且要是阳光可照射得到的地方。另外，提醒爸爸妈妈，晾晒宝宝衣物之处，尽量不要有大人走来走去，否则身上的油污、灰尘，很可能在此过程中附着在宝宝的衣物上。

啼哭的原因

哭对于宝宝既是一种生理需要，也是情感和愿望的表达形式。哭是一种深呼吸运动，可以使新生儿的肺逐渐地全部膨胀开来，增大肺活量，促进新陈代谢。哭又是一种全身的强烈运动，有利于宝宝的生长发育。

哭也是宝宝传递信息的方式，对宝宝的生存十分重要。对一个哭叫的宝宝绝不能置之不理、随他去哭。

宝宝啼哭的原因很多，必须进行分析，有心的父母应仔细观察分辨，迅速熟悉宝宝哭声发出的种种信号。

饥饿

饥饿是普遍的原因。宝宝一哭，首先要检查的就是他是否饿了。如果不是，再找其他原因。

寻求保护

宝宝哭啼只是想要你把他抱起来，这种寻求保护的需要对宝宝来说，几乎跟吃奶一样，都是必不可少的。妈妈应尽量满足宝宝的这种需要，给他一种安全感。

不舒服

太热、太冷或太湿都会使宝宝哭啼。妈妈可用手摸摸宝宝的腹部，如果发凉，说明他觉得冷，应给他加盖一条温暖的毛毯或被子。如果气温很高，宝宝看上去面色发红，烦躁不安，则可能是太热了，可以给宝宝轻扇扇子，或用温水洗个澡。尿布湿了，宝宝会觉得不舒服而哭啼，因此不要忘了勤给宝宝换尿布。

消化不良和腹绞痛

宝宝因腹痛而哭啼，多与饮食有关。例如，奶粉调配不当引起胃肠不适等；发生腹部绞痛时，宝宝通常会提起腿，腹部绷紧、发硬。宝宝因消化不良而哭闹时，可试着喂些热水，或轻轻按摩腹部。人工喂养儿要注意调整一下奶粉的配方。

感情发泄

跟成人一样，宝宝也需要发泄情感，一般是以哭的方式进行。有的宝宝哭的次数比较频繁，而且要很长时间才能平息下来。这种宝宝大多比较活泼好动，很可能是用哭叫来释放多余的能量。宝宝通常在晚上烦躁易哭，在他烦躁之时，可试着给他洗个澡，做做按摩，或者抱他出去散散步。

生病

宝宝生病时，会用哭声来表达他的痛苦。阵发性啼哭往往是胃肠道疾病所致的阵发性腹痛的信号，如腹泻、肠胀气、肠套叠等疾病；持续性啼哭不停多半是发热、头痛或其他病痛引起的；高声尖叫样的啼哭大多与脑部疾病有关；而低声呻吟的啼哭是疾病严重的信号，切记不可忽视。

此外，蚊虫叮咬，宝宝睡床上的异物，甚至母亲紧张、烦躁的情绪，都会引起宝宝啼哭。

安抚哭闹的新生儿

没有哪种安抚方法能适合所有的宝宝。想知道哪些方法可以使宝宝迅速平静下来，需要一个实践的过程，而且也没有哪种方法每次都能灵验。

把宝宝抱紧

身体上的接触具有镇静的作用，特别是在你把赤裸的宝宝放到自己裸露的肌肤上时。试着保持房间昏暗而温暖，把其他刺激因素拒之门外。你会发现，改变抱宝宝的姿势也具有镇静作用——试试直立的抱姿或者"治腹痛"的抱姿。

多摇晃宝宝

许多宝宝都喜欢被来回摇晃——这正是他们在妈妈肚子里时便已经习惯的运动形式。研究发现，家长们会下意识地以接近心脏跳动的频率轻柔地摇晃自己的宝宝。如果轻缓的摇晃不能奏效，可以将摇晃速度稍微提高一些——通常每分钟摇晃约 60 次比较合适。把宝宝放在宝宝车中摇晃也有安慰作用，或者你还可以用抱带抱起宝宝，四处走动。

跳舞

如果宝宝显得激动不安，给他播放一些音乐，或者把宝宝抱到怀里，一边唱歌一边有节奏地跳舞，这些都能起到安慰的作用。当啼哭有所平息时，可以逐渐放慢步子。

让宝宝吮吸某物

有些宝宝非常爱做吮吸的动作，喜欢长时间地吮吸以获得满足感。如果没有进行母乳喂养——或者虽然用母乳喂养但在宝宝不需要喂奶时，你可以用自己干净的小手指来充当橡皮奶嘴。橡皮奶嘴也有抚慰的作用。或者你还可以试着引导宝宝将他自己的手指放到嘴里吮吸。

保持身体温暖

宝宝在感到温暖舒适时，能够更快地平静下来。让房间保持舒适的温度，给宝宝盖上毯子，或者可以把他包在褪褓中。

宝宝不住啼哭时，即使你已经感到无计可施，也万万不可急躁地用力摇动宝宝：一时的冲动可能会造成严重后果，甚至可能会有致命的危险。在你感觉自己有想要摇动宝宝或以其他方式虐待宝宝的冲动时，找一个安全的地方把宝宝放下来，然后走出房间，自己做做深呼吸，冷静下来。如果可以，打电话叫其他人过来帮忙照顾宝宝，让自己休息一会儿。

鼻塞

鼻塞不一定就是感冒了，这一条规则特别针对新生儿。新生儿的鼻腔发育尚未成熟，鼻腔比较短小，鼻黏膜内血管丰富。当接触到忽冷忽热的空气或是遭到病原体侵犯后，都可能会导致鼻腔内分泌物明显增加、鼻黏膜充血肿胀，从而引起鼻塞，这些鼻塞的情况是由于生理结构引起的，不是病。出现鼻塞时，宝宝由于鼻子不通气，常常有流鼻涕、哭闹和烦躁不安的现象，严重时还会张开嘴呼吸，并影响到正常吃奶。

家长平时就要注意做好宝宝的鼻腔护理。如果宝宝是由于是因感冒等情况导致鼻黏膜水肿引起的鼻塞，可以用湿毛巾热敷宝宝的鼻根部，就可以有效缓解鼻塞；如果发现宝宝有鼻涕的话，可以用柔软的毛巾或纱布沾湿捻成布捻后，轻轻放入宝宝的鼻道，再向反方向慢慢边转动边向外抽出，把鼻涕带出鼻道。

注意的是，如果宝宝的鼻涕很多、颜色澄清，或干结后的鼻屎堵住鼻孔，宝宝只能不停地用嘴呼吸，这就可能是伤风感冒了；但如果流出的鼻涕有臭味、带血丝，鼻子肿胀，有可能是鼻子内有异物，家长应注意区别对待：

如果是由于鼻腔分泌物造成的阻塞，可以用小棉棒将分泌物轻轻地卷拨出来。如果分泌物比较干燥的话，要先涂些软膏或眼药膏，使其变得松软和不再粘固在黏膜上时，再用棉棒将其拨出；或是用棉花毛刺激鼻黏膜，让宝宝打喷嚏，这样宝宝鼻腔里的分泌物就会自动排出了。注意动作要轻，不要损伤宝宝的鼻黏膜，以免引起鼻出血。

如果看到宝宝鼻子里有鼻痂时，可以先用手指轻轻揉挤两侧鼻翼，等到鼻痂稍为松脱后再用干净的棉签卷出来。如果鼻痂不容易松脱的话，可以先向鼻腔里滴一滴生理盐水或凉开水，等到鼻痂变得润湿以后，就比较容易松脱了。

如果上述方法均无效，鼻塞又严重影响了宝宝的呼吸，甚至宝宝面部发生青紫时，可用筷子或小勺的把横放在宝宝的口里，使口唇不能闭合，通过经口呼吸解除缺氧症状。经口呼吸不是新生儿的正常状况，只是在新生儿缺氧时的暂时解决办法，遇到此种情况时应该及时到医院就诊，因为宝宝若长时间闭塞，且无法缓解的话，就有可能是患上新生儿腺样体肥大或其他疾病的征兆。

红屁股

新生儿的皮肤娇嫩，有的宝宝小屁股上可能会出现一些红色的小丘疹，变成了"红屁股"。"红屁股"也叫臀红，是新生儿常见的一种问题。红屁股主要是与尿布接触部分的皮肤发生边缘清楚的鲜红色红斑，呈片状分布，加上新生儿皮肤柔嫩，很容易发生臀红，局部皮肤可出现红色小丘疹，严重时皮肤糜烂破溃，脱皮流水。如有细菌感染可产生脓包，更严重的可蔓延到会阴及大腿内外侧。

新生儿臀红主要是由于大小便后不及时更换尿布、尿布未洗净、对一次性纸尿裤过敏或长期使用塑料布致使尿液不能蒸发，宝宝臀部处于湿热状态，尿中尿素氮被大便中的细菌分解而产生氨，刺激皮肤所造成的。

臀红的防治需要注意以下几点：

保持臀部的干燥

如果发现宝宝尿湿了，要及时更换尿布。尿布要用细软、吸水性强的旧棉布或棉织品，外面不能包裹塑料布。如果要防止尿布浸湿被褥，可以再尿布下面垫个小棉垫或小布垫。如果是炎热的夏天的话，可以将臀部完全裸露，使宝宝的臀部经常保持干燥状态。

注意尿布的卫生

要注意尿布的清洁卫生。换下来的尿布一定要清洗干净。如尿布上有污物时，要用碱性小的肥皂或洗衣粉清洗，然后要用清水多洗几遍，要将碱性痕迹完全去掉，否则会刺激臀部皮肤。清洗后的尿布要用开水烫过、拧干后放到阳光下晒干。

大便后清洁臀部

在宝宝每次大便后，都要用清水洗净臀部，保持局部的清洁。

如出现臀红的话，不要用热水和肥皂清洗。如果用热水和肥皂清洗的话会使宝宝臀部的皮肤受到新的刺激而更红。

臀红的治疗

可以在换尿布时，在患处涂上鞣酸软膏或消过毒的植物油。如果出现糜烂的话，应将宝宝伏卧，用普通的 40 瓦灯泡距离 30 ~ 50 厘米照射30 ~ 60 分钟，促进局部干燥。另外在照射时需要有专人守护，避免烫伤。

臀红的治疗，局部可涂鞣酸软膏；如皮肤破溃流水，可涂氧化锌油，以帮助吸收并促进上皮生长。只要在治疗的同时注意护理好臀部的皮肤，臀红很快就会好转。新生儿臀部皮肤长期受潮湿刺激所致，因为尿布冲洗不净，留有残皂或因腹泻粪便刺激引起；外力或尿布粗硬，宝宝臀部皮肤受损，在潮湿刺激环境下更容易发生红臀。

脐部出血

肚脐出血是指脐带在 4 ~ 5 天脱落后，本已干燥了的肚脐经过数天后又时而渗出水分，时而在覆盖肚脐的纱布上渗了血迹的现象，即为新生儿脐部出血。

新生儿脐带脱落并不意味着肚脐已经长好，事实上从脐带脱落到完全长好还需要一段时间，时间的长短因人而异，时间较长可能需要 1 个多月。当新生儿的脐带结扎、切断、脱落以后，就会造成脐残端血管闭塞。但这时脐带内的血管仅为功能上的关闭，其实仍然还存在一个潜在的通道。一旦宝宝的腹压升高，就会有出血的可能。如果宝宝在这时用力咳嗽、哭闹的话，升高的腹内压会使本来闭塞的脐残端血管稍微张开，继而出现少许咖啡色或鲜红色的血迹。

新生儿脐部出血是一种正常的现象，家长只要先用 75% 的酒精轻轻地擦去脐部的血迹，然后再用消毒纱布包扎好即可，一般几天后就可痊愈。不必使用止血药，也不能用未消毒的水或布条来擦洗或填塞肚脐眼来止血，要注意保持局部清洁卫生，以免造成脐部感染。

脐肉芽肿也是造成肚脐出血的一个原因。脐肉芽肿是指由于断脐后未愈合的伤口受异物的刺激形成的小肉芽肿，表现为脐部有樱红色似米粒至黄豆大小的肿物，其中有脓血性的分泌物。对于这种脐肉芽肿，可以去医院用 10% 的硝酸盐腐蚀或用消毒剪剪除过多的肉芽组织，同时还必须注意局部的清洁卫生。大部分患儿经处理后会很快地痊愈。

此外，如果脐茸护理不好的话，也会造成出血。脐茸位于肚脐中央，实际上是脐部黏膜的残留物，它的外观看上去很像一块粉红的肉。脐茸的分泌物较多，如果在护理时不注意碰触的话，就会出现少量的血性分泌物。因此，对于新生儿的脐茸应去医院请医生处理，最好不要自己在家处理。

黄疸不消退

新生儿黄疸是指新生儿时期，由于胆红素代谢异常引起血中胆红素水平升高而出现于皮肤、黏膜及巩膜黄疸为特征的病症，有生理性和病理性之分。生理性黄疸多发在脸部和前胸，一般在出生后 2 ~ 3 天出现，4 ~ 6 天达到高峰，7 ~ 10 天消退，早产儿持续时间会稍微长些。发生新生儿黄疸的宝宝除了偶尔会有轻微食欲不振之外，没有其他不适症状表现。而且，新生儿黄疸不会对足月健康的宝宝造成健康危害，所以家长们尽可放心。新生儿的黄疸现象可以根据时间长短来采取不同措施：

1. 如果宝宝在出生后不到 24 小时即出现黄疸，或是 2 ~ 3 周后仍然不退，甚至还有继续加深加重的趋势，再或者是黄疸消退后重复出现以及出生后至数周内才开始出现黄疸，则为病理性黄疸，需要及时请医生治疗。

2. 如果宝宝在出生半个月后仍有黄疸不退的话，家长也不必立即去医院检查看宝宝是否出现胆管堵塞或是肝脏有异，因为很多生理性黄疸也会持续到 1 个半月左右。当发生这种情况是，家长可以再耐心地等待一段时间，并注意观察自己的宝宝。只要宝宝吃奶很好、大声啼哭、不发热、大便没有变白、体重仍在增加的话，就没有必要担心，照常喂养就好了。

3. 宝宝如果到了满月黄疸仍不消退，大多数都是母乳性黄疸，但要排除是否有溶血、肝炎、胆道闭锁、其他地方的感染引起。可以先试停母乳 3 天，观察看黄疸能否减轻或是退下来。如果黄疸依旧如常的话，建议最好到检查血胆红素、肝功、母婴血型，以便明确黄疸的种类，并积极对症治疗。

耳后湿疹

刚刚出生的宝宝皮肤很薄，非常敏感，特别是耳后的皮肤。这个时候的宝宝往往都是仰卧位睡眠，这就会造成耳后的透气性较差，加上宝宝所处的室内环境温度稍高，因此宝宝就很可能会出汗，造成耳后潮湿。如果宝宝溢乳的话，流出的奶水也会顺势流到耳后，这些情况都有可能造成新生儿耳后湿疹。

新生儿的耳后湿疹比较顽固，但只要注意睡眠姿势，解决掉室温、溢乳等诱因的话，新生儿的耳后湿疹还是比较容易治好的。

此外，还要特别注意新生儿耳背后面的干燥清洁，同时注意不要给宝宝穿太多的衣服。有的时候，新生儿的耳后会发生皲裂，如果妈妈没有细心检查发现的话，这些皲裂的位置就可能会引发湿疹，所以妈妈一定要做好宝宝的护理工作，注意每天的全面清洁，洗澡只用清水，洗完澡后一定要特别注意擦干耳后的水。当发现宝宝有耳后皲裂情况时，可以涂抹一些食用植物油或紫药水，如果发生了耳后湿疹，可以涂抹宝宝专用的湿疹膏。

判断新生儿是否吃饱

宝宝吃饱没有，自己不会说，需要妈妈学会判断：

计算宝宝吃奶的时间

计算宝宝吃奶的时间就可以大体估计出他吃饱没有。一般宝宝吃奶时，吮吸 2 ~ 3 口就会吞咽 1 次，如果吞咽时间累积超过 10 分钟，一般都可以吃饱。注意：这里指的是吞咽时间，而不是吮吸或含乳时间。

观察宝宝的精神状态

观察宝宝的精神状态也能看出吃饱没有。吃饱后，宝宝的精神状态较好，会表现出满足、愉悦的表情，睡眠时间比较长。

观察宝宝的大便

观察宝宝的大便也可以看出他吃饱没有。正常的大便是金黄色或淡黄色，如果吃不饱大便会呈现出绿色。如果同时伴有小便次数较少，少于每天 10 次，量也较少，就很有可能是没吃饱。

第三章

1~12 个月宝宝

宝宝满月了，此时爸爸妈妈和宝宝也慢慢相互了解了，宝宝也渐渐适应了新的生活。在此后的一年里，他的成长速度会让爸爸妈妈觉得非常吃惊，每一天、每一周，都会有不同的变化，宝宝的"本事"越来越多。对于初为父母的爸爸妈妈来说，将要面临的问题会更多、更新鲜。本章主要从营养需求、如何喂养、如何进行能力发展训练、日常护理应该注意哪些问题、家庭环境的支持和潜能开发游戏等方面，详细介绍了 1~12 个月的宝宝养育方法，可以为年轻的爸爸妈妈照顾宝宝提供指导。

1～2个月

这个月的宝宝

宝宝满月了！这时候的宝宝多数皮肤变得光亮白嫩，弹性增加，皮下脂肪增厚，胎毛、胎脂减少，头形滚圆，更加招人喜爱了。

体重

男宝宝体重正常范围是 3.84～6.36 千克，平均为 5.1 千克，女宝宝体重正常范围是 3.67～5.92 千克，平均为 4.8 千克。这个月宝宝的体重增长很快，平均每周可增长 200～300 克，整个月平均可增 500～1000 克。人工喂养的宝宝甚至有可能增加 1500 克或是更高。但宝宝体重增长的个体差异很大，有的宝宝在这个月增长明显，也有的宝宝可能到下个月才表现出较快的增长趋势。因此，如果宝宝在这个月并没有表现出较大幅度的增长，家长不必担心，只要不是疾病因素所致，那有可能在下一个月会出现"补长"的现象。

身高

男宝宝身高正常范围是 52.3～61.5 厘米，平均为 56.9 厘米，女宝宝身高正常范围为是 51.7～60.5 厘米，平均为 56.1 厘米。这个月宝宝的身高增长是很快的，平均可增长 3.0～4.0 厘米，并且这时身高的增长不受遗传影响。

头围

男宝宝在本月的头围平均为 38.1 厘米左右，女宝宝头围平均为 37.4 厘米左右。宝宝在前 6 个月的头围平均每个月增长 2.0 厘米，但实际上这种增长并不一定都是平均的，只要头围是在逐渐增长，家长就不必担心。

胸围

男宝宝的平均胸围为 37.3 厘米左右，女宝宝的平均胸围为 36.5 厘米左右，分别比刚出生时增加了 6.0～7.0 厘米。

前囟

这个月宝宝的前囟大小与新生儿期没有太大区别，对边连线是 1.5～2.0 厘米，每个宝宝前囟大小也存在着个体差异，只要是在 1.0～3.0 厘米之间就是正常的。

营养需求与喂养

营养需求

宝宝刚出满月，体重有 3.5 ～ 4.5 千克，其一天需要的热量是 1612 ～ 2072 千焦（385 ～ 495 千卡），即每千克体重需要 419 ～ 460 千焦（100 ～ 110 千卡）热量，如果每日摄取的热量超过 502 千焦（120 千卡），宝宝就有可能发胖。反之，宝宝就会偏瘦。

母乳喂养时，可以通过每周测量体重来判断宝宝每天吃了多少母乳。如果每周体重增长都超过 200 克以上，就有可能是摄入热量过多。如果每周体重增长低于 100 克，有可能是摄入热量不足。

这个月的宝宝不需要添加辅助食品。如果母乳不足，可添加配方奶，不需要补充任何营养品。

母乳喂养

母乳喂养的原则为按需喂养。到了第 2 个月，宝宝吃奶的动作已经熟练了，吮吸的力量增强了，基本可以一次完成吃奶，比较上个月，吃奶间隔时间也会有所延长。母乳充足时，每 3 小时左右喂奶一次，一天喂 7 次，上午 6、9、12 点，下午 3、6、9 点，夜间 12 点。因为每个宝宝的情况不同，每天具体要喂几次，要根据宝宝的反应，这个月的宝宝比新生儿更加知道饱饿，吃不饱就不会满意地入睡，即使睡着了，也很快会醒来要吃奶。

这个月的宝宝晚上吃奶的次数也会减少，有的宝宝会出现整个晚上不需要喂奶，但这只是特例。大部分宝宝能睡整个后半夜不用喂奶，但也有个别的宝宝还要喂三四次。这时妈妈可以试着后半夜停一次奶，如果停不了的话就把每天喂奶时间向后延长，从几分钟慢慢延长到几个小时，要循序渐进，不能急于求成一下给宝宝掐断一顿奶。

人工喂养

这个月的宝宝在人工喂养时，可以喂全奶了（"全奶"是指一平勺配方奶粉加 4 勺的水，奶粉恰好溶解成全奶），不再需要稀释。每次喂奶量在 80 ～ 120 毫升之间。每个宝宝都有个体差异，不能完全生搬硬套，食量少的宝宝不吃到标准量也可以，食量大的宝宝可以吃到 150 毫升，但最好不要超过 150 毫升。如果宝宝喝了 150 毫升后，还是哭闹，可在 30 毫升左右的温水中加入一些白糖喂给宝宝。

人工喂养的宝宝不一定比母乳喂养的宝宝身体差。喂养的宝宝，如果每天大便 3 ～ 4 次，只要精神好的话就不用担心。但在宝宝一个月后，就要预防佝偻病的发生，除了常抱宝宝到室外晒太阳外，应每天给宝宝加 40

微克维生素 D，即浓缩鱼肝油滴剂，每天 3 次，每次 2 滴。还可以给宝宝增加一些新鲜果汁，以补充配方奶中缺乏的维生素 C。

冲奶粉用什么水好

目前符合饮用水标准的水大致分为矿泉水、纯净水、自来水。矿泉水是指符合自来水标准，水质中的锶、锂、锌、硒、溴、偏硅酸中至少有一值符合自来水的标准，且在可使用范围。如果长期饮用某种矿泉水可能造成体内某种元素吸收过多而影响健康。纯净水是指经过物理方法除去水中的工业污染物、微生物及杂质，同时也除去可利用的各种常见元素和大部分微量元素后的水。如果长期饮用纯净水可能会干扰机体内环境的稳定。自来水是人类赖以生存的自然水，长期以来人体的结构和内环境的恒定机制与其建立了平衡。因此，自来水更适合长期饮用。使用自来水冲奶粉前，应将沸水再煮 3 分钟，以去除可致癌的氯化物和亚硝酸盐，当水降温至 60℃以下后，最适宜冲调奶粉。

混合喂养

混合喂养时，母乳少，宝宝吸吮困难。配方奶含有较多的糖分，加上奶嘴容易吸吮，宝宝吃起来省力，所以混合喂养的宝宝容易喜欢吃配方奶而放弃吃母乳。因为妈妈乳汁少，宝宝吃完没多长时间，就又要奶吃，会影响宝宝睡眠，妈妈也很疲劳，所以容易放弃母乳喂养。

无论怎样，妈妈一定要坚持母乳喂养，因为这个月的宝宝仍然是以母乳为最佳食物，母乳是吃得越空，分泌得越多。

另外，不能因为奶少，就憋着攒够宝宝一顿吃，因为母乳不能攒，如果奶憋了，就会减少乳汁的分泌，所以，如果有了就喂宝宝吃，慢慢地或许就够宝宝吃了。

催乳食谱

	原料	做法
花生大米粥	大米 200 克，生花生米 100 克	将花生捣烂后放入淘净的大米里煮粥即可，早晚食用，连服 3 天

续表

	原料	做法
木瓜带鱼汤	鲜带鱼段200克,木瓜200克,盐2克	1. 带鱼处理干净,去肠脏及鳞、腮;木瓜洗净,去皮核,切成块状 2. 锅置火上,加水适量,煎汤。加盐调味即可
猪蹄黄豆汤	猪蹄1只,黄豆60克,黄花菜30克,香油、盐各少许	猪蹄洗净,剁成碎块,与黄豆和黄花菜共煮烂;放入油、盐等调味即可
南瓜排骨汤	猪排骨500克,南瓜1000克,红豆50克,蜜枣、陈皮各5克,盐少许	1. 猪排骨洗净切块;老南瓜洗净切片;红豆、蜜枣洗净;陈皮浸软洗净 2. 原料放入汤锅内,加入适量清水;大火将汤烧开后;转用小火煮至汤浓,调入盐即可
奶汁鲫鱼汤	鲫鱼1~2尾,冬瓜10克,葱、姜、盐各少许	1. 鲫鱼洗净;葱姜改刀;冬瓜切小片 2. 锅中倒入适量冷水,放入鱼,大火烧开,加葱姜,改小火慢炖 3. 当汤汁颜色呈奶白色时,下入冬瓜并调味,稍煮即可
乌鱼丝瓜汤	乌鱼1条,丝瓜300克,盐、味精、香油、黄酒、姜各少许	1. 乌鱼处理干净,剁成块;丝瓜切段;姜切片。 2. 锅中入油烧热,放鱼块煎至微黄,倒入清水适量,放入姜片、盐、黄酒,用大火煮沸。 3. 用小火慢炖至七成熟,加丝瓜滚约1分钟,加味精、香油调味即可
乌鱼通草汤	乌鱼(又称黑鱼)1条,通草3克,葱、盐、料酒各少许	1. 乌鱼去鳞及内脏,洗净 2. 锅中倒入适量清水,放入乌鱼、通草、葱、盐和料酒,炖熟即可

妈妈暂时性奶水不足怎么办

有的妈妈会在产后 2～3 个月时突然感觉奶水减少了，乳房无奶，有胀感，喂奶后半小时左右宝宝就哭着要吃，宝宝体重增加不足。这往往是由于妈妈过度疲劳和紧张、每天喂奶次数较少、每次吸吮时间不够、宝宝需要量增多、母婴中有一方生病及妈妈月经恢复等原因造成的。

出现这种状况时，首先妈妈应保证足够的睡眠，减少紧张和焦虑，保持放松和精神舒畅；适当增加哺乳次数，可每 1～2 小时喂 1 次，吸吮次数越多，乳汁分泌量就越多；每次每侧乳房至少吸吮 10 分钟以上，两侧乳房均应吸吮并排空，这既利于泌乳，还可让宝宝吸到含较高脂肪的后奶。宝宝生病暂时不能吸吮时，应将奶挤出，用杯和汤匙喂宝宝，如果母亲生病不能喂奶时，应按给宝宝哺乳的频率挤奶，保证病愈后继续哺乳；月经期只是一贯性乳汁减少，经期可每天多喂 2 次奶，经期过后乳汁将恢复如前。

哺乳期安全用药

哺乳妈妈一定要注意安全用药，因为滥用药物不但会损伤自己的身体健康，也会对宝宝的健康产生非常严重的影响。无论是哪种药物，进入人体后会经过消化、吸收、分布、生物转化和排泄等过程，进入妈妈体内的药物，会通过血液进入乳腺，进而会在哺乳时影响到宝宝。因此，哺乳妈妈在哺乳期用药一定要谨慎。

临床研究表明，哺乳妈妈禁用的药物主要有：

1. 中药炒麦芽、花椒、芒硝等，西药左旋多巴、麦角新碱、雌激素、维生素 B_6、阿托品类和利尿药物，这些药能使妈妈退乳。

2. 青霉素族抗生素。包括青霉素、新青霉素 II、新青霉素 III，氨苄西林（氨苄青霉素）等各种青霉素。这类药很少进入乳汁，但在个别情况下可引起宝宝过敏反应，应予以注意。

3. 磺胺类药物，如复方新诺明、磺胺异恶唑、磺胺嘧啶、磺胺甲基异恶唑、磺胺林（磺胺甲氧吡嗪）、磺胺脒、丙磺舒、双嘧啶片、甲氧苄啶、琥珀磺胺噻唑等。这类药物属弱酸性，不易进入乳汁，对乳儿无明显的不良影响。但是，鉴于乳儿药物代谢酶系统发育不完善，肝脏解毒功能差，即使少量药物被吸收到宝宝体内，也能产生有害影响，导致血浆内游离胆红素增多，可使某些缺少葡萄糖 –6– 磷酸脱氢酶的乳幼儿发生溶血性贫血，所以，在哺乳期不宜长期、大量使用，尤其是长效磺胺制剂，更应该限制。

4. 异烟肼（雷米封）。对乳儿尚无肯定的不良作用，但由于抗结核需长期使用，为避免对乳儿产生不良影响，最好改用其他药物或停止哺乳。

5. 甲硝唑（灭滴灵）。为广谱抗厌氧药，对乳儿的损害尚未肯定，应慎用。

6. 氯霉素。乳儿，特别是新生儿，肝脏解毒功能尚未健全，若通过乳汁吸入氯霉素，容易发生乳儿中毒，抑制骨髓功能，引起白细胞减少甚至引起致命的灰婴综合征，应禁用。

7. 四环素和多西环素（强力霉素）。这两种药都是脂溶性药，易进入乳汁。特别四环素可使乳儿牙齿受损、珐琅质发育不全，引起永久性的牙齿发黄，并使乳幼儿出现黄疸，所以也应禁用。

8. 氨基比林及含氨基比林的药物。如索米痛片（去痛片）、撒烈痛片、阿尼利定（安痛定）等，能很快进入乳汁，应忌用。

9. 硫酸阿托品、硫酸庆大霉素、硫酸链霉素等药物在乳汁中浓度比较高，可使宝宝听力降低，应忌用。

10. 抗甲状腺药物甲硫氧嘧啶，可以由母及子而抑制乳儿的甲状腺功能，口服硫脲嘧啶，可导致乳儿甲状腺肿和颗粒性白细胞缺乏症。故应禁用。

11. 抗病毒药金刚烷胺，常有医生将它开给病人抗感冒。哺乳妈妈服此药后，可致乳儿呕吐、皮疹和尿潴留，禁用。

12 哺乳妈妈患了癌瘤，应停止哺乳，否则抗癌药随乳汁进入乳儿体内会引起骨髓受抑制，出现颗粒性白细胞减少。

13. 需用抗凝血药时，不能用肝素，以免引起新生儿凝血机制障碍，发生出血。以用双香豆素乙酯为宜。

14. 皮质激素类、黄体激素类、新生霉素和呋喃咀啶应禁用，否则使乳儿发生黄疸或加重黄疸、溶血等。

15. 哺乳女性应禁止过量饮酒和吸烟、大量饮水、喝啤酒，禁用利尿剂（如双氢氯噻嗪、速尿等）和作用猛烈的泻药。

16. 水杨酸类药物在产前服用，可使产妇的产程延长，产后出血增多，新生儿也发生出血。若在哺乳期服用，则可使哺乳宝宝出现黄疸。故应慎用。

17. 溴化物是通过血浆进入乳汁，哺乳期服用此药，宝宝可出现嗜睡状态，有的宝宝还出现皮疹。

18. 镇静药中如苯巴比妥、异戊巴比妥（阿米妥）等通过血浆乳汁屏障后，在宝宝肝脏有脑内浓度较高，长期用药时一旦停药，宝宝就可能出现停药反应，表现不安定、睡眠时有惊扰、过多啼哭及抖动等。安定也可通过乳汁，使宝宝嗜睡、吸水力下降，因宝宝排泄药物较慢，此种药物作用可持续一周之久。因此哺乳期女性不可服用镇静药。

19. 缓泻药应忌用。迄今还没发现服药后既不被吸收又能改变大便性状的理想药物，像较常用的鼠美李皮等缓泻药会转移到乳汁，使宝宝腹泻。

20. 口服避孕药可有 1.1% 的药量移向乳汁，但已失去避孕药中雌激素的活性，对哺乳儿无直接毒性反应。可是药物能直接作用母体，使母乳分泌减少，并影响母乳成分，使母乳中蛋白质、脂肪、钙质减少。因此，哺乳期不宜服用避孕药。

此外，哺乳妈妈服药还要注意药量的问题。对于某些药物来说，增加些药量并不会对成人的身体产生影响，但对宝宝来说可能是致命的过量。处在哺乳期的宝宝，自身的免疫功能差，加上肝脏和肾脏的解毒和排毒的能力较差，很容易造成不可想象的后果。

鉴于以上几点，新手妈妈在服用药物时要小心谨慎，服药后要检查乳汁中没有药物的成分再继续喂养。还要注意服用药物的剂量、服用时间的长短、药物的溶解度及宝宝对药品的耐受力等。

能力发展与训练

🖐 运动

1 ~ 2 个月的宝宝运动是全身性的，当妈妈爸爸走近宝宝时，宝宝做出的反应是全身活动，手足不停地挥舞，面肌也不时地抽动，嘴一张一合的，这就是泛化反应。随着月龄的增大，逐渐发展到分化反应。从全身的乱动逐渐到局部有目的有意义的活动，宝宝动作的发展是从上到下的，即从头到脚发展。

这个月的宝宝身体逐渐开始有劲了，宝宝俯卧时可以用小手支持大约10秒钟，但还有些摇摆，也能将头抬起约 5 厘米；或头贴在床上，身体呈半控制的随意运动，会交替踢腿；如果把宝宝竖直抱起来，宝宝的头可以颤颤巍巍地挺直片刻，并能随视线转动 90° 左右；仰卧时，宝宝的双臂会弯曲放在头部的旁边，有时双手张开，手指能自己展开合拢；宝宝开始注意到手的存在，能抬起手到胸前玩；如果把玩具放到宝宝手中，宝宝的手会抓得很牢，并能在手里握较长时间；有时还能无意中抓住身边的小东西玩；宝宝还不能主动把手张开，但会把攥着的小拳头放在嘴边吸吮，甚至放得很深，几乎可以放到嘴里，但不会把指头分开放到嘴里，也就是说这时的宝宝不是吮吸手指，是吸拳头；宝宝攥拳头是把拇指放在四指内，而不是放在四指外，这是这阶段宝宝握拳的特点。

👁 视觉

　　这个月的宝宝，视觉已相当敏锐，能够很容易地追随移动的物体，两眼的肌肉已能协调运动，能够追随亮光。妈妈会发现，宝宝总是喜欢把头转向有亮光的窗户或灯光，喜欢看鲜艳的窗帘。这时宝宝的最佳注视距离是 15 ~ 25 厘米，太远或太近，虽然也可以看到，但不能看清楚。

　　宝宝对看到东西的记忆能力进一步增强，当看到妈妈爸爸的脸时，会表现出欣喜的表情，眼睛放亮，显得非常兴奋。妈妈爸爸也会送给宝宝爱的眼神，这种对视就是母爱、父爱的体现，宝宝会很幸福，对宝宝身心发育是非常有利的。妈妈爸爸不要以为宝宝小，什么都还不懂，这是错误的观点。

　　同时，随着天数和月龄的增长，当有物体靠近宝宝的视线时，他就会眨眼。这就是宝宝能看到一些物体的证明，这种眨眼叫作"眨眼反射"。一般宝宝在 1.5 ~ 2 个月之间都会有这种眨眼反射。

　　有些斜视的宝宝，等满 2 个月时一般都能自行矫正过来，而且双眼能够一起转动，这表明宝宝的大脑和神经系统发育正常。在这一段时间里，即使有的宝宝斜视尚未矫正过来，但也不一定是大脑发育或生理上有问题。比较明显的斜视在 1 岁前后进行治疗，轻度的斜视在 3 岁前后再进行治疗也不算迟。

👂 听觉

　　这个月的宝宝听觉能力进一步增强，对音乐产生了兴趣。宝宝对妈妈和经常接触他的人的声音和陌生人的声音有完全不同的反应，说明宝宝的听觉已经非常灵敏了。如果妈妈给宝宝放噪声很大的声音，宝宝会烦躁，皱眉头，甚至哭闹；如果播放舒缓悦耳的音乐，宝宝会变得安静，会静静地听，还会把头转向放音的方向。妈妈要充分开发宝宝这种能力，训练听觉。但宝宝毕竟小，对不同分贝的声音辨别能力差，不要播放很复杂，变化较大的音乐。

　　妈妈在宝宝面前的语言动作，都会通过眼神、情绪及说话时的口气传给宝宝，从而影响宝宝的情绪。当妈妈高兴时，语调就亲切，表情也温和，宝宝就会受到感染，也变得非常高兴，表现为两眼有神、精神饱满、吸吮有力、手脚乱动；当妈妈情绪低落、动作鲁莽时，宝宝便会哭吵不止、烦躁慌张、不肯吃奶或睡觉不踏实。因此，这时的宝宝具备从声音中感受心情的能力。

⑧ 言语

一个多月的宝宝还不能用语言来表达，但已经有表达的意愿。这阶段宝宝哭声明显地减少了，言语发育的特点是：会笑出声。当宝宝身体舒服的时候，如家长向宝宝说话或点头，宝宝会笑，还会发出三个以上的元音，如："呃""啊""哦""呜"，这种声音通常被称为"咿呀"声，有时还会自由地发出两个音节的音，如："ba""la""ma"等。虽然不是语言，但却是宝宝与爸爸妈妈相互交流的一种形式，也是一种发音练习；当妈妈爸爸和宝宝说话时，宝宝的小嘴会做说话动作，嘴唇微微向上翘，向前伸，成 O 形，这就是想模仿妈妈爸爸说话的意愿，妈妈爸爸要想象着宝宝在和你说话，你就像听懂了宝宝的话，和宝宝对话，这就是语言潜能的开发和训练。爸爸妈妈要尽量定时给宝宝说话、逗宝宝自由发声和笑，促进宝宝言语能力的提高。

⑧ 嗅觉

到了第 2 个月时，宝宝已经可以依靠嗅觉能力来辨别妈妈的奶味，寻找妈妈的乳头。能区别母乳香味，对刺激性气味表示厌恶，会有目的地逃避。在大多数环境，宝宝都有机会练习嗅觉，如母乳味、母亲的香水味、家里的做饭味等。除非宝宝显得对异味特别过敏，否则这些都是锻炼宝宝嗅觉和认识环境的好机会。

⑧ 味觉

本月宝宝最喜欢有甜味的水，而对于咸的、酸的或苦的水会做出不愉快的表情，表现出明确的厌恶。

⑧ 认知

到这个月时，宝宝还没有形成一定的记忆力、思维能力、想象力、意志力等。但已经开始观察周围的人并聆听他们的谈话，对于时常与自己亲密接触的爸爸妈妈已经有了记忆，能够把爸爸妈妈和其他陌生人区别开来。可以很专注地凝视着爸爸妈妈，高兴的时候还会莞尔一笑。逗玩时，宝宝已经开始有微笑、发声或手脚乱动等反应。此外，宝宝还喜欢看彩色的图画，开始表示自己的兴趣。当看到喜欢的图画时会笑，看个不停，挥动双手想去摸；看到不熟悉的图画时，会因为新奇而长久注视，爸爸妈妈要记录宝宝所表现出的喜好，作为日后进一步培养的参考。

⑧ 心理

这个时期的宝宝最需要人来陪伴，当他睡醒后，最喜欢有人在他身边照料他、逗引他、爱抚他，与他交谈玩耍，这时他才会感到安全、舒适和愉快。爸爸妈妈的身影、声音、目光、微笑、抚爱和接触，都会对宝宝心理造成很大影响，对宝宝未来的身心发育，建立自信、勇敢、坚毅、开朗、豁达、富有责任感和同情心的优良性格，会起到很好的作用。

社会交往

这个月的宝宝还不会用语言表达自己的意愿，与人交流更多是用微笑和啼哭的方式。宝宝微笑是告诉爸爸妈妈自己身体很健康，心情很好。宝宝啼哭是想告诉爸爸妈妈他哪里不舒服了。通常大声无间断的啼哭是说明饿了，刺耳的尖叫是说明胃肠膨胀或有其他疼痛，有气无力需要人援助的啼哭是说明开始生病了，抱怨性的呜咽是说明感到寂寞了，断断续续的啼哭是说明受委屈了，爆发性的啼哭是说明受到惊吓了。

抬头训练

坚持每天竖抱抬头、俯卧抬头练习。宝宝经过不断的训练，到这个月末宝宝俯卧时，不但可以抬起头观看眼前吸引他的玩具，而且下巴也能短时间离开床，双肩也可以抬起来，颈部张力也增强了。宝宝的视野终于可以转换角度了。

抓握训练

本月妈妈仍要坚持经常抚摩宝宝的双手，促进宝宝的抓握反射。还可以拿一个易于抓握的玩具放到宝宝的手心，宝宝会马上抓住玩具，这时妈妈可以用手握住宝宝的小手，帮助他坚持握紧的动作，也可以让宝宝练习抓住大人的手指。另外，还可以准备一些易于抓握的玩具，让宝宝的小手抓握毛线、橡皮、皮革、棉布、塑料等不同质地的玩具，以促进感知觉的发育。

排便训练

训练宝宝养成良好的排便习惯。首先要观察宝宝的生活规律，一般在睡醒或吃奶后及时把大小便为好，但不要把得过勤。在开始把时，宝宝不一定配合，但也没有必要每次把的时间太长，慢慢地定时加以训练，使宝宝逐渐形成排便的条件反射，养成良好的大小便习惯。

在把宝宝排便时，要坚持正确的把便姿势，并辅以其他条件刺激，譬如以"嘘嘘"诱导把尿，以"嗯嗯"配合大便等。

日常护理注意问题

哭闹

1~2月的宝宝经常哭闹，尤其是在晚上，宝宝为什么哭？这是个重要问题。这时，妈妈不能着急，静下心来细细观察，寻找宝宝哭闹的原因，然后采取相应的措施。

宝宝哭闹的原因是多种多样的，最常见的原因是饥饿，哭闹得最厉害。这种情况下，只要妈妈给宝宝喂母乳，宝宝很快就会平静下来。如果没有母乳，可用奶瓶来代替。

有时，宝宝需要有人来爱抚他，给予安慰，宝宝哭得不厉害，哭哭停停，这时妈妈可以将宝宝抱起来，用手轻轻地抚摸宝宝的身体，使他安静下来；或者抱着宝宝轻轻地摇动，唱歌给他听，或者一起轻轻地跳舞；也可以将宝宝放在宝宝车里，推着他四处走动；也可以抱着宝宝坐在摇椅上轻轻地摇动。

注意的是，剧烈的啼哭会让没有经验的爸爸妈妈感到恐慌、沮丧，因此常常采取来回剧烈摇动宝宝的办法来安抚宝宝，这是一种非常危险的行为。因为宝宝此时的颈部肌肉无力，头部较大，剧烈持续的摇动会对其头部产生很大的冲击力，发生所谓"摇动宝宝综合征"，造成脑出血、脑水肿、视网膜出血和破裂等，导致严重的后果，因此，当宝宝哭闹时，千万不要来回摇晃宝宝，可以让宝宝俯卧在肩膀上抚慰走动，细声细语地说话或唱歌，也可以用热水袋敷一敷宝宝的腹部。

如果这样宝宝还不能平静下来，应考虑宝宝身体是否有不舒服的地方，最常见的是宝宝大小便了，提醒妈妈给他换尿布了。尽管现在都用纸尿裤，也应当及时更换，尤其是在大便后。这样不仅可使宝宝舒服，还可避免发生红臀。

有时，宝宝太疲劳了，需要休息，可采用宝宝喜欢的方式让他很快入睡，有的宝宝喜欢抱起来轻轻摇动着入睡，也有的宝宝喜欢自己躺在小床上，轻轻地哼几声，很快也就入睡了。

如果所有的安慰方法都无效，并且哭闹得让人无法忍受时，也可以先走开一会儿，因为宝宝的心理很难琢磨，有的时候他哭闹也可能是想唤起家长的注意，当发现家长不在身边了，他也许就会觉得无趣而主动安静下来了。

睡眠不踏实

有的宝宝满月过后睡得可能没有以前踏实了，睡觉时会出现各种各样的表情动作，有时还会哭两声，甚至突然惊醒。这是因为随着宝宝看、听、嗅等感知能力的增强，对外界的刺激感应更明显所造成的，任何环境中的微小动静都可能被宝宝察觉到，进而表现得不踏实。

再有，这个月的宝宝开始会做梦了，这也会令他在睡眠中出现躁动。但这些都不会影响到宝宝的睡眠质量，因为他所有的动作都是在睡眠过程里进行的，也就是说宝宝此时仍然处于睡眠之中，所以并无大碍。

如果宝宝在睡觉中突然惊醒、哭闹的话，妈妈只要轻轻拍他几下，宝宝就会很快地再次入睡。如果宝宝不停地哭闹，妈妈就要过去安慰一下，握着他的小手轻轻放到他的腹部摇一摇，处在迷糊状态的宝宝会很快地睡去。

如果是晚上宝宝惊醒哭闹的话，妈妈注意不要开灯，也不要逗他玩，把他抱起来或摇晃他。如果宝宝越哭越厉害的话，妈妈可以仔细检查一下宝宝是不是饿了、尿了，或是有没有发热等病症等。

用手抓脸

快两个月的宝宝，常常会用手抓脸。如果宝宝指甲长的话，就会把自己的脸抓破。即使没有抓破，也会抓出一道道红印。应对这个问题的最好办法是把宝宝的指甲剪短，这样无论宝宝怎么抓，也不会抓破自己的小脸了。

有的家长为了防止宝宝把脸抓破，就给宝宝缝制一双小手套，用松紧带束上手套口或用绳把口系上。这种方法虽然能避免宝宝把脸抓破，但却存在危险：

如果手套口束得过紧，就会影响宝宝手的血液循环；如果缝制的手套内有线头，那么宝宝"不老实"的手就可能会被线头缠住，造成手指出现缺血。尤其是，宝宝即使手被缠住了也很难向爸爸妈妈表述清楚，一旦爸爸妈妈不能及时发现，就会使宝宝手指出现坏死，造成终身的遗憾。再有，宝宝正处在生长发育期，戴上手套会令手指活动受到限制，从而给宝宝的成长带来一定的影响。

手是宝宝发育中非常关键的器官，在大脑发育中占有很重要的位置。手部的神经肌肉活动可以向脑提供刺激，从而促进宝宝的智力发展。用手抓东西是宝宝的本能，也是宝宝初步感受事物的最基本的动作。整天把宝宝的手用手套束缚着的行为是很不利于宝宝手部运动的。宝宝的小手被手套挡住了，他看不到自己的小手，就不能有意识地锻炼，减少了锻炼机会，就会导致运动能力发展迟滞，影响智力发育。

有的爸爸妈妈虽然没有给宝宝戴上手套，但会给上宝宝穿袖子很长的衣服。虽然这不会使宝宝出现手指缺血的危险，但也同样会影响宝宝手的运动能力，也是不可取的。

宝宝夏天需要穿袜子吗

夏天天气炎热，还有必要给宝宝穿袜子吗？很多妈妈都有这样的疑问。夏天宝宝皮肤与外界环境接触的机会增多，灰尘或污渍等很容易透过皮肤，进入宝宝体内，增加感染的机会。穿上袜子可以避开与这些有害物质的接触，减少感染。但如果室内温度超过 30℃，宝宝可以不用穿袜子。如果室内温度较低或不稳定，就应该给宝宝穿双袜子，可以给宝宝选择薄一些的纯棉袜，保护的同时，还能有较好的散热功能。

奶秃和枕秃

这个月的宝宝可能会出现不同程度的奶秃和枕秃现象。

有的宝宝刚生下来的时候，有满头黑亮浓密的头发，但过了满月后就出现了脱发的现象，头发变得稀疏发黄了。这时妈妈未免担心宝宝是否营养不良了，或是缺乏某种营养了。其实，1~2个月的宝宝出现脱发，是生长过程中的一种生理现象，俗称奶秃。奶秃一般会随着宝宝月龄的增大、辅食的添加而消失，脱落的头发就会重新长出来。再有，宝宝胎儿期的头发与妈妈孕期的营养有关，出生后与遗传、营养、身体状况等多种因素有关。如果爸爸妈妈有一方头发稀黄的话，那么宝宝的头发也可能会比较稀黄。

以前人们都认为枕秃是由于宝宝缺钙引起的，但就目前来看，缺钙引起枕秃的情况已经很少了，大部分枕秃的形成是与宝宝的睡姿或枕头的材料有关。

这么大的宝宝基本都是仰卧着睡觉，而且比较爱出汗，一天中的大多数时间是在枕头上度过的。有的爸爸妈妈为了让宝宝有一个好的头型，就给宝宝睡过硬的枕头，甚至是用黄豆、玉米粒装枕头，这样势必会令宝宝觉得不舒服，在枕头上磨来蹭去。时间一长，就会把枕后的头发磨掉，形成枕秃。

因此，当宝宝出现枕秃后，先不要忙于补钙，应该先找找这方面的原因。实际上，纠正宝宝头型还有很多种方法，给刚过满月的宝宝睡硬枕头并不是一个好办法。

奶痂

宝宝刚出生时，在皮肤表面有一层油脂，这是一种由皮肤和上皮细胞分泌物所形成的黄白色物质。如果宝宝出生后长时间不洗头，时间一长，这些分泌物和灰尘就会聚集在一起，形成奶痂。这是一种正常的情况，不需要去医院进行治疗，妈妈在家里自行清理即可。

奶痂是一种暂时性的现象，大部分都能痊愈。但是宝宝可能会因痛痒而烦躁，进而影响了消化、吸收和睡眠。另外，严重的头皮奶痂还会耽误宝宝的疫苗接种。所以，当出现奶痂以后，还是要积极做好清理工作。

清理奶痂最简单方便的方法就是用植物油清洗。一般要先将植物油（橄榄油、香油、花生油等）加热消毒后再放凉，以保证植物油的清洁；在给宝宝清洗头皮乳痂时，先将冷却的植物油涂抹在乳痂表面，停留 1 ~ 2 小时，等乳痂松软后再用温水轻轻洗净头部的油污；家长要根据宝宝乳痂的轻重每日清洗，一般 3 ~ 5 天即可消失。清洗时，要注意室温应在 24 ~ 26℃，在清洗后还要注意用干毛巾将宝宝头部擦干，以防止宝宝受凉。

去除奶痂不要急于一下子全部清除掉，要每天弄一点，慢慢弄干净。千万不能硬性地给宝宝往下揭痂，这样会损伤宝宝的皮肤，严重时可出血甚至发生感染。

当除掉奶痂以后，一定要勤给宝宝洗头和脸，并耐心细致地清洗干净，不要让宝宝再结奶痂。再有，头皮乳痂往往与宝宝湿疹"混为一体"，所以如果是母乳喂养的话，妈妈在哺乳期就应暂时停止进食鸡蛋、鱼、虾、蟹等过敏食物，不能吃喝任何刺激性食物和饮品。

溢乳

溢乳是指婴儿在吃奶后的一种食物反流现象。喂完奶后不久，少量奶液从宝宝胃内反流至口中，并沿嘴角缓慢流出，一般吐出一两口即止，属于一种正常的生理现象；多因身体结构发育、喂养或护理方式不当所致；溢奶的量少，不会影响到宝宝正常的生长发育；通常随着宝宝月龄的增长，自然就好了，无须特殊处理。

溢乳是完全可以预防的。如果溢乳比较严重，可以让宝宝把一侧乳房吸净后，另一侧只吸一半；人工喂养儿可以尝试着少冲一些奶。但如果宝宝体重增长慢了，还要把奶量加上去。

1 ~ 2 月的宝宝，每天体重增长约 40 克，一周可增长 200 克左右。如果每周体重增长低于 100 克，就说明宝宝不但没有吃过量，还可能由于溢乳过多，影响了热量供应。但生理性溢乳多不影响生长发育，如果生长发育受影响，就要想到是不是病理性溢乳。

生理性溢乳不需要治疗，每次喂奶后都要竖着抱宝宝拍嗝，让宝宝把吸入的空气排出来。如果不能把吸入的气体拍出来，也不能一直拍下去，可持续竖立抱 10 ~ 15 分钟，也可减少溢乳。无论喂奶后宝宝是否拉尿，都不要给宝宝换尿布，以减少溢乳的可能。醒后不要等宝宝大声哭闹了再抱起宝宝喂奶，那样会增加溢乳的可能。抱宝宝时，动作不要过猛，要把宝宝头部先抬起来，再随后抱起上身、下身。就是说当把宝宝抱起时，宝宝成竖立位，再慢慢把宝宝倾斜喂奶。吃奶时，宝宝头、上身始终要与水平位保持成 45°，这样也会减少宝宝溢乳。

特别严重的溢乳，可以使用万分之一的阿托品滴液，开始剂量是喂奶前 15 分钟滴一滴，逐日增加滴数，每日增加一滴（如第二天是每次喂奶前滴两滴），直到宝宝脸部发红，再逐日递减，直至脸红消失。

如果滴的过程中溢乳减少或不溢乳了，就不要递增，保持原量，巩固几天停药。使用这种方法一定要经给您宝宝看病的医生同意，在医生指导下使用，最好是住院有护士协助使用，医生观察疗效更安全。切不要自行使用。

妈妈爸爸常常会为宝宝溢乳而发愁，宝宝每溢乳一次，尤其是大口溢乳，妈妈的心就很难受。其实，只要是生理性溢乳，早晚会好的，不会一直这样下去，也不影响宝宝的生长发育，即使溢乳宝宝不难受也不痛苦。

吃奶时间缩短

新生儿的胃容量小、吸吮能力弱，加上妈妈的奶量较少或是乳头条件还不是很好，所以会造成宝宝吸吮比较费力，因此每次吃奶的时间也比较短。但是从满月之后，宝宝的胃容量开始增大，胃口越来越好，吸吮能力也有所提高，吸吮速度越来越快，加上此时妈妈的乳汁分泌开始多了起来，抱着宝宝吃奶的姿势也更加熟练，所以这个月宝宝的吃奶时间会比上个月刚出生时有所减少。

有的妈妈一看宝宝每次吃奶的时间缩短了，就担心是不是奶水不足或是宝宝生病了。检查奶水是否不足，可以通过每天体重检测来确定，如果宝宝的每天体重增长都在正常范围内，而且在不吃奶的时候不哭不闹，精神十足的话，那么就表示母乳足够宝宝所需；反之则提示母乳不足，应适当增加配方奶。如果宝宝是因为生病而导致吸收能力减弱，那么他肯定还会有其他不正常的表现，细心观察宝宝状况的妈妈应该不难发现其中的异常。

大便溏稀、发绿

有的宝宝在这一时间常常会有大便溏稀、发绿，中间混有白色疙瘩的现象，并且有时会像打碎的鸡蛋一样不成形状。这种情况多出现在母乳喂养的宝宝身上，是一种生理性腹泻。

生理性腹泻的大便呈黄绿色、较稀，甚至有小奶瓣和黏液，每日可达 6 ~ 7 次。发生生理性腹泻的宝宝精神状态较好，吃奶量正常，腹部不涨，不发热，不呕吐，大便中没有过多的水分和水便分离，体重增长速度也正常。这种情况下家长不必着急，更不必为改变大便性状而停喂母乳改喂配方奶，等宝宝开始合理添加辅食后，这种生理性腹泻也就自然痊愈了。

如果宝宝出现吃奶间隔时间缩短、好像吃不饱的情况时，就有可能表示母乳不足了。当出现这种情况后，先不要急于添加代乳食品，应先监测几天宝宝的体重变化。

若宝宝的每日体重增加值少于 20 克或一周体重增加少于 100 克时，再予以添加奶粉，同时观察宝宝的吃奶间隔时间是否延长了，并继续监测体重。如果在这样的调节下一周内体重增加超过了 100 克，就证明是母乳不足造成的大便溏稀、发绿。如果大便常规检查有异常，医生诊断患有肠炎，再遵医嘱服用药物，不要自行服药，以免破坏肠道内环境，尤其不能乱用抗生素。

对于人工喂养或混合喂养的宝宝，大便溏稀、发绿也可能和配方奶粉有关系。目前 0 ~ 6 个月的配方奶粉基本上都是加强铁的，因此，如果宝宝没有完全吸收铁，食量大，就会造成没有吸收的铁随着大便排出去，这样大便就会形成绿色。这与着凉、上火没有关系。合理、适量地摄入配方奶，这种情况会改善的。

⌂ 小便频率降低

新生儿小便次数比较多，几乎每十几分钟就尿，一天更换几十块尿布，也看不到干爽的尿布，打开就是湿的。但随着月龄的增加，宝宝排尿次数会逐渐减少，尿泡却比原来大了，原来垫两层就可以，现在垫三层也会尿透，甚至把褥子都尿湿了。所以并不是缺水了，是宝宝长大了，妈妈应该高兴。

但如果是在夏季，天气热，宝宝不但尿的次数减少了，每次尿量也不多，嘴唇还可能发干，这是缺水了，要注意补充。

⌂ 预防生理性贫血

1 ~ 2 个月的宝宝，出现生理性贫血是正常的。这是宝宝在生长发育过程中的一种自然现象。造成这一时期的生理性贫血，是因为宝宝在胎儿期相对缺氧，红细胞生成增多。出生后进入正常氧环境，机体生成红细胞减少而造成的。生理性贫血主要表现在宝宝出生后 1 ~ 8 周以内，血红蛋白可逐渐下降到低于正常值，直至 8 周后停止。

宝宝出现生理性贫血，在保证正常营养的情况下，一般不需治疗。等到宝宝满百天后，机体内红细胞生成素的生成增加，骨髓造血功能逐渐恢复，红细胞数和血色素又缓慢增加，至 6 个月时就可恢复到正常值范围内。但如果超过这个时间，血红蛋白和红细胞计数，不在正常值范围内，那么，就有可能患有生理性贫血。判断宝宝是否是生理性贫血，有以下指数和症状：

一般刚出生的新生儿血红蛋白可高达 180 ~ 190 克 / 升，足月儿血红蛋白生理性下降极少低于 100 克 / 升；未成熟儿由于代谢及呼吸功能较低，体重增长快，所以生理性贫血出现时间早，贫血表现更为严重，生后 3 ~ 6 周内可下降至 70 ~ 90 克 / 升。

生理性贫血是可以预防的：一是要坚持母乳喂养，因为母乳中的铁比牛乳中的铁质生物效应高，易被吸收，宝宝吃母乳可以有效地减少生理性贫血的发生。二是早产儿，尤其是喝配方奶的早产儿，双胞胎或者是怀孕期间妈妈患有缺铁性贫血的足月儿，应该从 2 个月起就要补充铁剂。因为胎儿从妈妈那里接受铁，多在妈妈妊娠期进行，而早产儿因为提前来到世间，补铁时间相对要短；双胞胎因母体中的铁又分成了两份，所以以先天性的铁不足，凡此种种使宝宝从母体中接受的铁较少，一般 6 周后就差不多用完了。如果不马上给宝宝补铁，极易出现生理性贫血。

洗澡问题

洗澡前的准备工作：浴室温度、浴缸清洁、宝宝浴盆、洗发液、宝宝皂、浴巾、毛巾（一块干毛巾、一块洗澡用的湿毛巾）、小布帽、水温计。

洗澡时间不要太长，即使宝宝很高兴，也不要超过 15 分钟。没有必要每天都使用洗发液和宝宝皂，一周使用一次即可。

水温在 33 ~ 35℃，如果用手试温，最好用手背或手腕前部（做皮试针的部位），这两个部位比较敏感，感到温暖，不烫就可以了。

水深，坐着时到宝宝耻骨水平（刚好没过生殖器），躺着时（一定不能把头放下，头要枕在妈妈的上臂上）刚好露着肚脐。

洗头时不要把水弄到耳朵里，不要把洗发液或宝宝皂弄到眼睛里。

女婴洗完后最好要用流动水冲一下阴唇。

洗完后马上用浴巾包裹好，带上小布帽，抱出浴室，待皮肤干后再给宝宝穿衣服，吃奶。

宝宝穿"二手"衣服好吗

宝宝出生后,新妈妈偶尔会收到他人送来的"没怎么穿的,质量很好"的"二手"衣服,那么宝宝穿"二手"衣服到底好吗?

对外衣而言,别人穿过的衣服柔软性、舒适性等方面胜过新衣,而且经过洗涤多次的旧衣服基本上消除了甲醛、铅等安全隐患,穿起来更放心。

注意的是,"二手"衣服也要有所选择,要挑选健康宝宝的衣服,以免被传染疾病。内衣不要选择"二手"的,因为贴身的衣服安全健康最重要,如果衣服在运送、储存或被患有传染病的宝宝接触后沾染了细菌,宝宝穿了出现红疹、皮炎或过敏等,无异于"惹祸上身"。

睡眠护理

1 ~ 2个月的小宝宝,生活主要内容是吃了睡、睡了再吃,每天平均要吃6 ~ 8次,每次间隔时间在2.5 ~ 3.5小时;相对来说,睡眠时间较多,一般每天要睡18 ~ 20小时(1个小时,宝宝每天还会睡20小时左右,到了3个月大时,宝宝每天的睡眠时间为17 ~ 18小时。白天睡3次,每次睡2 ~ 2.5小时,夜里可睡10小时左右)。

勿给宝宝剃胎毛

民间一直流传着"满月剃胎毛"的风俗,即给宝宝剃个"满月头"。研究表明,"满月剃胎发"毫无科学依据。但如果宝宝出生时头发浓密,并赶上炎热的夏季,为了预防湿疹,可以将宝宝的头发剃短,但不赞成剃光头,否则已经长了湿疹的头皮更易感染。

理发时,理发师的理发技艺和理发工具尤为重要,理发师要受过宝宝理发和医疗双重培训,使用宝宝专用理发工具并在理发前要进行严格消毒。理发后要马上洗头,用清水即可。在宝宝6个月前,如果天气炎热,最好每天给宝宝洗一次头发,若天气寒冷,也应2 ~ 3天洗一次头。

洗头时用左臂夹住宝宝的身体,拇指及食指将宝宝的耳朵向内盖住,右手抹上宝宝洗发精,柔和地按摩头部,然后用清水冲洗干净。

女宝宝特殊护理

1 ~ 2月女宝宝私处的清洁,注意以下几点:

举起女宝宝双腿,并把你的一只手指置于她双踝之间。用干净纱布擦洗她大腿根部的皮肤褶皱,由上向下、由内向外擦。

清洁女婴外阴部，注意由前往后擦洗，防止肛门内的细菌进入阴道。阴唇里面不用清洗。

用干净的纱布清洁女婴的肛门，然后是屁股及大腿处。

男宝宝特殊护理

有的爸爸妈妈在男女宝宝的私处清洁问题上还存在盲区，男女有别，从宝宝私处清洁开始。1 ～ 2 个月男宝宝私处的清洁，注意以下几点：

要用干净纱布彻底清洁男宝宝大腿根部及阴茎部的皮肤褶皱，由里往外顺着擦拭；当清洁到睾丸下面时，用手指轻轻将睾丸往上托住。

用干净纱布清洁男宝宝睾丸各处，包括阴茎下面，因为那里有尿渍或大便。有必要的话，可以用手指轻轻拿着他的阴茎，但小心不要拉扯阴茎皮肤。

清洁男宝宝的阴茎，顺着离开他身体的方向擦拭：不要把包皮往上推，去清洁包皮下面，只是清洁阴茎本身。

举起男宝宝双腿，清洁他的肛门及屁股，你的一只手指放在他的两踝中间。他的大腿根背面也要清洗。

四季护理

春季护理

春季各种微生物的快速繁殖，各种病毒或细菌也趁机活动起来，刚刚过了满月的宝宝抵抗力本来就弱，如果护理不当，很容易被病毒或细菌感染而生病。同时，春季的气候变化无常，又非常干燥，所以很容易使宝宝患上呼吸道疾病。

对于生活在南方的宝宝，由于初春气候比较热，而且户外比室内更温暖，抱宝宝到室外的时间可以适当增多，每次到室外的时间也可以相应延长。但是，由于南方地区多阴雨天气，即使到户外的时间较长，宝宝接受紫外线照射的机会也比北方少，所以要在儿科医生的指导下，适当为宝宝补充维生素 D。

对于生活在北方的宝宝，初春时节气温较低，就不要把宝宝抱到户外，因为刚刚出生两个月的宝宝对自然界的适应能力还比较弱。等到了春末夏初的时节，在天气晴朗的中午还是可以把宝宝抱到户外去的，每次 10 ～ 15 分钟。注意的是，即使是阳光灿烂，抱出去的时间也不能太长，而且要避免强烈的阳光直接照射到宝宝的眼睛。此外，春季开窗时也要避免对流风直接吹袭宝宝。

夏季护理

宝宝在第二个月开始进入体重快速增长阶段。在这个月，宝宝的皮下脂肪开始增多，娇嫩的肌肤，胖胖的体态，加之充满稚气的微笑，可以说是人见人爱。但是，也是因为胖的缘故，第二个月宝宝的耳后、下巴、颈部、腋窝、胳膊、肘窝、臀部、大腿根和大腿等处有许多皱褶，特别是在炎热的夏季，这些地方很容易发生糜烂，所以妈妈爸爸要仔细护理，千万马虎不得。

由于宝宝在夏季很容易出汗，为了防止宝宝身上的皱褶处发生糜烂，很多爸爸妈妈经常使用爽身粉或痱子粉。这是不科学的。虽然爽身粉或痱子粉在干燥时能起到润滑、减小皮肤摩擦的作用，但爽身粉或痱子粉被汗液浸湿后，反而会增大摩擦，而且还会沾在皮肤上刺激宝宝稚嫩的皮肤，导致皮肤红肿甚至加速糜烂。另外，有的宝宝还可能对爽身粉中的某些成分过敏，反而加重对皮肤的刺激。所以，最好是经常用清水洗，然后用柔软的布或毛巾擦干，才是预防皮肤皱褶处糜烂的最有效、副作用最小的办法。

秋季护理

由于第二个月的宝宝对外界环境的适应能力和自身调节能力都比较差，所以秋季护理的重点是初秋不要过热，秋末要预防宝宝受凉。

"春捂秋冻"，其实说的就是初春不要过早脱减衣物，要适当捂一捂；初秋不要过早添加衣物，要适当冻一冻，给机体有个变换季节的适应过程。因此，在初秋天气刚刚变凉的时候，也不要过早地为宝宝添加过多的衣物和被褥。只有这样才能应对可能出现的短时间燥热，适应还不稳定的初秋气温。

到了秋末，由于冬季即将来临，天气开始变冷，这时除了要注意预防如感冒、咳嗽等呼吸道感染之外，更要注意预防因受凉而导致腹泻。秋末是宝宝罹患轮状病毒肠炎高发季节，爸爸妈妈绝不要掉以轻心。一旦发现宝宝腹泻，也不要认为是一般的腹泻而给他找止泻药吃，而要及时找儿科医生，然后再对症吃药。如果腹泻严重，还要注意电解质和水的补充。

冬季护理

在冬季，除了采用不同的取暖方式之外，大多数的爸爸妈妈都把宝宝卧室的门窗关得严严的，使室内和室外的温度相差十几摄氏度，生怕冻着了宝宝。这样做的效果往往适得其反。

一方面，室内温度过高，就会致使湿度过小，不流通的空气过于干燥，使宝宝的气管黏膜相应干燥，导致宝宝呼吸道黏膜抵抗能力下降，过多的病毒或细菌就会乘虚而入。另一方面，由于室内温度高，宝宝周身的毛孔都处于开放状态，此时如果爸爸妈妈或其他人出门进门，室外的冷气会随之进入宝宝的卧室。由于宝宝的皮肤遇到冷气侵袭时，毛孔不会像成人那样迅速收缩，而使宝宝容易受凉。因此，无论从哪方面看，宝宝的卧室温度都不要太高，保持在 18 ~ 20℃ 之间即可。

家庭环境的支持

玩具

这一阶段的宝宝开始发现声音和颜色。这是属于拨浪鼓年龄，爸爸妈妈可以准备一些带有很大的手柄的大拨浪鼓或带几个各种颜色小球的拨浪鼓，来和宝宝游戏、互动、交流。也可以在摇篮上挂一些小动物，注意选择橡胶材质的玩具，以便于清洗（很快你的宝宝就会把它们放到嘴里）。还可以用八音盒、哗铃棒等玩具，帮助宝宝感知声音，这些玩具都是这一阶段宝宝的最爱。

湿度和温度

室内温度不能忽高忽低，夏季应保持在 27℃ 左右，冬季应保持在 21℃ 左右，春秋两季不需特别调整，只要保持自然温度就可以基本符合要求。春、夏、秋三季都可以较长时间地打开窗户，但应该避免对流风。冬季也可以短时间地开窗，但在开窗时妈妈应把宝宝抱到其他房间，通风之后，等室温升上来以后再把宝宝抱回卧室。

室内的湿度对宝宝的呼吸道健康非常重要，湿度保持在 45% ~ 55% 是一个基本的要求。宝宝如果生活在南方地区，室内的湿度标准一般都可以达到。但对于生活在北方地区的宝宝来讲，室内想达到上述湿度标准要采取一定措施才行。如果湿度太低，宝宝的呼吸道黏膜就会干燥而使黏膜防御功能下降，还会使呼吸道的纤毛功能受到损害，这样一来势必降低宝宝对细菌以及病毒的抵抗能力，引起呼吸道感染。

空气浴

室外空气浴可以让宝宝呼吸到新鲜空气，新鲜空气中氧含量高，能促进宝宝新陈代谢。同时室外空气温度比室内低，宝宝到户外受到冷空气刺激，可使皮肤和呼吸道黏膜不断受到锻炼，从而增强对外界环境的适应能力和对疾病的抵抗能力。

当天气情况不允许带宝宝做室外活动时，也可以让宝宝在室内进行裸体空气浴。做室内裸体空气浴以前，应该先开窗 20 分钟，进行空气交流，保证室内空气新鲜，同时室温在 20℃ 左右时，就可以把宝宝的衣服全部脱掉，把宝宝放在床上，或者在木质地板上铺上一块较厚的毯子，把宝宝放在上面。

在不同的季节，空气浴有不同的要求：对于室内空气浴，在春秋季节，只要外面的气温在 18℃ 以上，风又不大时也可以打开窗户或门；夏季可打开门窗，让空气流通，但要避免对流风直接吹到宝宝；冬季在阳光好的温暖时刻，也可以隔一小时打开一次窗户换换空气。

夏天出生的宝宝，在出生后 7 ~ 10 天，冬季出生的宝宝在满月后，就可以抱到户外进行空气浴。为宝宝进行室外空气浴，应根据不同季节决定宝宝到户外的时间，夏季最好选择早晚到户外去，冬季可选择中午外界气温较高的时候到户外去，出去的时候衣服不要穿得太多，包裹不要太严。刚开始要选择室内外温差较小的好天气，时间每日 1 ~ 2 次，每次 3 ~ 5 分钟。将近一个月的宝宝，除了寒冷的天气以外，只要没有风雨，就可以包着抱到院子里去，使其受到锻炼。每天可以抱出去两次，每次 5 分钟左右，以后根据宝宝的耐受情况逐渐延长。当室外温度在 10℃ 以下或风很大时，就不要到外面去了，以免宝宝受凉感冒。

日光浴

阳光中有两种光线，一种是红外线，照射人体后，能使血管扩张，增强新陈代谢，使全身得到温暖。另外一种是紫外线，照射到人体皮肤上，可使皮肤中的脱氢胆固醇转变为维生素 D，而维生素 D 能帮助人体吸收食物中的钙和磷，以预防佝偻病，尤其冬天出生的宝宝及人工喂养、双胎或多胎的宝宝更应多进行日光浴。

在宝宝进行日光浴之前，应先进行 5 ~ 7 天的室外空气浴，等宝宝对外界环境的适应性提高以后再进行日光浴。在室内做日光浴必须打开窗户在直射阳光下进行。室外日光浴应选择晴朗无风的天气，穿适当的衣服，让宝宝的全身皮肤尽量多接受阳光。但不要让阳光直接照晒在宝宝的头部或脸部，要戴上帽子或打着遮阳伞，特别要注意保护眼睛。在阳光强的时候，还要注意不要让阳光灼伤皮肤。夏季日光浴可选择在上午 8 点以后。冬季可选择在中午 11 点至下午 1 点以前。每次从 3 ~ 5 分钟，逐渐增加到 8 ~ 10 分钟，一般每天 3 ~ 4 次。日光浴后要给宝宝喂些果汁或白开水等。日光浴时注意不要让宝宝着凉。如果宝宝身体不舒服、有病时应停止日光浴。

在室外做日光浴的时间应由短到长，刚开始每日 3 ~ 5 分钟，以后可逐步延长至 1 ~ 2 小时。冬季天气晴和的时候可露出宝宝头部、臀部、手部等皮肤。春、秋两季要注意防风沙。夏季注意不能让宝宝皮肤直接在日光下暴晒，这样会损伤皮肤，可以利用一些树荫使宝宝间接地接受日晒，也可以在有阳光的房间或晒台上晒太阳，但不能隔着玻璃晒太阳，因为紫外线不能穿透普通玻璃，所以隔玻璃晒太阳对宝宝是无效的。

潜能开发游戏

看图

【目的】测定宝宝的注视能力，是否有特长的专注能力。

【环境创设】爸爸妈妈的照片，条纹、波纹、棋盘等图片。

【玩法】如果宝宝对妈妈的照片专注较短，不妨取出爸爸的脸看他能否看得久些，家长可对每幅图做记录。一般而论，宝宝最喜欢看妈妈的脸，喜欢看黑白对比强烈的和较复杂的图，喜欢条纹、波纹、棋盘等图形。家长还可创造更新的设计以丰富宝宝的注视范围。

面对面逗引

【目的】加强亲子交流。

【玩法】宝宝清醒时妈妈怀抱宝宝，妈妈要和宝宝脸对脸相距 30 厘米逗引他注视，用脸部表情，动眼动嘴，轻声细语，哼儿歌、叫名字加强视听觉刺激，开始语言训练。

宝宝学握物

【目的】发展手的握力和上肢肌肉的力量，促进宝宝与大人间的互动。

【环境创设】哗铃棒，笔杆，筷子。

【玩法】大人用两个手指从宝宝的第五指伸入手心，宝宝会握住大人的手指，这时你可试着将宝宝提起。有些宝宝可提高到半坐位，最棒的能完全握着大人的手指整个身体离开小床。随后大人可以用哗铃棒、笔杆、筷子之类让宝宝试握，测定手的抓握时间。握得紧时间久表示上肢肌肉发达有力。

2 ~ 3 个月

这个月的宝宝

宝宝的皮肤变得更加细腻有光泽,并且弹性十足,脸部皮肤开始变干净,奶痂消退,湿疹也减轻,眼睛变得炯炯有神,能够有目的地看东西了。

体重

男宝宝在这个月的体重正常范围是 5.0 ~ 8.0 千克,平均体重 6.4 千克;女宝宝体重正常范围是 4.5 ~ 7.5 千克,平均体重 5.8 千克。这个月的宝宝,体重增长仍然非常迅速,平均每天可增长 40 克,一周可增长 250 克左右,整个月将增长 0.9 ~ 1.25 千克。

身高

这个月男宝宝身高正常范围是 57.3 ~ 65.5 厘米,平均身高 61.4 厘米;女宝宝身高正常范围是 55.6 ~ 64.0 厘米,平均身高 59.8 厘米。一般来说,这个月宝宝的身高可增长 3.5 厘米左右,到了 2 个月末,身高可达 60 厘米左右。

头围

本月男宝宝的头围平均为 40.8 厘米左右,女宝宝头围平均为 39.8 厘米左右,比上月可增长 1.9 厘米。家长要知道的是,头围的增长也存在着个体差异,到了多大月龄头围应该达到什么值,其值是平均的,并不能完全代表所有的宝宝。

胸围

由于胸部器官发育较快,因此 2 ~ 3 月的宝宝胸围也增长较快。本月宝宝胸围的实际值开始达到或超过头围。男宝宝胸围正常范围是 37.4 ~ 45.7 厘米,平均胸围 41.2 厘米;女宝宝胸围正常范围是 36.5 ~ 42.7 厘米,平均胸围 40.1 厘米。

前囟

宝宝在这个月前囟和上一个月没有较大变化,不会明显缩小,也不会增大。此时的前囟是平坦的,张力不高,可以看到和心跳频率一样的搏动。囟门的个体差异很大,有的宝宝可达 3 厘米 ×3 厘米,也有的宝宝只有 1 厘米 ×1 厘米。

营养需求与喂养

营养需求

这个月宝宝每日所需的热量大致是每千克体重419 ~ 502千焦（100 ~ 120千卡），如果每日摄取的热量低于419千焦（100千卡），宝宝体重增长就会缓慢或落后；如果超过502千焦（120千卡），就有可能造成肥胖。

除了热量之外，蛋白质、脂肪、矿物质、维生素的需求大多可以通过母乳和配方奶摄入，另外每天还需要0.18 ~ 10微克的维生素D；人工喂养的宝宝每天可以补充20 ~ 40毫升的新鲜果汁，母乳喂养的宝宝如果大便干燥的话，也可以适当补充一些果汁；早产儿从这个月开始要补充铁和维生素E，铁剂为每日每千克2毫克，维生素E为每日25毫克。

母乳喂养

只要妈妈的乳汁充足，就应该继续坚持纯母乳喂养。不过这个月宝宝吃奶的时间可能会延长一些，根据宝宝的实际情况，两次喂奶时间间隔拉长1小时，夜间喂奶时间延长到六七个小时，只要宝宝不醒就不要叫醒他吃奶。因为在入睡阶段，宝宝消耗的能量比较少，吃饱了奶后宝宝睡六七个小时不会有问题。每次吃奶量较小的宝宝，不要刻意延长喂奶时间间隔，只要宝宝想吃就给他吃，如果宝宝把乳头吐出来了、转过头不吃了，就不要硬给他吃。

人工喂养

到了第3个月，宝宝的食欲更好了，食量也会有所增加，可以将原来每次120 ~ 150毫升的奶量，增加到每次150 ~ 180毫升，甚至可以达到200毫升。不过，对于胃口比较大的宝宝，也不能无限制地添加奶量。一般每天吃6次的宝宝，每次160毫升；每天吃5次的宝宝，每次180毫升。对于食欲较好的宝宝，这个月可以添加一些蔬菜汤，一天10毫升左右。

人工喂养时可以添加果汁吗

母乳喂养的宝宝，由于母乳中含有维生素C，所以即使不添加果汁，宝宝也不会营养不良。人工喂养的宝宝，只要添加了复合维生素也不会营养不良。此外，人工喂养的宝宝添加适当的果汁，可以有效地防止宝宝便秘。

✍ 混合喂养

宝宝又长大了，原本乳汁分泌不足的妈妈，更担心自己的母乳不够宝宝吃。请妈妈一定要记住，6个月前母乳是宝宝最佳的食品，过量添加奶粉，会影响母乳摄入。母乳喂养还是按需喂养。奶粉的喂养量，如果按照上个月的喂养量，宝宝每周体重增长在200克以上，就表明喂养充足。如果按照上个月的奶量，宝宝一次就喝完，好像还不饱时，下次冲奶就增加30毫升，如果吃不了，就再减下去，最多不要超过180毫升。

能力发展与训练

✍ 运动

3个月的宝宝，已经可以根据自己的意愿将头转来转去了，同时眼睛随着头部的转动而左顾右盼。当扶着宝宝的腋下和髋部时，宝宝能坐着，头会向前倾并与身体呈同一角度。当移动身躯或转头时，头偶尔会有晃动，但基本稳定。将宝宝脸朝下悬空托起胸腹部，宝宝的头、腿和躯干能保持在同一高度。当宝宝趴在床上时，能抬起半胸，用肘支撑上身，头已经可以稳稳当当地抬起。

当宝宝独自躺在床上时，会把双手放在眼前观看、玩耍，手能互握，会抓衣服、抓头发、脸。大人拉宝宝的手，将其上身稍抬离床面时，宝宝的头可以自己用力，不完全后仰了。宝宝开始学着吸吮大拇指，吸吮手指是这个时期婴儿具备的运动能力，妈妈不要制止。如果在一定的距离给宝宝小玩具，宝宝会无意识用手去拿，但常常够不到，显得笨拙。等拿到玩具时，宝宝会把手中的玩具紧紧握住，尝试着放到嘴里。一旦放到嘴里，就会像吸吮乳头那样吸吮玩具，而不是啃玩具。

3个月的宝宝已经可以靠上身和上肢的力量翻身，但往往是只把头和上身翻过去，而臀部以下还是仰卧位的姿势。这时如果妈妈在宝宝的臀部稍稍给些推力，或移动宝宝的一侧大腿，宝宝会很容易把全身翻过去。当爸爸妈妈扶着宝宝的腋下把他立起来时，宝宝会抬起一条腿迈出一步，再抬起另一条腿迈一步，这是一种原始反射。相对于2个月时的宝宝，第3个月宝宝的运动能力明显提高了。

✍ 视觉

3个月的宝宝视力已经发育完全，眼睛更加协调，两只眼睛可以同时运动并聚焦。能看4~7米远，注视、追视（眼睛追着一个物体看）、移视（眼睛由一个转向另一个物体）都已经较完善地发展起来。开始对颜色产生了分辨能力，对黄色最为敏感，其次是红色，橙色，表现为见到这三种颜色的玩具很快能产生反应，对其他颜色的反应要慢一些。

听觉

随着月龄的增长，宝宝的听觉能力也逐步提高。到 3 个月时，宝宝已经具有一定的辨别方向的能力，听到声音后，头能顺着响声转动 180°，并表现出极大的兴趣。能区分大人的讲话声，听到妈妈的声音会很高兴，同时会发出声音来表示应答。因此，在日常生活中，爸爸妈妈应多和孩子说话，适当让孩子听一些轻松愉快的音乐，有利于孩子的听觉发育。

言语

宝宝出生后第一声啼哭，就是最早的发音，满月后的哭就是在和别人交流了，但都属于表达的消极状态。到了 3 个月，宝宝开始咿呀学语，发出一连串类似元音字母的声音，如 a、e、i、o、u 等，主要是韵母，声母很少，一般是 h 音，有时有 m 音，有时还会长声尖叫。宝宝在有人逗他时会非常高兴，会笑，并能发出"啊""呀"的语音，咕咕哝哝地与人交谈，有声有色地说得挺热闹。如发起脾气来，哭声也会比平常大得多。这些特殊的语言是宝宝与大人情感交流的方式，也是宝宝意志的一种表达方式，爸爸妈妈应对这种表示及时做出相应的反应，多进行亲子交谈，比如跟宝宝说说笑笑或给宝宝唱歌。还可用玩具逗引，让宝宝主动发音，要轻柔地抚摸和鼓励宝宝。宝宝越高兴，发音就越多。给宝宝创造舒适的环境，宝宝就会不断练习发音，这是语言学习的开始。语言的发育不是孤立的，听、看、闻、摸、运动等能力都是相互联系互为因果的，要综合训练宝宝说话的能力。

嗅觉

宝宝的嗅觉与 2 个月时一样，能辨别不同气味，并表示自己的好恶。宝宝特别喜欢妈妈的气味。而遇到不喜欢的味道会退缩，回避。此时，爸爸妈妈千万不要吝惜宝宝认识新气味的机会：在初春的草地上，能闻出青草的味道；在秋天的树林里，能闻出树皮的味道；如果经过一家面包房，不妨进去，让宝宝闻闻新鲜出炉的面包的味道。

味觉

到了第 3 个月时，宝宝在味觉方面已经积累了相当丰富的经验了。如果拿酸的水果给宝宝吸吮，宝宝会皱起小眉头，嘴巴张大。对于一些更加讨厌的味道，甚至会用啼哭来抗议。

🐾 认知

宝宝到 3 个月时比较突出的情感表现就是亲近妈妈。当妈妈向宝宝走去时，宝宝会显出快乐和急于亲近的表情，有时还会呼叫，手舞足蹈。经常和宝宝逗乐的爸爸也能引起宝宝这种亲切的激情。当妈妈离开时，宝宝的视线也会跟随着妈妈移动的方向转移。把宝宝带到户外时，会惊奇地发现此时的宝宝可以追视达180°。宝宝最喜欢观看快跑的汽车、溜达的小狗、飞翔的鸟儿。经常让宝宝到户外观察活动的物体，能扩大其认知能力。

当宝宝独自躺着玩耍时，如果爸爸妈妈拿着玩具在宝宝头部上方，看到玩具后，宝宝会挥动双臂想要抓住玩具，想抓但经常抓不准，不是抓得太低、太远就是太近。如果将带柄的玩具放在宝宝手中，他会握住玩具的柄，并举起来看，或放到嘴里吸吮。当宝宝手里拿着一个玩具时，如果妈妈拿来另一个玩具，宝宝也会明确地看着另一个玩具。不过，最令人惊奇的是，3 个月的宝宝已经开始认识奶瓶了，一看到妈妈拿着它，就知道要给自己吃饭或喝水，会非常安静地等待着。

🐾 心理

3 个月的宝宝喜欢从不同的角度玩自己的小手，喜欢用手触摸玩具，并且喜欢把玩具放在口里试探着什么。能够用咕咕噜噜的语言与父母交谈。会听自己的声音。对妈妈显示出格外的偏爱、离不开。此时，要多进行亲子交谈，如跟宝宝说说笑笑、给宝宝唱歌，或用玩具逗引，让他主动发音，要轻柔地抚摸他、鼓励他。

🐾 社会交往

到第 3 个月末时，宝宝已经会用"微笑"谈话，见到熟悉的面孔，能自发地微笑，并发声较多。有时也会通过有目的微笑与人进行"交谈"，并且"咯咯咯"地笑以引起大人的注意。当有人靠近时，宝宝会躺着等待，静静观察大人的反应，直到大人开始微笑，宝宝才以喜悦的笑容作为回应。宝宝的整个身体都将参与这种对话，两只小手张开，一只或两只手臂上举，而且上下肢可以随大人说话的音调进行有节奏的运动。宝宝也模仿大人的面部运动，大人说话时宝宝会张开嘴巴，并睁开眼睛，如果大人伸出舌头，宝宝也会做同样的动作。照镜子时，宝宝会注意到镜子中自己的影像，还会对着镜中的自己微笑、说话。此时爸爸妈妈要多微笑着和宝宝说话，引逗宝宝发出"哦哦""嗯嗯"声。也可模仿宝宝发出的声音，鼓励宝宝积极发音，对人微笑，这可促进宝宝喜悦情绪的产生，激励宝宝与人交往。

🖐 抓握训练

在训练宝宝抓握力以前，妈妈可以先做一个宝宝能否抓握的小测试：把自己的大拇指或食指放在宝宝手里，看他能不能主动握住。如果宝宝能够握住，并且感觉有了点"手劲儿"的话，可以试着把手指从宝宝手里向外拉，看看宝宝还能不能抓握住。

抓球法是一个一举两得的训练方法，不仅可以训练宝宝手的抓握力，而且还可以训练宝宝眼睛的追视力。训练的时候，先让宝宝趴着，然后把一个色彩鲜艳的球，从宝宝的手可以抓到的地方慢慢滚过。一开始宝宝会专心地盯着球从自己手边的一侧滚到另一侧，但过不了多久，他就会伸手去抓那个球了。

还可以把一些色彩鲜艳的小小的软塑动物或其他小玩具悬挂在宝宝的小床上，注意不要悬挂得太高。先轻轻晃动玩具，引起宝宝的注意，然后抓着宝宝的手去抓那些玩具，再慢慢引逗他自己主动伸手去抓。如果宝宝没什么兴趣的话，妈妈可以把带着拴绳玩具塞到宝宝手里，然后趁着宝宝没有注意或没有抓牢的时候拉住绳子，把玩具从宝宝手里提起来，刺激宝宝去"抢"回他的玩具。

🖐 翻身训练

在宝宝学会侧卧后，还会从侧卧翻到俯卧或仰卧，这种翻身几乎是无意的，是由身体重心的偏移决定的。但到了这个月，宝宝开始有自己主动翻身的倾向，但由于不太会使用下肢的力量，所以往往只是能把头和上身翻过去，而下半身还是仰卧的姿势。爸爸妈妈在这时，可以利用一些玩具，给宝宝做做翻身训练。

做翻身训练时，先让宝宝仰卧，爸爸妈妈可以分别坐在宝宝两侧，用色彩鲜艳或有响声的玩具逗引宝宝，训练宝宝从仰卧翻至侧卧位。如果宝宝无法自己翻身的话，妈妈可以用一只手撑着宝宝的肩膀，慢慢将他的肩膀抬高，当宝宝的身体转到一半时，妈妈就把手放下，让宝宝恢复平躺的姿势。这样左右交替地多训练几次，宝宝就能进一步练习真正的翻身了。

🖐 俯卧抬头训练

过了2个月的宝宝能够抬起头和前胸，但存在一定的个体差异，有的宝宝在快满3个月时基本能把头抬得很稳并坚持几分钟，有的抬头时间则依然很短暂。这时，可以通过一些训练来锻炼宝宝头部的支撑力。

俯卧抬头练习不仅能锻炼颈肌、胸背部肌肉，还可以增大肺活量，促进血液循环，有利于呼吸道疾病的预防，并能扩大宝宝的视野范围，从不同角度观察新的事物，还有利于智力的发育。训练宝宝的俯卧抬头，要先把宝宝放在稍有硬度的床上，让宝宝俯卧，然后拿着一些色彩鲜艳或有响声的玩具在宝宝面前逗引他，当宝宝看到色彩鲜艳的玩具并听到响声时，就会努力抬起头来。

俯卧抬头训练应在喂奶后一个小时或喂奶前训练，时间长度可以根据宝宝的能力灵活安排，开始时，只训练 10 ~ 30 分钟，逐渐延长时间，每天 1 次即可，不要让宝宝感到疲劳。以后可根据宝宝的实际情况，逐步增加训练时间和次数。

宝宝的运动发育是连续性的，在宝宝能够俯卧抬头 45°后，宝宝颈部肌肉的力量也在增强，双臂的力量也在增强，慢慢就可以高高地将头抬起，逐渐达到与床面接近 90°的程度。等宝宝的头部稳定并能自如地向两侧张望时，爸爸妈妈就可以手持色彩鲜艳的玩具，放在离宝宝眼睛 30 厘米远的地方，慢慢地移到右边，再慢慢地移到左边，训练宝宝转头，最终目的是让宝宝完成转头 180°。这个方法不仅锻炼了宝宝俯卧抬头的持久力和颈部的支撑力，同时也锻炼了宝宝颈部转动的灵活性。

日常护理注意问题

经常流泪

如果发现 2 个多月的宝宝不哭的时候也总是流眼泪，眼睛里总是泪汪汪的，甚至特别是一只眼睛有眼泪，一只眼睛没有眼泪时，那就是异常的情况，家长需要警惕，应及时到医院请医生诊治。

这种情况多数是由于先天性泪道阻塞造成的。先天性泪道阻塞是婴幼儿的常见病，是由于胎儿时期鼻泪管末端的薄膜没有破裂、宫内感染造成泪道受刺激形成狭窄粘连或鼻泪管部先天性畸形所造成的。如果诊治不及时的话，会导致泪囊炎症急性发作并向周围扩张，而泪囊的长时间扩张则会使泪囊壁失去弹力，即使泪道恢复通畅也无法抑制溢泪症状，或是形成永久的瘢痕的泪道闭塞，导致结膜和角膜炎症，引起角膜溃疡，发展为眼内炎。所以，一旦发生这种症状的话，就应及早进行疏通泪道的治疗，避免并发症发生。

如果确诊为泪道阻塞，首先可以采取保守治疗，在家里给宝宝点眼药水（如泰利必妥），并配合鼻部进行按摩。如果宝宝眼睛里面有脓性分泌物的话，家长可以用十指指腹按在宝宝的鼻根及眼睛内眦中间的部位，往眼睛的方向挤压到有脓液从眼角流出来，然后擦去脓液即可。每天进行 3 ~ 4 次，每次按压 2 ~ 3 下，按摩后要擦拭眼睛，再滴药水。

如果症状无法缓解的话，就要到医生进行药物加压冲洗或是泪道探通术治疗。做完探通手术后，家长要根据医生的嘱托定期给宝宝滴药水，按摩泪囊区域。由于部分宝宝因为膜的厚度比较厚，通过探通后仍有闭塞的可能，按摩能防止其不再粘连闭塞。另外，家长还要特别注意做好宝宝眼睛局部的日常清洁卫生，避免感染，同时还要防止宝宝感冒。

吐奶

大多数宝宝在这个月吐奶的情况都会好转，但不免还会有些宝宝依然会大口吐奶。

宝宝出现吐奶的原因，一是给宝宝喂的奶多了，引起吐奶。一般食量大的宝宝更会发生吐奶，而且大便次数也增多，体重增加很快。出现这种吐奶时，妈妈应适当减少宝宝的奶量，增加每天吃奶的次数，即少食多餐，吐奶情况一般就会好转。还有一种可能是，妈妈在给宝宝喂完奶后，马上就把宝宝放躺下，或是给宝宝洗澡、逗宝宝玩、令宝宝情绪激动，这些都会引起宝宝吐奶。只要在给宝宝喂完奶后，拍完嗝再让宝宝躺下休息，不要急着逗宝宝，让宝宝保持安静，就不会吐奶了。

如果上述方法都无效的话，那么就要观察宝宝其他方面是否正常。如果宝宝的体重增加正常、精神状况很好、不哭不闹、大便也正常，就不必管他。因为这种生理性的吐奶有时会持续到3个多月，甚至少数宝宝还会持续到5个月。如果宝宝吐出的奶流到耳朵里的话，应立即用柔软的棉布擦干净，以免损伤宝宝的耳朵，引起外耳炎。

有一种情况家长一定要警惕，就是宝宝在之前几个月里从来不吐奶，但到了这个月的某一天突然开始吐奶，就要想到有发生肠套叠的可能。如果宝宝在吐奶同时还排出果酱样大便的话，基本就可以确定了。肠套叠属于婴儿急症，一旦出现这种情况，就要及时带宝宝到医院治疗。

发热

2～3个月的宝宝很少发热，但由于此阶段的宝宝体温调节功能尚未发育完善，体温可随着周围环境的变化，发生一些变化。如夏季天气炎热，妈妈较长时间抱着宝宝时，会感觉宝宝身上很热，这是由于妈妈身体的热量传给宝宝，加上天气炎热，导致宝宝体温升高。发现宝宝发热时，家长不必惊慌，把宝宝放于凉爽的地方，过2～3小时后，宝宝体温就可以恢复正常。冬季，也会有因加热过度导致宝宝体温升高的情况。

这个月宝宝发热也可能有以下原因：

麻疹：极少数这个月的宝宝也可感染上发热性的传染病，如麻疹。有时父母或接触密切的人得了感冒会传给宝宝，导致宝宝发热，个别宝宝由于颌下淋巴结化脓导致发热，宝宝颌下淋巴结肿大，触摸时哭闹，表明很痛。此时应及早到医院就诊，及时治疗。

中耳炎：中耳炎是这个月宝宝的另一个发热性疾病，当宝宝发热同时哭闹不止时，也许是患了中耳炎，应该注意耳朵中是否有脓水流出。

肺炎：肺炎在这个月的宝宝中也很常见，但症状不像大年龄儿童那样典型，常表现为：吃奶减少，或吃奶呛、吐奶、吐沫。呼吸增快，吸气时鼻翼扇动，口周发青，一旦出这些症状，就要及时去看医生。

化脓性脑膜炎：这个月的宝宝发热时应该注意的另一个疾病是化脓性脑膜炎，它是威胁儿童生命健康的严重的感染性疾病。这些年，随着人们卫生条件的改善、生活水平的提高，这种疾病发病率明显减少了。除了发热以外，宝宝也会有烦躁不安、嗜睡、不吃奶、呕吐、哭声尖直、眼神发直，甚至惊厥的状况，这种情况发现时应及时到医院看医生。看到宝宝发热，年轻的父母常常手足无措，不知道怎么处理，为了发汗，将宝宝捂得严严实实，结果使患儿的体温超高热，甚至发生惊厥。这个月的宝宝发热时，不适宜药物降温，应采用物理降温。因此，宝宝体温较高时，尽量让他少穿一些，多饮水，并可用酒精（浓度30％左右）擦拭颈部、腋窝、大腿根、肘窝、腘窝等大血管走行的部位，可以达到很好的降温作用。

宝宝大便像成人一样臭正常吗

2个月大的宝宝大便像成人一样臭是正常现象。在正常情况下，宝宝出生时肠道是无菌的，出生后通过呼吸、吞咽动作，大约在出生后的2个小时，宝宝的肠道便开始有细菌。这些细菌的进入和繁殖，消耗了肠道内的大量氧气，形成一个低氧环境，低氧环境适合厌氧菌的发展，会促进双歧杆菌为主的对人体有益的细菌繁殖生长，当大量有益菌群繁殖定居肠道后，会反过来抑制需氧菌的生长，形成肠道菌群的平衡状态。

宝宝2个月时，大多数肠道菌群都已进入肠道，当宝宝吃了母乳或配方奶后，通过食物的刺激可使口腔、肝脏和胃肠道大量分泌助消化的各种酶来分解食物，同时肠道内的细菌中也含有多种酶，能使食物残渣和植物纤维分解，有助于食物的消化吸收。细菌分解食物是在发酵和腐败过程中进行的，所以会使大便产生臭味，这是一种正常生理现象。只要宝宝精神状态良好，体重正常增长，就不必因大便的气味而担心。

🐚 理发

2~3个月的宝宝出门、见人的机会变得多起来,除了换上正式的衣服,头发也需要理一理。由于宝宝这时候的头部还比较脆弱,最好选择用剪刀给宝宝理发,避免剃头刀在皮肤上留下肉眼看不到的痕迹。不少地方的风俗是为了让宝宝以后的头发长得浓密,常常给宝宝理光头。事实上,这是没有科学依据的。从另一个角度来看,宝宝好动,很容易碰到头,头发的存在往往能缓解头部受到的撞击力量。所以,宝宝的头发需要理,但没有必要理成光头。

🐚 洗澡程序

1.解下宝宝的尿布,清洗宝宝的臀部。先用尿布的边角,然后用浸湿的棉布(从前向后擦),给宝宝洗澡前要好好地清洗他的臀部,以免弄脏洗澡水。

2.现在给宝宝涂沐浴液,先涂身体,然后是头发。建议你开始时用浴用手套(柔软、防滑)。当你熟练后,可以直接用手给宝宝涂沐浴液。不要怕给宝宝的头涂沐浴液,囟门没有那么脆弱,它能够承受正常压力。

3. 将宝宝放入水中之前，请先洗净你沾满沐浴液的双手，用胳膊肘（皮肤的敏感处）测试水温。这样的测试并非没有用，它可以避免将宝宝放入过热或过冷的水中。

4. 将左手放在宝宝的脖子后，右手放在他的脚踝处，抱起宝宝，然后把他轻轻地放入水中。如果这时候宝宝有些紧张（通常每次更换位置时，宝宝都会出现紧张的情绪），可以和他讲话，你轻柔的声音和动作将很快使他平静下来。

5. 现在，用左手紧紧地抱住宝宝，用右手为他清洗，不要忘了头发和耳朵后部。将头发和耳朵后部放入手中片刻。当你觉得你已经习惯了抱住在水中的宝宝，而且他已经喜欢上洗澡时，你可以让他在水中嬉戏一会儿。

6. 几天后，当你可以很熟练地抱住在水中的宝宝时，你可以让他腹部贴在水中——宝宝通常都喜欢这种姿势。

7. 用刚介绍过的方法将宝宝从水中抱出

来，并把他放在浴巾上。从头发开始，仔细将宝宝擦干，注意仔细擦干有褶皱的皮肤，尤其是胳膊下、腹股沟、大腿、膝盖等处的皮肤。

8. 可以通过无摩擦地轻拍宝宝的皮肤来

使他的皮肤变干。然后他会为自己变干净了而感到很高兴，可以让他赤着身子胡乱动动。这也是给宝宝做按摩或让他做"体操"的好时机。

9. 宝宝准备穿衣服了。先给他穿上棉

制长袖衫，然后是羊毛的。如果你用连体衣代替长袖衫，则要先固定好宝宝的尿布，然后再给他穿上连体衣。最后，让宝宝趴着为他系上长袖衫背后的带子。

🐾 剪手指甲

宝宝的指甲生长速度快，而手指头又比较小，指甲很快就会超过指尖。如果不及时修剪过长的指甲，可能会导致这些后果：

1. 长指甲容易藏污纳垢，滋生细菌，成为疾病的传染源。

2. 有些初生的宝宝会喜欢握紧小拳头，长指甲就会在他们的手掌心上掐出深深的伤痕。

3. 宝宝在用长指甲抓痒时，很容易划破皮肤，而指甲里的细菌就会趁机而入了。

4. 宝宝活泼好动，而新生指甲又薄又软，长指甲就很容易在活动中被翻起并折断，严重的还可能会伤到手指皮肤。

一般来说，手指甲的生长速度较快，建议1周内修剪2～3次；而脚趾甲生长则慢得多，一般1个月修剪1～2次。指（趾）甲的合适长度是指（趾）甲顶端与指（趾）顶齐平或稍短一些。宝宝因为太小，在剪指甲时往往会很不配合，叫妈妈无从下手，一不小心就可能伤到宝宝幼嫩的肌肤，这里就有好多技巧，妈妈们要好好学习哦。

🐾 身体的怪声响

宝宝的身体总会发生一些"奇怪"的声音，令爸爸妈妈既好奇又担心。

肠鸣声

宝宝肚子里有时会发出"咕噜咕噜"的声音，就是肠鸣声。肠管是空腔脏器，当蠕动时，其中的气体和液体被挤压，肠间隙之间腹腔液与气体之间揉擦都会使肠管发出这种声音。一般情况下偶尔能够听见，当宝宝腹胀或患肠炎、肠功能紊乱时，听到的响声更明显，也更频繁。

胃叫声

胃和肠管一样属于空腔脏器，当胃内容物排空以后，胃部就会由贲门向幽门方向蠕动收缩。当胃部存在的液体和气体在胃壁剧烈收缩的情况下，就会被挤捏揉压，从而发出叽里咕噜的声音。当宝宝胃里出现这种声音时，很可能是表示他饿了，但是在胃胀气和消化不良的时候，也同样可能出现这样的声音。

关节弹声响

宝宝的韧带比较薄弱，关节窝较浅。关节周围韧带松弛，骨质较软，长骨端部有软骨板，当主关节屈伸的时候，关节处就会出现弹响声。这种声音随着宝宝逐渐长大、韧带逐渐变结实和肌肉逐渐地发达，会自动消失。有些成年人，当挤压关节或是关节活动不正常时，也会发出这种声音，一般情况下如无特殊症状，这就是正常的现象。但注意的是，如果当膝关节伸屈发出响声并伴有膝部疼痛的话，就应排除先天盘状半月板的问题；若髋关节出现关节弹响声的话，则应排除先天髋关节脱位的问题。

疝

人体内的各脏器和组织都有其固定的位置，当它们离开了原来的位置，通过人体正常或不正常的薄弱点或缺损间隙进入另一部位时，就会形成疝，常见的有腹股沟斜疝、股疝、脐疝等，多是肠管疝入"疝中"内，当令其复位时就会出现响声。当挤压"疝"时，就会发出"咯叽咯叽"的响声。除此之外，还有罕见的横膈疝，食管裂孔疝，即腹腔中的空腔脏器疝入胸腔，在肺部听到肠鸣音或胃蠕动声。疝是一种病症，如有发现应当及时治疗。

🐾 衣服被褥

这个月宝宝可以继续用以前的衣物被褥，但不要再给宝宝周围放多余物品，特别是塑料薄膜类的用品。因为这个月的宝宝可能会翻身了，如果在家人没有留意的情况下翻身碰到这些物品，轻则碰伤宝宝，重则甚至有窒息的危险。

这一月龄的宝宝开始学着抬头，脊柱颈段出现向前的生理弯曲。因此，为了维持宝宝的生理弯曲，保持体位舒适，就要给宝宝垫宝宝枕头了。好的宝宝枕头必须有适合的承托力、合适的高度和好的填充材料；高度以3～4厘米为宜，并根据宝宝的发育状况，逐渐调整枕头的高度；长度要与宝宝的肩部同宽为宜；质地要柔软、轻便、透气、吸湿性好。

家长可以给宝宝用以木棉、草籽、灯芯草、蒲绒、珍珠棉、蚕沙为填充物的宝宝枕头，另外传统的荞麦皮枕头也是不错的选择。尽量不要使用泡沫塑料或腈纶做充填物的枕头，也避免使用太软的纤维棉等材料填充的枕头。因为过于柔软的枕头无法承受住宝宝头部的重量，还容易出现窒息的危险。

除了过软的枕头，太硬的枕头和带凹的马鞍形枕头也不宜给宝宝使用。宝宝的颅骨很软，囟门和颅骨缝还未完全闭合，如果长期使用质地过硬的枕头，易造成头颅变形，或一侧脸大、一侧脸小，影响外形美观；而此时的宝宝有的还有吐奶的情况，如果选择带凹的枕头就可能会使吐出去的奶堵塞住宝宝的口鼻，造成窒息。

这一时期宝宝的新陈代谢旺盛，头部出汗较多，睡觉时很容易把枕头浸湿，汗液和头皮屑混合易使致病微生物黏附在枕面上，极易诱发颜面湿疹及头皮感染。因此，宝宝的枕芯要经常在太阳底下暴晒，最好每年更换一次枕芯，枕套也要常洗常换，保持清洁卫生。

怎样为宝宝穿脱衣服

虽说3个月的宝宝身子越来越硬朗了，但他们的脖子还不够硬，有的还不能自己支撑脑袋，而且前囟门的部位还很软，所以在给宝宝穿、脱衣服的时候应小心谨慎。

每次给宝宝穿衣或脱衣的时候，一定要让他仰面躺在垫子或毛巾上，等宝宝到了4个月大的时候，他就能稍微控制点自己的脑袋了，到那时就可以放心地把宝宝放在你的大腿上穿、脱衣服了。

给这个月的宝宝穿衣服，最不好穿的恐怕就属背心了。因为穿背心必须从头上套，而3个月宝宝的头部既是他身体中最大，也是最不容易控制的部位。但是，家长也不要太过担心，因为现在大多数的背心都是带松紧的脖口或肩膀上开扣的，很容易让宝宝的头钻过去。只要把宝宝仰放在床上或一个既平坦又坚实的地方，第一步先细心地把背心套在宝宝的头上；第二步轻轻地抬起宝宝的头，把背心拽到脖子上；第三步用一只手把袖孔处撑开，用另一只手把宝宝的一只胳膊伸进去后，再伸另一只，最后一步把背心轻轻拽下来就可以了。

🐌 睡眠问题

宝宝必须要从小养成一个规律的睡眠习惯。虽然宝宝在妈妈摇篮曲的哼唱声中能够更快更甜地入睡，但这种人为方式令其安然入梦是不宜提倡的，最好的睡眠方式还是自行入睡，这样的睡眠质量比较高。

2 ~ 3 个月的宝宝每天依然要睡 16 ~ 18 小时。一般来讲，宝宝通常在白天要睡 4 ~ 5 次，每次 1.5 ~ 2 小时，喂奶之后会醒一段时间。而夜间的睡眠时间则会相对延长一些，大约要睡 10 小时。

有的爸爸妈妈很喜欢用摇晃的方法让宝宝睡觉，觉得这样可以让宝宝更快入睡，但其实这种做法是不对的，甚至是有一定的危险性。因为宝宝的头相对要大而重，颈部肌肉软弱无力，当遇到震动时的自身反射性保护机能较差，所以传统那种哄宝宝睡觉时用力摇晃摇篮、推拉宝宝车、把宝宝高高抛起、在怀里来回晃动或是让宝宝躺在过于颠簸的车里等做法，都可能会令宝宝的头部受到一定程度的震动，从而造成脑损伤。长此以往的话，轻者可能造成脑震荡，严重者还可引起脑损伤，甚至留下永久性的后遗症。所以，爸爸妈妈尽量不要用摇晃的方法哄宝宝睡觉。

这一时期宝宝的头骨发育还没定型，所以在睡觉的时候一定要注意姿势，有些宝宝的头型不正就是因为睡姿不正确而造成的。虽然头型不正与大脑发育无关，也不会影响大脑的发育，但偏得太重的头形会影响美观。这时的宝宝发育很快，颅骨的可塑性大，及时采取措施，能纠正过来。可以让宝宝侧睡，后背用枕头或被子垫着，也可以经常调换睡觉的位置。但千万不能硬掰，以免造成损伤。

有的宝宝在入睡后可能会发出微弱的鼻鼾声，如果是偶然现象，就不是病态，家长不必担心。但如果是经常性的，而且鼻鼾声较大的话，那就应及早带宝宝到医院检查，谨防增殖体增大。

在人体的鼻咽部有个淋巴组织，医学上叫作增殖体。如果是病理性的增殖体增大，入睡后人就会张口呼吸，并引起鼻鼾。宝宝的增殖体增大严重时，还会引起硬腭高拱、牙齿外突、牙列不齐、唇厚、上唇翘、表情痴呆、精神不振、体虚和消瘦等反应。所以，如果宝宝睡眠时出现经常性鼻鼾，需要请专科医师诊断是否是病理性增殖体增大，如果是病理性的应及早做手术切除。

🐌 情绪护理

培养宝宝愉快的情绪，对宝宝身心健康很有好处。家长应该一有时间，就要多跟宝宝玩，常常要引逗宝宝，也可用手轻轻挠他的肚皮，引起他挥手蹬脚，甚至"咿咿呀呀"发声，或发出"咯咯"的笑声等方法来培养宝宝的愉快情绪。并注意观察哪一种动作最容易引起宝宝大笑，以后就要经常有意重复这种动作，使宝宝高兴而大声笑。宝宝的笑声是家庭快乐的源泉，情绪快乐是宝宝良好性格的开端，是宝宝身心健康发展的重要因素。

排泄护理

大小便是人天生的非条件生理反射。新生儿期，宝宝的排泄次数多且无规律性。但随着宝宝一天天长大，大小便次数减少，量增加。所以1~3个月的小宝宝排泄护理则稍不同于新生儿期，这阶段排泄护理有新的讲究。

宝宝的胃肠活动具有规律性，有利于宝宝皮肤的清洁，减少家长洗尿布的麻烦，还可训练宝宝膀胱储存功能及括约肌收缩功能。因此，在宝宝满月前后就应把大小便。

家长要注意观察宝宝的排便需求。多数宝宝在大便时会出现腹部鼓劲、脸发红、发愣等现象。当出现这些现象时，我们就试着给宝宝把便。并且，一般在宝宝睡醒或吃奶后也要及时把便，不要把得过勤，否则易造成尿频。在把便时，姿势要正确，使宝宝的头和背靠在大人身上，而大人的身体不要挺直。把便时，给予宝宝其他的条件刺激，如"嘘嘘"声诱导小便，"嗯嗯"声促使其大便。

眼睛护理

防止眼内斜

很多家长喜欢在宝宝的床栏中间系一根绳，上面悬挂一些可爱的小玩具。如果经常这样做，宝宝的眼睛较长时间地向中间旋转，就有可能发展成内斜视。正确的方法是，把玩具悬挂在围栏的周围，并经常更换玩具的位置。

勿遮挡眼睛

婴儿期是视觉发育最敏感的时期。如果宝宝的一只眼睛被遮挡几天时间，就有可能造成被遮盖眼永久性的视力异常，因此，一定不要随意遮盖宝宝的眼睛。

避免污水进眼睛

爸爸妈妈平时在给宝宝洗头时，注意不要让水流进他的眼睛里，要用专门的无刺激性的宝宝洗发水给宝宝洗头。

🐾 耳朵护理

宝宝的耳朵很软，如果你看到它们折到了一个不可思议的角度，你也别太惊讶。因为他们耳朵中的软骨尚未发育成熟，很易曲折，几周后，它会逐渐变硬，像成人的耳朵一样竖直，保持正常姿势了。

变换睡姿

经常变换躺姿，可以有效避免宝宝的耳朵严重变形。

避免杂音

尽量避免宝宝待在声音嘈杂、噪声严重的环境里，以免影响他的听觉发育。

及时清理

在给宝宝洗头时，尽量避免污水进入宝宝的耳朵内，如污水不慎流进宝宝的耳朵，要及时给宝宝擦除、清理。

🐾 四季护理

春季护理

春天是抱着宝宝进行户外活动的好季节，但还是要注意气温的变化。如果天气晴朗，没有风的时候，可以抱着宝宝出去走走；如果外面风沙较大，尤其是北方地区，就尽量不要抱宝宝出去；如果北方还没有停止供暖的话，最好也不要把宝宝抱出去，以防室内室外温差大令宝宝着凉感冒。另外春季是流行性感冒的多发季节，在抱着宝宝户外活动的时候，尽量要远离人群，特别是已经感冒的人。

夏季护理

痱子是由于在高温闷热环境下出汗过多，汗液蒸发不畅，导致汗管堵塞汗管破裂，汗液外渗入周围组织而引起的。夏季天气炎热，湿度大，宝宝更容易长痱子，特别是比较胖的宝宝。因此爸爸妈妈要勤给宝宝洗澡，保持皮肤的清洁干燥，洗完澡后可以在脖子下、腋下、臀部等容易长痱子的地方涂上痱子粉；保持室内的通风凉爽，及时更换衣服，擦干宝宝的汗；尽量不要在白天气温高日晒强的时候带宝宝出去。

此外夏季还要注意防蚊虫叮咬。蚊子叮咬可能会传播乙脑病毒，苍蝇如果落在宝宝脸上、手上，沾在手上的病菌就会通过宝宝吸吮手指进入消化道，引起肠炎。目前尚未发现电子蚊香对宝宝的成长发育有什么影响，但安全起见，最好是给宝宝使用蚊帐。

蚊虫除了直接叮咬宝宝之外，还很容易钻餐具的"空子"，因此给宝宝的餐具用过之后要清洗干净收好，直接放在桌子上的时候要用东西遮好，此外还要特别注意严格的消毒工作。

夏季的户外活动最好选择在树荫下乘凉最好，不要在高大建筑物旁避光，以免宝宝受到卷流风吹袭。发育较好的宝宝可以试着游游泳，但时间不宜太长。

秋季护理

秋季是锻炼宝宝耐寒力的最好时机。俗话说"春捂秋冻"，也有一定的道理，宝宝在秋季最不容易患病，所以此时父母应大胆的锻炼宝宝的耐寒能力，帮助宝宝增强呼吸道的抵抗力，使宝宝平安度过宝宝肺炎高发的动机。如果天气刚刚转凉就给宝宝捂得严严实实的话，就会削弱宝宝呼吸道对寒冷空气的耐受性，这样的宝宝更容易患上呼吸道感染疾病，长大后的抵抗力也比较差。所以，在这个季节，应该趁着秋高气爽多带宝宝到户外走走，接受阳光的照射还能让宝宝多多吸收维生素 D，减少佝偻病发生的可能。

冬季护理

冬季是宝宝肺炎的高发季节，所以家长一定要做好宝宝的日常护理工作。注意的是，即使天气再寒冷，也不宜给宝宝穿过多的衣服，尤其是在室内。对这个月龄的宝宝来说，室内最适宜的温度应保持在 18℃左右，过高的温度会导致室内空气较为干燥，而过低的温度又容易使宝宝着凉。如果是北方家庭暖气较热的话，可以使用空气加湿器来调节室内湿度，如果没有加湿器的话也可以在暖气旁放一盆水。南方家庭没有暖气、使用空调取暖的话，也注意不能讲空调温度调得过高，以 18 ~ 20℃为宜。

家庭环境的支持

室外活动

3 个月的宝宝视线范围由原来的 45° 扩大到 180°，能看 4 ~ 7 米远处的物体，对颜色也有了初步的分辨能力，并能够跟踪追随物体的运动，而且对能发出声音的、色彩鲜艳的或活动着的东西特别感兴趣，并开始尝试触觉、听觉、视觉或味觉的相互配合运用。

由于神经系统的发育，宝宝双手的抓握在这个月也出现了随意性的变化，并会主动去抓自己想要的东西，而且凡是看到了令他好奇的东西都想抓过来看一看、摸一摸，甚至是放到嘴里咬一咬。这一切的发育成果，都为进一步培养宝宝的观察力奠定了基础。

因此，这个月的室外活动，不仅是让宝宝多接受新鲜的空气和温暖的阳光，还是宝宝感知力和观察力的重要途径。通过观看外面的世界，并在看的过程中用自己的各种感觉去感受世界，宝宝的智力和心理都能获得良好的发育。

⑤ 玩具

宝宝到了第3个月，已经能够抓住带把的玩具了，但对目标的把握还不准确。可以给宝宝准备一些各种质地、各种色彩、便于抓握的玩具，如摇铃、小皮球、金属小圆盒、不倒翁、小方块积木、小勺、吹塑或橡皮动物、绒球或毛线球等，但宝宝可能会在晃动玩具时把玩具打到脸上，所以在选择玩具时要注意玩具的质地和硬度。

针对宝宝能够对周围环境发生兴趣的特点，可以准备一些颜色鲜艳、图案丰富、容易抓握、能发出不同响声的玩具，如拨浪鼓、哗铃棒、小闹钟、八音盒、可捏响的塑料玩具、软布球、小木块、手镯、脚环、未使用过的颜色鲜艳的小袜子和小丝巾等给宝宝玩。或是买一些带拉线的玩具，最好是一拉线就会动或发出响声的玩具，让宝宝学会拉动拉线使玩具发出响声，刺激宝宝玩耍的兴趣。由于宝宝很容易把玩具放到嘴里，所以应注意玩具的干净卫生，最好能定期消消毒。

此外，还可以选一些手感温柔、造型朴实、体积较大的毛绒玩具，放在宝宝手边或床上，让宝宝认识不同质地的小玩具，并且能给宝宝一些安全感。但毛绒玩具买回来之后，一定要先消毒清洗干净、晾晒后才能给宝宝玩。

潜能开发游戏

⑤ 手拍吊球

【目的】发展宝宝手眼配合协调的能力，为以后的进一步发展做好准备。

【玩法】在宝宝小床上方距离宝宝不远处悬挂一个带有铃铛的塑料小球，逗引宝宝用他的小手去拍击小球。当小球前后摇摆不断发出声响时，宝宝出于好奇不断地去击打它。由于这个时候的宝宝还不会估计距离，手的动作也欠灵活，所以经常会有拍空的情况，排空几次宝宝可能就会没了兴趣。这时，爸爸妈妈可以摇晃小球来吸引宝宝的注意力。注意：每次玩的时候要改变小球的悬吊位置，以免宝宝长时间的集中注视造成对眼。每次玩过以后，要记得把小球收起来，以防止总是长时间去盯视它。

⑤ 与宝宝对话

【目的】促进宝宝言语能力的发展。

【玩法】这个月爸爸妈妈再逗宝宝笑的时候，发现宝宝已经会发出会心的笑声了，而且笑也变成了经常性的交流。另外，宝宝开始能发出"咿咿呀呀"的声音了，他总是发出一些双元音，或是把一个元音拉长，活泼的宝宝还喜欢喊叫。宝宝自小喜欢喊叫是语言发育良好的开始，针对这些特点，爸爸妈妈就要多和宝宝说说话，还可以用夸张的口形同宝宝说话，让宝宝也发出声音来，以此激起宝宝与人对话的兴趣。

认识爸爸

【目的】发展宝宝的感受力、分析力、辨别力和记忆力。

【玩法】宝宝对妈妈比较熟悉，从现在开始就应该让宝宝认识和感受爸爸了。爸爸要主动同宝宝玩耍，让宝宝感受到爸爸和妈妈的不同。多数宝宝都喜欢让爸爸抱，把自己举得高高的，尤其是男宝宝，往往更喜欢惊险刺激，更喜欢爸爸豪爽的笑，这会让他感到更有趣。

3 ～ 4 个月

这个月的宝宝

体重

本月宝宝的增长速度较前 3 个月要缓慢一些，满 3 个月的男宝宝体重正常范围为 5.4 ~ 8.56 千克，平均体重 6.98 千克；女宝宝体重正常范围为 5.20 ~ 7.87 千克，平均体重 6.42 千克。这个月的宝宝体重可以增加 0.9 ~ 1.25 千克。

身高

这个月男宝宝的身高正常范围为 58.4 ~ 67.6 厘米，平均身高 63.0 厘米；女宝宝身高正常范围为 57.2 ~ 66.0 厘米，平均身高 61.6 厘米。这个月宝宝的身高增长速度与前三个月相比也开始减慢，一个月增长约 2 厘米。

头围

这个月宝宝的头围依然是发育最缓慢的。比 3 个月时增长约 1.4 厘米左右。男宝宝的头围正常范围为 38.4 ~ 43.6 厘米，平均头围 41.0 厘米；女宝宝的头围正常范围为 37.7 ~ 42.5 厘米，平均头围 40.1 厘米。

腰围

这个月宝宝的胸围已经和头围大致相等了。男宝宝的胸围正常范围为 37.4 ~ 45.7 厘米，平均胸围 41.55 厘米；女宝宝的胸围正常范围为

36.5 ~ 42.7 厘米，平均胸围 39.5 厘米。

前囟

在这个月，宝宝的后囟门将闭合，前囟门对边连线可以在 1.0 ~ 2.5 厘米不等，头看起来仍然较大。如果前囟门对边连线大于 3.0 厘米，或小于 0.5 厘米，应该请医生检查是否有异常情况。

营养需求与喂养

营养需求

这个月的宝宝每天每千克所需热量为 460 千焦（110 千卡）左右。如果母乳充足的话，那么足够提供宝宝成长所需营养，所以母乳喂养的宝宝此时仍然不需要添加任何的辅食，可以喂一些果汁来增加宝宝的饮食乐趣。

宝宝所需要的其他营养物质，如蛋白质、脂肪、矿物质、维生素等，都可以从乳类中获得，不过此时宝宝对碳水化合物的吸收能力仍然较差。这个时期的宝宝还容易缺铁，健康的宝宝可以从辅食中获取，如蛋黄、绿叶蔬菜等，但要一种一种地添加，并观察宝宝的反应。如果宝宝表现不耐受的话，就应减少添加量或暂停添加，等下个月再加。如果妈妈在孕期有贫血的话，宝宝在这个月就应该开始补充铁剂，适宜补充量为每天每千克体重 2 毫克。

母乳喂养

宝宝到了第 4 个月时，每天吃奶的次数基本固定了。如果母乳充足，可以不用添加辅食。相反，如果宝宝夜里睡眠时间明显缩短，开始出现哭闹，每周体重增长低于 100 克，排除疾病因素，提示为母乳不足，应该及时添加配方奶。有些宝宝吃惯了母乳，可能一时不愿意喝配方奶，爸爸妈妈也不用着急，可以给宝宝试着适当添加一些辅食，如米粉、蛋黄、菜汁、菜泥等。

母乳喂养的宝宝需要另外喂水吗

母乳喂养的宝宝，有时候看上去小嘴有点儿干，性急的妈妈会给他喂一些白开水。其实大可不必这样做。宝宝口腔看上去有些干，是因为宝宝口腔的唾液分泌较少，就是俗话说的"口水少"，这是很正常的现象。就算是给他不停地喂水，他的口腔还会是干干的，所以不必特别另外喂水。

🍼 人工喂养和混合喂养

到了第 4 个月，宝宝就满百天了，宝宝已经掌握了很多的技能，每天的活动量也加大了。爸爸妈妈应该注意到按照标准宝宝现在每次的喝奶量应达到 200 毫升，每天的总奶量应该到 1000 毫升。有些妈妈只考虑每次宝宝能喝多少，忽略了喂奶的次数，结果每天 6 次，每次 200 毫升，总奶量超出。因为短时间的超量，宝宝不会有什么不适表现，很多妈妈还觉得自己的宝宝很能吃，能长大个。事实上，很快宝宝就要出现问题。

1. 导致宝宝体重会超重，成了"小胖墩"。这个问题对于很多家长，尤其是老一辈的人，可能觉得不是问题，"宝宝能吃，胖乎乎的多好呀！"但是对于过胖的宝宝来讲，由于身体内部堆积了不必要的脂肪组织，使心脏的负担加重。因为身体过重，宝宝的动作较一般宝宝迟缓，进而导致宝宝的大动作发育，比如站立、行走时间也会较其他宝宝晚一些。所以，不论宝宝有多么爱喝奶，每天的总量也应控制在 1000 毫升以内。食量较大的宝宝可将总奶量调整到 900 毫升内，其他再适当喂些果汁、酸奶（宝宝能喝的低浓度酸奶）等。

2. 厌食奶粉（详见后文"厌食奶粉"内容）。

3. 宝宝 3 个月以前，肠胃不能完全吸收牛奶中的蛋白质，即使吃多了，宝宝也不能完全吸收，多余的会被排泄出去。而 3 个月以后，宝宝肠胃功能增强了，同时奶量也增加了，这时宝宝的肝脏和肾脏几乎全部动员起来帮助消化、吸收奶液中的营养成分。

4. 这个月的宝宝对妈妈更加依恋，并且会利用增加吃奶次数让妈妈抱着，尤其是混合喂养的宝宝，总要吃妈妈的奶，而且吃母乳很难计算每次的吃奶量，所以宝宝比较容易吃多。

能力发展与训练

🍼 运动

到了第 4 个月时，宝宝已经开始发生手眼协调动作。躺着时，四肢伸展，可抬起头，可拉脚至嘴边，吸吮大脚趾，会自然踢腿来移动身体。宝宝从这个月开始就会翻身了，先是从仰卧到侧卧，逐渐发展到从仰卧到俯卧。趴着时，身体会像飞机状摇摆，四肢伸展，背部挺起和弯曲，会伸直腿并可轻轻抬起屁股，膝盖向前缩起。用肘部支撑时就可以抬起头部和胸部，并根据自己的意愿向四周观看。对小床周围的物品均感兴趣，都要抓一抓、碰一碰，能把自己的衣服、小被子、小玩具抓住不放。这时的宝宝还不能独立坐稳。爸爸妈妈扶着时，宝宝能坐 30 分钟，头部、背脊挺直，且头和躯干能保持在一条线上，关节可以自由活动，身体不摇晃；如果不扶着宝宝，他能独坐 5 秒钟以上，但头部和身体向前倾。如果扶住腰部让宝宝站立，宝宝的臀部伸展，两膝虽然略微弯曲，但已能支持大部分体重。而且身体会做上下运动，两脚做轮流踏步动作。

视觉

4 个月的宝宝可以跟踪他面前半周视野内运动的任何物体。当宝宝仰卧时，如果将玩具从一侧拿给宝宝时，宝宝便会注意到，双臂活动起来，但手不一定会靠近玩具，或仅有微微抖动。这个月宝宝视觉发育最明显的一个特点是头眼协调能力好，视线特别灵活，能从一个物体转移到另外一个物体，也能随移动的物体从一侧到另一侧，移动180°，如果玩具从手中滑落掉在地上，宝宝会用眼睛去寻找。

听觉

到了第 4 个月时，如果在宝宝的一侧耳后大约15 厘米的地方使用摇铃，宝宝能转过头向发声的方向去寻找声源。不仅如此，更神奇的是 4 个月的宝宝已经能辨别不同音色，分辨熟悉和不熟悉的声音，听到妈妈的声音特别高兴，眼睛会朝着发出声音的方向看。区分男声女声，先给宝宝播放一个女声的歌曲，等到宝宝"适应"歌曲后，马上换男声，宝宝会有不同的反应。宝宝对语言中表达的感情已很敏感，能出现不同反应，如对愤怒的声音感到害怕，对玩具发出的声音会很有兴趣等。

言语

到了第 4 个月时，宝宝开始进一步学习发出新的音节，丰富自己的"语言库"，有些宝宝已经会努力地发出像"m"和"b"这样的辅音。而且不停地重复。宝宝对自己的声音开始感兴趣，能够自言自语，咿咿呀呀，虽然听起来仍像胡乱发出的音调，但如果仔细听，会发现宝宝已经会升高和降低声音，好像在发言或询问一些问题。这个时期的宝宝在语言发育和感情交流上进步较快。高兴时，会大声笑，笑声清脆悦耳。当有人与他讲话时，宝宝会发出咯咯咕咕的声音，好像在跟人对话。爸爸妈妈说话的时候，宝宝可能会很专注地观察你的嘴，并且试着模仿声调的变化。宝宝情绪越好，发音就越多。爸爸妈妈要在宝宝情绪高涨时，和宝宝多交谈，给宝宝发送更多的语音，让宝宝有更多的机会练习发音。

嗅觉

2 个月末时，宝宝已经能够对两种不同的气味进行分化，但还不稳定。随着大脑的不断发育成熟和经验的不断积累，到了 4 个月时，宝宝嗅觉的分化才比较稳定。能对有气味的物质发出各种反应，表现为面部表情发生变化，不规则地深呼吸，脉搏加强，打喷嚏，转头躲开有他不喜欢气味的物质，四肢和全身出现不安宁动作等。

味觉

到了 4 个月时，宝宝只要手上拿着东西，不管是能吃的还是不能吃的，都会一股脑儿往嘴里送。爸爸妈妈可能很担心，宝宝会把细菌吃进肚子里，但是这是宝宝凭借舌头来认识世界的方式，大人不要阻拦，爸爸妈妈要做的就是把宝宝的玩具定期消毒，生活中时刻注意不要让宝宝拿到对身体有危害的东西。

这个月里，有些宝宝已经开始添加辅食了。为宝宝添加了辅食的爸爸妈妈们可以发现宝宝对食物的微小改变已很敏感，并会做出反应。喜欢的味道会多吃点，不喜欢的味道会很抗拒，甚至会呕吐。

认知

到了第 4 个月时，宝宝头部运动的自控能力更加强了，这样使得宝宝的注意力得到更大的发展，能够有目的地看某些物像，宝宝更喜欢看妈妈，也喜欢看玩具和食物，尤其喜欢奶瓶。对新鲜物像能够保持更长时间的注视。注视后进行辨别差异的能力也不断增强。如果将玩具放在宝宝能触及的地方，宝宝会伸手完全靠近并抓住玩具；如果将玩具放在稍远的位置，有时宝宝会有试图探取的迹象。如果爸爸妈妈拿着两个同样的玩具，一个放在宝宝的手中，另一个放在稍远的地方（在宝宝视线范围内），宝宝的目光会追视另一个玩具，如果将两个玩具都放在宝宝手中，再拿一个同样的玩具放在稍远的地方（也在宝宝视线范围内），宝宝就会注视第三个玩具；如果将两个玩具同时放在宝宝身边，宝宝看到后有时会设法接触和抓住两个玩具。

随着大脑的发育，这时期宝宝的记忆更加清晰了，开始认识爸爸妈妈和周围亲人的脸，能够识别爸爸妈妈的表情好坏，能够认识玩具。如果爸爸从宝宝的视线中消失，宝宝会用眼睛去找，这就说明宝宝已经有了短时的、对看到物像的记忆能力。爸爸妈妈要抓住这个阶段，对宝宝的视觉潜能进行开发。

心理

4 个月的宝宝喜欢父母逗他玩，高兴了会开怀大笑，会自言自语，好像在背书，"咿呀"不停。会听儿歌且知道自己叫什么名字。能够主动用小手拍打眼前的玩具。见到妈妈和喜欢的人，知道主动伸手找抱。对周围的玩具、物品都会表示出浓厚的兴趣。

🐾 社会交往

宝宝开始能区分出陌生人和熟人，不会对每个人都非常友好，最喜欢的是爸爸妈妈，也渐渐开始喜欢其他的小朋友，如果有哥哥姐姐与宝宝说话，宝宝会非常高兴。如果听到街上或电视中有儿童的声音，宝宝也会扭头寻找。相比之下，宝宝对陌生人只会好奇地看一眼或微笑一下。可以看出，宝宝已经开始分辨生活中的人了。在与人互动时，宝宝会用微笑、发声或肢体语言与人进行情感交流，当看到家人时会流露出期待之情，挥手或举手臂要大人抱；当被大人抱着时会用小手抓紧大人；如果在宝宝哭泣时爸爸妈妈对他说话，宝宝会停止哭泣。

当宝宝看到一个他渴望接触和触摸的东西而自己又无法办到时，他就会通过喊叫、哭闹等方式要求大人帮助他；当宝宝看到奶瓶、母亲的乳房时，会表现出愉快的情绪；当他吃到奶时，会用他的小手拍奶瓶或母亲的乳房。照镜子时，宝宝能分辨出镜中的妈妈与自己，对镜中的影像微笑、"说话"，可能还会好奇地敲打镜子。

🐾 抓握训练

到4个月时，多数宝宝能主动抓握物品。此时，妈妈可以将宝宝抱到桌前，在桌子上放几个玩具，玩具放在离宝宝稍远而又能让他抓得着的地方，引导宝宝主动去拿。妈妈将玩具挂起来，抱着宝宝去探取，如果宝宝不会主动伸手抓玩具，妈妈可以抓着宝宝的手触碰玩具，同时说："宝宝真厉害，一下就抓住了。"或者为宝宝示范触摸、摆弄玩具，同时说："哈哈，抓住了，再来一下，嘭嘭，多好玩呀！"引导宝宝主动去抓握。

🐾 视觉训练

3～4个月时的宝宝视觉能力进一步增强，两眼的肌肉已经能够很好地协调运动，而且能够很容易地追随移动的物体，这时可以通过动态训练来发展宝宝的视觉。

在训练时，妈妈可以拿着玩具沿水平或上下方向慢慢移动，也可以前后转动，鼓励宝宝用视觉追踪移动的物体，还可以抱着宝宝观看鱼缸里游动的鱼、街上行走的人群和窗外的景物；或是准备一块白色的餐巾，放上一粒红色或黑色的糖豆，然后逗宝宝观看。如果宝宝伸手去摸、去抓，想通过各种方法试着把糖豆抓起来放进嘴里的话，妈妈就可以趁机观察宝宝的手部协调能力是否良好，看宝宝能不能用五个手指把糖豆扒到掌心。但要注意的是，千万不要让宝宝把糖豆塞到嘴里，以免卡着。

开关灯训练也是一个比较不错的训练方式。找一些颜色不同的小灯泡，逐个开关，让宝宝注意到灯泡在一闪一闪地，并能不断追踪每个不断亮起来的灯泡；或是在晚上将室内灯光调暗，然后拿手电筒照在墙壁上并上下移动，引导宝宝去看移动的亮光点。如果宝宝对这个光点非常关注的话，还可以再将手电筒上下左右缓慢地挪动，吸引宝宝去追看。

另外，爸爸妈妈在和宝宝说话的时候，要有意识地移动自己的头部，让宝宝的眼睛追着爸爸妈妈的脸庞，这也是使宝宝眼睛的灵活性得到锻炼的好方法。

🖐 翻身训练

4个月的宝宝，已经可以多做一些翻身与拉坐练习了，这能锻炼他的活动能力。

当宝宝在仰卧时，妈妈拍手或用玩具逗引使他的脸转向侧面，并用手轻轻扶背，帮助宝宝向侧面转动；当宝宝翻身向侧边时，妈妈要用语言称赞他，再从侧边帮助他转向俯卧，让他俯卧玩一会儿，然后，将宝宝翻回侧边仰卧，休息片刻再玩。这个训练可以让宝宝全身得到运动。

当宝宝在仰卧位时，妈妈可握住他的手，将他缓慢拉起，注意要让宝宝自己用力，妈妈仅用很小的力气，以后逐渐减力，或只握住妈妈的手指拉起来。通过这个训练，宝宝的头能伸直，躯干上部能挺直，还能使颈和背部肌肉得到锻炼。

🖐 培养自我服务意识

这个月的宝宝在喝水或吃奶时，家长可以把宝宝的小手放到奶瓶上，让他触摸，帮助宝宝开展早期的感知活动，这是生活自理能力的最初培养。5个月宝宝吃饼干时，让他自己拿着吃，7~9个月时由妈妈拿奶瓶给宝宝喝水或吃奶，逐渐改为成人略给帮助，由宝宝自己手扶奶瓶喝。平时穿衣服时教宝宝配合伸手臂，穿鞋让宝宝抬脚，能自己主动往鞋里伸脚。满1岁后更要注意自我服务能力的培养。吃饭的时候，适当地让宝宝自己拿勺吃，家长可给予适当的帮助，每次盛的饭菜量不要太多，以免洒到外边，不要因为怕食物洒得满地、弄脏衣服而限制宝宝生活自理能力的学习。

从宝宝起重视其自我服务意识的培养，鼓励其进步。宝宝自己动手的意识是很可贵的，如果这时阻止他的主动意识，将影响学龄前及学龄期的动手能力，导致学习困难。

日常护理注意问题

啃手指

这个月的宝宝除了啃自己的小拳头、吸吮自己的大拇指以外，还喜欢把身边的玩具拿来啃啃，这是宝宝发育过程中的正常行为，此时家长仍然不需要过多的干涉，也不用担心宝宝会因此形成"吸吮癖"。因为宝宝在一岁之后出现的吸吮癖和这时的吸吮手指并没有直接的因果关系。如果宝宝超过6个月后出现这种行为的话，那么就应通过分散宝宝注意力的办法，改掉宝宝的这个习惯；如果宝宝到了1岁甚至两三岁后还有这种行为，那么爸爸妈妈就要提高警惕，并坚决给予纠正。

对于总是啃手指的宝宝，家长要注意特别护理：多给宝宝喝白开水，以清洁口腔，同时及时为宝宝擦干口水，以免宝宝下颌部被淹红；宝宝的小手还有常玩的玩具要及时清洗；可以给宝宝磨牙玩具缓解宝宝的不适，也可以用磨牙食品，比如烤面包片、磨牙饼干等。

如果宝宝总是吃和看一只手，而另一只手则很少有类似的有目的的探索运动，或是似乎对另一只手没有存在的感觉，爸爸妈妈就应警惕有无发育问题，如脑瘫（偏侧瘫）的早期征象。在给宝宝做神经运动检查时，应注意两侧肢体运动、肌张力、神经反射的对称性。

咬乳头

引起这个现象的原因很多，最常见的是宝宝长牙，牙床肿胀，会有咬东西减少痛哭的需要。除了宝宝长牙之外，如果使用人工奶嘴，出现鼻塞不适、喝奶量降低或需要得到更多的关注时，都有可能导致宝宝咬妈妈的乳头。那么妈妈应该怎样应对这种情况呢？

1. 如果宝宝是第一次咬疼妈妈，请先保持沉稳，不要对宝宝大叫或大骂，而让他受到惊吓，也不要急着拉出乳头。建议妈妈不妨先深深吸一口气，缓缓吐出，等自己心神比较安定时，再让宝宝松口，然后好好检视一下自己的乳房。这样做，是为了避免妈妈一时着急，反而拉伤乳头。在被咬之后，妈妈也可以暂停喂奶，给宝宝固齿器，并且用严肃的口气告诉他："这个才可以咬，妈妈的乳头不可以咬。"不要以为宝宝小，什么都不懂，其实他会对妈妈的语气产生反应。

2. 如果妈妈发现宝宝长牙的征兆，就要在喂奶时尽量保持警觉。通常宝宝在吮吸乳房时，会张大嘴来含住整个乳晕。错误的吸吮动作是宝宝的嘴巴只含住乳头，这样就容易因姿势不良而导致妈妈的乳头破皮。所以，在宝宝吃得半饱时，妈妈要留意一下宝宝的吸吮位置是否改变，如果宝宝稍微将嘴巴松开，往乳头方向滑动，就要改变宝宝的姿势，避免乳头被咬。

3. 如果妈妈感觉宝宝可能快要咬乳头了，一定要尽快把食指伸入嘴里，让宝宝不是真的咬到乳房；宝宝已经吃够奶了，最好不要让宝宝衔着乳房睡觉，以免宝宝在睡梦中，因牙龈肿胀而起咬牙的冲动。

4. 这个阶段的宝宝，开始变得容易受外界吸引，因此，在喂奶的时候，最好找个安静、较少受影响的角落来喂奶。如此一来，可以避免宝宝受到外界环境的吸引，突然转头而拉扯到乳头，否则妈妈的乳头会很容易受伤的。

🍼 厌食奶粉

原来很爱喝奶粉的宝宝，3个月过后，突然某天开始变得不爱喝奶粉了。这时家长一般都会非常担心，怕宝宝饿着，就千方百计让宝宝喝，可是越着急宝宝越不喝，最后宝宝一看到奶瓶就烦得直哭。宝宝为什么会突然不喜欢奶粉了呢？有研究表明，大多厌食奶粉的宝宝，在出现厌食前的1~2周宝宝会出奇地爱喝牛奶，而且体重增长也很猛。由于一般奶粉比母乳的浓度高，长期过量喂牛奶的宝宝，肝脏及肾脏代谢量很大，非常疲惫，以至于最后"罢工"，宝宝的表现就是开始讨厌吃奶粉了。可以这样说，厌食奶粉是宝宝为了预防肥胖症身体自行采取的防护行为。

那么，宝宝出现厌食奶粉，爸爸妈妈应该怎么办呢？爸爸妈妈应该做的就是，让宝宝的肝脏和肾脏得到充分的休息，不要再继续给宝宝喂他不喜欢吃的奶粉，可以补充些果汁和水，直到宝宝能重新开始喝奶粉为止。宝宝的奶量减少了，有的妈妈会担心宝宝会不会饿，这就更可以放心了，还没有见过那个厌食奶粉的宝宝会被饿坏的。

如果是人工喂养的宝宝，首先应换一种奶粉，如果宝宝还是不喝，可以再把奶粉调稀一点，或者更换橡皮奶嘴，还有就是在宝宝睡得迷迷糊糊的时候，让宝宝喝下去。

宝宝不再厌食奶粉后，爸爸妈妈一定要记住不能过量给宝宝喂奶粉，还有就是按照奶粉的配水的比例，适当地把奶粉调稀一点。

🍼 厌食母乳

当母乳不足时，妈妈就开始给宝宝补充配方奶粉。配方奶粉一般是比较甜的，这使得宝宝很喜欢吃；奶瓶的孔眼比较大，出乳容易，速度快，对于嘴急，奶量大的宝宝来说，是很好的事情，要比吃母乳省力气。这样的宝宝不拒绝吸奶瓶，也不讨厌橡皮奶头的味道，也不嫌橡皮奶嘴硬，现在市场上价格比较贵的奶嘴，几乎接近了妈妈乳头的感觉，这就为宝宝摆脱母乳提供了条件，就会出现部分宝宝不再喜欢费力吃妈妈的奶了，甚至厌食母乳。

给宝宝拍嗝的技巧

给宝宝拍嗝需要掌握正确的时间，如果宝宝吃奶吃得正高兴，你最好不要为拍嗝而打断他。不然，可能会把宝宝弄哭起来，并让他吞入更多的空气。你应尽量利用喂奶过程中的自然停顿时间来给宝宝拍嗝，比如宝宝放开奶嘴或换吸另一只乳房时。喂奶结束后，也要再次给宝宝拍嗝。轻拍或抚摸宝宝的背部是让他排出吞入气体的最好方式。由于宝宝吐出空气时，可能会同时吐出一点儿喝下去的奶，所以，你要在手边随时准备一块布或毛巾，保护你的衣服。以下是给宝宝拍嗝的两种最常用的姿势，对大多数宝宝来说，其中某种姿势肯定会比其他姿势更有效。

给宝宝拍嗝主要有两种方法，一是俯肩拍气法，二是坐腿拍气法。

1.俯肩拍气法：先把垫布在妈妈的一侧肩上铺平，以免宝宝溢奶弄脏妈妈的衣服。将宝宝抱直放在肩膀上，让其下颌靠着垫布。妈妈一手抱住宝宝的臀部，另一手手掌弓成杯状，由下往上轻轻叩击宝宝的背部，或是把手掌摊平轻抚宝宝背部，直到宝宝打出嗝为止。

2.坐腿拍气法：将给宝宝的脖子上戴上围嘴，避免宝宝溢奶弄到衣服上。让宝宝坐在妈妈的大腿上，妈妈张开一只手的户口，托住宝宝的下颌及前胸，另一手手掌弓成杯状由下至上轻轻叩击宝宝的背部，或是将手掌摊平轻抚宝宝的背部，直到宝宝排出气为止。

积痰

有的宝宝从出生后半个月就出现积痰的现象了，1个多月的宝宝有积痰时，主要症状是胸部呼噜呼噜的发响，较严重的当大人抱起他的时候手部都能感觉到他胸部呼噜呼噜的震动。而到了3个月以后，宝宝常常会随着咳嗽，把吃进去的奶全部吐出来，在夜里更常见，一旦发生这种情况，爸爸妈妈往往就容易慌了手脚。

宝宝容易积痰大多都是体质的问题，多数爱积痰的宝宝都是渗出性体质、体型较胖、平时爱出汗、有宝宝湿疹、容易过敏、大便也较稀。对于这样的宝宝，控制体重、加强锻炼、增强身体抵抗力是减轻积痰问题的有效方式，只要这种现象没有妨碍到宝宝的日常生活，宝宝的精神依然很好，吃奶也好，体重也相应增加，就不需要特别护理。如果宝宝因为咳嗽一道把吃过的配方奶全吐出来的话，只要他还想吃，就可以继续给他吃。为了防止夜里吐奶，可以适当减少晚上的奶量。

由于洗澡会使血液的循环加快，导致支气管分泌旺盛，可能会加重积痰程度。所以如果发现宝宝积痰比较多的时候，就应减少洗澡的次数。

很多家长都担心宝宝长时间积痰会引起哮喘。实际上，几乎所有的积痰的宝宝，随着渐渐长大症状都会大大减轻甚至完全消失，只有极少部分缺乏锻炼宝宝，才会在长大后仍然有哮喘。因此，不要把容易积痰的宝宝当成病人，只要宝宝很精神，也不发热，经常发笑，吃奶也很好，就要完全按健康的宝宝去照料他们，平时也不要给宝宝穿得太多，天气晴好的时候尽量多做室外空气浴，以锻炼肌肉和支气管的抵抗力。

☺ 感冒

这个月是宝宝较少患病的一个月。如果家里有人感冒了，一两天后宝宝也出现了感冒症状时，就可以确定是得了感冒。不过，这个时候宝宝的感冒多数都表现为鼻子不通气、流清鼻涕、打喷嚏，体温一般都在37.5 ~ 37.6℃之间，不发高热，宝宝也不会表现得很痛苦。但可能会因为咳嗽、鼻子不通气等问题使宝宝吃东西变得困难，进而食欲有所下降，有些还会出现轻度腹泻的症状。

这种感冒一般持续2 ~ 3天就可以消退，而且宝宝的鼻涕也会由开始的水样清鼻涕变成黄色或绿色的浓鼻涕，吃奶量也会再次增加，所以家长没有必要太担心。只要在宝宝感冒期间，给宝宝多喝些温开水，注意调节室内的温度和湿度，注意保暖，暂停户外活动，控制洗澡时间和频率，并让患了感冒的家人远离宝宝就可以了。如果宝宝因为鼻子不通气而造成吃奶困难、食欲不振的话，可以适当减少吃奶量，多喝些果汁补充维生素 C；如果宝宝平时喉咙里总是呼噜呼噜的，容易积痰的话，就要多给他喝些温开水稀释痰液，或是利用吸痰器辅助吸痰；如果宝宝的感冒较为严重的话，可以吃些适合宝宝吃的感冒药，以免引起发热或其他严重并发症。注意的是，感冒的宝宝千万不能"捂"，否则会加重病情。

感冒本身对宝宝的健康来说，并不会造成太大的影响，一般一周之内都能痊愈。但是，家长也不可就此就对宝宝的感冒掉以轻心，因为如果在宝宝感冒时没有重视护理，一旦引起某些并发症，那么后果就可大可小了。例如，很多感冒病毒都可能会侵害心肌，引发心肌炎；如果宝宝是早产儿、低体重儿或有先天性心脏病、营养不良、贫血、佝偻病等，若不积极治疗的话就会并发支气管炎、肺炎等，严重时会危及生命或迁延不愈；病毒性感冒不仅可以继发上呼吸道感染，如链球菌感染，引起扁桃体炎，2～4周后还可引发急性肾小球肾炎，出现水肿、血尿和蛋白尿，病情严重者还会发展为急性肾衰竭。所以，一旦发现宝宝有感冒症状，家长就要加强护理工作，以免感冒蔓延，造成其他影响宝宝健康成长的病症。

认生

这个时期的宝宝，会开始出现"认生"的表现了，宝宝看到爸爸妈妈，会高兴得手舞足蹈。但见到陌生人，尤其是陌生的男性，会表现为焦虑不安甚至哭闹。这是宝宝情感发展的第一个重要里程碑，也是宝宝发育过程中的一种社会化表现。宝宝认生的程度将在8～12个月达到高峰，以后逐渐减弱。

斜视

有的宝宝由于种种原因，两只眼睛眼睛无法相互配合成组运动，也无法同时注视同一物体，这种情况被称为斜视，是婴幼儿最常见的眼病之一。斜视不仅影响美观，还会影响宝宝的视力发育。

斜视有外斜和内斜之分，外斜就是通常所说的"斜白眼"，内斜就是通常所说的"斗鸡眼"，婴幼儿的斜视以内斜居多。它们有些是先天的，有些则是后天形成的。先天性的难以预防，只有到一定年龄时求治医生治疗，但不少斜视的发生与宝宝期时的养育不当有关，这一点应当引起爸爸妈妈足够的重视。

但是，宝宝在出生最初几个月内，调节眼球活动的一些肌肉发育还不完善，双眼的共同协调运动能力较差，而且他总是喜欢用深沉和目不转睛的凝视来观察周围事物或与人交流，再加上此时宝宝的鼻骨未能发育完全，两眼距离较近，所以有时会令爸爸妈妈感觉有些"斗鸡眼"。但事实上，这种现象对于4个月以内的宝宝来说，是一种暂时性的生理现象，是由其发育尚不完全造成的，通常随着宝宝未来几个月双眼共同注视能力的提高，自然就会消失。所以此据此断定宝宝斜视，未免有些欠妥。

如果家长还是不放心的话，可以准备一把手电筒，宝宝仰卧在光线较暗的地方，然后在距宝宝双眼大约50厘米的正前方用小手电筒照射双眼。如果光点同时落在宝宝的瞳孔中央，就说明宝宝没有斜视，或者为假性斜视；如果光点一个落在瞳孔中央，另一个落在瞳孔的内侧或外侧，就可以判定为斜视，应及时去医院诊治。

如果经检查发现宝宝在 4 个月时已有斜视，可以试着用以下简单方法调节：

内斜：爸爸妈妈可以在较远的位置与宝宝说话，或在稍远的正视范围内挂些色彩鲜艳的玩具，并让宝宝多看些会动的东西。

外斜：经常转换大人与宝宝间的视觉，让宝宝调换睡觉方向，并采取和调节内斜相反的方法；也可以让宝宝先注视一个目标物体，再将此目标由远而近直至鼻尖，反复练习，以助于增强宝宝双眼的聚合能力。

当然，造成宝宝斜视的原因有时并非单一的，如经过 4 ~ 6 个月的调节仍无效时，就应当去医院治疗。一般人的视觉发育，从出生后 3 个月开始，一直可以持续到 8 岁左右，其中 2 岁以前是婴幼儿视力发育的关键期。如果治疗及时的话，就能很好地起到纠正眼位、提高视力的作用，但如果错过了最佳的治疗期，就会造成弱视，使宝宝本应正常的视觉功能受到不同程度的损害。因此，治疗斜视越早越好。

预防宝宝斜视，重在消除引起斜视的条件：宝宝床上方的玩具应多角度悬挂，尽量不要让宝宝长时间注视近距离及同一方向的物品；经常变换宝宝睡眠的体位，使光线投射的方向经常改变，避免宝宝的眼球经常只转向一侧造成斜视；不要长时间把宝宝放在摇篮里，家人应该不时地将宝宝抱起来走动走动，扩大宝宝的视野范围，促使其四处观看，从而增加眼球的转动，增强眼肌和神经的协调能力，避免产生斜视。

夜啼

尽管夜啼在宝宝的各个月龄中都会发生，有些较早的可能在出生 2 ~ 3 周后就开始了，但大多数有夜啼习惯的宝宝都是从这个月突然开始的。一旦开始夜啼，宝宝往往就哭个没完没了，而且面部涨得通红，刚开始的时候难免会把爸爸妈妈吓一跳，以为宝宝是生病了。

有些夜啼是一种不好的习惯，也有些是某些疾病的信号。当宝宝在某天突然发生夜啼时，家长要检查看看宝宝有没有其他异常的症状。如果宝宝不发热，就可知道不是中耳炎、淋巴结炎之类的炎症；如果宝宝是连续不断地哭的话，就知道不是肠套叠，因为患肠套叠的宝宝虽然也是哭得很厉害，但哭法与夜啼不一样，是每隔 5 分钟左右哭一阵，而且一吃奶就吐。

比较好哄的宝宝只要在他夜啼的时候，妈妈把他抱起来轻轻地晃两下，或是轻轻地拍拍、抚摸几下背部，他就可以沉沉地睡去；比较难哄的宝宝可能怎么抱着哄都不管用，这时不妨把他放到宝宝车里走上几圈，他就能很快停止哭闹了。对于夜啼的宝宝，爸爸妈妈要用充分的耐心和信心，相信宝宝慢慢地长大，这种麻烦总会消失的。

有时候宝宝在白天也会"干号"几声，可能是在任性发脾气，只要大人不予理睬过不了多久他就会自动停止；但是宝宝在夜里哭闹时，就不能用这种不予理睬的方式了，因为这会加重宝宝的消极情绪。用爱抚来缓解宝宝的焦虑和孤独感，是应对夜啼唯一有效的办法，所以就需要爸爸妈妈有充分的耐心和良好的情绪。如果爸爸妈妈带着急躁、生气、愤怒、抱怨、争吵、焦虑等不良情绪哄宝宝的话，效果会比不予理睬更糟糕。因为宝宝对爸爸妈妈的情绪感受非常敏锐，这种消极的情绪会被他充分感知到，进而使宝宝本来已经很糟糕的情绪更加糟糕，也会让他哭得更厉害。

◎ 倒睫、结膜炎

宝宝在出生 4 个月左右时，爸爸妈妈常会在睡醒觉或早晨起床后，发现宝宝眼角或外眼角沾有眼屎，而且眼睛里泪汪汪的。仔细一看还可能发现，宝宝下眼睑的睫毛倒向眼内，触到了眼球。这种现象叫倒睫，当睫毛倒向眼内时刺激了角膜，所以导致宝宝出眼屎和流眼泪。

造成宝宝倒睫的原因，主要是由于宝宝的脸蛋较胖，脂肪丰满，使下眼睑倒向眼睛的内侧而出现倒睫。一般情况下，过了 5 个月，随着宝宝的面部变得俏丽起来，倒睫也就自然痊愈了。另一个导致宝宝眼睛出眼屎的原因，可能是"急性结膜炎"而引起的，这可以从急性期宝宝的白眼球是否充血做出初步判断。严重时，宝宝早上起来因上下眼睑沾到一起而睁不开眼睛，爸爸妈妈必须小心翼翼地用干净的湿棉布擦洗后才能睁开。宝宝的"急性结膜炎"很多情况下是由细菌引起的，滴 2 ~ 3 次眼药水后就会痊愈。

◎ 理发

由于刚出生的宝宝颅骨较软，头皮柔嫩，理发时宝宝也不懂得配合，稍有不慎就可能弄伤宝宝的头皮。宝宝对细菌或病毒的感染抵抗力低，头皮的自卫能力不强，一旦头皮受伤就可能会导致头皮发炎或形成毛囊炎，甚至影响头发的生长。所以，给宝宝理发最好是选在宝宝3个月以后。但是，如果宝宝出生在春末夏初的话，为了避免头上长痱子，也可适当提前理发，最好是趁着宝宝睡觉时进行，以免宝宝乱动。

如果打算自己在家亲自给宝宝理发，那么在购买婴幼儿理发工具时，最好是去婴幼儿用品专柜或专卖店购买，选择可靠的品牌和安全的产品。理发工具最好用剪刀，理发前应先把梳子、剪子等理发工具用75%酒精消一下毒，并彻底清洁双手，保证手部的卫生。

　　在给宝宝理发的过程中，动作要轻柔，要顺着宝宝的动作，不可以和宝宝较劲。理发时要不断与宝宝进行交流，分散其注意力并随时注意宝宝的表情，如果宝宝不合作、哭闹的话应先暂停理发，以免不慎碰伤宝宝。理发之后要先用极软的毛刷将剪下的碎头发扫干净，防止宝宝抓挠，然后立即给宝宝清洗头发，以清理干净头皮和碎发。洗头发的时候最好是仰着脸洗，这样可以防止误把没有清理干净的碎发弄到宝宝眼睛里。

　　如果宝宝头部出现痱子，在给宝宝理好发、洗干净之后，要擦上痱子粉，还要勤洗头，保持头发的清洁；如果宝宝头上有头垢，最好要先用宝宝油涂在头部24小时，头垢软化后，用宝宝洗发露清除头垢，然后再理发。这是为了防止在理发过程中，将头垢带下来引起疼痛和感染；如果宝宝头部长了湿疹，更应该及时理发，防止湿疹进一步恶化。有湿疹的宝宝在理发时，要特别注意推子离头皮应远一些，防止刺激湿疹。

　　由于宝宝的头发本来就很软，如果洗完之后理，头发会更软，增加了理发难度。所以给宝宝理发一定要干发时理，理好之后再洗发。不建议给这么大的宝宝理光头，因为宝宝的头骨和神经系统还没有完全长好，近距离地接触宝宝的头皮往往有可能损伤头骨和神经系统。

🐾 洗屁屁

　　给这个阶段的宝宝洗屁屁，水温要适宜（最好使用温水），一般在36 ~ 37℃，大人先用手被试一试，不能有烫的感觉。要用质地柔软的小毛巾或纱布洗屁股，每次洗后搓洗干净，放在阳光下晾晒。

　　给宝宝洗屁屁时要从上向下洗，就是先洗尿道处，再洗肛门周围，以防止肛门部位的细菌污染尿道口，这对女宝宝尤为重要，因为尿道口离肛门近，更容易感染；每次洗完屁股后，注意检查尿道口，会阴部和肛门周围，如发现有发红、发炎等情况，要及时进行处理，必要时到医院做进一步处理。

　　洗屁屁的姿势也有讲究：

床边洗

　　适合在冬季。宝宝常常被包裹得很严实，更换尿布洗屁股时要注意保暖。上身用小被子盖好，妈妈的动作要轻、快，左手提起宝宝的两条腿，水盆置于小屁屁下，右手用小毛巾从上往下洗净，再擦干。

"把尿式"洗

　　适合四五个月后的宝宝。最好有两个大人配合进行，一人将宝宝抱成

"把尿式"姿势，另一人蹲在宝宝的对面，从上往下洗。

蹲洗式

适合比较大，已会走路的宝宝，只需一个大人完成。大人坐在小凳上，两腿分开，让宝宝蹲在大人的两腿之间，两只小手放在大人的左腿上，水盆放在宝宝的屁股下，由前向后洗。

合适的枕头

3～4个月时，宝宝的头与身体的比例逐渐趋于协调，所以可以给宝宝睡枕头了。给宝宝专用的枕头可以用棉布做枕套，用谷子、小米或荞麦皮作芯。由于考虑到宝宝的个体差异，枕头的规格尺寸也不宜规定得太死，但一般情况下可以参考以下标准：长 30 厘米、宽 15 厘米、高 3 厘米为宜。宝宝的枕头切忌太高。此外，由于宝宝的头常常偏向妈妈一侧，总一个姿势不利于宝宝头部的自由活动，也容易将头睡偏甚至造成习惯性斜颈。所以在使用枕头时，妈妈还要经常变换宝宝小床的位置或睡的方向。

开始戴围嘴

由于这时候的宝宝唾液分泌增多，口腔较浅，而且闭唇和吞咽动作还不协调，宝宝还不能把分泌的唾液及时咽下，所以会流很多口水。这时，为了保护宝宝的颈部和胸部不被唾液弄湿，可以给宝宝戴个围嘴。这样不仅可以让宝宝感觉舒适，而且还可以减少换衣服的次数。围嘴可以到宝宝用品商店去买，也可以用吸水性强的棉布、薄绒布或毛巾布自己制作。注意的是，不要为了省事而选用塑料及橡胶制成的围嘴，这种围嘴虽然不怕湿，但对宝宝的下巴和手都会产生不良影响。宝宝的围嘴要勤换洗，换下的围嘴每次清洗后要用开水烫一下，最好能在太阳下晒干备用。

衣服被褥

3个多月的宝宝的衣服不需要准备太多，因为这个时候宝宝的生长发育很快，常常会发生新衣服还没来得及穿，或是衣服买来还没穿过几回就变小穿不了了，白白浪费。而且衣服过多的话轮换的周期就长，会影响衣服的清洁，所以一般情况下，冬季准备4套、夏季准备6套、春秋季节准备3套，能保证正常的清洗更换就足够了。而且这个时候给宝宝的衣服不必追求样式的新颖独特，只要质地柔软、面料舒适、方便穿脱、方便活动就可以了，冬天的话最好是给宝宝穿棉衣而不是毛衣，因为毛衣有时候会有毛掉下来，如果被宝宝吸入呼吸道就会刺激到呼吸道黏膜，引起咳嗽、哮喘、过敏等问题。

不宜给宝宝穿着连体服，最好是衣服和裤子分开各一件，外出时也不要给宝宝戴衣服上连着的帽子，否则会妨碍宝宝转头。即使天气再冷，也不要为了保暖给宝宝戴上手套或穿袖口很长的衣服，或用被子整个给宝宝裹起来，这样会妨碍到宝宝的正常肢体活动，不利于其运动能力的发展，从而也会影响到宝宝智力的发育。

给宝宝铺盖的被褥要经常拿到户外去晾晒消毒，阳光是最好的消毒手段。很多家庭会使用消毒液浸泡消毒，但这或多或少会使消毒液中的某些成分残留到上面，再给宝宝使用时，会对宝宝的皮肤造成一定的刺激伤害。给宝宝洗所有的衣物最好都是用宝宝皂、宝宝洗衣粉或洗衣液，而不能直接用成人用的洗衣粉。

睡眠问题

3 ~ 4 个月的宝宝的睡眠时间因人而异，大多数都在午前、午后各睡2 个小时左右，晚上从 8 点开始睡，夜里醒 1 ~ 2 次，但也有少数宝宝与此不同。但是宝宝对外界的环境很敏感，往往难以入睡，或在熟睡中被惊醒，有的宝宝在这个月的时候，还会出现入睡困难、惊醒哭闹等现象。

保证宝宝的睡眠质量，除了保持宝宝的卧室安静、空气新鲜，温度和光线适宜外，还要合理解决随时出现的问题。有的宝宝白天睡得还好，一到晚上就哭哭啼啼地不好好睡觉。宝宝睡眠不好，不仅闹得全家和邻居不得安宁，而且还会影响宝宝的健康发育和成长。要解决宝宝睡眠不好的问题，就要先找对原因，对症下药。

这个月龄的宝宝睡眠不好主要有以下几种原因：

1. 白天睡得太多，到了晚上反倒清醒或活跃。

2. 母乳不足造成奶不够吃或者口渴。

3. 衣被太厚，压得宝宝不舒服，而且宝宝容易出汗。

4. 尿布尿湿了。

5. 家长过于频繁检查尿布，干扰了宝宝的睡眠。

6. 身体不舒服，如感冒、胃肠功能紊乱、消化不良、肠胀气、肠痉挛等异常情况都会影响睡眠。

7. 缺锌。

缺锌会影响宝宝的睡眠质量，一旦宝宝睡得不好就急忙补锌，但很多时候，即使补了锌还依旧是于事无补，归根到底还是因为没能找到真正影响宝宝睡眠质量的原因。再有的爸爸妈妈，当宝宝夜里哭闹不肯睡觉时，所采取的方法不是积极寻找宝宝哭闹的原因，而是将宝宝抱起来又哄又摇，即使这样可以暂时奏效，但长此以往反而会养成宝宝只有爸爸妈妈抱在怀里摇晃才能入睡的坏习惯。这种做法不仅影响宝宝的睡眠质量，还会使爸爸妈妈疲惫不堪。所以，唯一解决宝宝睡眠问题的办法就是，通过仔细观察，尽快设法找到导致宝宝睡眠不好的因素，并积极实施对策，消除这些诱因，宝宝的睡眠问题就能迎刃而解了。

四季护理

春季护理

3 个月的宝宝头部已经能够挺直，因此赶上风和日丽的天气，只要宝宝情绪好、精神的话，就应该多带着宝宝到户外去感受大自然。可以每天上下午带着宝宝各活动 1 个小时左右，出去的时候也不要再让宝宝躺在宝宝车里，最好是把他抱起来，让他多看看四周的自然环境。如果太阳比较强烈的话，可以给宝宝戴上一顶有沿的小布帽，以遮挡阳光对宝宝眼睛的照射。

有的宝宝在春季，脸上的皮肤会显得有些干燥粗糙，有的湿疹还会加重，这些都是由于气候而造成的自然现象，随着天气慢慢变热会自然改善。不过春季比较容易过敏，因此对于母乳喂养的宝宝，妈妈要特别注意少吃海鲜、辛辣等可能会引起过敏和刺激的食物。

由于春天的气候还不稳定，有的时候有"倒春寒"，所以要注意随温度及时增减衣物；有扬沙时不要带着宝宝出去，以防空气中的悬浮物刺激宝宝的呼吸道。

夏季护理

夏季里宝宝睡觉如果不肯盖被子、不老实的话，可以把小薄毛巾被搭在宝宝的肚子上，避免他肚子着凉即可。如果想让宝宝出去透透风的话，最好是选在清早，因为这时的空气环境比较好，而且气温不会太高、也不会太晒。

夏季最重要的是预防宝宝患上空调病。人的皮肤在高温环境下血管、汗腺都会自动敞开，当温度突然降低时，就会引起血管收缩、汗腺孔闭合、交感神经兴奋，内脏血管随之也收缩。加上空调环境往往是门窗紧闭，空气不流通，氧气稀薄，因此宝宝就会出现皮肤干燥、鼻塞、咽喉痛、头晕头痛、胃肠不适胀气、大便溏稀、腹泻、食欲不振等空调病症状。

为了防止空调病，开空调的时候不能让宝宝直接在风口下吹风，更不能让宝宝在空调下睡觉。开空调时用毛巾被或小毛巾盖住宝宝的肚子和膝关节，保护好最容易受冷刺激的部位。空调的温度不宜过高，与室外的温差最好不要超过 5℃。不要长时间开空调，开 4 ~ 6 小时就应该关上空调，打开窗户让空气流通一下；还要坚持每天用温水洗澡。

秋季护理

即使天气转凉，也应该坚持每天 1 ~ 2 小时的户外运动，以增强宝宝的耐寒能力和呼吸道抵抗病毒侵袭的能力，为宝宝度过寒冷的冬天做好准备。不要一看天气转凉，就急着赶忙给宝宝添衣服，这种做法非但不能保护宝宝，反而会增加宝宝冬季呼吸道感染的概率。另外也不要急着紧闭门窗，尽量减少室内外温差。

秋季应注意防止小儿腹泻，最好以母乳喂养，注意饮食卫生，防止病从口入；合理喂养、定时定量，按时添加辅食，切忌几种辅食一起添加；平时加强体格锻炼，增强体质；还要及早治疗营养不良、佝偻病等一些易致慢性腹泻的疾病；平时在家里备好药性温和的肠胃药。

由于秋季腹泻是由病毒引起的，如果使用抗生素的话，非但无效，反而还会杀死肠道中的正常菌群，引起菌群紊乱，加重腹泻。所以，一旦宝宝出现腹泻的话，不能使用抗生素。如果病情较轻、每天腹泻在 4 ~ 5 次以内、精神状态良好的话，家长可减少宝宝的奶量及其他食物，并以糖盐水代替，减轻胃肠道的负担，避免过食或喂富有脂肪的食物，并口服补液；如果腹泻频繁、症状严重的话，就应该立即带宝宝去医院就医，不能擅自乱服药物。

冬季护理

即使是冬天，宝宝睡觉的时候也不宜盖得太厚，否则会降低宝宝对环境的适应力和对疾病的抵抗能力。如果平时在家里穿的太多的话，也不利于四肢活动，从而阻碍宝宝运动能力发展。在室内穿衣的原则是不冷即可，这样当宝宝到户外后，才不会因为室内外温差过大，宝宝的呼吸道承受不住外界冷空气的刺激而感冒发热。

此外，不要因为天气冷就把宝宝闷在家里，这样不利于宝宝增强抵抗力。不过在带宝宝出去的时候，要特别保护好手脚，以免冻伤。还要注意的是，给宝宝穿的袜子，袜子口不能过紧，否则会影响腿部的血液循环而引起冻伤。

冬天带着宝宝进行室外活动时，不要给宝宝戴口罩或纱巾，因为口罩会影响宝宝的正常呼吸，而纱巾既会干扰宝宝的视力，也容易被宝宝的口水弄湿，从而沾染上空气中的灰尘，顺势再被宝宝吃到嘴里。空气中的灰尘里常带有多种的病原菌，会对宝宝的健康造成威胁。此外，夹杂在灰尘中的结核菌还会沾到宝宝的眼睫毛上，当宝宝揉眼睛时就会被宝宝揉进眼里，造成结核性角膜炎。所以，冬天的室外活动最好选择阳光温暖的晴朗天气，风大或空气质量差的时候就不要带宝宝外出了，可以改为室内空气浴。

冬季里也应该按时给宝宝洗澡，建议每隔 1 天洗 1 次澡，有条件的家庭最好是每天都能给宝宝的洗澡，以保证宝宝的清洁卫生。

家庭环境的支持

室外活动

经过 3 个多月的发育成长，宝宝的眼睛已经能够相当清楚地看东西，对外界的各种事物也开始关注并充满了好奇心，还可以支配自己的头部左右眺望。所以从第 3 个月起，就应适当增加到外面去的时间，一方面可以让宝宝有一个愉快的好心情，另一方面也可以让宝宝通过空气的刺激锻炼皮肤，增强宝宝的抗病能力。

满 3 个月的宝宝每天的户外时间最好能在 1 ~ 2 小时，可以根据季节和天气情况适当调整。这个月的宝宝头部已经能够挺直，他开始想让大人竖着抱而不是横着抱了，所以家长也不妨把宝宝竖着抱起来，扩大他的视野范围。但是在竖抱着宝宝时，应注意宝宝脖子的挺立程度，如果宝宝的脖子能够挺立 20 ~ 30 分钟也不感到疲劳的话，就可以把每次的室外活动时间控制在 20 分钟，并注意保护好宝宝的颈部和头部。也可以让宝宝躺在手推车里，但还不能用坐式的手推车，也不要带着宝宝去商场、超市等人多的地方，以免感染疾病。

如果天气比较冷的话，也尽量选择温暖的午后给宝宝进行 20 ~ 30 分钟的室外空气浴。呼吸冷空气可锻炼宝宝的气管黏膜，从而增强抵抗力，但是要注意保护好宝宝的手脚和耳朵，回家后也可以给宝宝揉搓按摩一下小手小脚。夏天炎热的时候外出要选择背阴的地方，避免阳光直射到宝宝的皮肤，如果宝宝出汗了的话回家要用温热的毛巾将汗擦干后，及时换上干净的衣服，并加喂果汁和温开水，以补充宝宝因出汗而消耗的水分。

玩具

宝宝 3 ~ 4 个月时，动作发育有很大进展，不再被动地玩玩具。他的小手会紧紧抓东西，还会把抓的东西往嘴里放。因此，这一月龄的宝宝玩具首先必须是干净的。妈妈要经常给玩具清洗消毒，防止病从口入。其次，玩具必须是能让宝宝抓握的、有声响的，这点尤为重要。因为宝宝用自己的小手摇动使玩具发出声响，会吸引他的注意力，锻炼和促使宝宝有意识地发展。再次，吊挂在天花板下的、有声响的玩具可以锻炼宝宝的脖颈儿，发展他的抬头、转头动作。妈妈拉动玩具下方的布绳，使玩具发出声响，吸引俯卧的宝宝抬头，仰卧的宝宝就会向妈妈希望的方向转头（治疗斜颈的锻炼方法之一）。这样，宝宝在游戏中得到了锻炼。为宝宝选择玩具，有两点要避免：一是矩形玩具，它虽然便于宝宝抓握，但是宝宝拿着它容易碰伤柔嫩的面部；二是过小的玩具，避免宝宝吞进肚子或卡住喉咙，妈妈要慎重选择。

潜能开发游戏

抱高高游戏

【目的】训练宝宝的平衡感。

【玩法】刚开始玩时，不能一下就把宝宝举得过高，只能先举到与大人视线交会的高度，并且注意不要忽上忽下、速度过快，要慢慢来。抱高高的游戏几乎是所有宝宝的最爱。

破坏大王

【目的】宝宝通过对各种纸张的多次触摸，体验纸张的感觉，培养宝宝的创作能力。

【玩法】把不同的纸张递给宝宝，让他自由地揉搓或撕掉。每种纸都让他多感受几次。

森林动物小聚会

【目的】这是一个可以锻炼宝宝模仿能力、记忆能力、创造能力、创新能力以及语言能力等综合能力的小游戏。

【玩法】爸爸或妈妈先把准备好的小动物玩具摆放在一边，把小马拿给宝宝看，然后模仿一下马的叫声，接着把玩具鸭子拿给宝宝看，学鸭子摇摇摆摆地走和"嘎嘎嘎"地叫……

4～5个月

这个月的宝宝

到 5 个月时，宝宝已经逐渐"成熟"起来，显露出活泼、可爱的体态，而且身长、体重等的增长速度也渐渐比出生前 3 个月缓慢下来。

体重

这个月宝宝的体重增长速度开始下降。4 个月以前，宝宝每月平均体重增加 0.9～1.25 千克；从第 4 个月开始，宝宝体重平均每月增加 0.45～0.75 千克。满 4 个月男宝宝体重的正常范围为 5.94～9.18 千克，平均为 7.56 千克；女宝宝体重的正常范围为 5.51～8.51 千克，平均为 7.01 千克。

身高

男宝宝在这个月身高的正常范围为 60.7～69.5 厘米，平均为 65.1 厘米；女宝宝身高正常范围为 59.4～68.2 厘米，平均为 63.8 厘米。在这个月平均可长高 2 厘米。宝宝身高的个体差异是受诸多方面影响的，并且会随着年龄的增大逐渐变得明显起来。一般说来，3 岁以前身高更多的是受种族、性别影响，3 岁以后遗传的影响作用会越来越明显。

头围

从这个月开始，宝宝头围增长速度也开始放缓，平均每月可增长 1 厘米。男宝宝头围的正常范围为 39.7～44.5 厘米，平均为 42.1 厘米；女宝宝头围的正常范围为 38.3～43.6 厘米，平均为 41.2 厘米。

胸围

宝宝这个月的胸围较上个月平均增长了 0.7～0.8 厘米。男宝宝胸围的正常范围为 38.3～46.3 厘米，平均为 42.3 厘米；女宝宝胸围的正常范围为 38.8～44.9 厘米，平均为 41.1 厘米。

囟门

这个月宝宝的囟门可能会有所减小，也可没有什么变化。

牙齿

很少数宝宝开始出乳牙。

乳牙萌出的顺序

萌芽顺序	牙齿名称	萌芽时间	萌芽总数
1	下中切牙	4 ~ 10 个月	2
2	上中切牙	4 ~ 10 个月	2
3	上侧切牙	4 ~ 14 个月	2
4	下侧切牙	6 ~ 14 个月	2
5	第一乳磨牙	10 ~ 17 个月	4
6	尖牙	16 ~ 24 个月	4
7	第二乳磨牙	20 ~ 30 个月	4

营养需求与喂养

营养需求

这个月宝宝对营养的需求量没有较大的变化，每日每千克所需热量仍然为460千焦（110千卡）。一般情况下，母乳能满足6个月内宝宝所有营养素需要，而质量合格的配方奶也能提供大部分已知营养素。如果需要额外补充营养素的话，最好经过医生指导再进行补充，所选的营养素剂型以经过微胶囊处理的为佳，因为该种制剂通过微胶囊将各元素分开，从而使各元素能分段吸收，避免了元素间的相互作用。

在给宝宝额外补充营养元素的时候，家长还要注意以下几点：

1. 每日摄入某元素总量不应超过该营养素可耐受最高摄入量，以防中毒。

2. 正常情况下，某元素膳食以外添加量应低于推荐摄入量（RNI），以补充1/3到2/3的RNI量为宜。

3. 如果补充单一矿物质的话，最好与膳食同时食入，分几次服用，这样比一次服完一天量的吸收率要高。

4. 如果同时补充多种矿物质的话，要注意各元素间的相互拮抗作用，例如钙与铁、锌之间就存在着相互制约的关系，如果补充过多的钙，就会导致体内铁、锌的流失。

母乳喂养

到了第5个月时，妈妈要为宝宝增加辅食了。如果妈妈的乳量充足，宝宝体重增长（一周增加约140克），那么只需要给宝宝添加一些果汁、菜汁和鸡蛋黄：每次宝宝大约喝50毫升的果汁和菜汁，一天喝2次。每天宝宝吃1/4个鸡蛋黄，家长可以将蛋黄压碎后，用小勺喂宝宝吃，同时还可以锻炼宝宝的咀嚼能力。

人工喂养

有的爸爸妈妈认为宝宝的奶量要随着月龄的增加而增加，这种理解是错误的。还有的爸爸妈妈发现自己的宝宝比书上说的或是奶粉袋上说的同月龄的宝宝吃得少，就认为宝宝可能是厌食了，缺锌了，或是消化不好等，开始盲目给宝宝补锌，吃助消化的药物。这些想法和做法都是错误的。

到了第5个月，宝宝的奶量基本不变。宝宝奶量不增加，并不是宝宝吃奶不好。因为宝宝的胃肠功能逐渐完善，奶量虽然没有增加，但是宝宝对奶粉的消化吸收能力增强了，同样可以满足宝宝生长的需要。只要宝宝精神好，体重稳定增长，就不用担心宝宝会饿着或是厌食了。同样，从这个月开始给宝宝添加果汁、菜汁和鸡蛋黄等辅食。

混合喂养

混合喂养的宝宝，到了这个月出现厌食奶粉的现象比较多。母乳不足，宝宝不吃奶粉，就意味着需要添加乳类以外的辅助食品了。可以先添加 20 ~ 30 克的米粉，然后观察宝宝大便情况，如果拉稀，就减量或停掉，或换成米汤、面汤等。

给宝宝初喂辅食需要耐心

第 1 次喂固体食物时，有的宝宝可能会将食物吐出来，这只是因为他还不熟悉新食物的味道，并不表示他不喜欢。在宝宝学习吃新食物的过程中，你会需要连续喂宝宝，让他习惯新的味道。

1. 为进食创造愉快的气氛

最好在你感觉轻松，宝宝心情舒畅的时候为宝宝添加新食物。紧张的气氛会破坏宝宝的食欲和对进食的兴趣。

2. 尝试了解宝宝进食的反应

如果宝宝肚子饿了，当他看到食物时会兴奋得手舞足蹈，身体前倾并张开嘴。相反，如果宝宝不饿，他会闭上嘴巴把头转开或者闭上眼睛睡觉。

3. 注意宝宝是否对食物过敏

当你开始喂宝宝固体食物时，要注意观察，宝宝可能会对食物有过敏反应，如起疹子、腹泻、不舒服、烦躁不安等。医生建议每次只添加少量单一种类食物，几天后再添加另一种。这样，如果宝宝有任何不良反应，你便可以立即知道是哪种食物造成的了。

🐾 初加辅食注意事项

乳类食品是宝宝的主要食品，但随着宝宝机体逐渐长大的需要，应及时添加辅食。宝宝消化道嫩弱，如果不根据宝宝的月龄大小以及实际需要，添加过量的辅食或在宝宝患病时仍照常饮食，都会造成宝宝消化不良和吐泻等现象。因此，在添加辅食时要十分小心。

🐾 辅食添加原则

4~6个月宝宝添加辅食的原则

1. 以母乳或配方奶为主，流食为辅

4~6个月的宝宝，消化功能尚未发育完全，适应新的食物需要一个过程，这个时期以母乳或配方奶为主，适当添加类似于母乳或配方奶的流食。让宝宝开始接受除母乳或配方乳以外的食物。

2. 大米糊是优先考虑的辅食

大米是接触过的过敏可能性最小、最容易消化、无刺激性气味的基本食材。做成大米糊有利于宝宝的消化和吸收，对断奶有很大的帮助。此外，米糊不仅可以给宝宝补充更多的营养，还能锻炼宝宝吞咽固体食物的能力。

3. 每周添加一种蔬菜

在宝宝习惯了吃大米糊之后，每周可添加一种味淡、膳食纤维少、易消化的蔬菜，如南瓜、土豆、胡萝卜等。每周添加一种，使宝宝有足够的时间适应这种食物，避免养成偏食的坏习惯。万一出现异常，也比较容易查出原因。

7~9个月宝宝添加辅食的原则

1. 继续以母乳或配方奶为主

虽然给宝宝添加辅食的次数和量都在增加，但是这个时期还是以母乳或配方乳为主。完全断奶容易造成宝宝营养不良、免疫力下降，所以要保证宝宝每天哺乳3~4次，总量应在600毫升左右，保证能给宝宝的生长发育提供足量的脂肪。哺乳量应随着辅食添加量的增加而减少，并且最好在宝宝吃完辅食之后再哺乳。

2. 开始添加零食

宝宝到了8个月的时候已经可以熟练地爬行和借助辅助物站立了，这些动作都会消化宝宝很多热能。因此辅食已经满足不了宝宝的需要，这时爸爸妈妈每天应给宝宝准备1~2次零食。零食应选容易消化的，量也不能太多，否则会给宝宝的消化系统带来负担。

3. 辅食的摄入量因宝宝而异

从 7 个月开始，就开始有规律地每天给宝宝喂 3 次辅食，但每次的量因宝宝而异，食欲好的宝宝可以多吃点，食欲不好的宝宝也不要太过勉强。每次喂食量为 80 ~ 120 克，不宜变动太大。

10 ~ 12 个月宝宝添加辅食的原则

1. 哺乳继续进行

宝宝在这个阶段新陈代谢特别旺盛，活动量增多，要补充足够的能量。而母乳或配方乳是最能满足宝宝这一需求的。所以妈妈在给宝宝准备辅食的同时，还应坚持每天哺乳 3 ~ 4 次，总量应在 600 ~ 700 毫升。

2. 辅食软硬要适度

这个时期的宝宝虽然已经长牙了，但是咀嚼吞咽食物还是有点困难。所以爸爸妈妈在给宝宝准备辅食的时候要注意软硬适度，以香蕉、猕猴桃、木瓜等的软硬度最为适宜，不能挑过于坚硬食物，如果宝宝未经嚼碎直接吞咽，轻者引起消化不良，重者会有窒息的危险。

3. 辅食的摄入量要适当

宝宝通过辅食可以摄入身体所需的营养成分，根据不同的宝宝控制他们的摄入量。不宜过少，过少会营养不良，过多容易引起肥胖。这个阶段的宝宝每次食用辅食的量应为 120 ~ 150 克为宜。

4. 辅食不宜添加过多调料

随着咀嚼功能和消化功能的逐渐发育，10 个月以上的宝宝已经可以和大人一样吃一般的家常菜了。但是味重、味浓、油腻、辛辣的食物容易使宝宝消化不良，加重肠胃以及肾脏的负担，有害健康。因此，专为宝宝准备的饭菜不宜添加过多调味料。

辅食添加顺序

由于宝宝的肠胃功能还没有发育完全，因此爸爸妈妈在给宝宝添加辅食的时候要遵循一定的顺序，让宝宝的肠胃有一个慢慢适应的过程。

爸爸妈妈在每添加一种新的食物时，要由少到多，由稀到稠；逐渐增加辅食种类；由半固体食物慢慢过渡到固体食物。

1. 谷物类食物优先。如米糊、藕粉、红薯粉等。

2. 其次是蔬菜汁或蔬菜泥。如菠菜汁、胡萝卜泥、土豆泥等，蔬菜一定要洗净，以免有药物残留。

3. 然后是鲜果汁、水果泥。如苹果汁、香蕉泥、草莓泥等，水果要削去果皮。

4. 最后添加动物性食物。如鸡蛋、鱼肉、禽类肉末、畜类肉末等。在添加动物性食物的时候，也要按一定的顺序，先添加较软鸡蛋羹，再添加的鱼肉泥，最后添加禽畜肉末。

辅食制作技巧

辅食的形式有三种，即液体食物、半固体食物、固体食物。给宝宝添加辅食时，要做到碎、软、烂，米糊、面片汤、混沌、果汁等比较适合作为宝宝的辅食。制作辅食对很多爸爸妈妈来说还是相当棘手的一个问题，在这里给爸爸妈妈们介绍一些制作辅食的技巧。

1. 配料合理，营养均衡

每餐辅食最好包括：一种主食做主要的成分，最好用大米、小米、粳米等；一种蛋白质辅助食品，可用动物或植物蛋白质如奶类、肉类、鱼、蛋、豆类等；一种含矿物质和维生素的辅助食品，如蔬菜和水果；一种供应热能的辅助食品，如油类或糖类，用来增加混合膳食所提供的热能。每餐辅食最好能以适合的比例采用这四种成分，以形成完善的平衡膳食。

2. 色泽鲜艳，勾起食欲

宝宝对颜色比较敏感，因此爸爸妈妈在给宝宝准备辅食的时候，应注意用不同颜色食物的搭配，这样可以刺激宝宝的食欲。

3. 少用调味料

宝宝的辅食不宜放太多油、糖、盐等，也不宜使用刺激性的调味料。烹调要以清蒸或煮为主，不宜煎或炸，蔬菜烧煮的时间不宜过长，以免维生素流失。

辅食推荐

如何制作米糊

将大米、小米淘洗干净，浸泡2个小时，放入豆浆机，加水，打磨成浆，煮成糊状即成米糊。

大米糊

原料：大米150克，水200毫升，白砂糖5克。

做法：

1. 将大米淘洗干净，用清水浸泡2个小时后，捞出沥干水分，放入豆浆机里，加入水、白砂糖，打磨成浆。

2. 大米浆倒进锅里，加适量水，中火慢煮，边煮边搅拌，煮至搅拌有黏稠感即可。

如何制作果汁

新鲜水果（苹果、橘子、梨、草莓等）洗净，放入榨汁机，榨出果汁，用温开水稀释即成果汁。

苹果汁

原料：苹果 2 个，水 100 毫升。

做法：

1. 苹果洗净、去皮、核，切小块。

2. 把苹果和水放入榨汁机内，搅打均匀即可。

如何制作果泥

新鲜的水果（苹果、猕猴桃、梨、草莓等）洗净，削皮后用勺子刮果肉，捣成泥状，即可做成果泥。

猕猴桃泥

原料：猕猴桃 2 个。

做法：

1. 将猕猴桃洗净，去皮。

2. 取一个不锈钢勺子和一个碗，用勺子将猕猴桃果肉一层一层地刮进碗里，再搅拌均匀即可做成果泥。

如何制作菜泥

新鲜蔬菜（菠菜、大白菜、上海青等）择洗干净，用沸水焯熟，取出趁热捣烂成泥，即可做成蔬菜泥。

菠菜泥

原料：菠菜 150 克，盐 2 克。

做法：

1. 菠菜择洗干净。

2. 锅中加入适量清水，加盐，大火煮沸，将菠菜放进沸水里焯熟，捞出。

3. 把焯熟的菠菜放在案板上切碎，放入研钵里，趁热用研棒研磨成泥状即可。

如何制作菜水

新鲜蔬菜（菠菜、大白菜、上海青等）择洗干净，切碎，煮熟后捞出，装进纱布袋里，挤出菜汁，即可做成菜水。

白菜水

原料：白菜 150 克，盐 2 克。

做法：

1. 白菜择洗干净，切碎。

2. 锅中加入适量清水，加盐，大火煮沸，将白菜碎放进沸水里煮熟，端离火口，稍稍晾凉。

3. 用消毒纱布将煮熟的白菜碎包住，挤出菜水即可。

如何制作果实类蔬菜泥

将果实类蔬菜（南瓜、土豆、山药等）洗净，去皮洗净，蒸熟后，趁热捣烂成泥即可。

能力发展与训练

运动

第5个月时，宝宝手脚的运动能力增强，肌肉发育增快。仰卧时，宝宝会举起伸直的双腿，看着自己的小脚丫，能从仰卧位翻滚到俯卧位，并把双手从胸下抽出来。宝宝趴着时，已经能神气十足地挺胸抬头，双肘和双前臂也能向前伸直，有时还会胸部离床，将上身的重量落在手上。有时甚至双腿也离开床铺，身体以腹部为支点在床上打转。当从俯卧位翻身时，能侧身弯曲至半坐的姿势。现在宝宝将接受一个重大的挑战——坐起。

随着宝宝背部和颈部肌肉力量的逐渐增强，以及头、颈和躯干的平衡发育，宝宝开始迈出"坐起"这一小步。当爸爸妈妈扶宝宝坐起来时，宝宝的头和躯干能保持在一条线上，头可以转动，也能自由地活动，不摇晃，把宝宝放在床上，宝宝能用手支撑在床面上独坐5秒钟以上，但头身向前倾；当爸爸妈妈握住宝宝的双手，轻轻地拉他坐起，宝宝的头能自始至终与躯干保持在一条水平线上；当爸爸妈妈用双手托住宝宝胸背部，向上举起，然后落下，宝宝的双臂能向前伸直，做出保护性的动作。当爸爸妈妈用双手扶住宝宝腋下，让宝宝站立，宝宝的臀部能伸展，两膝略微弯曲，支持大部分体重。

视觉

细心的爸爸妈妈会发现，到第5个月时，宝宝眨眼的次数明显增多，能看清楚几米远的物体了，并且还在继续扩展。宝宝的眼球能上下左右移动，注意一些小东西，如桌上的小玩具。当宝宝看见妈妈时，眼睛会紧跟着妈妈的身影移动。5个月的宝宝已经完全能分辨红色、蓝色和黄色之间的差异。如果宝宝喜欢红色或黄色，不要感到吃惊，这些颜色似乎是这个月龄宝宝最喜欢的颜色。

🐣 听觉

到第5个月时,宝宝开始对各种新奇的声音感到好奇,并且会定位声源。如果从房间的另一边和他说话,宝宝就会把头转向传来声音的一边,并试图寻找同他对话的人。当宝宝啼哭的时候,如果放一段音乐,正哭的宝宝会停止啼哭,扭头寻找发出音乐的地方,并集中注意力倾听。听到柔和动听的曲子时,宝宝会发出"咯咯"的笑声。听到鞭炮声或打雷声,宝宝就会感到害怕,甚至会大声啼哭。

🐣 言语

到了第5个月时,宝宝的语音越来越丰富,发音逐渐增多,除"哦""啊"之外,已经开始将元音与较多的辅音(通常有f、S、sh、z、k、m等)合念了,而且声音大小、高低、快慢也有变化,还试图通过吹气、咿咿呀呀、尖叫、笑等方式来"说话"。宝宝已经可以清楚地表达自己的感情了。当看到熟悉的人或物时会主动发音,可通过发声表达高兴或不高兴,会抱怨地咆哮、快乐地笑、兴奋地尖叫或者大笑,对不同的声调做出不同的反应。这个月里爱哭的宝宝和老实的宝宝差别越来越大了。

🐣 嗅觉

到第5个月时,宝宝嗅觉分化的更加稳定了,对于气味的反应与成人类似,闻到花香会微笑,闻到腐臭味会出现厌恶表情。在其他感官能力尚未发展成熟之前,宝宝主要依靠嗅觉来认识世界。因此,应该为宝宝安排空气流通的生活空间,保持嗅觉的敏锐度。爸爸妈妈可以准备一些小罐子,放入有不同味道的物品,做成许多不同味道的嗅觉瓶,以训练宝宝的嗅觉辨识能力。

🐣 味觉

第5个月仍然是宝宝味觉发育和功能完善最迅速的时期。这个月的宝宝对食物味道的任何变化,都会表现出非常敏锐的反应并留下"记忆"。因此,宝宝能比较清楚地区别出食物酸、甜、苦、辣等各种不同的味道。此时,爸爸妈妈应该利用宝宝的味觉发育敏感期,让宝宝品尝各种食物的味道,不但能够促进宝宝感知觉发育,同时更是培养宝宝良好饮食习惯、避免日后出现挑食的重要措施。

🐣 认知

5个月的宝宝已经会用表情表达他的想法,能辨别亲人的声音,能认识妈妈的脸,总爱抬起胳膊,期望着爸爸妈妈去拥抱他,当愿望不能满足时,宝宝就会大声地叫。宝宝还能区别熟人和陌生人,对陌生人感到焦虑、害怕，不让生人抱，对生人躲避，也就是常说的"认生"了。这时的宝宝视野扩大了，对周围的一切都很感兴趣，会把看到的东西准确地抓到手。抓到手里以后，还会翻过来倒过去地仔细看，把东西从这只手换到另一只手。同时，宝宝观察周围环境的能力也进一步地提高了，宝宝可以明白一个重要的概念——因果关系。在踢床垫时，宝宝可能会感到宝宝床在摇晃，或者在宝宝打击或摇动铃铛时，会认识到可以发出声音。一旦宝宝知道自己弄出这些有趣的东西，宝宝将继续尝试其他东西，观察出现的结果。

5个月时，宝宝记忆力逐渐增强，对物体开始有一个完整的概念。从现在开始，爸爸妈妈要有计划地教宝宝认识他周围的日常事物了。宝宝最先学会的是在眼前变化的东西，如能发光的、音调高的或会动的东西，像灯、收录机、机动玩具等。

心理

这时的宝宝喜欢和人玩藏猫咪、摇铃铛，还喜欢看电视、照镜子，对着镜子里的人笑，还会用东西对敲。宝宝的生活丰富了许多家长可以每天陪着宝宝看周围世界丰富多彩的事物，你可以随机地看到什么就对他介绍什么，干什么就讲什么。如电灯会发光、照明，音响会唱歌、讲故事等。各种玩具的名称都可以告诉宝宝，让他看、摸。这样坚持下去，每天5～6次。开始宝宝学习认第一样东西需要15～20天，学认第二样东西需要12～16天，以后就越来越快了。注意不要性急，要一样一样地教，还要根据宝宝的兴趣去教。这样，5个半月时就会认识一件物品了，6个半月时就会认识2～3件物品了。

社交能力

这个阶段的宝宝特别招人喜爱，每天都长时间的展现愉悦的微笑，除非生病或不舒服。会在妈妈怀里"咿咿呀呀"地撒娇，已经能清晰地分辨出熟人和陌生人，成人与儿童。当听到爸爸妈妈或熟悉的人说话的声音时，就会非常高兴，不仅仅是微笑，有时还会大声笑。当看到陌生人时，表情会比较严肃，而不是像对待家人那样放松；会用伸手、发音等方式主动与其他小宝宝交往，会对陌生的宝宝微笑，还会伸手去触摸其他的宝宝。当爸爸妈妈给宝宝照镜子时，宝宝仍然会对镜中的影像微笑，但已能分辨出自己与镜中影像的不同。他会明确地注意镜中自己的脸或手，轻拍镜中自己的影子，而不仅仅是无目的地抚摸镜子。当爸爸妈妈给宝宝洗脸时，如果他不愿意，他会将爸爸妈妈的手推开。

🐾 记忆力

宝宝从一出生就具有了形成记忆的能力，在那个阶段各种信息以一种自动的、无意识的形式进入宝宝的记忆中，而且只能存留很短的时间。到了4个月以后，宝宝的大脑皮质发育得更加成熟，这是他能够有意识地存储并回忆一些信息，最明显的表现就是，他只需看一眼，就知道某个东西是他所熟悉的，而某个东西是陌生的，并能对此迅速作出反应。

训练宝宝的记忆力有很多方法，例如，可以抱着宝宝坐在桌边的椅子上，把他喜欢的玩具放在桌子上，拿出其中一件，让他摸摸并跟他谈论这个玩具，然后让宝宝背向玩具。如果宝宝懂得转过头去并主动找出刚刚所拿的玩具的话，就把玩具给他玩一玩，并多多鼓励他。

如果宝宝趴在地上玩的话，可以先把一种玩具放他面前，引起他的注意后再把玩具放到他身边别的地方，如手边、脚边或腿边，然后问问宝宝"玩具去哪了"，引导宝宝扭动着身子去寻找玩具。如果宝宝一开始不知所措的话，爸爸妈妈可以先耐心引导，帮助他找到玩具，以此来增强宝宝的信心，过不了多久，他就会主动去寻找玩具了。

🐾 咀嚼能力

宝宝生来就有寻觅和吮吸的本领，但咀嚼动作的完成需要舌头、口腔、面颊肌肉和牙齿彼此协调运动，必须经过对口腔、咽喉的反复刺激和不断训练才能获得。因此，习惯了吮吸的宝宝，要学会咀嚼吞咽是需要一个过程的，逐渐增加换乳食物是锻炼宝宝咀嚼能力的最好办法。

咀嚼食物对宝宝的影响：咀嚼食物可以使宝宝的牙齿、舌头和嘴唇全部用上，有利于语言功能的发展；为宝宝1岁半时发声打好基础，要求充分利用换乳食物期，锻炼宝宝的咀嚼与吞咽能力。

咀嚼训练的过程：

第一步

时间：4～6个月。

训练重点：吞咽。

添加辅食特点：半流质。

可选换乳食物：米糊、蛋黄泥、果泥、蔬菜泥。

宝宝由奶瓶食用改为小匙食用可能会不太习惯，千万不可因此就轻易放弃。

第二步

时间：7～12个月。

训练重点：咬、嚼。

添加辅食特点：黏稠、粗颗粒。

可选换乳食物：碎肉、碎菜末、碎水果粒、面包片、手指饼。

开始时，妈妈应先给宝宝示范具体的咀嚼动作，教宝宝咀嚼，还可用语言提醒宝宝用牙齿咬。

第三步

时间：12个月以上。

训练重点：咀嚼后的吞咽。

添加辅食特点：较粗的固体。

可选换乳食物：水饺、馄饨、米饭、其他膳食纤维不太多的成人食物。

随着牙齿的健全，宝宝的咀嚼吞咽动作协调，渐渐地可以用牙齿咬碎再咀嚼。这时应给宝宝吃较粗的固体食物，多吃粗粮。父母在日常生活中要做好典范，利用宝宝爱模仿的特性，经常示范咀嚼动作给宝宝看，每口食物应慢慢咀嚼，每口咀嚼10次以上。

咀嚼训练关键期：从宝宝4个月开始就可通过添加换乳食物来训练其咀嚼吞咽的动作，让宝宝学习接受吮吸之外的进食方式，为以后的换乳和进食做好准备。

专家建议，从宝宝满4个月后（最晚不能超过6个月）就应添加泥糊状食物，以刺激宝宝的口腔触觉，训练宝宝咀嚼的能力并培养宝宝对不同食物、不同味道的兴趣。

6 ~ 12个月是宝宝发展咀嚼和吞咽技巧的关键期，当宝宝有上下咬的动作时，就表示他咀嚼食物的能力已经初步具备了，父母要及时进行针对性的锻炼。一旦错过时机，宝宝就会失去学习的兴趣，日后再加以训练往往事倍功半，而且技巧也会不够纯熟，往往嚼三两下就吞下去或嚼后含在嘴里不愿下咽。

日常护理注意问题

🐍 出眼屎

宝宝在出生4个月左右时，爸爸妈妈常会发现，宝宝在睡醒觉或早晨起床后，眼角或外眼角总是沾有眼屎，这很有可能是倒睫。倒睫的宝宝除了有眼屎以外，眼睛里还总是泪汪汪的，仔细观察宝宝的眼睛能发现下眼睑的睫毛倒向眼内，触到了眼球。

造成宝宝倒睫的原因，主要是由于宝宝的脸蛋较胖、脂肪丰满，使下眼睑倒向眼睛的内侧，进而对角膜产生刺激。如果倒睫是暂时性的，那么家长不用担心，可以涂抹一些抗生素眼药膏来缓解，多数情况下随着宝宝的逐渐发育，倒睫就可以自然痊愈。

除了倒睫之外，急性结膜炎也会导致宝宝的眼睛常出眼屎。可以根据宝宝的白眼球是否充血来判断是否为急性结膜炎，另外急性结膜炎严重的话，宝宝早上起来会由于上下眼睑沾到一起而睁不开眼睛，爸爸妈妈必须小心翼翼地用干净的湿棉布擦洗后才能睁开。这种急性结膜炎多半是由细菌引起的，滴 2 ~ 3 次眼药后就会痊愈。

🐾 流口水

刚出生的宝宝口腔内没有牙齿，舌短而宽，两颊部有厚的脂肪层，面部肌肉发育良好，颌骨的黏膜增厚凸起，牙槽突尚未发育，腭部和口底比较浅。随着正常发育，有的宝宝从这个月开始，唾液量分泌会逐渐增加。而由于吞咽反射不灵敏，口腔分泌的唾液既没牙槽突的阻挡，宝宝又不会把它咽下，所以就会出现流口水的现象。这一月龄的宝宝流口水是一种生理性流涎，无须治疗。随着未来几个月牙齿的萌出、牙槽突逐渐形成腭部慢慢增高、口底渐渐加深，加上吞咽动作的训练，宝宝流口水的现象自然会好转直到消失。

由于唾液中含有消化酶和其他物质，因此对皮肤有一定的刺激作用。常流口水的宝宝，由于唾液经常浸泡下巴等部位的皮肤，也会引起局部皮肤发红，甚至糜烂、脱皮等。所以，对于流口水的宝宝，一定要注意好日常的局部护理。家长平时可以用柔软质松的敷料垫在宝宝的颈部，以接纳吸收流出的口水，并经常更换清洗。不要用手绢或毛巾给宝宝直接擦拭口水，要用干净的毛巾轻轻蘸干，以免擦伤皮肤。如果喂了有盐或对皮肤有刺激的辅食，就先要用清水清洗一下口水，因为单用毛巾蘸的话可能蘸不掉那些刺激成分；要经常用温水清洗宝宝的面部、下颌部及颈部，如果天气比较干燥的话，可以涂抹一些油脂类的宝宝护肤品保护宝宝的皮肤。

注意的是，有些宝宝流口水是病理性的，表示宝宝可能患了某些疾病。如宝宝口水较多且伴有口角破溃发炎的，则属口角炎引起的流涎症；若伴有口腔黏膜充血或溃烂，拒食烦躁等，则可能为口腔炎所致的流涎症；若伴有一侧或双侧面部肌肉萎缩、咀嚼无力，这是由于消化不良、肠道蛔虫症所致的流涎症；若伴有智力发育不全、痴呆，这是脑神经系统发育不全所致。如果出现上述病理性流涎症的症状，就需到医院立即检查治疗。当原发病因消除之后，这些病理性的流涎症也会自然好转或痊愈。

🌀 湿疹不愈

宝宝湿疹多见于 1 ~ 5 个月内，且以头部和面部为多。大多数之前有湿疹的宝宝到了快 5 个月的时候，湿疹症状就会减轻甚至完全自愈，但仍然有些宝宝的湿疹还较为顽固。此时湿疹不愈的宝宝多为渗出体质，也成泥膏型体质，这类宝宝通常比较胖、皮肤细白薄、较爱出汗、头发稀黄，喉咙里还总是发出呼噜呼噜的痰音。如果把耳朵贴在宝宝胸部或背部，能清楚听到呼呼的喘气声。这样的宝宝一旦感冒，就很可能会合并喘息性气管炎，而且也比较容易过敏。除了平日常吃的鱼、虾、鸡蛋会招致过敏、发生湿疹，穿用的化纤衣被、肥皂、玩具、护肤品以及外界的紫外线、寒冷和湿热的空气以及机械摩擦等刺激同样都可能会导致湿疹长期不愈。有的宝宝经过一段时间的治疗之后，表面上看是痊愈了，但如果这些诱因不去除的话，湿疹就很有可能会反反复复地出现。

对于这类宝宝，如果是母乳喂养的话，妈妈就要少吃鱼虾等容易过敏的食物以及辛辣刺激的食物，多吃水果蔬菜；如果是人工喂养的话，就应及早添加辅食，尽量给予配方奶而不要吃鲜牛奶，同时注意补充足量的维生素。在辅食上，暂时先不要添加蛋黄，尽量等到 8 个月以后再添加，如果蛋黄不耐受的话，就应坚决停掉。此外，到 1 岁之前都不能给喝黄豆浆，否则也会加重湿疹或使治愈的湿疹复发。再有，不要太快地增加辅食品种，这样也有助于湿疹的控制。

为了尽早治愈湿疹以及地方湿疹反复发作，要特别加强患有湿疹的宝宝的皮肤护理。洗脸时要用温水，千万不要用刺激性大的肥皂，以免使湿疹加重。在选用外用涂膏时，一定遵医嘱使用止痒、不含激素的药膏。一旦湿疹严重、发生有渗出或合并感染时，就要及时到皮肤科就诊。

🌀 突然哭闹

如果以前不爱哭的宝宝突然间的大哭大闹，并伴有持续性腹痛症状的话，就应该想到是肠套叠。如果发现宝宝的哭声是每隔 4 ~ 5 分钟后就反复一次，并总是把伸着的双腿弯曲到肚子上的话，甚至有吐奶、面色苍白症状的话，就更应想到是肠套叠。这是婴幼儿急症，必须尽快到医院抢救治疗，否则会有生命危险。

当然，并不是说宝宝一大哭大闹就是肠套叠，如果宝宝是连续不断地哭，或只是突然哭一次，给他吃奶时他能吃得很好，给他玩具、抱着他看看外面环境他就能止住哭声的话，那么就不是肠套叠。

这时应考虑是不是发生了肠堵塞。肠堵塞最常见的是肠绞窄，多数是由腹股沟疝气引起。家长可以打开尿布看看宝宝生殖器的侧面，如果肿得厉害、变硬的话，就可以确定是肠绞窄。如果平时有疝气的宝宝突然哭闹，还应该看看肚脐。

阵发性的肠绞痛也会令宝宝突然大声哭闹。肠绞痛是由于宝宝肠壁平滑肌阵阵强烈收缩或肠胀气引起的疼痛，哭时面部渐红、口周苍白、腹部胀而紧张、双腿向上蜷起、双足发凉、双手紧握，抱哄喂奶都不能缓解，直到宝宝哭到力竭、排气或排便而止。肠绞痛与肠套叠症状明显不同的是，宝宝不会有呕吐症状，而且面部是发红而不是发白，并且哭闹的时间很有规律，如固定在每天晚上或是下午的某段时间内哭泣，一旦排气或是排便了以后哭闹就能立即停止。

如果宝宝是在发热的同时并有突然大声哭闹的话，那么大多是中耳炎或外耳炎，能看到耳朵较湿润、有液体从耳朵里流出或是一侧的耳孔肿得堵住了。

🍼 便秘

母乳喂养的宝宝此时很少发生便秘，如果发生的话，可以利用一些有润肠作用的辅食来治疗改善，如给宝宝食用橘子汁、番茄汁、煮山楂或红枣水，还可以加些菜泥或煮熟的水果泥。如果是母乳不足造成的便秘，可增食 1 ~ 2 次加 8 ％糖的牛奶。但注意不能给宝宝服用蜂蜜水。

相对于母乳喂养，人工喂养的宝宝更容易发生便秘，但只要合理的加糖和辅食，还是可以避免便秘发生的。当宝宝出现便秘时，可以将牛奶中的糖加到8%，也可加喂一些果汁，如番茄汁、橘子汁、菠萝汁、枣汁以及其他煮水果汁以刺激肠蠕动。如果宝宝是由于营养不良所造成的便秘，就要注意补充营养，等到营养情况好转后，宝宝的腹肌、肠肌张力就会增加，排便自然就能能回复通常。

以往传统的做法是给宝宝喂菜汤来治疗便秘，但实际上，这种做法往往事与愿违。因为蔬菜中所含的维生素 C 怕光更怕热，在 100℃的水中煮 3 分钟半时间就会被破坏50% 以上，而且在菜汤的冷却过程中，维生素 C 仍然在不断地被氧化、破坏。因此，菜汤中维生素 C 含量并不多。并且，蔬菜中含有较多的植酸和草酸，它们都会溶解在菜汤中，与食物中的各种矿物质（如钙、铁、锌等）结合成不溶于水的植酸盐和草酸盐，从而阻碍这些必需元素的吸收。久而久之，就会造成这些必需元素的缺乏。因此，给宝宝食用菜汤，非但对治疗便秘没有明显作用，反而会造成营养缺乏。

🏵️ 发热

4 ~ 5 个月的宝宝还不会患发热很严重的病，多数发热是由中耳炎、颌下淋巴结化脓、肛门口长"疖子"所引起的。这种发热是化脓引起的，化脓处会出现疼痛，所以如果发现发热的宝宝好像是由于疼痛而哭闹时，就应注意观察上述几个地方。但是中耳炎的症状是无法用肉眼看到的，所以家长应留心观察宝宝的举动，如果发现宝宝总是用手抓挠疼痛一侧的耳朵，并且耳孔潮湿的话，那么就应该想到是中耳炎。

如果是感冒引起的发热，通常不会温度太高，一般都在 37.5℃ 左右，伴有鼻塞、流鼻涕、咳嗽等症状；如果是突然性发疹引起的发热，热度通常也不高，并且很快会消退；如果是夏季不明原因的持续发热的话，那么就应想到是夏季热病。

宝宝的前囟门在 1 岁半之前还未完全闭合，所以如果宝宝发热了，爸爸妈妈可以在宝宝睡着以后，用手心捂在其前囟门处直到宝宝微微出汗，这时宝宝鼻子通了，呼吸匀称了，温度也下降了，然后可以宝宝叫醒，多喂他一些温开水或红糖水。

如果能用物理方法降温的话，就最好不要用药。物理降温的主要方法有酒精擦浴、冰枕或冰敷额头以及温水擦浴等。用酒精擦浴是从前家长最常用的退烧方法，但是现在并不提倡，因为酒精对宝宝的刺激很大，会造成宝宝皮肤快速舒张及收缩，还可能会引起酒精中毒。

用冰枕或冰敷额头的方式退烧也不适用于 6 个月以内的宝宝，因为这会导致宝宝的温度下降太快难以适应。另外，局部的冰敷只能有局部降温作用，无法使全身都降温。最好的办法还是用温水擦浴。

不过在给宝宝用温水擦浴时也要注意，如果宝宝在擦浴过程中有手脚发凉、全身发抖、口唇发紫等所谓寒冷反应，就要立即停止，必须先用退烧药物，降低设定温度，这时再辅助物理散热，体温才会真正降下来。

给宝宝吃退烧药也要谨慎，因为药物虽然能较快改善宝宝的病症，但同时也会带来一些副作用。一般情况下，如果发热体温不高于 38.5℃，就尽量不要吃退烧药；如果是有过高热惊厥史的宝宝，最好也是体温到了 38℃ 以上再吃退烧药。另外退烧药不能混着吃，否则可能使药效重叠，导致烧退得太猛太急，体温速降至 36℃ 以下，这必然又会产生新的问题。

🏵️ 眼睛异常

婴幼儿的眼睛问题主要有两大类，一类是功能低常，一类是眼病。功能低常是发育问题，多数是在内因或外因的作用下过早地停止了发育，从而引发永久性损害。如果早期发现并做到及时干预的话，绝大多数会都随着年龄的增长而不断发育完善。眼病则是指发生于眼睛的疾病，种类很多，影响较大的主要有先天性与遗传性眼病、屈光异常和急性眼病。如果发现宝宝眼睛有如下异常表现，就应引起重视：

"蓝眼"

医学上称为"蓝巩膜"，它是临床上许多疾病的重要症状，其中最主要的是成骨不全。由于巩膜胶原纤维发育不全，使巩膜半透明，透露葡萄膜而显蓝色。成骨不全是一种遗传性疾病，骨脆、耳聋、蓝巩膜是其三大基本症状。

"绿眼"

多为先天性青光眼，也叫发育性青光眼，是由于胎儿期房角组织发育异常，使房水排出受阻、眼压升高的一种致盲性眼病。一般患儿在出生时症状不明显，但常常怕光、流泪、眼睑痉挛、眼球大，之后逐渐出现视力下降、眼球发绿、角膜混浊、视神经萎缩等症状。

"白蒙眼"

为先天性白内障，表现为黑色瞳孔内有许多白色斑点，甚至整个瞳孔呈弥漫性白色混浊，是胎儿的晶状体在发育过程中受到障碍，或在宝宝发育过程中晶状体变混浊所造成的。

"猫眼"

很可能是视网膜母细胞瘤的早期症状，这是一种遗传性的恶性肿瘤，患儿的瞳孔不是常人的黑褐色，而是像猫的瞳孔一样呈黄白色。

"望天眼"

为先天性上眼睑下垂，表现为上眼睑不能正常抬起，平视物体时只能采取仰头姿势。此病多与遗传有关，由动眼神经或提上肌发育不良引起。

眼睛不能注视目标

多为视神经萎缩或某些先天性严重眼病，完全不能注视目标的话表明眼睛看不见，即没有视力。不能准确注视目标或看不见小的物品则表明眼睛视力较差。

歪头眯眼

如果宝宝看东西总是歪着头、眯起眼的话，则表明可能有斜视或散光等问题。

白天夜晚视物有差别

如果一到晚上或是进入较暗的环境里，宝宝就看不清东西、无法注视目标的话，就有夜盲症的可能。

眼裂大小不等

正常的宝宝眼裂大小相同或相近，如果差别过大的话则表示可能有先天性眼病。

眼白发红

表示结膜充血，是有炎症的表现。

瞳孔对光无反应

瞳孔对光反射情况。正常情况下，当面对强光时瞳孔可见明显缩小，若无反应或缩小勉强的话，就表明有眼疾发生。

眼屎突然增多

提示可能有炎症、泪道堵塞等问题。

餐具卫生

当添加辅食之后，妈妈可以给宝宝准备一套属于他自己的餐具，并注意做好每一样餐具的清洁卫生工作。

宝宝极易感染肠道类疾病，如果餐具的材质决定其不能进行高温消毒的话，那么附着在餐具上的油垢就得不到及时去除，会衍生出大量的病菌。所以为了保证宝宝餐具的卫生，首先在餐具的选择上就不要选择那些不易清洁的宝宝餐具。

每次在宝宝吃完东西之后，所有的餐具都要及时清洗消毒，不要搁置太久，以免细菌滋生。清洗餐具的时候最好一件一件逐个清洗，而不要泡在一起，更不要和大人刚刚吃过饭的餐具一起清洗。

在清洁餐具时，可以用一些温和的洗涤剂或是宝宝专用洗涤剂，洗净以后用清水冲洗掉洗涤剂，一定要保证餐具上没有残余洗涤剂，否则，这些残留物质会损害宝宝健康。清洁完毕以后，再用热水冲一下，不需要用抹布擦干，因为抹布也是细菌传播的一条途径，自然晾干就可以了。

洗净晾干的餐具要放到严密的储物柜里，以防蟑螂、蚊蝇的叮咬。所有餐具都要定期消毒，有条件的家庭可以使用家庭消毒柜，或是直接放在锅里进行蒸气消毒，或是用微波炉进行微波消毒。用微波炉进行消毒时要注意，尽量不要把空餐具放在里面空烧，因为如果餐具不耐高温的话，就很容易变形。应在餐具里加点水，或是在清洗干净以后不要用抹布擦掉水，直接放进微波炉稍微加热消毒即可。

体重增加缓慢

宝宝每个月体重并不一定是规律增加的，有的宝宝可能在这个月体重增长不多，到了下个月猛长，这种现象也常见。所以爸爸妈妈不要看到宝宝在某个月体重增长得比较慢，就心急火燎地给宝宝猛补特补或四处求医问药，这是没必要的。如果宝宝平时饮食规律、精神良好、大便正常、能吃能睡，就没有什么问题。

宝宝的食量也会影响到他的体重，食量小的宝宝体重自然就可能比同月龄食量大的宝宝要轻一些。不过食量小的宝宝只是体重轻而已，其他方面都一切正常，并且平时多半不会大哭大闹，夜里也不哭，能一直睡到天亮。

宝宝的体重也和遗传有一定关系，如果妈妈本身就较瘦小的话，那么宝宝可能体重也会偏轻。对于这样的宝宝，只要按照食量小的宝宝去抚养就可以了，只要宝宝一直很精神，运动机能也好，就不必过多补充各种营养，想方设法让他增加体重，赶紧长胖。与其花费精力和时间让宝宝吃代乳食品增加体重，还不如尽量让宝宝到室外去接触新鲜空气得好。

☺ 洗澡注意事项

宝宝长到 5 个月的时候，已经能够控制自己的脖子了，这时父母可以尝试用大浴盆给宝宝洗澡了。刚开始的时候，宝宝可能有些不习惯，但坚持一段时间，他会非常喜欢这个更大的玩耍空间和洗澡方式的。

在洗澡前，除了注意浴盆里水不要装得太多，检查一下水温之外，还要做些必要的物质准备，比如海绵或毛巾、宝宝浴液、洗发精、尿布和干净衣服等，还应特别准备一个防滑的浴盆垫和防止洗发精流进宝宝眼睛里的护脸罩。

此外，给宝宝洗澡最应该注意的就是安全问题。为了避免在给宝宝洗澡时出现意外，你最好采取以下预防措施：

1. 把所有要用的东西都放在浴盆边的地上，并把防滑垫放在浴盆里。

2. 洗澡时，你也要坐个小凳子扶着宝宝，以免时间长了支持不住。

3. 先把护脸罩给宝宝带上，这个月的宝宝还太小，哪怕是最柔和的洗发精也会对宝宝的眼睛产生刺激，再加上此时的宝宝还不懂得自我防护，当水流或洗发精从头上流下来的时候，也不会自动闭上眼或低下头。

4. 洗完之后，在原地给宝宝换衣服，不要把湿漉漉、滑溜溜的宝宝抱到椅子或什么光滑的物体上，以免摔着宝宝。

5. 在整个洗澡过程中，都不要让宝宝一个人待在浴盆里，即使他已经会坐了也不行。

☺ 排泄护理

这个月大多数宝宝依然无法控制自己的尿便。如果能在宝宝排便很有规律的前提下，实现让宝宝少尿床或少换尿布固然很好，但如果宝宝的尿便还没有什么规律，爸爸妈妈很难掌握的话，那么也没有必要强迫训练。

这个月大的宝宝在大小便之前都能发出一些信号，例如小便之前，宝宝会突然打激灵、双腿不自觉地摆动、玩得好好的突然眼神发呆凝视、睡梦中突然扭动身体等；大便之前会突然用力、脸憋得发红。有经验的爸爸妈妈就知道此时应该给宝宝把尿便了，但不要以为把尿便成功、宝宝尿床或更换尿布的次数减少就说明宝宝懂得控制了，更合适的说法是，这只是家长找到了其中的规律而已。一旦宝宝大便较软，或是家长没注意到这些信号的话，宝宝也许同样还会把大小便排在尿布里的。

有些家长总是担心宝宝夜里尿床，所以每天半夜都会起来给宝宝把尿、换尿布，但这对宝宝和大人都是不好的。这种行为会令宝宝平白无故的损失睡眠时间，影响睡眠质量，长此以往必然会影响他的生长发育，而且这样做的话大人在夜里也睡不好。如果宝宝没有特殊情况的话，半夜就没有必要把宝宝弄醒给他换尿布、把尿。如果宝宝因为不换尿布而发生臀部糜烂、尿布疹的话，那么也可以在夜里换一次尿布，但是如果宝宝因为半夜换尿布惊醒后哭闹、再难入睡的话，那就不能在夜里再更换尿布了，可以在每晚临睡之前在臀部涂抹一些鞣酸软膏，以此来减轻臀部糜烂和尿布疹的症状。

🐾 睡眠问题

从第 4 个月开始，宝宝一般每天总共需睡 15 ~ 16 小时，白天睡的时间比以前缩短了，而晚上睡得比较香，有的宝宝甚至能一觉睡到天亮。每个宝宝在睡眠时间上的差异较大，大部分的宝宝上午和下午各睡 2 个小时，然后晚上 8 点左右入睡，夜里只起夜 1 ~ 2 次。如果家人睡觉都比较晚的话，那么宝宝也不会像以前一样早睡早起了，可能会到了晚上 10 ~ 11 点时才入睡，然后睡到转天早上的 7 ~ 8 点。

每个宝宝都有自己的睡眠时间及睡眠方式，爸爸妈妈要尊重宝宝的睡眠规律而不应强求，要保证宝宝醒着的时候愉快地好好玩，睡眠时好好安心地睡。如果宝宝白天睡得比较香的话，就不要干扰他，否则会影响宝宝睡眠，使宝宝烦躁哭闹，同时也会影响宝宝的食欲。如果宝宝在白天醒着的时间比较长，就应该在宝宝醒着的时候就多陪他玩玩，这样晚上他才能睡得更香，而且时间也比较长。注意的是，晚上入睡前不要逗宝宝玩，以免宝宝因过度兴奋而影响睡眠。

再有，这个时期的宝宝，大多都能在自然的"家庭噪声"背景下入睡，如说话声、走路声、适度的收音机或者电视机的声音，家长大可不必在房间里特意蹑脚走动，不敢发出任何一点细微的声响。否则会令宝宝养成只有在人为刻意制造的极度安静的环境里才能入睡的不良睡眠习惯，而这种环境在现实中却是难求的，因此可能会使宝宝长大之后的睡眠质量较差。

一般来讲，发育正常的宝宝都会选择自己最舒服的睡眠姿势。所以，爸爸妈妈不必强求宝宝用哪一种睡眠姿势，如果看宝宝睡眠的时间较长，只要帮助变换一下姿势就可以了，但动作一定要轻柔，顺其自然，不要把宝宝弄醒。

如果宝宝有昼夜颠倒的习惯，即白天呼呼大睡，晚上怎么哄都不睡，半夜兴奋哭闹的话，那么家长就该有意识地纠正宝宝的这种睡眠习惯，否则不利于宝宝的身心健康，还会令大人疲惫不堪。研究证实，晚间睡眠不足而白天嗜睡的宝宝不仅生长发育比较缓慢，而且注意力、记忆力、创造力和运动技巧都相对较差。此外，缺乏夜间睡眠还会扰乱生长激素的正常分泌，使得免疫系统受损，内分泌失调，代谢出现问题，易发胖。所以，如果宝宝白天睡得过多，家长就要尽量让他少睡一会儿，多陪他玩玩，尽量把这种不良的睡眠习惯克服过来。但如果宝宝一天的睡眠时间加起来还不到 12 个小时，且这种情况有一定的持续性的话，那么家长就要看一看是否有什么问题了。

四季护理

春季护理

现在的宝宝不仅能够把头部挺直，而且还能灵活地转动了，这时如果把宝宝抱出去的话，他会对周围的花草树木特别感兴趣，还喜欢看人的脸、听人们说话，所以这时候仍然要多抱着宝宝出去活动活动。但是在外出活动时，要注意不要让宝宝被雨淋，因为这时候的雨水还是比较凉的，很容易让宝宝感冒，这样的宝宝以后再经雨淋的话就会频繁地感冒。

户外充足的阳光会令宝宝体内产生较多的维生素 D，促使钙向骨转移，从而造成血钙水平短时降低，出现如睡眠不安、易受惊甚至手足抽搐等低血钙的症状。当出现这种情况时，家长不用过于担心，只要给宝宝补充一定量的钙剂，如每日补充 10 毫升的葡萄糖酸钙，连服 5 ~ 7 天，就可以缓解这种症状。

夏季护理

夏季宝宝的食欲可能会有所减退，可以试着稍微把牛奶放凉一点再给宝宝吃，如果宝宝吃得很好的话，就可以照此坚持下去；但如果宝宝出现肠胃不适症状的话，就还要调整回去。还可以多给食欲不振的宝宝喂些温开水和果汁，刺激宝宝的食欲。

夏季宝宝睡觉的时候尽量不要开空调，也不能让电风扇直接对着宝宝吹，最好的办法是手摇风扇，让宝宝接受自然风。

有些爱出汗的宝宝到了夏天尿量会有减少的迹象，当家长发现宝宝尿的比以前少了，也不用太担心，只要注意多给宝宝喝水或果汁，及时补充宝宝因出汗流失的水分就可以了。

洗澡是预防痱子最有效的方法，因此健康的宝宝在这个季节可以每天给宝宝洗 2 次澡，保持皮肤的清爽。

秋季护理

这个月的宝宝开始吃辅食，当天气转凉之后，辅食可以一次性做够 1 天的量，不用随吃随做。

此时依然要注意预防秋季腹泻。预防秋季腹泻主要应防止着凉，尤其要防止疲劳后着凉，因为疲劳会使身体免疫力下降。由于宝宝的消化系统发育还不成熟，特别是腹壁及肠道缺乏脂肪保暖层，所以比较容易受较凉空气的刺激，从而引起肠蠕动增加，导致便次增加和肠道水分吸收减少，大便稀溏，加上病毒的乘虚而入，最终造成秋季腹泻。

发生腹泻的宝宝如果有食欲的话，就应该继续喂养，母乳喂养的宝宝仍喂母乳，人工喂养的宝宝，应给予去乳糖的奶粉，或 1/2 稀释牛奶。如果需要给宝宝喂口服补液盐水的话，家长要有足够的耐心，少量多次地喂，每 2 ~ 3 分钟喂一次，每次用小勺喂 10 ~ 20 毫升，这样 4 ~ 6 小时就可以纠正脱水的问题。

冬季护理

担心宝宝外出着凉而减少户外活动的时间是正常的，多数家长在这个季节都喜欢抱着宝宝站在阳台上晒太阳。但是由于玻璃的阻挡，宝宝很难接受紫外线的照射而摄入足量的维生素 D，所以应该适当地给宝宝补充维生素 D，以每天 10 微克的量为好。如果通过鱼肝油制剂补充的话，要选择维生素 A、维生素 D 为 3：1 的比例，这样才不至于让宝宝所摄入的维生素 A 过量。

冬季一定要控制好室内的温度和湿度，温度以 18 ~ 22℃为宜，湿度最好控制在 45% ~ 55%，另外在室内也不要给宝宝穿太多的衣服，北方有暖气的家庭按平时正常穿衣就可以了，南方由于室内相对湿冷，最好是给宝宝准备几件小棉衣，而不要穿好几层的毛衣或线衣，妨碍宝宝的活动。

家庭环境的支持

室外活动

这个月带宝宝到户外活动的话，不再仅仅是为了晒太阳、呼吸新鲜空气、增强体质了，还要加上运动，培养宝宝的各种能力。例如，在带着宝宝看外面的花花草草时，就可以告诉宝宝，这是红花，这是绿叶，并拉着宝宝的小手让他感受一下，这样可以使宝宝将他看到的、摸到的、闻到的，经过大脑进行整合，进而实现对自然界中的事物的全方位深层次感受。

通过室外活动，还可以初步训练宝宝的社交能力，有效避免宝宝出现"认生"。妈妈可以教给宝宝用微笑同人打招呼，当别人逗他时学会报以微笑，这些都有助于宝宝今后养成大方开朗的良好性格。

室外活动还应选在温度适宜的时间，如果是炎热的夏天，尽量选择上午8~9点钟，下午4~5点钟，在树荫下或屋檐下等背阴的地方活动，避免猛烈的阳光直接照射。冬天则应选择温度较高的中午。宝宝的活动能力增强了，所以在户外活动时更要注意安全。

玩具

过了4个月的宝宝，能够用双手紧紧抓东西并放到嘴里吮吸，能用脚踢着玩具玩。因此，这时给宝宝的玩具一定要非常干净，并经常做好清洁消毒，特别是大人碰过的玩具更要做好清洁，因为大人的手上有很多的细菌，而宝宝又总是把玩具放到嘴里，这就相当于宝宝把大人的手放到嘴里，从而使大量细菌通过口腔进入宝宝身体，造成诸多健康隐患。

给宝宝的玩具要经过严格的筛选，可以让宝宝玩弄用软塑料做的装有红色和黄色的珠子圆环和三角环，这种环一摇动就发出声音，里面珠子的滚动声可以锻炼宝宝的听力和注意力。也可以给宝宝玩专供宝宝舔弄的哑铃状玩具，或是能够挂在宝宝床上，下面垂有一根绳子，一拉绳子就会发出声音的玩具。

特别要注意的是比较小的玩具，这种玩具很容易被宝宝吞进肚子里或卡住喉咙，很不安全；小零件太多的玩具也不适合宝宝，因为这些玩具上的零件一旦松动掉落的话同样有被宝宝误吞的危险。掉色、劣质和容易啃坏的零件也最好不要给宝宝玩。

这个月的宝宝手眼配合能力有限，手里拿着玩具就有可能捧着脸，因此摇铃类的玩具最好不要让宝宝自己拿着玩，可以由妈妈拿着晃动声响来逗宝宝发笑，或是训练他抬头。所有给宝宝拿在手里的玩具，材料质地都要软而轻，尽量选择那些打到脸上也不会弄伤宝宝的材质做成的玩具。

不能过早使用学步车

有些家长比较心急，而有的家长则为了图方便，在宝宝到了四五个月时，就把宝宝交给了学步车，省去了整天要抱着看护宝宝的麻烦。但实际上，过早地使用学步车，对宝宝的成长发育是很不利的，存在着一些健康和安全隐患。

宝宝在1岁以前，踝关节和髋关节都没有发育稳定。虽然在学步车里，宝宝只需要用脚往后一蹬，车就能带着他满屋子跑，但这对他的肢体发育是很不利的，可能会导致肌张力高、屈髋、下肢运动模式出现异常等问题，会直接影响宝宝将来的步态，如走路摇摆、踮脚、足外翻、足内翻等，严重的甚至还需要通过手术和康复治疗来纠正。再有，学步车只能帮助宝宝站立，而不能帮助他们学会走路。不仅如此，由于学步车的轻便灵活，宝宝能借助它轻易滑向家里的任何地方，这无疑会使他们在无意中遭到磕碰，导致意外伤害的发生。

研究发现，经常待在学步车里的宝宝会爬、会走路的时间都要晚于不用学步车的宝宝，而且学步车还限制了宝宝活动的自由，会影响今后的智力发育。四五个月大的宝宝的腿脚还不结实，本应在地上爬以锻炼腰、腿、胳膊及全身，但进了学步车之后就仿佛有了一双"脚"，可以比较自由地在房间里移动，并追随大人的身影，然而他们却很难掌握真正走路的感觉。正常的发育规律下，宝宝从爬到走，是需要一步一个脚印成长起来的，只有通过一次又一次的摔跤，才能帮助身体学会怎样摔不会受伤；可如果使用了学步车的话，则很难让身体学会如何很好地保护自己，因而使用学步车的宝宝在刚刚走路以后，往往会比正常学走路的宝宝更容易摔跤，也就增加了受伤的概率。

所以，为了宝宝的健康成长，家长不应太早地给宝宝选择学步车，让他自然而然地学会站立、走路，对他才是最好的。

与宝宝"交谈"

语言是开发智力的工具。在宝宝语言的发生和发展中，家长的引导非常重要，不管宝宝能否听懂，家长都要及早建立与宝宝间的对话交流习惯。

这个月的宝宝高兴的时候能发出一些单音节的字了，并且他会注意模仿大人的说话口型，有时还会对着他的玩具发出些大人看来莫名其妙的声音，这些都是宝宝开始学习用语言交流的"准备工作"。所以，家长要做好引导工作，一有空闲时间就和宝宝说说话，说话的时候要面对着他，让他看到你的眼睛和口型，并在说的过程中重视双方的交流，即你对着宝宝说说话，然后静待着宝宝"回应"你；或是宝宝对着你"咿咿呀呀"地"说话"，你也立即对他做出回应。这种方式会提高宝宝对"交谈"的兴趣和积极性，并且在这个过程中，他通常也表现得非常开心和兴奋，这也有助于宝宝情绪和性格的良好发展。

再有，和宝宝聊天的时候，家长的表情也十分重要。表情是情绪的指南针，感觉敏锐的宝宝会通过你的表情，感受到你的情绪，同时被你的情绪所传染。如果你在心情不好、烦躁的时候对宝宝说话，那么宝宝很可能会表现得比较沉闷，甚至皱着眉头想要哭出来。如果你的心情愉悦的话，那么宝宝就会感受到同样的快乐；如果你在快乐的情绪下，先故意皱着眉、用轻松愉快的音调和宝宝说话，然后再对宝宝报以微笑的话，那么宝宝就能察觉到你在和他"做游戏"，并因此会表现得更活跃，有更大的精神去配合你的"游戏"，从而使这种亲子交流的效果大大提高。

给宝宝听些好声音

这个月龄的宝宝听觉十分敏感，优美的音乐、动听的旋律不仅能够发展宝宝的听力，而且还有助于提高宝宝的音乐感知力和鉴赏力，还可以为培养宝宝将来的音乐才能打下基础。

除了妈妈温柔细腻的说话声之外，平时不妨多给宝宝听些优美的轻音乐，尽量将最好的音质呈现给宝宝，同时注意播放的音量要适当；或是让宝宝听听节奏欢快的儿歌，家长可以拿着宝宝的双手，随着儿歌的节奏有韵律的活动，这有利于发展宝宝的节奏感；还可以多带宝宝到户外，听听大自然的声音，如鸟叫声、水流声等，但不要让宝宝接受马路上汽车轰鸣的噪声和杂乱无章的鸣笛声。

给宝宝喂奶时放一些优美抒情、节奏平缓的曲子，会使宝宝的进食过程更加愉悦和放松，可以有效提高他进食的乐趣。如果在宝宝玩兴正浓的时候，放一些轻快活泼、节奏跳跃的音乐，宝宝就会很自然地把音乐中所表达的情绪和自己当时的心情联系在一起，而这种对音乐感受又会很自然地被记忆，日积月累的音乐印象，对提高宝宝对音乐感知力有很大的帮助。如果在临睡前给宝宝听些安静柔和、节奏舒缓的音乐，会令宝宝睡得更加香甜。

🖐 多给宝宝照镜子

多让宝宝照镜子可以促进宝宝自我意识的发展，妈妈可抱着宝宝让他面对着一面大镜子，敲敲镜子，让他看镜里面的自己。宝宝看到镜里的人会感到很惊奇，他会注视着前面的镜子。妈妈对着镜子笑，宝宝看着镜子里有他熟悉的妈妈的面孔，他会感到愉快，也会对镜子里的自己的影像感兴趣，并用手去拍打镜中的自己。经常让宝宝照镜子，让他摸摸镜中自己的脸、妈妈的脸，教他说"这是宝宝，这是妈妈"。随着月龄的增长，宝宝逐渐会对镜中人表现出友好和探索的倾向，渐渐认识到镜中的妈妈和镜中的自己，这对出现自我意识的萌芽有重要意义。

潜能开发游戏

🖐 毛毯荡秋千

【目的】训练宝宝的平衡感。

【玩法】爸爸和妈妈用一张毛毯或薄被，让宝宝躺在中间，毯子两端由爸爸和妈妈抓稳前后摇荡。由于外力的摇摆，会促使宝宝自己将头的位置做变换以保持稳定姿势，这样能训练宝宝的平衡感。

🖐 扔东西

【目的】这项活动可训练宝宝的注意力、模仿力和掌握空间方向的能力，也能让他累积对事物特征的经验，例如积木会重重落地，羽毛会在空中飘再缓缓落地等。

【玩法】准备一些重量、质感不同的玩具，例如积木、羽毛、纸片、耐摔的小玩具、小塑胶碗等，让宝宝把玩，在宝宝的床下或者他经常出入的地方放一个大篮子，逗引他把手中的玩具往篮子里扔。扔完后，妈妈将物品集中篮内，再一一取出并介绍物品的名称和用途。一开始宝宝可能扔得不准，妈妈要抓着他的手教他对准。

🖐 跳跃运动

【目的】促进宝宝腿部的肌力、肌耐力、弹跳力的发展。

【玩法】爸爸或妈妈坐在椅子上，双手抱着宝宝，将宝宝的双腿放在自己大腿上，然后将脚跟有节奏地抬起、放下，从而使宝宝感受到跳跃的感觉。另外，在活动的同时还可以念一些有节奏的儿歌，以提高宝宝的活动兴趣。

5～6个月

这个月的宝宝

5～6个月时，宝宝体格进一步发育，神经系统日趋成熟。

体重

满5个月的男宝宝体重正常范围为6.26～9.78千克，平均为8.02千克；女宝宝体重的正常范围为5.99～9.07千克，平均为7.53千克。这个月内可增长0.45～0.75千克，食量大、食欲好的宝宝体重增长可能比上个月要大。需要家长注意的是，很多肥胖儿都是从这个月埋下隐患的，因此，如果发现宝宝在这个月日体重增长超过30克，或10天增长超过300克，就应该有意识调整奶粉和辅食添加量。

身高

男宝宝在这个月身高正常范围为62.4～71.6厘米，平均为67.0厘米；女宝宝身高正常范围为62.4～71.6厘米，平均65.5厘米。本月可长高2.0厘米左右。需要家长注意的是，宝宝的身高绝不单纯是喂养问题，所以不能一味贪图让宝宝长个，还是要遵从客观规律，顺其自然。

头围

这个月宝宝的头围较上个月平均增长1.0～1.1厘米。男宝宝头围的正常范围为40.6～45.4厘米，平均43.6厘米，女宝宝头围的正常范围为39.7～44.5厘米，平均42.1厘米。

胸围

6个月时，宝宝的胸围比上个月平均增长0.9～1.0厘米。男宝宝胸围正常范围为39.2～46.8厘米，平均43.0厘米；女宝宝胸围的正常范围为38.1～45.7厘米，平均41.9厘米。

囟门

这时宝宝的前囟门尚未闭合，为0.5～1.5厘米。

牙齿

多数孩子开始出下切牙（门齿）。长出乳牙的数目，有人采用（月龄－（4～6）＝出牙数）来推算。比如，宝宝6个月，出牙数应当是6-（4～6），也就是未出芽或开始出两个乳牙。

营养需求与喂养

营养需求

5~6个月的宝宝体内的铁储备已经快耗尽了，加上母乳和奶粉中的铁也很难提供宝宝的成长发育所需，所以从这个月开始要重点添加富含铁质的辅食。最适合这个月龄宝宝的辅食还是蛋黄，因为蛋黄中的含铁量很丰富而且也利于吸收。

如果上个月已经开始给宝宝吃 1/4 个蛋黄，并且宝宝吃得很好的话，那么从这个月开始可以把添加量增加到每天 1/2 个。如果宝宝的消化很好、同时又有铁不足的倾向的话，可以吃一个蛋黄。

如果宝宝有缺铁倾向的话，妈妈可以从宝宝的表征中看出来。一般来说，缺铁的宝宝的嘴唇、口腔黏膜、眼睑、甲床和手掌发白，精神萎靡，对周围环境反应较差，有食欲不振、恶心、呕吐、腹泻、腹胀或便秘等现象，严重者还会有异食癖，如吃纸、煤渣等。

母乳喂养

在 5 个月以前一直用纯母乳喂养的宝宝，多数在这个月也开始想吃辅食了，特别是看到大人吃饭时，他也会伸出双手或吧嗒着嘴唇表示想吃了。所以从这个月开始，可以做好断奶的准备了。

如果前 5 个月的下奶量一直很好、足够宝宝所需而从这个月开始奶量不足的话，就可以加一次奶粉了。刚开始加奶粉的宝宝可能会拒绝奶瓶，这时可以改用小勺来喂。如果宝宝拒绝奶粉的话，可以多给辅食加快半断奶的速度，以补充宝宝所需的能量。如果宝宝肚子饿的话，在这个月是不会拒绝辅食的。

如果这个月母乳量仍然很好的话，也应该给宝宝增加辅食，首先是因为宝宝此时需要的营养量更多了，因此需要更多的食物来源作补充；其次是为了让宝宝适应母乳以外的其他食物，为以后的断奶做好准备；再有就是锻炼宝宝的咀嚼和吞咽能力。

人工喂养和混合喂养

人工喂养和混合喂养的宝宝在 5~6 个月时，即使吃再多的奶粉也不会感到厌倦，因此就要警惕那些食量过大的宝宝，因为很多肥胖的宝宝都是这个月奠下"根基"的。

这个月给宝宝每天的奶粉量应控制在 1000 毫升之内，食量大的宝宝这时如果让他任意吃的话，就会长得过胖。所以，对于爱喝奶粉的宝宝，应该每隔 10 天就称一次体重，如果 10 天期的体重增加保持在 150~200

克之间，就是正常，如果超过了 200 克就要加以控制了，如果增加量到了 300 克以上，应该认识到宝宝正在成为肥胖儿，要严格控制饮食量了。

调节饮食量最好的办法就是利用辅食，可以让宝宝吃果汁、菜汁、菜泥、肉蛋和汤类，但要慎喂米面类的辅食，否则依然有过胖的危险。

如果宝宝食量较小的话，可以早些进行半断奶并加快半断奶的速度。对于食量小的宝宝，不必严格按照食谱上的食用量来喂，只给宝宝吃能吃下的量就可以了。一般来说，不太爱喝奶粉的宝宝，辅食吃的可能也不算多。这种吃多吃少是因人而异的，有的宝宝天生的食量就小，只要他的身体各项指标发育都正常的话，家长就不用担心。

宝宝添加辅食困难怎么办

这种现象在纯母乳喂养的宝宝中较为常见，一般混合喂养或人工喂养的宝宝都能高高兴兴地吃辅食，只有母乳喂养的宝宝，除了母乳之外他不愿意吃任何东西。因此妈妈开始担心，怕宝宝长此下去会无法断奶，营养不良。

其实，一直不吃辅食，无法断奶的情况是不存在的，吃辅食只是时间早晚的问题，也不是说辅食添加的晚一些宝宝就会营养不良。宝宝不吃辅食有很多原因，有可能是妈妈的乳汁足够他日常所需，有可能是他暂时不能适应除母乳之外的其他食物的味道，也有可能是他习惯了妈妈的乳头而无法接受其他餐具。至于到每个不爱吃辅食的宝宝到底是其中哪个原因，只有宝宝自己才能知道。

对于此时不爱吃辅食的宝宝，妈妈应重点添加含铁丰富的辅食，其他类型的辅食可以先不添加，等下个月再说。等到妈妈的乳汁无法满足宝宝生长发育需要的时候，他自然会开始吃辅食，所以妈妈只要耐心等待，多尝试几回就可以了。

正式添加辅食

无论之前是纯母乳喂养还是喝奶粉的宝宝，这个月开始都要增加辅食了。此时的宝宝对乳类之外的食物已经有了较好的消化能力，而且也表现出了想吃辅食的愿望，加上这个时期宝宝需要更多的营养，因此就应该正式添加辅食，进行半断奶，为将来 1 岁以后由吃奶转变为吃饭做好准备。

虽然配方奶是按照宝宝各个月龄阶段成长发育所需营养量来配比的，

能够满足宝宝的营养需求，但配方奶也不能一直吃到1岁以后直接转为喂辅食。要给宝宝的肠胃一个从奶类到饭菜类食物过渡的适应时间，才能保证宝宝更健康的成长。

早产的宝宝添加辅食的时间要更早一些。因为他们需要摄取更多的营养物质来赶上健康足月儿的生长发育水平，所以对于早产儿要尽早给予辅食，并保证所需营养物质的合理搭配。

如果宝宝对某种辅食表现抗拒，喂到嘴里就吐出来，或用舌尖把它顶出来，或是用小手把饭勺打翻、把脸扭向一边"不合作"的话，就表示宝宝可能不爱吃这种辅食。这时候妈妈不应强迫宝宝吃，那种趁着宝宝张嘴大哭就赶紧喂进一勺食物的方法更是不可取，最好是先暂停喂这种食物，过几天后再试着喂一次，如果连续喂两三次宝宝都不吃的话，那么就先不要喂这种东西，很可能是宝宝真的不爱吃。

最佳补水时间

两顿奶之间

在两顿奶之间，可以适当喂宝宝一点水，尤其在秋、冬季节，还能起到清洁口腔的作用。

长时间玩耍以后

特别是对月龄大的宝宝，运动量比较大，流失的水分也就更多，家长要注意及时给宝宝喂水。

外出时

外出很容易流汗，所以妈妈应该随身准备一些水，在宝宝口渴的时候及时给他补充。

大哭以后

哭泣可是一项全身运动，宝宝经历了长时间的哭泣以后，不仅会流很多眼泪，还会出很多汗，所以需要补水。

洗完澡以后

洗澡对于宝宝来说也是一种运动，会出很多汗，所以洗完澡后应该给宝宝补充一些水分。

腹泻、呕吐

腹泻容易造成宝宝体内水分和电解质的丢失，如果不及时补充水分，可能会造成脱水休克。对于比较小的宝宝，肠胃发育尚不健全，如果出现呕吐、腹泻的症状，还是应及时到医院由专业医生来判断电解质、水、葡萄糖的补充，不要在家盲目补充。

感冒、发热

感冒以后，由于体温升高，身体会流失很多水分，宝宝比成年人更容易脱水，所以一定要注意及时补水。母乳或者奶粉里都含有宝宝需要的水分，仍要按时喂给宝宝。另外，多给宝宝喂一些白开水，补充水分，有助于退热。

炎热干燥的夏季

在炎热干燥的夏季，温度高，湿度低，宝宝比平时更容易流失水分，所以要特别注意及时补水。每天多喝些温凉的白开水，能迅速为人体补充水分，调节体温，帮助身体散热。喂水要少量多次，不要在饭前给宝宝喂水，这样容易稀释胃液，影响消化功能，降低食欲。

服用鱼肝油

鱼肝油中含有宝宝所需的维生素 D。缺少维生素 D 会影响钙的吸收，会导致宝宝患上佝偻病，而食品中没有足够的维生素 D，所以需要给宝宝服用鱼肝油来补充。

能力发展与训练

运动

随着头部颈肌发育的成熟，这月龄的宝宝在平躺时能稳稳当当地把头抬起来，喜欢把两腿伸直举高，并拉着脚放进嘴里。能用抬高、放落臀部来移动身体，或侧坐在弯曲的腿上用左手右脚、右手左脚的方式前进。可以侧身用双臂支撑着坐起来或以爬行的姿势将两腿前伸而独立坐起。当爸爸妈妈拉着宝宝坐起时，宝宝能腰背比较直挺并且主动地举头，还能自由活动身子不摇晃。

宝宝坐在椅子上能直起身子，不倾倒，当因为别的原因身子倾倒后能再坐直。让宝宝坐在硬板床或桌子、椅子上，宝宝的双臂能伸展，并用两只手支撑在平面上，躯干伸直与平面角度保持在45°以上。当宝宝趴着时，能用双手双膝撑起身体前后摇动，还能手和膝挨床面做爬行的动作；用手和膝盖向前爬时，腹部挨着床面，拖着自己匍匐前行，还可扭着屁股拖着自己一点点向前移动；能一手或双手握物的同时向前蠕行。当宝宝被拉着站起来时，腿保持直挺，能站立片刻；被扶着腋窝时，能负担身体重量站立，并上下跳跃，腿伸出行走，双眼注视脚部。

当递给宝宝一块积木时，他还不会用手指尖捏东西，只能用手掌和全部手指生硬地抓东西。宝宝能将一块积木传给左手，右手再拿第二块。如果妈妈逗宝宝玩，用布遮住宝宝的眼睛，宝宝能够用手抓住并且扯下来。虽然宝宝的手还不大会驱动手指，但已经能够自由地使用双手了，并且手、眼、口已经配合得比较自如了。

🐒 视觉

从第 6 个月开始，宝宝就可以注视远距离的物体了，如天上的飞机、路上的汽车、阳台上的花等。两眼可以对准焦点，会调整自己的姿势，以便能够看清楚想要看的东西。当坐起来玩耍时，双手可以在眼睛的控制下摆弄物体，会盯住他拿到的东西，手眼开始协调。在宝宝眼前出示玩具，并上下左右缓慢移动，宝宝会有意识地主动追随。这个阶段宝宝的视觉功能已比较完善了，开始能辨认不同的颜色，喜欢红、黄、橙等暖色，对绿和蓝等亮色也很感兴趣，特别是红色的物品和玩具最能引起宝宝的兴奋。温暖亮丽的颜色会让宝宝轻松愉悦，灰暗沉闷的颜色让宝宝烦躁不安，这些足以标明宝宝的视觉感官正在走向成熟。同时，宝宝的视觉条件反射也已经形成，如看见奶瓶会伸手要，嘴里会发出一些声音，意思是：我要喝奶！最喜欢的一件事情就是注视着镜子中的自己，乐此不疲。

🐒 听觉

到第 6 个月时，宝宝听力比之前更加灵敏了，已经能够集中注意力倾听音乐，并且对柔和的音乐声表现出愉悦的情绪，拍拍小手、蹬蹬小腿，而对于嘈杂或强烈的声音会表现出不快，甚至会哇哇大哭。当爸爸妈妈在另一个房间叫他，他会把头转向发出声音的方向，且能区分爸爸、妈妈的声音，听见妈妈的声音就会高兴起来，并且开始发出一些声音，似乎是对成人的回答，也好似表明自己的存在，有时甚至会发出频率很快的哼哼声，那是强烈的渴求妈妈温暖的怀抱。这时，宝宝已经知道自己的名字了。当大人叫他名字的时候，他会给你一个甜甜的笑做出应答，表示他会从一大堆他还听不懂的语言中听出自己的名字，并且表现出兴奋关注的神情。

🐒 言语

一般来说，6 个月的宝宝，只要不是在睡觉，嘴里就一刻不停地发出"mama、baba、dada"等双唇音，但他并不明白话语的意思。宝宝已经开始尝试不同的声调和音量来引起注意，会根据声音和身体语言来表达情感，对自己玩弄出来的声音很感兴趣，同时对大人在和他接触时所发出的一些简单声音会有反应动作。宝宝还会制造出不同的声音，能模仿咳嗽声、咂舌声等，喜欢兴致勃勃地喷口水的声音。

嗅觉

6 个月的宝宝已经能比较稳定地区分好的气味和不好的气味了，喜欢的气味会让宝宝愉悦起来。一旦闻到不喜欢的气味，宝宝会产生极大的厌恶感，皱眉头，甚至会啼哭。

味觉

到了第 6 个月时，宝宝已经能够比较明确而精细的区别酸、甜、苦、辣、咸等不同的味道，对食物的任何细微的变化都会非常敏感。比如，因为习惯母乳，极强烈的拒绝奶粉，对于味道香甜的米粉和水果泥表现出浓厚的兴趣。6 个月是宝宝舌头上的味蕾发育和功能完善最迅速的时期，对食物味道的任何变化都会表现出非常敏感的反应并留下"记忆"，此时宝宝也比较容易接受新的食物，因此，这个阶段最适合给宝宝尝试添加不同的辅食。

认知

宝宝 6 个月大的时候，对周围的事物有了自己的观察力和理解力，似乎也会看大人们的脸色了。宝宝对外人亲切的微笑和话语也能报以微笑，看到严肃的表情时，就会不安地扎在妈妈的怀里不敢看。随着认知能力的发育，他很快会发现一些物品（例如铃铛和钥匙串）在摇动时会发出有趣的声音。当他将一些物品扔在桌上或丢到地板上时，可能启动一连串的听觉反应，包括喜悦的表情、呻吟或者导致物件重现或者重新消失的其他反应。他开始故意丢弃物品，让爸爸妈妈帮他拣起。这时可千万不要不耐烦，因为这是他学习因果关系并通过自己的能力影响环境的重要时期。

宝宝变得越来越好动，对这个世界充满了好奇心。这个阶段是宝宝自尊心形成的非常时期，所以爸爸妈妈要引起足够的关注，对宝宝适时给予鼓励，从而使宝宝建立起良好的自信心。当宝宝想做一些危险的事情或者干打扰家庭成员休息的事情时，爸爸妈妈必须加以约束，然而这时候处理这个问题最有效的方法是用玩具或其他活动使宝宝分心。当宝宝看见吸引他的东西出现在眼前时，不再两手同时伸出够取，而是伸出一只手去够。当宝宝拿到东西后，他会翻来覆去地看看、摸摸、摇摇，表现出积极的感知倾向。将能发声的小手鼓放到宝宝手里，宝宝会主动摇动手里的手鼓。让宝宝拿着一块积木，再将一块积木放在他身边，他会拿起第二块积木，并同时拿在手中几秒钟；如果宝宝手中已经拿了两块积木，再在他身边放一块积木，他会拿着两块积木，并试图去碰第三块积木。

心理

6 个月的宝宝，从运动量、运动方式、心理活动都有明显的发展。他可以自由自在地翻滚运动。若见了熟人，会有礼貌地哄人，向熟人表示微笑，这是很友好的表示。不高兴时会用�’嘴、摔东西来表达内心的不满。照镜子时会用小手拍打镜中的自己。常常会用手指向室外，表示内心向往室外的天然美景。示意大人带他到室外活动。6个月的宝宝，心理活动已经比较复杂了。他的面部表情就像一幅多彩的图画，会表现出内心的活动。高兴时，会眉开眼笑，手舞足蹈，咿呀作语；不高兴时会怒发冲冠，又哭又叫。他能听懂严厉或柔和的声音。当你离开他时，他会表现出害怕的情绪。

社会交往

到了第6个月时，宝宝可以认出熟悉的人并朝他们微笑，但有些宝宝开始明显地认生，对陌生人表现出害怕的样子，不让陌生人抱，也害怕陌生的环境。如果宝宝不顺心，发起脾气也很厉害，会长时间地啼哭，拒绝吃东西，拒绝比较亲近的人的搂抱，而只让爸爸妈妈抱。很明显的，宝宝已有比较复杂的情绪了，高兴时会笑，不称心时会发脾气，爸爸妈妈离开时会害怕、恐惧。所以爸爸妈妈要特别注意不要在生人刚来时突然离开宝宝，也不能用恐怖的表情和语言吓唬宝宝，不能把自己的情绪发泄在宝宝身上，对宝宝冷落、不耐烦，甚至打骂。要让宝宝在快乐中成长，爸爸妈妈首先要保持一个良好的心态，因为爸爸妈妈的一言一行对宝宝的性格养成起着重要的作用。

手眼协调能力

训练宝宝手眼协调的能力有很多种方法，例如，把适宜宝宝抓握又能发声的玩具用松紧带悬吊在他能够着的地方，训练他用手去抓握；或是抱着宝宝坐在桌前，桌上放一些色彩鲜艳的糖块、水果等，引导宝宝去抓桌子上的东西，让他一手抓一个。

这个月的宝宝能够在俯卧的时候抬起胸部，所以可以在他俯卧着的时候先把玩具放在他伸手能够到的地方让他抓，然后再把玩具换个地方，让他转头或转身去找。当他找到时，就要鼓励他。宝宝在得到鼓励之后，就会更加积极地寻找玩具，准确度也会越来越高。这样在锻炼了宝宝头、颈、上肢的活动能力及动作的同时，也锻炼了其手眼协调的能力，还能有效存进触觉的发育和记忆能力。经过多次训练之后，大人还可以把不会发出声响的绒毛玩具扔到更远的地方，以此来锻炼宝宝的追寻能力。

此外，还可以利用拆装玩具的游戏来锻炼宝宝手眼协调的能力以及综合记忆能力。训练时，爸爸妈妈可以将一只能够拆装的玩具放在宝宝面前，先让宝宝玩一会，等到宝宝对玩具的整体熟悉之后，爸爸妈妈再当着宝宝的面把玩具拆散，再拆的过程中让宝宝看着，拆完之后再装回去，这样拆了装、装了拆反复进行多次，然后把玩具给宝宝，让他试着模仿爸爸妈妈刚才的动作。如果宝宝不太会动的话，爸爸妈妈可以拿着宝宝的小手来做。当然，对于这个月龄的宝宝来说，拆装玩具是有一定难度的，但是此时训练的目的只是一种示范，并不要求宝宝真的学会拆装。还有，在训练的过程中，爸爸妈妈一定要看好宝宝，防止宝宝将玩具的零件误吃到嘴里而发生危险。

吞咽、咀嚼训练

吸吮是宝宝从出生就具有的本能，但学会咬一小块食物，嚼碎并吞咽下去，还需要后天的训练和培养。一般来讲，当宝宝 4 个月大时，就要开始有意识地添加少量半流质食物，如米糊、蛋黄泥等，以此来训练宝宝的吞咽能力。

刚开始给宝宝喂半流质的食物时，宝宝由于还不会咀嚼和吞咽，所以大多数都会发生用舌头将食物顶或吐出来的现象。即使是把食物吃了进去，也不能做到将食物从舌面运动到舌后，然后吞咽下去，因此会整吞整咽。另外由于动作不协调，还可能会出现干呕的现象。

这些都是很正常的，因为之前宝宝习惯了吸吮，尚未形成与吞咽动作有关的条件反射。妈妈可以在喂食的时候，将食物放到宝宝的舌头后方，这样宝宝就会通过舌头的前后蠕动配合做出吸吮和吞咽的动作，逐步适应吞咽。只要经过一个阶段的训练，宝宝都能逐步克服上面所说的现象，形成与吞咽的协同动作有关的条件反射。

有些宝宝到了快 6 个月的时候就有乳牙萌出，这时就可以加上咀嚼训练，以促进牙齿的萌发。

训练咀嚼能力可以从在泥糊状食物里添加少量的小块固体食物开始，随着宝宝的适应再慢慢添加固体食物的量，让宝宝自己抓着吃固体食物，学习在嘴里移动食物，培养宝宝对食物和进食的兴趣。另外，还可给用一些专门用来磨牙的小零食来辅助训练。在刚开始训练的时候，妈妈可以先示范给宝宝看如何咀嚼食物，或是用语言提示宝宝用牙齿咬东西。

在进行吞咽和咀嚼训练时，由于不同的宝宝有着不同的适应性的心理素质差异，所以有的宝宝只要经过数次试喂即可适应，而有的宝宝则需要1 ~ 2 个月才能学会。所以，在让宝宝学习吞咽和咀嚼时，爸爸妈妈一定要有足够的耐心。

🐾 翻身训练

翻身可以带动全身的肌肉进行活动，如果宝宝到了5个多月的时候还不能很好地翻身，妈妈或爸爸就应该加紧训练宝宝翻身。可以在床上、沙发上或在地上铺好毯子进行训练，训练时，先让宝宝仰卧在毯子上，然后拿一个色彩鲜艳的、宝宝从来没有看到的新玩具，引起宝宝的注意之后，把玩具放在宝宝一侧伸手够不着的地方。当宝宝想抓玩具时，就将玩具向左侧或右侧移动，这时的宝宝要想抓到玩具，不仅头会随着玩具转，而且也会因伸手够玩具而带动上身和下身也跟着转，全身都在使劲。经过如此多次练习，宝宝的全身就自然而然地翻过来了。

如果宝宝这时候翻身已经很熟练了的话，可以在翻身运动的基础上锻炼宝宝独坐和匍行的能力，为将来的爬行做好准备。训练独坐的时候，爸爸妈妈可以用手或被褥等给予宝宝一定的支撑，或是直接把宝宝放在有扶手的沙发上或椅子上，让宝宝练习靠着坐。如果宝宝自己靠坐困难的话，爸爸妈妈可以先用手扶住宝宝，等宝宝自己能够坐稳后，再逐渐把手拿开或撤离靠背。这样的靠坐练习，每日可连续数次，每次10分钟左右，只要经常进行，大多数宝宝到了第7个月时就能灵巧地翻滚和稳稳地独坐了。

5个月的宝宝在趴着的时候，已经能够挺胸抬头甚至胸部有时还可以离床一段时间，发育较好的宝宝此时双腿也能够离床，利用腹部作支点在床上打转。这个时候，爸爸妈妈可以用手顶住宝宝的足底，并把宝宝喜欢的玩具放到他的面前做引逗，这样宝宝就能够借助爸爸妈妈的力量，以足底为基点，用自己上肢和腹部的力量开始向前匍行。刚开始的时候，如果爸爸妈妈放开抵住宝宝足底的手，宝宝在自己手部力量的作用下，身体会向后面匍行。每天坚持反复练习，这样宝宝很快就能学会爬行了。注意的是，练习匍行的时候，床上应铺着平整又有质感的床单，这样才能更便于宝宝匍行。

🐾 独坐训练

在宝宝经过靠垫扶坐训练坐姿比较稳，或仅有一点支撑就能够坐稳的基础上，爸爸妈妈逐渐撤去靠垫等外力的支撑，让宝宝独自坐着。开始的时候爸爸妈妈可以把宝宝护在双臂弯里坐着玩耍，然后再慢慢地远离宝宝；宝宝开始独坐时身体前倾或后倾是正常的，所以可以放在特制的座位里，使宝宝不会前后左右倾斜从而保证正确的坐姿。以后逐渐延长宝宝坐着玩的时间，直到可以稳定的独立坐着玩儿。为了防止宝宝脊柱弯曲，坐的时间也不能过长。

另外，爸爸妈妈还可以抓住宝宝的双手，帮助他练习坐起来的动作，从俯卧位或仰卧位爬起来坐下，或者扶持着从站立到坐下，反复练习。

⑥ 匍爬训练

这个阶段大多宝宝已经能够熟练翻身，此时爸爸妈妈可以训练宝宝往前爬了。轻轻提起宝宝的双下肢使上肢充分负重，然后利用上肢往前匍行，最初只是原地打转或后退，以后爸爸或妈妈可以把一只手顶住宝宝的一个脚掌，当他用力往后蹬时身体会慢慢往前移动，然后再把手换到另一只脚帮助宝宝用力前进，使宝宝慢慢体会向前爬的动作。

日常护理注意问题

⑥ 流口水

这个阶段的宝宝，由于出牙的刺激，唾液分泌增多，而宝宝又不能及时吞咽，因此就会出现流口水的现象，这是正常现象。如果出现这种情况，就要注意给宝宝戴围嘴，并经常换洗，保持干燥，不要用硬毛巾给宝宝擦嘴、擦脸，要用柔软、干净的小毛巾或餐巾纸来擦。

⑥ 消化不良

这个月龄的宝宝由于开始正式添加辅食，所以大便可能会变稀、发绿，次数也会比以前多，有些在大便里还会出现奶瓣，于是就会有妈妈认为宝宝这是消化不良了。其实，这一时期所谓的消化不良多数都是宝宝腹泻，主要是由细菌病毒感染引起和饮食不当引起的。此时宝宝患恶性腹泻的不多见，但家人小题大做地带着宝宝到医院化验吃药打针的却有的是，使宝宝遭受不必要的痛苦。

如果是由细菌引起的腹泻，主要是辅食制作过程中消毒不彻底，从而使当中的细菌进入宝宝体内所导致的，只要给予适量的抗生素就能解决问题；如果是病毒引起的腹泻，就要注意补充丢失的水和电解质，病毒造成的腹泻并不会持续很长时间，而且可以自然痊愈。

如果是由于新添加的辅食引起的腹泻，宝宝通常没有什么异常表现，既不发热，精神也很好，而且还是和从前一样爱喝奶粉和其他辅食，只是大便的性状与以前不同。如果不看宝宝的全部情况，只因为大便形状改变了就盲目认为是消化不良，又注射、又停食是完全没必要的，只要给宝宝吃些助消化药并暂停添加那种辅食就可以了。

这个月的宝宝还会因为不添加辅食而引起腹泻。随着宝宝月龄的增加，乳类食品已经不能够满足宝宝的日常需要的，有些宝宝在这个月还会出现乳糖或牛奶蛋白不耐受的情况，而乳量不足和乳糖不耐受都会造成宝宝的肠蠕动增强，从而排出又稀又绿的大便，大便的次数也开始增多。所以，如果一直没添加辅食的宝宝出现这种情况时，可以试着增添辅食，情况就有可能会好转。

🐾 把尿打挺

这个月的宝宝依然不能自主控制大小便。爸爸妈妈要知道的是，建立宝宝对大小便的条件反射与宝宝学会控制大小便是两回事，如果前几个月训练好的话，那么这个月的宝宝当听到"嘘嘘"的声音或是遇到把尿、坐盆的动作，就能排出大小便，但这并不是说，宝宝已经能够控制自己的大小便了。更为准确的说法应该是，爸爸妈妈已经能够观察到宝宝大小便之前的信号，如面色涨红、暗自使劲、眼神突然呆滞等，因此能够实现顺利把尿把便。

这一时期的宝宝若出现把尿打挺、放下就尿的现象是很正常的。如果爸爸妈妈总是频繁的训练宝宝的大小便，一是没有意义，二是徒增宝宝的烦躁感。要是总是给宝宝把尿的话，会使宝宝建立起排尿非主观意识反射，只要大人一把，就算宝宝的膀胱并没有充盈到要排尿的程度，也同样会排尿，长此以往就可能会造成宝宝尿频。要是爸爸妈妈能够观察到宝宝要大便的话，就可以给他坐便盆，但如果不能准确判断的话就不要长时间地把着宝宝，因为这样很可能会造成他能力的衰退。

🐾 持续性咳嗽

这种持续性的咳嗽多发在秋冬季节，平时不怎么咳嗽的宝宝可能在夜里睡觉或早上起床之后会连续咳嗽一阵，如果是夜里的话，还有可能把晚上吃的奶粉都吐出来。但是宝宝白天却十分正常，精神十足，并且食量也没有减退的迹象。如果是以前一直爱积痰咳嗽的宝宝，妈妈就不会太担心，但若宝宝是刚刚出现这种现象的话，妈妈未免就会担心宝宝是不是生病了。

宝宝期的这种咳嗽多半是由体质造成的，宝宝的喉咙和气管里也总是呼噜呼噜的，仿佛有痰一样。只要宝宝平时不发热、没有异常表现，进食和大便都正常的话，家长就不用担心，也没有必要带着宝宝到医院去吃药打针，只要平时注意加强锻炼，多进行户外活动，多晒晒太阳，改善体质，随着宝宝渐渐长大，这种情况就会好转。一般情况下，宝宝时期的这种积痰、咳嗽很少会转成哮喘，但如果家长把这样的宝宝当作病人一般治疗的话，反倒有可能会令宝宝的体质衰弱、抵抗力下降，因而更容易招致疾病。

如果宝宝在一段时间里咳嗽严重、但除了咳嗽之外没有任何不适症状的话，家长就应该多给宝宝喂水，减少洗澡的次数，以避免积痰加重。如果非要洗澡不可的话，也尽量不要在晚上洗，最好是把洗澡的时间放在下午。平时多带宝宝进行室外运动，用室外空气锻炼皮肤和气管的黏膜，是减少积痰的分泌和缓解咳嗽的最好办法。

宝宝什么都放嘴里怎么办

6个月以前的宝宝吸吮手指、玩具等是很正常的现象，尤其是到了这个月，宝宝看见什么东西都会塞到嘴里啃啃，这与宝宝的"吸吮癖"无关，是成长发育的必然过程，家长不必过多干涉，到了6个月以后自然就会逐渐减少消失的。宝宝的吸吮啃食动作是他智力发育和多种知觉功能发育的要求，如果这个时候家长一看到他啃东西就急忙制止的话，非但不能制止住这种行为，还可能会挫伤宝宝的自尊心，使宝宝情绪低落、闹别扭、哭闹等。

家长担心宝宝形成吸吮习惯的心情是可以理解的，但与其生硬的禁止，不如以积极的方法来对待。比如当看到宝宝在啃手指或是吮吸自己的小拳头时，可以抱起宝宝把他的小手从嘴里拿出来亲亲，把玩具送到宝宝手里，或是为宝宝喝些白开水和果汁，转移宝宝的注意力，避免宝宝吸吮手指成癖。

另外，这个时候的宝宝除了啃自己的小手，外界任何他接触到的东西，只要他能放到手里，那么下一步的动作必然就是放到嘴里。因此，这时候任何可能对宝宝造成危害的东西都不能放在他的身边，如糖块、纽扣、香烟等。给宝宝的玩具也要彻底清洁消毒，并且要确保玩具上不能有容易掉落的小零件，以免宝宝误吞造成气管异物窒息的危险。

🐚 不会翻身

大多数的宝宝在满5个月左右的时候就应能够翻身自如了，甚至有些宝宝早在3～4个月大的时候就开始努力翻身，能从仰卧位翻到侧卧位，再从侧卧位翻到俯卧位，唯独不会从俯卧位翻回侧卧位或仰卧位。

如果宝宝到了快6个月的时候还不会翻身，那么首先就要考虑到护理的问题。如果宝宝这个月是在冬天的话，那么有可能是因为穿得多导致宝宝负重过重而影响活动，难以翻身；如果宝宝在刚出生时用了蜡烛包，盖被子的时候两边被枕头压着，同样也会阻碍宝宝的自由活动而造成他学习翻身较晚；还有一种可能，就是家人没有对宝宝进行翻身的训练或是训练的次数不够。

对于还不会翻身的宝宝，这一时期应加强翻身训练，不过在训练之前要给宝宝穿得少一点。训练的过程很简单，可以从教宝宝右侧翻身开始，将宝宝的头部偏向右侧，然后一手托住宝宝的左肩，一手托住宝宝的臀部，轻轻施力，使其自然右卧。当宝宝学会从俯卧转向右侧卧之后，可以进一步训练宝宝从右侧卧转向俯卧：用一只手托住宝宝的前胸，另一只手轻轻推宝宝的背部，令其俯卧。如果宝宝俯卧的时候右侧上肢压在了身下，就轻轻地帮他从身下抽出来。呈俯卧位的宝宝头部会主动抬起来，这时就可以趁势再让宝宝用双手或前臂撑起前胸。以此方法训练几次，宝宝就能翻身自如了。

如果训练多次，宝宝依然还是不会翻身的话，那么最好带宝宝去医院做个检查，排除运动功能障碍的可能。一般来说，运动功能障碍不会仅仅是翻身运动落后，往往是多种运动能力都比同龄的宝宝落后许多。

🔊 闹夜

5 ~ 6 个月的宝宝夜啼闹夜的很多，多数都是闹着玩，只当以前从来不闹的宝宝突然在夜里大声哭闹，或是闹的方式很反常，才有可能是某些疾病所致。这一月龄最常见的病因仍然是肠套叠。

这个月的宝宝已经形成了一定的睡眠习惯，所以要调整这个睡眠习惯，还得要循序渐进。当宝宝夜里醒来哭闹的时候，爸爸妈妈可以用柔和的、很轻的语调跟他说话，让他感觉到安全和关心，最好不要开灯。如果宝宝提出想去房间外的话也尽量不要满足他。因为要是每次都满足宝宝那种不合理的要求，逐渐会变成生物钟，形成习惯，这样就很难调整了。所以说，对待夜啼的宝宝，处理的方式一定要慎重，因为有过 1 ~ 2 次之后，这种处理的方法就可能会变成他的习惯。

从医学和心理学的角度上讲，哭首先是表达一种生理和心理需要。对没有自立能力的宝宝来说，哭是他们特有的语言，是他们饥渴、尿湿、想睡或不舒服时向父母发出的信号。依赖父母是宝宝的天性，特别是未满 6 个月的宝宝，更需要有人陪伴。当他发现身边没人时，就会用哭来表达自己的不满。对于宝宝的哭闹父母应当尽量回应，可以多抱抱他、抚摸他、亲亲他、用温柔的语调和他讲话等，不能总是完全不予理睬。

常常宝宝一哭，爸爸妈妈就先紧张起来，这在新手爸爸妈妈里更为常见。大人的紧张、烦恼、生气、抱怨只能加剧宝宝闹夜的程度，宝宝多数会越闹越凶，且持续更长的时间。所以，最好的方式是大人从始至终保持镇静，用温柔的抚摸和轻声的话语使宝宝逐渐放松，继而平静下来。由于大人的情绪能直接传染给宝宝，所以与其爸爸妈妈手忙脚乱地抱起他，拿奶瓶、递玩具，甚至是急忙抱到外面走几步，倒不如保持镇定地就地安抚，这样的效果反而更佳。

麻疹

6个月以前的宝宝如果得了麻疹，多数都是被患有麻疹的宝宝传染上的，由于此时的宝宝还带有从母体中得来的抵抗力，所以即使得了麻疹，也能很快痊愈。

从被传染到发病一般都是10天左右的潜伏期，如果身体里抗体比较强的话，潜伏期就有可能会更长，有些会等到被传染后20天才出疹子。

5个多月的宝宝如果出了麻疹，在出麻疹前不会有打喷嚏、咳嗽、长眼屎等明显症状，只是体温会稍高于37℃，紧接着在颈上、前胸、后背处就会发出稀稀拉拉像被蚊子咬了一样的红点。如果宝宝的抗体比较少的话，发热的时间就会稍长一些，大概能持续一天半，疹子也出得比较多，但发病时不会因为咳嗽而十分痛苦，也不会诱发肺炎等并发症。

这个月的宝宝患上麻疹不需要采取特殊治疗，只要控制洗澡次数，防止宝宝受凉就可以了。由于麻疹有传染性，一旦感染了6个月以上的宝宝，就会患上普通麻疹，所以患了麻疹后要暂停户外活动。麻疹有终生的免疫力，只要患过一次，那么以后就不会再患了。

鼻出血

鼻出血既是许多疾病的一种症状，也是一种疾病，因为鼻出血的症状有轻有重，所以不可忽视。当宝宝出现鼻出血时，家长首先要镇定，可引导宝宝做缓慢而深的呼吸，以充分放松；不要让宝宝仰卧，因为仰卧时血会从咽后壁流入食管及胃，不久就会从胃再呕出，让宝宝取坐位或半坐位，保持呼吸道通畅，防止血液经后鼻孔流入口腔，更要指导宝宝把流入口的血液尽量吐出，防止血液咽下后刺激胃肠道引起恶心、呕吐或宝宝误吸入呼吸道而引起窒息；不要用纸卷、棉花乱塞，这不但起不到止血作用，不干净的纸卷及棉花反而会引起炎症；家长要用拇指和食指的第二指节紧紧压住宝宝的双侧鼻翼，因为宝宝的鼻出血一般都在鼻中隔的前部，压迫双侧鼻翼一般都可以止血。另外可用冷毛巾敷在宝宝的额头以助止血。鼻出血停止也要去医院检查，首先要排除血液系统疾病。如果出血是因鼻腔黏膜破裂，小血管外露的话也可以及时处理，避免再次出血。

控制宝宝的剧烈活动，避免鼻外伤

宝宝鼻出血不排除一些鼻腔局部的炎症所致，如急慢性鼻炎、鼻窦炎，剧烈活动会使鼻黏膜血管扩张，或者导致鼻腔发痒宝宝抠挖而出现鼻出血。要让宝宝养成良好的习惯，在鼻痒时不要抠挖。

饮食要注意

秋冬干燥，饮食一定要注意。宝宝切勿多吃炸煎及肥腻的物品，多吃新鲜蔬菜和水果，并注意多喝水或清凉饮料，补充水分，必要时可服用适量维生素 C、维生素 A、维生素 B$_2$。

预防感冒和其他呼吸道疾病

现在是上呼吸道疾病的高发期，如果宝宝患了感冒、扁桃体炎、肺炎或腮腺炎等传染病，都会导致鼻黏膜的二管充血肿胀，甚至造成毛细血管破裂而出血。因此，一旦宝宝患上这些疾病应及时治疗。经常莫名其妙地出鼻血一定要去医院检查。

舌苔增厚

舌苔变厚主要是丝状乳头角化上皮持续生长而不脱落之所造成的。以乳类食品为主的宝宝舌面都会有轻微发白或发黄，只要宝宝吃奶好、大便正常的话，这就是正常现象，家长不必担心。

如果宝宝患有某些疾病，也可引起舌苔增厚，如感冒发热、胃炎、消化道功能紊乱等都是引起舌苔增厚的主要原因。如果舌苔出现偏厚或者发白等情况，而身体无其他不适症状的话，一般就是上火的表现，这种情况还通常还会伴有口腔异味甚至口臭；如果舌苔在增厚同时发黄的话，就可能是胃肠方面的疾病或是出现某些炎症；如果宝宝在舌苔增厚的同时，一并出现食欲下降、消瘦或是发热等症状，最好是及时就医。

枕部扁平

宝宝枕部扁平一般从 3 个月左右开始显现出来，5 ~ 6 个月的时候最明显。很多家长为了防止宝宝枕部扁平，平时就总是抱着宝宝，也很注意调整宝宝的睡姿。但即使如此，有的宝宝依然还是出现了扁平头，一般都是右侧后部的位置被压扁，也有些是整个后头部都呈扁平形。

枕部扁平与大脑内部的功能没有关系，也不会影响宝宝智力的发展，后头部扁平的一般也不明显，大多数的宝宝到了 3 ~ 4 岁，这种现象就会消失，所以爸爸妈妈不用过多担心。而且，多抱少躺的方式也并不能解决宝宝时期枕部扁平的问题，爸爸妈妈只要耐心等待即可，随着宝宝慢慢长大，这个问题会自然好转的。但如果爸爸的枕部也很扁平的话，那宝宝就有可能受到遗传影响，终生都是扁平头。

耳垢湿软

有的宝宝耳垢很软，呈米黄色，常常粘在耳朵里，这种现象就是耳垢湿软。耳垢湿软是天生的，受父母的遗传，是由耳孔内的脂肪腺分泌异常所导致的，脸色白净、皮肤柔软的宝宝比较多见，并不是什么疾病。

宝宝的耳垢特别软时，有时会自己流出来，这时用脱脂棉小心地擦干耳道口处即可，平时洗澡的时候注意尽量不要让水进到耳朵里。不能用带尖的东西去挖耳朵，以免使用不当碰伤宝宝，引起外耳炎。耳垢软的宝宝，即使长大以后耳垢也不会变硬，只是分泌量会比较少。

如果爸爸妈妈不清楚宝宝是湿性耳垢的话，当看到宝宝的耳垢很软，就会担心宝宝患上了中耳炎。其实，中耳炎和耳垢湿软还是很好区分的。患中耳炎时，宝宝的耳道外口处会因流出的分泌物而湿润，但两侧耳朵同时流出分泌物的情况很少见。并且流出分泌物之前，宝宝多少会有一点儿发热，还会出现夜里痛得不能入睡等现象。而天生的耳垢湿软一般不会是一侧的，并且宝宝没有任何不适的表现。

衣服被褥

由于这个月龄的宝宝生长发育比较迅速，不仅活动量比以前有了明显增大，而且活动范围和幅度都比以前大大增强，所以妈妈在为宝宝准备衣服时，一定要以宽松为主，款式设计要宽松些并容易穿脱，同时还要保证好的吸水性和透气性。如果衣服整体设计过紧的话，就会影响宝宝正常发育；如果领口或袖口过紧，就会对宝宝的正常活动和呼吸造成阻碍；如果衣服的袖子或裤腿过长的话，就会妨碍宝宝的手脚活动。

这个月宝宝的口水开始增多了，加上开始喂辅食，常常会把衣服弄湿弄脏，因而衣服要比以前换得更勤了。所以这个月妈妈要为宝宝多准备几套衣服，以便换洗。如果宝宝口水很多的话，可以给宝宝戴个吸水性较强的围嘴，既方便又好洗。

给宝宝的袜子要选择那些透气性能好的纯棉袜，因为化学纤维制成的袜子不但不吸汗，而且还可能会令宝宝的脚部皮肤发生过敏。再有，给宝宝的袜子款式要符合宝宝的脚型和大小，否则会利于宝宝脚部的正常发育以及日常活动。

对于刚刚五个月的宝宝来说，有的时候还不能有意识地控制自己的活动，所以服装的安全性也很重要的。这么大的宝宝已经会把比较小的东西拿到手里，而一旦东西放到手里，下一步就是放到嘴里。因此，给宝宝的衣服尽量不要带扣子或其他多余的小饰物，以免被宝宝误食造成窒息。

如果有的衣服必须要钉扣子的话，那么爸爸妈妈就要经常检查扣子是否牢固，以及扣子的位置是否会硌着宝宝。如果买来的衣服上有很多装饰性的小球、小花之类，也要都去掉以后再给宝宝穿。毕竟，宝宝的人身安全比衣服的美观要重要得多。

还有一点要格外引起家长注意，就是还要经常检查宝宝的内衣裤上，是否有脱下的线头。曾经发生过很多宝宝被衣服里的线头误伤的例子，不是宝宝的小手被内衣的线头缠伤，就是宝宝的小脚丫被勒伤，甚至还发生过男宝宝的小鸡鸡被内裤里的线头勒破引发感染的情况。因此，给宝宝穿的所有衣服，特别是贴身穿的内衣裤、秋衣秋裤和袜子，在每次给宝宝穿之前一定要翻过来仔细检查，如果发现有线头的话就要立即剪掉。

这个月对于被褥要求与上个月没有太大的变化，可以继续使用上个月的被褥物品。注意的是，这个月的宝宝不仅手部的力量大增，而且腿部也比以前更有力了，加上已经学会翻身，如果睡床太小或没有栏杆防护的话，就应及时更换大床或安装护栏，否则宝宝就很容易从床上掉下来。此外，在床边的栏杆上也不能系绳子，以免宝宝翻身或掉到地上时，因绳子缠住脖子而发生危险。

睡眠问题

这个月的宝宝睡眠总体的规律是，白天的睡眠时间及次数会逐渐减少，即使白天睡觉较多的宝宝，一白天的睡眠时间也会减1~2个小时。具体到每天晚上应该睡多久，白天应该睡多久，每天一共应该睡几觉，则没有绝对的标准。能睡的宝宝这个月晚上能连续睡10多个小时，一觉到天亮，白天一般睡2~3次，上午睡1次，1~2小时；下午睡1~2次，2~3个小时。有的宝宝则开始习惯晚睡了，通常要到晚上10点甚至11点才开始睡，一直睡到转天早上7~8点，甚至8~9点。只要宝宝自己调节得好的话，家长就不必过多干预。

由于这个月的宝宝运动能力增强，即使白天睡觉，晚上也照样能睡得很好，因此家长再不用因为宝宝白天的睡觉问题而担心了。以前夜里要醒两次的宝宝，现在变为一次；而原来只醒一次的宝宝现在则可以一觉睡到天亮。

有些宝宝睡觉的时候总爱出汗，家长就要注意鉴别，分清楚是正常的生理出汗还是病态地出汗。出汗是受交感神经支配的，婴幼儿的交感神经兴奋性高，一般都比较爱出汗，所以如果宝宝是在入睡后不久出汗，过一段时间汗液就能消退而不再出汗的话，就没什么问题，是正常现象，是因为宝宝从兴奋状态逐渐进入抑制状态过程中，全身血流仍较快所导致的。家长可以在宝宝刚开始入睡时，不要给他盖太多的被子，等到他熟睡之后完全处于稳定状态时再将被子盖好，并要注意室内的空气流通。

如果发现宝宝入睡后，全身出汗很多，尤其头部表现更为突出。出汗的同时还常因汗多刺激头皮而摇头，宝宝的枕后部可见一圈脱发，伴有神经兴奋性增加的表现，如睡后突然惊醒、惊哭或者烦躁不安等，并同时还伴有骨骼的改变，如颅骨软化、肋骨外翻、前囟大、方颅等，就需要到儿童保健门诊做检查治疗，这有可能是佝偻病早期的症状。

如果宝宝在刚刚入睡时无汗，入睡一段时间后，尤其是下半夜出现全身大汗，这种叫"盗汗"。如果宝宝同时伴有面色苍白或苍黄、精神萎靡、食欲不振甚至低热和咳嗽等症状，就应到传染科做相关检查，排除结核病可能。

✎ 臀部护理

宝宝由于大小便次数较多，特别是母乳喂养的宝宝，有时候每天大便六七次，如果不注意臀部护理，极易出现臀红或者尿布疹。妈妈可以采取以下措施保护宝宝的小屁屁：

1. 及时更换尿布，以免皮肤长时间受到刺激；

2. 若使用布尿布或者纱布尿布，质地要柔软，应用弱碱性肥皂洗涤干净并暴晒；

3. 选择品质好、质量合格的纸尿裤；

4. 不要在宝宝身下垫橡胶、塑料等材质的垫子；

5. 大便后要用温水冲洗臀部，用干爽的毛巾沾干水分，再让宝宝的臀部在空气中或阳光下晾一下，不要马上包上尿片，以皮肤干燥。

✎ 牙齿护理

吃完换乳食物后，喂白开水

随着宝宝的成长，逐渐可以坐，甚至可以抓立，每天可以吃一次或两次换乳食物，牙床也可以磨碎些食物。下牙床的前齿会流出大量有杀菌功能的唾液，可以清除口腔中的脏物。在每次吃东西之后要用白开水冲洗口腔。

逐渐让宝宝习惯牙刷或纱布擦拭牙齿

为使宝宝即便将手指或者刷子放进口中也不感到惊慌，最初的时候可以用纱布或者湿巾擦拭宝宝嘴的周围及牙齿。当宝宝习惯了纱布以后，妈妈就可以一边小心地照看，一边像跟宝宝游戏一样用宝宝专用牙刷刷牙。

清理牙齿步骤

1. 将妈妈的食指套上宝宝专用牙刷刷牙。

2. 不要急于擦拭牙齿，首先为了使宝宝适应，可以先将嘴的周围及嘴唇擦拭干净。

3. 将手指慢慢伸进口中，轻轻地擦拭牙齿。

四季护理

春季护理

这个月的宝宝在春季里适合多多进行户外活动，同时"减D补钙"。具体来说，每天维生素D的补充量可以减少到7.5微克，到了夏天进一步减为5微克，在减少维生素D的同时还要给宝宝补充钙剂，但补钙剂量不宜过多，时间也不宜过长，口服1～2周钙剂比较适宜。

户外活动的增多会造成宝宝呼吸道分泌物增多，而这时候的宝宝还不太会清理它们，所以嗓子里总是会发出呼呼噜噜的声音。可以给宝宝多喝些开水，但不能乱用抗生素。此外，春季是流行性疾病的多发季节，虽然宝宝此时体内还有胎儿期储备的免疫能力，但剩余量已经不多了，因此要尽量避免到人多的场合中活动，也不要和患有某些流行疾病的患儿和成人接触。

夏季护理

夏季里最容易患肠道感染性疾病，所以在给宝宝制作辅食时，一定要特别注意餐具的卫生和辅食材料的新鲜，不要给宝宝吃剩下的奶和辅食，一次喝不完的奶粉、果汁、菜汁和水不能留到下次再给宝宝喝，也不要给宝宝喝隔夜的白开水。冰箱里的熟食储藏时间也不能超过72小时，并且在食用前一定要加热。

每次用过的奶瓶餐具一定要消毒烘干并妥善储存，避免蚊虫的污染，每次喂食之前，爸爸妈妈要先把手洗干净。

如果这时准备给宝宝半断奶的话，应视宝宝的食量而决定。如果宝宝食量大，没有因为炎热的天气而影响食欲的话，就可以正常地按照半断奶的配餐给宝宝喂食；但如果宝宝由于天气原因而显得没什么食欲，就连奶粉也没有以前吃的多了，就尽量考虑把断奶时间延后，到秋天天气转凉之后再进行。另外对于没有食欲的宝宝，可以把奶粉放凉一些再给他吃，也可以多给宝宝喝点好喝的鲜果汁。

为了防止宝宝臀红长痱子，白天里可以不给宝宝戴尿布，只给他穿上小兜肚，护住小肚子不要着凉就可以了。最好是在凉席上铺一层棉布单，一方面不至于让宝宝太凉，另一方面也可以避免凉席上有刺扎伤宝宝。

秋季护理

秋天的天气转凉，进行户外活动的时间最好是放在中午前后，尽量多地晒晒太阳。此外依然还要注意防止蚊子的叮咬，因为秋天的蚊子咬人更厉害。

刚刚入秋的时候，北方一天的温差较大，早晚凉中间热，而南方的气温仍然还较高，所以很可能由于家人的忽视而使宝宝长期了"秋痱子"。所以即使是秋天了，爸爸妈妈也不要掉以轻心，还要注意勤洗澡，防止宝宝出痱子。如果出痱子的话，这时候涂抹痱子粉是很有效的办法。

冬季护理

冬季如果带宝宝外出的话，应特别小心不要冻伤宝宝，重点做好脚部的保暖工作，因为脚是最容易冻伤的部位。如果发现宝宝的小脚被冻红了，应立即朝着心脏的方向按摩，避免出现冻伤。

依然还要注意室内的温度和湿度，过高的温度会导致宝宝再次发生湿疹，而过低的湿度则会令宝宝的鼻黏膜干燥，造成鼻出血。

这个时候由于宝宝的四肢活动能力提高了，所以加湿器、暖炉等设备都要放到宝宝够不到的地方，避免可能发生的危险。

家庭环境的支持

✑ 室外活动

这个月的室外活动时间和次数和上个月没有太大区别，不过由于宝宝的活动能力增强了，所以更要注意室外活动的安全。

如果用宝宝车带着宝宝出去的话，要检查好宝宝车的安全，不要在宝宝车的车把上挂重物，以防在重力的作用下使宝宝车向后仰，给宝宝造成危险。

当在户外给宝宝喂奶时，不要把奶瓶放在宝宝的旁边，以防大人不注意的时候宝宝碰到奶瓶烫伤。

再有，带着宝宝到户外的时候，不要让宝宝触碰别人养的小宠物，更不能让宠物舔宝宝的手脚，以防宠物咬伤宝宝，引起不必要的后患。

✑ 玩具

适合 5 个多月的宝宝的玩具有很多，如不同材质的绒毛玩偶、丝织品小玩具、铁皮制成的小汽车、积木、橡胶或塑料制成的球、色彩鲜艳的脸谱、卡通形象的画册、塑料包边的镜子、塑料图形玩具、各种材质的动物造型以及风铃、八音盒、彩色小摇铃以及拨浪鼓等可以发出悦耳声音的玩具。

不过对于这个月龄的宝宝来说，宝宝玩具没有我们日常生活中的常用物品的吸引力大。此时的宝宝对那些大人根本不会在意的日用品更感兴趣，比如奶瓶、小勺等，常常是拿起来敲敲打打不厌其烦地玩个不停，并且十分开心。

这是宝宝发育过程中都要经历的阶段，家长不必过多干预，宝宝如果感兴趣的话，就尽管拿这些日常生活用品给宝宝玩，并且在他玩的时候给他讲讲这些东西的名称、用处，让宝宝边玩边认，在宝宝玩耍的同时，还能提高他的认知能力。

潜能开发游戏

✊ 抓东西

【目的】促进宝宝手部的小肌肉运动，发展手部的精细动作和手眼的协调能力。

【玩法】可以让宝宝在地上或床上坐着，然后家长滚一个球给他，让他去抓这个球；或是让宝宝抓小块的积木、糖果等便于抓取的东西。如果宝宝能很好地抓住东西，家长可以进一步锻炼宝宝手部的配合能力，可以先递给宝宝一块积木，然后再递给宝宝另外一块积木，看宝宝的反应。宝宝通常会做出三种不同反应，一是扔掉当前手里的积木，二是用另外空着的手接过积木，三是先把手里的积木挪到另外空着的手里，再用这只手接过积木。这三种不同的反应，可以折射出宝宝的思维发展阶段：如果宝宝懂得用另外空着的手接过积木或是先把手里的积木挪到另一只手再接过积木，就说明宝宝已经懂得了两只手可以分开以及配合使用。但如果宝宝只会将当前手里的积木扔掉后再接新的积木的话，就说明宝宝还没有这个意识，这时候就需要家长的启发，让宝宝知道，他还有另外一只手可以使用。

✊ 镜子里的我

【目的】锻炼宝宝的颈部肌肉、手臂肌肉和眼部肌肉，同时还可锻炼宝宝眼神对物体的追踪能力。

【玩法】把一面合适的镜子（面积稍大，四周不会划伤宝宝）放在地上。让宝宝腹部朝下，趴在镜子边沿（注意：3个月以下的宝宝需要用抱枕支撑头部和颈部），让宝宝往镜子里看。家长可以在宝宝的身边和他一起照镜子并和他玩"躲猫猫"的游戏，在玩的过程中可以跟宝宝说说镜子里的他："这是你的眼睛、嘴、鼻子、耳朵……"，还可以跟他玩"躲猫猫"的游戏。

🐚 抱枕上的平衡

【目的】让宝宝体验腹部所承受的压力以及平衡感，与此同时让宝宝练习抬头的能力。

【玩法】除了家长抱着宝宝做摇摆的练习，让宝宝趴着左右摇晃也能练习平衡哦！将宝宝放置在一个大的海绵抱枕上，也可以将大浴巾卷起来做成抱枕或用毛巾把厨房专用纸巾卷起来。可以在抱枕上先铺上一条羊毛毯，让宝宝趴在上面，用抱枕支撑着宝宝的胸部、腹部和大腿，把宝宝的头转向一边，轻轻地唱着曲儿并左右摇动宝宝。摇晃时，家长要注意扶稳宝宝，防止宝宝从抱枕上跌落。

6 ~ 7个月

这个月的宝宝

满半岁的宝宝身体发育开始趋于平缓。

体重

满 6 个月时，男宝宝体重的正常范围为 6.66 ~ 10.3 千克，平均为 8.48 千克；女宝宝体重的正常范围为 6.16 ~ 9.52 千克，平均为 7.84 千克。本月可增长 0.45 ~ 0.75 千克。

身高

男宝宝身高的正常范围为 64.0 ~ 73.2 厘米，平均为 68.6 厘米；女宝宝身高正常范围为 62.4 ~ 71.6 厘米，平均为 67.0 厘米。本月平均可以增高 2.0 厘米。

头围

男宝宝头围的正常范围为 41.5 ~ 46.7 厘米，平均为 44.1 厘米；女宝宝头围的正常范围为 40.4 ~ 45.6 厘米，平均为 43.0 厘米，这个月平均可增长 0.5 厘米。

胸围

男宝宝胸围的正常范围为 39.7 ~ 48.1 厘米，平均为 43.9 厘米；女宝宝头围的正常范围为 38.9 ~ 46.9 厘米，平均为 42.9 厘米，这个月平均可增长 1.3 厘米。

囟门

一般在这个月，宝宝的囟门和上个月差别不大，还不会闭合，但已经很小了，多数在 0.5 ~ 1.5 厘米之间，也有的已经出现假闭合的现象，即外观看来似乎已经闭合，但若通过 X 射线检查其实并未闭合。家长如果为了要弄清前囟是否真的闭合了，就去给宝宝做 X 射线检查，其实是完全没必要的。如果宝宝的头围发育是正常的，也没有其他异常体征和症状，没有贫血，没有过多摄入维生素 D 和钙剂的话，家长就不必着急，因为这大多数都仅仅是膜性闭合，而不是真正的囟门闭合。

牙齿

发育快的宝宝在这个月初已经长出了两颗门牙，到月末有望再长两颗，而发育较慢的宝宝也许这个月刚刚出牙，也许依然还没出牙。出牙的早晚个体差异很大，家长也不必太过担心。

营养需求与喂养

营养需求

6 ~ 7 个月期间，宝宝的主要营养来源是母乳或是配方奶，同时添加辅食。宝宝长到 6 个月以后，不仅对母乳或配方奶以外的其他食品有了自然的需求，而且对食品口味的要求与以往也有所不同，开始对成的食物感兴趣。这个时期有的宝宝会缺乏维生素 K，这是由于单纯的母乳喂养，而没有及时添加辅食。同时也要及时补充含铁丰富的饮食，如猪肝、鸡蛋、猪血等，由于胎儿期从母体得到的储备铁已消耗殆尽，饮食中得到铁质也较少，很容易发生营养性缺铁性贫血，尤其是慢性的腹泻病更容易发生。这个时期的宝宝仍需母乳喂养，因此妈妈必须注意多吃含铁丰富的食物。对有腹泻的宝宝，及时控制腹泻也极为重要。

半断奶期

这个月的宝宝开始进入半断奶期，需要添加多种辅食。适合这个月龄宝宝的辅食有蛋类、肉类、蔬菜、水果等含有蛋白质、维生素和矿物质的食品，尽量少添加富含碳水化合物的辅食，如米粉、面糊等。同时，还应给宝宝食用母乳或奶粉，因为对于这个月的宝宝来说，母乳或奶粉仍然是他最好的食品。

如果妈妈乳汁分泌尚好的话，可以一天给宝宝喂两次辅食，吃三次母乳，晚上再喂两次母乳。如果宝宝不好好吃母乳、妈妈感到乳涨的话，可以只给宝宝吃蛋类、蔬菜和水果，不吃米面，或是适当减少辅食的喂养量，要是宝宝同时在喝奶粉的话，奶粉量也可以酌情减少。如果此时母乳已经很少了，就可以停止母乳，改喂奶粉。

此时给宝宝完全断奶还有些过早。1 岁以内的宝宝应该是以乳类食品为主的，如果完全断奶太早的话，是不利于宝宝生长发育的。所以，如果宝宝在这个时候不爱吃母乳或奶粉，只爱吃辅食的话，可以多尝试着给宝宝喂几次奶粉，培养起宝宝喝奶粉的习惯。

开始喜欢辅食

这个月的宝宝，会比较喜欢吃辅食，家长可以按辅食添加顺序和宝宝适应程度，逐渐增加辅食种类和数量。但这个时期仅仅是半断奶的开始，添加辅食的目的是让宝宝逐渐适应吃奶以外的食品，补充奶类中不足的营养成分。如果妈妈把添加辅食作为这个月的头等大事，整天忙着做辅食，就会顾此失彼，忘记了更重要的事。

辅食供给

这个月辅食添加的方法，要根据辅食添加的时间、添加量、宝宝对辅食的喜爱程度、母乳的多少和宝宝的睡眠情况灵活掌握。

给宝宝断奶食品的选择，应包括蔬菜类、水果类、肉类、蛋类、鱼类等。如果宝宝已经习惯了辅食的话，只要宝宝发育正常的话就可以照之前的方法继续添加下去，不需要做过多的调整；如果宝宝的吞咽能力良好，并且表现出对辅食的极大渴望，那么不妨给宝宝一些面包或磨牙棒，让宝宝自己抓着吃；如果宝宝此时吞咽半固体的食物还有困难的话，可以多喂一些流质的辅食；如果宝宝每次吃辅食的时间都很长的话，爸爸妈妈就要尽快提高辅食的喂养技巧，暂时先不要增加每天喂辅食的次数；如果宝宝一天吃两次辅食，吃奶量就减少到 3 次或更少，那么就应减少一次辅食，以增加奶的摄入量。

宝宝到了 7 个月时，已经开始萌出乳牙，有了咀嚼能力，同时舌头也有了搅拌食物的功能，味蕾也敏锐了，因而对饮食也越来越多地显出了个人的爱好。因此，在喂养上，也随之出现了一定的要求。爸爸妈妈最好能多掌握几种辅食的做法，以适应宝宝不同的需要。不过对于辅食的做法，也没有必要恪守一些食谱，有的时候爸爸妈妈对着食谱满头大汗的做了半天辅食，结果宝宝还是不吃，白白浪费时间。只要把平时大人吃的饭菜煮烂一点，少放些盐，就可以给宝宝吃。要知道，这个时候给宝宝添加辅食，重要的是添加，是锻炼宝宝吃的能力，所以在一岁以前，只要让宝宝练习吃辅食就可以了。只要是健康又有营养的东西，就可以给宝宝吃，没有必要太花心思在这个上面。

辅食食谱推荐

	原料	做法
肉末茄泥	圆茄子 1/3 个，精肉末 1 勺，蒜 1/4 瓣，湿淀粉、盐、麻油各少许	1. 将蒜剁碎，加入精肉末中用湿淀粉和盐搅拌均匀，腌 20 分钟 2. 圆茄子横切 1/3，取带皮部分较多的那半，茄肉部分朝上放碗内 3. 将腌好的精肉末置于茄肉上，上锅蒸至酥烂，取出，淋上少许麻油，拌匀即可
牛奶蛋黄米汤粥	米汤半小碗，奶粉 2 勺，鸡蛋黄 1/3 个	1. 在烧大米粥时，将上面的米汤盛出半碗 2. 将鸡蛋煮熟，取蛋黄 1/3 个研成粉 3. 将奶粉冲调好，放入蛋黄、米汤，调匀即可
白萝卜生梨汁	小白萝卜 1 个，梨 1/2 个	1. 将白萝卜切细丝，梨切薄片将白萝卜倒入锅内加清水烧开 2. 用微火炖 10 分钟后，加入梨片再煮 5 分钟取汁即可食用
鸡汤南瓜泥	鸡胸肉 1 块，南瓜 1 小块	1. 将鸡胸肉放入淡盐水中浸泡半小时，然后将鸡胸肉剁成泥，加入一大碗水煮。将南瓜去皮放入另外的锅内蒸熟，用勺子碾成泥 2. 当鸡肉汤熬成一小碗的时候，用消过毒的纱布将鸡肉颗粒过滤掉，将鸡汤倒入南瓜泥中，再稍煮片刻即可
胡萝卜山楂汁	新鲜山楂 1 ~ 2 颗，胡萝卜 1/2 根	1. 山楂洗净，每颗切四瓣；胡萝卜半根洗净切碎 2. 将山楂、碎胡萝卜放入炖锅内，加水煮沸，再用小火煮 15 分钟后用纱布过滤取汁

☺喝水的讲究

这个月母乳喂养的宝宝，每天应该喝 30～80 毫升的白开水，奶粉喂养的宝宝应该喝 100～150 毫升的白开水。煮沸后自然冷却的凉开水最容易透过细胞膜促进新陈代谢，增加血液中血红蛋白含量，增进机体免疫功能，提高宝宝抗病能力。此外，喝凉开水还会减少肌肉内乳酸的堆积，可缓解疲劳。所以，宝宝每天只要喝够足量的白开水即可。

最简单地给宝宝喂水的方法是把水灌进奶瓶里让宝宝自己拿着喝。这个月大的宝宝对抓握东西特别有兴趣，因此让他自己抓着奶瓶喝，也可以有效提高宝宝对喝水的兴趣。只要在喝水的时候大人在一旁看护，一般宝宝都不会出现呛水等问题。

成人体内缺水的信号是口渴，但是对于宝宝来说，就不能等到渴了以后再喂水。这个阶段的宝宝还不太会表示自己口渴了，加上日常活动得比较多，所以最好是随时添加水分，特别是在炎热的夏天，宝宝出汗较多的时候，更应及时为宝宝补足水分。一旦水分不能及时补充，就会使宝宝发生短暂或轻度的机体缺水症状，还有可能使宝宝出现咽喉干燥疼痛、发声沙哑、周身无力等症状。

6 个月以前的宝宝吸吮欲望还比较强，无论奶瓶里装什么，他都会津津有味地吮吸。但是到了 6 个月以后，由于宝宝对吸吮有了更具体的目的，加上他喝惯了果汁、配方奶、菜水、菜汁等，所以未免会表现出对白开水不感兴趣，这是很自然的现象。

培养宝宝喝水的习惯很重要，如果宝宝在这个时候不爱喝水的话，爸爸妈妈不妨用一些巧方法，让宝宝爱上白开水。例如，给宝宝喝水的时候，爸爸妈妈可以同样也拿着一小杯水，和宝宝面对面，玩"干杯"的游戏，让宝宝看着爸爸妈妈将杯里的水喝光，这样宝宝就会高高兴兴的模仿爸爸妈妈的动作，把自己小杯子或奶瓶里的水也都喝光了。还可以在户外活动的时候，给宝宝找一个喝白开水的小朋友做榜样，让宝宝向他学习。或是在宝宝睡觉醒后和玩耍投入的时候喂白开水，因为这个时候宝宝都比较乖，容易接受平时不爱接受的事物。再有，家里的大人最好都不要在宝宝面前喝果汁、汽水等饮料，以免宝宝产生心理上的"不平衡"感。

给宝宝喂白开水需要足够的耐心和细心，但不能为了让宝宝多喝水而给宝宝喝加了饮料的白开水，也不能在饭前喝太多水，否则不利于食物的消化。即使是炎热的夏天，也不能给宝宝喝带冰块的冰水，因为喝大量冰水容易引起胃黏膜血管收缩，不但影响消化，甚至有可能引起肠痉挛。如果宝宝晚上尿床比较厉害的话，那么也不宜在睡觉之前给他喝太多的水，否则不但会使尿床更严重，还会干扰到宝宝的睡眠质量。

适量给宝宝补充锌

　　6个月内宝宝的免疫力主要来源于母乳，6个月后母乳为宝宝提供免疫力显得有些力不从心，从辅食中获得免疫力，对宝宝来说很重要，它会使宝宝的免疫系统更完善。

　　锌元素是人体内很多重要酶的构成成分，对生命活动有催化作用，它可以促进宝宝生长发育与机体组织再生，并帮助宝宝提高自身免疫力，并参与维生素 A 的代谢。6个月内吃母乳的宝宝不易缺锌，6个月以后宝宝活动量加大，出汗量增多，锌就容易随汗液流失，宝宝易出现缺锌的症状，如头发枯黄、食欲不佳等。

　　锌的摄入可以抑制宝宝对铜和铁的吸收，当锌和铜比例大于10：1时，会导致宝宝缺铁性贫血；钙是我们平常饮食中摄入的最多的阳离子，钙含量高会损害小肠对锌的吸收，钙的含量超过锌的50～100倍时会影响锌的吸收，宝宝每天钙摄入200毫克时，对人体锌的吸收和平衡并没有任何影响。

　　所以妈妈不要盲目地补锌补钙，而是要让宝宝的饮食均衡，这样才会使各种营养比例适中。血清中的铅、铜含量高，则锌就会低；但锌能抑制铅在宝宝肠道的吸收，预防宝宝铅中毒。锌还是大脑细胞成长的一个重要的原材料，可以增强大脑细胞的活力，维护宝宝大脑正常功能。

能力发展与训练

🍼 运动

　　当宝宝平躺时，他会不停地运动，还会抓住自己的脚或身边的任何东西塞进口中。但他很快就不满足于仰卧位，现在他可以随意翻身，一不留神就会翻动，这时的宝宝翻身已经相当灵活了。

　　当宝宝趴着时，会弓起后背，以使自己可以向四周观看。宝宝已经有了爬的愿望和动作，爸爸妈妈可以推一推宝宝的足底，给宝宝一点向前爬的外力，会帮助宝宝体会向前爬的感觉和乐趣，为以后的爬打下基础。

宝宝从卧位发展到坐位是动作发育的一大进步，这个月的宝宝已经能独坐了，如果爸爸妈妈把宝宝摆成坐直的姿势，他将不需要用手支持而仍然可以保持坐姿。并能自如地伸手拿玩具，也开始学捡起玩具。会用双手同时握住较大的物体，两手开始了最初的配合。抓物更准确了，最让妈妈爸爸感到惊奇是，能把一个物体从一只手递到另一只手，这可是不小的进步。能用大拇指、食指与中指握住积木，大拇指与食指可合作拿东西，能拾起地上的小东西，能手拿着奶瓶，把奶嘴放到口中吸吮，迈出了自己吃饭的第一步。不高兴时，不喜欢手里的东西时，会把它扔掉，开始了自主选择。

这个月的宝宝能自己扶着物体或靠在物体上站立，当爸爸妈妈拉着手臂让宝宝站起来时，宝宝的一只脚会在另一只脚前面。

视觉

宝宝的远距离视觉进一步发展，能辨别物体的远近和空间，眼睛可以慢慢根据东西靠近或远离调整焦距来对焦了，能注意远处活动的东西，如天上的飞机、小号等。这时的宝宝最喜欢寻找那些突然不见的玩具，爸爸妈妈可以经常跟宝宝玩"躲猫猫"的游戏，观察宝宝的兴奋程度和反应及时与否。

听觉

第 7 个月的宝宝的听力比以前更加灵敏了，能分辨不同的声音，并学着发声，在倾听自己发出的声音和别人发出的声音时，能把声音和声音的内容建立联系，如在宝宝面前呼唤"妈妈"，宝宝会把头转向妈妈。能熟练地寻觅声源，听懂差别语气、语调抒发的差别意义。

言语

7 个月时，宝宝的语言发展进入敏感期，已经可以发出比较明确的音节，与人玩或独处时会自然地发出各种声音，很可能已经会说出一两句"papa""mama"了。宝宝开始模仿别人嘴和下巴的动作，如咳嗽等。也开始主动模仿说话声，会模仿大人的语调，会大叫，感到满意时会发声。在开始学习下一个音节之前，他会整天或几天一直重复这个音节。当宝宝听到"不"等带有否定意义的声音时，能暂时停下手里的动作，但很快可能又继续做他停下来的动作。当宝宝听到熟悉的声音时，会做出反应，如听到叫自己的名字、电话铃声等就会转头或转身。宝宝不仅能熟练地寻找声源，还能听懂不同语气、语调表达的不同意思。

现在宝宝对爸爸妈妈发出的声音的反应更加敏锐，并尝试跟着爸爸妈妈说话，因此要像教他叫"爸爸"和"妈妈"一样，耐心地教他一些简单的音节和诸如"猫""狗""热""冷""走""去"等词汇。尽管至少还需要 1 年以上的时间，爸爸妈妈了能听懂宝宝咿呀的语言，但宝宝现在就能很好地理解爸爸妈妈说的一些词汇。

嗅觉

到 7 个月时，随着宝宝大脑的发育，认知能力的提高，宝宝已经开始逐渐将气味记忆起来。这时，爸爸妈妈可以用醋和妈妈常用的比较清淡的香水，放在宝宝鼻子下方轻轻地晃动两三下，给予宝宝嗅觉的刺激，并告诉宝宝这是什么气味，那是什么气味。

味觉

7 个月时，爸爸妈妈可以尝试给宝宝多一些味蕾的锻炼机会。随着辅食的逐渐增加，当宝宝吃甜品的时候，告诉宝宝这是甜味，给宝宝微酸的食物时，告诉宝宝这是酸味。

认知

7 个月时，宝宝已经有了观察力的最初形态。这个时期的宝宝，对于周围环境中新鲜的和鲜艳明亮的活动物体都能注意。拿到东西后会翻来覆去地看看、摸摸、摇摇，表现出积极的感知倾向，这是观察的萌芽。这种观察不仅和动作分不开，而且可以扩大宝宝的认知范围，引起快乐的情感，对发展语言有很大作用。但是，宝宝的观察往往是不准确的、不完全的，而且不能服从于一定的目的。

这月的宝宝有了深度知觉，如抓取物体，感觉它的形状、大小、啃一啃；感觉它的软硬、滋味；把握在手里的东西，摇一摇，听一听它的声音；用手掰一掰，拍一拍，打一打，晃一晃，摸一摸，认识这种物体。对已经会的能力，不再感兴趣了，而对刚刚学会的，或还没有学会的，非常感兴趣，对新鲜事物感兴趣，有探索精神，如大人将摇铃拿在手里摇晃，然后放到宝宝身边，宝宝会拿起摇铃，模仿大人主动摇铃。爸爸妈妈拿着洋娃娃逗引宝宝，宝宝会追逐大人手中的洋娃娃。将小球放在广口瓶中，然后拿给宝宝，宝宝能将广口瓶中的小球倒出来，当看到被他倒出来的小球时，他会伸手够取。

此时的宝宝，玩具丢了会找，能认出熟悉的事物。对自己的名字有反应。能跟妈妈打招呼了，会自己吃饼干了，出现认生的行为，对许多东西表现出害怕。能够理解简单的词义，懂得大人用语言和表情表示的表扬和批评；记住离别一星期的熟人 3 ~ 4 人；会用声音和动作表示要大小便。宝宝会的越来越多了，而爸爸妈妈参与宝宝的活动也越来越多了。

心理

7个月的宝宝已经习惯坐着玩了。尤其是坐在浴盆里洗澡时，更是喜欢戏水，用小手拍打水面，溅出许多水花。如果扶他站立，他会不停地蹦跶。嘴里"咿咿呀"好像叫着爸爸、妈妈，脸上经常会显露幸福的微笑。如果你当着他的面把玩具藏起来，他会很快找出来。喜欢模仿大人的动作，也喜欢让大人陪他看书、看画，听"哗哗"的翻书声音。

7个月的宝宝不仅常常模仿父母对他发出的双音节，而且有50%～70%的宝宝会自动发出"爸爸""妈妈"等音节。开始时他并不知道是什么意思，但见到家长听到叫爸爸、妈妈就会很高兴，叫爸爸时爸爸会亲亲他，叫妈妈时，妈妈会亲亲他，宝宝就渐渐地从无意识的发音发展到有意识地叫爸爸、妈妈，这标志着宝宝已步入了学习语音的敏感期。父母们要敏锐地捕捉住这一教育契机，每天在宝宝愉快的时候，给他朗读图书、念儿歌、说说绕口令等。

社会交往

宝宝已经能够区别亲人和陌生人，看见看护自己的亲人会高兴。开始观察大人的行为，当大人站在他面前，伸开双手招呼他时，他会微笑，并伸手要求抱。会模仿大人的行为，如大人给他一个飞吻，要求他也给一个，他会遵照大人的要求表演一次飞吻；当大人与宝宝玩拍手游戏时，他会积极配合并试图模仿。能听懂、理解大人的话和面部表情，并逐渐学会辨识别人的情绪，如被表扬时会高兴地微笑、被训斥时会显得很委屈、看到妈妈高兴时就微笑、听到爸爸责备时就大哭、强迫做他不喜欢做的事情时会反抗等。从镜子里看见自己，会到镜子后边去寻找；有时还会对着镜子亲吻自己的笑脸。如果和他玩"藏猫猫"的游戏，他会很感兴趣。这时的宝宝还会用不同的方式表示自己的情绪，如用哭、笑来表示喜欢和不喜欢；见到新鲜的事情会惊奇和兴奋，能有意识地较长时间注意感兴趣的事物，表现出想要融入小圈子的愿望。

自我意识培养

宝宝在1岁之前的自我意识虽然并不强，但也能意识到自己的存在。一般认为，1岁之前的自我意识发展分为三个阶段，0～4个月为第一阶段，会对妈妈的镜像微笑、点头、发出叫声，而对自己的镜像则没有太多意识。5～6个月为第二阶段，会把自己的镜像当作另一个同伴对待，有时伸手到镜子后面去镜中找人。7～12个月为第三阶段，当看见镜像中自己的动作时，会跟着模仿这些动作。

对于这个月龄的宝宝，照镜子是初步建立宝宝自我意识的很好的办法。爸爸妈妈可以让宝宝站在镜子面前，指着宝宝的鼻子、眼睛、嘴等部位，告诉宝宝他们的名称和作用，同时告诉指着镜子中的宝宝，告诉宝宝这个是你自己。还可以让宝宝看看镜子里的爸爸妈妈，告诉宝宝哪个是爸爸妈妈，哪个是你自己。尽管这时候宝宝还很难意识到这些，但这会使其对自我建立起一个初步概念，并且照镜子会让宝宝很兴奋，又是笑又是说，甚至会冲到镜子面前，企图把镜子里的小人儿抓出来。这些行为和动作，会为今后宝宝自我意识的形成和多种能力的发展奠定下坚实的基础。

除了照镜子，和宝宝一起看照片，告诉他相片中的"他"就是"你"，让他知道照片上的"他"就是"我"自己、向阳光下自己的影子跳过去、让宝宝站在镜子面前穿衣打扮、让手摆出各种造型投影在墙上等，也都是促进婴幼儿自我意识发展的好办法。

要发展宝宝的自我意识，爸爸妈妈首先就要摒除那种"小孩什么都不懂"的思想，在平时与宝宝玩耍的时候，要有意识地让宝宝知道他在空间的位置，比如让宝宝指出自己和父母之间的位置关系，引导宝宝认识自身与外部世界的关系，促进宝宝自我意识的萌芽。

🐚 早期智力开发

7个月宝宝智力开发的重点是首先要满足宝宝旺盛的好奇心，满足宝宝对亲人依恋的心理需求，然后再从训练他手眼协调能力、对语言的理解能力、鼓励模仿行为、学习指认生活中常见物品、认识自己身体各部位等入手，从身心各方面促进其全面发展。

点头 yes 摇头 no

教会宝宝点头表示是，摇头表示不是，让宝宝懂得点头和摇头的含义，让宝宝初步明白不同动作所代表的而不同语言，进而起到开发智能的作用。

训练的时候，可以由妈妈先指着爸爸问宝宝："他是妈妈吗？"然后爸爸一边摇摇头，一边说："不"。接下来妈妈可以继续问："他是爸爸吗？"爸爸一边点头，一边说："是"。注意不要说得很复杂，例如"是的，我是爸爸"，因为这时的宝宝对单字更容易理解一些，简单的语言和动作会使宝宝更明白、学得更快。

连续翻滚

学会连续翻滚是宝宝学会爬之前唯一能移动位置的方法，是很重要的学习项目之一，能够锻炼前庭和小脑的平衡。

在做这项运动的时候要确保有足够的活动场地，可以在地板上或在大床上进行，活动之前要讲所有的障碍物移出。运动的时候，家长可以手拿玩具做引导，先将玩具放置一侧使宝宝侧翻；接着让他从侧翻变成俯卧；再从俯卧变成仰卧；最后学会连续打滚。为了拿到远方的玩具，宝宝就会做出连续翻滚向远方移动的动作。如果宝宝还比较困难的话，家长可以从旁用手轻推他的肩部和臀部，让他顺利翻身。

捡东西

让宝宝用手捡蚕豆般的小东西，借以训练宝宝拇指与食指的对捏拾取细小的物品能力，这一精细动作有利于促进大脑功能发展与手、眼的协调。可以准备一些蚕豆或其他细小的物品，让宝宝把东西捡到一个小盘子里，家长要从旁不断地进行指导和鼓励，并要做好看护，避免宝宝将东西直接放到嘴里，造成危险。

很多父母热衷于让宝宝玩大量的益智玩具，安排宝宝进行各种"开发智力"的活动，希望借此提高宝宝的语言、认知等能力。但如果学习压力过重会使宝宝的大脑不堪重负，从而使宝宝长大后易对事物缺乏兴趣和好奇心，竞争力弱，不善于为人处世。所以，对宝宝的智力开发要适度，适可而止为最好。

◎ 坐立转身训练

当宝宝能稳定的独坐后，爸爸妈妈就可以着重训练宝宝的直立及平衡能力。让宝宝独自坐在床上或地毯上，等宝宝坐直后，爸爸或妈妈用一只手扶住宝宝的一侧大腿，另一只手用一个带响的小玩具吸引宝宝注意，在宝宝的左右侧交替摇响逗引使宝宝左右侧转身去寻找玩具，使宝宝在学习转侧中寻找到平衡点，并且学会用脚来支撑身体。

◎ 爬行训练

宝宝经过上个月的匍行训练，用腹部匍匐爬行已经比较熟练，现在可以正式训练宝宝爬行的预备动作了。爸爸妈妈用一只手环抱在宝宝胸前，另一只手抱着宝宝的膝盖部，让宝宝双手放在桌上或地板上来支撑身体。宝宝习惯后妈妈可慢慢放松放在胸前的手，鼓励宝宝独自支撑身体，每天看宝宝的耐受情况练习，一般每次3~5分钟。宝宝手臂的支撑力逐渐强健以后，爸爸可以把有声或发光的、会动的玩具放在宝宝伸手可及之处，待宝宝快要拿到时又略微拉远一点，鼓励宝宝伸手去拿，妈妈可以配合爸爸用双手把宝宝的腹部抬起来，使宝宝的手和膝贴着地面，逐渐让宝宝练习利用双手和膝盖慢慢往前爬行。

⑧ 排便训练

添加辅食之后，宝宝的大便逐渐接近于成人，所以可以训练宝宝坐便盆排便。当家长发现宝宝有排便迹象时候，赶快抱他蹲便盆，就能顺利成功。但由于宝宝此时还不能完全控制自己的排便，加上有的排便时间没有规律，大便次数又多，所以不成功的情况也很常见。这时注意的是，不能强行把便。如果长时间让宝宝坐在便盆上的话，由于宝宝的肛门括约肌和肛提肌的肌紧张力较低，直肠和肛门周围组织也较松弛，加上其骶骨的弯曲度还未形成，直肠容易向下移动，所以很容易使得宝宝腹内压增高，直肠受到一股向下力的推动而向肛门突出，造成脱肛。

此外，处于生长发育期的宝宝，其骨组织的特点是水分较多而固体物质和无机盐成分较少，因而其骨骼比成人软而富有弹性。如果让婴幼儿长时间地坐在便盆上，就会大大增加其脊柱的负重，尤其是本身已患有佝偻病和营养不良的宝宝，更容易导致脊椎侧弯畸形，影响正常发育。因此，为了宝宝的身体健康，当宝宝有便意的时候就让他坐便盆，解便后应立即把便盆拿开，如果宝宝坐上一段时间仍没有便出的话，也要将便盆拿开，不能让宝宝久坐在上面。另外在给宝宝选择便盆的时候，还要注意高低适当。

日常护理注意问题

⑧ 不要喂嚼过的食物

有的家长怕只有几颗刚刚萌出的小牙的宝宝嚼东西嚼不好，所以会把吃的东西嚼烂之后喂给宝宝，认为这样有利于宝宝的消化和吸收，尤其是有些老人会这样做，但实际上，这既不卫生，也不利于宝宝的正常发育。

成人口腔内很可能会含有一些致病菌，这些致病菌对抵抗力较强的大人来说没有什么危害性，但一旦过渡给免疫系统尚不十分健全、脏腑娇嫩、肠胃功能弱、抵抗力较差的宝宝，就会引发胃肠和消化系统的疾病。

再有，咀嚼有利于唾液腺分泌，提高消化酶的活性；促进头面部骨骼、肌肉的发育，利于今后的语言发育；有助于牙齿的萌出。替宝宝咀嚼等于剥夺了宝宝练习咀嚼的机会，不利于宝宝自身消化功能的建立，延迟了咀嚼能力的形成，长此以往还会使宝宝摄取营养不足进而造成营养不良，也可能会导致宝宝构音不清甚至语言发育迟缓等。

所以，嚼喂方式不但不能帮助宝宝消化，反而会不利于其消化系统的发育，还容易把疾病直接传给宝宝，如果以前有这种习惯的话，就要及时纠正过来。

🐾 流口水

6个月以后，大部分的宝宝都开始萌出乳牙，原来不怎么流口水的宝宝，这个月开始口水慢慢开始变多，而原本爱流口水的宝宝在这个时候则更爱流口水了。因此，要多为宝宝准备几个柔软、略厚、吸水性较强的小布围嘴，以便及时更换。

虽然大多数宝宝流口水都是正常的，但如果不加以护理，则容易引发宝宝皮肤感染，也不卫生。所以，当宝宝口水流得较多时，要特别注意护理好宝宝口腔周围的皮肤，每天至少用清水清洗两遍，然后涂上一些宝宝护肤膏，让宝宝的脸部、颈部保持干爽，避免患上湿疹和红丘疹。不能用较粗糙的手帕或毛巾在宝宝的嘴边抹来抹去，否则会伤害到宝宝的皮肤。平时可以给宝宝一些磨牙饼干，以缓解萌牙时牙龈的不适感和流口水的现象，同时还能刺激乳牙尽快萌出。如果宝宝的皮肤已经出疹子或糜烂，最好去医院诊治。在皮肤发炎期间，更应该保持皮肤的整洁、清爽，并依症状治疗。如果局部需要涂抹抗生素或止痒的药膏，擦药的时间最好在宝宝睡前或趁宝宝睡觉时，以免宝宝不慎吃入口中，影响健康。

但是，如果宝宝一直流口水，并伴有烦躁、啼哭等现象，就有可能是病理性流口水，家长应提高警惕。例如，流口水时流出的是黄色或淡红色黏液并有臭味的话，就有可能是口腔类的疾病，如口腔黏膜受损、发炎、破溃；如果宝宝平常总是显得全身软弱无力，喝水或吃奶时吮吸力较差，容易呛咳，并且口水似乎是持续而不间断地流，运动发育也比其他宝宝慢，就应想到先天性脑部疾病或后发性脑部伤害的可能，例如脑性麻痹、智能不足或新生儿窒息等，需要到医院做相关检查。

🐾 挑食

很多妈妈都有这种感觉：宝宝在6个月以前吃东西是很乖的，几乎是给他吃什么他就吃什么，怎么到了这个时候，反而挑起食来，不喜欢吃的东西他就会用舌头顶出来。这是因为随着宝宝味觉的提高，对食物的好恶就越来越明显，而且会用抗拒的形式表现出来。宝宝的这种"挑食"与大宝宝的挑食是不同的，在这个月宝宝不爱吃的东西到了下个月很可能就爱吃了，这是常有的事。所以，妈妈用不着太担心宝宝的这种"挑食"。那么宝宝"挑食"时，妈妈应该怎么办呢？

妈妈千万不可强迫宝宝，这次不吃，可以过一段时间再试试看，也不能因为一次吃，以后就永远不给宝宝吃；还可以通过改变一下食物的形式再喂给他吃，比如宝宝不爱吃碎菜或肉末，你可以把它们混在粥内或包成馄饨来喂；也可以选取营养价值差不多的同类食物替代宝宝不爱吃的食物。

🍼 不出牙

有些家长看到宝宝长出两颗乳牙了，就认为过不了几天上面的两颗乳牙也会冒出来。一旦它们迟迟不出现，家长就开始着急，以为宝宝是有了什么毛病。但实际上，出两颗牙以后往往有一段间歇期，间歇期的长短是因个人水平有一些差异的，有的宝宝可能过了不到半个月上面就出牙了，也有的宝宝要等一两个月之后才能见到上面的两颗牙齿，这些都是正常的，因此家长不用太着急。

有些宝宝在这个时候还未出牙。当爸爸妈妈看到别的同龄宝宝已经出牙了，而自己的宝宝却未出牙，自然着急，甚至有的怀疑是不是宝宝的智力有问题，这都是没必要的。

一般来讲，发育较早的宝宝可能5个多月就会出牙，而大多数宝宝到了6个月也开始出牙，出牙时先出的是下面的两颗小切牙，然后出上切牙，然后是两旁的侧切牙、尖牙。影响宝宝出牙的因素有很多，有一些是在胚胎期就已经决定了的，和遗传有关；也有些是受成长的环境因素所决定的，所以对于宝宝出牙的早晚，家长应抱着顺其自然的态度。换句话说，在这个时候宝宝如果出了两颗牙后迟迟不见动静，或是还未出牙，都是正常现象。

出牙的早晚与智力无关。牙齿萌出的早晚受着遗传和环境等因素的影响，每个婴幼儿之间多少会有些差异，但并不是说牙出得早、宝宝就聪明，出得晚宝宝就迟钝。只要宝宝是健康的，牙出得时间早晚与宝宝的智力没有任何关系。

家长们要做的，是保证宝宝钙质的摄入，避免宝宝缺钙，再有就是宝宝到了4个月以后按时添加辅食，还可以用还可用咬薄饼、馒头片这样的东西磨一磨，也对出牙有所帮助。

虽然某些全身性疾病如佝偻病、甲状腺功能低下等疾病是会影响宝宝的出牙时间，但就目前而言，下次定论未免过早。家长可以再耐心等待一段时间，如果宝宝过了几个月之后仍未出牙，就需要去医院查明出牙晚的原因。如发现的确是某些疾病所致，就要在治疗全身疾病的基础上促进乳牙的萌出。

🍼 "吃手" 需注意

6个月以前宝宝吮吸手指是生长发育的正常现象，多半到了6个月的时候都会逐渐消失。但如果这个时候宝宝依然还总是"吃手"，或是突然出现"吃手"现象的话，就要引起家长的注意了。当然，对于这个月龄宝宝"吃手"的问题，不能一味强硬的禁止干预，应该从喂养环境和宝宝生长发育的阶段特点上找出原因，再有针对性的实施对策。

　　一般来说，人工喂养的宝宝比母乳喂养的宝宝更爱吮吸手指，这可能是因为母乳喂养的宝宝有更长的吸吮时间，并且是按需哺乳；而人工喂养的宝宝吸吮时间则相对稍短，并且是按时哺乳。要想让宝宝改掉"吃"手指的坏毛病，最好的办法是让他双手不空，充分发挥他的创造性，让他有事可做。这样就能在不知不觉中，让他淡忘这个习惯，改掉这个毛病。当发现宝宝"吃手"时，家长可以运用注意力转移法，在他"吃手"的时候把玩具递到他的手里，或是拉着他的小手挥动着玩一会，让宝宝忘记"吃手"。不能大声训斥或打宝宝的手，也不能用任何强制性和惩罚性的措施，也不建议以吮吸橡皮奶头代替"吃手"，否则会影响宝宝牙齿的发育，有可能会使宝宝形成"地包天"或"天包地"，或是乳牙不整齐，对以后牙槽骨的发育和恒牙的发育也会造成一定的影响。

　　乳牙萌出会使宝宝出现短时间的吮吸手指或啃手指的现象，如果这种现象只是偶尔出现的话，家长不需要过多担心和过多干预，可以多给宝宝一些磨牙棒之类有助于锻炼咀嚼和促进乳牙萌出的食物，帮助宝宝告别"吃手"的小毛病。

让宝宝懂得"不"的含义

　　当宝宝把不该放入口中的东西，例如废电池、电器插头、火柴棍等拿到嘴边时，大人用严肃的表情加上声音"不"或者用手摆动叫宝宝不要放在嘴里。

　　1.如果宝宝仍要放入口中就要把宝宝手中之物夺去，并且说"不能吃"、"不卫生"。有些宝宝听话，有些宝宝会大哭表示反抗。无论宝宝怎样哭闹，大人都不能妥协，可以换用另一种容许啃咬之物代替。

　　2.只要妈妈坚持，宝宝很快就会懂得"不"的含义，而且学会服从。这时应马上表扬，让宝宝懂得有些事可以做，有些事不许做，要记住。

　　3.大人们要保持一致，同一件事在妈妈面前是不允许的，在爸爸和奶奶爷爷面前也是不允许的，才能使宝宝学会守规矩和懂事。反之，在某人面前不允许做的事，在另一个人面前就允许做，就会使宝宝学会"钻空子"，不利于教育。

　　在宝宝懂得"不"的含义时抓紧教育，不要等到宝宝养成一切都要听"我的"坏习惯，那时再教育就太迟了。

🍼 把尿不要太勤

这个月的宝宝正常小便次数应在每天 10 次左右，如果是夏天出汗多的时候尿量会适当减少。如果前几个月已经开始有意识的训练宝宝的尿便条件反射的话，那么给这个月的宝宝把尿一般不会出现太多的困难，宝宝都能比较顺利的排尿。但此时家长就需要注意一个问题，不要过于频繁的给宝宝把尿。

因为这个时期宝宝还不能自主控制自己的尿便，即使把尿成功，也只能说明初步建立好了一种条件反射，或是家长已经掌握了宝宝排尿便的信号。过于频繁地把尿，会使宝宝的尿泡变得越来越小，给将来自己控制排尿造成困难，而且还可能会造成尿频的问题。再有，过于频繁的把尿也会让宝宝觉得不舒服，从而出现哭闹、打挺等抗拒行为，这也不利于他将来自己的尿便控制。

对于这个月的宝宝，训练尿便仍然是要顺其自然，掌握好火候，千万不可过度。如果宝宝在排尿的时候总是哭闹并表现痛苦的话，那么就要警惕是否出现了某些疾病问题。女宝宝排尿哭闹且尿液混浊的话，就应想到尿道炎，需要及时到医院化验尿常规；男宝宝排尿哭闹的话，应先看看尿道口是否发红，如果发红的话可以用高锰酸钾水浸泡阴茎几分钟，还要想到是否有包皮过长的可能，不过这需要由医生来诊断。

🍼 踢被子

常有爸爸妈妈半夜醒来，发现宝宝把被子踢开"光"着睡，于是惊出一身冷汗。其实，宝宝踢被子有很多种原因，只要找准原因，对症下药，就能解决这个问题。常见的原因有：

睡觉不舒服

如果睡觉的时候被子盖的太多，或是穿的太厚，就会使宝宝感觉闷热不适，必然会踢被子。要让宝宝舒舒服服地睡觉，就要注意不要给宝宝穿太多的衣服，被子也不要太厚，卧室的环境要保持安静，光线要昏暗，还要注意不能让宝宝在睡前吃得太饱。

大脑过于兴奋

宝宝正处于发育过程中，神经系统还发育不全，如果睡前神经受到干扰，易产生泛化现象，从而让脑皮质的个别区域还保持着兴奋状态。如果宝宝在睡觉的时候神经还处在兴奋当中，肢体就会出现多动，从而把盖在身上的被子踢翻。这种情况的宝宝多数是因为在临睡之前过于兴奋，只要爸爸妈妈在宝宝临睡前不要逗他、陪他疯玩，白天也不要让他玩得太疯太累，这个问题就会自动消失。

不好的睡眠习惯

例如习惯睡觉的时候把头蒙在被子里，或把手放在胸前睡觉，就会由于憋气窒息而出现踢被子的现象。这就要求爸爸妈妈多观察宝宝的睡姿，如发现有这种不好的睡姿就应及时调整，纠正这些不良习惯。

疾病所致

如果宝宝患有佝偻病、蛲虫病、发热、小儿肺炎、出麻疹等，都会影响睡眠。只要疾病治愈，睡眠的问题也会不治自愈。

感觉统合失调

宝宝踢被子有可能是因为感觉统合失调，大脑对睡眠和被子的感觉不准所造成的，这样的宝宝多伴有多动、坏脾气、适应性差和生活无规律等特点。对于这样的宝宝，要通过一些有效的心智运动来"告诉"宝宝的大脑，让它发出正确的睡眠指挥信号。例如，可以在每晚睡觉前，先指导宝宝进行爬地推球15～20分钟，然后让宝宝进行两足交替、单足跳、双足直向跳、双足横向跳等多种行走方式的交替训练，时间在20分钟以上，也可以借助专门的脚步训练器进行。只要坚持引导宝宝做，就能有意想不到的收效。

白天少睡

这个月的宝宝白天睡眠时间减少了，玩的时间增多了，因此爸爸妈妈不必让宝宝像从前那样白天多睡上几觉了，因为这样很可能造成宝宝晚上睡得很晚、并且半夜常常醒来睡不踏实甚至夜啼的问题。晚上是生长激素分泌的高峰，如果错过了这个时间，就会导致生长激素分泌减少，从而影响宝宝的生长发育。所以，爸爸妈妈应尽量在白天多陪宝宝一起玩，如果他不想睡觉的话，就没必要强迫他睡觉，这样才能保证宝宝在晚上有个舒舒服服的睡眠。

给宝宝大空间

这个月的宝宝坐得比较稳，能够在床上翻滚着玩，并开始学习爬行。宝宝床的空间和四周的栏杆，会妨碍宝宝的活动，所以为了给宝宝更大的活动空间来发展他的运动能力，只要宝宝醒着的话就可以让他在大床上玩。但是把宝宝放在大床上的时候，要保证有人在旁边看护，不能让宝宝自己一个人在大床上待着，否则很可能会一不留神翻下床摔伤。如果家里只有一个大人，并且还要忙于做其他家务的话，就还应给宝宝放在宝宝床上，以避免不必要的危险发生。

🐾 喜欢电动玩具

6～7个月的宝宝会开始对电动玩具非常感兴趣，家长把电动玩具放在离宝宝一米远的地方，宝宝趴着时就会努力向前爬，有的宝宝可能现在还不会爬，但爬的愿望促使宝宝学习爬行，从而也帮助宝宝进行了爬行训练。当宝宝坐着时，把电动玩具放在宝宝一米远的地方时，宝宝会非常高兴地看着玩具，还可能会由坐位向前倾斜变成俯卧位，企图去够玩具，这是个比较复杂的体位变换，即使不能成功，对宝宝运动能力的提高也是有好处的。在给宝宝玩电动玩具时，应该注意的还是安全问题，气管异物可危及宝宝生命，一定要时刻想到。给宝宝玩具前，家长每次都要仔细检查是否有破损，掉下的破损碎片可能会被宝宝吃到嘴里，也可能会划破宝宝皮肤，有无易脱落的螺丝和其他部件，还要注意玩具清洁。

🐾 学会看舌苔

舌头也是观察宝宝身体健康情况的一张"晴雨表"，却常常被忽略。如果宝宝稍有发热不适的话，很快就能被爸爸妈妈发现，但却少有家长会留心观察宝宝舌头的变化。只有当宝宝吃饭不好或在吃饭时表现痛苦，爸爸妈妈才会想到让宝宝张开嘴巴，但多数也只是看看嗓子，很少有人会注意到舌头。其实，细心的爸爸妈妈只要通过观察宝宝的舌苔，就能判断出宝宝可能出现的各种异常情况。

身体健康的宝宝舌头应该是大小适中、舌体柔软、淡红润泽、伸缩活动自如、说话口齿清楚，而且舌面有干湿适中的淡淡的薄苔，口中没有气味。一旦宝宝患了某些疾病的话，舌质和舌苔就会相应地发生变化，特别是肠胃消化功能方面的疾病，在舌头上的体现就更明显。所以，爸爸妈妈要学会根据宝宝舌头的异常变化，做到防患于未然。

舌头的异常主要有以下几种：

舌苔厚黄

如果观察宝宝的小舌头，发现舌上有一层厚厚的黄白色垢物，舌苔黏厚，不易刮去，同时口中会有一种又酸又臭的秽气味道。这种情况多是因平时饮食过量，或进食油腻食物，脾胃消化功能差而引起的。

有的宝宝平时就很能吃，一看到喜爱的食物就会吃很多。爸爸妈妈或者爷爷奶奶看到宝宝吃得多，不但不加以劝阻，还会很高兴，不停地鼓励宝宝多吃。这样就会使宝宝吃得过多、过饱，消化功能发生紊乱，出现肚子胀气、疼痛的现象，严重时还会发生呕吐，吐出物为前一天吃下而尚未消化的食物，气味酸臭。如果宝宝年龄较小的话，也会由于积食而导致腹泻。

当宝宝出现这种舌苔时，首先要保证饮食的清淡，食欲特别好的宝宝此时应控制下每餐的食量。如果宝宝出现了乳食积滞的话，可以酌情选用有消食功效的药物来消食导滞，保证大便畅通。

杨梅舌

如果观察到宝宝舌体缩短、舌头发红、经常伸出口外、舌苔较少或虽有舌苔但少而发干的话，一般多为感冒发热，体温较高的话舌苔会变成绛红色。如果同时伴有大便干燥和口中异味的话，就是某些上呼吸道感染的早期或传染性疾病的初期症状。如果发热严重，并看到舌头上有粗大的红色芒刺犹如杨梅一样，就应该想到是猩红热或川崎病。

对于出现此种异常症状的宝宝，应注意及时治疗引起发热的原发疾病，并通过物理降温或口服退热药物退烧。平时多给宝宝喝白开水，少吃油腻食物及甜度较大的水果，也可以购买新鲜的芦根或者干品芦根煎水给宝宝服用。

地图舌

地图舌是指舌体淡白，舌苔有一处或多处剥脱，剥的边高突如框，形如地图，每每在吃热食时会有不适或轻微疼痛。地图舌一般多见于消化功能紊乱，或患病时间较久，使体内气阴两伤时。患有地图舌的宝宝往往容易挑食、偏食、爱食冷饮、睡眠不稳、乱踢被子、翻转睡眠，较小一点的宝宝易于哭闹、潮热多汗、面色萎黄无光泽、体弱消瘦、怕冷、手心发热等。

对于这样的情况，平时要多给宝宝吃新鲜水果，以及新鲜的、颜色较深的绿色或红色蔬菜，同时注意忌食煎炸、熏烤、油腻辛辣的食物。可以用适量的龙眼肉、山药、白扁豆、大红枣，与薏米、小米同煮粥食用，如果配合动物肝脏一同食用，效果将会更好。如果宝宝面色较白、脾气较烦躁、汗多、大便干的话，可以用百合、莲子、枸杞子、生黄芪适量煲汤饮用，可以使地图舌得到有效改善。

镜面红舌

有些经常发热、反复感冒、食欲不好或有慢性腹泻的宝宝，会出现舌质绛红如鲜肉，舌苔全部脱落，舌面光滑如镜子，医学上称之为"镜面红舌"。出现镜面红舌的宝宝，往往还会伴有食欲不振，口干多饮或腹胀如鼓的症状。

对于出现镜面红舌的宝宝，千万不要认为是体质弱而给予大补或吃些油腻的食物，应该多吃豆浆或新鲜易消化的蔬菜，如花菇、黄瓜、番茄、白萝卜等。也可以将西瓜、苹果、梨、荸荠等榨汁饮用，或是早晚用山药、莲子、百合煮粥食用，也能收到很好的效果。

注意的是，刚出生时的宝宝舌质红、无苔，以及母乳喂养的宝宝呈乳白色苔均属正常现象，妈妈不要过于紧张。有的时候宝宝吃了某些食品或药物，也会使舌苔变色，例如吃了蛋黄后舌苔会变黄厚、吃了杨梅、橄榄后舌苔会变成黑色、吃了红色的糖果后舌苔可呈红色。一般来讲，染苔的色泽比较鲜艳而浮浅，而病苔不易退去，可以利用这一点进行区别，千万不要将正常的舌苔误认为病苔而虚惊一场。再有，婴幼儿体质很弱，只可将辨别舌苔的变化作为健康情况的参考，而不能根据情况完全自行处理，必要时一定要去医院诊治。

喂药方法

对于 6 个月以上的宝宝，可先以言语沟通，让宝宝了解虽然药不好吃，但为了让身体迅速恢复健康，还是可以试着慢慢吃。吃药后记得给宝宝多喝开水。如果劝说不管用，则给予小饼干、糖果等当作奖励，激发宝宝的好胜心。

此外，中药药量较多，宝宝服以浓煎至 1/3 至半茶杯。当然不能煎煳，煎煳的中药是不能服用的。同时，婴幼儿服中药可增加服用次数，即每剂药可分两次甚至更多。

在喂药时一定要谨遵三不原则：

1. 药物不随便加入牛奶，加入前一定要先询问医师。此外，加入牛奶中如果没喝完也会影响药效，而且无法确定宝宝究竟吃了多少药。

2. 不使用奶瓶喂药，尤其是对满 3 个月的婴幼儿更要避免，以免宝宝对奶瓶产生不愉快的经验，进而抗拒喝奶。

3. 如果吃了药吐出来就不要再喂，因为宝宝已经吞下一些药物，如果再喂一次可能加重药量，可以等下一次再喂。

每次喂药时父母应该根据实际情况采用合理的方法。刚开始尝试时可能会有困难，一旦习惯了，父母会得心应手，宝宝也会慢慢接受了。

斜视

在斜视的患儿中，既有不论什么时候都能一眼就看出的斜视宝宝，也有间或斜视、平时却很正常的宝宝。这样的斜视多半是外斜视，是睡着的宝宝睁眼时受到阳光照射所造成的。斜视不仅影响人的外观，年龄稍大后会给宝宝造成心理压力，而且还容易形成视力障碍，比如弱视，以及影响到全身骨骼的发育，如先天性麻痹斜视的代偿头位，使颈部肌肉挛缩和脊柱发生病理性弯曲，及面部发育不对称等，其严重性往往大于外观上的斜视本身。满 6 个月的宝宝如有斜视，就应该去看眼科治疗。

斜视的治疗可采用中医针灸、按摩的疗法和西医的手术治疗。手术治疗后最重要的是避免全身感染，特别要注意眼睛的卫生，保证充足的休息睡眠和营养摄入的均衡，而且在术后还需要进行矫正视力的训练，同时做好定期复查。

🐟 感冒

很多宝宝感冒不是因为穿得少了，而是因为穿得多了，很多家长都舍得给宝宝穿衣服，但却不舍得给宝宝脱衣服，而这往往是感冒的诱因。婴幼儿的新陈代谢特别旺盛，加上总在活动，所以穿得过多的话势必容易出汗。出汗的时候全身毛孔张开，一旦遇到冷风的话就会受凉，招致感冒。相反，如果给宝宝适当少穿一点，让他感觉稍微有点冷，这样全身的毛孔就都是收缩、紧闭的，运动后也不容易出汗。由于毛孔处在紧闭状态，冷风很难入侵体内，对身体的伤害不是太大，宝宝通常会打几个喷嚏、流清水鼻涕，这时只要及时给宝宝喝些温开水，避免直接吹风，症状很快就能得到缓解。

有些宝宝受凉是因为晚上睡觉时蹬被子造成的，这样的宝宝晚上睡觉的时候大多喜欢把手和膀子伸到被子外面，这样自然就会感冒。为了防止因为睡觉着凉感冒，就要改掉宝宝踢被子的习惯。最好是为宝宝缝一个睡袋，再在睡袋两侧加上两只封好口的袖子，这样宝宝就不会再因为踢被子而着凉了。

全面提高身体的素质，是预防感冒的重要方法。首先要求宝宝有全面均衡的膳食，保证各种营养的摄取。建议给宝宝的食谱最好是鸡、鸭、鱼、虾、猪、牛、羊都要有，鱼、虾每周不超过 2 次，即做到营养均衡。再配上各个季节上市的蔬菜、水果，不要吃反季节的蔬菜、水果，这样宝宝的营养就全面了。

其次，还要求宝宝有充足的睡眠和适量的运动。充足的睡眠不但可以增强体质、预防感冒，也是提高生活质量的根本，而适量的运动可以有效增进肺活量，从而增强身体的抵抗力，有效抵抗外界感冒病菌的侵袭。

🐟 发热

发热不是一种疾病，它就像是身体的一个警钟，提醒你身体内部出现异常情况。同时，发热也是我们身体对付致病微生物的一种防御措施，从某种程度来讲，适当的发热有利于增强人体的抵抗力，有利于病原体的清除。所以当宝宝发热时，只要宝宝精神还不错，体温不超过39.5℃的话，爸爸妈妈就可在家自行处理。宝宝发热有个特点，如果手脚冰冷、面色苍白，就说明体温还会上升；如果宝宝手脚暖和了、出汗了的话，就说明体温可以控制了，并且还能很快降温。

宝宝发热时手脚冷、舌苔白、面色苍白、小便颜色清淡，多数是由感冒引起的，可以给宝宝喝些生姜红糖水驱寒，还可以在水里再加两三段一寸长的葱白，更有利宝宝发汗。

如果宝宝发热咽喉肿痛，舌苔黄，小便黄而气味重，就说明内热较重，不能喝生姜红糖水，应该喝大量温开水，也可在水中加少量的盐。只有大量喝水，多解小便，身体里的热才会随着尿排出，宝宝的体温才能下降。

宝宝发热后，通常都会出现食欲不佳的现象，这时候应该以流质、营养丰富、清淡、易消化的饮食为主，如奶类、藕粉、少油的菜汤等。等体温下降，食欲好转，可改为半流质，如肉末菜粥、面条、软饭配一些易消化的菜肴。当宝宝发热时，许多家长觉得应该补充营养，就给宝宝吃大量富含蛋白质的鸡蛋，实际上这不但不能降低体温，反而使体内热量增加，促使宝宝的体温升高，不利于患儿早日康复。再有，发热的时候一定要多喝温开水，增加体内组织的水分，这对体温具有稳定作用，可避免体温再度快速升高。

再有，不能盲目给宝宝吃退烧药，要先弄清楚发热的原因，否则往往会适得其反。例如，由细菌或病毒引起的发热，用药完全不同。如果是细菌感染，只要选准抗生素，治疗效果就会很好；如果是病毒感染的话，目前还没有特效药，通常发热到一定时间就会自行下降，可以服用板蓝根冲剂、金银花等来起缓解作用。总之，虽然药物可以有效改善病情，让宝宝舒服点儿；但也很可能带来一些副作用。所以药物退热治疗应该只用于高热的宝宝，并且服用的方法和剂量一定要按医生的要求去做。

根据统计，不论是什么原因引起的发热，体温很少超过41℃，如果超过这个温度，罹患细菌性脑膜炎或败血症的可能性比较高，应特别警觉。

🍼 便秘

满6个月的宝宝能吃各种代乳食品，如果发生便秘的话，可以用食物进行调理。多给宝宝一些粗纤维食物，如玉米、豆类、油菜、韭菜、芹菜、荠菜、花生、核桃、桃、柿、枣、橄榄等，可以促进肠蠕动，缓解便秘。此外，粗纤维食物还可以增加粪便量，改变肠道菌丛，稀释粪便中的致癌物质，并减少致癌物质与肠黏膜的接触，有预防大肠癌的作用。还可以将菠菜、卷心菜、青菜、荠菜等切碎，放入米粥内同煮，做成各种美味的菜粥给宝宝吃，蔬菜中所含的大量纤维素等食物残渣可以有效促进肠蠕动，以达到通便的目的。此外，辅食中含有的大量的 B 族维生素等，可促进肠子肌肉张力的恢复，对通便很有帮助。

人工喂养的宝宝便秘，可以在辅食里添加番茄汁、橘子汁、菜汁等，促进肠道增强蠕动。多喝白开水，尤其在过多摄取高蛋白、高热量食物后，更要及时喝水和吃果蔬。少吃减少蛋糕、饼干、奶糖等细腻食品和巧克力、马铃薯、干酪等易引起便秘的食物。

宝宝从 3 ~ 4 个月起就可以训练定时排便。因进食后肠蠕动加快，常会出现便意，故一般宜选择在进食后让宝宝排便，建立起大便的条件反射，就能起到事半功倍的效果。还要让宝宝积极进行户外运动，如跑、爬、跳、骑小车、踢球等，以此增强腹肌的力量，并且可促进肠道蠕动。对于胆小的宝宝，尽量在家里排便，不要轻易改变排便环境。当宝宝出现类似情况时要及早做心理疏导。

注意的是，如果宝宝便秘多日之后，又出现腹胀、腹痛、呕吐并伴发热症状，应及时去就医，以防肠梗阻的发生。

预防传染病

由于宝宝在妈妈肚子里的时候，妈妈通过胎盘向宝宝输送了足量的抗感染免疫球蛋白，加之母乳含有的大量免疫因子，使出生后的宝宝安全地度过了生命中脆弱的最初阶段，所以 6 个月以内的宝宝很少生病。但是，到了 6 个月以后，宝宝从妈妈那里带来的抗感染物质，因分解代谢逐渐下降以致全部消失，再加上此时宝宝自身的免疫系统还没发育成熟，免疫力较低，因此就开始变得比以前爱生病了。

到了 6 个月之后，宝宝最容易患各种传染病以及呼吸道和消化道的其他感染性疾病，尤其常见的是感冒、发热和腹泻等。所以，6 个月以后的宝宝在日常生活中，要特别注意预防传染病和各种感染性疾病。生活中家长要注意以下问题：

1. 按照计划定期接种免疫疫苗。

2. 注意营养的全面均衡摄入，保证宝宝有一个健康苗壮的体格。

3. 做好宝宝个人和整个家居环境的卫生清洁，做好衣物被褥和玩具的定期消毒。

4. 保证给宝宝的食物的清洁卫生，避免病从口入。注意维生素 C 和水分的补充，可以有效增强宝宝的身体抵抗力。

5. 注意宝宝穿衣要适当，要随着气温变化及时增减衣物，衣着要以脊背无汗为适度，不能捂得太严。

6. 保证足够的户外活动时间，加强宝宝的日常锻炼，以增强体质，提高机体免疫力。

7. 室内经常开窗通风，保持空气流畅，定期用各种空气消毒剂喷洒房间。注意室内环境的温度、湿度、空气新鲜度。温度在 18 ~ 20℃，湿度在 50% ~ 60% 最为合适，每天开窗 3 ~ 4 次，每次约 15 分钟，每天用湿布擦桌子的地面，使室内空气新鲜而湿润。

8. 在流行性传染病高发的季节，要避免宝宝接触过多的人群，更不要带着宝宝到人多密集的公共场合，外出回家后先进行手、脸和身体其他裸露部位的清洁消毒。

9. 不要让宝宝与患有某些传染性疾病的儿童和成人接触，如果家人患了传染病，要与宝宝隔离。如果必须有接触的话，也应在接触时做好防护工作，避免宝宝受到病毒的侵害。

睡眠问题

6 ~ 7 个月宝宝，睡眠仍然是白天时间及次数会逐渐减少，一天总的睡眠时间在 13 ~ 14 小时左右。大多数的宝宝，白天基本上要睡 2 ~ 3 次，一般是上午睡 1 次，下午睡 1 ~ 2 次，每次 1 ~ 2 小时不等。夜间一般要睡眠 10 小时左右。在这 10 个小时当中，夜里不吃奶的宝宝可以一觉睡到天亮，而夜里吃奶的宝宝通常会在中间醒一次吃奶后再次入睡。

宝宝如果在夜间睡得足，不仅有利于宝宝和大人的休息，更重要的是有利于宝宝的身体发育。所以对于夜里习惯吃奶的宝宝，可以采取在入睡前喂奶加辅食的方法，来克服夜间吃奶的习惯，保证高效的睡眠质量。

也有的宝宝早上醒得很早，这也不利于其整体睡眠质量的稳定性。有的宝宝是因为对光线敏感，所以总是早早醒来。对于这样的宝宝，可以在卧室里装上遮光窗帘或百叶窗以隔离光源，尽量将室内光线调暗，不要让清晨的阳光直射进来。如果卧室面对的是大街的话，就要在临睡前睡前一定要关紧窗户，以免早晨的噪声惊醒宝宝。当然，最好是给宝宝换一个不会被噪声干扰的房间。此外，延迟早餐、控制白天的睡觉时间和晚上晚点再让宝宝入睡也是比较好的解决宝宝早上醒得过早的办法。

这个时候的宝宝爱趴着睡的也很常见，这个姿势可能会让他们觉得更舒服。多数宝宝也并不是整夜都趴着睡，可能是趴着睡一会，再倒过来仰卧或侧着睡一会，能够灵活地变换睡眠姿势，这些都是很正常的。3 个月以前的宝宝由于不会竖立头部，所以趴着睡会有堵塞口鼻造成窒息的危险，但是 7 个月大的宝宝已经能够自由的转动头部和颈部了，趴着的时候也会把头转过来，脸朝一边地躺着，而不是把脸整个埋在床上或者头上，因此不会有窒息的危险，家长们尽可放心。

四季护理

春季护理

6 个月以后的宝宝最好每天能进行 2 ~ 3 小时的户外运动，不过这个时候由于从母体中获得的抗体慢慢消失，而自身抗体还尚未形成，很难抵抗外界的细菌病毒，所以此时应特别注意保护好宝宝，尤其是人工喂养的宝宝，因为他们缺乏初乳中抗体特别是免疫球蛋白 A 抗体的摄入，所以要比母乳喂养的宝宝更容易患上呼吸道感染疾病。因此，春季里室内要经常通风，保持空气的流通；外出时最好能比在室内多加一件衣服，并且远离人多的地方和患上感冒的人群。

这个季节宝宝还特别容易患上幼儿急疹、疱疹性咽峡炎、无名病毒疹等疹性疾病，因此宝宝 6 个月左右遇到春季的话，要特别注意防病。

夏季护理

宝宝在炎热的夏季里食欲会有所减退，因此在这个时候如果宝宝吃的没有以前多的话，就不要强迫宝宝吃，以防造成积食。再有，冰箱不是消毒柜，最好不要给宝宝吃放在冰箱里过夜的食物。

无论是开空调时还是点蚊香时，都要勤换室内的空气，并且要让宝宝远离空调风口，点燃的蚊香也要放在宝宝碰不到的地方。

夏天的气温热，大人和宝宝的身体温度都高，所以还是少抱宝宝为好。让他自己坐在床上或者宝宝车里玩，更有利于他的散热。当宝宝出汗时，应先给宝宝擦完汗后再给他洗澡。

如果宝宝暑热发热的话，正确的做法是多给宝宝喂开水，然后洗个温水澡后放到两双无风的地方，以利于散热；不能把宝宝捂起来，更不能给宝宝加衣服。

即使天气再热，也不建议这时候让宝宝吃冷饮，这是因为过冷的食物会刺激宝宝胃部血管，使之收缩造成胃黏膜缺血，胃分泌功能受到抑制，消化酶减少，影响宝宝的胃部消化机能。可以每天给宝宝喝 50 ~ 100 毫升的常温酸奶，以活跃胃肠机能，促进消化。

秋季护理

到了秋天，由于天气转凉导致气管分泌物增多，容易积痰的宝宝胸部总会呼噜呼噜作响，早晚常常咳嗽，尤其是爱长湿疹的宝宝。这实际上并不是感冒的症状，也不是气管炎和肺炎，爸爸妈妈尽管照常带着宝宝多到户外走走，呼吸一下新鲜空气，进行耐寒锻炼。

另外随着天气转凉，宝宝的食欲也开始变化了，这个时候要特别注意宝宝每天的饮食量，添加辅食时也不能一次添加多种，避免宝宝消化不了造成积食。

冬季护理

半岁左右的宝宝特别爱感冒，这是因为他们正处于抵抗力最差的年龄段，因此应特别注意预防感冒和其他呼吸道疾病。除了保证室内适宜的温度（18～22℃）和湿度（40%～50%），在室内不要给宝宝穿的太多之外，家人也要注意预防感冒。这个月的宝宝被家人传染是很常见的，所以一旦家里有人感冒的话，应尽量与宝宝隔离，在和宝宝接触的时候要洗净双手戴上口罩，以防手上的病毒和飞溅的唾沫感染宝宝，另外还要注意做好室内的通风消毒工作。

如果家里用炉子的话，最好不要整夜都点着炉子，以防一氧化碳中毒。另外此时宝宝的活动更多了，所以更要防止烫伤，因为宝宝烫伤远比伤风感冒要可怕。

家庭环境的支持

室外活动

6～7个月大的宝宝开始认生了，这是宝宝自我意识发展的正常反应，也是宝宝正常的依恋情结。此时，爸爸妈妈应借助室外活动，让宝宝有更多的机会和与不同的人接触，扩大宝宝的交往范围。可以带着宝宝到社区广场、花园绿地等场所，让宝宝看看周围新鲜有趣的景象，感知不同人的声音和脸相，特别要注意让宝宝体验与人交往的愉悦，逐渐地降低与陌生人交往的不安全感和害怕心理。

决定宝宝室外活动的时间和次数应考虑到室外的空气质量。空气质量指数是用来表示空气质量的好坏，而对流层中的臭氧含量也是被监测的物质之一。

当空气污染程度高到对人体有害时，应当尽量避免让宝宝在室外进行体育活动。一般来说，在下午接近晚上的那段时间，臭氧含量通常较高，室外活动应该避免这段时间。如果发现宝宝在一段时间内，在室外活动时总出现咳嗽、呼吸困难、总是大声喘气等现象的话，就要注意调整活动地点和活动内容。如果宝宝有哮喘的话，更要时刻小心，最好是出门的时候就把药物放在身边以防万一，同时还要听从医生的建议做适当的调整。

🐾 玩具

这个月龄的宝宝适用的玩具多半是哗啷棒、布娃娃、不倒翁、木制汽车、带弹簧的动物等，尤其喜欢电动玩具。如果让宝宝坐着，在离开宝宝一定距离的地方开动玩具，宝宝会非常高兴地欣赏着，身体还可能会自动向前倾斜变成俯卧位，企图去够玩具。这个动作是一个非常复杂的体位变化，即使不能成功，也可以有效促进宝宝运动能力的提高发展。如果让宝宝俯卧看运动着的玩具时，他就想伸手去拿。尽管这时候的宝宝还不能爬，但想拿的心情是会促进宝宝爬行运动的发展的。

如果在室外玩公众的大型器具，如秋千、滑梯、转椅等，会让宝宝特别开心，宝宝特别喜欢在秋千上摇晃，或是在滑梯上玩，但是要特别注意安全，家长必须不离身边。

玩玩具的时候，要注意安全问题，给宝宝的玩具每次在玩之前都要仔细检查，防止零件的松落给宝宝造成气管异物的危险。另外，还应该做好玩具的清洁消毒工作，特别是对大人碰过的玩具，更应立即消毒，并要看好宝宝，避免宝宝将玩具放进嘴里从而将细菌也带到口腔和体内。如果是在室外玩公共玩具的话，注意不要让宝宝吃手，并且在玩过之后要用湿毛巾、湿纸巾将手部清洁干净，回家之后做好进一步的清洁工作。

🐾 多爬少坐

6个月以后的宝宝，基本上会坐了，而且能坐得比较稳当。但不宜让宝宝久坐，因为此时宝宝的骨骼仍然比较柔软，骨组织中水分和有机物含量较多，而无机盐成分较少，因而当压迫受力时易变曲变形，加上此时的肌肉比较薄弱，骨骼无法得到肌肉的有效支持，就容易使身体的形态发生各种改变，能导致脊柱变形、脱肛等。

在这个月，如果用会动的玩具吸引宝宝的话，他会表现出明显的想要爬行的欲望，所以这个月不妨多多让宝宝练习爬行。爬行时需要全身各部位参与活动，通过爬行既可锻炼肌力、平衡能力、手眼脚的协调能力，为站立和行走打下基础，又可扩大宝宝的探索空间，促进感知觉和认知能力的发展。

在练习爬行的时候，家长可以在地上铺好一块毯子，让宝宝俯卧在上面，用上臂支撑上身。然后在离宝宝不远处放一个他喜欢的玩具，用双手交替轻推宝宝的双脚底，鼓励宝宝练习爬行并够到玩具。最好是爸爸妈妈一起来进行训练，由爸爸在宝宝身后给予助力，妈妈在宝宝前方拿着玩具逗引。开始的距离不宜过长，可以保证宝宝在经过努力之后顺利够到，以树立起宝宝的自信心，提高对爬行的兴趣，然后再随着宝宝能力的发展，逐渐加长玩具的距离。

有些宝宝在这个月仍然坐不稳，后背还需倚靠着东西，有时会往前倾，这些也是正常的。有的宝宝发育较晚，要到7~8个月的时候才能坐得很稳，所以看到宝宝此时坐不稳的话，家长也不必太着急，更不要就此认为是宝宝发育落后，可以在耐心等待一段时间，同时加强日常的动作训练。但是如果这个月的宝宝还一点儿也不会坐，甚至倚靠着东西也不能坐，给他扶到座位的时候他的头主动向前倾，下巴抵住前胸部，甚至会倾倒到腿部的话，就需要到医院进行相关检查了，因为这多半是一种病态表现。

潜能开发游戏

◎ 玩具秋千

【目的】刺激宝宝的视觉系统发育，并且锻炼宝宝的手眼协调力。

【玩法】用彩色鲜艳的丝带或者牙线拴上一个个体小小的长毛绒玩具或者塑料环，在宝宝面前缓缓地上下左右地移动，吸引宝宝用眼神去追逐。还可以在靠近宝宝小手的地方做小幅度摇晃，鼓励宝宝伸手去抓。

◎ 认识新朋友

【目的】锻炼宝宝最早期的交往能力，可以帮助宝宝在以后的成长过程中不认生。

【玩法】当家里面有客人来的时候，妈妈可以把宝宝抱到客厅当中去，让宝宝看到这些客人，妈妈可以一边抱着宝宝，一边向宝宝介绍这些客人，还可以抓住宝宝的小手向客人们打招呼，客人也要向宝宝打招呼，或者跟宝宝一起玩耍。

◎ 打电话

【目的】锻炼宝宝的听力，促进宝宝的语言能力发展，锻炼宝宝同别人交往的能力和自立的能力。

【玩法】妈妈把电话放在自己耳边，并同宝宝讲话："喂，是你吗？"然后妈妈把电话放到宝宝的耳边，重复同样的句子。这样重复几次后，可以用长句和宝宝交谈。说话的时候，尽量多使用宝宝的名字和宝宝能听懂的词语，然后把电话放到宝宝的耳旁，看宝宝是否也会对着电话说话。

7～8个月

这个月的宝宝

体重

这个月宝宝体重平均增长量 0.2 千克。男宝宝体重的正常范围为 6.92 ~ 10.72 千克，平均为 8.82 千克；女宝宝体重的正常范围为 6.37 ~ 10.05 千克，平均为 8.24 千克。

身高

这一阶段的宝宝身高平均增长约为 1.3 厘米。男宝宝身高的正常范围为 65.5 ~ 74.7 厘米，平均为 70.1 厘米；女宝宝身高的正常范围为 63.6 ~ 73.2 厘米，平均为 68.4 厘米。

头围

这个月宝宝头围平均增长 0.4 厘米。男宝宝头围的正常范围为 42.4 ~ 47.6 厘米，平均为 45.0 厘米；女宝宝头围的正常范围为 42.2 ~ 46.3 厘米，平均为 43.8 厘米。

胸围

这时的宝宝头围平均增长了 1.4 厘米。男宝宝胸围的正常范围为 40.7 ~ 49.1 厘米，平均为 44.9 厘米；女宝宝胸围的正常范围为 39.7 ~ 47.7 厘米，平均为 43.7 厘米。

囟门

囟门还是没有很大变化，逐渐缩小。

牙齿

两颗下切牙开始萌芽。

营养需求与喂养

☺营养需求

这个月宝宝每日所需热量仍然是每天每千克体重千焦 398 ~ 419 千焦（95 ~ 100 千卡），蛋白质摄入量为每天每千克体重 1.5 ~ 3.0 克，脂肪摄入量比上个月略有减少，每天摄入量应占总热量的 40% 左右。

从这个月起，宝宝对铁的需求量开始增加。6 个月之前足月健康的宝宝每天的补铁量为 0.3 毫克，而从这个月开始应增加为每天 10 毫克左右。鱼肝油的需要量没有什么变化，维生素 A 的日需求量仍然是 390 微克，维生素 D 的日需要量为 10 微克，其他维生素和矿物质的需求量也没有太大的变化。

这个月宝宝的喂养，要增加含铁食物的摄入量，同时适当减少脂肪的摄入量，减少的部分可以以碳水化合物来做补充。

适量给宝宝喂点芝麻酱

家长可能想不到，平时当成调味品的芝麻酱，对宝宝来说却是上好的食品。芝麻酱营养丰富，所含的脂肪、维生素 E、矿物质等都是宝宝成长必需的，所含蛋白比瘦肉还高，含钙量更是仅次于虾皮。

经常给宝宝吃点芝麻酱，对预防佝偻病以及促进骨骼、牙齿的发育大有益处。芝麻酱含铁也很丰富，宝宝 6 个月后，容易出现贫血，常吃点芝麻酱，就可起到预防缺铁性贫血的作用。此外，芝麻酱含有芝麻酚，其香气可起到提升食欲的作用。

芝麻酱是芝麻制成的泥糊状食品，因此当宝宝六七个月添加辅食后就可以吃了。可以将其加水稀释，调成糊状后拌入米粉、面条或粥中。1岁以后，可用芝麻酱代替果酱，涂抹在面包或馒头上，还可以制成麻酱花卷、麻酱拌菜等给宝宝吃。但要注意的是，1岁以内宝宝吃的芝麻酱里不要放盐。1岁以后的，也要少放盐，以免加重肾脏负担。过多摄入糖对宝宝健康不利，因而麻酱饼也不建议宝宝多吃。

吃芝麻酱，要控制好量，宝宝一般一天吃 10 克左右，此外，宝宝腹泻时，暂时不要吃，因为芝麻酱含大量脂肪，有润肠通便的作用，吃后会加重腹泻。家长在购买芝麻酱时，应避免选瓶内有太多浮油的，那样比较新鲜，买回后尽量放在避光处。

断奶准备

满 8 个月的宝宝可以自由地向自己想去的地方挪动了，有时会主动趴到妈妈怀里要求吃奶。如果妈妈奶水还比较充足，能够满足宝宝的日常所需，那么宝宝基本就不怎么喝配方奶和辅食。但是，宝宝到了 8 个月还以母乳为主的话，就会因母乳中铁分不足而导致营养失调或贫血。所以，用母乳喂养的宝宝一满 8 个月，即使母乳充足，也应该逐渐实行半断奶，一天喂 3 ~ 4 次即可。因为母乳中的营养成分已不能满足宝宝生长发育的需要，所以这个时候必须要给宝宝添加辅食，而这个时候的宝宝也都爱吃辅食了。

虽然这个月没有必要完全断奶，但也应该为断奶提前做好准备。宝宝在这个月爱吸吮妈妈的乳房，更多的是对妈妈的依恋，而不是为了进食。妈妈的乳汁如果不是很多了，可以在半夜醒来的时候，以及早上起床和晚上临睡觉前喂母乳，其他时间吃牛乳和辅食。没有奶水的时候不能让宝宝吸着乳头玩耍，这会为以后断奶带来困难。

🍥 断奶方法

循序渐进，自然过渡

断奶不但是妈妈的一件大事，也是宝宝的一件大事，断奶的准备是否充分不但影响到宝宝身体的发育，同时也会对其心理发育和感情有很大影响。断奶需要一个过渡期，在这时期内要先用一种非母乳的半流体或固体的食物来供给宝宝的营养需要，到最后全部代替母乳。

断奶的时间和方式取决于很多因素，每个妈妈和宝宝对断奶的感受各不相同，选择的方式也因人而异。如果妈妈和宝宝都已经做好了充分的准备，那么就可以很快断掉母乳；但如果宝宝对母乳依赖很强，快速断奶就会让宝宝不适，加上有的妈妈也很不舍得给宝宝断奶，这种情况下就可以采取逐渐断奶的方法，从每天喂母乳 6 次，先减少到每天 5 次，等妈妈和宝宝都适应后再逐渐减少，直到完全断掉母乳。

少吃母乳，多喝奶粉和辅食

刚开始断奶的时候，可以每天都给宝宝喝一些配方奶。注意的是，要尽量鼓励宝宝多喝奶粉，但只要他想吃母乳，妈妈不该拒绝他。断奶期给宝宝添加食品应从一种到多种，从少量到多量，添加各种不同种类、性状的辅助食品，让其逐渐适应成人的进食方式、食物种类。

断掉临睡前和夜里的奶

大多数的宝宝都有半夜吃奶和晚上睡觉前吃奶的习惯。宝宝白天活动量很大，不喂奶还比较容易，最难断掉的就是临睡前和夜里的奶了。不妨先断掉夜里的奶，再断临睡前的奶。在这个过程中，特别需要爸爸和其他家人的积极配合，例如在宝宝睡觉的时候，先暂时改由爸爸或其他家人哄宝宝睡觉，妈妈到别的房间里去，不让宝宝看到。当宝宝见不到妈妈的时候，刚开始肯定要哭闹一番，但是过不了几天习惯了，稍微哄一哄也就睡着了，这个时候妈妈的心一定要"狠"一点，不能一听到宝宝哭闹就于心不忍地马上去抱去哄，这会使之前所有的努力都前功尽弃。刚开始断奶的时候，宝宝都会折腾几天，尤其是之前纯母乳喂养的宝宝，妈妈一定要有这个心理准备。

减少对妈妈的依赖

　　从断奶之前，就要有意识地减少妈妈与宝宝相处的时间，增加爸爸照料宝宝的时间，给宝宝一个心理上的适应过程。刚断奶的一段时间里，宝宝会对妈妈比较粘，这个时候爸爸可以多陪宝宝玩一玩，分散他的注意力。刚开始宝宝很可能会不满，但后来都能慢慢地习惯。对爸爸的信任，会有效使宝宝减少对妈妈的依赖。

断奶注意事项

　　在准备断奶之前，妈妈就要着手准备添加辅食，并且开始有意识地训练宝宝用勺子吃饭，可以连续一周试着用勺子给宝宝喂一些果汁、汤等。如果宝宝的脸颊和舌头使下颌跟着运动起来，宝宝能顺利吃下，就可逐渐实行断奶了。

　　有些宝宝可能会突然间不喜欢喝奶粉了，妈妈就觉得这是断奶的好机会。但是，宝宝的这种拒绝奶粉的行为是有"自我断奶"和"罢奶"之分的。有些宝宝在没有任何明显理由的情况下会突然拒绝吃奶，并看起来很烦躁，对母乳相当地抗拒，这就是常说的"罢奶"。而能够"自我断奶"的宝宝大部分都在1岁以上。所以妈妈们应该学会分辨，宝宝到底是"罢奶"还是准备好了"自我断奶"，不要看到宝宝拒绝奶粉就轻易做出"断奶"决定。因为这种"罢奶"现象普遍发生在宝宝4个月以后，这时宝宝的生长速度明显减缓下来，对营养物质的需求也相应减少。这种本能地减少对奶的需求量，称为"生理性厌奶期"。通常持续一周左右，以后随着运动量增加，消耗增多，食欲又会逐渐好转，奶量恢复正常。而真正准备好"自我断奶"的宝宝，已经能吃很多固体食物，并且每天的饮食十分正常。

　　在断奶的过程中，还要注意宝宝因为断奶而出现对辅食抗拒、进食量越来越少、吃了就吐、体重增加缓慢甚至不增加的现象，这种现象也就是常说的"奶痨"。造成"奶痨"的主要原因是营养元素长期摄入不足，尤其是热量和蛋白质摄入不足。婴幼儿时期的生长发育十分迅速，因此对各种营养元素的需求量也相对较多。一旦在断奶过程中和断奶后无法及时、合理地添加辅食，就会因营养摄入不足而导致"奶痨"。要避免"奶痨"的发生，就要在宝宝断奶前好好添加辅食，给予每日每千克体重1～1.5克的蛋白质，多吃些新鲜水果和蔬菜，注意营养的全面均衡。

　　如果宝宝对母乳的依赖很强话，可以运用逐渐断奶法：从每天喂母乳6次，先减少到每天5次，等宝宝都适应后再逐渐减少，直到完全断掉。在刚开始断奶的时候，可以每天给宝宝喂些配方奶，同时断掉临睡前和夜里的奶。如果以前宝宝都是由妈妈哄着睡觉的话，那么在断奶时就改由爸爸或其他家人哄宝宝睡觉，妈妈先避开一会儿。

断奶后，断奶期间和断奶后宝宝的饮食应以碎、软、烂为原则，喂以营养丰富、细软、易消化的食物，切忌给宝宝吃辛辣事物，此外仍然要每天添加奶粉。如果在按断奶食谱进行断奶，宝宝不愿吃的话，也不要硬喂，可以按照宝宝特点，摸索出一套适合自己宝宝特点的喂养方法。

如果宝宝生病了，那么就先不要进行断奶。因为患病时宝宝的抵抗力较差，消化功能不好，身体也很虚弱。如果这时候断奶的话，不利于宝宝身体的恢复，甚至还可能会使病情进一步加重。

在断奶的前后，要养成宝宝良好的行为习惯。有的家庭对于断奶中的宝宝往往诸多纵容，要抱就抱，要啥给啥，不管宝宝的要求是否合理。但是这种纵容娇惯很容易使宝宝的脾气越来越坏，变得十分任性。所以说，在断奶前后，妈妈适当多抱一抱宝宝，多给他一些爱抚是应该的，但是对于宝宝的无理要求绝不要轻易迁就，不能因为断奶而养成了宝宝的坏习惯。这时，就需要家庭所有成员对宝宝的态度保持高度一致，否则对宝宝的健康成长十分不利。

🐣 辅食供给

从宝宝满 7 个月开始，可以增加泥状食物了。在增加辅食次数的同时，还要增加辅食的花样，以保证各种营养的平衡。为此，每餐最起码要从以下四类食品中选择一种：

主食

采用谷物类，如面包粥、米粥、面、薯类、通心粉、麦片粥、热点心以及各种婴幼儿营养米粉。

蛋白质

鸡蛋、鸡肉、鱼、豆腐、干酪、豆类等，建议每天食用 1 ~ 2 次，最佳搭配是一次进食动物蛋白，另一次进食植物蛋白。

蔬果类

四季蔬菜包括萝卜、胡萝卜、南瓜、黄瓜、番茄、茄子、洋葱、青菜类等；四季水果包括苹果、蜜柑、梨、桃、柿子等，还可以加些海藻食物，如紫菜、裙带菜等。这类辅食建议每天食用一次。

供给热能食物

如植物油、黄油、人造乳酪、动物脂肪和糖。在每餐辅食中添加少许即可。

辅食食谱推荐

	原料	做法
鱼肉松粥	大米、鱼肉松、菠菜各适量	1. 大米淘洗干净，开水浸泡 1 小时，连水放入锅内，旺火煮开，改用微火熬至黏稠 2. 将菠菜洗净，用开水烫一下，切碎末，放入粥内，加入鱼肉松、精盐，调好口味，用微火熬几分钟即成
梨子泥	梨适量	1. 用普通的锅把梨蒸熟 2. 把熟的梨去皮，放到搅拌机里搅拌，可适量加水 3. 成泥状时装碗即可
香蕉奶昔	香蕉 1 只，牛奶 200 毫升	1. 香蕉去皮，切小块 2. 和牛奶一起放入果汁机内，搅拌 30 ~ 40 秒 3. 倒出，装杯即可
鸡蛋布丁	鸡蛋、奶、糖各适量	1. 鸡蛋打散，加配方奶，加少量糖，以温开水调匀 2. 把奶缓缓倒入蛋液中拌匀 3. 放入锅中蒸熟，即可食用
蔬菜果泥	胡萝卜、南瓜、米粉、南瓜泥、黑芝麻各适量	1. 胡萝卜，南瓜煮，烂压成泥，黑芝麻压碎，和米粉调成泥，倒点苹果泥装在盘里 2. 将所有材料做成娃娃脸造型，即可食用

磨牙食物

出牙期的宝宝牙龈会痒，因此他们总是喜欢咬一些硬的东西来缓解这种不适感。市场上有很多专为宝宝设计的磨牙玩具，如牙胶、练齿器、固齿器等，但爸爸妈妈会发现，宝宝在用磨牙玩具磨牙时特别不老实，总是咬一咬就随手扔到一边了，等到他再想起来磨牙时，磨牙玩具上已经沾满了口水和灰尘，一般擦拭很难保证卫生，而次次消毒又太麻烦。

其实，食物是宝宝最好的磨牙工具。可以给他一些手指饼干、面包干、烤馒头片等食物，让他自己拿着吃。刚开始时，宝宝往往是用唾液把食物泡软后再咽下去，几天后就会用牙龈磨碎食物并尝试咀嚼了，因此也就达到了磨牙的效果。

妈妈可以把新鲜的苹果、黄瓜、胡萝卜或西芹切手指粗细的小长条给宝宝，这些食物清凉脆甜，还能补充维生素，可谓磨牙的最佳选择。还可以把外面买回来的地瓜干放在刚煮熟的米饭上闷一闷，焖得又香又软时再给宝宝，也是不错的磨牙选择。磨牙饼干、手指饼干或其他长条形饼干既可以满足宝宝咬的欲望，又能让他练习自己拿东西吃，一举两得。有些宝宝还会兴致高昂地拿着这些东西往妈妈嘴里塞，以此来"联络"一下感情。不过要注意的是，不能选择口味太重的饼干，以免破坏宝宝的味觉培养。

如果想给宝宝换换花样，妈妈不妨给宝宝自制磨牙棒：

胡萝卜磨牙棒

将新鲜的胡萝卜洗净，刨去那层薄薄的外皮，切适合宝宝手抓的大小后隔水蒸，不放任何调料，蒸的硬度视宝宝的需要而定，最好煮成外软内硬的程度，这样既能让宝宝吃些胡萝卜，又不至于被他"消灭"得太快，起到磨牙的作用。

香菇磨牙饼

去掉香菇的根蒂部分，只保留顶盖备用。在沸水或任何的汤中投入整个的香菇顶盖，煮熟即可，千万不要炖到酥烂。等到香菇变凉了，就可以拿来当宝宝的磨牙饼，即鲜香又软硬适度，咬烂了就再换一片。宝宝较小的时候，最好用新鲜香菇，肥滑、弹性好、硬度较低；等到宝宝稍大些后，就可以改为水发香菇，加强韧度和硬度。

不过有一点要做好心理准备，就是当宝宝吃完这些磨牙食品后，通常都会弄个"大花脸"，这时就需要你多花点耐心来收拾这个"残局"了。

固定餐位和用具

快满8个月的宝宝自己可以坐着了，因此这时可以给宝宝选用固定的宝宝专用餐椅，让宝宝坐在上面吃饭。如果没有条件的话，就在宝宝的后背和左右两边，用被子之类的物品围住，目的是不让宝宝随便挪动地方，而且最好把这个位置固定下来，不要总是更换，给宝宝使用的餐具也要固定下来，这样，会使宝宝一坐到这个地方就知道要开始吃饭了，有利于帮助宝宝形成良好的进食习惯。

这个月大的宝宝，在妈妈喂饭的时候开始有些"不合作"了。他们往往不再像以前一样乖乖的"饭来张口"，而会伸出手来抢妈妈手里的小勺，或者索性把小手伸到碗里抓饭。这种情况下，妈妈不妨在喂饭时也让宝宝拿上一把勺子，并允许宝宝把勺子插入碗中，这样宝宝就会越吃越高兴，慢慢地就学会自己吃饭了。

在刚开始让宝宝拿勺子的时候，宝宝很可能会在用勺子取饭菜时将饭菜洒在桌椅上及衣服上，甚至还会把碗碟打翻打碎，弄得到处都是，很难收拾。但即使如此，也不能剥夺宝宝锻炼的机会。可以给宝宝准备一套无毒的塑料碗碟，每次取少量饭菜放在宝宝的碟子里供他练习，减少遗洒。鼓励宝宝自己进餐，不仅可以强化了宝宝对食物的认知并吸引宝宝对进餐的兴趣，而且还能锻炼宝宝的手眼协调能力和生活自理能力，培养宝宝的自信心。经过这种锻炼的宝宝，一般到了12个月左右的时候，就能自己用勺子吃饭了。

能力发展与训练

♻ 运动

8个月时，宝宝已经达到新的发育里程碑——爬。最初学习爬时，宝宝会经过不同的阶段，有的宝宝向后倒着爬，有的宝宝原地打转，还有的宝宝是匍匐向前，这都是爬的一个过程。等宝宝的四肢协调得非常好后，他就可以把头颈抬起，胸腹部离开床面，用手和膝盖爬了。

这个月的宝宝可以双手握着玩具独自坐稳，坐得很稳不摔倒，可以一边坐一边玩，还会左右自若地转动上身，转向达90°，也不会使自己倾倒。尽管他仍然不时向前倾，但几乎能用手臂支撑。随着躯干肌肉逐渐加强，最终他将学会如何翻身到俯卧位，并重新回到直立位。现在宝宝已经可以随意翻身，一不留神他就会翻动，可由俯卧翻成仰卧位，或由仰卧翻成俯卧位。所以爸爸妈妈要注意在任何时候都不要让宝宝独处。

这个月宝宝能手扶着物体站一会儿，站起来后会自己蹲下。少数宝宝可能还会扶着墙或家具侧走。宝宝的手指更为灵巧，会用食指挖洞或勾东西，可以拿住细小的东西，有时一次能捡起三个左右的小物件。为了去捡其他物体，宝宝会将一个物体放入口中，腾出手去拿其他东西。宝宝能自己拿着奶瓶喝奶，奶瓶掉了会自己捡起来。宝宝开始玩积木，能将两块积木叠起来，能将积木放入盒子里，还能再从盒子里取出积木。

♻ 视觉

8个月时，宝宝视觉的清晰度和深度已经基本上和大人一样了，距离感更加精细，并突然开始害怕边缘和高处。视神经充分发育，已经能够看到远处的物体，如远处的高楼、街上的汽车等。虽然宝宝现在的注意力更多的还是集中在靠近他的物体上，但他的视力已经足以辨认房间另一边的人和物体了，目光还能随着下落的物体移动，分辨颜色的能力也基本固定了，喜欢鲜艳明亮的颜色，尤其喜欢红色。不过，也许以后还会有细微的变化。

听觉

8个月时，宝宝的听力越来越敏感，将微弱声源靠近宝宝耳朵，宝宝都能再见并转头寻找声源。对外界的各种声音，如车声、雷声、犬吠声表示关心，会突然转头看。当听到一种声音突然变换成另一种声音时，能立刻表示关注。

言语

8个月时，宝宝明显地变得活跃了，发音明显地增多。当他吃饱睡足情绪好时，常常会主动发音，发出的声音不再是简单的韵母声"a""e"了，而是试着模仿声音及发音的顺序，在倾听自己和周围人的说话声时，将元音与辅音结合在一起发出各种声音，如"爸爸""妈妈""拜拜"等音。当然，宝宝还不明白这些词的含意，还不能和自己的爸爸、妈妈真正联系起来。但有了这样的基础，为时不久，宝宝就能真正地喊爸爸妈妈了，最终他会在想进行交流时才说。

宝宝在这个阶段还有一个特点是能够将声母和韵母音连续发出，出现了连续音节，如"ba-ba-ba""da-da-da"等。如果听到诸如犬吠的特殊声音，宝宝会学狗叫，发出"汪汪汪"的声音。宝宝开始厌烦做熟悉的事情，热情转向未知领域，当愿望达不到时，知道可以用哭声来吸引父母的关注并获得安慰。开始有明显的高低音调出现，会用声音加强情绪的激动。能模仿大人咳嗽，用舌头发出嗒嗒声或发出嘶嘶声。会注意听别人讲话或唱歌，对自己名字以外的一两个字有反应，如"不行"等。想让大人帮他拿某个东西时，会指着东西看着大人的脸发"啊啊"的音。

8个月的宝宝能喜欢模仿发音，这时爸爸妈妈一定要用正确的发音来引导宝宝学习说话，平时无论在给宝宝做什么事，最好边做边说。

嗅觉

8个月时，宝宝的嗅觉器官即已相当成熟。之前，宝宝对特殊刺激性气味有类似轻微的受到惊吓的反应，这时宝宝渐渐地变为有目的地回避，表现为翻身或扭头等，说明这时宝宝的嗅觉已经变得更加敏锐。

味觉

8个月时，宝宝的味觉已经发育成熟，接近成人的标准。这一生长阶段的宝宝，较能接受新的口味和不同的食物材质。因此，爸爸妈妈需要给宝宝提供多种口味的食物，将来宝宝能接受的食物范围就会越宽。

🖐 认知

8个月时，宝宝开始对周围的一切充满好奇，对别人的游戏非常感兴趣，但注意力难以持续，很容易从一个活动转入另一个活动。对镜子中的自己有拍打、亲吻和微笑的举动，会移动身体拿自己感兴趣的玩具。看到盒子中的积木后，能从盒子中取出积木。当宝宝从盒子中取出积木后，会拿积木拍打盒子。当爸爸妈妈用布将积木盖住一大半，只露出积木的边缘时，宝宝能找出被布盖住的积木。

懂得大人的面部表情，能辨别出友好和愤怒的说话声，大人用温柔的语气、微笑着夸奖时，宝宝会很高兴；用大声的类似于训斥的声音、严肃的表情时，宝宝会表现出委屈或者会哭。这时的宝宝已经会区分"一个""两个"的概念了，数理逻辑能力有了很大的提高。

家长可以给宝宝不同数量的同类物品，变换数量，宝宝可能会在表情动作语言方面告诉你他能够感受到数量的变化。宝宝的思维能力经过前面的积累已经有了很大的提高，这时已经会去学着理解"里""外"的概念，还会回忆自己做过的行为，对不同大小、颜色和材质的物品，也有着强烈的兴趣，并且能做适当的区分。宝宝能理解简单的语言，并在爸爸妈妈的指导下用动作表示词组的含义，如用拍手表示欢迎，用挥手表示再见。宝宝会用手指去拿小东西，用双手去拿大东西。如果宝宝发现小洞，他会将手指伸入小洞。会一手拿一样东西，也会将手上的东西丢掉，再用手去拿另一样东西。

🖐 心理

8个月的宝宝看见熟人会用笑来表示认识他们，看见亲人或看护他的人便要求抱，如果把他喜欢的玩具拿走，他会哭闹，对新鲜的事情会引起惊奇和兴奋。从镜子里看见自己，会到镜子后边去寻找。8个月的宝宝一般都能爬行，爬行的过程中能自如变换方向。坐着玩耍已经会用双手传递玩具，并相互对敲或用玩具敲打桌面。会用小手拇指和食指对捏小玩具。如玩具掉到桌子下面，知道寻找丢掉的玩具。知道观察大人的行为，有时会对着镜子亲吻自己的笑脸。

8个月的宝宝常有怯生感，怕与爸爸妈妈尤其是妈妈分开，这是宝宝正常心理的表现，说明宝宝对亲人、熟人与生人能准确、敏锐地分辨清楚。因而怯生标志着爸爸妈妈与宝宝之间依恋的开始，也说明宝宝需要在依恋的基础上，建立起复杂的情感、性格和能力。

🐾 社会交往

如果对宝宝十分友善地谈话，他会很高兴；如果训斥他，宝宝会哭。从这点来说，此时的宝宝已经开始能理解别人的感情了。喜欢让大人抱，当大人站在宝宝面前，伸出双手招呼宝宝时，宝宝会发出微笑，并伸手表示要抱。对其他宝宝比较敏感，看到别的宝宝哭，自己也会跟着哭。看见妈妈拿奶瓶时，会等着妈妈来喂自己。宝宝喜欢玩捉迷藏、拍手等游戏，并会模仿大人的动作。

🐾 手部协调能力

这个月对宝宝手部协调能力的训练可以继续上个月的做法，着重锻炼宝宝抓取各种物品的能力，锻炼宝宝用拇指和食指捏取小的物品。拇指与食指的捏取动作时宝宝双手精细动作的开端，能捏起的东西越小、捏的越准确，就说明宝宝手的动作能力越强。当然，刚开始宝宝肯定不会像大人期待中那样准确无误地把小东西捏起来，这就需要大人耐心地进行重复练习，只要坚持锻炼，宝宝就能掌握这个动作。

爸爸妈妈可以给宝宝找一些不同大小、不同形状、不同硬度、不同质地的物体，让宝宝自己用手去抓。在抓的过程中，还可以给宝宝讲讲这些东西的名称、用途、颜色等，同时发展宝宝的多种感知觉，增强宝宝对物体的感受。不过在让宝宝捏东西的时候，大人一定要小心看护，以防宝宝把抓起来的东西放进嘴里。

还可以给宝宝准备一些小块的磨牙饼干、小水果块、蔬菜块等，让宝宝自己抓着放到嘴里吃，当然有可能一开始的时候他还不能把东西准确地放进嘴里，但过不了多久，他就能熟练的自己抓着东西吃了。

🐾 早期智力开发

宝宝此时有了看的针对性和初步记忆，会有兴趣、有选择地看，会记住某种他感兴趣的东西，如果看不到了，可能会用眼睛到处寻找。当听到某种他熟悉的物品名称时，就会主动用眼睛寻找。这时训练宝宝把看到的东西和其功能、形状、颜色、大小等结合起来，进行直观思维和想象，这是潜能开发的重点。如果爸爸妈妈经常指着灯告诉宝宝："这是灯，晚上天黑了，会把房子照亮。"慢慢地，妈妈问："灯在哪里？"宝宝就会抬起头看房顶上的灯了。另外，平时还可以给宝宝买些宝宝画册，让宝宝认识简单的色彩和图形，指导宝宝在画册上认识人物、动物、日常用品，再和实物进行比较，发展宝宝的记忆和对比能力。

这个月的宝宝手眼协调能力增强，可以将眼睛看到的和自身的身体动作建立联结反应，而且清醒的时候经常在玩自己的双手，两手在眼前握着，手指乱动状。爸爸妈妈可以向宝宝做鬼脸，观察宝宝会不会试着去模仿；或是和宝宝对坐，问宝宝五官位置，让宝宝指出自己的五官，一开始的时候宝宝可能会指错，但只要经过一段时间训练，宝宝就能准确指出五官。

这个月的宝宝还会能够辨别说话的语气，喜欢亲切、和蔼的语气，听到训斥会表现出害怕、哭啼。爸爸妈妈可以利用宝宝的这种辨别能力，培养宝宝认识什么是应该的，什么是不应该的。

如果宝宝音乐感很强，那么在这个阶段听到音乐就会兴奋地想跳舞，可能还会因为音乐的节奏不同而改变爬行的姿势。给宝宝听一些节奏欢快的好听的音乐，或是多给宝宝念唱一些儿歌，在培养宝宝音乐才能的同时，也能促进宝宝智力的发育。

此时宝宝的思维能力经过前几个月的积累，也已经有了很大的提高，这时已经会去学着理解"里""外"的概念，还会回忆自己做过的行为，对不同大小、颜色和材质的物品也有着强烈的兴趣，并且能做适当的区分。爸爸妈妈可以把一个宝宝熟悉的玩具先拿给宝宝看玩一会，然后把玩具藏起来，观察宝宝会不会尝试去寻找不见的玩具，以及宝宝会不会在你观察他的时候也在看着你。

这时的宝宝还会区分"1个""2个"的概念，数理逻辑能力有了很大的提高。可以给宝宝不同数量的同类物品，不时变换数量，然后问问宝宝东西是不是少了、多了，让宝宝自己去发现、去感受这种数量的变化，对宝宝的数学逻辑能力发展大有好处。

💩 排便训练

到了这个月，很多宝宝已经可以坐在便盆上排便了。这时，爸爸妈妈可在前几个月训练的基础上，根据宝宝大便习惯，训练宝宝定时坐盆大便。在发现宝宝出现停止游戏、扭动两腿、神态不安的多便意时，应及时让他坐盆，爸爸妈妈可在旁边扶持。开始坐盆时，可每次 2 ~ 3 分钟，以后逐步延长到 5 ~ 10 分钟。如果宝宝不解便，可过一会儿再坐，不要将宝宝长时间放在便盆上。

这个月的宝宝依然是离不开尿布的，如果宝宝的小便比较有规律，爸爸妈妈可以掌握并能准确把尿接在尿盆里固然很好，但要是每次都试图让宝宝把尿尿在尿盆里，那就会非常疲惫，并且也容易令宝宝不适。

给宝宝的便盆要注意清洁，宝宝每次排便后应马上把粪便倒掉，并彻底清洗便盆，定时消毒。如果宝宝大便不正常，要用开水泡洗便盆，如用1%

含氯石灰澄清液浸泡1小时后再使用，或选择适用的消毒液消毒后再使用。冬天要注意便盆不要太凉，以免刺激宝宝引起大小便抑制。如果宝宝一时不解便，可过一会儿再坐，不要让宝宝长时间坐在便盆上。更不要在坐便盆时，给宝宝喂饭或让宝宝玩玩具，不能把便盆当作座椅。如果有这种不良习惯，要及时纠正，要让宝宝从小养成卫生文明的好习惯。再有，用过的便盆要放在固定的地方，便盆周围的环境要清洁卫生，不要把便盆放在黑暗的偏僻处，以免宝宝害怕而拒绝坐盆。

不要让宝宝过早学走路

从宝宝运动发育规律看，7～8个月的宝宝正应该是学爬行的年龄，而不是行走的年龄。这个月龄会走，主要和家长把宝宝立起来有关，如果让宝宝站立数次，宝宝的站立欲望就会增强。站立起来的宝宝会表现出很兴奋，家长也觉得好玩，就经常把宝宝立起来逗宝宝；还有些家长时间让宝宝待在学步车里，不训练宝宝匍匐爬行；另一方面，宝宝刚刚会走时，那企鹅似的步态很惹人喜爱，而家长对宝宝会走的动作发育无论是从表情还是到语言以至于动作，都带有明确的鼓励色彩，不恰当的引导使宝宝较早地学会走路却不会爬。

从宝宝身体发育角度看，如果让6～8个月的宝宝站立，更客观地说让10个月以前的宝宝学会站立乃至走路都是不好的。为什么这么说呢？因为宝宝骨骼正在快速增长，骨质软，抗压力差，让宝宝过早的站立，身体重力的作用很容易使宝宝小腿弯曲，特别是那些体重较重的宝宝更容易出现小腿弯曲症状。

从临床观察看，即使让这样的宝宝减少站立或少走路，其恢复也较慢。很多站立过早的宝宝因腿弯常常被误认为是缺钙，补很多钙剂及鱼肝油，但效果欠佳。因此，宝宝的训练和早期教育可以在遵循自然生长规律的基础上略微超前，但不能违背客观规律，拔苗助长。

爬行训练

宝宝成长到8个月时，每天都应该做爬行锻炼。爬行对宝宝来说，并不是轻而易举的事情，对于有些不爱活动宝宝，更要努力训练。

先练用手和膝盖爬行

为了拿到玩具，宝宝很可能会使出全身的劲向前匍匐地爬。开始时可能并不一定前进，反而后退了。这时，爸爸妈妈要及时地用双手顶住宝宝的双腿，使宝宝得到支持力而往前爬行，这样慢慢宝宝就学会了用手和膝盖往前爬。

再练用手和脚爬行

等宝宝学会了用手和膝盖爬行后，可以让宝宝趴在床上，用双手抱住腰，把小屁股抬高，使得两个小膝盖离开床面，小腿蹬直，两条小胳膊支撑着，轻轻用力把宝宝的身体向前后晃动几十秒，然后放下来。每天练习3~4次为宜，会大大提高宝宝手臂和腿的支撑力。当支撑力增强后，妈妈用双手抱宝宝腰时稍用些力，促使宝宝往前爬。一段时间后，可根据情况试着松开手，用玩具逗引宝宝往前爬，并同时用"快爬！快爬！"的语言鼓励宝宝，逐渐宝宝就完全会爬了。

日常护理注意问题

🍎 挑食

随着宝宝的逐渐长大，味觉发育越来越成熟，吃的食物花样越来越多，对食物的偏好就表现得越来越明显，而且有时会用抗拒的形式表现出来。许多过去不挑食的宝宝现在也开始挑食了。宝宝对不喜欢吃的东西，即使已经喂到嘴里也会用舌头顶出来，甚至会把妈妈端到面前的食物推开。

但是，宝宝此时的这种"挑食"并不同于几岁宝宝的挑食。宝宝在这个月龄不爱吃的东西，可能到了下个月龄时就爱吃了，这也是常有的事。这个月的宝宝最可能不爱吃的东西就是蛋黄。有的宝宝从3~4个月的时候就开始吃蛋黄，而且都是不放盐的蛋黄，有时候还会放到奶里吃，吃了几个月很有可能到这时候就有些吃腻了。这时可以先暂停一段时间鸡蛋，改为肉类和蔬菜，过一段时间之后再给宝宝吃，也许宝宝就能接受了。

爸爸妈妈不必担心宝宝此时的"挑食"会形成一种坏习惯，不妨多要花点儿心思捉摸一下，怎样能够使宝宝喜欢吃这些食物。例如，可以改变一下食物的形式，或选取营养价值差不多的同类食物替代。比如，宝宝不爱吃碎菜或肉末，就可以把它们混在粥内或包成馄饨来喂；宝宝不爱吃鸡蛋羹，就可以煮鸡蛋或者荷包鸡蛋给宝宝吃等。

总而言之，不管是宝宝多爱吃的食物，总吃都会吃够的，所以就要求爸爸妈妈要想方设法变着花样给宝宝吃，就算宝宝再爱吃一样东西也不能总给他吃，否则他很快就会吃腻。如果宝宝在一段时间里对一种食物表示抗拒的话，爸爸妈妈也不要着急，可以改由另外一种同样营养含量的食物替代，这样就不会造成宝宝营养缺乏。千万不能强迫宝宝，以免因此而产生厌食症。

烂嘴角

宝宝经常会在口角一侧或双侧先出现湿白，有些小疱，渐渐地转为糜烂，并有渗血结痂，也就是我们平时所说的"烂嘴角"。"烂嘴角"即为口角糜烂，患上此症的宝宝常常会因为疼痛而苦恼，尤其是在吃饭的时候。

之所以会发生口角糜烂，是因为宝宝体内缺乏维生素 B_2。人体内缺少了维生素 B_2，口角就会出现糜烂、破裂。同时常伴发唇炎和舌炎，嘴唇比正常红，易裂开而出血，舌面光滑而有裂纹。如果在缺乏维生素 B_2 的同时受到了霉菌感染，那么就容易患上传染性口角炎。还有些口角糜烂是由口角疱疹引起的，患儿开始口角皮肤有痒感，继而发红有灼热感。可发生多个小水疱，疱破后结痂，待痂皮脱落后自然痊愈。

患口角糜烂之后，可以口服或注射维生素 B_2，在患处局部也可以涂抹一些紫药水，或是用消毒的淡盐水棉球轻轻擦净口角，待干燥后把维生素 B_2 粉末粘敷在病变区域，每天早、中、晚临睡前各涂一次。如果宝宝得了口角疱疹的话，可以在医生指导下吃一点抗病毒的药。

此外，对于口角糜烂的宝宝，要特别注意做好日常的护理工作。要经常保持口角和口腔的清洁，避免过硬过热的食物刺激口角糜烂的地方；多吃容易消化的富含维生素 B_2 的流质或半流质；保持食品餐具的清洁卫生；注意不要让宝宝用舌头去舔糜烂的口角，这样会加重糜烂的程度，还会把沾在口角上的病菌带入口中。

要预防口角糜烂，平时就应注意补充维生素 B_2，可以多吃些绿色蔬菜、动物内脏、蛋奶类、豆类、新鲜水果等富含维生素 B_2 的食物，做好饮食的营养搭配；还要注意保持宝宝面部的清洁和温暖，吃过饭后要擦干净脸部和嘴部，特别是嘴角位置。

吮手指

宝宝在 2 ~ 3 个月时，经常把小拳头放到嘴里吮吸，这是正常的，可以满足他吮吸的欲望，并且能帮助他认识自己的手。用嘴啃咬、吮吸事物是宝宝利用自己的触觉功能认识世界的手段，所以不需要干涉，只需把他的手洗干净，就可以放心让他吮吸。随着宝宝长大，吮吸欲望降低，而看、听、摸等各种手段都可以帮他认识世界，所以不再需要啃手了。如果到了7 个月以后，宝宝仍有吮吸手指的毛病，爸爸妈妈就要及时纠正。

7 个月以后的宝宝吮吸手指大多数都是存在不安全感的表现，一般在入睡前或离开爸爸妈妈的时候表现最明显。对待这样的宝宝，爸爸妈妈要多关爱，多陪伴。如果发现宝宝吮吸手指，不要呵斥，可以将他的手轻轻拿开，给他手里塞上玩具或者饼干，把手占住即可。

咬乳头

宝宝在出牙的时候牙床肿胀，会有咬东西减少痛苦的需要，因此开始喜欢咬乳头。这时宝宝的咬劲不小，如果是咬到妈妈乳头的话，会把妈妈的乳头咬破，妈妈在喂奶的时候也会特别紧张痛苦，但又不舍得不让宝宝吃，有些"进退两难"；而如果是咬奶嘴的话，很可能会把奶嘴上的胶皮咬下一块来，如果直接吞咽到食管里还不会有太大危险，但若不慎进入气管的话，很可能会卡住气管，那样的话后果将不堪设想。

宝宝咬乳头并不是在故意捣乱，是因为他的生理需要所致。宝宝出牙的时候很不舒服，牙床会有肿痛的感觉，妈妈平时可以给宝宝一些磨牙饼干或用冰凉过的固齿器，还可以帮宝宝按摩下肿胀的牙龈。喂奶的时候，要注意宝宝的吃奶状况，若是已经吃饱，就该让宝宝离开乳房，并要保持一定的警觉心，如果宝宝稍微将嘴巴松开，往乳头方向滑动，就要留意了，要及时改变宝宝的姿势，避免乳头被咬。最好不要让宝宝衔着乳房睡觉，以免宝宝在睡梦中，因牙龈肿胀而起咬牙的冲动。当然，必要时可以请儿科医生开一些缓解宝宝长牙时牙齿不适的牙龈药膏涂抹在宝宝的牙床上，以减轻宝宝的不适。

当宝宝第一次咬妈妈的时候，妈妈由于没有心理准备多数会反应比较强烈，但此时若大喊大叫或是立即拉出乳头，就会吓到宝宝，宝宝受到惊吓后反而会将乳头咬得更紧。如果想要立即拉出乳头的话，很可能会使乳头伤得更严重。所以，在宝宝第一次咬疼妈妈的时候，妈妈一定要保持沉稳，当被咬的时候，正确的做法是将宝宝的头轻轻地扣向你的乳房，堵住他的鼻子。宝宝酒会本能地松开嘴，因为他突然发现自己不能够一边咬人一边呼吸。如此几次之后，宝宝会明白，咬妈妈会导致自己不舒服，他就会自动停止咬了。当下次喂奶时感觉到宝宝要咬乳头了，可以平静地将手指头插进乳头和宝宝的牙床之间，撤掉乳头，并且坚定地对宝宝说："不可以咬妈妈。"不要以为宝宝小，什么都不懂，其实，他会对妈妈的语气产生反应。

事实上，一个奶吃得正香的宝宝是不会咬奶头的。咬的时候，宝宝一定是已经结束了吃奶。因此那些挨过咬的妈妈在喂奶过程中要注意观察，看到宝宝已经吃够了奶，吞咽动作减缓，开始娱乐性吸吮时，就可以试着将乳头拔出来，防止被宝宝咬。

对于那些生来就咬乳头的宝宝，如果只是属于肌肉张力亢进的话，妈妈可以在喂奶前先给宝宝洗一个温水澡或者轻轻地按摩宝宝的四肢，用冷热水交替擦宝宝的脸，并且严格控制宝宝衔乳的姿势，用手指头坚定地按下宝宝的下唇或者下巴，阻止宝宝咬乳头。在喂奶过程中，要始终把手按在宝宝的下巴上，这样也会让宝宝吃奶吃得更舒服。但如果咬乳头的情况持续 6 ~ 8 周以上，应该立刻带宝宝去医院检查，看看是否有神经性的天生缺陷。

🐾 抽搐

引起宝宝抽搐的原因有很多种，如果抽搐时有发热、感冒等症状，就要考虑高热惊厥、脑炎、脑膜炎等情况；如果抽搐的时候没有发热，抽搐的时候会尖叫哭闹，则需要考虑宝宝痉挛征；如果是反复频繁无热抽搐，还要考虑癫痫可能。此外，电解质紊乱、玩具中的铅中毒、脑部的血管畸形、肾脏病引起的高血压、心脏病引起的脑血管栓塞等也会引起抽搐。再有些抽搐就是遗传性的了，需要根据遗传病症加以考虑。

这个月龄的宝宝最常见的是高热引起的惊厥抽搐，表现为体温高达39℃以上不久，或在体温突然升高之时，发生全身或局部肌群抽搐，双眼球凝视、斜视、发直或上翻，伴意识丧失，停止呼吸 1 ~ 2 分钟，重者出现口唇青紫，有时可伴有大小便失禁。一般高热过程中发作次数仅一次者为多。历时 3 ~ 5 分钟，长者可至 10 分钟。

当发生高热惊厥时，家长切忌慌张，要保持安静，不要大声叫喊；先使患儿平卧，将头偏向一侧，以免分泌物或呕吐物将患儿口鼻堵住或误吸入肺；解开宝宝的领口、裤带，用温水、酒精擦浴头颈部、两侧腋下和大腿根部，也可用凉水毛巾较大面积地敷在额头部降温，但切忌胸腹部冷湿敷；对已经出牙的宝宝应在上下牙齿间放入牙垫，也可用压舌板、匙柄、筷子等外缠绷带或干净的布条代替，以防抽搐时将舌咬破；尽量少搬动患儿，减少不必要的刺激。等宝宝待停止抽搐、呼吸通畅后立即送往医院。如果宝宝抽搐 5 分钟以上不能缓解，或短时间内反复发作，就预示病情较为严重，必须急送医院。

一般来讲，出现高热惊厥过的宝宝对很多疫苗有不良反应，因此需要在打疫苗前向保健医生说明，通常出现高热惊厥后 1 年内不会进行免疫。

造成抽搐的原因很多，抽搐发作的形式也常不同，但必须都要带宝宝到医院检查，因为如果耽误的话很可能将会对宝宝的身心造成极大的伤害。所以一旦宝宝出现抽搐的话，就要密切观察抽搐情况，如什么时候会发生抽搐、抽搐时宝宝是什么样子、有没有大小便失禁、有没有精神意识改变、抽搐持续多长时间停止、是自行停止还是经处理后停止、抽搐后宝宝的精神状态如何等。抽搐有可能会遗留某些后遗症，所以最好是在抽搐急性期或者刚刚抽搐结束后立即到医院做下水电介质、血钙、血磷、血镁、头颅CT、脑电图检查，做到有备无患。

🍼 腹泻

7个月以后的宝宝随着添加辅食的种类的渐渐增多，胃肠功能也得到了有效的锻炼，因此这个时候很少会因为辅食喂养不当引起腹泻。如果是因为吃得太多引起腹泻的话，宝宝既不发热，也很精神，能在排除的大便中看到没能消化的食物残渣，这时只要适当减少喂养量，就能解决这个问题。

如果是夏天宝宝出现腹泻、精神不好、食欲不振，并且发热到37℃以上的话，可以怀疑是由细菌引起的痢疾，应尽快去看医生。如果家里有其他人也患有痢疾的话，就更要抓紧时间治疗，以防传染性菌痢。

如果冬天宝宝出现腹泻，多数是由病毒引起的，同时可能还会出现呕吐的症状，这种因为病毒引起的腹泻只要及时补充水分，就能缓解症状，不需要为了止泻就给宝宝停食或去医院打针吃药。

🍼 便秘

7 ~ 8个月的宝宝通常每天有1 ~ 2次大便，呈细条状或是黏稠的稀便，但如果宝宝2 ~ 3天甚至4 ~ 5天才大便一次，并且大便干硬，就可能为便秘。

这个月龄宝宝的便秘诱因很多，如挑食、偏食，活动过少，排便不规律或是患有营养不良、佝偻病等致使肠功能紊乱的疾病，对待不同原因造成的便秘，解决的方法也不尽相同。如果宝宝是因为挑食、偏食造成的便秘，就要在辅食中多添加蔬菜、水果，平时要多给宝宝饮水，还要适当吃些脂肪类的食物；如果是因为活动过少引起的便秘，就要加强宝宝日常的活动锻炼；如果是由于排便不规律造成的便秘，应加强宝宝的排便训练，让宝宝每天早上坐在便盆上排便，帮助宝宝形成按时大便的习惯；如果是因为某些疾病引起的肠功能紊乱进而造成便秘，那么就要及时治疗这些疾病，以改善便秘的症状。

如果宝宝是经常性便秘，可以每天早晨给宝宝喝一杯白开水以增加肠蠕动，或是适当服用一些含有正常菌群的药物以改善便秘。如果宝宝几天不解大便而难受哭闹时，可以切一小长条肥皂，蘸些水用手搓成圆柱形，塞入肛门，也可以用小拇指戴上橡皮手套后涂些凡士林或石蜡油（液状石蜡）伸入孩子肛门，或用市售开塞露进行通便。但是还是要尽量少用肥皂条或开塞露辅助通便，以免宝宝对此形成依赖。如果宝宝在便秘同时伴有腹胀、呕吐等症状的话，就影响到先天性巨结肠、肠梗阻等可能，应及时就医诊断。

哮喘

婴幼儿时期的哮喘多数是由于呼吸道病毒感染所造成的，极少见由过敏引起的。随着宝宝慢慢长大，抵抗力增加，病毒感染减少，哮喘发作就能逐渐停止；但也有一些患儿，特别是有哮喘家族史及湿疹的患儿，就有可能会逐渐出现过敏性哮喘，最后发展为儿童哮喘。

如果属于有哮喘家族史及湿疹等的哮喘，就应及早到医院根据建议治疗护理。但这时候大多数的"哮喘"都并不是真正意义上的哮喘，而是积痰引起的痰鸣和胸部、喉咙里呼噜呼噜的声音。有这些现象的宝宝大多较胖，是属于体质问题，不需要打针注射治疗，只要平时注意护理、加强锻炼就可以了。

有的宝宝在气温急剧下降的时候特别容易积痰，所以这个时候尽量不要给宝宝洗澡，以免加重喘鸣。如果晚上特别难受的时候，也可以吃些医生许可的药物，但不能长期服用，也不能使用喷雾之类的吸药，因为这些吸药及时能起到作用，但还有着类似麻药的中毒作用，对心脏也会有影响。

积痰严重的宝宝平时应注意饮食，要多喂些白开水，只要室外的空气质量条件较好的话，就带宝宝多到户外进行活动，特别是秋冬季节的耐寒训练，对提高宝宝呼吸道的抵抗力特别有效。痰多的宝宝，家长平时也可以用吸痰器等帮宝宝将痰吸出来，此外还要让家里保持无烟的环境，避免宝宝受到更多的刺激。

干呕

宝宝7～8个月时可能会出现干呕的现象。这是因为宝宝一般8个月后开始出现敏感期，要添加一些固体食物，所以容易出现干呕；如果宝宝爱吃手，会把手指伸到嘴里，刺激软腭而发生干呕；这个时期宝宝唾液腺分泌旺盛，唾液增加，还不能很好地吞咽，很容易呛到气管里或噎着，而发生干呕。

当宝宝出现干呕的现象时，只要宝宝没有其他异常，干呕过后，还能很高兴地玩耍，就不要紧，也不用特别的治疗；要经常给宝宝喝几口白开水，量不用很多；家长一定不要过分紧张，因为七八个月的宝宝已经会观察家长的表情了，家长的紧张可能会传染给宝宝，让他不好度过这个阶段。

🐾 大便干燥

大便干燥是指肠子运动缓慢、水分吸收过多，导致大便干燥坚硬、次数减少、排出困难。宝宝大便干燥是很常见的，也很顽固，虽然绝大多数不是因为疾病引起的，但家长也应及时妥善处理，如果不注意的话，很可能会形成习惯性大便干燥，导致便秘或其他问题。

大便干燥可以通过饮食调理，平时要多给宝宝喝水以及鲜榨的葡萄汁、桃汁、西瓜汁、草莓汁、梨汁等，还可以将花生酱、胡萝卜泥、白萝卜泥、菠菜泥、芹菜泥、香蕉泥、全粉面包渣与小米汤和在一起煮成小米面包粥，也可以有效缓解大便干燥的症状。对于大便干燥的宝宝，最好是不要给予任何可能引起上火的食物。

对经常性大便干燥的宝宝，爸爸妈妈可以每天帮助宝宝做一下腹部按摩，按摩时将手充分展开，以肚脐为中心，捂住宝宝的腹部，从右下向右上、左上、左下方按摩，每次5分钟，每天1次，注意手掌不要在宝宝皮肤上滑动。按摩之后让宝宝坐上便盆，或直接把便，但如果宝宝出现挣扎反抗等动作时，就要停止把便。

也可以为宝宝进行灌肠后训练。方法是在早饭后给宝宝灌肠，然后立即坐在便盆上，即使宝宝没有马上排出大便，也要坐上10分钟，连续7天后，隔天灌肠一次，再过7天后停止灌肠。这样，有助于宝宝建立起排便的条件反射。但是，宝宝是否需要灌肠及使用何种灌肠药，一定要严格遵从医嘱，如非万不得已，最好是不用这种方法。

再有，平时多到户外进行活动，多让宝宝运动运动，也是有效缓解大便干燥的好办法。

🐾 出牙护理

有些家长可能会认为，乳牙迟早会被恒牙替换掉，保护恒牙才是最重要的，而乳牙即使长得不好也无大碍。这种想法是错误的，乳牙的好坏很多情况下会对日后恒牙的情况起着决定和影响作用，例如，乳牙发生龋齿、发炎肿痛，就会殃及未萌出的恒牙牙胚，导致牙胚发育不良，影响恒牙的生长和美观。此外，乳牙不好也会影响宝宝日常的饮食和情绪，对他的健康成长尤为不利。因此，保护好宝宝的乳牙同样重要。那么，面对宝宝这些刚刚萌发的乳牙，爸爸妈妈应该如何照顾，才能让他拥有一口健康的好牙呢？

首先，在宝宝长牙时期，应帮宝宝做好日常的口腔保健，这对日后牙齿的健康也有很大的帮助。因为由于出牙初期只长前牙，爸爸妈妈可以用指套牙刷轻轻刷刷牙齿表面，也可以用干净的纱布巾为宝宝清洁小乳牙，在每次给宝宝吃完辅食后，可以加喂几口白开水，以冲洗口中食物的残渣。等到乳牙长齐后，就应该教宝宝刷牙，并注意宜选择小头、软毛的牙刷，以免伤害牙龈。

其次，由于出牙会令宝宝觉得不舒服，爸爸妈妈可以用手指轻轻按摩一下宝宝红肿的牙肉，也可以戴上指套或用湿润的纱布巾帮宝宝按摩牙龈，还可以将牙胶冰镇后给宝宝磨牙用。这样做除了能帮助宝宝缓解出牙时的不适外，还能促进乳牙的萌出。

再有，除了磨牙食物外，爸爸妈妈还可以多为宝宝准备一些较冰冻、柔软的食物，如优格、布丁、起司等，在锻炼咀嚼力同时还能让宝宝觉得舒服点。平时多注意为宝宝补充维生素 A、维生素 C、维生素 D 和钙、镁、磷、氟等矿物质，多给宝宝吃些鱼、肉、鸡蛋、虾皮、骨头汤、豆制品、水果和蔬菜，这些食物能有利于乳牙的萌出和生长。

最后，在出牙期仍要坚持母乳喂养，因为母乳对宝宝的乳牙生长很有利，且不会引发龋齿。在平日里要多带宝宝到户外晒晒太阳，以促进钙的吸收，帮助坚固牙齿。

宝宝出牙期间拒食怎么办

7 个月的宝宝正处于出牙的时候，妈妈有时会发现，宝宝在吃奶时与以前不同，有时连续几分钟猛吸乳头或奶瓶，一会儿又突然放开奶头，哭闹起来。这往往是因为宝宝牙齿破龈而出时，吸吮奶头碰到牙龈，使牙床疼痛而表现出的拒食现象。那么这时应该怎样应对呢？

1.妈妈可将宝宝每次喂奶的时间分为几次，间隔当中可以喂些适合宝宝的固体食物，如饼干、面包片等；

2.如果宝宝用奶瓶，可将橡皮奶头的洞眼开大一些，使宝宝不用费劲就可吸吮到奶汁，这样宝宝就不会感到过分的疼痛，但奶头的洞眼不能过大，以免呛着宝宝；

3.如果已做到以上的喂养方法，宝宝仍然拒食，可停喂几天或改用小匙喂奶，这样会改善宝宝的疼痛状况，使宝宝顺利吃奶。

🐾 衣服被褥

这个月对衣物被褥的要求和上个月没有大的差别。衣服款式以舒适透气、宽松合体为宜，背带裤是宝宝的理想穿着，自己缝制时要注意裤腰不宜过长，臀部裤片裁剪要简单，裤腰松紧要与腰围相适合，避免过紧，购买出售的有松紧带裤腰的背带裤时，要注意与宝宝胸围腰围相适合，避免出现束胸束腹现象。由于宝宝的皮肤娇嫩、体温调节机能差、新陈代谢快而出汗多，所以内衣应选择透气性好，吸湿性强，保暖性好的纯棉制品，新买来的内衣要先在清水中浸泡几个小时以去除上面残留的化学物质。

给宝宝所有的衣物被褥不宜有纽扣、拉链及其他饰物，以防弄伤皮肤。如果衣物必须要用纽扣或拉链固定的话，可以将纽扣或拉链拆下来，改用布带代替。

🐾 睡眠问题

这个月的宝宝每天需要 14～16 小时的睡眠时间，白天可以只睡两次，上午和下午各一次，每次 2 小时左右，下午睡的时间比上午稍长一点；夜里一般能睡 10 小时左右，傍晚不睡觉的宝宝到了晚上八九点就入睡了，一直能睡到转天早上七八点。如果半夜尿布湿了的话，只要宝宝睡得香，就可以不马上更换。但如果宝宝有尿布疹或屁股已经红了，则要随时更换尿布。如果宝宝大便了，要立即更换尿布。

当宝宝睡觉的时候，爸爸妈妈要时刻关注宝宝的冷暖，特别是冬季和夏季更要注意。如果是冬季，可以给宝宝穿上连体的宽松套装，如果使用睡袋的话，只要给宝宝穿件背心，裹上尿布就可以了。宝宝在里面非常舒适，晚上也不会有把毯子或被子踢开。如果是夏季，则不用给宝宝盖什么东西，只要给宝宝穿件背心就可以了。如果天有些凉的话，可以给宝宝盖一条棉布单子。

如果总是担心宝宝睡觉时过冷或过热，因不好掌握而总放心不下的话，可以用手摸一摸宝宝的后颈，摸的时候注意手的温度不要过冷，也不要过热。如果宝宝的温度与你手的温度相近，就说明温度适宜。如果发现颈部发冷时，说明宝宝冷了，应给宝宝加被子或衣服。如果感到湿或有汗，说明可能有些过热，可以根据盖的情况去掉毯子、被子或衣服。

还有些妈妈喜欢紧紧搂着宝宝睡觉。但这么一来，被搂着的宝宝便呼吸不到足够的新鲜空气，吸入更多的是妈妈呼出的废气，对生长发育和健康都很不利，同时还可能传染到妈妈的疾患。此外，搂着宝宝睡还会使宝宝的自由活动空间受到限制，甚至难以伸展四肢，长期会使血液循环和生长发育都受到负面影响。所以，最好是不要搂着宝宝睡觉，让他在自己的小床上独立入睡，这也能够培养今后独自入睡的好习惯。

四季护理

春季护理

宝宝从半岁之后特别容易患病，这个月的宝宝也依然如此，因为此时他身体里的抵抗力还很弱。此时应做好宝宝的日常清洁、护理工作，不要让宝宝与患有某些流行性疾病的宝宝和成人接触，如无严重的病症也不要带着宝宝到医院就医。因为很多时候，宝宝都是在医院看病的时候被传染上某种疾病的。

出牙的宝宝在五六月春末夏初时，很容易患上鹅口疮性口腔炎，表现为咽喉深处的"小舌头"两侧出现许多小水疱，宝宝食欲不振，吃饭哭闹，这是因为进食会令宝宝感到疼痛。有的宝宝还会出现发热的症状。所以当发现宝宝吃饭哭闹、咽喉深处红肿的话，就应该想到有这种疾病发生的可能，而不能单纯地认为宝宝是感冒、扁桃体发炎。

这种病是由柯萨奇病毒A群引起的，不会引起并发症，也没有特效药，通常4~5天后就会痊愈，家长不用担心。如果宝宝吃东西比较困难的话，可以只喂点奶粉，或者给少量的雪糕，起到镇痛的作用。

夏季护理

到了夏天，宝宝的头上可能会长出许多脓疙瘩，这可能是因为宝宝把痱子抓破，化脓菌进入体内所致，也有可能是被其他宝宝所患的水疱疹感染的。这种脓疙瘩少则长3~4个，多则会长满整个脑袋，通常会引起宝宝发热到38℃左右。

由于这种疙瘩带脓，所以一碰就痛，即使宝宝睡着了，也会因为翻身或手不小心碰到她而痛醒哭闹，影响到宝宝健康和睡眠质量。所以如果宝宝长痱子了，就要注意把宝宝的手指甲剪短，勤换枕巾，保持干净卫生，这样就可以有效防止痱子转成脓疙瘩。如果出现了脓疙瘩，可以涂抹雷夫奴尔霜或青霉素软膏，只要及时治疗，就不会发展到十分严重的地步。一旦脓疙瘩有一部分已经化脓并变得熟软时，就应该去外科开刀治疗。

比较胖的宝宝在夏季里还容易发生皮肤皱褶处糜烂，痱子水或痱子粉是起不到预防作用的，最有效的预防措施就是勤给宝宝用清水清洗皱褶处的皮肤。

由于此时宝宝还没有接种乙脑疫苗，而蚊子恰恰是乙脑病毒的传播途径，所以此时要特别留心，不要让蚊子叮到宝宝。乙脑病毒的传染高峰期是 7 ~ 9 月，5 ~ 6 月就可能开始流行了，所以应及早给宝宝挂上蚊帐。带着宝宝到户外活动时，不要带他到有草的地方。

秋季护理

初秋季节宝宝依然有张脓疙瘩的危险，所以不能因为天气转凉就忽视了护理，依然要给宝宝勤洗头，注意个人和用品卫生。

宝宝在秋天喉咙里总是发出呼噜呼噜的声音，尽管这的确有可能是支气管哮喘的前兆，但也有可能是宝宝的体质问题，家长应注意区分，没有必要立即慌张到医院给宝宝吃药打针。

渗出性体质的宝宝更容易出现这种现象，这样的宝宝通常较胖，爱出汗，出过宝宝湿疹，平时不爱活动，不爱吃蔬菜水果，爱吃甜食，水里不加奶就不喝，较容易过敏，大便较稀。对于这样的宝宝，唯一减轻这种现象的办法就是多带宝宝到户外加强运动，改善体质。

患上哮喘的宝宝通常除了有痰音之外，还会有呼吸困难的症状，多出现在夜间。此时就应请医生诊断，并在医生的指导下服用药物治疗。

冬季护理

这个月的宝宝开始会爬了，因此更要小心烫伤的发生，应把所有取暖用品都放得离宝宝远一点，防止他碰到烫伤。

这个月龄的宝宝在冬天也可以进行户外活动了。天气冷的时候会就少出去活动一会儿，天气好的时候就不妨多出去玩一会儿，尽量每天都能到外面通通风，因为如果连续几天不出屋的话，再出去时很容易由于受不住寒冷刺激而发生感冒。而且每次和宝宝户外锻炼回到家之后，最好给宝宝揉揉他的小手小脚。

另外在冬天也一样要坚持给宝宝洗澡，一周洗 2 ~ 3 次。平时在室内更不要给宝宝穿得太多，这个月正是宝宝学爬行的时期，穿得太多自然会妨碍到他的学习锻炼，同时还容易使宝宝外感风寒。

家庭环境的支持

🖐 室外活动

这个月宝宝各方面的能力都有了明显的增强，因此户外活动就显得更为重要、意义也更大了。最好能每天户外活动 1 ~ 2 小时，可以分开上下午两次活动或是三次活动，如果一次活动时间过长的话，会使宝宝感到疲累，耽误喂养。

此时的户外活动除了让宝宝进行空气浴、多呼吸新鲜空气之外，还要发展宝宝的认知能力和交往能力。当带着宝宝到户外时，要让宝宝多看、多听不同的东西，给宝宝讲讲他看到、听到的东西是什么样子的，还可以让宝宝摸摸某些东西，例如花草等，让宝宝从触觉上对这些事物形成认知。还可以借此锻炼宝宝的记忆和思维能力，例如，给宝宝看两种不同颜色的花，告诉宝宝你现在看到的这朵花是什么样子的，刚刚看到的那朵又是什么样子。虽然宝宝此时对这些内容的感受还很模糊，但这会为他将来这些能力的进一步发展打下坚固的基础。

这个月的宝宝会对妈妈有明显的依恋情绪，很难离开妈妈，并能区分出熟人和陌生人，陌生人很难将他从熟人怀里抱走。也有些宝宝有明显的"认生"表现，看见陌生人走过来就扎进妈妈怀里哇哇大哭。带着宝宝到户外，接触和他一样的小朋友以及小朋友的爸爸妈妈，鼓励宝宝多和小朋友接触交流，可以有效改变宝宝"认生"的现象，还能初步培养宝宝与人交往的能力。

让宝宝接触更多的人和物，才能真正做到发展宝宝的能力。如果只是把宝宝闷在家里教这些"知识"而不让宝宝亲身去感受的话，那么这种教育是很难收到成效的。

👍 玩具

小算盘是这个月大宝宝一个比较不错的玩具，既可以让宝宝拨拉着玩，锻炼手部的运动能力，又能借此让宝宝对数字形成初步的印象。爸爸妈妈有空的时候，可以拨拉着算盘珠，告诉宝宝什么是1、什么是2，也可以和宝宝一起随意拨拉着算盘珠子，当宝宝听到拨动算盘珠发出噼里啪啦的声音时，会显得特别兴奋。

适合这个月宝宝的玩具很多，如毛绒娃娃、能发出声音的玩具琴、能拖拉的小车等，但宝宝此时似乎对日常用的小工具更感兴趣。他常常会高兴地玩弄茶碗、匙、台灯、电开关、门把手、抽屉的拉手、电视、收音机等，这是宝宝感知能力发展的需要，爸爸妈妈不应遏制，应因势利导，在宝宝对这些日常物品有好奇心想要拨弄的时候就可以让他拨弄或是拨弄给他看，给他讲讲这些东西的用处，也要告诉宝宝什么东西能碰、什么东西不能碰。也许这个月的宝宝并不能理解爸爸妈妈所说的话，但是他可以从爸爸妈妈的语气和表情，分辨出什么是对的、什么是不对的。所以，当宝宝碰到任何可能会对他造成危害的东西时，爸爸妈妈要严肃认真地告诉宝宝："这个不可以拿来玩"。

此外，任何容易发生危险的器具，比如打火机、钢笔、水壶、药瓶、热水瓶等，一定要收到宝宝够不到的地方，以免造成危险。

多爬行

爬行是宝宝成长发育过程中的一个阶段性的进步，对宝宝的发育十分关键。这个月的宝宝还不能很好地爬，快到 8 个月了可能会肚子不离床匍匐爬行，但四肢运动是不协调的。有的宝宝比较早就会爬，有的宝宝很晚了才会爬。但无论早晚，爸爸妈妈都要把爬作为训练的重点。不能因为怕宝宝危险就不让宝宝爬，应该用各种各种方式鼓励宝宝爬行，以促进宝宝的健康成长。

宝宝从满 7 个月就进入了爬行的敏感期，这时应当每天都应该做爬行锻炼。刚开始训练时，时间不能过长，以免宝宝太累产生抵触心理。每天应多次练习，每次时间要短。另外，给宝宝选择爬行的场地要安全，不能太软，太软会增加爬行的难度。一般在地板上铺上地毯，或者铺上塑胶地垫都可以。

刚刚开始学习爬行的宝宝有个怪现象，就是在爬行的过程中非但不会向前爬，反而还向后倒退。这是因为宝宝对向前爬行有恐惧心理，所以爸爸妈妈就要帮助宝宝，使其克服害怕向前爬的心理，克服距离障碍。要让宝宝知道，向前爬并没有危险。可以在宝宝面前放上他喜欢的玩具，鼓励宝宝向前爬，够到玩具，并给予鼓励；或是站在宝宝的前面呼唤他的名字，鼓励他自己爬过来，当宝宝爬过来后要把宝宝抱起来并给予鼓励和赞扬。如果宝宝胆小不敢爬的话，爸爸妈妈可以用自己的手掌心抵住宝宝的脚，施以外力，让宝宝在后面阻力的作用下，向前爬行。

潜能开发游戏

寻找声源

【目的】帮助宝宝练习他们的听力，开发宝宝的听觉定位技能。

【玩法】把宝宝放在你的前面，使你在他的视线范围以外，然后叫他的名字，观察宝宝的反应。如果宝宝没有反应的话，可以一边喊他的名字一边用手或者其他颜色鲜艳的东西在他的眼睛附近轻轻晃几下。

跳跃的气球

【目的】帮助宝宝开发视觉跟踪和视力集中的能力。

【玩法】给宝宝一两个气球看，家长会注意到当气球随风飘动时，宝宝会好奇地睁大眼睛。家长最好将气球离宝宝的距离控制在 30 厘米左右，因为这是宝宝看得最清楚的视野范围。在晃动气球时，速度不要太快，以方便宝宝用眼睛追踪它的动态过程。

🍼**"蹬车"**

【目的】让宝宝感知自己的小腿和脚丫在以一种新的方式运动，帮助宝宝交替移动双腿可以锻炼下肢力量和协调性，为将来的爬行做准备。

【玩法】让宝宝平躺着，帮助宝宝轻轻地慢慢地移动双腿，做蹬车的动作，同时微笑着对宝宝讲话，鼓励他独立完成蹬车动作。在这个游戏过程中要和宝宝保持眼神的交流，爸爸妈妈的微笑和鼓励的话语都能使宝宝更积极参与这个活动。

8～9个月（断奶期）

这个月的宝宝

体重

这个月宝宝体重平均增长量9.10千克。男宝宝体重的正常范围为7.16～11.04千克，平均为9.0千克；女宝宝体重的正常范围为6.72～10.4千克，平均为8.56千克。

身高

这一阶段的宝宝身高平均增长约为1.3厘米。男宝宝身高的正常范围为66.5～76.5厘米，平均为71.5厘米；女宝宝身高的正常范围为65.4～74.6厘米，平均为70.0厘米。

头围

这个月宝宝头围平均增长0.6～0.7厘米。男宝宝头围的正常范围为42.5～47.7厘米，平均为45.1厘米；女宝宝头围的正常范围为41.5～46.7厘米，平均为44.2厘米。

胸围

这时的宝宝头围平均增长了0.45厘米。男宝宝胸围的正常范围为41.0～49.4厘米，平均为44.1厘米；女宝宝胸围的正常范围为40.1～48.1厘米，平均为44.1厘米。

囟门

囟门还是没有很大变化，和上一个月看起来差不多。

牙齿

8个月时，除个别情况外，绝大部分宝宝已开始长齐两颗下切牙。

营养需求与喂养

营养需求

这个月宝宝的营养需求与上个月没有什么差别，辅食量和奶量也没什么变化。食量较大的宝宝在这个月会开始发胖，还比较容易积食；而食量小的宝宝这个月则可能会被判为营养缺乏。个别宝宝可能因为缺乏铁元素的摄取导致轻微贫血，缺钙的可能性不大。这个月仍要注意防止鱼肝油和钙补充过量，否则会致使维生素 A 或维生素 D 中毒症，以及软组织钙化。

断奶

母乳对于 4 ~ 6 个月以后的宝宝来说已经不是解决饥饿问题的必要手段，吃奶时总是吃吃玩玩，对消化系统不利。而此时母乳已经不能满足宝宝对营养的需求，如果迟迟不断，养成吊奶头的习惯，对宝宝的营养状况和身体健康都是有害的，所以断奶是必要的。

但家长注意的是断奶应该是一个循序渐进的过程，不应该一下断掉，因此应该早些着手，在 8 个月后开始准备，到了 10 个月断掉。这样对宝宝的影响比较小。断奶被称为第二次母子分离，对宝宝的心理影响较大，如果方法不恰当，容易产生严重的焦虑感。所以，在断奶的时候，妈妈不应该故意疏远宝宝，而应该更多地给宝宝关爱。

断奶前要做充分准备。在准备给宝宝断奶前，要让宝宝多接触并适应母乳以外的众多食物。宝宝在不断地接触新味道的过程中，对母乳的依恋会逐渐降低。有的宝宝会完全倾向于辅食，而自动离开母乳，让断奶在不知不觉中完成了，这种结果是最好的。逐渐减少母乳喂养次数。加了辅食后，宝宝吃母乳的次数就已经少了，一般是一天 34 次。进入第 7 个月后，每天喂 2 ~ 3 次就可以了。然后逐渐减少到每天 2 次、每天 1 次，到完全不喂母乳，断奶就成功了。断母乳的同时要给宝宝添加适量的配方奶等奶类食品，每天大约为 800 毫升，可以一直维持到宝宝 1 岁左右。从第 8 个月开始准备断奶，到第 10 个月断奶成功，有两个月的缓冲时间，对妈妈和宝宝来说都比较适合。

断奶误区

往乳头上涂黄连、辣椒水、万金油之类的刺激物

这是传统断奶最常用的方式，但是这对宝宝是很不利的。这些刺激物除了会对宝宝的口腔黏膜造成伤害之外，对宝宝的心理也是很大的刺激，会使宝宝产生对进食的恐惧心理，长期下去会对宝宝的身体和心理造成极大的危害。

母子分离

这也是以往比较常用的方法，到了该断奶的时候，妈妈突然在宝宝的世界里"消失"了。这种母子分离的方法很可能非但不能成功断奶，还会影响宝宝生理、心理健康。长时间的母子分离，会使宝宝缺乏安全感，特别是对母乳依赖较强的宝宝，还可能产生强烈的焦虑和恐惧情绪，不愿吃东西，不愿与人交往，烦躁不安，哭闹剧烈，不肯入睡或实在困极了入睡后的惊醒，甚至还会消瘦、生病。

突然断奶

断奶是一个循序渐进的过程，需要让宝宝有一个从母乳喂养到混合喂养再到人工喂养、吃辅食的适应过程，突然断奶会使宝宝一时间无法适应除母乳外的其他食品，继而引起某些消化系统的疾病症状，出现腹泻、便秘等问题，还会造成宝宝厌食、营养缺乏等不良后果。

"速效断奶"

这是指采用不喝汤水、用毛巾勒住胸部、用胶布封住乳头等方法，企图把奶水憋回去。这些方法显然违背了自然的生理规律，而且很容易引起乳房胀痛。如果妈妈的奶太多，一时退不掉，可以口服一些回奶药。如果断奶后妈妈还有不同程度奶胀的话，可以用吸奶器将奶吸出，同时用生麦芽 60 克、生山楂 30 克水煎当茶饮，3 ~ 4 天即可回奶，切忌热敷或按摩。

反复断奶

在断奶的过程中，妈妈既要让宝宝逐步适应饮食的改变，又要态度果断坚决，不可因宝宝一时哭闹，就下不了决心，从而拖延断奶时间。也不可突然断一次，让他吃几天，再突然断一次，反反复复带给宝宝不良的情绪刺激。这种做法会对宝宝的心理健康带来危害，容易造成宝宝情绪不稳、夜惊、拒食，甚至为日后患心理疾病留下隐患。

🍴 辅食添加

这个月龄宝宝的辅食安排为每天 2 餐，第一餐可安排在早上 11 点左右，第二餐安排在晚上 6 点左右，中间穿插加两次点心水果。辅食的量要根据宝宝的适量而定，一般情况下每次为 100 克左右。

虽然这一月龄宝宝的消化能力已经有了一定的基础，但辅食添加仍要遵循从少量到多量，每次加一种，逐渐增加的原则。等宝宝适应且没有不良反应后，再增加另外一种，注意的是，宝宝只有处于饥饿状态下，才更易接受新食物，所以宝宝的新食物应在喂奶之前喂食，还要让宝宝逐渐认识各种味道，两餐内的辅食内容最好不一样，某些肉与菜的混合食物也可开始尝试添加。

　　宝宝的食物中依然不宜加盐或糖及其他调味品，因为盐吃多了会使宝宝体内钠离子浓度增高，此时宝宝的肾脏功能尚不成熟，不能排除过多的钠，使肾脏负担加重；另一方面钠离子浓度高时，会造成血液中钾的浓度降低，而持续低钾会导致心脏功能受损，所以这个时期宝宝尽量避免使用任何调味品。

　　此外，这个月辅食除了考虑营养因素外，还有一个重点，就是要注意食物有一定硬度，比如烤面包片、鱼片、虾球等用手抓着吃，可以提高营养量和帮助长牙、学习吃饭。咀嚼是一个必须学习的技巧，如果宝宝没有机会学习如何咀嚼，日后他们可能只会吃质感细腻的食物，难以接受其他食物。随着有硬度食物的添加，可以适量减少过于稀软或缺少动物性食物的辅食。

　　喂食辅食时，可将食物盛装于碗或杯内，以汤匙喂食宝宝，让宝宝逐渐适应成人的饮食方式及礼仪，如将牛奶和辅食混合制作时，尽量以汤匙喂食宝宝，避免以奶瓶喂食。

辅食变化

　　这个月的宝宝有些已经进入了咀嚼期，有些则还没有。判断宝宝是否进入咀嚼期的标准是：一餐中主食、蔬菜结合起来能吃 10 勺左右，则进入咀嚼期。这时如果宝宝很能吃的话，就可以增加咀嚼期食物的硬度，来锻炼宝宝的咀嚼能力。

　　咀嚼期是一个宝宝用舌头弄碎粒状或有形的食物，同时有意识地去咬的时期，这时如果总给他糊状的食物，那么就很难锻炼他咬的能力。给宝宝吃的食物的硬度可以以豆腐为标准，大人可以用手指弄碎来试一下，能轻易用手指弄碎开的程度最为适宜。当然，也有的宝宝贪求硬的食物，但不能很快增加食物的硬度，要让宝宝有意识地学会用舌头弄碎食物，再有牙齿咬和咀嚼，这是很重要的。

　　虽然宝宝进入了咀嚼期，但也不能立即让他吃硬的食物。对于难以吃下硬食物的宝宝，可以在像吞咽期那种硬度的糊状食物食谱中加入一些粒状的食物，让宝宝逐渐习惯咀嚼。在此期间，比起糊状食品，有些宝宝更喜欢吃有形状的、容易弄碎的食物，那么就可以在煮熟的南瓜、滑溜的土豆泥中加入碎蔬菜或剔下的鱼肉等给宝宝吃。

　　这个月的宝宝吃辅食也有些会"囫囵吞枣"，即当食物喂进宝宝嘴里后，他不咀嚼就直接吞下去。出现这种情况一般有两种可能，一是过去一直给宝宝喂很软的食物，当突然被喂进较硬的食物时，宝宝的舌头无法破碎食物，只好囫囵吞下。二是宝宝一直被喂食很软的食物，已经习惯了不必咀嚼地吃东西，所以就没有咀嚼的意识。这时可以将食物煮熟后改变硬度，试着喂宝宝，看他能否咀嚼着吃，也可以在吃的时候由家长做示范，让宝宝看着大人怎么咀嚼，鼓励宝宝去模仿。

宝宝到了 8 个月以后，可以把苹果、梨、水蜜桃等水果切薄片，让宝宝自己拿着吃；香蕉、橘子、葡萄可以整个让宝宝拿着吃，但吃葡萄等颗粒状的水果时，家长要在一旁看着，以防宝宝整个吞下卡住喉咙。让宝宝自己吃水果，既能锻炼宝宝咬和咀嚼的能力，还能发展宝宝手部的活动能力。

再有，由于此时宝宝的活动量更大，所以很难让他坐在床上喂食了，宝宝常会吃到一半就开始玩。这时不妨给宝宝带到自己的小饭桌上，用他自己专用的餐具，这样会更好喂一些。

🍼 宝宝断奶食谱

宝宝在长到 6 个月以后，妈妈便可以尝试给宝宝断奶，并通过选择科学而营养的辅食来补充宝宝成长所需的营养。这个时期给宝宝添加辅食，不仅是为了全面补充宝宝的营养，给宝宝适应断奶的时间，更是为了锻炼宝宝的吞咽能力。所以，宝宝断奶食谱显得尤为关键。

宝宝断奶食物的选取原则：

1. 营养全面、比例恰当。

2. 不含任何激素、色素、糖精等不利于宝宝身体健康的化学添加剂。

3. 口感好、易于吞咽、好消化、易吸收。

4. 以蒸、煮的烹饪技法为主，避免宝宝食用煎、炸食物。

合理的营养搭配：

1. 每天宝宝要给喝 250 ~ 500 毫升牛奶或豆浆，补充钙质。

2. 主食以易消化的谷物为主，每天按时按量地给宝宝喂食小米粥、大米粥、烂面条、麦片粥或玉米粥等其中的一种，总量约 200 克（3 小碗）。

3. 每天食用高蛋白的食物为 25 ~ 30 克，如鱼肉泥、鸡蛋黄、炖豆腐等。

4. 吃足量的新鲜蔬菜泥，每天为 50 ~ 100 克。

5. 将新鲜的水果制成果泥或果汁，喂给宝宝食用，补充各种维生素，提高机体免疫力。

6. 每周吃 1 ~ 2 次动物肝脏和动物血，为 25 ~ 30 克，有助于护肝明目，避免夜盲症。

给宝宝断奶是一个循序渐进的过程，不能说断就断，要给宝宝在心理和生理上一个适应的过程，这就要求爸爸妈妈在宝宝的食谱上花心思了。断奶初、中期，继续喂奶，但要注意量要逐渐减少，慢慢过渡到完全断奶。

断奶初期的食谱（4 ~ 6 个月）

	原料	做法
大米汤	大米 100 克，木糖醇 3 克	1. 将大米淘洗干净，用清水浸泡 2 个小时，捞出沥干水分 2. 锅中加适量水，下入大米，大火煮沸后，转小火熬煮 30 分钟至大米熟烂、米汤黏稠，关火，用小碗盛出上层的大米汤，稍稍晾凉，即可给宝宝食用
牛奶小米糊	小米 100 克，牛奶 1 袋，冰糖 5 克	1. 小米淘洗干净，浸泡 3 个小时，捞出沥干水分 2. 锅中加适量水，大火烧沸，下入小米，煮至小米粒胀开，倒入牛奶，再次煮沸后，转小火熬煮至小米烂熟时，用勺子将小米搅拌成糊状后，加冰糖调味即可
苹果猕猴桃汁	苹果 1/2 个，猕猴桃 1 个，温水 200 毫升	1. 猕猴桃洗净，去皮，切块；苹果去皮、子，洗净后切小块 2. 将猕猴桃块、苹果块、温水一起放入榨汁机内搅打成汁，去渣取汁，即可给宝宝饮用

断奶中期的食谱（7 ~ 9 个月）

	原料	做法
燕麦粥	燕麦 100 克，大米 50 克	1. 燕麦、大米均淘洗干净，用水浸泡 2 小时 2. 锅中加适量水，下入燕麦、大米，大火煮沸后转小火，熬煮至大米熟烂，盛出，稍稍晾凉后即可给宝宝食用

续表

	原料	做法
小米鳝鱼粥	小米 100 克，鳝鱼肉 50 克，胡萝卜 30 克，植物油 5 克，盐 2 克	1. 小米淘洗干净；鳝鱼肉处理干净，切段；胡萝卜洗净，去皮，切块，放入搅拌机里搅打成泥 2. 砂锅中加适量水，大火烧沸后下入小米，转小火煮约 20 分钟，再放入鳝鱼段、胡萝卜泥，加盐、油调味，煮约 15 分钟，关火 3. 在给宝宝食用时，要将鳝鱼段拣出来，稍稍晾凉，趁热吃
猪血粥	大米 150 克，猪血 100 克，干贝 15 克，葱花 4 克，植物油 5 克，盐 2 克	1. 大米淘洗干净，沥干水分；猪血洗净，切块，放清水中浸泡 1 个小时 2. 锅中加适量水，大火煮沸，放入大米、干贝，大火煮 20 分钟后转小火熬煮至大米熟烂，放入猪血块、葱花，熬煮至粥成，调入盐、油，关火 3. 在给宝宝食用时，要将干贝拣出来，避免宝宝噎着
菠菜汁	菠菜 100 克，冷开水 50 毫升，冰糖 5 克	1. 菠菜洗净，切小段，放入沸水中焯烫片刻；把冰糖放入冷开水中，搅拌至融化 2. 将菠菜放入榨汁机中，倒入冰糖水搅打成汁后，去渣取汁，饭后给宝宝饮用即可

断奶后期的食谱（10 ～ 12 个月）

	原料	做法
猪脑粥	大米 100 克，猪脑 1 副，葱末 4 克，盐 3 克	1. 将猪脑放入清水中浸泡片刻，洗净血水，再下入沸水中余烫一下，捞出放入蒸碗里，加入葱末，上笼蒸熟；大米淘洗干净，放入清水中浸泡 1 个小时备用 2. 锅中加适量水，大火煮沸，放入大米，倒入蒸猪脑的原汤，熬煮成粥，再加入猪脑，并用手勺将猪脑捣散，待再次煮沸后，撒上葱末，加盐调味即可

续表

	原料	做法
鲜虾豆腐	嫩豆腐200克，虾仁、猪瘦肉各50克，植物油8克，盐3克	1.豆腐去皮，切小块，用清水冲洗干净，沥干水分；虾仁去虾线，洗净，剁成泥；猪瘦肉洗净，切丁 2.锅置火上，入油烧热，下入虾泥、猪肉丁炒散，放入豆腐块，加少许清水，煮熟，放盐调味，炒匀即可
冬瓜排骨汤	猪排骨200克，冬瓜150克，盐3克	1.猪排骨洗净，剁成块，放入沸水中汆去血水；冬瓜去皮，洗净，切块 2.砂锅中加适量水，放入猪排骨，大火煮沸后，转小火炖煮30分钟，加入冬瓜块，炖至冬瓜熟软，加盐调味即可

辅食注意事项

分量不要太多

宝宝的食量较小，喂食辅食的分量不需要太多，以免宝宝积食消化不良。

粥饭分开

有的家长为了图省事，就把辅食和粥和在一起给宝宝吃，但这样是不利于宝宝吸收和消化的，也不利于宝宝对不同食物的味觉体验。应该把粥和别的食物分开，粥就是粥，饭就是饭，这样可以让宝宝尝到不同食品的味道，享受进食的乐趣。

一次喂食一种新的食物

给宝宝添加辅食的一个最重要的原则就是一次只添加一种，而且有时需加点汤或开水拌成泥状，少给一些，避免宝宝肠胃无法接受而带来不适感。

观察宝宝的反应

当喂食一种新的食物时，应连续喂食几天，并注意宝宝的身体反应，确定宝宝一切正常，没有腹泻、呕吐、出疹子等症状，就可以继续添加下去。

避免过敏

有些宝宝天生对某些食物具有遗传性过敏，如果家人对某种食物过敏的话，那么宝宝也可能会对其过敏。对于易过敏的宝宝，一般此时最容易引起过敏的就是蛋白质和牛奶，其他比较容易引发过敏的食物有：小麦、玉米、猪肉、鱼（包括贝壳类）、番茄、洋葱、包心菜、草莓、核桃、香料、柑橘类和巧克力。

灵活掌握

家长要知道，喂养宝宝没有千篇一律的方式，添加辅食也是如此。在给宝宝喂辅食的时候，家长没有必要照搬书本，要根据自己宝宝的特点做灵活调整。只要宝宝吃得好、吃得高兴，并且生长发育都正常就可以了。

让宝宝自己用勺吃饭

当宝宝七八个月能吃一些固体食物时，可试着让他用手拿着食物吃，如饼干、磨牙饼、苹果片等，鼓励宝宝自己用手拿食物吃。如果八九个月宝宝已能自如地用手拿食物吃后，可以教他学着自己用勺吃饭。宝宝刚开始练习用汤匙取饭菜时，可能会将饭菜洒在桌椅上和衣服上，或将碗碟打碎，以致家长不再愿意让宝宝练习了。这时最好给宝宝准备一套无毒塑料碗碟，每次取少量饭菜放在宝宝的碟子里供他练习，减少遗洒。通过练习，宝宝在 12 个月左右就会用勺子吃饭了。鼓励宝宝自己进餐不仅强化了宝宝对食物的认知，并吸引宝宝对进餐的兴趣，而且可以锻炼他的手眼协调能力、生活自理能力，同时也能培养他的自信心。

偏食

偏食是指由于某种原因，宝宝挑剔饮食品种，只吃喜欢的几种，如爱吃肉，不吃蔬菜和瓜果；喜吃甜食、冷饮和零食，不吃主副食品；也有的只吃主食、咸菜，不吃鱼肉副食等。长此下去，势必导致某些营养素的缺乏，直接影响宝宝的正常生长发育和消化功能的减退。

除了吃饭的时候挑挑拣拣，吃得慢、吃得少以及吃饭不定时也是偏食的表现。一般而言，越是味觉敏感的宝宝，越喜欢挑食，长此以往就会养成偏食的毛病。造成偏食的主要原因是家长缺乏正确的指导，这个月龄宝宝的偏食还很好纠正，只要爸爸妈妈多花点心思，把一种食品换着花样地做给宝宝吃，例如把菜切碎后放在粥里喂给宝宝吃，或把食物做成宝宝喜欢的形状，如小动物形状、菱形、三角形，或改变食物的颜色，使食物变得好看等，都会提高宝宝对吃饭的兴趣。再有，家长不要在宝宝面前表现出对某种食物的喜恶，否则也会影响到宝宝的行为。对待偏食的宝宝，不能强迫他吃某种他不爱吃的食物，更不能惩罚宝宝，否则会引起宝宝更强烈的抵触情绪甚至是厌食。

家长要知道，这么大的宝宝有一个特点，就是有可能现在不爱吃的东西，过一个月就爱吃了；或是以前很爱吃的东西，现在怎么给都不吃了。这就要求家长多给宝宝一些选择，增加食物品种的多样性，这样当宝宝拒吃一种食物的时候，还可以用另外一种营养价值相当的食物来代替，宝宝一般都不会营养不良或是某种营养缺乏。再有，即使宝宝再爱吃的东西，也不能一次让他吃个没完，否则很可能过不了多久，宝宝就吃腻了，变得不爱吃这种东西了。最后，给宝宝做辅食一定要多花点心思和时间，给宝宝多换些花样，让宝宝在吃饭的时候永远有发现新食物的惊喜和快乐，这样宝宝就能高高兴兴地吃饭了。

和父母一起吃饭

有些宝宝到了这个月，会对大人吃饭很感兴趣，大人吃饭的时候他总爱过来凑热闹，并表现出强烈的参与欲望。这时完全可以利用宝宝的特点，让宝宝和爸爸妈妈一起吃饭，这样既能满足宝宝的喜好，也能节省爸爸妈妈的时间，可以有更多的时间用来做户外活动和亲子游戏。

由于宝宝活动能力的增强，所以在抱着宝宝上饭桌吃饭的时候，一定要注意安全，不要把热的饭菜放到宝宝身边，以免宝宝碰到饭菜甚至是将饭菜整个打翻烫伤。宝宝的皮肤非常娇嫩，可能有的时候大人并不觉得烫的东西，也会把宝宝烫伤。吃饭的时候要培养宝宝的好习惯，不要让宝宝边吃边玩，也不要让宝宝拿着勺子或筷子敲敲打打，要教会宝宝规规矩矩地进食。在宝宝吃饭的时候，家长也不可以逗宝宝，以免分散他的注意力，引起呛咳等。

虽然可以给宝宝和大人一样的饭菜，但给宝宝的菜还需要特别加工才行，例如，煮得要烂一些，少放盐、糖、酱油、味精等调料，不能放任何刺激性的调料。要知道，和爸爸妈妈一起吃饭并不等于可以给宝宝吃和大人一模一样的食物，所有给宝宝的食物，都要经过精心的烹调才可以。

能力发展与训练

运动

9个月时，宝宝已经可以"坐如钟"了，坐得稳稳当当的，坐着的时候会转身，也会自己站起来，站起来之后可以坐下；可以用手掌支撑地面独立站起来。宝宝扶物站立时，能用一手扶物，再弯下身子用另一只手去捡起地上的玩具。可扶着家具一边移动小手一边抬脚横着走。宝宝能自如地爬上椅子，再从椅子上爬下来。宝宝爬行时四肢已经能伸直。大人扶住宝宝鼓励其迈步，宝宝能迈 2 ~ 3 步。

这个阶段的宝宝手指更加灵活了，拇指和食指能捏起细小的东西。宝宝可用一只手拿两件小东西，有些宝宝可能还会分工使用双手，一手持物，一手玩弄。将悬吊玩具用线悬挂好之后，宝宝能用手推使玩具摇摆。此时的宝宝会出现一个非常重要的动作，就是伸出食指，表现为喜欢用食指抠东西，例如抠桌面、抠墙壁。这些动作的出现不是偶然的，是宝宝心理发展到一定阶段表现出来的能力，是表示宝宝出现了一些探索性的动作。爸爸妈妈应提供机会让宝宝做一些探索性的活动，而不应该去阻止或限制他。

视觉

从第 9 个月开始，宝宝会有目的地看，对看到的东西记忆能力能够充分反映出来了。对颜色的认识能力也增强了，视觉范围也越来越广了，视线能随移动的物体上下左右移动，能追随落下的物体，寻找掉下的玩具，并能辨别物体大小、形状及移动的速度。宝宝能看到小物体，能开始区别简单的几何图形，观察物体的不同形状。宝宝开始出现视深度感觉，实际上这是一种立体知觉。

听觉

9 个月时，宝宝的听觉越来越灵敏，能确定声音发出的方向，能区别语言的意义，能辨别各种声音，对严厉或和蔼的声调会做出不同的反应。能区分音的高低，如在和宝宝玩击木琴时，宝宝有时会专门敲高音，有时又专门敲低音。玩一会宝宝就知道敲长的木条声音低，敲短的木条声音高。

言语

9 个月时，宝宝在有人逗他时，会发笑，并能发出"啊""呀"的语声。如宝宝发起脾气来，哭声也会比平常大得多。宝宝会叫"妈妈""爸爸"，还可能会说一两个字，但发音不一定清楚。宝宝会一直不停地重复某一个字，不管问什么都用这个字来回答。宝宝对熟悉的字很有兴趣地听，能将语言与适当的动作配合在一起，对于某些指令能听得懂并能照着做，如"欢迎"与拍手、"再见"与挥手等。现在宝宝能够理解更多的语言，爸爸妈妈的交流具有了新的意义。在宝宝不能说出很多词汇或者任何单词以前，他可以理解的单词可能比大人想象的多。尽可能与宝宝说话，可增加宝宝的理解能力，告诉宝宝周围所发生的事情。此时宝宝也许已经能用简单语言回答问题；会做 3 ~ 4 种表示语言的动作；对不同的声音有不同的反应，当听到"不"或"不动"的声音时能暂时停止手中的活动，知道自己的名字，听到妈妈说自己名字时就停止活动，并能连续模仿发声。听到熟悉的声音时，能跟着哼唱，说一个字并表示以动作，如说"不"时摆手，"这""那"时用手指着东西。

嗅觉

9个月时，宝宝开始对食物的气味表现出很大的兴趣，喜欢吃添加的辅食，并且会对辅食的气味产生喜好表现，通过亲自尝试，开始理解"香""臭"的含义。

味觉

8~9个月的宝宝味觉发育最敏感。尤其喜好甜味和咸味，这可能是人的天性和本能。因为"甜"代表着糖和碳水化合物，而这两样物质是人类发育和生长的重要物质；"咸"代表着盐，它能保持宝宝体内电解质的稳定平衡。

认知

9个月时，宝宝也许已经学会随着音乐有节奏地摇晃，能够认识五官，会用手指出身体的部位，如头、手、脚等。宝宝能够认识一些图片上的物品，例如宝宝可以从一大堆图片中找出他熟悉的几张。有意识地模仿一些动作，如喝水、拿勺子在水中搅等。可能宝宝已经知道大人在谈论自己，懂得害羞；大人给他穿衣服时也会伸手帮忙。宝宝会与大人一起做游戏，如看到大人将物品藏起来，会去寻找被藏起来的物品，但即使宝宝看到物品被藏在很多地方，也只会在同一个地方寻找。如爸爸妈妈将自己的脸藏在纸后面，然后从某一个方向露出脸让宝宝看见，宝宝会很高兴，而且主动参与游戏，在爸爸妈妈上次露面的地方等待着大人再次露面。

宝宝喜新厌旧的速度加快，惧怕做平日已经熟悉的活动，愿意做没有做过的事情，如拉掉帽子时觉得有趣。遇到感兴趣的玩具，宝宝会试图拆开，还会将玩具扔到地板上。对于体积比较大的物品，宝宝知道一只手是拿不动的，需要用两只手去拿。宝宝可以准确地找到存放自己喜欢的食物或玩具的地方。

宝宝在这个阶段的数理逻辑能力已经有所发展了，玩玩具的时候已经学着去观察不同物品的构造，会把玩具翻来翻去看不同的面。宝宝在摆弄物体的过程中能够初步认识到一些物体之间最简单的联系，如敲打物品可以发出声音，所以宝宝才会不厌其烦地反复地去敲，这是宝宝最初的一些"思维"活动，是宝宝认知发展的一大进步。

🐾 心理

9个月大的宝宝知道自己的名字，叫他的名字时他会答应，如果他想拿某个东西，家长严厉地说："不能动！"他会立即缩回手来，停止行动。这表明，9个月的小儿已经开始懂得简单的语意了，这时大人和他说再见，他也会向大人摆摆手；给他不喜欢的东西，他会摇摇头；玩得高兴时，他会咯咯地笑，并且手舞足蹈，表现得非常欢快活泼。

9个月的宝宝在心理要求上丰富了许多，喜欢翻转起身，能爬行走动，扶着床边栏杆站得很稳。喜欢和小朋友或大人做一些合作性的游戏；喜欢照镜子观察自己；喜欢观察物体的不同形态和构造；喜欢家长对他的语言及动作技巧能给予表扬和称赞；喜欢用拍手欢迎、招手再见的方式与周围人交往。

9个月的宝宝喜欢别人称赞他，这表明他的语言行为和情绪都有进展，他能听懂你经常说的表扬类的词句，因而做出相应的反应。

宝宝为家人表演游戏，大人的喝彩称赞声，会使他高兴地重复他的游戏表演，这也是宝宝内心体验成功与欢乐情绪的表现。对宝宝的鼓励不要吝啬，要用丰富的语言和表情，由衷地表示喝彩、兴奋，可用拍手，竖起大拇指的动作表示赞许，大家一齐称赞的气氛会促进孩子健康成长。这也是心理学讲的"正性强化"教育方法之一。

🐾 社会交往

9个月的宝宝与大人的交流变得容易、主动、融洽一些了，宝宝会通过动作和语言相配合的方式与大人交往，当给宝宝穿裤子时，他会主动把腿伸直；听到他人的表扬和赞美会重复动作；对其他的宝宝较敏感，如果看到爸爸妈妈抱其他宝宝就会哭；别的宝宝哭时他也会哭。这时候的宝宝偶尔有点"小脾气"，例如他会故意把玩具扔在地上，让人捡起，然后再扔，他觉得这样很好玩。这个阶段的宝宝已经会抗议了，如果要从宝宝的手中夺走他喜欢的玩具，已经不容易了，如果是硬抢，宝宝会大声哭，以示抗议。宝宝开始表现出自己的个性特征。如有的宝宝不让别人动他的东西；有的宝宝看见别人的东西自己也想要；有的宝宝很"大方"地把自己的东西送给别人或与别人一起分享，也有的宝宝会伸手把玩具给人，但不松手。这个阶段的宝宝不喜欢大人总是用同样的方式逗他；会记得好几天前玩过的游戏；期望他成功的做完一个动作后大人能给他鼓励，期望得到他喜欢的人的关心；宝宝喜欢听到大人的赞扬，语言能力的发展让宝宝可以听懂大人所说的话也能够用简单的话回答问题，多赞扬宝宝，会让宝宝更加喜欢话语交谈。

模仿力

宝宝从出生的那一刻起就已具备模仿的能力，这个月大的宝宝更爱模仿大人的动作。爸爸妈妈可以根据宝宝的特点，多给宝宝做好的影响和示范，让宝宝尽快地学习更多的动作和技能。

这时的宝宝如果给他一个玩具的话，他就能立刻意识到，他不仅可以将他攥紧，也可以松手扔掉。这种意识可以促使他将行为与目的结合起来，此时模仿就可以对促进宝宝的行为发展起到很大作用。例如，当大人把手里的纸张揉成一团发出声音，宝宝会好奇地学着尝试，是否他也可以用手和纸制造出同样的音响效果。

最典型的模仿训练就是语言的模仿，从模仿中学习语言表达，是人类学习语言的重要方式之一。平时爸爸妈妈可以发出各种声音，并配合表情、肢体动作，让宝宝从中学习并模仿声量、高低或节奏的变化。比如模仿各种动物的声音给宝宝听，让宝宝了解同一种声音在不同状况下也会有所不同。在引导宝宝模仿着大人学说话的时候，请尽量让宝宝看清楚大人的口型，并通过声调和表情的变化来刺激宝宝集中注意力。

动作模仿也是比较常见的模仿训练。当宝宝在练习某种技巧或游戏的时候，刚开始都需要爸爸妈妈来做引导，特别是一些有难度的动作训练，如开关灯、拿取物品等，一般都要求爸爸妈妈先当着宝宝的面做动作，然后和宝宝一起重复动作，最后鼓励宝宝独立完成动作。通过这种模仿，就可以让宝宝很快地掌握各种技能，对促进成长发育大有益处。

爸爸妈妈要知道的是，要宝宝模仿并不是教他，而是应陪着他一起做宝宝要学的动作，等到宝宝做熟了之后，如果有不对的地方还要提醒他去修正。如果仅仅是"动口不动手"，那么宝宝很难真正地从模仿上得到锻炼。

全方位训练

对于这个月宝宝的潜能开发，依然是要在游戏中进行，让宝宝在玩耍的同时学习，不可揠苗助长，让宝宝接受过多的超前教育。很多适合这个月龄宝宝的游戏，都能够同时发展宝宝多种的能力。

听讲故事

听讲故事是宝宝发展语言能力和理解事物能力的好办法，宝宝会在倾听中学会交流、理解和记忆。随着宝宝渐渐长大，他就能随着爸爸妈妈的提问，用手去指图中的事物回答问题，这非常有利于宝宝思考力的进步。

每晚在宝宝睡觉之前，爸爸或妈妈可以给宝宝讲个故事，用一本有彩图、情节和一两句话的故事书给宝宝朗读。刚开始的时候，可以把着宝宝的小手边读边指图中的事物，这时宝宝的表情也会随着书中的情节发生变化，时而着急，时而舒缓。可以反复地给宝宝讲一个故事可以，声音越来越小，直至宝宝完全入睡。

手语示意

这个阶段的宝宝，已经能够用双手拱起，上下运动，表示"谢谢"；小手摇摇，表示"再见"。每个宝宝的模仿动作表达意思的方式有所不同，但不断练习、重复就能学会。如"鼓掌""握手""不""好"等。在平时的日常生活中，可以鼓励宝宝多用手语表示语言，多教给宝宝怎么样表示谢谢、怎么样表示不客气等，这样就能够让宝宝学习用动作表示自己的语言、意愿和情绪，引起宝宝同人交往的愿望。

传物游戏

让宝宝练习把东西递给指定的人，可以锻炼宝宝手部的动作技能，同时还能让他知道，把自己的东西递给别人自己还会得到另一样新东西，从而初步建立起交换的概念，还能让宝宝学会分享。

爸爸妈妈可以拿一件宝宝最喜欢的玩具，然后告诉宝宝"把你手中的玩具给妈妈，妈妈就把新的玩具给你"，这样宝宝会很乐意用自己手里的玩具换另一件自己喜欢的玩具。或是全家人围在一起，把玩具小车给宝宝，让宝宝递给爸爸；把小球给宝宝，让宝宝传给妈妈；把布娃娃给宝宝，让宝宝丢给奶奶，依此类推。如果宝宝做对了，就抱起来亲亲，或是给一些小点心当鼓励。

敲打铃鼓

爸爸妈妈用手指敲打手鼓或者用棍子敲打空罐头盒发出响亮的声音，会引起宝宝的兴趣，并学着用手或用棍子去敲打。这些声音是宝宝喜欢听的，用不同的动作使不同的玩具发出声音，如果在玩小鼓时配上音乐，宝宝可以按节拍同妈妈一起敲打。通过敲敲打打可锻炼手的技巧，宝宝要用手或小棍敲中鼓面才能发出声音。宝宝通过听音乐可以改进自己打鼓的技巧，使手、眼、耳互相协调而使技巧进步。

🤸 爬行训练

对于这个月的宝宝，爬行训练还是必要的。开始的时候爸爸妈妈仍可以用一条长毛巾兜在宝宝腹部并稍稍提起以帮助他腹部离开床垫，待宝宝练习到一定程度时，就能够自己提起腹部，四肢协调地独自向前移动。动作越来越熟练以后，在宝宝爬行时可以在他的前面放上一个软坐垫，鼓励和引导宝宝从坐垫上面爬过去。随着宝宝爬行技术的提高，爸爸妈妈可以加大难度，在他的前面间隔放上几个障碍物，慢慢在前面引诱他依次爬过去并能保持平衡。另外，还可以用带响的或宝宝喜欢的玩具，在宝宝前面左右不同的方向摇晃逗引宝宝过去拿取，让宝宝学会斜线爬和曲线爬。

宝宝还不会爬怎么办

一般来说，宝宝在6个月就会爬，但较多的是在大约7个半月时会爬，但有的宝宝到了9个月了，仍然不会爬。但家长要知道，会不会爬行并不能作为评价宝宝发育好坏的准则，因为不是每个宝宝都会经过这个阶段。有些宝宝根本没爬过，就直接站立起来，沿着家具摸索前进。所以对9个月的宝宝还不会爬，爸爸妈妈不要着急。

宝宝们爬行的姿态，各有不同。有些会往后，或往侧边方向爬行，可就是不往前；有的借助膝盖；还有的宝宝则是手和脚并行，这个姿态出现，离走路就不远了。然而，爬的方法并不重要，宝宝试图靠自己的力量移动才是重要的。在宝宝学爬之前，一定会坐了。至于两者之间的衔接怎么样，并无关系，除非宝宝在好几个地方有明显的发育迟缓。

通常一个很会爬的宝宝可能学走就慢；反之，一个不曾爬过的宝宝会较早走路。另外，有些宝宝不是不会爬，而是没有机会学爬。因为爸爸妈妈把宝宝放在宝宝床里、手推车上、宝宝背带、游戏围栏或是学步车中。所以，宝宝没法展示自己的"才能"。因此，要奉劝那些爸爸妈妈们，不要把宝宝圈起来，要尽量让宝宝可以再地上活动；家长可以在宝宝前面放一些他喜欢的东西，来吸引宝宝向前爬行。

扶站训练

在宝宝坐稳、会爬后，就开始向直立发展，这时爸爸妈妈可以扶着宝宝腋下让他练习站立，或让他扶着小车栏杆、沙发及床栏杆等站立，同时可以用玩具或小食品吸引宝宝的注意力，延长其站立时间。如果在以上练习完成较好的基础上，也可让宝宝不扶物体，独站片刻。此外，也可在宝宝坐的地方放一张椅子，椅子上放一个玩具，妈妈逗引宝宝去拿玩具，鼓励宝宝先爬到椅子旁边，再扶着椅子站起来。大人是宝宝扶站的最好"拐棍"，必要时刻站在宝宝旁边，让宝宝抓住你的手站起来。通过扶站练习，可以锻炼宝宝腿部或腰部的肌肉力量，为以后独站、行走打下基础。

教宝宝双手拿东西

大脑的发育离不开手部活动的促进，这个月的宝宝手部的活动能力又有明显的进步，他能用拇指和食指把东西捏起来，会模仿着大人拍手，会把纸撕碎并放进嘴里。如果把宝宝抱到饭桌上的话，宝宝会用两只手啪地拍桌子，会拿着勺子送到自己的嘴边，还会拉着窗帘或窗帘绳晃来晃去。

教会宝宝双手的协调和配合能力很重要。很多宝宝在这个月玩的时候不再只玩一样东西，可以同时玩两个或者两个以上的物体。喜欢用一样东西去碰击另一样东西，例如一只手拿起一块积木对敲，拿起摇铃敲桌子，也不管自己的手是否会敲痛。这正是宝宝锻炼手部运动和探索活动的开始，爸爸妈妈在鼓励宝宝的同时，也要注意观察宝宝会不会同时用双手抓握、敲打这些东西。有的宝宝在这个月，还总是用一只手抓握玩具玩，而另一只小手似乎总是"闲置"着。这样的宝宝很可能在这个时期还不懂得可以同时运用双手活动，爸爸妈妈可以耐心的启发、诱导他们，例如，先递给宝宝一件玩具，然后再递给宝宝第二件玩具，看宝宝的反应。如果宝宝真的是扔掉手里的玩具再接新的玩具的话，就说明他们还没能意识到可以用另外一只手来接玩具，这时候爸爸妈妈就应该告诉宝宝"宝宝还有另外一只手可以拿玩具啊"，并有意识地把玩具递到他两外一只手上，让宝宝学会双手持物。

有的宝宝在这个时候开始出现破坏行为了，他会把手里的纸撕碎，然后放进嘴里。爸爸妈妈不要小看宝宝撕纸的动作，这正是锻炼宝宝手腕肌肉和手部协调能力的大好时机。如果宝宝喜欢撕纸，爸爸妈妈不能因为怕宝宝把东西撕坏就制止他，这样无疑是剥夺了宝宝锻炼的机会，大可以任由他撕着玩。但注意的是，不能给宝宝报纸和其他印刷品纸张，因为上面沾染的油墨会对宝宝的身体健康形成危害。

🖐 排便训练

如果前几个月坚持排便训练的话，那么在这个月的宝宝多数都能乖乖地坐在便盆上排便了。注意的是，吃辅食之后宝宝尿便的颜色，可能会因为辅食的原因在某一天突然呈现异样，只要在没有吃这种辅食的时候尿便能恢复正常，就没有问题。此外，冬天里有的时候宝宝的尿液会发白发浑，这是因为尿酸盐结晶析出的原因，并不是肾炎，家长不用担心。

当然，此时的宝宝依然还不能真正做到自理，所以当家长掌握不好的时候，宝宝把尿便排在尿布里，也是常有的事。

宝宝大小便能否自理与智力无关。中国的传统观念，特别是老一代都认为，宝宝大小便训练越小开始越好，聪明的宝宝不尿裤子。其实这是一种错误的观念，宝宝是否能大小便自理，和宝宝的智力无关。智力是由头脑来决定的，与控制大小便的膀胱相隔很远。

要做到大小便自理，宝宝首先要能识别需要排泄的感觉，并通过语言、动作或其他方式表达这种感觉。其次，宝宝要能在短时间内控制肛门和尿道的肌肉运动。最后，宝宝要能理解并配合在适当的地点排泄。这些都只有等宝宝生理发育成熟到一定程度才能做到。如果家长在这个阶段硬要训练宝宝主动排尿排便的话，未免有些揠苗助长了。

每个宝宝的具体情况不同，所以也不存在一个训练尿便的固定的最佳时机。只有在宝宝乐意并主动配合大人时，训练才能事半功倍。所以对于宝宝的尿便训练，应本着顺其自然的态度，不要总是奢望这么大的宝宝真正懂得自己排尿解便。

日常护理注意问题

🖐 爱咬指甲

这个月的宝宝直接咬指甲是比较少见的，多数都是由吮吸手指变成了啃指甲，这种行为和乳牙的萌出有关。不对宝宝进行任何干预是不对的，但也不能采取强硬的措施硬性干涉。最好的办法是转移宝宝的注意力，给他手里递一些玩具，把他的手拿出来拉拉拍拍，都是比较不错的办法。

指甲和指甲缝是细菌滋生的场所，虫卵在指缝中可存活多天。宝宝在咬指甲时，无疑会在不知不觉中把大量病菌带入口腔和体内，导致口腔或牙齿感染，严重的还会引发消化道传染病，如细菌性痢疾、肠道寄生虫病如蛔虫病、蛲虫病等。

对于平时爱吮吸手指和咬指甲的宝宝，应注意做好手部的清洁卫生，勤给宝宝剪指甲，以免宝宝将手上的细菌带入口腔。当把宝宝的手从嘴里拿出来的时候，要把手上和嘴角的口水擦洗干净，以免长时间口水的堆积使手指或嘴角的皮肤发白溃烂。

一般来说，周岁以上到学龄前后的宝宝咬指甲可能与缺锌或是某些心理问题有关，但这个月龄的宝宝咬指甲通常和这些是没什么关系的，只要合理转移宝宝的注意力，基本上随着宝宝的成长，这种行为就会消失。

用手指抠嘴

宝宝吮吸手指的动作在这个月开始"升级"，演变为用手指抠嘴，严重时甚至会引起干呕，如果刚吃完奶的话很可能会把奶抠出来。可即使宝宝抠嘴抠到了干呕、吐奶，往往过不了几分钟后又会重蹈覆辙，继续抠，让爸爸妈妈很是头疼。

抠嘴是这一月龄宝宝的一个特征，过了这短时间都会好，但是抠嘴既不卫生，也会影响宝宝的发育，因此爸爸妈妈还是应当予以纠正。这个月的宝宝之所以爱抠嘴，一是因为手的活动能力增强了，可以自由支配自己的手指，二是因为出牙导致牙床不舒服，于是宝宝就总是试图把手指伸到嘴里去抠，希望能缓解出牙的不适。

当明白了宝宝为什么抠嘴，爸爸妈妈就知道如何去解决了。平时可以多给宝宝一些方便咀嚼的食物，让他磨磨小乳牙，以促进牙齿的生长，缓解牙床的不适，或是用冷纱布帮宝宝在牙床处冷敷，也能起到舒缓的作用。当看到宝宝抠嘴的时候，可以轻轻地把他的手从嘴里拿出来，给他点别的东西让他拿在手里，转移他的注意力。也可以轻轻地拍打一下他的小手，严肃地告诉他"不"，但不能严厉地打骂，否则会令宝宝恐惧大哭，也起不到任何积极有效的作用。

这么大的宝宝还听不懂爸爸妈妈长篇累牍的大道理，但对于大人的语气、表情和一些简单的如"好""不好"之类的判断词还是能够感受和理解的。所以家长及时再着急再生气，也不能把宝宝拉过来大声呵斥，更不能体罚，也没必要给宝宝赘述一堆大道理，只要用严肃认真的表情告诉宝宝"好""不好"或是"对""不对"就可以了。要知道，宝宝不会一直都这么做，只要过了这一阶段，都能慢慢地好起来。

不出牙

大多数宝宝到了这个月，都能萌出 2 ~ 4 颗乳牙了，有些出牙早的宝宝甚至能长出 6 颗乳牙，但也有的宝宝此时的乳牙还依然是"犹抱琵琶半遮面"，迟迟不肯出现。

宝宝出牙的早晚有很大的个人差异，一般来讲，女宝宝比男宝宝牙齿钙化、萌出的时间要早，营养良好、身高体重较高的宝宝比营养差、身高体重较轻的宝宝牙齿萌出早。另外牙齿萌出的早晚与种族、环境、气候、疾病等都有着密切关系。宝宝的乳牙早在胎儿期时就已经长出了牙龈，只是没有破床而出，长牙是迟早的事。也有的宝宝可能迟迟不长牙，但突然有一天，牙齿就像雨后春笋般冒了出来，所以此时的宝宝不长牙，爸爸妈妈可以耐心等待一段时间，没有必要视为异常，一周岁之后才出牙的宝宝也是有的。

为了长牙，就给宝宝补充大量的钙和鱼肝油是不可取的。因为过量的钙和鱼肝油非但对宝宝乳牙萌出没有任何积极的促进作用，反而有可能导致维生素过量甚至中毒，或是钙过量引起大便干燥，严重者还会造成肝、脑、肾等软组织钙化。为了促使宝宝的牙齿尽快长出来，可以多给宝宝吃点有咀嚼性的东西，例如磨牙棒、饼干、面包等。

家长要知道的是，婴幼儿的长牙周期都不尽相同，虽说应在约 6 个月左右时长出第一颗牙齿，不过就乳牙而言，出牙的时间差距在半年之内都算正常，而恒牙萌出时间的合理差距甚至可延长至 1 年。所以，一般情况下没有必要过度担心，通常宝宝只是长牙时间的快慢不同，并不会影响到牙齿的功能。

🐛 爱出汗

汗是由皮肤汗腺分泌的，汗腺是人体皮肤调节体温的重要结构之一。婴幼儿皮肤的含水量较大，皮肤表层微血管分布较多，加上汗腺开始变得发达、新陈代谢越来越旺盛、平时活动量越来越大，因此宝宝特别爱出汗，身上总是汗津津的，特别是夏天的时候更是如此。

宝宝多汗大多是正常的，医学上称为生理性多汗，多在吃饭、睡觉、跑跳和游戏后出汗，大多数都是头部和颈部出汗。对于爱出汗的宝宝，爸爸妈妈要注意及时为宝宝擦干身上的汗液，保持身体的清洁卫生，按时洗澡，平时多注意补充水分，不要穿得过多，睡觉的时候被子也不要盖得太厚。如果看到自己的宝宝出汗比别的宝宝多，就认为宝宝是不正常的，这是完全没有必要的。每个人的体质都不相同，只要宝宝没有任何异常情况，精神十足，多出些汗也是无妨的。

🐛 爱哭闹

宝宝哭闹的原因有好多种，只要在哭闹的时候没有其他异常不适的症状，如腹胀、发热、大便异常等，就不是疾病原因。但宝宝如果每天总是无缘无故的持续哭闹好几个小时，怎么哄都哄不好的话，那么家长就要耐心寻找当中的原因了。

宝宝这种持续性的哭闹，有可能是因为食物过敏不适所造成的。对于母乳喂养的宝宝，妈妈要尝试改变她们自身的饮食习惯，减少对乳制品和咖啡因的摄入，避免辛辣和容易产生肠气的食物，例如洋葱或白菜等，观察宝宝是否会随着妈妈饮食的改变而减少哭闹；对于人工喂养的宝宝，可以尝试着改变配方奶的品种，如疑为牛奶蛋白过敏的话，就改为大豆蛋白配方奶喂养；对于添加辅食的宝宝，如对某种辅食过敏，除了哭闹之外还会出现消化、排便等其他异常表现，只要爸爸妈妈耐心观察，就能找到这种过敏食物。

改变宝宝的感觉刺激也能缓解宝宝的持续性哭闹，如当宝宝哭闹的时候，竖着将宝宝抱起来，让宝宝紧贴在妈妈的身体上，头靠着妈妈的肩膀，听着妈妈的心跳；轻轻摇动并安慰宝宝，用一块大而薄的毯子把孩子包在襁褓中，让她觉得有安全感；播放一些有助于平静的声音，如风扇的嗡嗡声或心跳的声音，这些能让宝宝回想起在胎中时的声音有助于使他们平静下来；用按摩油对宝宝进行腹部按摩，或是把温热的热水袋放在宝宝的腹部，但要注意水温不要太烫，避免将宝宝烫伤；抱起宝宝看看外面的环境或是新鲜的事物，转移宝宝的注意力；还可以给宝宝洗个温水澡，也能调整宝宝哭闹的状态。

如果宝宝哭闹并伴有枕秃、生长发育迟缓的话，就要考虑是缺钙的原因，应适当给宝宝补钙，多晒晒太阳，补充些含钙丰富的辅食。

宝宝不让把尿怎么办

这个月的宝宝可能会让妈妈成功把尿，但如果希望宝宝能把所有的尿都尿到尿盆里，那几乎是有些难为宝宝了，因为这时候的宝宝还不能控制自己的小便。

白天把尿一般都比较顺利，到了晚上如果宝宝因为膀胱里存尿不舒服醒了的话，妈妈把尿也能比较顺利，但如果强行给宝宝弄醒了把尿的话，宝宝自然就会反抗。如果宝宝晚上不醒的话，那么就不要打扰宝宝，让宝宝把尿尿到尿布上就可以了。

如果宝宝总是把尿打挺的话，也没必要强求，毕竟这个月的宝宝依然还是离不开尿布的。

🐾 头发稀黄

有的宝宝刚出生的时候头发又浓又黑，但是慢慢地就开始变得又稀又黄了，做家长的未免开始担心宝宝是不是营养不良或是缺少某些微量元素了。

宝宝在1岁以内头发稀黄属生理现象，一般来说不是疾病。宝宝刚出生时的发质与妈妈怀孕时的营养有很大关系，而出生后的发质与自身营养、遗传和护理都有关系。如果出生后营养不足，体内缺锌、缺钙的话，就会使头发质量下降，但这个月龄的宝宝由于缺乏营养而致使头发发黄的还很少见。如果爸爸妈妈一方头发质量就不好的话，那么宝宝的头发质量也就有可能不太好。

判断宝宝是否是由于营养不良引起的头发稀黄很简单，如果宝宝的头发不但发黄发稀，还缺少光泽、像干草一样的话，就说明可能是营养摄取不足；但如果宝宝的头发除了比较黄之外，有光泽又柔顺的话，那就不是营养不良。

如果是因为营养问题造成的头发稀黄，可以在日常饮食中增加一些含铁、锌、钙多的食物，如牛奶及奶制品、豆类、蔬菜、虾皮等钙量较高的食物，以及肝脏、肉类、鱼类、油菜、苋菜、菠菜、韭菜等含铁量较多的食物。

以往有些老人认为宝宝头发突然变得稀黄，剃了头养一养就能好起来，但事实上，这种做法非但可能达不到将头发养黑养亮的效果，还可能造成外伤。当宝宝的头皮受伤以后，由于对疾病抵抗力较低，很容易使细菌侵入头皮，引起头皮炎或毛囊炎，从而影响头发的正常生长。

🐾 断奶综合征

传统的断奶方式往往是当决定给宝宝断奶时，就突然中止哺喂，或者采取母婴隔离的方式。一旦在宝宝断奶之后没有给予正确的营养，如没有及时供给足够的蛋白质，那么时间一长宝宝就容易出现进食量减少、体重不增加、哭闹、腹泻等症状，有时身上的皮肤还会由于干燥而形成特殊的裂纹鳞状。这些由于断奶不当而引起的不良现象，在医学上称为"断奶综合征"。

要预防断奶综合征，关键在于断奶期间的合理喂养，特别是要注意补充足够的蛋白质，同时还要多吃新鲜水果和蔬菜来补充维生素。

断奶期的宝宝由于原有的饿了就吃奶的饮食规律被打乱，如果没有及时调整的话，很容易陷入饮食混乱无条理的状态，所以在断奶期间要帮助宝宝规律一日三餐，例如，这个月的宝宝可以在每天上午10点、下午2点和6点安排吃三餐辅助食物，早上起床后和晚上睡觉前吃两次奶。而到了9个月时，除了在睡前吃奶，其他的饮食和大人一样，按照早、中、晚三餐吃辅食，可以在午餐前后加一次点心。到了10个月，可以渐渐延长睡前喂奶的间隔时间，直到最终完成断奶。

断奶期的饮食要特别重视起早餐。因为宝宝早晨醒来的时候食欲最好，这时就应喂以质较好、量充足的早餐，以保证宝宝上半天的活动需要；午餐的食量是全日最多的，晚餐宜清淡些，以利睡眠。

断奶期间的辅食应该选择质地软、易消化并富于营养的食品，注意辅食中淀粉、蛋白质、维生素和油脂的平衡量；在烹调上要切碎烧烂，可以采用煮、煨、炖、烧、蒸的方法，但不宜用油炸；每天的进餐次数以每天4～5餐最好；制作方法可以丰富多变，否则时间一长，宝宝会产生厌烦情绪，影响食欲而拒食。

⏳ 长时间便秘

如果宝宝便秘比较顽固、甚至导致肛裂出血的话，可以为宝宝进行1～2次的开塞露注入或灌肠。开塞露主要含有甘油和山梨醇，能刺激肠子起到通便作用，使用时要注意，当将开塞露注入肛门内以后，爸爸妈妈应用手将宝宝两侧的臀部夹紧，让开塞露液体在肠子里保留一会儿，再让宝宝排便，这样的效果会比较好。也有些家长会用肥皂条帮助宝宝排便的，同样能起到一定效果。

但是，事实上，这些方法都会让宝宝的大肠撑得更大，像气球撑久了再放掉，已经没有弹性。这种慢性便秘，如果不治疗的话，长久下来会造成大肠无力症，就是排便无力的现象，最后的治疗，是把整段大肠完全切除。所以宝宝便秘，还是需要长时间慢慢治疗，千万不能急着用塞剂、灌肠快速处理，更不能经常使用，否则会造成严重的后果。

由于宝宝能吃的东西越来越多了，所以最安全的办法是通过饮食来解决便秘的症状。可以给宝宝多吃些红萝卜、白萝卜、红薯、花生酱、芝麻油、芹菜、菠菜、小米面、玉米面等利于通便的食物，当然有的时候一种食物对宝宝无效，但只要家长有耐心多试几种的话，都能找到能治疗自己宝宝便秘的食物。

给宝宝吃的过于精细也会导致便秘，所以在日常饮食中应适当给宝宝加些粗粮。再有，钙片也会导致宝宝便秘，所以在给宝宝吃钙片补钙的时候，更应注意日常膳食的合理搭配，尽量避免宝宝出现顽固性便秘的症状。

🕊 腹泻

现在宝宝的腹泻很少是由细菌引起的，如果家里没有大人腹泻的话，那么宝宝一般都不会因为受到细菌感染而引起腹泻。这个月龄宝宝的腹泻，多数适合添加的辅食有关。

超量喂食引起的腹泻非常常见。如果宝宝的腹泻物粗糙，呈绿水样或糊样，量多，泡沫多，有酸臭味，有时可以看到粪便中有小白块和多量的食物残渣，或未消化的食物，而且每天排便次数多达10次以上，那应该是碳水化合物过量，主要是因为吃了太多淀粉食品如米糊、米粉等造成胃肠内淀粉酶相对不足，导致肠内淀粉异常分解而引起发酵性消化不良，进而出现胀气和严重腹泻；如果宝宝的排泄物呈灰白色稀便或糊状，量较多，外观似奶油，内含较多奶块或脂肪滴，臭味较重，每日排便 3 ~ 5 次或更多，那就是进食脂肪过量。

过食性腹泻是喂养方式失误造成的，对于过食性腹泻患儿首先应大体计算一下，按生理需求需要多少蛋白质、淀粉和脂肪，根据病情和消化功能，予以科学调整，在限制进食的同时，补充适量维生素 B_1、维生素 B_6 及多酶片等，以帮助消化。

相对过食性腹泻，也有的宝宝是因为吃得太少而引起腹泻。宝宝吃得数量少，营养摄入自然就少，进而也会引起胃肠消化功能的紊乱。由于吃得少引起腹泻的宝宝，大多伴有类似感冒的症状，但不发热，食欲也好，也挺精神，只是体重增加缓慢或是不增加。只要给宝宝适当添加辅食的量，等到宝宝的体重开始增加的时候，就说明营养已经恢复，腹泻不久也会停止。

初冬季节，宝宝如果呕吐，也不喝奶粉，大便水样腹泻的话，就应考虑是冬季腹泻这种腹泻在 9 个月以上的宝宝中较常见，但这个月龄的宝宝也决非没有。

烫伤

这个月的宝宝发生烫伤的很多，除了家长在护理过程中不小心之外，宝宝的调皮捣蛋也会令自己受伤。

烫伤的情况不一样，如果是碰到了烟头烫伤的话，一般都比较轻，是把手指表皮烧红，不用管它也会自然痊愈。但是如果打翻了热水瓶，或是碰翻了刚刚出锅的热汤，那这种烫伤就比较严重了，多半会令表皮迅速起疱、脱皮、组织液渗出，这时就要求在简单的紧急处理后立即送到医院请医生救治了，这种烫伤一旦拖延时间的话，就有可能使伤口感染、化脓，如果烫伤面积较大的话，甚至还会有生命危险。

当手、脚等裸露部位发生烫伤时，必须马上严格检查烫伤部位。如果烫伤的范围很小，如手指的一小部分或手掌的极小部分，烫伤处的皮肤只是稍微有点发红，可以用凉水冲洗烫伤处后擦干皮肤，在患处涂上抗生素软膏，用纱布轻轻包扎，并注意及时更换清洁就可以了，通常不会有什么大问题。如果烫伤处起泡、脱皮了，就要立即去医院请医生处理，绝不能自己在家把水泡挑破，或是在患处涂抹香油、酱油等东西，这些自行处理的办法往往是引起化脓，使烫伤部位留下伤疤的主要原因。

如果宝宝被开水泼到了身上，不能急着先脱衣服，应该先用自来水大面积冲洗开水烫到的位置，尽量降低开水的温度，缓解皮肤的疼痛。由于开水烫伤的情况多数比较严重，烫伤处会有起泡、脱皮等现象，所以最好是用剪子直接把宝宝的衣服剪开，因为这时衣服的某些地方很可能已经和破皮的皮肤粘连，脱衣服硬拉硬扯的话极有可能加大宝宝皮肤上的创伤面，这样就更难处理了。

如果宝宝是被硫酸、盐酸、硝酸、苛性钠等烧伤的话，应先用清水冲洗后立刻就医。当然，这种情况是比较少见的。

宝宝被烫伤以后都会大声哭闹，并且表现的痛苦，这时候的家长千万不能看到宝宝痛苦就慌了手脚，当看到宝宝烫伤后，应第一时间先用自来水为烫伤处降温以缓解疼痛，然后再根据烫伤面积的大小、严重程度做进一步处理，但不能用冰块直接敷在患处降温，过冷的刺激会对皮肤造成更大的伤害；或是在患处搽酱油，这也不能起到对烫伤的缓解治疗作用；也不能涂抹护肤霜，避免引起进一步的过敏症状。

坠落

这个月的宝宝从高处摔下来也是比较常见的，最多的就是从大床上摔下来，或是翻过宝宝床的栏杆头朝下地跌下来。这种1米以内的坠落虽然会让宝宝立即哇哇大哭，但多数都不会有什么严重的问题，也不会留下什么后遗症。

如果宝宝坠落后立即哇哇大哭，且哭声洪亮有力，哭一会儿自己就能停止，又能像以前一样玩耍、吃东西的话，就没什么问题，家长不需要太担心，注意观察宝宝就行了。比较麻烦的是宝宝坠落后不哭不闹，面容呆滞，或是暂时性地失去知觉，这时就需要马上带着宝宝到医院做进一步的检查。如果宝宝坠落后出现呕吐的话，也应立即抱到医院请医生诊治。

由于宝宝头重脚轻，所以一旦坠落，多半都是脑袋首当其冲被撞个大包，这是由于头骨外部血管受伤引起出血所造成的肿块。这个时候千万不能揉肿块，否则会令出血更为严重，应用冷敷的方式来加快瘀血的散去。如果头皮被蹭破有轻微出血的话，可以涂抹一些红药水，并注意做好创伤局部的护理就可以了。如果宝宝外伤出血比较严重的话，就不能自行处理，需要到医院请医生帮忙处理。

除了在家里坠落，从楼梯上摔下来的情况也是有的。这种情况和从床上跌落一样，宝宝哇哇地哭一会，头上磕起个包，没有任何异常症状，基本都不严重。也有只注意头部而忽略了其他部位的创伤的，尽管这种情况很少，但也绝非没有，偶尔会出现因为从楼梯上坠落而上了脾或肾的。如果伤了肾，小便会因出血而发红；如果伤了脾而出血，脸色会发灰，肚子肿胀，情绪不好，不爱吃东西。一旦发现有上述症状，就要立即送到医院，必要时需要通过手术止血。比较容易忽略的是锁骨骨折，表现为坠落一两天之后一抱宝宝的腋下，宝宝就因为疼痛而哭泣，让宝宝举起双手时，锁骨骨折这一侧的手很难举起来。

🐾 夜啼

前几个月一直有夜啼习惯的宝宝在这个月可能依然会夜啼，爸爸妈妈只要像以往那样哄一阵基本就能解决这个问题。对宝宝的夜啼，爸爸妈妈要有耐心和信心，要相信随着宝宝慢慢长大，夜啼的毛病都能慢慢消失。

当宝宝夜里哭闹的时候，如果爸爸妈妈将宝宝抱起来，又是哄又是颠，闹得比宝宝还热闹，这非但不能令宝宝安静下来，还会造成一定的危险。宝宝的脑袋无论长度、重量在全身所占的比例都较大，加上颈部柔软，控制力较弱，大人的摇晃动作易使其稚嫩的脑组织因惯性作用在颅腔内不断地晃荡与碰撞，从而引起宝宝脑震荡、脑水肿，甚至造成毛细血管破裂。所以这种行为是坚决要避免的，以免给宝宝带来不必要的伤害。

如果前几个月从不哭闹的宝宝在这个月的某一天突然开始哭闹，就要想到某些疾病的可能。因为一般来说，以前没有夜啼的宝宝在这个月不太可能出现夜啼，只要出现就说明可能有某些异常问题出现了，最好是请医生看一看那。如果宝宝是哭闹一阵后就停下来，过 3 ~ 5 分钟又开始哭闹，然后再安静下来。如此反复的哭闹就有肠套叠的可能，特别是比较胖的男宝宝更应高度怀疑，必须请医生帮忙诊治。

🐾 衣服被褥

这个月的宝宝正是练爬学走的时期，由于好动的宝宝经常出汗，再加上生活不能自理，衣服就很容易搞脏。所以，这个月宝宝的服装就要有一定的要求，而且四季也有所不同。

春秋季节的衣服要求外衣衣料要选择结实耐磨、吸湿性强、透气性好，而且容易洗涤的织物，如棉、涤棉混纺等。纯涤纶、腈纶等布料虽然颜色鲜艳、结实、易洗、快干，但吸湿性差，容易沾土脏污，最好不要给宝宝穿。

夏季的服装以遮阳透气、穿着舒适，不影响宝宝的生理机能为原则。最好选择浅色调的纯棉制品，这种面料不仅吸湿性好，而且对阳光还有反射作用。纯涤纶、腈纶等布料透气性差，穿着这类衣服宝宝会感到闷热，易生痱子，甚至发生静电、过敏反应，最好不要使用。

冬季的服装应以保暖、轻快为主。外衣布料以棉、涤棉混纺等为好，纯涤纶、腈纶等布料也可使用。服装的款式要松紧有度，太紧或过于臃肿都会影响宝宝活动。

这个月宝宝的动作发育渐渐成熟，不仅能坐、会爬而且可以扶栏站立，这时候宝宝的裤子是否合适，对宝宝的活动和运动机能的发展都相当重要。给宝宝选择裤子时，尽量选择宽松的背带裤或连衣裤，那种束胸的松紧带裤最好不要给宝宝穿。

背带裤的款式应简单、活泼，臀部裤片裁剪要简单、宽松，背带不可太细，以 3 ~ 4 厘米为宜。裤腰不宜过长，而且裤腰上的松紧带要与腰围相适合，不能过紧。如果出现束胸、束腹现象时，将会影响宝宝的肺活量及胸廓和肺脏的生长发育。

宝宝的衣物被褥以及贴身物品都要做到及时更换、清洗、消毒，所有与宝宝身体有密切接触的衣物，都要保证干净、卫生、舒适，同时还要注意剔除一切不安全的因素，如衣服上的挂钩、拉链、扣子、装饰物等。

睡眠问题

这个月宝宝的睡眠时间一般在 14 个小时左右，有的宝宝白天睡 2 次，午前睡的时间稍短；有的宝宝午前不睡，午后睡的时间较长，多为 2 ~ 3 个小时。如果宝宝睡眠比较规律的话，基本上都是在晚上 8 ~ 9 点入睡，半夜醒 1 ~ 2 次，早上 6 ~ 7 点起床。睡的比较多的宝宝可能一天能睡 14 个小时以上，但超过 16 个小时的很少见；睡的比较少的宝宝可能一天睡眠时间在 12 个小时左右，但低于 10 个小时的很少。睡眠的时间是因人而异的，有的宝宝天生比较爱睡觉，也有的宝宝天生睡眠就比较少。只要宝宝每天的睡眠时间不低于 10 个小时，并且精力旺盛、吃喝排便都无异常、生长发育势头也良好的话，爸爸妈妈就没有必要担心，可能是宝宝天生就不爱睡觉。

这时宜给宝宝建立一个每晚固定的睡前程序，这对大人和宝宝都有好处。可以在睡前给宝宝洗个澡、读一篇睡前故事，并给他盖好被子，轻拍或按摩宝宝的背部，让他入睡。家长也可以在宝宝仍然醒着时离开，否则会令宝宝习惯于将自己的入睡与家长的从旁照顾紧紧联系在一起，只要家长不在，他就会恼怒不已、号啕大哭，不利于培养宝宝的独立睡眠。要确保每天晚上都按照同样的程序进行。稳定有序的生活习惯有利于宝宝健康成长，当宝宝能够知道接下来会发生什么的时候，他会更有安全感。

这一时期的宝宝正在努力提高各种身体的技能，如爬行、站立等，这可能会令他因为太过兴奋而无法入睡，或者在夜间醒来继续练习技能。如果宝宝在醒来后不能让自己安静下来重新入睡，就会哭闹着找妈妈了。这个时候妈妈要起来轻声安慰下宝宝，动作不宜太大，这样宝宝就能很快继续沉沉地睡去了。

四季护理

春季护理

刚刚开春的时候，有的宝宝在睡着后特别容易出汗，这是因为爸爸妈妈给宝宝盖得太多了，可能有些爸爸妈妈还给宝宝用热水袋。虽说爸爸妈妈是为了怕宝宝着凉才给他保暖，但是到了春天，还是应该适当减少衣物为好，不要让宝宝还是穿盖冬天的衣服被子，平时穿衣只要比大人多穿一层单衣就可以了，同时换上薄被，否则宝宝因为半夜出汗踢被子会更容易着凉。

春天外面的风沙和悬浮物都比较多，所以带宝宝到户外要选择好的天气，天气恶劣的话就不要带宝宝出去了，因为空气中的污染物很可能会使宝宝吸入后患上支气管哮喘。这个时候宝宝的活动多了，外出活动时要小心，不要让皮球、小石块等误伤到宝宝。

由于春季比较干燥，所以还要多给宝宝补充水分，特别是在户外活动回来之后。

6个月以后的宝宝在春季里要小心脑膜炎。一般发生脑膜炎的话，宝宝会出现高热、精神萎靡不振、面色苍白发干、食欲很差，严重者甚至还出现抽筋的症状。一旦出现上述症状，一定要第一时间尽管入院抢救治疗。

夏季护理

由于天气炎热，很多这个月大的宝宝喜欢在凉席上翻身俯卧着睡觉，以此来给自己的身体降温。为了防止宝宝的肚子着凉，可以在凉席上面铺上一层褥子，这样即使宝宝趴着睡，也不会被凉席冰到小肚子了。

如果宝宝特别爱出汗的话，一定要给他勤洗澡勤换衣服，并且多喝水；睡觉的时候在他的肚子上盖上一层薄被或毛巾被就可以了。

这个月的宝宝已经越来越多地同大人吃一样的东西了，所以在夏天给他做辅食的时候，要尽量注意不要把不干净的东西误混到里面，也不要用外面买来的现成熟食喂宝宝。夏季宝宝的肠胃比较敏感，因此辅食最好是在家里亲自做，也尽量不给或少给宝宝吃冷饮。

秋季护理

这个月大的宝宝秋季里重点预防的疾病仍是秋季腹泻。当肠胃功能一向较好的宝宝突然出现腹泻时，不要单纯地认为是消化不良，首先应想到的就是秋季腹泻，应及时补充流失的水分和电解质，不要拖到需要静脉补液的程度，给宝宝带来痛苦。

为了让宝宝更好地适应季节交替的气候变化，这时不要过早地给宝宝加衣服。让宝宝更好地经历天气变化的过程，有利于他适应冬天的寒冷。此外，要继续坚持户外活动，提高宝宝的抵抗能力。

冬季护理

容易积痰的宝宝到了冬天特别爱咳嗽，有时还会把刚吃过的晚饭吐出来。宝宝自己不懂得清痰，总是有口痰在嗓子里来回滑动，特别是到了晚上睡觉时，这种呼噜呼噜的痰鸣声就更厉害。这时可以通过调整其睡觉的体位来减轻这种症状。

对于这样的宝宝要有的放矢的治疗：如果宝宝比较胖的话，就要及时调整饮食结构，降低体重的症状速度；如果宝宝是由于缺乏维生素 A、维生素 D 和钙导致的气管内膜功能低下，就要及时给予补充这些营养元素；缺锌的宝宝容易反复感冒、咳嗽，应在医生的指导下补充锌元素；如果宝宝是过敏体重或家族中有哮喘病史，那么宝宝患支气管哮喘的概率就偏高，应进行抗过敏和预防支气管哮喘的治疗；如果宝宝痰很多的话，可以使用吸痰器帮宝宝清理痰液，平时要多给宝宝喝水，使痰变得稀薄，更容易让宝宝咳出，也方便家长帮助清理。

不要把经常咳嗽的宝宝当成重病人，只要宝宝精神状态好、能吃能睡，就应该带他到室外进行锻炼，增强宝宝对寒冷空气的耐受性，有利于减轻这种症状。

家庭环境的支持

室外活动

这个月宝宝的户外活动范围可以增大了，可以带着宝宝到稍远一点儿的公园，让宝宝有机会看到更多的外界景观。还可以让宝宝认识自然景观，给宝宝指认着太阳、月亮、星星、雨、雪、雾等，提高宝宝的认知能力。

可以告诉宝宝更多的东西，比如讲给宝宝听，太阳一出来，天就亮了；

太阳一落山，天就黑了，星星就出来了，像宝宝的眼睛一样一眨一眨的。不要认为宝宝什么都不懂，要尽量多地将周围的事物描述给宝宝听，这样宝宝很快就能认识并了解这些东西。

除了给宝宝讲之外，也可以让宝宝自己去亲身感受。比如下雨的时候，可以让宝宝伸出小手接一接雨水，让宝宝感受雨水落在手心上的感觉，但注意不能让宝宝淋雨。遇到有风的天气，可以让宝宝感受下风吹在脸上的感觉，但不能让宝宝吹太猛烈的风。这些感觉上的体验都有助于强化宝宝的知觉，会让宝宝留下更深的记忆。

随着宝宝运动能力的加强，出去玩的时候危险性也就随着加强，所以带着宝宝户外活动的时候，家人必须一刻不离地盯着宝宝，同时也要远离任何可能会给宝宝带来危险的场所，例如公园的水池、小区里的电线电缆箱等。

玩具

容易抓取的小球、能发出响声的玩具、像小型汽车那样可拖拉的玩具、玩具电话，小木琴，小鼓，金属锅和金属盘、当挤压时可以吱吱叫的橡皮玩具及不易撕坏的布质的书都是宝宝不错的玩具，可以锻炼宝宝手部的活动能力；色彩鲜艳的脸谱、各种五颜六色的塑料玩具、镜子、图片、小动物、能发出悦耳动听的声音的小摇铃、拨浪鼓、八音盒、风铃、有不同手感不同质地的玩具如绒毛娃娃、丝织品做的小玩具、床头玩具、积木、海滩玩的球等，可以发展宝宝的视觉、听觉和触觉。

8个月大的宝宝已经有不少的发现，他们能够认识玩具、家具等多种用具，面对积木，宝宝会开始运用两只手，他们知道两块积木相碰会发出响声，一个叠在另一个上面就会比单独一块积木高，而且还可以用积木叠成多种不同的形状，所以这个时候，爸爸妈妈也可以给宝宝准备一套积木块让宝宝玩。

在为宝宝购置玩具的时候，除了玩具的材质、颜色和形状之外，还要考虑玩具的整体结构，因为玩具上的螺丝松动、小零件的脱落，再比如玩具娃娃的眼睛等，这些都有给宝宝带来危险的可能。给宝宝的玩具除了要定期消毒注意卫生之外，在每次给宝宝玩的时候，都要先认真检查一边，如果发现有安全隐患的话，就应该舍弃，不能再给宝宝玩。

防止物品依赖

这个月开始，宝宝除了吮吸手指、啃手指之外，还可能会吮吸身边的枕巾、毛巾被、衣服的袖口等。这种吮吸物品的现象，如果不及时加以纠正的话，长期下去就可能会使宝宝对这些东西形成依赖，变成恋物癖。有的宝宝到了六七岁甚至更大，还会在睡觉的时候找自己的枕巾、被单等，如果没有这些东西在枕边的话就很难睡着或睡不踏实，这就是一种对物品的依赖。这种依赖一旦形成习惯，就很难戒掉，所以从现在开始，爸爸妈妈要注意观察自己的宝宝，如果宝宝这方面倾向的话，一定要及时予以纠正。

分散宝宝的注意力是最好的防止办法，当宝宝总是拿同样的东西吮吸，无论吃饭、玩耍还是睡觉都离不开这种东西的话，爸爸妈妈可以多给宝宝一些玩具，或是抱着宝宝到户外看看花花草草，使宝宝暂时忘记手里的东西。另外，要勤给宝宝更换身边的衣物，让宝宝没有固定的物品可以依赖。再有，平时要多陪宝宝，多和宝宝交流、玩耍、互动，当宝宝在睡觉的时候，清除身边一切多余的东西，不要让宝宝咬着或抱着东西睡觉。

🐾 多和宝宝说话

大约从 6 个月开始，由于视觉能力和运动能力的发展，宝宝不再满足于和妈妈面对面的两人互动，开始对外界物体表现出极大的兴趣。这时家长就可以改变策略，在洗澡、吃饭、游戏、看图等日常活动中，和宝宝共同注意、探索并交流外界的事物，在交流中提高宝宝的认知能力，同时还能促进宝宝的语言发展。

宝宝学会说话并不是一蹴而就的，离不开爸爸妈妈的引导和互动。这个月大的宝宝经常会发出一些单音节的字和简单的复音节，爸爸妈妈也要多多回应宝宝，不能置之不理。研究表明，宝宝更喜欢大人缓慢的语速、夸张的语气和高扬的声调，这种说话方式可以帮助宝宝从一串串连续的语句中识别某些重要的词语，从而使他更好地理解并学习这些词语。因此，当宝宝发出咿咿呀呀的语言时，爸爸妈妈要用这种儿童话的语音予以回应和交流，这样这种互动一方面有助于加强促进亲子关系的顺利发展；一方面也可以帮助宝宝日后成为一个乐于与人交往的人。

要知道，宝宝学会说话与爸爸妈妈日复一日的重复性的交流密不可分。父母是宝宝第一语言老师，这就要求爸爸妈妈尽量用清晰标准的发音和宝宝对话，对话时尽量面对着宝宝，让宝宝看到你的口型，并鼓励他去模仿。宝宝学习语言要有语言环境，要和周围的情景、实物联系起来，而通过电视、广播、电脑光盘等让宝宝学语言的方式，是很不可取的。

刚开始说话的宝宝，语言不清楚、片断化是很正常的，即使爸爸妈妈不明白宝宝在说什么，但也要保持安静、专注的神色倾听宝宝的表达。安静的神色和饶有兴趣的表情能鼓励宝宝更有信心地把自己的想法和感受表达出来，这会大大提高宝宝语言的发展速度。

多教礼仪

虽然宝宝在这个月还很难理解大人的语言，但对于大人日常的行为习惯、表情、动作、言语态度都有着极其敏锐的感受，他可以从中察觉出一些行为方式的规律并试图模仿大人的行为。为此，从这时候开始，家长就要注意在宝宝面前的言行举止，不要认为未满周岁的宝宝什么都不懂，就在宝宝面前乱说乱作，这样很可能会为宝宝带来不良的影响。

半岁到周岁的这半年，是培养宝宝礼仪的入门时期。这一时期的宝宝会从感受大人的行为举止和面部表情，发展到认真模仿。宝宝不知道什么是对的、好的，而什么是不对的、不好的，所以好的礼仪习惯和行为举止都是大人影响出来的。有些爸爸妈妈自己的行为动作就不加检点，当发现宝宝模仿着做出同样的行为时，非但不加制止纠正反而感到十分高兴，这无疑会助长宝宝这种不好的行为习惯。因为宝宝看到自己的行为会让周围的人高兴，他也会特别高兴，从而更加频繁的重复这些行为动作，时间长了形成习惯，再要纠正就比较困难了。

因此，这一时期家长除了有意识得注意自己的言行外，还要在宝宝面前多说一些"谢谢""请"等礼貌性字眼，平时和宝宝说话、念儿歌的时候，也要多给宝宝渗透这些礼貌的言语，在行为上也要为宝宝起到表率作用。当外出活动的时候，可以通过与他人的接触，教宝宝一些基本的社交礼仪。例如，当看到邻居叔叔阿姨的时候，可以拿着宝宝的小手冲着叔叔阿姨挥一挥，教宝宝和叔叔阿姨打招呼；如果有人递给宝宝东西的时候，要教宝宝说"谢谢"。虽然这时候宝宝还不会真的说出这些字词，但他可以听懂，从而在他的脑力建立起一种条件反射，让他明白在什么情况下，要做出什么样的反应，这会为宝宝今后真正地学会礼仪打好坚实的基础。

多爬行

爬行是宝宝期最重要的感觉综合练习，能够促使前庭和小脑发育、腰部的肌肉发育，也能促使脊柱延长从而使身体长高，还能使骨骼强健，为以后锻炼耐力打下基础。经常练习爬的宝宝神经纤维联系成网较早，视听动作协调灵敏，分辨能力高，对以后的学习、成长会产生深远影响。绝大多数的宝宝在这个月已经能灵活自如地爬行了，但也有些宝宝依然还显得比较笨拙，会边爬行边倒退，或是比较胆小的宝宝还不敢自己向前爬。因此，在这个月爸爸妈妈依然要让宝宝多多练习爬行。

练习爬行可以从翻滚练起。让宝宝躺在柔软、平整的垫子上玩，家长把小球或小车从宝宝身边推出一小段距离，让宝宝去够取，宝宝就会想方设法地翻转 360° 去够取。

当宝宝顺利地够到玩具后，必然会感到兴奋和自豪，此时的兴致也特别高昂，此时爸爸妈妈就可以趁势让宝宝练习爬行。在练习的过程中，可以把家里的小席子卷成圆状，让宝宝趴在席子上，将席子一边压在身下，然后家长推动席子，让宝宝随着席子的展开而朝前爬；还可以让宝宝趴在地上或床上，爸爸和妈妈一个人在宝宝前面，一个人在宝宝后面，前面的人牵宝宝的右手，后面的人就推宝宝的左脚，牵宝宝的左手时，就推宝宝的右脚，让宝宝掌握手脚的配合；或是用一条毛巾将宝宝腹部兜住，爸爸把毛毯提起，这样宝宝的体重就会落在手和膝上，然后推动宝宝左手、右脚，前进一步后，换推动宝宝右手、左脚，轮流进行，宝宝就能轻快地爬行。在做爬行训练的时候，要注意不能目标放置地离宝宝过远，要放在宝宝通过努力就能到达的地方，这样可以使宝宝更有自信，从而更有动力的主动学习爬行。此外，在训练中也要注意适时休息，并且要多给宝宝赞扬和鼓励。

潜能开发游戏

飘动的丝巾

【目的】色刺激宝宝视觉系统的发育，培养宝宝的好奇心和注意力。

【玩法】把宝宝放在地板上或者宝宝车上，然后在宝宝面前或小手附近轻轻晃动丝巾。如果宝宝蹬腿、伸胳膊或者用手去抓丝巾，那么家长就会知道宝宝对丝巾的颜色、质地和运动有多么的感兴趣。

黑白黑白我最爱

【目的】锻炼宝宝的颈部自然转动及提升其注意力，增强其视觉认知能力，促进宝宝的视觉发展。

【玩法】准备一些自然的、线条清晰地、黑白分明的图像，放在离宝宝眼睛 20 ~ 25 厘米处，配合清晰的声音说明，不要过慢或间断，过程中需注意声音的亲切与抑扬顿挫，以吸引宝宝的注意。演示的动作及位置均可变化，使宝宝的颈部能够自然转动。

猜一猜，哪一边

【目的】训练宝宝手眼协调能力、促进脑部发育。

【玩法】准备一些颜色球、有声音的玩具或小乐器。拿一个色球在宝宝眼前晃动，或突然藏到背后再慢慢拿出来，让宝宝自然伸手抓取；当宝宝成功抓到时，不要马上放开，让宝宝体会抓取的感觉。可反复进行这个动作，当宝宝挥动自己的小手去抓玩具时，要适时给予赞美。

9 ～ 10个月

这个月的婴儿

体重

10个月的宝宝体重将增加0.15 ～ 0.25千克。男宝宝体重的正常范围为7.32 ～ 11.36千克，平均为9.29千克；女宝宝体重的正常范围为6.71 ～ 10.79千克，平均为8.75千克。

身高

这个月的婴儿身高增长范围为1.0 ～ 1.5厘米。男宝宝身高正常范围为67.9 ~ 77.5厘米，平均为71.3厘米；女宝宝身高正常范围为66.6 ~ 76.1厘米，平均为71.3厘米。

头围

宝宝的头围增长速度依然和上个月一样，男宝宝头围的正常范围为43.0 ～ 48.0厘米，平均为45.5厘米；女宝宝头围的正常范围为42.1 ～ 46.9厘米，平均为44.5厘米。

胸围

男宝宝胸围的正常范围为41.6 ～ 49.6厘米，平均为45.6厘米；女宝宝胸围的正常范围为40.4 ～ 48.4厘米，平均为44.4厘米。

囟门

这个时候有少部分宝宝还能看到囟门跳动，大部分宝宝的前囟已经看不到囟门跳动了。

牙齿

10个月时，绝大部分宝宝已经长齐两颗下中切牙，有的已经开始长出两颗上中切牙。

营养需求与喂养

⚘ 营养需求

这个月宝宝的营养需求和上个月相比没有大的变化，注意添加补充足量维生素C、蛋白质和矿物质的辅食，还要通过奶粉补充足够的钙质，通过动物性辅食如瘦肉、肝脏、鱼类等补充必需的铁质。

🐾 补充益生菌

健康足月的宝宝，自出生后肠道从最初细菌定居到形成菌群平衡大约需要2周的时间，此时的有益菌约占肠道的95%以上，也是益生菌最多的时候，但肠道免疫系统尚未建立和成熟。

由于宝宝的免疫系统尚未成熟，所以宝宝在成长过程中很容易受到外界病菌感染，促使有害菌大量繁殖，导致宝宝体内有益菌减少，出现食欲下降、厌食不振、消化吸收功能下降、体质瘦弱、反复生病等病症，久而久之就会使体质变差，经常生病。宝宝生病之后很多时候都会应用到抗生素，这就会将宝宝体内的有害菌和有益菌一起杀死，使宝宝肠道缺乏免疫保护。

此外，宝宝生病、饮食不当、水土不适、食用残留农药的蔬果等，都会破坏体内的益生菌，引起菌群失调。如果此时能够及时为宝宝补充益生菌，就能帮助宝宝恢复肠道免疫力，促进消化吸收，从根本上解决宝宝厌食、体弱多病等症状。

益生菌是一种有助改善宿主肠内微生物的平衡的物质，它包括很多种，如乳酸杆菌（俗称A菌）、比菲德氏菌（俗称B菌）、酵母菌、保加利亚乳酸杆菌等，这些菌种可以产生有机酸及天然的抗生素，并激活免疫细胞，促进产生黏膜抗体免疫球蛋白A，起到调整肠道菌落的组成、抑制有害菌的作用，进而增强消化道的防疫能力。除此之外，益生菌还可以产生B族及K族维生素，能够促进钙、铁、磷、锌的吸收。

目前市场上的益生菌产品五花八门，有添加益生菌的婴儿配方奶粉、优酪乳、优格、益菌粉剂、益菌胶囊等，而宝宝对益生菌的摄取主要是通过饮用优酪乳、添加具活性的干燥粉末于婴幼儿配方奶或果汁中及医生开给的胶囊剂型来完成。

对于不足一岁的宝宝来说，由于此时肠胃消化系统发育尚未完全，所以不宜食用优酪乳和优格等牛奶发酵制品中的益生菌，最好的方式是喂哺母乳，或者使用含肠道益生菌的合格婴儿配方牛奶，这样才能保障宝宝充分吸收其中的营养成分。

🐾 辅食供给

9～10个月宝宝辅食要逐渐增加，以满足宝宝的营养需求；这个时期应该给宝宝增加一些土豆、红薯等含糖较多的根茎类食物和一些粗纤维的食物，来促进宝宝的肠胃蠕动和消化。

另外，这时宝宝已经长牙，有了咀嚼能力，所以可以给他啃一些比较粗粒的食物，有些片状的食物也可以，但不能给宝宝糖块吃。这时的宝宝也不用再给果汁了，可以让他直接吃番茄、橘子、香蕉等，苹果可以切片，草莓可以磨碎。

一日辅食举例：

早晨 6 点：喂母乳或奶粉。

上午 10 点：稠粥 1 碗，菜泥或碎菜 2 ~ 3 汤匙，蛋羹半只。

下午 2 点：喂母乳或奶粉。

下午 6 点：喂稠粥或烂面条 1 碗，蛋羹半只，除菜泥外还可在粥中加豆腐末、肉末、肝泥等。

晚上 10 点：喂母乳或奶粉。

这个月辅食的品种变得多样，而且宝宝可以尝试小块的食物。大多数的宝宝能很好地吞咽常规的固体食物了，当然首先要把食物捣碎。此外，每当让宝宝尝试一种新的食物时，宝宝都会吞咽的很慢，妈妈要耐心地等待宝宝把东西吃完后再喂。

这个月要停止给宝宝喂泥状食物。如果给宝宝长时间食用泥状的东西，宝宝会排斥需要咀嚼的食物，而愈来愈懒得运用牙齿去磨碎食物。这对于摄取多样化的营养成分，以及对宝宝牙齿的发育，有很大的影响和阻碍，所以要鼓励宝宝去使用牙齿咀嚼食物。

因为宝宝现在是以吃食物为主了，而食物本身已有天然盐分，宝宝并不需要多余的盐，所以妈妈在准备宝宝的食物时别再放盐，更别提供咸的零食，以免宝宝口味太重。

再有，这个时候要让宝宝尽量多地接触多种口味的食物，只有这样他们才更愿意接受新食物。当宝宝对添加的食物做出古怪表情时，妈妈一定要有耐心，多给宝宝喂几次，宝宝大多都能接受。

如果发现宝宝的食欲下降，也不必担忧。吃饭时不要强喂硬塞，不要严格规定宝宝每顿的饭量，以免引起宝宝厌食，只要一日摄入的总量不明显减少，体重继续增加即可。

还要注意的是，如果家族成员中有明确过敏的食物，那么一定要避免给宝宝吃此类可能引起敏感反应的食物，以免宝宝也发生过敏反应。

辅食食谱推荐

	原料	做法
炖鱼泥	净鱼肉 50 克，白萝卜泥 30 克，高汤 100 毫升，水淀粉、葱花各少许	1. 高汤倒入锅中，再放入鱼肉煮熟 2. 把煮熟的鱼肉取出压成泥状，再入锅并加入萝卜泥 3. 煮沸后，用水淀粉勾芡，再撒上葱花出锅即可
番茄牛肉羹	面粉 50 克，番茄、牛肉馅各 50 克，白菜 25 克，胡萝卜、精选猪瘦肉馅各 15 克，香菜、淀粉、葱姜各适量	1. 在预热的炒锅中放入植物油，油热后放入葱花、姜末等炝锅，最后加入适量水 2. 牛肉馅焯一下，去除生肉的肉腥味，再放入锅中，点几滴醋，小火炖 3. 牛肉馅烂后，番茄切薄片放入，水淀粉勾芡，加少量盐调味，出锅时撒上香菜叶
三鲜蛋羹	鸡蛋 1 个，基围虾 100 克，猪肉、蘑菇、葱、姜、盐、植物油各适量	1. 虾洗净，剥壳，去除沙线，剁成泥；猪肉洗净，切末；蘑菇、葱、姜分别洗净，切末 2. 将虾泥、猪肉末和葱姜末混合在一个碗里，顺着一个方向搅拌均匀 3. 锅置火上，放油烧热，将拌好的虾泥、肉末炒熟；锅留余油，将蘑菇末翻炒至熟 4. 鸡蛋打散，加清水、盐以及炒好的虾泥、肉末、蘑菇末搅拌均匀后，上锅蒸 5 ~ 8 分钟至熟即可
虾仁粥	虾仁 50 克，大米 20 克，芹菜、胡萝卜、玉米粒、盐各适量	1. 虾仁去除沙线，洗净，沥水，切碎末；芹菜洗净，切末；胡萝卜去皮，洗净，切末；玉米粒洗净，切碎；大米淘洗干净，入清水中浸泡 3 小时 2. 将大米加入适量清水煮沸，转小火，边搅拌边煮 15 ~ 20 分钟至稠状，加入芹菜末、胡萝卜末、虾仁碎和玉米碎，继续煮 1 ~ 2 分钟，加盐调味即可

🍃 水果供给

尽管水果对宝宝的好处多多，但在给法上也应该有一定的讲究。

1. 水果选择的讲究。水果的选择不仅仅是注重新鲜的程度，还要根据宝宝的体质、身体状况灵活选择不同的品种。例如，舌苔厚、便秘、体质偏热的宝宝，最好给吃寒凉性水果，如梨、西瓜、香蕉、猕猴桃、杧果等，它们可以败火；当宝宝缺乏维生素A、维生素C时，多吃含胡萝卜素的杏、甜瓜及葡萄柚，能给身体补充大量的维生素A和维生素C；在秋季气候干燥时，宝宝易患感冒咳嗽，可以给宝宝经常做些梨粥喝，或是用梨加冰糖炖水喝，因为梨性寒，可润肺生津、清肺热，从而止咳祛痰，但宝宝腹泻时不宜吃梨；秋冬季节宝宝患急慢性气管炎时，可以吃些柑橘；当宝宝皮肤生痈疮时不宜吃桃，这样会使宝宝病情更为加重。

2. 注意水果的量。有的水果虽然好吃又有营养，但过多食用会给宝宝的身体健康带来危害。例如，荔枝汁多肉嫩，口味十分吸引宝宝，但吃得过多的话不仅会使宝宝的正常饭量大为减少，影响对其他必需营养素的摄取，而且还会令宝宝突然出现头晕目眩、面色苍白、四肢无力、大汗淋漓的症状。如果不马上就医治疗，便会发生血压下降，晕厥，甚至死亡的可怕后果。这是由于荔枝肉含有的一种物质，可引起血糖过低而导致低血糖休克所致。再比如，西瓜属生冷食物，性比较寒，如果食用太多，不仅会使脾胃的消化能力更弱，而且还会引起腹痛，腹泻等消化道症状，宝宝在感冒、口舌生疮和患有肾脏疾病导致肾脏功能不全时，一定要慎食西瓜。因此，给宝宝的水果一定要控制量，原则上来说，无论什么水果，每次给宝宝的量都是以 50 ~ 100 克为宜。

3. 掌握好时间。有些家长喜欢从早餐开始，就在餐桌上摆放一些水果，以供宝宝在餐后食用，认为这时吃水果可以促进食物的消化。但由于果中有不少单糖物质，极易被小肠吸收，但若是堵在胃中，就很容易形成胀气，以至于引起便秘。而餐前也不宜给宝宝吃水果，因为此时的宝宝胃容量还比较小，如果在餐前食用，就会占据胃的一定空间，由此，影响正餐的营养素的摄入。吃水果最好是放在两餐之间，或是中午午睡醒来后，这样，可让宝宝把水果当作点心吃。

4. 搭配上的禁忌。例如，宝宝吃柑橘前后的一小时不宜喝牛奶，不然的话，柑橘中的果酸与牛奶中的蛋白质相遇后，即可发生凝固，影响柑橘中的营养吸收。

让宝宝抓食

这个时候的宝宝开始变得有独立性了，他总是希望自己去完成一些事情，尤其是在吃东西的时候，可能不爱让妈妈喂了，更愿意自己去抓东西吃。有些家长认为宝宝抓食不卫生，是没规矩的行为，因此会去纠正宝宝的这种行为。但实际上，这种抓食的愿望是宝宝成长发育的需要，是宝宝锻炼手部能力的大好机会，只要把宝宝的小手洗干净，让他抓食也没什么问题。

宝宝用小手抓弄食物，不仅是为了吃，还是认识食物的一种手段，通过抓弄可以认识和了解各种食物的形状、性质、软硬、冷热等。从科学的角度讲，没有宝宝不喜欢吃的食物，关键在于宝宝是否熟悉它、宝宝抓食各种食物，有利于预防挑食、偏食的坏毛病。再有，让宝宝自己体会到进食是一件令他感到愉悦的事，可以增进他的食欲，提高他进食的信心。

当宝宝学着抓食时，自然也会存在一些安全隐患。最常见的就是宝宝将一些危险的、有毒的东西误吞了进去，或是卡在食管、气管里。但是，并不能因为担心危险的发生，就剥夺宝宝锻炼的机会，这就要求家长在日常生活中要绝对的细心，把任何食物颜色或气味相近、大小适合抓起并可能被宝宝吞食的东西收好，不要让宝宝有机会拿到。

即使是吃食物的时候，宝宝也有被卡到的可能。当发生噎卡的时候，家长千万不要着急，一定要冷静处理和对待。如果噎住宝宝的物体处于位置较浅的情况下，可以让宝宝采取俯卧位，用手适当用力捶压背部，就能使物体被吐出；但是如果被噎住的位置比较深，那么一定要马上将宝宝送往医院，路上注意不要让宝宝平卧，要采取俯卧的姿势。

能力发展与训练

运动

10个月大时，宝宝的活动量显著增长，身体动作变得越来越敏捷，能很快地将身体转向有声音的地方，并可以迅速爬走。宝宝现在经常能自得其乐地独自坐着玩一会儿，一只手可以拿两块小积木，手指的灵活性增强，两只手也学会了分工合作，能有意识地将手里的小玩具放到容器中，但动作仍显笨拙。这个月龄阶段的宝宝也是向直立过渡的时期，一旦宝宝会独坐后，他就不再老老实实地坐了，就想站起来了。

刚开始时，宝宝可能会扶着东西站起来，身体前倾，双腿只支持大部分身体的重量。可能会用双手掌撑地、伸直四肢、躯干上升的方式站起来，可能会弯曲双腿，由蹲姿站立，如果宝宝运动能力发育较好，还会拉着栏杆从卧位或者坐位站起来，双手拉着妈妈或者扶着东西蹒跚挪步，会一手扶家具蹲下去捡地上的玩具，大人拉着时会弯腰去捡地上的东西。

👃 视觉

宝宝此时视觉的清晰度和深度感觉几乎和成人一样。虽然现在宝宝的视力仍是近处比远处要清楚，但他的视野已足够看清和识别整个室内的人物和东西了。也是在此时宝宝眼睛的颜色差不多接近最终的颜色，但仍然还在发育完善。这时期宝宝最大的特点是不但手眼协调发育进步很大，而且懂得常见人及物的名称，会用眼注视所说的人或物。能准确地观察爸爸妈妈及其他人的行为，对爸爸妈妈训斥或赞扬，有委曲或兴奋的不同表情。

👂 听觉

10个月时，宝宝对细小的声音也能做出反应，声音定位能力已发育很好，有清楚的定位运动，能主动向声源方向转头，也就是有了辨别声音方向的能力。爸爸妈妈手拿风铃，分别在宝宝的上方和下方晃动出声，宝宝会跟着声音抬头，低头。

👃 嗅觉

10个月时，宝宝的嗅觉开始完善，和成人基本无差异，已经拥有了灵敏的嗅觉，能够记住及辨别各种味道，借助嗅觉了解外界环境。因此，爸爸妈妈要多带宝宝到公园去接触不同的花草，树木的气味，家中也可以定期更换不同香味的香精油或者盆花来促进宝宝的嗅觉发育。

👅 味觉

到了10个月，宝宝不仅能分辨味道，还能记忆味道，并逐渐地适应和接受各种辅食的味道。因此，要使宝宝的味觉得到良好的发育，爸爸妈妈应该特别重视宝宝辅食添加期的味觉体验。如果在这个感受性较强的时期，宝宝有了对各种食物的品尝体验，他就会拥有广泛的味觉，以后就乐于接受各种食物。这个过程不仅对宝宝的味觉发育有益，对宝宝的智力发展也有着十分重要的意义。

👄 言语

10个月时，宝宝的语言能力开始得到体现，喜欢发出咯咯、嘶嘶、咳嗽等有趣的声音，笑声也更响亮，并反复重复会说的字，已能有意识地叫爸爸、妈妈。除了可以主动地叫爸爸、妈妈外，可能还会说些有意义的单字，如走、拿、水等。能够主动地用动作表示语言，也很喜欢模仿人发声，在模仿大人说话时，模仿的语调缓急、脸部表情比模仿的语音要准确；会不停地重复说一个词；懂得爸爸妈妈的命令，对要求他不去做的事情会遵照爸爸妈妈的要求去做，诸如"请把那个球给我"等简单指令。宝宝语言能力在实际锻炼中不断地提高，每天的语言变化都会使爸爸妈妈充满惊喜。

认知

10个月时，宝宝能够认识常见的人和物。宝宝开始观察物体的属性，从观察中宝宝会得到关于形状（有些东西可以滚动，其他则不能）、构造（粗糙、柔软或光滑）和大小（有些东西可以放入别的东西中）的概念，如把两块积木放在一起仔细揣摩，估计积木的高度、距离，比较两个积木的不同。宝宝开始探索容器与物体之间的关系，会摸索玩具上的小洞。如将小球放进玻璃制的广口瓶中，宝宝会用手指瓶中的小球，可能还想绕过玻璃瓶抓到小球。宝宝喜欢用手指拨弄小物品，如摇铃里的小铁片或小纸片等。

宝宝的模仿动作也开始增加，如模仿大人涂鸦、推着小汽车走、按铃等。宝宝会辨认事物的特质，如"喵"表示猫、看到鸟会用手向上指等。这个月的宝宝会翻书了，但不一定一次翻一页，当大人翻开书让宝宝看图片时，他会有兴趣地看一会儿。开始理解某些东西可以食用，而其他的东西则不能，尽管这时宝宝仍然将所有的东西放入口中，但只是为了尝试。遇到感兴趣的玩具，宝宝会试图拆开看里面的结构，体积较大的，知道要用两只手去拿，并能准确找到存放食物或玩具的地方。如大人在宝宝面前将玩具放进盒子里，再把盒盖盖上，宝宝能主动地掀开盒盖，拿出玩具。

心理

10个月的宝宝喜欢模仿着叫妈妈，也开始学迈步学走路了。喜欢东瞧瞧、西看看，好像在探索周围的环境。在玩的过程中，还喜欢把小手放进带孔的玩具中，并把一件玩具装进另一件玩具中。

10个月后的宝宝在体格生长上，比以前慢一点，因此食欲也会稍下降一些，这是正常生理过程，不必担心。吃饭时千万不要强喂硬塞，如硬让孩子吃会造成逆反心理，产生厌食。

这个阶段的孩子，是最喜欢模仿说话的时期，家长应抓住这一时期多进行语言教育。父母此时要对宝宝多说话，内容是与他生活密切相关的短语，如周围亲人、食物、玩具名称和日常生活动作等用语。注意不要教孩子儿语，要用正规的语言教他，当宝宝用手势指点东西时，尽量教他发音，用语言代替手势。在学习的过程中，要让孩子保持愉快的心情。心理上愉悦健康的孩子学东西就快。

⚘ 社会交往

10个月时，宝宝特别喜欢和爸爸妈妈在一起玩游戏，看图书，听大人给他讲故事，喜欢被表扬。宝宝喜欢和成人交往，并且会模仿成人的举动。宝宝会主动亲近小朋友。喜欢看其他小朋友玩耍，当有其他小朋友在旁边或者想分享他的玩具时，宝宝会显出对玩具明显的占有欲，宝宝会认为全部的东西是自己的，不愿和别人分享。随着时间的推移，宝宝的自我概念变得更加成熟。以前宝宝只要吃饱睡足情绪好，就会听爸爸妈妈的话，但是现在通常难以办到，宝宝会以自己的方式表达需求。当宝宝变得更加活跃时，爸爸妈妈会发现你要经常说不，以警告宝宝远离不应该接触的东西。但是即使宝宝可以理解词汇以后，宝宝也可能根据自己的意愿行事。爸爸妈妈必须认识到这仅仅是强力反抗将要来临的前奏。

⚘ 体能训练

扶物蹲下捡玩具

当宝宝扶着凳子站立时，可以把玩具推到宝宝身边，让宝宝一手扶凳子，另一手将玩具捡起来。这个动作可以训练宝宝从双手扶物进步到单手扶物，且弯腰移动后能保持身体平衡。当宝宝学会一手扶凳子，弯腰后仍能保持平衡再站起来的时候，就可以使身体与走路方向一致，而不是横行跨步了。

练习平衡

能很好地学会走路，不仅需要有力的腿部肌肉，身体的平衡性也是很重要的。在刚开始练习平衡感时，可以让宝宝背部和小屁股贴着墙，两条小腿分开一些，但是脚跟要稍微离开墙壁一点。这时，妈妈可以用小玩具在宝宝面前左右摇晃，宝宝自然也会左时右地跟着玩具的运动轨迹摇晃身体。这样的练习，有助于宝宝调和掌握身体的平衡感，让宝宝更快的学会走路。

起立蹲下

这个动作比较有难度，需要全身协调，并且要求平衡感要好。刚开始训练的时候，先让宝宝蹲着，爸爸妈妈用手指勾着宝宝的手指，边鼓励宝宝站起来，边用力向上拉。随着练习次数的增多，勾起的力度要逐渐减小，直到宝宝完全不用借助外力就能站起来。

向前起步走

如果宝宝此时能够一手扶家具向前走的话，就表示宝宝的身体可以维持平衡，就能进行向前迈步走的训练了。刚开始训练时，可以让宝宝站在妈妈的前面，妈妈牵着宝宝的双手，同时迈开右腿再迈左腿；或是让宝宝和妈妈面对面，妈妈牵着宝宝的双手倒退，鼓励宝宝跟着妈妈向前走。一般来说，两个人相对着会让宝宝觉得更安全，但另外一种方式会让宝宝的视野更宽广。如果宝宝的胆子比较大的话，可以完全放开宝宝，让他扶着东西独自站立，妈妈站在离宝宝不远的地方，拍手鼓励宝宝向前迈步。当宝宝试图向前迈步的时候，妈妈可以伸开双臂来鼓励，并注意做好保护，在宝宝重心不稳向前倾倒的时候要立即把宝宝接到怀里，防止宝宝摔倒。

🐾 走路训练

宝宝快到 10 个月的时候，就会从之前的扶着床栏站立发展成扶着床栏横步走了，这就预示着婴儿学走路的开端。但从婴儿扶着床栏走到真正学会走路，还需要一定的过程。在这个过程中，家长无疑要起到辅助作用。同时，家长还应多学习一些婴儿动作发展方面的知识，以做到科学合理的辅助宝宝学会走路。在这个月，家长需要做的，就是了解这方面的知识，为下个月真正的训练宝宝走路打下基础。

家长首先要知道的是，婴儿学习走的动作发展，通常是分为 5 个阶段的：

第一阶段：宝宝 10 ~ 11 个月时，此时是宝宝开始学习行走的第一阶段。这时候的宝宝已经能够扶着东西站得很稳、有的甚至还能单独站一会儿，当宝宝具备这些能力时，就可以开始训练他走路了。

第二阶段：宝宝 11 ~ 12 个月时，蹲是此阶段重要的发展过程，家长训练的重点应放在训练宝宝站—蹲—站的连贯动作上，由此可锻炼宝宝腿部的肌力，以及训练身体的协调度。

第三阶段：宝宝 12 个月，此时的宝宝已经可以扶着东西行走了，这时就要训练他放开手独立行走，过程中需要重点训练宝宝的平衡能力。

第四阶段：宝宝 13 个月，这一时期的训练内容除了继续训练腿部的肌力及身体与眼睛的协调度之外，还要着重训练宝宝对不同地面的适应能力。

第五阶段：宝宝 13 ~ 15 个月：这时多数宝宝已经能很好地行走了，同时他对四周事物的探索也逐渐增强，家长应该在这个阶段尽量满足他的好奇心，使其朝正向发展。

其次，家长还应知道，当宝宝开始走路，就说明他已经能够自主性的握拳，并随其意志主动支配他的手指及脚趾，而且腿部肌肉的力量也已经足以支撑本身的重量，并且可以很灵活地转移身体各部位的重心，懂得运用四肢，上下肢各动作的发展也已经协调得很好。上述变化就表示，宝宝的发育到了一个新的阶段。

最后，家长还应明白，宝宝刚一开始走路时不可能像成人一样笔直着双腿稳步前行，他会出现各种各样的怪姿势，比如腿罗圈着、拖拉着、摇摇晃晃地像个醉汉，随着他慢慢地成长、慢慢地练习，这些怪姿势自然会消失的。

在宝宝学走路的过程中，可能会出现踮着脚尖走路的行为。这种行为有的时候是正常的，有的时候则是异常的，可以根据其踮脚尖走路的频率来判断其究竟是否正常：如果宝宝有时踮着脚尖走路，有时恢复正常状态，家长则不必过于担忧；但如果宝宝总是踮着脚走路的话，家长就应注意观察一段时间，如确定这是其"正常"走路状态的话，就应及时到医院检查清楚，看看是否有什么异常病症。

🐾 排便训练

这个月的宝宝有可能会出现"能力倒退"的情况，即以前把尿把便都顺顺利利的，但是这个月突然开始把尿打挺、放下就尿，坐便盆的时候也开始不合作，甚至有的时候会反抗到把尿盆踢翻，令爸爸妈妈懊恼不堪，认为宝宝越长大反而越不如以前了。

其实，这并不是宝宝的能力真的在退步，只是因为宝宝长大了，有了自己的选择。宝宝这个时候本来就不具备控制尿便的能力，爸爸妈妈只是根据宝宝在排便前的反应判断后顺势接便，如果大人判断失误或是宝宝不愿意服从指挥让大人把的话，自然就会失败。

如果宝宝不喜欢大人把尿把便的话，那么不妨顺其自然及时放手，这样才能平息宝宝的反抗情绪。对于宝宝的排便训练，家长要有充分的耐心和信心，要相信宝宝最终是可以学会控制大小便的。

日常护理注意问题

🐾 嘴唇干裂

嘴唇与皮肤的性质不一样，它属于黏膜组织，与皮肤相比来说角质层较薄，皮脂腺也不如皮肤的那么丰富，分泌的皮脂相对较少，因此，嘴唇比皮肤更加娇气、更加薄弱，也更容易受到损伤。尤其是在多风干燥的秋冬季节，由于空气湿度低、天气寒冷，宝宝的嘴唇很容易因为缺水而变得干燥起皮、裂口子，甚至嘴唇周围一圈都发红、发干，更严重的则会导致舌舔皮炎。

这个月龄的宝宝嘴唇比较容易出现干燥，特别是赶上秋冬季节就更常见。除了有补水量不够、饮食不均衡等原因之外，这个月的宝宝口水分泌较多，加上总爱啃手指头，口水长时间刺激嘴唇及周围皮肤，就会使嘴唇出现不适。吃饭后没有清洁嘴唇，尤其是吃完偏酸或偏咸的食物后不及时清洗，也同样会刺激嘴唇及周围皮肤而出现炎症。

当宝宝嘴唇干燥的时候，会下意识地用舌头去舔，希望以此来缓解干燥的感觉。但舔过之后的口水特别容易挥发，就会使干燥的感觉更明显，于是导致宝宝更频繁地去舔，这样就会形成干燥—舔舐的恶性循环，最终导致宝宝嘴唇出现裂口、脱皮等炎症反应。由于口水中含有的消化酶和酸性成分对嘴唇有一定的刺激，所以会加重嘴唇的不适和炎症，严重的话会导致口唇周围皮肤红斑、水肿、干燥、鳞屑，甚至出现糜烂、渗出和结痂，形成舌舔皮炎。

如果发现宝宝总是用舌头去舔嘴唇的话，就要特别注意，因为此时说明宝宝的嘴唇干了，要注意多给宝宝喝水，以及补充新鲜的水果和蔬菜。如果嘴唇已经干裂起皮的话，可以用干净的纱布或手绢蘸上温水，给宝宝湿敷嘴唇，等脱皮处的皮肤完全软化后再轻轻揭去或小心地用剪刀剪掉，然后涂抹上润唇膏。千万不要随意用手去撕，否则会令皮肤损伤更严重。润唇膏要选择适合宝宝使用的不含香料和色素的，如果没有合适润唇膏的话，也可以用香油或金霉素眼膏代替。

要预防宝宝嘴唇干裂，首先就要保证宝宝的饮食均衡，多喝水，多吃新鲜水果和蔬菜，特别要重视 B 族维生素的摄入，需要的时候可在医生的指导下适当口服补充 B 族维生素；宝宝吃晚饭后要及时用温水将宝宝嘴唇及口周皮肤清洗干净，避免残留的菜汤或果汁对嘴唇和皮肤的刺激；还要纠正宝宝吸吮手指和舔嘴唇的不良习惯，平时可以给宝宝涂抹些润唇膏。如果天气较冷、风较大的时候，不要让宝宝在户外长时间玩耍，尤其是要注意避开风口处。

⑤ 不要给宝宝涂成人唇膏

到了冬天，妈妈喜欢给宝宝涂抹唇膏，认为这样可以避免嘴唇干燥。其实唇膏内所含的化学基质，会吸收口唇黏膜细胞内的水分，使得口唇黏膜细胞发生脱水现象，以致口唇黏膜变得干燥起皱，宝宝会情不自禁地用口水来滋润口周皮肤和口唇黏膜。

宝宝这种不能自行控制的做法不但不能减轻不适，反而会使口周皮肤和嘴唇黏膜越舔越干燥，以致口周皮肤和嘴唇黏膜出现干燥、脱皮屑现象。正确做法是多给宝宝吃水果，如果嘴唇干裂明显，可用植物油涂一层，可滋润口唇。

吐饭菜

宝宝 9 ~ 10 个月时，自我意识增强了，个性越来越明显，在饮食上会有自己的选择，爱吃的就会很喜欢吃，不爱吃的就会把它吐出来，这是很正常的反应。如果宝宝是很理性地把饭菜吐出来，不是呕吐，也没有什么异常情况，多半是表示不喜欢吃，或是不想吃，这不是疾病的症状；如果宝宝把喂进去的饭菜吐出来，爸爸妈妈就不要再喂喂了，不要强迫宝宝吃不喜欢的饭菜。

吞食异物

家居生活里有许多潜藏的危险因子。宝宝一天一天长大，对于新的事物总是感到好奇，无论手什么东西，就往嘴里放。可是，万一把那些纽扣、硬币、别针、玻璃球等小物品吞食入口，极易掉进宝宝的气管，导致堵塞乃至窒息，以致引起小儿脑缺氧，脑细胞破坏直至死亡。因此，爸爸妈妈要当心孩子误食异物。

误食异物，预防为主

1. 给宝宝添加辅食时，要将食物切碎，并注意要其安静进食，勿乱动。

2. 不要让宝宝食用果冻、花生、瓜子、汤圆、荔枝等不适合宝宝吃的食物，有核的水果先去核再喂食。

3. 在宝宝爬行之前，先检查地面是否有纽扣、大头针、曲别针、纽扣电池、气球、豆粒、糖丸、硬币等小物品，有的话要清理干净。

4. 宝宝的玩具要定时检查，看看细小的零部件如螺钉、小珠子等有无松动情况。

5. 家中常备药品应放置在宝宝无法拿到的地方。瓶装药品要标签鲜明，不要与食物放在一起。

6. 家中不要用空的饮料瓶存放有毒及有强烈腐蚀性的液体，以防宝宝误服。

急救措施

1. 家长要采取鼓励宝宝咳嗽的方法，不要试图用手拿出堵塞物，否则可能使食物滑入喉咙更深处完全堵住气管。如果宝宝不能呼吸，脸色变紫，则表明堵塞物堵住了气管，要立即采取措施。

2. 将宝宝头朝下放在前臂，固定住头和脖子。对于大些的宝宝，可以将宝宝脸朝下放在大腿上，使他的头比身体低，并得到稳定的支持。然后用手腕迅速拍肩胛骨之间的背部四下。

3. 如果宝宝还不能呼吸，将宝宝翻过来仰卧在坚固的平面上，迅速用两根手指在胸骨间推四下。

4. 在经过上面的方法后，如果宝宝还不能呼吸，表明异物较大，可以用手提拉上颚，发现异物后，用手指将其弄出。

5. 如果宝宝不能自主呼吸，试着用嘴对嘴呼吸法或嘴对鼻呼吸法两次，以帮助宝宝恢复呼吸。吹气可能会将食物更加推深，但应先让宝宝呼吸以保全生命，然后再让医生取出留置于体内的异物才有意义。

6. 采取以上措施的同时，要拨打急救电话120，争取紧急救助。

其他部位异物急救

1. 鼻腔异物的急救：可用手指堵压无异物一侧鼻孔，让宝宝用鼻子出气，将异物排出；或用棉花、纸捻刺激鼻黏膜，使宝宝打喷嚏，喷出异物；或用镊子轻轻夹出异物。如上述方法无效，应立即送医院处理。

2. 耳内异物的急救：较软的异物可用镊子轻轻夹出；植物种子类应即刻送医院，千万不能用水泡软，使取出更加困难。如果昆虫飞进或爬入宝宝的耳朵，可将宝宝的耳朵对着灯光，昆虫会向亮处爬出；也可用植物油、烧酒或酒精滴入耳内，将昆虫杀死，再用耳镊取出。取异物时，要固定好宝宝的头部，以免碰伤皮肤或鼓膜。实在取不出，速到医院处理。

☺ 恋物

现在，有的宝宝已经断奶了，再也不能躺在妈妈的怀抱里吃奶了对于宝宝来说是一个巨大的变化，宝宝会感到失落，甚至感到不安。于是，宝宝开始寻找过渡性的情绪依靠，这个依靠也许是毛绒玩具、宝宝的枕巾，又或许是被子角。宝宝会通过抚摸、吸吮这些熟悉的物品而得到心理安慰。

面对"恋物"的宝宝，家长也不要惊慌，可以试着纠正宝宝的"恋物"。首先，妈妈要尽量多找些机会陪陪宝宝，让宝宝体会到妈妈的爱，多抚摸孩子的背部和头顶，以解其"皮肤饥饿"，调查显示，经常和爸爸妈妈有肌肤接触的宝宝，很少会有恋物癖的；其次，在给宝宝准备玩具和生活用品的时候，可以多准备几件，或者不同颜色的交替使用，这样，宝宝就不会轻易对这些经常被替换的物品产生无法割舍的感情。

☺ 不出牙

正常情况下，这个月的宝宝至少能长出2颗乳牙，可如果此时宝宝依然不见牙齿的话，爸爸妈妈就要开始担心了，有些甚至开始加大给宝宝的补钙量。而事实上，这个时候不长牙的宝宝也是有的，即使带到医院，最多医生也就是建议拍个牙槽骨片，看看乳牙根的情况。大多数的宝宝都能见到发育正常的乳牙根，这就没什么问题，乳牙破床而出只是迟早的事。

过多的给宝宝补钙非但不能促使宝宝萌出牙齿，还可以由于体内钙含量过多导致软组织疏松。事实上，有些宝宝要到1岁多才会出牙，这与个人的发育情况有关，但并非宝宝此时不长牙就意味着发育落后，只不过是个体之间的差异罢了。

🐚 不吮奶瓶

宝宝对奶瓶产生抵抗只是因为依恋妈妈的奶头，刚开始从亲喂转向瓶喂的时候确实有点困难，看宝宝大闹大哭很饿却仍然奋力推开奶瓶的样子，不少妈妈都会忍不住又解开了衣襟。这样就不能帮助宝宝很好地适应奶瓶。遇到这种情况时，首先，让除妈妈以外的亲人给宝宝喂奶瓶，妈妈躲开宝宝的视线；其次，在宝宝最饿最渴的时候尝试给他吃奶瓶，尽管一开始会推开几次，一旦尝到乳汁的味道，他就会慢慢地开始吮吸。也可以用奶嘴沾一些乳汁去触碰宝宝的嘴唇，让他尝到味道，知道这就是他的口粮；与此同时妈妈一定要忍住，不能再给宝宝亲喂了，否则再次尝试瓶喂会变得更加困难。另外建议从宝宝6个月左右就可以开始瓶喂，那时候他们的记性还比较差，会更容易接受改变喂养方式。

🐚 母乳断不了

此时没有必要完全给宝宝断奶，只要掌握好喂奶的时间，不要让宝宝对母乳形成依赖就可以了。一般来说，这个时候除了在早上起床、晚上临睡和半夜喂母乳之外，其余的时间都应该让宝宝吃辅食。这个月龄的宝宝很多时候想要吃母乳并不是因为饿，而纯属是一种撒娇和依赖的心理。只要合理控制好喂奶的时间，不断给宝宝更换辅食的花样，绝大多数宝宝都能在白天高高兴兴地吃辅食。

🐚 男宝宝抓小鸡鸡

宝宝从一出生起就具有探索精神，随着渐渐的成长，他会对周围的一切事物充满好奇和探索心，对自己的身体也一样。这个时候的男宝宝可能开始爱玩自己的"小鸡鸡"了，对于这种行为，家长没有必要太过害怕和担心，这是宝宝对自己身体的一种探索，和宝宝摸自己的手臂、脑袋是一样的，如果此时家长严厉呵斥的话，非但不会杜绝宝宝的这种行为，反而会使其愈演愈烈，或是变得恐惧、忧虑。

也有些家长，对于宝宝出现的这种行为一点也不干涉，反而还大加赞扬和鼓励，拿这件事炫耀自己宝宝"可爱""长本事了"的家长也不是没有。这个时候的宝宝对大人的表情、语言有着很强的感受，当他感受到他的这种行为可以为自己带来表扬时，他就会更加高兴地做出这个举动，目的是赢来更多的赞扬。还有些家长甚至拿宝宝的"小鸡鸡"当玩具，逗宝宝玩，逗得自己和宝宝哈哈大笑。但是，这种一时的快乐，很可能给宝宝带来极大的危害。首先，宝宝的尿道口黏膜薄嫩，经常用手触摸可引起尿道口发炎，表现为尿道口发红、肿胀、刺痒、排尿时刺激疼痛，为宝宝带来生理上的痛苦。其次，这种行为对宝宝的心理也会造成不好的影响，婴幼儿时期经常把玩自己阴茎的宝宝，长大后更容易发生习惯性手淫，而且很可能从幼年时期就开始有这种习惯，这是很不利于宝宝心理健康发展的。

因此，当家长发现宝宝有抚摸把玩自己阴茎的行为时，要轻轻地把他的手拿开，并用严肃的态度告诉他"不"。只要告诉宝宝这一简单的字，再加上宝宝看见爸爸妈妈严肃认真的表情，他就能明白，这种行为是不好的，是爸爸妈妈不喜欢的，他就不会去做了。

不会站立

这个月宝宝不会站立的不多了，但也有的宝宝不会自己站起来。这不能说明宝宝的运动能力差，如果宝宝正赶上冬季，穿得很多，运动不灵活，可能就不会自己站起来。如果是老人或保姆帮助养护，对宝宝缺乏训练，运动能力可能就相对落后，不过经过训练会慢慢赶上的。如果确实不会站，就要看医生了。

夜间啼哭

有的宝宝白天睡得还好，一到夜里就哭闹不安。这样不仅宝宝休息不好，还吵得四邻不得安宁。如果只是啼哭一会，哄一哄就睡了，家长不会在意的。如果哭的时间很长，即使没有什么疾病征兆，家长也会很着急，把宝宝带到医院看医生。到了医院后，宝宝不哭了，可能会香香地睡着了，也可能对着妈妈笑，什么事也没有，回到家里宝宝不再哭了。第二天再哭的时候，爸爸妈妈就不那么着急了，但还是感到很疑惑，原来睡得一直很好，怎么都快10个月了，开始闹夜了。遇到这种情况，不要急躁，应认真分析原因。

生理性哭闹

宝宝的尿布湿了或者裹得太紧、饥饿、口渴、室内温度不合适、被褥太厚等，都会使小儿感觉不舒服而哭闹。对于这种情况，爸爸妈妈只要及时消除不良刺激，宝宝很快就会安静入睡。此外，有的宝宝每到夜间要睡觉时就会哭闹不止，这时爸爸妈妈如果能耐心哄他睡觉，他很快就会安然入睡。

环境不适应

有些宝宝对自然环境不适应，黑夜白天颠倒。爸爸妈妈白天上班，宝宝睡觉，爸爸妈妈晚上休息，宝宝"工作"。若将宝宝抱起和他玩，哭闹即止。对于这类宝宝，可用些镇静剂把休息睡眠时间调整过来，必要时需请儿童保健医生作些指导。

白天运动不足

有的宝宝白天运动不足，夜间不肯入睡，哭闹不止。这些宝宝白天应增加活动量，宝宝累了，晚上就能安静入睡。

午睡时间安排不当

有的宝宝早晨起不来，到了午后 2 ~ 3 点才睡午觉，或者午睡时间过早，以至晚上提前入睡，半夜睡醒，没有人陪着玩就哭闹。这些宝宝早晨可以早些唤醒，午睡时间作适当调整，使宝宝晚上有了睡意，就能安安稳稳地睡到天明。

疾病影响

某些疾病也会影响宝宝夜间的睡眠，对此，要从原发疾病入手，积极防治。患佝偻病的宝宝夜间常常烦躁不安，家长哄也无用。有的宝宝半夜三更会突然惊醒，哭闹不安，表情异常紧张，这大多是白天过于兴奋或受到刺激，日有所思，夜有所梦；此外，患蛲虫病的宝宝，夜晚蛲虫会爬到肛门口产卵，引起皮肤奇痒，宝宝也会烦躁不安，啼哭不停。

为了保证宝宝晚上及时入睡，请注意每天傍晚 4 点到 7 点不要让他睡。

🔆 高热

宝宝发热尤其温度较高时，常会因为身体感觉极度不舒服而得躁动哭闹不安，并可能伴有心跳加速、呼吸加快、食欲不振、全身乏力等现象。对于宝宝发热，爸爸妈妈不必大惊小怪，却也不能掉以轻心，导致病情不可收拾。只要学会适当的处理，就能帮助宝宝缓解病情。

当宝宝发热的时候，爸爸妈妈可以将宝宝身上衣物解开，用温水毛巾全身上下搓揉，如此可使宝宝皮肤的血管扩张将体气散出，另外，水汽由体表蒸发时，也会吸收体热，起到降温的作用；如果宝宝四肢及手脚温热且全身出汗，就表示需要散热，可以少穿点衣物；还要保持室内环境的流通，如果家里开冷气的话，要将室内温度维持在 25 ~ 27℃；给宝宝吃的食物要清淡，以流质为宜，并多给宝宝喝白开水，以助发汗，并防止脱水。可以给宝宝贴上退热贴，退热贴的胶状物质中的水分汽化时可以将热量带走，不会出现过分冷却的情况。

如果宝宝的中心温度（肛温或耳温）超过 38.5℃时，可以适度的使用退烧药水或栓剂，必要的情况下要到医院请医生治疗。

🍼 喂药

给宝宝喂药是父母的一项大工程，如果掌握不好的话，很可能会令宝宝哭闹挣扎拒绝，吃了也会吐出来，家长也往往是累得满头大汗。那么，应该如何才能顺利地给宝宝喂药呢？

在喂药之前，爸爸妈妈要做好必要的准备工作。把要喂的药准备好，再仔细看一遍说明书上标注的用法和用量，确认清楚所有注意事项；然后准备好喂药的工具，常用的有吸管、针筒、小勺、药杯等；还可以准备一些宝宝爱吃的小零食，如水果、饼干等。

药水类的药物比较容易喂，喂的时候妈妈采取坐姿，让宝宝半躺在妈妈的手臂上，然后用手指轻按宝宝的下巴，让宝宝张开小嘴，用滴管或针筒式喂药器取少量药液，利用器具将药液慢慢地送进宝宝口内后轻抬宝宝的下颌，帮助他吞咽。当将所有药液都喂完后，再用小勺加喂几勺白开水，尽量帮助宝宝将口腔内的余药咽下。

如果是喂片剂类的药物，要先将片剂碾碎，并捣成散粉状，再取适量粉末倒在小勺上，并在药粉上撒少许糖粉，用以遮盖药粉的味道。让宝宝张开小嘴，将药粉直接送入口中，然后将装有适量白开水的奶瓶给宝宝吮吸，以利于宝宝将药粉咽下。当宝宝吃完药之后，可以给宝宝一些小块的水果零食，以减轻宝宝嘴里的苦味。

一般情况下，给宝宝的喂药时间应选在两餐之间，但如果怕宝宝因吃食导致呕吐，可以在进食前 30 分钟到 1 小时喂药，因为此时胃已排空，还可以避免服药引起的呕吐。对于某些对胃有较大刺激的药物，如铁剂等，可以选在餐后 1 小时喂服，这样就可以防止药物损伤胃黏膜。

给这个月龄的宝宝喂药，如果宝宝表示抗拒的话，可以利用他喜欢的玩具分散他的注意力，趁机将药送到宝宝嘴里。不过更好的办法是以游戏、比赛的方式进行，例如把药水准备好，然后告诉宝宝"和妈妈比赛，看谁吃得快"，然后给宝宝喂一勺药水，妈妈就用另外一个勺子喝口水，这样宝宝就能很顺利地把药吃下去了。再有，喂药的时候鼓励也很重要，有的时候，只要爸爸妈妈一句诸如"宝宝真棒，能大口大口地把东西吃下去"，宝宝就真能顺顺利利的服药了。

注意的是，给宝宝服用片剂的药物，无论药片大小都要研成粉末，加水和糖调成稀汁后再让宝宝服下，不能直接给药片。稀释药片粉末一定要

用温凉的水，因为热水会破坏药物的成分。不能用乳汁或果汁和药，否则也会降低药效。再有，喂药的时候不能捏着宝宝的鼻子，也不要在宝宝哭闹时喂药，这样不仅容易使宝宝呛着，还会让宝宝越来越害怕，并抗拒吃药。

🐾 耳后淋巴结肿大

如果发现宝宝耳后或脑袋后面有小豆般大小的筋疙瘩，抚摸按压的时候宝宝并没有感觉疼痛不适，就应该是淋巴结肿大。耳后的淋巴结肿大有的在双侧，也有的是单侧，可能是由于蚊子叮咬、头上长痱子引起的，也有可能是急性化脓性扁桃体炎、反复感冒，以及一些少见的疾病如淋巴结核、恶性肿瘤淋巴结转移等引起的，但此时像后者的情况还比较少见，多数都是由于蚊虫的叮咬和痱子引起的。

这种筋疙瘩在夏天宝宝长痱子后最为多见，由于长了痱子后宝宝感觉特别痒，就总会用手指去抓挠。当宝宝用手指抓挠的时候，藏在指甲里的细菌就可通过挠破的皮肤侵入人体，淋巴结就会主动抵抗病菌侵害身体，因此发生肿大。这种淋巴结的肿大通常不会因为化脓而穿破，不需要特别处理，它会在不知不觉中自然吸收。

也有些时候，这种肿大的淋巴结要过很长时间才能消失，但也不需要特殊治疗。少数可见化脓时周围皮肤发红，一按就痛，或是数量增大、肿块变大，当出现上述情况时，就要到医院请医生治疗了。

🐾 四季护理

春季护理

春天是这个月龄宝宝进行户外活动的最好季节，应保证每天3个小时以上的户外活动时间，尽量让宝宝接触多种大自然的环境，借此发展宝宝的认知能力和好奇心。

带宝宝到户外运动要远离人多的公众场合和患有流行疾病的人群，因为这个时候宝宝对疾病的抵抗能力还很弱。此外，由于宝宝的运动能力加强了，所以出去的时候，不要给宝宝穿的太多，免得妨碍他活动能力的发展进步。

夏季护理

这个月大的宝宝可以玩水，但一定要有家长在旁边看护。因为稍不留神的话，宝宝就有可能跌倒水里，如果是脸部朝下跌下去的话，后果将不堪设想。

宝宝此时的汗腺已经很发达，加上爱活动，所以更爱出汗，尤其是在吃奶和活动时。当汗液和空气中的尘土混在一起时，就会堵塞住汗毛孔，引起痱子和脓疱疹，比较胖的宝宝在皮肤的皱褶处容易糜烂，所以要给宝宝勤洗澡、勤换衣服。给宝宝降温纳凉也最好是扇扇子，少开空调和电风扇。

宝宝和大人一样，也会"苦夏"，到了夏天难免食欲不振，体重增长的速度也减缓。此时家长不必担心，也没有必要强求宝宝按照以前的食量进食，只要保证日常营养均衡就可以了。在制作辅食的时候要注意卫生，不能给宝宝吃隔夜的食物，食物在冰箱里储存的时间也不宜过长，否则会引起细菌性肠炎。

秋季护理

以前夜间不爱啼哭的宝宝，有的却从 10 月末开始夜啼了，这种现象并不少见。有的宝宝是因为缺乏活动，运动不足导致不能熟睡引起的，有的是因为睡觉时小腿或头部碰到床栏杆引起的，也有其他原因不明的夜啼。对于突然夜啼的宝宝，妈妈可以把他放在自己的床上一起睡。

秋天宝宝的喉咙里总爱出痰，这是婴儿时期常见的现象，多数都不需要治疗，到了宝宝 1 岁半左右时就会自动消失了。如果宝宝平时没有吃鱼肝油、只是补充维生素 D 的话，可以改服鱼肝油或每天额外补充维生素 A360 微克，这对气管内膜有一定的修复作用，对痰多的宝宝和易感冒的宝宝有一定的预防作用。

冬季护理

宝宝能否抓着东西站起来，与衣服的重量和腿部是否裸露在外有相当大的关系。冬天和夏天宝宝穿的衣服完全不同，所以如果爸爸妈妈看到别人的宝宝到了 10 个月时已经能够扶着东西站起来，而自己的宝宝这个月还显得比较笨拙也不用担心，特别是这个月赶上冬季的宝宝，很可能是因为宝宝身上负重太多、被衣服束缚住腿脚所造成的。

排便也是如此，这个月遇到夏天的宝宝，给他放到便盆上宝宝可能没什么反抗就直接排尿了，但如果是遇上冬天的话，宝宝很可能因为天气寒冷，不愿意让妈妈换尿布而出现把尿把便困难的现象。这种暂时的"退步"是可以理解的，家长应该顺其自然。

这个月大的宝宝在冬天也应该多到户外运动，接受阳光的照射，进行耐寒锻炼，同时也要保证隔天或隔两天洗一次澡。

再有，这个月的宝宝很容易由于取暖设备而发生事故，因为宝宝的劲大了，他会出乎意料地挪动某些东西，或者拔出热水袋的塞子，所以家长更应该看好宝宝。

家庭环境的支持

室外活动

多到室外活动是非常重要的，如果没有人帮忙的话，家长可以尽量简化辅食的制作，多腾出时间带宝宝到室外活动。这个月大的宝宝可以和大人吃一样的饭菜了，这就会为辅食的制作减轻不少负担。

这个月的宝宝活动量愈来愈强，也有了主动要求，早上一醒来就会要求爸爸妈妈抱到外面去玩耍。家长应满足宝宝的要求，多带宝宝到户外去活动，可以用小车推着到外面去玩，也可以抱出去散步、晒太阳，使宝宝呼吸到新鲜空气，同时还能使宝宝开阔眼界，心情愉快，学会与人交往，有利于宝宝的身心健康发展。

把宝宝抱到外面进行站立迈步的训练也是不错的选择。这一方面，宝宝的活动范围更开阔，另一方面室外的空气流通也较好，对宝宝的呼吸系统循环非常有利。但在室外进行这项训练的话，更要注意做好保护工作。另外这个月龄的宝宝在户外训练可能还有些难度，家长应当视宝宝的能力发展程度量力而行，不必强求。

一般来说，每天的户外活动的时间都不应少于2小时，但具体安排要根据气温和个体反应而定，体质较弱的宝宝要相对减少户外活动的时间，生病的宝宝要视情况决定削减户外活动的时间还是暂时停止户外活动。冬天气温较低的时候，可以选择在太阳下玩耍；夏天择应选择在早晚进行户外活动，避免中午阳光的直射；而在春秋季节，如果天气晴好无风的话，白天任何时候都适宜出去玩耍。另外，一天中的户外活动要分次进行，每次时间不必太长，以防止宝宝过度疲劳。

玩具

9个月的宝宝不用扶也能坐很久，并会由坐姿改为爬行。只要扶着他的手，就能站起，甚至能扶着东西挪动。此时宝宝手的动作更加灵活，运动能力增强，也能进行简单的模仿，玩具在这个时候除了娱乐的作用之外，还能成为很好的锻炼发展宝宝能力的工具。

1. 小狗、小猫、小鸡、小鸭等动物玩具。这些玩具既可发展宝宝的认知能力，同时又可引导宝宝学小动物的叫声，提高宝宝的模仿力。

2. 有利于发展宝宝的动手能力的玩具。如积木或光滑的木块、大的底部较重但可推倒的充气玩具、一些互相撞击可以发出声音的玩具，成套的类似餐具的各种小物件之类的玩具。可以利用积木，教宝宝拿一块积木擦在另一块积木上，或是拿一个小筐让宝宝把积木放进去再拿出来；或是提供有盖子的小盒，小瓶等，让宝宝打开或盖上盖子；再或者教宝宝学开纸盒，在纸盒里可放入少量食品，如糖果、饼干等，让宝宝学着用小手打开盒盖，也可用手把纸盒捅破，把食品抠出来；还可以选购一些套塔套碗等套叠玩具，让宝宝将其拆开，再套上去，不一定要求按大小次序套好。

3. 有利于促进宝宝站立和行走的玩具。如可拉着走同时发出音乐或模拟声响的玩具、小推车、拖拉玩具等。可以在大人的帮助下，让宝宝扶着小车站立或推着小车慢慢走步，或是扶着宝宝的一只手，让宝宝用另一只手拿着拖拉玩具，边走边拖，增加宝宝学步的兴趣。

如何清洗宝宝的玩具

玩具要定期进行清洗，时间可以根据宝宝接触玩具时间的长短来定，最少一个月清洗一次。另外，还要教育宝宝不要啃咬玩具，玩好后要收好玩具不要乱扔，要洗过手才能吃东西等，这样才能有效地保护宝宝。

毛绒玩具的清洗：

1. 清洗前，将玩具身上的缝线拆开一点，把里面的填充物取出来，放到太阳下暴晒。

2. 清洗玩具晾干，再把填充物塞进去缝好。这样做虽然麻烦点，但可以防止填充物霉变。

塑料玩具的清洗：

1. 用水清洗表面灰尘。水是中性物质，70%～80%的细菌都可以用水冲洗掉。

2. 充分浸泡后捞出。

3. 放在阴凉处晾干。

木制玩具的清洗：

1. 用3%来苏溶液或5%漂白粉溶液擦洗。

2. 用清水冲干净后晾干或晒干。

铁皮玩具的清洗：

1. 先用肥皂水擦洗。

2. 清水冲干净后放在阳光下晒干。

帮宝宝站立

宝宝到了这个月，可能会越来越不安分，他已经不愿意总是一个姿势或总在一个小范围活动了，也不满足总是爬着运动，开始表现出想要站立的欲望。这时就要给宝宝准备出安全自由活动的地方，如带栏杆的小床、活动圈，或是在沙发前、床前空出一块地方，让宝宝扶着或靠着练习站立。刚开始的时候，宝宝可能像个不倒翁一样的摇摇摆摆，这时爸爸妈妈可以扶住宝宝的腋下帮助宝宝站稳，然后再轻轻地松开手，让宝宝尝试一下独站的感觉。或是刚开始的时候让宝宝稍靠着物体站立，以后逐渐撤去作为依靠的物体，让宝宝练习独自站立，哪怕只是片刻。但注意一定要保护好，以免摔倒而影响下一次的练习。

爸爸妈妈也可以先扶住宝宝的腋下训练宝宝从蹲位站起来，再蹲下再站起来。逐渐发展成拉住宝宝一只手，使宝宝借助爸爸妈妈的扶持锻炼腿部的力量。经过这样的训练，如果让宝宝扶着栏杆站立，宝宝常常会稍稍松手，以显示一下自己站立的能力，有时甚至能站得很稳，这时最好不要去阻止，而要及时给予鼓励和表扬。

还可以利用起立—坐下的练习，帮助宝宝练习腿部肌肉的力量。练习的时候，可以先扶着宝宝站着，然后有意识地把一些玩具放在他的下面，鼓励宝宝自己坐下去拿。刚开始的时候，宝宝可能是一下子摔坐下去，这时要注意保护好，可以扶着宝宝，给他一些辅助力量，让他可以缓慢地屈髋坐下。

在训练时，宝宝由于刚学会站，有时动作还不够稳定，这就需要继续加强训练，以提高站立的稳定性和持久性。但要注意的是，也不要让宝宝站立时间太长，以免因身体疲劳而使宝宝对学站失去兴趣。有的老人总是担心让宝宝站得过早，会长成罗圈腿，但每天如果只训练5分钟，是不会有问题的，并且宝宝在这个月龄的时候大多数都是小腿向外侧弯的，这是属于生理性的，所以不必要担心小腿弯曲。

潜能开发游戏

躲躲藏藏真有趣

【目的】训练宝宝的记忆、观察、思考、探索及语言学习等能力。

【玩法】在地板或铺上软垫的地面上，家长先将手中的玩具给宝宝看见，然后慢慢拿到各个方位，在他看得见时，让玩具消失不见，再问宝宝"玩具呢？玩具不见了！"并引导宝宝去寻找玩具，当宝宝找出玩具时，记得给予夸奖。

☺ 滚一滚，学爬行

【目的】发展宝宝的运动能力，而且爬行会促进宝宝脑部的发育。

【玩法】准备一个奶粉罐和几个纽扣、弹珠、乒乓球或其他能够发出声响的小物品，在罐子或瓶子里装入小物品，然后在宝宝耳边摇晃，用声音引起宝宝的注意，再让宝宝边爬边玩罐子，滚动的罐子会发出声音，吸引宝宝向前爬行。

☺ 像什么

【目的】给予右脑细胞更多的刺激，启发宝宝的联想力和创造力。

【玩法】让宝宝面对一面没有过多视觉刺激的墙，爸爸妈妈手里拿着图画卡片或积木等，从宝宝的左耳后方进入他的左眼视野，问宝宝："你看这个像什么呀？"让他用自己丰富的想象来回答问题；或在晴朗的天气里，带着宝宝躺在草地上观察天上的云朵，启发他将不同形状的云朵看成动物、仙女、天使等。注意的是，爸爸妈妈一定不要问宝宝"这是什么？"因为这样的问题很容易得到单一答案，禁锢了宝宝的想象。

❧ 10 ～ 11 个月

这个月的宝宝

体重

到了 11 个月时，宝宝的平均体重每月增加 0.3 ～ 0.5 千克。这个月男宝宝体重的正常范围为 7.50 ～ 11.58 千克，平均为 9.54 千克；女宝宝体重的正常范围为 7.02 ～ 10.09 千克，平均为 8.96 千克。

身高

到了 11 个月时，宝宝的身体看上去越来越强壮了，与刚出生时的样子完全不一样了，这个月宝宝比上月身高增加了约 1.5 厘米。男宝宝身高的正常范围为 68.94 ～ 78.9 厘米，平均为 73.9 厘米；女宝宝身高的正常范围为 67.7 ～ 77.3 厘米，平均为 72.5 厘米。

头围

到了 11 个月时，男宝宝头围的正常范围为 43.2 ～ 48.4 厘米，平均为 45.8 厘米；女宝宝胸围的正常范围为 42.4 ～ 47.2 厘米，平均为 44.8 厘米。

胸围

到了 11 个月时，男宝宝胸围的正常范围为 41.9 ~ 49.9 厘米，平均为 45.9 厘米；女宝宝胸围的正常范围为 40.7 ~ 48.7 厘米，平均为 44.7 厘米。

囟门

到了这个月会有一部分宝宝前囟接近闭合。囟门缩小不明显的宝宝要具体分析情况。

牙齿

11 个月时，绝大部分宝宝已经长齐两颗下中切牙和两颗上中切牙。个别宝宝开始长出两颗下外切牙。

营养需求与喂养

营养需求

这个月宝宝的营养需求和上个月差不多，所需热量仍然是每千克体重 461 千焦（110 千卡）左右。蛋白质、脂肪、糖、矿物质、微量元素及维生素的量和比例没有大的变化。注意补充维生素 C 和钙，宝宝每天应保证吃到 400 毫升以上的奶粉；食品中虾皮、紫菜、豆类及绿叶菜中钙的含量都较高；小白菜经焯烫后可去除部分草酸和植酸，更有利于钙在肠道的吸收。

此外，在这个月可以开始用主食代替母乳，除了一日三餐可用代乳食品外，在上、下午还应该给安排一次奶粉和点心，用来弥补代乳食品中蛋白质、无机盐的不足。中午吃的蔬菜可选菠菜、大白菜、胡萝卜等，切碎与鸡蛋搅拌后制成蛋卷给宝宝吃。下午加点心时吃的水果可选橘子、香蕉、番茄、草莓、葡萄等富含维生素 C 的水果。

饮食安排

在这个时期宝宝的消化和咀嚼能力大大提高，可以给宝宝一天三餐吃断奶食品了，一日所需的营养逐渐由这三餐提供，家长需要在均衡营养上下点功夫，如果宝宝的饮食已成规律，数量和品种增多，营养应该能够满足身体生长发育的需要。而奶粉只要是在宝宝想喝的时候给予就可以了。当然，这不意味着不再吃奶，而是指不再以奶类为主食，仍要保证每天起码三顿奶。

一般情况下，这个时期正是断奶的完成期，只要按照一般方法做的食物都逐渐能吃了。宝宝的饮食仍要以稀粥、软面为主食，适量增加鸡蛋羹、肉末、烂菜（指煮得烂一些的菜）、水果、小肉肠、碎肉、面包、馄饨、小饺子、小蛋糕、蔬菜薄饼、燕麦片粥等，烹调方法要以切碎烧烂为主，多采用煮、煨、炖、烧、蒸的方法，不要只是给宝宝吃汤泡饭，因为汤只是增加滋味而缺乏营养，并容易让宝宝囫囵吞入影响消化。

此外，蔬菜的准备要多种多样，同时增添些新鲜水果。还要在辅食中要增加足够的鸡蛋、鱼、牛肉等，以免宝宝出现动物蛋白缺乏。对于不易消化、含香料多的菜要尽量少吃，所有的辅食中要少盐、少糖。

这时候宝宝的进餐次数可为每天5次，除早、中、晚餐外，另外上午9点和午睡后加一次点心，每餐食量中早餐应多些，晚餐应清淡些以利睡眠。

这个月宝宝的饮食个性化差异非常明显，有些宝宝能吃一小碗米饭，有的能吃半碗，有的就只吃几小勺，更少的吃1~2勺；有的比较爱吃菜，有的不爱吃菜；有的宝宝很爱吃肉，有的爱吃鱼；有的爱吃火腿肠等熟肉食品；一天能和爸爸妈妈一起吃三餐的宝宝多了起来；有的爱吃妈妈做的辅食，有的还是不吃固体食物，有的不再爱吃半流食，而只爱吃固体食物；有的宝宝还像几个月前那样，喜欢喝奶粉，有的则开始不喜欢奶瓶了，爱用杯子喝奶，有的还是恋着妈妈的奶，尽管总是吸空奶头，也乐此不疲；有的宝宝能抱着整个苹果啃，也不噎、不卡，有的宝宝吃水果还是妈妈用勺刮着吃，或捣碎了吃；有的宝宝特别爱吃小甜点；爱吃冷食、喝饮料的宝宝多了起来，爱喝白开水的宝宝越来越少了。

在这个时期的喂养，家长在保证宝宝正常生长发育基础上，尽量遵从宝宝的个性和个人好恶，给宝宝吃他喜欢的东西，让宝宝快乐进食。

如果宝宝在进餐过程中开始玩起来，妈妈就要协助宝宝在一定的时间内吃完，以每餐30分钟为好。在乳牙长出期间，家中要每天为宝宝清除牙齿上的菌斑、软垢保持口腔清洁，培养宝宝的卫生习惯，所以在饭后一定要让宝宝刷牙或漱口，也可以用纱布蘸上温开水给宝宝轻擦牙龈和口腔，以保口腔情节卫生。

🍪 零食挑选

零食不是主食的替代品，而是宝宝生活当中的一件快乐事。因为点心和零食的味道比较好，宝宝喜欢吃，所以可以这个月的宝宝可以吃些较软、易消化的小零食和小点心，如饼干、蛋糕等，以增添他快乐的情绪。但是注意不要吃太甜的东西，磨牙棒是不错的零食。

在给宝宝零食时，家长要掌握好给零食的时间。一般午餐到晚餐之间的间隔较长，在下午3点左右喂零食比较好。此外，早餐到午餐的时间间隔也比较长，也可以在上午 10 点左右给一次零食。

对于比较胖的宝宝，应谨慎选择零食的种类，尽量少给蛋糕之类的点心，多给一些好消化又富有营养的水果，如苹果、橘子等，但香蕉最好不要给，因为香蕉的热量很高，含糖量也很高。如果是体重正常的宝宝，可以在正餐之间随意添加适量的零食，只要是适合宝宝吃的健康食品就可以，但要注意零食的体积不要太大，如糖块、花生之类的硬质零食，很容易卡到这个时候的宝宝，家长应小心，给宝宝吃的时候最好是先给他磨碎了再喂。

辅食食谱推荐

	原料	做法
黄酸奶糊	鸡蛋 1 个，肉汤 1 小勺，酸奶 1 大勺	1. 将鸡蛋煮熟之后，取出蛋黄放入细筛捣碎 2. 将捣碎的蛋黄和肉汤入锅，用小火煮并不时地搅动 3. 呈稀糊状时便取出冷却 4. 将酸奶倒入锅中搅匀
蛋黄酱拌蔬菜	四季豆 3 ~ 4 根，蛋黄酱 2 小匙，熟鸡蛋 1 小匙，荷兰芹少许	1. 四季豆切 5 厘米长，用盐水焯熟 2. 将荷兰芹切碎用纱布包住揉洗 3. 将蛋黄酱与切碎的熟鸡蛋和荷兰芹一起拌匀，然后将拌好的蛋黄酱盖在四季豆上
白菜卷	白菜 1/2 片，猪碎肉 4 小匙，洋葱、胡萝卜、面包屑、蛋各 1 小匙，汤 20 毫升，盐少许，糖 3 小匙，番茄酱 1/2 大匙，青豆 5 粒	1. 白菜焯熟；洋葱、胡萝卜切碎与肉拌好，再放入面包屑、散蛋、盐拌好后用白菜包成草包状 2. 将包好的白菜卷放入用糖、番茄酱、盐调好味的汤中煮，加入焯熟的青豆

✍ 防止过胖

　　7 ～ 12 个月龄宝宝的标准体重为（出生体重 + 月龄 × 0.5），如果超过标准体重的 10% 就为过胖。有些宝宝从以前已经有了过胖的趋势，也有的宝宝是从这个月突然胖起来，主要原因就是除了吃很多的粥、米饭、鱼、肉外，还吃很多的奶。造成宝宝过胖很多时候都是爸爸妈妈的喂养失误，爸爸妈妈总是觉得宝宝吃得越多越好，只要宝宝想吃，就什么都给他吃，还以为体重增加越快、越重就越好。在这种心理下，宝宝不知不觉就会成了一个小胖墩。

　　过胖会给宝宝带来一系列的问题。首先，过胖会影响宝宝的身体健康，肥胖的宝宝抗病能力较差，易患感冒等疾病；其次，过胖也会阻碍宝宝运动能力的发展，太胖的宝宝由于自身负担较重常常变得不爱运动，这就会使他的动作能力发育要比同龄正常的宝宝晚，例如站得晚、走得晚，等等。

　　对于过胖的宝宝，要严格控制日常饮食的热量摄取，在保证生长发育所需要的前提下，控制热量过多的饮食。如减少肥肉、油炸食品、巧克力、冰淇淋、各种糖类等，改为低热量、低糖、低脂肪的食品，但要注意保证日常蛋白质、维生素和矿物质的需要，平时多吃绿色蔬菜，吃水果的时候也要注意少含糖量高的水果。另外，还要要多带宝宝进行户外活动，增加能量消耗并提高身体素质。

　　再有，对于此时较胖的宝宝最好做到定期称重，以便根据体重的变化来调整饮食方案。要使宝宝日后发育良好，体态均匀、体魄健康，爸爸妈妈就要注意从小合理安排他们的饮食，一旦发现宝宝有体重增长过快的现象，就要及时调整饮食，在此同时增加活动量，使其体重按正常生长发育规律增加，防止发展成为肥胖症。如果爸爸妈妈都比较胖的话，就更要注意监测宝宝的体重变化。

能力发展与训练

✍ 运动

　　到了这个月，宝宝的运动能力比上个月强多了。11 个月宝宝的特点是变得越来越独立了——能独自站立、弯腰和下蹲。上个月时，宝宝好不容易才能抓住一样东西站立起来，到了这个月，宝宝自己能够抓着东西站立了。上个月能扶着东西站立的宝宝，现在都扶着东西走了。发育快的宝宝，能什么也不扶而独自站立一会儿了。挪动方式也是多种多样的，有爬的，有扶着东西走的，有坐着挪动的，有东倒西歪地独自走的，等等。如果爸爸妈妈握住宝宝的双手，让他站立起来，许多宝宝就会双脚交替地迈步，可以让宝宝少量的练习走步。到了这个月，宝宝也许能够很好地手膝并用爬行了，并且能保持上身与地板平行，许多宝宝在此之前都曾试着爬行，但要到现在才能真正掌握这一技能。（一些宝宝会跳过爬行阶段，从小手撑在地上挪动小屁股滑行直接进入站立阶段。）

进入第11个月，宝宝手的动作更加自如了，手指变得越来越灵巧。他已经能够用大拇指和食指像钳子似地把小东西捡起来了，宝宝可能已经不需要将手腕倚在坚硬的表面上，就可以捡起一小片吃的东西或其他小物品。宝宝能推开较轻的门，能拉开抽屉，能把杯子里的水倒出来，能双手拿着玩具玩，能指着东西提出要求。宝宝能学着大人的样子拿着笔在纸上涂鸦。有的宝宝还会搭积木。

视觉

从半岁到1岁，是宝宝视觉的色彩期，11个月的宝宝能准确分辨红、绿、黄、蓝四色。此时宝宝特别喜欢看颜色鲜艳的、对称的、曲线形的图形，更喜欢人脸和小动物图画，喜欢看活动着的物体。

听觉

这个时期的宝宝说话处于萌芽阶段，尽管能够使用的语言还很少，但令人吃惊的是他们能够理解很多大人说的话。对成人的语言由音调的反应发展为能听懂语言的词义。如问宝宝"电灯呢？"宝宝会用手指灯。问宝宝"眼睛呢？"宝宝会用手指自己的眼睛，或眨眨自己的眼睛。听到大人说"再见"，宝宝会摆手表示再见。听到"欢迎、欢迎"的声音，宝宝也会拍手。

嗅觉

到了11个月时，宝宝的嗅觉已经发育接近成熟，几乎和成人一样了，能区别不同的气味。开始闻到一种气味时，有心率加快、活动量改变的反应，并能转过头朝向气味发出的方向，这是宝宝对这种气味有兴趣的表现。爸爸妈妈可以给宝宝闻各种花的味道或者一些香水的味道，能很好地锻炼宝宝的嗅觉，也可以适当地给宝宝闻一些醋的酸味和臭豆腐的臭味之类，让宝宝的嗅觉更全面。但是不要过多地让宝宝闻不好的味道，这会让宝宝难受。

味觉

到了11个月时，宝宝的味觉已经很敏锐，对味道的包容也各不相同，味觉非常敏感的宝宝，一般食量都较小，不管什么都吃得很少的宝宝，对食

物的味道就不太计较。因此爸爸妈妈要更多耐心给挑剔的宝宝喂食。

言语

11个月大的宝宝，在大人的提醒下会喊爸爸、妈妈，会叫奶奶、姑姑、姨等。会一些表示词义的动作，如竖起手指表示自己1岁。能模仿大人的声音说话，说一些简单的词。宝宝还可以正确模仿音调的变化，并开始发出单词。宝宝能很好地说出一些难懂的话，对简单的问题能用眼睛看、用手指的方法做出回答，如问他“小猫在哪里”，宝宝能用眼睛看着或用手指着猫。宝宝可以控制音调，会发出接近父母使用语言的声音，并反复重复会说的字。11个月的宝宝，能听懂3～4个字组成的一句话，能够理解很多大人说的话，对成人的语言由音调的反应发展为能听懂语言的词义。这个阶段的宝宝，已能模仿和说出一些词音，宝宝常常用一个单词表达自己的多种意思，如“外外”，根据情况可能是指“我要出去”或“妈妈出去了”。

现在，宝宝开始明白很多简单词语的意思，所以，这时候不断和宝宝说话比以往任何时候都更重要。爸爸妈妈应该用成人的语言把宝宝说的词语再重复说给他听，这样宝宝会从一开始就会接受良好的语言模式。比如，如果宝宝要“叭叭”（杯子），你要很温和地强调这个词的正确发音，反复问他“你要杯子吗？”在这个阶段，爸爸妈妈最好尽量避免使用儿语。

认知

11个月时，宝宝的认知能力发展仍较快，宝宝乐于模仿大人面部表情和熟悉的说话声，自言自语地说些别人听不懂的话。不过，宝宝现在已经会听名称指物，当被问到宝宝熟悉的东西或画片时，会用小手去指，大人给予鼓励时，更能激发宝宝的学习兴趣；还会试着学小狗或小猫的叫声。现在，宝宝开始把事物的特征和事物本身（如狗叫声与狗）联系起来，对书画的兴趣越来越浓厚。宝宝喜欢摆弄玩具，对感兴趣的事物会长时间地观察，会把东西放入容器中再取出来，如把小东西放进杯子里并取出来。如果大人将玩具藏起来，宝宝会主动找被藏起来的玩具，而且会不只找一个地方，如盒子里、枕头底下等都会翻找。新买回来的玩具，宝宝能自己打开玩具的包装。宝宝开始进行有意识的活动，将事物之间建立联系的能力继续增强。例如宝宝知道木球和瓶子之间的关系，知道拿起木球投到瓶子里；逐步建立了时间、空间、因果关系，如看见妈妈倒水入盆就等待洗澡。此时的宝宝已经能指出身体的一些部位；具备了初步的自我意识，不愿意妈妈抱别的宝宝。知道常见物品的名称并会表示，宝宝能仔细观察大人无

意问做出的一些动作，头能直接转向声源。这一阶段也是宝宝词语、动作条件反射形成的快速期。

心理

11个月的宝宝喜欢和爸爸妈妈依恋在一起玩游戏、看书画，听大人给他讲故事；喜欢玩藏东西的游戏；喜欢认真仔细地摆弄玩具和观赏实物，边玩边咿咿呀呀地说着什么。有时发出的音节让人莫名其妙。这个时期的宝宝喜欢的活动很多，除了学翻书、听故事外，还喜欢玩搭积木、滚皮球，还会用棍子够玩具。如果听到喜欢的歌谣就会做出相应的动作来。

11个月的宝宝，每日活动是很丰富的，在动作上从爬、站立到学行走的技能日益增加，他的好奇心也随之增强，喜欢把房里每个角落都了解清楚，都要用手摸一摸。

为了宝宝心理健康发展，在安全的情况下，尽量满足他的好奇心，要鼓励他的探索精神，千万不要随意恐吓宝宝，以免伤害他正在萌芽的自尊心和自信心。

社会交往

11个月时，宝宝意识到他的行为能使大人高兴或不安，因此也会想尽办法令爸爸妈妈开心。宝宝已经能很清楚地表达自己的情感。有时，他独立得像个"小大人"，而有时又表现得很淘气。宝宝有时会将玩具扔在地上，然后希望大人帮他捡起来，但大人捡起来后宝宝还会再扔，并在反复扔玩具的过程中体会乐趣。宝宝对陌生的人和陌生的地方依然感到害怕，和妈妈分开会有强烈的反应。宝宝会表现出对人和物品的喜爱。

这个阶段的宝宝，反抗情绪增强，有时会拒绝吃东西，还会在妈妈喂食或睡午觉时哭闹不休。宝宝喜欢模仿大人做一些家务事，如果家长让宝宝帮忙拿一些东西，他会很高兴地尽力拿，同时也希望得到大人的夸奖。这个阶段的宝宝已经能执行大人提出的简单要求。宝宝会用面部表情、简单的语言和动作与成人交往。宝宝会试着给别人玩具。

这个阶段的宝宝，心情也开始受妈妈的情绪影响。宝宝喜欢和成人交往，并模仿成人的举动。在不断的实践中，宝宝会有成功的愉悦感；当受到限制时（尤其是成人总说不要、不能）、遇到"困难"时，仍然会以发脾气、哭闹的形式发泄因受挫而产生的不满和痛苦。

宝宝现在和其他宝宝在一起时，也会坚持一下自己的意愿了，为宝宝找一些经常在一起玩的小伙伴，是鼓励宝宝发展社交技能的好方法。但是，爸爸妈妈要知道这个年龄的宝宝仍然太小，还不能理解交朋友是怎么回事，安排宝宝和小伙伴们一起玩可以为宝宝学习与别人交流、互动打下良好基础。同时，宝宝可能从这些小伙伴身上学到新的玩法。

自我意识

这一时期宝宝的自我意识，已经发展到了能够通过镜子模模糊糊感觉到镜子里面的人可能就是自己的阶段，但他们还不能很明确地认识到，镜子里的人就是自己。一般来说，这种确切的认知要到一岁之后才能形成，而在这个时期，爸爸妈妈可以做的，就是强化宝宝的自我意识。

照镜子仍然是发展自我意识的最佳途径，爸爸妈妈可以平时多让宝宝照照镜子，对着镜子拿着宝宝的手，让他指着自己的五官，与此同时让宝宝朝镜子里看，告诉宝宝"这是宝宝的大眼睛"，"这是宝宝的小鼻子"，等等。还可以让宝宝摸摸爸爸妈妈的眼睛、鼻子，然后对着镜子告诉宝宝"这是爸爸/妈妈的眼睛"，然后再把手放到宝宝的眼睛上，告诉宝宝"这个是宝宝的眼睛"。通过这种方式，可以让宝宝感觉出自己与他人的区别，从而强化宝宝对自我的认知。

记忆力

这个月的宝宝开始有了延迟记忆能力，对于家长告诉他的事情、物体的名称等，能够维持几天甚至更长时间的记忆。这一时期是对宝宝进行早期教育的开始，如果教育得当的话，可以让宝宝学会很多的东西。不过这种教学最忌讳的就是揠苗助长，最好的方法是利用游戏加强锻炼学习，让宝宝边玩边学。

例如，这一时期宝宝对于图画的兴趣很高，所以可以把印有动物、用品、食物等图片的认知卡放在桌子上，先将每张图片上的内容名称告诉宝宝，给宝宝讲讲这种东西的特点、用处等，然后再由大人说出名称，让宝宝在一堆图片中找出所对应的图片。通过这个游戏，除了可以锻炼宝宝手脑并用、学会听声辨图之外，还能发展宝宝手部的活动能力。在手、脑、眼的协作下，还能有效提高宝宝的记忆能力。但是，刚开始教宝宝认识这些图片的时候，往往需要花一些时间，反复多次进行，并在学习的过程中注意多鼓励，培养宝宝的兴趣。

在玩游戏的过程中注意的是，如果宝宝失去耐心、显得比较抗拒的话，家长就要停止这种训练游戏，以免宝宝对这些小游戏彻底失去兴趣。

思维力

这个月的宝宝已经具备了最初的思维能力，所以此时再和宝宝玩游戏的时候，可以减少直观的游戏，增加一些能够促进宝宝思维能力发展的游戏项目。

传统的"藏猫猫"游戏，是很好的发展宝宝思维能力的游戏，比较适合爸爸妈妈共同陪宝宝玩。为了提高宝宝游戏的兴趣，爸爸妈妈其中一方在躲起来的时候，可以故意露出身体的一部分让宝宝看见，然后由另一方来启发宝宝去寻找，指给宝宝看躲起来的一方露出"马脚"的地方，让宝宝自己走过去，将躲起来的爸爸或妈妈"揪"出来。当宝宝成功地找到爸爸或妈妈时，要记得将宝宝抱起来鼓励鼓励他，这样宝宝便会对这个游戏充满了兴趣，并从中得到了思维方面的锻炼。

还有一种找东西的游戏也很适合这个月龄的宝宝：先在桌子上摆上1～2件宝宝喜欢的小物品，吸引宝宝的注意，然后用布把这些物品蒙起来，问问宝宝"东西去哪了"。有的宝宝刚开始可能会显得有些不知所措，但只要家长稍加提示，很快宝宝就能明白，东西被布遮盖住了，只要把布拿起来，就能看到东西还在里面。当他明白这一点后，就会主动地伸出手去把遮盖着物品的布拉开，然后很得意地抓起小物品放在手里摇摇。宝宝能够明白东西即使被蒙住了，也依然存在这件事，就是思维能力的一个发展过程。

当宝宝能够很好地玩这个游戏以后，可以继续升级游戏方式：准备几种不同的玩具，如塑料小鸭子、塑料小猫、软皮球等，分别让宝宝看，然后当着宝宝的面，拿走其中一样背在身后，再问宝宝"小鸭子呢？"看看宝宝会不会主动去扒大人的身后，找出这样玩具。

🖐 好奇心

宝宝时期的宝宝好奇心特别强，他想要学习一切他所接触到的事物。此时宝宝手部大肌肉和腿部大肌肉已经有所发展，所以这时他更多的是依赖手和脚来探索世界。

这个月宝宝的好奇心又在进一步增强，他对所有没见过、不知道的东西都特别感兴趣，而且还喜欢和大人"对着干"，越是大人不让摸、不让碰的东西，他就越想摸一摸、碰一碰；大人越不让宝宝把什么东西放进嘴里，他就偏喜欢把这些东西趁着大人不注意塞到嘴里啃啃尝尝。而且从会爬开始，宝宝的视野范围和活动范围都在增强，几乎能触及家庭的所有角落，并且对家里的小角落和小洞洞特别好奇，经常会一个人在角落里咿呀比画着探索。

所以，对于家里的这些小角落，家长们一定要在这些地方一定要加强防护，保持角落的干净，不要有玻璃等危险品，并保证所有的电源插座上都有盖了。

在对新鲜事物表现出强烈的好奇心和探索欲望同时，宝宝对已经了解的东西失去兴趣的速度也越来越快，"喜新厌旧"在这一时期表现得尤其强烈。只要是没见过的、没玩过的东西，什么都是好的；只要是看过了的、玩过了的东西，就很难让他再看一眼。再有，由于宝宝此时接触的事物非常有限，所以，宝宝的好奇范围也是和他所能达到的方圆路径是相一致的。只有那些宝宝所能听到、所能看到、所能摸到的东西才是他们愿意投注好奇心的。

对于宝宝表现出的这种强烈的好奇心，家长们应当在不出危险的前提下尽量保护其自由发展，不能因为怕宝宝淘气就禁止他做出这种或那种的探索活动，这样无疑会扼杀宝宝的好奇心和探索欲望。

宝宝时期的这种探索精神，是认知这个世界的一种强大的动力，这一时期探索精神得到大人支持和鼓励的宝宝，长大之后接受和探索新事物的能力往往比较强，而且自信心相对也较强。因此，爸爸妈妈可以利用宝宝的好奇心理，因势利导，促使宝宝认识更多的东西、学会更多的技能。

🐚 体能训练

多样化的体能训练，不仅有助于宝宝运动、学习和体能全面协调的发展，还有利于激发宝宝对运动的兴趣。在体能训练活动中，宝宝是训练的主人，家长只是宝宝活动的服务者、观察者、引导者和帮助者。

赛车

家长准备两辆小汽车，家长和宝宝各拿一个，由家长发出口令："预备——开始！"一起将汽车推出去，看谁的汽车跑得快。如此反复几次，也可以设立三局两胜或者五局三胜等比赛模式。让宝宝学习竞赛活动，慢慢培养宝宝积极进取的心态。

模仿小动物

宝宝体能及动作协调能力较差，可以让他在家人的帮助下模仿鸭子走、猴子爬等各种动物的活动，宝宝非常喜欢小动物，模仿起来兴趣很高，这样既可锻炼四肢的协调、灵敏及柔韧性，又增加了运动量。

🐚 走路训练

当宝宝能独立迈步时，就可以说已跨入一个重要的发展阶段。

这一阶段，家长最常用的训练方法就是，先扶着宝宝的腋下，或在前搀着宝宝的双手，让他练习迈步走。等到他可以迈步前进了，家长就可以让宝宝靠墙站好，然后退后两步伸开双手，鼓励宝宝朝着自己走过来。这时注意的是，当宝宝迈出步子时，最好向前迎一下，避免宝宝第一次尝试时就摔倒。如此反复练习，用不了多长时间就学会走路了。

如果宝宝已经有了第一次的尝试，就可以展开进一步的训练方式了：

1. 让宝宝扶着站在宝宝床的一侧，妈妈手里拿一件宝宝喜欢的玩具站在床的另一侧，喊宝宝走过来拿玩具。这个游戏需要反复进行，训练的次数多了能见效果，很可能一开始宝宝不太爱"搭理"你，或是不肯往前走原地哭闹，因此家长需要有足够的耐心。

2. 把若干玩具放到宝宝的宝宝车里，妈妈和宝宝一起扶着宝宝车的扶手站好，爸爸蹲在几米之外。妈妈可以先告诉宝宝一起把玩具送过去给爸爸，然后再一起推动宝宝车，在推的过程中不用使太大的力气，让宝宝作为主要的发力者，而妈妈只是去控制车的速度和方向。等到车停稳到爸爸跟前后，鼓励宝宝拿起玩具送给爸爸，爸爸此时也可以与宝宝保持一步的距离，以此引导宝宝单手扶物行走。

3. 准备一条学步带。让宝宝站好后，将学步带套在宝宝的胸前，然后爸爸或妈妈从宝宝的背后拎着带子，帮助宝宝掌握平衡，让宝宝带着妈妈一起往前走。用学步带最大的好处就是大人不用弯着腰了。如果家里没有学步带的话，也可以用长毛巾或浴巾代替。

4. 让宝宝张开双臂，妈妈在背后扶住宝宝的手臂，维持宝宝身体的平衡，然后引导宝宝往前走。这种训练方法可以一直进行，随着宝宝平衡和协调能力的增强，逐渐由双手领着宝宝，改为单手领着宝宝，直到宝宝能够完全自己行走。

在每次走路训练前，应该先让宝宝排尿，撤掉尿布，以减轻下半身的负担。最好是选择一个即使摔倒了也不会受伤的地方，特别要将四周的环境布置一下，把有棱角的、可能会伤害到宝宝的东西都拿开。另外刚开始时每天的练习时间不宜过长，30分钟左右就可以了。

为了让宝宝的训练更顺利，爸爸妈妈应该多陪着宝宝进行独立的训练，培养自己和宝宝的勇气。做足必要的安全措施，爸爸妈妈更应该在宝宝身后保护，尽量避免磕碰。在帮助宝宝练习走路时，爸爸妈妈可以用一些色彩鲜艳的玩具来引导宝宝，激发宝宝独立行走的兴趣。

在宝宝学步的过程中，很多父母要么急于求成，不断加大训练力度，要么就因为怕摔坏宝宝而中断练习。其实，这些都是不正确的做法。父母应根据自己宝宝的具体情况灵活施教，在初学时应每天安排时间陪着学步，并适当增加宜于学走路的游戏，这样也可以增添宝宝的乐趣和愉快的情绪，防止学习太过枯燥。

⑤ 排便训练

这个月可以继续前几个月的排便训练，培养宝宝独自坐盆排便，每次以 2 ~ 3 分钟为宜，最多不超过 5 分钟。如果宝宝不能顺利排便的话，可以过一会儿再坐盆，切忌强迫宝宝长时间坐在便盆上。另外培养宝宝定时排便的习惯，最适宜的时间是早上。

这时候的宝宝依然还离不开尿布，特别是在炎热的夏天，由于出汗使小便间隔变长，所以经常会有尿湿尿布的情况。这是很正常的，并不是宝宝的能力开始倒退，爸爸妈妈不用着急担心。

而且，这时候的宝宝越来越机灵了，他如果不想让大人把尿把便，一看大人要给自己解尿布的时候就会耍赖逃跑，让他坐在便盆上他就打挺正常，一旦给他裹上尿布，他很快就开始拉尿。这种行为常常让大人又生气又无奈，但是既然宝宝做出了这种小抗议，就说明他不喜欢让大人把自己，爸爸妈妈应该尊重宝宝的选择。这时候的宝宝没有尿便控制的能力，所以这也谈不上不利于他尿便控制力发展的问题，最多也就是多费一些尿布罢了。

另外有的宝宝在这个月，晚上能一觉睡到天亮，尿布也不湿；而有的宝宝则半夜还会有将尿尿在尿布里的情况。只要宝宝不醒，也没有因为尿布湿了臀部发红溃烂的话，家长就不用管他，等到宝宝醒的时候再换尿布也未尝不可。不要因为宝宝尿湿了就把他弄醒了换尿布，这样会使他的睡眠质量大打折扣。如果宝宝真的因为尿湿不舒服的话，他自然会哭吵着要求大人给他换尿布的。

无论怎样，这个月的宝宝，每晚在临睡之前，爸爸妈妈都要给宝宝把一次尿，这也有利于宝宝形成良好的排便习惯。

日常护理注意问题

⑤ 喂饭困难

边吃边玩

宝宝大了，开始淘气了，边吃边玩的现象是常见的。爱动的宝宝，就像个小皮球似的，动来动去的，一会儿也不停息。如果不把宝宝放到餐椅上，妈妈一个人是喂不了的。追着喂总是不好的，会养成吃饭随便移动的习惯，想让这样的宝宝一口气吃完饭是比较难的。把吃饭当玩，对于这样的宝宝，妈妈可适当给予制止，可以绷着脸看着宝宝，告诉宝宝这样不好。千万不要一个人喂饭，另一个人在旁边用玩具逗着，这样会让宝宝养成边吃边玩的习惯。

饭送到嘴边用手打掉

当宝宝不高兴，不爱吃，吃饱了时，妈妈把饭送到宝宝跟前，宝宝会抬手打翻小勺，饭撒了。遇到这种情况，妈妈千万不要再把饭送到宝宝跟前，应该马上把饭菜拿走。

用手抓碗里的饭菜

这是很正常的事情，但是不能让宝宝抓，让宝宝拿着饭勺。即使不会使用，也要锻炼。能拿手吃的，就让拿手吃，不让拿手抓着吃的，就让宝宝使用餐具，规矩要从最初立下。

不会嚼固体食物

真正不会的宝宝并不多，主要是父母或老人不敢喂，喂一点，宝宝噎了一下，这没关系。就此不喂了，宝宝就总也学不会吃固体食物，要大胆一些。慢慢训练，都能吃的。

喜欢上餐桌抓饭

这是很自然的，哪个宝宝都有这样的兴趣，不能为此就拒绝让宝宝上餐桌。不要让宝宝把饭菜抓翻，不要烫着宝宝的小手。可以告诉宝宝，给宝宝禁止的信号，如妈妈绷着脸，说不能抓。但不能惩罚宝宝，最常见的是父母打宝宝的手，这是不好的。

挑食

这是很常见的，什么都吃的宝宝不多，每个宝宝都有饮食种类上的好恶，有的宝宝就是不喜欢吃鸡蛋，有的宝宝就是不喜欢吃蔬菜。要慢慢养成不偏食的习惯，但不能强迫宝宝吃不爱吃的东西。可以想办法，如果宝宝不爱吃鸡蛋，可以把鸡蛋做在蛋糕里，把鸡蛋和在饺子馅里，慢慢就适应了。

吐饭

从来不吐饭的宝宝，突然开始吐饭了，首先要区分是宝宝故意把吃进的饭菜吐出来，还是由于恶心才把吃进的饭菜呕出来的。吐饭和呕吐不是一回事，到胃里后再吐出来的是呕吐，把嘴里的饭菜吐出来，是吐饭。呕吐多是疾病所致，吐饭多是宝宝不想吃了，妈妈又把一勺饭送到嘴里。如果宝宝把刚送进嘴里的饭菜吐出来，就不要再喂了。呕吐则要看医生。

⑤ 踢被子

这个月许多爸爸妈妈为宝宝蹬被子而发愁。为了预防宝宝因蹬被子而着凉，爸妈往往会夜间多次起身"查岗"，常常为自己"英明而及时"地查出宝宝蹬被子的险情而暗自庆幸，可结果却严重影响了自身的睡眠和身体健康；而且，尽管你百般关注，还是有疏忽的时候，蹬被子的恶果依然不时出现——宝宝感冒或腹痛、腹泻了。其实，要想解决宝宝蹬被子的问题，就必须找出宝宝蹬被子的原因，并采取相应的改进措施。

原因

1. 被子太过厚重。

因为总担心宝宝受凉，所以给宝宝盖的被子大多都比较厚重。其实除新生儿或3个月以内的小婴儿的大脑内的体温调节中枢不健全，环境温度低（如冬天）时需要保暖外，绝大多数宝宝正处于生长发育的旺盛期，代谢率高，比较怕热；加上神经调节功能不成熟，很容易出汗，因此宝宝的被子总体上要盖得比成人少一些。

如果宝宝盖得太厚，感觉不舒服，睡觉就不安稳，最终以蹬掉被子后才能安稳入睡；而且，被子过厚过沉还会影响宝宝的呼吸，为了换来呼吸通畅，宝宝会使劲把被子蹬掉，结果宝宝夜间长时间完全盖不到被子，就容易受凉。因此，给宝宝盖得太厚反而容易让宝宝蹬被子受凉。少盖一些，宝宝会把被子裹得好好的，蹬被子现象也就自然消失了。

2. 睡眠时感觉不舒服。

宝宝睡觉时感觉不舒服也会蹬被子。不舒服的常见因素有：穿过多衣服睡觉、环境中有光刺激、环境太嘈杂、睡前吃得过饱等。这样，宝宝会频繁地转动身体，加上其神经调节功能不稳定，情绪不稳或出汗，结果将被子蹬掉了。

3. 患有佝偻病或贫血等疾病。

佝偻病或贫血是宝宝生长发育过程中的常见疾病。当宝宝有佝偻病或贫血时，神经调节功能就不稳定，容易出汗、烦躁和睡眠不安，这些情况下，宝宝均容易蹬被子。

4. 感觉统合失调。

正常人的大脑皮质对所接受的感觉信息，包括视觉、听觉、嗅觉、触觉、味觉、皮肤感觉、体位感觉等，会进行汇总分析后做出恰当的反应，这个过程就是感觉统合作用。大脑皮质发出的信息正确，身体的协调性就好。反之，如果宝宝对所接受的各种感觉信息不能做出恰当的反应，即感觉统合失调，身体的协调性也就差了。

　　部分蹬被子的宝宝存在感觉统合失调，表现为当身体处于睡觉体位时，大脑内的睡眠指挥信号不通畅，大脑皮质的兴奋性仍不能降低，宝宝往往还同时有多动、坏脾气、适应性差和生活无规律等特点，所以睡觉体位和盖在身上的被子不能成为安稳睡觉的信号，尤其是身上的被子稍热就很不舒服，便用蹬被子来缓解。

对策

　　1. 被子要轻柔、宽松。

　　有时你可能也觉得宝宝盖得太厚或者被子过重了，需要减轻一点，但真做起来却又会情不自禁地给宝宝多盖一些，所以你首先要战胜自己。

　　不妨做一个实验，看什么样的被子宝宝睡觉最安稳。第一天先按你的想法盖被子，四周严实；第二天稍减一些被子，四周宽松；第三天再减一些被子，脚部更轻松一些。每天等宝宝睡熟 2 ~ 4 小时后观察情况，你会发现，被子越厚，四周越严实，宝宝蹬得越快。所以，建议你给宝宝少盖一些，宝宝就会把被子裹得好好的，蹬被子现象自然消失。

　　2. 去除引起宝宝睡眠不舒服的因素。

　　除少盖一些让宝宝舒服外，还要注意睡觉时别让宝宝穿太多衣服，一层贴身、棉质、少扣、宽松的衣服是比较理想的。此外，宝宝睡觉时还应避免环境中的光刺激，要营造安静的睡觉环境，睡前别让宝宝吃得过饱，尤其是别吃含高糖的食物等。总之，尽量稳定宝宝的神经调节功能，使宝宝少出汗，从而避免蹬被子。

　　3. 对症治疗。

　　对有佝偻病或贫血等疾病的宝宝，要在医生指导下进行治疗。

　　4. 心智运动训练。

　　对无上述原因，却蹬被子明显，尤其是同时伴有多动、坏脾气、适应性差和生活无规律等特点的宝宝，有可能是感觉统合失调的缘故。此时，需要以有效的心智运动来改善宝宝大脑皮质对睡觉体位和被子的感觉信息反应，发出正确的睡眠指挥信号。

　　具体方法：每晚睡觉前，先指导宝宝进行爬地推球 15 ~ 20 分钟，然后挺胸变换走步（有专门的脚步训练器）。你也可简单地在地板上画出红、蓝两条直线（两线距离以 10 厘米为宜），然后让宝宝沿线走 20 分钟以上（可选择两足交替走、单足跳行、双足直向跳行、双足横向跳行和双足前后向跳行等多种方式）。只要坚持引导宝宝做，就会有意想不到的大收获。

你会发现，宝宝不仅不蹬被子了，而且多动、坏脾气、适应性差和生活无规律的现象也逐渐消失了。

腹泻

婴儿腹泻分为感染性腹泻和非感染性腹泻，感染性腹泻主要是由病毒（主要是轮状病毒）、细菌、真菌、寄生虫感染肠道后引起的，非感染性腹泻主要是由于喂养不当，饮食失调所致。

如果给宝宝的食物一直很注意卫生，并且家里没有其他人有腹泻症状的话，那么多数都是非感染性腹泻，例如母乳不足或人工喂养的宝宝，过早过多地添加粥类与粉糊，宝宝摄入的碳水化合物过多，在胃里发酵就会致使消化紊乱从而出现腹泻。如果未能在断奶前按时添加辅助食品，一旦突然增加食物或改变食物成分，宝宝就很有可能因为无法适应造成消化紊乱，出现腹泻。此外，不定时的喂养、进食过多、过少、过热、过凉，突然改变食物品种等，都会引起腹泻。还有些腹泻，是于食物过敏、气候变化、肠道内双糖酶缺乏引起的。

造成宝宝腹泻的原因多种多样，家长不能随便用药，一定要慎重对待。腹泻患儿的饮食应以稀软的营养饭食为主，未断奶的婴儿可照样喂奶；尽量多喝水，水中加少量盐饮用更佳。此外，照护腹泻患儿的家长要随时洗手，防止病菌扩大传播。此外，学会观察宝宝腹泻时的表现，有助于帮助家长以最快的速度，找出导致腹泻的原因。

观察精神状态

如果宝宝除了腹泻之外，没有什么异常变化，精神状态良好，喜欢笑，爱玩玩具，爱和大人玩，一般就没什么问题。如果宝宝出现精神萎靡、嗜睡、抽搐、惊厥、抽风、昏迷等症状，就要引起警惕。如果宝宝在腹泻的时候出现喷射状呕吐的话，就要立即入院治疗。

观察体温

在腹泻病例中，由于饮食不洁而致使带有细菌、病毒或细菌产生的毒素进入体内引起的腹泻最为多见，称为感染性腹泻。感染性腹泻占腹泻病例的 85% 左右，这类腹泻大多容易出现体温异常，容易在腹泻出现之前或腹泻初期时发热，一般体温都在 38℃ 左右。同时，宝宝还会表现出精神萎靡、食欲低下、磨人哭闹等异常状态。注意的是，一旦宝宝在腹泻之前出现超过 39℃ 的高热，就要及时就医，防止较为严重的中毒性菌痢。

观察大便性状

婴幼儿腹泻常见的是稀便、水样便、蛋花样便、黄绿色便或有少量黏液，每天腹泻 5 次左右，大便量不很多，无明显脱水现象，家长就不需要太过担心。但如果是便中带有血丝，或血水样便，或脓血样便，且每次便量较少，坐便盆不愿起来，就有可能是痢疾，或是空肠曲菌腹泻，或是出血性大肠杆菌腹泻，应立即就诊。宝宝腹泻次数多，排便量大，就容易出现脱水的症状，需要立即到医院输液补充体内流失的水分和电解质，以防酸中毒。

观察有无并发症

如果宝宝在腹泻时，出现呼吸不畅、高热、头痛、喷射状呕吐，四肢尤其是下肢瘫软无力，尿量减少，尿中有蛋白，皮肤出现皮疹、瘀斑等症状，往往是并发症的早期表现，应及时就诊。

观察药物反应

如果宝宝在吃了治疗腹泻的药物 2 天内未见疗效，或是出现了一系列不良反应，就要立即停止用药，并咨询医生，选择另外的治疗方法。

便秘

如果以前大便一直正常规律的宝宝，到了满 10 个月的时候，大便突然变得困难起来，甚至 2 ~ 3 天才排一次大便的话，首先要考虑是不是吃得少了，或是给的食物太软。

可以通过宝宝体重的增加情况来衡量，如果宝宝每天的体重增加不到 5 克，就可以让宝宝多吃一些，特别是多给一些鱼类和肉类的辅食。如果宝宝每天的体重增加在 7 ~ 8 克却依然便秘，就要考虑是不是给的食物太软，可以给宝宝一些纤维丰富的食物，如菠菜、卷心菜等，但吃菠菜的时候注意要先将菠菜焯过水之后再给宝宝，避免影响铁的吸收。也可以将这些蔬菜剁碎，放到鸡蛋里做成软煎蛋卷给宝宝，或是给一些稍微硬点的食物，如豌豆等，刺激宝宝胃肠的蠕动。此外，平时还要多给一些水果，也有助于缓解便秘的症状。

有些宝宝并不是到了这个时候才开始便秘，家长可以根据宝宝的具体情况来选择调理的方法。最好的办法是通过饮食，即平时多给一些蔬菜、水果和粗粮的辅食，不要吃得太过精细，再有就是多到户外进行锻炼或多进行室内运动，也可以有效刺激胃肠运动。

不建议经常使用开塞露之类的栓剂以及肥皂条之类辅助通便的物品，更不要经常利用灌肠来帮助通便。

有些习惯性便秘的宝宝，是因为此时还没有定期排便的规律。因此，家长要加强对宝宝的排便训练，可以每天定时让宝宝坐在便盆上排便，刺激宝宝的条件反射，协助宝宝形成固定的排便规律，这在某种程度上也会有效缓解或解决便秘的问题。

嗓子过敏

有的家长会发现，只要给宝宝稍硬一点的食物或是没有吃习惯的食物时，宝宝总会吐出来，而给他比较软的糊状食物时，宝宝就能吃得很好。有些家长就以为这是宝宝在挑食，但如果宝宝总是这样的话，就有可能是嗓子过敏。

嗓子过敏是天生的，这样的宝宝一般在刚出生时喝奶很容易呛着，两三个月大的时候喝果汁也很容易呛到。只要身体其他部位没有异常，这种过敏就不需要治疗，随着宝宝渐渐长大就会自行好转，也有的宝宝可能很难痊愈，但这也不会影响宝宝的日常生活。

对于嗓子天生过敏的宝宝，喂食的时候应该有充分的耐心，可以逐渐一点一点地给宝宝吃，让宝宝慢慢地习惯接受，可以把较硬的食物切碎混在汤里喂给宝宝。家长不必担心，只要合理喂养的话，宝宝一定能像正常宝宝那样进食，也不会发生营养不良的问题。

鼻子出血

外伤是导致鼻出血的最常见原因，除此之外，天气干燥、上火、鼻腔异物等也会导致鼻黏膜干燥或破坏，造成鼻出血。再有，某些全身性的疾病，如急性传染病、血液病、维生素C和维生素K缺乏等也同样可能造成鼻出血。

当发现宝宝鼻子出血以后，应立即根据出血量的多少采取不同的止血措施。当出血量较少的时候，可以运用指压止血法，方法是让宝宝采取坐位，然后用拇指和食指紧紧地压住宝宝的两侧鼻翼，压向鼻中隔部，暂时让宝宝用嘴呼吸，同时在宝宝前额部敷上冷水毛巾，在止血的时候，还要安慰宝宝不要哭闹，张大嘴呼吸，头不要过分后仰，以免血液流入喉中。一般来说，按压5～10分钟就可以止住出血。

如果出血量较多的话，只用指压止血的办法可能一时间就无法止住出血了，这时可以改用压迫填塞法来止血。止血的时候，将脱脂棉卷成像鼻孔粗细的条状，然后堵住出血的鼻腔。填堵的时候要填的紧一些，否则达不到止血的目的。

如果上述办法均不能奏效的话，就需要立即送往医院止血，止血之后还需要查明出血原因，并对症做进一步相应的治疗。

捏鼻止血时，经上述处理后，一般鼻出血都可止住。如仍出血不止者，需及时送医院。在医院除继续止血外，还应查明出血原因。

🐚 警惕传染病

宝宝从 6 个月之后，开始要运用自身的抵抗能力来抵御外界的侵袭了。但由于不足 1 岁的宝宝自身的抵抗能力还较弱，所以极易受到外界致病菌的攻击侵害，特别是可通过各种方式传播的致病菌，所以家长有必要了解宝宝此时较为常见的几种传染性疾病，以及必要的防护措施，尽最大的可能保护好自己的宝宝，让他能够安全健康的成长。

流行性感冒

简称流感，是婴幼儿最为常见的传染病。流感起病急骤、高热、畏寒、头痛、肌肉关节酸痛，全身乏力、鼻塞、咽痛和干咳，少数患者可有恶心、呕吐、腹泻等消化道症状，一般在发病前三天传染性最强，主要通过飞沫传染。

预防流感最重要的是增强体质，即平时多注意锻炼，多喝水，及时补充含维生素 C 和维生素 E 的食物，根据季节变化及时增减衣物，保持足够的休息睡眠，增强机体的抵抗力。如果有家人患病的话，一方面要隔离病人，另一方面要做好室内的消毒，可以用食醋蒸熏的办法。在流感高发的季节，应尽量避免到人多的公共场所，更要避免与患上流感的人接触，外出的时候可以给宝宝带一个小口罩，回家之后要先洗净双手，也可以根据宝宝的月龄大小给予一些预防流感的药物，如板蓝根等。

水痘

水痘好发于 6 个月 ~ 3 岁的婴幼儿，主要通过飞沫传染，皮肤疱疹破溃后也可经衣物、用具等传染。水痘是由水痘病毒引起的呼吸道传染病，具有很强的传染性，多发于冬春季节。发病初期先是高热，体温达 38 ~ 39℃，宝宝能看出明显的烦躁和食欲不振。而后由头皮面部开始出红疹并逐渐蔓延到全身，1 天之后变为水疱，3 ~ 4 天后水疱干缩，结成痂皮。

水痘没有专门的治疗方法，要做的就是发病初期随时给宝宝测体温，如果体温持续升高的话要多喝水，如果体温超过了 38.5℃，可以用退热药降温，但要避免使用阿司匹林；用温水给宝宝洗澡，洗过之后要穿宽松的棉质衣服并勤换内衣，以减轻瘙痒不适。患上水痘之后，宝宝常会不自觉地抓挠疱疹，为了防止宝宝将疱疹抓破发生溃烂感染，就要把宝宝的指甲剪短并保持清洁，必要时给宝宝带一副防护手套。

如果有极为严重的瘙痒或疱疹周围皮肤色红或肿胀，有脓液渗出，就说明疱疹已受感染，要立即去看医生。如果宝宝患有肾脏病、哮喘、血液病或代谢病等而正在使用糖皮质激素的话，一旦得了水痘要立即去看医生。

预防水痘主要就是避免宝宝与患了水痘的患儿接触，尽量少到人多的公众场所，并且要勤换勤洗勤消毒宝宝的日常衣物，随时保持各种用品的卫生清洁。

麻疹

麻疹是由麻疹病毒引起的一种急性呼吸道传染病，好发于 6 个月 ~ 5 岁的婴幼儿，传染性极强，多由飞沫和空气传播，常在冬末春初时流行。如果宝宝如未患过麻疹而抵抗力又比较差的话，就很容易被感染麻疹病毒继而发病。

小儿麻疹临床表现为发热、咳嗽、流涕、睑结膜充血及口腔黏膜有麻疹黏膜斑，发热 3 ~ 4 天后出现全身红色斑丘疹，经一周左右可自然恢复，但要注意防止肺炎、心肌炎等并发症的出现。

对于 8 个月以上从未患过麻疹的宝宝，可以在麻疹流行前 1 个月皮下注射麻疹疫苗，但如果宝宝有发热、患严重慢性病或急性传染等病症时，不能注射麻疹疫苗。此外，有免疫功能缺陷以及过敏体质的宝宝，也不宜注射麻疹疫苗。预防麻疹最主要的办法就是在麻疹流行期间，尽量少带宝宝去人多的地方，更要避免与患上麻疹的宝宝接触。如果患上麻疹的话，要注意及时隔离治疗，并保持室内的空气流通。

细菌性痢疾

即为菌痢，是由痢疾杆菌感染所引起的一种婴幼儿常见的肠道传染病，主要通过病菌污染的食物和水传播，也可通过苍蝇和带菌的手而间接传播，以夏秋季节最为常见。

婴幼儿是中毒型菌痢的主要年龄群，表现为急骤起病、高热、腹痛、呕吐、腹泻等，大便呈脓血黏液状，次数多而每次量少，多数在胃肠道症状出现前就表现高热惊厥或微热或超高热，并出现休克、烦躁或嗜睡、昏迷等

菌痢是一种严重的传染性疾病，如治疗不及时的话就会引起患儿脱水、休克甚至死亡，所以一旦发现宝宝有菌痢症状出现的时候，就要立即隔离并及时送往医院治疗，不能耽误。

预防菌痢主要在于养成宝宝良好的卫生习惯，饭前便后要洗手，不能喝生水，给宝宝所有的食物要保证干净卫生。当宝宝患上菌痢之后，要保持卧床休息，体温超过 38.5℃，可给退热剂，同时注意水分和盐分的补充，

禁食 1 ~ 2 天后逐步添加易消化、少渣食物，并少量而多餐。

适当拒绝宝宝的要求

10 个月之后的宝宝，已经能够听懂大人简单的指令了。他们在这一时期总是表现得特别淘气，总会做出很多试探性的动作，这有的时候是出于好奇心而来的探索，有的时候则是故意试探大人对自己所做行为允许的尺度。

这么大的宝宝并没有安全意识，他不会明白哪些动作行为可能会给自己以及他人造成危害，这就需要大人来强化宝宝的危险意识，一旦发现宝宝做出可能发生危险的动作，就要果断的制止。当然，最直观的办法就是一边制止宝宝的动作，一边告诉宝宝"不"。有的宝宝在大人对他说"不"时，可能会故意装作没听见而继续重复之前的动作。这个时候，大人就需要用严肃的表情，让宝宝知道"这样不行，爸爸/妈妈不喜欢"。当宝宝通过大人的表情和语气，知道他的这种行为会令大人不快的时候，就不会再继续了。不过家长此时还没必要给宝宝罗列一堆"为什么不行"的原因，因为宝宝基本上是听不懂你在说什么的。

此时的宝宝自我意识比较强，并明显地表现出了自己的个性，因此这一时期也是宝宝很多不良习惯形成的阶段。所以，此时爸爸妈妈学会对宝宝说"不"就显得尤为重要，一味顺从溺爱的话，只会让宝宝越来越任性，稍有不顺的话就哇哇大哭的闹情绪。

不要认为 10 个多月的宝宝还不懂得什么叫好，什么叫坏，不管他干什么都置之不管，这是不对的。尽管这时的宝宝还不能判断好和坏，但能感到大人是高兴还是生气。如果让宝宝觉得大人绝对不会对自己发脾气，那就会助长他为所欲为的风气。

为了让大人的话更有分量，也不要要太轻易而频繁地对宝宝说"不"，应该在设定重要规矩的时候才用这个词，不然宝宝就会听"疲"了，这些禁止的话也就失去了作用。有的宝宝总是做不让他做的事，对这样的宝宝，只能在他做特别危险的事时严厉地批评，凡是可用来"淘气"的东西首先应该收拾起来但是，无论宝宝多么淘气和任性，都不应该体罚宝宝，这是所有家长都应该注意的。

睡眠问题

10 个月以后，白天睡长觉的宝宝越来越少了，有的宝宝能从晚上 8 ~ 9 点一觉睡到转天早上的 7 ~ 8 点，白天只睡一小觉。也有的宝宝白天还是能睡 2 ~ 3 觉，但每次都不超过 1 个小时。

这时候宝宝的睡眠情况表现出了很大的个体差异。有些宝宝此时已经建立了一套固定的睡眠规律，每天晚上都能按时睡觉，不管周围的大人们在做什么；而有的宝宝则不然，如果爸爸妈妈不睡只是哄他睡的话，他很难乖乖睡去，一直要等到晚上 10 ～ 11 点，爸爸妈妈也要睡觉的时候才肯入睡。有些宝宝晚上睡得早，早上 5 ～ 6 点的时候就会醒来，这无疑会影响爸爸妈妈的睡眠。对于这样的宝宝，如果晚上不是主动入睡的话，完全可以将哄睡的时间延后一些，这样宝宝早上也能醒得稍晚一些，不至于干扰爸爸妈妈的睡眠。

当宝宝的体能消耗到一定程度时，自然会需要睡觉。这时，只要让宝宝在床上安静地躺一会儿，他就能睡着了。如果宝宝一时没有睡意，也可以让他睁着眼躺着，但不要去逗他、哄他，等到睡意上来了他就会自觉进入梦乡。有的宝宝入睡很快，但睡着后却爱翻身，睡不安稳。出现这种现象，应先检查一下宝宝睡觉的床是否有不妥的地方，比如被子、褥子是否太厚，是否穿的衣服太多不舒服，周围的环境是否太吵、灯光是否太亮等。另外，如果睡前宝宝有比较兴奋的表现也会睡不安稳。因此，为了提高宝宝的睡眠之前，在临睡之前要保证宝宝处于平静的自然状态，不要去哄逗他，以免使其过于兴奋，影响睡眠质量。

如果半夜宝宝醒来，提出想玩的要求的话，爸爸妈妈就要果断拒绝，不能纵容宝宝形成这种不好的睡眠习惯。

四季护理

春季护理

入春后天气变暖，应让婴儿在室外充分锻炼。这个月宝宝最容易患病毒性感冒，所以应该坚持每天把宝宝带到户外活动，并且在室内做好消毒和通风，此外家人也要注意预防病毒性感冒，因为很多时候宝宝得病都是被家人传染的。

常在室外活动的宝宝，有时脸上和手脚上会出现又痒又红的湿疹，这可能是受紫外线刺激所引起的，所以如果室外阳光充足的话，最好是给宝宝戴上帽子，避免阳光直射。

有的时候家长发现宝宝盗汗严重，就以为是生病了，但其实也有可能是给宝宝穿的太多了。所以当宝宝盗汗时，可以先检查是不是给宝宝穿的太多了，是不是还给宝宝穿冬天的衣服、盖冬天的被子。如果的确如此的话，只要适当给宝宝减少衣服和被褥，就可以解决这个问题。

夏季护理

宝宝如果是在夏天进入第 10 个月，常常会不爱吃饭，特别是食量较小的宝宝。只要宝宝精神状态良好，活跃健康的话，家长就不用担心，可以多给宝宝吃些新鲜的水果、酸奶或乳酪等，但是不能吃冷饮，也不能吃刚从冰箱里拿出来的东西。如果宝宝特别不愿意吃的话，也没必要勉强他。如果宝宝什么都不想吃，并且发高热的话，就应该想到是口腔炎。

夏天宝宝的消化功能本身就差，如果这时候给宝宝断奶的话，宝宝很可能会由于不适应而哭闹，加上牛奶不易被吸收消化，所以此时母乳仍然是最好的食品，断奶应该等到天气转凉之后再进行。

由于夏天出汗多，宝宝的尿量会减少，尤其是小便间隔时间长的宝宝。只要家长能够做到准时把尿，就可以完全撒掉尿布，等到秋天的时候再裹上。如果依然给宝宝裹尿布的话，注意不要把尿布垫得过厚，也不要兜得过紧，尤其是不要使用塑料布，防止尿布皮炎的发生。

这个月的宝宝活动多了，加上夏天的衣服穿得少，所以要尽量避免肢体破皮出血，否则耽误洗澡是很麻烦的。带宝宝出去活动时要注意防止紫外线，不宜长时间晒太阳，否则会令宝宝被阳光灼伤。

秋季护理

从夏季到秋季的温度变化大，且早晚温差大，要特别注意预防宝宝由于冷热不均而患上感冒，平时要多给宝宝喝水，及时调整室内空气湿度，也不要过早地给宝宝加衣服。

如果宝宝玩出汗了，不能立马把衣服脱掉，应该先让宝宝安静下来，擦干汗水后再脱掉衣服；不要把宝宝直接放到风口处乘凉、吃冷饮，更不能用电风扇或空调给宝宝降温；可以给宝宝喝些温开水，这样不但可以预防感冒，还可以增强宝宝的胃肠和肺部机能。

再有，给宝宝加衣服要注意方法，最好是和大人穿一样薄厚的衣服，只要大人静坐时不觉得冷，那么宝宝也不会受寒，因为虽然宝宝的耐寒力不比成人，但他却在终日活动着，就算是睡觉也不老实。给宝宝加衣服要一件一件的加，不要一下子加得太多，因为秋天的气温往往会有反复，一旦给宝宝加上了就很难再脱下，这样很容易让宝宝感冒。

冬季护理

进入冬季后，有的宝宝会突然吐奶，反复排解水状便，这就是冬季腹泻，是这个月龄宝宝初冬经常发生的病症，家长不需要太担心。这种腹泻通常会持续 4~5 天，家长要注意多给宝宝喝水以防止脱水，也可以给宝宝喝些橘子汁，等到宝宝呕吐停止后可以给予奶粉和粥等软食，只要给予合适的食物，宝宝的腹泻很快就会痊愈。

如果宝宝之前没有得过突发性发疹，而突然持续高热两天，就可以考虑是这种病了，因为这种病是不分季节的。再有，冬季是婴儿烫伤的高发季节，家长们依然要做好防护工作。

家庭环境的支持

◎ 室外活动

这个月的宝宝对室外活动的主动性比上个月要强了，有的宝宝在上个月还不懂得自己要求出去玩，但从这个月开始也渐渐懂得发出想要出去玩的愿望了，而且这时如果是平时不熟悉的陌生人，如果说要抱着宝宝出去玩，宝宝也会愿意去。因此可以看出来，此时的宝宝对户外活动有着多么强烈的需求。

由于此时的宝宝已经能吃和大人一样的饭菜了，所以爸爸妈妈不妨减少准备辅食的时间，多带宝宝出去呼吸呼吸新鲜空气，看看外界的事物，让宝宝和邻居家的小朋友多些交流。这一阶段不应该吝啬室外活动的时间，只要宝宝身体情况良好，天气晴好，室外空气也较好的话，只要宝宝想出去玩，就带着他出去待一会儿。

但是，此时室外活动的时间也不宜太长，以免宝宝"玩疯了"。可以采取多活动次数、少活动时间的办法，即每天多出去活动几次，每次活动时间相应减少，这样一来可以满足宝宝想要出去的愿望，二来也不至于让宝宝太过疲累，而影响他的休息睡眠。

◎ 教宝宝说话

教宝宝说话是家长和宝宝双方不断"学习"的过程，宝宝在未开口说话之前就已经注意倾听和模仿大人的言语，而家长同样要学会宝宝的"语言"，才更有利于交流。很多人都会发现，当这个月大的宝宝含糊不清地与他人"交谈"时，对方几乎是听不懂他说的是什么，但妈妈或每天陪着宝宝的亲人却都能知道他在说什么。只有当你懂得了宝宝的词语和手势，以及他指指点点、嘟嘟囔囔是要干什么以后，你才能真正地与他交流，教他说话。和宝宝对话是鼓励他提高语言技能的一个好方法，当宝宝对着一个东西嘟嘟囔囔的时候，你要马上告诉他这个东西的名字，或者你主动指着东西说出名字，帮助宝宝学会叫出这样东西的名字。

很多家长在跟宝宝说话时，都喜欢用叠字或者婴儿化的语言，例如把吃饭叫作"饭饭"，把爽身粉、护肤油叫作"香香"。在宝宝很小的时候，你可以这么哄他，但当开始真正教宝宝说话之后，就不要再这么与他对话了，一定要用成人的语言把宝宝说的词语重复说给他听，比如当宝宝叫"饭饭"的时候，你就应该告诉他"吃饭"。虽然婴儿化的语言很有意思，但是作为家长你要知道，只有正确的发音和语言表达，才能有利于婴儿的健康成长。

教宝宝说话并不需要刻意进行，只需要在生活中潜移默化就可以了。比如，你可以把你自己正在做的事情一步步讲给宝宝听，也可以一边唱儿歌一边配合歌词做动作表演给宝宝看，这样宝宝就能很快将词汇和意思联系起来，用不了多久，他就会正式地和你"对话"了。

但是有个问题需要家长注意的是，如果家里成员来自不同地方、同时用多种方言的话，在教宝宝说话期间，尽量营造一个说普通话的环境，家中成员都说普通话，以此来促进宝宝的语言学习。如果做不到都用普通话的话，那就固定一种方言口音和宝宝交流、教宝宝说话，否则多种方言容易给宝宝学说话带来干扰。

🐟 教宝宝看图画书

这个月的宝宝看的能力大大增强，是时候准备一些好看的图画书了。这时的宝宝大多数都喜欢色彩鲜艳的大块图案，图画书在此时不仅能够迎合宝宝的喜欢，还能借此来提高宝宝的认知力、记忆力和思维能力。

好的图画书，画面的色彩形象应当真实准确，符合实物，并且根据这个月龄宝宝的特点，尽量选择单张图画简单、清晰的图画书，最好是选择实物类的图画，而不以选择卡通、漫画等，也不要选择背景复杂、看起来很乱的图画书，这会使宝宝的眼睛容易疲劳，辨认困难。

可以给宝宝准备一些认识蔬菜、水果、人物或其他生活用品之类的图画书，每天带着宝宝认 1 ~ 2 种，并把图片上的东西和实物联系起来，比如教宝宝认识图画书上"苹果"的时候，就可以拿着一个苹果给宝宝看看、抓着玩玩，这样可以提高宝宝的理解力和记忆力。由于此时宝宝的能力水平有限，所以一次最多不宜让宝宝识记超过 2 件以上的物品，否则会使宝宝发生记忆混淆。这么大的宝宝集中注意力的时间很有限，所以应当遵从宝宝的喜好和心情变化，适可而止，以免宝宝看得心烦。

每次给宝宝看新的图画之前，要先给宝宝看看之前一天看过的图片，以加深宝宝的印象。只有这样的不断重复，才会让宝宝记住所学所看的东西。再有，在给宝宝讲述物品名称的时候，名称一定要从头到尾保持固定和准确，以免宝宝产生混乱或错误的印象。

🐟 玩具

10 个月的宝宝的手指能够灵活的抓取东西了，并对玩具表现出明显的个人喜好了。

有的宝宝喜欢玩积木，尽管还不会搭，但他喜欢双手拿着积木块撞击或者把积木摆起来；有的宝宝喜欢用蜡笔在纸上乱涂；有的宝宝喜欢看图画书；也有的宝宝对玩具不感兴趣，反而喜欢家里的日常物品。但是大多数宝宝在这个月，对以往很感兴趣的哗啷棒、不倒翁等都渐渐没了兴趣。

家长可以根据宝宝的喜好，利用玩具发展宝宝的智能和动手能力，做到一举两得。不过注意的是，宝宝在这个时候仍然喜欢吃手里拿起来的东西，所以给宝宝的玩具都要提前检查好，任何破损的或是小零件松动的塑料玩具、着色不好的木制玩具都不宜给宝宝玩，另外有的时候宝宝撕纸吃纸，所以在给宝宝这些东西玩的时候，家长一定要在身边看着他。

潜能开发游戏

光影秀

【目的】培养宝宝的视觉能力。

【玩法】坐在地板上，让宝宝坐在你的腿上或你旁边。把手电光或灯光打到墙上，然后把手放在光源和墙之间，这样墙就成了你表演手影的屏幕。刚开始，你可以做些简单的动作，例如挥手或竖起手指表示不同的数字，然后你可以用手做出小动物的形状，比如狗或鸭子。还可以帮助宝宝挥动双手，在墙上显出晃动的影子，然后让宝宝看他的手影比你的小多少。最后，你还可以握着宝宝的手，帮宝宝做出不同的手影形状，对宝宝说晚安。

超级分类

【目的】锻炼宝宝的精细动作，培养宝宝的手眼协调能力。

【玩法】准备几个小碗、带盖的小容器以及能用手指拿的食物。用小碗装上宝宝爱吃的、各种颜色的、能用手指拿的食物，比如小块的软水果，或煮透的蔬菜、谷物，切小块的鸡肉丁或鱼肉丁，奶酪块或煮鸡蛋。再给宝宝几个空碗碟，鼓励他把各种食物混合搭配在一起，或是把食物从一个碗移到另一个碗里。如果宝宝已经掌握了开关盖子的技巧，你就可以给他几只带盖子的塑料容器，鼓励他自己打开。

晃起来，宝宝

【目的】训练宝宝的听觉反应，培养宝宝的节奏感。通过鉴别不同的声音可以训练宝宝耳朵对音色和音量的识别，而通过跳舞、摇摆或玩乐器则可以训练宝宝创造性表达。

【玩法】将大米、干豆或硬币分别装入几个小塑料瓶，把瓶盖拧紧后摇晃瓶子，然后把瓶子递给宝宝，并对它发出的独特声音做出评价；可以选几首熟悉的不同节拍的歌曲，鼓励宝宝随着节拍晃动瓶子和身体。

11 ~ 12 个月

这个月的宝宝

体重

到了第 12 个月，宝宝看上去更匀称和机灵了，生长指标也呈现缓慢的增长，宝宝的体重比 11 个月时平均增长 0.23 千克左右。男宝宝体重的正常范围为 7.68 ~ 11.88 千克，平均为 9.78 千克；女宝宝体重的正常范围为 7.21 ~ 11.21 千克，平均为 9.2 千克。

身高

这个月宝宝身高比 11 个月时平均增长了 1.2 厘米左右。男宝宝身高的正常范围为 70. 1 ~ 80.5 厘米，平均为 75.3 厘米；女宝宝身高的正常范围为 68.6 ~ 79.2 厘米，平均为 74.0 厘米。

头围

到了第 12 个月，头围比 11 个月时平均增长 0.33 厘米左右。男宝宝头围的正常范围为 43.7 ~ 48.9 厘米，平均为 46.3 厘米；女宝宝头围的正常范围为 42.6 ~ 47.8 厘米，平均为 45.2 厘米。

胸围

到了第 12 个月，宝宝的胸围几乎等同于头围，男宝宝胸围的正常范围为 42.2 ~ 50.2 厘米，平均为 46.2 厘米；女宝宝胸围的正常范围为 41.1 ~ 49.1 厘米，平均为 45.1 厘米。

囟门

宝宝的前囟继续缩小，一般到 12 个月 ~ 18 个月时闭合。这个月里宝宝前囟接近闭合的速度逐渐增加。

牙齿

这个月的宝宝开始长出下外切牙。

营养需求与喂养

营养需求

快满周岁的宝宝，营养需求和上一个月一样，每日每千克体重需要热能 461 千焦（110 千卡），其他必需营养物质如蛋白质、脂肪、碳水化合物、矿物质、维生素、各种微量元素及纤维素的摄入，也和上月基本相同。这个月的辅食添加侧重依然和上月类似，通过食入蛋类、肉类、鱼类、虾类奶类和豆制品来获得蛋白质，通过食入肉类、奶类、油类获得脂肪，通过摄入粮食获得碳水化合物，通过蔬菜、水果获得维生素以及纤维素，通过多种的食物获得不同的矿物元素和微量元素。

营养补充

奶的作用不容忽视

快满周岁的宝宝能吃很多种食物，除了过于辛辣、刺激的食物之外，基本与大人的日常饮食无异。但是，目前我国 1 岁左右的儿童普遍都有缺乏微量元素的症状，尤其是缺铁和缺钙。因此，为了保证宝宝的健康，均衡的配方奶类食品仍然是此时饮食的重要部分，建议每日摄入的奶类食品与固体食物的比例应为 40 ： 60，以保证宝宝的营养足量均衡。

额外补充维生素

1 岁的宝宝虽然能吃的东西很多，而且户外活动也多，但仍需要额外补充维生素，只是在数量上相对减少。一般来说，周岁的宝宝每日应额外补充 180 微克维生素 A，5 微克维生素 D。如果宝宝不爱吃蔬菜和水果的话，还要额外补充维生素 C 片，以防维生素 C 摄入不足。

粮食也很重要

如果宝宝特别爱吃蛋类、肉类食品，家长担心宝宝过胖就不给宝宝吃粮食或吃极少的粮食，这也是不对的。虽然蛋类和肉类的食品也能给宝宝提供热量，蔬菜水果能提供给宝宝多种微量元素、维生素和矿物质，但谷物类的主食仍然是宝宝最为直接的热量来源。肉蛋类食品中的热量，当进入宝宝体内后，还需要一个转换的过程，才能被宝宝吸收利用。并且在这个转换的过程中，还会产生一些体内并不需要的多余物质，这不仅仅会增加宝宝体内的代谢负担，同时也可能使宝宝体内产生一些对身体有害的废物。

饮食安排

近周岁时，一般宝宝都能吃爸爸妈妈日常吃的饭菜，不要特意为他做吃的，吃现成的饭菜就可以。以前还在母乳喂养的话，此时如果正处于春天或秋凉季节，就可以考虑断母乳了。即使不断奶，也要减少喂奶的次数，让宝宝随餐进食营养更加丰富多样辅食。

尽管宝宝能吃很多种辅食，也依然要注重每天奶粉的摄入量。以前一直喝奶粉的宝宝，这个月最好还能保证每天 500 毫升的奶粉。但如果宝宝不习惯奶粉的味道，不爱喝奶粉的话，也可以少喝一些，多添加几种辅食。

1 岁前后是帮助宝宝形成良好饮食规律的重要时期，爸爸妈妈给宝宝吃进的每一口食物都是重要的，都关系到宝宝的消化吸收、关系到宝宝的食量及食欲的养成，最终关系到宝宝将来可能习惯吃什么样的食物。这个时候，每天都要按时给宝宝开饭，不能因为大人的原因省略正常进食的某一餐。如果宝宝因为加了点心、零食而使一日三餐饭量减少，那么就应该减少给点心和零食的数量，保证宝宝能够按时按量吃饭。

食物的营养价值关系到宝宝能否健康成长的大问题，给宝宝吃的食物，应该是既好吃，又有营养价值的，例如同等热量的香蕉和巧克力相比，香蕉更适合给宝宝吃。因为像巧克力等经过加工的零食，最容易惯坏宝宝的胃口，不仅妨碍了宝宝对正常饭菜的兴趣，还不利于宝宝的胃肠消化和营养摄入。

由于宝宝的身体还未发育成熟，对于食物的代谢比不上成人迅速，因此人工添加物及一些不明物质，可能会给宝宝造成身体上的伤害。所以，要尽量选择天然未加工过的食物给宝宝吃，以保证宝宝充分吸收食物中所含的养分。

在为宝宝准备适合的菜肴时，除了注意选择最新鲜的原料之外，还要注意饮食加工和烹饪方式，适合用蒸、煮等最简单的方式，少用或不用煎、炸、烤等容易致使食物中营养成分大量流失的烹调方式。

再有，给宝宝的食物不能太甜或太咸。太甜的食物会损坏宝宝的牙齿，也容易使宝宝饱腹、腹胀等，妨碍了正常饮食，而太咸的食物则会加重宝宝的肾脏负担。建议满周岁的宝宝，每天的食盐量不超过 2 克。

补充动物蛋白质

这个月的宝宝正处于生长发育期，对蛋白质的需求量相对要高于成年人，因此要供给足够的优质蛋白，以保证宝宝的成长所需。

最好的优质蛋白仍然是动物性蛋白，以鸡蛋、鱼的蛋白质最好，其次是鸡、鸭肉，接下来是牛、羊肉，最后是猪肉。虽然植物蛋白如大豆蛋白也属于优质蛋白，但却不如动物蛋白容易被宝宝吸收。1 岁的宝宝每天需要蛋白质 35 ~ 40 克，等同于进食 400 ~ 500 毫升奶制品、1 个鸡蛋和 30 克瘦肉的总量。为了保证宝宝食物的多样化，可以每周吃 1 ~ 2 次鱼、虾，2 次豆制品，平时也可以将鸡、鸭、牛、猪肉变换着吃，让宝宝在摄入营养的同时，充分享受进食的乐趣。

水果供给

1 岁以前的宝宝吃水果有三种方法：一是喝新鲜果汁，选择新鲜、成熟的水果，如柑橘、西瓜、苹果、梨等，用水洗净后去掉果皮，把果肉切小块，或直接捣碎放入碗中，然后用汤匙背挤压果汁或者用消毒纱布挤出果汁，也可用榨汁机取果汁。二是煮水果，将水果用刀切小块，放入沸水中，盖上锅盖，煮 3 ~ 5 分钟即可。三是挖果泥，适合 4 ~ 5 个月大的宝宝，先将水果洗净，然后用小匙刮成泥状。最好随吃随刮，以免氧化变色，也可避免污染。

快满 1 岁大的宝宝可以吃多种水果，但要注意水果必须洗净、去皮，吃葡萄、樱桃等小而圆的水果要特别小心，防止发生呛噎、窒息危险。由于此时宝宝的消化系统的功能还不够成熟，所以吃水果的时候也要注意选择种类及控制数量，避免宝宝出现不适症状。一般来说，苹果、梨、香蕉、橘子、西瓜等比较适合宝宝吃，苹果有收敛止泻的作用，梨有清热润肺的作用，香蕉有润肠通便的作用，橘子有开胃的作用，西瓜有解暑止渴的作用。但无论什么水果，一天都不能吃得太多，而且种类也不要太多，一般以 1 ~ 2 种为宜。

由于水果含糖比较多，奶前或餐前食用会影响正餐进食量，所以给宝宝吃水果最好安排在喂奶或进餐以后，以免耽误宝宝的正常饮食。

让宝宝自己吃东西

1 岁的宝宝，不但具有了肌肉的控制力，而且还有了良好的手眼协调能力，已经能够很好地控制手的动作了。宝宝已经知道，拿小勺舀饭的时候，应该凹的向上，宝宝拿小勺的位置、手的角度掌握得都比较好，已经能够轻易地把食物舀起来，送到自己的口中。

但是，有的宝宝仍然还不能很好地控制自己的动作，可能会把食物弄得到处都是，甚至抓翻了碗，弄洒了汤汁。在这种情况下，爸爸或妈妈不要怕弄脏了衣服，或者弄脏了桌子、地板，应该鼓励宝宝再继续吃。

另一方面，爸爸妈妈也不能完全让宝宝自己来。因为宝宝尽管每次开始吃饭时总可能表现出足够的热情，但过不了多久随着这股热情的消失，就会不耐烦了，这时就需要妈妈来喂宝宝吃东西，以免让宝宝饿着。

辅食食谱推荐

	原料	做法
蒸茄条	长茄子150克，甜面酱、植物油、糖各适量	1. 茄子去蒂洗净，上锅隔水蒸熟，晾凉后撕成细条摆盘中 2. 炒锅放适量油烧热，将熟油倒入碗中，加入酱油、香油、糖搅匀，做成调料汁 3. 炒锅放适量油烧热，甜面酱放油锅中翻炒出香味，盛于碟中 4. 食用时用茄条蘸酱、汁即可
虾皮碎菜包	虾皮5克，小白菜50克鸡蛋1个，自发面粉80克，盐、生抽、葱姜末、香油少许	1. 虾皮用温水洗净泡软后，切碎 2. 鸡蛋打撒炒熟；小白菜洗净用开水略烫一下，放案板上切碎 3. 将炒熟的鸡蛋和切好的小白菜加入虾皮碎、少许盐、生抽、葱姜末、香油调成馅料 4. 自发面粉和好，饧15~20分钟，擀皮加入馅料包成小包子 5. 蒸锅内加入适量水，把包子放入蒸屉上，盖上锅盖，水开后蒸10分钟即熟
蔬菜蛋卷	鸡蛋1个，西兰花1小朵，胡萝卜1小块，圆葱1小块	1. 西兰花、胡萝卜、圆葱切碎，用热水煮熟，捞出来放入打好的蛋液中，放少许盐，充分搅拌开 2. 把小平底锅烧热后，放少许色拉油（豆油不可），开微火，将打好的蔬菜蛋液倒入锅中，煎至半熟，用筷子小心的翻卷称卷后，煎至两面金黄，即可出锅，切小块
蛋花豆腐羹	南豆腐一盒，骨头汤500毫升，鸡蛋1个，香葱末、盐、香油各适量	1. 豆腐切小丁，将鸡蛋打散备用 2. 提前炖煮好的骨汤煮开后下入豆腐小火煮 3. 加入适当盐调味，并撒入蛋花，等蛋花漂起关火 4. 最后撒上少许香葱末和几滴香油即可
虾皮炒菠菜	虾皮10克，菠菜150克，植物油25克，小葱、盐各适量	1. 菠菜洗干净，切3厘米长的段 2. 干虾皮用温水稍泡，洗净 3. 炒锅中放入油，待油热后放入葱花及虾皮略煸炒 4. 将菠菜放入，一同煸炒几下，再放入食盐等，炒匀即可

能力发展与训练

⑥ 运动

现在宝宝站起、坐下，绕着家具走的行动更加敏捷，爬行的速度越来越快，各种体位转换都更加熟练了。宝宝站着时，能弯下腰去捡东西，也会试着爬到一些矮的家具上去。宝宝在父母之间，可以不用扶着独自行走2~3步。有的宝宝甚至已经可以蹒跚地自己走路了，尽管时常要摔跤，但对走路的兴趣很浓，总想到处转转。宝宝双手的协调能力已经越来越强了，喜欢将东西摆好后再推倒，喜欢将抽屉或垃圾箱倒空，喜欢把玩具一样样扔进箱子里。宝宝手指也更灵活了，用拇指和示指拿取小物品时腕部已能离开桌面，与成人相似。宝宝会熟练地将铃和拨浪鼓摇动发出声音；宝宝用手指拿东西吃得很好，但用勺吃东西时还需要大人帮助；宝宝会打开瓶盖和盒盖拿东西，已经会用手掌握笔涂涂点点了，还能够和爸爸妈妈一起互动玩游戏，相互滚球或扔球玩。宝宝能听从命令将积木从盒子里取出，部分宝宝已能将两块小积木搭在一起，还能和妈妈一起翻书看。

⑥ 视觉

到了第12个月，宝宝两眼的调节功能已经比较好了，能区别垂直线与横线，能分别物体的大和小，目光能跟随坠地的物体。视觉能力发展较快，能有意识的集中注意力，视觉记忆也不断提高，宝宝喜欢认图片，并能够对物品的细小部分进行区别，比如一个带红色小花的玩具和一个不带红色小花的玩具。

⑥ 听觉

到了第12个月，宝宝的听觉已经越来越灵敏了，并且对听音的理解与转化能力也越来越强。不仅能够听懂大人们一些简单的吩咐，而且还能够会意大人语调变换的含义，能按大人的指令行事。对一些轻音乐，比如"催眠曲"等会表现出愉快的情绪，而对于那些节奏强烈的声音，则会表现出不愉快。

⑥ 嗅觉

第12个月也是宝宝嗅觉发展比较灵敏的一个时期，宝宝尤其喜欢那些芳香的气味，但偶尔用一些稍稍刺鼻的宝宝不太喜欢的气味（如酸醋），或者宝宝不小心拉的大便的味道等刺激一下宝宝，也能够增加宝宝的嗅觉经验，间接让宝宝知道大便的气味不好闻而不能随处大小便，养成良好的生活习惯。

✎ 味觉

12个月宝宝的味觉已经和成人的能力大体相当了，对于自己喜好的甜味或者盐的咸味，宝宝会用表情表现出来。这个时候是宝宝味觉发育的关键期，这段时间最好让宝宝尝试尽可能多种类的食物增加不同经验。宝宝通过品尝各种食物，可促进对很多食物味觉、嗅觉及口感的形成和发育，也是宝宝从"流食——半流食——固体食物"的适应过程。如果在这个感受性较强的时期，宝宝有了对各种食物的品尝体验，他会拥有广泛的味觉，以后就乐于接受各种食物。

✎ 言语

12个月的宝宝见到爸爸和妈妈时，能主动称呼"爸爸""妈妈"，出现有意义的语汇，还会说"奶奶""娃娃""狗狗"等。宝宝还会使用一些单音节动词，如"拿""给""掉""打""抱"等，用来表示自己的一个特定的动作或意思。宝宝会利用惊叹词，例如"oh-oh"等。宝宝能听懂大人的命令，听故事的时候还会有表情反应等。

日常生活中宝宝可以和爸爸妈妈进行简单的语言对话了，虽然可能发音还不太准确，而且常常会说一些让大人莫名其妙的言语。爸爸妈妈呼唤宝宝的时候，他能用声音回应，或用一些手势和姿态表示出来，宝宝已经知道挥手是"再见"，拱手是"谢谢"等。这个月的宝宝能根据他所听到的声音模仿简单的发声，能够指认出周围常见的物品并能用自己的语言表述出来。宝宝不管用什么样的语言方式表达出来，爸爸妈妈都不要抢先阻碍了他开口的机会（如在宝宝发出"拿"的声音前，就将他想要的东西给他，阻断了宝宝讲话的机会），这样就会造成语言发展滞后，宝宝说出来后要给予表扬，而且不要故意学宝宝错误的发音，否则错误的发音就固定下来，以后很难纠正。

✎ 认知

这个阶段的宝宝记忆力发展飞速，已经能够指认身体的4~5个部位，还能认出几种简单的动物，能够分清物品的大小，对生活中的各种事物都充满了好奇。宝宝将逐渐知道所有的东西不仅有名字，而且也有不同的功用，他将这种新的认知行为与游戏融合，喜欢用新方法玩玩具，而不是单纯的敲敲打打。比如，宝宝拿起电话的时候，已经不会满足于用整个手掌抓或是在桌子上敲，而是会细心地观察上面的按键，会用一个手指去按，宝宝可能已经会反射性地意识到，当爸爸或妈妈不在家的时候，用它就能找到他们。

宝宝开始深入探究事物的奥秘，隐约知道物品的位置，当物体不在原来的位置时，他会到处寻找。宝宝此阶段最主要一个成就是获得客体永久性的概念，也就是知道一个物体或人在眼前消失并不表示永远消失，物体或人依然存在着。宝宝已经具备了看书的能力，他们可以认识图画、颜色，能听大人的指令指出图中所要找的动物、人物。当然，这需要妈妈的指导和协助。宝宝对上升与下降的概念也有了初步的了解。另一方面，宝宝的自我意识也不断增强，开始要自己吃饭，自己拿着杯子喝水等，不断地模仿着爸爸妈妈的一切。宝宝可以识别许多熟悉的人、地点和物体的名字，也开始懂得选择玩具，并希望经常和爸爸妈妈一起玩。

社会交往

这个月的宝宝比以前更喜欢情感交流活动，还懂得采取不同的方式，已初步建立起害怕、生气、喜爱、妒忌、焦急、同情等感情。宝宝对父母的情感依赖也更加强烈，对特定的人有强烈的正面或负面的情绪反应。宝宝独自玩简单的玩具让他觉得惊奇时，宝宝也会突然自己发笑。此时的宝宝开始倔强，还会当众炫耀自己，当宝宝做了某件事引起爸爸妈妈或客人的哈哈大笑或夸奖时，他会得意地一遍遍重复这个动作，逗别人高兴。宝宝已经能意识到什么是好，什么是坏，而且能够听从爸爸妈妈的劝阻，对大人们否定的语言、语气甚至眼神也能应答。比如听到妈妈喊"不要动、不要拿"的时候，宝宝会把正要拿起的物品放下，或者用手势表示自己简单的需要。

这个时候的宝宝还显示出更大的独立性，不喜欢被大人搀扶和抱着，喜欢自由自在的活动；但又喜欢和成年人交流，为了引起大人的注意，宝宝会主动讨好大人或者故意淘气；还特别喜欢模仿大人做一些家务事，希望尽可能多的得到大人的鼓励和肯定；宝宝还喜欢到户外去活动，观察外边的世界，对外面的小朋友表现出极大的兴趣，愿意与小朋友接近、游戏，即使只是看小伙伴玩耍，也会高兴得拍手。但是很多时候宝宝之间只是以物品为中心的简单交往，还不是真正意义上的交往。

智力开发

快满1岁的宝宝特别喜欢摆弄玩具及一切他感兴趣的东西，并且他对某种事物越感兴趣，观察和注意的能力也就越持久。如果此时爸爸妈妈能够借机引导宝宝多认识这种事物，或是借由这种事物让宝宝认识更多相关的事物，就能极大限度的提高宝宝的认知能力和对语言的理解能力。

此时的宝宝已经有了记忆力，他会记住一些熟悉的事情，当听到他听熟悉的儿歌时会显得非常兴奋地，并跟着儿歌的节奏发出"呼呼"的声音；当妈妈说到小狗的时候，宝宝不用看实物或图片就能明白妈妈指什么，并能有"汪汪"来表示。藏找东西是非常好的开发宝宝记忆力的游戏，而且大多数宝宝也会非常喜欢这个游戏，当然这需要爸爸妈妈和宝宝共同开心的玩耍，才会达到效果。

日常生活和实际活动是宝宝思维发展的源泉，而且完全可以借助宝宝的好奇心来发展。例如，在家里的时候可以在宝宝面前放一大盆水，然后让宝宝蹲着或坐着，看着爸爸妈妈将不同质地的东西，如塑料小鸭子、玻璃球、积木块等东西放进水里，让宝宝观察哪些东西会沉到水里，哪些东西会附在水面上，也可以让宝宝把不同的东西扔进水里观察不同的变化。长时间进行这种训练，就会让宝宝明白，重的东西会沉到水里，而轻的东西则能浮在水面。

家长要明白的是，知识不全靠机械的记忆，知识更多的是在实践中发现获得，宝宝掌握规律性的知识越多，就越能促进判断和推理思维的发展。因此，要尽量让宝宝在玩耍中探索和获得知识，而不是呆板的教学；要多鼓励宝宝主动探索周围世界的奥秘，满足宝宝寻找事物原因以及事物间本质联系的求知欲望，引导他去多多发现身旁的事物。

平衡能力

此时的宝宝走路总是摇摇晃晃地像个醉汉，除了因为骨骼较软之外，平衡能力较差也是其中的一个原因。因此，此时锻炼宝宝的平衡能力，就显得尤为重要。

平时在家的时候，可以让宝宝学着爸爸妈妈的样子踮起脚尖走路。由爸爸在宝宝前面踮着脚走，让宝宝跟着模仿，妈妈在后面保护，直到宝宝能走得很好了，才可以脱离保护让宝宝自己来走。

也可以事先准备一些卡片，然后用几根曲别针把卡片别在一根长线上，爸爸妈妈在两边拉住长线，高度以宝宝伸手、踮脚尖能够到并摘下为宜，然后鼓励宝宝自己动手去摘卡片。如果宝宝刚开始够不到，或根本不愿踮脚的话，可以先降低一点高度或用手往下压压卡片，让宝宝一下就能摘下，体会成功的乐趣，激发宝宝更大的动力。一旦宝宝有了兴趣，就可以慢慢提高高度，让他踮脚自己够。刚开始踮脚的时候，可以先稍稍扶他一下，让他有安全感。

训练宝宝的方式多种多样，但无论哪种方法，都要注意做好防护措施，避免宝宝以外受伤。此外，训练还要适度，不能让宝宝一次练得太久，玩得太疯。再有，所有的锻炼游戏，最好都是由爸爸妈妈和宝宝一起进行，这样既能提高宝宝游戏的积极性和乐趣，也能有效增进亲子间的交流，使宝宝和爸爸妈妈的感情更为深厚。训练的方式切忌过于超前，揠苗助长，这不但无利于宝宝的成长，反而很容易使宝宝由于达不到目标而产生挫败感，长期下去很容易造成胆小、不自信的个性，严重影响宝宝的心理发展。

🐾 走路训练

帮助宝宝练习走路，可以用"玩"的办法：

1.爸爸妈妈拉开1米左右距离，面对面蹲好。先让宝宝站在妈妈的身边，然后爸爸拍着手呼唤宝宝，诱导宝宝自己走过去；等到宝宝蹒跚着扑到爸爸怀里以后，妈妈再拍着手喊宝宝再走过来。这个游戏适合能够独自站立的宝宝，可以每天进行 2 ~ 3 次，每次走 5 ~ 6 回，并且根据宝宝的情况逐渐增加练习次数、拉长距离。

2.准备一根短木棍，爸爸或妈妈一只手抓住木棍的上端，一只手抓木棍的下端，让宝宝双手抓住棍子的中间部位。当宝宝抓住木棍之后，爸爸或妈妈抓着木棍往后退，让宝宝自己迈步往前走。这个游戏适合站得还不是太稳的宝宝。

3.找一个阳光充足的天气到室外，爸爸从后面扶住宝宝的双臂，妈妈站在宝宝的前面，引导宝宝去找妈妈的影子，然后爸爸就和宝宝一起，踩妈妈的影子。这个游戏也可放在室内进行，打开灯让地板出现影子，然后进行训练。

这个时期训练宝宝走路不能强求。每个宝宝开始学走路的时间都不相同，甚至可能出现较大的差距。因此，学走路并没有所谓最适当的时机，必须视自身的发展状况而定。这也是一个渐进的过程，一般来说，宝宝是从这个月时开始学走路，但如果此时宝宝没有学走路的意愿，并表示恐惧的话，家长们也不能强迫宝宝锻炼，也不用太着急，因为强行锻炼的话很可能会对宝宝的肢体发育产生不良影响。只要宝宝在 1 岁 6 个月之前能够独立走路，那就没有什么可担心的。

由于宝宝的平衡感及肌肉运动协调能力还没有发育完全，很容易在学走路时因为重心不稳而摔倒，这是再正常不过的事情，爸爸妈妈不能因为怕宝宝摔倒而在走路训练时过分保护。如果宝宝因为胆子小怕摔倒而不敢自己向前迈步的话，爸爸妈妈就应多加鼓励，给宝宝最强的信心和动力，鼓励他勇敢地走出第一步。

⚬ 排便训练

2周岁之前，很多家长都希望自己的宝宝能主动告诉大人要求排便，但一般情况下，到了1岁半的时候能懂得这些就已经很不错了，在刚满1岁的时候，还不要太指望宝宝有这个本领。

不冷不热的季节，给这么大的宝宝把尿便通常能够比较顺利，但如果是在天气较冷的冬天，宝宝就会因为怕冷而不愿意让大人解开尿布，因此就出现把尿便困难。这是可以理解的，要是宝宝不愿意让大人把，那么就还是应该顺其自然，遵从宝宝的个性，也不用担心宝宝因此患上尿布疹，这么大的宝宝，患尿布疹的可能性已经很小了。

炎热的夏季会使宝宝排尿的间隔延长，因此妈妈之前掌握的规律可能就不怎么奏效了。宝宝不想尿尿，妈妈到了那个时间还是硬把，这势必会引起宝宝的挣扎反抗，给他坐便盆他可能也不太愿意。这时大人不要心急，也不要认为宝宝是越大越"笨"了，要相信宝宝早晚有一天能够控制好自己的大小便。

这个月，宝宝夜里小便的情况也是各种各样，有的宝宝在临睡前把尿之后能安安静静的一觉睡到大天亮，也有的宝宝晚上还要尿1～2次。只要宝宝没因为憋尿或尿湿了惊醒的话，就没有必要刻意把宝宝吵醒了把尿，让他尿到尿布里，早上起来时再更换就可以了。如果宝宝感到不舒服的话，他会自己想方设法地把大人叫醒给自己换上干净的尿布，要是宝宝没有这个要求，那么家长就不用过多地去管他。

日常护理注意问题

⚬ 恋物

有吸吮手指习惯的宝宝，到了这个月龄，可能不再吸吮手指，而开始寻找安抚物了。宝宝用的枕巾、小毛巾被、布娃娃、绒毛小狗，都可能成为宝宝的安抚物。宝宝开始把这些东西作为自己的安抚物，对这些东西产生某种依恋。家长可以尽量避免宝宝寻找安抚物。发现有这种倾向时，不能加以鼓励，如果宝宝很喜欢绒毛小狗，就要有意把小狗拿走，换上其他玩具。不断更换宝宝的用物，就可避免宝宝寻找到安抚物。

⚬ 没出牙

快到1岁的宝宝还不出牙，家长也不必盲目给宝宝补钙或是带着宝宝到医院去拍片子检查。牙齿的萌出与遗传和营养有关，发育较慢的宝宝出牙时间就晚，如早产儿、先天性营养不良的宝宝和人工喂养的宝宝，就有可能在这个时候依然不出牙。

只要宝宝非常健康、运动功能良好，家长就不用太过担心，只要注意合理、及时地添加泥糊状食品，多晒太阳，就能保证今后牙齿依次长出来。

但是，如果宝宝到了1岁半的时候还不出牙，就要注意查找原因了。最常见的是佝偻病，这种病除了迟迟不出牙以外，还能看到明显的身体异常，如骨骼弯曲、头部形状异常等。除此之外，还有一种罕见的疾病——先天性无牙畸形，这种患儿不仅表现在缺牙或无牙，而且还有其他器官的发育异常，如毛发稀疏、皮肤干燥、无汗腺等。另外，口腔中的一些肿瘤也可能引起出牙不利。

如果此时宝宝还不出牙，建议爸爸妈妈可以综合考虑宝宝有无其他发育异常的状况，如果没有的话不妨再耐心等待几周。如果宝宝过了周岁生日之后，还迟迟不见出牙，也可以到医院就诊，这样不仅大人放心，对宝宝也比较好。

不喜欢吃米饭

对于宝宝来讲，能保证身体很健康，每天高高兴兴地玩耍，即使吃米饭吃得很少也没关系。让宝宝吃米饭，是因为米饭中含有丰富的糖和植物性蛋白，但是面包，面条中都含有，所以只要宝宝吃这些食物，也能补充植物性蛋白和糖。如果宝宝爱吃鱼、肉、鸡蛋等食物，那就会更好，因为这些食物中含有丰富的动物性蛋白，动物性蛋白要比植物性蛋白的质量更好，所以虽然宝宝不爱吃米饭，只要宝宝爱吃这些食物就不会造成宝宝营养不良，所以不吃米饭不是什么大问题。

家长可以给宝宝隔1周称一次体重，如果每天增长5～10克，宝宝就很正常。还有的家长认为宝宝吃米饭没有达到这个年龄段宝宝的每次1碗半的饭量标准就很担心，这是不必要的，宝宝可以通过吃鸡蛋、鱼、肉等食物来补充营养，一样会很健康地成长的。

顽固湿疹

随着乳类食品摄入的减少、多种不同食物的增加，大多数宝宝在婴儿时期的湿疹到了快周岁的时候基本就都能痊愈了。也有些宝宝到这时候，湿疹仍然不好，并且从最初的面部转移到了耳后、手足、肢体关节屈侧及身体的其他部位，变成苔藓状湿疹。

这种顽固性湿疹不愈的宝宝，多数都是过敏体质，当吃了某些致使过敏的食品之后，湿疹会明显加重。多数含蛋白质的食物都可能会引起易过敏宝宝皮肤过敏而发生湿疹，如牛奶、鸡蛋、鱼、肉、虾米、螃蟹等。另外，灰尘、羽毛、蚕丝以及动物的皮屑、植物的花粉等，也能使某些易过敏的宝宝发生湿疹。

除了过敏体质以外，缺乏维生素也会造成湿疹不愈。此外，宝宝穿得太厚、吃得过饱、室内温度太高等也都可使顽固不愈的湿疹进一步加重。

关于湿疹的治疗，目前还没有一种药物可以根治，尤其是外用药，一般只能控制和缓解症状而已。如果宝宝此时湿疹仍然不愈，应首先到医院，请医生诊断出具体原因，然后视情况决定治疗的方式。

当宝宝得了湿疹后，除了用药物治疗、忌用毛织物和化纤织物之外，如果宝宝还吃母乳的话，妈妈要多注意自己的饮食。少喝牛奶、鲫鱼汤、鲜虾、螃蟹等诱发性食物，多吃豆制品，如豆浆等清热食物。不吃刺激性食物，如蒜、葱、辣椒等，以免刺激性物质进入乳汁，加剧宝宝的湿疹。此外，给宝宝的辅食要避免海鲜类，笋类，菌菇类，这些都容易导致过敏症状的产生，还要谨慎添加鸡蛋蛋白、大豆、花生等容易引发过敏的食物。

当湿疹发作严重时，可以适当用激素药膏缓解不适感，但不要长期使用，以免产生依赖性。平时不要用过热的水给宝宝洗手、洗脸或洗澡，尽量选择温和的皂液，不能使用碱性太强的皂液。还要勤给宝宝剪指甲、清洁双手，以免宝宝过分搔抓湿疹部位引起破皮、感染等。

宝宝喜欢踮脚尖走路怎么办

宝宝终于开始蹒跚着行走了。可是有些妈妈发现，宝宝经常用脚尖踮着走。有的宝宝妈妈说是用学步车的宝宝常会出现这种情况，慢慢可以纠正。

宝宝刚开始学会走路，姿势不正确很正常，不用担心。有的宝宝开始走路时，一条腿看上去成"罗圈腿"，另一条腿好像拖拉着，像个"小拐子"，这也是正常的。宝宝学习走路是有个过程的，等宝宝慢慢地会走了，走稳了，这些不良的姿态自然就会改过来了。

如果宝宝经常踮着脚尖走，没有其他方面的发育迟缓，可能是宝宝在闹着玩，挑战自己的平衡能力，过一阵就不再这样了。

腹泻

轮状病毒在干燥、寒冷季节容易爆发，每年10月到转年的2月，是轮状病毒腹泻发病高峰。由于6个月到2岁的婴幼儿局部免疫力和肠道消化系统发育未完成成熟，很容易感染轮状病毒而引起腹泻。轮状病毒腹泻是自限性的，病程一般 5 ~ 10 天，多数患儿如果护理得当，愈后不会有问题。

除了轮状病毒腹泻外，引起婴儿腹泻的原因还有饮食因素（如喂养方法不当、食物不适宜或突然改变、食物量过多或过少）、肠道内感染、环境因素、体质因素（如营养不良、维生素缺乏症），都有腹泻症状。婴儿腹泻一年四季都可能发生，快满周岁的宝宝患上腹泻，由于所处的季节不同，治法也不尽相同。

如果是在 6 ~ 9 月份出现腹泻，就要想到是不是吃了什么不干净的东西。如果宝宝在腹泻出现较急，并同时伴有发热、烦躁不安、情绪欠佳，以及大便中带有黏液、脓状物和血液的话，基本就能肯定是这种情况，应及时到医院请医生诊断治疗，最好是能把腹泻便带到医院，方便医生尽快诊断。这种细菌性的腹泻只要及早使用抗生素治疗，多半都不会留下什么后患。

夏季腹泻除了细菌性腹泻外，还有痢疾及其他可能，不过腹泻时宝宝的状态如何，最好是都带到医院做个详细诊断。

冬季腹泻多半是由于吃得太多或是吃了不好消化的食物，有时还会伴有合并呕吐、发热、精神不佳、食欲不振、大便混有血和脓等症状，当出现这些情况的时候，最好是请医生看看。

也有些宝宝是因为肚子着凉或是受了风之后腹泻，所以当冬天宝宝出现腹泻时，如果最近几天进食量都正常，并且没有给宝宝新添任何辅食，就应想到这种情况。

也有的宝宝，体重比同月龄大多数宝宝的体重要轻，大便总是很软、黏黏呼呼的，这也会让爸爸妈妈以为是腹泻。但实际上，这种软便是不成形的粪便，原因是宝宝吃得太少，只要给宝宝加大辅食的量，或是给些硬点的辅食来刺激肠胃，多吃些米饭、稠粥、蛋、肉泥、鱼类等，并每天监测体重的变化。如果发现体重开始有显著的上升，那么过不了多久这种"腹泻"就会自愈。

呕吐

呕吐是由于各种原因引起的食管、胃和肠管的逆蠕动，同时伴腹肌和膈肌的强烈痉挛收缩，迫使食管和胃肠道内容物从口中涌出的一种症状。由于宝宝脾胃不足，脏腑薄弱，外感风寒、伤食、代谢紊乱、消化道畸形、中枢神经感染、脑损伤等，都可能引起脾胃功能失调而发生呕吐。

一般的呕吐在吐前常有恶心，然后吐出一口或连吐几口，多见于胃肠道感染、过于饱食和再发性呕吐。急性胃或者肠炎引起的呕吐，多伴有腹泻和腹痛。平时积痰多，胸中呼噜呼噜发响的宝宝，在晚饭后刚要睡下时，也可能由于发作一阵咳嗽并呕吐起来；吃了某些药物后，胃肠道不适也可能引起呕吐。这些呕吐的问题都不大，只要纠正原发问题，呕吐就不会再发生。对于呕吐的宝宝，要注意饮食上的调理，给以清淡、少油、少渣、稀软、易消化食物，如米汤、稀粥等，并注意少量多餐，补充些淡盐水。呕吐时要让宝宝取侧卧位，或者头低下，以防止呕吐物吸入气管。

如果宝宝的呕吐是经常性发作，首先就要排除器质病变和消化道炎症。如果确定宝宝并没有器质病变，也没有消化道炎症的话，那么大多数就是胃食管反流。对于胃食管反流引起的呕吐，可以让宝宝的头呈侧俯卧位，每次 20 分钟，每日 2 ~ 4 次，以降低反流频率，减少呕吐次数，防止呕吐物误吸，避免吸入性肺炎及窒息的发生。但是俯卧期间一定有专人护理，防止呼吸暂停。

如果宝宝出现喷射状呕吐，即吐前无恶心，大量胃内容物突然经口腔或鼻腔喷出，则多为幽门梗阻、胃扭转及颅内压增高问题，需要立即就医。此外，这种喷射状呕吐也多出现在脑部撞伤、摔伤或有外伤的情况下。

如果呕吐的同时，宝宝不发热，但有严重的腹痛，并突然大声啼哭，表情非常痛苦，持续几分钟便停止，隔几分钟后又像之前一样哭闹，重复多次，就要想到肠套叠。肠套叠是婴儿一种较为严重的急病，需要立即就医治疗。

这么大的宝宝有时在进食的时候，会出现吐饭的情况，这与呕吐有着明显的区别。吐饭可能是宝宝吃饱了、不想吃、不爱吃，喂饭的时候刚把饭喂到宝宝嘴里，他就用舌头尖把饭抵出来。这时只要家长不再继续喂就可以了。

对于宝宝的呕吐，家长要注意呕吐的方式、次数，呕吐物的形状、气味与进食的关系、精神状态、食欲、大小便情况及呕吐时的伴随症状，在就医时及时向医生讲明，有助于医生的诊断和治疗。

贫血

宝宝的贫血多数是缺铁性贫血，是由于营养不平衡、胃肠功能障碍或造血物质相对缺乏造成的。健康足月的新生儿在出生时体内已经储存了足够支持 3 ~ 4 个月生长发育所需的铁，这些铁在宝宝半岁左右将全部消耗。从半岁到周岁的这半年里，宝宝的生长发育非常迅速，周岁时体内，血量较出生时能增加 2 倍，血红蛋白的总量翻一番。因此，此时的宝宝尤其需要铁质，如果没能及时为宝宝添加含铁的辅食，或添加的量太少的话，都会使宝宝为缺铁而患上缺铁性贫血。

患上缺铁性贫血的宝宝脸色蜡黄或显得苍白，头发又细又稀，容易烦躁、怕冷，身体抵抗力较差，很容易患感冒、消化不良、腹泻甚至肺炎，经检查可发现血红蛋白每100毫升少于11克。

要预防宝宝缺铁性贫血，就要在辅食中添加含铁丰富的食物。由于蛋黄中的铁易于被吸收利用，所以蛋黄必不可少。此外，还可以给宝宝吃些绿色蔬菜泥、碎肉、肉松、动物血、肝泥等以及富含维生素C的水果。

众所周知，菠菜中的含铁量比较高，但用菠菜给宝宝补铁，很可能会越补越缺。这是因为，虽然菠菜中含铁量很高，但其所含的铁却很难被小肠吸收；而且菠菜中还含有一种叫草酸的物质，很容易与铁作用形成沉淀，使铁不能被人体所利用，从而失去治疗贫血的作用。同时，菠菜中的草酸还易与钙结合成不易溶解的草酸钙，影响宝宝对钙质的吸收。可见，婴儿期的宝宝常吃菠菜，不但达不到补血的目的，还会影响宝宝的生长发育。

除了由于饮食中缺乏铁能引起缺铁性贫血外，失血、感染、胃肠紊乱也是缺铁性贫血的原因。如果长期给宝宝喝未经煮沸的牛奶的话，也可能导致宝宝肠道少量出血，诱发缺铁性贫血。因此，给宝宝喝的牛奶一定要煮沸后再食用。

需要小心的是，不能盲目用铁剂给宝宝补铁，因为铁剂过多会以引起宝宝中毒。一旦发生铁剂中毒，宝宝就会表现出恶心呕吐、烦躁不安、昏睡、昏迷甚至死亡。所以，铁剂并不是越多越好，没有贫血的话就不应给宝宝服用铁剂或含铁量很高的婴儿食品，即使患上缺铁性贫血，也应在医生指导下服用铁剂。

◎ 厌食

厌食是指较长期的食欲减低或消失的现象，婴儿厌食有病理性和非病理性两种。病理性的厌食主要是因为某些局部或全身疾病影响了消化系统的正常功能，使胃肠平滑肌的张力降低，消化液的分泌减少，酶的活动减低所造成的。再有一种，是由于中枢神经系统受人体内外环境各种刺激的影响，使消化功能的调节失去平衡而造成的厌食。

比较容易引起厌食的疾病有：

1. 器质性疾病，如常见的消化系统中的肝炎、胃窦炎、十二指肠球部溃疡等；

2. 锌缺乏导致食欲降低所造成的厌食；

3. 长期使用某些药物如红霉素等造成的食欲减退以及厌食；

4. 口腔疾病如口腔炎等，使宝宝进食时比较痛苦，进而造成厌食。

实际上，由于疾病造成的厌食是比较少见的，而由不良的饮食习惯和喂养方式造成的非病理性厌食是占绝大多数的。当宝宝出现厌食现象时，先要排除疾病的可能，确定无任何疾病之后，就要从喂养方式和饮食习惯上找原因。只要做到及时改变不良的生活习惯，如控制零食的摄入，饮食有节制，不偏食、不挑食，合理搭配摄入的食物等，厌食的现象就能逐渐好转。另外，宝宝的食欲与其精神状态密切相关，所以要为宝宝创造一个安静的就餐环境，固定宝宝的吃饭场所，吃饭的时候不要去逗宝宝，不要去分散他的注意力，让他认认真真地吃饭。

可以在医生指导下，给厌食的宝宝适当服用调理脾胃、促进消化吸收功能的中西药，但不要盲目乱服药和保健品，更不要一看到宝宝厌食就急忙补锌，否则有可能会适得其反。

另外，炎热的夏天往往会令宝宝食欲减退，体重出现暂时的不增加或稍有下降，也就是出现了所谓的"苦夏"。这种季节性的食欲减退是正常的现象，只要宝宝精神状态良好、无任何异常反应的话，家长就不需要过多担心。

但是有种厌食需要注意，就是食物过敏性厌食。食物过敏性厌食的宝宝，当进食致敏食物后，虽无皮肤潮红、斑疹等典型症状，但会有不同程度的胃肠不适、身疲体乏、烦躁不安、精力涣散和胸闷气促等，症状较重者还会被误认为是消化、呼吸或神经系统疾病。如果家人没能及时发现食物过敏这一厌食原因，往往会采取各种方式想方设法地让宝宝吃致敏食物，从而加重其过敏反应。而过敏反应导致的不适，会使宝宝看到与致敏食物色、香、味、形相近或相同食物也同样拒食，最终导致恶性循环，加重厌食症。

这种过敏性厌食最常出现在有食物过敏家族遗传史的宝宝身上，如果爸爸妈妈或其他亲人有某种食物过敏的情况，那么宝宝很可能也对这种食物过敏。如果宝宝在厌食某种食物的同时，身上反复出现湿疹或湿疹久治不愈，也应考虑是过敏性厌食。再有，4个月以前就开始添加辅食、缺乏母乳喂养导致免疫因子缺乏、体质较弱、免疫球蛋白不足或免疫机能不稳定的宝宝，都比较容易发生过敏性厌食。

造成宝宝厌食的原因是多种多样的，家长不应该不问青红皂白，对厌食的宝宝总是责骂迫使他进食。只要能耐心找出厌食的原因，并且对症下药，多数厌食的情况都能得到改善。

ꙮ 女宝宝交叉腿综合征

这个月有的女宝宝两腿夹得很紧，肌张力比较高，停止活动，面色发红，两眼凝视，片刻转为正常，妈妈看到这种情况时，应及时抱起宝宝，或转移宝宝的注意力。这种情况多在睡醒后或入睡前发生。出现这种情况时，妈妈可在入睡前，和宝宝在一起，给宝宝讲故事。宝宝睡醒后，及时给宝宝把尿，更换尿布。要保持外阴清洁。如果任其发展，可能会成为交叉腿综合征。

ꙮ 避免不良习惯养成

揉眼

有的宝宝总是用手揉自己的眼睛，这就会使手上的细菌进入眼里，造成沙眼、倒睫或抓破眼角而引起红肿、感染等。纠正宝宝揉眼的办法是，转移宝宝的注意力，当宝宝揉眼的时候，轻轻把他的手从眼睛处拿开，并给他的手里及时递上一件玩具或者一小块零食，让他忘了慢慢忘记不自觉地揉眼动作。

伸舌头

婴幼儿时期伸舌头是一种不自觉的活动现象，但久而久之就会形成难以克服的坏习惯。经常伸舌会使门牙受到挤压，进而出现排列不齐或向前突出的现象，影响牙齿的健康和美观。防治的办法是，经常逗宝宝玩玩和笑笑，使其转移注意力。

吮手指

有的宝宝在这个时候还有吸吮手指的毛病，尤其是睡觉的时候，非得啃着自己的手指头才能睡着。这时就要加以纠正了，否则会致使宝宝形成吮指癖，不但容易把细菌带入消化道，刚萌出的牙齿还可能会把手指咬破，造成出血、感染等。要改掉宝宝吮手指的毛病，可以在宝宝的手指上涂一些"有异味的东西"，如黄连、一点点咸味、一点点辣味，这对刚刚形成吮指习惯的宝宝很有用。如果宝宝吮吸手指频繁的话，只要他白天醒着，就不让他的手闲下来，在他刚要把手伸到嘴里时，把他的手指拿出来，逗引他看垂挂的玩具、听你唱唱歌，转移他的注意力。

物品依赖

有吮指习惯的宝宝多数也有对某种特定物品的依赖，如特别依恋自己的小毛巾、小被子，或是某个娃娃等，无论吃饭、玩耍还是睡觉，都要把这种东西带在身边，否则就心神不宁烦躁不安。这种依赖的坏习惯必须尽早改掉，解决的办法是，常常更换宝宝身边的常用物品，永远让他处于一种"非熟悉"的状态，这样他就找不到可以依赖的东西了。

咬嘴唇

咬嘴唇时间长了，就造成上门牙前突，开唇露齿，翘嘴唇等畸形。防止宝宝咬唇的办法是，不要总是呵斥宝宝或对着宝宝摆出严厉的表情，如果发现宝宝见到生人怕羞而咬唇时，应设法阻止，不使其养成习惯。

舔牙

当宝宝在萌牙时，常因牙龈发痒而用舌舔，这会影响牙齿的正常发育，还会刺激唾液腺的分泌，引起流涎。可以经常逗宝宝笑笑，分散他的注意力，或是给他一些能够锻炼咀嚼的食物，让他忘记舔牙。

任性娇弱

这完全是大人"宠"出来的坏习惯。宝宝比较弱小，大人保护他是应该的，但过分的保护就会致使宝宝容易哭闹、任性撒娇、情绪多变等，同时还会使宝宝的能力发展缓慢。对于这么大的宝宝，大人应当在适当时候理智地学会对他说"不"，不要让他觉得他想要什么大人都会满足他。另外，宝宝在学走路的时候，少不了磕磕碰碰，出现一点小伤也是常有的事，这些事情发生之后，大人要鼓励宝宝坚强独立的面对，而不是显得比宝宝还紧张、痛苦，否则必然会使宝宝变得脆弱不堪。

🐾 睡眠问题

通常情况下，1岁的宝宝每天晚上会睡 10 ~ 12 小时，然后在白天再睡 2 觉，每次 1 ~ 2 小时。不过，每个宝宝的睡眠时间长短差异性仍然比较大。

这么大的宝宝能爬能走、能自己玩，这些能力的发展都会他莫名的兴奋，于是此时想让他平静下来安安静静的睡觉就会变得越来越难。而且这个时候的宝宝开始知道撒娇了，他可能会千方百计地撒娇、闹别扭，要求大人抱着、哄着自己睡，或者在临睡之前要求玩一会儿或是吃一些小零食。

对于宝宝的种种要求，爸爸妈妈不能纵容，要坚决让宝宝遵从一定的就寝程序，不能跟宝宝谈条件，哄骗宝宝的入睡。否则宝宝即使睡了，也很容易醒来哭闹。

有的宝宝到了这个月龄，"夜猫子"的个性开始显现，晚上到了睡觉时间仍不愿意上床，入睡时间往后拖延，或者长时间难以入睡。这样的宝宝，很多时候爸爸妈妈也都是"夜猫子"，睡的比较晚。虽然此时的宝宝不至于到了晚上 8 ~ 9 点就必须睡觉，但睡觉时间最好也不要超过10点，所以到了 10 点左右的时候，爸爸妈妈最好是开始做睡眠准备并按时入睡，这会使宝宝慢慢也开始习惯晚上 10 点就睡觉。当然，睡前一套睡眠准备工作也很重要，包括和宝宝做做简单温和的小游戏，放上舒缓的助眠音乐等。如果宝宝依然不肯乖乖入睡的话，爸爸妈妈不妨让宝宝安静地待会儿，同时把室内光线调暗或干脆关上灯，不要去打扰宝宝，这样过不了多久，他就能昏昏沉沉地睡去了。

🍼 四季护理

春季护理

天气稍稍变暖之后，最好给宝宝穿薄点，因为衣服越轻，宝宝就越能自由地运动，有利于他运动能力的发展。

这个时候可以带着宝宝到稍微远点的地方活动了，但一定要注意安全。有的宝宝已经会走了，所以家长更要看好宝宝，防止他碰伤、跌伤等。如果宝宝走路的时候不小心摔了一下，他们往往会大声哭闹，但由于这时候宝宝走路并不利索，也不会走得很快，所以即使是摔了，多数时候也只是轻轻地跪在地上，哭闹的原因多数是因为害怕而不是跌破疼痛。如果爸爸妈妈心疼得急忙抱起宝宝，或是赶紧把宝宝放到婴儿车里不让他走了，其实对宝宝是不利的。摔倒是宝宝在学习走路的过程中都会经历到的自然过程，所以爸爸妈妈不要太过呵护了。

在带着宝宝赏户外的花花草草时，宝宝很可能会伸出小手摸一摸这些东西，可以让宝宝去摸他们，因为这有利于他们触觉和知觉的发展，但要注意不能让宝宝接触过花草之后再把手放到嘴里，以免病从口入。最好是随身带着消毒湿巾，当宝宝触摸过它们之后及时给宝宝擦干净他的小手。

过敏体质的宝宝在春天会咳嗽、喘息，有的宝宝还会在手脚处长出红色的小丘疹，有明显的瘙痒感，这就是春季湿疹，并不需要特殊的处理。

夏季护理

夏天是肠道传染病，如细菌性痢疾、大肠杆菌性肠炎等病症的高发季节，所以要特别小心病从口入。给宝宝的所有食物都要保证新鲜卫生，尽量不要吃外面买回来的熟食，放在冰箱里的熟食也要经过高温加热后再给宝宝吃，打开包装后的存放时间不能超过72小时。

即使天气再热，也不能给宝宝吃生冷食物。冷食冷饮会刺激宝宝脆弱的胃肠道，导致消化不良、腹泻等；而生瓜果、生菜中可能附有虫卵，虫卵一旦进入人体，就会在人体中生长繁殖，引起肠虫症、胆道蛔虫症等病症。给宝宝所吃的东西都要保证全熟，此外宝宝的餐具也要做好卫生消毒工作。

夏季宝宝的食欲较差，应注意多给宝宝摄入富含蛋白质的食物，以保证宝宝的成长所需。食量减小是正常的，不要强迫宝宝进食。还有，任何饮料都不能代替白开水，所以要尽量多给宝宝喝白开水。

宝宝的手上和指甲缝里很可能存有蛲虫卵，这些蛲虫卵也有可能通过口腔进入肠道，引发肠蛲虫症，所以要勤给宝宝洗手、剪手指甲。

再有，不要让宝宝在烈日下玩耍，以防晒伤、日光性皮炎、出汗脱水等问题，在宝宝出汗时不能马上洗澡，要等宝宝的汗退下后，先用湿毛巾擦拭干净出汗处再洗澡。

秋季护理

如果准备让宝宝上幼儿园了，就要特别注意个人卫生。尽管宝宝上幼儿园会使相互感染患病的概率增加，但只要给宝宝常剪指甲、常用流动的水洗手、勤换洗衣服的话，就能减少患病的概率，加上随着宝宝的年龄的增长、抵抗力的增强，患病的可能性就会渐渐减少。

由于季节交替、冷热不均很可能会让宝宝患上感冒或其他呼吸道疾病。如果宝宝感冒的话，也不易服用抗感冒药，因为抗感冒药会令宝宝呼吸道黏膜更加干燥，从而更容易令病菌乘虚而入，发展成下呼吸道感染。只要让宝宝多休息、多喝水、多睡眠、适当退热，就可以有效治疗感冒症状。

再有，秋季干燥的空气会使宝宝的咽部干燥，导致咽部长存的细菌繁殖引发咽炎、气管炎等，所以家长要督促宝宝多喝白开水，并注意调节室内湿度，还要尽量避免宝宝之间的相互感染。

冬季护理

开始学走路的宝宝如果恰好在家里迎来了冬天，加上家里用电暖气、火炉等取暖的话，就要时刻注意着宝宝，不要让他走近这些取暖设施，以免烫伤。

初冬时宝宝很容易患上病毒性肠炎，要注意预防。在腹泻流行期时尽量少带宝宝出入公共场所，不要让宝宝接触到患有腹泻的宝宝，一旦出现腹泻症状，就要首先及时补充水分。

不要因为天气变冷就把宝宝困在屋里，马上就要满周岁的宝宝已经能够经受住寒冷的空气了，所以依然要坚持户外活动，否则不利于宝宝对外界刺激的耐受性和抵抗力的增强。

有的宝宝在冬天，小便中常会出现白色的混浊物，妈妈很可能会以为宝宝换了肾病。但实际上，这只是本能溶解的尿酸在低温下形成的沉淀物而已，家长不需要担心害怕。

家庭环境的支持

◎ 室外活动

这个时候的室外活动，除了让宝宝沐浴阳光、接受新鲜空气以及开拓宝宝的认知世界之外，还要趁势发展宝宝的交往能力。可以让宝宝和邻居家同样大小的宝宝一起玩玩，引导宝宝把自己的玩具、小零食送给别的小朋友，让宝宝学会分享。还要教会宝宝一些社交礼仪，例如看到熟人的时候，先举着宝宝的手冲对方摆一摆，告诉宝宝笑一笑，这样时间一长，宝宝就学会了见到人要主动打招呼。此外，还可以教给宝宝一些简单的动作，例如举起食指，告诉叔叔阿姨"我1岁了"、准备回家的时候，冲着邻居家的阿姨和小朋友摆摆手，告诉对方"再见"等。

从宝宝开始懂得主动要求出去玩以后，就有"玩儿疯"的可能，他可能无时无刻地想要出去，比如喂饭的时候、洗澡的时候等，建议家长此时最好能固定宝宝每天外出活动的时间，让宝宝知道，到了那个时间才能出去，其他的时间都不出去。但是不要和宝宝讲条件，例如"吃完水果就带你出去"等，这会埋下宝宝今后爱和大人讲条件的隐患，必须注意防范。

◎ 玩具

快满周岁的宝宝能玩的东西也越来越多，比如能帮助他们锻炼行走技能的牵拉玩具，能帮他们发展动作技能的球类玩具，能训练手的精细动作的玩具如套环、套筒，能促进语言和认知能力的玩具如小动物、交通工具、图画书，能训练思维和动手能力的玩具如积木类拼搭的玩具等。再有，像沙子、水等，也是这个时期的宝宝特别喜欢玩的东西。

不管给宝宝什么样的玩具，家长都要知道，玩具并非越贵越好，更并非多多益善。例如，花几十块甚至上百块给满岁的宝宝买辆玩具小汽车，结果没过两分钟车玩坏了，宝宝不感兴趣了，反而包小汽车的盒子宝宝很感兴趣，玩了很多天。这就说明，玩具应适合儿童心理发展的需要，特别要根据宝宝年龄特点来选择玩具，盲目地给宝宝买一大堆玩具，是完全没有必要的。

◎ 学脱鞋袜

这个月可以让宝宝自己用手脱去鞋袜，而不是用脚去将鞋袜踢掉。脱下以后，要将鞋袜放好，宝宝能够坐在小椅子上先将鞋脱去，然后把袜子脱去，把袜子塞进鞋里，把鞋放在平时放鞋的地方，然后再坐下来玩。如果宝宝全部完成，妈妈要及时表扬。这个可以让宝宝锻炼自理能力，养成把东西放在固定地方的习惯。

⑥ 上台阶

这各阶段，家长带宝宝从外面回家时，牵着宝宝上台阶。初学时，宝宝会先迈上一级，双脚站稳后再迈第二级，爸爸或妈妈可以在宝宝上台阶的时候替宝宝数数，一级、二级、三级地一直数上去，宝宝一面学上台阶时一面学数数。让宝宝练习高空平衡。每上一级台阶身体要适应一种新的高度，在上台阶时身体的重心先落在下面的单足上，然后重心移动上了高台阶的单足，重心不断转移而使身体不断适应并保持新的平衡。

潜能开发游戏

⑥ 管子游戏

【目的】让球从管子里落下然后去抓球，可以锻炼宝宝的动作技能以及手眼协调能力，也能促进宝宝的参与意识；通过不同大小的球，还能帮宝宝区分大小。

【玩法】用大的塑料管或硬纸管把网球或其他软球（直径至少4.5厘米，以防宝宝把球放进嘴里）放入管子一端，将管子倾斜，这样球在里面滚下去，让宝宝从另一端把球取出来，重复几遍。换不同大小的球，让宝宝看哪些球能放进去，哪些放不进去。

⑥ 宝宝投篮

【目的】宝宝练习瞄准，有利于提高手眼协调能力和大动作技能；如果家长在宝宝扔进球后大声数数，就会为宝宝理解数字打下基础。

【玩法】收集几个中等的球，然后把它们放入一个大一些的容器内，如洗衣篮、硬纸盒或塑料盆。给宝宝示范怎样把球倒在地板上，然后再把球一个个放入篮中。等他熟练后，让他往后站，试着把球扔到篮子里。在房间四周摆上几个容器，以增加难度，鼓励小运动员尝试不同的目标。

⑥ 小猫吃鱼

【目的】训练宝宝的活动能力和抓取能力。

【玩法】画好几条鱼，涂色剪下，分列摆在2层以上的台阶上，让宝宝扮作小猫，家长一边说儿歌："小花猫，上高台，吃完鱼，走下来。"一边教宝宝自己走上台阶去拿小鱼（可蹲下，也可站在低层弯腰取高层的小鱼），再从台阶上自己走下来。

专题：婴儿抚触

婴儿抚触是爸爸妈妈和宝宝之间的一种交流手段。宝宝放松了，可以更好地入睡。还可以减少绞痛和消化方面的问题。但这不是主要的功效，对爸爸妈妈来说最主要的是能够和宝宝在一起。婴儿抚触和医疗抚触有本质上的区别，因为婴儿抚触的所有动作都很轻，温柔是第一位的，亲人的轻柔的爱抚不仅仅是皮肤的接触，更传递着爱和关怀。

给宝宝抚触的好处

1. 抚触使宝宝认识自己的爸爸妈妈，能增强亲子情感交流，带给宝宝的不仅是身体和智力上的发育，也满足了宝宝肌肤渴望亲人爱抚、心理渴望亲人安慰的需求。

2. 抚触有助于安慰哭泣或烦躁的宝宝，减少宝宝焦虑，稳定宝宝的情绪，使宝宝感觉安全、自信，进而养成独立、不依赖的个性。

3. 抚触可以帮助宝宝加快新陈代谢，促进对食物的消化、吸收，加快体重的增长；抚触活动了宝宝全身的肌肉，使肢体长得更健壮，身体更健康。

4. 抚触还能促进血液循环，刺激免疫系统，增加机体免疫力，使宝宝少生病。

5. 抚触还能帮助宝宝睡眠，减少烦躁情绪，让宝宝入睡加快，睡得更踏实，不容易惊醒，也缓减了爸爸妈妈因劳累而产生的紧张情绪。

给宝宝抚触前的准备

1. 室内温度要保持在 25℃，并要注意室温的恒定。

2. 可以播放轻柔的音乐，以营造气氛。

3. 准备好毛巾、尿布、需要替换的衣服、婴儿按摩油。

4. 抚触前，应先倒一些婴儿润肤油在掌心，然后将按摩油搓热至体温，轻轻在宝宝肌肤上滑动一下，让宝宝有了适应过程。

婴儿抚触的注意事项

1. 腹部抚触一定要顺时针方向。

2. 注意对称，如果左腿抚触 5 次，那右腿也是 5 次。

3. 给新生宝宝抚触每次 15 分钟即可，稍大一点的需要 20 分钟左右，做多不超过 30 分钟。一般每天 3 次即可。

4. 宝宝出现疲倦或者不配合时应立即停止，一旦宝宝开始哭闹，爸爸妈妈不应该勉强宝宝继续，让宝宝休息睡眠后再做抚触。

5. 抚触的力度要根据宝宝的反应做具体调整，做完之后如果发现宝宝的皮肤微微发红，则表示抚触力度正好；如果宝宝的皮肤颜色没有任何变化，则说明抚触力度不够；如果只做了两三下，皮肤就红了，说明力量太强。另外随着宝宝月龄的增大，力度也应有一定的增加。

给宝宝抚触的方法

1. 让宝宝上肢自然伸直，妈妈左手握住宝宝的手指，右手轻轻环在宝宝手臂上，从手腕一直抚触至肩部，再由肩部回到腕关节为一个完整过程，重复 4 到 5 次。另一侧操作相同。

2. 以宝宝肚脐为重心，用手掌沿顺时针方向，呈圆形轻轻地抚触 6 到 8 次。这项体操可以增加宝宝肠蠕动，使宝宝排气通畅，还可以锻炼宝宝的腹部肌肉。

3. 妈妈握住宝宝的踝部，使宝宝腿伸直，用手掌从踝部内侧开始向大腿根部方向按摩 4 到 5 次。然后换另一只手握住同一脚踝，对下肢的外侧从踝部至臀部按摩 4 到 5 次。另一侧下肢做法相同。随着月龄的增加，抚触力度可以适当增加。

4. 让宝宝呈左侧卧位，妈妈用拇指和食指沿脊柱两侧由臀部向上至颈部轻轻对捏 12 到 15 处，此时宝宝的身体会反射性的弯曲，脊柱呈弓状。另一侧抚触方法一致。这可以锻炼背部肌肉。

5. 此节要在宝宝出现第 4 节中的脊柱反射后才能做。让宝宝呈俯卧位，并将两胳膊肘屈曲放好，用带声响的玩具来吸引宝宝的注意力，然后将玩具逐渐抬高，宝宝就会将胳膊伸直，抬起头及上身。

6. 此节要在上述 5 节体操都做完后再开始做。让宝宝单侧膝关节弯曲，然后妈妈用手贴脚心握住宝宝的脚轻轻向前方推，宝宝会反射性地伸直膝关节及髋关节，这可以帮助宝宝熟悉爬的动作。另一侧方法相同，左右交替各做 4 到 5 次。

7. 妈妈沿着宝宝的肩向臀的方向用两手背从上到下轻轻抚触，然后再反方向由臀部向肩部抚触，连续做 4 到 5 次，这节操可使背部肌肉强健。

8.让宝宝呈仰卧位，妈妈一只手握住宝宝的脚，另一只手用拇指由足尖向脚趾关节方向揉捏脚趾，然后再揉脚踝周围，这样反复4到5次。另一侧方法相同。

9.让宝宝呈仰卧位，将宝宝膝关节弯曲，用食指按压脚心，脚趾会反射性的屈向脚心；然后沿着足外侧缘从脚趾根部往脚跟方向刮划。宝宝的脚趾会反射性的向足背方向屈曲。这样左右脚各做4到5次。

10. 让宝宝两脚并拢，妈妈一只手握住宝宝的两脚，轻轻地使宝宝的腿伸直，另一只手托住宝宝的腰部，慢慢向上推宝宝的双脚，这样反复推拉伸屈双腿6到7次。

11.让宝宝呈俯卧位，妈妈用一只手轻轻托住宝宝的胸部，使宝宝像在空中爬行一样。在宝宝将头向后仰的同时，用另一只手握住宝宝的两脚，使腿伸直与脊柱成一条直线，如此重复1到2次。

12. 妈妈双手放在宝宝腋下托起宝宝，使宝宝的膝关节略微弯曲的站立。当宝宝脚底着地时，就会伸直膝关节想要站立，如果支撑力度把握适当，宝宝能站立两三秒钟。如此反复6到8次，慢慢宝宝站立的时间会慢慢变长。

13. 妈妈将两手掌放在宝宝胸部两侧，呈螺旋状抚触到腋下，重复做4到5次。然后再用双手从背后将宝宝轻轻抬起3到4厘米，促使宝宝做深呼吸，反复做4到5次。

14. 妈妈用左手握住宝宝两脚，右手握住宝宝的右手，慢慢让宝宝向左侧翻身。向右侧的翻身动作与此相同。开始做1次，以后可以做2次。

15. 妈妈一只手握住宝宝的脚，另一只手握住宝宝小腿，由脚开始逐渐向上抚触到臀部，重复做4到6次，另一侧相同。

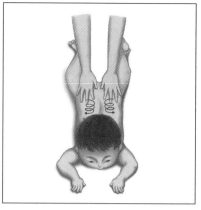

16. 妈妈用两手分别握住宝宝两侧大腿根部，将宝宝两腿轻轻分开，然后左右同时由膝上方向大腿根部抚触，重复做 4 到 6 次。第 15 节和第 16 节做完后再按图将第 3 节和第 8 节做 4 到 6 次。

17. 妈妈将两侧手掌置于宝宝臀部，从宝宝臀部开始沿脊柱呈螺旋状向上抚触到肩部，重复做 4 到 6 次。在宝宝的头还不能抬起时，不能进行这项按摩。

18. 妈妈两手四指并拢，放在宝宝的脊柱两侧，从臀部开始沿脊柱向肩部呈螺旋状向上抚触，重复做 4 到 6 次。

19. 妈妈用手沿脊柱自下而上指弹拨脊柱两侧的肌肉，两手同时进行，反复做 4 到 6 次。按照第 17、18、19 节做完后，再用两手掌沿脊柱两侧，自下而上轻轻抚触 4 到 5 次。

20. 妈妈一只手握住宝宝一侧膝盖处使脚固定，另一只手拇指和食指捏住脚背及脚掌，从脚尖向脚跟方向抚触，重复做 4 到 8 次。另一侧相同。

21. 妈妈一只手握住宝宝一侧膝盖处使脚固定，用另一只手食指轻轻弹扣宝宝脚心，重复做 4 到 6 次。另一侧相同。

22. 妈妈两只手 4 指并拢，放在宝宝腋前线处，从胸廓的侧面沿肋骨由外侧向内侧呈螺旋状轻轻按揉，直至胸骨。从第 9 肋抚触到第 4 肋，反复进行 4 到 6 次。

23. 妈妈双手握住宝宝脚踝，让宝宝像在踏步走一样左右腿交替进行膝关节的屈伸运动，开始慢些，逐渐加快，重复做 6 到 8 次。然后将宝宝两腿合拢伸直，再向上弯曲膝盖使大腿正面贴到腹部，重复做 6 到 8 次。

24. 让宝宝趴着，妈妈双手紧紧抓住宝宝脚踝，慢慢向上提起，使宝宝背部弯曲呈弓形，重复做4到6次。这节操要在宝宝趴着能抬起头来时再做。

25. 妈妈用两手撑在宝宝腋下，让宝宝能自己进行屈伸两膝的运动，重复做6到8次，支撑宝宝腋部的力量，要根据宝宝的体重来调整，不要过大或过小。

26. 妈妈双手握住宝宝的双手并让宝宝两手分别握住妈妈的拇指，先将宝宝胳膊向两侧扩展伸直，然后再将两手交叉放在胸前。重复做6到8次。

27. 让宝宝呈俯卧位，妈妈把双手拇指放在宝宝腋下，其余四指放在宝宝的前胸，慢慢将宝宝上身扶起，让宝宝自己用膝部的力量做到跪立，然后慢慢用两腿站立。反复做1到2次。

28. 让宝宝呈仰卧位，妈妈双手握住宝宝双腕，大拇指放在宝宝的掌心，让宝宝握住。先轻轻地将宝宝上身向上拉起，让宝宝呈坐立姿势，然后再轻轻地将宝宝上身向下放倒恢复原状。重复做 5 到 6 次。

29. 当宝宝能保持坐位的时候，就在宝宝坐位时，紧紧握住宝宝的两手，带动宝宝左右臂一前一后地摆向前方，再摆回去。重复 10 到 15 次。在做这个运动时如果加上"嘿嘿！"等拟声词语，宝宝会更有兴趣做。

30. 把宝宝喜欢的玩具放在宝宝前方，招呼宝宝说："来这儿！"宝宝会向前爬来拿玩具，此节操可进行 1 分钟左右。

第四章

1~3 岁幼儿

　　虽然 1~3 岁的宝宝成长速度不像新生儿时期那样快，但是成长中的问题却越来越多了，尤其是宝宝的运动和思维能力的发育，让很多爸爸妈妈都感到头疼。本章我们会通过详细讲解，帮助爸爸妈妈一起解决宝宝这个阶段遇到的问题，同时加入游戏和训练等早教的内容，关注宝宝健康聪明的成长。

1 岁到 1 岁半

这个年龄的幼儿

体重

男宝宝体重的正常范围为 9.1 ~ 13.9 千克，平均为 11.5 千克；女宝宝体重的正常范围为 8.5 ~ 13.1 千克，平均为 10.8 千克。

身高

男宝宝身高的正常范围为 76.3 ~ 88.5 厘米，平均为 82.4 厘米；女宝宝身高的正常范围为 74.8 ~ 87.2 厘米，平均为 81.0 厘米。

出牙

宝宝已经长好了 12 ~ 14 颗乳牙。

前囟

这个阶段，宝宝的前囟已经闭合。

营养需求与喂养

营养需求

宝宝过了周岁，与大人一起正常吃每日三餐的机会就逐渐增多了。但此阶段的宝宝，乳牙还没有长齐，所以咀嚼的能力还是比较差的，并且消化吸收的功能也没发育完全，虽然可以咀嚼一些成形的固体食物，但依旧还要吃些细、软、烂的食物。根据每个宝宝的实际情况，为宝宝安排每日的饮食，让宝宝从规律的一日三餐中获取均衡的营养。要根据宝宝的活动规律合理搭配，兼顾蛋白质、脂肪、热量、微量元素等的均衡摄取，使食物多样化，从而促进宝宝的进食兴趣和全面的营养摄取。

补充鱼油

这个阶段的宝宝处在了智力发育迅速的关键时期。有些家长会给宝宝添加鱼油，鱼油是鱼体内的全部油类物质的统称，它包括体油、肝油和脑油。鱼油是鱼粉加工的副产品，是鱼及其废弃物经蒸、压榨和分离而得到的。鱼油的主要成分是：三酰甘油、磷甘油醚、类脂、脂溶性维生素，以及蛋白质降解物等。

鱼油对宝宝的神经系统发育有着比较好的作用，因为鱼油中含有 DHA（二十二碳六烯酸）和 EPA（二十碳五烯酸）两种脂肪酸，所以有很多家长认为鱼油是一种益智食物。其实深海鱼中也含有丰富的益智因子，所以平时给宝宝吃些深海鱼也是很有必要的。

注意的是，鱼肝油和鱼油是不同的。鱼肝油的主要成分是维生素 A 和维生素 D，是可以预防缺乏维生素而造成的夜盲症、佝偻病、骨软病，但是不能过多服用，容易危害健康。其实维生素是可以从蔬菜水果中获取的，所以宝宝 1 岁后，不要多吃鱼肝油。在喂水果的时候也要注意以下几点：有些水果很可能会让宝宝出现皮肤瘙痒等过敏症状，比如杧果。所以在吃之前可以煮一煮。最好给宝宝喂一些当季水果，不但有丰富的营养，还可以减少过敏情况的发生。

如何给宝宝补钙

1 岁的宝宝处在长骨骼和牙齿的重要阶段，而钙正是这阶段所必须补充的矿物质，所以在这一阶段，要重视给宝宝补钙。这个月龄的宝宝每天应该喝 400 毫升以上的奶粉，因为奶粉是吸收钙质的主要来源。此外，宝宝还要吃一些虾皮、紫菜、绿叶菜等食品，也能很好地补充钙质。

断奶后的营养补充

宝宝断奶后，应该用代乳品及其他食品来取代母乳。这是一个循序渐进的过程，从流质到糊状，再到软一点儿的固体食物，最后到米饭，每一个时期都要先熟悉之后再慢慢过渡。断奶后，宝宝每天需要的热能是 1100 ~ 1200 千卡（成年人一天需要的热能是 2000 千卡），妈妈可以根据食物的热量信息来调配宝宝的饮食。

断奶后宝宝每日进食 4 ~ 5 次，早餐可供应奶粉或豆浆、鸡蛋等；中午可为吃软一些的饭、鱼肉、青菜，再加鸡蛋虾皮汤；午前可给些水果，如香蕉、苹果片、鸭梨片等；午后为饼干及糖水等；晚餐可进食瘦肉、碎菜面等；每日菜谱尽量做到轮换翻新、荤素搭配。

宝宝断奶后不能全部食用谷类食品，主食是粥、软一些的米饭、面条、馄饨、包子等，副食可包括鱼、瘦肉、肝类、蛋类、虾皮、豆制品及各种蔬菜等。主粮为大米、面粉，每日约需 100 克，豆制品每日 25 克左右，鸡蛋每日 1 个，蒸、炖、煮、炒都可以；肉、鱼每日 50 ~ 75 克，逐渐增加到 100 克；豆浆或牛乳，从 500 毫升逐渐减少到 250 毫升；水果可根据宝宝的口味来，不要强制他吃水果。

◎ 添加固体食物

在这个阶段，如果妈妈还不敢给宝宝吃固体食物，不但会使宝宝乳牙萌出时间推迟，还会影响宝宝咀嚼和吞咽能力的发展，尤其是吞咽和咀嚼协调能力的发展，导致日后吃饭困难。如果宝宝出生后一直不让其吸吮，宝宝一直都不会吸吮，这就是"关键期"的意义。宝宝在整个发育过程中，有几个关键期，错过了发育关键期，宝宝的发育就会落后，甚至停滞。以后即使付出百倍的努力，都难以达到应有的发育水平。

◎ 饮食习惯培养

宝宝断奶后，除了营养问题，就是饮食习惯问题最令爸爸妈妈头痛。既要让宝宝吃下去各种各样的食物，又要让宝宝不因为吃饭而养成拖拉、耍脾气的坏习惯，这需要爸爸妈妈在宝宝吃饭的过程中多加注意。

首先，宝宝的饭量并不是根据吃米饭的量来衡量的。实际上这个时期的宝宝并不那么喜欢吃米饭，为了让宝宝多吃米饭，妈妈会严格要求，这样一来，宝宝有限的饭量就全部用来吃米，而其他营养食物的摄入量就会降低，另外也会引起宝宝讨厌吃米饭的情绪。如果宝宝不爱吃米饭，那么让他吃点儿土豆泥、面条一类的主食也是可以的。

其次，当宝宝刚开始吃饭的时候，不要要求他一定要用筷子。大部分宝宝要到两3岁才会使用筷子，只要宝宝有食欲，让他用勺子自己吃，哪怕会撒到桌子上，家长也不要太在意了，因为弄撒了饭粒而挨骂，也会降低宝宝的食欲。

在吃饭之前，妈妈爸爸要带着宝宝去洗手，养成吃东西前先洗手的习惯；吃饭的时候，关掉电视机，大家坐在一起和和气气地吃饭，宝宝也可以和爸爸妈妈一起上桌，但另外给他准备餐具，按时吃饭，这些都是养成饮食好习惯的细节。

◎ 饮食搭配

开始吃饭的宝宝的饮食主要由主食、副食和牛奶、鸡蛋、稀果汁组成。主食可吃软米饭、烂面条、粥、煮烂的馄饨等；副食可吃肉末、碎菜及鸡蛋羹等；奶粉不仅易消化，而且有着极为丰富的营养，能提供给宝宝身体发育所需要的各种营养素，是宝宝断奶后每天的必需食物；自己榨的新鲜果汁，可以用温水兑稀一点儿给宝宝喝。

食谱推荐

	原料	做法
牛奶蛋	鸡蛋 1 个，牛奶 1 杯	1. 将鸡蛋的蛋黄、蛋白分开，把蛋白搅打起泡，待用 2. 在锅内加入牛奶、蛋黄和白糖，混合均匀，用微火煮一会儿，再用勺子一勺一勺地把调好的蛋白放入锅内稍煮即成 3. 注意制作中一定要把蛋黄、蛋白分开
鱼蛋饼	鸡蛋半个，净鱼肉 20 克，番茄沙司净葱头各 10 克，黄油 6 克	1. 葱头切碎末；鱼肉煮熟，放入碗内研碎 2. 将鸡蛋磕入碗内，加入鱼泥、葱头末调拌均匀成馅 3. 把黄油放入平底锅内熔化，将馅制成小圆饼，放入油锅内煎炸，煎好后把番茄沙司浇在上面即成 4. 煎饼时不要煎老，以免影响婴儿食用
黄鱼小馅饼	净黄鱼肉、牛奶各 50 克，鸡蛋 1 个，葱 头 25 克，植物油、淀粉、精盐各适量	1. 黄鱼肉洗净，剁成泥；葱头去皮，洗净切末 2. 鱼泥放入碗内，加入葱头末、牛奶、精盐、淀粉，搅成稠糊状有黏性的鱼肉馅，待用 3. 平锅入油，把鱼肉馅制成 8 个小圆饼入锅内，煎至两面呈金黄色，即可食用 4. 注意鱼肉中要加些谷物（小米面、玉米面），否则煎时易碎
鱼肉水饺	鲜净鱼肉、面粉各 50 克，鸡 汤 25 克，肥猪肉 7 克，韭 菜 15 克，香油、酱油、精盐、味精、料酒各少许	1. 鱼肉、肥肉洗净，一同切碎，剁成末，加鸡汤搅成糊状，再加入精盐、酱油、味精，继续搅拌成糊状时，加入韭菜（洗净切碎）、香油、料酒，拌匀成馅 2. 将面粉用温水和匀，揉成面团，揪成 10 个小面剂，擀成圆皮，加入馅包成小饺子 3. 锅中倒入清水煮沸，下入饺子，边下边勺在锅内慢慢推转，待水饺浮起后，见皮鼓起，捞出即成。 4. 鱼肉一定要剔净鱼刺，面皮要薄，馅要剁烂，水饺多煮一会儿，以利消化
红豆泥	红豆 50 克，红糖、植物油各少许	1. 红豆拣去杂质洗净，放入锅内，加入凉水用旺火烧开，加盖改小火焖煮至烂成豆沙 2. 锅中倒入少许油，下红糖炒至溶化，倒入豆沙，改用中小火炒好即成 3. 注意煮豆越烂越好，炒豆沙时要不停地擦着锅底搅炒，小火以免炒焦而生苦味

喂饭技巧

爸爸妈妈拿着饭碗追着宝宝满屋跑是我们常见的现象，让宝宝乖乖地坐在座位上好好吃饭怎么就那么难呢？其实是方法有问题，这里有一些方法可以让宝宝喜欢上爸爸妈妈喂饭：

固定的开饭时间

宝宝一般一天吃 4 ~ 5 餐，下午的点心在 1 ~ 2 次不等，尽管宝宝吃饭的顿数多一些，也不可以让宝宝饿了就吃，没有固定的时间。如果是 12 点了，可以表示出高兴的样子，"午饭时间到啦"，然后和宝宝一起准备吃饭。

减少正餐之外的食物

很多宝宝不爱吃饭是因为零食已经占满了肚子。虽然零食也要吃，但不能过量。尤其要少吃膨化食品和味道大的乳酸饮品，这些会造成他们的饱腹感。

选购宝宝喜爱的餐具

买一些图案可爱的餐具，可提高宝宝用餐的欲望，如能与宝宝一起选购更能达到好效果。

喂饭时不要分散宝宝的注意力

在喂宝宝吃饭时，爸爸妈妈总是喜欢变着花样来哄宝宝吃，这样的结果就是分散了宝宝的注意力，吃饭往往是为了"交换"。最好是在宝宝吃饭的时候，气氛轻松安静，不要说个不停，让宝宝一口一口咽完了再吃。

零食供给

宝宝喜欢吃的零食莫过于糖果、加入各种营养和口味的奶粉。如果让宝宝自己拿糖吃，他们可能一天到晚都会拿了吃。如果每天给他定量，他也会吃完之后马上要。宝宝喜欢吃糖也是身体需要，但家长不要拿糖果当作奖赏品，让宝宝对糖果有格外的偏好。

薯片、虾条、雪饼等这些膨化食品，甜甜咸咸的，很多宝宝都喜欢这种味道，但高糖、高盐是这些小食品的一个共同特点，一方面高糖会引起宝宝的肥胖和龋齿，而高盐会增加宝宝的肾脏负担，对心血管系统存在着潜在的不良影响；另一方面，有些食品还采用了食品添加剂、防腐剂、香精、味精等，这些都是经化学方法合成的，对宝宝肝脏解毒能力和肾脏排泄功能都可能产生一些影响。如果宝宝开始吃饭的时候不是很有食欲，爸爸妈妈不要拿味道重的零食来替补，这样会更加破坏宝宝的胃口。

对于一些比较胖的宝宝，选择低糖、高纤维素、高维生素的零食，比如说水果，如小番茄、猕猴桃等含糖量低的水果。对一些瘦弱的宝宝，零食可以选择谷类的饼干，或者为了消化，糖葫芦、山楂片也是不错的选择。

能力发展与训练

✑ 言语

1 岁到 1 岁半是"被动的"言语活动期，其特点是听得多，说得少，理解多，表达少。这时期宝宝的语言特点是：以词代句，一词多义，重叠发音，以音代词，并伴有动作和表情。如说"妈妈"这个词，是代表一句话，可能是"要妈妈抱"，也可能是"妈妈不要走"，或是"妈妈给我玩具"，可能有多种不同的意义。有些词发音太难，宝宝常常以音代词，重叠发音。如以"喵喵"代表猫，"汪汪"代表狗。由于宝宝掌握的词少，常以动作来补充语言的不足。如要戴帽子出去玩，就会说"帽帽"并拍拍头，指指大门。这时期宝宝的语言发展一般能掌握 100 个词左右，但彼此之间差距很大，多者可达 200 个词左右，少者只能说几个词。宝宝说话少，并不都是语言发展落后，而往往是这些宝宝开口晚，但他能将听到的话都储存在大脑里，以后会突然开口，非常爱说话，词汇增加很快，甚至在短时期超过一些讲话早，说话多的宝宝。

爸爸妈妈在宝宝开口学单词并积极理解语言的时期，应利用各种机会与宝宝交谈，让他多听、多看、多理解日常生活中所接触的事物的名称，如衣、裤、菜、饭、花等。理解各种动作，如坐、走、抱、拿、吃等。理解爸爸妈妈对他的要求，如张嘴吃饭，摔跤爬起等。并能在理解的基础上模仿成人发音、运用单词来表达自己的愿望和要求。这时应该用实物、玩具、图片来启发宝宝学习。

✑ 认知

刚过周岁的宝宝对理性教育缺乏兴趣，对记忆性、理解性的东西很快就会忘记，集中注意力的时间也比较短。但宝宝越小，对感兴趣的事物和现象越容易着迷，喜欢长时间重复它。

到了 1 岁 2 个月左右，宝宝大约能够认出 10 种以上的常见物品，且对客观事物也有了从表象到抽象的认知能力。当宝宝看不到这些物品时，也能想象出这些物品的样子。宝宝已经能分清物体的形状，最先会认圆形，但很快就能确认方形和三角形，而且能指认出哪些生活用品是自己的。到了 1 岁半时，爸爸妈妈如果同宝宝一起看书时，会发现宝宝已经具备了心领神会的能力，并且能用声音和表情回答。

心理

宝宝已经能准确地表示愤怒、害怕、嫉妒、焦急、同情等情感；喜欢模仿大人的动作；能听指令帮忙拿东西；会表示自己的情绪，有时好发脾气、扔东西；对陌生人表示新奇。宝宝能认出家中其他的人，会拿凳子让大人坐下，会告诉大人要大小便。对一些图片中的画面有记忆；能玩简单的想象游戏，如轻拍或摇动玩具娃娃；能在柜子里或橱里找东西；用手指或东西戳洞。

社交能力

不到1岁的宝宝很少会去挑战爸爸妈妈的权威，然而到了1岁以后，就会有所变化了，他不想吃的东西，爸爸妈妈很难再按照自己的想法喂给宝宝。不喜欢的东西宝宝会毫不犹豫地扔到地上。如果爸爸妈妈强烈干预，就会招致宝宝大声哭闹或大呼小叫。

到了1岁半的时候，宝宝开始对小朋友有亲近感，但不会主动与小朋友在一起玩。这个年纪不要奢望宝宝会与别的小朋友分享，对他来说，自己的就是自己的，把别人的东西据为己有和独占自己的东西，也是宝宝有独立意识、保护自己权利的一种表现。

随着月龄的增加，宝宝开始逐渐喜欢和小朋友在一起玩，并慢慢地学会分享，这对宝宝的心理发育是很重要的，学会与人分享，是良好人际关系的开端。

自我意识

1岁宝宝的自我意识，表现为知道自己的名字，对周围充满好奇，会根据别人的反应来调节自己的行为。同时，凡事都要自己去做，并能较好地独立完成一些基本的事情，如自己吃饭、穿衣、收拾玩具等。

宝宝的自我意识，随着自己力所能及的事情增加而增加的。因此，要尽量让宝宝在感兴趣的事情上自己动手，或者用"你可以自己来试一试"这种方式来诱惑宝宝去动手，例如让他们自己用手抓饭吃，自己穿鞋，自己拿出玩具、收拾玩具等。

智力开发

促进宝宝的智能发展，包括语言、数学逻辑、视觉空间、音乐智能、人际社会智能、肢体动觉智能、内省智能、自然智能这8个方面的内容。宝宝在每一个方面都需要经过训练和强化才能提高，而对于我们传统的中国家庭来说，可能数学逻辑智能、音乐智能、自然智能这些方面是极少关注的，需要爸爸妈妈有意识地去培养。

数学智能，就是发现数字的内在含义，并能把"具体事物"转变为"抽象符号"，再进行抽象事物的处理。最后，来思考假设与陈述间的关系和涵义。有的宝宝已经会说话，可对数字没兴趣，这就需要爸爸妈妈在日常生活中，加强宝宝对数的敏感。身边有很多事情是需要用数字表达的，例如"一个娃娃""三颗糖""我们三个人是一家"等，爸爸妈妈在说到数字时加强语气，还可以用变化的办法，如"你们两个人玩，我一个人玩，我们三个人一起玩"等，来增加宝宝对数字的理解力。

吃饭的时候，可以让宝宝数一数有几盘菜；看小动物的时候，可以看看有多少只动物。但一定不要强迫宝宝去数数，这样会影响他对其他事物的兴趣，"因噎废食"。在教宝宝数数的时候，要顺其自然。

而音乐智能方面，它与其他智能没有必然联系，而是拥有独特的规律和思维结构。可以说宝宝在诞生前，就有了音乐节奏感——妈妈的心跳声，呼吸节律，新陈代谢和脑电波活动节律等，每个人与生俱来都有对音乐的感知能力，即便是土生土长的中国人，对夕阳交响乐也能有一种感知和认识。所以爸爸妈妈不用担心自己毫无古典音乐的底子，宝宝就不能听莫扎特的胎教音乐。

如果宝宝对音乐表现得毫无反应，或者是兴趣不大，爸爸妈妈不要心急，更不要强迫他安静地听音乐。培养宝宝的音乐智能一定要在一种轻松惬意的环境中进行，例如在宝宝的居室播放一段柔和的音乐，和宝宝玩游戏的时候可以放轻松欢快一点儿的音乐。

虽然很多父母对古典音乐一窍不通，但爸爸妈妈可以借着教宝宝的机会了解一下经久不衰的世界名曲。这里不用特别在意版本和指挥、乐团等，一般的给宝宝听的古典 CD 中收录的都是经典中的经典，即便是录音效果不尽如人意，但那些节奏变化依然可以感染宝宝。

自然观察智能对于城市的宝宝来说是比较薄弱的，它指善于观察自然事物、善于辨别自然环境中各种现象的能力。1 岁的宝宝会对虫鸟等小动物有很大的兴趣，也喜欢看树、花等自然景物，对四季的变化很敏感。因此，爸爸妈妈要经常带宝宝到户外或公园，去感受四季的变化，并耐心地陪宝宝观察和大胆探索他们感兴趣的现象。著名的昆虫学家法布尔的《昆虫记》，就是从他儿时开始观察昆虫的热情中衍生出来的。

天气晴朗的时候，可以带着宝宝去公园吹泡泡，观察阳光下泡泡的颜色；在树荫下，宝宝可以观察透过树叶的阳光的闪动，可以让他去摸一摸树皮、竹子皮等，感受不同的质感。这些细节都可以提升宝宝的自然观察智能。要知道，一个懂得热爱自然的人，内心是温柔而敏锐的，对生活的热情也会更多一些。

◎ 平衡能力

一个人长大之后的平衡感和小时候的训练是分不开的，而小时候的平衡感训练是从"头"开始的。可以说，抬头是我们一生当中进行的第一个具有革命意义的动作，那意味着我们已经开始感受到平衡了，没有平衡，人类至今都无法行走。

人的平衡感是否有天生的强弱呢？事实上未出生的宝宝在孕期的第 5 个月时，耳朵里面精密的平衡系统就已经发育成熟，一出生就能正常工作了。只是出生后宝宝的脖子还没有力气，不能完成各种动作，但宝宝的平衡感是有的。

帮助宝宝锻炼平衡能力，可以从日常生活中去寻找一些机会。例如，端塑料水杯（水杯里可以适当放一点儿温水）的时候，走路的时候，还有玩耍的时候，都可以有意识地训练宝宝。

常见的方法有：爸爸跷起二郎腿，让宝宝坐在翘起的那只腿上面，然后扶着宝宝的双手，开始晃动腿，让宝宝用双手来控制平衡，当然爸爸的双手是不能离开的。或者让宝宝端着一个水盆走路，盆中放少量温水，走路时让宝宝尽量不要弄洒盆中的水；或者是让宝宝用头顶住布娃娃等轻一点儿的东西，看看能走几步。和宝宝玩投球的游戏，选择一些轻柔的皮球，投给宝宝让他接住，在接球的动作中，宝宝也会自动地谐调身体各部位的平衡。

◎ 好奇心

一个身体健康的 1 岁多宝宝，好奇心是非常强烈的，他们从什么都要往嘴里送的阶段走向了用手去感知的阶段，生活中他们会用手摸任何摸得着的东西，把手指伸进小孔中，想要看看玩具里面有些什么东西，等等。

宝宝这一阶段的好奇心是不用刻意去培养的，如果一个宝宝对什么都没有兴趣，精神状态不佳，那么爸爸妈妈要带着宝宝去医院看看是不是身体不舒服，或者心理上有压力。

有的宝宝虽然好奇心很强烈，但是也十分胆小。遇到新事物的时候会害怕，不敢去碰一下。这时候需要爸爸妈妈去鼓励他，并给他示范。例如，摸摸动物，和新朋友握握手等，宝宝会在多次演习之后自己学会。

爸爸妈妈可以和宝宝玩猜猜有什么的游戏，用一个塑料的不透明的盆罩住宝宝平时爱玩的玩具，然后问问"里面会有什么呢？"然后打开一看，原来是布娃娃，这样的游戏会引起宝宝的兴趣参与游戏。或者用多个小盆，猜猜糖果在哪个盆下面。但是在玩这样的游戏的时候，要注意安全，不要用瓷器，怕摔坏后伤害到宝宝。

模仿力训练

宝宝很多能力都是通过模仿而获得的，可以说爸爸妈妈要做的不是培养宝宝模仿能力，而是激活宝宝模仿的兴趣来。

这里又要提到故事书的作用。一般有插图的故事书都会画上各种动物、小朋友等，这时候爸爸妈妈可以在讲故事时加入一些动作，例如大象、鸭子、飞机等，这也需要家长发挥想象力，在家长的感染下，宝宝也会跟着模仿起来的。

在扮演图书中的故事的时候，爸爸妈妈和宝宝可以轮流来扮演不同的角色，比如说动物大会相关的故事，可以今天宝宝扮演大象，明天宝宝扮演鸭子，这样就能增加他模仿的机会。有时候爸爸还可以模仿动物的叫声，让宝宝猜猜是什么样的动物。不过这种模仿能力是基于宝宝对被模仿者本身有一定的了解基础之上的。

走路训练

1岁多的宝宝有很强的走路的欲望，这也许是由于人类的天性中有一种追求自由的本能。当他们可以站立的时候，就希望能很快跑起来。可以说学走路的心情，宝宝比任何人都心切。

宝宝开始学走路的时候，很多人学步车来教宝宝走路，但是也有人反对用学步机。总结起来，主要是这样一些方面：

好的方面

1. 降低了宝宝学走路的难度，使宝宝能轻易成功地独立行走。

2. 比扶桌腿或其他物品学走更稳当。

3. 解放了家长，不必夹着、扶着、拉着宝宝学走路等。

不好的方面

1. 限制了宝宝自由活动的空间。

2. 减少了宝宝锻炼的机会。正常的学步过程需要宝宝运用身上的各种肌肉，达到身体的平衡，哪怕是摔倒，也对他的成长有好处，摔倒之后站起来更有自豪感，对增强其自信心很有好处。

3. 容易发生意外。有的妈妈认为宝宝有了学步机，可以自己玩一会儿，自己就去忙别的。如果这时候正在煮东西，是非常危险的。宝宝可以靠近煮着的东西，如果伸手勾把手，后果不堪设想。

4. 宝宝容易罗圈腿。由于宝宝在使用学步机的时候没有很好地运用肌肉，腿容易变形。

总体说来，使用学步机的弊大于利，所以，妈妈们还是不辞劳苦地帮助宝宝学会自己走路吧，这个过程一般一个月，在学习走路的过程中，也增加了亲子之间的互动和情感交流，一举多得。

排便训练

宝宝开始吃米饭和面条了，自然他们的排便也就更有规律了，这时候训练宝宝上厕所是最好的。但是，上厕所也是因人而异的，有的人很早就能自控，而有的人需要很长的时间来学会自己上厕所。排便训练在温暖季节比较容易进行，宝宝需要大小便时能告诉妈妈，脱裤子也很方便。太冷的时候，宝宝的尿会增多，可能会尿裤子。

训练宝宝上厕所，可以从便盆开始。现在有专门为宝宝设计的便盆，妈妈可以让宝宝自己选一个便盆，在没有便意的时候坐在上面熟悉一下，不要害怕。等到要便便的时候，妈妈带着宝宝去便盆那里，帮助他坐下来。

如果宝宝不小心尿床了，或者把便便弄到裤子上了，妈妈们不要烦躁地批评宝宝，本来他们自己也会有一种失败感，妈妈要安慰宝宝，告诉他以后要提早一点儿和妈妈说，或者"嘘"一下表示要便便。

宝宝上厕所、刷牙、洗澡等，都是慢慢训练过来。爸爸妈妈一定要有耐心，相信宝宝很快就能自控，自信的宝宝能更早学会自控排便，而自卑、胆小的宝宝的控制能力会差一些。

日常护理注意问题

边看电视边吃饭

满1岁后，宝宝已经能够自己拿勺吃饭了，坐在儿童专用餐椅里，和爸爸妈妈一同进餐，其乐融融。很多家庭喜欢边看电视边吃饭，这样的进餐方式不利于营造一个整体的进餐气氛；分散宝宝吃饭的注意力，影响食欲，还影响消化功能。进餐时胃肠道需要增加血液供应，但宝宝看电视，把注意力集中在电视上，大脑也需要增加血流量。血液供应首先是保证大脑，然后才是胃肠道，在缺乏血液供应的情况下，胃功能就会受到伤害。

开始任性

过了周岁以后，很多爸爸妈妈突然觉得宝宝没有以前好带了。这是很正常的，是由宝宝的生长发育所决定的。满周岁之后，随着宝宝运动能力的提高，活动范围的扩大，他的好奇心和新需要越发强烈，依个人偏爱而喜恶的事情也日益增多，随之而来的就是抗拒行为的逐渐凸现。每个人在成长发育的过程中，都会经历这个阶段。

这么大的宝宝好奇心很强，想了解和想尝试的事非常多，并且他们愿意更多的挣脱大人的看管而独立行动。这种独立探索的欲望虽然很好，但有的时候却总是让大人头疼，因为宝宝总是"越不让他干什么，他就偏去干什么"。尽管这种态度可以理解，但还是不能纵容，不能让宝宝认为，他想去做什么，家长都会允许他。也许刚开始一两次拒绝的时候，宝宝会以大哭大闹来抗衡，如果此时家长为了哄好宝宝就答应他的要求，那么长此以往宝宝就学会了以哭闹甚至是更极端的方式去要挟大人，达到他的目的。这样，宝宝任性的坏习惯也就养成了。

如果以前一直很宠爱宝宝、不管他想要什么想做什么都满足他的话，那么任性的毛病此时多数就开始浮现了。这时候还比较好纠正，只要大人能坚守自己的原则，小问题方面可以给宝宝让步，但原则问题无论什么情况下大人也不应让步，这样逐渐得宝宝就会明白什么是该做的什么是不该做的，使其任性行为走上有节制、受制约的轨道。

人多时幼儿耍闹

带着宝宝逛街，如果宝宝突然哭闹起来，引起了路人的围观或抱怨，是一件很令家长尴尬的事情。有的人为了不"丢人现眼"，会马上满足宝宝的要求；有的人看到宝宝"丢脸"了，更加生气地呵斥宝宝。前一种办法会让宝宝学会在大庭广众之下"要挟"爸爸妈妈，后一种不利于宝宝自尊心的培养。

当宝宝在大庭广众之下哭闹的时候，如果可以就把宝宝带到人少的地方去教育；如果他坐在地上哭闹，要求不合理，爸爸妈妈还是不能让步。宁可让宝宝感受一下别人目光的滋味，也不要放弃做父母的原则，不能买的东西坚决不能买。

不会说话

通常1岁多以后宝宝就能说一些简单的日常用语了，但也有例外。很多心急的爸爸妈妈看到和自己宝宝同岁的小孩已经可以叫人了，但是自己的宝宝还是"嗯嗯啊啊"地不能说话，就会很着急，有的甚至去咨询儿科医生。要知道，说话的早晚和智力并没有太大的关系，说话晚的宝宝也一样很聪明。

说话的早晚和宝宝所处的环境关系密切。如果爸爸妈妈经常能和宝宝对话，会征求宝宝的意见，遇到问题的时候注意观察宝宝的行为，帮助他们表达自己的意思，这些行为对宝宝说话有很好的引导作用。但如果家里人不喜欢说话，爸爸妈妈不在宝宝身边等，会让宝宝说话晚一些。

也有人担心宝宝是不是在发声器官上有问题，这个从宝宝的哭声中是可以听出来的。哭的时候正常发声的宝宝是可以说话的。如果担心宝宝听力不好，可以测试一下。妈妈在宝宝的身后叫他们的名字，如果宝宝能够回过头来，说明宝宝能够听到。万一听力有问题，应该及早学习聋哑儿童的教育方法，宝宝在年幼时的学习能力是最强的，不管怎样都不要错过了学习的时机。

如果检查是宝宝的舌系带过短，影响他说话，可进行一个小手术，就能矫正舌系带。最晚的宝宝到 3 岁多才能很好地讲话，知道了这种情况，1 岁多不会讲话就不算什么了。

不会走路

现在由于独生子女家庭居多，很多父母是"新手"，对宝宝什么时候学会说话，什么时候开始走路没有概念。看到别的宝宝已经开始走路了，自己的宝宝还不能走，就很着急。其实，宝宝在 1 岁半的时候不太会走路是正常的，爸爸妈妈不必觉得自己的宝宝笨。

一般来说，夏天和秋天是比较适宜宝宝学走路的时候。一方面因为天气热，宝宝穿得少，便于活动；也因为这个季节里人们外出的机会多，过敏源少。如果爸爸妈妈要教宝宝学走路，最好在这两个季节里开始。宝宝学走路的时候，注意把尿布撤掉，这样他的腿更加自由一些。

不认输

宝宝天生不认输。当宝宝搭建的积木发生突然倒塌时，绝对不会就此罢手，会一遍遍地去搭。这时的宝宝靠的不是耐心，而是兴趣和不服输的精神。如果这时爸爸妈妈站出来帮助宝宝，宝宝并不领情，可能还会遭到宝宝拒绝。刚才还兴致勃勃的宝宝，会因为妈妈的参与而生气，或者把积木扔掉，或用两手胡乱拨拉积木。

如果宝宝一遍遍地搭建，但总是在他没有完成搭建任务时就倒塌了，宝宝是否会一直做下去呢？宝宝也会失去兴趣，还有可能生自己的气，把积木扔掉。出现这种情况时，爸爸妈妈怎么办呢？爸爸妈妈任何安慰的话语都是苍白无力的，告诉宝宝成功的方法，并演示给宝宝看，或许宝宝不能认真听你讲的方法，也不认真看你的演示。不要紧，关键的问题时让宝宝学会遇到困难和挫折时的处理方法，提高宝宝在困难面前心理的承受能力。凡事都有解决的办法，或许宝宝现在明白这个道理，但宝宝不断接受这样处理问题的方法，就会在潜移默化中不断进步起来。

不合群

满1岁后，有的宝宝开始喜欢和小朋友一起玩耍，有的却仍然喜欢独自玩耍。那些喜欢和小朋友一起玩耍的宝宝中就会发生特殊状况：有的宝宝会对小朋友发起攻击，面对受到攻击而哭泣的小朋友，无动于衷。遇到这种情况，家长往往会担心宝宝是不是有攻击性且内心冷。

宝宝与小朋友最初的交往，大多是围绕着玩具和某样东西展开的，对一起玩耍的小朋友本身并不感兴趣。这时的宝宝仍然喜欢和父母在一起，把爸爸妈妈当作最好的伙伴。宝宝和哪个小朋友玩耍，不是主观选择的，其他小朋友和宝宝玩耍也不是主观选择的，吸引双方在一起玩耍的媒介，往往是某个他们共同感兴趣的玩具。既然宝宝不把小朋友作为交往的主体，当然对小朋友就不会关心了，甚至还会因为小朋友占有他喜欢的玩具而发起进攻。这么大的宝宝对东西的归属权还不理解，在宝宝眼里所有的东西都是他的。

发脾气

1岁多的宝宝已经渐渐有脾气了，有的宝宝发起脾气来，不让大人抱，努力挣脱大人的手，拿到什么东西都扔掉。如果这种情况经常出现，爸爸妈妈要带着宝宝去医院检查一下，是否缺少某种营养元素。有一些微量元素会造成宝宝的脾气暴躁；

如果是外部的事情引起幼儿发脾气，家长要注意好处理方式，切记先严后松，打完宝宝后又去道歉，这样会增加宝宝的委屈感，也会助长宝宝的坏脾气。

处理宝宝发脾气的最好办法，就是家长克制住自己的情绪，用一种冷静、理性的态度来对待正在哭闹的宝宝，不让他觉得哭闹可以引起家长格外的注意。

在平时的生活中，家长要注意生活的氛围，长期生活在争吵和不和的家庭中的宝宝成长会受阻，那些从来不爱发脾气的宝宝也是需要爸爸妈妈注意的，偶尔发一次脾气之后就忘掉，这样的宝宝性格更加健康。

不能控制便尿

有的宝宝在1岁时就能把尿便排在便盆中，可到了1岁半，能力却又退回去了，重操旧业——兜尿布，不然的话只能尿得到处都是。宝宝自己可能也搞不清为什么不爱坐便盆了。如果妈妈和宝宝较劲，必须让宝宝坐便盆，宝宝就会哭闹，妈妈也会动肝火，结果只能是更糟糕。爸爸妈妈这时的宽宏大量不是放纵，而是给宝宝以自尊。但是这并不是让家长不要继续训练宝宝控制尿便了，在这种情况下，爸爸妈妈需要以更大的耐心等待宝宝的进步。

宝宝走路外八字怎么办

宝宝走路外八字（X形腿），或内八字（O形腿），很多父母不仅认为宝宝走路姿势不对，还会觉得是因为缺钙（佝偻病）带来的后果。如果医生查看也不能确定是否正常，可能会让宝宝拍摄X光片。这在大多数情况下是没有问题的。可是，家长要注意，宝宝接受X光射线并不是没有负面作用的，所以最好不要轻易给宝宝照X光射线。

如果宝宝走起路来像只鸭子，要及时看医生，排除髋关节半脱位，或髋关节畸形。如果宝宝至今还是用脚尖走路，腿硬硬的，很不协调，或软软的，站也站不稳，即使爸爸妈妈扶着还不能迈步走路，就要引起妈妈注意了，除了看普通儿科外，最好看一看神经科，以排除脑部病变导致运动障碍的可能。

干呕

干呕是指只发生呕吐样动作而没有吐出物。由于大脑呕吐中枢的感受器分布比较广泛，除了胃肠道之外，其他很多器官在受到刺激时都会将刺激信号通过传入神经传送到呕吐中枢，导致产生呕吐反应，其中最常见的部位是胃肠道，比如有的宝宝患有贲门松弛症，进食时容易发生呕吐。如果宝宝的胃幽门狭窄，食物不容易从胃内排入肠道，也常会发生呕吐。另外，患有食管裂孔疝的宝宝，多是在出生1个月之后发生间断呕吐。但胃肠道疾病导致的呕吐反应多伴有食物吐出。

除了胃肠道疾病外，当咽部受到刺激时，会自动关闭鼻咽与会咽通道，扩张食管，避免吐出物进入气管或鼻腔，形成呕吐或干呕样反应动作。为了查清宝宝干呕的原因，你可细心做如下观察：

如果宝宝吃正餐时很正常，吃干燥的膨化食品或特别甜的东西后发生干呕，很可能是食品刺激咽部引起的干呕；

看宝宝是吃东西前还是吃东西后干呕，如果吃完东西后短时间内出现干呕，很可能是胃功能发育不完善，吃的东西过多造成的。如果是吃东西前出现干呕，很可能是经常强迫宝宝吃饭，使宝宝产生厌食引起的。

如果经过观察仍找不到原因，可带宝宝到医院做相关检查，检查结果正常即属非病理性干呕，随着宝宝的成长可逐渐好转。

挑食

1 岁多的宝宝在吃饭的时候表现出一些偏好，例如不爱吃米饭，或者是不爱吃青菜，这些都不会特别影响宝宝的营养。越是爸爸妈妈强行要求他们去吃的东西，宝宝往往越是不喜欢吃。如果宝宝偶尔一次没有吃青菜或者米饭，妈妈千万不要说"你不吃完就不许玩。"这样会加深宝宝的逆反感。

吃饭、喝水是我们每天都会做的事情，爸爸妈妈最好不要在这些事情上太在意。宝宝自己知道要不要喝水、要不要吃饭，如果他不饿不渴，爸爸妈妈要求他吃饭喝水是没有道理的，宝宝不配合的时候，爸爸妈妈就会认为宝宝太刁，偏食或者是胃口不好，然后总是对宝宝说"你不爱吃饭""你不爱喝水"之类的话，会让宝宝真的以为自己是偏食，结果就人为地变得偏食了。

愤怒性痉挛

1 岁多的宝宝发泄情绪的方式，主要是哭泣、发怒。如果妈妈要离开一会儿，或者别人要从他手里强行拿走东西，都会让宝宝哭得很严重。有时候会像抽风一样，全身发抖，这种情况就是人们说的"愤怒性痉挛"。

这种愤怒性痉挛与宝宝的性格有关，脾气大性格脆弱的宝宝容易出现这样的情况，但并不是癫痫。这种情况会随着宝宝年龄的增加而减弱，爸爸妈妈注意的是，不要在平时太娇惯宝宝。平时总是被爱护得很好的宝宝，往往受不了一点儿委屈，将来上学后老师批评一两句可能会哭得死去活来，表现得自尊心太强则不利于宝宝的成长。

持续高热

持续高热是指发热到 3 天以上的情况，没有患过突发性发疹的宝宝可能连续高热 3 天，但第 4 天就退热了，病也就好了。常见的高热不退是扁桃体发炎引起的，特别是腺窝性扁桃体炎，一般都用抗生素来处理，高热会持续 3 ~ 5 天。如果扁桃体上出现的白点，没有打过白喉疫苗则可能是白喉杆菌。

流行性感冒也可连续发热 3 天，如果周围的人或者宝宝活动过的区域中出现过感冒患者，则可发生麻疹时，在疹子出来之前，也有持续高热。1 岁多一点儿的宝宝如果出现发热，爸爸妈妈可以脱光宝宝的衣服检查一卜全身有尢异常。

🐑 半夜哭闹

对妈妈的依赖

有的宝宝已经在夜间断奶了，可是偶尔会突然半夜醒来要奶吃。这时，如果妈妈不满足宝宝的需要，宝宝就大声哭闹，而且持续时间较长，甚至一连几周都这样。妈妈不必大惊小怪，越大越"倒退"的现象是正常的。

这个阶段的宝宝，正处于独立性与依赖性并存的时期。宝宝一方面寻求独立，不再像婴儿期那样任妈妈摆布；一方面又产生很强的依赖感，这种强烈的依赖感，是宝宝成长过程中寻求安全感的表现。随着月龄的增长，宝宝的安全感会越来越强，依赖性会越来越弱，就不再那么依赖妈妈了。这种情况发生时，妈妈可以顺从宝宝，给他吃几口奶，就能让宝宝很快地入睡就可以了。

肚子痛

宝宝可能会因为睡觉前吃得过饱，或白天吃得不对劲引起肚子痛，不正常的胃肠蠕动把宝宝从熟睡中扰醒，醒后第一表现就是哭闹。

肚子痛时，宝宝会突然在熟睡中哭闹，常常是闭着眼睛哭，两腿蜷缩，拱着腰，小屁股撅着，或手捂着肚子。即使是会说话的宝宝，半夜因肚子痛，醒后也只会用哭声告诉妈妈。这种情况下，妈妈一般就会帮助宝宝揉一揉肚子，不揉还好，一揉宝宝哭得更厉害了。这是因为肚子痛时，宝宝的肠管处于痉挛或胀气状态，当妈妈用手刺激腹部时，会加剧宝宝的疼痛感。

妈妈对宝宝常有一种直觉判断能力，能够很快判断宝宝可能病了或肯定没病，只是耍赖而已。妈妈的这种直觉大多数时候都是准确的。所以，如果你认为宝宝是因为肚子痛而哭闹，而且哭得很厉害，就要马上看医生，因为一两岁的宝宝和婴儿期一样，也有发生肠套叠的可能。如果你感觉宝宝没有什么问题，就不必把闹夜的宝宝带到医院。

噩梦惊醒

成年人有时在睡梦中会被噩梦惊醒，这时的宝宝也有可能做噩梦，噩梦醒后，宝宝不会像成年人一样自我安慰，"只是个梦而已"，宝宝的反应往往是受到惊吓后的失控。白天受了惊吓，打了预防针，看了可怕的电视镜头，被"汪汪"叫的小狗吓着了，摔了重重的一跤，爸爸妈妈或看护人训斥了宝宝，从床上掉了下来或者没有明确原因都可能引起噩梦惊醒。被噩梦惊醒的宝宝，通常是突然大声地哭喊，两眼瞪得溜圆，表现出惊恐的神态，或到处乱爬，或一个劲地往妈妈怀里钻。妈妈往往会把宝宝紧紧抱在怀里，告诉宝宝："妈妈在这里，爸爸也在这里，有爸爸妈妈陪着宝宝。"

这时，妈妈不要说"宝宝不要怕。"不要提"怕"字，也不能说"妈妈把大恶魔打跑了"之类的话。只需给宝宝以正面的鼓励和安慰，使宝宝安静下来。对于这个阶段的宝宝，如果妈妈说"不要怕"，一个"怕"字会加深宝宝的恐惧感。所以，用否定的语言不如用肯定的语言。

环境不好

到了幼儿期，宝宝因为环境太热、太冷、太干燥、太闷而哭闹的不多了，但也不总是这样。如果是在酷暑，气压很低的夏夜，宝宝因睡眠不安而哭闹的情况也会有的。这时爸爸妈妈也会感到不舒服，改善一下睡眠环境，宝宝就会安静地入睡了。

什么原因也找不到

什么原因也找不到的情形是常有的，一连几个晚上宝宝都半夜醒来哭，需要带宝宝看看医生。如果医生也找不到宝宝哭夜的原因，可以认为宝宝的哭夜是正常的，只是他成长过程中的一段哭夜小插曲。不要烦恼，不要生气，不要训斥宝宝，家长不要相互埋怨。可以一人一夜轮流照看哭夜的宝宝。如果是全职妈妈，就由妈妈一个人照看宝宝，白天当宝宝睡觉的时候，妈妈也要抓紧时间睡觉。

安静地对待哭夜的宝宝，而不是比宝宝闹得还厉害，大声地哄，大幅度地摇，甚至抱着宝宝急速地在地上来回走动，或在床上颤悠，把床搞得咯咯响……这样不但不会让宝宝安静下来，还会使宝宝闹得更厉害。妈妈要轻声细语，动作温柔，无论宝宝怎样闹，妈妈始终如一，用不了多久，宝宝就会在某一个晚上不再哭闹了。

🐚 独睡

1 岁以后的宝宝，有了独立的愿望，同时也产生了更大的依赖性。当妈妈在身边时，宝宝能够安心地玩耍，做他想做的事情；当妈妈不在身边时，他就不能继续他的探索和玩耍，而是到处找妈妈，眼中还会露出害怕的神情，显得很不安心。

研究表明，从刚刚出生就独睡的宝宝，同与妈妈同睡的宝宝相比较，并没有现出更强的独立性，可能还会使宝宝失去爱心，变得孤独，甚至自闭。西方国家中患自闭症和抑郁症的宝宝很多，过早独睡可能是原因之一。培养宝宝的自立性，并不在于过早让宝宝独睡。宝宝与爸爸妈妈睡在一起不是什么坏事，尤其是不应让晚上哭夜的宝宝继续独睡。继续陪宝宝一段时间不是坏事，等到宝宝能独睡的时候，他自然不再要妈妈了。

宝宝不睡觉怎么办

这段时期的宝宝，拒绝上床睡觉的主要原因是"还没玩够"，开始守着"不睡的爸爸妈妈"。把宝宝一个人放在床上，让他孤零零地躺在那里等待入睡，他通常不会答应，一般会吵着让家长陪在身边，或让家长给他讲故事。能让宝宝快速入睡的最佳方法是家长陪宝宝一起睡。如果家长不穿上睡衣，宝宝都能猜测出等他睡着后，家长就可能把他一个人丢在那里睡觉，因此宝宝就不肯闭上眼睛入睡了。

🌙 早睡不早起

有的宝宝尽管晚上睡得很早，但早晨并不能很早起床，半夜醒来一定要妈妈陪着玩。让家长最难以忍受的就是这半夜醒来哭闹的宝宝，这会让他们怀疑宝宝是否正常，所以家长会把宝宝抱到医院，或请医生到家里为宝宝看病。如果接连几个星期都这样，家长的忍耐可能就到了极限，或者夫妻吵架，或者把气撒到宝宝身上。最忍受不了的是爸爸，爸爸可能会大声训斥宝宝，甚至打上一巴掌，这会让家庭氛围很紧张。

爸爸的这些做法当时会起到一定的效果，宝宝真的不哭了，可第二天、第三天可能哭得更厉害，时间更长。惩罚宝宝不会收到好的效果。遇到具体情况，家长最需要做的就是学会接受和理解，宝宝会一天天长大，一天天进步，爸爸妈妈的接受和理解会使宝宝更早地建立起良好的睡眠习惯。请家长记住，面对宝宝的问题，当你无计可施时，不作为，平静等待是最好的应对策略。有这般耐力和胸怀的父母，宝宝会发展得越来越好。

🌙 卫生护理

这个阶段宝宝的卫生护理需要注意以下几方面：饭前饭后教宝宝洗手、擦嘴；起床后、睡觉前以及进食后让宝宝先用温开水漱漱口，再喝点儿水。家长须重视做好宝宝的口腔保健工作，1～2岁的宝宝，家长可用消过毒或煮沸的纱布，蘸一下洁净的温开水轻轻擦拭宝宝口腔两侧内的黏膜、牙床及已萌出的牙齿，坚持每次饭后、睡前各1次。吃水果前教宝宝把水果洗干净，排便后要给宝宝清洗肛门。

🌙 睡眠问题

1岁多的宝宝大多在晚上九点前后睡觉，早晨七点到八点之间醒来。乡村的宝宝可能晚上七点就睡觉，早上六点就和父母一起起床。中途的午睡，有的宝宝可能睡一次，有的宝宝可能根本睡不着，这个根据宝宝的身体状况和生活习惯来决定。

这个时期的宝宝反常的睡眠问题是，有的半夜要起来玩。宝宝睡到深夜醒来，要么吵得家人无法入睡，要么自己一个人玩大人不放心，最好的办法是让宝宝白天足够地运动，能量代谢掉了，晚上的睡眠就会更加踏实。

🦪 四季护理

在天气暖和以后满足了1岁，并且排便间隔已达1个小时以上的幼儿，可以开始学习上厕所。在深秋和冬月满1岁的宝宝，最好等到第二年春天再撤掉尿布，学习排便。

夏天玩水的时候，1岁半的幼儿最好不要在超过10厘米的水中玩耍，除非有大人的信息观察。

秋天天气转凉，幼儿容易感冒发热，有时候会有点儿痰，但不要紧。冬天主要是预防患冻疮，如果希望宝宝将来能抗冻一些，就不要给他们穿太厚的衣服，也不要看得太紧。让宝宝在外面冻一冻，和宝宝一起玩一玩雪，对宝宝的身体不会造成很大的影响。

家庭环境的支持

🦪 玩具

1到1岁半的宝宝一般来说是学习走路的关键期，在精细动作方面，1到1岁半会乱画，有意识叫爸爸妈妈，能够听懂家长简单的语言和简单的指令，会指认自己的五官，用单一表情、手势表达意见和需要。在这个基础上，推介宝宝可以选择下面几类的玩具：

木制的学步车

宝宝可以通过彩色玩具车来对车的结构的认识，不同的颜色可以提高颜色的辨别能力，还可以锻炼宝宝的手脚灵活性。让宝宝在玩学步车的过程中，让宝宝知道上面有什么，让宝宝自己推动小车，还可以告诉宝宝们小车上有哪些颜色，可爱的小动物增加了宝宝的兴趣，宝宝在玩的过程中还以边玩边数，最重要的是宝宝可以在推动学步车的时候学习走路。

木制拖拉走动的玩具

一岁左右因为宝宝刚刚学会走路，所以对走路非常喜欢，我们可以让小家伙用小推车或者小拖车做一些送东西的游戏，反复地教宝宝说并且明白、来、去、送一两个字以内的话。在这个时期，当我们宝宝拉着这些会走动的小车或小动物走的时候，他们会觉得非常有趣，而且慢慢地他们就会从这种游戏中理解一根绳子原来是可以拖动玩具行走的。这样玩具比那些用干电池遥控的玩具对宝宝发育更有帮助。爸爸妈妈在玩的时候给宝宝讲故事，引导宝宝的思维，发挥想象力，增加游戏趣味性。培养宝宝对事物充满好奇和神秘，从而提高宝宝对学习的积极性。

木制蔬菜水果切切看、角色扮演类仿真玩具

这些像是一种生动而形象的"过家家"游戏，仿真的面包、水果、蔬菜能够让宝宝在游戏中体验日常生活中的基本小常识。这些玩具会让宝宝对面包、水果、蔬菜有一个感性的认识，训练宝宝手指的灵活性；培养宝宝以正确的姿势使用小刀，训练宝宝的手眼协调能力；准确使用木刀切东西，培养宝宝等分概念，和睦可爱的一家人，让宝宝融入其中培养良好的亲情、友情、体会家的魅力与温馨，提高宝宝对生活无限探索的兴趣。

学习用杯子喝水

应该锻炼1岁多的宝宝独立喝水，具体的步骤建议如下：

1. 先给宝宝准备1个不易摔碎的塑料杯或搪瓷杯。带吸嘴且有两个手柄的杯子不容易抓握，还能满足宝宝半吸半喝的饮水方式；应选择吸嘴倾斜的杯子，这样水才能缓缓流出，以免呛着宝宝。

2. 开始练习时，在杯子里放少量的水，让宝宝两手端着杯子，爸爸妈妈帮助他往嘴里送，要注意让宝宝一口一口慢慢地喝，喝完再添水。千万不能一次给宝宝杯里放过多的水，避免宝宝呛着。当宝宝拿杯子较稳时，爸爸妈妈可逐渐放手让宝宝端着杯子自己往嘴里送，这时杯子里的水也该渐渐增多了。

3. 宝宝练习用杯子喝水时，爸爸妈妈要用赞许的语言给予鼓励，比如："宝宝会自己端杯子喝水了，真能干！"这样能增强宝宝的自信心。

4. 爸爸妈妈不要因为怕水洒在地上或怕弄脏了衣服等，让宝宝停止用杯子喝水，这样会挫伤宝宝的积极性。

游玩场所

为了宝宝的安全，帮他建造一个玩耍的角落是十分必要的，一方面可以解决玩具无处放、宝宝找不到自己的玩具的问题，另一方面可以让父母放心地让宝宝在角落里面自己玩，不用担心他跑远了找不到。

这样的角落可以像肯德基里面的儿童游乐区，有一些简单的娱乐设施，滑滑梯什么的，如果条件不允许的话，给宝宝的角落垫好拼图板，用小箱子装一些玩具也能玩得津津有味。

注意的是，宝宝玩的角落最好不要有书柜、衣柜这样的设备，更不要摆放复杂的装饰，最好是在比较空而开阔的地方，头上没有东西，也没有插座和电线走过。

照明度与视力保护

我们都知道光线过强会损害视力，光线不足对视力同样也不好。因此，要保护宝宝的视力，既要避免在强度灯光下看东西、直视太阳光和太明亮的室内灯；也要避免在宝宝在光线不足的地方长久地看东西。

有的父母为了锻炼宝宝的视力，会让宝宝看较小的东西，这个过程中记得增加亮度，不然对宝宝的视力是一种伤害。尤其让宝宝看图和文字时，不但要力求清晰、对比明显、色彩鲜艳，还要保证适宜的照度。

有的宝宝房会涂上色彩漆，浅颜色的或者洁白的墙壁反射系数大，屋子显得很亮，而深色调的墙壁会让屋子显得比较暗。如果整个屋子都是洁白的墙壁，也可能会造成眩目，这时候可把接近地面的1.5米高的墙面粉刷成淡黄色或其他浅色，使与眼睛平行的反射光变为漫反射。如果宝宝的床头灯没有灯罩，家长可以和宝宝一起做一个简单的纸壳灯罩，一方面可以保护好灯泡，另一方面也能集中光亮，有利于宝宝的阅读。

潜能开发游戏

开飞机

【目的】训练宝宝的胆量。

【玩法】把宝宝的手放在爸爸肩上，然后爸爸用手抱住宝宝的腰，像飞机一样旋转；还可以让宝宝握住爸爸的手腕，然后像飞机一样旋转；或是爸爸从后面将宝宝举起，让宝宝抓住爸爸的脖颈，然后像飞机一样飞行。这个游戏在宽敞的室内和室外均可进行，但是要注意安全。

找朋友

【目的】练习简单社交礼仪，增加宝宝的社会交往意识。

【玩法】全家人围坐在一起，宝宝一边蹦蹦跳跳地走，一边拍手念儿歌："拍拍手，向前走，向前走，找朋友，找到朋友握握手。"念完，宝宝握住爸爸（或其他人）的手说："我和爸爸是好朋友！"爸爸就跟宝宝一起说："好朋友，好朋友，握握手来点点头！"便说边做动作，然后宝宝再重复念儿歌，找其他人做朋友。

玩沙子

【目的】训练宝宝的小动作技能，刺激他的触觉。

【玩法】找一个有沙子的地方，如沙滩上或是操场上，家长先向宝宝示范怎么使用工具在沙子里做出图案，如用耙子拉出直线和波浪线、用烤盘压出大大的圆形、用空的酸奶盒和湿沙垒起高塔等。还可以向宝宝示范怎么一抹或倒水，就能拆除他的沙子杰作，然后让宝宝重新独立创作，做几次都可以。

蜡笔画

【目的】锻炼宝宝的小动作技能和手眼协调能力，帮助宝宝学会识别颜色。

【玩法】在宝宝身边坐下，给他几支不同颜色的蜡笔和海报大小的白纸，鼓励他在上边涂涂画画。如果宝宝不知道如何下手，家长可以先示范给宝宝看，用不同的蜡笔画出不同的形状，然后让宝宝动手来画。在宝宝画的同时要和他讨论他所画的内容，并告诉他颜色，并鼓励他使用不同颜色，不管宝宝画了什么，都要加以表扬。

捉迷藏

【目的】锻炼宝宝对声音的识别能力和辨认能力，增强宝宝的愉悦感。

【玩法】家长可以躲起来，对宝宝喊："我藏起来了，快来找我"。当宝宝寻找时，家长可以用声音鼓励他走近。当宝宝顺着家长的声音寻找到自己后，要拥抱和祝贺他。还可以教宝宝藏起来，通常他会露出小腿或小手在外面，家长假装没看到，然后看到宝宝时假装大吃一惊。

1 岁半到 2 岁

这个年龄的幼儿

体重

男孩体重的正常范围为 12.0 ~ 14.0 千克，平均为 13.0 千克；女孩体重的正常范围为 11.0 ~ 13.0 千克，平均为 12.0 千克。

身长

男孩身高的正常范围为 89.0 ~ 93.0 厘米，平均为 91.0 厘米；女孩身高的正常范围为 87.0 ~ 90.0 厘米，平均为 88.5 厘米。

胸围

男孩胸围的正常范围为 48.0 ~ 50.0 厘米，平均为 49.0 厘米；女孩胸围的正常范围为 47.0 ~ 49.0 厘米，平均为 48.0 厘米。

牙齿

这个阶段的孩子基本已经长好了 16 颗乳牙。

营养需求与喂养

营养需求

这个阶段的宝宝已经陆续长出 20 颗左右的乳牙，有了一定的咀嚼能力。在这一阶段如果还没断母乳的宝宝应该尽快断奶，否则将不利于建立宝宝未来适应生长发育的饮食习惯，而且不利于宝宝的身心发展。1.5 ~ 2 岁的宝宝胃容量有限，适宜少食多餐。1.5 岁之前给宝宝在三餐后加 2 次点心，1.5 岁之后减为三餐一点，点心可以加在下午。加点心一定要适量，而且不能距离正餐太近，不要影响宝宝正餐的食用。在给宝宝配餐的时候要注意多加蔬菜、水果。家长在烹饪的时候也可把蔬菜加工成细碎软烂的菜末炒熟调味。适量摄入动植物蛋白，可用肉末、鱼丸、鸡蛋羹、豆腐等易消化的食物喂给宝宝。奶粉富含钙质，因此宝宝此时每天应摄入 250 ~ 500 毫升。还应注意给宝宝的主食粗粮、细粮搭配，这样可以避免缺乏维生素 B_1。

饮食安排

宝宝开始学会吃饭后，妈妈要注意在饮食上给宝宝合理搭配，蔬菜、水果和粗粮都不要少，如果宝宝不爱吃蔬菜，尽量换一种方式来烹饪。

蔬菜、水果、鱼、鸡肉等是对心脏健康有好处的食物，妈妈可以鼓励宝宝多吃一些。肥肉、糖果、巧克力属于高脂肪、高胆固醇、高糖食品，宝宝也容易上瘾，要控制着给他。多奶油的食物也要少吃。鸡蛋每天一个就够，做成鸡蛋羹既清淡又便于吞咽。

宝宝和大人一起吃饭菜的话，盐、味精、酱油应尽量少放，这对宝宝和大人的身体都有好处。另外，这个时期可以给宝宝多吃一些含钾、钙的食物——橘汁、胡萝卜汁、乳类、虾皮、海带、紫菜、绿叶蔬菜、乳类、豆制品、粗米等。

吃水果的注意事项

冬夏两季要挑选与时令性质相反的水果，如夏天可吃西瓜、梨、猕猴桃、橙子、苹果、香蕉之类寒凉或平性水果；必须挑选新鲜的水果给宝宝吃，如发现水果果肉颜色不正、发暗、发黑或有异味等，就不要给宝宝食用。

循序原则

刚开始给宝宝提供辅食时，要注意先蔬菜，后水果。蔬菜可以从泥开始，水果则先提供汁，等宝宝适应后再提供鲜果泥。这个顺序主要是考虑到先尝过甜味水果的宝宝，往往不再喜欢吃蔬菜。因此，应该先给 4 ~ 6 月龄的宝宝提供蔬菜，如胡萝卜泥、土豆泥、青菜泥、豌豆泥、番茄泥等，然后再提供水果汁，如橙汁、苹果汁等。起初，果汁与凉开水以 2:1 的比例调制，慢慢过渡到直接提供鲜果泥，如苹果泥、香蕉泥等。

适量原则

由于宝宝的胃容量小，水果吃得太多，会影响喝奶和吃饭菜，造成热能和营养素摄入不足，不能满足宝宝的需要，影响生长发育。有些父母给小宝宝每天吃一只苹果，一根香蕉，这样的量就偏多了。水果中的纤维素和果胶，既不能被消化吸收，又会产生饱胀感，同时也不能提供热能，而且水果中蛋白质、脂肪的含量很低，因此吃水果要适量，并要选择合适的时间。宝宝可在午睡之后吃，1 岁以上可安排在饭后。

个体化原则

有些水果属温热性，有些水果属寒凉性，也有些水果属平性。在给宝宝吃水果时，不要总是盯着一种水果，例如常吃橘子或杧果，对内热体质的宝宝就容易上火，可出现口腔溃疡、大便偏干；常吃西瓜或梨，对虚寒体质的宝宝来说，就可能引起肠道不适或腹泻。因此，要经常变换水果的品种，尤其要适合宝宝的体质情况。冬夏两季要挑选与时令性质相反的水果，如夏天可吃西瓜、梨、猕猴桃、橙子、苹果、香蕉之类寒凉或平性水果。冬天可吃杧果、橘子等热性或平性水果。挑选适合宝宝体质的水果才有利于宝宝的健康。

新鲜原则

水果采集后仍具有活性，而且它本身含有氧化酶和过氧化酶，所以当水果外表破损时，容易发生腐败变质。水果表面又常沾有微生物，这些微生物的生长繁殖也会引起水果变质，有时甚至产生毒素，食用后会危害健康。因此必须挑选新鲜的水果给宝宝吃，如发现水果果肉颜色不正，如发暗、发黑或有异味等，就不要给宝宝食用。

卫生原则

由于水果在生长过程中使用了农药，在采集、运输、销售过程中又极易沾染微生物，特别是致病菌和寄生虫卵或其他有害物质。因此水果在食用前必须清洗干净。比如在制作橙汁时，可先用固本肥皂将橙子洗净、擦干后再榨汁。有些皮很薄的小水果，如葡萄、草莓、杨梅、樱桃、杏等，在清洗掉表面的灰尘杂物后，最好在淡盐水中浸泡 10 分钟，然后用流动水冲洗干净；用用蔬菜水果洗涤剂浸泡 15 分钟后，再用流动水清洗干净。过去常用高锰酸钾杀菌，但效果较差，目前已不推荐。一些个头大的水果，如苹果、梨要削皮后吃。杧果去皮后，或木瓜去子后，可用勺子将果肉挖出，做成果泥，拌在原味酸奶中吃。家长在制备水果过程中，要注意将双手用肥皂认真清洗，所用的水果刀和案板都要清洗或消毒。否则容易引起宝宝肠道感染，甚至中毒。

食谱推荐

	原料	做法
滑炒鸭丝	鸭脯肉150克，湿淀粉、玉兰片各5克，香菜梗2克，蛋清1克，精盐、料酒、葱姜丝、味精、植物油各适量	1. 将鸭脯肉切丝；玉兰片切丝；香菜梗洗净切3厘米长的段 2. 鸭丝放入碗内，加入盐、味精、蛋清、湿淀粉抓匀；另一碗内放入料酒、味精、盐、葱姜丝，调成清汁 3. 锅置火上，放油烧至六成热，将鸭丝下锅，滑透后立即捞出 4. 锅中留少许底油，倒入鸭丝、玉兰片、香菜梗，烹入清汁，颠翻数下，出锅即成 5. 注意鸭丝不要滑炒时间太长，以免老化
香菇鸡茸蔬菜粥	鸡胸1块，干香菇4朵，胡萝卜、芹菜各1根，姜1小块，大米50克，盐1克	1. 大米洗净后，用清水浸泡。趁着这个时间，将鸡胸先切片，再切碎末，放入盐腌制 2. 干香菇要提前2小时用温水浸泡，浸泡时，在水中加一点儿白糖，这个方法可以让香菇的味道更浓。将浸泡好的香菇取出后，用清水冲洗干净，挤压出水分后，切小碎丁 3. 胡萝卜去皮切碎末，芹菜去叶，只留梗，也切碎末。姜去皮切细丝 4. 锅中倒入清水，大火煮开后，倒入大米搅拌几下后，改成中小火，煮30分钟 5. 待米开花后，粥变得黏稠后，放入鸡肉末、香菇碎、胡萝卜碎、姜丝，搅拌均匀后，改成大火继续煮10分钟，在煮的时候，要不停地用勺子搅拌，以免煳底 6. 最后，放入芹菜末即可
沙丁鱼粥	白粥适量，小沙丁鱼一小匙，番茄末、洋葱末各少许	1. 小沙丁鱼用热水迅速烫过，沥净水分，煮烂 2. 将所有材料放在一起捣烂后加热即可食用

续表

	原料	做法
干贝冬瓜泥	冬瓜100克，胡萝卜小半根，干贝2个，蟹腿肉1杯，高汤3杯，盐少许	1. 冬瓜去皮，切片，蒸熟后趁热碾碎。 2. 胡萝卜去皮，刨丝；干贝洗净泡软，蒸烂后撕成细丝，蟹腿肉用开水加1大匙酒氽烫过捞出。 3. 调料烧开，放入所有材料煮滚即熄火，盛出食用。
香香骨汤面	猪或牛胫骨或脊骨200克，青菜50克，龙须面5克，精盐、米醋各适量。	1. 将骨砸碎，放入冷水中用中火熬煮，煮沸后酌加米醋，继续煮30分钟。 2. 将骨弃之，取清汤，将龙须面下入骨汤中，将洗净、切碎的青菜加入汤中煮至面熟；加盐推匀即成。

不要让宝宝吃汤泡饭

宝宝的饮食关系到宝宝的身体健康成长，有的父母为了让宝宝多吃一点儿，而由于牙齿没有长全，或者为了方便食用，喜欢给宝宝吃一些汤泡饭。这些汤泡饭很容易被宝宝吃下去，但是宝宝的这种进食方式好不好呢？

研究结果表明，食物咀嚼时间越长，磨得越细，越有利于营养素的消化吸收。同时，有些食品中含有的黄曲霉毒素等致癌物，在唾液的作用下可部分分解、解毒。汤泡饭容易不经咀嚼就被吞下，故而也就没有这样的好作用。此外，吃"汤泡饭"时由于食物在口腔中停留的时间很短，未经初步加工的各种食物很快地被送进胃里，会加重胃的负担。同时，大量的汤冲淡了胃中的消化液，会减弱胃的消化功能，影响吸收。宝宝的胃肠道娇嫩，所受伤害会更大。

吃"汤泡饭"不好，并非说不能让宝宝喝汤。吃饭前喝一点儿汤，可湿润食管，提高食欲，吃饭时也可喝少量汤，但注意不要把汤泡在饭里。总之，为了不加重宝宝的胃负担，也为了宝宝的身体健康，父母应该少让宝宝吃这些汤泡饭。

🍬 零食供给

宝宝在午餐之间可以吃一点儿零食，但最好是水果和粗粮制品。零食放在宝宝能够拿到的地方，他有饥饿感的时候可以自己拿了吃。但是家长需要和宝宝说明，吃东西的时候自己的手要洗干净，把吃东西和洗手培养成一组条件发射。

这个时期的宝宝喜欢吃各种各样的糖果，但吃太多糖会破坏胃口，对宝宝的牙齿也不是很好。这个时候不要给宝宝吃巧克力，也不要让宝宝喝咖啡。

能力发展与训练

🍬 运动

宝宝能稳稳当当地走路了，也不再用脚尖踮着走（如果宝宝偶尔脚尖踮着走，是在玩耍）。两条腿之间的缝隙变小了，两只胳膊可以垂在身体两侧规律地摆动了。宝宝站在那里，两条腿直溜溜的，真的长大了。有的宝宝已经会一脚上一个台阶，但如果你的宝宝还是一个脚迈上一个台阶，另一个脚也迈上同一个台阶，也不算落后，有的宝宝要到 2 岁半才能一脚上一个台阶。

🍬 言语

接近 2 岁的宝宝可以理解家长简单的要求和命令。"不要碰电器"，"不要开开关关冰箱门"等，宝宝是可以听懂的。但是这歌年龄段的宝宝对"不要"这个词往往有"免疫力"，有时候大人越是说"不要"，宝宝越是会"要"。那么家长不妨换一种说法。例如，"不要碰电器"可以变成"电器可能漏电，会伤害宝宝，我们远离它"；"不要开开关关冰箱门"可以变成"冰箱会坏掉的，那样我们就不能吃冰西瓜了"。

可不要觉得这样说很麻烦，因为家长在这样说的同时，宝宝就在理解自己的行为可能带来的后果。这对宝宝来说是一种理解能力的锻炼。

另外，家长还可以在和宝宝讲故事的过程中培养宝宝的语言理解能力。在讲故事的好似后，增加一些丰富有趣的语言，帮助宝宝理解剧情，也可以增加他的词汇量。

当宝宝对家长的话没有什么反应的时候，可能就是没有听懂。这时候家长要用另外一种方式表达。有时候表情、肢体语言比我们的话语更能传达出丰富的信息来。

心理

平常注意教授给宝宝一些与人交往的技巧，如要对人有礼貌，要对别人有爱心，要懂得与人分享和合作等，当宝宝掌握了这些基本的交往技巧后，就可以在与其他小朋友交往时减少冲突的发生。当冲突发生时，让宝宝自己解决冲突。

很多家长都这样：一看到几个宝宝起了冲突，就会立即冲上去，或斥责自己的宝宝，或指责别人的宝宝，这样，宝宝们只能不欢而散，对宝宝的人际交往能力的提高不仅没有促进作用，甚至还会误导宝宝，让他们以后也粗暴地对待冲突。建议家长看到宝宝们冲突时，先不要参与，静静地站在一旁观看宝宝是怎样以自己的方式解决的，如果解决得好，家长可以对宝宝进行鼓励和表扬，如果解决得不好，家长再去帮忙也不迟。

如果宝宝被人欺负了，怎么办？家长最好的做法是：找个舒适便于交流的位置和宝宝待在一起，让宝宝顺畅地表达自己的想法，家长则认真倾听宝宝表达自己的愤怒，帮助宝宝找到正确的方法缓解他的愤怒。

总之，宝宝之间发生冲突毕竟是不好的，但"吃一堑，长一智"，如果大人能引导宝宝从冲突中学到更多、更好的社交技巧，那也是一种很不错的教育方式。家长要善于把握这样的机会，对宝宝进行合理的引导和教育，让宝宝们学习一些避免发生冲突的方法，从而减少冲突的发生。

模仿力

由于2岁左右的宝宝能跑能跳了，相应的模仿能力也就更强了。模仿青蛙的时候可以双脚跳，模仿鸭子的时候会把手放在身后慢慢地走来走去。这个时候模仿已经不是什么很困难的事情了。

但有时候不是宝宝肢体上不允许做模仿的动作，而是宝宝脑袋里对模仿的对象没有概念。没有看过鳄鱼的宝宝是无法模仿鳄鱼的；见过静静地潜在水里的鳄鱼的宝宝，也还是很难找到模仿的点。所以需要家长亲自做示范，最好是爸爸来做示范。

我们今天怎样来模仿鸵鸟，往往是我们看到别人怎么模仿就跟着模仿，可见模仿力本身是需要创意和想象的，而这是最难的一步。当宝宝自己想出来一种模仿的方式时，家长要及时鼓励和配合。为了增强宝宝的模仿能力，可以带他去各个地方看看，动物园是必去的地方之一。另外，除了形态上的模仿能力之外，还有声音模仿，学别人说话的声音也是模仿，但是小宝宝模仿别人的时候也许会学会骂人的话，家长不要鼓励这样的模仿。让宝宝学绘画也是一种模仿，2岁的宝宝只能画简单的圆形和线条，但这样也可以开始写写画画了。如果宝宝画人物，可能掌握不好比例，但他们对大的肢体位置还是能掌握的。一切创造都是从模仿开始的，家长可不要因为觉得模仿不文雅，就禁止宝宝去模仿。

🐾 认知

宝宝的形状感知能力进一步提高。宝宝不仅仅局限于知道物品的名称，他渴望家长给他讲解关于这个物品的知识。当宝宝遇到困难时，会尝试着不依赖大人帮助的情况下自己解决问题；当别人夸宝宝的时候，会表现的特别高兴，宝宝开始凭借经验做事，喜欢看镜子中的自己；可以分出自己的左右手，能够记住他曾经感兴趣的事情或事物，能够清晰地回忆起他曾经玩过的东西；能够区分物品的大小，能够比较出一些不同物品的差异；宝宝现在对想要做的事情特别有主见。注意力集中时间延长，记忆力增强；宝宝能够在头脑中形成图像、组织分类，并按顺序排列东西等；宝宝越来越意识到男女的区别了，女宝宝会开始模仿女性的行为，而男宝宝则会模仿男性；通过重复看一本书、玩一个游戏，体验规律和顺序。

🐾 社交能力

2岁的宝宝独立性不断增强，开始有了自律能力，并特别在意自己的感受。宝宝开始尝试着做自己喜欢的事情，开始感受父母对他的情感。宝宝开始喜欢和小朋友玩耍，但还缺乏合作精神，还不懂得和小朋友分享快乐。

🐾 协调力训练

如果父母是瑜伽爱好者，可以带着宝宝一起做瑜伽。瑜伽是一种很好的训练肢体平衡的运动方式。另外，小区里面常见的健身器材中，有很多也是全身调动，手脚并用的。父母可以带着宝宝去玩一玩。

很多音乐小神童都是从一两岁开始学习乐器的，而乐器最大的好处就是可以训练手、脚、脑之间的协调性。如果有条件也可以让宝宝去学一学乐器，但不要抱着发现一个音乐天才的功利想法来做。

绘画也是一种协调能力训练的方式，如果宝宝不爱画画，可以让他从涂颜色开始。一般的宝宝都喜欢涂颜色。宝宝可以根据参考图的颜色来涂上相应的颜色，这是一种手与眼的配合。此外，练习翻书、模仿动物等，也是在训练宝宝的协调能力。

让宝宝自己学习穿衣服和脱衣服也是很好的一种方式。

🐾 排便训练

当宝宝有了自我意识之后，鼓励他们自己的事情自己做，排便则是最私人的事情。2岁以后的小孩，是一定要学会自己上厕所的。如果他到了幼儿园，自己不能上厕所，可能会有人际交往的压力，也会给幼儿园的老师带来很大的工作负担。

过了1岁半的宝宝，可以在春暖花开的时候进行排便训练。小便多的宝宝可能很难控制，小便间隔在1个小时以上的，就能规定小便时间，完全不用尿布。而大便相对来说是比较容易控制的，一般饮食规律的宝宝大便也比较规律，使用便盆也很方便。

宝宝学会排便的一个重要的因素就是有便意的时候要知道告诉妈妈。有的宝宝会自己蹲下来，有的宝宝会嗯嗯啊啊，妈妈可以告诉宝宝，要便便的时候就说"嘘嘘"，当宝宝学会用"嘘嘘"的时候，要及时地鼓励他。

如果没有说"嘘"而尿裤子了，妈妈不要因此打他的屁股。最好的做法是帮他把打湿的衣服换下来，用温水帮他擦干净屁股，温柔地告诉他尿裤子容易生病，以后要对妈妈说"嘘嘘"。

在气候温暖的时候，宝宝半个月时间就能自己学会用便盆。无论是男孩还是女孩都很难在排便之后自己擦屁股，这件事情还是要妈妈协助完成。

2岁不用尿布是比较正常的，但是也由三四岁了依然用尿布的情况。妈妈不能为了训练宝宝不用尿布，就把宝宝关在厕所里，要告诉他排完便才能出来。换掉尿布也需要在温暖的季节或者是夏季进行。宝宝因为怕冷而不愿意撤掉尿布也是可能的。

宝宝要大便，可以告诉他用"嗯嗯"来表达。有一本童书就叫《是谁嗯嗯在我头上》，很有趣，这个故事可以帮助宝宝建立大便和"嗯嗯"之间的联系。

冬天的时候，小宝宝容易夜尿增多，父母要提醒宝宝睡前上厕所，晚上起来上一次厕所。天气太冷了尿床也是情有可原的，妈妈不要发大火。

日常护理注意问题

咬指甲

很多人认为咬指甲是一种因为精神紧张而导致的行为，但事实并非完全如此。对于2岁左右的宝宝来说，精神紧张仅仅是他咬指甲的一个因素，还有很多别的因素也会导致宝宝的这种行为习惯。比如，对指甲产生了好奇，感觉很无聊，压力大，或者因为指甲过长、没有及时修剪而感觉不舒服，等等，所有这一切都可能让宝宝养成这样一个坏习惯。那么怎样才能让宝宝不再咬指甲呢？

及时为宝宝修剪指甲

指甲过长或凹凸不平时，宝宝会感觉不舒服而啃咬，有的宝宝可能觉得指甲的模样太丑，所以想用自己的小牙把他们"修剪"得漂亮点儿。爸爸妈妈一定要及时给宝宝修剪指甲，防止因为指甲带来的不舒服刺激这种行为，还可以在宝宝想咬指甲的时候没有东西可以咬。慢慢地，他就会对咬指甲的行为失去兴趣。

别过分在意

对 2 岁左右的宝宝来说，咬指甲更多的是一种无意识行为，他根本就不知道自己究竟在干什么，直到爸爸妈妈注意他的行为。爸爸妈妈要用自己的方式，如把他的小手拿开，让他意识到原来他是在咬指甲。因为无意识，家长的唠叨和惩罚对改变这一行为习惯不会有什么大的帮助。相反，过分关注这一行为习惯只会让他咬指甲这一行为变得更加频繁。另外，家长长时间的唠叨和惩罚还会让他更加依赖这种行为来排解内心的压力。

别让宝宝的小手闲着

仔细观察，看看宝宝在什么情况下会热衷于咬指甲，每到这个时候，就给宝宝一些替代品，如手指偶、可以挤压的软球或者他喜欢的其他玩具等，将这样的玩具塞进宝宝的手里，他就会有些事情可做，忘记咬指甲的工作。

不可采取强制的办法

给宝宝的指甲上面涂上带苦味的食物对改变这一行为也没有什么帮助，因为对于 2 岁左右的宝宝来说，根本就理解不了这是家长的一种惩罚措施，相反，这种古怪的味道会更多地提醒他反复回味咬指甲的快乐，使他的行为朝着父母期望的相反的方向发展。所以，一旦发现宝宝有咬指甲的行为，一定不要大惊小怪，要通过转移注意力的方式来帮助他忘掉这个行为习惯。

🍼 用手抓饭

1 岁多的宝宝就有自己就餐的冲动，但又不会使小勺，因此很爱动手抓。这是很自然的，不能为此就拒绝让宝宝上餐桌。家长可以告诉宝宝，给宝宝禁止的信号，例如妈妈绷着脸，说不能抓。但不能惩罚宝宝，最常见的是家长打宝宝的手，这是不好的。家长应该知道宝宝抓饭也有好处的：

将来不容易养成挑食的习惯

1 岁多的宝宝正处在学习自己吃饭的时期，学吃饭实质上也是一种兴趣的培养，这和看书、玩耍没有什么两样。从科学角度来说，在人类的食谱里根本就没有宝宝不喜欢吃的食物。宝宝对食物感兴趣的程度更多地取决于他与食物接触的频率，而不是食物的种类。只有反复接触，才能使婴儿对食物越来越熟悉，越来越有好感，以致将来不容易养成挑食的习惯。

增强进食的自信心，促进食欲

宝宝自己动手进食，会增强进食的自信心，促进食欲，还可促进孩子手指的灵活性，促进肌肉发育。如果父母担心不卫生，只要注意将宝宝的小手洗干净，就可以让他尽情地"玩"食物。待孩子逐渐长大，手指肌肉发育到一定程度，可以很好地拿筷子、刀叉，他们就会不再用手抓饭吃了，所以没有必要担心孩子养成用手抓饭吃的不文明习惯。

家长对待这样的宝宝，可以给他配一个大围嘴，或者围上一件旧衣服，这样可以有效地保护宝宝的小衣服不会被污染；可以准备两块湿毛巾，及时擦干净宝宝弄脏的小手小脸；每次只给宝宝少量小块的食物，这样既方便宝宝进食，也防止宝宝将食物弄得到处都是；尽量为宝宝提供那种不会弄脏小手指的食物，比如面包、米饭、水果丁、煮烂的蔬菜等，这样可以降低宝宝将衣物和餐桌弄得一团糟的概率；一旦宝宝对食物失去兴趣，赶紧撤走餐具，并把宝宝面前的桌面打扫干净。

🍼 饭后漱口

为了保护好宝宝的乳牙，从这个时候起就应开始训练宝宝早晚漱口，并逐渐培养宝宝养成这个良好的习惯。

训练时可先为宝宝准备好水杯，并预备好漱口所用的温白开水（夏天可以用凉白开水）。为什么不用自来水呢？这是因为宝宝在开始时不可能马上学会漱口的动作，往往漱不好就会把水咽下去，所以刚开始最好用温（凉）白开水。初学时，家长要为宝宝做示范，把一口水含在嘴里做漱口动作，而后吐出，反复几次，宝宝很快就会学会。这里提醒家长，不要让宝宝仰着头漱口，这样很容易造成呛咳，甚至发生意外。在训练过程中，家长要不断地督促宝宝，这样天长日久，宝宝就会养成习惯。

🍼 教幼儿用筷子

如果宝宝开始自己吃饭了，勺子也用得不错，很少撒出来，就可以考虑让宝宝学习用筷子。用筷子对锻炼宝宝的大脑和手指的灵活程度都有帮助，但记住用筷子并不是一件简单的事情。很多人到了成年拿筷子的姿势都不太好看，妈妈如果有兴趣教宝宝用筷子的话，一定要有耐心，不要操之过急，影响了宝宝吃饭的积极性则得不偿失。

🐚 使用筷子的好处

强化手的精细协调动作

使用筷子夹食物时，不仅是 5 个手指的活动，腕、肩及肘关节也要同时参与。日本科学家研究发现，使用筷子是一种复杂、精细的运动，可涉及肩部、臂部、手腕、手掌和手指等 30 多个大小关节 50 多条肌肉，一日三餐使用筷子，对宝宝来说，是锻炼手功能的好机会。

促进视觉发育

其实在使用筷子夹食物之前，离不开眼睛的视觉定位，即两眼注视同一目标，再将它们分别所得的物像融合成一个单一具三维空间完整的像。这一过程看似简单，但需要两眼外肌的平衡协调，视网膜黄斑中心凹有共同的视觉方向，以及大脑皮质中枢对成像的完善的融合机制，不是短期能形成的。因此，经常使用筷子能促进宝宝视觉的发育，对于预防斜视和弱视都是大有帮助的。

健脑益智

正如前面所讲，使用筷子需要依赖手部的精细动作和眼睛的视觉定位，但更离不开脑部通过神经反射，对它们的调节和修正，此即手脑和眼脑反射。从大脑皮质各区分工情况来看，控制手和眼部肌肉活动的区域要比其他肌肉运动区域大得多，肌肉活动时刺激了脑细胞，有助于大脑的发育，从而起到健脑益智的作用。

一般宝宝到了 1 ~ 2 岁，就喜欢模仿大人用筷子吃饭，有拿筷子的要求，这时家长就应当因势利导，让他们学习用筷子进餐。对初学用筷的宝宝来说，用毛竹筷为宜，一是四方形的筷子夹住东西后不容易滑掉，二是无色无毒。初学时，先让宝宝夹一些较大的、容易夹起的食物，即使半途掉下来，家长也不要责怪。应给予必要的鼓励。

🐚 咬人

1 岁半以前的宝宝咬人，可能是想要表达什么想法但是自己说不清，或者是下意识地什么都咬，可包括人。但是 1 岁半以后，宝宝能知道哪些可以吃哪些不能吃，也不再把什么东西往嘴里送了。如果宝宝这个时候咬人，妈妈可以表现出很痛的样子，告诉他这样不对。宝宝会收敛这种行为。

如果宝宝总是一咬人为乐，怎么说也不听，家长可以问问他假设被别人咬了是什么感受。让宝宝从别人的角度来考虑，他们能意识自己这样做是不对的。

也有的宝宝看到别的宝宝咬人，就跟着学。如果妈妈知道宝宝是因为跟着别的宝宝学来的咬人现象，要告诉他这样做不对。

如果宝宝是在闹着玩，那么家长就主动提出来玩一个有趣的游戏，来分散宝宝的注意力。

🐾 呕吐

呕吐是由于各种原因引起的食管，胃和肠管的逆蠕动，同时伴有腹肌和膈肌的强烈痉挛收缩，迫使食管和胃肠道内容物从口中涌出的一种症状。呕吐，有时也是人体的一种本能防御机制，可将食入的对人体有害的物质排出，从而起到保护作用。几乎任何感染或情绪紧张都可以引起呕吐。

呕吐的类型

1. 普通呕吐。吐前常有恶心，以后吐一口或连吐几口。连吐或反复呕吐均是病态的，多见于胃肠道感染，过于饱食和再发性呕吐。

2. 喷射性呕吐。吐前多无恶心，大量胃内容物突然经口腔或鼻腔喷出。多为幽门梗阻，胃扭转及颅内压增高等情况所导致。呕吐物为露凝块，含胆汁，呕吐并有伴腹胀、囟门膨隆、体格异常。

3. 急性呕吐。急性胃或者肠炎，是由于病毒，有毒物质或者细菌侵袭所致，多伴有腹泻和腹痛。

4. 周期性呕吐。又叫再发性呕吐，是一种反复发作的顽固性呕吐，常开始于2～4岁，青春期后不再发生。引发的病因一直没有定论，但普遍认为与体质因素有关，上呼吸道感染，情绪波动，疲劳，饮食不节是其诱因。其特点是反复的突然发作的频繁呕吐，持续1～3日才有缓解。

5. 神经性呕吐。又称心因性呕吐。特点是反复发作的呕吐，是无器质性病变，常与心理社会因素有关。因不愉快的环境或心理紧张而引起，呈反复不自主的呕吐发作，一般发生在进食完毕后，出现突然喷射状呕吐，无明显恶心及其他不适，不影响食欲，呕吐后可进食。

护理

有些宝宝经常发生呕吐，针对宝宝的非器质性病变引起的呕吐，爸爸妈妈应该小心、分情况进行护理：

1. 再发性呕吐和神经性呕吐。要加强体育锻炼，增强体质，生活规律，切忌暴饮暴食，尽量保持身心安静，进食时不要过于勉强。此外一定不要给患儿增加任何压力，否则会加重呕吐。患儿应合理安排生活，包括饮食制度，加强体育锻炼和增加生理睡眠时间。周围人不要过分注意宝宝的呕吐症状，应避免在宝宝面前表现得紧张和顾虑，以提高其治疗的信心。同时保持环境清洁，患儿呕吐物及时处理，污染的衣服，床单，被子及时更换，以免继续刺激患儿。呕吐时，应守护在其身边，给予精神安慰；呕吐后，及时帮助漱口，勤给患儿洗澡，清除因呕吐留在身体上的异味。

2. 对于容易呕吐的宝宝尤其是感冒后或者咳嗽后呕吐的。应当在平时加强营养和体育锻炼以提高机体免疫力，或者服用牛初乳，转移因子以预防感冒；饮食要定时定量；不要太饱；食物一定要新鲜卫生；不要给患儿吃过于辛辣，熏烤和肥腻的食物。

3. 小儿服药时也容易引起呕吐者。在喂药液时，药液不要太热，太冷；难喂药的小儿也可采用少量多次服用法；必要时也可服一口停一会儿然后再服用。呕吐后及时清洁口腔，面部，颈部皮肤，更换被污染的衣物，床单。

4. 有些宝宝先天咽反射比较敏感，容易引起呕吐。表现为一有感冒就容易出现呕吐，所以在看医生的时候应当与医生讲明，这时候应当吃容易消化的流质或半流质的实物，吃得不要太饱，一般是平时饮食的一半左右。

特别提醒

呕吐大部分是胃炎，肠炎引起的，家长要注意宝宝大便的情况和形状，及时看医生，按照医生的医嘱来做，此外还要让宝宝多喝淡盐水。如果宝宝呕吐情况比较轻，可给他吃一些容易消化的流质饮食，少量多次进食；如果宝宝呕吐情况比较严重则应当暂时禁食。呕吐时让宝宝取侧卧位，或者头低下，以防止呕吐物吸入气管。

此外对于宝宝的呕吐还应该注意呕吐的方式，次数，呕吐物的形状，气味与进食的关系，精神状态，食欲，大小便情况及呕吐时的伴随症状，及时向医生讲明，有助于医生的诊断和治疗。

皮疹

皮疹是幼儿疾病中最常见的一种体征，而且幼儿的皮疹主要就是以下几种类型，家长了解之后可以及时应对。

急疹

周岁以内的婴儿突然出疹子，可能与病毒传染有关，冬春季最多见。皮疹多为不规则的斑点状或斑丘疹。用手按压皮疹可以褪色。全身均可以见。一般 1 ~ 2 天消退，不留痕迹。出疹的同时可能发热，持续 3 ~ 5 天，个别孩子可能高热惊厥。

如果是这种情况，要多喝水，可以用一些抗病毒的药物。如果孩子高热可以用退热药。

风疹

风疹是儿童时期常见疾病、是风疹病毒通过呼吸道飞沫传播的急性传染病。传染源可能是已经感染的病人，也可以是没有发病但是带病毒者。集体中容易流行。这时候的皮疹是在发热一两天之后出现的，遍及全身。皮疹色淡，一般在出疹后 2 ~ 3 天消退，很少有人会留下疤痕。风疹可以并发中耳炎、支气管炎、脑炎、肾炎以及血小板减少性紫癜。目前我国的儿童已经接种风疹疫苗，保护率达 95%。

风疹患儿发热时要多喝水，吃抗病毒的药物包括清热解毒的中药。如果体温高于 38.5℃可以用退热药。患儿不能接触孕早期女性，容易引起胎儿畸形、白内障、先天型心脏病。

水痘

水痘多见于 6 个月以后的各个年龄段，一般 1 次发病，终身免疫。水痘会在发热 1 ~ 2 天后出现，躯干、头、腰以及头皮多见。丘疹、疱疹、结痂的疹子会同时存在。发热是多喝水，吃易消化的食物，保持皮肤清洁，勤换衣服，不要抓破水疱，以防感染，只要水疱不破，一般痊愈后不留疤痕。

目前已经研制成功水痘疫苗，1 ~ 12 岁接种 1 针。

麻疹

麻疹是婴幼儿常见的呼吸道传染病，传染性强。不过麻疹也是 1 次发病，终身免疫。麻疹患儿是唯一的传染源，晚春多发病。麻疹引起的皮疹，多是从耳后开始出现，然后往下蔓延到全身的，皮疹呈暗红色。消退的顺序也是从上到下。

麻疹患儿要在家卧床休息，不要直接吹风。有的孩子接种了麻疹疫苗，可是还出了麻疹。这是因为麻疹疫苗注射之后，可能会出现类似麻疹的轻微表现，这是在刺激人体产生免疫力。

丘疹性皮疹

丘疹性皮疹主要发生在夏天，多见于婴幼儿。宝宝皮肤娇嫩，经过沙土或水的多次刺激，或者是出汗等，会导致皮肤发炎，形成皮疹。如果出现了局部的皮疹，可以用氧化锌软膏，口服维生素 C。要防止患部感染。

痱子

夏天宝宝都容易出痱子，在腋窝、颈部等出汗多的部位，痱子红红的一片。出痱子是很难受的，宝宝会痒、灼热、忍不住用手挠。因此在盛夏来临之前，家长要做好防痱子的准备，一方面是室内要通风，也要勤洗温水澡。容易出痱子的宝宝要多穿吸汗的薄棉布衣服。白天的时候给宝宝涂点儿爽身粉。

手足口综合征

手足口病是近年来常见的一种传染病，在 3 岁以下的宝宝中较常见。本病的传染源是病人或健康的带病毒者。患者说话时的口水飞沫、玩过的玩具、拿过的食物都有可能带有病毒。如果周围有认识的宝宝得了这种病，家长要注意让宝宝在家玩，不要出去。

要注意保持手足口病患儿的清洁，因为口腔要吃东西，手要摸东西，很容易把病毒留在空气中。

哮喘

生活中有很多引起宝宝哮喘的东西，如：感冒、天气变化、运动过度、劳累、某些食物及药物、被动吸烟、油漆、油烟、动物皮毛、尘螨、霉菌、花粉等，其中感冒引起包宝宝哮喘最常见。2 岁左右的宝宝有哮喘，通常并不严重。因为很多宝宝在小时候都有类似哮喘的症状，但是长大之后就消失了。如果因为宝宝有点儿哮喘就不让他运动，关在家里，这样只会让宝宝越来越弱。在听从医生建议的情况下，家长不要刻意强调宝宝有哮喘病，让他活蹦乱跳地和别的宝宝一起玩，多运动多锻炼，身体强壮了自然也就不会再有哮喘了。

左撇子

在 2 岁左右还看不出来宝宝是否是左撇子，而且即使是左撇子也没有关系，很多成年人是左撇子但并不影响他们的正常生活。

流口水

2 岁半以前的宝宝流口水比较常见，但要注意排除舌系带过短的问题。如果宝宝伸出舌头，舌尖中部向内凹陷，或往上翘费劲，发"姥姥"等卷舌音时不清晰，要带宝宝去五官科明确诊断。如果没有这些情况，宝宝也不是舌头总吐出嘴外，可以耐心等待。等宝宝的 20 颗乳牙出齐后，口水自然就会减少。平时经常给宝宝把口水擦干净，并在下巴处经常涂抹儿童润肤露，以免皮肤因为口水的刺激而发红。还可以经常给宝宝戴个小围嘴，方便换取，也避免浸湿衣服。

不坐着吃饭

各阶段的宝宝不能安静地坐在那里吃饭，不是异常表现。因为宝宝注意力集中时间很短，通常情况下在 10 分钟左右。食欲好、食量大、能吃的宝宝，能够坐在那里吃饭，一旦吃饱了就会到处跑。食欲不是很好食量小的宝宝，几乎不能安静地坐在那里好好吃饭。

所以，爸爸妈妈帮助宝宝养成坐下来集中时间吃饭的习惯，最好的方法是让宝宝坐在专门的吃饭椅上，以免宝宝乱跑。爸爸妈妈最好不给宝宝边走边吃的机会，其他人也都不要追着喂宝宝吃饭。

不能长时间蹲便盆

在训练宝宝尿便时，应注意不要长时间让宝宝蹲便盆，也不要让宝宝养成蹲便盆看电视、看书、吃饭的习惯。长时间蹲便盆不但不利于宝宝排便，还有导致痔疮的可能。蹲便盆看电视会减弱粪便对肠道和肛门的刺激，减慢肠道的蠕动，减轻肠道对粪便的推动力。让宝宝长时间蹲便盆是引起宝宝便秘的原因之一。

如果爸爸喜欢蹲在卫生间里看书、看报、抽烟，宝宝多会模仿爸爸的做法，把卫生间当作另一个书房。成人这样做是好是坏这里姑且不做评价，但有一点儿是清楚明白的：不想让宝宝养成蹲便盆看书的习惯，家长最好不要蹲在卫生间看书。

不要频繁换保姆

爸爸妈妈都是上班族的家庭会聘请保姆来照顾宝宝的日常起居，但找到一个好保姆是一件需要运气的事情。不爱干净、做事情不麻利、普通话不标准、长相不体面……很多原因都会让追求完美的妈妈看不惯保姆，因此会经常换人。虽然，找一个好保姆来带宝宝很重要，但因为找不到合适的人就频繁换保姆却是不好的。这个时期的宝宝还比较黏人，而保姆又是他最亲密的人之一，和保姆稳定的情感是对缺少家长关爱的一种补偿。宝宝熟悉一个新面孔需要一段时间，而刚等他熟悉之后就换掉保姆，宝宝就会有不安定感。如果遇到宝宝很喜欢的保姆，家长强行换掉也会伤害宝宝的感情。如果对保姆不是很满意，不如妈妈们自己带宝宝，这样很多问题就消失了。

降低餐桌高度

如果宝宝对一起用餐很有兴趣，喜欢和爸爸妈妈一起吃饭，这时候最好是换一张矮一点儿的餐桌，让宝宝坐着和大人一起用餐。这样一个小细节是对宝宝积极性的鼓励，要知道，很多教育都是从餐桌上开始的。

大喊大叫的幼儿

很多人最怕带着宝宝在公共场合的时候，他突然大喊大叫。这个时候给他讲道理是没有用的，纵容他或者迁就他又会养成坏习惯，怎么办才好呢？其实，宝宝喜欢大喊大叫，一般人是可以理解的，家长最注意的是他第一次出现这种情况的时候怎样来处理。如果是在家里，宝宝高兴的时候大喊大叫，家长可以用玩别的游戏的方式来转移他的注意力，不要让他觉得大喊大叫可以引起家长的注意很好玩；如果实在公众的场合，宝宝第一次因为发脾气的大喊大叫，家长要用眼神告诉他这样做很不好。宝宝对家长的眼神是很敏感的。

如果宝宝对家长制止的目光没有反映，你可以用平静的语气告诉他："你打扰到别人了，大家都在看你。"大部分宝宝会停止哭闹，但也有极少数宝宝性格太强，即使有人在议论他也万全没有收敛。这时候家长也只能听之任之。

如果宝宝在家里总是大喊大叫，很明显是他的精力很旺盛。一个没有精神的宝宝是不会这样的。如果家长能够找到渠道来帮助宝宝解决自己的精力过剩的问题，和他一起玩各种游戏，这个问题也就不治而愈了。

情绪不稳定的幼儿

1岁半以后，特别是接近2岁的时候，宝宝的情绪会进入一个不稳定的时期。因为这个时候的宝宝渐渐有了自我意识，他们会希望在家长之外有一个独立、自由的自我。所以当家长要求他们做不太情愿的事情的时候，宝宝就会表现得很不配合，有时候耍脾气也很令家长头痛。

其实性格问题不是一天能够解决的，同样性格问题也不是一天形成的。那些脾气不好的宝宝，往往就是在有情绪的时候没有得到家长的理解和疏导，结果情绪酝酿得变大了。因此，在对待宝宝的情绪不稳定的事情上，家长一定要多一点儿耐心，就像理解一个青春期叛逆的宝宝一样去理解他，从他的角度来考虑问题。当宝宝感觉到自己正在被人重视和理解的时候，他们就不会用发脾气的方式来引起父母的注意了。

睡眠问题

白天的时候活动较多的宝宝，晚上都能睡得香。而白天不怎么动，身体也不太好的宝宝，睡眠上就会有各种各样的问题。多运动、健康饮食和健康睡眠是一个正向的循环，运动促进饮食和睡眠，好的睡眠又利于身体发育。因此，要解决宝宝身体不好、睡眠不踏实的问题，从根本上还是要东欧鼓励宝宝活动，手脑并用、手脚并用，在玩好的同时合理饮食。如果有一个环节出了问题，其他环节也很容易出现问题。

四季护理

对北方的宝宝来说，冬天在湖面上走是很有趣的事情，但是在天气渐渐转暖，河里开始解冻的时候，一定不要让宝宝去湖面上玩。

天气变暖之后，正好让宝宝学习脱衣服、穿衣服。夏天饭量变小的宝宝，只要精神状况好，就不用担心，可让他喝些奶粉，补充营养。在塑料水池玩耍的时候，家长要在身边照顾，防止跌倒在水里。夏天吃水果的时候，要放好水果刀。家里有宝宝就不要用刀刃向外的水果刀，可以用刮皮用的安全削皮刀。

在没有暖气而是烧煤炉子过冬的家庭，要注意烧开水时有人照顾，平时不要把开水壶放在桌子上。

家庭环境的支持

玩具

虽然你的宝宝变得越来越独立，但还是经常会感到力不从心。因此，尽管他这会儿坚持"自己"做什么事情，但紧接着就可能转而向你求助了。

宝宝学习自己能做什么的方式，就是对所有的事情都插手。他摆弄旋钮、开关门、按电灯开关等，这些事情都够让你头疼的。带连锁装置的玩具，比如按下去会弹起来的玩具、嵌套玩具、分类玩具、能开关门的卡车、带旋钮和门的玩具厨房等，都能给宝宝进行探索和突破限制创造无限的机会，同时能让他远离电灯开关。

在这个年龄段，宝宝从自由地玩乐中获益最多，所以只要把玩具放在他够得到的地方，让他自己随意玩就行了。

塑料茶具或玩具小屋

宝宝会从吃喝过家家的游戏中感受到极大乐趣。通常，比例缩小的玩具，譬如耙子、刷子、购物车、袖珍厨房等，都给了宝宝去做一件他最喜欢事情的机会：模仿周围大人所做的事情，按照自己的意愿打理属于自己的世界。

大小积木

玩积木可以让宝宝通过抓、摆、分类等锻炼手部技能。大的积木块容易搭建成与宝宝身材相适应的堡垒和藏身之处，小的积木块则可以用来分类或搭成其他富有无限创意的东西。

玩具乐器

宝宝们通常都喜欢音乐，他们一有机会就会制造出自己的音响，不管有多么不和谐。给宝宝一把玩具吉他去乱弹，或一个键盘去乱敲，他会用很多原创作品招待你。不过无论你找的是什么乐器，一定要找能把音量调低的那种，以便你和邻居们能够忍受这些曲调。

拼图

拼图是让你的小家伙获得小小胜利的一个好方法，把拼图块放在正确的地方带给宝宝简单的满足感，真是棒极了。选择那些块数不多、厚且容易拿取的木制拼图最理想。

插图书和 CD

虽然有声书不能替代你亲自给宝宝读书，但很多宝宝的确喜欢尝尝鲜，听听来自机器里的声音，并且也能够察觉里面的声音是新鲜而不同的。童谣那种轻快的说话方式特别受宝宝的欢迎。

玩具火车

宝宝能利用他新发展的灵巧性，把火车车厢连起来，开着长长的火车在家里到处跑。他会高高兴兴地看火车怎么拐弯，以及在地毯上跑和在光滑的地板上跑有什么不同。

可擦洗的蜡笔和纸

宝宝越来越爱在地板上、墙上、家具上做记号了。清理一块地方给他用，给他一大张纸（用胶带粘在桌子上）和两三支蜡笔（过多的选择会让不知所措），这会让他明白必须在特定的地方进行艺术创作。不管他画了什么，都应该把他的作品张贴起来。

陪幼儿看图讲故事

适宜 2 岁左右的宝宝看的图片书渐渐多了，但是大部分都是引自国外的，有一些可能对中国的小宝宝来说有点儿理解难度，需要父母讲解。

给宝宝讲图画书上的故事，并不是想象中那么简单的事情。因为宝宝的理解能力可能会没有父母想的那么好，有时候父母讲了半天宝宝还是不知所云。为了避免这种情况，父母要在讲解的过程注意宝宝的反映，用他生活中用得到的语言来讲故事。

讲故事的时候和宝宝一起面朝着图片，让宝宝坐在你的怀里听故事，看图。如果要训练宝宝的听力，可以让宝宝坐在对面听自己讲，然后请宝宝复述。

讲故事就是简单的情感交流，父母不要抱着强烈的教育的目的，要宝宝记住三字经中的典故，这样会增加故事的难度，让宝宝心理上有负担，喜欢听故事的宝宝也变得不热心了。

多给幼儿空间

给宝宝一个独立玩耍的空间，也是指的给宝宝安排一个独立玩耍的小角落。这个时候已经可以给他一个小书架，让他自己看书了。书架注意要放在地面上，和宝宝差不多高就可以，这样方便他拿取书本，也不会有倒下的危险。

如果是全职妈妈，建议自己也看一些生活书或者喜欢的小说，给宝宝一个时间去自己玩，自己思考。全天和妈妈都不分开也未必是很好的事情，人的思考能力也是在单独玩耍的时候产生的。如果妈妈实在太爱宝宝了，不想看他一个人孤零零地玩，那么要克制自己掌握宝宝的每一秒的欲望。要知道，宝宝有时候会有比我们期待更好的表现。

多鼓励幼儿

1岁半以后的宝宝是可望得到鼓励的，所以家长不要忽略了宝宝这颗小小的心灵。当宝宝自己穿衣服，自己吃饭，自己玩耍和看图的时候，妈妈要肯定他。

有的父母虽然很愿意给宝宝鼓励，但除了说"你真棒""加油吧"之外就没有更好的说法了。其实，指向明确对宝宝来说很重要。宝宝有帮忙做事情的欲望但是不太自信的时候，妈妈可以提前假设如果这件事情做好了会怎样，帮助宝宝往好的方面想。例如，宝宝想要和陌生的小朋友玩但是又有点儿怕生，这时妈妈可以说："那个小孩也一定想和我们宝宝玩呢，你们在一起一定能玩得很高兴""他一定会喜欢你的，因为你是一个懂礼貌的好宝宝。"这种暗示对宝宝来说很有效。

如果宝宝摔坏了东西、弄丢了东西，也不要责骂他，哪怕东西很贵重。我们是在养育宝宝，而不是在保护器物。宝宝的成长过程中总会有一些小损失，但那是值得的。

念儿歌

儿歌朗朗上口，语言简单，贴近生活，是很好的学习工具。现在有专门的儿歌专辑和儿歌书，爸爸妈妈可以和宝宝一起学习儿歌。2岁以后，如果有条件可以给宝宝放一些英文儿歌，和他们一起唱。但需要爸爸妈妈帮助解释里面的意思。

潜能开发游戏

搔痒痒

【目的】增加宝宝的愉悦感，提高宝宝的记忆力。

【玩法】把宝宝的手掌心朝上，放在爸爸或妈妈的左手上。一面唱童谣，一面配合着节奏做动作（父母右手的动作）：

"炒萝卜，炒萝卜，（在宝宝手掌上做炒菜状）

切——切——切；（在宝宝胳臂上做刀切状）

包饺子，包饺子，（将宝宝的手指往掌内弯）

捏——捏——捏；（轻捏宝宝的胳臂）

煎鸡蛋，煎鸡蛋，（在宝宝手掌上翻转手心手背）

砍——骨碌头！（伺机向宝宝搔痒）"

当宝宝对歌谣内容熟悉后，可以反过来让宝宝一边念歌谣，一边重复上述动作，爸爸妈妈可以适当地给宝宝提醒，引导宝宝接下来要做什么。

打气球

【目的】训练宝宝的手脚协调能力和动作力量。

【玩法】爸爸或妈妈用手吊一个气球，高度随时调节，让宝宝伸手跳起拍击；也可把气球抛给他，让他用脚踢，在游戏的时候可以用儿歌鼓励："打球、踢球，宝宝，玩球！"

粘贴纸

【目的】训练宝宝的语言理解能力、对事物的认知和方位感。

【玩法】准备一些不同颜色的粘纸，让宝宝把花花绿绿的粘纸根据爸爸或妈妈的要求，贴到爸爸或妈妈的鼻子上、后背上或鞋子上；也可以让宝宝贴到自己的肚子上，脸蛋上；还可以叫他贴到椅子上、沙发上或杯子上。宝宝贴对了就给予表扬，错了就给予启发和纠正。在宝宝贴的时候，爸爸或妈妈可以念儿歌："贴，贴，粘贴纸，宝宝贴对（错）了！"

书本骨牌

【目的】锻炼宝宝手眼协调的能力和手的力度。

【玩法】准备各种厚度的书大概10本左右，家长把书从中间打开，以骨牌形式放在地上，放好以后让宝宝用手推动第一本书，并看着书一本本的倒下。可以根据宝宝的能力，把书的数量增加。

书本叠叠乐

【目的】锻炼宝宝手部的动作能力和识记动作的能力。

【玩法】准备20本宝宝常看的图画书，一一打开，然后跟宝宝一起一本一本把书叠起来摆放好。等宝宝熟悉了摆放的方法以后，鼓励他主动地把书叠起来摆放好。

2 岁到 3 岁

这个年龄的幼儿

体重

男宝宝体重的正常范围为 12.2 ~ 13.8 千克，平均为 13.0 千克；女宝宝体重的正常范围为 11.6 ~ 13.4 千克，平均为 12.5 千克。

身高

男宝宝身高的正常范围为 87.9 ~ 95.1 厘米，平均为 91.5 厘米；女宝宝身高的正常范围为 86.8 ~ 94.2 厘米，平均为 90.5 厘米。

牙齿

在 2 岁半左右，宝宝的 20 颗乳牙基本出全。

营养需求与喂养

营养需求

这个阶段的宝宝，一般乳牙都出齐了，咀嚼能力有了进一步的提高，但与成年人相比还是有差距。为了便于宝宝咀嚼、吸收。烹调的时候仍应以细软为主。蔬菜切得细碎些，肉类应切细丝、丁块、薄片，不宜给宝宝多食用油腻、油炸等难以消化的食物，忌吃刺激性食物，少吃零食，讲究饭菜的色香味。要想使宝宝身体健康、大脑发育良好，就必须让宝宝摄取比较全面的营养。各种各样的营养对于 3 岁的宝宝来说都是极为重要的，特别是蛋白质、脂肪维生素、无机质等，更是缺一不可。此时的宝宝喜欢吃甜点，以前吃点心的时候家长总是看着吃，现在宝宝总有各种机会自己接触到糖果。家长此时就要注意了，要控制宝宝对糖果的摄入量，降低宝宝龋齿发生概率。

微量元素

2 ~ 3 岁是宝宝成长发育的又一个快速时期，此时要注意均衡膳食，全面为宝宝提供成长所需的各种营养。除了蛋白质、脂肪和碳水化合物之外，也要注意微量元素的补充。食物自然是最佳的补充来源，如无特殊需要，就没有必要为宝宝进行药物补充。

富含钙的食物

牛奶制品、虾皮、豆类制品、芹菜、黑芝麻、西蓝花等蔬菜。钙与镁的比例为 2∶1 时，是最利于钙的吸收利用的了。所以，在补钙的时候，切记不要忘了补充镁。

富含镁的食物

坚果（如杏仁、腰果和花生）、黄豆、瓜子（向日葵子、南瓜子）、谷物（特别是黑麦、小米和大麦）、海产品（金枪鱼、鲭鱼、小虾、龙虾）。

富含铁的食物

蛋黄、动物肝脏、鸡胗、牛肾、黑木耳、芝麻、牛羊肉、蛤蜊紫菜、谷类、豆类、瘦肉、干果、鱼类等（吃含铁高的物质忌饮茶）；动物性食品中的铁较易吸收，吸收率可达 20%，植物性食品因含植物酸而影响铁的吸收，吸收率一般在 5% 左右。膳食中的蛋白质和维生素 C 能提高铁的吸收。此外建议用铸铁锅煮饭。

富含锌的食物

平时多摄入些含锌丰富的食物，如动物肝脏，全血、肉、鱼、禽类；其次是绿色蔬菜和豆类；牡蛎、牛肉、肝脏、田螺、鱼肉、瘦肉、人奶内的锌含量高且易于吸收；还有南瓜、茄子、菇类、板栗、红枣、核桃、花生、小米、萝卜、大白菜等。

富含碘的食物

海藻类食物，如发菜、紫菜、海带、海白菜、裙带菜等含碘较多。

富含硒的食物

猪肾、鱼、海虾、对虾、螃蟹、海蜇皮、驴肉、羊肉、鸭蛋黄、鹌鹑蛋、鸡蛋黄、牛肉。松蘑（干）、红蘑、蘑菇、茴香、芝麻、麦芽、大杏仁、枸杞子、花生、黄花菜、豇豆、谷物、大蒜、芦笋、洋葱、莴苣等。

富含维生素 A 食物

肝脏类，如羊肝、牛肝每 100 克含维生素 A 约 1.25 毫克；奶类、黄油、奶酪和蛋类维生素 A 含量为中等；牛肉、羊肉、猪肉中维生素 A 含量较低；植物性食物中富含类胡萝卜素的蔬菜、水果有南瓜、胡萝卜、深绿色叶子蔬菜、马铃薯、杧果、杏、番茄等；棕榈油中维生素 A 含量很高，但在我国食用很少。因为肝中铁的含量也高，维生素 A 和铁还可以相互促进吸收和利用。

富含维生素 D 的食物

最丰富的食物为鱼肝油，动物肝脏和蛋黄，奶粉与其他食物中含量较少。维生素 D_2 来自植物性食品，一般说来，人只要能经常接触阳光，在一般膳食条件下，不会造成维生素缺乏。以奶粉为主食的宝宝，应适当补充鱼肝油，并经常接受日光照晒，有利于生长发育。

富含维生素 E 食物

猕猴桃、坚果（包括杏仁、榛子和胡桃）、瘦肉、乳类、蛋类，还有向日葵子、芝麻、玉米、橄榄、花生、山茶等压榨出的植物油；红花、大豆、棉籽和小麦胚芽（最丰富的一种）、菠菜和羽衣甘蓝、甘薯和山药；莴苣、黄花菜、卷心菜等绿叶蔬菜是含维生素 E 比较多的蔬菜；鱼肝油也含有一定的维生素 E。

富含维生素 B_1 的食物

主要来源于谷类食品，瘦肉及内脏较为丰富；豆类、种子或坚果中也含有维生素 B_1。

富含维生素 B_2 的食物

动物肝脏、心、肾、乳类及蛋类食物中含量尤为丰富；豆类食物中也较丰富；绿叶蔬菜和野菜中也含有大量的核黄素。

富含维生素 B_6 的食物

蛋黄、麦胚、酵母、动物肝、肾、肉、奶、大豆、谷类、香蕉、花生、核桃等；人体肠道细菌也能合成维生素 B_6。

富含维生素 B_{12} 的食物

主要来源是肉类，动物肝脏、牛肉、猪肉、蛋、牛奶、奶酪；极少数的植物，如螺旋藻类。植物性食物一般都不含维生素 B_{12}。

富含维生素 C 的食物

主要来源于新鲜蔬菜和水果，水果中以酸枣、山楂、柑橘、草莓、野蔷薇果、猕猴桃等含量高；蔬菜中以辣椒含量最多；其他蔬菜也含有较多的维生素 C，蔬菜中的叶部比茎部含量高，新叶比老叶高，有光合作用的叶部含量最高。干的豆类及种子不含维生素 C，但当豆或种子发芽后则可产生维生素 C。

🐾 饮食调节

这个时期的宝宝喜欢吃偏干的食品，所以为了增进宝宝增进食欲，可以按照宝宝的口味和喜好调整饮食. 但也不要让宝宝饮食过量。这个时候。家长们可以让宝宝吃一些刺激性辣味了，比如做菜的时候可以放一些辣椒。据专家研究，辣味食品有健脑的作用。但是吃辣的东西也要适量，否则会影响宝宝的味觉，而且还会让宝宝食欲降低，容易偏食。

食谱推荐

	原料	做法
番茄猪肝	番茄80克，猪肝（熟）30克，油、盐各少许。	1. 猪肝洗净、切片；番茄洗净、切块。 2. 锅置火上，入油烧热，放入番茄炒软；再加入猪肝拌炒，调味即可。
蔬菜牛肉粥	牛肉40克，米饭1/4碗，菠菜1棵，肉汤1/2杯，土豆、胡萝卜、洋葱1/5个，盐适量。	1. 准备牛肉精肉并磨碎。 2. 将菠菜、胡萝卜、洋葱、土豆炖熟并捣碎。 3. 将米饭、蔬菜和肉末放入锅中煮，并用盐调味。
苹果色拉	苹果20克，橘子2瓣，葡萄干、酸奶酪、蜂蜜各5克。	1. 苹果洗净，去皮后切碎；橘瓣去皮、核、切碎；葡萄干温水泡软后切碎。 2. 将苹果、橘子、葡萄干放入小碗内，加入酸奶酪和蜂蜜，拌匀即可喂食。制作中，要把原料切碎，块不宜大，以适应婴儿的咀嚼能力。
金菇虾肉饺子	瘦猪肉200克，金针菇100克，虾皮50克。	1. 金针菇煮熟去汤，虾皮温水略洗，与瘦猪肉共同剁碎。 2. 将上述三物共剁成泥，加调味品制成馅，包成饺子（或馄饨）煮食，可分数次食用。

微量元素缺乏的症状

缺钙

1. 夜间多汗、睡眠不安、易醒、易惊、摇头、枕秃、白天烦躁、坐立不安；体征颅骨软化、囟门大不易闭合(正常是1~1.5岁闭合)，出牙晚(正常6~8个月开始出牙，10个月后长牙算做稍微晚的)，站不稳（正常8月左右可扶站或独占，很稳）；

2. 阵发性腹痛、腹泻、抽筋、胸骨疼痛；

3. 鸡胸（逐渐出现肋下缘外翻或者胸骨异常隆起），X形腿、O形腿，指甲灰白或有白痕；

4. 1岁以后宝宝容易烦躁，注意力不集中，反应冷漠的同时又有莫名其妙的兴奋，健康状况不好，容易感冒等。

缺铁

1. 长期缺铁易导致缺铁性贫血：头晕，头痛，面色苍白，乏力，心悸，毛发干燥，指甲扁平，失光泽，易碎裂；抗感染能力下降，在寒冷条件下保持体温能力受损，使铅吸收增加等；

2. 少微笑。婴幼儿体内缺铁会导致组织细胞内低氧而使活动能力下降，出现不爱笑、疲倦、食欲减退、烦躁、不安及破坏行为等症状。

缺硒

主要是脱发、脱甲，部分患者出现皮肤症状，少数患者可出现神经症状及牙齿损害。人轻度或中度缺硒，其征兆或症状不明显。

缺锌

喜欢吃那些平常不能吃的东西，例如泥土、火柴杆、煤渣、纸屑等，厌食、生长迟缓等。其他症状：智力低下，反应迟钝，发育迟缓；易反复上呼吸道感染，易消化不良、肠炎、腹泻等胃肠道疾病；经常出现舌头溃烂（地图舌）、口腔溃疡；头发发黄、稀少、干燥无光泽、头发竖立；手指甲根部没有半月状的健康环，或者只有拇指甲上有；身体的伤口易感染，创伤久久不能愈合。

缺碘

脑发育障碍，智力低下，身材矮小。

缺维生素 A

出现夜盲症，眼角膜或结膜干燥，角膜溃疡或瘢痕等临床表现。

缺维生素 D

1. 佝偻病。小儿易激惹、烦躁、睡眠不安、夜惊、夜哭、多汗，由于汗水刺激，睡时经常摇头擦枕。随着病情进展，出现肌张力低下，关节韧带松懈，腹部膨大如蛙腹。患儿动作发育迟缓，独立行走较晚。重症佝偻病常伴贫血、肝脾肿大，营养不良，全身免疫力减弱，易患腹泻、肺炎，且易成迁延性。患儿血钙过低，可出现低钙抽搐（手足搐搦症），神经肌肉兴奋性增高，出现面部及手足肌肉抽搐或全身惊厥，发作短暂约数分钟即停止，但亦可间歇性频繁发作，严重的惊厥可因喉痉挛引起窒息。

2. 头部颅骨软化多见于 3～6 个月宝宝，以枕骨或顶骨为明显，手指压迫时颅骨凹陷，去掉压力即恢复原状（如乒乓球感觉）；6 个月后颅骨增长速度减慢，表现为骨膜下骨样组织增生，额骨、顶骨隆起成方颅、严重时就呈十字颅、鞍状颅。此外还有前囟迟闭，出牙迟，齿质不坚，排列不整齐。

3.胸部两侧肋骨与肋软骨交界处呈钝圆形隆起称"肋串珠",以第7～10肋为显著;肋骨软化,受膈肌牵拉,其附着处的肋骨内陷形成横沟(称为赫氏沟)。严重佝偻病胸骨前突形成鸡胸;胸骨剑突区内陷形成漏斗胸,由于胸部畸形影响肺扩张及肺循环,容易合并重症肺炎或肺不张。以上畸形多见于6个月～1岁宝宝。

4.脊柱及四肢可向前后或侧向弯曲。四肢长骨干骺端肥大,腕及踝部膨大似"手镯""脚镯",常见于7～8个月,1岁后小儿开始行走,下肢长骨因负重弯曲呈O形或X形腿。O形腿凡两足靠拢时两膝关节距离在3厘米以下为轻度,3厘米以上为重度。X形腿两膝靠拢时两踝关节距离及轻、重判定标准同O形腿。

缺维生素 E

形成疤痕;牙齿发黄;引发近视;引起残障、弱智儿。

缺维生素 B_1

可发生脚气病、食欲不振、乏力、膝反射消失等,母乳严重缺乏可使宝宝患心力衰竭或抽筋、昏迷等;宝宝缺乏可引起糖代谢障碍。

缺维生素 B_2

眼、口腔、皮肤的炎症反应。眼部症状为结膜充血、角膜周围血管增生、睑缘炎、畏光、视物模糊、流泪;口腔症状为口角湿白、裂隙、疼痛、溃疡,唇肿胀以及舌疼痛、肿胀、红斑及舌乳头萎缩,典型症状全舌呈紫红色中间出现红斑,清楚如地图样变化;皮肤症状主要表现为,一些皮脂分泌旺盛部位,如鼻唇沟、下颌、眉间以及腹股沟等处皮脂分泌过多,出现黄色鳞片;影响宝宝的生长发育。

缺维生素 B_6

虚弱、神经质、贫血、走路协调性差、脱发、皮肤损伤、眼睛、嘴巴周围易发炎、口臭。

缺维生素 B_{12}

通常性体虚、神经衰弱、恶性贫血、行走说话困难。

缺维生素 C

坏血病,表现为毛细血管脆性增加,牙龈肿胀与出血,牙齿松动、脱落,皮肤出现瘀血点与瘀斑,关节出血可形成血肿、鼻出血、便血等;还能影响骨骼正常钙化,出现伤口愈合不良,抵抗力低下等。

✍ 零食供给

宝宝喜欢吃甜食，其实与宝宝运动量大需要能量补充也是有关的。但甜食吃太多容易蛀牙，也容易长胖，因此甜食不要给他很多，每天定量几粒糖就可以了。

这个年龄段的宝宝可以吃水果了，多给他们吃水果有助于消化和吸收。也可以给宝宝们喝果汁，最好是新鲜的果汁，很多便宜而又颜色鲜艳的果汁可能含有很多化学物质，尽量少让宝宝喝。

这个时期的宝宝最好不要吃巧克力，是因为一旦吃了巧克力他们对别的零食就失去了兴趣，会一直吵要吃。巧克力吃多了会引起恶心、烦躁、出鼻血和蛀牙等问题，加上宝宝在这个年龄段性格很不稳定，家长最好不要让宝宝吃巧克力。

有的亲友和长辈为了表达对宝宝的喜爱，会带着他去超市让他随意选自己喜欢的东西，对大部分宝宝来说，他们都不会客气。这样容易养成坏习惯。家长不要这样做，也告诉亲友们不要这样做。

如果别人给宝宝零食，要告诉他如果接受并鼓励宝宝说"谢谢"，告诫宝宝，不要吃陌生人给的东西。

✍ 营养不良

3 岁以下的婴幼儿容易营养不良。哺乳不足、喂养不当、寄生虫或细菌感染、病后失养等均可引起。轻者表现为食欲不振、腹胀腹泻、面黄肌瘦；重者可见面色萎黄、皮肤毛发干枯、头大、腹部胀大，甚至出现发育停滞、腿软不能行走等严重症状。重症佝偻病、重症贫血、维生素 A 缺乏症、营养不良性水肿等也书以营养不良，只要有轻微感染就导致这些营养不良儿成为重患，如肺炎、脑膜炎、结核等，则又加重营养不良，形成恶性循环。

按照中医的理论，通过疏通经络、流畅气血、调和脏腑。可使脾胃功能在正常的气血运转中恢复正常，使人胃口转好，体重增加。这样宝宝面色逐渐红润了，其他症状也就会随之而去。

为了预防营养不良，家长需要注意宝宝生活中的一些细节：

情绪变化

如宝宝变得郁郁寡欢，反应迟钝，表情麻木，多提示体内缺乏蛋白质与铁元素，应多给宝宝安排一些水产品、肉类、奶制品、畜禽血、蛋黄等高铁、高蛋白食品。

如果宝宝忧心忡忡，惊恐不安、失眠健忘，可能表明体内 B 族维生素不足，此时补充一些豆类、动物肝、核桃仁、土豆等 B 族维生素丰富的食品大有裨益。

如果情绪多变，爱发脾气，这与吃甜食过多有关，医学上称为"嗜糖性精神烦躁症"，除减少甜食外，多安排点儿富含 B 族维生素的食物大有必要。

至于固执任性，胆小怕事，则可能维生素 A、B 族维生素、维生素 C 与钙元素不足，因此动物肝、鱼、虾、奶类、果蔬等食物便成为必吃食品了。

行为反常

不爱交往，行为孤僻，动作笨拙，多为机体内缺乏维生素 C 的结果。在饮食中添加富含此种维生素的食物如番茄、橘子、苹果、白菜与莴苣等为最佳"治疗方法"，奥妙在于这些食物所含的维生素 C 等物质可增强神经的信息传递功能，从而缓解或消除这些症状。

行为与年龄不相称，较同龄宝宝幼稚可笑，表明氨基酸不足，宜增加高蛋白食物如瘦肉、豆类、奶、蛋等。

夜间磨牙，手脚抽动，易惊醒，常是缺乏钙元素的一个信号，应及时增加绿色蔬菜、奶制品、鱼松、虾皮等。

喜吃纸屑、煤渣、泥土等异物，称为"异食癖"，多与缺乏铁、锌、锰等元素有关。海带、木耳、蘑菇等含锌较多，海产品中锌、锰含量高，应是此类宝宝较为理想的盘中餐。

长期腹泻，先天性畸形如唇裂、腭裂、幽门狭窄、贲门松弛、过敏性结肠炎，频繁呕吐等，影响食物的消化与吸收；肝炎、肾炎、肺结核、肺炎、肺脓肿、麻疹、百日咳、败血症。因长期发热，食欲不振，消耗增加而致营养不良；低体重儿、双胎、多胎或因难产及窒息等意外引起的体弱儿容易营养不良；长期不吃鸡蛋、鱼、肉而只吃素食，使蛋白质摄入不足都容易引起营养不良。

营养不良小儿应选含优质营养素、高蛋白、高热能而易消化吸收的食物，并同时给予充足的多种维生素。宝宝以母乳、牛乳、乳制品为最合适。重症可先试用脱脂奶，逐步过渡到半脱脂及全脂奶。也可用豆浆、豆奶给小儿当主食。每日吃少量鱼泥和植物油。如果消化功能好，逐渐过渡到蒸蛋羹、肉末、肝末以补充蛋白质。碳水化合物以米汤、稀粥、米糊过渡到厚粥、面条，2 岁后可以吃软饭。鱼和蛋羹是比较容易消化的。豆制品对营养不良婴儿也比较适宜。甲鱼、鳗和黄鳝营养价值虽高，但不易消化，有时反而引起腹泻或食欲不振。增加营养应从少到多、少量多餐开始，切不能操之过急。

营养过剩

为了让宝宝健康点儿，很多妈妈总是希望宝宝能吃得越多越好，小时候长得胖乎乎的更可爱，将来长大了自然就不会胖下去了。其实这样的想法是危险的，吃得太多或者补得太多，一方面引起小儿的肥胖，不利于肢体灵活，另一方面可能引起性早熟，甚至对儿童智力发育也会构成负面影响。

营养过剩对儿童智力的影响主要是引起"不协调性"，表现为视觉与运动之间协调性差，瞬间记忆与手眼运动配合能力差。这种"不协调性"使得儿童的动作显得笨拙，反应能力不如同龄的正常体重儿童，对儿童日后的学习与生活有一定的不利影响。研究还证实，"不协调性"的程度与营养过剩的程度成正比，因而在重度营养过剩（重度肥胖）儿童身上这种"不协调性"的现象尤为突出，使得这些儿童的总智商低于正常儿童。

因此，父母们要特别关注儿童的营养问题，自幼给予科学喂养，既要防止营养不良又要避免营养过剩。如果儿童呈现营养不良或营养过剩，那么，家长不仅要加强儿童饮食结构的调整，以改善营养失衡状况，还要注意观察儿童的智力状况，加大教育力度，以促使其像其他宝宝那样发育正常。

营养过剩与我们总是把"最好的"东西给宝宝吃有关。我们通常理解的"最好的"，就是价格不菲的、难得见到的、进口的和营养丰富的。很多家长疼爱宝宝，就总是极力在饮食上满足他，给他吃"最好的"食品。

事实上一个宝宝在成长期所需要的营养是有限的，也不需要专门吃那些精加工深加工的食品，对宝宝来说，天然的、高纤维的、颜色丰富的食物就很好了，没有必要追求大人心目中"最好的"标准。

能力发展与训练

言语

这时的宝宝进入了口语发展的最佳阶段。在这个时期，宝宝说话的积极性很高，特别爱模仿大人说话，言语能力迅速发展，掌握了最基本的词汇，可以用语言与他人进行基本的日常交流。2岁半以后，宝宝渐渐地会掌握基本的语法和句法，会说出较比完整的句子，开始会用"你、我、他"人称代词，至此宝宝的言语能力进入了一个新阶段。

认知

2岁半的宝宝大多能进行颜色命名，但正确率不高。他们这时候已经有自己喜欢的颜色了，红、黄、绿、橙、蓝等鲜明的颜色都很受这个年龄段宝宝的欢迎。

80%的宝宝能用语言表达出物体大小的感觉，也能从大小不等的东西中找到自己想要的。但2岁多的宝宝对时间还没有明确的概念，他们可能知道有关时间的词语，但不能正确地运用。一些刚刚教会的东西，隔几十天或几个月再看，还能回忆起来。

这歌年龄段的宝宝的认知能力已经大大提高了，他们开始熟悉周围的环境，能够知道左右，对方位也有了感觉，并且知道常见物品的用途。如果宝宝还不能大达到上述水平，父母可以有意识地帮助宝宝提高。比如给他购买一些颜色不同的玩具，给宝宝的小房间里布置不同颜色的装饰物品；可以悬挂一些小物品，在不同的层次安放各种装饰物，也可以自己画一些小汽车、飞机等和宝宝一起认。

这个阶段的宝宝模仿能力很强，所以父母在这个时候，就不要再把宝宝当成什么都不懂的小不点儿了，要做好父母的表率工作。

◎ 心理

宝宝只有知道自己确实是存在的，才能知道如何爱护自己。对于此阶段的宝宝已经明确了自己的存在，知道自己的身体部位，也能表达自己的各种感觉，如疼痛感、饥饿感等。但因为年龄关系，他们仍需要深化对自己外在特点的认识，这样才能逐渐使宝宝在心理上形成对自己的深刻认识。因此，父母们要在日常生活中，通过各种方式来训练宝宝认识自我。

每天坐下来和宝宝说会儿话，不带任何个人主张，我听你说或你听我说，无论宝宝说什么话，都不要训斥宝宝。对于年龄较小的宝宝，他们的语言表述能力还不完善，所以家长在跟他们聊天时，宝宝总会出现言语不连贯、用语不当、重复等情况，对此，家长不可当面指责，只要多示范，宝宝渐渐就会进步了。

◎ 社会交往

2~3岁的宝宝自我意识有了很大的发展，意识到"我"就是他自己，产生了强烈的独立性倾向，什么事都想要自己去做，尽管做不好也不要别人帮忙；有时表现为不听大人的话，对大人的要求产生对抗，宝宝已进入心理学上所称的"第一反抗期"。而且，宝宝想要与外界沟通的兴趣逐渐增大，希望与他人交往，希望有小伙伴。这时，如果让宝宝如愿和其他小朋友一起玩，却又很难玩到一起儿，这主要是由于他们的社会适应能力还有限，自我意识还比较强，所以家长应该多鼓励宝宝和小朋友一起玩。

◎ 独立性

对2~3岁的宝宝来说，有几样事情是值得骄傲的：不用尿布和纸尿裤了，可以自己吃饭了，可以说一些词汇来表达自己的想法，和大人在一起的时候渐渐拥有了"发言权"……这些对他们来说，都是人生中的一次跨越。

如果正处于上述变化的过渡时期，例如还不能万全去掉尿布，吃饭需要家长喂、说话不是很积极，发音也极不标准，那就需要爸爸妈妈的帮助，让宝宝顺利完成"蜕变"。

去掉尿布是一个循序渐进的过程，有的妈妈喜欢等宝宝完全能控制小便之后再抛弃尿布，有的妈妈宁愿让宝宝尝一尝尿裤子的苦头，也要强制性地换掉尿布。这两种都没有错，不过妈妈们需要明白，宝宝对新的环境和便盆、坐便器可能会有恐惧，由于紧张而便不出来也可能出现，家长需要帮助宝宝熟悉环境，不要让他们害怕厕所。有的宝宝很害怕冲水的声音，但是冲水几次之后，宝宝就会开始喜欢放水冲厕所。于是宝宝们会希望上厕所，这样他们就可以冲水玩了。

很多宝宝在第一次坐到坐便器上去的时候会害怕掉进去。宝宝坐在坐便器上的时候，家长要扶着宝宝，让他对坐便器不要有恐惧和排斥感。

不能自己吃饭的宝宝，多半是家长太宠爱他们了，其实让宝宝自己学会用勺子，对他们的平衡感和手腕的灵活度的提高都有帮助，家长应该把这样的学习机会还给宝宝。即使宝宝经常把米饭喂到自己的鼻子上，他们也会慢慢想办法下一次更准确一点儿。妈妈们要多给点儿耐心，让宝宝一步一步学会。

有的宝宝说话早，有的宝宝说话晚，但普遍在2岁以后都能请教长辈、说常用的词语。如果3岁以后还不能开口说话，家长要去医生那里看看宝宝的发音器官是否健康，或者是否有发音上的心理障碍。

很多家长在和宝宝说话的时候，不自觉地就用一种不自然的语气和语调，其实和宝宝交流，只要把语速稍为放慢一些，吐字清楚就可以了，没有必要可以说"宝宝们的话"。

⌂ 模仿力

2岁多的宝宝的家长们都会感慨，宝宝的模仿能力实在太强了。一般去医院看到医生给病人打针，宝宝们回家之后都能准确地模仿出推注射器、用棉签消毒、打针和按住针扎的地方这一系列的动作。看到爸爸刮胡子，男宝宝一般都会很感兴趣，学着刮自己的脸，所以，家里有一个超级模仿秀时，除了骄傲和惊讶之外，爸妈也要开始注意自己的言行了，因为宝宝正在观察你！

如果宝宝的模仿能力不是很强，对新事物也没有表现出很大的兴趣，那么爸爸妈妈可以引导宝宝开始模仿。如果在床上模仿大象走路，和宝宝看完画册之后，可以和他一起模仿其中的动物、人物和对话。

生活中还有很多可以模仿的地方，比如公交车报站、开车、超市结账等，爸爸妈妈可以带着宝宝一起做游戏，来完成这些事情。

有的宝宝看到别的宝宝吃奶，他们会掀起自己的衣服给布娃娃或者动物"喂奶"，要不要阻止这种行为呢？或许在我们成年人看来，这样做不是很文雅，但小宝宝其实就是在简单的模仿而已，没有别的意思，家长没有必要批评他。很多小孩都经历过学妈妈哺乳的时期，过了这个时期就好了，有时候可能只会学一次就没有兴趣了。

创造力

创造力和注意力总是结合在一起的，宝宝的专注时间越长，他们越有可能进行创造性的活动。宝宝的注意力从1岁起开始不断地发展，一般来说，1岁半时的注意力在5 ~ 8分钟，2岁10 ~ 20分钟，2岁半10 ~ 20分钟，到了3岁时间更长一点儿，他们能长时间地注意一个事物，自己也能独立地玩较长的时间。

如果家长给宝宝一些画笔和纸，2岁的宝宝画出来的往往是不规则的圆和一些简单的线条，他们这时候还不能画出四边形、米字格。家长可以提供一些可供模仿的作品，买一些专门给宝宝学画画的画册或者积木。

如果宝宝开始模仿大人，或者模仿别人说话、做事，哪怕这些事情的内容不是很体面，家长也不要大惊小怪加以制止。让宝宝自由地模仿任何他有兴趣的事情，也是在培养他们的创造力。

合作精神

这个时期的宝宝主要还是和家人接触，有一些上了幼儿园或者托班可以和同龄宝宝接触了，但"交际圈"还是很简单的。由于2岁的宝宝正处于形成自我意识的阶段，难免有自私、发脾气、极端和依赖大人的情况，这时候给他们讲道理会比较困难，要培养合作意识，也就只能从生活细节中下手。

例如，和宝宝一起上街，可以请宝宝帮忙提着轻一点儿的东西，并鼓励他做得好，让他觉得能帮忙做事情是一件很快乐的事情。家里来了客人，请宝宝拿出水果来招待别人，对方通常都会说"你真乖""谢谢"这样的话，对宝宝积极做事情是有激励作用的。

如果宝宝特别不愿意将自己的东西让给别人，父母不要在这个时候强制拿走他的东西。等到事情过去，宝宝的情绪稳定之后，父母可以和他谈谈这个事情，告诉他不要再这样做。父母多给宝宝一点儿时间和机会做事情，他们会更乐于合作。

情绪控制

人的性格叛逆期有两个，一个是 2 岁的时候，一个是 16 岁的时候。16 岁青春期家长们都能理解，而 2 岁也和"青春期"一样，是宝宝成长中的一个转型时期。这时候的宝宝时而高兴时而暴躁，有时候一定要一样东西，有时候又特别排斥一样东西，显得"不讲道理"。其实这些都是正常的。

父母一方面要认识到这个事情的宝宝难以控制情绪是正常的，多一些理解和耐心，另一方面要帮助宝宝学会控制自己的情绪，帮他在要发脾气的时候转移注意力。

当宝宝发脾气时，父母也会跟着很烦躁，因此控制好自己的情绪，是帮助宝宝改善脾气的第一步。深呼吸几次，告诉自己"这是 2 岁宝宝的正常情况"，这样会将心中的火气压下去很多。

当父母已经感觉到宝宝开始浮躁不安时，就用他有兴趣的事物吸引他，转移即将爆发的情绪。

例如，"妈妈今天听到一个好听的故事，快点儿过来，妈妈讲给你听！"或"妈妈有一颗很好吃的糖，要给一个乖宝宝吃！"宝宝有喜欢的卡通人物，父母可以拿来吸引他，甚至假装生气、哭泣或者开心，来排解他的情绪。

如果宝宝在闹脾气时带点儿试探性质，那么父母越是表现得在乎，他越有可能得寸进尺。所以，在不涉及安全也不会很影响他人的情况下，就让宝宝闹个够，等他安静下来后，再去处理。

美国家庭通常习惯把突然发脾气的宝宝放到另一个房间里，等他冷静之后再像没有发生什么一样继续玩，不过这样做要考虑到实行的安全性，不能让宝宝关在小黑屋子里面感到害怕。

无论宝宝处于何种情况下，父母都要试着从宝宝的角度来思考问题。你要知道，他能看到的视野比你低一米多，他能知道的事情比你少二三十年，不要一方面把他当成小宝宝一样宠他，一方面又期待他能够像个成年人一样成熟懂事。

自我解决问题

宝宝在成长的过程中会遇到各种各样的问题，例如，吃饭不能准确地喂到嘴里、说话不清楚、尿裤子、和小朋友抢东西、走路经常摔倒等，随着年龄的增长，他们还会遇到新问题，哪怕成年之后，也还是要面临成年人应该面对的问题。所以，让宝宝拥有自己解决问题的能力，是一件让他们受益终身的事情。

对一个成年人来说，独立解决问题需要经验、判断力、执行力和耐心，还需要学会合作，其实这些对一个 2 岁的宝宝来说也是一样的。由于宝宝的经验很少，他们遇到问题的时候常常只能用自己最本能的方法来解决，但随着经验的增加，他们就会学会怎样处理问题。家长需要在出现问题的时候，给予指导而非直接替他们完成。

🔖 排便训练

2 岁多的宝宝是可以自己控制上厕所的，但不排除个别情况。家长在培养宝宝上厕所的时候，要知道以下情况是不适合宝宝养成排便习惯的：

1. 家里有新生婴儿；

2. 新保姆接手；

3. 宝宝换床；

4. 搬家；

5. 家庭关系出现问题；

6. 有家人生病的时候。

有一些迹象可以看出宝宝能够开始用厕所了：

1. 每天有几个小时尿布都是干的；

2. 对他人上厕所很感兴趣；

3. 大便的时间很有规律；

4. 要大便的时候会有所反应，例如蹲下或者会发出声音。

家长可以用便壶来帮助宝宝学会排便。便壶让宝宝觉得这种转变是非常新奇刺激的活动，但不要强迫宝宝坐便壶。这样只会让他们觉得很不高兴，这对学习的过程没有任何帮助。

很多宝宝会害怕听到冲厕的声音或者不喜欢看到粪便被冲走，如果你的宝宝是这种情况的话，可以先让他们去玩然后再冲厕。

如果遇到状况的时候尽量不要跟宝宝发脾气，注意继续鼓励他。另外，记住教宝宝如厕后要洗手，从一开始就让他们养成便后洗手的习惯。

日常护理注意问题

🔖 攻击行为

2 岁多的宝宝处于不断说"不"的对抗期，这是他的自我意识萌芽了，这种自我意识是人的综合性智能的根基，不应抑制，而应该正确引导。如果父母滥用权威命令，强迫宝宝，会导致宝宝日后出现各种破坏性和攻击性行为。

2～3岁宝宝表现出来的对抗期，从心理学上说是"母子分离"期，即幼儿要离开父母独立的时期。这个时期，宝宝的行为大多属于探索行动，原来在父母的保护之下所看到的物体，现在自己想去接近它们，摸一摸，弄清楚这究竟是什么东西。这是宝宝智能发展的表现，对此，父母应该高兴才是。

宝宝到2岁前后，不要任何人教，就自然地想脱离父母，原因之一是宝宝运动功能发达，能够自由行动了。加之其语言能力也迅速发展了，能理解物体和语言的关系了，这更加勾起了宝宝的好奇心。另一个原因是在这之前已经建立了牢固的亲子关系，宝宝产生了安全感，即使离开父母也不要紧。

许多宝宝在2岁左右还会平生第一次大发脾气。宝宝在小的时候也许发过火，但随着其预见能力越来越强，其失望感也就越来越强烈。期望值越高，其失败感越强。起初，对大多数对抗期幼儿来说，他们的愤怒情绪多半都是由某件东西诱发的，如卡在椅子背后的玩具，或者拼板塞不进拼图框里去。随后，越来越多的情况是，有些宝宝的怒气指向了父母：妈妈不肯打开冰箱的门，或者爸爸把面包切了两半，而他要的是一个完整的面包。

对发脾气的幼儿，父母最好采取不予理睬的态度，不要试图去安抚宝宝。其实，宝宝的怒气转瞬即逝，其情绪很快就会变得好起来。一些父母认为对发脾气的宝宝应进行惩罚。他们确信发脾气是宝宝难以与人相处的迹象，对这种行为要尽早处置。实际上，如果大人对宝宝发脾气的问题关注较多，无论这种关注是积极的还是消极的，都有可能产生相反的效果。当宝宝大声尖叫时，父母总是不拿它当一回事也许很难，但这却是使宝宝少发脾气的最有效的办法之一。

🐾 离不开奶瓶

宝宝迟早要学会用杯子喝奶和喝水，当宝宝放弃奶瓶的时间来到时，许多父母要比他们的宝宝感到更困难。他们一般都会担心宝宝用杯子喝不到足够的奶。确实，多数宝宝改用杯子时会比平时吃得少一些，但是，1岁的宝宝每天只需500毫升的奶，而2～3岁的宝宝也只需600毫升的奶。此外，他还要吃其他的奶制品。

如果家长决定让宝宝放弃奶瓶，可以做周密好计划：爸爸妈妈一开始就不要让宝宝养成依赖奶瓶的习惯，要让宝宝放弃奶瓶。宝宝应该从妈妈那里而不是从奶瓶获得安全感。宝宝喝奶时，不要替他握住奶瓶，而是要抱住宝宝。即使宝宝已经学会自己拿着奶瓶喝奶，妈妈最好也能在宝宝喝奶时抱着他。

1. 宝宝哭闹时，不要用奶瓶哄他，否则宝宝会习惯依赖奶瓶获得安慰。

2. 绝对不能让宝宝含着奶瓶入睡，这不利于宝宝牙齿的发育。

3. 你在婴儿6个月时开始教他用杯子喝水。宝宝吃饭时给他一个杯子，这样他可以逐渐练习使用杯子的技巧。给宝宝准备一个专门供他使用的颜色鲜艳的杯子，以便于宝宝辨认。

要想让宝宝顺利离开奶瓶，也应选择合适的时机：尽管医生可以提供一些建议，但究竟什么时候让宝宝放弃奶瓶要取决于爸爸妈妈的判断。当宝宝对奶瓶的兴趣减少了时，要充分利用这个机会。或者，家长可以选定一个普通日子开始训练，一旦训练开始，就坚持下去。宝宝会在不知不觉中学会使用杯子。

1. 让宝宝用奶瓶喝稀释的奶。家长提前两周开始让宝宝用奶瓶和稀释的奶粉，让他感到用奶瓶喝东西很没味。与此同时，他可以用杯子喝到原汁的奶或果汁。

2. 改换橡皮奶嘴。不让宝宝使用他用惯了的橡皮奶嘴，改变奶嘴的样式和大小。

3. 坚定不移。训练一旦开始就不要再动摇。不要为宝宝担心，如果他有一两天少喝了奶粉无关紧要。让宝宝和家长一起郑重其事地把他的奶瓶包好收起来。家长告诉宝宝"你已经是大宝宝了，不应该再用奶瓶"。如果宝宝大哭大闹，家长不要让步。

4. 表扬。每当宝宝用杯子喝东西时，家长要告诉宝宝"你真是个大宝宝了，我为你感到自豪，你的行为很了不起"。

龋齿及预防

"虫牙"或"蛀牙"是民间形容牙面上有了洞眼，牙齿硬组织受到损害的一种俗称，医学上称为龋齿，是人类口腔最常见的多发病之一，现已被列为心血管疾病和癌症之后的第三位疾病。

龋齿的起因至今尚未弄清，过去有个别江湖郎中为了愚弄人，故作玄虚地从牙齿上捉下"虫子"给人看，其实并不是真正的"虫子"在作怪，而是和口腔中的细菌、食物有关。由于人们吃的食物越来越精细，甜食也越来越多，龋齿的发病率也越来越高，所以又称它为"文明病"。儿童龋齿的发生不仅和生活环境、物质条件有关，也与牙齿本身的发育结构、饮食习惯和口腔卫生状况有关。

龋齿刚发生时，患儿并没有任何感觉，更不会引起疼痛，这时候不易引起父母的重视。当龋齿破坏较深后出现大小不等的龋洞，遇食物嵌入或酸甜冷热刺激后就会发生疼痛，这时病变已开始涉及牙髓，如不及时治疗，可引起牙髓病变，但一般不会出现那种成人典型的自发痛、夜间痛，而表现明显的牙龈肿胀。当炎症继续发展到牙根时，就会引起持续性疼痛，牙齿不能咬合，形成牙龈瘘管，甚至成为一个病灶，引起全身性疾病。

所以家长在帮助宝宝刷牙时，若发现龋齿就应立即带宝宝看牙科，进行早期治疗，有道是"小洞不补、大洞吃苦"，延误治疗会增加宝宝的痛苦。

说听不懂的语言

如果宝宝突然说一些我们听不懂的话，或者是大人从来没有说过的话，家长可以问问他"你说的什么，妈妈没有听清楚，再说一遍。"也可以不理会，也许宝宝正在回忆什么。

宝宝有时候"自言自语"也使正常的，特别是家里只有一个宝宝的情况下，宝宝2岁的时候会自己给自己假想一个朋友，和他对话，过家家等。

也有的宝宝因为发热而说话不清楚，妈妈要摸摸宝宝的头。如果家里有癫痫病史的，也有可能宝宝有癫痫的症状，但同时会伴有其他不常见的行为，会比较明显。

自我中心化

3岁是宝宝发展中的一个重要阶段。宝宝在这个时期有一个相当明显的心理倾向，那就是以自我为中心。以自我为中心是人类从幼年走向成熟的一个自然的、必经的阶段。以自我为中心会影响幼儿对自己、对他人的认识，影响他与别人的友好关系。因此，父母要帮助自己的宝宝逐步摆脱以自我为中心的状态。以自我为中心是儿童早期自我意识发展的一个必然阶段。儿童早期自我意识发展的体现：入园时大哭大闹，打滚要赖，拼命拉住家长不放手，不吃饭，不上床睡觉；总是不明原因的大哭，有时是因为受了小伙伴的欺负，有时是因为想小便，总之，什么事都用哭来表达；不由分说地抢玩具，一边抢一边说："我的，我的"，当老师告诉他不能抢玩具时，通常他会若无其事地说："我要玩"；有的宝宝远离群体，喜欢一个人玩，嘴里还念念有词；共同进行活动时，宝宝也经常各做各的，互不理睬，活动室中安安静静；在一些合作活动时，宝宝不会主动寻找合作伙伴，而是原地不动，等待着别人；自己的东西不允许别人碰，大人等现象屡见不鲜；不听父母的话，觉得自己说的就是对的；没有容忍度和宽容度，常常是别的小朋友打自己一下就要还手。

父母可以运用以下方法帮宝宝摆脱以自我为中心的状态：

转移家庭注意的焦点

这里所说的转移家庭注意的焦点是指父母和祖辈不要把注意力全集中于宝宝身上，这样很容易溺爱宝宝。而溺爱更强化了宝宝的以自我为中心的意识，这样很容易使宝宝认为"自己是世界的中心"，其他人理所当然围着自己转。父母应有意识地转移家庭注意的焦点，把宝宝视为与其他家庭成员平等的一个人。这样宝宝才能正确地认识自己，看到别人的存在，弄清楚人与人之间的关系。

运用启发式问答

比如上面提到的案例，宝宝问："黄瓜不是绿色的吗？应该叫绿瓜才对。"这时候运用启发式回答更合适。比如说："对呀，黄瓜是绿色的应该叫绿瓜才对，妈妈也觉得叫绿瓜才合适。但我们去菜市场买菜的时候，说绿瓜人家知道是什么吗？冬瓜也是绿色的，丝瓜叶是绿色的，好多瓜都是绿色的呀。"用这种启发式的问答来引导宝宝去思考探索，让宝宝在思考的过程中，改变自己错误的思路。

让宝宝多参加集体活动

过度限制、封闭或是保护宝宝也是非常不利的。应该让宝宝多参加一些集体活动。集体活动能使宝宝接触更多的人，体验到与他人合作的意义，从而走出自我的圈子。

🖐 高热

当两三岁的宝宝突然发高热，虽常见的是感冒或"睡觉着凉"。不管是感冒还是睡觉着凉，都不过是医生根据病症，通过想象给由病毒所引起的疾病所定的名称而已。说到想象可能有些费解，然而，现在对那些突然发热而来就诊的宝宝，并没有一种检查方法可查出是由哪种病毒所引起的。医生由于接触许多病人，在感冒或着凉病流行时是知道一定的类型的。如果同该类型相似，医生就可以诊断出现在宝宝所患的疾病大概是感冒了，由病毒引起的疾病没有特效药，当宝宝发高热时，还是请医生看一看，确诊一下为好。如果是急性肺炎或猩红热，抗生素是特效药，区分感冒和这些病是医生的职责。

如果刚刚发高热，可让宝宝张口，看看他的口腔。如果上颌最深处有小泡，周围发红，就可诊断为"口腔炎"。伴随着发高热，常常出现抽风，基本上是热性抽风（抽风）。脑膜炎最近已经很少见了。

在注射过预防疫苗以后，即便发高热也用不着惊慌。只要注射过卡介苗，就能预防结核。服用过小儿麻痹糖丸，就不会得小儿麻痹。只要打过白喉预防针也不会得白喉。但是，如果让宝宝张开嘴，看到"扁桃体"表面长有白点，上颌后部有血斑的话，应尽快治疗。如果查明是由溶血性链球菌引起的，服用抗生素就有效。

到了这个年龄，可以说不会得突发性疹子。麻疹初期有高热，但并不是一开始就出疹子。早期连医生也不易区分麻疹和感冒。兄弟中间有人患麻疹，或听说幼儿园或附近有宝宝患麻疹，就基本可以确定是麻疹。麻疹一般是在传染之后第 12 天左右发热。

流行性腮腺炎也发高热，发热时耳的下部肿胀。应当注意的是，水痘的疹子多半是伴随着水泡而出现的，并不是在发高热时出现的。往往是先发热，后来才明白是出水痘。一开始可让宝宝脱光衣服，在身上的某个部位会看到一两个疹子，以后变为成对分布的疹子与水泡。

流行性腮腺炎的潜伏期为 2 ~ 3 周。如果附近流行这种病的话，可以把日期倒算一下，想一想当时是否接触过患有流行性腮腺炎的宝宝。如果当时没有同任何宝宝一起玩过，那就不是流行性腮腺炎。水痘的潜伏期是 2 周左右。

偏食

刚刚从流质食物变成正常饮食的宝宝，有可能偏食。有的父母为了让宝宝开始吃饭，就给他们买一些零食，或者许诺吃了饭就可以喝饮料，这样一来，宝宝就容易只喜欢吃一样东西或者是零食了。

现在的商家为了让食品尝起来更加可口，会加入一些膨松剂、保鲜剂等的东西，虽然都是可以食用的，但对幼儿来说，这些化合物可能会影响他们的身体发育。在城市里长大的宝宝普遍比乡村里长大的宝宝早熟，其中有很大的原因就是城市的宝宝吃的东西中的化合物成分比乡村宝宝要高得多。但是现在，乡村里面的宝宝也可以吃到各种各样的零食了，接近天然食品的优势渐渐不能发挥出来了。

控制宝宝的零食，最好从小时候就开始重视，不要给宝宝吃太多零食，鼓励宝宝多吃青菜和水果，养成良好的饮食习惯。

如果宝宝一开始就不爱吃胡萝卜，不论是煮了吃还是炒了吃都没有兴趣，家长可以告诉宝宝小兔子也是吃胡萝卜的，和宝宝讲讲小兔子的故事，然后请他扮演兔子，开始吃胡萝卜，这样的办法也可以帮助一些不吃青菜的宝宝改过来。

一方面妈妈们要想办法转换思路，让宝宝爱上吃青菜，另一个方面，宝宝实在不愿意吃的东西，家长也不必勉强，一样不吃也不会对身体有很大的影响。

✍ 腹泻

2岁多的宝宝腹泻多半是由于病毒感染而引起的，感冒后腹泻、消化不良引起的腹泻，实际上也是病毒所致。但是这样的腹泻也容易治疗：

腹泻的宝宝暂时不要吃东西，想吃点儿东西的话，就喝温热的粥，这样对刚刚腹泻的小孩肠胃上有一个缓冲。肠胃还没有调整好又吃零食或者水果，都会造成消化的负担；

让宝宝的肚子保持温暖，如果是在冬天，就让宝宝在温暖的地方休息，如果是夏天不要让他喝凉水、吃冷饮。

一般过一天之后，宝宝的腹泻就会好起来。

如果宝宝腹泻的时候有血，但没有其他的问题，可能是直肠息肉。如果由于感染了痢疾而拉肚子，或者一家人中有好几个都拉肚子，那么一定要去医院治疗，防止相互传染。

✍ 认生

当不太熟悉的人要抱小孩的时候，宝宝会哭闹，有新面孔出现在家里的时候，宝宝也很烦躁不安，这些就是我们常说的认生。认生和怕黑一样，是宝宝的性格中的一部分，父母可以帮助宝宝慢慢改变，但是不能因为宝宝认生就觉得他没用、没出息。

长期只和父母在一起的宝宝比较容易认生，而大杂院里面长大的宝宝胆子就大一些，敢和别人对话。所以父母要尽量帮助宝宝和同龄的或者相仿年龄的宝宝对话，一起相互熟悉，这样可以帮助宝宝降低认生的感觉。

✍ 磨牙

肠道寄生的蛔虫产生的毒素刺激神经，导致神经兴奋，宝宝就会磨牙。同样，蛲虫也会分泌毒素，并引起肛门瘙痒，影响宝宝睡眠并发出磨牙声音。过去，家长们都认为磨牙的宝宝是长了寄生虫，但现在有蛔虫病、蛲虫病的宝宝越来越少了。

如果宝宝白天看到了惊险的打斗场面，或者在入睡前疯狂玩耍，精神紧张，这样也会引起磨牙；宝宝白天被爸爸妈妈责骂，有压抑、不安和焦虑的情绪，夜间也可能会磨牙；晚上吃得过饱，入睡时肠道内积累了不少食物，胃肠道不得不加班加点地工作，由于负担过重，会引起睡觉时不自主的磨牙；另外，缺少微量元素也使磨牙的原因，钙、磷、各种维生素和微量元素缺乏，会引起晚间面部咀嚼肌的不自主收缩，牙齿便来回磨动。牙齿替换期间，如果宝宝患了佝偻病、营养不良、先天性个别牙齿缺失等，使牙齿发育不良，上下牙接触时会发生咬合面不平，也是夜间磨牙的原因。

磨牙对宝宝的身体是不利的，如果宝宝有肠道寄生虫，要及早驱虫；宝宝有佝偻病，要补充适量的钙及维生素 D 制剂；给宝宝舒适和谐的家庭环境，让宝宝晚间少看电视，避免过度兴奋；饮食宜荤素搭配，改掉挑食的坏习惯，晚餐要清淡，不要过量；要请口腔科医生仔细检查有无牙齿咬合不良，如果有，需磨去牙齿的高点，并配制牙垫，晚上戴后会减少磨牙。

口吃

2 岁多的宝宝说话不是很明晰，表达上拖拖拉拉，或者一句话重复很多遍，大部分都不是真正的病理上的口吃，而是还不太习惯说话而已。等到宝宝年龄增加，说话多了，就不会有这样的情况了。

家长要注意的是，不要因为宝宝说错了话，觉得很好玩而哈哈大笑，或者是觉得宝宝说错话的事情可以拿出来和亲友们讲一讲，就总是反复学宝宝，这样会影响宝宝学说话的信心，严重的就会形成心理障碍，以至于总是有点儿结结巴巴。

当宝宝出现口吃的症状时，父母先不要在意，而是用正确的语言来引导宝宝说话，也不要叫他"小结巴"，这样的称呼也会让宝宝以为自己口吃是正常的。

自理

宝宝能否自理，与其说决定于宝宝本身的能力，例不如说与看管他的大人秉性有关。善于料理家务的妈妈总是把时间和所要做的事情都安排得井井有条。这种秉性麻利的人，决不会等着宝宝用令人担心的办法慢慢腾腾地去脱衣服，而会亲手利索地去帮他脱下来。此外，对于看到宝宝的衣服穿得不整齐，心里就别扭的妈妈来说，是不会眼看着宝宝把衣服穿得歪歪扭扭的。如果同祖父母一起住的话，这种倾向就更突出。爱干净的妈妈，由于讨厌宝宝撒饭，往往亲自用匙子喂宝宝。同性急的祖母同居时，祖母也会这样做。只要不从事事都代替宝宝去做的思想中解放出来，就不可能让宝宝学会自理。

如果让宝宝养成什么都应该由妈妈来做的习惯，就会影响宝宝独立性格的培养。特别是当宝宝没有游玩的伙伴，除了接触妈妈以外，不了解其他任何人时，更是如此。在 2 ~ 3 岁的宝宝中，如果放手让他们做的话，下述事情是可以做的。

他们能用匙子吃东西，能拿筷子，但夹东西还有些勉强。如果给宝宝解下衣服扣子，自己就能脱衣服。3 岁以下的宝宝还不能自己脱套头衫，但能自己脱裤子，也能自己穿。洗澡时能够自己洗脸，能够自己往身上打肥皂，能够自己用湿毛巾擦脸、胸部和肚子，也能饭前洗手。到会告诉小便时，就能自己脱裤衩。如果是男孩，夏天能自己小便。就是到了 3 岁，大便以后，宝宝也还不能自己擦屁股. 自己用纸擤鼻涕也是勉强的。

☺ 控制吃饭时间

宝宝小的时候，总是饿了就要吃，但如果习惯不好，容易引起小儿消化不良、肥胖、胃口不佳等问题。因此，控制好宝宝的进餐时间也很重要。

一般来说，这个年龄段的宝宝进食的节奏是：早餐、午餐、下午加餐、晚餐和睡前的奶粉。宝宝已经长出了乳牙，他们的食物从液态逐渐转换成固态，可以开始吃炒的肉丝、硬皮的面包、生菜、萝卜、芹菜和藕等。

控制宝宝吃饭的时间，并不需要特别的窍门，主要是和爸爸妈妈吃饭的时间保持一致。早上 8 点早餐，中午 12 点到 1 点之间中餐，下午三四点可以加餐吃一点儿零食，晚上六七点晚餐，睡觉之前喝一杯 200 毫升奶粉。如果宝宝不肯在吃饭的时间吃饭，而等到不是吃饭的时间又要吃东西怎么办？最好是不要迁就他，除非是生病了，起床太晚了或者晚上有事情睡得较晚。偶尔饿一饿也不会有问题，让宝宝养成良好的进餐习惯更重要。如果宝宝没有食欲，看看是不是身体不舒服，另外，运动量小的宝宝胃口也没有喜欢动的宝宝胃口好。

3 岁前的宝宝，最好不要给他吃巧克力。

☺ 电视管理

实在很忙的父母发现宝宝安安静静坐在电视机前看，表情还很专注，会觉得找到了一个"托儿"的办法，总是让宝宝看电视。小孩看电视也容易上瘾，觉得里面的有些很滑稽的东西，会跟着哈哈大笑，但是并不太懂里面的意思。如果看了一段时间的电视，家长不让看了，也会哭闹。所以最好开始的时候就不要让宝宝养成看电视的习惯。

2 岁多的宝宝喜欢模仿，而电视正是他们模仿的一个对向。现在很多节目都很娱乐化，宝宝如果养成滑稽逗笑的习惯，很难改正过来。

从一开始，爸爸妈妈就不要总是带着宝宝看电视，如果是看成年人的娱乐节目，不要鼓励宝宝学习。如果宝宝从电视里面学了一些动作和语言，家长更不要觉得好笑而鼓励他在表演一次。这样会让宝宝为了取悦家长而总是学习电视里面的成人。当宝宝说"烦死啦"这样的话时，家长要严肃一些，让他知道这样并不好。

⚘ 入幼儿园前准备

有的宝宝2～3岁就会被送到幼儿园，他们这时候会妈妈有依赖性，比1岁多的宝宝容易认生，所以正式入园之前，需要妈妈陪读一段时间。

一开始妈妈可以和宝宝一起待在院里，帮助宝宝熟悉老师和同学，最好能认识一些比较玩得来的同伴。这样坚持1周或者10天之后，幼儿园的老师和宝宝们渐渐熟悉了，他们就能离开妈妈了。

妈妈或者爸爸去接宝宝的时候要准时，否则容易引起宝宝的不安。在入园之间，爸爸妈妈也要想好接送宝宝的时间问题，不要等到入园之后才发现自己没有时间管。

⚘ 睡眠问题

2岁多的宝宝喜欢咬手指，有时候他们也会咬着手指入睡。很多宝宝到了3岁以后就没有这个习惯了，如果妈妈想要尽早改掉他的这个习惯，可以在宝宝入睡前轻轻握着他的手给他讲故事，坚持一段时间，宝宝就能自觉忘了咬手指的习惯。

有的宝宝喜欢跟着大人一起看电视，然后不知不觉中睡去，爸爸妈妈再把他抱上床。其实这样并不好，宝宝希望能够和爸爸妈妈多待一段时间，那么爸爸妈妈最好能够和宝宝讲点儿故事，不要光顾着自己看电视。成人的电视节目宝宝看不懂，但会留下一些印象。宝宝晚上做梦如果容易惊醒，家长一定要停止睡前看电视的这个习惯。如果宝宝晚上睡觉喜欢抱着毯子入睡，可能是在寻找妈妈拥抱的感觉，以后慢慢会好的。2岁多的宝宝最好不要太晚睡觉，养成了晚睡的习惯，对父母来说也是一件很麻烦的事情。

⚘ 四季护理

在季节交替的过程中，容易出现流行性疾病，宝宝经常会感染，所以家长要及时做好预防的工作。

夏天宝宝想要玩水，或者附近有大的水池，父母一定要注意防护栏是否完好。没有防护栏的池子，家长最好建议主人建上护栏，防止周围的宝宝掉进去。

冬天宝宝可能会尿床，由于小便的次数会增加，男孩更是如此，所以家长在冬天要帮助宝宝防止尿床，例如睡觉之前先上厕所，晚上可以给他的床上铺一个小毯子，半夜的时候起来摸一下，如果尿床了就要及时换掉，以免感冒。

家庭环境的支持

玩具

2 ~ 3 岁的宝宝是器官协调、肌肉发展和对物品发生兴趣的敏感期，是改进动作、时间、空间概念加强的时期，是感觉精确化的敏感期，是学习第二语言的敏感期，是性格培养的关键时期，也是吸收性思维和各种感知觉发展的敏感期。这时宝宝的成长令父母十分惊讶，宝宝突然变得乖巧懂事，与父母之间有了沟通和协调。此时帮助宝宝与小朋友平等友爱地玩要以及更多亲子间交流是培养其社会性的良机。父母要设法带宝宝到公园或广场等宝宝较多聚集的场所，使他们融入群体之中。此时期宝宝若缺少玩伴，可能会在心理中制造"想象中的朋友"，面对着房间墙壁或图书好像与人说话似地游戏着，这并不是不正常现象，而是渴求玩伴的心理表征。这时的游戏非常重要。你可为宝宝挑选以下几种类型的一些玩具：

1. 拼图游戏、玩的面团、粘贴物、彩色书、彩色笔、手指画用具、硬纸板书、乐器，各种动物形象的毛绒玩具、玩具餐具、玩具家具、小桶、小铲、小漏斗、小喷壶等。

2. 简单的拼图玩具、成套的小盒、拼插玩具、中小型的积木，各种玩具交通工具如：小汽车、卡车、儿童三轮车、救护车、电动飞机、小汽车、轨道火车、套环等。

3. 大皮球、小皮球、篮球圈、木凳、磁性字母和数字、图钉板、需要自己装配的玩具、简单的卡片游戏和大型拼图、厨房设备玩具。

4. 各种可用来涂抹颜料、简单的游戏拼图、简单的建筑模型、旧杂志、篮子、带盖的食管或容器、橡皮泥、活动玩具，如小火车、小卡车、假想的劳动工具和厨房用品、各种角色的木偶、适合搂抱的玩具动物或玩具娃娃。

5. 假手枪：通过玩带扳机的玩具手枪，锻炼手劲。开始玩硬塑手枪，示指不用多大劲儿就能勾得"咔、咔"响。到两岁半后，可换玩塑钢手枪，用示指很费劲才能勾得"咔、咔"响。到两周岁后，还可换玩不锈钢手枪，比较重，打响之前，需费很大劲儿用手拉开枪栓，然后才能用手指勾响。这样宝宝的手和手指可锻炼得越来越有劲。

6. 骑童车：通过骑童车，锻炼腿劲。童车是宝宝的最好玩具之一，既可以锻炼身体，又可使手、眼、脚的动作协调一致，掌握平衡和控制的能力。

7. 各种球：玩球可锻炼全身。一周岁起开始玩球，先是玩小皮球，用手拍。接着就是玩小排球，小足球，羽毛球，用手打，用脚踢。2 岁半后，还可玩标准型少年小足球，连踢带跑，锻炼了全身各个器官，并使全身动作协调发展。

游戏场地

这个年龄的宝宝在室内玩弄玩具的时间充其量不过 20 分钟左右。宝宝喜欢在室外玩，想骑三轮儿童车也是在这个年龄。开始只能是自己坐在车上让别人推着，或者是自己推着车子走。快到 3 岁时，就可以自己骑车子走了。

玩沙子、玩水，也是这个年龄的宝宝所喜爱的游戏。但是，无论有多少小铲、小水桶、小筛子，只有 1 个宝宝在沙场上也是玩不了多久的。玩水也是如此。如果来个同年龄的亲戚小孩一起玩，就可以玩个把小时．如果同附近大些的宝宝一道玩水，就会把午睡的时间都玩儿忘了。

这个年龄的幼儿游戏，比起玩具来更需要的是游友，这一点作家长的应当明白。给宝宝提供游玩场所，还要给宝宝准备小伙伴。有了小伙伴才会玩得高兴。现在玩具也不再是与小朋友们一道玩的入场券了，而是成了在自己家里玩耍的私有财产了。所以，即使妈妈煞费苦心地把邻居的宝宝叫来一起玩，宝宝也不会把自己的玩具借给对方。

带宝宝去儿童公园打秋千和爬积木时，开始时会玩得很愉快。但是，如果宝宝被妈妈带着像做功课那样天天去做的话，他们或许就会感到这好像是一种强制劳动吧。这时，再跟他说去公园处，他就会说不愿意去。

在家里一边听收音机播放的童话故事，一边和妈妈合唱倒是件乐事。可是，如果只同妈妈一起唱是不会坚持下去的。宝宝能很快记住电视中的广告歌曲。

大多数宝宝迫不得已才一个人在家里玩积木、拼图、看摆小汽车、玩弄吃奶的木偶等。喜欢画画的宝宝会用蜡笔使劲地画画，但是还不会画人的脸。

在今天，比起考虑给宝宝买什么样的玩具来，更重要的是妈妈要想办法给宝宝找到游戏的伙伴。

好的家庭氛围

宝宝是父母的一面镜子，父母可以从宝宝的身上看到自己的影子。宝宝的性格、生活习惯、吃东西的口味、说话的表情和笑的动作，都和父母有很大的相似之处，这其中有一些是因为遗传，有一些则是后天的耳濡目染。

教育宝宝就是影响宝宝，就是用每一个日常的生活细节来塑造宝宝。与其等宝宝出现问题的时候再来补救，不如起好带头作用，从一开始就让宝宝养成好性格、好习惯。

也正因为如此，如果父母希望宝宝是一个乐观积极的人，就要在宝宝面前多展现乐观积极的一面。遇到问题的时候，家长是选择发火、报怨和惩罚宝宝，还是选择冷静地解决问题，帮助宝宝改正错误，这个选择也会影响着宝宝日后的生活态度。

2岁多的宝宝正处于叛逆的阶段，即使性格本来很好的父母，有时候也会被宝宝弄得忍无可忍。但年轻的父母要记住，在宝宝成长的时候，我们也在成长，学会忍耐、细心、不计报酬的付出，这些是宝宝教会我们的事。

家长要和幼儿多交流

父母在和宝宝相处的时候，说话需要注意一些什么呢？

1.注意用积极的语言而不是消极的语言

"你说错了""你做得不对""你不要乱动"这些命令的、否定的语言对挫伤宝宝的积极性，也会让宝宝对批评缺少敏感度，家长可以改一种说话的方式："我们来读故事吧""过来这边妈妈和你一起玩""没关系，我们重新做"等，这些对宝宝来说才是具有正面而积极的意义的话。

2.在表扬宝宝的时候，指向要明确

例如"妈妈真高兴"，其实是"妈妈真为你高兴""你真棒"，其实是"你能自己吃饭了，真棒"或者"你重复得真棒"。这样一个小小的改变，可以强化宝宝对动作、行为的理解，有利于帮助他们改正不良习惯。

3.有些话需要常说

有一些话爸爸妈妈是需要经常和宝宝说的。例如：我们爱你，你是独一无二的，妈妈有你真高兴等。

给幼儿安全感

有的家长不主张在宝宝哭闹的时候不抱宝宝，提出"一哭就抱"的教育原则。虽然是否有必要做到一哭就抱，每个人都有不同的看法，但有一点是共识性的——那就是在宝宝哭闹的时候，要确保他不是因为没有安全感而感到害怕的。

有的人觉得吓唬吓唬宝宝也没有什么不好，给他们一点儿颜色这样以后宝宝就乖了。于是会对宝宝说"不要你了""把你让到外面去""不听话小心大灰狼来吃小孩"等，表面上看去好像很管用，宝宝一下子就不哭了，但事实上，宝宝是被迫听话，他内心除了委屈之外还有害怕的成分，缺少安全感的宝宝成长、发育都会比正常状态慢。

家长教育宝宝或者惩罚宝宝的错误时，一定要记住的一条就是，不能让他觉得自己是被抛弃了，也不要拿"不要你了"这样的语言来吓唬宝宝，或者对宝宝说"你是路边捡来了的""你是杜妈妈生的"，宝宝会信以为真，这样对他的成长不利。

性别教育

让孩子知道自己的性别，而且对异性有一定的认知。这里的有性别意识，和青春期之后的性意识是不一样的，家不用讲很多生理上的区别等，只需要告诉他"你是男孩""你是女孩"，同时也知道陌生人的性别就可以了。

很多家长觉得自己的儿子有点儿胆小害羞，像女孩一样，而女儿的个性又太野，和男孩子差不多，这时候该不该要求他们"男孩有男孩的样子"呢？其实，这种要求不是通过语言这种渠道来完成的，而是通过父母双方的示范实现的。孩子可以从父母身上感受到男女的区别，男孩会趋向于模仿父亲，而女孩则喜欢模仿母亲和姐姐。

如果是单亲家庭的孩子，家长则更需要用心。没有父亲的家庭里，家长最好能帮孩子找更多的男性朋友，如果有父亲形象的替代者，则更好。父亲对孩子的逻辑思维、性格和智商都有很重要的影响作用。

如果家里没有母亲，父亲需要对女儿温柔一些，另外注意他们的一日三餐和学习。到了6岁以后，就不要再把孩子当成没有性别的天使来看待，而是要用言语和行动来暗示他们，哪些事情不该做，哪些行为可以保护自己。

如果家长担心女孩在学校受欺负，可以告诉她，衣服遮住了的地方不要让别人碰，除非是医生检查。

分享教育

2～3岁的宝宝常常显得比较"自私"，他们不喜欢跟别人分享。其实，对这个年龄段的宝宝来说，他们的这种行为是很正常的。到了 2 岁左右，宝宝开始懂得拥有的概念，并变得以自我为中心。在他心目中，只要他喜欢的东西，就都是他自己的，更何况那些本来就属于他的东西呢。因此，他容不得别人侵犯，只要他的利益受到一丁点儿威胁，他就会迅速行动起来，维护自己的利益。

"我的""不"是这个阶段的宝宝经常挂在嘴边的两个词。当然，每个宝宝都不太一样，有的宝宝在这方面可能就显得比较大度，但大多数宝宝都是占有欲极强的小霸王。因为他们还没有准备好分享，只能在父母的监督下与别的小朋友玩一些平行的或者平等交换的游戏。

家长进行分享教育的错误方式

1.强迫宝宝分享

假定你在办公室上班，老板突然过来抢过你的笔记本电脑，并将它交给另外一个同事，你会对老板感激涕零，并且心甘情愿与你的同事分享吗？同样的道理，强迫小宝宝与小伙伴分享，对他来说也是一种伤害。

2.强求大的让着小的

大多数妈妈都会告诫哥哥姐姐将手里的物品让给弟弟妹妹，其实这是不公平的，没法让宝宝从这样的分享方式里获得分享的快乐，更学不到分享的技巧。

3.强迫宝宝轮流玩

强迫宝宝轮流玩是最常见的分享教育策略之一，但是，在别的宝宝刚刚把玩具拿到手的时候，宝宝就急于将玩具夺回来。3 岁以下的宝宝还没有完全建立起时间的概念，因此轮流玩仍然不是有效解决宝宝之间争端的好方法。

4.抢走宝宝手里的玩具

当小宝宝之间因为玩具而起争端的时候，千万不要抢走一个宝宝的玩具交给另一个大声哭闹的宝宝。这无异于在向宝宝传达错误的观念，那就是只要哭闹就可以达到目的、只要动手去抢就可以解决问题。

🐚 让宝宝快乐分享的诀窍

多玩轮流游戏

妈妈和宝宝一起读书，宝宝翻一页，然后妈妈翻一页；陪宝宝一起搭积木，宝宝搭一块，妈妈在上面再搭一块；妈妈抱起玩具娃娃，拥抱一下，亲吻一下，然后递给宝宝，让他拥抱并亲吻他的玩具娃娃。通过类似的游戏，宝宝会学会和伙伴轮流做些事情，并在游戏中发现分享的快乐。

和宝宝探讨解决方案

当宝宝们为了玩具打得不可开交的时候，先让他们安静下来，然后对他们说："你们俩都想玩同一个玩具，那应该怎样做，才能大家都玩到玩具呢？"把问题抛出来，引导宝宝自己想办法解决问题，或者多给宝宝一些选择，让他们自己决定下一步该怎么做。

不要惩罚宝宝

不要对宝宝期望过高，认识宝宝的成长必经阶段，并且平静地接受这样的事实，或许对妈妈更有帮助。当宝宝不肯分享的时候，如果妈妈加以惩罚或者强迫宝宝去分享，那么只会让宝宝对妈妈和参与分享的伙伴产生怨恨，进而产生更多的不安全感，并不会让他因此变得慷慨。

关注但不干涉

当宝宝们为了玩具而争斗的时候，只要确定他们之间不会有人受伤，妈妈最好就不要干涉，站在圈外观看，随时防止发生意外就可以了。妈妈置之度外可以让宝宝明白，他不能总依赖妈妈来解决问题，必须学着自己解决问题。

不要以成人方式去推断

有的宝宝可能常常成为被欺负的对象，这时妈妈很可能觉得宝宝受了委屈，于是就要介入，为宝宝讨回些公道。可是妈妈很快会发现，宝宝也许根本不在意玩具被其他小朋友抢走，很快又和抢玩具的小伙伴玩成一片，甚至对抢玩具表现出很有趣的感觉来。

不要助长不良行为

云儿想要姐姐的图画书，而姐姐这会儿还没有注意到云儿的动向。妈妈该让云儿自己悄悄拿走姐姐的图画书吗？不！千万不要！这样只会制造两个宝宝之间的矛盾。妈妈可以说服云儿："你想看姐姐的图画书是吗？那你去问姐姐要吧！如果姐姐给你看，你就可以看了。"这样的处理方式能让宝宝明白，要分享他人的东西，就必须通过正确的途径来达成自己的愿望。

以适当的方式去评价

2~3岁的宝宝很看重父母和其他长辈的评价。当父母给予别的小伙伴很高的评价时，宝宝心里会不舒服。尤其当父母拿宝宝跟别的小朋友进行比较时，宝宝的这种感觉会更加强烈。因此，不要让宝宝掩盖在其他宝宝的光环下，为了让宝宝体现自身价值，可以经常邀请一些小朋友到家里来做客，让宝宝表演最拿手的节目，这样既可以让宝宝在玩耍的过程中体验到分享的乐趣，也有助于增强宝宝的自信心。

让宝宝更慷慨一些

如果有一天，宝宝从幼儿园回来突然对你说："妈妈，我想请我们班的小朋友来吃饭。"那么很好，只要你家里能容纳那么多人，尽管让他们来吧，对宝宝学习分享来说，这可是很好的机会！如果宝宝很少能找到小朋友跟他一起玩，那么带宝宝多参加网络、小区发起的各项活动吧，也不失为给宝宝创设分享环境的好方式。

帮助宝宝理解情绪

当宝宝和小朋友一起玩耍时，父母要视情况及时向宝宝做出解释，帮助他理解分享时所遇到的问题。比如别的小朋友把属于自己的布娃娃从宝宝手里抢回去了，妈妈可以说："她太喜欢她的布娃娃了，她现在就想抱着她的布娃娃。"如果宝宝不肯把自己的玩具给别人玩，妈妈要表示理解："我知道你想自己玩你的玩具。""丁丁把你的小汽车拿走了，你很伤心。"

鼓励宝宝的点滴进步

对宝宝来说，分享并不意味着他必须把手中的东西交给别人，妈妈也没有必要这样去要求。即便宝宝只是把手中的玩具拿出来给别人看一看、摸一摸，那也是他尝试分享的开始。这时妈妈要及时给予鼓励，千万不要因为宝宝没有把玩具拿出去分享而责备他小气，那样只会打消他继续分享的积极性。让宝宝逐渐适应和别人分享，他会感觉比较安心。如果妈妈不强求宝宝，同时对他的每一点儿进步都给予鼓励，就会加快他学习分享的进程。在这样愉悦的心理体验中，也许过不了多久，宝宝就会尝试松开紧握的双手，把玩具让给小伙伴玩耍了。

选择合适的分享物品

要宝宝分享他的至爱，这是一件很困难的事情，所以，在家里来小朋友之前，聪明的妈妈会先把宝宝最喜欢的物品收起来，免得小"入侵者"的到来引起一片混乱。诸如积木、蜡笔、图书等物品，一般都是宝宝比较容易接受的分享物品，如果宝宝把某个玩具牢牢抓在手里，就是不肯让给他的小伙伴，那么不要强求，想办法转移其他小朋友的注意力，比如突然问他一个问题、给他一些美食或者另外一个玩具等，尽快结束他们之间的争夺。

给宝宝树立榜样

宝宝学会分享的最好方式就是模仿。妈妈可以尝试和宝宝分享自己的冰淇淋，让宝宝戴自己的围巾、发卡、帽子、穿爸爸的鞋子、戴爸爸的手套等，当然也要让宝宝拿一些东西出来分享，如一起玩他的玩具、一起看他的故事书。重要的是要让宝宝亲眼看到妈妈给自己东西或者拿走他的东西，让他在这个过程中学会和家人分享，进而学会与其他小伙伴分享自己的玩具、食品等。

培养自豪感

2岁多的宝宝也有自豪感吗？答案是"有！"

如果让两个2岁多的宝宝帮妈妈拿衣架，一个妈妈对宝宝说"谢谢你帮忙，等衣服晒干了穿上一定很柔软。"另一个妈妈对宝宝什么也不说，那么下一次晾衣服的时候，被表扬的宝宝一定主动地帮助拿衣架，而另一个宝宝则可能不会表现出很大的兴趣。

宝宝2岁多的时候，对自己的认识是从别人的语言中获得的，如果爸爸妈妈不仅能表扬宝宝，而且可以让宝宝对自己的劳动有一个更明确的认识，这样有助于帮助宝宝建立自豪感。自豪是对自己的肯定和信心，也是和荣誉感紧密相连的一种宝贵情感。

多夸奖一下宝宝，肯定他的创造和想法，这是一种科学的教育习惯。

选择幼儿园

3岁以上的宝宝会在集体生活中受益，因为在上学前，集体生活可以给他一个培养良好社交技能的机会，并且可以建立一种积极的学习模式。一个追踪宝宝接受早期学校教育的研究发现，那些接受高质量的幼儿园教育的宝宝，在语言和数学方面表现更优秀。他们大多能更好地集中精力，也更擅长交际，并且行为问题出现得比较少。如果你正在为宝宝寻找一个幼儿园，尽量选择一家满足下列条件的：

1.气氛友好而快乐；

2. 干净且井井有条；

3. 那儿的宝宝看上去很喜欢他们的活动；

4. 宝宝向幼儿园的职员提出请求时很愉快；

5. 幼儿园的职员对宝宝说话很和气，对宝宝提出的要求也很和气；

6. 大部分的幼儿园的职员都是经过培训的；

7. 幼儿园提供的设备和活动都能很适合宝宝的个性——比如，一个非常活泼好动的宝宝，应该找一个有柔软的房间和户外运动场地的幼儿园。

潜能开发游戏

海绵谜语

【目的】锻炼宝宝配对、分类和解决问题的能力以及手眼协调能力。

【玩法】准备几块薄而平整的海绵或工艺泡沫材料，用记号笔和小刀在海绵或泡沫中央割一些小图形，如心形、圆形、方形或星形，取出这些形状，放在一边，让宝宝将它们放回到正确的位置。

小图形找大图形

【目的】锻炼宝宝配对、形状和数数技能。

【玩法】剪好不同大小的三角形、心形、星形、圆形和方形各 10 个，然后拿 5 张纸板，各画上一个大大的三角形、心形、星形、圆形和方形，并在纸板上方写上数字 1 到 9。教宝宝将与大图形一致的小图形找出来，并按数字相应在粘在大图形上。

神奇的纸盒

【目的】锻炼宝宝的识别能力。

【玩法】把家里使用过的纸巾盒留下，往里面放一些玩具、糖果、水果等，让宝宝摸一摸，请他在拿出来之前说出名称，或者给他指令，请他按指令拿出东西来。对大一点儿的宝宝，家长可以给他否定的指令。如："请你把不可以吃的东西拿出来""请你把不是圆的东西拿出来"等。为了增加趣味性，也可以使用一些奖励的方法。比如拿对了糖果，就把糖果奖励给宝宝吃，拿错了，糖果就归妈妈吃等。

猜猜我是谁

【目的】锻炼宝宝的听觉判断能力，刺激宝宝的右脑功能。

【玩法】爸爸或妈妈在被窝里发出不同的动物的叫声，比如狼叫声、狗叫声、狮子的叫声等，让宝宝猜猜藏在被窝里的是什么动物。

毛茸茸的小筛子

【目的】锻炼宝宝精细动作技能和数数能力。

【玩法】在一个小方块的6面粘上纸，从一块毛织物上剪几个圆点，粘到方块上，做成一个毛茸茸的骰子。掷骰子落地后，让宝宝摸一下骰子上方的圆点，数数有几个；还可以增加游戏的难度，蒙住宝宝的眼睛，让宝宝摸摸有几点。

第五章

3~6 岁儿童

中国有句民谚："三岁看老，七岁看小。"意思是说，小孩子三岁时候的脾气禀性，可以预测他老年时的心理、行为表现。3岁是宝宝语言能力发展的重要时期；到了4岁宝宝开始富有傲慢、自信和独立的反抗意识；5岁的宝宝已经逐步开始了自己的社会交往；6岁是儿童大脑发育的黄金时期。弗洛伊德认为3～6岁这个阶段是一个动荡不安的时期，不是没有道理的。所以，掌握这个年龄段宝宝的养育知识，帮助父母顺利应对宝宝成长的中的各种问题，对于宝宝健康成长是非常关键的。

3 岁到 4 岁

这个年龄的儿童

体重

男孩儿体重的正常范围为 14.8 ~ 18.6 千克，平均为 16.7 千克；女孩儿体重的正常范围为 14.3 ~ 18.3 千克，平均为 14.8 千克。

身高

男孩儿身高的正常范围为 98.7 ~ 107.1 厘米，平均为 102.9 厘米；女孩儿身高的正常范围为 97.6 ~ 105.6 厘米，平均为 111.0 厘米。

营养需求与喂养

营养需求

3 ~ 4 岁幼儿的身体正处于生长发育阶段，对于能量和各种营养素的需求量相对较多，所以，幼儿在一日三餐之外吃些有益的零食，可为身体补充一些营养素，对身体的发育成长是有好处的。但吃零食要适度，要防止吃得不合适造成消化不良或营养不良。

吃零食要掌握的原则：

1. 不宜贪多、过频，以免影响正餐。

2. 品种的选择。最好是高营养素、低糖食品，如水果、牛奶、酸奶及各种果仁类小食品。干果可提供广泛的微量元素和一定量的蛋白质、脂肪等，例如核桃仁，营养丰富，每百克含蛋白质 16%（主要是亚油酸），碳水化合物 10%，还含有钙、磷、铁、锌、锰、胡萝卜素、维生素 B_2，维生素 E 等，具有强肾补脑功能；花生仁含脂肪 50% 左右，大多为油酸和亚油酸等不饱和脂肪酸，含蛋白质 24% ~ 36%，还含有多种维生素和矿物质。花生蛋白质中含较多的谷氨酸、天门冬氨酸，对促进脑细胞发育和增强记忆力有良好作用，可弥补正餐之不足。

3. 安排好吃零食的时间。午睡起床后，可吃水果、含糖量低的糕点、酸奶或花生、核桃等干果类食品；饭后一小时，可吃水果、红枣、番茄或花生、核桃等干果类食品。还可以两餐之间或睡觉前，吃些牛奶、酸奶、牛肉干、水果以及干果类食品。安排好吃零食的时间很重要，如控制不好，会干扰幼儿对正常膳食的兴趣，扰乱幼儿进餐规律。有的家长怕孩子正餐吃的量少，用零食补充，习惯在饭前或饭后给孩子吃雪糕、冰激凌、巧克力等，认为这些食品里也含有牛奶、鸡蛋等有营养的东西。这样既不利于培养幼儿良好的饮食习惯，也有碍健康。因为这些食品含糖量高，其他营养素少。

饮食安排

　　3 岁以后，很多宝宝就上幼儿园了，在家里吃饭的时间就相对少了，爸爸妈妈用在宝宝饮食上的精力也要少一些了，但是这不意味着爸爸妈妈就可以不注意孩子的饮食。很多宝宝因为饭菜不合胃口或者挑食而在幼儿园吃不饱或者吃不好，针对这种情况家长在接孩子的时候一定要向老师了解一下宝宝这一天在幼儿园的吃饭情况，如果孩子没吃好，应该给孩子适当补充一些食物。但是也不能让孩子形成依赖心理，认为反正在幼儿园吃不好回家也有吃的。

　　一些宝宝在双休日或节假日过后，回到幼儿园时会有食欲下降、肠胃不适等现象。这是因为在节假日中，一些父母忽视了宝宝的饮食节制和规律，造成宝宝肠胃功能出现问题。不管是在幼儿园还是在家，爸爸妈妈一定要注意保证宝宝饮食的定时、定量。宝宝的消化系统仍不太完善，不按时吃饭，吃得太少或者太多都会加重肠胃的负担，造成肠胃的不适。很多爸爸妈妈在节假日的时候会放纵一下宝宝，给宝宝一些喜欢吃的零食，少吃一点儿饭也没关系。这样做会造成宝宝本来养成的饮食规律混乱。因此爸爸妈妈在家要配合幼儿园的吃饭时间，控制吃饭的量，保证孩子饮食的规律。

食谱推荐

	原料	做法
拔丝苹果	苹果 2 个，鸡蛋清 1 个、白糖、香油、淀粉、面粉、食用油各适量	1. 苹果削去皮，去核，洗净，切大滚刀块，将面粉、鸡蛋清、淀粉及适量清水调成浆，苹果块放入拌匀上浆。 2. 锅烧热，倒油烧至六成热，将挂好浆的苹果块逐块下锅，炸至淡金黄色捞出，原锅置小火上 3. 另用净锅，加入少许油滑一下，加入白糖炒至溶化，至淡金黄色时，端锅离手，手不停地转动锅 4. 将苹果块放入原锅油中，开大火复炸至表皮鼓起，捞出倒入糖汁，颠锅翻动，待糖汁包住苹果块，盛入事先抹过香油的盘里即可
花生黑芝麻粥	大米 1 杯、熟花生 1/2 杯、熟黑芝麻 1/2 杯	1. 大米淘洗干净，熟花生洗净 2. 所有原料一齐放入自动豆浆机，制熟即可

续表

	原料	做法
香菇炒猪肝	新鲜猪肝200克，香菇30克，黑木耳20克	1. 香菇、黑木耳分别洗净，温水中泡发，胀发后，捞出，浸泡水不要倒掉，备用 2. 香菇洗净切片，黑木耳撕成花瓣状，洗净 3. 猪肝洗净，除去筋膜，切片，放入碗中，加葱花、姜末、料酒、湿淀粉，搅拌均匀，待用 4. 炒锅置于火上，加入植物油烧至六成热，放入葱花、姜末翻炒出香，加入猪肝片，以急火翻炒，加入香菇片及木耳，继续翻炒片刻 5. 加入适量的鸡汤或鲜汤，及香菇、木耳浸泡液的滤汁，加入精盐、味精、酱油、红糖、五香粉等配料，以小火煮沸，用湿淀粉勾芡，淋入麻油即可
熊猫咖喱饭	土豆、胡萝卜、洋葱、猪肉、米饭、咖喱块各适量	1. 土豆、胡萝卜、洋葱、猪肉分别洗净，土豆、胡萝卜分别切块，洋葱切丁 2. 在小锅里放入清水，烧开后，倒入猪肉焯水，洗净 3. 平底锅烧热后放油，倒入肉和土豆块、胡萝卜块、洋葱丁，翻炒一下，盛出倒入大深锅，加清水，炖15分钟左右 4. 加入咖喱块，边搅拌边用小火煮均匀，在做好的咖喱汤里加入适量的蜂蜜 5. 将肉和土豆块、胡萝卜块、洋葱丁倒入咖喱汤里，炖煮片刻盛出 6. 用白米饭捏成熊猫形状，放入做好的咖喱汤里
胡萝卜饼	胡萝卜250克，面包125克，面包渣75克，鸡蛋3个，牛奶、植物油、白糖各少许	1. 胡萝卜洗净，切碎，放入锅中，注入沸水，使水刚刚漫过胡萝卜，加入少许白糖，盖锅焖煮15分钟 2. 面包去皮，在牛奶里浸片刻，取出，同胡萝卜放在一起，研碎，加入鸡蛋液调匀，做成小饼，上面涂上打成泡沫的蛋清，蘸匀面包渣 3. 平底锅中倒入植物油，烧热，入做好的小饼坯，煎熟即成。煎饼时火不宜太旺，否则饼外煳里生
油泼莴笋	嫩莴笋、葱丝、橄榄油（或花生油）、盐、味精水、花椒各适量	1. 莴笋去皮洗净，切6厘米长条状 2. 烧锅加水，待水开后，放入莴笋，大火滚开，关火；放入盛有冷水的容器中，过水后捞出放入盘中，撒少许盐、味精、水腌制，并摆放好葱丝待用 3. 热锅下油至80°左右，放入适量花椒粒，煸至花椒变黑，关火；捞出花椒粒，将油淋入摆放好的莴笋上即可

🍪 零食供给

很多家长在谈到宝宝的零食时，总表示很无奈，明明知道零食的危害，但是又不能很好地控制宝宝吃零食。其实，适当的零食对宝宝是有好处的：一方面可以刺激宝宝的肠胃功能，另一方面还能使宝宝尝到多种不同味道的食物，极大限度地丰富宝宝的味觉，提高宝宝进食和生活的乐趣。

3岁到4岁的宝宝可以吃很多种类的零食，但每一种都有其限度。毕竟，适量的零食有益，吃多了就对宝宝没有什么好处了。

新鲜果蔬类食物含有丰富的维生素C、B族维生素、钾、镁、钙和膳食纤维等有益于宝宝健康的营养成分，可以经常给宝宝吃些番茄、黄瓜、香蕉、梨、桃、苹果、柑橘、西瓜、葡萄等新鲜蔬菜和水果，但是加工过的果蔬干如海苔片、苹果干、葡萄干、香蕉干等就要适量，而罐头、果脯类的零食则不能给宝宝多吃，因为这些零食含有较多糖而且在制作中损失了部分营养素，对宝宝来说没有什么营养。

奶类是含钙最丰富的天然食物，同时含有丰富的优质蛋白质和核黄素等重要营养素，有利于促进宝宝的骨骼发育。可以经常给宝宝吃些优质的奶类零食，如纯鲜、酸奶等，可以作为正餐中含钙食物摄入不足的重要补充。注意的是，目前市场上出售的乳饮料、乳酸饮料是不属于奶类的，不能将其作为牛奶的替代品来给宝宝喝。奶酪、奶片等奶制品要适量食用，而炼乳等通常含糖较多的食品，则要少给宝宝吃。

豆类可提供优良的植物性蛋白质，含有丰富的钙、磷、铁、锌及B族维生素，能够促进身体健康、增强记忆力。可以经常给宝宝吃些不添加油脂、糖、盐的豆浆、烤黄豆等，但加工过的豆类食品如豆腐卷、豆腐干等，还是少吃为好。

谷类制作的食品不仅脂肪少、能量低，而且含有大量的营养素如B族维生素、维生素E、钾、硒和铁等。可以常给宝宝吃些油脂、糖、盐较少的煮玉米、无糖或低糖燕麦片、全麦饼干等零食，适量吃些蛋糕、饼干等在加工过程中添加了脂肪、盐、糖的食品，少吃或不吃膨化食品、奶油夹心饼干、方便面、奶油蛋糕等含有较高脂肪，而且是高盐、高糖的食品。

薯类包括马铃薯（土豆）、白薯、木薯等，它们除了提供丰富的碳水化合物、膳食纤维及B族维生素外，还有较多的矿物质和其他维生素，兼有谷类和蔬菜的双重好处。在蒸、煮、烤薯类零食时，只要不添加油脂、糖、盐就可以经常食用。像甘薯球、甜地瓜干等在制作时添加了较多的油脂、糖、盐的食品要少给宝宝吃，像炸薯片、炸薯条等在烹调过程中大大增加了能量的薯类食品是不该给宝宝吃的，因为它们不仅损失了部分营养素，而且有些还含有毒性物质丙烯酰胺，对宝宝的健康尤为不利。

坚果类零食富含优质的植物蛋白、钾、镁、磷、钙、铁、锌、铜等矿物质，同时包含了维生素 E、维生素 B_1、维生素 B_2、烟酸、叶酸以及膳食纤维，具有比较高的营养价值。可以经常给宝宝吃些在制作时不添加油脂、糖、盐的花生米、核桃仁、瓜子、大杏仁及松子、榛子等，但要控制数量；琥珀核桃仁、鱼皮花生、盐焗腰果等这些添加油脂、盐和糖进行过加工的坚果类食品，是不宜给宝宝吃的。

肉类、海产品、蛋类零食不仅能提供人体所需要的蛋白质、脂肪、无机盐和维生素，而且味道鲜美、饱腹作用强。适合宝宝吃的有在制作时没有添加油脂、糖、盐的零食如水煮蛋；适量吃的有牛肉干、火腿肠、肉脯、卤蛋、鱼片等含有大量的食用油、盐、糖、酱油、味精等调味品的食品；高热量的此类食品，如炸鸡块、炸鸡翅等还是尽量不要给宝宝吃。

饮料是每个宝宝都喜欢的。常见的饮料主要包括碳酸饮料、果蔬汁饮料、含乳饮料、植物蛋白饮料、茶饮料等。除了一些鲜榨果蔬汁外，饮料大多都含有较高的糖分，能量很高，过量饮用会增加阻碍营养素的吸收，并可能增加患龋齿、肥胖、代谢综合征等疾病的危险。对于宝宝来说，白开水是最佳的饮品。可以经常给宝宝喝些新鲜蔬菜瓜果榨出的汁，市售的果汁最好少给宝宝喝，高甜度和加了鲜艳色素的高糖分汽水等碳酸饮料，最好不要给宝宝喝。

糖果类的零食也是宝宝的最爱，但是当中的热量很高，并且还有大量的脂肪，吃太多的话会增加饱腹感，妨碍正常进食，还可能会导致肥胖、龋齿等。因此，糖果类的零食可以给宝宝，但一定要适可而止，千万不能"害"了宝宝。

能力发展与训练

⑤ 认知

3～4岁的幼儿具有明确的时间概念，还能回忆起一部分听过的故事，理解相同和不同的概念，但是他们的推理能力仍然是单方面的，只能从一个方面考虑问题。

⑤ 社会交往

3～4岁的宝宝一般都上幼儿园了，会和老师、同学有交往，同时也会出现很多问题。例如不敢认识新人，不主动去和陌生孩子一起玩，不喜欢让别人碰自己的玩具，对很好的朋友也"斤斤计较"，等等。家长遇到上述情况往往会从"讲道理""训斥"甚至打骂的角度解决问题，其实这样做对纠正孩子的一些不良习惯并没有很好的效果。

同样是三四岁，为什么有的孩子合群，有的孩子不合群呢？我们需要了解是什么原因导致了孩子不合群。

一般来说，孩子不合群与家庭环境有重要关系。有的父母对孩子过度关切，事事代为安排，在这样的家庭中成长的孩子就很少向人打招呼，因为总是父母先开口，教他叫叔叔或姨姨。还有的父母对孩子管得过严，平时不准孩子串门、找小朋友玩耍。长期失去了与人交往机会的孩子，也会习惯性地畏惧陌生人。如果父母的感情不和，孩子很容易在学校表现出暴躁、偏执或者孤僻的倾向。

家长如果发现孩子不太合群，不必过分担心，或者说"你怎么这么胆小"之类的话，只要家长抽出时间来亲近孩子，他们很容易在交往上树立兴趣和信心。

比如说节假日，可以带孩子去公园或亲朋好友家走走，积极创造条件让孩子与小伙伴一起玩耍。在这个过程中，父母开始时可陪伴在旁与他们一起做游戏，当熟悉之后可让他们自己玩。如果孩子之间发生了纠纷，家长不要只站在自己的孩子立场上去说话，也不要只批评自家的孩子。在处理小朋友的矛盾时，家长要鼓励孩子说说自己的想法，另外鼓励相对弱势的一方积极争取属于自己的游戏权利。不论是和谁的小孩在一起玩，也不论孩子之间的年龄相差多大，家长都要做到一视同仁。

鼓励孩子参加体育活动也是一个很不错的培养交往能力的办法。体育是一种直接与人正面接触和竞争的群体活动。鼓励孩子经常参加各种体育活动，既有利于提高孩子的身体素质，有利于培养兴趣，也有利于提高交际能力。如果孩子在上小班，家长可以问问他今天有没有做游戏，做得怎么样等。让孩子回忆在学校和哪些人一起玩，成绩怎么样等，也是在帮助孩子体验合作的乐趣。

🐾 自理能力

3～4岁幼儿的肢体基本动作已经比较协调，也有了自理的愿望，如果父母引导及时，就能帮助孩子在这个阶段养成独立生活的能力，家长们可以参考以下几个方面：

在讲故事的过程中，有意识地让孩子知道"自己做"

比如给孩子讲了《大公鸡和漏嘴巴》的故事后，孩子进餐时就能有意识地看看自己是不是拖拖拉拉或者是个"漏嘴巴"；《三只小猪》的故事能让孩子明白，要想住进安全漂亮的房子就要不怕苦不怕累，动脑筋等。通过孩子经常接触到的文学作品中的情节来培养孩子的自立意识，是一件潜移默化的也极容易做到的事情。

让孩子尝试一些平时我们会帮忙做的事情

例如，吃鱼的时候，家长可以先让孩子观察大人是怎样摘鱼刺的，之后让他动手自己摘，家长在旁边指点；如果妈妈要去买菜，可以请孩子帮忙提着空篮子；如果有条件住在乡下，可以让孩子一起去田间摘瓜果，这些对孩子来说都使非常有趣的事情。

用儿歌，让孩子学习穿脱衣服

处于这个阶段的孩子思维的特点还是以直觉行动思维为主，他们的模仿性强，儿歌对他们来说是最合适的一种学习方法。

穿脱衣服对这个年龄段的孩子来说有一定难度。如果家长对孩子说"先解开纽扣，再扯一边的袖子……"孩子一个是根本听不进去，另外下一次还会忘记。如果家长能用一些儿歌来引导孩子，效果就会好一些。例如，《穿衣歌》：抓领子，盖房子，小老鼠，出洞子，吱溜吱溜上房子……《叠衣歌》：关关门，关关门，抱抱臂，抱抱臂，弯弯腰，弯弯腰，我的衣服叠好了……妈妈一边唱着这些儿歌，一边鼓励孩子跟上节拍，他们在不知不觉中就能学会常见衣物的穿脱。

如果你的宝宝常有左右脚穿反的现象，妈妈可以和孩子一起"问问脚蹈趾"：如果脚蹈指舒舒服服地，那就穿对了；如果脚蹈指被挤着，说明它不愿意这样穿，再脱下来重新穿。

其实我们回忆自己的成长经历，很多人已经不记得自己是怎样学会穿鞋子、拿筷子的了，好像自然而然就会了。自理能力确实是一个时间加锻炼的过程，家长千万不能操之过急。有的妈妈对 4 岁的小孩非常严格，训练他们自己起夜上厕所、10 分钟内穿衣起床、主动请教长辈等，有一些成功的案例，但家长们不要以此为一个"竞争标准"，有的孩子成长节奏会比别人慢一些。

如果孩子表现出很优秀的自理生活能力，家长可以鼓励一下，但不要以此作为炫耀经常在家人朋友面前炫耀，这样会滋长孩子不健康的好胜心；对于自理能力差的孩子，家长们要反思一下是不是自己平时做得太多了，或者是没有给孩子教方法，不要批评孩子，影响他的自信心。说到底自理生活谁都能学会，只是早晚的问题。

创造能力

3 ~ 4岁是培养幼儿创造性的黄金时期，我们可以看看著名的蒙特梭利教育法中对孩子成长敏感期的总结：

语言敏感期（0 ~ 6岁）

孩子开始注视大人说话的嘴型，并发出牙牙学语的声音，就开始了他的语言敏感期。学习语言对成人来说，是件困难的大工程，但幼儿能容易的学会母语正因为儿童具有自然所赋予的语言敏感力。因此，若孩子在两岁左右还迟迟不开口说话时，应带孩子到医院检查是否有先天障碍。语言能力影响孩子的表达能力。为日后的人际关系奠定良好的基础。

秩序敏感期（2 ~ 4岁）

孩子需要一个有秩序的环境来帮助他认识事物、熟悉环境。一旦他所熟悉的环境消失，就会令他无所适从，蒙台梭利在观察中，发现孩子会因为无法适应环境而害怕、哭泣，甚至大发脾气，因而确定"对秩序的要求"是幼儿极为明显的一种敏感力。幼儿的秩序敏感力常表现在对顺序性、生活习惯、所有物的要求上，蒙特梭利认为如果成人未能提供一个有序的环境，孩子便"没有一个基础以建立起对各种关系的知觉"。当孩子从环境中逐步建立起内在秩序时，智能也因而逐步建构。

感官敏感期（0 ~ 6岁）

孩子从出生起，就会借着听觉、视觉、味觉、触觉等感官来熟悉环境、了解事物。3岁前，孩子透过潜意识的"吸收性心智"吸收周围事物；3 ~ 6岁则更能具体地透过感官判断环境里的事物。因此，蒙特梭利设计了许多感官教具，如听觉筒、触觉板等以敏锐孩子的感官，引导孩子自己产生智慧。您可以在家中用多样的感官教材，或在生活中随机引导孩子运用五官，感受周围事物，尤其当孩子充满探索欲望时，只要是不具危险性或不侵犯他人他物时，应尽可能满足孩子的需求。

对细微事物感兴趣的敏感期（1.5 ~ 4岁）

忙碌的大人常会忽略周边环境中的细小事物，但是孩子却常能捕捉到个中奥秘，因此，如果你的孩子对泥土里的小昆虫或你衣服上的细小图案产生兴趣时，正是培养孩子巨细靡遗、综理密微习性的好时机。

动作敏感期（0 ~ 6岁）

2岁的孩子已经会走路，最是活泼好动的时期，父母应充分让孩子运动，使其肢体动作正确、熟练，并帮助左、右脑均衡发展。除了大肌肉的训练外，蒙特梭利则更强调小肌肉的练习，即手眼协调的细微动作教育，不仅能养成良好的动作习惯，也能帮助智力的发展。

社会规范敏感期（2.5～6岁）

两岁半的孩子逐渐脱离以自我为中心，而对结交朋友、群体活动有了明确倾向。这时，父母应与孩子建立明确的生活规范，日常礼节，使其日后能遵守社会规范，拥有自律的生活。

书写敏感期（3.5～4.5岁）

进入书写敏感期的孩子，一般需要经历用笔在纸上戳戳点点，来来回回画不规则的直线，画不规则的圆圈，书写出规整的文字等几个阶段。只要家长适时给宝宝创造书写的环境，那么他的书写敏感期就会提前出现或者爆发得更为猛烈些。

阅读敏感期（4.5～5.5岁）

孩子的书写与阅读能力虽然较迟，但如果孩子在语言、感官肢体等动作敏感期内，得到了充足的学习，其书写、阅读能力便会自然产生。此时，父母可多选择读物，布置一个书香的居家环境，使孩子养成爱书写的好习惯，成为一个学识渊博的人。

文化敏感期（6～9岁）

蒙特梭利指出幼儿对文化学习的兴趣，萌芽于3岁，但是到了六至九岁则出现探索事物的强烈要求，因此，这时孩子的心智就像一块肥沃的田地，准备接受大量的文化播种。成人可在此时提供丰富的文化资讯，以本土文化为基础，延伸至关怀世界的大胸怀。

（以上引自《蒙特梭利教育法》）

我们可以看到，3～4岁的孩子除了"阅读敏感期"和"文化敏感期"还尚不够之外，其他的几个敏感期正是这个年龄的特点。因此我们也可以进行有针对性的训练，而关于孩子创造性的训练就可以基于这些敏感期的观点而展开。

当然，个别幼儿可能会提早进入阅读敏感期，也有一些孩子的敏感期较晚，这时候需家长区别对待。

这个年龄段的孩子，可以多看一些有手工的书，例如《我四岁了》这本书中有很多和孩子一起找不同、贴纸、数数的游戏，很多孩子都特别喜欢。

当然，在培养孩子的创造性的同时，也要兼顾"社会规范"等的教育。

🍴 进食训练

宝宝刚学用汤匙吃饭时，兴致非常高，就是吃不好，汤匙对不准嘴巴，往往弄得杯盘狼藉、遍地都是，但是"包办代替"是学不会自食的，只有宝宝通过自己反复实践，才能掌握吃饭的技能。一旦他能把饭菜送进嘴里，那高兴的劲儿可难以形容了，成就感油然而生。宝宝学会了独立吃饭，爸爸妈妈一定要大加鼓励、表扬，使他信心百倍。

3岁以前用汤匙，3岁以后用筷子进食。用筷子是一种复杂的协调动作，有利于刺激大脑的发展。爸爸妈妈千万不能贪图省事，一直让宝宝用匙吃饭，而要鼓励他逐渐学会用筷子。还要教宝宝饭菜交替吃，不能光吃菜不吃饭或者光吃饭不吃菜。鼓励咀嚼，用镜子让宝宝看看自己的牙齿，或者你张开嘴让他看。让宝宝知道有门牙和大牙，门牙是专门把食物咬断的，大牙是把食物嚼碎的，二者功能不同。教会宝宝细嚼慢咽，充分品尝食物味道，不要长时间把食物含在嘴里，或者不用牙齿咀嚼，囫囵吞下。咀嚼不但能促进下颌骨的发育，使宝宝面容端庄，还能刺激唾液的分泌，减少食物残渣留在牙缝中，减少龋齿的形成。

在教会宝宝自己吃饭的同时，也应当注意饮食卫生和就餐礼貌。食前便后洗手。家里最好实行公筷制。培养宝宝进餐时上身保持端正；饭和菜交替吃；不把喜欢吃的菜肴搬到自己面前，旁若无人；更不要用筷子把盘中的菜肴乱挑、乱翻，专拣自己喜欢的吃；或使筷子与别人的筷子"打架"；或用手去乱抓菜肴，在餐桌乱吐残渣；用餐时不要大声喧哗；吃饭时不要发出食物的咀嚼声，喝汤时不发出吸食的响声，汤匙轻拿轻放，碗与筷、碗与汤匙相碰时要避免发出声音；绝对不要用筷子敲打碟碗，等等。

👕 穿衣服训练

有时孩子穿衣不让帮助，一定要自己完成，即使外出时间快到了，父母也不要催促、训斥，而要告诉孩子，"要帮助你啊！"如果还无效，就和蔼地对孩子说，"让爸爸妈妈帮帮啊，不然出去玩就来不及了。"在孩子练习自己穿衣服的阶段，家长应注意给孩子准备易脱、穿的衣服。孩子的衣服要容易穿，这样孩子才能自己穿，为此产生自豪感。

裤腰用松紧带比用扣或钩好，3~4岁的孩子大部分可自己系扣，但扣儿要大，扣眼儿大小适中；V字领的棉毛衫比翻领的或小圆领的容易穿；5~6岁的孩子该上学了，还不会解系鞋带，2~3岁小孩的鞋应选孩子自己方便穿的鞋；如穿带拉锁的裤子，拉锁的拽头要选大的能让孩子的小手拿得住。

怎样为宝宝选鞋子

1.剪鞋样，用鞋垫

这种方法需要做些前期的准备工作：妈妈拿一张硬一些的白纸，让孩子光着脚站在纸上，然后沿着他的脚丫画出轮廓。买鞋时，将剪下的纸样放进鞋的里面选大小，留出1.5厘米左右的空间，鞋子就会比较合适。

2.试穿时1个指头的富余度

这是最传统的、用得最多的一种给孩子试鞋的方法。让孩子穿上鞋后站好，如果孩子的后脚跟和鞋帮之间刚好能塞进大人的示指，说明鞋的号码是合适的。

3.适中的软硬度

选鞋时，用手折一下鞋底，如果很轻易就能折弯，说明鞋底太软了，孩子穿上脚不容易吃住劲儿；如果很费劲才能折弯，又太硬了，孩子穿着也不舒服。质量好的品牌童鞋都是根据孩子的生长发育特点来设计的，买这样的鞋能保护孩子的脚，还能让他穿得舒服。

特别提醒：

有的家长会觉得"孩子的脚长得太快，鞋买大一号，能多穿些时候。"千万别这么做，鞋不合脚，不仅孩子穿着不舒服，还有可能让他因为拖着太大的鞋而摔倒、扭伤；相反，鞋太小的话，会影响脚部的血液循环和脚关节的活动。孩子的脚可塑性非常强，受到挤压会变形，如果鞋子太瘦太小，孩子的脚趾就会被挤得攒在一起，时间长了，就会形成嵌甲，脚趾也会变形。

日常护理注意问题

啃指甲

很多小孩都有啃指甲的毛病，也有很多家长小时候有过类似的经历，都说自己是不知不觉就好了。其实咬指甲在高度紧张的孩子中比较常见，而且还有遗传倾向。这些孩子一感到紧张就开始咬指甲——例如，在学校等待探访的时候和看到电影中的恐怖镜头的时候。如果孩子平时很快乐，也很有成就，那么，他即使有这种习惯，也不一定是个不好的迹象。尽管如此，这种现象还是值得认真对待的。

有的父母从健康方面考虑，用责骂或者在孩子的手上涂黄连制止孩子啃指甲，但这些行为只会让孩子更紧张，也就无法停止啃指甲的行为。因此，比较好的做法是找出孩子的压力是什么，然后再想办法排除这些压力。

"小孩子能有什么压力？"有的家长可能会这样说，事实上很多对我们来说习以为常的事情对孩子来说也是有压力的。他是不是不停地受到催促、纠正、警告或者责备？你是不是对他的学习期望得太多？他是否适应学校的节奏和同学？是否看过暴力、血型的影视作品？

如果你的孩子在其他方面都表现得很好，就不要过多地说他咬指甲的事了。但是，如果他是表现不好的孩子，那就需要找学校的心理医生咨询一下，或者找家庭机构的社会福利工作者商议一下。总之，应该注意的是导致孩子焦虑的原因，而不是咬指甲这一行为本身。

有些孩子咬指甲只是一种与其他无关的紧张习惯。

咬指甲的行为虽然不好看，但也不是什么大不了的事情。多数孩子最终都会自愿地停止这种行为。因此，不要把这个小习惯看得太严重，不要让它影响你和孩子之间的关系，也不要把本来与此无关的孩子个性问题牵扯进去。

不爱喝水

有的宝宝本来就不爱喝白水，到了幼儿园更是如此，甚至有的宝宝还会出现便秘的情况。爸爸妈妈为了让宝宝喝白水也费了不少心思，可宝宝还是不爱喝水。这时爸爸妈妈需要采取一些措施了。

家人要保持一致的立场

"饮料不能替代白开水"，家庭成员要在这个问题上统一认识，千万不要发生宝宝"跟妈妈要不到饮料，跟爸爸要就有"的"漏洞"。宝宝能否爱喝水需要全家人共同的努力。

家长要以身作则

家长是宝宝最好的"老师"，当他看到爸爸妈妈口渴了就倒杯水来喝，自然就学着喝水。如果他看到爸爸妈妈经常到冰箱找饮料喝，那么当他口渴时，也会想到去喝饮料，而不是喝水。家长想要宝宝多喝水，自己就不能总在宝宝面前喝饮料。

不要向宝宝妥协

宝宝吵着要饮料时，爸爸妈妈不能因为担心他不喝水导致身体缺水，就会妥协想让宝宝喝饮料来代替水。除非宝宝出现脱水现象（如不爱动、皮肤干燥、嘴唇干裂等），否则家长不必太焦虑，不要妥协，坚持一下，宝宝会喝水的。

"引诱"宝宝多喝水

在宝宝活动的地方准备一瓶水，观察他喝了多少，如果喝得太少再提醒他，但不要强迫。非正餐时间，当宝宝渴了或饿了向爸爸妈妈要东西吃时，要让他先喝水；也可以在开水中加入柠檬片、苹果片，让水看起来很漂亮，从而增加宝宝喝水的乐趣，"引诱"宝宝多喝水。

忌吃泡泡糖

泡泡糖是以天然树胶或甘油树脂型的食物塑料，作为胶体的基础，同时加入糖粉、淀粉、糖浆、薄荷或留兰香精等，经调和、压制而成。

泡泡糖在口中咀嚼时，其中的糖类及香料被唾液溶解，具有清凉爽口的味道。而它的胶基是一种增水性胶体，不能被唾液所溶解，具有良好的弹性和可塑性。这种胶基比一般胶母糖的胶基具有更大的粘着力和柔软性。因此，可以在口中较长时间咀嚼，并可以吹泡。

可是幼儿则不适宜吃泡泡糖。一是幼儿年龄小，不会吹泡。二是幼儿自制能力差，在嘴里含着，很容易把胶基咽下去，如卡住气管或食管，会给幼儿造成痛苦，给家长带来麻烦。

应对"十万个为什么"

宝宝总有那么多"为什么"比如：为什么要吃饭？为什么要买鞋？为什么人会哭……几乎所有宝宝天生就是提问大师，总是有"十万个为什么"，要怎样来应付呢？

对孩子来说，这个世界很"奇怪"。每天早上太阳升起，晚上太阳消失在地平线；只要按一下按钮，电视里的人就像是活了似的；钟摆摆动，钟就可以敲响。在孩子生命初期，他们惊奇地接受这些现象，渐渐认识这些"规则"。过后，孩子会对认识的事物进行归类，然后提问太阳每天早上都升起吗？如果我没看见，它也升起？风是从哪里来的？雨呢？

这个问题令很多父母疲于回答，而且父母会发现，孩子对答案根本不感兴趣。这并不表示孩子捣乱，而是说明我们没有真正理解孩子的问题。

1. 孩子是带着深刻的真理和生命的智慧来到这个世界的；他们感悟我们生命中的真实事物。比如他们并不想知道太阳距离地球有1.496亿千米，他们只是想知道，太阳为什么发光。诸如"因为生物需要阳光和温度"的答案对他们来说就足够了，而不是那些针对成年人的、合理的解释。

2.通过这类答案，孩子们相信，在这个世界，一切事物都有它的合理性。孩子们仅仅是想确认，他们是安全的，明天将发生的事情和今天相同。

3. 不断出现新的提问说明就像孩子们每天晚上听同样的声音讲故事一样，孩子也希望，他们提同样的问题，得到的也是同样的回答。

知识赋予孩子们这个激动的、快速发展的生命阶段以安全感。

为什么，为什么，为什么

和大人谈话，孩子们会有没完没了的问题，这对家长的耐心是个考验。

"那个阿姨为什么走得这么快？"

"因为她有急事。"

"她为什么有急事？"

"可能她不想误车吧。"

"她为什么要乘那趟车啊？"

"因为她要到某个地方去。"

"为什么？"

孩子们会乐此不疲地连环提问。由此证明他们不满足现有的答案，同时也表明，他们希望交流。成年人聪明的答案是："你觉得，那位阿姨为什么走得这么快呢？"这样可以暂停连环套，将谈话引向一个孩子真正想了解的话题上。

共同寻求答案

上学后孩子提问的质量会有所改变。孩子们想得到信息，想知道信息间的相互联系。家长的知识要经受考验了。

1. "我不知道"是家长们的忌语。因为如果孩子经常听到"我不知道"这样的回答，这个"我不知道"会铭记在心，致使孩子懒得深究答案，失去应有的好奇心。而这种好奇心使人思维活跃，富有创造性。

2. 不说"我不知道"，取而代之是"看看，我们是能找到怎样的答案"。然后一起从书籍中、网上寻找答案，共同研究以及相互提问。

3. 同时孩子还学会了今后可以自己解答疑惑的方法。而这种共同调查研究为双方带来比正规教学书籍更多的好处。

4. 没有与孩子们年龄不相符的提问，只有与年龄不相符、不适合的回答。家长要设身处地，站在孩子的角度，以孩子的眼光观察世界。孩子提的每一个问题都表明，他对世界充满好奇，愿意和家长一起了解生活。

粪便中有小虫子怎么办

孩子因为某种原因腹泻时，有时从便器中倒出的粪便可见到长约 1 厘米、白色线状的虫子在动。这是蛲虫，不是蛔虫。蛲虫一般寄生在盲肠附近，不出现在便中。偶尔因腹泻、肠蠕动加剧，就被冲了下来。

蛲虫在肠的出口，也就是肛门处产卵，因此孩子就感到肛门口周围痒。但是除痒以外，一般没有其他症状。孩子用手抓痒，可能会把虫卵沾到手指及指甲间，然后又去抓东西吃，这样既能传染给自己，也能传染给别人。如果把指甲剪短，饭前认真洗手就没问题了。驱虫很简单，只要吃驱虫药把虫子打下来就可以了。

做噩梦

做梦与脑的成熟、心理机能的发生、发展是有较密切关系的，有的心理学家认为做梦是大脑的自我保护，因而对幼儿做梦不必担心。

一些宝宝在做梦时会出现惊叫、夜游的现象，这主要是由于宝宝大脑神经的发育还不健全，再加上疲劳，或晚上吃得太饱，或听到看到一些恐怖的语言、电影等而引起的。这虽然是功能性的，随着神经细胞发育的成熟会逐渐消除，但家长应注意搞好宝宝的睡眠卫生。如培养宝宝有规律的作息，睡前不要给宝宝讲恐怖故事，饮食上特别注意晚餐不要吃得过饱，白天不要让宝宝过度疲劳紧张等。

在 3～4 岁的孩子中，也有那种晚上喊"救命"但是第二天什么事情都不记得的情况，这是夜惊症。如果去看医生，医生会开一些治疗癫痫病的药物，然而夜惊症并不是癫痫，只要生活安排得规律，就可以自然消失。

哄孩子入睡

对很多爸爸妈妈来说，让孩子闭上眼睡觉似乎是一个很难完成的任务，不少爸爸妈妈经常会因为孩子不肯睡觉而打他两下，或者是严厉批评他，让他带着泪痕进入梦乡，这样孩子容易生病。其实，让孩子快速入睡是有方法的。

在孩子睡觉时间快要到了的时候（3～4 岁最好在 8 点入睡），要慢慢地使他安静下来。让他离开兴奋的事情，比如在睡觉前十几分钟孩子玩挠痒痒的游戏，孩子体内的肾上腺激素不会让他那样快速安然地入睡。那是你在给自己制造麻烦。你可以在即将睡觉的时候，停下自己和孩子手中所有的事情，做一些安静的交流或者是讲故事。

让孩子保持按时睡觉的惯例。每天都在同样的时间督促孩子睡觉。在睡觉前十几分钟，提醒他要开始把手中的活动放下，提醒他去刷牙，换睡衣。或许在睡前可以讲一个故事。然后安抚他慢慢睡着。如果孩子不愿意睡觉，你可以让他感觉到你希望他早睡早起，是为了明天有更充沛的精力玩得更开心。每天晚上重复相同的步骤，这样孩子也会形成习惯。

如果孩子怕黑，恐惧独自睡觉，要不要容许他们开着灯呢？最好是鼓励孩子不要害怕，如果一定要点灯的话，最好换成亮度较暗的灯。在强光下入睡的孩子容易早熟。家长可以在孩子没有入睡前多安抚他一会儿，在他入睡前再去探望他几次，让他知道自己很安全。父母一定注意不要以不屑或者不理解的语气来对待怕黑的孩子，或者嘲笑他怕黑，那会让他情绪更不好。

如果孩子睡到半夜突然惊醒，家长察觉之后一定要第一时间出现在他面前。让孩子心灵上觉得爸爸妈妈一直都在。另外，孩子入睡之后，父母最好不要再次叫醒他，有什么事情等到睡够了再说。

🐚 关于孩子看电视

三四岁的小孩也会看电视，父母担心养成看电视的习惯会对孩子不好，其实这也是需要控制好量的。

3 ~ 4岁的宝宝，可能对很多不了解的事情都感兴趣，甚至是古装片，他们自己会选择哪些要看哪些不要看，所以家长最好能够在孩子旁边帮助他们挑选一下。现在的影视作品比较开放，有不少家长发现哪怕是4岁的宝宝对电视中成人亲密的动作都会有特别的反映，而且专家指出长期看电视会导致孩子性早熟，所以家长最好能控制孩子看电视的时间。

教育家有一个观点，爱读书的孩子比爱看电视的孩子思维更活跃一些，这是因为书本给人的想象空间更大，而电视画面往往是文化快餐，不需要多思考。

电视可以看，但是不要长期看，一个是对孩子的身体发育不好，长时间看电视可能影响骨骼和形体的发育；另外一个是会影响孩子的阅读能力和阅读兴趣。如果孩子因为喜欢电视而不愿看书，实在是一件很不好的事情。

当然家长尤其是妈妈也要自觉地少看电视，如果你一般要求孩子去学习或者睡觉，一边自己看电视哈哈大笑，这样对孩子来说是很不公平的。

家长最好一开始就不让孩子养成依赖电视的习惯，这当然也需要家长找到另外一些电视的替代品，比如游戏、书本等。如果孩子交给亲戚带，要嘱咐不要给孩子太多的看电视的时间。

如果孩子因为看不到电视而哭闹，父母要找一些别的东西分散他的注意力，或者是找游戏来做。最好不要用"电视台已经下班了"或者是"老师不许你在家看电视"这样的理由来敷衍孩子。另外，让孩子看电视，至少要距离电视机 2 米以外，以防近视。

🍼 周期性呕吐

孩子某天尽兴地玩了一整天，一切都好好的，但是第二天早晨便开始发病，没精神，食欲不振、呕吐、想睡觉。这种情况就可能是日本养育专家所说的"自体中毒症"，或者是我们说的"周期性呕吐"，都是不太严重的病症。

孩子头天玩得很兴奋，第二天生病，是过于疲倦造成的，并不是什么大病。不过这种病只要患过一次，会多次反复发作。多数孩子一上幼儿园就好了。个别孩子会持续到小学 2 年级。这多半是身体偏弱的孩子。

这种病是由疲倦引起的，没有预防发作的常备药。应适当控制孩子星期天郊游和同小朋友玩耍。但是，也不能因为害怕发作，星期天就不带孩子外出，或不让他和小伙伴一起玩。当然，主要还是增强孩子的抵抗力，尽量让孩子在室外空气中加强锻炼，鼓励和培养孩子的独立能力。

孩子患过一两次这种病后，当妈妈的也能体会到致病原因是疲倦。在早晨看到孩子精神不太正常时，就要让他安静地躺着或睡觉。妈妈对孩子疾病的处理态度，可决定孩子病情的发展与否。有把握的妈妈会说，不要紧，安静地睡一觉就好了；而有的妈妈习惯性地惊慌失措，到处打电话请医生。如果孩子自己也丧失了信心，把自己当成病人，对锻炼就会有抵触情绪，不敢冒险，整天憋在家里，这样身体就会愈来愈弱。

🍼 教幼儿认字

处于 3 ~ 4 岁的孩子一般都开始识字了，市面上也有一些专门针对这个年龄段的孩子的识字读本，父母可以选择字大好认的版本来教孩子识字，另外不要选择太过花哨的识字本，会让孩子的注意力不能集中在认字上面。

孩子的阅读跟识字是相辅相成的，所以父母最好能够把识字和阅读结合起来，而不要单纯地为了让孩子识字而识字。比如说家长可以一边指着读本一边念故事，让孩子知道纸面上的文字和故事之间有一定的联系，并且是一一对应的关系，这样孩子就会对文字产生兴趣。父母也可以在孩子熟悉了故事情节之后，就让孩子来讲一遍，一般来说孩子会模仿家长的动作，一个一个指着念，这样孩子就在不知不觉间学会识字了！有的家长很不喜欢孩子用手指着念字的习惯，总是强迫孩子不要把手放在书上。其实，这个习惯会随着孩子年龄的增加而消失，家长不用特别在意这个。反倒是家长可以强调识字的身体姿势，会让孩子把注意力从识字、阅读和理解文意转移到其他方面，对孩子的智力成长都是不好的。

在孩子识字和听故事的过程中，家长切记不要心急，希望孩子能很快识字，或者要求孩子每个时间段都要学会 100 个生字等，因为孩子认字是有阶段性的。

另外，每个孩子都是不同的，有的孩子对字很敏感，他们听妈妈读书的时候就主动看字，时间长了自然就能"对号入座"；可有的孩子在听妈妈读书的时候，要么注意的是手边的其他东西，要么只看了图画，可能没有妈妈预想的那么配合，就要用识字卡等方式来加强一下。

家长注意的是，孩子识字的速读和效果是没有定量的，每个孩子的情况不同，家长切记不要为了展示"我的孩子 4 岁能读 1000 个字"而强迫孩子学习，那样就会破坏孩子学习的热情，坏影响会持续孩子的整个学习阶段，是极其糟糕的。

识字的过程中，不要忘了让孩子得到快乐。

⊛ 突然发热

幼儿的体温在某些因素的影响下，会出现一些波动。这些情况下幼儿体温上升是正常的：傍晚时体温比清晨时高，宝宝进食、哭闹、运动后，衣被过厚、室温过高等。如果只是暂时的、幅度不大的体温波动，家长不必担心。如果家里有体温计，可以测量一下，以下是一组健康体温数据：

口腔体温范围：36.7 ~ 37.7℃

腋窝温度范围：36.0 ~ 37.4℃

直肠温度范围：36.9 ~ 37.9℃

如果幼儿突然发热又不方便去医院，可以采取下列措施降温：

将湿毛巾敷于发热宝宝的前额，2 ~ 3 分钟换 1 次；把冰块捣碎，与水一起装入冰袋（或热水袋）内，排出空气后，拧紧袋口，放在发热宝宝的枕颈部；让发热宝宝在 30℃ 左右的温水中沐浴 20 ~ 30 分钟；用 30% ~ 50% 的酒精或冷水浸湿纱布，洗擦发热宝宝的上肢、下肢、额部、颈部、腋下及腹股沟等处。

给发热幼儿用药不可操之过急，用量不可太大，服药需间隔 4 ~ 6 小时，不宜在短时间内让宝宝服用多种退热药，降温幅度不宜太大、太快，否则宝宝会出现体温不升、虚脱等情况。

幼儿发热时，身体新陈代谢加快，对营养物质的消耗会大大增加，体内水分也会明显消耗。同时，由于发热，体内消化液的分泌会减少，胃肠蠕动减慢，消化功能会明显减弱。所以，爸爸妈妈一定要注意饮食调理，高热量、高维生素的流质或半流质食物是最佳的选择。可以给幼儿喝一些米汤、绿豆汤、鲜梨汁、苹果汁等。

如果幼儿因为发热食欲不好，不要勉强他吃东西，但要尽量补充水分。另外不要给他增加以前没有吃过的食物，以免引起腹泻。

体温升高也可能引起惊厥，6个月至5岁的儿童都有可能发生，这种病很可能有家族遗传史。发热惊厥可能持续数分钟之久，症状和其他类型的惊厥相似：失去知觉，四肢剧烈抽搐，恢复知觉后昏睡。

在孩子第一次出现发热惊厥时，应该去看医生。惊厥的第一次发作对疾病的正确诊断很重要。如果发作当时，父母可以将孩子平放在远离尖锐器物的地上，头侧向一边，这样污浊物就能从口腔流出而不被吸入；可能的话，将他的衣服脱光，或用湿毛巾给他擦身降温，千万不要把孩子放在火炉或取暖器旁。不要让孩子嘴里咬东西，这样做会损伤牙齿，弊大于利。

感冒

幼儿感冒常常是因为运动过后大量流汗，没有及时增减衣物或者被流行感冒病毒感染而引起的。幼儿感冒后会拉肚子、没有气力、食欲不振、昏昏欲睡等。一般用针对小儿的感冒药即可，在服用的时候要注意剂量。6岁以下的孩子很容易引起病毒或者细菌感染，所以准备好一些抗生素防患于未然最好。可以选择阿莫西林（青霉素一类）或头孢拉定的小儿冲剂。

常有家长抱怨小孩常感冒，虽然很细心地地照顾，但小孩的感冒不愈，吃药打针，但一停下来小孩又流鼻水、咳嗽，反复地出现感冒症状。其实这些小孩子并不都是患了感冒，有一部分属于过敏体质。因此并不是每次流鼻水、咳嗽症状都是感冒所引起的，只是呼吸道的过敏症状和感冒的症状很相同罢了。

一般我们说的感冒是身体受到病毒或细菌的感染所致，除了会流鼻水、咳嗽外，通常小孩常会有喉咙痛和发热的现象，食欲及体力也会变差，但有过敏体质的小孩，并不是受到感冒病毒的感染才会有流鼻水、咳嗽的症状，像突然的温差变化，如从外面炎热的天气进到冷气房内，或吸到汽车的废气，进入刚油漆的房间，早上醒来翻动棉被而吸入棉絮或灰尘，和小猫小狗玩，吸到动物的毛屑，剧烈的运动等，都可能出现打喷嚏、流鼻水、咳嗽等症状，但这些小孩的精神状况和食欲仍很好，所以一个常打喷嚏、流鼻水或咳嗽的小孩，应该考虑其症状并不是每次都是由感冒病毒所引起的，是不是还有其他的因素呢？

孩子免疫能力的提高需要采取多方面的措施，最重要的是饮食与锻炼。目前对孩子的免疫系统功能提高有益的营养素，越来越多地受到父母的重视，比如"核苷酸类"食物的添加。富含"核苷酸"的食物有：鱼、肉、海鲜、豆类食品等。此外还要注意饮食结构的合理性，不要一味地高蛋白饮食。另外要多带宝宝到户外，叫孩子多运动，晒晒太阳，在大自然当中锻炼，最好能让小孩学游泳，少吃冰冷食物。孩子的免疫力提高了，感冒自然就少了。

腹痛

小孩由于吃了不常吃的东西、不卫生的食品或者运动的时候张开嘴吹进了风，都有可能引起腹痛。但这些情况一般都会随着上厕所而消失。如果三四岁的幼儿经常性的腹痛，有可能是肠痉挛。肠痉挛一般可在 3 天左右逐渐缓解。除此之外，还可能出现以下几种情况：

蛔虫病

（见第十一章"婴幼儿常见疾病"）

急性阑尾炎

开始时孩子感觉胃疼或肚脐周围疼，数小时后才转为右下腹部疼痛。用手按小儿右下腹时会加剧孩子的哭闹，孩子还常伴有恶心及呕吐等症状，然后出现发热，体温可升高达 39℃ 左右。同时还伴有：

1. 恶心、呕吐：大多数孩子伴有呕吐，呕吐物多为未消化的食物；

2. 发热：大多数患儿在腹痛出现后不久开始发热，也有表现为哭闹与发热同时出现；

3. 怕揉肚子：患儿怕家长或医生用力按压右下腹，该处腹壁肌肉发紧，孩子拒绝大人揉按腹部。也有些患儿症状不典型，如有的患儿一开始就腹泻，很像肠炎。

小儿阑尾炎的发展较快，时间稍长有阑尾穿孔造成化脓性腹膜炎的可能会危及孩子的生命，所以，如果发现孩子出现以上症状，应尽快送孩子去医院。

嵌顿疝

孩子阵发性哭闹、腹痛、腹胀和呕吐，在站立或用力排便时腹股沟内侧出现一肿胀物，或仅表现为一侧阴囊增大。经医生治疗后，这种情况还可能反复发生。

腹痛原因：由于小儿哭泣、咳嗽、大笑、打喷嚏、用力（比如解大便时）等原因引起腹压增加，从而使肠子进入腹股沟或阴囊进而造成腹痛。小儿疝气以脐疝和腹股沟疝为多见。脐疝发生嵌顿的机会很少，多数由于腹股沟疝发生嵌顿而造成腹痛。如果是这种情况请立即就医。

小儿胃肠生长痛

有些孩子会莫名其妙地发生阵发性腹痛，多方检查又找不到原因，服治疗肠痉挛和驱虫的药也无效。其实，这种腹痛可能是一种正常的生理现象，医学上称为"小儿胃肠生长痛"。小儿胃肠生长痛的主要特征是在一定时间内反复发作，每次疼痛时间较短，一般不超过 10 分钟。腹痛部位以腹周为主，其次是上腹部。时痛时止，反复发作，腹痛可轻可重，严重时可令孩子持久哭叫、翻滚、肚子稍硬，间歇时整个腹部柔软，可伴有呕吐，吐后精神尚好。疼痛无一定规律性，疼痛程度也不一致，轻的仅为腹部不舒适感，重则为肠绞痛，孩子疼痛难忍，还可听到"咕噜"的肠鸣音。但这种疼痛可很快缓解，缓解后孩子的精神状态、饮食及活动即恢复正常。

小儿胃肠生长痛是由于肠壁肌肉强烈收缩引起的阵发性腹痛，为小儿急性腹痛中最常见的情况。其发生的原因与多种因素有关，如受凉、暴食、大量冷食、婴儿喂乳过多等。这种腹痛多见于 3 ~ 12 岁儿童。其机理是由于孩子生长发育快，机体的血液供给一时相对不足，肠道在暂时缺血状态下，出现痉挛性收缩引起疼痛。另外，由于自主神经功能紊乱，会导致肠壁神经兴奋与抑制作用的不协调，引起肠管平滑肌强烈收缩也会出现疼痛，所以医学上又称之为"小儿肠痉挛"。对于小儿胃肠生长痛，一般不需治疗。如果疼痛严重时可热敷或按摩足三里穴及腹部，对缓解疼痛有一定的作用。

细菌性痢疾

常起病急骤，先有发热达 39℃甚至更高，大便次数增多，腹泻前常有阵发性腹痛，肚子里"咕噜"声增多，但腹胀不明显。病儿脱水严重，皮肤弹性差，全身乏力。以夏秋两季多发，主要是不注意饮食卫生而引起细菌感染。这种情况下，家长可以注意以下几点：

1. 患儿必须隔离，食具的消毒可在开水中煮沸 15 分钟，给孩子玩的玩具可用易于消毒的木制或塑料制的。患儿的床单被褥可在日光下曝晒 6 小时消毒。

2. 为减少体力消耗和减少排便次数，应让患儿卧床休息。孩子腹痛时可在他腹部放热水袋，但须注意水温不要太高，以防烫伤。

3. 如果婴幼儿大便又急又快，可让孩子把大便解在尿布上，不要求他坐厕解便，这样可防止肛门直肠脱垂。每次大便后可用温水洗净孩子臀部，并用 5 鞣酸软膏涂于肛门周围的皮肤上。如有脱肛时，可用纱布或软手纸涂上凡士林，托住脱垂的肛门，一面轻轻按摩，一面往上推，即可复位。

4. 孩子如果呕吐频繁，可短期禁食，医生可能给孩子静脉补液。家长则可喂孩子少油腻的流质，如藕粉、豆浆等。待病情好转，就可尽早进食。这时，可以喂孩子少渣、易消化的半流质，如麦片粥、蒸蛋、煮面条等，牛奶易引起腹泻胀气，所以暂时不要喂给孩子喝。多给孩子补充水分，在恢复后期，应设法引起患儿的食欲，也可以在孩子进食前半小时先让他服用消化酶类药物如胃蛋白酶等，并在饮食中增加营养和蛋白质，开始可少食多餐，逐渐增加，以防止消化不良。

5. 慢性菌痢的患儿，常有营养不良，所以家长更应该合理安排孩子的饮食，除避免生、冷、不易消化和油腻的食物外，为使患儿能在短期内改善营养状况，应结合患儿平时的饮食习惯，注意改进食物的色、香、味和多样化，以引起他的食欲。

6. 过敏性紫癜 腹痛特点：过敏性紫癜是一种变态反应性疾病，都伴有周身的症状。首先表现为皮肤紫癜，面积大小不等，表面紫红色，多分布于四肢和臀部，以踝、膝关节处明显。在此基础上出现腹部阵发性剧烈绞痛，以脐周或下腹部明显，有压痛，但肚子软。可伴有腹泻及轻重不等的便血，大便为黑色或红色。它是由于肠管内壁出血、水肿造成的。有的小儿还伴有关节肿痛，甚至血尿等情况。如何应对：送孩子去医院治疗，本病多以中医中药进行对症治疗，可以达到祛邪固本的作用。严重的患儿还需激素治疗，但本病一般预后良好，轻症一周、重症 4 ~ 8 周便可痊愈。患儿应卧床休息，限制进食硬而不易消化的食物。

急性肠系膜淋巴结炎

往往先有发热、后有腹痛。腹绞痛的部位可能是弥漫的，或因发炎的淋巴结位置而有不同，但以右下腹最多见。腹痛部位易变，腹痛强度也易变。

细菌通过胃肠道破裂的肠黏膜进入乳糜管，使肠系膜淋巴结炎性增大；由于炎性渗出液刺激，出现发热、腹痛、恶心、呕吐、腹泻等临床症状。小儿急性肠系膜淋巴结炎绝大多数发生在 3 ~ 10 岁，男孩占 57%，发病的高峰为 7 岁以下的儿童。该病常在急性上呼吸道感染的病程中并发，或继发于肠道炎症之后。

⚲ 盗汗

如果幼儿在睡梦中出汗，醒来即止，那么就是我们常说的盗汗。盗汗可分为生理性盗汗和病理性盗汗。

生理性盗汗

小儿皮肤幼嫩，所含水分较多，毛细血管丰富，新陈代谢旺盛，自主神经调节功能尚不健全，活动时容易出汗。若小儿在入睡前活动过多，机体内的各脏器功能代谢活跃，可使机体产热增加，在睡眠时皮肤血管扩张、汗腺分泌增多、大汗淋漓，以利于散热。其次，睡前进食可使胃肠蠕动增强，胃液分泌增多，汗腺的分泌也随之增加，这可造成小儿入睡后出汗较多，尤其在入睡最初两小时之内。此外，如果室内温度过高，或被子盖得过厚，或使用电热毯时，均可引起睡眠时出大汗。

病理性盗汗

有些小儿入睡后，出汗以上半夜为主，这往往是血钙偏低引起的。低钙容易使交感神经兴奋性增强，好比打开了汗腺的"水龙头"，这种情况在佝偻病患儿中尤其多见。如果伴有易发怒，晚上哭闹，缺钙的可能性比较大。但盗汗并非佝偻病特有的表现，应根据小儿的喂养情况，室外活动情况等进行综合分析，还要查血钙，血磷及腕骨 X 线摄片等，以确定小儿是否有活动性佝偻病。

幼儿常见的盗汗是由于缺钙引起的，即使孩子只是生理性盗汗，家长也要留神，因为出汗意味着体液流失，身体内的营养也在丢失，体质变差，容易得病。容易盗汗的孩子，家长要控制他们的活动量，吃过晚饭不要剧烈运动，因为运动后体内会积聚热量，到了晚上就要出汗了。

为了防止盗汗引起的免疫力下降，家长可以给孩子吃黑豆、红枣、百合，较瘦弱的孩子可以多吃泥鳅，还可做一些汤给孩子喝：

泥鳅鱼汤：泥鳅鱼 100 克左右。热水洗净黏液，去内脏，油煎至焦黄，加水 1 碗半，煮至大半碗，加少许盐，服汤。每日 1 次，连服 3 天。

生地黄乌肉鸡：生地黄 150 克，乌肉鸡 1 只，饴糖 100 克。将生地黄切碎，与饴糖拌匀，放入鸡腹内蒸熟，可作正餐食用，食时可拌佐料。

黄芪粥：黄芪 20 克，大米 50 克，白糖适量。将黄芪煎汁，用药汁煮米为粥，放入白糖调味温服。

小麦稻根饮：浮小麦 15 克，糯稻根 15 克，大枣 10 枚，红糖适量。前三药共熬取汁 150 毫升，加红糖调味，早晚空腹各服 1 次，每次 50 毫升。

人参汤：生晒参 5 克。切极薄片，用滚开水泡 20 分钟，加适量白糖调味后温服，1 日内服完。

✋ 口吃

口吃是儿童常见的一种语言障碍。1%的人可能患有口吃，但事实上5%的人在一生中都会有一段时间口吃。5岁前，很多孩子都会出现暂时性语言不流利，特别是3岁的孩子，开始学会构造词句，但是他们的神经生理成熟程度还落后于情绪和智力活动所需要表达的内容，会出现口吃的症状。3 ~ 4岁口吃的原因主要有：

1. 孩子"了然于心"但是不能"了然于口"，在他从脑袋里面找合适的词汇表达自己的意思时的空当中，会出现口吃。这种口吃称之为阶段性的口吃，随着语言能力的进步，这种口吃现象会减少，终致消失，不必担心。

2. 受到强刺激，如严厉的批评、打骂而引起的情绪紧张，用重复的字或拖长音来调整自己语言的表达方式。这种只是吓出来的，即使成年人也会出现紧张时"张口结舌"的情况。

3. 模仿周围有口吃的人，或者由于无意识地口吃被大家关注，就持续拿口吃来逗乐，形成了不良习惯，它不是一种病。需要父母纠正。

4. 父母在孩子学说话的过程中会纠正发生，例如"我想坐灰机""是'飞'""飞机"，这种情况出现多了，家长总是打断孩子的话，孩子也容易形成口吃。

可以说三四岁的孩子口吃是正常现象，父母大可不必过分担心。5岁才是鉴别真性口吃的分水岭，家长如发现5岁以上的宝宝有口吃问题，务必立即带宝宝就医，不及时进行矫正可能会持续到成年。

有的人认为口吃也不要紧，事实上语言障碍不仅严重影响儿童的语言理解和表达能力，还将影响儿童的社会适应能力，并使注意力缺陷和学习困难等心理行为问题的发生率增加。因此建议家长要耐心听孩子在讲什么，而不是听他怎么讲；对他讲话的内容做出反应，而不是对他的口吃做出反应；不要打断他的讲话，让他使用自己的词汇。与此同时，家长要保证每天至少花5分钟时间和孩子谈话，做到语速缓慢、语言简单、轻松愉快。另外，儿童最初语言学习主要靠模仿，因此家长本身要有很好的语言习惯，最好不要说"吃果果""吃饭饭"这样的不完整的句子。

✋ 锻炼身体

3 ~ 4岁的健康宝宝都可以自由行走了，也能在小区的健身区里面找到自己想要玩的东西，所以如果不是专门训练运动员或者表演家，就不必进行格外的训练，只要让他自己行走、玩耍、拿东西都能起到锻炼身体和训练协调能力的效果。

　　但是有的家长喜欢抱着孩子，哪怕已经三四岁了也总是让叔叔阿姨等长辈抱来抱去。其实很多孩子到了三四岁就不喜欢被人抱了，因为他觉得不太自由。

　　家长还可以和孩子玩一些小游戏。比如说让孩子双手掌支撑，爸爸妈妈抬起孩子的双腿玩推车的游戏，或者用小镜子反光的原理，让孩子踩地上的光点；如果孩子的动手能力不强，可以和孩子一起玩撕报纸的游戏，看看谁能猜出来对方撕的是什么。

　　如果爸爸妈妈有晨跑的习惯，可以带着宝宝跑步，但以轻松不累为限，10 ~ 15 分钟就够了，中间休息两三分钟。

　　如果是想要特别培养一下孩子的柔韧性、协调性，或者希望孩子将来能够跳芭蕾等，可以去报专门的幼儿班，幼儿班针对 3 ~ 5 岁间的小孩有专门的幼儿基本体操，以最简单、最基本的队列队形练习、徒手体操、简单的垫上练习和基本的舞蹈动作组成。全面锻炼幼儿的协调能力；柔韧、力量等身体素质；也可以培养孩子勇敢、坚持等意志品质和韵律节奏等审美情趣。

◎ 四季护理

　　春天空气中有很多花粉，如果全家外出郊游，最好能戴上一些防止过敏的药，并且不要让孩子在玩了泥土之后直接吃东西。

　　夏天尽量让孩子和父母一起到水里玩。游泳前，要先做准备活动。游泳的时间应在饭后 1 小时后，水温为摄氏 25℃左右，不宜在水中一次停留太长的时间，防止抽筋。

　　秋天是最适宜的锻炼季节，也是踏秋的好时节，父母可以带着孩子去大自然中走一走。

　　冬天孩子上厕所的次数会增加，家长不必太紧张。如果有室内便盆，妈妈从孩子的小便盆中看到白色的物质，也可能是因为天气太冷尿酸深浅不同引起的，不必担心。虽然冬天天气很冷，也不要停止刷牙的习惯，家长可以给孩子的刷牙水兑一点儿温水去去寒气，要让孩子养成爱卫生的好习惯。

　　天气转暖后，应该养孩子自己动手做自己的事。

家庭环境的支持

◎ 玩具

　　对孩子来说玩游戏就是最好的学习。玩具是孩子认识世界的一个重要途径，通过玩具能促进儿童身体精细动作和语言的发育，提高孩子的注意力、观察力以及认知能力，发展他们的想象力和思维能力，培养孩子之间相互友爱、爱护公物的良好品质，培养愉快的情绪和对美的感受力，刺激他们的视觉、听觉和触觉，增强求知欲和好奇心，促进儿童智力的发展。怎样为孩子准备玩具，帮助他们的智力发展，这是家长需要注意的。

三四岁的孩子开始有了形象思维，这时可用多种形象玩具帮助他认识事物，也可以用玩具做情节简单的游戏。

这个年龄的孩子发音正确，能用语言表达自己的思想感情，对感兴趣的东西好奇好问。好模仿，因此要给儿童准备户外运动的玩具，启发他进入角色，懂得上下、左右等反义词，能复述图画内容，选择能显示大小、快慢、长短、高矮等相反意义的玩教具或配对图片等。为孩子提供小动物玩具，交通玩具以及木制、布制玩具。让孩子学会说出玩具物体的名称、外形特征，借助玩具多看、多听、多说。借助玩具做一些模仿游戏、角色游戏，在游戏中发展孩子的语言能力、认知能力。

选择一些结构玩具，如积木，不同形状的厚板、三合板、胶泥、橡皮泥及一些废旧材料，让孩子进行一些结构游戏，利用这些材料造房子、搭大桥、建火车、塑动物、做桌椅等，进行创造性游戏，发展孩子的创造力和想象力。

数数器、形盒、简易拼图是这个阶段应有的玩具，市面上也很常见，容易买到。还有下列的玩具可供参看：

1. 园林用具：橡胶桶、锄、铲、喷水壶；

2. 手工用具：圆头剪刀、胶水、废旧图书、报纸；

3. 泥工用具：橡皮泥；

4. 绘画用具：蜡笔、水彩笔、各种颜色的电光纸；

5. 音乐用具：铃鼓、小沙锤、收录机，有条件的可以从这个时候开始学习乐器；

6. 运动玩具：球；

7. 多米诺骨牌。

另外也可以鼓励孩子骑童车。童车是孩子的最好玩具之一，既可以锻炼身体，又可使手、眼、脚的动作协调一致，掌握平衡和控制的能力。

每位家长还可以根据自己的条件来选择玩具，不过选择的时候要注意，最好不要选过于成人化的玩具，另外不要选择味道很大的塑胶玩具，会对孩子的身体不好。

满足好奇心

三四岁正是对自然界与社会现象产生强烈好奇心的年龄。如果语言能力逐渐发展，他们对新的、特殊的语言就会感到好奇。如果手脚愈来愈灵活，对破坏或组合的东西也非常热衷。另外，他们会不停地发问。比如，住在自然环境较好的孩子，就会对植物和昆虫产生好奇，问这是什么那是什么；而居住在工地附近的孩子，可能就会对混凝土、搅拌器、起重机等感到好奇，只问相关的问题。

令家长头痛的是，大多数的孩子常有弄坏闹钟、窥探电视机内部、移动厨房用具的情形发生。此外，由于好奇心的驱使，很多四岁儿会收藏一些破铜烂铁，然后骄傲地拿回家向家人炫耀，或是带到幼儿园给老师和小朋友看。而在幼儿园里感觉比较新奇的东西，也会偷偷放进口袋带回家。很多大人认为不喜欢孩子有太强烈的好奇心，殊不知"好奇心"是孩子长知识很重要的基础之一。对任何事物都没有好奇心或兴趣的孩子，反倒是值得担忧。

如何培养和保护孩子的好奇心呢？这里有一些方法家长可以参考：

带宝宝一起外出散步时，爸妈可以表现出对一草一木，太阳星星及其他事物的兴趣和探索愿望；如果宝宝喜欢音乐，就常常放给他听，和他一起玩乐器；如果宝宝对昆虫感兴趣，就陪他一起捉、养昆虫。如果孩子总是喜欢问这问那，而家长又不太能用科学的解释打发孩子，最好不要粗暴地制止孩子问问题，而是鼓励孩子想办法去寻找答案。比如说孩子问"我是从哪里来的"，爸爸妈妈不要支支吾吾地不做回答，如果有动物世界的节目，可以和孩子一起看动物的交配繁殖理解这个问题。另外家长可以多问问孩子的感觉："你觉得怎么样……""幼儿园里今天发生了什么事？"此类开放式的提问能够让宝宝表达自己的想法，展现他的爱好和兴趣。还可以通过装饰孩子的房间，多增添一些艺术品，来激发孩子的欣赏能力和思考能力。如果孩子喜欢把玩具到处乱扔，或者做一些影响整洁的游戏，家长最好不要因此而制止他，给孩子建一个游戏角，让他在"自己的区域里"自由玩耍，也有利于保护他的好奇心。

这个阶段重要的是语言发展，动作发展，会玩，有好奇心，喜欢活动。至于能不能做得很好，是否能弹一首钢琴曲等，并不是最重要的，家长不要本末倒置。

⑥ 让孩子帮忙

我们从小所受的教育是"劳动最光荣"，其实劳动不仅带来荣誉感和成就感，对小孩而言能帮助他们训练平衡感、合作精神、统筹能力、锻炼身体等，可谓一举多得。

三四岁的宝宝虽小，但他们也具备帮忙做家务的能力了，有些事情家长可以放心地交给他们。例如给室内养的花卉浇水，用餐前擦桌子，摆放小勺、杯子，用餐完毕之后收拾桌子，整理衣物等。家长让孩子帮忙的时候，忌没有耐心，见孩子做得不好就干脆自己做；也不要对他说："你自己去玩吧，不要给我添乱。"这样的话，对孩子的积极性和自信心都不好。

让孩子保持好心情

大部分孩子是容易情绪兴奋，而且乐于参与活动的。但是也有一些孩子因为在学校被欺负，或者是被老师批评，或者是感到不被接纳而闷闷不乐。如果孩子在家中有这些表现，家长需要注意。

快乐的心情能够滋养出很多乐观、优秀的品质，而阴郁的心情对成长中的孩子来说是一个"杀手"——对孩子的身心发育都有影响。所以家长要留意孩子的情绪变化。一般来说，不要在孩子吃饭、睡觉前责骂他，即使有很严重的错误，哪怕不让他吃饭也不能一边吃一边教训他。

如果家长在工作上、社交上出现了问题，或者夫妻之间出现了误会和感情裂缝，一定要克制自己不要在孩子面前发作，对孩子来说，没有什么比父母不和更可怕的了。

很多家长觉得奇怪，为什么我带他去游乐园玩，给他买很好的玩具，他还是不开心。那么家长需要问一问自己，家庭中的氛围是否融洽。很多家长以为三四岁的孩子不能明白大人之间的事情，但事实上家人之间是否有爱，孩子完全可以感觉到。

有幼教经验的老师也常常提醒，那些家庭关系不好的孩子在学校容易不开心。

有的家长担心家庭条件不够好，会让孩子过得不开心，其实这是多虑了。如果家长意识到自己的条件有限，更要想办法多让孩子感受到爱和快乐。父母微笑就是最好的引导方式。

教孩子洗手

刚学会走路的孩子常常弄得脏兮兮的，这是难免的。在沙坑和公园里玩一整天之后，晚上洗澡是一个最简单的保持干净的方法。但是在此期间，饭前便后以及换过尿布之后让他洗手也非常重要。因此，应尽早培养这种有规则的洗手习惯，这是个好主意。在大约3岁以前，孩子仍一直需要你的帮助。

你还可以搭个小台阶，以便能让孩子站在台阶上，伸手到洗脸盆里，教他认识热水和冷水的不同。演示一下如何使用冷水龙头。要教育孩子不要去碰热水龙头，并且应当考虑到把供应热水的温度调低到55℃以下，以防止意外烫伤事故的发生。开始洗手时，自己在手上涂上肥皂，然后缓慢而温柔地给孩子的小手也涂上肥皂。你可以让洗手也变成一种乐趣，比如向空中吹个泡泡，或者跟孩子来一场洗手比赛。

🖐 教孩子刷牙

假如孩子不愿意让你给他刷牙，你可以首先让他尝试给你刷牙，或者去刷一个可爱的牙齿模型玩具。清洁牙齿非常重要，即使训练起来十分困难，也要坚持让孩子刷牙。作为一门必修的"功课"，你可以试着让孩子在晚饭之后刷牙，这可能要比睡觉之前刷牙效果更好。当你去看牙医时也可以把孩子带上。孩子在大约2岁之前不需要牙齿矫正，但是如能在很早之前就让他熟悉牙医的诊疗室和那把"特殊的椅子"，对他会很有好处。

🖐 体罚要不要

3～4岁的孩子，还没有很明确的自我保护的意识，也不懂得区分好坏，可能会做触摸电源或者在危险的地方玩耍的举动，也可能在学说话的时候跟着学一些不文明的语言。这时候要不要打孩子呢？

对于危险的动作，比如说到高处玩耍、拔插座玩、拿水果刀玩等，父母最好能够在当时马上打一下小孩的手，很严肃地说："不可以。"这是可以让孩子通过肉体疼痛来记住哪些事情不能做。但是父母们要注意，发现孩子在做危险的事情时应该马上去处理，让孩子知道为什么会挨打，不要等到事情过去了或者爸爸听到妈妈说了这个事情再去打孩子，那就失去了形成反射记忆的效果了。当然家长也没有必要故意把危险的东西放在孩子能拿到的地方，趁他动手的时候去打他。一般来说危险的物品都尽量放到孩子够不着的位置为好。

如果是孩子不吃饭、不请教长辈或者是不睡觉等"发横"的时候，最好不要打他。因为3岁的孩子如果出现上述的这些问题，可能是因为身体不舒服，或者是感到害怕但是无法表达，或者是在幼儿园里面有不愉快的经历但是说不清楚等，父母最好给点儿耐心，如果不问清楚就打孩子，可能会让孩子更"横"。

那么用什么方式来替代体罚又能起到很好的效果呢？这里推荐家长采取"冷处理"的方式来表达自己对孩子发横时的态度。"冷处理"就是孩子在不讲道理的时候，家长既不要费心去解释什么，也不要动手打他——这两种方式最后都会导致家长要么爱唠叨要么爱动手的坏习惯，家长最好是能够用很平常的态度对待他，就像没有发生什么事情一样。当孩子发现自己的这样无礼行为没有被关注也没有起到很明显的"恐吓"效果的时候，他就不会再采取类似的方式了。

选择幼儿园

为宝宝选择幼儿园时，家长首先应掌握幼儿园的硬件设施以及软件情况，最好进行实地考察，从而对幼儿园进行较为系统、全面的评价。主要包括以下几个方面：

向园长进行咨询

询问办园宗旨、工作目标，制度建设等问题。在交谈过程中，掌握幼儿园的整体发展方向，并从中了解园长的管理水平。如果园长信心百倍、思路清晰、充满创造力、富有追求，想必幼儿园也不错了。即使这里收费低廉，目前硬件条件一般，也值得考虑。

与保教老师交流

在交流过程中体会对方的敬业精神、责任心、个人修养、教育思想、教学方法，同时观察对方的精神面貌。还可以提出诸如"您认为幼教工作者最重要的品质是什么"之类的问题，进一步考核老师的素质。

参观环境设施，了解课程设置

观察周边环境以及内部设施，尤其是厨房和卫生间，能够直观地反映卫生状况。向老师了解课程设置情况，平时做哪些游戏，每天在户外的活动时间有多长，如何进行保健工作，这些都对宝宝有着最直接的影响。

需要家长做哪些工作

幼儿园与家长的联系代表着对宝宝的重视程度。如果幼儿园定期举办家长学校、亲子课堂，制订联系手册与家长保持沟通，说明幼儿园是真正关心下一代的。

观察宝宝的反应

如果可能，带宝宝到幼儿园看看，让他和老师接触一下，观察宝宝的反应如何。只有宝宝喜欢老师了才会喜欢上幼儿园。如果你有意将宝宝送到这里，请一定看该幼儿园是否有"示范幼儿园"或"合格幼儿园"的牌照。如果是私立幼儿园，请仔细了解这里的卫生、安全状况，是否通过有关部门的审批。

选择合适的幼儿园

从理论上讲，幼儿园硬件条件好，宝宝接触到的东西就多，这当然是好事。除此以外，还要考虑以下2点：

1. 是否适合宝宝。3岁左右是宝宝安全依恋发展的关键期，此时如果能天天与妈妈见面，有助于建立安全感。因此，建议家长尽量为这个年龄段的宝宝选择全日制幼儿园。如果宝宝情绪发展正常，喜欢与人交往，也有自理的愿望，也可以尝试寄宿制幼儿园。

2.是否适合家长。离家远、收费昂贵的幼儿园，不仅会使家长感到辛苦，还易造成经济紧张。幼儿园只是宝宝教育的起步阶段，今后他还要上小学、中学、大学，经费开支将不是小数目。所以，选择幼儿园时，应根据自身情况量力而行。

潜能开发游戏

滚球

【目的】帮助宝宝掌握滚球的基本技能，锻炼手的肌肉和身体的协调能力。

【玩法】在天气好的时候，妈妈可以和宝宝一起到户外，妈妈用砖垒成一个小球门，告诉宝宝："把球滚进球门里去！"还可以指定其他方向让他滚，如"把球滚到大树那里去！"

走钢丝

【目的】训练宝宝脚跟对着脚尖后退走，培养行走能力。

【玩法】在地上画一条线或放一根长绳子，妈妈和宝宝一起站在绳子的一段，往另一端走。走到头以后，再用后脚跟抵着前脚尖后退着走回来。走到绳子中间时，还可以学着杂技演员那样，用一只脚在绳子上独立一会儿。

打夯

【目的】练习双脚原地向上跳，发展弹跳力。

【玩法】爸爸和宝宝面对面站立，宝宝双手在头上相握。爸爸拉紧宝宝的双手，一边唱着打夯的号子："我们打起夯——哟，嗨—嗨—哼——啊！"一边按节奏把宝宝提起、放下。要求宝宝能顺势向上跳起，落下时前脚掌着地并屈膝。

套身体

【目的】练习从头到脚套圈的技能，发展运动能力和身体的协调性。

【玩法】准备一个直径约为40厘米的塑料圈。让宝宝双手举起圆环，从头向下套过身体，最后弯腰抬腿把圆环从脚下拿出，放在地上。还可以把圆环放在地上，让宝宝双脚站在其中，双手拿起圆环从下往上套过身体，最后把圆环从头顶上拿下来。

投沙包

【目的】练习投掷动作，发展宝宝的上肢力量，培养动作协调性。

【玩法】用花布缝几个小袋，内装些米、豆子或沙子做成沙包。让宝宝拿在手里，胳膊屈肘上举用力向前投出。家长可先做示范投掷动作让宝宝跟着学，比赛看谁投得远。

以字连词

【目的】启发宝宝的联想能力，练习使用名词。

【玩法】由爸爸妈妈或爷爷奶奶说出一个简单的字，然后让宝宝说出和这个字相连的词，说得越多越好。如爸爸说出"花"字，可以让宝宝联想说出：花篮、花环、鲜花、花坛、花布、花手绢、花边、花蝴蝶、花盆、花架、玫瑰花……照以上的玩法，还可以提出其他的字，让宝宝来连词。

教教小猴

【目的】让宝宝理解动词所代表的动作，练习使用动词。

【玩法】家长手拿玩具小猴说："小猴最喜欢学人的样子，今天宝宝来做老师教教它。我说出一个词来，宝宝就做动作给他看，好不好？"然后家长说出一个简单的动词，如说："蹲。"宝宝立即做出相应的动作——蹲下，同时家长也操纵着小猴做出同样的动作，口中同时说："小猴也学着做呢，看，它也蹲下去了。"宝宝便会感到极有兴趣。照此玩法，可以说出一系列的动词。如：跳、停、走、爬、摸、举、挠、踮脚走、叉腰、吹喇叭、打鼓、弹琴等。

捉迷藏

【目的】练习运用形容词和方位词。

【玩法】从破旧的图书、画报上剪下一些小动物的图片，先让宝宝逐一地叫出它们的名字，尽量加上一个形容词，如黑猫、黄狗、大公鸡、小灰兔、坏狐狸等。然后让宝宝闭上眼睛，妈妈用最快的速度把这些小动物藏在房间各处。接着喊："1、2、3"，让宝宝去找，如他在床上找到了猫，就得说："黑猫躲在床上。" 在被子里找到了狐狸，可以说："坏狐狸藏在被子里。哈！抓住你了！"

拍照片

【目的】发展宝宝的语言能力和精细动作的能力。

【玩法】家长双手在体前交叉，两小拇指相勾，拇指和示指相点，放在眼睛上，当照相机，假装给宝宝照相，一边照一边念："小宝宝，坐坐好，看看我，笑一笑，我来给你拍张照。"然后让宝宝学着给家长拍照，并且要把儿歌改成："好妈妈（或其他人），坐坐好，看看我，笑一笑，宝宝给你拍张照。"熟练后，再让宝宝给其他人拍照，要求必须根据拍照人不同来变换儿歌里的人称内容。

🐍 看动作连词组

【目的】学习使用动词，培养宝宝的发散思维。

【玩法】妈妈做一个动作，让宝宝说出相应的动词，并作连词应答。如妈妈做"抱"的动作，宝宝说："抱，抱娃娃。"妈妈接着说："抱，抱西瓜。"宝宝可说："抱，抱被子"……爸爸也可以参与进来，能连出来的词组越多越好。

🐍 小手变变变

【目的】锻炼宝宝肌肉的协调与灵活性，训练思维反应能力。

【玩法】爸爸妈妈和宝宝都把手藏在各自身体的后面，然后和宝宝一起说"小手小手藏起来，小手小手变变变！"每次都鼓励宝宝变出不一样的动作。如变成一把枪、一只小狗、数字八、小兔的耳朵、一个三角形等。爸爸妈妈和宝宝还可以相互学习各自的动作。

🐍 小青蛙跳荷叶

【目的】学习单脚、双脚跳和有一定距离的跳的各种方法。

【玩法】准备好用马甲袋做的荷叶和用小的毛绒玩具做的害虫，以及一个篮子。游戏开始时，妈妈把"荷叶"一张一张铺放在地上，对宝宝说"春天来了，池塘里也长出一些害虫，我们变成小青蛙去吃掉害虫，好不好？"然后妈妈和宝宝一起说"小青蛙，本领大，跳跳跳，呱呱呱。"边说边带着宝宝一起跳到"荷叶"上，一次捉一只"害虫"，然后再返回去。等到宝宝熟悉动作后，妈妈可以说"现在宝宝长大了，自己去捉害虫吧，妈妈在家等你。"让宝宝自己去做跳跃和捉"害虫"的动作，可以根据宝宝的活动情况，适当改变荷叶与荷叶之间的距离。

4 岁到 5 岁

这个年龄的儿童

体重

男孩儿体重的正常范围为 16.6 ~ 21.0 千克，平均为 18.8 千克；女孩儿体重的正常范围为 15.7 ~ 20.3 千克，平均为 18.0 千克。

身高

男孩儿身高的正常范围为 105.3 ~ 114.5 厘米，平均为 109.9 厘米；女孩儿身高的正常范围为 104.0 ~ 112.8 厘米，平均为 108.4 厘米。

营养需求与喂养

营养需求

该年龄段的孩子基本上已能够和成人一样安排进餐，时间为一日三餐。但因为此时期小儿的胃肠道尚未发育完善，其胃容量还小，热能需要又相对较高，而主要提供热能的碳水化合物在体内贮量较少，所以在正餐之间定时给予一些小食品是需要的。饮食的安排应当是三餐一点。注意的是，点心的安排应该不影响正餐的食欲且应有营养。此外，在热能的供给上，如不足，有的孩子会无形中以减少活动量来适应这种状况，继而影响孩子的生长发育和智能的全面发展；如热能摄入过量又会成为童年过胖的因素。本年龄段儿童每日的热能需要量可达 1450 千卡，蛋白质需要量约为 50 克。

此外，丰富的维生素和微量元素对孩子的发育十分重要。在一日的饮食中可以安排 1 瓶牛奶，1 个鸡蛋，70 克肉类，200 克粮食，200 ~ 250 克蔬菜，1 个水果，适量加些豆制品。在制作小儿的主食品中需要注意粗细粮搭配。因为粗细粮同时食用可互相补充各自必需氨基酸的不足，使几种必需氨基酸同时消化吸收入血液内，利于组成机体蛋白质。如果两种食物摄入时间相距过长，就不能使食物中的不同蛋白质起到互补作用。此外，粗粮中还具有比细粮更多的营养物质，如小米所含蛋白质、脂肪、铁都比稻米高，维生素 B_1、维生素 B_2 的含量高于大米和白面。在为儿童制作食品时，还要将食物切小块或细丝，以便于儿童咀嚼。

饮食安排

这个阶段的孩子乳牙已经出齐，咀嚼能力大大提高，食物种类及烹调方法逐步接近于成人。但是，孩子的消化能力仍不太完善，而且由于这个时候生长速度比较快，需要大量的营养素和热量，因此在为儿童安排每天饮食时要注意以下几点：

合理搭配，保证营养的全面

坚持粗细粮搭配、主副食搭配、荤素搭配、干稀搭配，粗细粮合理搭配有助于各种营养成分的互补，还能提高食品的营养价值和利用程度；肉类、鱼、奶、蛋等食品富含优质蛋白质，各种新鲜蔬菜和水果富含多种维生素和无机盐，荤素搭配不仅营养丰富，又能增强食欲，有利于消化吸收；主食可以提供主要的热能及蛋白质，副食可以补充优质蛋白质、无机盐和维生素等；主食应根据具体情况采用干稀搭配，这样，一能增加饱感，二能有助于消化吸收。

选择合理加工与烹调方式

孩子的食物在加工时应尽可能注意减少营养素的损失，比如淘米次数及用水量不宜过多，避免吃水泡饭。为了减少 B 族维生素和无机盐的损失，蔬菜应整棵清洗、焯水后再切，减少维生素 C 的丢失和破坏。烹饪的时候要避免使用刺激性强的调味品和过多的油，食物烹调时还应具有较好的色、香、味、形，引起孩子的食欲。

合理安排进餐时间，养成规律的进餐习惯

如书中之前所提过，帮助孩子养成定时、定量的进食习惯是很重要的一个方面。

营造安静、舒适的进餐环境

安静、舒适、秩序良好的进餐环境，可以让孩子专心吃饭。嘈杂的进餐环境，或者是吃饭时看电视，会转移孩子的注意力，让他们处于兴奋或紧张的情绪状态，从而抑制食物中枢，影响食欲与消化。

注意饮食卫生

孩子身体抵抗力弱，容易感染，因此对孩子的饮食卫生应特别注意。要让孩子养成餐前、便后要洗手的习惯；瓜果要洗干净才能吃，不吃不干净的食物，少吃生冷的食物。

注重季节差异，适应季节变化

在饮食上要注意季节的差异。夏季给孩子的食物应清淡爽口，适当增加盐分和酸味食品，以提高食欲，补充因出汗而丢失的盐分。冬季饭菜可适当增加油脂含量，以增加热能，提高御寒的能力。

零食供给

适当的零食有助于孩子快乐地成长，但过量的零食就会造成一些健康隐患。因此，当给孩子零食的时候，要注意以下几个问题：

控制孩子吃零食的时间

孩子吃零食也要有一定的时间规律，一般可在午饭前、午饭后加些零食，以补充体力活动的消耗。选择的零食应该能够补充正餐中不足的一些营养，比如吃一些水果，正餐很少吃到水果，在餐前或者餐后食用一些水果可以补充维生素。此外也可吃小点心、饼干、一两块糖果或其他不太甜、无色素、易消化的小食品。

限制孩子零食的数量

不要让孩子养成什么零食都吃，没有数量限制的习惯。如果孩子整天吃零食，势必不能好好吃正餐，肠胃也得不到休息。一次性的大量吃零食也会造成肠胃的负担，容易得肠胃病。过多的吃一些高热量的零食，例如油炸食品，巧克力等也容易引起孩子的肥胖。

不能把零食当作主食

零食在色、香、味上都比较吸引孩子，很多孩子大量把零食当作主食吃。主食中含有人体所需的碳水化合物和一些B族维生素，虽然很多零食是以谷物为主料，但是为了提高口感，添加了很多的调料，经过很多特殊的加工过程，这样大量的维生素被破坏，缺少优质蛋白。因此长期把零食当作主食，会造成营养不良、贫血。如果孩子因为吃零食而不吃主食，可以考虑不要给孩子吃零食。

不在孩子玩耍时或者哭的时候给孩子零食

家长要避免在孩子玩耍的时候给孩子零食吃，果冻、棒棒糖等都可能危及孩子和其他的孩子。在孩子哭闹时也不能给孩子吃零食，比如果冻、豆子之类的零食，很有可能造成孩子的气管阻塞，发生窒息。

能力发展与训练

⑧ 自理能力

四五岁的孩子能自己完成多少生活小事，完全是因父母的态度和教育方法而定的。一般来说，扣扣子、系鞋带、上厕所、洗脸、刷牙、洗手、在幼儿园自己领餐吃饭、看完书玩完玩具后放回原处、请教常见的长辈，这些事情5岁的孩子是可以做到的。有的家长说："我的宝宝才四岁多，这些还不会没关系吧。"孩子肯定不能在5岁的一夜之间什么都会了，任何事情都是慢慢训练出来的。

也因此很急性子的妈妈在孩子学习自理生活的时候，就显示出来了性格的弊端，反而是那种有点儿漫不经心，不太着急的性格的父母，他们的孩子更容易学会新动作、自己照顾生活。这是因为，脾气火爆或者心急的妈妈，看到孩子扣个扣子也要半天时间，不如自己3秒钟帮他弄好算了。这样求急是孩子成长中的大忌，妈妈虽然暂时省心了，但从长远地看，对孩子学习新事物是很不利的。

除了克制自己的脾气之外，家长还要起好很好的带头作用，比如说饭前洗手，按时睡觉，经常微笑，乐观开朗等。孩子是模仿着父母长大的，从零岁到十八岁成人之前，父母任何时候都要尽量去树立正面的榜样作用。比如说爱看书的父母，通畅能影响孩子爱看书；喜欢说脏话的父母，孩子的说话也不文明；经常吵架的父母，孩子的脾气比较古怪。父母无论何时都要明白，孩子正在看着你。

🐚 社会交往

四五岁的孩子通常都有自己的朋友了，可能是学校的同学，也可能是周围的小伙伴。如果孩子的社交能力差，主要体现在两方面：

在幼儿园里没有朋友

有的孩子进幼儿园两三个月了，但还是没有朋友，在班上总是孤零零一个人。通常这样的孩子多老实而又害羞，即使偶尔有机会别人找他们玩，他们也会很紧张，不知道怎么办才好。也因此而错失了很多交朋友的机会。细心的妈妈们去幼儿园接小孩，就能看出他是否有朋友，如果总是孤零零一个人，妈妈们该怎么做呢？

首先想一想，是不是自己的家庭问题。上面我们说过，家庭不和谐的孩子，通常不愿意主动和别人认识，也总是不开心。如果真的有家庭问题，请年轻的父母们从孩子的角度来考虑应该如何对待。然后看看是不是自己平时对孩子的肯定和鼓励不够。自信心不足的孩子也不愿意认识新朋友，他们很胆小自卑，如果能在家里得到赞许和肯定，他们会显得自信一些。有的孩子可能在家里、生活的小区里面玩得很好，但是到了学校就像变了一个人一样，既不活泼也没有朋友，那么可能就不是自信心的问题，而是在学校有什么不愉快的事情发生。

只要孩子每天情绪很正常，也愿意到学校去，那么即使没有朋友也不是什么重要的事情。这里家长需要有判断力，即使老师叫过去说你的孩子不合群或者性格孤僻，但每天和他生活在一起没有觉得他有很明显的孤僻倾向，就不要干预孩子的生活。要知道，你建议他去交新朋友，他未必能做到。也许在我们看来很孤独的生活，在他看来还不错。只要让孩子懂得基本的礼貌，对人不会谎话连篇，他是可以交到自己认为不错的朋友的。

在生活的小区里没有朋友

很多人生活的小区有健身、休息的地方，在这里大人们可以聊天，孩子们也可以交到新朋友。如果你的孩子在有很多小孩的地方也没有人请他一起玩，或者是一开始玩了一会儿就不愿意和别人玩了，可能是因为孩子之间有矛盾，或者他让原本很快乐的游戏变得不顺利了。

有的妈妈很头痛，自己从来没有教过孩子打人、独占、不讲道理，但是自己的孩子在和别人玩的时候，总是发现孩子身上有这些不好的毛病。从大人的角度来说，这样的孩子是道德品质不好，让大人觉得很丢脸。但从孩子们看来，并没有那么严重，只是他们都没有找到合适的方式解决问题，于是执拗于坚持自己的意见。如果是小区的孩子和自己的孩子发生纠纷，父母们最好不要批评任何一方，而是从鼓励大家解决问题的角度来提一些建议，让孩子们自己解决。如果孩子头天还和小伙伴打架，第二天又去找他们玩，家长也不要笑话他没有骨气。

四五岁的孩子还很难有自觉性，主动谦让对他们来说有一定难度。所以家长在和他们商量和别人交换东西的时候，要鼓励孩子从对方的角度来思考问题。只要你的孩子不是脏话连篇、动手打人的那种，他们在正常的人际交往上面是没有太大问题的。如果家长自认为可以帮孩子交朋友，那么最好的办法是参与到孩子的游戏当中，或者给孩子们讲故事，成为他们的一员，而不是做他们的审判长。

创造能力

在美国学者的研究中，创造性儿童特征主要有：

1. 常常专心致志地倾听别人讲话，爱细致地观看东西；

2. 爱寻根究底地弄清事物的来龙去脉，有较强的好奇心；

3. 说话或作文时，常常使用类比和推断；

4. 能较好地掌握阅读、书写和描绘事物的技能；

5. 喜欢对权威性的观点提出疑问；

6. 常常能从乍一看互不相干的事物中找出相互间的联系；

7. 喜欢对事物的结果进行预测，并努力去证明自己预测的准确性；

8. 常常自觉或不自觉地运用实验手段进行研究；

9. 常常将已知的事物和学到的理论重新进行概括；

10. 喜欢寻找所有的可能性，如解题时爱提出多种办法；

11. 即使在干扰严重的环境中，仍能埋头自己的研究，不太注意时间；

12. 喜欢自己决定学习或研究的课题。

当然，我们不能仅以某一方面的测定来确定儿童的创造性，但6岁以前确实是培养孩子创造能力的黄金阶段。许多儿童教育领域的研究者通过对学前儿童的绘画音乐、故事、手工以及发散性思维测验等的分析，研究幼儿创造力的萌芽表现和发展特点。例如给幼儿若干积木、木偶和常见工具，让孩子们建造尽可能多的东西、做尽可能多的事情。他们认为3~5岁是创造性倾向发展较高时期，5岁以后是下降趋势。

影响孩子的创造性的因素有很多，主要来说包括社会环境因素、学校教育方式、家庭教育方式和孩子自己的性格。科学家是最具有创造性的一群人，很多人研究历史上有杰出成就的科学家的成长，发展他们在家中有较多的独立自主性。他们的父母对自己的孩子有充分的信任和尊重，从小就给他们探索的自由，并对他们早期表现的兴趣给予引导和鼓励。生活在民主、自由的家庭中的儿童，独立性强、创造力水平也较高。生活在专制、支配、娇惯家庭中的儿童，依赖性强或惯于服从，创造力水平低。

更有学者强调，父子关系与儿童创造力水平高低有较高的正相关，创造力高的儿童同父亲接触较多。也就是说，得到父亲关爱足够多的孩子，他们的创造性更强一些。

日常护理注意问题

偏食

如果爸爸不吃洋葱，可能妻子做了他也不去吃，但是别人吃他不会反对；如果妈妈不吃洋葱，她可能干脆不做，家里也就不会出现洋葱这道菜了。但是如果孩子不吃洋葱而父母都吃，父母往往会强迫孩子一定要吃，让每次吃洋葱都变成一场战争，父母总是坚持从营养均衡的角度来考虑，但是对孩子的"压迫"远远高于偏食带来的危害，因为不吃一种食物并不会引起严重的疾病，家长可以通过改变食物的形状和做法来让孩子改变态度，或者通过吃其他的东西来弥补营养上的不足。所以，当孩子选择不吃某样东西的时候，家长不要大惊小怪，也不要骂孩子"不乖"，或者因为孩子寄托在爷爷奶奶家就说爷爷奶奶太宠孩子了。

孩子偏食和我们不喜欢某种材料的衣服是一样的，但是家长的强调往往会让孩子更加在意自己是否吃某样东西。"你不吃大蒜，所以我没有放。"妈妈说这样的话的时候，就是在强调孩子不吃某样东西，这会让他更加确信自己是不能吃它的。

所以当孩子表现出不爱吃什么的时候，家长最好不要在意，自己吃自己爱吃的，让孩子也自由选择。如果孩子只是因为到别人家看到有的小孩不吃萝卜，回家也学着不吃萝卜，家长可以和孩子一起洗萝卜、煮萝卜，孩子多半会很乐意尝一尝自己亲手做的东西。

人的喜好会随着年龄而发生变化的。有的孩子3岁前不喝牛奶，到了5岁的时候爱喝了，这样的情况很多。建议爸爸妈妈都不要太看重偏食这件事，它对孩子的身体伤害并没有想象的那么大。

腹泻

四五岁的孩子发生腹泻的概率会比两岁以内的小儿低很多，而这个年龄段的孩子腹泻的可能病因有：感冒、吃坏东西、病毒感染等，由于起因不同，治疗的方式和用药也不能一概而论，家长不要根据判断给孩子吃药。

如果孩子的腹泻次数较多，为了防止脱水，可以用温盐水给孩子喝，补充水分。腹泻之后的小孩不要大量吃东西，最好少量饮食，清淡为宜，让肠胃慢慢适应。

抽搐

抽搐和惊厥是小儿神经科常见的临床症状之一，抽搐是指全身或局部骨骼肌群异常的不自主收缩、抽动，常可引起关节运动和强制，惊厥表现的抽搐一般为全身性、对称性，伴有或不伴有意识丧失。

通常感冒发热后，孩子会出现抽风，这是常见的，家长不用紧张。如果孩子在不怎么发热的时候也有抽搐的症状，家长最好带去医院检查，有癫痫的可能。

有的孩子突然抽搐，也有可能是之前撞击脑部所至，有的孩子摔了脑袋，但当时觉得不严重就没有在意，可能过一两天之后才有症状。另外，如果孩子的脑子里长了瘤，也会引起抽风。

很多家长担心孩子抽搐会导致以后智力、运动方面的障碍，简单型的高热惊厥对智力、学习、行为均无影响。随着年龄的增长和大脑发育逐步健全，一般不会再发生高热惊厥。

呕吐

呕吐往往是由感冒、扁桃体炎、阑尾炎引起的。孩子突然呕吐时，先摸摸他的额头，看看有没有发热。头热、全身发热时，是由发热起的呕吐。

发高热呕吐时，应去看医生，呕吐物最好能带给医生看。呕吐后，让孩子漱口，喝少量的水。如果孩子还是发热，家里有冰袋也可以放在孩子额头上降温。

如果呕吐后神情没有异常，仍然有气力玩耍，则可能是吃得过饱的缘故。如果呕吐以，孩子没精打采，昏昏欲睡，就让他去睡一两个小时，看看能否缓解。

如果孩子不发热，但是呕吐，腹部剧痛，可能是肠梗阻。有时候咳嗽也会把吃下的东西倒吐出来，这类孩子可能胸内有积痰。

🖐 哮喘

引起小儿哮喘的原因有很多，包括感冒、天气变化、运动过度、劳累、某些食物及药物、被动吸烟、油漆、油烟等。此外，小动物的皮毛、室内尘螨、霉菌、蟑螂、花草、花粉等，也是某些哮喘儿童的诱发因素。感冒引起儿童哮喘最常见。

常听人说"哮喘儿长大成人就好了，治不治无所谓"，这种误传使不少儿童错过了治疗的有利时机。虽然进入青春期后有一部分儿童哮喘可以完全缓解，甚至以后终生不再发作；但大部分儿童尽管青春期哮喘得到缓解，但成年后哮喘会再发；还有部分哮喘患儿即使到了青春期哮喘仍不缓解乃至持续终生。40岁左右发病的哮喘患者，问起既往病史，大部分都说儿童时期有过哮喘。

青春期后神经内分泌功能基本成熟，特别是肾上腺皮质功能的正常使哮喘得以控制；随环境条件改善，避免和过敏源的接触；随年龄增长及体格锻炼增强了体质，同时也增强了机体抗感染及抗病能力。这些都可能不知不觉治好孩子的哮喘，但是小儿哮喘如果听任不管，也容易引起下列并发症：

1. 肺气肿和肺心病：大约10%的哮喘病人并发肺气肿。

2. 呼吸骤停和呼吸衰竭：大半发生在病人已连续发病几天后的用膳及咳嗽时，也可以在轻微活动后，发生这一严重并发症前，通常病情并不太重，也没有什么预兆。呼吸衰竭的发生比呼吸骤停慢得多，多为哮喘持续状态发展到后期所并发，表现为神志的改变与明显的发绀（紫绀），应当送往医院救治。

3. 气胸和纵隔气肿：在哮喘发作时，由于小气管的阻塞，咳嗽时肺泡内压力可以更高，此时某些较薄弱的肺泡就有破裂可能，破裂的肺泡可以连接在一起形成肺大泡，也可能气体顺着肺间质跑到纵隔形成纵隔气肿，较常见的情况是气体跑到肺外的胸膜腔，造成气胸。

4. 心律失常和休克。

5. 胸廓畸形和肋骨骨折：主要见于自幼得哮喘的病人或长期发病者。

6. 生长发育迟缓：一般的哮喘对儿童的生长发育影响不大，可是哮喘终年发作或长期应用肾上腺皮质激素，就有可能因为低氧或皮质激素的抑制蛋白合成等作用而对儿童的生长发育带来较大影响。

小儿哮喘有时候也可能会变成心理上的疾病——孩子自认为自己有哮喘，所以特别需要别人的照顾，如果被刺激了就会故意显得很吓人，让别人处处让着他等。这种心态其实是父母在照顾的过程中不断强化而导致的，父母最好是能够鼓励他不要因为有哮喘而觉得自卑，该游戏的还是可以游戏，让他觉得自己没有问题。

流鼻血

每到秋冬季节，北方空气特别干燥，不论是成年人还是孩子，早上起床都会觉得鼻腔里有血块，这种情况不要紧。如果是晚上莫名其妙流鼻血，孩子没有感到疼痛也没有奇怪，这种情况也不是什么严重的病症，家长不用太过担心。

第一次鼻出血时，最好找儿科大夫看看。脱光孩子的衣服，细心查看身上有没有皮下出血的地方。如果是紫癜或白血病的话，全身到处都容易出血。如果邻近地区流行麻疹，孩子发热和咳嗽时鼻出血，就可能是患麻疹的前兆。

如果没有什么其他症状，这种鼻出血可以说没有什么关系。

出鼻血没有什么预防办法。如果知道孩子吃了花生米和巧克力之类的食物会出鼻血，就要限制他吃这类食品。吃水果可以帮助减少流鼻血。一旦发生出鼻血后，有时会持续1个月左右（每天都出），但用不着担心。为防止贫血，可让孩子吃肝、紫菜及鱼等。

另外，有的孩子晒太阳的时候会流鼻血，这种症状有遗传性，并不要紧。

经常性发热

由麻疹、水痘、流行性腮腺炎引起的发热，是非得一次不可的，家长没有必要大惊小怪。如果平均每个月发1次高热，每次高热都需要打退热针才能好转，就需要妈妈注意是不是孩子的身体不健康，或者去医院做个常规的检查。

常见的发热是由于"扁桃体发炎""感冒""腹泻"之类的疾病引起的。这些病种类繁多，也没有可预防的疫苗，有时候可能会体温升高，但过一夜就能完全好了。发热的小孩最好放在家里过一夜，如果第二天继续发热就及时送到医院就诊。

有人担心发热的孩子身体会很弱，其实随着他年龄的增加，加上平时注意锻炼，是不会对身体有很大的影响的。

🐚 喜欢书的孩子

如果父母对孩子过于关心，就总会觉得自己的孩子怎么和别人不一样，这样到底好不好等。例如读书，对于四五岁就喜欢读书的孩子，家长往往比较担心，认为这样说不定会影响孩子在同龄人中的交友；不喜欢读书的孩子，家长也会担心，怎么别的孩子都读完《三字经》了，我的孩子还没有开始呢！其实，这些问题都不是非黑即白的。

对喜欢读书的孩子，可把好书送给他；对不喜欢读书的孩子，就不必送书给他。如果爸爸妈妈想要知道自己的孩子是不是喜欢看书，可以把他带到书本很多的地方去，看看他有没有兴趣。一般来说，家里藏书丰富、随手可以拿到书的家庭，孩子看到父母阅读，沉浸在读书中，也会模仿，喜欢读书。而从来没有怎么接触过书本的小孩，对书的第一反应可能不是很热情。如果爸爸妈妈希望孩子能够从小就爱读书，最好自己也是阅读的爱好者。

给孩子读什么书，最好是带着孩子去书店里面选择。有一些专门的绘本馆，但带着孩子去综合性的书店也不错，哪怕那里大部分的书都是孩子看不了的，能让他去接触很多买书、看书的人，同时知道有很多很多的书，这对他们来说是一种很奇特的体验。一般养育过小孩的父母，在回答年轻的父母应该给孩子看什么书的时候，都会说"看孩子的兴趣"，因为事实也证明，强迫孩子在很小的时候看书，几乎起不到效果，反而会加重孩子的厌学情绪。

让孩子们读书的时候，要注意照明灯和姿势，照明灯不一定要买那种广告中说的防近视的儿童专用灯，只要足够明亮又不至于刺眼就好了，另外不要让书离眼睛太近。

喜欢读书的孩子也不表示都差不多，有的可能本身性格内向，加上读书就更加不善于同小伙伴玩耍了。但这本书并不是书本的错，但有的家长会说孩子读书读成了"书呆子"，书只是孩子性格的一个反映，他不爱交际，即使不读书也会这样。也有一些喜欢读书的孩子，更喜欢动手做一做书上说的事情，有时候可能会在家里做做实验，或者是更大了去图书馆借书来看，这些都是很好的现象。

如果你家的孩子和同龄人相比，识字的数量和速读都不比别人强，那么也不要太在意。即使不认字，成天快活地同小朋友一起玩，也是很好。父母们在教育孩子的时候切记，每个孩子都是这世上独一无二的花，他们不需要开出一模一样的姿态。

😊 说谎话的孩子

孩子从幼儿园回来衣服脏兮兮的，他解释说自己刚刚和一条恶犬进行了搏斗，然后绘声绘色地说他是怎么打败那只像狼狗一样凶猛的恶犬的，你知道他在撒谎，需要揭穿吗？

其实家长如果能够理解，孩子说谎是为了讨家人的欢心，另外也是为了不要收到责罚，就不会特别在意孩子的撒谎。与其说"你在撒谎吧"，不如说"是吗，快来洗手"然后该做什么做什么。这样做一方面是为了保护孩子的自尊心，另一方面也是要让他知道，这样撒谎并不会引起妈妈特别的关注，著名的儿童作家黑柳彻子的母亲就是这样做的。

还有一种情况下，孩子会撒谎，那就是逃避责任。比如说孩子打碎了盘子，但硬说是小狗打碎的，这样做是因为之前他做错事情承认之后，收到了严厉的责罚。

其实像打碎东西、弄坏了艺术品之类的事情，发生在孩子身上一点儿也不奇怪，家长没有必要大动肝火，这样也会降低孩子说真话的勇气。所以，当孩子做错了事情撒谎的时候，妈妈可以说："我知道真相。"让他明白自己骗不了人，另外也和他商量解决问题的办法，而不是发泄自己愤怒的情绪。

😊 不喜欢幼儿园

一个孩子痛哭流涕地坐在地上，喊着不清楚的话，而家长坚持要扯着孩子往前走，多半就是因为孩子不想上幼儿园。

其实，对于刚入幼儿园的孩子来说，他们需要时间去发现入学的乐趣，也需要时间认识新朋友，嘴里说着不想去幼儿园的人很多，但只要父母多鼓励几句，告诉他可能会有新朋友，会有很有趣的事情，会学到很多东西回来给妈妈讲，他们还是会勉为其难地去的。

但也有孩子说什么都不想去幼儿园，那么就需要妈妈耐心地问问他，如果妈妈在幼儿园陪他一会儿再走是否可以，或者是不是有其他原因。妈妈也要主动和老师沟通，当作寻常的感谢，然后问问孩子在学校的表现如何。

有的孩子因为人际压力而害怕入学，例如同班个子较大的欺负他，或者老师教的东西他学不会等，或者学校食堂做的饭菜他吃不完，因为剩饭而受到同学的嘲笑，这些原因都可能导致孩子厌学。越是这样的情况，越需要家长鼓励孩子去上学。家长听出孩子是因为心情而不想上学的时候，要果断地说"我送你去"，不要提出什么交换条件，更不要说"我们知道你很小，很可怜"之类的降低孩子士气的话。

如果孩子上了一个学期，也交不上什么朋友，你任何时候去看望他，他总是孤零零地一个人，无精打采。那么最好考虑在他回家之后，问问他是不是很难交到朋友，或者给他介绍一些同龄人一起玩，不要让这种孤独持续下去。

也有极少的受过高等教育的父母，把孩子接回家自己带，自己安排课程，编写教材。这样做也不是不可以，只是对父母投入的精力有更高的要求，一般人可能应付不过来。等到孩子满了上小学的年纪，就必须接手国家规定的义务教育了。

🐟 在幼儿园没有好朋友

当孩子离开朝夕相处的爸爸妈妈，爷爷奶奶来到幼儿园这个陌生的环境时，难免会焦虑不安。如果能在幼儿园交到自己的好朋友，孩子会很快平息这样的不安情绪，但实际上，很多小朋友并没有在幼儿园找到自己的好朋友。幼儿是渴望交往的，好朋友对孩子来说非常重要。那么如何让孩子交到好朋友呢？

提高孩子的交往技能

家长应该多带孩子去户外走走，接触大自然，认识其他小朋友，让宝宝与其他孩子共同玩耍，增强孩子的交际能力，也可以通过角色扮演的游戏，让孩子多开口说话，学会与不同类型的人接触交往。

让孩子学会分享

会与其他小朋友分享的孩子，是幼儿园受欢迎的小朋友，家长应该培养孩子分享的理念。平时可以带些小玩具去幼儿园，让孩子邀请其他的小伙伴玩耍。如果家里有条件，周末可以让孩子邀请其他小朋友来家里聚会，让孩子用自己的玩具、零食招待小朋友。

帮助孩子分析问题

当孩子回来告诉家长在幼儿园没有好朋友时，家长不要只顾着安慰，也不要对宝宝说，不愿意和宝宝交朋友是其他孩子的不对，当然更不能因为孩子没有朋友而责骂孩子，怪他没本事。当孩子告诉你之后，应该和孩子好好沟通，与老师联系交流，找到孩子没有朋友的原因，再根据原因帮助孩子分析及确定解决办法。

不要让孩子挑朋友

有的家长害怕自己的宝宝结交了不乖的孩子，总跟宝宝说某某孩子喜欢拿别人的东西，人不好、不喜欢他等，这样的话语很容易让孩子养成"挑朋友"的坏习惯。家长应该让孩子结交不同个性的朋友，让孩子学会跟不同个性的人交往的方式。

让孩子变得平和

爱打架或者爱抢别人东西的孩子总是不受欢迎的，家长应该让爱打架的孩子变得平和起来。家长要以身作则，不要暴力对待孩子，让孩子时刻感受的爱。也不要让孩子看一些暴力画面的书籍或电视，另外，家庭和睦对孩子的个性成长也很关键。

集体中出现传染病怎么办

上幼儿园的孩子难免会因为其他同学患传染病而被感染，只要是能很快治愈的，家长不要怪学校，更不要报怨传染源的孩子，让同学之间难以相处。孩子从幼儿园回来，先要洗手，从学校带回来的东西，也没有必要进行严格消毒，一般学校发现有传染病的学生或者老师都会隔离处理。如果是自己的孩子得了有传染性的疾病，就主动跟老师说明，请假在家休息。

🦴 锻炼身体

四五岁的孩子，一方面是可以进行体力锻炼，例如，和爸爸一起跑步、在小区健身区域跟着做一做小幅度的体操和运动，但主要还是在日常生活中加强身体锻炼。例如和家人一起郊游、买东西、逛公园、走亲访友等，这些都让孩子自己走，少让别人抱着，另外可以和爸爸做一做骑马、翻跟斗这样的游戏，对孩子的体格有帮助。

如果孩子能够到乡下去住一段时间，和孩子们一起抓抓蝴蝶、躲避狗的袭击等，其实就能起到很好的锻炼作用。

孩子如果想要学滑旱冰，家长可以给他报个低年级的班，最好不要在马路上滑，很不安全。另外防护的工作要做好。

🦴 四季护理

春天护理

如果想要培养孩子对动物和植物的兴趣，那么从5岁开始，就可以带着他上植物园、天然的树林里面去玩耍了，一定要赶上冬天过去，万物复苏，"草色遥看近却无"的初春，可以用相机或者素描来记录花草的形态变化，但是记住不要让孩子在玩耍的时候吃不干净的东西和长得很漂亮的植物，预防中毒。

夏天护理

夏天，幼儿园放假，父母可以利用这个假期来做很多事情，比如到比较远的地方旅游，或者，去海边游泳。如果家长想要培养孩子的艺术细胞，不妨多带孩子去体验一下各种乐器，结合他的喜好来学习。其实5岁开始学习的一般都是家里父母本身是音乐爱好者的孩子，爸爸妈妈如果不能在这方面做指导，可以让孩子晚点儿学乐器。如果有不错的舞蹈班，孩子也有兴趣，可以鼓励他去学一学。从小学习舞蹈，对肢体的舒展性和身材都有好处。盛夏的时候，要预防孩子中暑，如果长时间暴露在阳光下，回家之后不要马上喝冷饮，容易拉肚子。

秋天护理

秋天的时候孩子又开学了，家长需要注意孩子在新学期的变化，鼓励孩子多参加集体活动。

冬天护理

冬天时，东北地区的孩子可以学一学滑雪，是一项很好的运动，可以帮助孩子锻炼协调能力和吃苦的精神。不要让孩子天天待在有暖气的屋子里，出去吹一吹寒风，从小冻一冻，他们的体质和抗冻能力都会提高。反而是在南方地区，冬天阴冷难熬，孩子容易生冻疮，家长最好关注孩子的脚是否流汗、如果是容易流汗的脚要在激烈运动后换袜子，以防冻伤。

家庭环境的支持

🧸 玩具

儿童玩具是专供幼儿游戏使用的物品。玩具是儿童把想象、思维等心理过程转向行为的支柱。儿童玩具能发展运动能力，训练知觉，激发想象，唤起好奇心，为儿童身心发展提供了物质条件。适合4~5岁宝宝的玩具分为以下几类：

1. 发展小肌肉系统，完善各种动作的协调性、准确性和灵活性的玩具：各种球类，羽毛球、乒乓球、毽子、跳绳、自行车等。

2. 能够丰富宝宝生活经验、培养各种技巧、发展宝宝智力的玩具：玩娃娃家的各种用具，小锅、小碗、小家具，木工玩具；各种交通和运输工具，大卡车、消防车、警车等；各种组装玩具，积木，建筑模型，七巧板等；各种棋类，如跳棋、五子棋等。

3. 激发宝宝数学兴趣和科学爱好的玩具：计算器、学习机、电脑、遥控汽车等。

4.培养兴趣、陶冶性情、发展审美能力的玩具：电子琴、铃鼓、木琴等。

和孩子一起读书

5岁的孩子要不要上学读书是现在很多家长疑惑的问题，因为有的家长常年上班，没有时间带孩子，还不如把孩子交到学校，让老师帮忙教育。有的地方5岁的小孩就入学了，其实5岁入学还有点儿早。

那么孩子在家学习，应该读一些什么样的书呢？很多家长以为，那些有学问的人都是从小就饱读诗书、对传统经典倒背如流、对中外名著都了如指掌的人。因此让孩子读经，或者买一堆儿童必读书之类的经典放在家里让孩子自己读。其实，读经是可以的，问题是选择什么样的版本，而经典名著对5岁的孩子来说，则有点儿太早了。

比如给孩子选择《三字经》《千字文》《百家姓》这样的读本时，哪些才是适合儿童的呢？很多人想当然地以为，颜色最鲜艳，里面的卡通人物画的最可爱的，也就最适合孩子来读，或者选择那种字号很大，标注了拼音的版本。另外还有一些版本有专门的版块来介绍经文背后的故事，让孩子明白做人的道理等。那么我们来看看一位师范大学中文系毕业的妈妈是怎么选择的。

这位妈妈觉得，如果让孩子读经，不要读那种花里胡哨的版本，因为经文本身就有很丰富的内涵，如果为了吸引眼球上很多不需要的信息，只会分散孩子的注意力。同时，我国的蒙学经典也有几百年的历史了，在传抄的过程中不免会有失散，也会有一些后人增删的东西。是不是要读新中国时期的版本，还是读最初的版本，这些她也都慎重考虑了。最后她还是选择了比较接近原版的版本，后来的国学大师章炳麟曾经专门为《三字经》续后，但还是古老的版本比较有原汁原味。

版本选定之后，妈妈再考虑字体、字号等问题。最后她自己从字库里面找了正楷毛笔字，按照《三字经》的顺序合定成一本书，让孩子在读经的过程中，也充分欣赏汉字的书法之美。

相信很多人都会说，我自己没有这位妈妈的水平，那怎么选择版本呢？如果是图画书，可以选择一些绘画的风格完全不一样的读本，例如《猜猜我有多爱你》和《大卫上学去》就是风格迥异的，现在《不一样的卡梅拉》很火，但除了这一系列之外，还有《可爱的鼠小弟》等丰富的读本。孩子读绘本很快，也可以反复读，将来还可以给别的孩子读，所以妈妈们可以多选择一些。

读绘本的时候，家长要和孩子一起读，有一本专门讲给孩子朗读的书，叫作《朗读手册》，家长们可以借来看一看里面的教育思想和具体的做法。这本书的开头有一句话很动人：你或许有无限的财富，一箱箱的珠宝与一柜柜的黄金。但你永远不会比我富有——我有一位读书给我听的妈妈。的确，对孩子来说，有一位会读书的妈妈，也就意味着有了智慧的启蒙师了。

如果是选择国学传统经典，最好不要选择拼音、注释和故事很多的那种，只是为了让孩子从小记住，将来长大了再慢慢体会其中的道理的话，可以选择简洁、容易辨认的版本。

孩子上学前必须写字吗

在上小学前就会写字的孩子已经很多了，他们不仅认识简单的汉字，也认得数字。家长不要错误地认为这是教育有方的"成绩"，孩子认字完全是靠自己的记忆力和思维来完成的，家长只是提前给他一个认字的环境而已，所以不会认字的孩子也没有必要被看成是"笨小孩"，如果他们处于相同的环境，也可以认字的。

其实，教孩子认字完全可以自然而然地进行，我们生活的世界总是被文字和符号包围，广告、公交站牌、地图、报纸、电视上都会有字，孩子看的画册上也会有字，如果爸爸妈妈在平时的生活中喜欢读书看报，孩子很容易就形成认字的意识。有的妈妈会惊讶怎么孩子可以认识比她想得多的字，这里的奥妙就在于，孩子观察了生活。

但是有的家长为了进行"早教"，买了很多字帖、笔画拆开的练习册，让孩子一个一个认。还是和前面提到的那样，如果认字和阅读、理解完全脱节，效果就难以理想了。单纯的认字就像我们凭空记单词一样，是很难记住的，但是要和故事结合起来，就会容易很多了。

认字之后要不要学会写呢？答案是没有必要。写字比认字又要难很多，家长不要急功近利，破坏了孩子的积极性。在很多英语国家中，孩子都是先会说，会用之后，再去认识音标、学习写单词的，这与我们对语言的认知是相同的。鼓励孩子认识和会用，比会写更重要。

◎ 亲子游戏

很多父母在家和孩子大眼瞪小眼，感到无事可做。有的父母想要和孩子做游戏，但是又不知道做什么好。值得庆幸的是，有细心人专门整理了父母和幼儿做游戏的亲子游戏书，爸爸妈妈可以去购买专门讲做游戏的书回家自己学。不过，在购买的时候要注意一下操作性，随手看看里面的内容，我们在家能不能做到，有没有条件。因为有的外国引进过来的游戏书，有一些器材在我们这里不容易找到。最好是选择那种能够在家里很容易做到的游戏书。这里也可以介绍一两个培养孩子能力的小游戏。

培养孩子的反应速度

爸爸妈妈和孩子站成一排，两个人玩就战成面对面，然后轮流喊口令。比如"大西瓜""小西瓜""苹果""菠萝"等，让对方根据自己喊出来的口令比画出形状和大小。这里要注意的是，不要喊"梨""番茄"这种大小差不多的水果，也不要喊"香蕉"这样的形状不规则的水果。看看孩子的反应能力。这样玩了一组之后，还可以换过来玩反着做的游戏，这时只能喊几组，比如喊"大西瓜"，对方就要做"小西瓜"的动作，对方喊"向左走"，小孩就要做"向右走"的动作，训练孩子的逆向思维和迅速反应的能力。

培养孩子的运算能力

有的 5 岁小孩已经能简单的加减法了，为了训练孩子算数的能力，可以在玩"捉狼"的游戏时，运用上简单的数学加减法。例如，一个人被狼抓到了，狼要出一个题："3+2"，被抓到的人马上说出"5"，就可以继续逃跑。

这里只是列举，还有很多的游戏，等待着父母去创造和发现。

潜能开发游戏

◎ 踩老鼠

【目的】训练宝宝的奔跑能力，培养宝宝动作的敏捷性。

【玩法】找一只旧袜子，里面塞满棉花或碎布头，用绳子将袜口扎紧作"老鼠"，家长牵着"老鼠"跑，宝宝追，踩住袜子就算逮到了"老鼠"。注意，做这个游戏的时候一定要注意安全，不要摔倒宝宝。

◎ 追泡泡

【目的】提高宝宝动作的协调性和听信号迅速作出反应的能力。

【玩法】准备一些塑料袋制成的泡泡（可选用一次性包装袋）、小纸棒（旧挂历纸卷成）和夹子若干、欢快的音乐和缓慢的音乐各一首。游戏开始时，家长和宝宝各准备一只泡泡，分别把泡泡用夹子夹在身体背后，每人手持一小纸棒，相隔一定距离站好。游戏开始：听音乐节奏变化，家长和宝宝在一定的区域内玩追泡泡的游戏，听到欢快音乐时，要想方设法地用小纸棒敲击他人身后的泡泡，又要保护好自己的泡泡避免他人敲击，以击中他人者为胜。听到缓慢音乐时，在场地里慢跑，不可再敲击他人的泡泡，再次听到欢快音乐时，游戏继续。游戏熟练后，可增加游戏的难度，变化夹泡泡的位置，如肩膀、脚踝等处。

猜猜什么声音

【目的】增强宝宝对不同声音的敏感性并训练他的集中注意力。

【玩法】家长指给宝宝看他平时常用的不同物件，然后请宝宝闭上双眼，或者转过身去，或者蒙上眼睛，然后请他仔细地去听，并且猜猜家长发出的是什么声音。家长可以躲在椅子后面，然后发出不同听声音，如拍球、打蛋器之声、上钟表发条声、打字、玩一种乐器、订书机的声音、用剪刀剪布或剪纸、撕报纸等。

看谁套得多

【目的】锻炼宝宝的瞄准能力和动作的协调性。

【玩法】在屋子里摆上几个玩具，让宝宝轮流用套圈一个一个向前投，看谁套得准、套得多。开始玩时，可离近一点儿，使宝宝容易套中，以增强信心。训练一段时间后再适当增加难度，让宝宝站得离玩具远一点儿。注意的是，如果用竹条或藤条自制套圈，最好用彩条或塑料带子把圈绕一道，以免刺伤宝宝的皮肤。

自己的天空

【目的】让宝宝感受作画的乐趣，提高宝宝的想象力和创造力。

【玩法】准备一面涂鸦墙（可以在房间墙面上帖上一张较大的纸，最好比人高）让宝宝在涂鸦墙上自由彩绘，还可以贴上生活照。同时也要让宝宝知道，唯有这片墙才是他能自由发挥的天地。每隔一段时间，家长可以把宝宝挥洒的墙面画取下，记录好日期和他表达的意思，收存在宝宝专用的柜子里，等他稍大之后取出来欣赏，一定别有一番滋味哦！

指印真好玩

【目的】感受指印印画的乐趣，发展宝宝的想象力和创造力。

【玩法】由家长先示范，分别将5个手指沾上印泥，盖在白纸上，让宝宝观察每个指印的模样，并且比较其大小。当宝宝发现指印上有呈螺旋状的纹路时，会感到惊讶。然后再让宝宝该上自己的指印，与大人的指印做比较，看看有些什么不同？还可以让宝宝运用一个或多个指印去构图、添加笔画，成为某项具体的事物或一幅画，如一个指印可以变成小鸟、鱼、菠萝、树、甲虫、人等，多个指印可以变成花园、云朵等。

谁躲起来了

【目的】培养宝宝的注意力和记忆能力。

【玩法】准备若干个不同的玩具或物品，一块布。游戏开始时，爸爸（妈妈）说："今天我们家来了很多客人。"然后介绍："小兔妹妹，积木宝宝"等（一开始时放的物品稍微少点儿，可以 3 ~ 5 个），接着说："待会儿，这些客人要和你做捉迷藏的游戏，你要记住他们是谁。"让宝宝多看一会儿，然后用布把"客人"盖起来。让宝宝想想有哪些客人，想出一个让一个客人出来。等到这个游戏玩熟了以后，可以不用布让宝宝闭起眼睛，拿走一个物品，让宝宝猜猜谁躲起来了。

巧巧对

【目的】提高宝宝辨别图形、数量的能力和记忆力。

【玩法】将空白纸裁成大小相同的卡片数张，每两张卡片上画的图形的形状和数量都相同。由家长随意取出一张卡片，让宝宝说出它的数量与图形，等宝宝能够辨识每一张卡片以后将卡片正面朝下，任意排列在桌上，让宝宝随意翻开两张卡片。如果两张卡片上的图形与数量都一样，则拿到一旁；如果两张不同，把卡片返回原来的位置，直到所有的卡片都配成对为止。家长可以根据宝宝的能力增减卡片的组数。

默契大考验

【目的】加强宝宝辨别形状的能力，增进和宝宝的感情。

【玩法】准备若干形状、大小不等的积木，将积木分为两组（两组各有相同的大小及形状的积木），家长和宝宝各一组。游戏开始时，家长和宝宝分别闭上眼睛各自选取一块积木，握在手心，由宝宝发号施令："一、二、三，张开眼睛！"然后打开手心，侃侃彼此所拿的积木是否相同。若相同则拿出来放在一旁，直到所有积木都拿走后结束游戏，进入下一轮。

住旅馆

【目的】让宝宝感知 1 ~ 10 的数字。

【玩法】准备 10 个空盒子和若干纽扣，依序在盒子上写 1 ~ 10。让宝宝依照数字放入等量的纽扣，例如，"3"表示放 3 粒纽扣。在让宝宝玩时，要注意别让宝宝把纽扣放到嘴里。

🐚 小小剧场

【目的】增强宝宝的表演欲望和表演能力。

【玩法】准备 1 个较大的空盒子，玩具娃娃等动物或人物形象若干。把大纸箱的盖子拿掉，在箱底挖一个方形大洞，就是一个小小舞台了。全家人可以轮流上场，用布偶、纸偶演戏，观众可别忘了鼓掌哦！如果在方形大洞旁画上一排按钮，就变成一架电视机了。全家人可以轮流"上电视"说个故事一、唱首歌，或是模拟天气预报等。

🐚 魔术袋

【目的】培养宝宝的注意力记忆力和手部触觉的敏感性。

【玩法】准备若干不同的玩具或物品（如积木、图书、小球、小娃娃等）、一个布袋或枕套。把准备好的东西展示出来，让宝宝认认它们是什么，然后把这些物品放进魔术袋（布袋）里，让宝宝伸一只手进去摸，猜猜是什么物品，猜对了有奖励或表扬，猜错了就要接受惩罚。直到每一样东西都摸到过猜过。这个游戏可以反复进行，放的物品简易度可以根据宝宝情况自动调节。

5 岁到 6 岁

这个年龄的儿童

体重

男孩儿体重的正常范围为 18.7 ～ 19.7 千克，平均为 19.2 千克；女孩儿体重的正常范围为 17.7 ～ 18.7 千克，平均为 18.2 千克。

身高

男孩儿身高的正常范围为 109.9 ～ 113.1 厘米，平均为 111.5 厘米；女孩儿身高的正常范围为 108.4 ～ 111.6 厘米，平均为 110.0 厘米。

营养需求与喂养

🐚 营养需求

5 ～ 6 岁孩子正处在生长发育阶段，新陈代谢旺盛，对能量和营养素的需要量相对比成人高，必须满足孩子的营养需求，才能保证其体格与智能发育正常，形成良好的身体素质。

这时家长要注意为孩子提供平衡膳食，以补充充足的谷类或根茎类（土豆、薯类等)，为身体成长提供基本的热量；其次要含有动植物蛋白质，如肉、鱼、奶、蛋、禽、豆类及其制品，提供优质蛋白质；再有要含有丰富的蔬菜和水果，提供身体必需的维生素和无机盐。最后脂肪、油、糖也是必不可少的，满足热能需要。

为给孩子提供丰富的营养，不仅要重视膳食结构，做到主副食搭配，粗细粮搭配，荤素菜搭配，而且还要重视合理分配各餐热量。俗话说，早餐要吃好，午餐要吃饱，晚餐要吃少是有道理的。早餐热量应占全天热量的 30%～35%，午餐占 40%，晚餐占 25%～30%。每天除了三顿主餐之外，可以在早、中餐之间和中、晚餐之间各加一次点心，如少量的糖果、糕点或豆浆等，以弥补主餐的营养平衡。

饮食安排

5～6岁孩子应进一步增加米、面等能量食物的摄入量，各种食物都可选用，但仍不宜多食刺激性食物。满 5 岁时，孩子量每日每千克体重需热量 90 千卡，虽然此时膳食可以和成人基本相同，但营养供给量仍相对较高。对孩子的日常膳食安排，应注意营养素的平衡，保证热量及各种营养素的摄入量。荤素要搭配，米面要交替，品种要多样。还要注意培养良好的饮食习惯，纠正挑食、偏食及吃零食的坏习惯。

6岁左右孩子开始换牙，所以仍要注意钙与其他矿物质的补充，可继续在早餐及睡前让孩子喝牛奶。在不影响营养摄入的前提下，可以让孩子有挑选食物的自由。此外，仍应继续培养孩子形成良好的饮食习惯，讲究饮食卫生，与成人同餐时不需家长照顾等好习惯，不要让孩子养成一边看电视一边吃饭的坏习惯。

零食供给

很多爸爸妈妈都在为怎样控制孩子的零食而烦恼，不想给孩子吃吧，可又承受不了孩子的眼泪攻势，那要怎样控制孩子吃零食的习惯呢?

不要因为宠爱而纵容孩子吃零食

有些妈妈虽然知道零食的危害，但是受不了孩子的眼泪攻势，一味地迁就孩子吃零食，这就是妈妈本身的问题了。其实妈妈只要稍微想想办法就能有效的控制宝宝吃零食了。比如，把零食藏在孩子看不到的地方，在给孩子零食的时候，只拿出要给孩子吃的一部分，孩子吃完看到没有了也就会善罢甘休了。

不要用零食作为孩子的奖品

一些爸爸妈妈把零食作为鼓励孩子做事情的奖品，比如"你今天在幼儿园表现好的话，放学的时候妈妈给你买一个冰激凌"，这是很多爸爸妈妈鼓励或是"引诱"孩子的办法。这种办法虽然很管用，但是并不提倡，因为这样容易使孩子养成被动、消极的做事习惯。

孩子的饭菜要有吸引力

很多孩子吃零食是因为正餐时吃不饱，一般都是由于饭菜没有吸引力造成的。如果饭菜外观不漂亮，口感不好，孩子就失去吃饭的兴趣。为了吸引孩子吃饭的兴趣，妈妈可以给饭菜起一些有趣的名字，或者把饭菜做成有趣的形状来吸引孩子。孩子正餐吃好了，对零食的兴趣自然也就降低了。

家庭成员要保持统一的原则

针对孩子吃零食的问题，家庭成员之间应该保持一致的原则，一些爷爷奶奶比较宠孩子，只要是孩子想吃就给买，久而久之，孩子吃零食的要求在爸爸妈妈处得不到满足就会转向爷爷奶奶，这样孩子吃零食的习惯就得不到很好的控制。

以身作则

很多爸爸妈妈就有吃零食的习惯，自然孩子看到后也会要吃。因此一些爱好零食的爸爸妈妈要适当地控制下自己，以身作则，给孩子树立一个好的榜样。如果实在没办法改掉吃零食的习惯，也不要当着孩子的面吃，以免给孩子树立一个坏榜样。

能力发展与训练

自理能力

五六岁的孩子，已经进入学习的另一个重要阶段了——那就是适应社会、学习知识、开始独立的阶段。

上学之后的孩子会面临很多问题，比如老师布置的作业、学习新的东西、接受考试、同学之间可能已经有了比较的意识、自己在学校的关系等。如果家长很忙碌没有时间管孩子，这时候他们会自己安排时间，决定什么事情先做什么事情后做，对朋友采取什么样的态度等，其实他们可以做到。

但是有的家长总觉得需要提醒孩子，"该做作业了，该休息了，该……"这样是在帮助孩子养成不好的习惯。即使孩子有一次没有做作业，家长也知道，但是克制自己不去提醒他，让他为自己的偷懒和疏忽吃点儿苦头，下一次父母再在适当的时机提醒一下："上次你忘了做作业……"这样孩子就能自觉地安排自己的生活了。

孩子上小学之后，接触外面世界的机会越来越多，认识的人和看到事情也会越来越多，家长要做好安全教育工作，这也是孩子自理生活能力培养的一部分。

社会交往

孩子的社交能力主要是在日常生活中得来的，他们不会和成年人一样有意识地去学习社交礼仪、社交技巧等。所以家长一方面要做好正确的示范，对他人讲礼貌、用尊重的语气对话，另一方面可以鼓励孩子和比自己年长的人、和自己同龄的人、比自己年幼的人建立友谊。

和长辈做朋友

和长辈做朋友，孩子可以得到更多的关爱和指导，如果附近的公园中有很多年老的人去健身，可以带着孩子去那里，很自然地认识一些长辈。这样也有一个好处，当家里没有人的时候，可以把孩子托给他们照看。当然，父母也需要表达谢意。

和同龄人做朋友

家长可以趁给孩子办生日聚会的时候，鼓励孩子邀请一些朋友到家里来玩。如果孩子们把家里弄得很乱，最明智的做法就是鼓励孩子么一起收拾好。这样做可以让孩子们在劳动中增进友情，也可以培养孩子们的责任心、协作能力，同时不会有一个收拾郁闷的情况。如果孩子和同龄人闹了矛盾，家长不了解情况就不要做判断，让孩子们自己去解决问题。

和比自己小的人做朋友

和比自己小的人做朋友，可以让孩子知道照顾小孩的感受，懂得谦让和帮助别人，也可以让他在帮助、指导别人的过程中得到满足感和成就感。鼓励孩子和更小的人玩耍，对孩子来说是一件很有积极意义的事情。

创造能力

五六岁的孩子创造性很活跃了，如果这个时期他们表现出对某一方面感兴趣，那么家长要尽可能提供条件让他们去了解自己的兴趣点，知道自己有没有这方面的特长。著名的昆虫学家法布尔，就是从小开始观察昆虫，最后写成了《昆虫记》这样的著作的。

如果孩子的兴趣很广但是没有常性，家长也不必太着急，他正在寻找适合自己的东西，不适合的东西不如尽早地放弃。

如果家长只是为了训练孩子的协调性和左右脑而给孩子报钢琴班，那么就不要抱着兴许他是钢琴神童的想法去强迫他学习。一个孩子有了健康的身体，积极乐观的性格和礼貌的教养，他学什么都还来得及。

⑤ 技能才艺训练

很多家长希望孩子可以早早学芭蕾、钢琴、体操，并且成为这一行中最优秀的人才。家长可以培养孩子的多方面的兴趣，但切忌过早给他一个职业化的定向。培养孩子的两个方向，第一是把喜欢的事情变成事业，第二是不遗余力的投资教育。孩子选择了五六样乐器，可能到第七样他才真正感兴趣，当孩子不喜欢的时候，家长不要过分要求，当孩子对某样东西有了兴趣，他就愿意主动去学习，不用家长督促。

不要指望给孩子报个什么特长班，他将来就真能成为这方面的大师。职业化的人不是培养出来的，而是靠悟性，真正的大师都是有这个天分。比如说搞音乐的孩子，他有音乐方面的灵性和悟性，家长不用刻意培养他也能发挥他天生的这种才能。很多教育家都认为，幸运的人是跟天分学到一块儿了，不幸运的人是把非天性的东西错误培养了。

日常护理注意问题

⑤ 咬合不正

如果孩子的牙齿出现了龅牙、犬齿突出、咬合处错开、牙齿参差不齐等情况，都属于咬合不正。咬合不正会影响咀嚼和发音，并影响脸部的发育，因此要尽早治疗。

咬合不正与遗传有关，遗传性的咬合不正需要等到孩子长大后手术治疗，但孩子后天的生活习惯也有很重要的影响。例如大舌头、上下颌骨发育不全、习惯啃手指等坏习惯、换牙也可能引起孩子的牙病。

5 岁以前，孩子是不是咬合不正还不能明显看出来，因为那时候他们的身体还在发育，在孩子 6 ～ 12 岁的时候，家长就要开始注意孩子的咬合问题了，很多孩子到了小学体检的时才发现咬合不正。

为了预防咬合问题，家长要注意观察孩子说话时候的发音，吃东西的习惯。在恒齿开始长出来的六至七岁间，要注意儿童的咬字和咀嚼机能，尽早治疗，可以借着发育的趋势，矫正齿列。在中、小学念书时期，是矫正的适龄期。

矫正治疗一般不必拔牙，在齿和颌部使用矫正装置予以矫正就可以了。通常要先用 X 射线检查，每月作一次检验，渐渐促使咬合正常。有的矫形治疗需要数年的时间。15 岁以上施行口腔的外科手术。

⑤ 慢性鼻炎

慢性鼻炎主要是间歇性鼻阻塞，鼻涕增多，常流脓鼻涕。出现咳嗽、多痰、咽部不适等症状。小儿慢性鼻炎可影响孩子面部发育以及记忆力，有 40% 的病人可伴发哮喘，长期鼻炎还可引发分泌性中耳炎，导致患儿听力下降；鼻炎引发鼻塞，还会影响患儿夜间睡眠质量，严重的会有夜间睡眠呼吸暂停。

预防鼻炎，注意不要让孩子长时间待在空调房里，温差较大时要注意增减衣服；炎夏时大量喝冷饮，也可能导致鼻炎；夏季鼻炎患者游泳时，要注意水进入鼻腔而感染。儿童鼻塞时，不要强行给他擤鼻涕，以免引起鼻腔毛细血管破裂带菌黏液逆入鼻咽部并发中耳炎。

如果家里有慢性鼻炎患者，可以用按摩的方式来治疗和缓解，需要家长对常规学位比较熟悉，然后让患儿坐位或仰卧，家长以拇、示二指点按鼻唇沟上端尽处，时间为 1 ~ 3 分钟；或者以双手拇指按压攒竹穴 1 分钟；以拇指指腹沿鼻梁两侧，自上向下推擦，以局部产生热感为止；或者患儿俯卧，家长横擦背，以透热为度。

🐾 扁桃体炎

让孩子张大嘴巴，压低舌头，发出"啊"的声音，可看见咽喉部两侧粉红色的小肉团，就是扁桃体。扁桃体自 10 个月开始发育，12 岁左右基本定型。作为呼吸道的门户，扁桃体是个活跃的免疫器官，尤其在小儿时期，含有各个发育阶段的淋巴细胞及免疫细胞，能抑制和消灭自口鼻进入的致病菌和病毒。也因为它最先受到病毒的侵犯，所以经常会有炎症。

扁桃体反复发炎，易引起咽炎、喉炎、气管炎、肺炎；中耳炎；鼻炎、鼻窦炎，淋巴结炎等；扁桃体的病原体，最易使免疫系统功能紊乱而引起全身并发症。如风湿热（风湿性关节炎，风湿性心脏病）、皮肤病（牛皮癣、渗出性多形性红斑）、心肌炎、肾病、肾炎、哮喘、糖尿病、血液病等难治性疾病。

扁桃体发炎后，可以选择用抗生素治疗，见效快，可很快控制急性期的症状，但容易反复。反复使用抗生素，对身体也不好，易产生耐药性，并会损害肝肾功能，降低免疫力，破坏人体正常菌群。也可以选择含片，如果经常含服含片会使病菌产生抗药性，口腔正常细菌也会受到损伤。

扁桃体

那么是否要进行扁桃体切除术呢？我们已经知道了扁桃体的作用，就轻易不要切除，切除扁桃体等于失去了呼吸道的屏障，会影响人体整个免疫系统。但并发严重、全身疾病的儿童，也不排除手术治疗。

如果总是扁桃体发炎，要注意加强锻炼，增强体质，以提高机体免疫力。

赖床

眼看着孩子上幼儿园或学校的时间快到了，孩子却还赖在床上，怎么叫都叫不起来，很多爸爸妈妈这时候都是气急败坏，一点儿办法也没有。其实，爸爸妈妈应该平静下来去分析孩子赖床的原因，然后针对原因采取有效办法去解决，从而让孩子养成一个好的习惯。

赖床的原因

1. 睡眠不足。孩子晚上睡得太晚，造成睡眠时间不足。学龄前的孩子每天所需要的睡眠时间为 10 ~ 12 小时。

2. 午睡过久。如果孩子午睡时间太久或睡午觉的时间太接近傍晚，都会让孩子在晚间精力旺盛，到了休息时间还睡不着，于是间接造成晚睡、睡不饱的状况。

3. 睡不安稳。有些孩子在睡觉的时候会踢被子、翻来覆去或磨牙，这时爸爸妈妈要多留意，孩子是否有情绪上的问题或身体感到不适，或是有其他环境因素干扰了孩子的睡眠质量。

4. 噩梦干扰。孩子难免有时会做噩梦，除了单纯做噩梦，很大原因是担心害怕、心理压力或身体不适。

应对策略

爸爸妈妈应以身作则，有些爸爸妈妈在孩子就寝时间一到，就急着赶孩子上床睡觉，自己却还在忙东忙西。这种做法会让孩子有"孤单"或"不公平"的感觉，而且孩子会有"为什么只有我要去睡觉"的疑问，加上孩子对成人的活动充满好奇心，当然也就降低了睡觉的意愿。因此，只要到了睡觉时间，全家人最好都能暂停进行中的活动，帮助孩子酝酿睡前的气氛。通常情况下，孩子在幼儿园是要睡午觉的。爸爸妈妈最好和幼儿园的老师沟通一下，避免让孩子午睡时间过长。

保证夜间睡眠

有的孩子晚上经常做噩梦，导致睡眠质量不佳而赖床。而做噩梦最常见的原因是"怕黑"。"怕黑"是出自于人类对未知的恐惧，如果孩子因为怕黑而不敢睡觉，甚至还因此做噩梦，不妨在孩子的房里添置一盏小台灯。

🐾 尿床

孩子到了五六岁，夜间还频繁尿床，这是让家长很烦恼的事情。小孩的神经系统的发育从胎儿到出生之后是一个连贯的过程。有些神经反射是先天已经发育完成的，比如饿了要吃、不舒服了要哭。但排尿的反射，需要成千上万次的训练才可以达到完善。一般来说，孩子在 3 岁的时候可以基本完成排尿反射的建立，但是这种反射仍然需要巩固。比如小孩子很容易短时间将注意力集中在一件事情上，就会出现暂时忽视这种排尿信号的刺激；再比如，小孩子在哭得厉害的时候，也容易出现尿裤子的现象。到了 5 岁以后，排尿反射就应该已经相当健全了。要是 5 岁以上的小孩还频繁出现夜晚尿床、白天尿裤的现象就可能存在一些问题了，大致包括以下几种因素。

遗传

有国外资料和数据显示，74% 的男孩和 58% 的女孩儿，他们的父母双方或其中一方有遗尿的历史。所以，父母可以回想一下是否自己也有过遗尿的经历。

睡前喝水过多或白天喝水太少

晚饭喝了很多粥，或者是吃咸了，喝很多水，就特别容易造成尿多、尿床。白天喝水太少，尤其是女孩儿，尿液中的代谢物就会比较浓，表现出来就是尿黄的现象。但其中浓缩的代谢物残留在尿道，对尿道口就是一个刺激。夜间这种刺激就会使得孩子不自觉地尿尿。

梦境

很多孩子都觉得自己好像是做了一个梦，梦见上厕所，于是就尿床了。因为这种原因而尿床的孩子，家长不必在意。睡觉的时候孩子的脚露到被子外面，感到凉，会刺激想要尿尿；孩子在睡觉，家长在洗澡，睡梦中孩子听见水声也是一种刺激，下雨天也一样。

排尿反射没有建立好

有的孩子从小穿纸尿裤、开裆裤，家长就容易疏忽孩子排尿反射的训练。孩子的神经系统没有建立起自觉的排尿反射，不能把排尿和尿盆或厕所联系在一起，也就不能很好地控制自己的身体。

心理因素

父母吵架、亲人病逝、长时间与父母分离、搬家、上学、受到惊吓等因素都可能导致孩子遗尿。而孩子尿了床之后，家长的责备、无意的嘲讽也会给孩子造成严重的心理负担，给他压力，更加紧张，越紧张越尿床。

而心理因素甚至会可使已有控制排尿能力的孩子发生遗尿，给孩子的心理和身体都造成伤害。

如果孩子没有建立好排尿反射，要耐心继续帮助孩子训练控制自己的排尿习惯。夜间孩子入睡后 3 小时，叫他起床上厕所。使起床排尿和膀胱充盈的刺激联系起来，训练一段时间，孩子就能自行被尿意刺激唤醒了。同时，把喝水的时间集中在白天，晚饭前。晚饭后少吃甜食和高蛋白饮料，避免口渴。可以吃些水果。避免白天过度劳累。中午睡一觉，可以使孩子不那么疲劳，夜间也就可警醒一些。临睡前一定叫孩子上厕所。

另外，对于尿床的孩子，一定要用宽容和爱护的心态对待。千万不要责备、打骂或者嘲笑他们。父母首先要帮助孩子平复心中的压力和负担，然后耐心地和孩子一起面对和调整。父母不要把孩子尿床的事情当成笑话讲给别人，这样孩子的心理负担会更重。

晕车

晕车与耳朵中有平衡功能的前庭器官的兴奋性有很大关系。如果行驶中的车辆颠簸得厉害，就有可能导致孩子前庭器官兴奋性增高，引起孩子晕车。一般来说，小孩的症状比大人重，也更为普遍。因为 4 岁以前，孩子的前庭功能正处在发育阶段，4 岁后不断趋于完善，16 岁完全发育成熟。随着前庭功能的逐步完善，孩子晕车的症状会越来越轻，以至消失。

为加强前庭功能的锻炼，增强孩子的平衡能力，可以抱着孩子原地慢慢地旋转。稍大的孩子，可以带他们荡秋千、跳绳、做广播体操；在父母的扶持下，让孩子走高度不高的平衡木；教会孩子沿着地上的细绳行走，身体尽量不要晃动；乘车前，不要让孩子吃得太饱、太油腻，也不要让孩子饥饿时乘车；上车前，可在孩子肚脐处贴块生姜，以缓解晕车症状；晕车厉害的孩子，乘车前最好口服晕车药，剂量一定要小；带孩子乘车应尽量选择靠前颠簸小的位置，以减轻震感。打开车窗，让空气流通。

孩子晕车时，妈妈可以用力适当地按压孩子的合谷穴。合谷穴在孩子大拇指和示指中间的虎口处。用大拇指掐压内关穴也可以减轻孩子的晕车症状。内关穴在腕关节掌侧，腕横纹正中上 2 寸，即腕横纹上约两横指处，在两筋之间。

湿疹

湿疹是幼儿时期常见的一种皮肤病，是过敏性疾病。大多发生在面颊、额部、眉间和头部，严重时躯干四肢也有。初期为红斑，以后为小点状丘疹、疱疹，有的很痒，有的不是很痒，疱疹破损，渗出液流出，干后形成痂皮。

诱发湿疹的原因很多,主要有对母乳里蛋白质或对牛羊奶、牛羊肉、鱼、虾、蛋等食物过敏;过量喂养而致消化不良;吃糖过多,造成肠内异常发酵。肠寄生虫;强光照射;肥皂、化妆品、皮毛细纤、花粉、油漆的刺激;乳母接触致敏因素或吃了某些食品,通过乳汁影响婴儿;遗传。有的婴儿从2~3个月就开始有湿疹,直到5~6岁还是断断续续,用药的时候就会好转,但是药停了又开始复发,令家长很担心。如果孩子总是在同一个季节患湿疹,可能是因为季节性的过敏源。但要找到过敏原是比较困难的,家长要让小孩避免接触有刺激性的物质,不要用碱性肥皂洗患处,也不要用过烫的水洗患处,不要涂化妆品或任何油脂。

湿疹在温度高的地方容易复发,因此小儿患湿疹之后,尽量将他们放到室温不高的环境中,衣服穿得宽松些,不穿化纤、羊毛衣服,以全棉织品为好,严重的时候也不要洗澡。

在孩子湿疹严重的时候,适当的用激素软膏控制湿疹症状也是需要的,比如地塞米松霜和派瑞松软膏和醋酸氟轻松软膏等。但是这类药物外用过多会被皮肤吸收带来副作用,长期使用还会引起局部皮肤色素沉着或轻度萎缩。另外,也可以用不含激素的绿药膏,它可以起到消炎止痒的作用。没有哪一种药膏是完全有效的,它有自己的局限性,而且每个孩子的体质不同,对药物的反应效果也会不一样的。要根据自己孩子的情况选用药物,或是上医院请医生检查,看应该用哪一种药物。

疝气

咳嗽、喷嚏、用力过度、腹部过肥、用力排便、女性妊娠、小儿过度啼哭等,都容易引起疝气。

疝气最主要的症状是在腹股沟区,可以看到或摸到肿块。五六岁的孩子在洗澡时或腹部用力时可以看到,肿块可能只见于腹股沟区,有些则会到达阴囊或阴唇。当病儿安静或睡眠时,则忽隐忽现。肿块系由腹腔内的器官脱出到腹股沟所形成,脱出的器官以小肠居多,因此摸起来感觉柔软,退回去时常会伴有咕噜咕噜的杂音,其他如大肠、阑尾、大网膜等亦可能脱出。女性则以卵巢脱出较多,因此常可摸到似拇指大、较硬且多半有压痛的肿块。

疝气影响患者的消化系统,小孩则可因疝气的挤压而影响睾丸的正常发育。小儿疝气治疗最佳时间就是在发现症状的时候,越早采取措施治疗,达到的治疗效果越好,治愈所需的治疗时间越短。家长带小儿疝气患者到医院就诊时,有时医生会说孩子还小不用治疗,可以等孩子大一些了再进行手术。这时家长需要注意：孩子发现疝气如果延误了治疗时机的话，是有可能严重影响孩子日后的生育功能的，最严重的是会危及孩子的生命。

医生所说的"孩子小不能治疗"指的是孩子不适宜进行手术治疗，但是孩子是可以采取保守的方法进行治疗。小儿疝气患者在发现症状的时候就使用磁疗疝气治疗带进行治疗，一般一个疗程左右就可以治愈了，也就是说孩子两个月左右就可以恢复健康了，是不用做手术的。不仅治疗时间短，治疗的效果也是可以达到治愈后不复发的程度的。

保守疗法主要有药物疗法和疝气带疗法两类。药物疗法能缓解疝气导致的腹胀、腹痛、便秘等症状，从而使疝气减轻；不足之处是无法控制疝气脱出。常用中成药有疝气内消丸、橘核丸、补中益气丸等；或用肉桂研末醋调，纱布包敷脐部等。疝气带疗法能迅速阻止疝的凸出，从而能有效阻止疝气发展、缓解疝气导致的腹胀、腹痛、便秘等症状。缺点是只能治疗可复性小肠疝，无法治疗水疝。

鞘状突已闭锁   鞘状突未闭形成疝囊

腹股沟疝

阴囊疝   **精索疝**

⊙ **哮喘**

过了 5 岁开始哮喘的孩子，家长不能光希望靠药物治疗或者自愈，采取积极的措施更有助于孩子摆脱疾病。例如，在药物治疗的同时，让孩子像健康的儿童一样上学、锻炼、自己做事情，这些对于他的体质增强和自信心提高都有好处。

跑步后气喘吁吁，并有呼噜的声音的孩子，容易积痰引起哮喘。如果是这种情况，也不要就完全禁止孩子跑步，他可以把运动量调节得小一些。另外，经常泡温水澡对哮喘有很好的作用。

⊙ **腿痛**

小儿腿痛的原因很多，我们最常说的就是"生长痛"。五六岁时孩子身高增长快，又超过体重增加，所以，生长痛常发生于 5 ~ 7 岁的孩子。如果孩子白天玩得很好，在休息时和晚上睡前发生疼痛，腿部没有异常。这种就是生长痛，是暂时的，不必治疗。痛时可在局部按摩一下，或让孩子看画报、玩玩具、做游戏等，转移孩子的注意力。

如果孩子除腿痛外，还伴有发热、关节局部红肿、有触痛或其他关节红肿、疼痛等异常情况，那么，这种腿痛是不正常的，应到医院进行检查治疗。有些孩子小时候患过佝偻病，出现了两下肢骨骼的轻度畸形，如 O 形腿、X 形腿或军刀腿，使膝关节韧带松弛，关节面受力不均衡，出现关节左右松动不稳，当活动过量时，孩子也会感到腿痛。还有些孩子得了上呼吸道感染时，由于病原体的作用，也会引起一时性膝关节滑膜炎，因而出现关节酸痛的情况。上呼吸道感染治愈后，腿痛也自行缓解。

有的家长认为腿痛可以补钙，但钙的吸收不是一时弥补就能变好的，家长最好在孩子成长期开始注意营养搭配。

⊙ **低热**

妈妈通常不会给神气活现的孩子量体温，只有当孩子出现问题的时候，才会记得量一量体温。这时候常常会发现，孩子低热。

其实，大部分孩子的体温都会出现超过 37℃的低热，如果妈妈经常量一量孩子的体温，就会发现这个问题了。如果孩子不精神，有点儿低热，最好让他好好休息一下，另外问问是不是吃了什么东西，没有必要送到医院检查拍片。

⊙ **近视**

近视是由于遗传或眼调节肌肉睫状肌过度紧张造成的眼轴变形，导致看不清楚远处的物品的眼病。成年人戴镜后矫正视力，多可恢复正常，也可以通过激光手术治疗，但激光手术需要等到孩子成年之后再做。

孩子如果在 5 ~ 6 岁就出现近视，可能与生活习惯、弱视有关。弱视是一种视功能发育迟缓、紊乱，常伴有斜视、高度屈光不正。弱视是很难矫正到正常的眼病。弱视治疗与年龄密切相关，年龄越小效果越好。3 ~ 7 岁为最佳治疗期，80% ~ 90% 都可治愈，7 ~ 10 岁尚可治疗，10 ~ 12 岁不易治疗，12 岁以后治疗效果微乎其微。

父母注意给孩子在饮食上多安排一些动物性食品，动物的肝脏、蛋类、鱼类、奶类、甲壳类、绿色蔬菜、新鲜水果，对孩子的视力有好处。

不安静的孩子

好动是很多家长头疼的一个问题，从 2 岁到 7 岁之间都有，而五六岁的时候是"高发"的阶段，他们喜欢在上课的时候摸摸这里，看看那里，让他们像小猫一样安静地坐在椅子上是一件很困难的事情。

如果孩子总是动来动去不安静，有时候大喊大叫，破坏了老师讲课的秩序或者是家长的心情，往往会受到斥责。其实这样对他们来说是很委屈的，孩子只要在正常的生活中一切都没有异样，只是听课或者挨批的时候，忍不住动，是很正常的现象。如果父母和老师都把这个孩子当成多动症要去看医生，或者是被称为"坏孩子"，这会损害孩子的自尊心。如果孩子喜欢拉大嗓门哭喊，偶尔一次家长不用在意。孩子哭得很尽兴，过了之后就忘了。那种隐忍着眼泪扑扑往下掉的孩子，其实更容易有心理上的一些问题，因为那不符合他们的年纪。如果孩子住在闹市，因为哭喊会打扰周围邻居，家长最好在孩子安静之后，带着他去给别人道歉，这样会让他以后有自觉性。最坏的做法就是家长大声呵斥和打骂孩子。

不听话的孩子

怎样的孩子算"不听话"呢？可能每个家长的尺度不一样，能够容忍的孩子的行为也就不一样。在家境宽松的家庭里面，孩子不想吃饭就不吃，等饿了再吃也可以；但是在作息规律严格的家庭，如果孩子不按时吃饭就会当成不听话。有的父母乐于看到孩子有自己的见解，鼓励孩子有自己的想法，和父母交谈，而有的父母不希望孩子从小就"顶撞"长辈，对孩子各方面的要求都很严格。

在生活上，比如说孩子喜欢穿一两件衣服，喜欢在睡觉前喝果汁，喜欢把汤倒到饭里一起吃，这些无伤大雅的喜好都不能看作是不听话。

如果父母带着孩子外出的时候，孩子一定要一样东西，不买就不走，甚至赖在地上大哭大闹，弄的父母很尴尬，那么是不是也就一定说明孩子不听话呢？这样的孩子，肯定不是突然这样的，在出门逛街之前的日子里，他一定是认为哭闹对解决问题有帮助，有什么很小的事情，他哭过之后父母满足了他，他才会故伎重演。孩子的很多问题都是慢慢积累出来，父母不要等到问题暴露了再发火，而是要防患于未然，不要让孩子养成蛮横的性格。

那么孩子用哭闹来和父母抗议的时候，父母应该怎么办呢？这要视当时的情况而定。如果父母错怪了孩子，要马上道歉，不要让孩子觉得不公平、很委屈；如果孩子是真的不讲道理，父母最好不要迁就他，不要理他，让他冷静下来，再说说自己的想法，这样的效果更好。

就算孩子的性格很倔强，家长也没有必要总是因为性格问题而责骂他。孩子一般到了高年级，就会慢慢懂事了，家长要多给孩子一些耐心和关爱。

体弱多病的孩子

孩子是否体弱多病，不是看他的身高体重，而是看他的身体状况和精神状况。很多非常瘦的小男孩，精力很旺盛，身体灵活，完全没有必要当成体弱的孩子来格外呵护；有的孩子长得像"小胖墩"，但是经常感冒，身体很虚，其实也属于体弱的范畴。

如果孩子突然消瘦，精神状态也不好，那么可能是患病的表现，家长要带他去医院检查。如果孩子突然长胖，也要注意是不是营养品的问题，或者是内脏的病变。

有的孩子从小就是个"药罐子"，可能与早产、母亲在孕期接触了有毒的物质有关，这时候需要父母多带他到户外锻炼，而不是四处求医问药。

父母的精神状况和对孩子的态度，对孩子的影响有着超乎我们想象的作用。也正因为如此，如果我们总是肯定孩子，多对孩子微笑和鼓励，孩子会在潜意识中把自己当成一个健康聪明的人来对待；如果我们总是传达"你身体不好，需要格外注意"这样的信息，孩子也会默认自己是比常人娇弱的。而娇弱的孩子在以后的社交中会有很多问题，家长那时候也是很难纠正的。

四季护理

春季的时候，父母要多带孩子去植物园、植被较好的公园，如果有条件的话，最好能自己种种花，养养小动物，这样可以帮助孩子更加亲近自然。能够说出一些花草的名字，是一件很有趣的事情。现在有很多配有详细的插图的植物百科，家长可以送给对植物感兴趣的小朋友。

夏天的时候，最好让孩子学会游泳。游泳不仅能减轻成年人的压力，也可以帮助小孩子身体发育。游泳的人的双腿也更加修长有力。带孩子去海边是夏天最合适的家庭安排，不过要注意安全，做好防晒的准备。

秋天的时候孩子容易咳嗽，家长要敦促他锻炼。一般的学校都有秋季运动会，家长最好能到运动会的现场去为孩子加油。如果学校要求家长参加，家长一定要配合。

冬天的时候孩子也比较容易感冒，有暖气的地方要注意孩子衣服的增减。冬天孩子吃得多一些，但是运动很少，因此能带他们去滑雪或者进行一项运动是很好的事情。

家庭环境的支持

玩具

5～6岁的孩子，已能利用自己获得的知识，主动地在游戏中反映各种各样的生活。这时，游戏内容比较丰富，主题不断推新，角色不断增多，扮演的角色也较真实，游戏的独立性、计划性增强，游戏规则不断增多，进行主题的游戏时间明显增加，因此家长在指导孩子游戏时，必须注意以下几点：

着重培养孩子独立游戏的能力，如游戏的设计能力、解决困难能力及自制玩具的能力，逐步使孩子摆脱依赖性，增强独立性，离开成人的帮助，独立进行游戏。

可更多地利用语言来指导孩子游戏。在孩子遇到困难时，或游戏进行不下去时，家长可利用语言指导孩子，不必再用动作做给孩子看，还可以用提问、设题、建议等方式，不断提高孩子的游戏水平。

选择发展语言和认识能力的玩具

这个年龄的孩子发音正确，能用语言表达自己的思想感情，对感兴趣的东西好奇好问。好模仿，因此要给儿童准备户外运动的玩具，启发他进入角色，懂得上下、左右等反义词，能复述图画内容，选择能显示大小、快慢、长短、高矮等相反意义的玩教具或配对图片等。为孩子提供小动物玩具，交通玩具以及木制、布制玩具。让孩子学会说出玩具物体的名称、外形特征，借助玩具多看、多听、多说。借助玩具做一些模仿游戏、角色游戏，在游戏中发展孩子的语言能力、认知能力。

选择一些结构玩具

如积木、积塑、不同形状的厚板、三合板、胶泥、橡皮泥及一些废旧材料，让孩子进行一些结构游戏，利用这些材料造房子、搭大桥、建火车、塑动物、做桌椅等，进行创造性游戏，发展孩子的创造力和想象力。

成长必需玩具

简易拼图、图片，图书。

参考玩具

绘画用具：蜡笔、水彩笔、各种颜色的电光纸；

音乐用具：打击乐器一至两种如铃鼓、小沙锤、串铃、收录机；

手工用具：圆头剪刀、胶水、各种废旧图书、纸；

泥工用具：橡皮泥、泥工板；

园林用具：剪子、锄、铲、喷水桶；

角色游戏玩具：娃娃、餐具、灶具、各种人物形象头饰；

运动玩具：三轮车及各种球。

给孩子更多空间

要想发现孩子的天赋和创造性，就必须有一个宽松的家庭环境。这里不用列举出怎样的环境才是宽松的，但是可以知道怎样的环境是不宽松的。正如法律一样，不是告诉人们可以做什么，而是告诉公民不可以做什么——除了这些之外，你什么都可以做。

宽容的家庭环境不会因为孩子说出自己的奇怪的想法，而觉得他很异类；不会因为孩子写的字没有印刷品那么整洁而挨骂；不会要求孩子做自己特别不愿意的事情，不会强迫孩子学习艺术、吃不喜欢的东西，不会禁止孩子带自己的朋友回家……很多事情，父母都可以用换位思考的方法来做出判断，孩子对尊重和理解的渴望，和我们成年人一样强烈。

但是宽松的家庭环境也不是没有教养的家庭，孩子说脏话、骂人、拿别人的东西肯定是不能允许的。

这里说的给孩子一个展示活力的平台，就是接纳孩子超出你期待的部分，例如他的性格没有你想的那么开朗，他的语速和语调有时候显得不聪明，他做事情的时候会有点儿磨蹭，他忘记了自己该做的事情（例如做作业），这时候家长要懂得给他一个空间，去展示自己的优势和劣势，并且为此付出一些代价。

如果孩子喜欢唱歌跳舞，你希望她是一个淑女，那么显然你还是应该去鼓励她唱歌舞蹈。有的孩子的活力就是体现在运动上，而有的孩子的活力体现在想象上。他们浮想联翩，有时候问一些奇怪的问题，那也是在展示他们的活力。

🐟 教孩子正确使用语言

如果孩子到了6岁，还不能完整地说话，不能准确的发音，或者不能文明用语，除非是先天性的问题，否则就是父母在之前的教育中的失职。

其实孩子在成长中表现出来的很多问题都是如此，比如十几岁的时候开始盗窃，那么问题肯定在更小的时候就已经有了，只是到了十几岁的时候才表现出来，所以教育孩子最后总要的时期就是幼儿期。回到语言的问题上，孩子不能使用正确的语言，该怎么办？

如果是语法和逻辑错误

那么可能与孩子的阅读量、理解力有关。这样的孩子，父母更应该给他们念一念故事书，讲一讲有趣的事情。孩子在理解故事的时候，还可以提问："你觉得他做得怎么样""如果是你你会怎样做"等，如果是严肃而优美的作品，则不宜中途打断。

孩子听得多了，看得多了，自然就能纠正自己的说法。

如果是发音不明确

有的孩子会出现阶段性的发音不清楚的问题，这时候父母要多一些耐心，不要总是强调他发音不准，那样会造成孩子的紧张情绪。如果孩子有大舌头，可以去医院做一个小手术，很快就能纠正。父母在说话的时候，也要注意发音和吐字的问题。

🐟 如果是孩子说脏话

孩子说脏话是家长最头痛的问题，而且一般都会用打孩子来解决。其实，6岁的孩子对父母的表现是很敏感的，有一个小男孩对自己的妹妹说了脏话，他只是发泄一下自己的情绪，并不是这话的意思，他的家长是怎么做的？妈妈把他拉出门外，对他说："我很遗憾，我没有教育好你，让你说了这种令自己羞愧的话。"那个孩子说："我是和同学学的，他就是这么对妹妹说话的。"这时候妈妈说："那个人不应该这样对妹妹说话的，他可能自己都不知道这句话的意思。这是很不好的语言，以后不要在我们家出现，我们谁都不许说，好吗？"这段对话的过程中，妈妈一直用严肃但是很平静的语气在和孩子对话，孩子意识到自己做错了，马上回去对妹妹道歉："我刚才说了不好的话，很抱歉，我以后不会再说了。"无论是小男孩还是年龄更小的妹妹，都学到了人生中很重要的一课。

当孩子出现骂人的情况时，家长不要只顾着发泄自己失望、愤怒的情绪，而要告诉他，这样做不好，不要再这样了。

如果孩子的朋友中有一些喜欢说脏话，那么妈妈最好提醒孩子，不要学别人不好的方面，让孩子明白是非对错。

潜能开发游戏

气象预报

【目的】培养孩子勇敢无畏的精神及动作的敏捷性。

【玩法】准备 1 只乒乓球，选一人当预报员，其他游戏者面对着他站成一列横队，相距 3 米远，游戏开始。当预报员发出各种气象预报时，全体游戏者要做出勇敢的反应，如：

"刮大风！"——"不怕！"

"下大雨！"——"不怕！"

"有大雾！"——"不怕！"

"下大雪！"——"不怕！"

唯独听到"下冰雹喽！"时，所有参与游戏者必须赶快转身抱头蹲下，要是动作迟缓被预报员用乒乓球击中了就算失误，双方互换角色。接着游戏开始，谁失误三次就要表演一个节目。

雏鹰试飞

【目的】发展孩子前庭器官的控制平衡的能力。

【玩法】准备健身盘、矮平衡木及小垫子各一个，让孩子双足并拢蹲在健身盘上，由父母各拉住一只手，发令后按逆时针方向快速旋转十圈，完成后让孩子站起迅速跑出，通过矮平衡木（如果跌倒必须重做），再跑至终点，先完成者可得分。

刮胡子

【目的】训练孩子奔跑速度和灵敏性。

【玩法】准备若干旧报纸和胶条，爸爸把旧报纸撕成长条当胡须，用胶条固定在下巴上。游戏开始后，孩子追逐并撕去爸爸脸上的胡须，爸爸进行躲闪。在有限时间内计算孩子能撕下几根胡须。可以在比较空旷的场地上玩游戏，爸爸也可以有意让孩子撕下胡须，以增加孩子的游戏乐趣。

袋鼠赛跑

【目的】发展孩子的协调性和合作配合的能力。

【玩法】几个家庭的父子一起玩，各对父子面面相对，孩子的双脚踩在爸爸的双脚背上，双手相拉，组成"袋鼠"，主持人发令后，从起点开始出发，孩子的双脚始终不得离开爸爸的脚背，全靠爸爸的跳跃移动，途中需绕过三个障碍物，先到达终点的父子为胜。

夹跳比多

【目的】培养孩子的合作性，发展夹跳能力。

【玩法】适合多个家庭共同游戏。准备若干矮条凳和大可乐瓶，参赛家庭的爸爸（妈妈）与孩子相对而站，中间布置一只矮条凳，发令后依次用双足夹抛一只大可乐瓶（里面盛适量的沙子）过条凳，每成功一次算一分，在规定的时间内，积分多的家庭为胜。

装卸木材

【目的】培养孩子干活细心认真的品质。

【玩法】桌子的一端放 1 只铅笔盒，盒上横放 10 支铅笔，另一端放 1 只纸叠蓬蓬船，大小如同铅笔盒，再配备 30 厘米长的细绳拴住的钥匙圈 2 根。游戏时，家长和孩子分别站在桌子两边，拿起带圈的绳子，发令后，用圈插进铅笔两头，保持好平衡，把铅笔一支支抬到船上，圈不许碰到桌面或铅笔盒，否则重做。裁判员计时，哪队完成得快并且质量好的为优胜。

钓鱼

【目的】发展孩子的跳跃能力及反应的灵敏度。

【玩法】适合多个家庭共同游戏。准备若干长竹竿和空可乐瓶，游戏时各参赛家庭的家长和孩子各人的双脚踝用小短绳系上空可乐瓶，围站成一个圆圈，比赛开始，由工作人员在圆心处，贴地按逆时针方向抢转一根长 4 米的竹竿，通过谁谁必须立即跳起，如果脚或瓶碰竿算被钓到退出场，最后剩下人多的家庭为胜。

扔瓶进筐

【目的】培养孩子空间方向判断能力及投掷的正确性。

【玩法】适宜多个家庭共同游戏。准备若干个空箩筐、镜子和空可乐瓶，参赛家庭家长和孩子依次背对一只 3 米远的空箩筐，左手持一面镜子，右手拿起一只空可乐瓶扔向筐内，每扔进一只就再有一次机会，直至失误为止，扔进积分多的家庭为胜。

我和皮球做朋友

【目的】促进孩子大脑皮质和神经细胞的发展。

【玩法】妈妈双脚分开当球门，爸爸、孩子轮流左脚来射门，比一比谁的命中率高；还可以由爸爸、妈妈和孩子轮流左右手拍球。可以提出不同的指令，如："把球拍得最高"或"把球拍得最低"；或是将球用绳子固定在比孩子高出 10 ~ 20 厘米处，请孩子双脚向上跳，用头顶球，顶到的计数，积累到一定的数字奖励一张贴纸；还可以让孩子按照指令左右脚配合拨动地上的球，或往前或往左、右走，最后把球送回指定的"家"。

🐣 大家一起唱

【目的】发展孩子的节奏感和创造能力。

【玩法】把生活中的事件编成歌曲，和孩子边唱边玩。比如可以把刷牙、洗脸、吃饭这些活动和我们熟悉的旋律如《生日歌》编在一起来唱："我们——快来——刷——牙，我们——快来——刷——牙，我们——快来——刷——牙，天天——都要——刷——牙。"

🐣 少了什么，丢了什么

【目的】提高孩子的形象记忆能力。

【玩法】给孩子看一张图片，上面有动物、食物、用品等。让孩子指出哪些是食物，哪些是用品。然后再换另一张，上面比第一张有增有减，让孩子说说少了什么，多了什么。

专题：入学准备

物质上的准备

在孩子进入小学前，会收到学校的通知书，一般上面都会罗列上学需要准备的物品。比如文具，有的地方需要自带餐具，有的地方午休需要带被子。

上学是孩子人生中很重要的一件事，家长有必要做准备，但是也不用什么都买最好的，特地告诉孩子他的书包是从香港买的，比全班同学的都好等，这样容易滋长孩子的攀比心理。

在购买文具的时候，最好能够和孩子一起去选择，尊重他的爱好，这样也可以增加他学习的兴趣。

心理上的准备

有的孩子以为上小学还和幼儿园一样，但是去了之后发现很多地方不同，比如说要求更严格、开始写作业，往往会需要一段时间适应。家长能在孩子入学之前，带孩子去将要念书的地方看一看，另外聊一聊小学的事情，并且带着赞赏的口气说他已经长大了，父母觉得很高兴等，这样他上小学时自信心会强一些，也可望成为一名小学生。

家长要注意的是，决不能拿上小学来吓唬孩子。很多家长常说"你再不听话，让学校的老师管你。""学校的老师会收拾你的。"这样说会让孩子内心产生排斥感，在上学的时候不敢发挥自己的想象力，变成完全听老师话的"小绵羊"。

对上学有抵触情绪的孩子

如果家长发现孩子对上学有抵触的情绪，听到上学就会很烦躁，甚至哭闹不肯上学，那么就要考虑是不是因为他听说了上学的不好的事情产生恐惧心理，或者是担心自己被父母抛弃，等等。

孩子到了6岁，完全可以讲明自己的想法，家长只要让他讲一讲原因，并且承诺帮助他打消顾虑，孩子都会讲实话。

家长不要用打骂的方式要孩子上学，更不要说"我们辛辛苦苦就是为了让你上学"这样的话，这些都不能帮助他消减抵触的情绪。

如果有机会，家长还可以带着孩子去看一看希望小学的宣传片，让他知道读书上学是一件很值得珍惜的事情，同时也用他的名义去帮助同龄人上学读书，或者是捐出自己的书给贫困地区的孩子，这些方式能对孩子的心灵起到激励的作用。

不爱与人交流的孩子

当一个人用很友善的语气和孩子对话，说的内容孩子也完全能听懂，但是孩子却毫无反应或者走开的时候，可能是因为对方比骄傲陌生，让孩子有不安全的感觉。如果不论对谁，孩子都表现出不理睬的情况，则可能是因为孩子的性格不爱与人交流。

只要孩子能够应付日常的生活，在学习上也没有障碍，能够表达自己的想法，即使不像同龄人那样爱说爱笑，也不要紧。每个人都有自己的性格，那些安静的孩子可能喜欢自己一个人研究一些有趣的事情，或者觉得一个人的时候更自在，家长就不要强迫他去认识新朋友或者改变这种性格，那只会给双方造成痛苦。

如果孩子连平常的交流都不愿意，可能是心理上有障碍。会不会因为他之前的说话被父母忽视，或者他在别人面前没有说话的机会。

大人往往以为孩子心里面不会有什么事情，就对孩子赌气的行为毫不理睬，这样也不太好。有的孩子比较早熟，他们对别人的态度很敏感，也许就是一句很普通的话，会让他觉得自己不受关爱。"我再也不对你们说了"，有的孩子有超出成年人想象的恒心，所以大人对待小孩的时候，也要尊重第一，不要总是否定他的想法。

另外很多家长喜欢帮孩子回答问题。亲戚朋友们见面了，难免会问问小孩"今年多大了""要去哪个小学念书""有没有认识的朋友等"，如果家长总是抢了孩子的话，替他回答，也会让孩子有种不自信的感觉，慢慢就不爱说话了，等着父母来替他发言。所以父母不要着急替孩子回答，即使他说得不好，也要让他说。

多动的孩子

多动的孩子和不安静的孩子不完全一样，多动的孩子只是不停地动来动去，但不喊叫。这比不安静的孩子要好多了。其实，好动的孩子更有创造性和探索精神，他们更容易注意到变化，也给人健康活泼的印象，家长不要对孩子的"好动"反感。从成年人的心理来说，如果你越是注意孩子不安静，就越是会觉得他真的一点儿都不安静。而且如果家长情绪不安、烦躁，更容易引起孩子的多动，形成负面的影响。

如果孩子的注意力不能集中，精神涣散，那么父母可以做一些培养注意力的游戏，最简单的就是"木头人"，父母也可以研究一些类似的游戏玩。

如果你的孩子回家报怨有的小朋友总是喜欢动来动去，要鼓励孩子接纳那样的人，不要和别人一样排斥多动的孩子。

需要克服的坏习惯

入学之前，孩子需要克服的主要是生活习惯。例如，赖床、绕头发、咬指甲、挖鼻子、咬衣服等。家长一看到这些动作，就会批评他们，不停地念叨让他不要这么做，实际上还会起反作用，孩子不是故意要让你烦，这类习惯是他们应对紧张情绪的一种方式。只从负面关注孩子的这种习惯，会让他更紧张，也更不容易让他改正坏习惯。

相反，你应该以一种更不经意的方式跟他谈一谈。给孩子把这种习惯指出来，并告诉他不要这样做的合理原因，注意你的理由一定要简单明了，能让 6 岁的孩子听懂。如"咬指甲会感染，可能会很疼"，或者"你的头发已经留了很长时间了，如果你继续揪头发，我们也许就得给你剪掉了，因为这个习惯太不文雅了。"

你可以让孩子帮你一起想办法来改掉他的坏毛病。例如，当他咬衣服的时候，不妨约定以秘密的眨眼或手势来提醒他。还可以给他一些奖励来进一步帮他改正：如果他能一个月不咬他的衣服，你就给他买一件他一直想要的运动衫。

随着孩子渐渐长大并学会其他处理焦虑的方法后，大部分这些不让人喜欢的习惯都会消失。同伴的压力也会有帮助，很多孩子都不喜欢自己的同学抠鼻孔。

家长要做好的配合工作

给家长的 10 条建议：

1. 尽量表扬孩子，让孩子每天都感觉到他在学习上取得了进步；

2. 多关心孩子的学习内容和实际进步程度，多询问孩子最近学了什么，掌握得如何等；

3. 经常给孩子制订几个容易达到的小目标；

4. 刺激孩子的学习欲望，抓住生活中的各种机会让孩子学习；

5. 帮助孩子树立责任心。让孩子学会洗碗、洗手帕等，尽到他的责任；

6. 在孩子面前做表率；

7. 尽量不要在孩子面前议论老师，尤其不要在孩子面前贬低老师；

8. 定下家庭学习规范，并自始至终严格执行，让孩子养成良好的学习习惯和作息习惯；

9. 引导孩子善于提出问题，培养孩子多问一个"为什么"；

10. 要使孩子重视上学，尽量避免缺课。

第六章

上学的孩子（6~18 岁）

对于 6~18 岁的孩子来讲，他们大部分时间要在学校度过，因此学校开始扮演重要的角色。本章主要介绍了这一阶段父母可能要面对的孩子情绪、自我约束力等方面的问题。父母开始关心孩子离开自己，在学校中的表现，那么早恋、人际关系、沉迷网游、厌学考试恐惧症等问题就变得具有代表性了；此外，孩子放学回到家里，在家庭作业、零用钱、做家务等方面也会出现一些状况。

学校是用来干什么的

在我国教育制度的大背景之下，应试教育、高考指挥棒等词汇已经充斥了爸爸妈妈和孩子的脑海。而矛头所指的便是学校，学校是用来干什么的，曾一度引起各界的深思。

孩子在学校学习的主要内容应该是如何适应这个世界。学校开设的不同课程就是为了达到这个目的而采取的手段而已，学校的任务之一就是让孩子的学习变得有趣和真实，让孩子愿意学习，并掌握自己的一套学习方法。

学校教育是人类传承文明成果和传播文化的一种方式和途径。因此，学校的首要任务任务就是让孩子掌握的知识，为孩子们打下必备的基础，让他们获得终身学习和终身发展的动力、热情。并且要教会孩子更好地融入群体与社会的能力，培养他们正确的价值取向和判断能力，使他们懂得在繁杂的事物中能坚持自己的立场并做出正确的选择。学校为孩子们的多样化发展提供了可能和条件，使他们具有独立健全的人格和鲜明健康的个性。

在学校里，优秀的老师会努力地了解每个孩子的不同特点，帮助他们改善自己的不足之处，使孩子成为一个全面发展的人。并在尊重个体差异的前提下，发展孩子的个性，给缺乏自信的孩子体验成功的机会。

但是，在我国教育制度的大背景之下，孩子也相应地承受着很大的压力。这些压力来自学校、老师、家长以及孩子本身。他们往往会因为学校的考试、排名以及开家长会而感到压力重重。加上爸爸妈妈对他们的期望往往比较高，在没有达到爸爸妈妈的要求时，孩子们常常会出现害怕、内疚的心理。如果爸爸妈妈在拿孩子的成绩跟其他学习成绩好的孩子作比较的话，孩子的挫败感更加强烈。这些都会给孩子带来很大的心理压力，从而达不到学校教育的目的。

因此，学校教育有趣化就成了当今学校面临的挑战性问题。怎样能使孩子在趣味中学到知识？这些都需要学校和老师付出很大的努力。

如果学校按照传统的教学方案教学，那老师只能是在课堂上，让所有的孩子都同时阅读相同的内容，再做相同的练习。这种方式很呆板，对很聪明的孩子会显得过于单调，但是对一般的孩子来说还是很有效的，然而对智力稍差的孩子又会显得太快了。所以老师最好针对不同的学生，采用不同的教育方案，并有意识地协调孩子间的智力差异，不能只照顾聪明的孩子。否则，这种教育是不公平的。

如果老师谈到某个话题，孩子们表现出极大的兴趣的话，老师可以把这个话题带到学习上来。比如老师在讲到旅游的时候，可以将知识往地理学科上靠，通过模拟一条旅游的路线让孩子们在地图上标记出来，能使孩子们印象深刻；在讲解复杂而乏味的数学题时，老师可以将题目改编成孩子们熟悉并喜欢的东西，计算可以用孩子买东西的方法教会他们，这样数学就不再是独立的学科了，而是孩子们生活的一部分。这些举动都能使学习变得有趣，带动孩子学习的积极性。

学校应该让孩子们直接了解外面的世界，这样他们就能了解自己的功课与现实生活的关系。所以，学校可以安排孩子们到附近的工厂去参观，并鼓励孩子到社区里去开展公益活动，还可以邀请社会上各行业的工作人员到学校给孩子们上课等。这样做的目的是要把学校同外界联系起来，使理论与实际相结合，让孩子不再是只会读书的两脚书柜。

学校除了学习之外，还要开展丰富多彩的校园文化生活，为学生营造一个宽松、活跃、富有趣味性的氛围。让学生能够劳逸结合，还能挖掘自身的特长，达到个性发展的目的。

好学校的另一个重要职责就是要教会孩子们什么是民主，注意的是，老师在教给孩子民主思想时，不是将它作为一种爱国主义理想教育来灌输，而是一种生活方式和处事态度来教育。比如可以通过设置情景对话、比赛活动等方式，使孩子们深刻体会民主的含义。民族的思想将会影响孩子的一生，在以后的人际交往和为人处世方面都受益匪浅。

家庭作业

家庭作业是最让孩子犯愁的事情，抱怨家庭作业太多几乎伴随着孩子们一路从小学走到高考完。家庭作业经常作为导火索引爆了孩子与爸爸妈妈之间的战争，以及孩子与老师之间的战争。但是，在目前我国的教育模式下，布置家庭作业是教学过程中不可缺少的一个环节，教科书在每一篇课文后面都安排有作业习题，这就意味着孩子在课后做家庭作业是有必要。家庭作业也是老师检查孩子对课上知识的掌握程度最直观的方法之一，孩子可以通过家庭作业的完成情况在一定程度上，将自己的学习信息反馈给老师，有利于老师根据大部分孩子的掌握情况，进行下一步的教学安排。其实老师恰当而精辟地布置家庭作业，对于孩子巩固和消化所学的知识、概念，并使所学的知识转化为技能，是非常有帮助的。做好家庭作业对于孩子而言，不仅仅只意味着提高孩子的学习成绩，更重要的是孩子养成自觉、独立做好家庭作业的习惯后，对于他今后个人的自律能力发展事业的成功发展，都很有帮助。

但是孩子不喜欢做作业是每位爸爸妈妈都深有体会的，孩子为什么不愿意做家庭作业？造成这一现象的原因很复杂的，但是可以从孩子、老师和家长这三个方面寻找原因。由于孩子爱玩的天性，往往会觉得家庭作业占据了他玩耍的时间，加上自控能力比较差，在没有人提醒或监督的情况下，很少会自觉主动地完成家庭作业。而老师布置家庭作业的量超过该阶段孩子的承受范围，会使孩子谈"作业"色变，根据美国国家教育协会和家长教师联合会针对孩子的家庭作业，提出了这样的建议：对于 1 ~ 3 年级的孩子，每晚写家庭作业的时间为 20 分钟；4 ~ 6 年级的孩子，每晚写家庭作业的时间约 40 分钟；7 ~ 9 年级的孩子每晚写家庭作业的时间约 2 个小时；高中生的家庭作业不做建议，可由老师和孩子自由分配。作业难度太大，也会使孩子讨厌做家庭作业，因为不在孩子能力范围内的家庭作业，孩子很难完成，造成很大的心理压力。这时孩子往往要寻求爸爸妈妈的帮助，所以爸爸妈妈在辅导孩子做家庭作业的时候，一定要耐心，切忌不能骂孩子笨，否则会伤害孩子的自尊心。如果爸爸妈妈不能很好地辅导孩子写家庭作业或者做功课，可以请一个私人辅导。此外，爸爸妈妈还可以适当允许孩子与邻居的小孩，或者同班同学结伴写家庭作业，这样有助于孩子们取长补短，交流学习方法，更有助于培养孩子的合作意识。

零花钱分配

孩子在懂事之后就开始有了自己的小金库——零花钱，爸爸妈妈给孩子零花钱是为了方便孩子还一些零食、玩具或文具等。但是零花钱给的量少了，发挥不了零花钱的作用，给多了容易养成孩子大手大脚的消费观，甚至是攀比心理。如何教会孩子分配零花钱，是一门很高深的学问。

孩子都会有自己的需求，无论是买书刊、文具或零食，以及朋友、同学之间的交际都需要花一点儿零花钱，所以爸爸妈妈给孩子一定的零花钱是非常有必要的。如果爸爸妈妈没有给孩子零花钱，或者给得不合理，造成孩子的零花钱不够用，在孩子看到别人有而自己没有的东西而又没钱买时，很有可能引发孩子出现小偷小摸行为，因此给孩子零花钱在一定程度上可以避免孩子出现偷盗行为。此外，零花钱的分配不仅可以让孩子对自己的财务有个初步的了解，可以养成孩子良好的消费习惯，培养孩子的经济头脑。因为放松对孩子的经济控制是早晚的事，所以越早的培养孩子良好的消费习惯，对他以后的独立生活就越有帮助。如果孩子有自己做账本的习惯，爸爸妈妈可以适当地多给一些孩子自由分配零花钱的机会。

虽然说给孩子零花钱很有必要，但是爸爸妈妈不能随意给孩子零花钱，可以教会孩子通过劳动的渠道获取零花钱。爸爸妈妈可以采取多劳多得的方式给宝宝零花钱，从小教育宝宝天下没有不劳而获的东西。孩子应该定时定量从爸爸妈妈那里获得零花钱，开始最好是每周发放（因为小孩子还无法估计时间），而后可以每月发放，不要等孩子催问了才给零花钱，也不要根据自己心情的好坏多给或少给，这样会打乱孩子的理财计划。在给孩子零花钱的时候要提醒孩子，不要大手大脚，不能过早地将零花钱花完，而是要适当地存一些钱，以备不时之需。万一孩子透支了，爸爸妈妈也不要过分指责孩子，而是要耐心教育孩子，让孩子学会合理地分配零花钱。原则上，爸爸妈妈应该允许孩子用自己的零花钱购买他想要的东西，只要不是危险物品、不健康物品，如刀具、烟草等，但是也不能养成孩子想要什么就买什么的坏习惯，会容易造成孩子骄横的性格。爸爸妈妈要清楚，零花钱不是用来支付教材、基本的食品或者衣服之类的，是支付出这些以外的东西的，但下列情况除外：孩子故意毁坏物品以求换新的，或者他有攀比的心里，追求昂贵的东西。

爸爸妈妈给零花钱给孩子之后，在日常生活中要抓住机会教会孩子合理地分配零花钱，培养孩子养成勤俭节约的好习惯。比如，爸爸妈妈在带孩子上街购物时，可以有意识地让孩子跟孩子讲明哪些东西是当前必须购买的，那些是没必要购买的，让孩子学会区分轻重缓急。要让孩子懂得珍惜爸爸妈妈的劳动成果，可以避免孩子养成盲目攀比的消费观。爸爸妈妈要告诉孩子如果有特殊的开支，而且金额比较大，可以与爸爸妈妈商量之后，再花零花钱，减少孩子盲目花钱或者花冤枉钱的可能性。

自我控制力

养育孩子的一个重要目标就是帮助孩子学会控制冲动，培养自我规范的能力。孩子的自我控制力，对他们以后的性格、社会交往能力、道德水平的发展都有很大的影响。孩子的自我控制往往和自信、独立、热情、富于同情心等性格特点的形成密切相关。而且，孩子自我控制力差，还会导致孩子因为无法抵制诱惑而误入歧途。因此，从小培养孩子的自我控制力十分重要。

孩子自我控制力差的原因首先在于心智还不成熟，无法明辨是非，更不能对自己的行为加以控制。加上爸爸妈妈等家庭成员的溺爱，耽误了孩子自我控制力的培养，反倒养成了孩子任性、专横的性格。孩子的自我控制力差还与其受教育的环境有关，如果周围的同学经常拥护他，老师经常迁就他，这样的孩子常常会出现个人主义，认为自己所做的一切都是对的，从来不约束自己的言行。此外，孩子的自我控制力差与社会心理因素也有一定的关系。由于孩子的年龄还小，社会阅历不足，所受的教育不够，对事件的后果往往无法预测，缺乏判断事物因果关系的能力，这些都影响到孩子自我控制力的提高与完善。

要培养孩子的自控能力，首先爸爸妈妈要不断地提高孩子的自我评价水平。爸爸妈妈要经常以身作则，进行自我分析，并邀请孩子加入，自我分析的过程一定要客观、公平和民主。孩子只有正确地认识和评价自己，才能提高自我控制的动机水平。其次，爸爸妈妈要让孩子有自主权和主动权。应该多给孩子提供一些让他们自己做决定的机会，让孩子学会判断和取舍。第三，爸爸妈妈可以把一些孩子喜欢的东西放在他们面前，但是又不允许孩子去拿，并让孩子控制自己想拿的冲动，从小锻炼，孩子的自我控制力会明显地提高。最后，锻炼孩子顽强的毅力对于培养孩子的自控能力很有帮助，只有孩子有了顽强的毅力，在面对诱惑的时候，才能用顽强的毅力抵挡诱惑。

摆脱对父母的依赖

爸爸妈妈为孩子包办的事情越多，孩子的对爸爸妈妈的依赖性越强。相反，如果爸爸妈妈经常鼓励孩子做力所能及的事情，孩子相对比较独立，对爸爸妈妈的依赖性将会大为减少。孩子的潜力其实很大，他们可以做很多事情，只是因为有爸爸妈妈代劳，或者出于任性，他们会希望通过自己的爸爸妈妈来帮忙解决，长此以往，就会造成孩子过分依赖父母。

要使孩子摆脱对爸爸妈妈的依赖，首先要培养孩子的独立意识，要让孩子知道自己长大成为一名小学生了，以后的生活、学习不能完全依靠父母和教师，要自己慢慢地学会生活、学习和劳动，自己能做的事自己做，遇到问题和困难自己要自己想办法解决，而不是等爸爸妈妈帮忙摆平。独立意识的培养还包括培养孩子的自我教育能力，在学习生活中，孩子要慢慢学会自我观察、自我监督、自我体验、自我评价、自我批评和自我控制等。培养孩子的时间观念也是十分必要的，让他们懂得什么时候应该自觉做什么事，什么时候不该做哪些事并控制自己的愿望和行为，而不是等别人来提醒和监督。

爸爸妈妈要培养孩子的生活自理能力，教会孩子处理自己的饮食起居，也会使孩子很快独立起来。比如在日常生活中，爸爸妈妈可以让孩子学会自己铺床叠被，自己睡觉，饿了自己会找饭吃。

孩子上学了，在学校会碰到很多之前没有见过和没有做过的手工操作，所以在孩子入学前夕，爸爸妈妈最好先培养孩子学习方面的动手操作能力，并教给孩子有关学校生活的常规知识，比如教会孩子使用剪刀、铅笔刀、橡皮等文具，并能制作简单的玩具等，让孩子在入学后更容易融入校园的学习生活。

爸爸妈妈在看到孩子能独立做好一件事情时，要不失时机地鼓励孩子，树立孩子的自信心，更有利于孩子培养独立性，摆脱对父母的依赖。反之，如果在孩子做得不好时，爸爸妈妈千万不要过分责备孩子，因为孩子的内心十分敏感，明知自己做得不好已经很沮丧，如果还要被爸爸妈妈取笑或责骂，会打击到孩子勇于去尝试的信心，这样的孩子长大以后，性格会畏头畏尾，唯唯诺诺，没有主见，凡是要依赖别人来帮他做决定。

交通安全教育

孩子遭遇交通事故的数据是多得惊人的。为了使路人更加注意、责任心更强、更安全，交通部门制订了各具特色的规定。但是，爸爸妈妈是主要责任人，要求爸爸妈妈必须根据孩子的年龄、富有爱心地、谨慎地、环顾四周地带领孩子过马路。并要尽早对孩子进行交通安全教育，爸爸妈妈应该尽早将所有行人应该具备的交通安全知识教给孩子，做到防患于未然。在学校，学校必须开设专门的交通安全知识课，巩固孩子的交通安全知识。

家长是孩子的榜样

交通安全教育并不是等到与孩子一起过人行横道，给孩子解释红绿灯的时候才开始的，而是更早，当爸爸妈妈与孩子一起乘车时就开始了。那时孩子就体验了如何与其他的乘客打交道，并告诉孩子在面对不同的交通状况时应做出何种反应。

爸爸妈妈是孩子的榜样，所以爸爸妈妈平时在带着孩子走路时，要自觉遵守交通规则，不能误导孩子。

儿童发展须知

孩子在许多方面与成人的交通行为不同。

身体发育条件：

孩子个子不高，在停驶的车辆中间他的视线受到很大影响。

另外由于儿童个子矮小，其他的路人不容易看见他们。

要注意地面石头的棱角，儿童迈步的距离短，很难跨过这些石头。

感觉与判断能力：

孩子不能正确判断声音的来源，特别是斜着从前面或后面传过来的声音。孩子每秒钟可以看到 1 ~ 3 个交通目标，而成人只是他们的一半。

孩子对从侧面出现的视觉刺激的反应明显要比成人慢。

孩子只能模糊预测和估计汽车行驶的距离和速度。

社会判断

孩子不能事先对其他路人的下一个动作做出正确的预测，比如路人下一个动作是刹车还是转弯等。

孩子也无法判断其他路人是否也看到他了，他们一般不具备这种能力。

如果孩子要想与其他路人交流，他也不确定对方是否理解自己，比如：那位司机是否认可我的手势？

行为控制

对于孩子来说，要及时刹住已经做出的动作，并迅速、恰当地做出反应是很困难的。比如对过马路时忽然窜出来的汽车做出反应。

孩子过马路时，他的视线集中在对面马路的人行道上，几乎不注意两侧，所以他的可利用视野非常狭窄。

孩子对复杂的交通状况做判断时，总是过于感性、过快，往往在得到所有信息之前就已经做出决定了。

孩子在户外行走、骑车、乘车的时候，交通安全始终是爸爸妈妈最担心的事情，所以爸爸妈妈从小就应该给孩子进行交通安全教育，让孩子养成遵守交通规则的习惯，保证孩子的安全。

行走的安全常识

教会孩子看人行道的信号灯：爸爸妈妈可以从过顺口溜的方式，让孩子很容易记住交通规则，如红灯停，绿灯行，黄灯亮了停一停（如果黄灯亮了人已进入人行道，可以继续通行）。

教会孩子行人必须遵守的规定：行人须在人行道内行走，没有人行道的靠右边行走；穿越马路须走人行横道；通过有交通信号控制的人行横道，须遵守信号的规定；通过没有交通信号控制的人行道，要左顾右盼，注意车辆来往，不准追逐，奔跑；没有人行横道的，不准在车辆临近时突然横穿；有人行过街天桥或地道的，须走人行过街天桥或地道；不准攀爬马路边和路中的护栏、隔离栏。

孩子在行走时，哪些情况最危险：横穿马路很容易出危险；三五成群横着走在非人行道上，这样最容易发生交通事故；上下班高峰过后，马路上车辆稀少的时候往往容易酿成车祸，因为无论是行人还是司机都放松警惕；行走时不专心，比如边走边看书，或边走边想问题，或边走边聊天等，也容易发生车祸。

骑车安全

爸爸妈妈不能让未满12周岁的孩子在道路上骑车。

教育孩子不能在骑车时打伞。

不能为了扮酷或为了好玩脱手骑车，也不能骑得太快。

孩子骑自行车不能带人。

爸爸妈妈要定期将孩子的自行车送去维修和检查，避免让孩子骑"病"车。

教育孩子在骑自行车时不能与机动车抢道。

恶劣的天气如雷雨、台风、下雪，或积雪未化、道路结冰等情况下，爸爸妈妈尽量不要让孩子骑车出门。

乘车安全

对于较小的孩子，爸爸妈妈要叮嘱孩子在上车前先看清公共汽车是不是自己要搭乘的，避免因为慌忙而上错车。

等公交车停稳后再上车或下车，上车时将书包置于胸前，以免书包被挤掉，或被车门夹住。

上车后不要挤在车门边，往里边走，见有空处就站稳，并抓好扶手。不能将头、手等身体部位伸向窗外，否则容易发生意外事故。

从小教育孩子乘车要尊老爱幼讲礼貌，见到老、弱、病、残、孕等需要帮助的人群，要主动让座。

告诉孩子在乘车时不要看书，否则会伤害眼睛。

不要溺爱孩子

现在的家庭大部分是独生子女家庭，孩子成了家庭的焦点，都是爸爸妈妈以及祖父辈们的心肝小宝贝。父辈祖辈们对孩子的溺爱已经到了捧在手里怕摔碎了、含在嘴里怕化了、顶在头上怕飞了的程度。给予孩子多方面的呵护是合乎常情的，但爱得过度就变成了溺爱，溺爱和放任一样，对孩子的健康都是有害的。独生子女在现在已经显示出他们没有兄弟姐妹的缺点，在收到过分的溺爱之后，尝尝表现出自私、不合群、早熟、娇生惯养、少年老成、孤僻等性格特点。

爱孩子是普天下的父母共同的心理。但是对孩子无原则的溺爱，会使孩子觉得自己想要什么就会得到什么，他们往往会采取得逞政策，提出更加无理的要求。长此以往，会使孩子滋生一种"以我为中心"的心理，从而形成任性、自私的性格。因此，当孩子提出不合理的要求或做错事的时候，要启发诱导他懂得什么是对，什么不对，什么该做，什么不该做的道理。要严格要求，绝不能迁就。对那些任性、大吵大闹的孩子，最好采取漠视的态度，因为孩子在无人理睬时会感到没趣而安静下来，事后爸爸妈妈再指出他的错误，进行教育。

爸爸妈妈对孩子的爱，应该是可以给孩子带来温暖与安全感，使孩子心情愉悦，并有助于孩子开发智力，促进全面发展的爱。但溺爱会使孩子骄纵放肆，处处包办会剥夺孩子的独立性，就会导致孩子经不起挫折，缺乏责任感，难以适应社会。

爸爸妈妈爱孩子一定要做到爱得深，教得严，这样才有利于孩子的成长。

做家务的意义

会做家务的孩子双手灵巧，思维敏捷，能力全面。爸爸妈妈让孩子从小参与家务劳动，潜移默化地使做家务成为孩子生活的一部分，不仅能为爸爸妈妈分忧解劳，还能增进亲子之间的感情，更重要的是对于培养孩子的自信心和独立性有很大的帮助。

做家务可以磨炼孩子的意志。因为一些家务劳动对初学做事的孩子来说并不很容易。以扫地为例，孩子要搬开或移动桌椅，要学会用扫把，还要将地板扫干净，这就不是一个孩子一下子就可以做好的，需要有耐心。爸爸妈妈要不断地鼓励孩子，并且耐心地教会孩子，在反复的教与学的过程中，就可以锻炼孩子的意志。

做家务可以强化孩子的责任感。爸爸妈妈可以先锻炼孩子做自己的事情，再扩展到让孩子为家人做力所能及的事情，让孩子从小就知道为周围的人尽一份心力，便可培养出责任感。

做家务可以培养孩子的动手能力。现在很多孩子在家里都被当成宝贝，很多事情都有大人包办，导致孩子没有锻炼动手能力的机会。如果让孩子做些家务，可以逐渐培养他们的动手能力。

增强孩子的自信心。在做家务的过程中，孩子会发现自己原来会做很多事情，从而获得自信心和成就感。

培养孩子解决问题的能力。孩子在做家务的时候，一定会碰到很多问题，孩子们会通过思考，并找出解决问题的方法。经过长期锻炼，便可以培养孩子解决问题的能力，而不是遇到问题，寄希望于别人来帮忙解决。

增进亲子感情。孩子与爸爸妈妈一起做家务，可以增强孩子的参与感和成就感，爸爸妈妈在和孩子共同完成家务的过程中，也能有更多时间与孩子相处，孩子也会从中体会、了解爸爸妈妈的辛劳，从而增进亲子感情。

教会孩子做家务

在一些家庭里，爸爸妈妈们早就摒弃了"父母为孩子做一切"的观念，给孩子布置家务活，并开始教孩子练习做家务。

教会孩子做家务，爸爸妈妈首先要让孩子参与家务劳动，并耐心指导。孩子虽然热心参与家务劳动，但一开始肯定是帮倒忙的，如：洗菜溅得到处都是水、盛饭洒了一桌、擦桌子打翻了花瓶等。但是爸爸妈妈必须要有耐心，鼓励孩子并手把手地教会他们。其次，爸爸妈妈要根据孩子的年龄和能力，让孩子做一些力所能及的事情，要注意先易后难，循序渐进。如让孩子从帮忙排椅子、分筷子开始，然后再教孩子擦桌子、叠衣服等，慢慢增加难度。再次，家务中除了常见的打扫、清洁外，也包含了许多收纳整理的部分，这个部分可以培养孩子分类与收纳的能力，有助于宝宝养成井井有条的生活习惯。例如让宝宝把袜子、手套一对一对地折在一起，将衣、袜、裙、裤等衣服分类放好。最后，爸爸妈妈在教孩子做家务的时候，一定要和孩子一起动手做，切忌爸爸妈妈扮演指挥官的角色。因为爸爸妈妈与孩子一起做家务，可以增加乐趣。此外，爸爸妈妈要让孩子有更多参与家务劳动的机会，并及时给予鼓励和赞美，使孩子从做家务中得到成就感及自信心，培养孩子的责任感以及积极的人格。

不合群的孩子

不合群的孩子在知识范围、语言表达能力、人际交往能力等方面都比较弱，表现为性格孤僻、不喜欢交往、社会发展性差等。一般来说，不合群的孩子长大以后，难以和他人友好相处，难以得到他人的谅解和友情，也很难与他人合作，因而不合群的孩子很难适应社会。

不合群的孩子大体上可以分为两大类：一类表现为沉默寡言、孤僻、害怕陌生人；另一类表现为爱哭闹、爱捣乱、爱逞能、爱惹是生非。这两种孩子都让家长很头疼，担心他们以后无法融入社会。

要使孩子合群，爸爸妈妈首先要以身作则，为孩子创造一个良好的家庭环境。这主要表现在家庭成员之间要和睦相处，大人关心孩子，孩子关心长辈；切忌以孩子为中心，处处围着孩子转，让孩子凌驾于父母之上。同时，爸爸妈妈要尊重孩子，不能随意训斥、打骂孩子，以免伤害孩子的自尊心，否则孩子以后遇到什么事情，就不会再与爸爸妈妈或者其他人交流了，而是自己藏在心里。爸爸妈妈还应该让孩子多参加集体活动。在参加集体活动的过程中，孩子的积极性会被带动，并在和其他的小朋友一起玩耍的过程中，学会如何与他们相处，学会合作、学会分享等。不合群的孩子喜欢独来独往，往往不喜欢接受其他小朋友的邀请。在别的小朋友向自己的孩子发出邀请时，爸爸妈妈一定要鼓励自己的孩子接受别人的邀请，让孩子多与其他的小朋友接触。除了鼓励孩子接受别人的邀请之外，爸爸妈妈还要鼓励孩子主动邀请小朋友到自己家玩，并为孩子们提供游戏的场所和他们感兴趣的玩具。这样可以使不合群孩子的性格慢慢开朗起来。

孩子间的挑衅行为

有为数较多的爸爸妈妈需要面对这样的问题，即自己的孩子在相当长的一段时间内，在学校会被同学欺负。有些孩子遭遇身体上的威胁，有些孩子在班上被同学孤立或者常常是被愚弄、嘲笑。经历过这类刁难的孩子，在内心会产生巨大的痛苦压力。爸爸妈妈们不禁发问，如何才能帮助自己的孩子。

孩子之间的挑衅行为并不少见，挑衅事件形式多种多样，但很多时候这类事件都被视为正常现象而不被重视。孩子之间的挑衅行为会对被挑衅的孩子造成非常大的压力。

研究表明，7%～10%的孩子遭受过同龄人的欺负后，成为挑衅行为的牺牲品。挑衅行为多发生在男孩子当中，女孩也有可能发生，但是相对男孩来说还是比较少的。而挑衅行为的方式也有性别上的差异，男孩往往更多地遭受身体上的侵犯，而且也会从肉体上侵犯他人，女孩一般是语言上的挑衅。

原因何在

有些孩子往往由于自身存在攻击性与挑衅行为，从而陷入与其他孩子的冲突之中。比如孩子惹怒了自己的同学或同伴，而他的同学或同伴就开始用攻击性的行为以牙还牙。对这个被挑衅的孩子而言，重要的是自己尽量不要做出攻击或惹怒他人的行为。爸爸妈妈应该尽量创造机会增强孩子的社会交际能力，使他们能很好地与别人打交道。如果自己的孩子总是遭到其他孩子的挑衅，爸爸妈妈有必要寻求青少年专家提供心理干预，帮助孩子走出被挑衅的怪圈。

有自卑、嫉妒与骄横心理的孩子比较容易出现挑衅行为。因为这些孩子由于长期得不到大人的赞扬或关心，或认为自己很笨、很丑，缺乏自信心，产生自卑感，同时又嫉妒同伴。于是，这样的孩子常常产生攻击性行为。如弄乱同伴拼好的拼图，撕烂同伴画好的画等。虽然他们这么做得不到他人的认可，但是能引起别人的关注，他们也会得到满足。

感到恐慌，没有安全感的孩子也容易产生挑衅行为。因为这类孩子经常感到焦虑和恐慌，于是他们想通过挑衅行为来证明自己很强大，可以保护自己。这是一种极度缺乏安全感的表现，爸爸妈妈要多关心这样的孩子，让他们感觉到家庭的温暖，知道自己有坚强的后盾。

模仿也是孩子发生挑衅行为的一个因素。由于孩子的天性，他们天生喜欢模仿，在电视、电影里放映打架、斗殴的镜头时，出于好奇心，就以同伴为对象过了一把模仿瘾，于是挑衅行为出现了。

如果孩子遭遇挑衅行为

面对孩子间的挑衅行为，爸爸妈妈可以从特定的情况，从发起挑衅的孩子的动机和被挑衅孩子的性格等多方面分析，并给孩子做出正确的引导，避免类似的事情发生。

如果自己的孩子的发起挑衅的一方，爸爸妈妈应该抽出时间，认真倾听孩子诉说他的担忧和困境，以及为什么会出现挑衅别人的行为。在孩子倾诉的过程中不要打断和指责孩子，也不要急于给出建议，因为爸爸妈妈通常出于本能反应而给出让孩子反击的建议，往往不利于教育的顺利进行。也有可能使孩子的挑衅行为会由此而变得具有攻击性，结果适得其反。所以爸爸妈妈要认真地听完孩子的话，等孩子稍微平静之后，再委婉地提出自己的建议。并与孩子一起寻求解决问题的办法，让孩子变得更加积极。爸爸妈妈尽量不要未经孩子的同意就采取行动，因为这样不仅会强化孩子的无助感，还可能继续挫伤孩子的自尊心。

如果孩子被挑衅了，毋庸置疑，爸爸妈妈与孩子信赖的某一位老师谈话，并与老师共同寻求孩子解决被挑衅这件事情的解决办法。这样就可以让孩子消除自己成为"告密者"的顾虑。老师可以在学校采取进一步行动，减少挑衅行为的发生。但是，老师在采取措施时要注意兼顾被挑衅的孩子和发起挑衅的孩子，不能使发起挑衅的孩子由此陷入孤立的境地从而成为孤僻的孩子。

另外，如果孩子被挑衅的后果和性质比较严重，爸爸妈妈可以直接找发起挑衅行为的孩子的爸爸妈妈谈话，这也是可行的方法。期望达到的积极作用是：对方爸爸妈妈能够成功地与孩子就事论事地，解决好孩子间的挑衅行为。受害的孩子的爸爸妈妈不能一味地指责对方的孩子，也尽量不要一味地说明这种行为的危害性，双方在谈话时一定要心平气和，客观地面对，并共同努力寻求最优的解决办法，将问题完美地解决。

还有一个切实可行的方法是：让被挑衅的孩子向发起挑衅的孩子描述自己被挑衅之后的心情，让发起挑衅的孩子也深刻地感受一下被挑衅的难受滋味。目的是使双方在谈话中学会换位思考，并且促使孩子们自己找出解决冲突的方法。

孩子可以适当自卫

特殊情况下，如果孩子愿意，应该允许孩子自卫，但爸爸妈妈不要怂恿孩子这样做。因为许多孩子没有能力，也不愿意用自卫。这样他们很容易被比他强的孩子殴打，然后在爸爸妈妈面前感到丢面子，认为没达到爸爸妈妈的期望。所以爸爸妈妈要教会孩子分析所面临的局势，并做出相应的对策，而不是盲目地自卫。因为有时自卫可能是对的，但有时转移进攻者的注意力，或者不理睬对方的挑衅会更有利。

运动健身

生命在于运动，而孩子们正处于生命力最旺盛，生长最迅速的阶段，除了要加强营养之外，运动是必不可少的。

运动健身有益于生理健康

经常做运动有利于孩子的生长发育，提高抗病能力，增强身体的适应能力，保持身体生命活动的正常进行。运动健身有对孩子的骨骼、肌肉、关节和韧带都会产生良好的影响，有增强心肺功能，改善血液循环系统、呼吸系统、消化系统机能的作用。运动健身是增强体质最积极、最有效的手段之一，可以降低孩子在成年后患上心脏病、高血压、糖尿病等疾病的概率。孩子长期坚持做健身运动，可以提高身体对脂肪的运用能力，运用脂肪为身体提供能量，避免脂肪堆积，降低孩子患肥胖症的机会。运动能改善神经系统的调节功能，提高神经系统的判断能力，在身体发生运动变化时，及时做出协调、准确、迅速的反应。

运动健身有益于心理健康

首先，运动具有调节人体紧张情绪的作用，能改善生理和心理状态，有助于体力和精力的恢复。其次，运动有益于孩子的身体健康，使因学习而疲劳的身体得到积极的休息和放松，让孩子能够精力充沛地投入学习生活中。

第三，运动可以舒展身心，对于培养心理健康的孩子有很大的作用，有助促进孩子的睡眠，消除学业给孩子带来的压力和负担。第四，运动可以陶冶情操，保持健康的心态，有助于孩子充分发挥积极性、创造性和主动性，从而提高孩子的自信心。最后，经常参加运动项目的比赛，可以培养孩子的团结、协作及集体主义精神，树立正确的价值观、人生观。

青春发育期

青春期是孩子由儿童转入成人的过渡时期，以第二性征出现为开始，以体格生长缓慢或停止为结束。这一时期孩子会在身体和心理上，发生一系列重大的变化。

青春期的孩子身高突增、体格改变，是继婴儿期后，人生第二个生长发育的高峰期。第二性征出现，男孩睾丸增大、变声、阴毛出现、胡须出现、痤疮出现；女孩表现为乳房发育，乳房、乳晕变大，长阴毛，并出现月经来潮。这些发育使得许多青春期的孩子惶惶不安，出现焦虑的现象。

青春期孩子的基本能力，如读、写和计算以及必要的对日常生活的规划与思维定式已经形成。认知发展方面，他们完成了从依据经验进行思维过渡到逻辑思维的发育过程，完成了分类、自上而下地有序思维的过程。孩子能够抽象思维，就是说，感觉和思考从具体的视觉基础上脱离开来。

随着在校学习，各门功课的难度不断加大，孩子对某些功课以及某方面的知识越来越好奇并感兴趣，客观的兴趣越来越凸显，但由于学校提出的对学习方面的要求无法满足孩子的兴趣，他们往往会表现出叛逆的行为。孩子在这个阶段已经可以很好地预测他自己可以完成哪些要求。从意识发育方面看，在这个阶段孩子开始脱离父母家庭，同龄人对他们来说越来越重要，由此才开始了一个从情感方面脱离父母，与同龄人密切交往，建立朋友关系的过程。在青春期开始时，孩子们还信奉"男女授受不亲"，很注重这类界限，并学会恰当的男性和女性角色行为。但是到青春中期，他们开始变得爱表现，希望得到异性的关注和认可。

孩子进入青春期怎么办

走进孩子的世界

走进孩子的世界的前提是了解青春期的孩子的变化，首先要了解孩子的生理变化，并帮助孩子正确认识和接纳自己的生理变化，消除孩子的焦虑感。其次，青春期的孩子情绪容易波动，感情十分脆弱，爸爸妈妈要配合老师，适时引导和帮助。此外，要了解孩子的情感需要，理解孩子，并尊重孩子。

做孩子的知心朋友

爸爸妈妈要与孩子做知心朋友，要端正心态，要用民主的方式处理问题。因为不少爸爸妈妈的"家长意识"特别强，希望孩子绝对服从家长的意志，反倒让孩子觉得自己没有自由，处处受强迫。孩子是不会跟这样的家长做朋友的。

学会倾听

爸爸妈妈要认真地倾听孩子们的内心的声音，才能知道孩子在想什么，在遇到与孩子观点不一致，或者觉得孩子的想法不对时，不要急于否定，要耐心地听孩子把话说完，再提出合理的建议，并试着说服孩子，而不是强迫孩子。

熟悉孩子的爱好

爸爸妈妈要熟悉自己孩子的兴趣爱好，否则很容易产生代沟。熟悉孩子的爱好，可以使爸爸妈妈与孩子之间有共同语言，不仅能增加可聊的话题，使孩子乐于与家长沟通，还能让感受到孩子被关心的幸福。

不回避谈性的问题

不少爸爸妈妈在孩子面前，对于性问题避而不谈。其实这种因回避而产生的神秘感，反而会引起孩子的好奇心，爸爸妈妈要善于把握时机对孩子进行青春期的性教育教育。爸爸妈妈可以从人类进化的生理角度，从婚姻的基础，人生的价值的角度去描述性问题。既淡化了孩子的好奇心，又帮助孩子树立了正确的价值观。对于比较腼腆的爸爸妈妈，还可以买一些青春读物作为礼物送给孩子，让孩子自己探索。

指导孩子正确处理人际关系

青春期的孩子情绪容易波动，感性思维多于理性思维，有时候无法明辨是非，情绪容易激动。这时，爸爸妈妈要指导孩子凡事要冷静，用和平友好的方式解决问题。要广交益友，拒交损友。

青春期的饮食

青春期是人体发育的高峰期，进入青春期的孩子身高至少每年增长6~8厘米，体重每天增加6~8克。在这个飞速发育的过程所需要的能量是不容忽视的，爸爸妈妈要为青春期的孩子准备营养丰富，种类多样的食物。

营养补充

保证钙的摄入量：青春期是二次生长发育的高峰期，骨骼生长迅速，需要有足量的钙质。所以爸爸妈妈在给孩子准备食物时，可适当增加一些牛奶及其奶制品、海鲜以及骨头汤等，以补充孩子生长所需的钙质。

保证铁的摄入量：人体大量组织的生长都需要铁，如果铁元素缺乏，会造成孩子缺铁性贫血。尤其是进入青春期的女孩，在月经来潮期间会流失很多铁元素，所以要多吃含铁的食物，如动物的肝脏、动物血、蛋黄、红枣等，同时还要多吃富含维生素 C 的食物，可以促进铁的吸收。

保证锌的摄入量：缺锌会造成孩子生长发育缓慢，对青春期长身体的孩子有着重要的作用，锌还与性腺关系密切，缺锌会影响生殖系统无法正常发育，影响孩子以后的生育能力。所以青春期的孩子要补充足量的锌，含锌比较丰富的食物有海鲜、坚果、动物肉类等。

多吃新鲜的水果蔬菜：新鲜的水果蔬菜富含多种维生素，和人体所需的矿物质和氨基酸，以及其他微量元素。

多吃五谷杂粮：五谷杂粮可以补充天然的蛋白质和人体所需的氨基酸，具有温中养胃的功效，是青少年成长所必需的食物。

青春期女孩的饮食注意事项

青春期的女孩在月经期间忌生冷食物，如梨、香蕉、荸荠、石耳、石花等性寒的食物。这些食物大多有清热解毒、滋阴降火的功效，在平时食用，都是有益于身体健康的，但在女孩月经期不应吃这些食物，容易造成痛经、体虚、月经不调等症状；忌食辛辣食物，如肉桂、花椒、丁香、辣椒等，女孩在月经期间不宜吃这些辛辣刺激的食物，否则容易导致痛经、经血过多等症。少吃影响性器官发育的食物，如菱角、茭白、芥蓝、蕨菜、兔肉、大麻仁等，这些食物虽然能给身体提供一些营养物质，但是吃多了会影响女性生殖器官的发育。

青春期男孩的饮食注意事项

青春期的男孩要少吃豆腐，因为豆腐等豆制品大多性偏寒凉，常出现遗精、滑精的男孩不宜多吃，以免造成肾亏虚。要少吃过度苦寒、冰凉的食物。过度苦寒、冰凉的食物容易伤肾，如苦瓜、鹅肉、冰镇的饮料等；最重要的是不抽烟、喝酒，因为烟酒中含有许多致癌的物质，青少年正处在人体生长的关键时期，抽烟、喝酒会抑制身体的生长，阻碍身体的发育。

早恋问题

在孩子的成长教育中，早恋一直是爸爸妈妈最头疼，又最束手无策的事情。但是，爸爸妈妈也不要把孩子之间的正常交往看得那么严重。作为青春期的孩子，和异性交往是很正常的事，爸爸妈妈要引导孩子把握好自己的情感，多与孩子交流内心。如果孩子真的早恋了，爸爸妈妈也不要暴跳如雷，要多方面寻找原因，并对症下药与孩子一起走出早恋的困扰。

随着人们生活水平的提高，爸爸妈妈给孩子提供的营养及保健品，也越来越丰富，促使孩子的身体出现早熟的现象。由于青春期孩子的心理发育速度跟不上身体的发育，但又缺乏自控能力，因此他们在对异性产生兴趣，想要通过表现自己来引起别人的注意的时候，不懂得适可而止因此很容易出现早恋的现象。青春期的男孩具有心豁达，刚健的一面，而女生则表现出温柔体贴的一面，所以很容易产生异性之间的相互吸引，造成早恋。青春期的孩子经常会出现朦朦胧胧的感觉，对于感情往往会蠢蠢欲动，但是又碍于学校、老师和家长的压力，努力地压抑着自己的情感。如果周围有同学恋爱，而老师来不及加以引导，或者教育失败后，就可能造成早恋在班级或者年级里漫延。这主要由于是孩子的从众心理和攀比心理造成的。

此外，社会大环境的影响，比如电脑、电视等各种媒体经常播放的未成年人恋爱的亲密镜头，在孩子心中留下了深刻的印象，并开始模仿。加上社会道德舆论对于异性间交往越来越开放，致使很多孩子如挣脱禁锢一般，疯狂地投入早恋的怀抱。特别是成绩不理想自认为升学无望，破罐子破摔的孩子，他们往往会在异性身上寻求安慰，通过早恋来消磨时间。还有一类的家庭离异的孩子也比较容易出现早恋的现象，因为离异家庭的孩子一般比较缺爱，所以他们要从异性身上得到关爱，找到存在感。

很多早恋的孩子都以为两个人志同道合，可以在心理上相互鼓励，在学习上相互促进，其实这都是不成熟的想法。因为早恋的孩子往往以恋爱为中心，感情被对方所牵制，会造成注意力不集中，学习分心，加上完结的压力，加重了心理负担，没办法全身心投入到学习当中，导致成绩下降。

而且早恋容易使孩子受到伤害，因为孩子的还没有处理感情的能力，在恋爱中容易产生矛盾，加上心理不够成熟，比较脆弱，容易在感情的波折中受到伤害。有的孩子甚至因早恋受挫而怀疑人生，怀疑爱情，更严重的会做出极端的行为。

早恋的孩子很容易出现性过失，孩子早恋的年龄正是性意识萌发的时候，对异性的欲望强烈，感情容易激动，行为容易冲动，导致出现一些偷吃禁果的行为，如婚前性行为、未婚先孕等。这些行为一旦出现后，如果他们不会理智处理，生活在忧虑和恐惧中，就会给心理带来极大的压力。

由于孩子早恋具有盲目性和不成熟性，早恋极少能成功地走向婚姻的殿堂，成功率很低。因为早恋一般都会受到家长、学校的干预，加上升学、转学、工作等的因素都使情感遭遇挫折，导致两人的感情出现裂痕。如果没有坚强的意志力，以及对自己感情的明确判断，是很难坚持走到红地毯的另一端的。

帮孩子走出朦胧的初恋

当孩子进入青春期后，爸爸妈妈可以开始对孩子进行性教育，适当地给孩子普及一些关于性、恋爱、婚姻的知识，给孩子打好早恋的预防针。当发现孩子有早恋的苗头时，爸爸妈妈不要惊慌失措，要冷静对待，耐心地跟孩子沟通，进行教育。切忌态度粗暴、讽刺、责骂孩子，也不能偷看孩子的信件、监视孩子，会让孩子很反感。爸爸妈妈千万不要盲目冲动地去学校找老师或者找对方的家长，弄得人尽皆知，这样会伤到孩子的自尊。最好的办法是理解孩子，体贴孩子，既要温和地劝说，又要有一定严肃的态度，不能埋怨、责备。

帮助孩子走出"早恋"的困惑是需要一定的时间，所以爸爸妈妈给孩子足够的时间，别太心急，而是给孩子足够的时间来处理。同时，爸爸妈妈要满足孩子对爱的需求，很多孩子是因为他们缺少爱，所以拼命地寻求爱，才造成早恋的。因为很多爸爸妈妈忙于自己的生意或事业疏于关心孩子，或者爸爸妈妈之间出现感情分裂而无暇顾及孩子的感受，这些都会造成孩子情感孤独，多以爸爸妈妈要多反省自己，给孩子足够的爱，让孩子感觉到家庭的温暖。所以爸爸妈妈要尽量让孩子有被爱的感觉。

鼓励孩子积极参加对身心健康有益的活动，广泛结交好朋友，也是避免孩子早恋的方法之一。比如参加校内丰富多彩的集体活动，校外联谊活动以及公益劳动等。同时，爸爸妈妈要鼓励孩子根据个人兴趣，培养自己的特长，如唱歌、跳舞、画画以及写作等，使课余的时间充实而有趣。平时爸爸妈妈可以和孩子一起去电影院观看有利于孩子身心健康的励志电影，帮助孩子树立正确的世界观、人生观、价值观，使孩子自身的人格、心理等得到成长与完善。

帮助注意力涣散的孩子

对有精力过剩的、注意力涣散的孩子的家庭来说，筋疲力尽、无助、负担过重以及对未来的恐惧，这些都是再熟悉不过的词汇了。注意力涣散症是一种医学症状，这种症状表现为注意力涣散，不能保持持久注意力，有控制刺激障碍，许多情况下它则是通过烦躁不安或者机能亢进的情绪表现出来的。患有注意力涣散症的孩子，他们的感觉与常人不同，这种感觉使他们很难理解和认知周围世界。他们很容易转移注意力、情绪多变、容易冲动，常常表现得过于激动。

这些孩子会搅得家里鸡犬不宁，他们在很小的时候就表现出多动，而且他们的行为举止很难预料，所以不能让他们长时间离开家长的视线。注意力涣散的孩子他们的睡眠时间很短，大部分时间都在做一些毫无目的的动作，搞得爸爸妈妈疲惫不堪。

注意力涣散症的孩子缺乏自控能力，不能很好地控制住自己的反应，他们需要外界明确的提示和帮助。例如在家中表现为没有能力保持自己房间的整洁；不能遵守事先的约定或者按时赴约；没办法集中注意力完成家庭作业，在没有人监督的情况下很难完成，或者耗费很长的时间才能完成；在学校，他们因为经常在课堂说话、坐立不安或者空想发愣而影响听课，错过重要的课堂教学内容。

注意力涣散的孩子与同龄人的友情往往难以持久，因为这些孩子社交能力发育不良。他们在遵守规则方面有很大的困难，不适合团队行动。注意力涣散的孩子，他们反而容易和比自己更小或者更大的孩子玩到一起，许多这种比较成功的友情更符合这些孩子的愿望和游戏规则。

注意力涣散的孩子最典型的特征就是轻易分散注意力，这使得他们几乎不可能有始有终地完成一件正在做的事情。他们不能全神贯注地听讲，由于对刺激的筛选能力较弱，所以他们对自己周围的任何变换都有所反应。这些症状不仅仅会对家庭日常生活带来冲突，对家长、教师和朋友而言，与注意力涣散的孩子共同生活都非常不易。而有注意力涣散的孩子随着年龄的增长，越来越感觉到自己与他人的不同之处，从而造成内向、缺乏积极性、自信消失、丧失勇气、绝望等负面心理。

制定明确的规定

注意力涣散的孩子需要明确的规则，要不带感情色彩地坚持要求孩子必须遵守这些规则。条理性可以帮助孩子遏制内在的思维混乱，否则他们会东拉西扯，离题万里。

比如注意力涣散的孩子想帮助爸爸妈妈铺餐桌，但他无法记住操作步骤，需要有人教他一步一步完成任务。爸爸妈妈最好让他们干些轻便的、一目了然的事情，并且要随时检查，这样才能保证圆满完成任务。虽然这样做很费劲，但最终会达到预期的效果，爸爸妈妈和孩子都为此感到高兴。

如果爸爸妈妈仅仅是和孩子说："到餐厅铺好 5 个人吃饭的餐桌！"这样做是错误的，一个笼统的要求会使注意力涣散的孩子不知从何下手，因为此时孩子的思路这时可能完全还停留在其他地方。可能他会想，吃饭的都是谁呢？或者这时他想起，他还应该将一张游戏卡还给哥哥，然后他就跑回自己的房间，去寻找那张游戏卡。结果被一辆玩具汽车绊倒，就顺势开始玩上一轮赛车了，而他铺餐桌的任务早被他抛到九霄云外了，这种事情在注意力涣散的孩子身上是经常发生的。

正确的方法是，爸爸妈妈将要求分步骤告知孩子：

"请到餐厅看看，桌子整理好没有？"

"哦，现在到厨房里去取一块台布。"

"把台布铺在桌上。"

"给你 5 个盘子，把它们放在桌上。"

"拿上餐具，把它们分放在盘子两边。"

"请把玻璃杯放在桌上。"

"谢谢，你干得棒极了！"

注意力涣散的孩子，只有在简单明了的步骤下，以及在别人的帮助下才能更好地完成一些简单的工作。因此，要让他们有被需要、被爱、被认可的感觉，在这样的家庭氛围中，他们就可以学会并掌握自己的另类思维，应付生活中因注意力涣散而出现的诸多绊脚石。在爸爸妈妈、兄弟姐妹和朋友们充满爱意的、持久的支持下，他们可以慢慢学会控制他们的冲动和注意力。

对日常生活条理性的帮助

帮助注意力涣散的孩子制定料理日常生活的计划，对于训练他们的注意力是非常有益的，这会培养孩子的条理性。比如注意力涣散的孩子在做家庭作业，如果有个小小的计划就很有帮助，爸爸妈妈可以和孩子一起制订这个计划，然后将计划表直接贴在孩子书桌上方。孩子在做完每项作业后，就在计划表相应的方框里打钩。每个周末，给完成的作业加分，根据孩子得到的分数给予奖励。坚持长时间使用这个计划表，使孩子也习惯于这种方式，长此以往就可以使孩子的行为有条理性。通过合理地计划，孩子可以充分利用时间，减少孩子拖沓懒散的现象。此外，通过长期的训练，孩子已经养成集中注意力做作业的习惯了，就算没有计划表他们照样可以聚精会神地做作业。

这类计划表可适用于这类孩子的生活各方面，包括：整理自己的房间，早上起床后穿衣、叠被，整理书包等。

药物治疗

对于注意力涣散的孩子，许多爸爸妈妈总是会讨论这样一个严肃的问题，即是否应该对孩子进行药物治疗。但是药物治疗会给孩子和家庭带来压力，除了经济压力之外，更重要的是精神压力。孩子往往会觉得自己病得很严重，需要通过药物来治疗。

有效的治疗方法：第一步往往是请一位有经验的医生仔细和有针对性地诊断。第二步是对孩子的现有症状，给医生提供相关信息和详细的说明，这样可以帮助医生理解孩子的行为，对症下药。

通过药物治疗和行为训练，可以使孩子和爸爸妈妈学会缓和紧张的氛围，避免不断发生摩擦与冲突。

交友问题

孩子在成长的不同时期都会面对很多方面的压力，大多数孩子都在努力做好自己，不断前进。在这漫长而艰苦的过程中，孩子需要朋友来和自己分担苦楚，也需要朋友来分享快乐，这些是爸爸妈妈无法完全替代的。朋友、挚友、小圈子对青春期的孩子非常重要，而爸爸妈妈对他们的影响相对而言正在逐渐减弱。正因为如此，爸爸妈妈的担忧也日益增加，担心孩子交往的朋友可能会对自己孩子产生不良的影响。因为在孩子交友的过程中，由于心理不成熟，他们会不可避免地犯些错误，会结交一些不该结交的朋友，会做一些让爸爸妈妈匪夷所思、暴跳如雷的事情。如果孩子真的犯错了，爸爸妈妈要给孩子正确的指引，要给他们更多的关怀和爱，不要只是一味地责骂孩子。但是如果孩子的交往极大地侵害了自己家庭隐私时，爸爸妈妈必须进行自卫。

不同的评判标准

爸爸妈妈在评判孩子的朋友时，与孩子的评判标准是不同的。优雅的交际风度正是爸爸妈妈的标准，爸爸妈妈喜欢的朋友应该是有礼貌、进门先将鞋子蹭干净的、彬彬有礼地谈话的人。至于这个朋友是否只是个马屁精，是否对自己的孩子真诚，是否有城府，这些情况爸爸妈妈都不得而知。

几乎所有爸爸妈妈都有这样的想法，认为自己的孩子迄今为止表现较好，但现在孩子陷入不良环境，而这种环境对孩子今后的发展不利。爸爸妈妈总是在别人的身上找原因，而忽视了从自己的孩子身上找原因。因为爸爸妈妈对自己的孩子有感情，了解孩子可爱的性格，因此在于孩子一起生活的时候，会比较宽容，可以原谅孩子不可爱的方面。但是，对于别人的孩子很多爸爸妈妈往往做不到宽容，更不要说主动去发现别人孩子可爱的一面。

很多爸爸妈妈在自己的孩子做错事情之后，会说这样的话："我儿子受到良好的教育，他不会这么做的，一旦他做了什么不体面的事情，那也是因为受了别人的影响。"所以，爸爸妈妈在看待孩子的朋友时是很片面的，并且在很多时候带有感情色彩。

寻求好方面

要寻求孩子的朋友的优点，爸爸妈妈首先要宽容，要清楚地意识到孩子的朋友们也和自家孩子一样有可爱的方面，同样也自家孩子所拥有的缺点。因此，爸爸妈妈可以尝试着接受孩子所有的朋友，如果爸爸妈妈表现出这样的兴趣，并经常和孩子谈论他的朋友们的情况，那通过谈话爸爸妈妈就可以知道为什么孩子喜欢这种类型的人，而不喜欢那种类型的。爸爸妈妈常常可以在谈话时发表自己积极的观点，有时也可以发表批评性的观点，在愉快的谈话中，就算是批评孩子也很容易接受。

爸爸妈妈要抓住时机，在孩子愿意听批评意见的时候，爸爸妈妈要简明扼要地表述自己对孩子的朋友不满意的状态，或者不满意的行为举止，并且要很明白地表明自己的观点和态度，多用"我觉得……""我对他的印象是……""如果他……我不喜欢……"之类的话语，这样可以使孩子感觉到被尊重而不是被强迫，还能给机会给孩子权衡自己对待这些朋友的立场，判断是接受还是不接受。

爸爸妈妈也要尊重孩子的朋友，如果不小心对孩子的朋友不尊重的话，孩子会出于自尊心全力偏袒对方。爸爸妈妈最好不要强行禁止孩子与他的某个朋友来往，叛逆的心理必定会使孩子与他的那个朋友秘密来往，并且方式会越来越隐秘，爸爸妈妈的监督作用就会失效。

孩子厌学

厌学，顾名思义就是讨厌学习，是指孩子在主观上对学校学习失去兴趣，产生厌倦情绪和冷漠态度，并在客观上明显表现出厌学的行为。并且按照程度分为轻度厌学、中度厌学和重度厌学。

轻度厌学的孩子会表现出对上学不感兴趣，但迫于家庭或外界压力又不得不走进学校。孩子在学校的学习状态极其消极，学习效率下降。有时候尽管用功了，但感觉不到进步，便产生枯燥感，如果爸爸妈妈或老师不督促，很少会主动学习。

中度厌学表现的孩子表现为，一开始学习就感觉到疲劳，幻想多于实践，一提到学习就头疼。花在电视、电脑和娱乐上的时间比学习时间很多，没有明确的学习目的，不会提前做计划等。

孩子出现重度厌学时，他们已经从内心产生对学习的厌恶情绪，有自暴自弃的心理，上课注意力不集中，喜欢搞小动作，不按时交作业，不参加考试，可能会选择退学或离家出走等极端行为。

孩子厌学会严重影响学习成绩，形成恶性循环。孩子在出现厌学的情绪之后，如果爸爸妈妈和老师不及时教育，很有可能会使孩子进入恶性循环的怪圈，越不想学越学不好，越学不好越没有学习的积极性。厌学的孩子大多学习成绩不好，难免受到老师批评和同学的歧视，造成孩子自卑的心理，不愿意与成绩好的同学以及老师打交道，严重影响其正常人际交往。此外，他们也常常因为成绩差而受到老师、家长的责备，于是产生紧张、焦虑、抑郁的情绪。严重的甚至会使孩子失去自信心，自尊受到伤害。因为厌学的孩子通常不是不想好好学习，而是缺乏学习的自信，学得不好的时候，没有人及时的鼓励和关注，使孩子灰心丧气，失去自信心。

一旦孩子出现厌学的心理，首先，爸爸妈妈要理性帮助孩子制定学习目标。要求过高容易使孩子产生害怕失败的心理，继而导致孩子缺乏自信心和学习动力。但是爸爸妈妈也不要没有要求，否则孩子会对学习得过且过，丧失进取心。其次，爸爸妈妈要不失时机地培养孩子抗压能力。因为现在的孩子社会适应能力差，在学习生活中遇到一点儿挫折就无法承受，产生厌学心理，爸爸妈妈应该从小给孩子适当的挫折教育。

第三，爸爸妈妈要营造良好的家庭气氛，给孩子一个良好的学习环境。生活经常发生纠纷家庭的孩子，往往会心事重重，心烦意乱，无心学习，所以爸爸妈妈要为孩子营造一种和谐的家庭气氛，让孩子没有烦恼，对生活和对学习自然也充满了信心。第四，要多关心孩子的学校生活，及时发现孩子的在学习方便的困难，并在行为上给予帮助，在心理上给予安慰。最后，爸爸妈妈可以为孩子请一位好的私人辅导。因为孩子厌学的大部分原因是学习成绩差，没有好成绩的刺激，没有老师的赞扬，便觉得学习很枯燥。这时爸爸妈妈可以为孩子请一位私人辅导，及时补救孩子的功课，树立孩子的自信心，避免进入厌学心理的恶性循环。

沉迷网游

随着网络的普及和人们生活水平的提高，很多家庭都有电脑、平板电脑以及学习机等电子设备，本来爸爸妈妈都是本着帮助孩子学习的初衷购买的，但是到最后大多都成为孩子的游戏机，与爸爸妈妈的初衷背离。

使孩子沉迷网游的原因是非常复杂的，在这种日新月异的信息时代，要使孩子不接触网络是几乎不可能的事情，而且孩子的学习、生活也和网络直接挂钩。所以，如果爸爸妈妈对于孩子上网的事情管理不当，就很可能导致孩子打着学习的幌子，沉迷在网游的世界中。

社会潮流的影响。现在网游已经成为一种时尚的娱乐方式，在这种大环境的影响下，以及在网络的便捷帮助下，孩子沉迷网游便顺理成章。

伙伴的不良影响。除了大环境的影响之外，同龄孩子的影响也是造成孩子沉迷网游的一个重要因素。很多孩子都是在看到其他同伴玩了网游之后才开始尝试的，一旦尝试之后，因为孩子的自控力差，加上没有爸爸妈妈的及时控制，久而久之便上瘾了。

爸爸妈妈对于网游缺乏理性认识。很多爸爸妈妈认为玩游戏只是对孩子的眼睛产生辐射，没有认识到网游对孩子的精神伤害，有的家长意识到网游的危害，却没有采取有效措施，导致孩子陷入网游的世界无法自拔。

老师的忽视。很多学校没有很好地做好这方面的预防工作，而且很多孩子沉迷网游之后，经常逃课去游戏厅，对于这种情况很多老师没有及时与家长沟通，所以造成家长与学校之间的信息交流中断，以致没能很好地教育孩子。

孩子缺乏正确的价值观。由于孩子的心智还不是很成熟，缺乏正确的价值取向，禁不住诱惑，所以容易受其他人的影响，沉迷网络。

帮孩子摆脱网游

对于沉迷网游的孩子的教育，关键在于与孩子的沟通和交流，所以爸爸妈妈在发现孩子沉迷网游之后，一定要耐心地与孩子沟通，给孩子分析沉迷网游的害处，并要有计划地引导孩子减少玩网游的时间，循序渐进地挣脱对网游的依恋，不能强迫孩子立刻不玩网游，要给孩子一些时间，慢慢减少对网游的依赖。同时，爸爸妈妈要注意提高自身的认识水平，密切关注孩子的上网行为，正确地引导孩子正确地使用网络，并和孩子一起协商制定一个上网时刻表，用来约束孩子的上网时间。除了制定上网时刻表可以约束孩子的上网时间之外，爸爸妈妈和孩子一起玩一些益智类的游戏，用益智类的游戏代替网络游戏，也可以减少孩子的上网时间。因为益智类游戏可以开发小孩的智力，也可以转移孩子对网游的注意力，比如愤怒的小鸟、爱洗澡的小鳄鱼、连连看等，爸爸妈妈可以一边玩一边引导孩子去探索游戏中的知识，锻炼思维方式，而不是只关注于游戏本身。此外，爸爸妈妈也可以根据孩子的兴趣爱好，给孩子报一个培训班，比如画画、音乐、围棋等，还可以和孩子一起参加户外运动，以转移孩子的注意力，削减孩子对网游的依赖。这些不仅可以陶冶孩子高尚的情操，还可以培养孩子开朗的性格，有利于孩子的身心健康。

考试恐惧症

在高考指挥棒的"指挥"下，孩子们的学习压力的越来越大，考试成为孩子的家常便饭。很多孩子也慢慢开始害怕考试，患上了考试恐惧症。患了考试恐惧症的孩子往往在考试中都很难正常发挥，影响考试成绩，然而孩子越考不好越恐惧考试，如此恶性循环。

处于高度紧张状态，孩子无法正常学习，上课心不在焉，烦躁、焦虑，静不下心来，考前经常会觉得自己没有做好准备，想看书却又看不进去，总觉得自己的每一个动作都是浪费时间。经常莫名地烦躁，坐立不安，稍有不顺心就像发脾气，事后又觉得很后悔。严重的孩子还会吃不下饭，考试的前几天经常出现失眠的现象，精神萎靡，无精打采。考试的时候过度紧张、心跳加快、手心冒汗、思维迟钝、答题缓慢，熟悉的知识突然遗忘，注意力不集中，甚至思路混乱、双眼发蒙等。

很多孩子知道自己得了考试恐惧症，但是自己却无法摆脱。这些孩子在备考期间就已经缺乏必要的韧性和注意力。考试期间，他们会因为恐惧、担忧而引起的暂时性失忆，也就是原本记得很牢固的知识，在顷刻间脑子一片空白，回忆不起来了。知识欠缺以及情绪紧张导致考试成绩不好，而成绩不好更平添了这种恐惧失败的心情。学校和家庭的压力不断增加，孩子考试失败的经历越频繁，他对下次考试的恐惧就更大，同样压力就越大，对高分的期望值也越高，造成孩子进入恶性循环。

考试恐惧症的原因各有不同，但孩子缺乏自信总是最基本的原因。错误的学习方法、家庭期望值过高以及负担过重都可能是造成考试恐惧症的原因。尖刻的老师也可以通过他的教学风格给孩子施加这种压力，这类老师往往对孩子的要求过高，在考试中孩子出于害怕，不但无法发挥自己的正常水平，反而更增加了恐惧。在恐惧中考试的孩子，不仅没有取得好成绩，还会因此失去老师、家长和同学的认可，无形中给孩子平添了很大的压力。由此可见，考试恐惧症其实就是恐惧个人的失败。这些孩子需要家长、老师、心理教育专业人员的帮助。

帮助孩子克服考试恐惧症

尽管考试恐惧症实际上就是孩子个人恐惧失败的表现，但是每个孩子的具体表现仍有不同。为了能采取正确的援助措施，爸爸妈妈首先要对孩子的表现做全面的观察。以下的问题可以帮助爸爸妈妈对具体的原因做出限定，可以在与孩子的谈话中尝试找出：

考试恐惧感是否在备考期间就已经出现，还是考试时才出现；
考试恐惧症是否从开始对一门功课的恐惧，发展到对多门功课的恐惧；
考试恐惧症是否与某个特定的教师有关；
是否与同学们表现出来的担忧反应有关；
是否在班级当众宣布成绩，或者书面成绩检查后出现恐惧感；
孩子在备考期间以及考试时表现出哪些症状；
孩子考试时感觉如何；
孩子是否对自己就读的这类学校的要求一直感到压力过大；
什么时候开始出现恐惧症状，这些症状是否继续强化。

时间压力是否对孩子的考试行为有影响

如果孩子负担过重，是因为老师对他们施加不合适的压力，或者孩子患有"业余兴趣班焦虑症"，通过转学、与老师谈话，或者不参加业余兴趣班，都可以减轻孩子不必要的压力，消除考试恐惧症。如果有其他原因，爸爸妈妈要从自身和孩子的方面寻找原因，平时要对孩子的努力、学习计划以及放松的技巧加以赞扬和肯定，对孩子克服考试恐惧症有一定的帮助。

增强孩子的自信心

备受考试恐惧症折磨的孩子多数情况下是因为缺乏自信。为了消除恐惧，他们必须先消除消极的自我价值观念。这就要求爸爸妈妈不要太看重或者只看重孩子的成绩，成绩当然非常重要，但是只盯着成绩不放只会平添孩子的压力，加重他们考试的恐惧感。

培养孩子的自信需要方法，而这个方法就是表扬、爱和认可。学习成绩不好的孩子可能在其他方面会有过人之处，爸爸妈妈要学会挖掘孩子的优点，并不失时机地肯定他们，赞美他们，从而树立孩子的自信心。爸爸妈妈应该每天都尝试着表扬孩子切实的进步，甚至即便这些进步和学习没什么关系。表扬孩子的机会比比皆是，特别是孩子正是处在不断成长的阶段，他自己也不断体验新的生活。多表扬孩子一句，他们的自信心就会增长一分。

但是爸爸妈妈不能凭空捏造些事情表扬孩子，恰恰相反，要正确判断这次表扬是否到位，抑或过分夸张了，因为成长中的孩子十分敏感，知道表扬意味着什么，每个孩子都会为真诚的表扬而高兴，却会因为虚假的赞美而感到卑微。

放松训练

恐惧的情绪总是伴随着紧张的肢体动作出现的，当孩子在考试时出现紧张、恐惧的情绪时，爸爸妈妈要教会孩子进行自我放松的方法。放松训练的方法是多种多样的，如做肌肉放松操，就是在紧张的时候，拍捏小腿、大腿以及手臂的肌肉，是身体处于放松的状态；也可以做深呼吸，操作简单效果也不错，就是深长地吸气和吐气，是情绪得到稳定；平时做瑜伽也是一种不错的方法，它可以调整身心平衡，保持心情处于比较平和的状态。

这些训练针对严重的紧张情绪想要取得良好的效果，必须坚持训练一段时间，而且要定期进行，使得这样的训练在紧张的考试期间有效。只有这样才能帮助孩子稳定情绪，集中注意力完成课堂测验。其中呼吸训练法和肌肉放松操可以在考试的过程中做，前提是不违反考试纪律，也不能影响其他考生的前提下。

与学校配合

如果孩子在学校有困难，爸爸妈妈要不断和老师交流，向老师说明自己孩子的行为和恐惧，这种方法对消除考试恐惧症也有效。爸爸妈妈在与老师谈话的时候，谨防推卸责任的做法，因为相互指责会破坏谈话氛围，无法顺利进行关于孩子的信息交换，不能达到谈话的目的。爸爸妈妈最好是呼吁教师提高教学能力，并询问老师是否了解改善这种情况的建议，或者有没有帮助孩子改变的可能，以便帮助孩子摆脱这个恶性循环。

爸爸妈妈只有在寻求多方援助，并且要共同努力才能帮助、支持孩子减轻恐惧。学校心理学工作人员、心理学治疗工作人员以及教育咨询机构也可以提供援助。

尊重孩子

爸爸妈妈要教育孩子，首先要尊重孩子。孩子最初对尊重的认识是从爸爸妈妈那里学到的。如果在日常生活中，爸爸妈妈能够尊重孩子，并让孩子感受到，那么孩子尊重别人的意识也会慢慢建立起来。

现在有些年轻爸爸妈妈由于自身受过良好的教育，对孩子的成长需求认识得比较到位，在日常生活中能够做到尊重孩子。但也有相当一部分爸爸妈妈虽然也知道一些尊重孩子的道理，但没法做到真正尊重孩子。他们的"家长意识"往往很强烈，认为孩子就应该听家长的话，并强迫孩子绝对服从他们的命令。爸爸妈妈这样做往往听不到孩子的心声，是不利于孩子的健康生长的。

爸爸妈妈要尊重孩子，首先就要做到地位平等，爸爸妈妈要努力营造一种民主、和谐的家庭气氛。比如在日常生活中，爸爸妈妈要允许孩子根据自己的意愿进行选择，并鼓励孩子自己作一些决定。在一定的规范下，爸爸妈妈要给孩子充分的自由发展空间，这样才能调动孩子的内在发展积极性，发挥其主动性和创造性，有利于孩子的身心健康发展。比如在日常生活中，只要对孩子的安全、健康无害，并且不会损害他人利益的活动，都可以让孩子尽情尝试、自主选择、自由创造。尊重孩子，还要注意保护孩子的自尊心。因为自尊是一种精神需要，是人格的内核，维护自尊是人的本能。而孩子比较敏感，所以爸爸妈妈要保护好孩子的自尊心，增强他们的自信心。尊重孩子的兴趣爱好也是尊重孩子的一种表现，孩子一旦对某个事物产生了兴趣，就会倾向它、关注它，并且积极主动地去探索它。

因此，爸爸妈妈要尊重孩子的兴趣，并善于启发引导，使孩子的潜能得到最大限度地发挥，才能得到最佳的教育效果。此外，爸爸妈妈还要尊重孩子的独立人格和自我意识。孩子虽小，但是他们都是独立的个体，有自己的意愿和选择，并且有自我评价的权利。如果在孩子的早期，这些素质发展不好，就会影响他们日后适应社会的能力。因此，爸爸妈妈在日常生活中注意尊重孩子，对于孩子的成长是十分有利的。

分享教育

分享是一种美德，也是一种责任。对孩子进行分享教育可以使孩子在充满友爱的分享行为中感受到分享的快乐。

近年来由于独生子女家庭增多，家庭居室独门独户话，造成独生子女"独享"着很多资源，如食物、玩具等。而习惯了凡事都可以"独享"的孩子，在走出家庭的范围之后，他们往往会因为不懂得与别人分享，而被其他的孩子孤立。孩子学会分享，对他们以后健全的人格的形成有很重要意义。因此，孩子的分享教育是十分必要的。

培养孩子的分享品质的途径是多样的，应该把家庭教育与学校教育相结合，才能更有效地对孩子展开分享教育。

爸爸妈妈应该用日常情境对幼儿进行分享体验的培养。在日常生活中有意识地鼓励孩子将自己的玩具或事物拿出来与其他的孩子一起分享，在孩子同意这样做之后，爸爸妈妈要及时给予赞扬和肯定。心思细腻的爸爸妈妈还可以通过设置情景、对话来提高孩子的分享意识。但是爸爸妈妈在让孩子选择分享的物品时，一定要慎重，因为如果爸爸妈妈希望孩子与别人分享的东西是孩子的至爱，这是一件很困难的事情，如果孩子不愿意，爸爸妈妈也不能强迫孩子，并表示理解。如果孩子愿意将自己的至爱与别人分享的话，爸爸妈妈要用鼓励、赞许、奖励等外部激励的方法来强化孩子的分享行为，让孩子感受到快乐、自尊和满足，从而加强和维持孩子的分享行为，也可以给其他的孩子做榜样，让更多的孩子学会分享。

此外，对于学龄孩子还说，在学校的时间比在家的时间要多很多，加上学校有比较多的分享对象——同学，所以在学校开展分享教育比在家里效果要好很多。爸爸妈妈可以建议学校开展"宝贝分享日"活动，让孩子们从自己家里带自己的玩具、书籍、食物等到学校与自己的同学一起分享。在这样的氛围下，孩子就可以深刻体验分享的快乐。

理想教育

所谓理想，就是人生奋斗目标。托尔斯泰曾经说过："理想是指路明灯，没有理想就没有坚定的方向，没有方向，就没有生活。"由此可见理想对于每一个人都是非常重要的，尤其是对于正在成长中的孩子们。理想具有极大的促进作用，它不仅能帮助孩子确立人生的奋斗目标，明确前进的方向，并且还能成为孩子的精神支柱，是孩子人生奋斗的动力。

爸爸妈妈在对孩子进行理想教育时，首先要及时向孩子提出理想要求。在向孩子提出理想要求时，爸爸妈妈要遵循由浅入深的原则，并且分层次进行，更重要的是要切合实际，不能期望太高。比如，中学时期的孩子已积累了一定的文化知识，正处在个性发展耳朵阶段，兴趣爱好也已产生，这时爸爸妈妈就应该从孩子的兴趣爱好和感受出发，多帮助孩子进行个性发展，引导他们树立带有职业性质的理想。如果孩子的爱好是舞蹈，那么爸爸妈妈就应该多从舞蹈这个角度提出希望，并根据孩子的潜能确立期望值的高低：潜能小的就鼓励孩子多加练习，扎实基本功，并舍得为孩子投资，即报培训班之类；潜能大的就鼓励孩子做个舞蹈家，爸爸妈妈在对孩子提出这个理想要求时，要提醒孩子不断的努力，才能使理想变为现实。

其次，爸爸妈妈要对孩子进行正确的理想引导。孩子的理想发展大致可分为4个阶段：一是理想发展的准备阶段，在这个阶段孩子的特点是容易把家长的、老师的要求当作自己的理想；二是生活理想阶段，这时是孩子还是独立思考的关于理想的问题，这个阶段孩子的理想是自己在因活动中产生了兴趣而憧憬的理想；三是职业理想出现阶段，随着兴趣的发展，孩子逐步培养起某种爱好，在这个基础上，孩子逐渐知道自己的未来的方向，并有想要将兴趣爱好作为职业的想法；四是社会理想发展阶段，这是由于孩子的抽象思维能力发展到一定的水平，并有了一定的社会经验之后的必然结果，它往往与孩子以后的个人职业理想有关。

理想发展的4个阶段是无法分开的，它们之间是相辅相成的关系，缺一不可。爸爸妈妈在对孩子进行理想引导时，要分清孩子所处的阶段，并了解该阶段的特点，才能提出有建设性的意见，否则将会误导孩子，造成孩子的理想发展出现偏差。

第三，爸爸妈妈要重视理想的个体差异。因为孩子理想的发展水平存在着个别差异，比如性别的差异、观念的差异、爱好的差异等，因此，爸爸妈妈要尊重孩子的个体差异，尊重孩子的意愿，帮助孩子实现理想。

如果孩子有了崇高的理想并在为之奋斗，那么爸爸妈妈应以鼓励为主，并积极帮助孩子解决在实现理想过程中遇到的困难；如果孩子的理想好高骛远，不切实际，那爸爸妈妈就应多引导孩子树立正确地理想观念，告诉孩子理想是建立在现实的基础上的，没有坚实的基础，理想是站不住脚跟的；如果孩子没有理想，爸爸妈妈就要多带孩子去电影院观看一些励志的、以理想为题材的电影，激励孩子理想的火花。

为大学制订计划

都说上帝青睐有准备的人，爸爸妈妈应该在孩子上大学之前相应地做好必要的准备，避免到那一刻真正来临的时候手忙脚乱。

大学的意义

大学对于不同的家庭来说意义是很不一样的。对某些家庭来说，无论孩子考上什么大学，只要取得毕业文凭，就是巨大的成功。对另一些家庭来说，如果孩子没有考上名牌大学，那整个家庭都会觉得很沮丧。

在当今的社会中，大学文凭是大部分人获得一份体面的、收入可观的工作的敲门砖。对于那些在低收入家庭中长大的孩子来说，上大学是他们提升社会地位最有效的途径之一。从理想的观点来看，考上大学是一种能力的证明，是实现人生理想的开端。因为大学还可以给年轻人提供各种机会，让他们不断地去尝试，找到适合自己的位置，并为他们积蓄很大的能量，帮助他们探索思想的世界，实现自我价值。

但是，大学生在大学里获得的实际教育不仅取决于学校和老师，最重要的还是取决于个人。很多受过良好教育的并有所成就的人，他们所上的大学都没什么知名度，但是他们充分利用学校现有的资源，通过自己的努力获得了一个大学生在学校应该学会的知识。也有很多孩子好不容易进入名校，但是由于在大学里自我要求放低，过度松懈，造成毕业后收获寥寥，甚至有的大学生连毕业证都没有拿到，这些情况都很常见。所以，能否实现大学的意义很大部分的决定权是在大学生自己的身上。

如何选择大学

爸爸妈妈在陪着孩子走过紧张的高考之后，在没有来得及松一口气的时候，一个艰巨的任务也即将来临——填报志愿（即选择学校）。学校选择正确与否很大程度上会影响孩子以后的人生轨迹，所以每到这个时候很多家长都紧张的睡不着觉。在如何选择学校的问题上，要考虑的因素很多，有时候并不是单单看孩子的兴趣爱好，要综合各方面，才能选择比较合适的大学。以下是爸爸妈妈在帮助孩子选择大学时需要考虑的问题：

哪类大学

我国本科类的大学是四年制的大学，分为一类本科、二类本科和三类本科，教学的内容比较理论化。专科和高职高专类的学校是三年制的，教学特点是学与做相结合。爸爸妈妈要根据孩子的高考分数、孩子的兴趣爱好以及该校历年的招生分数，科学地进行筛选。

学校的社会知名度

往往社会一般比较认可著名学府毕业的学生，因为能考进知名学府的人都是有一定实力的。并且在知名学府里有雄厚的师资力量，以及先进的学习设备，更重要的是拥有良好的学习风气，这些优越的条件对在里面学习的考生是一种积极的熏陶。所以知名学府毕业的大学生是能受到社会的认可的。因此，在孩子的分数达到填报知名学府的条件时，爸爸妈妈要考虑到社会知名度的效益，孩子从知名学府毕业之后，可能以后的路途会走得比较顺畅。

主修专业

虽然很多考生在选择学校的时候没有明确的专业方向，也没有很好地考虑过以后要从事什么样的工作。所以，爸爸妈妈在帮孩子出谋划策的时候很难找到一个标准。如果孩子有自己的兴趣爱好的话，最好建议孩子按照自己的兴趣爱好选择专业，这样比较容易发挥孩子的才能，在以后从事自己喜欢的工作时幸福感也比较强。爸爸妈妈切忌过分地用"热门专业"和"冷门专业"还指导孩子选择专业，要知道再热门、就业前景再好的专业，如果孩子没有兴趣，学不好也是没有用的。所以，爸爸妈妈在孩子选择专业时，要尊重孩子的意愿。

学校的规模

学校的规模也应该列入考虑的范围，但是大规模的学校与小规模的学校都有各自的利弊，要根据孩子的观念和想法来权衡它们的好坏，并作出选择。

规模较大的学校会给学生提供丰富的专业科目，也会有很多顶级的教授，但是普通学生也许只能在授课大厅里见到他们，很少有面对面探讨的机会。然而，在规模较小的学校里，可能没有那么多著名的教授，但学生们也许会有更多的机会接近他们，对于学生钻研学术性问题比较好的辅导作用。规模大的学校能够给学生提供很多的课外活动的机会，但是在规模小的学校中，学生们更容易了解班里的同学，从而增进感情。很多学生在规模大的学校里都感到很失落，也有很多学生觉得自己在规模小的学校里无法施展才能。这些问题都因人而异，就看孩子与家长如何取舍。

学费

学费是很多家庭需要考虑的问题，尤其是对于家庭经济较困难的家庭。因为高额的学费会给困难的家庭带来很大的压力，学生自己心里也会很沉重，因为学费贵而放弃自己喜欢的专业或者学校的情况经常出现在贫困家庭的孩子身上。所以，国家会给大学生提供助学贷款，学校里也会通过评奖学金、助困金来帮助家庭条件比较困难并且比较励志的学生。

地理位置

地理位置这个因素在选择学校时也是比较重要的，因为一座城市的文化氛围以及这座城市的"气质"都能对孩子造成影响。在发达的城市读大学的孩子可能接触的东西相对比较多，视野会比较开阔。在小城市读大学的孩子就相对比较安分，没有那么骚动，埋头苦学。但是，也不是绝对的，只是针对大部分人而言。

学校的地理位置决定了气候、环境等因素。爸爸妈妈要根据孩子的身体情况，看想要选择的学校的所在地是不适合孩子。比如孩子患有严重的风湿性关节炎，最好不要选择湿冷的城市。身体的革命的本钱，只有健康的身体才能更好地学习。

就读大学的地理位置在一定程度上决定了孩子毕业以后的人脉的方向，如果孩子想得比较长远，有比较确切的毕业以后想要在那里工作的城市，那就最好选择那座城市的大学。因为孩子可以利用大学的课余时间来熟悉这座城市，并建立良好的人际关系，对以后的工作比较有利。

为孩子上大学而存钱

大学教育是昂贵的，所以爸爸妈妈要尽早存好一笔钱，给孩子上大学的时候用。虽然国家现在给大学生提供助学贷款，可以帮助孩子顺利读完大学。但是，很多孩子在拿了毕业文凭之后，却背负了一身的贷款债务，对于刚步入社会的他们来说是一种比较大的压力。因此，爸爸妈妈如果有能力的话，最好提前为孩子存一笔上大学要用的钱。

宝宝常见饮食问题解决

宝宝不爱吃蔬菜的对策

宝宝周岁之后，会对饮食流露出明显的好恶倾向，大部分宝宝表现出厌恶吃蔬菜的情绪。可是不爱吃蔬菜会使宝宝的维生素摄入量不足，引发营养失衡，导致营养不良，影响身体健康。

其实宝宝不爱吃蔬菜很大的责任在于爸爸妈妈。宝宝的口味是大人培养出来的，小时候吃不习惯的东西，有的宝宝长大以后可能会一辈子都不会吃。因此，培养宝宝爱吃蔬菜的习惯要从添加辅食时做起。添加蔬菜辅食时，可将蔬菜用搅拌机搅拌成菜泥，煮熟，喂给宝宝，比如胡萝卜泥、土豆泥、菠菜泥。现在市场上也有专为断奶期宝宝特制的蔬菜泥产品，爸爸妈妈可以根据宝宝的实际情况选择性地购买。宝宝慢慢适应吃蔬菜泥之后，再将蔬菜切细末，熬成蔬菜粥，或添加到面条中煮成蔬菜烂面喂给宝宝。等宝宝长牙后，有了一定的咀嚼能力时，就可以给宝宝喂食炒碎菜，可把炒好的碎菜拌在松软的米饭中喂给宝宝。有的蔬菜纤维比较长，一定要尽量切碎，以免宝宝被噎住，或引起消化不良。

如果宝宝从小就很少吃蔬菜，养成了这个坏习惯，长大以后很可能就不太容易接受蔬菜。这时，爸爸妈妈就要巧用妙招，改掉宝宝这个坏习惯了。

爸爸妈妈首先要给宝宝树立榜样，带头多吃蔬菜，并表现出很好吃的样子，来引导宝宝吃蔬菜。然后要经常跟宝宝说多吃蔬菜的好处，可以通过讲述动画片或者小故事的例子来鼓励宝宝多吃蔬菜，例如大力水手的菠菜，吃了会使身体健康，手臂强壮有力。心思细腻的爸爸妈妈还会给宝宝变着花样，做各种各样的蔬菜，挑起宝宝的食欲，比如做蔬菜粥、蔬菜饺子、蔬菜包子等。如果宝宝是在不喜欢吃某种蔬菜，爸爸妈妈也不要勉强，可以用其他有相似营养物质的蔬菜代替，或者拿来与宝宝喜欢的肉类同烹，改善口感，使宝宝能接受。

"肉食宝宝"的对策

因为肉类能给宝宝提供很多营养物质，所以爸爸妈妈在给宝宝添加辅食的时候，太过于强调肉类的作用，过多地用肉类当辅食，养成了宝宝后来偏爱吃肉，不爱吃蔬菜的习惯。肉类固然重要，但是也不是吃得越多越好，特别是宝宝处在生长发育的关键时期，特别要注意营养均衡，食肉过度容易使宝宝患上肥胖症、脂肪肝等疾病。如果现在你的宝宝明显地表现出只爱吃肉，不爱吃蔬菜水果的话，那爸爸妈妈要努力帮宝宝改掉这个坏习惯了。

为了避免宝宝吃肉过度，爸爸妈妈在烹饪时可将肉类切小块与蔬菜混合烹饪，或者做成绞肉洋葱饼、胡萝卜肉丸等，以减少宝宝的食肉量，增加蔬菜的摄入量；还可利用肉类的香味来改善蔬菜味道，来提高宝宝对蔬菜的接受程度，慢慢引导宝宝多吃蔬菜；此外，爸爸妈妈在买菜时，应尽量选购低脂肉类，尽量用蒸、煮的方法来烹饪，避免煎、炸，可减少热量，预防宝宝肥胖；如果以上的方法效果都不明显，爸爸妈妈要使用最后一招了，就是将固定的肉类分量放在一个小碗里，严格地控制宝宝的食用量，但是，这要求每一个家庭成员都要采取同样方法，一视同仁，否则会影响宝宝吃饭的积极性，甚至影响亲子关系。

宝宝贪吃零食要控制

宝宝喜欢吃的零食莫过于糖果、各种口味的牛奶和饼干等。因为自控能力差，爱吃零食是每个宝宝的天性，也是他们身体的需要。如果让宝宝自己拿零食吃，他们可能一天到晚都在吃零食。如果每天给他们定量，他也会吃完之后马上要。但爸爸妈妈的影响才是最重要的。爸爸妈妈不要拿零食作为奖赏品，让宝宝对零食有格外的偏好；宝宝开始吃饭的时候没有食欲，爸爸妈妈不要拿零食来替补，这样不仅会破坏宝宝的胃口，还会把宝宝宠坏；给宝宝吃零食的时候不要让他们看见装零食的盒子或带子，因为宝宝看到吃完之后还有，就会没完没了地要零食。爸爸妈妈要学会控制宝宝吃零食，更要学会替宝宝选择零食。

薯片、虾条、雪饼等这些膨化食品，甜甜的咸咸的，很多宝宝都喜欢，但高糖、高盐是这些小食品的一个共同特点，一方面高糖会引起孩子的肥胖和龋齿，而高盐会增加儿童的肾脏负担，对心血管系统存在着潜在的不良影响，另一方面这些食品有的还添加了食品添加剂、防腐剂、香精、味精等，这些都是经过化学方法合成的，对孩子肝脏解毒能力和肾脏排泄功能都可能产生一些不良的影响，因此爸爸妈妈尽量不给或者少给宝宝吃这样的零食。

对于一些比较胖的宝宝，爸爸妈妈可选择低糖、高纤维素、高维生素的零食，比如圣女果、猕猴桃、山楂等含糖量低的水果。对一些瘦弱的孩子，他们的零食可选择谷物类的饼干、蛋糕等，或者为了助消化，糖葫芦、柠檬片也是很好的选择。

饮食习惯要循序渐进

作为爸爸妈妈，除了积极地诱导宝宝选择有益于健康的食物之外，还应该循序渐进地让宝宝养成良好的饮食习惯。

营造好的用餐气氛

饭前半小时要让宝宝保持愉悦的心情，不能过度兴奋或疲劳，不要责骂宝宝，以免影响宝宝的食欲，要让宝宝在一个温馨、轻松的环境下用餐，宝宝才会爱上吃饭。

食物从简到繁

爸爸妈妈在培养宝宝的饮食习惯时，注意观察宝宝的接受能力，要从简单的食物开始教会宝宝吃饭。比如爸爸妈妈可以先让宝宝自己吃米糊，再过渡到蔬菜、鸡蛋、猪瘦肉等无骨的食物，最后再教宝宝吃鱼肉这类有刺的复杂的食物。

养成定时定量的饮食习惯

定时定量的饮食习惯是宝宝健康成长的关键。爸爸妈妈要给宝宝制定详细的用餐时刻表，如果没有特殊情况，不要轻易打乱。宝宝吃饭要按量，避免宝宝对自己喜欢的食物暴饮暴食，而对不喜欢的食物，一点儿都不吃。养成定时定量的饮食习惯，有助于宝宝肠胃的健康，不易造成偏嗜食物的坏习惯。

餐具从易到难

爸爸妈妈在培养宝宝正确使用餐具时，要从易到难，保持宝宝学习的兴趣。可以先从简单的勺子开始教，再到叉子、杯子、筷子等复杂一点儿的餐具，反复地练习宝宝抓、握餐具的动作，这样的顺序容易使宝宝有成就感，学起来更简单。爸爸妈妈在培养宝宝独立用餐的同时，还能培养宝宝的动手能力和肢体协调能力。

避免不合理的饮食方式

宝宝的饮食习惯决定了饮食结构，进而影响了他们的身体发育状况。因此，避免宝宝不合理的饮食方式显得尤为重要。

避免饥饱失常

饥饱失常往往针对处于哺乳期的宝宝，这个时期的宝宝不懂饥饱，如果爸爸妈妈控制不当，如宝宝一哭妈妈就喂奶，造成哺乳过量，超过了肠胃的消化能力，损伤脾胃。同样过度饥饿也不利宝宝的健康，如哺乳不足、配方奶调制过稀、未能及时添加辅食、过早断乳及偏食等，会导致宝宝营养失衡。判断宝宝的饥饱情况，要从以下几个方面观察。

1. 宝宝突然大声啼哭，而且越哭越大声，把乳头或奶嘴给宝宝含住之后变得很安静，说明宝宝饿了。

2. 洗干净手指逗弄一下宝宝的嘴角，如果宝宝有觅食反射的话，就证明宝宝饿了，需马上喂食。

3. 宝宝吃奶时很费劲，吮吸不久便安然入睡，睡不到 1 ~ 2 个小时又醒了，并哭闹不止，这是宝宝吃不饱的表现。

4. 母乳喂养的宝宝，妈妈可以哺乳的时长判断宝宝是否喂饱。配方乳喂养的宝宝，可以通过参照奶瓶刻度，并结合宝宝的反应来判断宝宝是否喂饱。

5. 如果宝宝在哺乳一段时间之后，停止吸吮的动作，或推开妈妈的乳头、奶嘴，说明宝宝已经饱了。

避免饮食偏嗜

饮食偏嗜是针对已经食用辅食的宝宝，这个时期的宝宝已经明显地表现出对某些事物的好恶。现在很多宝宝偏嗜冷饮，如冰棍、雪糕等；偏嗜甜食，如糖果、巧克力等；偏嗜肥甘，如鸡腿、烤肉串等；偏嗜洋快餐，如肯德基、麦当劳等。如果爸爸妈妈不加以控制、均衡，很可能会造成宝宝营养失衡，影响健康发育。

1. 爸爸妈妈要收拾好零食，不要让宝宝接触过多地"垃圾食品"，以免诱导他们对零食的欲望。

2. 给宝宝用来补充热量的零食以水果、牛奶为主，不能让宝宝喝太多饮料。

3. 爸爸妈妈做的辅食要营养全面，色、香、味俱全，以勾起宝宝的食欲。

避免用餐时间不规律

有的爸爸妈妈害怕宝宝饿着，一听到宝宝哭闹就以为是饿了，急忙给宝宝喂食。但是，爱哭是宝宝的天性，并不是宝宝每次啼哭都是为了要食物。爸爸妈妈这样无规律地给宝宝喂食，造成了宝宝用餐时间紊乱，不利于肠胃健康。

1. 爸爸妈妈要制定一个科学的宝宝用餐时刻表，并严格按照时间给宝宝喂食。

2. 将正餐时间和零食时间分开，合理地给宝宝喂食零食，以及时补充能量。

3. 给宝宝哺乳的时间应安排在两次喂辅食之间，可灵活安排。

宝宝饮食的"四不"原则

由于宝宝的天性，吃饭时不会像大人那样，每顿饭都能按时吃、安安静静地、慢条斯理地吃。所以爸爸妈妈不能用大人的饮食标准来要求宝宝。在宝宝吃饭时，爸爸妈妈应该遵循"四不"原则。

不催促宝宝吃饭

由于宝宝的消化功能尚未发育完善，爸爸妈妈不宜催促宝宝吃饭，要教会他们细嚼慢咽，无论是对食物的消化吸收还是对胃肠来说都是有利的。

不分散宝宝吃饭的注意力

爸爸妈妈在开饭前应把能分散宝宝注意力的东西放好，如玩具、画册、电视机等。不能让宝宝边吃饭边玩玩具或看画册、电视，以免宝宝不认真吃饭，造成消化不良。爸爸妈妈也不要在宝宝吃饭的时候与宝宝逗笑，以免宝宝因大笑而被食物呛到。

不强迫宝宝吃饭

有些时候宝宝由于身体状态不佳或者实在接受不了某种食物的味道，吃得很少，爸爸妈妈害怕宝宝摄入的营养不够而强迫宝宝吃饭。这种做法是不可取的，宝宝容易产生心里抵触。爸爸妈妈要分情况，如果宝宝实在不想吃，也不必强迫，可以用其他营养类似的食物代替。

不讨好宝宝吃饭

有的爸爸妈妈为了让宝宝多吃点儿饭而给宝宝提供奖赏，如以糖果、饼干、冰淇淋等来诱惑宝宝，这种讨好的做法不利于宝宝养成健康的饮食习惯。宝宝们会认为吃饭就是一种交换，陷入饮食的误区。

必备营养素，让宝宝更健康

碳水化合物

碳水化合物又称糖类化合物，是自然界存在最多、分布最广的一类重要的有机化合物。主要由碳、氢、氧所组成。碳水化合物是生命细胞结构的主要成分及主要供能物质，并且有调节细胞活动的重要功能。此外，碳水化合物还有调节脂肪代谢，提供膳食纤维，节约蛋白质，增强肠道功能等作用。

缺乏表现

碳水化合物为宝宝身体的正常发育提供了大部分热量，起到保持体温、促进新陈代谢、协调四肢运动、维持大脑和神经系统的正常运转的作用。缺乏碳水化合物会导致宝宝全身乏力、精神不振、体温下降、发育迟缓等后果。

正确摄入量

摄入足量的碳水化合物，能使宝宝的内脏器官、神经、四肢以及肌肉等内外器官得到良好的发育，使宝宝更健康、聪明。1 岁以内的宝宝每日每千克体重需要摄入 12 克，2 岁以上的宝宝每日每千克体重需要摄入 10 克碳水化合物。

营养来源

葡萄糖、蔗糖、淀粉和纤维素等都属于碳水化合物。碳水化合物的主要食物来源有糖类、谷物、水果、干果类、干豆类和根茎类蔬菜等。爸爸妈妈可给宝宝喂食大米、小麦、玉米、燕麦、高粱、莴笋、萝卜、红薯、土豆、甘蔗、甜瓜、西瓜、香蕉、葡萄等。如果宝宝太小，可将上述食物磨成粉或榨橙汁，再按量喂食。

脂肪

脂肪是由甘油和脂肪酸组成的三酰甘油酯，是构成人体组织的重要物质，是人类最有效的能量仓库。

脂肪是婴幼儿不可缺少的营养素。脂肪能为宝宝提供热量和身体必需的脂肪酸。每克脂肪可提供 37.68 千焦热能，对于宝宝来说，30% ~ 35%的热能靠脂肪供给。宝宝的肠胃功能尚未发育完全，脂肪可促进脂溶性维生素的吸收，例如维生素 A、维生素 D、维生素 E、维生素 K，都必须溶解于脂肪才能被吸收利用，这就保证了宝宝的营养均衡。

缺乏表现

宝宝缺乏脂肪会表现出身体消瘦、脸色暗黄无光泽、乏力疲软、视力差等症状。所以保证宝宝摄入适量的脂肪，是爸爸妈妈必修的功课。

正确摄入量

新生儿每日每千克体重需要脂肪的量为4克，1～3岁的宝宝每日每千克体重需要脂肪3克，3岁以后人体每日每千克需要脂肪2克。

营养来源

脂肪的主要食物来源是动物的肉、内脏、植物油、奶制品、豆制品、干果等。因此，爸爸妈妈在烹调宝宝膳食的时候可加入适量的花生油、橄榄油等，让宝宝食用适量的鱼肉、猪肉、鸡肉等动物肉。此外，干果如葵花子、核桃、杏仁等，奶制品如全脂牛奶、酸奶、奶酪等，豆制品如豆浆、豆沙、豆腐等，都可以放心地列入宝宝健康食品的行列。

蛋白质

蛋白质是生命的物质基础，没有蛋白质就没有生命。蛋白质主要由碳、氢、氧、氮组成，一般蛋白质还含有磷、硫、铁、锌、铜、硼、锰、碘、钼等元素。机体中的每一个细胞和所有重要组成部分都有蛋白质参与。除去水分，蛋白质约占人体的80%。

宝宝体内新陈代谢过程中起催化作用的酶，调节生长和代谢的各种激素，以及有免疫功能的抗体都是由蛋白质构成的。此外，宝宝体内的水分能正常分布和酸碱平衡都要靠蛋白质的维持。

缺乏表现

宝宝缺乏蛋白质会造成偏食厌食、生长发育迟缓、体重下降、身材矮小、抵抗力下降、易生病等。因此，正处在生长发育阶段的宝宝，要不断地从食物中摄取足量的蛋白质。但是，蛋白质也不是越多越好，如果摄取过量蛋白质会在体内转化成脂肪，造成脂肪堆积，血液的酸性提高，消耗大量的钙质，使储存在骨骼中的钙质就被消耗完，导致骨质变脆。

正确摄入量

爸爸妈妈在给宝宝补充蛋白质的时候要特别注意量的控制。母乳喂养的宝宝每日每千克体重需要蛋白质2克；脱离母乳喂养的宝宝（1.5～3岁）每天所需的蛋白质为35克左右；3～6岁的宝宝每天需要蛋白质的量为45～55克。

营养来源

蛋白质的主要来源是肉、蛋、奶、豆类、谷物等食品。一般而言，来自于动物的蛋白质品质较高，因为其含有丰富的人体必需的氨基酸。尽管植物性蛋白质的营养价值低于动物蛋白质，但由于摄入量大，所含的蛋白质数量也不少。所以，爸爸妈妈在给宝宝准备膳食的时候，最好能以动物性蛋白质为主，植物蛋白质为辅，动、植物性蛋白质相互搭配，这样更有利于宝宝的健康成长。

DHA（二十二碳六烯酸）

DHA 即二十二碳六烯酸，俗称脑黄金，是一种对人体非常重要的不饱和脂肪酸。DHA 是神经系统细胞生长和维持的一种主要元素，是大脑和视网膜的重要组成成分，在人体大脑皮质中含量高达 20%，在眼睛视网膜中所占比例约占 50%。因此，DHA 对宝宝的智力和视力发育至关重要。

缺乏表现

宝宝缺乏 DHA 常常表现为生长发育迟缓、皮肤异常、反应迟钝、注意力不集中、智力障碍、视力下降甚至失明等。

正确摄入量

宝宝 DHA 的科学摄入量为每日每千克体重 20 毫克。例如宝宝的体重为 15 千克，则每天应摄入 300 毫克 DHA。

营养来源

母乳中 DHA 的含量尤其丰富，但它的含量取决于哺乳妈妈三餐的饮食结构，调查显示，吃鱼较多的哺乳妈妈其乳汁中的 DHA 含量明显比不吃或者少吃鱼的哺乳妈妈要多很多，配方奶中也含有 DHA，但是其含量非常少。鱼类所含的 DHA 也是比较丰富的，例如鲔鱼、鲣鱼、鲑鱼、鲭鱼、沙丁鱼、竹荚鱼、旗鱼、金枪鱼、黄花鱼、秋刀鱼、鳝鱼、带鱼、花鲫鱼等，每 100 克鱼中的 DHA 含量可达 1000 毫克以上，而鱼的眼窝脂肪则是 DHA 含量高的部位，其次就是鱼油；干果类中的核桃、杏仁、花生、芝麻等也是补充 DHA 的不二之选，它们所含的 α-亚麻酸可在人体内转化成 DHA。

因此，为了补充 DHA，喂养出健康而聪明的宝宝，母乳喂养是最值得推崇的。其次，爸爸妈妈要善于给宝宝做各种鱼，尽量让宝宝从鱼肉中摄取更多的 DHA。再者，爸爸妈妈可以将干果作为宝宝零食的一部分，干果不仅可以补充 DHA，还能起到益牙、锻炼咬肌、开发智力的作用。

ARA（花生四烯酸）

ARA学名叫花生四烯酸，存在于人体的脑部、皮肤以及血液等地方，ARA的对于人体组织器官的发育，尤其是大脑和神经系统发育有着重要的作用。ARA是宝宝体格发育的必须营养素，在成人体内可以由必需脂肪酸——亚油酸转化而成，不属于必需脂肪酸，但是在婴幼儿时期，宝宝体内合成ARA的能力较弱，因此对于正处于生长发育黄金期的宝宝来说，在食物中添加一定量的ARA，会更有利于其体格的发育。

缺乏表现

宝宝缺乏ARA会造成发育迟缓甚至出现发育障碍，智力水平底下，抗感染能力差等。

正确摄入量

宝宝ARA的科学摄入量为每日每千克体重40毫克。例如宝宝的体重为15千克，则每天应摄入600毫克ARA。

营养来源

首先，母乳中含有丰富的ARA，妈妈可通过母乳喂养来补充宝宝的ARA；其次，爸爸妈妈可以为宝宝选择含ARA的配方奶，也是补充ARA的途径；爸爸妈妈也可以在宝宝的饮食中添加足量的亚油酸和亚麻酸，来转换成宝宝所需的ARA。

亚油酸、α-亚麻酸

亚油酸和α-亚麻酸都是促进大脑发育和保证视力必不可少的多不饱和脂肪酸。亚油酸是人体不能合成的脂肪酸，必须从食物中摄取。亚油酸不仅能帮助宝宝的身体代谢蛋白质，还可以减少脂肪、增加肌肉，避免肥胖。α-亚麻酸是构成细胞膜和生物酶的基础物质，在宝宝体内代谢之后可转化为DHA、DPA、EPA等对宝宝身体发育至关重要的营养物质。

缺乏表现

缺乏亚油酸和α-亚麻酸的宝宝头发干枯、头皮屑多，皮肤干燥，指甲易断裂，还经常表现为动作不协调、视力弱、多动症、发育缓慢、免疫力低下等多种症状和疾病。

正确摄入量

亚油酸和α-亚麻酸为必需脂肪酸，但并不是摄入量越多越好，必需严格严格控制摄入量。0～6个月的宝宝总摄入量应占总热能摄入量的 45% ～ 50%；6 ～ 12 个月的宝宝总摄入量应占总热能摄入量的 35% ～ 40%；1 ～ 3 岁的宝宝总摄入量应占总热能摄入量的 30% ～ 35%。

营养来源

亚油酸和 α-亚麻酸主要来源于葵花子、亚麻子、红花、大豆、麦芽等制成的植物油。核桃、杏仁、松子等干果也是亚油酸和 α-亚麻酸极好的营养来源。α-亚麻酸在紫苏油、香油中的含量尤为丰富。

卵磷脂

卵磷脂是构成细胞膜和神经鞘膜的重要物质，存在于人体的每个细胞中，多集中于脑部及神经系统、血液循环系统、免疫系统及肝、心、肾等重要器官中。不仅能促进宝宝身体机能和智力的发育，还能清理血管中的胆固醇。被誉为与蛋白质、维生素并列的"第三营养素"。

缺乏表现

宝宝缺乏卵磷脂的主要表现为：思维分散、注意力不集中、反应迟钝、容易紧张等。

正确摄入量

如果是母乳喂养，只要妈妈摄入种类丰富的食物，就不用担心宝宝会缺乏卵磷脂。如果是配方奶喂养的宝宝，爸爸妈妈可选择含卵磷脂稍高的配方乳。4 个月以后可添加辅食的宝宝，可从牛奶、鸡蛋、肝泥等食物中摄取，即可满足宝宝对卵磷脂的需要。

营养来源

卵磷脂最主要的营养来源是大豆、牛奶、蛋黄、核桃、坚果以及动物的脑、骨髓、心脏、肺脏、肝脏、肾脏等。此外，多给宝宝喂食五谷杂粮、鱼肉、黑木耳等，也能补充一定量的卵磷脂。

牛磺酸

牛磺酸是存在于人体所有组织器官中的一种氨基酸，对于宝宝的大脑发育、神经传导、视觉机能的完善以及钙质的吸收等具有良好的作用。但是宝宝体内的牛磺酸很少，必须从食物中摄入。

缺乏表现

宝宝缺乏牛磺酸主要表现为：生长发育缓慢、无精打采、智力低下，严重的宝宝还容易患癫痫病。

正确摄入量

目前还没有特定的牛磺酸科学摄入量。妈妈的初乳中含有高浓度的牛磺酸，母乳喂养的宝宝一般不会缺乏牛磺酸。配方奶喂养的宝宝则应选择营养全面的配方奶，即可满足宝宝对牛磺酸的需求。

营养来源

牛磺酸几乎存在于所有的生物之中，如哺乳动物的心脏、脑、肝脏等器官中含量较高。含量最丰富的是海鱼、贝类、紫菜、墨鱼、章鱼、虾等，鱼类中的青花鱼、竹荚鱼、沙丁鱼等牛磺酸含量名列前茅。而且鱼背发黑的部位牛磺酸含量较多，是其他白色部分的 5 ~ 10 倍。因此，多食用此类食物，可以摄入足量的牛磺酸。

叶酸

叶酸是人一种水溶性 B 族元素，对核酸、氨基酸、蛋白质的合成起着重要的作用，是宝宝细胞生长和造血过程中必不可少的营养物质。叶酸扮演了胡萝卜素运送者的角色，促进宝宝体内红细胞的形成，预防贫血。此外，叶酸还可以增进宝宝的食欲，促进烟酸的生成，防止寄生虫在宝宝的肠道内繁殖。

缺乏表现

宝宝缺乏叶酸可引起巨红细胞性贫血以及白细胞减少症等。宝宝缺乏叶酸的表现：发育迟缓、头发变灰、面色苍白、四肢乏力、神经焦虑、精神萎靡等。同时会出现贫血、口疮以及消化系统障碍等。

正确摄入量

0 ~ 1 岁的宝宝每天需要摄入叶酸的量为 30 ~ 45 微克；1 ~ 6 岁的宝宝每天对叶酸的需要量为 100 ~ 300 微克；6 岁以后则以成人的量，每天需要摄入 400 微克叶酸。

营养来源

含叶酸的食物很多，绿色蔬菜入莴苣、菠菜、龙须菜、花椰菜等；新鲜水果如橘子、草莓、樱桃、猕猴桃等；豆类如黄豆；坚果类如核桃、腰果、杏仁等；谷物类如全麦面粉、大麦、米糠、糙米等；动物食品如牛肉、羊肉、猪肉，以及它们的肝脏、肾脏等。猕猴桃中含有高达 8% 的叶酸，有"天然叶酸大户"之美誉。但由于天然的叶酸极不稳定，易受阳光、加热的影响而发生氧化，所以人体真正能从食物中获得的叶酸并不多，需要长期摄入种类丰富的食物。

维生素 A

维生素 A 是一种脂溶性的醇类物质，不要贮藏于肝脏中，少量贮藏于脂肪组织中。维生素 A 能增强宝宝的机体免疫力，维持正常视觉功能，降低夜盲症的发生；可以维护宝宝上皮组织细胞的健康和促进免疫球蛋白的合成，使皮肤光滑柔润；还可以促进宝宝骨骼正常生长发育。是宝宝生长发育和维护视力。必不可少的营养物质。

缺乏表现

宝宝缺乏维生素 A 表现为皮肤干涩粗糙、浑身起如同鸡皮样的小疙瘩；头发稀疏、干枯无光泽；指甲变脆，易折；牙齿、骨骼软化；眼睛干涩，夜盲症等。

正确摄入量

维生素 A 不宜补充过量，否则造成食欲不振、易于激动等，应在医生的指导下进行添加。母乳中含有能够满足宝宝需要的维生素 A，而配方奶中也添加了足量的维生素 A，所以未断奶的宝宝一般不需要额外补充维生素 A。断奶后的宝宝则每天每千克体重需补充 180 ~ 240 微克维生素 A。

营养来源

根据食物分类有四类食物来源：动物性食物，如鱼肝油、鸡蛋等；植物性食物，主要有深绿色或红黄色的蔬菜，如上海青、菠菜、黄椒、胡萝卜等；新鲜水果，如杧果、柿子等；中药类食物，如车前子、紫苏、藿香、枸杞等。

维生素 B₁

维生素 B_1 的生物化学名称叫硫胺素，是一种水溶性维生素。维生素 B_1 对精神状态的维持有良好的影响，可改善精神状况，被称为精神性维生素；它能维持神经组织、肌肉、心脏活动的正常，消除肢体疲劳和精神紧张，被称为抗神经炎因子；此外维生素 B_1 因有治疗脚气的作用，还被称为抗脚气病因子。

维生素 B_1 对宝宝的生长发育具有重要的作用。维生素 B_1 能增强宝宝的肠胃和心肌的活力，增进宝宝的食欲、促进消化，还能提高宝宝的智力水平。

缺乏表现

宝宝缺乏维生素 B_1 的表现：烦躁不安、记忆力不集中、手足末端刺痛；食欲不振、消化不良、恶心吐奶、腹痛腹泻；2 ~ 6 个月的宝宝常常出现脚气病。

正确摄入量

哺乳妈妈多食含维生素 B_1 的食物，如瘦猪肉、粗粮和豆类，即可满足母乳喂养的宝宝对维生素 B_1 的需求；0 ~ 6 个月的宝宝适宜摄入量为每天 0.2 毫克；6 ~ 12 个月的宝宝摄入量为每天 0.3 毫克，1 ~ 3 岁的宝宝摄入量为 0.6 毫克。宝宝在生病期间要在医生的指导下适量增加维生素 B_1 的摄入量。

营养来源

含有丰富维生素 B_1 的食品：猪腿肉、里脊肉、鸡肝、火腿、大豆、花生、黑米、小麦胚芽、胚芽米、番茄、橘子、香蕉、葡萄、梨、核桃、栗子、猕猴桃等。维生素 B_1 是水溶性维生素，和所有 B 族维生素一样，多余的 B_1 不会贮藏于体内，而会完全排出体外，所以必须每天补充维生素 B_1。

维生素 B_2

维生素 B_2 又称核黄素，是一种微溶于水的水溶性维生素。维生素 B_2 能支持宝宝的体格生长、维持细胞的修复和呼吸；与维生素 A 共同作用保护宝宝的视力，减轻眼部疲劳；常用于缓解宝宝口腔、舌头、嘴唇的炎症；还能促进铁的吸收，避免宝宝缺铁；此外，维生素 B_2 对于宝宝智力的发育，皮肤、毛发、指甲的正常生长也有很大的帮助。

缺乏表现

宝宝缺乏维生素 B_2 的表现：眼睑内有磨砂感，眼睛疲劳，瞳孔放大，眼角膜变异，畏光；出现口角炎、唇炎、舌炎、口腔溃疡、结膜炎、阴囊炎及脂溢性皮炎等。

正确摄入量

由于宝宝生长发育快，代谢旺盛，若爸爸妈妈不注意，宝宝容易缺乏维生素 B_2，而摄入过多，则可能引起瘙痒、麻痹、流鼻血、灼热感、刺痛等。因此，爸爸妈妈要按正确量给宝宝补充维生素 B_2。0 ~ 1 岁的宝宝每天摄入量为 0.4 ~ 0.6 毫克；1 ~ 6 岁的宝宝每天摄入量为 0.6 ~ 1.0 毫克。

营养来源

牛奶及经发酵的乳制品是维生素 B_2 最好的食物来源，尤其是酸奶、奶酪和酪乳等的含量最高。此外，维生素 B_2 广泛存在于动物肝脏与肾脏、蛋黄、大豆、鳝鱼、菠菜、胡萝卜、茄子、芹菜、柑橘等食物中。

维生素 B_6

维生素 B_6 是一种遇光、碱后，容易被破坏，不耐高温的水溶性维生素，是 B 族维生素中最重要的一种。维生素 B_6 能协助宝宝调节中枢神经系统，稳定宝宝的情绪；是宝宝制造抗体和红细胞的必要物质；维生素 B_6 还有利尿的功能，能缓解宝宝因上火产生的尿频、尿短促等现象。

缺乏表现

当宝宝缺乏维生素 B_6 时表现为眼角、嘴角破裂；出现贫血、慢性腹泻；手脚麻木、痉挛、抽搐；容易患眼疾、神经炎、关节炎、神经性心脏病等疾病。

正确摄入量

0 ~ 1 岁的宝宝每天摄入量为 0.1 ~ 0.5 毫克；1 ~ 6 岁的宝宝每天摄入量为 0.5 ~ 0.7 毫克。

营养来源

维生素 B_6 广泛存在于动、植物食物中，尤以肉、肝、肾、全麦、花生以及大豆中的含量最高。此外，母乳、牛奶及谷类食物中也含有能满足人体需要的有效量。维生素 B_6 缺乏病是由于食物烹调不当或品种过于单调所致。吸收不良也可致维生素 B_6 缺乏。因此，日常生活中爸爸妈妈要多给宝宝吃种类丰富的食物，特别是含酵母的食物，如馒头、包子、花卷等面食。

维生素 C

维生素 C 是人体所需的六种营养素中一种，它是维持正常生命过程所必需的一类有机物，维生素 C 主要存在于新鲜的蔬菜和水果中。维生素 C 是一种强氧化剂，能有效对抗人体内的自由基，防止大脑和脊髓被破坏；维生素 C 在胶原质的形成中起到了重要的作用，而胶原质在宝宝的组织细胞、血管、牙龈、牙齿以及骨骼的生长和修复中扮演着重要的角色；维生素 C 还能帮助宝宝充分地吸收和利用钙、铁和叶酸等物质。因此，日常生活中要多给宝宝吃一些富含维生素 C 的食物，如各类新鲜的水果和蔬菜。

缺乏表现

宝宝缺乏维生素的容易出现牙龈出血、空腔溃疡、呕吐腹泻、肌肉退化、体重减轻、骨骼发育缓慢，抵抗力下降，易感染疾病。

正确摄入量

0 ~ 3 岁的宝宝每天应摄入 60 毫克维生素 C；4 ~ 6 岁的宝宝每天应摄入 70 ~ 90 毫克维生素 C。维生素 C 在人体仅仅停留 4 个小时，所以爸爸妈妈每天至少给宝宝补充两次以上的维生素 C。

营养来源

维生素 C 主要食物来源是新鲜的水果和蔬菜。蔬菜中的紫甘蓝、白菜、芥菜、菠菜、卷心菜、番茄、土豆、青椒或红辣椒等都含有维生素 C，水果中的猕猴桃、樱桃、柑橘、番石榴、草莓、葡萄、柠檬等维生素 C 的含量最高。

维生素 D

维生素 D 是一种脂溶性维生素，可以存储在人体内。人体在紫外线的照射下，皮肤中的胆固醇可以转化为维生素 D，不必每天都补充。所以爸爸妈妈要多带宝宝出去户外晒晒太阳。维生素 D 能帮助宝宝对钙、磷的吸收，促进宝宝骨骼和牙齿的生长；维生素 D 还可以预防佝偻病，帮助宝宝正常发育。

缺乏表现

缺乏维生素 D 会造成宝宝易激怒、爱哭闹、牙齿松动、颅骨软化、鸡胸、O 形腿、佝偻病等。

正确摄入量

维生素 D 不能缺乏，但是也不要摄入太多，以免造成维生素 D 中毒。正确摄入量应该是，6 岁以内的宝宝每天应摄入 10 微克维生素 D；6 岁以后的宝宝一般通过摄入种类丰富的食物，多做户外运动，多晒太阳就可以得到满足身体需要的维生素 D。

营养来源

植物性食物几乎不含有维生素 D，维生素 D 主要来源于动物性食物。主要存在于海鱼、动物肝脏、蛋黄和瘦肉中。另外，像脱脂牛奶、鱼肝油、乳酪、坚果、添加维生素 D 的营养强化食品等，也含有丰富的维生素 D。多晒太阳也是补充维生素 D 的主要来源。因此，爸爸妈妈在日常膳食中要多给宝宝吃一些含维生素 D 的鱼类食品，并可根据宝宝的身体情况适当补充鱼肝油。

维生素 E

维生素 E 是一种脂溶性维生素，又称生育酚，是最主要的抗氧化剂之一。维生素 E 可以有效地防止脑细胞的老化，如果宝宝缺乏维生素 E，脑细胞膜容易坏死，导致智力低下；维生素 E 可保护宝宝的牙齿健康，促进宝宝骨骼的正常发育；维生素 E 与维生素 A 一同摄入不仅可以保护宝宝的肺脏，还可以降低宝宝患缺血性心脏病的概率。

缺乏表现

宝宝缺乏维生素 E 通常表现为发育迟缓、皮肤粗糙、暗淡无光、容易脱皮，并且容易患血溶性贫血和脊髓小脑病。

正确摄入量

母乳喂养的宝宝不用额外地补充维生素 E，因为母乳中的维生素 E 含量为 2 ~ 5 毫克每升，1 岁以内断奶的宝宝或配方奶喂养的宝宝每天需摄入 3 毫克维生素 E，1 ~ 3 岁的宝宝每天应摄入维生素 E 的量为 4 毫克，4 ~ 6 岁的宝宝每天应摄入维生素 E 的量应为 5 毫克每天。

营养来源

富含维生素 E 的食物按性质分有：果蔬、坚果、瘦肉、乳类、蛋类、压榨植物油等。果蔬类的猕猴桃、菠菜、卷心菜、紫甘蓝、莴苣、甘薯、山药等维生素 E 的含量尤为丰富；坚果包括杏仁、榛子和胡桃；压榨植物油包括向日葵子、芝麻、玉米、橄榄、花生、山茶等维生素 E 的含量也尤为可观。此外，红花、大豆、棉籽、小麦胚芽、鱼肝油都有一定含量的维生素 E，含量最为丰富的是小麦胚芽。

维生素 K

维生素 K 是一种脂溶性维生素，具有预防宝宝患上出血疾病及痔疮，促进血液正常凝固的作用。维生素 K 还可以促进宝宝血液循环，对宝宝骨骼的生长也有很大的帮助。

缺乏表现

缺乏维生素 K 的宝宝，轻者皮肤一经擦伤，便容易发生瘀血或血流不止，伤口难以愈合；重者会在口腔、鼻腔、胃、肠以及尿道等部位的黏膜处出现自发性出血。

正确摄入量

因为维生素 K 无法通过人体自身形成，所以宝宝需要通过饮食摄取维生素 K。1 周以内的宝宝极易出现维生素 K 缺乏症，所以建议宝宝出生后每隔 10 天给宝宝口服维生素 K 一次，每次 12.5 毫克，共 10 次，0 ~ 1 岁的宝宝每天需要摄入 10 ~ 20 微克维生素 K。

营养来源

维生素 K 的营养来源主要有两种，一种是富含维生素 K 的食物，一种是在肠道内合成维生素 K。食物中绿叶蔬菜是维生素 K 最好的营养来源，如菠菜、甜菜、莴笋、花椰菜、芥菜、香菜等，还有豌豆、紫甘蓝、胡萝卜、鲜藕等也是很好的维生素 K 来源。肉类和乳制品，如动物肝脏、鱼肝油、蛋黄、乳酪、优酸乳等也含有一定量的维生素 K。水果中也含有少量的维生素 K，如梨、草莓、木瓜等量。维生素 K 被吸收到回肠中时，细菌在回肠内可合成维生素 K，这样也能得到身体需要的维生素 K。

钙

钙元素是组成骨骼和牙齿的基本原料，身体中 99% 食物钙分布在骨骼和牙齿中。钙对宝宝的骨骼发育非常重要，同时对牙齿的健康、细胞的新陈代谢也起着至关重要的作用。钙不仅能直接影响宝宝的身高，还可以维持神经、肌肉的兴奋性，完成神经的冲动传导。同时，钙元素还可以帮助宝宝调节心律、维持细胞的通透性、控制炎症和水肿、维持酸碱平衡等。

缺乏表现

缺钙是宝宝常见的现象，主要表现为：宝宝不易入睡，入睡后多汗、啼哭、易惊醒；白天烦躁不安、易激怒；出牙迟或牙齿排列参差不齐；学步迟；阵发性腹痛、偏食厌食；经常出现抽搐症状；指甲呈灰白色或有白痕。

正确摄入量

补钙是人的一生都需要做的事情，正确的摄取身体所需的钙质，可以给身体解决很多难题。0～10 岁的宝宝每天需要摄入 600 毫克钙，10～13 岁时每天需要摄入钙的量应为 800 毫克，13～16 岁时每天需要摄入 1200 毫克钙。

营养来源

对于宝宝来说，乳类无疑是其所需钙质的最佳来源，如牛奶、酸奶、奶酪等，1 岁以上断奶的宝宝只要每天坚持喝牛奶，就能为宝宝提供充足的钙质。泥鳅、河蚌、螺、虾米、小虾皮、海带、牡蛎、花生、芝麻酱、豆腐、松子、甘蓝菜、花椰菜、白菜、油菜等也是补充钙质的良好食物来源；此外，多做户外运动，多晒太阳也是补钙的好方法。

铁

铁是人体必需的微量元素，人体中 60%～70% 的铁元素存在于血红蛋白中，其余大部分贮存在肝、脾、骨髓等组织中，是组成血红蛋白的主要成分，如果宝宝身体缺铁，就会导致缺铁性贫血，降低宝宝的免疫力，使宝宝容易患病，影响正常的生长发育。铁元素还可以刺进宝宝智力发展。

缺乏表现

宝宝缺铁的表现，最主要的是缺铁性贫血。还会出现不活泼、爱哭闹、皮肤苍白、头晕耳鸣、注意力不集中、反应迟钝、消化不良、食欲不振、腹泻等症状，长时间缺铁将会导致宝宝身体发育缓慢，智力低下。还有可能患"异食癖"。

正确摄入量

我国6个月以上的宝宝铁的参考摄入量为10～12毫克。

营养来源

富含铁元素的食物很多，蔬菜类的，如海带、紫菜、木耳等；动物肉类的，如动物的肉、肝脏、肺脏、肚、血等；蛋奶类的，如蛋黄、牛奶等；豆类的，如黄豆、黑豆、豆腐等；中药类的，如桂圆、红枣、枸杞等。所以多吃新鲜的蔬菜水果有利于铁的吸收，因为蔬菜水果中富含维生素C、柠檬酸及苹果酸，这类有机酸可与铁元素形成络合物，从而增加铁在肠道内的溶解度。

锌

锌是宝宝生长发育阶段很重要的一种微量元素，对宝宝提高免疫、协调内分泌有很大的帮助。锌元素是宝宝体内蛋白质和核酸的合成必不可少的物质，并且在宝宝的细胞生长、分裂等过程中扮演着重要的角色。此外，锌元素可增强宝宝的免疫力，维持体内酸碱平衡。

缺乏表现

宝宝缺锌的主要表现有：口腔溃疡、地图舌、异食癖；指甲出现白斑、手指长倒刺、视力下降；多动、反应迟钝、注意力不集中；伤口难愈合、易患皮炎、顽固性湿疹等皮肤病；消化功能减退、食欲不振、生长发育较慢，身高、体重都低于同龄宝宝；免疫功能低下，容易患病。

正确摄入量

宝宝锌的参考摄入量为：1～6个月的宝宝每天需摄入1.5毫克锌；7～12个月的宝宝每天需摄入8毫克锌；1～6岁的宝宝每天需要摄入锌的量为9～12毫克。

营养来源

含锌比较丰富的食物来源有：杂粮类，如面粉、小麦、大麦、燕麦、玉米、芝麻等；海鲜类如牡蛎、虾、海鱼等；蛋奶类如蛋黄、脱脂牛奶、豆浆等；禽畜类如猪瘦肉、羊肉、牛肉及其内脏等；干果类如核桃、西瓜子、杏仁、花生等；蔬菜类如白菜、萝卜、青菜等。所以爸爸妈妈在给宝宝准备食物时，尽可能做到种类丰富，营养全面。

硒

硒是人体中部分抗氧化酶（谷胱甘肽过氧化物酶）和硒–P蛋白的重要组成部分，在体内起着平衡氧化还原氛围的作用。硒元素可以提高宝宝的免疫力，具有清除体内自由基，排出体内毒素的作用；还能有效地抑制过氧化脂质的产生，防止血凝块，清除胆固醇；此外，硒元素还能与有毒的重金属结合，使宝宝远离重金属和其他致癌物质的侵害。

缺乏表现

宝宝缺乏硒元素会造成营养不良，发育受阻；视力下降，精神萎靡；容易患白化病，严重时可能会导致宝宝猝死。

正确摄入量

缺乏硒元素不利于宝宝的生长发育，但是硒元素过量也有可能导致宝宝硒元素中毒。因此爸爸妈妈要格外注意宝宝对硒的摄入量。宝宝正确摄入硒元素的参考值为：1~6个月的宝宝每天需摄入硒元素15~20微克；7~12个月的宝宝每天需摄入硒元素20微克；1~6岁的宝宝每天需要摄入硒元素20~35微克。

营养来源

含硒元素较丰富的食物有：海产品如虾、螃蟹、海鱼、海带等；食用菌如蘑菇、金针菇、平菇等；肉类如动物的肉及其内脏等；禽蛋如鸡蛋、鸭蛋、鹅蛋、鸽子蛋等；蔬菜如西蓝花、紫薯、大蒜、淡菜等。

此外，通过硒营养强化食物补充有机硒，如富硒灵芝、富硒大米、富硒鸡蛋、富硒蘑菇、富硒茶叶、富硒麦芽、硒酸酯多糖、硒酵母等，也是补充硒元素的有效途径。

碘

碘是宝宝身体发育必需的营养素，能维持宝宝的智力发展，提高宝宝的学习能力；还能促进宝宝的头发、牙齿、皮肤、指甲的健康生长；碘参与人体内甲状腺素的合成，而甲状腺素能刺激细胞质的氧化过程，对宝宝的身体代谢、智力发育、说话能力等都有很大的帮助。

缺乏表现

宝宝缺碘会造成甲状腺功能减退，甲状腺肿大；可能会出现智力发育障碍和体格发育障碍；缺碘的宝宝头发易干枯，容易出现肥胖、代谢迟缓等症。

正确摄入量

目前国内还没有规定关于因幼儿碘的补充量的标准，美国的标准是：1~6个月的宝宝每天需摄入碘元素40微克，7~12个月的宝宝每天需摄入碘元素50微克，1~3岁的宝宝每天需要摄入碘元素70微克。

营养来源

海洋生物含碘量很高，如海带、紫菜、海鲜鱼、干贝、淡菜、海蜇、龙虾等都是补充碘元素的食物来源，其中干海带含碘可达240mg/kg；内陆山区或不易被海风吹到的地区，土壤和空气中含碘量较少，这些地区的食物含碘量不高，以动物性食品作为补充碘元素的主要营养来源，如蛋、奶、肉类、淡水鱼等。

钾

钾是人体内不可或缺的常量元素，主要存在于细胞内，它与细胞外的钠合作，起着维持细胞内外正常渗透压和酸碱平衡的作用。钾元素能维持宝宝的神经和肌肉的正常功能，特别是有助于维持宝宝的神经健康和心律正常。

缺乏表现

宝宝体内取法钾元素，会引起心跳不规律、心跳加速、心电图异常、肌肉衰弱、烦躁焦虑等症状，严重的可导致心跳停止。

正确摄入量

0~6个月的宝宝每天应摄入钾的量为500毫克；7~12个月的宝宝每天应摄入钾的量为700毫克；1~3岁的宝宝每天应摄入钾的量为1500毫克。

营养来源

含钾的食物很多。

蔬菜类：番茄、白菜、冬菇、蘑菇、羊肚菌、土豆、甜椒、辣椒、菜花、莲藕、马铃薯、紫菜、海藻类等；

根茎类蔬菜：萝卜、山药及大葱等；

肉类：如猪瘦肉、牛肉、羊肉等；

水果类：西瓜、香蕉、柑、橙、山楂、橘子、柚子、葡萄、枣、桃等；

豆类及坚果类：玉米、黑枣、杏仁、核桃、花生、桂圆、黑豆，及豆类制品等。

钾的运作也需要镁的帮助，因此，爸爸妈妈在给宝宝摄取富含钾的食物时，要多搭配富含镁的食物。

铜

铜是人体内起着催化作用的微量元素，存在于红细胞内，有促进铁元素进入脊髓，增强造血功能的作用。铜可以增强宝宝的免疫力，促进维生素 C 的吸收，使宝宝的骨骼正常发育，头发和皮肤更加亮泽。

缺乏表现

缺乏铜的宝宝容易产生缺铜性贫血，表现为脸色苍白、精神萎靡、反应迟钝等。有的宝宝会出现食欲不振、腹泻、肝脾肿大的现象，严重的还会引起抽风、自发性骨折和佝偻病。

正确摄入量

铜的参考摄入量是：0 ~ 6 个月的宝宝每天应摄入铜的量为 0.4 毫克，7 ~ 12 个月的宝宝每天应摄入铜的量为 0.6 毫克，1 ~ 6 岁的宝宝每天应摄入铜的量为 0.8 ~ 1.2 毫克。

营养来源

食物中含铜丰富的食物非常多，优质来源有海米、榛子、葵花子、芝麻酱、西瓜子、绿茶、核桃、可可、肝等；良好来源有蟹肉、蚕豆、青豆、小茴香、黑芝麻、大豆制品等；一般来源有绿豆、酸枣、番茄、青梅果脯、海参、米花糖、香蕉、牛肉、面包、黄油、蛋、鱼、花生、猪肉和禽肉等。只要宝宝的饮食种类足够丰富，都能摄取体内所需的铜元素。

镁

镁是于人体物质元素中的一种常量元素，参与体内所有能量的代谢，激活和催化体内多个酶系统。镁对于维持宝宝神经系统的功能有着重要的意义，能够抑制神经的兴奋性。此外，镁还能调节宝宝的心脏活动，降低血压，预防心脏病。

缺乏表现

缺乏镁元素容易使宝宝发生低镁惊厥症，具体表现为眼角、嘴角、面部肌肉搐动，手脚颤抖。有的宝宝还会出现肤色青紫、易出汗、发热等症。

正确摄入量

宝宝铜的参考摄入量是：0 ~ 6 个月的宝宝每天应摄入镁的量为 30 毫克，7 ~ 12 个月的宝宝每天应摄入镁的量为 70 毫克，1 ~ 6 岁的宝宝每天应摄入镁的量为 100 ~ 150 毫克。

营养来源

含镁食物有：谷物类如小米、玉米、荞麦面、高粱面、燕麦、烤马铃薯等；

豆类如黄豆、黑豆、蚕豆、豌豆、豇豆、豆腐等；蔬菜类如冬菜、苋菜、蘑菇等；水果类如阳桃、桂圆等；干果类如花生、芝麻、核桃仁等；海鲜类如虾米、干贝、银鱼等。

锰

锰均匀地分布在人体的各个器官内，是人体多种酶的重要组成部分。锰可以促进宝宝骨骼的生长发育，保持正常的脑功能；此外，锰能维持宝宝体内正常的糖类代谢和脂肪代谢，改善机体的造血功能。

缺乏表现

宝宝缺乏锰元素易出现智力减退，多动症，发育迟缓，骨骼出现畸形发育，严重的宝宝可诱发癫痫。

正确摄入量

宝宝锰的参考摄入量是：0 ~ 6个月的宝宝每天应摄入锰的量为0.5 ~ 0.7毫克，7 ~ 12个月的宝宝每天应摄入锰的量为0.7 ~ 1.0毫克，1 ~ 3岁的宝宝每天应摄入锰的量为1.0 ~ 1.5毫克，4 ~ 6岁的宝宝每天应摄入锰1.5 ~ 2.0毫克，7 ~ 10岁的儿童每天应摄入2.3 ~ 3.0毫克，11岁以上按成人的量，每天应摄入2.5 ~ 5.0毫克。

营养来源

锰的主要食物来源有：糙米、核桃、麦芽、莴笋、花生、马铃薯、大豆、葵花子、小麦、大麦以及动物肝脏等。

水

水是生命之源，是构成人体细胞的主要成分。水是人体一切新陈代谢活动、养分输送以及废物排泄的媒介。此外，水起到调节体温和提供矿物质的作用。

缺乏表现

宝宝的皮肤角质层薄嫩，加上各脏器功能处在迅速发育中，适应环境能力差，很容易缺水。宝宝缺水表现为口唇干燥、排尿次数减少、尿液变黄、大便干燥、食欲减退；用指甲轻轻划宝宝的皮肤，会出现一道白痕；前囟或眼窝与正常的时候相比稍有所凹陷，哭闹的眼泪相对减少，或没有眼泪，这是急性严重缺水的表现。

正确摄入量

宝宝正处于生长发育的特殊时期，对水的需求量比较大。1岁以下的宝宝每天每千克体重需水量为125 ~ 150毫升，2 ~ 3岁的宝宝每天每千克体重需水量为100 ~ 125毫升，4 ~ 6岁的宝宝每天每千克体重需水量为75 ~ 100毫升。注意的是，宝宝的需水量跟宝宝的运动量、外界的空气湿度和饮食结构有关，要根据宝宝的具体情况增减。

营养来源

补水最直观的来源就是饮用白开水、矿泉水、果汁等，其次就是吃水分丰富的果蔬，如西瓜、橘子、梨、甘蔗、木耳菜、大白菜、黄瓜等。此外，汤、粥、甜品也是补充水分的良好来源。

聪明宝宝必吃的 30 种健康食物

五谷杂粮类

小米

小米粥营养丰富，有"代参汤"的美誉。与动物肉搭配食用，可给宝宝提供全面的营养。

营养快车

小米含有多种维生素、氨基酸、蛋白质、铁、脂肪、糖类、维生素B_1、维生素B_2等多种营养物质。具有健脾益胃、宁心安神的作用。其中小米的含铁量特别高，所以对宝宝补血有很好的功效；小米所含的维生素B_1、维生素B_2还具有预防宝宝消化不良及口角生疮的功能；小米中所含的氨基酸，是人体必需的氨基酸，对于体弱多病的宝宝有滋补保健的功效；而所含的碳水化合物，对于缓解宝宝的精神紧张、四肢乏力也有重大的意义。

饮食宜忌

小米有健脾胃、补虚损的作用，与含铁量较高的红糖搭配食用可预防宝宝贫血。但是小米不能与杏仁同食，容易造成宝宝呕吐、泄泻。

温馨提示

小米熬成粥易于宝宝吞咽，可促进消化和吸收，是适合宝宝食用的营养粥品。也可将小米磨成粉，制成糕点，美味可口。但是由于小米中氨基酸的组成成分并不均衡，赖氨酸含量过低而亮氨酸含量又过高，因此不能完全将小米作为宝宝的主食。

玉米

玉米是粗粮中的保健佳品，是全世界公认的"黄金作物"。玉米营养丰富，是宝宝添加辅食的理想食材，对宝宝的健康具有重要的意义。

营养快车

玉米含有蛋白质、谷胱甘肽、脂肪、糖类、胡萝卜素、B族维生素、维生素A、钙、铁、锌等成分，有开胃益智、宁心活血、温中补气的功效。玉米中富含的维生素E可以软化血管，延缓衰老，以及维生素A能使皮肤变得滋润有弹性；玉米中含有的谷胱甘肽有很强的抗氧化作用，被称为具有生物活性的长寿因子；另外，玉米油中的不饱和脂肪酸能够调节血脂、清理血栓，也有利于机体免疫力的增强。玉米丰富的玉米纤维素，能增强宝宝的体力和耐力，促进身体的新陈代谢，还能促进胃肠的蠕动，利于肠胃健康；此外，玉米黄质和黄体素有利于保护宝宝的视力；玉米还有助于宝宝体格的生长发育。

饮食宜忌

对于长期用面包和牛奶当早餐的宝宝，爸爸妈妈可以适当地将牛奶换成玉米粥。但是不能将玉米作为宝宝长期的主食，会造成营养单一，导致营养不良。应该将玉米当作宝宝的点心，帮助肠胃蠕动，促进消化。

温馨提示

对于过小的宝宝，爸爸妈妈可以将玉米磨成粉，熬成粥给宝宝食用；对于可以吃固体食物的宝宝，可以将玉米直接煮熟或与肉类同炒，也能做出美味的菜肴。

核桃

核桃是一种营养丰富的坚果，有"益智果""长寿果"的美誉，具有很好的健脑功效。核桃对于宝宝大脑的发育以及智力的提升有很大的帮助，是聪明宝宝必备的食物。

营养快车

核桃含有蛋白质、脂肪、膳食纤维、维生素C、维生素E、钾、钠、钙、磷等元素，具有滋补肝肾、补脑益智、强壮筋骨的功效。核桃中的磷脂，对脑部神经具有良好的保健作用，宝宝经常吃核桃可以健脑；核桃中所含的B族维生素和维生素E有补脑、润肠的功效，除了能给宝宝的大脑细胞提供营养之外，还能使宝宝的肌肤润泽、头发乌黑。

饮食宜忌

核桃仁具有杀菌消炎的作用，将核桃捣烂成泥，敷在宝宝患湿疹的部位，可治疗宝宝湿疹。核桃性热，含油脂多，内热、腹泻的宝宝不宜吃核桃。

温馨提示

中医认为核桃性温味甘，入肺、肾经。将核桃磨成粉冲服或与人米一起熬煮成粥，给宝宝食用，有助于宝宝滋润肌肤、补脑益智、生发乌发，还可以改善宝宝食欲不振和便秘的现象。

花生

花生营养丰富，有"植物肉""素中荤"的美称，其营养价值可与鸡蛋、牛奶媲美。花生能满足宝宝对多种营养的需要，对于宝宝补铁、补脑有重要的意义。

营养快车

花生含有丰富的蛋白质、脂肪、糖类、维生素A以及钙、磷、铁、氨基酸、卵磷脂、胡萝卜素、粗纤维等营养物质。具有促进人体新陈代谢、增强记忆、滋润肌肤、延年益寿的功效。花生对营养不良、食少体弱的宝宝具有滋补的作用；此外，花生有补脑益智的作用，宝宝多食花生可以更聪明。

饮食宜忌

包裹花生的红衣有促进血小板生成的功能，将花生连带红衣一起与红枣搭配食用，可治疗宝宝因贫血而造成的体质虚弱。

温馨提示

中医认为，花生性平，味甘，入脾、肺经。具有醒脾和胃、润肺化痰、滋养调气、清咽止咳、增强记忆力、止血的功效。虽然花生有那么多作用，但是在给宝宝食用时一定要研碎，以免呛到。心灵手巧的妈妈可以将花生做成花生露或花生糊，营养更丰富。

奶类、豆类

牛奶

牛奶是最古老的天然饮品之一，是宝宝补钙的主要营养来源。牛奶在宝宝长身体的过程中扮演着重要的角色，是宝宝必不可少的营养饮品。

营养快车

富含蛋白质、脂肪、镁、碳水化合物、卵磷脂、维生素A、钙、铁等物质。具有补肺养胃、生津止渴的功效。宝宝经常按量喝牛奶，不仅能促进睡眠，还能使皮肤白皙润滑；此外，宝宝还能从牛奶中摄取身体发育所需要的营养物质。

饮食宜忌

牛奶中含有丰富的色氨酸，有安神助眠的功效，爸爸妈妈应在宝宝睡前1小时给宝宝饮用牛奶。但是牛奶不如母乳那么好消化，容易便秘的宝宝不宜在睡前饮用牛奶，以免因而化不良而造成便秘。

温馨提示

袋装牛奶不宜加热后再给宝宝饮用，因为高温加热会破坏牛奶中的营养成分，牛奶中添加的维生素也会遭到破坏。

酸奶

酸奶是以新鲜的牛奶为原料，经过巴氏灭菌后，向牛奶中添加有益菌（发酵剂），先发酵后冷却灌装的一种半流体的发酵乳制品，因其含有乳酸成分而带有柔和酸味，它可帮助宝宝更好地消化吸收牛奶中的营养成分。

营养快车

酸奶中含有蛋白质、乳酸、脂肪酸等营养物质，具有生津止渴、补虚开胃、促进消化、润肠通便、降脂抗癌的功效。宝宝经常喝酸奶可预防贫血，改善牛皮癣和营养不良。

饮食宜忌

给宝宝喝酸奶的时间应该在宝宝饭后2小时，这时宝宝胃里的胃液被食物稀释，pH值上升，这种肠胃环境非常适合乳酸菌的生长，有益于肠胃健康。患胃肠炎的宝宝以及早产的宝宝不宜喂酸奶，否则可能会引起呕吐和坏疽性肠炎。

温馨提示

宝宝空腹的时候不宜喝酸奶，也不要将酸奶加热再喝，因为空腹喝酸奶和加热酸奶都会使酸奶中的有效益生菌大量死亡，营养价值降低。

黄豆

黄豆享有"豆中之王"的美称，每天吃点儿黄豆、黄豆制品或喝杯豆浆，有益于宝宝的身体健康。

营养快车

黄豆含有丰富的蛋白质和人体必需的多种氨基酸，尤以赖氨酸含量最高；含大量脂肪，其中主要为不饱和脂肪酸，如亚油酸、油酸、亚麻酸等；并含磷脂、钙、磷、铁、钾、钠、胡萝卜素、烟酸、叶酸、胆碱、大豆黄酮苷等成分。具有健脾益气、利水消肿、补血润燥的功效。黄豆可以给宝宝提供身体所需要的钙、铁、磷和维生素等营养物质，使宝宝长得更快。

饮食宜忌

黄豆营养丰富与胡萝卜搭配食用，可促进宝宝骨骼的发育；但是黄豆不宜与虾皮一起烹煮，会影响钙的吸收，也可能导致宝宝消化不良。

温馨提示

将黄豆炒熟后磨成黄豆粉，加牛奶冲泡，可以有效缓解脾虚气弱、消瘦少食、贫血、营养不良等症。

豆腐

豆腐由大豆墨汁而成，包含了大豆的营养成分。豆腐不仅营养丰富，而且易于消化、食用方便，是宝宝理想的蛋白质食物。

营养快车

豆腐营养丰富，含有铁、钙、磷、镁等人体必需的多种矿物质，还含有糖类和丰富的优质蛋白，素有"植物肉"之美称。中医认为，豆腐性凉、味甘，入脾、胃、大肠经，具有益气和中、生津润燥、清热解毒等功效，可用以治疗宝宝的红眼病。豆腐嫩滑爽口、营养丰富、易于吞咽，宝宝经常吃点儿豆腐可以补充钙质。

饮食宜忌

豆腐蛋白质丰富，与鱼类一起吃可以促进钙的吸收。但是豆腐内含有一种叫皂角苷的物质，会加快人体内碘的排泄，如果宝宝长期过量地食用豆腐，很容易导致宝宝缺碘。

温馨提示

豆腐软嫩细滑有弹性，烹饪前先将豆腐放进烧开的淡盐水里焯水，在烹煮的时候才不易碎。爸爸妈妈在给宝宝喂食豆腐时，一定要先凉凉至温度适宜，以免将烫伤宝宝。

蛋类、肉类

鸡蛋

鸡蛋中含有大量的维生素、矿物质及蛋白质，营养丰富。对宝宝而言，鸡蛋的蛋白质品质是所有食物中最好的，仅次于母乳。

营养快车

1个鸡蛋所含的热量，相当于半个苹果或半杯牛奶的热量，但是它还拥有8%的磷、4%的锌、4%的铁、12.6%的蛋白质、6%的维生素D、3%的维生素E、6%的维生素A、2%的维生素B、5%的维生素B_2和4%的维生素B_6。这些营养都是宝宝必不可少的，它们对宝宝骨骼、牙齿、智力的生长发育起了重要的作用。

饮食宜忌

鸡蛋营养丰富、苦瓜清热解毒，两者搭配有利于宝宝骨骼、牙齿及血管的健康，可增强机体的免疫力。但是鸡蛋极易受到细菌的感染。生吃容易发生消化系统疾病，因此爸爸妈妈必须煮熟透了再给宝宝食用。

温馨提示

番茄、青椒是鸡蛋最佳搭配，因为缺乏维生素C是鸡蛋唯一的"短处"，搭配番茄、青椒等，就可以弥补维生素C，使营养更加全面。

猪肉

猪肉是目前人们餐桌上重要的肉类食品之一，可提供人体所需的脂肪酸。宝宝经常食用猪肉可以预防和改善缺铁性贫血。

营养快车

猪肉中含有丰富的蛋白质、脂肪。每100克猪肉平均产生的热量为138~188千焦（330~450千卡），含热量为肉食之首。猪肉中的脂肪除能提供热量外，还有助于脂溶性维生素的吸收。猪瘦肉含有的矿物质铁，属血红素铁，宝宝经常食用猪瘦肉可有效改善缺铁性贫血；猪肉中的蛋白质对宝宝的肝脏组织也具有很好的保护作用。

饮食宜忌

猪肉与红薯搭配食用可降低胆固醇。猪肉在烹饪前不宜用热水清洗，因为之肉中含有一种脂溶性蛋白，在15℃以上的水中容易溶解，若用热水清洗，会造成很多营养物质流失。

温馨提示

中医认为，猪肉性平、味甘，入脾、胃、肾经，具有润肠胃、生津液、补肾气、解热毒的功效，主治热病伤津、消渴羸瘦、肾虚体弱、产后血虚、燥咳、便秘等症。

牛肉

牛肉是中国人的第二大肉类食品，仅次于猪肉，牛肉含蛋白质高、脂肪少、味道鲜美，享有"肉中骄子"的美称。

营养快车

牛肉蛋白质含量高，脂肪含量低，所含的氨基酸成分比猪肉更接近人体需要。具有补脾胃、益血气、强筋骨的功效。宝宝常吃牛肉可以增强免疫力，提高机体抗病能力，促进蛋白质的合成，对宝宝的生长发育有促进的作用。此外，牛肉对宝宝肌肉的形成有很大的好处。

饮食宜忌

春季是人体消化能力较差的季节，所以爸爸妈妈在春季不宜给宝宝喂食太多牛肉；牛肉为发物，患湿疹、痘疮、皮肤瘙痒的宝宝慎食。

温馨提示

中医认为，牛肉性平、味甘，入脾、胃经，具有补脾胃、益气血、强筋骨、消水肿等功效。但是患有肝病、肾病、皮肤病的宝宝不宜食用。

鸡肉

鸡的肉质细嫩，滋味鲜美，适合多种烹调方法，是宝宝添加辅食的绝好食材。

营养快车

鸡肉富含蛋白质、脂肪、钙、磷、铁、镁、钾、钠、维生素 B_1 和烟酸等成分。脂肪含量较少，其中含有高度不饱和脂肪酸。所含的胆固醇、组氨酸，有滋补养身的作用。对于缓解宝宝食欲不振、目光呆滞、瘦小羸弱有很好的效果。宝宝多喝鸡汤能提高机体免疫力，抵抗传染性疾病。

饮食宜忌

宝宝感冒后不宜吃鸡肉，鸡肉性温热，但是宝宝感冒时常伴有发热、头痛、乏力等症，消化能力减弱，应该吃清淡、易消化的食物。

温馨提示

鸡肉脂肪少，但是高胆固醇肉类，避免宝宝吃过多的鸡翅等鸡肉类食品，以免引起肥胖。

草鱼

草鱼肉嫩而不腻，具有开胃、滋补的功效，可以缓解宝宝身体瘦弱、食欲不振的症状。是最适合宝宝食用的鱼类之一。

营养快车

草鱼富含蛋白质、脂肪、钙、铁、磷、维生素 B_1、维生素 B_2、烟酸等。草鱼含有丰富的不饱和脂肪酸，对血液循环有利，是心血管病人的良好食物，同时含有丰富的硒元素，经常食用有抗衰老、养颜的功效，而且对肿瘤也有一定的防治作用。对于身体瘦弱、食欲不振的人来说，草鱼肉嫩而不腻，可以开胃、滋补。

饮食宜忌

草鱼的胆汁有毒性，爸爸妈妈在处理草鱼时要摘掉鱼胆，烹制草鱼时一定要煮熟透，以免宝宝感染寄生虫。草鱼性温，肝火旺盛、口舌生疮的宝宝不宜食用。

温馨提示

中医认为，草鱼性温、味甘、无毒，入肝、胃经，具有暖胃和中、平降、祛风、治痹、截疟的功效。爸爸妈妈再给宝宝烹饪草鱼时，不要放鸡精，草鱼本身味道鲜美，而鸡精不利于宝宝的身体健康。

蔬菜类

番茄

番茄营养丰富，它所含的维生素 A 原，在人体内可以转化为维生素 A，能促进宝宝骨骼的生长，防治佝偻病、眼干燥病、夜盲症及某些皮肤病。所含大量的维生素 C 能促进小儿免疫力，防治感冒。

营养快车

番茄富含有机碱、番茄碱、维生素 A、维生素 B_1、维生素 B_2、维生素 C、胡萝卜素等维生素以及钙、磷、钾、镁、铁、锌、铜、碘、苹果酸、柠檬酸、纤维素等营养物质。番茄所含的维生素 A 和维生素 C，既能帮助宝宝有效预防白内障和夜盲症，又能提高机体免疫力，还可以保护肌肤健康；番茄所含的苹果酸和柠檬酸具有促使胃液分泌、增加胃酸浓度的作用，能够促进脂肪和蛋白质的消化，有利于促进宝宝吸收和利用营养。

饮食宜忌

番茄与芹菜同食，可起到降压、健胃消食的作用；与鸡蛋同食可生津开胃、抗衰防老；与花菜同食可预防心血管疾病；但是，番茄不宜与南瓜、猕猴桃同食，会降低营养；忌与虾同食，会产生剧毒；不宜与红薯、螃蟹同食，可能会导致腹痛、腹泻。

温馨提示

不可食用未成熟带有青色的番茄，因为未成熟的番茄里含有龙葵碱，食用后使口腔感到苦涩，胃部不适，吃多了可能会引起中毒；熟的番茄营养价值比生的番茄高，因为加热的番茄中番茄红素和其他抗氧化剂明显增多，其对有害的自由基有抑制作用；空腹不宜食用番茄，因为番茄内含有较多的胶质、果质等，易与胃酸结合生成结石，造成胃部胀痛。

黄瓜

黄瓜清凉爽口，是炎炎夏日人们止消渴、下火气的佳品，宝宝适量地食用熟黄瓜可起到安神补脑、帮助睡眠、提高免疫的作用。

营养快车

黄瓜富含维生素 B_1、维生素 B_2、维生素 E、葫芦素 C、黄瓜酶、磷、膳食纤维等营养物质。其中黄瓜酶具有很强的生物活性，能够促进人体新陈代谢，宝宝经常食用黄瓜可以帮助机体保持活力；黄瓜含有维生素 B_1 可以补脑安神，辅助治疗失眠症，有助于提高宝宝的睡眠质量；黄瓜富含的膳食纤维可以促进肠胃蠕动，帮助宝宝排出体内毒素，防治便秘和痔疮；黄瓜富含葫芦素 C，可以提高宝宝的免疫力，治疗肝炎，还具有抗癌作用。

饮食宜忌

黄瓜与甲鱼同食可健脾益气；与鱿鱼同食可增强人体免疫力；与豆腐同食可降低血脂；与黄花菜同食，可改善不良情绪；黄瓜不宜与番茄、橘子同食，容易破坏维生素 C；也不宜与花生同食，会导致腹泻。

温馨提示

黄瓜尾部含有较多的苦味素，有抗癌的作用，不宜全部切掉，可适当食用；有肝病、心血管疾病、肠胃病以及高血压的人都不能吃腌黄瓜。

南瓜

南瓜易于咀嚼、吞咽，是宝宝添加辅食的佳品，富含膳食纤维，可以促进肠道蠕动，预防和缓解宝宝便秘；南瓜营养丰富，尤其在宝宝腹泻时吃一些南瓜泥可以起到止泻的作用，宝宝经常吃南瓜可以调理肠胃。

营养快车

南瓜含有丰富的多糖、氨基酸、活性蛋白、类胡萝卜素、果胶以及钙、锌、钾、磷、镁等矿物质。南瓜所含的多糖能提高宝宝机体的免疫功能，调节免疫系统的功能，有利于宝宝预防疾病；宝宝多食南瓜对肠胃健康有利。南瓜不仅有较高的食用价值，食疗作用也不可忽视。据《滇南本草》记载：南瓜性温，味甘，无毒，入脾、胃二经，能润肺益气、化痰排脓、驱虫解毒、治咳止喘、治疗便秘，并有利尿、美容等作用。

饮食宜忌

南瓜与牛肉同食，可起到补脾健胃、解毒止痛的功效；与绿豆同食可清热解毒、生津止渴；与猪肉同食可预防糖尿病；南瓜不宜与羊肉同食，易产生黄疸和脚气；忌与鲤鱼同食，易引起中毒。

温馨提示

南瓜所含的类胡萝卜素耐高温，烹饪时加点儿植物油，更有助于宝宝吸收。

土豆

土豆是一种粮菜兼用型的蔬菜，与稻、麦、玉米、高粱一起被称为全球五大农作物。它除了含有丰富的碳水化合物外，还含有蛋白质、脂肪、果胶、维生素、纤维素及无机盐，有"地下苹果"之美称。

营养快车

从营养角度来看，土豆比面粉具有更多的优点，能供给人体大量的热能，土豆中含有大量的淀粉，所以在宝宝添加辅食的时候土豆泥是除了大米之外最好的选择，利于宝宝吸收，不会给宝宝肠胃造成很大的负担；土豆含有大量膳食纤维，能宽肠通便，可以帮助宝宝及时排泄、代谢毒素，预防便秘；土豆所含的蛋白质和维生素 B 群可以增强宝宝的体质，同时还具有益智补脑和提高记忆力的作用。

饮食宜忌

土豆与牛肉同食，可维持体内酸碱平衡；与豆角同食可除烦润燥。与醋同食可分解体内的有害物质。土豆不宜与番茄同食，易引起消化不良。土豆忌与石榴同食，易引起中毒。

温馨提示

爸爸妈妈在给宝宝做土豆泥的时候，可加几滴醋，做出来的土豆泥就不会变黑了。

冬瓜

冬瓜清淡可口，宝宝经常食用可起到利水消暑的作用，特别是肥胖的宝宝，多食冬瓜有很好的减肥功效。

营养快车

冬瓜含蛋白质、糖类、胡萝卜素、多种维生素、粗纤维和钙、磷、铁，且钾盐含量高，钠盐含量低。宝宝经常食用冬瓜，可达到利水消肿而不伤正气的作用；冬瓜中所含的丙醇二酸，能有效地抑制糖类转化为脂肪，加上冬瓜本身不含脂肪，热量不高，对于防止宝宝患肥胖症具有重要意义。

饮食宜忌

冬瓜与海带同食可降低血压，与芦笋同食可降低血压，与甲鱼同食可润肤明目。冬瓜忌与鲫鱼同食，会导致身体脱水。冬瓜也不宜与醋同食，会降低营养价值。

温馨提示

中医认为，冬瓜性凉，味甘、淡，入肺、大肠、小肠、膀胱经，具有润肺生津、化痰止渴、利尿消肿、清热祛暑的功效。是宝宝解热利尿比较理想的食物，爸爸妈妈在用冬瓜给宝宝解热消暑时，可将冬瓜皮一起熬煮成汤，这样效果更加明显。

胡萝卜

爸爸妈妈在给宝宝添加辅食的时候，胡萝卜是常常被列入考虑范围的。胡萝卜营养丰富，对于宝宝的身体发育和视力的保护都有很大的帮助。从4 个月开始，便可以给宝宝添加胡萝卜泥，一方面是补充宝宝成长所需的营养素，另一方面又可以让宝宝尝试并适应新的食物，为今后顺利过渡到成人膳食打好基础。

营养快车

胡萝卜富含糖类、脂肪、挥发油、胡萝卜素、维生素 A、维生素 B_1、维生素 B_2、花青素、钙、铁等营养成分，对人体具有多方面的保健功能，因此被誉为"小人参"。胡萝卜能提供丰富的维生素 A，具有促进宝宝机体正常生长与繁殖、防止呼吸道感染及保护视力的功能；胡萝卜中含有的维生素 C，有助于肠道对铁的吸收，提高肝脏对铁的利用率，可以帮助宝宝预防和治疗缺铁性贫血；胡萝卜富含 β–胡萝卜素，不仅能够保护宝宝的基因结构，预防癌症，还能改善皮肤，增强视力；胡萝卜还含有丰富的膳食纤维，吸水性强，在肠道中体积容易膨胀，可加强肠道的蠕动，从而起到清除肠道垃圾的作用，有利于宝宝预防便秘、痔疮和直肠癌。

饮食宜忌

胡萝卜与香菜同食可起到开胃消食的作用；与绿豆芽同食可排毒瘦身；与菠菜同食可防止中风；胡萝卜不宜与醋同食，会降低营养价值；不宜与柠檬同食，会破坏维生素 C。

温馨提示

胡萝卜中所含的胡萝卜素是一种脂溶性物质，消化吸收极差，爸爸妈妈在烹饪时应添加适量的植物油，这样有利于宝宝更好地吸收胡萝卜素。

西蓝花

西蓝花肉质细嫩、味甘鲜美、营养丰富，宝宝经常食用不仅可以增进食欲、促进消化、治疗便秘，还可以起到防癌抗癌的作用。

营养快车

西蓝花含有蛋白质、脂肪、磷、铁、胡萝卜素、维生素 B_1、维生素 B_2 和维生素 C、维生素 A 等营养物质，其中维生素 C 含量尤为丰富。宝宝经常食用西蓝花，不但有利自身的生长发育，更重要的是能提高人体免疫功能，促进肝脏解毒，增强体质，提高抗病毒能力。此外，从西蓝花中提取的一种叫萝卜子素的酶具有预防癌症的功能。

饮食宜忌

西蓝花与胡萝卜同食可预防消化系统疾病；与番茄同食可起到防癌抗癌的作用；西蓝花忌与牛奶同食，会影响钙质的吸收。

温馨提示

中医认为，西蓝花性凉、味甘，入肾、脾、胃经，具有补肾填精、健脑壮骨、补脾和胃的功效，适用于久病体虚、肢体痿软、耳鸣健忘、脾胃虚弱、小儿发育迟缓等。但是，尿路结石的宝宝忌食。

水果类

梨

梨又称快果，古人又把梨称为"果宗"，意思是百果之宗，因为梨鲜嫩多汁、酸甜适口，所以又有"天然矿泉水"的美誉。梨是宝宝补充身体水分的理想水果，对于小儿咳喘有很好的缓解作用。

营养快车

梨含有蛋白质、糖、钙、磷、维生素 B_1、维生素 B_2、维生素 C、烟酸等成分，能够帮助宝宝的各大器官排毒，促进食欲，帮助消化，并具有祛痰止咳、利咽平喘、预防坏血病、排铅等功效。经常吃梨还可以防止动脉粥样硬化，抑制致癌物质亚硝胺的形成，起到防癌抗癌的目的。

饮食宜忌

梨与煮沸炖汤食用，可起到清热润肺、助消化的作用；与银耳同食可润肺止咳；与核桃同食可治疗宝宝的百日咳疾病；梨不宜与螃蟹同食，易引起腹泻，损伤肠胃；忌与猪肉同食，会损伤肾脏。

温馨提示

梨既可以生吃，也可以煮熟再吃，榨汁饮用、切片熬粥或切块煎水，都具有生津止渴、润肺止咳的功效。

苹果

苹果人称"百果之王"，宝宝多苹果有益于身体健康，苹果中的纤维能促进孩子生长及发育；锌元素能增强记忆力；苹果泥加温后食用，更是宝宝消化不良的好药方。

营养快车

苹果中含有多种维生素、矿物质、糖类、脂肪等，是构成大脑所必需的营养成分。苹果中的纤维，对宝宝的生长发育有益，能促进宝宝骨骼的生长及发育；苹果中的锌元素能帮助宝宝增强记忆力。

此外，苹果中所含的维生素 C 能有效保护心血管；苹果的香气是治疗抑郁和压抑感的良药；苹果还具有通便和止泻的双重功效。一方面，苹果中含有的有机酸可刺激胃肠蠕动，促使大便通畅。另一方面，苹果中含有的果胶又能抑制肠道不正常的蠕动，使消化活动减慢，从而抑制轻度腹泻。

饮食宜忌

苹果与银耳同食有润肺止咳的功效；与香蕉同食可防止铅中毒；与鱼肉同食可治疗小儿腹泻；苹果不宜与胡萝卜同食，会破坏维生素；也不宜与白萝卜同食，会导致甲状腺肿大。

温馨提示

虽然苹果有很多优点，但是苹果中的酸能腐蚀牙齿，吃完苹果后最好让宝宝漱口，以免长蛀牙。

柑橘

柑橘是一种非常温和的水果，婴幼儿、孕妇及老人都适宜食用。宝宝的消化系统成长尚未完全，容易打嗝或消化不良，给宝宝喂食适量的柑橘可有效缓解。

营养快车

橘子富含蛋白质、碳水化合物、胡萝卜素、苹果酸、维生素 C 与柠檬酸等营养物质。维生素 C 具有美容作用，柠檬酸则具有消除疲劳的作用；橘子中含有一种名为"枸橼酸"的酸性物质，可以预防动脉硬化；橘瓣上的筋膜则具有通经络、消痰积的作用，可治疗胸闷肋痛、肋间神经痛等症；橘子还有抑制葡萄球菌的作用，可使血压升高、心脏兴奋，抑制胃肠、子宫蠕动，还可降低毛细血管的脆性，减少微血管出血。

饮食宜忌

柑橘与生姜同食可治疗感冒；与玉米同食有助于维生素的吸收；橘子不宜与牛奶同食，会影响蛋白质的消化，妨碍营养的吸收；也不宜与动物肝脏同食，会破坏维生素 C。

温馨提示

橘皮中含有的维生素 C 远高于柑橘果肉，维生素 C 在人体内起着抗氧化的作用，能降低胆固醇，预防血管破裂或渗血；维生素 C、维生素 P 配合，可以增强对坏血病的治疗效果；经常饮用橘皮茶，对患有动脉硬化或维生素 C 缺乏症者有益。

香蕉

香蕉长而弯、果肉软滑、香味浓郁、味道香甜，是适于宝宝食用的理想水果。

营养快车

香蕉富含蛋白质、果胶、钙、钾、镁、胡萝卜素、维生素 C、粗纤维等营养物质。其中，钾能防止血压上升及肌肉痉挛，是高血压患者的首选水果；镁则具有消除疲劳的效果；糖尿病患者进食香蕉可使尿糖相对降低，故对缓解病情也大有益处；香蕉含有的泛酸等成分是人体的"开心激素"，能减轻心理压力，缓解忧郁情绪。宝宝经常吃香蕉能起到润肠通便，预防便秘的作用；宝宝睡前吃点儿香蕉，有助于睡眠。

饮食宜忌

香蕉与牛奶同食可增加人体对维生素 B_{12} 的吸收；与燕麦同食可改善睡眠；与芝麻同食可补益心脾、养心安神。香蕉不宜与芋头同食，可导致腹胀；不宜与西瓜同食，易造成腹泻。

温馨提示

香蕉含有丰富的钾，因此胃酸过多、胃痛、消化不良、肾功能不全的人群不宜食用。

猕猴桃

猕猴桃果实肉肥汁多、清香鲜美、甜酸宜人、软烂爽口，是宝宝添加辅食初期最适合食用的水果。

营养快车

猕猴桃含有丰富的维生素 C，可强化免疫系统，促进伤口愈合；它所富含的肌醇及氨基酸，可抑制抑郁症；猕猴桃含有丰富的果胶及维生素 E，可以降低胆固醇，对婴幼儿和中老年人的心脏健康很有帮助；猕猴桃所含的精氨酸等氨基酸，能强化宝宝的脑部功能，促进生长激素的分泌；食用适量的猕猴桃可以治疗小儿便秘；猕猴桃还含有其他水果中少见的镁，且几乎不含脂肪，是最合适的美容减肥食品。

饮食宜忌

猕猴桃与生姜同食可清热和胃；与橙子同食可预防关节磨损；猕猴桃不宜牛奶同食，易引起腹胀、腹痛、腹泻；也不宜与黄瓜同食，会导致维生素 C 被破坏。

温馨提示

脾胃虚寒、腹胀腹泻的宝宝不宜食用猕猴桃。

红枣

红枣是一种药食兼用的食物，俗话说："一日吃三枣，终生不显老""一日三枣，不黄不老""一日吃十枣，医生不用找"。宝宝经常吃枣泥，可起到补血的作用。

营养快车

红枣含有多种氨基酸、糖类、有机酸、黏液质、维生素 A、维生素 C以及钙、磷、铁等营养物质。具有益气补血、健脾和胃、祛风散瘀的功效。因为红枣具有补血养颜的作用，如果宝宝经常用红枣粥或者红枣泥，能够促进宝宝体内的造血功能，有效的预防缺铁性贫血，使宝宝的肌肤越来越红润。

饮食宜忌

红枣与人参、乌鸡炖汤食用，可起到气血双补的功效；与大米熬粥食用可健脾胃、补气血；与黑木耳同食可治疗贫血。但是，红枣忌与螃蟹同食，易导致寒热病；红枣也不宜与动物肝脏同食，会破坏维生素 C。

温馨提示

红枣的皮中含有丰富的营养素，爸爸妈妈在给宝宝做枣泥时，应把枣皮捣烂给宝宝一起食用，而不是去掉。

藻类、菌类

海带

海带含有大量的碘，是宝宝补碘的优质食物来源。此外，宝宝多吃海带可以保护视力，预防夜盲症；经常食用海带还能预防少儿肥胖症。

营养快车

海带富含藻胶酸、甘露醇、蛋白质、脂肪、糖类、粗纤维、胡萝卜素、维生素 B_1、维生素 B_2、维生素 C、烟酸（尼克酸）、碘、钙、磷、铁等多种成分。尤其是含丰富的碘，对人体十分有益，可治疗甲状腺肿大和碘缺乏而引起的病症。它所含的蛋白质中，包括 8 种氨基酸。海带的碘化物被人体吸收后，能加速病变和炎症渗出液的排出，有降血压、防止动脉硬化、促进有害物质排泄的作用。另外，海带表面上有一层甘露醇，具有良好的利尿作用，可以治疗药物中毒、水肿等症，所以，海带是理想的排毒养颜食物。

饮食宜忌

海带与黑木耳同食可以帮助宝宝吸收营养的；与鲜虾同食可以给宝宝补充钙质；与豆腐同食可以补碘，利于宝宝吞食和消化；但海带不能猪血同食，宝宝食用后，易引起便秘。

温馨提示

海带在烹饪时，应将海带用刷子刷洗干净，切碎后再用清水浸泡，然后再将浸泡海带的水和海带一起下锅做汤食用。这样就可以避免甘露醇和某些维生素的丢弃，保存海带的营养成分。

紫菜

紫菜，是海中互生藻类的统称。紫菜是一种药食兼用的食物，制成中药，具有化痰软坚、清热利水、补肾养心的功效。烹调食用可补充碘、胆碱等营养物质，对于宝宝预防缺碘、开发智力有很大的帮助。

营养快车

紫菜营养丰富，富含蛋白质、脂肪、胡萝卜素、维生素 B_1、维生素 B_2、维生素 B_{12}、维生素 C、烟酸、胆碱、氨基酸、碘、钙、磷、铁等成分。其中蛋白质的含量超过海带，并含有较多的胡萝卜素和核黄素。紫菜的蛋白质、铁、磷、钙、核黄素、胡萝卜素等含量居各种蔬菜之冠，故紫菜又有"营养宝库"的美称。紫菜中所含的胆碱成分，对于增强宝宝的记忆力有很大的作用；所含的钾能帮助宝宝预防甲状腺肿大。

饮食宜忌

紫菜性寒，脾虚体弱的宝宝慎食，爸爸妈妈在烹调紫菜时，最好将紫菜与肉类搭配，以降低紫菜的寒性。紫菜与富含蛋白质、钙和 B 族元素的食物搭配，可有助于宝宝的成长。

温馨提示

紫菜在烹饪前应用清水泡发，并换 2 次水，洗去污染物和毒素。如果紫菜在用清水泡发后呈蓝紫色，说明在干燥或包装的过程中被有毒物质污染了，应立即倒掉，禁止食用。

香菇

香菇是一种低热量、高维生素、高蛋白质的食物，能补充人体所需的多种营养素。经常食用香菇对宝宝的生长发育极有好处，能补充宝宝成长所需要的各种营养。

营养快车

香菇富含维生素 B_1、维生素 B_2、维生素 C、烟酸等维生素以及钙、磷、铁等矿物质，此外，香菇还含有蛋白质、氨基酸、香菇素、香菇酸、丁酸、天门冬素、胆碱、亚油酸、甘露醇、香菇多糖、膳食纤维等营养素。香菇所含的多糖类物质能够提高宝宝的机体免疫力，可用于防癌抗癌；香菇含有 7 种人体必需的氨基酸，其中赖氨酸含量最多，所以香菇可作为宝宝酶缺乏症和补充氨基酸的首选食物；香菇所含的膳食纤维能够维持肠道健康，帮助宝宝正常代谢，防止宝宝消化不良、便秘。

饮食宜忌

香菇性偏寒，脾胃虚弱的宝宝要慎食。爸爸妈妈在挑选香菇时，不宜挑选特别肥大的香菇，因为这些香菇多是用激素催肥的，长期食用不利于宝宝的身体发育。

温馨提示

将含有大量钙质的油菜与香菇搭配烹调，不仅鲜滑爽口，适于宝宝食用，而且营养丰富，有助于宝宝机体的发育。

黑木耳

黑木耳营养丰富，具有补血行气、润肠通便、强身健脾的功效，可防止血液凝固，有助于减少动脉硬化，预防脑瘀血、心肌梗死等疾病的发生。是宝宝健康成长的营养食物。

营养快车

木耳含有蛋白质、氨基酸、胡萝卜素、维生素 B_1、维生素 B_2、维生素 K、烟酸、钙、磷、铁、多糖胶体等营养物质。木耳所含的大量胶质能够把残留在人体消化系统内的灰尘、杂质排出体外，从而保护人体不受损害；木耳所含的维生素 K 具有减少血液凝块、预防血栓的作用，对于动脉粥样硬化和冠心病有很好的防治效果；木耳富含铁元素，可用于防治缺铁性贫血。经常吃木耳可以使宝宝面色红润、发质乌黑，增强宝宝的机体免疫力，增强抵抗疾病的能力。

饮食宜忌

爸爸妈妈在泡发黑木耳时，水温一定要适中，水温过低会涨发的时间长，水温过高易造成黑木耳的果胶物质形成果胶酸，从而失去脆感。黑木耳比较滋润，有润肠通便的功效，患有慢性腹泻的宝宝不宜食用。

温馨提示

在泡发木耳时，用加了盐的温开水浸泡黑木耳能使木耳迅速变软，并且能彻底去除附着在上面的细菌、污垢。

宝宝疾病调理食谱

流涎调理食谱

宝宝流涎分为两种：一种是生理性流涎，是指新生儿由于唾液腺不发达，在长牙时，乳牙刺激牙龈，而产生的唾液分泌增多，这是正常的流涎；另一种的病理性流涎，是指宝宝断奶后不能吞咽唾液，导致不停地流口水的现象，轻者需要通过饮食调理来缓解病情，重者需要及时就医。

症状表现

1. 流涎的症状表现主要是流口水较多。

2. 嘴角有轻微的溃烂现象。

饮食调理

1. 对于因脾胃积热而产生流涎的宝宝，爸爸妈妈应该选择清热养胃、泻火利脾的食物，如绿豆汤、丝瓜汤、雪梨汁等，忌食姜、蒜。

2. 6个月的宝宝，可以喂食磨牙饼干，能减少出牙时牙龈的不适，减少宝宝的口水流量。

食谱推荐

	原料	做法
鲜石榴饮	鲜石榴1个，温开水适量	1. 将鲜石榴掰开，抠出石榴粒，洗净后装入碗里，用擀面杖捣烂 2. 加适量温开水调匀，取石榴汁涂在宝宝的口腔内部即可（也可饮用）
西瓜汁	西瓜肉250克	将西瓜肉去子，切块，放入榨汁机里，打成西瓜汁即可
绿豆凉粥	绿豆、薏米、大米各100克，苦瓜50克	1. 将绿豆、薏米、大米分别淘洗干净；苦瓜去子，切片 2. 锅中加适量水，将绿豆、薏米、大米、苦瓜片放入锅中一起熬煮成粥，凉凉后给宝宝食用

咳嗽调理食谱

咳嗽是人体的一种保护性呼吸反射动作，能清除呼吸道内的分泌物或异物，是宝宝常见的一种呼吸道疾病。但是有时宝宝会因为咳嗽而影响日常生活，这时爸爸妈妈就要对咳嗽的宝宝进行调理，严重的要及时就医。

症状表现

1. 宝宝因咳嗽无法正常饮食，一吃就反胃呕吐。

2. 出现发热、呕吐等并发症，并持续咳嗽一周以上。

3. 宝宝夜间咳嗽，睡眠不好。

4. 焦躁不安，无精打采。

饮食调理

1. 咳嗽的宝宝一般胃口都不好，爸爸妈妈应该为宝宝准备好营养高、较黏稠、易消化的食物。

2. 爸爸妈妈要勤给宝宝喂水，帮助宝宝润喉祛痰，但是要注意少量多次。

3. 因受风寒而咳嗽的宝宝应多吃止咳化痰、温热的食物；因上火而咳嗽的宝宝应吃清热止咳的食物。

4. 咳嗽的宝宝忌食生冷食物、肥厚食物，否则会加重病情。

食谱推荐

	原料	做法
丝瓜粥	丝瓜 150 克，大米 100 克，海米 15 克，葱 3 克	1. 丝瓜洗净，去皮，切小块；大米淘洗干净；海米用温水泡发；葱洗净，切葱花 2. 锅中加适量水，大火烧开，下入大米煮至八成熟，倒入丝瓜块、海米，撒入葱花，煮至全熟即可
百合蜜	百合 30 克，蜂蜜 15 克	1. 将百合洗净润透，稍稍晾干后装入蒸碗里，调入蜂蜜 2. 蒸锅中加适量水，将蒸碗放进蒸锅里，隔水蒸 20 分钟即可
黑木耳蒸鸭蛋	黑木耳 40 克，鸭蛋 2 个，冰糖 15 克	1. 用温水将黑木耳泡发，洗净，切碎；鸭蛋打入碗里，搅拌成蛋液；冰糖打碎 2. 将黑木耳碎、冰糖碎放入蛋液里，加入少许清水，搅拌均匀，放入蒸锅，隔水蒸 15 分钟至熟即可

感冒调理食谱

感冒 80% ~ 90% 是由病毒引起的，因为宝宝的免疫系统尚未成熟，所以特别容易被传染，患上感冒。

症状表现

1. 感冒的宝宝会有流鼻涕、鼻塞、喉咙干痒或疼痛、咳嗽等表现。

2. 严重时伴随发热、头痛、恶心、呕吐、腹泻等并发症。

饮食调理

1. 暑热感冒的宝宝应该以清热解暑、清淡的食物为主；风寒感冒的宝宝应该以温热的食物；风寒感冒的宝宝应该多喝水。

2. 爸爸妈妈应该给宝宝多准备些新鲜的水果和蔬菜，补充维生素，增强抵抗力。

3. 宝宝感冒期间，要忌食过分咸甜、辛辣、油腻的食物。

食谱推荐

	原料	做法
豆腐葱花汤	豆腐150克，葱5克、姜3克，生抽5克，香油3克、盐2克	1. 豆腐洗净，切小方块，放入清水中浸泡30分钟，捞出，沥干水分；葱洗净，切葱花；姜洗净，切丝 2. 锅中加适量水，大火烧开，下入豆腐块，同时放入姜丝、生抽，再煮10分钟将豆腐煮透后，加盐调味，撒上葱花，淋上香油，盛出即可
白萝卜炖排骨	猪排骨200克，白萝卜100克，葱、姜各5克，料酒4克，盐2克	1. 猪排骨洗净，剁成块，放入沸水中汆去血水，捞出，沥干水分；白萝卜洗净，去皮，切块；葱洗净，切葱花；姜洗净，切丝 2. 锅中加适量水，大火烧开后，下入猪排骨，同时放入姜丝、料酒，转小火炖煮90分钟后，将猪排骨捞出，凉凉，去骨 3. 锅内的排骨汤继续用大火烧开，放入去骨的猪排骨肉，加入白萝卜块，煮至白萝卜熟透，撒上葱花，放盐调味，即可
胡萝卜粥	大米100克，胡萝卜1根，清水900毫升，植物油10克，盐2克	1. 大米淘洗干净；胡萝卜去皮洗净，先切丝，再剁碎 2. 将淘洗好的大米倒入电饭锅内，注入清水，放入胡萝卜碎，盖好电饭锅盖，按下煮粥键，煮大约50分钟后，加盐、油调味，盛入碗中即可

发热调理食谱

宝宝的肛温在 36.2 ~ 37.8℃之间, 腋下温度在 36 ~ 37℃之间为正常。如果宝宝的肛温超过 37.8℃, 腋温超过 37℃, 即为发热。宝宝发热经常是由于病原菌引起的, 爸爸妈妈要格外警惕, 以免宝宝发热留下后遗症。

症状表现

1. 哭闹不止、小脸通红、眼睛发红、精神不振、食欲减退。

2. 伴有浑身发烫、喉咙沙哑、嗜睡、活动能力差等症状。

饮食调理

1. 宝宝发热如果不是很严重, 不宜马上吃退热药, 这是一个正常的免疫过程。但是饮食一定要清淡、易消化。

2. 爸爸妈妈要多给宝宝饮用温开水, 有助于宝宝体内的病毒通过汗液、尿液排出体内。

3. 多吃营养丰富、易于消化的流食, 如大米糊、排骨汤、绿豆汤等。

食谱推荐

	原料	做法
西瓜绿豆粥	大米 200 克, 西瓜 150 克, 绿豆 50 克, 冰糖 10 克	1. 绿豆淘洗干净, 清水中浸泡 4 小时; 大米淘洗干净; 西瓜去皮、子, 切小丁备用 2. 锅中置火上, 加适量水, 下入大米、绿豆大火煮沸后转小火熬煮至粥黏稠, 放入西瓜丁、冰糖继续熬煮 5 分钟即可关火, 盛出凉凉, 喂给宝宝食用
南瓜小米粥	南瓜 200 克, 小米 100 克, 白砂糖 10 克	1. 南瓜洗净、去皮, 切丁; 小米淘洗干净, 浸泡 30 分钟备用 2. 锅中加适量水, 下入小米大火煮沸后, 倒入南瓜丁转小火焖煮 60 分钟至南瓜软烂, 调入白砂糖拌匀即可
蔬菜豆腐	豆腐 60 克, 胡萝卜、洋葱、白菜各 10 克	1. 豆腐洗净, 用热水余烫一下, 切成片; 胡萝卜去皮洗净, 切成细丝; 洋葱洗净, 剁碎; 白菜洗净, 余烫一下, 剁碎 2. 起油锅, 煸炒豆腐、胡萝卜、洋葱、白菜, 再倒进高汤, 最后用水淀粉勾芡即可

上火调理食谱

由于宝宝的免疫力较低，肠胃功能未健全，并且生长发育迅速，需要较多的营养物质，但自身又不能合理调节饮食，因此很容易上火。爸爸妈妈应该合理调节宝宝的饮食，提高宝宝的免疫力。

症状表现

1. 头部会出红疹、眼屎多、小便赤短。

2. 口干、口臭、口角糜烂、空腔溃疡。

3. 宝宝上火了会表现出腹胀、腹痛、腹泻、呕吐、便秘等症状。

饮食调理

1. 新生儿宝宝提倡母乳喂养，母乳不易上火，而且营养丰富；配方奶喂养的宝宝，可以添加适量的新鲜果汁。

2. 7个月以上的宝宝应该多摄入膳食纤维，食用清热下火的食物，多喝水。

3. 爸爸妈妈在给宝宝烹饪食物时，少用煎、炸、烤的方法，以蒸、煮为佳。

食谱推荐

	原料	做法
香椿豆腐	香椿芽20克，豆腐100克，猪肉末25克，植物油8克，盐2克	1. 香椿芽洗净，剁成碎；猪肉末洗净，沥干水分；豆腐用清水冲洗干净，用大勺子背压烂成豆腐泥 2. 锅中入油烧热，下入香椿芽碎炒香，放入猪肉末翻炒致变色，倒入豆腐泥炒约3分钟，加盐调味，出锅即可
萝卜黄豆蛋花汤	白萝卜50克，黄豆25克，鸡蛋1个，植物油5克，盐2克	1. 白萝卜洗净，去皮，切丁；黄豆淘洗干净，浸泡30分钟，捞出沥干水分；鸡蛋打入碗里，搅拌成蛋液 2. 锅中加适量水，下入黄豆煮熟，放入白萝卜煮至黄豆、白萝卜丁均熟烂，倒入蛋液，淋上油，加盐调味即可
四鲜素烩	南瓜、山药、番茄、黄瓜各50克，植物油8克，盐2克	1. 南瓜洗净，去皮，切小块；山药洗净，去皮，切片，放入沸水中焯去黏液，捞出沥干水分；番茄、黄瓜分别洗净，切片 2. 锅中倒入油烧热，下入南瓜块、山药片翻炒至断生，放入番茄片、黄瓜片拌炒，注入少许清水，煮至南瓜块、山药片熟软后，加盐调味即可

积食调理食谱

积食是中医的一个病症，是指小儿乳食过量，损伤脾胃，使乳食停滞于中焦所形成的胃肠疾患。积食一证多发生于婴幼儿，主要表现为腹部胀满、大便干燥或酸臭、矢气臭秽、嗳气酸腐、肚腹胀热。食积日久，会造成小儿营养不良，影响生长发育。

症状表现

1. 宝宝积食会引起恶心、呕吐、食欲不振、腹胀、腹痛、口臭、手足发烫、肤色发黄、精神萎靡等症状。

2. 患积食的宝宝鼻梁两侧发青，舌苔又厚又白，还能闻到宝宝呼出的口气中有酸腐味。

3. 睡眠不好，来回翻动身子，睡觉有咬牙的情况。

饮食调理

1. 宝宝患积食期间应该让肠胃休息，吃清淡的食物，调理宝宝的肠胃。

2. 爸爸妈妈要给患积食的宝宝准备容易消化、营养丰富的食物，如山楂粥、白萝卜粥等，饭后要带着宝宝多运动。

食谱推荐

	原料	做法
山药米粥	山药50克，大米100克，盐3克	1. 山药去皮，洗净，切粒；大米淘洗干净 2. 砂锅至火上，加适量水，大火煮沸，放入大米，煮约30分钟后，加入山药，转小火再熬煮10分钟至山药熟烂，放盐调味即可
白萝卜粥	白萝卜50克，大米150克，猪瘦肉50克，盐2克	1. 白萝卜洗净，去皮，先切丝再剁成碎；猪瘦肉洗净，剁成末；大米淘洗干净 2. 锅中加适量水，下入大米，大火煮沸后，加入白萝卜碎和肉末，继续熬煮至白萝卜熟烂，加盐调味即可
山楂茶	山楂20克，冰糖5克	1. 山楂洗净，润透，放入锅里，加适量水，浸泡30分钟 2. 大火煮沸，转小火煎煮20分钟后，加入冰糖，煮至冰糖融化，端离火口，去渣取汁，凉凉，在饭后半小时给宝宝饮用即可

厌食调理食谱

宝宝厌食又称消化功能紊乱，多见于3～6岁的宝宝。造成宝宝厌食的因素很多，但是常见的是由于不良的饮食习惯引起对的，所以爸爸妈妈要培养宝宝健康、良好的饮食习惯。

症状表现

1. 会出现食欲不振、呕吐、腹痛、腹泻、便秘、便血等症。

2. 面色暗黄、营养不良、发育迟缓。

饮食调理

1. 爸爸妈妈应该为厌食的宝宝准备色、香、味俱全，营养价值高的食物，增进宝宝的食欲，保证营养的摄入量。

2. 缺锌可能会导致厌食，爸爸妈妈可以为宝宝准备一些含锌量丰富的食物，如海产品、动物的肝脏、核桃、花生等。

3. 严格控制宝宝吃零食的量，杜绝宝宝将零食作为正餐。

食谱推荐

	原料	做法
山楂粥	山楂40克，粳米100克，白砂糖10克，黑枣8枚	1.粳米淘洗干净，沥干水分；山楂、黑枣冲洗干净备用 2.锅中置火上，加适量水，大火烧沸后下入山楂、黑枣、粳米续煮至沸腾时稍微搅拌，再改中小火熬煮30分钟，加入白砂糖调味可即
猪肝胡萝卜粥	猪肝50克，粳米100克，胡萝卜30克，葱花3克，盐2克	1.将粳米淘洗干净，放水中浸泡30分钟，捞出放入锅中加水以小火煮成白粥 2.猪肝洗净，剁成猪肝泥，放入粥内，转中火煮熟，撒上葱花，加盐调味即可
鲫鱼粥	粳米100克，鲫鱼净肉200克，植物油5克，葱末2克，盐3克	1.鲫鱼净肉洗净，切片；粳米淘洗干净，用冷水浸泡30分钟，捞出，沥干水分；葱洗净，切葱末 2.炒锅入油烧热，下鲫鱼煎炒至金黄色，注入适量开水，大火煮沸，再转小火煨煮约40分钟，捞出鲫鱼，滤去汤渣，然后倒入粳米，续煮至粥成 3.鲫鱼趁热去净骨、刺，再将鱼肉放入粥内，撒入葱末，加盐调味即可

贫血调理食谱

贫血是婴幼儿时期常见的临床表现，也是影响宝宝生长发育，诱发其他感染性疾病的主要原因。宝宝多为营养性贫血，可以通过合理的饮食搭配和调理来缓解。

症状表现

1. 皮肤苍白或暗黄，指甲变形易折，头发枯黄，嘴唇无血色。

2. 烦躁不安、精神疲乏、食欲减退等。

饮食调理

1. 爸爸妈妈应该给宝宝吃含铁量高的食物，如猪肝、鱼类、大豆、红枣等。

2. 注意宝宝饮食的多样化，以保证摄入全面、丰富的营养。

3. 多吃新鲜的水果蔬菜，以补充叶酸、维生素等营养素。

食谱推荐

	原料	做法
清蒸肝泥	鸡肝 150 克，胡萝卜 100 克，鸡蛋 1 个，葱 3 克，香油 5 克，盐 2 克	1. 鸡肝洗净，放入蒸锅里蒸熟，取出，剁成泥 2. 胡萝卜去皮，洗净，放入搅拌机打成胡萝卜泥；葱洗净，切葱花 3. 将鸡肝泥、胡萝卜泥装入蒸碗里，打入鸡蛋，加盐、油搅拌均匀，撒上葱花，放入蒸锅大火蒸至胡萝卜熟透即可
参枣莲子粥	大米 100 克莲子 30 克，红枣 20 克，党参 15 克，冰糖 5 克	1. 大米淘洗干净；莲子洗净，去心；红枣洗净，去核；党参洗净，切片 2. 锅置火上，放入大米、莲子、红枣、党参一起放入锅里，加适量水，大火煮沸，再转小火煮 30 分钟，加入冰糖，将莲子、红枣捣烂，再煮 20 分钟，拣出党参片即可
猪肝豆腐汤	猪肝 100 克，豆腐 250 克，姜、葱各 5 克，植物油 8 克，盐 2 克	1. 猪肝洗净，切片；豆腐洗净，切厚片；姜洗净，切片；葱洗净，切葱花 2. 锅置火上，放入豆腐、姜片、水，大火煮沸后，加入猪肝片、葱花煮熟，放盐、油调味即可

缺钙调理食谱

正常人的血钙维持在每升2.18～2.63毫摩尔，如果低于这个范围，则认定为缺钙。缺钙是婴幼儿、孕妇、老人最常见的疾病，所以补钙几乎是人的一辈子都要做的事情。

症状表现

1. 宝宝白天哭闹不安、易激怒；晚上不易入睡，入睡后多汗、易惊醒。

2. 长牙迟，牙齿参差不齐，容易抽搐，指甲长白花。

3. 厌食偏食、骨骼发育缓慢、身材矮小。

饮食调理

1. 爸爸妈妈应该给缺钙的宝宝准备钙质丰富的食物，如海鱼、海虾、贝类、骨头汤等，饭后要多带宝宝出去晒晒太阳，这是天然的补钙方法。

2. 多给宝宝吃新鲜的水果蔬菜，避免宝宝吃过多汉堡、炸鸡等，这些油腻的食物能加速宝宝体内钙的排放。

3. 爸爸妈妈要把宝宝的零食换成杏仁、小鱼干、芝麻、开心果等，为宝宝补充钙质，但不宜过多，要根据宝宝的情况，按量食用。

食谱推荐

	原料	做法
排骨粥	大米200克，排骨200克，盐3克	1. 大米淘净；排骨洗净，剁成小块，放入沸水去血水 2. 锅中加适量水，放入大米、排骨块，大火煮沸，转小火煮约2小时，煮至大米烂成粥、排骨酥软，加盐调味，搅拌均匀即可
虾皮紫菜粥	紫菜100克，虾皮50克，大米100克，植物油8克，盐2克	1. 紫菜入水泡发后，捞出，沥干水分，切碎；虾皮用剪刀剪成虾皮粒，冲洗干净；大米淘洗干净 2. 锅中加适量水，下入大米，大火煮沸后转小火熬煮成粥，放入虾皮粒、紫菜碎熬煮10分钟，加盐调味，淋入植物油，焖5分钟即可
蒸鱼肉豆腐	鸡蛋黄1个，白肉鲜鱼、豆腐各20克，洋葱5克	1. 白肉鲜鱼洗净，蒸好后，去除鱼刺，磨碎；豆腐洗净，余烫一下，切成小丁；洋葱洗净，剁碎 2. 蛋黄打散后用筛子筛，放海带汤、鱼肉、豆腐和洋葱拌匀，最后放入蒸笼里蒸熟即可

湿疹调理食谱

由于宝宝的肠胃功能不完善以及免疫力低下，极易对食入物、吸入物、接触物不适应而产生过敏，而宝宝湿疹就是过敏的产物。

症状表现

1. 湿疹多长在头部、面部、颈背和四肢，刚开始是米粒样大小的红色丘疹或斑疹，并逐渐密集在一起，长成片状。

2. 眉际、鼻子两侧、耳根处的皮肤均出现红潮，瘙痒难耐。

饮食调理

1. 患湿疹的宝宝饮食以清淡为宜，多吃新鲜的蔬菜。适当吃一些绿豆、冬瓜、苦瓜等清热利湿的食物。

2. 配方奶喂养的宝宝仍采取平时的喂养方式，并适当给宝宝喂些酸奶，促进消化。

3. 添加辅食的宝宝在患湿疹期间忌食海产品、牛奶、豆浆、鸡蛋、菠菜、莴笋、柑橘等易过敏的食物。

食谱推荐

	原料	做法
豆腐薏仁粥	薏仁 30 克，大米 50 克，嫩豆腐 100 克，冰糖 10 克	1. 薏仁、大米淘洗干净，清水浸泡 2 小时；豆腐洗净，切丁 2. 锅中加适量水，大火烧沸，下入薏仁、大米，煮沸后再转小火熬煮 30 分钟，放入豆腐、冰糖，煮至粥成即可
苦瓜粥	苦瓜 100 克，大米 150 克，猪瘦肉 50 克，盐 3 克	1. 苦瓜去瓤，洗净，切块；猪瘦肉洗净，剁成肉泥；大米淘洗干净 2. 锅中加适量水，放入大米，大火煮沸后，放入苦瓜丁、肉泥，熬煮成粥，加盐调味，拌匀即可
花菜汤	花菜 50 克淀粉少许，骨头汤 1 碗	1. 淀粉入碗，加入少许水，搅拌后待用；花菜剖开，洗净 2. 水入锅，烧开后加入搅拌好的水淀粉，将洗净的花菜入锅余烫，以去除苦味，稍后放入冷水清洗一下，最后沥水剁碎 3. 骨头汤去油入锅，用小火煮开；煮开后将碎花菜放入汤中，至花菜软烂即可

水痘调理食谱

水痘是由水痘－带状疱疹病毒初次感染引起的急性传染病。传染率很高，多见于婴幼儿，以发热和出现周身性红色斑丘疹、疱疹、痂疹为特征。

症状表现

1. 宝宝患水痘初期，皮疹先见于躯干、头部，并蔓延到面部，最后到达四肢，长成发红的水泡。

2. 宝宝皮肤瘙痒、焦躁不安、双手乱抓、表情痛苦。

3. 常常伴有发热等并发症。

饮食调理

1. 爸爸妈妈应该为患水痘的宝宝准备清淡的食物，如瘦肉粥、小米粥、南瓜粥等。

2. 宝宝在患水痘期间忌食鱼虾等海产品。

3. 爸爸妈妈应多给宝宝喝水并供给营养丰富、容易消化的食物如牛奶、鸡蛋、水果、蔬菜等。

食谱推荐

	原料	做法
金橘柠檬汁	金橘5个，柠檬汁10毫升，蜂蜜5克	1. 金橘洗净，对半切开，把金橘汁挤到杯子里，加入适量开水稀释 2. 将柠檬汁倒入金橘汁中，加入蜂蜜调味即可
金银花甘蔗茶	金银花10克，甘蔗汁100毫升	1. 金银花洗净；甘蔗汁倒入大杯子里 2. 锅置火上，放入金银花，加适量水，大火煮沸，转小火煮至金银花茶水约剩100毫升时，关火，滤去金银花，将金银花茶兑入甘蔗汁中，搅拌均匀即可
燕麦绿豆粥	绿豆30克，小米20克，糯米40克，燕麦25克，冰糖10克	1. 将绿豆淘洗干净，用清水浸泡2个小时；燕麦、小米、糯米淘洗干净，用清水浸泡20分钟，捞出沥干水分 2. 锅置火上，放入绿豆、燕麦、小米、糯米，加适量水，大火煮沸，转小火煮约40分钟后，加入冰糖调味，搅拌均匀，再煮至绿豆熟烂即可

便秘调理食谱

便秘是婴幼儿最常见的一种疾病。是一种以大便干燥坚硬，排便次数减少，间隔时间延长，甚或秘结不通为主要表现的疾病。

症状表现

1. 排便时间间隔长，排便困难，伴随腹痛、腹胀、肛裂等现象。

2. 大便干、硬，宝宝排便哭闹，食欲减退，焦躁不安。

饮食调理

1. 爸爸妈妈应给宝宝喂食膳食纤维丰富的食物，如蔬菜、水果、根茎类食物、海藻类食物等。

2. 避免宝宝摄入过多高脂肪、高热量、高含糖量的食物，这些食物不易消化，长时间滞留在肠胃里，易造成便秘。

3. 多补充水分，柑橘类的新鲜果汁最好，因为柑橘类果汁所含的糖粉能刺激肠道，有润肠通便的功效。

食谱推荐

	原料	做法
菠菜绿豆粥	绿豆45克，粳米150克，肉末50克，菠菜100克，植物油10克，葱末5克，盐3克	1. 绿豆在清水中浸泡4小时备用；菠菜洗净，切末 2. 炒锅置火上，入油烧热后，放入葱末、肉末，煸出香味，再放入菠菜翻炒，将熟时，入盐调味，菜熟离火 3. 粳米淘洗干净，与泡好的绿豆一同放入锅中，加适量清水，置大火上煮，水沸后，改小火煮至绿豆、粳米熟烂时，将炒好的菠菜拌入，搅匀后离火即可
南瓜红薯粥	南瓜200克，红薯300克，小米100克	1. 南瓜、红薯均去皮、洗净、切块；小米淘洗干净，备用 2. 锅置火上，加水烧沸，先放进南瓜、红薯煮沸后再放入小米，转小火熬煮，至小米开花，南瓜、红薯熟透，用大勺子将南瓜、红薯压烂，搅拌均匀，关火焖10分钟即可
鲜香菇粥	大米100克，鲜香菇4朵，嫩牛肉150克，盐2克	1. 大米洗净，加水浸泡20分钟，移到炉火上煮沸，改小火熬粥 2. 牛肉洗净，剁成末；鲜香菇洗净，切细丝，先加入粥内同煮，待煮到米粒熟软时，再加入牛肉末煮熟，放盐调味即可

腹泻调理食谱

由于宝宝的消化器官尚未发育完全，消化能力较差，如果辅食添加不当或肚子受凉，都可能引起宝宝腹泻。腹泻会影响宝宝的食欲和营养的吸收，导致发育迟缓，所以爸爸妈妈要小心调理腹泻宝宝的饮食。

症状表现

1. 宝宝轻度腹泻表现为每天大便次数10次以下，每次大便量不多，大便成稀薄带水黏稠状，有酸味。

2. 重度腹泻表现为每天大便次数10～20次或更多，大便呈黄绿色、水样黏稠状，有明显的脱水症状。

3. 宝宝腹泻经常伴有发热、腹痛等现象，具体表现为精神疲乏、面色发白等。

饮食调理

1. 腹泻的宝宝饮食宜清淡，忌食油腻、口味重的食物。

2. 爸爸妈妈可以给宝宝饮用适量的淡盐水，有助于肠胃蠕动，起到清洗肠胃的功能。

3. 要给宝宝喂食营养丰富、易于消化的食物，如豆腐、瘦猪肉泥、蔬菜粥等。

食谱推荐

	原料	做法
小米汤	小米100克	小米淘洗干净，放入锅里，加适量水，大火煮沸，转小火煮至小米全熟后关火，取上层的小米汤，凉凉，喂给宝宝即可
鸡肝小米粥	小米100克，鸡肝30克，植物油5克，盐2克	1.鸡肝去鸡胆，清洗干净，剁成泥，放入碗内，加盐、油拌匀，腌制入味；小米用适量温水浸软后，用冷水淘洗干净 2.锅置火上，下入小米，注入清水约800毫升，大火煮沸后加入鸡肝泥，转小火慢慢熬煮至成粥即可

腮腺炎调理食谱

腮腺炎是婴幼儿常见的传染性疾病，主要是由于输送唾液的导管肿胀、发炎，使唾液在腮腺内蓄积，导致宝宝腮腺肿大、疼痛的现象。

症状表现

1. 一侧或两侧腮腺呈半圆形肿大，表面发烫，宝宝张嘴、咀嚼或吞咽时伴有疼痛感。

2. 发病初期伴有发热、疲乏等并发症。

3. 宝宝食欲下降，不愿意进食。

饮食调理

1. 爸爸妈妈应该为患有腮腺炎的宝宝准备清淡，易于吞咽的食物，如豆腐、稀粥、牛奶、米汤等。

2. 多给宝宝饮用新鲜的果汁、蔬菜汁，增强宝宝的抵抗力。

3. 给宝宝多准备些清热解毒的食物，如藕粉、白菜汤、绿豆汤等。

食谱推荐

	原料	做法
绿豆汤	绿豆 150 克，冰糖 10 克	1. 绿豆淘洗干净，放入清水中浸泡 2 个小时，捞出，沥干水分 2. 锅中加适量水，倒入绿豆，大火煮沸后转小火，煮至绿豆开花，放入冰糖，煮至冰糖融化，去渣取汁，凉凉，在饭后半小时给宝宝饮用即可
香蕉粥	香蕉 1 根，大米 100 克，冰糖 5 克	1. 香蕉去皮，切丁；大米淘洗干净 2. 锅中加适量水，放入大米，大火煮沸后，加入香蕉丁、冰糖，再熬煮成粥，盛出，凉凉，喂给宝宝食用即可
甜藕粥	大米 50 克，莲藕 100 克，白砂糖 10 克	1. 大米淘洗干净，用冷水浸泡 3 小时后捞出，沥干水分；莲藕洗净去节、皮，用刀刨成浆，去渣留汁 2. 锅中加适量水，将藕汁和大米一起倒入锅内，先用大火烧沸，然后改用小火熬煮成粥，加入白砂糖拌匀即可

鹅口疮调理食谱

鹅口疮又称白念菌病，是由于白念菌感染所导致的口腔黏膜炎症，多见于婴幼儿。鹅口疮可发生于口腔的任何部位，以舌、软腭、口底等处多见。如果症状轻，宝宝身体调理好了，会自然消退。如果宝宝出现了声音嘶哑、呼吸困难及吞咽困难等症状时，要及时送医院就诊。

症状表现

1.宝宝口腔内壁充血、发红，会出现大量如牛奶渣一般白色的物质，用手巾轻轻擦拭即可擦掉。

2.患处用手巾擦拭后，会轻微出血，或者创口泛红。

饮食调理

1.爸爸妈妈应为宝宝选择富含蛋白质，易吸收的食物，如动物肝脏、瘦肉、鱼类等。

2.补充维生素 C 和 B 族维生素，如新鲜的水果蔬菜。

3.注意宝宝的口腔卫生，爸爸妈妈可在宝宝进食前后，用温开水给宝宝清洁口腔。

食谱推荐

	原料	做法
荸荠汤	荸荠 200 克，冰糖 10 克	1.荸荠洗净，去皮，切片；冰糖拍碎 2.锅中加适量水，放入荸荠片，大火煮沸，再转小火煮 20 分钟，加入冰糖碎煮至冰糖融化，去渣取汁，凉凉给宝宝饮用即可
樱桃汁	樱桃 200 克	1.樱桃洗净，去核，放入榨汁机中，打成樱桃汁，倒入蒸碗里 2.蒸锅加适量水，大火烧开，将蒸碗放进蒸锅里，隔水蒸 20 分钟即可

肥胖症调理食谱 ○

近年来婴幼儿患肥胖症的概率逐年增长，大部分是由于宝宝自制力差，没有饥饱的控制意识，爸爸妈妈也不加以控制，造成营养摄入过剩，导致肥胖。此外，配方奶成分比例失调、喂养不当、奶瓶刻度误差等也是造成宝宝肥胖的重要原因。因此，爸爸妈妈要合理地控制宝宝的饮食，培养宝宝良好的饮食习惯。

症状表现

1. 体型超标，容易疲乏，用力时气短或腿疼，稍做运动就气喘吁吁。
2. 行动不便，肺活量低，容易造成低氧。

饮食调理

1. 患有肥胖症的宝宝饮食以清淡为宜，要多吃五谷杂粮，摄入足量的膳食纤维，帮助宝宝消化，避免脂肪堆积。
2. 爸爸妈妈要根据宝宝的年龄，制定针对宝宝自身的节食食谱，控制宝宝的饮食。
3. 宝宝的食物以蒸、煮食物为宜，杜绝煎、炸、烤的食物，减少脂肪、胆固醇的摄入量。
4. 避免宝宝吃过多零食和含糖量高的食品，多运动。

食谱推荐

	原料	做法
熬白菜	白菜 250 克，豆腐 200 克，植物油 10 克，葱 5 克，盐 3 克，清汤 250 毫升	1. 将白菜洗净，切 1 寸左右的长方块，可先用沸水烫一下捞出待用；豆腐切小长方块；葱洗净，切花 2. 锅置火上，入油烧热，下入葱花炒香，放入白菜稍炒，注入清汤，再下豆腐，煮熟，放盐调味即可
苦瓜粥	苦瓜 100 克，大米 50 克，植物油 3 克，盐 2 克	1. 苦瓜去瓤，洗净，切小块；粳米淘洗干净 2. 锅中加适量水，下入大米，大火烧沸后，放入苦瓜丁煮至断生，加盐、油调味后，继续熬煮成粥即可
炒芥菜	芥菜 300 克，植物油 10 克，盐 3 克	1. 将芥菜择洗干净，沥干水分，切约 3 厘米长、2 厘米宽的条 2. 锅置火上，入油烧热，放入芥菜翻炒至断生，加盐调味后，炒匀，盛出，让宝宝就着米饭或粥食用即可

出牙不适调理食谱

宝宝出牙不适是指宝宝在出牙时产生的牙龈不适的现象，这是正常的，爸爸妈妈不必担心，等乳牙长出来之后，宝宝的不适感会消失。

症状表现

1. 烦躁不安，咬人，上下牙龈反复摩擦，哭闹不止。

2. 流口水，有咀嚼的动作，一边咬牙一边用力摇头。

3. 严重的宝宝有时会出现发热的症状。

饮食调理

1. 爸爸妈妈应给出牙不适的宝宝准备一些易于咀嚼、消化、含钙丰富的食物。

2. 适当地给宝宝咀嚼一些磨牙饼干。

食谱推荐

	原料	做法
肉蛋豆腐粥	大米100克，猪瘦肉25克，豆腐15克，鸡蛋1个，盐2克	1. 猪瘦肉洗净，剁为泥；豆腐装入碗里，用勺子背压烂；鸡蛋打入碗里，搅拌成蛋液；大米淘洗干净 2. 锅中加适量水，大火煮沸后，转小火煨至八成熟时，放入肉泥熬煮10分钟，最后把豆腐、蛋液倒入肉粥中，大火煮至蛋熟，放盐调味即可
冬瓜蓉	冬瓜300克，蚝油5克，植物油4克	1. 冬瓜洗净，去皮，切块，放入蒸锅里蒸熟后，取出，压烂成冬瓜蓉 2. 锅入油烧热，倒入冬瓜蓉翻炒至水分收干，调入蚝油，炒匀即可
香蕉牛奶粥	香蕉1根，鸡胸肉50克，鸡蛋黄1个，奶油1/2小匙，配方奶100毫升，鸡高汤适量	1. 香蕉去皮，捣碎；鸡肉洗净煮熟，撕成丝 2. 用奶油煸炒鸡肉，加入鸡高汤、配方奶加热 3. 打入蛋黄搅拌，熟后熄火，放入香蕉即可

消化不良调理食谱

消化不良是宝宝夏季最常见的一种消化系统疾病，主要症状为排绿色的大便，常伴有发热、腹胀、腹痛、呕吐、食欲不振、烦躁不安等现象。

症状表现

1. 消化不良的宝宝拍出来的大便多呈绿色，经常伴着腹胀、腹痛等症状。

2. 宝宝鼻梁两侧发青，舌苔白且厚，有口气，食欲不振。

饮食调理

1. 如果未断奶的宝宝消化不良是由于配方奶选择不当引起的，爸爸妈妈应该重新选择宝宝的配方奶，以脂肪含量稍低为宜。

2. 对于食用辅食的宝宝，爸爸妈妈应该选择清淡、易消化、营养丰富的食物。

3. 多摄入膳食纤维丰富的食物，有助于增进肠胃的蠕动，润肠通便。

食谱推荐

	原料	做法
胡萝卜汤	胡萝卜200克，猪瘦肉50克，盐3克	1. 胡萝卜洗净，去皮，切丝；猪瘦肉洗净，切丝 2. 锅中加适量水，大火煮沸，放入胡萝卜丝、肉丝，煮至熟软入味，放盐调味，盛出，滤去汤渣，取汤水凉凉，即可给宝宝饮用
苹果粥	大米100克，苹果70克，冰糖5克	1. 苹果洗净、去核，切2厘米见方的块；大米淘洗干净 2. 将大米、苹果放入砂锅内，加适量水，砂锅置大火上烧沸，放入冰糖，再转小火煮30分钟即可
甜南瓜营养饭	软饭50克，甜南瓜20克，胡萝卜5克，白萝卜、南瓜子15克	1. 南瓜去皮、子洗净，切成小丁；白萝卜、胡萝卜去皮洗净，切成同南瓜丁一样的大小；南瓜子洗净，捣碎 2. 平底锅里放香油，加入南瓜、白萝卜、胡萝卜和芝麻盐煸炒 3. 在软饭里加入炒好的菜，再加水熬煮，最后放南瓜子煮熟

寄生虫病调理食谱

寄生虫病是指一些寄生虫寄生在人体里所引起的疾病，寄生虫病有蛔虫病、蛲虫病等多种类型，是宝宝常见的疾病。

症状表现

1. 宝宝患病初期表现为贪食、多食易饥，但体重下降；后期食欲下降，胃肠功能紊乱，腹胀不适，异食癖，营养不良等，严重的可出现便血。

2. 有恶心、呕吐、腹痛、发热、贫血等并发症。

饮食调理

1. 注意宝宝的个人卫生和饮食卫生，少给宝宝食用生冷食物。

2. 多吃新鲜蔬菜，爸爸妈妈在给宝宝准备肉类、海鲜类食物时，要彻底煮熟透。

3. 水果要清洗干净，削皮后再给宝宝食用。

食谱推荐

	原料	做法
麻油葱白	葱白30克，生麻油10克	1. 将葱白洗净，用白纱布包好，绞出葱汁，装入碗里 2. 将生麻油调入葱白汁里，搅拌均匀，给宝宝空腹服下，每日2次，连服3日有缓解和治疗宝宝寄生虫病的效果
槟榔糖浆	槟榔15克，石榴皮、南瓜子各10克，白砂糖30克	1. 将槟榔洗净，锤碎；石榴皮洗净，沥干水分，切丝；南瓜子锤碎 2. 砂锅中注入清水200毫升，放入槟榔、石榴皮、南瓜子，用大火煮沸，撇去浮沫，在转小火，加入白砂糖，熬煮成糖浆，凉凉给宝宝饮用，每次20毫升，1日3次，连服2~3天即可见效
槟榔糖浆	黄鳝1条，姜20克，大米150克，植物油8克，盐2克	1. 将黄鳝宰杀，去头、尾、脊骨，洗净，切段；姜去皮，洗净，剁碎，用纱布包好，挤出姜汁，装入碗里；大米淘洗干净 2. 砂锅中加适量水，下入大米，大火煮沸后，放入黄鳝段，倒入姜汁，熬煮成粥，加盐调味，淋上油，再焖5分钟，关火 3. 用筷子将鳝鱼段拣出，取粥凉凉，喂给宝宝食用即可

扁桃体炎调理食谱

小儿扁桃体炎是扁桃体炎的一种，分为急性和慢性两种，是常见的一种宝宝疾病。随着宝宝扁桃体这一免疫器官的发育成熟，2岁以后开始发炎，4～6岁的宝宝为扁桃体炎高发人群。主要由细菌或病毒感染引起，须及时治疗以免出现并发症。

症状表现

1. 宝宝急性扁桃体炎表现为扁桃体红肿，伴有吞咽疼痛、发热、头痛、口臭等症状。

2. 宝宝慢性扁桃体炎表现为喉咙干燥，有堵塞感，黏液分泌多、不易咳出等。

饮食调理

1. 急性期宝宝应吃水分多、易消化的食物，如米汤、甘蔗水、荸荠水等。

2. 慢性期宝宝应多吃鲜鲜水果、蔬菜、豆类等滋润的食物。

3. 饭后爸爸妈妈可以适量地给宝宝冲服板蓝根。

食谱推荐

	原料	做法
雪梨荸荠粥	大米100克，荸荠7个，雪梨1个	1. 荸荠洗净，去皮，切片；大米淘洗干净，浸泡10分钟；雪梨洗净，去皮，切小块 2. 锅中加适量水，下入大米、荸荠片，大火煮沸后转小火煮30分钟，放入雪梨块，继续熬煮成粥即可
青菜肝泥	猪肝50克，青菜叶100克，植物油8克，盐2克	1. 猪肝洗净，先切片再剁成泥，装入碗里；青菜叶洗净，切碎 2. 锅中入油烧热，下入猪肝泥略炒，放入青菜碎翻炒至熟，加盐调味，盛出即可
鱼头豆腐	豆腐300克，鳙鱼头1个，植物油15克，绍酒5克，盐4克	1. 豆腐用清水冲洗干净，切大块；鳙鱼头处理干净 2. 将豆腐与鳙鱼头一起放入砂锅中，加适量水，放盐、绍酒，大火煮沸后，转小火炖50分钟后，淋上植物油，再焖5分钟，关火 3. 将鱼头汤和豆腐盛出，凉凉，喂给宝宝食用即可

婴幼儿饮食禁忌

注意易过敏食物

有的宝宝会对一些特定的食物产生过敏的现象，因此爸爸妈妈在给宝宝准备食物的时候要加倍小心。但是很多食物都是宝宝第一次接触，不知道宝宝是否会过敏，那爸爸妈妈就要知道那些食物容易造成宝宝过敏，并选择性的，由少到多地给宝宝尝试新的食物，万一过敏也不至于造成严重的后果。

蜂蜜

过敏分析：蜂蜜里含有毒菌，1岁以下的宝宝肝脏功能不完善，如果食用有可能引起中毒。对于用蜂蜜作为添加剂食物，爸爸妈妈在给宝宝食用时也要格外小心。

喂养方法：由于蜂蜜的甜味大，在给宝宝食用前要用温开水稀释，以免呛到。

牛奶

过敏分析：牛奶中所含的蛋白质跟母乳、配方奶不一样，比较难吸收，有时可能导致宝宝腹泻或发皮疹。

喂养方法：第一次给宝宝喝牛奶时，要在牛奶中兑入少量母乳或配方奶，让宝宝的身体有一个适应的过程，无异常再逐量增加。

橙子

过敏分析：橙子不易消化，同时会有过敏的危险，1岁以后的宝宝才能食用。

喂养方法：对于1岁以后的宝宝，爸爸妈妈可将橙子与温开水以1∶1的比例榨橙汁给宝宝饮用，无异常可给宝宝喂食果肉。

草莓

过敏分析：草莓子会刺激肠胃，并含有能引发过敏症的阿司咪唑（息斯敏）成分，可能会引起宝宝过敏。最好1岁以后再给宝宝食用。

喂养方法：将草莓表面的草莓子用刀片刮掉，第一次给宝宝食用，喂食的量要少，无异常后再组量增加。

猕猴桃

过敏分析：猕猴桃表面的茸毛可能会引起宝宝皮肤瘙痒，果肉内的子是容易造成过敏的成分。黄色的猕猴桃 1 岁以后的宝宝可食用，绿色的猕猴桃要等宝宝 2 岁以后才可以食用。

喂养方法：先把猕猴桃表层的茸毛用砂纸抹掉，洗净，削去皮，用勺子刮成泥喂给宝宝吃。

番茄

过敏分析：番茄里面的番茄子含有容易导致人体过敏的阿司咪唑（息斯敏）成分，宝宝的抵抗能力较差，在宝宝 1 岁以后在开始吃番茄比较安全。

喂养方法：第一次给宝宝吃番茄，爸爸妈妈要将番茄煮熟透，用勺子压烂成泥，再给宝宝食用。

茄子

过敏分析：茄子虽然营养丰富，但是茄子与番茄一样，含有容易导致人体过敏的阿司咪唑（息斯敏）成分，多吃容易出现类似过敏的症状，宝宝 1 岁以后再食用，比较安全，过敏体质的宝宝要等 18 个月以后在吃。

喂养方法：宝宝 1 岁以后，爸爸妈妈可以将茄子去皮，切块，用植物油烹调，给宝宝食用。

花生

过敏分析：花生过敏性较高，而且不易消化，6 个月以后的宝宝要研成细末再吃，过敏体质的宝宝等过了 3 岁再吃比较安全。

喂养方法：将花生研成细末与大米熬煮成粥，先少量地喂给宝宝吃，无异常再逐量增加。

鸡蛋

过敏分析：鸡蛋蛋清的过敏性比蛋黄的过敏性高，而且小于 8 个月的宝宝不能分解蛋清里的蛋白质，过敏体质的宝宝要等 2 岁以后再给宝宝食用蛋清。

喂养方法：将鸡蛋煮熟，第一次给宝宝喂食蛋清，量一定要少，无异常之后再逐量增加。

螃蟹

过敏分析：甲壳类食物引起过敏的危险性很高，一旦出现对某种甲壳类食物过敏，可能会一生都对这种食物过敏，所以爸爸妈妈在给宝宝食用甲壳类食物时，一定要格外小心。

喂养方法：先用螃蟹煮成汤，喂给宝宝喝，如果无异常，在做成螃蟹粥给宝宝吃，再过渡到吃螃蟹肉。

第七章

安全与健康

　　本章主要针对婴幼儿的安全与健康问题做了详细的介绍。在安全方面，分别从家庭内、儿童玩具和户外三个方面出发，涵盖了扭伤、摔伤、婴儿寝具、餐具、乘坐汽车、自动扶梯、电击等方方面面，为家长提供了安全提示，帮助宝宝安全成长。在健康方面，介绍了一系列的体检和疫苗接种，为宝宝的健康成长保驾护航。

家庭内的安全

扭伤

宝宝贪玩，常常会不小心扭伤脚踝或手臂。如果爸爸妈妈没有掌握正确的急救方式，对宝宝的处理手法不正确，往往会使扭伤部位伤痛更加严重。

爸爸妈妈需要能根据扭伤后宝宝的不同症状，判断扭伤的程度：扭伤的部位疼痛，局部肌肉有压痛，碰触或活动时疼痛加剧，为轻度扭伤；扭伤部位出现不同程度瘀血，局部青紫或红紫，常围绕受伤关节，为中度扭伤；关节扭伤部位出现不同程度肿胀，为重度扭伤；脚扭伤后出现运动障碍，宝宝走路出现不平衡，跛行，为高危扭伤。

急救方式

1.冷敷。爸爸妈妈在发现宝宝子扭伤后，应立即让宝宝停止运动，将扭伤部位的衣物或鞋带松解；如果是脚踝扭伤，应先用枕头把宝宝小腿垫高；刚扭伤时千万不要按摩、揉搓，以免加重损伤；用冷水或冰块冷敷受伤部位约15分钟；用手帕或绷带扎紧扭伤部位固定受伤关节，也可减轻肿胀。

2.热敷。48小时后，可对伤口进行热敷，或按摩，以促使血液循环加速，消退肿胀；扭伤常伴有骨折或关节脱位，当宝宝觉得疼痛日渐加重，应去医院就诊。

提醒爸爸妈妈注意的是，先冷后热这个救治顺序。宝宝受伤后，要首先采取冷敷，可减缓炎性渗出，有利于控制肿胀；一般来说48小时后可转为热敷，加速血液循环；不要颠倒二者的顺序，否则会加剧炎性渗出，导致剧烈肿胀。

摔伤

很多爸爸妈妈几乎都经历过宝宝摔床、摔跤后的那份心疼和懊悔。但是宝宝摔伤真是一件难以避免的事。一旦发生摔伤，爸爸妈妈也不要过于惊慌，不要心急如焚地将宝宝从地上抱起，动作也不要过猛，以免导致其他不必要的伤害。

急救方式

宝宝摔跤后，如果能够马上大哭，可以将脑部受伤的可能性排除，爸爸妈妈们可以即刻将宝宝抱起来，边检查伤口边安慰宝宝，如果宝宝的摔伤的部位肿大，并且有淤青，可以在洗净后，用冰块冷敷，尽量不要让宝宝的摔伤部位活动；如果宝宝摔伤部位有出血的情况，首先要用清水洗净伤口，再用消毒水消毒，然后贴上创可贴；如果摔跤后的擦伤面积太大，并且伤口上沾有无法清洗掉的沙粒、玻璃碎等，或宝宝伤到的是重要部位，如脸部等，爸爸妈妈应该在进行基本的护理之后，立即将宝宝送往医院包扎，避免破伤风或者留下伤疤等；如果宝宝在摔跤后两天内，出现了反复性呕吐、嗜睡、精神疲乏、瞳孔灰暗或剧烈哭闹等现象，那宝宝可能因为摔跤造成脑震荡了，爸爸妈妈应该立即送宝宝去医院检查治疗。

烧烫伤

宝宝对周围的事物容易产生好奇心，见到什么都想用手去抓，而有的爸爸妈妈又很粗心，没有注意放好暖水壶、汤锅之类的物品，造成宝宝烫伤。但是，如果宝宝不幸烧伤、烫伤了，爸爸妈妈要保持冷静，采取相应的措施。

急救方式

1. 用凉水冲洗伤口。如果宝宝被烫伤或烫伤，爸爸妈妈应赶紧检查宝宝烧伤、烫伤的部位、面积、深度，有无严重的并发症如脑外伤、内脏破裂、骨折等。并立即用干净的凉水冲洗烫伤的部位，一般来说，宝宝烫伤后，越早用清水冲洗，效果越好；水温越低效果越好。

爸爸妈妈可以把宝宝烫伤的局部用凉水浸泡 30 分钟以上，这样可以及时散热，减轻烫伤程度，缓解宝宝的疼痛感。

2. 不能乱涂药膏。注意的是，爸爸妈妈不要在宝宝烫伤的部位涂抹药水或未经消毒的药膏，因为这些药物可以通过烫伤的创面进入血液，容易引起汞中毒。

3.防止休克、窒息。在宝宝发生烧伤、烫伤后，要预防宝宝出现休克和窒息的现象。如果宝宝的头、面部及呼吸道烧伤，最容易发生窒息。要及时清理痰液、呕吐物，保持呼吸道通畅，必要时做人工呼吸。

4.保护创面。烧伤、烫伤发生后，还要及时预防创面感染，注意保护创面，用干净的毛巾、纱布或其他软织物包裹、覆盖宝宝的烧烫伤创面，及时将宝宝送往医院进行救治。

指尖损伤

宝宝的指尖安全常被爸爸妈妈忽视，宝宝的指尖虽小，存在的安全隐患却很大。指尖处分布着丰富的神经末梢，因此对痛感非常敏感。宝宝的指尖受伤后，经常会因为疼痛而大声啼哭，受伤部位多被挤压成蓝紫色并感觉肿胀，表皮可出现切割伤或伴有出血的现象，如果指甲因挤压过度而发生出血，还会引发更为剧烈的疼痛，使指甲变成黑紫色。

急救方式

宝宝的指尖受伤后，大声哭啼，但不久后又停止哭泣，手指上没有肿块，且仍可灵活弯曲，爸爸妈妈就可放心，没什么大问题，只要在宝宝的手指被夹部位用冷水或冰块降温缓解疼痛即可。

如果宝宝的手指被夹部位出现肿块，指甲脱落或者更严重的情况，即使宝宝感到疼痛难忍，也要坚持消毒伤口，用干净的纱布包扎后立即送往医院。如果宝宝被夹部位表现出青黑色，则表示有骨折的可能，如果医院比较近，可直接送往医院包扎，如果医院较远，爸爸妈妈可以先用比指头稍长的铅笔或木片小心固定手指后，再将宝宝送往医院。

蚊虫叮咬

炎炎夏日，爸爸妈妈喜欢带宝宝去树下乘凉，但是夏天是蚊子、虫子活动的活跃时期，宝宝很容易被毒蜂、蚊虫等咬伤，尤其是当宝宝穿着短衣短裤，肆无忌惮地玩耍时更容易发生。宝宝被蚊虫叮咬后，会出现局部瘙痒、肿胀，严重时可伴有疼痛、头晕、恶心、呕吐、发热和过敏等全身症状，而皮肤裸露部位更容易出现微小刺眼或红肿的包块。

尤其是被一些有毒的虫子咬伤后，其毒液除了会引起局部反应外，还会通过血液的循环扩散至全身，导致出血及中枢神经系统抑制现象，严重时还会出现休克、呼吸、心搏骤停，甚至突然死亡或数日内死亡等现象。因此，爸爸妈妈一定不能不以为然，以免宝宝遭遇不必要的危险。

急救方式

1. 止痒。宝宝被蚊虫叮咬之后，爸爸妈妈可先用流动的清水冲洗，尽可能冲掉毒毛、毒液，擦干后，可在叮咬部位涂些花露水来止痒。

2. 涂药膏。如果局部出现过敏性水肿，最好涂抹消炎药膏。如果宝宝奇痒难耐，可将 1 ~ 2 片阿司匹林研碎，用小量凉开水调成糊状，涂于蚊叮处，即可消肿止痒。尽量不要让宝宝挠抓被叮咬的部位，容易产生感染。

切割伤和擦伤

多动、爱玩是宝宝的天性，在日常生活中切割伤、擦伤都是在所难免的，所以爸爸妈妈们要了解一些关于宝宝切割伤和擦伤后的急救措施，可以减轻宝宝的疼痛感。

割伤的急救方式

如果宝宝被割伤后，伤口不是很深，那爸爸妈妈也不必太担心，只需要将宝宝割伤的局部用清水冲洗干净，消毒后，贴上创可贴即可。如果宝宝被严重割伤后，可能会使血流不止，很难治疗，爸爸妈妈首先用流动的清水将伤口冲洗干净，并用消毒水消毒，然后用一块干净的棉花压住伤口，阻止出血，用绷带固定后，将宝宝送去医院包扎疗。

擦伤的急救方式

宝宝擦伤以手掌、膝盖、脸部居多，处理不好易留下瘢痕。所以爸爸妈妈不能小觑擦伤。宝宝擦伤后，试着轻轻地擦掉伤口上的污物或细砂粒，这会引起轻微的潮红和出血，再用流动的自来水将伤口及周围部位清洗干净，消毒后贴上消毒纱布，用纱布包扎好。

如果无法擦掉伤口内的污物，或者出血较多，可以先清洗伤口并消毒后，用纱布止血，然后迅速将宝宝送往医院，正确的治疗，可防止伤口愈合后留下疤痕，如果没有接种破伤风疫苗的宝宝必须到医院打破伤风针，以免出现感染。

眼睛里进异物

宝宝在玩耍的时候，难免会有异物进入眼睛里，如何处理才不会给宝宝的眼睛带来伤害呢，这就要求爸爸妈妈必须注意两点：第一，不能让宝宝揉搓眼睛；第二，不能乱用眼药水。

进沙尘类异物的急救方式

沙尘等进入宝宝的眼睛后，爸爸或妈妈要用两个手指捏住宝宝子的上眼皮，轻轻向前提起，并向眼睛内轻轻地吹，刺激宝宝的眼睛流泪，将沙尘冲出。这一方法如果不奏效，则轻轻地翻开眼皮，先让宝宝眼睛向上看，再用手轻轻扒开下眼皮寻找异物，下眼皮与眼球交界处的皱褶内易存留异物。如果没有找到，再翻开上眼皮寻找异物，注意眼皮的边缘和白眼球，找到异物后用干净的棉棒将异物轻轻取出。

如果进入眼睛内的沙尘较多，可用凉开水或矿泉水冲洗。

进铁屑、玻璃、瓷器类异物的急救方式

有铁屑进入宝宝的眼睛后，尤其是在黑眼球上，爸爸妈妈要安抚宝宝的情绪，并告诉宝宝尽量不要转动眼球，让宝宝躺着，用翻开眼皮的方式寻找并取出异物，如果取出有困难时，不要勉强，应该让宝宝始终闭着眼睛，并立即将宝宝送去医院。

进化学物品类异物的急救方式

当有强腐蚀性的化学物品不慎溅入宝宝的眼睛里时，要立即就近寻找干净的水冲洗宝宝伤的眼睛，冲洗时，用示指和拇指扒开眼皮，用水持续

冲洗 5 ~ 10 分钟，尽可能使眼内的腐蚀性化学物品全部冲出。如果有条件的话，可以接一盆清水，将宝宝的脸（鼻子以上的部位）浸入水中，让宝宝做睁眼闭眼运动，通过不断地开合上下眼皮，以及转动眼球使眼内的化学物质充分与水接触而稀释。眼睛冲洗完毕后，应立即将宝宝送去医院接受眼科医师的检查和处理。

进生石灰类的异物急救方式

若是生石灰溅入宝宝的眼睛内，要切记一定不能直接用清水冲洗，不能用手揉搓，因为生石灰遇水会生成碱性的熟石灰，同时释放大量的热量，会烧伤眼睛。正确的方法是：用棉签或干净的方巾将生石灰粉擦出来，然后再用清水不间断地反复冲洗宝宝的眼睛，至少冲洗 15 分钟，冲洗后再将宝宝送去医院检查和接受治疗。

进洗涤剂类异物的急救方式

洗涤剂、清洁剂种类繁多，无论哪一种多是含有不同程度碱性化学成分，如果不小心进入了宝宝的眼睛，对结膜、角膜上皮有损害，会使结膜充血、角膜上皮点状或片状破损，影响角膜透明度，看东西模糊。由于刺激了角膜上皮丰富的感觉神经末梢，宝宝会出现怕光、流泪、不敢睁眼和疼痛等情况。所以洗涤剂一旦溅入宝宝的眼里，一旦发生，要立即用大量清水冲洗，冲洗干净后，用干净的棉花或毛巾等吸干宝宝眼部的水，让宝宝尽量闭着眼睛，等眼睛无刺痛感后再睁开。

头部损伤和脑震荡

如果宝宝的头部在发生剧烈碰撞后，表现出短暂的意识丧失，可能是脑震荡，但不一定是脑组织损伤。爸爸妈妈可让宝宝安静地休息，并在宝宝头部发生撞击后的第一次睡觉时，叫醒他 1 ~ 2 次，观察一两天，并做好记录，判断宝宝是否有更加严重的不适感。如果宝宝表现出：清醒时，宝宝看起来非常疲惫、四肢乏力、目光呆滞、嗜睡，或者在宝宝睡觉时，爸爸妈妈难以把宝宝唤醒；持续性头痛，容易激怒，有的宝宝也有出现呕吐的现象；宝宝的神经状态、肢体协调等明显出现需要医生处理的变化，如上下肢无力、行走笨拙、言语不清、头晕目眩等现象，那爸爸妈妈要立刻送宝宝到医院进行检查。

急救方式

宝宝头部损伤后，出现意识丧失超过 5 分钟以上，应立即让宝宝平躺，不宜摇晃宝宝，如果怀疑宝宝的颈部可能损伤，抱起宝宝时要托着头部，动作尽量轻柔，以免加重损伤。然后检查宝宝是否有呼吸，如果没有呼吸，应即刻采用心肺复苏法和人工呼吸。如果宝宝的头部在撞击后出现流血现象，爸爸妈妈要用凉开水清洗伤口后，用纱布按住伤口，等待医护人员的到来或者马上送往医院就诊。

窒息

窒息多见于婴幼儿时期的宝宝，盖住宝宝面部的任何东西都有可能阻塞宝宝的口鼻，加上这个阶段的宝宝力气太小，无法挣脱开一些如被褥等稍重的东西，使宝宝因为呼吸困难而造成窒息。

急救方式

首先把宝宝抱起，检查宝宝是否神志清醒，是否有呼吸。如果宝宝神志清醒，爸爸妈妈要抚慰宝宝，使宝宝不那么紧张害怕，因为呼吸极度困难的时候，宝宝会很焦虑恐惧，爸爸妈妈的安抚会使宝宝有安全感；对于有呼吸但神志不清的宝宝，一定要马上送去医院抢救，如果医院太远可直接拨打 120 进行急救；如果宝宝没有呼吸，应将宝宝平躺，摆放成最自然最舒服的姿势，立刻开始为宝宝进行人工呼吸并拨打急救中心的电话（120），进行急救。

铅中毒

铅是目前公认的影响中枢神经系统发育的环境毒素之一，而宝宝的中枢神经系统发育未完全，铅对宝宝的危害比成人要大很多。

宝宝的用品中色调多以鲜艳显眼为主，特别是玩具，而颜料、油漆中的铅含量比较高，宝宝在玩玩具时，免不了会啃咬、吸吮玩具，这就会造成很多漆皮被宝宝吃入体内。同时，教科书彩色封面、彩笔中也有极为严重的铅污染。当这种物质进入宝宝的身体后，会引起体内血红素的减少。而0~5岁的宝宝机体缺少排铅系统，所以，对于各种金属污染更为敏感。轻者出现哭闹、多动、神经衰弱、消化系统紊乱，重者出现铅性贫血和腹部铅绞痛。若是体内铅含量过高还会引发宝宝缺锌、缺钙和缺铁等症状。

急救方式

爸爸妈妈在给宝宝买玩具或学习工具时，要确保这些玩具或学习用具使用的油漆是无毒漆，即漆中铅含量等符合国家安全标准才可购买。

事实上，血铅含量在250微克每升以内的轻、中度铅中毒是无症状的；而且如果只发现铅含量高，而无贫血、生长发育迟缓、多动、注意力不集中等症状，就不能说宝宝是铅中毒。但是，一旦发现宝宝血铅偏高，爸爸妈妈也不要乱了阵脚，也不要盲目地给宝宝服用驱铅药物，因为"是药三分毒"，驱铅药具有较大的毒副作用，有的宝宝服用后会出现腹泻、呕吐、脱发等症状，严重的会导致再生障碍性贫血，对身体造成严重危害。

如果宝宝的铅超标情况不是很严重，普通的食物治疗就可达到理想的效果。爸爸妈妈可有意让孩子多吃以下富含钙、铁、锌、铜、镁、硒、锗、维生素C等营养成分的食物：因为补充适量的钙可减少铅吸收，降低铅毒性，缓解铅中毒症状。而铁、锌、铜、镁、硒、锗等元素均可与铅相互作用，减弱铅的毒性；维生素C与铅结合成难溶于水而无毒的盐类，会随粪便排出体外。

如果宝宝铅中毒比较严重，爸爸妈妈应该尽快将宝宝送往医院治疗。

食物中毒

宝宝很容易误食各类非食品类的异物，或者爸爸妈妈给宝宝吃了有毒的食物，造成宝宝食物中毒。所以爸爸妈妈要掌握一些基本的宝宝容易误服毒物，懂得宝宝食物中毒的现场急救常识，往往能在关键时刻为宝宝争取更多宝贵的时间。如果宝宝发生食物中毒后，只想到送医院治疗，很可能会因为救治太晚或者中毒太深而对宝宝生命造成威胁。

急救方式

1.催吐。宝宝发生食物中毒之后，首先爸爸妈妈要查出宝宝中毒的原因，家里随处摆放的消毒剂、漂白水、去污粉等洗涤用品，都有可能是宝宝误食的对象。如果宝宝是因为误食了洗涤剂而中毒，那么爸爸妈妈一定要先把手指伸到宝宝的喉咙处，给宝宝催吐（患有严重心脏病、食管静脉曲张的宝宝不能催吐），把胃里的有毒物质吐出来，并马上送往医院救治，如果医院离家较远，则要呼叫救护车，并把宝宝误食的东西和宝宝的呕吐物，一起带往医院检查化验。

2. 误服强酸强碱要喂牛奶、豆浆。如果宝宝中毒后已经出现了昏迷，或者误食的是汽油、煤油等石油产品，这种情况下为防止窒息的发生就不能进行催吐了。另外，如果宝宝误食的是强酸、强碱性化学液体，爸爸妈妈千万不可以用清水及催吐的方式急救，而是应该立即给予宝宝喝牛奶、豆浆或鸡蛋清，起到稀释的作用，以减轻酸碱性液体对宝宝胃肠道的腐蚀。

3. 农药中毒喝肥皂水。现在的农作物种植，大多是用农药来驱虫，瓜果蔬菜中难免会有农药的残留。如果引起宝宝食物中毒，是因为吃了含有机磷农药的瓜果蔬菜，那么他们呼出的气息中能闻到一种类似于大蒜的味道。这时，爸爸妈妈用一小块肥皂用温水化开，给宝宝喝下，有解毒的功效，同时立即送往医院急救。

吞食异物

宝宝在 5～6 个月以后逐渐能够用手抓东西吃了，但此时他们还没有危险意识，好奇时总会把手边能拿到的东西都往嘴里送，如弹珠、橡皮、硬币、钉子、橡皮泥等。宝宝极有可能因误吞了这些小东西而阻塞食管或者气管，造成严重的后果。

急救方式

宝宝的呼吸道非常狭窄，代谢速率高，氧气需求量大，如果不能及时将异物移出，气管被阻，就会造成低氧，脸部发黑，在短时间内宝宝可能就会停止呼吸甚至死亡。所以爸爸妈妈在发现宝宝吞食了异物后，先将帮帮脸部朝下，放在大腿上，用手指伸到宝宝的喉咙内强制宝宝将异物吐出，并轻拍宝宝的背部，减轻宝宝的不适感。如果用催吐的方式无法让宝宝将异物吐出，那爸爸妈妈应该立即把宝宝送往医院，情况严重的应毫不犹豫地拨打急救电话。

误服药物

宝宝对什么都充满好奇心，有时连小小药丸也不肯放过，爸爸妈妈一不留神，宝宝就可能误吃了药。因此，妈妈应及早了解有关知识及急救措施。以便在送宝宝去医院前，或等待救护车到来之间，爸爸妈妈可以自行急救，为宝宝争取高贵的治疗时间。

急救方式

如果宝宝误服的是维生素、止咳糖浆等毒性较小的药物，爸爸妈妈可以让宝贝多喝凉开水，稀释药物并及时排出体外即可。

如果宝宝误食另外癣药水、止痒药水、驱蚊药水等，爸爸妈妈应该立即让宝贝喝尽量多的浓茶水，因为茶叶中含有鞣酸，有沉淀解毒作用。

如果宝宝误服的是安眠药、退热药、镇痛药、抗生素及避孕药之类的药物，在到达医院之前，爸爸妈妈可以用手指、筷子等刺激宝宝的喉咙处催吐，再给宝宝喝大量的茶水或肥皂水反复催吐、洗胃，然后喝一些牛奶和3个生鸡蛋清，以起到解毒的功效。

如果误服的是强酸、强碱等腐蚀性很强的药物，则不宜采用催吐法，应该给宝宝喝冷牛奶或豆浆，避免腐蚀肠胃，然后立刻往医院治疗。

如果误服的是碘酒，那爸爸妈妈要赶紧给宝宝喝面糊、米汤等含淀粉的流食，因为淀粉与碘发生反应后能生成碘化淀粉，可减小毒性；然后再把催吐，把胃里的物质吐出来，反复多次，直到宝宝的呕吐物不显蓝色为止。

心肺复苏和人工呼吸

心肺复苏法就是同时进行心脏按压和人工呼吸的方法。新生儿在用心肺复苏法进行抢救时，心脏按压每秒两次，人工呼吸每秒一次。婴儿（1岁以下）心脏按压每3～4秒摁压3～4次，幼儿（10岁以下）心脏按压每3～4秒摁压4～5次。

1. 让孩子仰面躺在一个坚实的平面上，比如桌子上。保持他头后仰，下颏上举以检查他的气道是否依然开放。

2. 取出他口腔内你能看到的明显异物。要特别小心，不要用你的手指在他口腔内向四周转动以搜寻异物，以免把任何东西推入喉咙。

3. 开始人工呼吸。做一次正常的呼吸，然后用你的嘴唇严密地包住他的口鼻部，轻柔地向孩子嘴内吹气直到你看到他的胸部扩张(约1秒)。

4. 仍然支撑着他的头部，移开你的嘴唇，观察他胸部的回落。重复施行 5 次人工呼吸。

如胸部无扩张，可能是气道未正确开放，调整头部的位置，再重新试一次。

人工呼吸步骤图

对于 3 岁以下的宝宝要进行口和鼻同时进行吹气的人工呼吸方法，即口对口、鼻的人工呼吸方法；对于 3 岁以上的宝宝则采用口对口的人工呼吸方法。

心脏按压图

在给宝宝进行心脏按压的时候，根据年龄的不同，摁压的压迫强度和速度也不一样。并且施救者注意的是，不要压迫宝宝的肋骨和心口窝。

1. 新生儿的心脏按压图
给新生儿进行心脏按压时，按压的位置为宝宝的左右两侧乳头的连接线与胸骨的交点，离胸骨 1.5 ~ 2 厘米的部位。施救者用双手的拇指指尖垂直按压，每分钟约 120 次，力度要适中，不能太用力。

2. 婴儿的心脏按压图
按压的位置为宝宝的左右两侧乳头的连接线与胸骨的交点向下一指宽的地方，离胸骨 1.5 ~ 2 厘米的部位。施救者用双手的拇指指尖垂直按压，每分钟 100 ~ 120 次。

儿童用品

婴儿寝具

婴儿枕

选择那些质地柔软、透气性好的枕芯，较小的宝宝可以用绿豆、决明子等小豆类做成的枕芯，以免宝宝长期垫硬质的枕头不仅会使宝宝头颅变形，而且对宝宝的脊椎有害。枕套最好是棉质的，棉质的枕套不但质地柔软，有助于保护宝宝娇嫩的头部，还利于吸湿和透气。

此外，注意宝宝的枕头、枕套卫生，经常帮宝宝洗涤、晾晒枕头和枕套。枕头的长、宽、高度也是不容忽视的，可以根据宝宝的体型、身高、年龄大小来确定。

总的来说，选择婴儿枕头要高度适宜、枕芯质地良好、枕头长宽适中、枕套吸湿透气，这样的枕头能确保宝宝每天都有很好的睡眠，利于宝宝的健康成长。

婴儿被褥

直接接触宝宝皮肤的床单和被套最好是全棉的，棉制品吸汗、透气性好，比较柔和，一般不会刺激宝宝的皮肤。被褥的表层布料最好选用浅色，被子则应该用干净的棉花或腈纶棉制品。宝宝的被子不宜太大或者太厚，一般每条 500 克左右即可，大小应与宝宝的床相适应。因为被子太大太厚，也会很重，不利于宝宝的呼吸。爸爸妈妈在宝宝睡觉时，一定要时不时地检查一下宝宝的被子，避免宝宝被被子压住，因呼吸困难而窒息。

宝宝的被子要多准备几条，便于换洗，还可以随着季节的变化而增减。床单也要准备 3 ~ 4 套，便于换洗，因为宝宝有尿床的可能，所以要备着。经常给宝宝的被褥、床单清洁、消毒，可以避免细菌滋生。

由于新生儿宝宝自身的体温调节功能尚未发育完善，容易散失热量。而且新生儿宝宝寒冷时没有颤抖反应，所以，爸爸妈妈一定要注意给宝宝保暖，否则容易造成宝宝感冒。但是，也不是盖得越厚越好，要判断宝宝盖被的厚度是否合适，可以轻轻摸一下宝宝的后颈部，感觉微温，就说明宝宝足够暖和了。

婴儿餐具

当宝宝开始添加辅食时，为宝宝选到一套合适安全的餐具成为爸爸妈妈们要面临的一大难题。一套材质、工艺符合卫生、安全的餐具，能让免疫力低下的宝宝免遭有害物质的侵害，让宝宝健康成长。

陶瓷、玻璃餐具

优点：玻璃和陶瓷餐具比较环保，外形美观。

缺点：容易碎，会有伤害到宝宝的危险。

建议：宝宝好动，吃饭的时候不老实，而玻璃和陶瓷比较碎，最好不要给宝宝自己拿着使用。

塑料餐具

优点：外形美观，而且耐高温，可以放心给宝宝盛放热的食物。轻便耐摔，便于宝宝自己使用。

缺点：只能用柔软的洗碗布或海绵清洗；容易被刮花，藏匿细菌。

建议：给宝宝购买塑料餐具时，最好选择无色透明的或者颜色比较素的餐具。如果爸爸妈妈想吸引宝宝注意，勾起宝宝吃饭的欲望，可以选择餐具的外面带图案的，但是内侧不可以带图案，因为图案多是由油漆、油墨、颜料等印上去的，不耐高温，会对宝宝的健康不利。

仿瓷碗

优点：质地柔和，光滑易清洁，轻薄易拿，颜色艳丽，可以做成各种宝宝喜欢的形状；用起来不烫手，也不怕摔、不变形、不易碎。

缺点：市场上的仿瓷餐具鱼龙混杂，因为主要成分密胺粉的价格比较昂贵，一些不法商家为了达到密胺粉的效果，在加工过程中加入了很多有毒的添加剂。这些添加剂在高温下，会渗出餐具表面，进入食物中。

建议：正规仿瓷餐具的底部都有企业详细信息、生产许可证 QS 标志和编号。在质地和成色上也能判断。但是不能判断出真伪的爸爸妈妈，最好不要给宝宝用这样的餐具。

不锈钢餐具

优点：不锈钢餐具的耐腐蚀性比较好，容易清洗，不容易滋生细菌；所含化学元素少，遇高温既不变形也不变质；比较耐摔，摔在地上一般不会坏。

缺点：烫手、不防滑，并且不能用微波炉加热。此外，不锈钢餐具的造价比较高，市场上有不少不法商家以次充好，以"不锈铁"冒充不锈钢。这种"不锈铁"餐具用一段时间就会生锈，这些锈会随着食物进入宝宝的胃里，会对宝宝的肝脏产生危害。如果不锈钢餐具的重金属含量不合格，就不能长时间盛放有菜汤的菜，因为菜汤中一般会含有酸性物质，会把不合格的物质溶解出来，这些重金属会影响宝宝大脑和心脏健康。

建议：不锈钢餐具有"13-0""18-0""18-8"三种代号。代号的数字分别表示的铬含量和镍的含量，并且铬是使餐具不生锈的材料，镍是耐腐蚀材料，镍含量越高，餐具的质量就越好。但是镍、铬都是重金属，所以爸爸妈妈一定要选择技术过硬、质量过关、符合国家标准的产品。还要注意的是，不要用不锈钢餐具盛放酸性食物。

木质餐具

优点：天然木质的餐具质地比较细腻温和，不容易伤到宝宝，并且具有一定的保温效果。

缺点：容易干裂或被磨损，不好清洗，容易滋生细菌。

建议：爸爸妈妈在给宝宝购买木质或竹质的餐具时，最好不要买表面光亮或者有油漆的。因为油漆里含有铅的，长期使用会使宝宝铅中毒，最好使用天然制造的。

安抚奶嘴

在断奶期，为了减少宝宝的哭闹以及对妈妈乳房的依赖，越来越多的妈妈为宝宝购买安抚奶嘴。安抚奶嘴使用不当或是长期不更换，也会存在安全隐患，有可能导致宝宝误吞奶嘴，严重的可能造成宝宝窒息。有的爸爸妈妈为了方便，将安抚奶嘴挂在宝宝的脖子上，这样有可能在宝宝活动时，挂绳缠住宝宝的脖子，发生意外。因此爸爸妈妈一定要格外小心，并掌握一些应对这种意外的急救措施。

急救方式

1. 误食奶嘴的急救方式。如果宝宝误吞了安抚奶嘴，造成窒息的现象，爸爸妈妈要将宝宝面部朝下，放在自己的膝盖上（必要时倒置），拍打宝宝的背部，同时以拳头的大拇指侧与示指侧，对准宝宝肚脐与剑突之间的腹部，使横膈突然向上，压迫肺部，使被吞咽的奶嘴吐出来；催吐的方法还可以直接将示指伸至宝宝的咽喉部位，使宝宝将误食的奶嘴吐出，但是要注意患有严重心脏病、食管静脉曲张的宝宝不能催吐。

2. 宝宝被奶嘴挂绳缠住的急救方式。脖子是人体重要器官，如果宝宝的脖子被安抚奶嘴的挂绳缠住，会阻断血流，从而有可能造成宝宝的脑部缺血和低氧，甚至可能导致宝宝昏迷和窒息。同时，挂绳勒住脖子也有可能刺激迷走神经发生反射性心跳停止。

如果爸爸妈妈发现宝宝的脖子被安抚奶嘴的挂绳缠住，应立即以最快的速度将挂绳剪断，解除挂绳对宝宝颈部的压迫，并把宝宝抱到空气流通的地方，呈仰卧状，松解衣扣，如宝宝意识不清，用大拇指掐宝宝的人中穴，并马上送医院救治；如果宝宝有意识，并躁动不安或哭叫不停，可依据宝宝体重口服适量的十滴水（药品名）；如果宝宝的心跳、呼吸都停止，那么爸爸妈妈应该立即拨打120急救电话，同时，应将宝宝抱到空气流通的地，进行人工呼吸和心肺复苏，直到宝宝恢复呼吸心跳或者救护车到来。

为了防止类似事情的发生，爸爸妈妈要及时为宝宝更换新的安抚奶嘴，一般2个月换一次；不要在安抚奶嘴上系挂绳；对于出牙的宝宝，要给他们准备磨牙棒，避免宝宝啃咬安抚奶嘴，造成误吞。

玩具

玩具是陪伴宝宝成长的小伙伴，但是玩具同时又会对宝宝造成安全的威胁。所以爸爸妈妈在给宝宝选玩具或在宝宝玩玩具的时候要格外小心。

远离含"铅"玩具

目前市场上所出售的儿童玩具大多是色彩鲜艳的，而儿童玩具能够有如此鲜艳的颜色，要归功于颜料和油漆的发明。但是，颜料、油漆中有较高的铅含量，当这铅进入人体后，会引起人体血红素的减少。而0～5岁的宝宝机体缺少排铅系统，所以，对于各种金属污染更为敏感。轻者出现哭闹、多动、神经衰弱、消化系统紊乱，重者出现铅性贫血和腹部铅绞痛。若是体内铅含量过高还会引发宝宝缺锌、缺钙和缺铁。

因此爸爸妈妈在给宝宝购买玩具或学习工具时，一定要确保买的是符合国家安全标准的，使用的喷漆是无毒漆的。避免宝宝在玩得入迷的时候，啃咬、吸吮玩具表面，会造成漆皮被吃入体内。爸爸妈妈一旦发现宝宝的身体出现异常，需及时到医院进行检测。

当心塑料玩具中的"镉"

塑料玩具外形精美、轻巧又不易损坏，深受爸爸妈妈的青睐，宝宝也很喜爱。可是，这些塑料玩具在制作过程中掺入了2.5%的镉，镉又含有较高的有毒物质，一旦宝宝玩耍过程中啃咬玩具或在玩耍后吮吸手指，或是玩后不洗手就抓东西吃，就会在不知不觉中将这些镉摄入体内，引起中毒反应。慢性镉中毒的宝宝会表现出体重不断减轻、骨骼疼痛，有的还出现呼吸困难等症状，严重时会诱发肾病、肝病、高血压、心脏病、骨质疏松等疾病。

荧光棒和激光电筒的危险

荧光棒、激光筒闪耀又有趣，宝宝常常爱不释手，但是荧光棒的主要成分是苯二甲酸二甲酯和苯二甲酸二丁酯，两者都具有低毒性。如果荧光棒内的液体不慎泄露，被宝宝误食后，会引起恶心、头晕、麻痹，甚至产生昏迷。激光电筒的激光为氦氖激光，如果用激光电筒近距离的照射宝宝的眼睛，会伤害到角膜上皮细胞，诱发角膜炎等眼病。

爸爸妈妈在给宝宝购买这类玩具后，一定要提醒宝宝其中的危险因素，最好是在大人的看护下玩这类玩具。

肥皂泡的安全隐患

在广场或儿童游乐园，常会看到一群可爱的宝宝手中拿着"小圆筒"，向空气中轻轻一吹，立刻就会散出漫天飘舞的五彩斑斓的肥皂泡泡。这些"五彩肥皂泡"之类的玩具多数装在透明的包装袋中，因为袋口没有封好，泥土和灰尘沾在肥皂水瓶口和"小圆筒"的口部，十分不卫生，而且大多没有正规生产厂家，更没有儿童在玩耍时应注意的事项，容易给宝宝带来健康隐患。而且小宝宝若是不慎把肥皂水吃进肚，对身体健康无益。为此，爸爸妈妈最好不要给宝宝购买肥皂泡玩具。

不要给宝宝玩太"吵"的玩具：

音响玩具好玩又形象，是很吸引宝宝的一种玩具。但是音响玩具发出的噪声，对宝宝的身心健康也会产生不利影响。

玩具噪声会引起宝宝中枢神经系统一系列的不良反应，而处于生长发育阶段的宝宝，感官和神经系统都比较敏感、娇嫩，噪声对其危害更为严重。玩具噪声容易使宝宝烦恼度增加，导致听觉疲劳。当声级达到65分贝时，宝宝的动作准确性、短期记忆力、思维能力和理解能力会有所下降。在10厘米以内的距离里，玩具机动车发出的噪声为82～100分贝；大型音乐玩具发出的噪声为74～107分贝，最大可达130～140分贝；鞭炮在3米距离内的平均噪声达125～156分贝。

因此，要减少玩具噪声对宝宝的危害，首先要控制玩具本身的发声量，最好低于60分贝。爸爸妈妈也应少让宝宝玩这类玩具。

经常给宝宝的玩具洗澡

宝宝在玩耍的时候，往往没有卫生的意识，有时刚刚丢在地上的东西，他们随性地啃咬玩具，爸爸妈妈如果不注意玩具的卫生，极有可能威胁到宝宝的健康。爸爸妈妈一定要经常用消毒肥皂或药水给宝宝的玩具，尤其是入口的玩具进行清洗、消毒，并且一定要注意消毒后用清水多次冲洗玩具，以免洗涤剂和消毒液残留对宝宝健康不利。

户外安全

乘坐汽车

交通安全研究显示，每小时 48 千米的时速下的碰撞，足以在一个 7 千克重的宝宝身上产生 140 千克的前冲力，这个前冲力足以造成宝宝因撞击而受重伤，如出现脑震荡、脑出血、骨折等，或者宝宝会由于惯性而造成整个身体被向前抛出，严重的甚至导致宝宝撞死。如果这样的前冲力在爸爸妈妈无准备的情况下出现，是无法控制的。因此，爸爸妈妈一定要了解宝宝乘坐汽车时的安全知识。

带宝宝乘坐汽车的注意事项

1. 不能让婴幼儿坐副驾驶座：副驾驶座对与宝宝来说很危险，当车子急刹车时，副驾驶位置上的宝宝如果没有得到有效的固定，颈部因遭受巨大的外力而向前冲，会伤及颈椎，严重时甚至损伤脑部。

2. 学龄宝宝要系安全带：学龄宝宝在体格、意识都发育到了一定的程度了，在坐车时，应该跟大人一样系上安全带。这时，安全带对于学龄宝宝来说，难免有些大，但是不能不系，稍紧一点儿即可。

3. 不能让宝宝将头、手伸出窗外：在宝宝坐车时，爸爸妈妈一定好将宝宝看管好，不能让宝宝将头、手伸出窗外，以免飞驰而过的汽车将宝宝的头、手撞伤。

4. 婴幼儿不宜让大人抱着坐：对于比较小的宝宝，许多爸爸妈妈在乘车时抱着孩子，以为这样很安全。但事实上，因为宝宝坐得比较低，头部刚好在大人的胸部位置，加上宝宝的头骨比较脆弱，如果发生猛烈碰撞，大人的胸部会自然向下压，正好压在宝宝的头颈，对宝宝造成极大的损伤。所以宝宝在乘车时，应该用宝宝专用的安全座椅。

5. 婴幼儿不宜系成人安全带：婴幼儿宝宝不宜使用成人的安全带，因为如果系得太紧，在急刹车时可能会造成致命的腰部挤伤或脖子、脸颊的压伤；如果系得太松，在发生猛烈碰撞时，宝宝可能会滑出安全带向前冲，造成撞伤。

6. 开车时不能让宝宝在车内玩耍：车辆在行驶过程中，宝宝会随着车子的运动而摇晃。而且宝宝会因为专注于玩耍会忽略自我保护，很容易发生撞伤的意外。

7. 宝宝在车上睡着了，爸爸妈妈要在宝宝的头部及其周围，垫上柔软的被褥或毛巾，或者由爸爸妈妈将宝宝的头部托住，避免因为车子晃动而发生撞伤。

8. 带婴幼儿宝宝乘坐汽车，特别是乘坐公共汽车时，千万不能将宝宝背在后背上。因为将宝宝背在后背上，由于看不见宝宝，加上人多拥挤，可能造成宝宝因为帽子或被单遮住鼻子而窒息。

如果宝宝不小心发生了意外，爸爸妈妈一定要冷静应对，并采取相应的急救措施。

在大街和马路上

宝宝在大街和马路上的安全，主要是针对学龄儿童和会走路的宝宝。8岁以下的宝宝还不能正确判断车速、周围环境，更不用说复杂的交通规则，所以学龄前的宝宝在马路上行走，必须有大人看管。绝不能让他们在机动车道和马路上玩耍。爸爸妈妈要把过马路的规则一遍又一遍地讲给5～9岁的宝宝听，让宝宝牢记。跟他们一起过马路的时候，给宝宝做好安全示范，告诉宝宝红绿灯和人行横道线的使用规则，还要跟他们讲过马路之前先看左边，后看右边，然后再看左边的重要性。哪怕前面是绿灯，那也要仔细地看清楚。

对于正在学走路的宝宝，爸爸妈妈一定要让他们抓着你的手。即使是你购物完后要往车里装东西的短短几分钟时间，也不要大意，一定要先把宝宝放在购物推车里，或者放在汽车里，再安放东西，避免宝宝因为被其他食物吸引而独自走开。

学龄儿童是最容易遇上交通事故的，因为他们经常在道路上行走，却又缺乏应对交通情况的能力。所以，许多学龄儿童都不知道什么时候过马路才是安全的。爸爸妈妈要记住，宝宝至少要到9岁或者10岁的时候周围视觉才能发育完全，这时才可以让他独自穿越交通繁忙的街道。爸爸妈妈在决定让宝宝独自在大街或马路上行走之前，一定要考虑宝宝的必经之路，并像探险家一样跟宝宝一起走一走这些路线，再确定一条最安全也最容易过马路的路线，让宝宝以后就按指定的路走。

自行车意外伤害

幼儿学骑自行车是一种很重要的体格锻炼方式，不仅可以增强他们的活动能力，锻炼胆量，还可促进骨骼和肌肉的发育，但宝宝骑自行车的时候，总会出现一些或大或小的意外，有可能会伤害到宝宝。爸爸妈妈掌握一些儿童自行车意外伤害的急救措施是非常必要的。

急救方式

如果宝宝是从自行车上摔下来，爸爸妈妈要在第一时间把自行车挪开，并检查宝宝的摔伤部位，对于宝宝神志清醒，可以问宝宝哪里疼，以确定受伤部位。不能随意挪动宝宝，因为宝宝有发生骨折的可能，挪动宝宝可能引起骨头错位。万一宝宝真的骨折了，爸爸妈妈要找来比与骨折部位长度稍长的木片，将骨折的部位固定住，再将宝宝小心地送往医院骨科治疗；如果宝宝只是轻微的擦伤，则可以将宝宝抱起，用流动的清水冲洗伤口，用消毒液消毒之后，进行包扎即可；如果宝宝从自行车上摔下来，神志不清了，爸爸妈妈一定要用示指掐住宝宝的人中穴，并做心肺复苏，与此同时，应该拨打急救中心的电话，等待急救。

有的自行车意外伤害也不一定就是宝宝自己骑自行车造成的，爸爸妈妈在用自行车带宝宝的时候，也有可能发生自行车意外伤害，比如绞伤等。因为宝宝的年龄较小，顽皮好动，待在自行车座椅上的时间一长，会感觉腿脚被束缚不舒服，就想活动一下腿脚，却忽视了脚的位置，很容易被急速滚动的车轮轧进去而被绞伤。当宝宝的脚被卷进车轮里时，一般会突然大声啼哭，这时车上的爸爸或妈妈要立刻刹车停稳，并将宝宝的脚从车轮里取出，查看宝宝的伤势。如果宝宝只是擦伤表皮，清洗伤口之后，用红汞药水涂擦，敷上消毒纱布即可。如果发现有青紫的血肿，但皮肤没有破损，应马上用冰块做局部冷敷，使局部毛细血管收缩，忌用热水热敷或涂上活血药去揉脚，因为这么做只能加重出血。冷敷之后要马上送医院。

自动扶梯

新闻上经常看到关于自动扶梯事故的报道，出事的以没有自我保护能力的宝宝居多。爸爸妈妈在带宝宝去商场购物时，往往因为要看一件商品而松开了宝宝的手，加上宝宝天生的好奇心，经常会被能自动滑动的扶梯所吸进，有没有任何的安全意识和自我保护意识，于是很有可能发生意外。

宝宝搭乘自动扶梯注意事项

1. 爸爸妈妈不能让宝宝独自搭乘扶梯，一定要有大人的监护。如果宝宝够高，告诉他们要抓紧扶手；如果宝宝不够高，必须由大人拉着宝宝的手。

2. 爸爸妈妈要确保宝宝所穿的衣服、鞋子和身上挂件等，不会因为太长而被卷入或卡在扶梯的末端。

3. 禁止宝宝在搭乘扶梯时嬉戏、打闹、蹦跳，或者直接坐在扶梯上。

4. 对于稍大些的宝宝，在搭乘扶梯时，宝宝和要爸爸妈妈站在同一梯级上，或让宝宝站在爸爸妈妈的前一梯级，以便更好地留意宝宝的安全。

5. 对于婴幼儿宝宝，如果还使用婴儿车，在搭乘扶梯前，爸爸妈妈必须要把宝宝抱出来，收起、折叠好婴儿车在搭乘扶梯。

6. 扶梯到达末端后，爸爸妈妈应该立即让宝宝远离扶梯，不要在出口区域逗留，以免后续下梯者会对孩子造成冲撞。

宝宝自动扶梯事故急救方式

如果宝宝被自动扶梯卡住手或脚时，爸爸妈妈一定要保持冷静，立即拨打120急救中心的电话和119消防中心的电话，同时以最快的速度叫来商场的保安，让保安将自动扶梯关闭。这时宝宝一定痛苦得大声啼哭，爸爸妈妈要安抚宝宝的情绪，尽量不要让宝宝乱动。如果爸爸妈妈能够将宝宝被卡住的部位取出，那就尽快取出，并送往医院包扎；如果取不出也不要勉强，免得伤势越来越严重，等待急救中心和消防中心的救援。

户外运动和娱乐

经常带宝宝出去进行户外运动，有利于宝宝骨骼的生长和身体的健康。但是很多爸爸妈妈因为宝宝太淘气，害怕宝宝在户外运动和娱乐的过程中发生安全问题。在这里我们给爸爸妈妈们支支招，降低宝宝运动和娱乐的危险系数。

1. 在出门之前，爸爸妈妈要为宝宝选择一身舒适的连体衣，婴幼儿宝宝最好穿全裆裤，不宜穿开裆裤，避免细菌感染生殖器官，面料最好是防水布或是尼龙布。这种面料的衣服比较贴合身体，方便宝宝活动。宝宝穿连体裤能够确保宝宝不会在玩耍时发生上下身衣服脱节的情况，也能保证宝宝的肚子不着凉。

2. 在宝宝的背部垫一块小毛巾，因为宝宝的神经系统尚未发育完善，在进行户外活动时比较容易出汗，颈背部出汗最多，小毛巾可起到吸汗的作用，并有防止宝宝感冒生病的功效。

3. 给宝宝穿上运动鞋，宝宝在户外运动娱乐的时候，会兴奋得到处乱跑。

这时，一双合脚而舒适的运动鞋显得尤为重要，不仅能使宝宝活动方便，达到运动健身的效果，还能保护宝宝的小脚丫，避免摔跤、扭伤等意外发生。

4. 爸爸妈妈必须带上水、水果和小点心。因为宝宝在运动的过程中会消耗很多的水分和能量，如果不及时补充会造成宝宝因为低血糖而晕厥。

5. 爸爸妈妈要留意宝宝的活动区域，不要让宝宝跑去危险的地方玩耍，例如井盖、公路、水沟等，以免发生意外。

6. 爸爸妈妈要掌握好宝宝的运动和娱乐时间。因为很多宝宝到了户外，就像出笼的小鸟一样，玩入迷了根本不会有时间概念。所以，爸爸妈妈应该根据宝宝的自身体质和身体状况，控制好宝宝运动娱乐的时间。

7. 在宝宝运动出汗的时候，往往会觉得很热，吵着要脱衣服，但是爸爸妈妈要注意了，这时坚决不能给宝宝脱衣服。因为这时脱衣服会加快汗液的蒸发，带走宝宝皮肤表面的温度，容易造成宝宝感冒。

8. 爸爸妈妈也可以随身携带一些消毒液、清凉油之类的药品，在宝宝不小心被蚊虫叮咬或擦伤的时候，可以派上用场。

动物抓伤、咬伤

很多家庭都养有宠物。饭后，在小区内带宠物散步的现象随处可见。正在小区内玩耍的宝宝们都很喜欢和宠物狗、猫等小动物亲密接触，但又不懂如何与它们安全相处，所以宝宝被动物抓伤、咬伤的现象也较多见，但随着宝宝年龄的增长而减少。

急救方式

当爸爸妈妈发现宝宝被动物抓伤或咬伤之后，爸爸妈妈要挤出宝宝伤口里的血，并用肥皂水反复冲洗伤口，再用大量清水冲干净，然后涂抹碘酒，但是要注意不要包扎伤口，以免不透气，造成发炎。做完这些急救措施之后，应该立刻带宝宝去医院注射狂犬疫苗。

为了防患于未然，家养的宠物一定要注射狂犬病疫苗。有了宝宝以后的家庭，建议不要养宠物，等宝宝稍大点儿之后再养。因为宠物会带来许多传染病如狂犬病、炭疽、结核病、出血热、猫搔病、疥癣等，而宝宝的免疫功能系统尚未发育完全，极易感染上疾病。

晒伤

带宝宝出门之前，虽然爸爸妈妈已经做了精心的防晒措施，但宝宝还是不慎晒伤，这时父母该怎么办？

急救方式

1.轻度晒伤的急救方式。宝宝出现轻度晒伤后，局部的皮肤会变红、鼻尖、额头、双颊等部位可能会有轻微的脱皮现象。这时，爸爸妈妈要马上带宝宝躲进树荫或其他阴凉处，并尽快帮孩子的肌肤补充水分；可将干净的毛巾沾冷水后，轻轻地放在宝宝的脱皮部位，冷敷10分钟这样可以减轻宝宝的灼热感，使皮肤逐渐恢复；也可以给宝宝洗个澡，并在洗澡水里加一小勺苏打粉。让宝宝泡澡，这样也可以为皮肤降温，缓解红肿，起到让皮肤镇静、舒缓的作用。但是爸爸妈妈要注意，给宝宝洗澡时，不要用任何洗涤用品，以避免刺激伤处；在给宝宝洗完澡之后，可以给宝宝涂一层保湿乳液，或者涂一层薄荷膏。

2.严重晒伤的急救方式。如果宝宝晒伤的程度特别严重，比如局部皮肤出现水疱、红肿、并出现大面积脱皮现象，宝宝出现灼痛、瘙痒的感觉。那么宝宝已经被严重晒伤了。

如果宝宝晒伤的是肩膀、胸部及背部这些面积较大的地方，爸爸妈妈可以用纱布浸泡在生理盐水或清水里，放入冰箱里稍稍冷冻后，放在宝宝刺痛部位冷敷，然后送宝宝到医院，可以消除灼热感。如果宝宝被晒伤的是腿部，并且脚部出现水肿，最好将宝宝的腿抬高到高于心脏的位置，并且用沾满生理盐水的冰冻过的纱布，冷敷宝宝的腿部，可缓解不适，更重要的是爸爸妈妈应立即带宝宝去医院皮肤科就诊。

溺水

宝宝喜欢玩水几乎是天性，所以宝宝因游泳溺水，或者因为自己玩水摔进浴盆里而溺水的报道屡见不鲜。爸爸妈妈除了尽量避免这种情况发生以外，还要学会一些急救技巧，避免在宝宝出现溺水之后束手无策。

急救方式

宝宝溺水后，马上检查宝宝的意识是否清醒，有无呼吸和心跳，要是没有呼吸，应立即拨打120，同时爸爸妈妈也要先采取一些急救措施。

首先将宝宝侧躺在一个空气流通的地方，让肚子里的水流出来后，再用手指轻轻抬起宝宝下巴，保证气管通畅，同时进行人工呼吸。如果宝宝没有心跳，就马上做心脏按压，进行心肺复苏抢救，然后再帮助宝宝把肚子里的水吐出来。如果宝宝上岸后，呼吸和心跳都正常，可以用浴巾或毛巾擦干宝宝的身体，让宝宝感觉到温暖，然后让宝宝侧身静躺一会儿。

有的宝宝溺水后，虽然表面没有什么大碍，但水有可能进入宝宝肺部引起感染。所以，爸爸妈妈最好还是带宝宝去医院检查一下。另外，注意的是如果宝宝溺水之后，出现意识模糊的情况，禁止给宝宝喝水或其他饮料，因为这时给宝宝喝水容易造成水流进气管，轻者会呛到宝宝，重者会造成宝宝窒息。

帮助宝宝吐水的方法：对稍大一些的宝宝，可将宝宝的一条腿屈起，让宝宝俯卧在膝盖上，脸部朝下，轻轻拍打或按压宝宝的后背，让肚子里的水顺势吐出来；对于不满一周岁的宝宝，要让宝宝趴着，然后用手轻轻将宝宝托起，轻轻拍打宝宝的后背。

电击

发现宝宝被电击后，千万要冷静，忌惊慌失策，耽误宝宝的抢救时间。

急救方式

1. 切断电源、拨打120、人工呼吸、心肺复苏。要在保证自己不直接接触电的情况下，首先要切断电源，然后一边拨打120叫救护车，一边观察宝宝的意识、呼吸和脉搏情况。

当宝宝的意识不清时，立即注意保证宝宝的气管通畅，如果呼吸停止的话，要马上进行人工呼吸，心跳停止的话，要用大拇指摁压宝宝的人中穴，并进行心脏按压。保证宝宝气管通畅，用拇指将孩子的下唇向下推，使下齿较上齿略向外突出，再将下巴抬起，让嘴张开或用一只手轻轻地将孩子的额头向后倾，注意不要用力过大，一边用另一只手的拇指按住下齿，用中指和示指将下巴抬起。当宝宝意识清醒时，让宝宝以比较舒服的姿势休息，同时赶紧叫救护车。宝宝呼吸和心跳都基本正常的话，让宝宝头部向后仰，以侧躺的姿势为好。

2. 处理电灼伤口。宝宝被电击后没有大碍，只是被电灼伤时，可以用冰块或冷毛巾冷敷患处，然后进行消毒后，涂抹一些烫伤的药物，如果灼伤的面积较大，将宝宝立即送往医院包扎治疗。

体检和疫苗接种

0 ~ 1 岁宝宝需要做哪些体检

通常情况下，宝宝出生 42 后会安排一次体检，宝宝 3 个月、6 个月、9 个月、12 个月大的时候分别做一次。宝宝体检的项目比较多，不要漏掉其中的某一项。

身高、体重、头围

身高、体重、头围这三项是宝宝体检的基础项目，是衡量宝宝生长发育状况的标准。如果宝宝的身高、体重、头围没有增长或增长得比较慢，那爸爸妈妈就要在医生的指导下进行干预，一般可以追上正常发育的水平；有的宝宝也有增长超标的情况，这时爸爸妈妈就要改善喂养方式了，调整宝宝的饮食结构，以免造成宝宝患肥胖症。

皮肤、囟门、牙齿

宝宝的皮肤比较娇嫩，给宝宝的皮肤做检查主要是看宝宝有没有感染皮疹、湿疹等皮肤病；检查囟门的闭合情况，是宝宝体检中比较重要的一项，会关系到宝宝脑部组织的发育；检查牙齿主要是看宝宝的出牙情况以及是否存在牙胚先天性缺失或者是否有龋齿。

心、肺、肝等功能

这个项目主要是检查宝宝的心律，心脏是否有杂音，肝的排毒功能是否正常，心肺有无异常等，做到早发现早治疗，以免错过治疗时机，留下后患。

听力筛查

宝宝出生后就要进行听力筛查，如果出生的时候没有过，那么在第一次体检再做一次，直到通过为止。如果还没有过，那么爸爸妈妈就要带宝宝去耳鼻喉科，做进一步的检查。

智力筛查

8个月以后的宝宝可以做智力筛查，所以在宝宝9月龄的体检时，会进行一次智力筛查。对于早产儿、双胞胎、有出生后窒息低氧史的宝宝，在3、8、12月龄的时候分别再做一次智力筛查。

血红蛋白、微量元素检查

在宝宝8～9个月的时候对其进行血红蛋白、微量元素检测，主要是检查宝宝有无贫血现象以及有没有微量元素缺失的情况。

疫苗的作用

接种疫苗可以预防的传染病

疫苗是给予人体免疫系统注射的一定数量的无害抗原，即经过无害化处理的致病细菌或病毒。给宝宝接种疫苗时，注射的疫苗含有的细菌或病毒极其微弱，不足以致病，但它却能使宝宝的身体产生抗体，预防宝宝患该种传染疾病。

疫苗会刺激人体的免疫系统产生抵抗病毒和细菌的抗体。免疫系统具有记忆能力，在一般情况下，一个人在战胜了某种感染病毒以后，他的免疫系统就会留下"记忆"，以后就能更好地抵御这种感染。疫苗就是在身体没有生病的情况下制造了这种有益的反应，以防止感染上该种疾病。接种疫苗是宝宝最直接、最可靠的预防传染疾病的方法，比如：

1. 接种百白破疫苗可以预防百日咳、白喉、破伤风。
2. 接种麻疹疫苗可以预防麻疹。
3. 接种麻风腮疫苗可预防麻疹、风疹、腮腺炎。
4. 接种流脑疫苗，可以预防流行性脑脊髓膜炎。

接种疫苗可产生免疫力

疫苗的发现可以说是人类卫生医学发展史上具有里程碑意义的事件。注射疫苗即可产生抗体，而且免疫系统具有"记忆"能力。人体处于特定的细菌或病毒环境中时，注射疫苗所产生的免疫力就可以在几年、十几年甚至终生保留，因此能够抵御感染。并且这种由于注射了疫苗而产生的免疫力能够迅速地判断出它要抵御的细菌，并且以最快的速度摧毁它。

计划免疫规定的疫苗均属主动免疫，一般初次接种后的1～4周后，机体会产生足够的免疫力，1～3个月免疫力达到较高水平，有些疫苗一次注射后产生免疫力较弱，需在加强1～2次后才能产生足够的免疫力，并维持较长时间。

宝宝计划内的疫苗接种表

月龄	接种疫苗	次数	预防疾病
出生时	乙肝疫苗	第一次	乙型病毒性肝炎
	卡介苗	第一次	结核病
满1月	乙肝疫苗	第二次	乙型病毒性肝炎
满2月	麻痹糖丸疫苗	第一次	脊髓灰质炎（小儿麻痹）
满3月	麻痹糖丸疫苗	第二次	脊髓灰质炎（小儿麻痹）
	百白破疫苗	第一次	百日咳、白喉、破伤风
满4月	麻痹糖丸疫苗	第三次	脊髓灰质炎（小儿麻痹）
	百白破疫苗	第二次	百日咳、白喉、破伤风
满5月	百白破疫苗	第三次	百日咳、白喉、破伤风
满6月	乙肝疫苗	第三次	乙型病毒性肝炎
	流脑疫苗	第一次	流行性脑脊髓膜炎
满7月	无计划免疫针		
满8月	麻疹疫苗	第一次	麻疹
满9月	流脑疫苗	第二次	流行性脑脊髓膜炎
满10月	无计划免疫针		
满11月	无计划免疫针		
满12月	乙脑疫苗	第一次	流行性乙型脑炎
满18个月	百白破疫苗	第四次	百日咳、白喉、破伤风
	甲肝疫苗	第一次	甲型病毒性肝炎
	麻风腮疫苗	第一次	麻疹、风疹、腮腺炎
满24个月	乙脑疫苗	第二次	流行性乙型脑炎
	甲肝疫苗（与前剂间隔6~12个月）	第二次	甲型病毒性肝炎
满3岁	流脑疫苗	第三次	流行性脑脊髓膜炎
	麻痹糖丸疫苗	第四次	脊髓灰质炎（小儿麻痹）
满4岁	百白破疫苗	加强	百日咳、白喉、破伤风
满6岁	麻风腮疫苗	第二次	麻疹、风疹、腮腺炎
	乙脑疫苗	第三次	流行性乙型脑炎

宝宝需要接种哪些疫苗

由于宝宝的免疫力低下，容易被细菌、病毒所感染，所以爸爸妈妈应该尽早为宝宝开始接受疫苗接种的准备。我国规定的疫苗所预防的大多数疾病都是宝宝最容易感染的，因此爸爸妈妈要清楚地知道宝宝到底需要接种哪些疫苗，并在规定的时间带宝宝去医院或者卫生防疫站接种疫苗。但许多疫苗都需要宝宝不止一次地接种才能形成完备的免疫反应。所以有的疫苗在宝宝开始接种的第一年要反复接种几次，才能有完善的免疫功能。

宝宝接种疫苗的注意事项

疫苗虽然能在宝宝体内产生抗体，帮助宝宝抵御疾病，但是在给宝宝接种疫苗时，还有很多需要注意的事项。

1. 从宝宝一出生，医生就会发给一本小册子，上面会详细写有宝宝应该注射的疫苗种类和注射时间，爸爸妈妈要严格按照规定的免疫程序和时间进行接种，不要半途中断。如果因为粗心错过规定的注射时间，一定要向医生说明情况，另外约定时间再注射。

2. 接种前要向医生说明宝宝的健康状况，如果宝宝是早产儿或者有营养不良症状，最好不要立即接种疫苗，要向医生咨询，让医生进行评估后再根据建议选择合适的时间再注射。

3. 宝宝的第一剂乙肝疫苗和卡介苗在出生后直接接种，但是只有体重大于1250克的宝宝才能接种。

3. 给宝宝接种疫苗后，要在接种场所休息30分钟左右，并密切监视宝宝情况。如果宝宝出现高热和其他不良反应，可以及时请医生诊治。

4. 宝宝在接种疫苗以后，爸爸妈妈要保证接种部位的清洁卫生，擦洗时要尽量避开接种针孔的位置，以防止局部感染。

5. 宝宝接种以后，应避免剧烈运动。父母要细心观察宝宝的反应，如果有轻微发热、食欲不振的现象，这是正常的，一般 1～2 天会自动消失。但如果反应强烈且持续时间很长，就可能有过敏现象，应立刻带宝宝去医院请医生诊治。

6. 爸爸妈妈在给宝宝口服糖丸疫苗之前的半小时内，不宜喂奶，以防宝宝吐奶时将疫苗一同吐出。宝宝吃完糖丸疫苗之后的半小时内，不宜喝热水或热奶等。

7. 对牛奶及牛奶制品过敏的宝宝禁服糖丸型疫苗，可改服液体疫苗。

8. 百白破疫苗有无细胞和全细胞之分，全细胞是免费的，但接种后副反应可能较大，接种了全细胞疫苗后，可改接种自费的无细胞疫苗，但接种了无细胞疫苗后就不能反过来接种全细胞疫苗。

9. 麻疹疫苗第二剂可以用麻风腮疫苗代替，但对鸡蛋过敏的宝宝不宜接种。

10. 乙脑疫苗有减毒和灭活之分。灭活疫苗第一次接种是在宝宝 8 月龄的时候，一周接种第二针；减毒疫苗只需要在宝宝 8 月龄的时候接种一针即可。

11. 所有的疫苗接种后都可能会有发热现象，要特别留意宝宝的体温变化。

第八章

常见发育和行为问题

　　本章主要从孩子成长过程中常见的发育异常和行为异常两个方面入手，为家长提供一些相关问题的指导建议。在发育异常方面，介绍了头围大小、囟门闭合、出牙时间、体重身高、学走路的时间以及智力的异常情况。而在行为异常方面，介绍了婴幼儿常见的异常表现，如咬人、说脏话、咬指甲、强迫症、拔毛癖等。

常见发育异常

头围过大、过小

宝宝头围是检验宝宝发育的一个重要指标，随着宝宝的成长，宝宝的头围也会相应增大，但是如果出现过大或者过小的话，父母就要警惕孩子是否生病了。"大头聪明，小头精"，宝宝头部过大或过小不一定就是机灵的表现，也有可能是宝宝患上了某种疾病。孩子的发育都是有基本的成长规律，而且偏差都不会太大，孩子出现的头围异常，一般是比较严重的情况，对于孩子的"三围"来说，头围是指导所有系统发育的中枢，脑神经发育也是非常重要的。

婴儿从出生到2岁期间，头围增长速度很快，但是有一个基本的标准值。如果宝宝头围过大，并伴有哭闹、呕吐、抽搐、眼斜等现象，就可能是患有脑积水、脑肿瘤等严重性疾病；相反，婴儿如果头围过小，且坐立、行走、语言等大动作的发展能力远远跟不上同龄婴儿的发展，有可能预示着宝宝存在脑发育迟缓。出现以上两种情况都需要得到及时的治疗。

一般而言，新生儿头围标准约为34厘米，6个月大时约为43厘米，1岁时约为46厘米，2岁时约为48厘米，不同的性别、个体之间略有差别。家长应注意观测孩子头部的生长发育情况，有条件的最好定期进行发育评估和智力检测。一旦发现异常，应及时到专科医院检查，以免贻误治疗时机。

男	标准(cm)	标准差(cm)	正常值：+-2个标准差（cm）	需注意值：不到或超过3个标准差（cm）
新生儿	34.4	1.12	32.16 ~ 36.64	不到 32.16 或超过 36.64
1个月	38.2	1.13	35.54 ~ 40.86	不到 35.54 或超过 40.86
6个月	44.44	1.08	42.28 ~ 44.6	不到 42.28 或 44.6
12个月	46.93	1.22	44.49 ~ 49.37	不到 44.49 或 49.37

女	标准(cm)	标准差(cm)	正常值：+-2个标准差（cm）	需注意值：不到或超过3个标准差（cm）
新生儿	34.01	1.04	31.93 ~ 36.09	不到 32.16 或超过 36.64
1个月	37.47	1.17	35.13 ~ 39.81	不到 35.13 或超过 39.81
6个月	43.31	1.16	40.99 ~ 45.63	不到 40.99 或 45.63
12个月	45.64	1.21	43.22 ~ 48.06	不到 43.22 或 48.06

囟门闭合过迟、过晚

正常情况下，宝宝的囟门应该在 18 个月左右闭合的。囟门闭合的早迟是衡量颅骨发育的重要标志。闭合过早或过迟都是生长发育异常的表现，早闭会影响到智力发育，晚闭可能是因为缺钙或大脑发育有问题。中医把囟门突起称为囟填，囟门凹陷称为囟陷，囟门迟闭称为解颅。囟门晚闭多见于佝偻病、脑积水、呆小症及生长过速的婴幼儿。

婴幼儿头顶的囟门一般在 12 ~ 18 个月闭合，囟门的闭合是反映大脑发育情况的窗口，如果在 6 个月之前闭合，说明孩子可能小头畸形或脑发育不全，在 18 个月后仍未闭合就属于太晚了，这样的孩子可能患有脑积水、佝偻病和呆小病；囟门的隆起表示颅内压增高，有这种情况的宝宝可能患了脑膜炎、脑炎或维生素 A 中毒；囟门凹陷的孩子则有可能是因为脱水和营养不良。

囟门的颅骨结构很弱，只有一层皮肤和脑膜，没有骨片保护，爸爸妈妈在清洗宝宝的囟门时一定要轻柔，不能用力重压，避免撞击；多带宝宝去空气新鲜的地方晒太阳，适时补充维生素 D 和钙；爸爸妈妈还应定期观察宝宝的囟门变化，定期为宝宝量头围、评估发育情况。如果囟门关闭的较早，但只要头围还在长，也不必着急。发现囟门关闭异常，爸爸妈妈应立即带孩子去医院做进一步检查。

出牙时间过早、过晚

人的一生会有两副牙齿，即 20 颗乳牙和 32 颗恒牙。宝宝出生的时候颌骨中已经有骨化的乳牙牙胞，但是没有萌出，一般在出生 4 ~ 6 个月后乳牙开始萌出，有的宝宝会到 10 个月的时候才开始萌出，这都是正常的，12 个月还没有出牙视为异常，最晚到 2 岁半的时候，宝宝的 20 颗乳牙会出齐。

有的宝宝一生下来就已经长牙，还有一些宝宝在出生后的第一个月就看到乳牙萌出，这两种牙松动、无牙根的牙齿，应尽早拔除，以免脱落掉入气管，造成宝宝窒息。但是有的宝宝出牙比较晚，爸爸妈妈可以带宝宝去看牙医，检查宝宝的牙胚是否存在先天性缺失；另外也可检查一下宝宝的营养状况，看是否缺钙。如果无异常，那就没有大问题，耐心等待就可以。爸爸妈妈也不要因为宝宝出牙迟，而只给宝宝添加软质的辅食，这样不利于宝宝咀嚼能力的锻炼，而且宝宝的牙龈硬度也足够宝宝把食物磨碎。

一般 2 岁内计算乳牙的数目约为月龄减去 4 或 6，但乳牙萌出的时间会有个体差异。出牙为宝宝正常的生理现象，有的宝宝会伴有低热、烦躁、流水流量增多等情况，这些都是正常的。爸爸妈妈要注意不能和其他疾病引起的发热烦躁混淆了。宝宝的 20 个乳牙萌出是按顺序的，一般是下颌早于上颌，由前往后的原则，最先萌出的一般是下颌的门齿，称为下中切牙，然后是上中切牙，以后挨着中间的门齿会在左右长出一颗颗稚嫩的小牙。

体重、身高不合格

宝宝的体重、身高和月龄是衡量宝宝身体发育情况的重要标准，但是又会存在个体差异，不是每个宝宝都一样，情况因宝宝而异。所以爸爸妈妈要在参照"不同月龄宝宝的身体发育标准"之后，结合宝宝自身的情况，找出宝宝体重、身高不合格的原因，并针对这些原因，采取相应的措施。

如果宝宝体重、身高不达标，对于母乳喂养的宝宝，妈妈可以测量宝宝的哺乳量是否过少。对于配方奶喂养的宝宝，爸爸妈妈可以检查奶瓶的刻度是否准确，或者调制得太稀。也可以改进喂养方法，多食用含纤维的食物，促进消化和吸收。但是不要自作主张给宝宝添加营养保健品。

如果宝宝的体重、身高超标，那爸爸妈妈要反省是不是宝宝的哺乳量过剩，或者配方奶选用不当，含脂肪太高。爸爸妈妈应减少宝宝的零食摄入量，让宝宝少吃或尽量不吃油炸、肥腻的食物，多吃水果蔬菜。

月龄	男宝宝				女宝宝			
	身高（cm）	体重（kg）	头围（cm）	胸围（cm）	身高（cm）	体重（kg）	头围（cm）	胸围（cm）
出生	48.2 ~ 52.8	2.9 ~ 3.8	32.00	32.08	47.7 ~ 52.0	2.7 ~ 3.6	33.05	32.07
1 个月	52.1 ~ 57.0	3.6 ~ 5.0	38.43	37.88	51.2 ~ 55.8	3.4 ~ 4.5	37.56	37.00
2 个月	55.5 ~ 60.7	4.3 ~ 6.0	39.84	40.10	54.4 ~ 59.2	4.0 ~ 5.4	38.67	38.78
3 个月	58.5 ~ 63.7	5.0 ~ 6.9	41.25	41.75	57.1 ~ 59.5	4.7 ~ 6.2	39.90	40.05
4 个月	61.0 ~ 66.4	5.7 ~ 7.6	43.10	42.68	59.4 ~ 64.5	5.3 ~ 6.9	41.20	41.60
5 个月	63.2 ~ 68.6	6.3 ~ 8.2	43.30	43.40	61.5 ~ 66.7	5.8 ~ 7.5	41.90	42.05
6 个月	65.1 ~ 70.5	6.9 ~ 8.8	44.32	44.06	63.3 ~ 68.6	6.3 ~ 8.1	43.20	42.86
7 个月	66.7 ~ 72.1	7.4 ~ 9.3	45.00	44.60	64.8 ~ 70.2	6.8 ~ 8.6	43.70	43.50
8 个月	68.3 ~ 73.6	7.8 ~ 9.8	45.74	45.13	66.4 ~ 71.8	7.2 ~ 9.1	45.20	44.16
9 个月	69.7 ~ 75.0	8.2 ~ 10.2	46.00	45.60	67.7 ~ 73.2	7.6 ~ 9.5	45.20	44.80
10 个月	71.0 ~ 76.3	8.6 ~ 10.6	46.09	45.99	69.0 ~ 74.5	7.9 ~ 9.9	44.89	45.40
11 个月	73.1 ~ 75.2	8.9 ~ 11.0	46.3	46.37	70.3 ~ 75.8	8.2 ~ 10.3	45.30	46.00
12 个月	73.4 ~ 78.8	9.1 ~ 11.3	46.5	46.80	72.5 ~ 77.1	8.8 ~ 10.6	45.40	46.50

一般情况下1岁以后的宝宝就能说一些简单的日常用语了，但也有例外，很多心急的爸爸妈妈看到和自己的宝宝同龄的小孩已经可以开口叫人了，但是自己的宝宝还是咿咿呀呀的不能说话，就会很着急，有的甚至去咨询儿科医生。爸爸妈妈要知道，说话的早晚和智力并没有太大的关系，说话晚的孩子也一样可以很聪明。

说话的早晚和宝宝所处的环境有密切的关系。如果爸爸妈妈经常和宝宝对话，会征求宝宝的意见，遇到问题的时候注意观察宝宝的行为，帮助宝宝表达自己的意思，这些行为对宝宝说话有很好的引导作用。但如果家里的成员不喜欢说话，爸爸妈妈不经常在宝宝身边等，这种环境下长大的宝宝说话会稍晚一些。

也有的爸爸妈妈担心宝宝是不是在发声器官上有问题，这个从宝宝的哭声中是可以听出来的，哭的时候正常发声的宝宝是可以说话的。如果担心宝宝听力不好，可以简单地测试一下，比如妈妈在宝宝的身后叫他的名字，如果宝宝能够回过头来，说明孩子能够听到。万一听力有问题，爸爸妈妈应该趁早采取聋哑儿童的教育方法，宝宝在的学习能力是最强的，不管怎样都不要错过了学习的时机。如果检查结果是宝宝的舌系带过短，影响说话，可进行一个小手术，就能矫正舌系带。最晚的宝宝到3岁多也能很流利得讲话，知道了这种情况，1岁多不会讲话就不算什么了，爸爸妈妈也不必太过担心了。

学走路时间过早、过晚

由于现在是独生子女家庭居多，很多爸爸妈妈都是"新手"，对宝宝什么时候学会说话，什么时候开始走路没有概念。看到别的宝宝已经开始走路了，自己的孩子还不能走，就很着急。其实，宝宝在1岁半的时候不太会走路是正常的，爸爸妈妈不必觉得自己的宝宝笨或者担心自己的宝宝有缺陷。

一般宝宝在11个月～20个月期间开始学走都属于正常年龄范围。具体到每个宝宝身上又存在个体差异，但是也不是越早越好，要抓住宝宝学走路的最佳时期，教会宝宝走路。

宝宝出生之后视力还没有发育健全，然而学走路可以促进宝宝视力的正常的发育，如果宝宝过早的学走路，那么在他们看不清较远的景物时，就会努力地去调整眼睛的屈光度和焦距努力看清，这样就会对宝宝娇嫩的眼睛产生一些疲劳的损害，如果有多次反复的刺激就会损害宝宝的视力。

所以爸爸妈妈不宜让宝宝过早地学走路。

但是宝宝学走路过晚的话，会影响宝宝的肢体协调能力和身体平衡性，对于宝宝智力的发育、肌肉的锻炼和骨骼的生长都是不利的。如果宝宝2岁以后还不能灵活地爬行、站立，这时爸爸妈妈应该带宝宝去医院检查，看看是不是生理问题，还是平时疏于训练，并采取相应的措施。

一般来说，夏天和秋天是比较适宜宝宝学走路的季节。一方面因为天气热，宝宝穿得少，活动方便；另一方面在这两个季节里爸爸妈妈外出的机会多，能多带宝宝练习走路，而且过敏源较少。如果爸爸妈妈要教宝宝学走路，最好在这两个季节里开始。宝宝在学走路的时候，要把纸尿裤拿掉，这样宝宝的双腿更加自由，避免纸尿裤影响宝宝以后走路的姿势。

智力异常

每个爸爸妈妈都希望自己的宝宝又健康又聪明，宝宝的心智发育如果异常，会在日常行为上表现出来。主要表现为学习能力差、笨拙，各种生理功能如听觉、视觉、嗅觉、咀嚼、运动等发展迟缓，这不免让爸爸妈妈沮丧和着急。一旦宝宝出现这些现象，一定要及时去医院检查，尽早干预。

智力异常的宝宝会出现一些异常的现象，爸爸妈妈平时一定要注意观察宝宝的异常，并做好记录，以便在医生诊断时提供信息。

1. 宝宝特别安静。智力异常的宝宝在第一个月很好带，不哭不闹，吃饱就睡，而且睡眠时间很长。稍长大了一点儿之后，也没有太多哭闹，总是安安静静的。

2. 宝宝的知觉速度缓慢，注意力和反应能力较差。对刺激反应迟钝甚至没有反应。不注意周围的事物，不会跟旁边的人互动，即使是爸爸妈妈。

3. 肌肉无力，身体协调能力差。表现为宝宝的颈部无力，3个月以后，在没有外力的帮助下无法自己抬头。7个月仍然不会坐，8个月不会爬，1岁以后还不能站稳。

4. 在添加辅食阶段，宝宝表现出吞咽能力差、不会咀嚼，学说话慢，发音不准，学步迟，双脚互绊。

宝宝的智力异常，早发现早治疗。治愈的可能性就越大。因此，爸爸妈妈平时要注意多观察宝宝的行为，并定期带宝宝去医院检查以及进行智商测试。多给宝宝玩一些益智的玩具等，增强宝宝的动手能力，开发宝宝的智力。此外，爸爸妈妈要多给宝宝准备一些补脑益智的食物，如猪脑、核桃、花生等。

行为异常表现

咬人

小于 18 个月的宝宝经常会出现咬人的情况，宝宝咬人的原因是多种多样的。首先，可能是宝宝想要表达什么想法但是说不清，于是很紧张，情绪激动就会出现咬人的情况。其次正处于长牙时期的宝宝，会有牙龈不适的感觉，因此宝宝要通过咬一些物品（包括人），来缓解这种牙龈的不适感。有的宝宝是下意识地什么都咬，包括人。还有的宝宝是因为没有安全感，所以要通过咬人来保护自己。但是 18 个月以后的宝宝已经能知道哪些可以吃哪些不能吃，也不再把不能吃的东西往嘴里送了，如果宝宝这个时候还咬人，那有可能是出于攻击性的咬人行为。也有的宝宝看到别的宝宝咬人，觉得很好玩，就跟着模仿，这都能成为宝宝咬人的原因。

对于因为长牙造成牙龈不适而咬人的宝宝，爸爸妈妈要给宝宝准备一个磨牙棒，宝宝就不会再乱咬人了。

如果宝宝出现攻击性咬人，爸爸妈妈需要高度重视，因为这种行为不利于宝宝与他人的交往和建立良好的同伴关系。爸爸妈妈可以教会宝宝用不伤害别人的办法来转移负面情绪，如拍打枕头、撕报纸等。并要向宝宝反复强调，咬人是一种很不好的行为，这会伤害到别人，不是一个好宝宝的行为，必要时还可以考虑通过适当的惩罚，来制止宝宝的咬人行为。

如果宝宝是因为没有安全感才咬人，爸爸妈妈要花更多的时间与宝宝交流，用语言、手势、拥抱、亲吻来表达对宝宝的爱，或者多与宝宝一起做一些亲子游戏，来增进感情，让宝宝富有安全感，以减少宝宝咬人的不良行为。

发脾气

发脾气是指宝宝在受到挫折后啼哭、吵闹的现象。在各年龄阶段均可出现，多见于幼儿期和学龄前期的宝宝。宝宝发脾气与他们的素质及所受的家庭教育有关。娇生惯养的宝宝易于出现这种现象，因为爸爸妈妈过度溺爱，有求必应，在这种环境下培养出来的宝宝，在要求未能满足时，就会发脾气，时间长了，次数多了，会形成好发脾气的习性。

好发脾气的宝宝一般比较任性，经常会有不合理的要求，当要求不能得到满足或受到挫折后，就大发脾气，表现为大喊大叫、哭闹不止、就地打滚、撕扯衣服或头发，甚至有的宝宝会出现用头撞击墙壁等过激行为。这时候无论谁劝说都不奏效，只有当要求得到满足后，或者不予理睬，经过较长时间后才平息下来。

对于宝宝这种行为，爸爸妈妈应该从小给予纠正，不要过分娇宠宝宝，注意培养他们良好的行为习惯，让宝宝知道什么要求是合理的，什么要求是不合理的，不能被满足的。矫正宝宝发脾气的坏习惯的方法主要是教育，爸爸妈妈之间态度要一致，不能一个教育的态度，一个持纵容的态度。在宝宝发脾气时与发脾气后进行耐心说服解释，正确引导。如果爸爸妈妈劝说无效，则采取漠视的态度，暂时不理睬宝宝，任其哭闹，经过多次以后这种情况，宝宝好发脾气的坏习惯就可自然消失。

好发脾气的习惯一般会随着年龄的增长逐渐消失，但部分宝宝的任性会持续到成年，甚至一生都难以克服和改正。所以，对于好发脾气的宝宝，爸爸妈妈要格外注意，并及时教育改正，否则将会影响宝宝的一生。

说脏话

宝宝学会说话了以后，给家庭带来了活跃的气氛，爸爸妈妈常常会被宝宝奇怪的话语所震撼。但是，有时候宝宝也会给爸爸妈妈一个不寻常的、让人不安的"惊喜"，那就是宝宝有时会说脏话，甚至有的脏话会让爸爸妈妈尴尬不已。

很多时候，宝宝说的第一句脏话，是直接模仿的结果，所以爸爸妈妈要注意自己的言行，避免给宝宝负面的影响。如果爸爸妈妈不小心在宝宝面前说了脏话，让宝宝听见了，而且宝宝在没完没了地模仿，处理这个问题最好的方法就是不予理睬，直到宝宝失去兴趣为止。如果漠视了一阵子之后，宝宝还是不停地说，那爸爸妈妈可用唱歌或讲故事等有趣的事情转移宝宝的注意力。

但是，很多宝宝也可能是从外面学的脏话，可能是受小区内的玩伴或幼儿园里的小朋友的影响，也可能是宝宝偶然看到了一个说脏话的电视镜头，觉得很新奇很有趣，于是就没完没了地模仿。这时，爸爸妈妈要保持严肃，一定要控制住自己想大笑的冲动，那样宝宝势必会把爸爸妈妈的这种反应当作正面的鼓励而重蹈覆辙。如果爸爸妈妈听到宝宝说脏话很生气，那爸爸妈妈就要控制好自己的情绪了，在发怒的情况下教育宝宝是没有效果的，反而会使宝宝有叛逆的心理，变本加厉的继续自己的错误。

如果宝宝说的脏话是自己编造的不太雅的词，那么爸爸妈妈要告诉宝宝没有这种说法，这些话都是没有意义的。对于成人化的各种粗口，爸爸妈妈只需要告诉宝宝这类的话是不允许讲的就可以了。如果宝宝在被警告了两三次之后还说粗话，那爸爸妈妈就该好好管教了。爸爸妈妈要保持冷静，迅速反应，还要始终如一，并采取相应的惩罚，比如把宝宝关在房间里一段时间，但是避免时间过长。

多动症

调皮、活泼、好动是宝宝的天性，但是如果宝宝过分的躯体活动比同龄宝宝多且自控能力差，不能安静下来，就要提防宝宝是不是"多动症"了。

多动症是幼儿期常见的异常行为。多动症有两大主要症状，即注意障碍和活动过度，可伴有行为冲动和学习困难，多见于6岁以下的宝宝，学龄期症状尤为明显，随年龄的增大逐渐好转，但部分病例可延续到宝宝成年以后。

注意障碍为本症最主要的表现之一。患儿主动注意减退，被动注意增强，表现为注意力不集中，上课不能专心听讲，易受环境的干扰而分心。注意对象频繁地从一种活动转移到另一种活动。

活动过度是另一常见的主要症状。表现为明显地活动增多，过分地闹腾，来回奔跑或小动作不断，在教室里不能安静地坐着，常在座位上扭动，或站起来，严重的会离开座位到处走动。患多动症的宝宝还会表现出话多、喧闹、插嘴、惹是生非、影响课堂纪律，以引起别人注意的症状。患多动症的宝宝往往喜欢玩危险的游戏，常常丢失东西。

多动症一般来说有两种类型：一是持续性多动。患多动症的宝宝的多动性行为见于学校、家中等任何场合，常较严重。二是境遇性多动。这类多动症患儿的多动行为仅在某种场合（多数在学校），而在另外场合（家中）不出现，机体功能受损较轻。

但是，并不一定宝宝多动，就是患上了多动症。多动症患儿与宝宝顽皮的个性有着四点本质上的区别。首先是在注意力方面，调皮的宝宝对感兴趣的事物能聚精会神，而多动症患儿不管干什么都会心不在焉，并且会半途而废，频繁的变换正在做的事情；其次是在控制力方面，调皮的宝宝在陌生的环境里和特别要求下能约束自己，可以静坐，而多动症患儿在任何环境里都无法静坐，并且不管怎么样的要求都无法约束他们；再次是在行为活动方面，调皮宝宝的好动行为一般是有原因、有目的的，而多动症患儿的行为多具有冲动性、缺乏目的性；最后是在生理方面，调皮的宝宝思路敏捷、动作协调、没有记忆辨认的缺陷，而多动症患儿则有明显不足。

多动症实际上是指注意力缺陷多动障碍，以注意力缺陷（通俗而言是易分心、不专心）、多动及冲动为核心症状。有的宝宝以注意力缺陷为主，有的以多动、冲动为主，更多的则是三者并存。所以有些并不多动的宝宝也可能患有多动症，这样的宝宝表现为平时看上去很文静，但注意力总是很难集中，容易走神，学习困难，做事拖拉，粗心大意，久而久之，容易产生自卑、消极心理，出现厌学、逃学、说谎等行为。当宝宝出现上述种种行为迹象的时，家长也应引起注意，警惕多动症的可能。

对多动症的治疗，主要采用心理治疗。主要针对宝宝的情绪、亲子关系、人际交往、自我认知等方面展开，对宝宝适应社会、发展自我是很有帮助的。在这里面可以使用行为主义疗法来控制宝宝的行为，并辅以感觉统合训练和音乐疗法效果会更好；药物治疗也是比较有效的方法，医生一般会给多动症患儿开一些中枢神经兴奋药，如甲基苯丙胺、匹莫林等，爸爸妈妈可以在医生的指导下先以小剂量开始给宝宝服用，并逐渐增量，达到有效剂量后改为维持治疗；此外，小儿推拿治疗也是比较有效的，但是需要爸爸妈妈长期坚持。通过中医的小儿推拿，帮助宝宝缓解刺激和过敏，镇静宝宝情绪，推拿一段时间后，以达到治疗效果。

对于小儿多动症，完全治愈需要很长的时间，并且会复发，所以预防才是关键。平时爸爸妈妈要避免宝宝出现脑组织损害，因为有些多动症患儿是因为神经递质传递信息失调所导致的；避免宝宝维生素缺乏、食物过敏、糖类代谢障碍等，也能很好地预防宝宝患上多动症；此外，因为宝宝的心理发育不成熟，自我约束能力比较差，在此期间，爸爸妈妈要对宝宝的一些过分好动、没有纪律性等不良习惯加以控制，否则易导致多动等行为异常的现象。

咬指甲

咬指甲是儿童期常见的一种不良习惯，多见于 3 ～ 6 岁的宝宝，男女均可发病。咬指甲也称咬指甲症或咬指甲癖，是指反复啃咬指甲的行为。多数宝宝随着年龄增长咬指甲行为可自行消失，少数顽固的患儿可持续到成人。

咬指甲症与宝宝的精神紧张度有关。在生活节奏改变，诸如入托、入学的时候，或者生理状况改变，诸如发热、生病的时候，宝宝特别容易出现紧张焦虑。另外，有些宝宝则是模仿他人而形成的这种不良习惯。一般说来，具有敏感、内向、焦虑特质的孩子比较容易形成这种习惯。

这种病症的表现主要就是咬指甲，而且是反复的咬指甲。病情不是很严重的宝宝仅仅是啃咬指甲；病情严重的宝宝会将每个指甲咬坏，甚至咬坏指甲周围的皮肤；有些特别严重的宝宝甚至会出现啃咬脚趾甲的情况，更可怕的是这类宝宝会在夜间咬指甲。部分宝宝还伴有其他行为问题，如睡眠障碍、多动、焦虑、紧张不安、抽动障碍、吸吮手指、挖鼻孔等。

对于咬指甲症的治疗目前没有较好的药物，主要靠爸爸妈妈的教育来预防和治疗。首先要戒掉宝宝咬指甲的关键是要消除造成宝宝情绪紧张的一切因素。对于患上咬指甲症的宝宝，爸爸妈妈应该以鼓励为主并耐心说服教育的方式，调动宝宝克服不良习惯的积极性。爸爸妈妈要多带宝宝去参加娱乐活动，转移宝宝注意力。当宝宝出现咬指甲的现象时，爸爸妈妈不要责怪宝宝，要跟宝宝说明咬指甲的孩子是遭人嫌弃的，并通过讲故事的方法来说明事情的严重性，还有助于分散宝宝的注意力，停止咬指甲。如果宝宝咬指甲的情况出现的频率较高，可将宝宝送到医院进行矫正，医生会根据宝宝的具体情况设计出治疗方案，一般都会使用行为矫治疗法如厌恶法、一般疗法、行为限制等经常能收到良好的效果。

厌恶法是指运用惩罚性、厌恶性的刺激，通过直接的或间接的想象，以消除或减少某种适应不良行为的方法。比如，可以用苦味剂或辣味剂涂抹在宝宝的指甲上，使宝宝在咬指甲的时候产生厌恶感，强制解除，这种方法有一定的效果，但是一般不建议爸爸妈妈使用。

心理疗法是纠正宝宝咬指甲症比较常用的方法，效果也比较好，主要采用行为限制的心理疗法。所谓行为限制，即当宝宝咬指甲时，爸爸妈妈应耐心地教宝宝把手指慢慢地从嘴里移开，紧紧地抱住他的双臂，并用微笑、点头或夸奖的口吻表示赞赏。

儿童咬指甲癖是完全可以纠正的，一般疗法也有一定的效果，但是需要爸爸妈妈长期坚持。首先，爸爸妈妈应该认识到这是一种病症，单纯地采取责骂或惩罚宝宝不但无益于疾病的治疗，反而加大宝宝的心理压力，甚至会使病情加重。其次，要积极寻找引起宝宝紧张和忧虑的因素，并及时改善宝宝的生活环境，培养健康的生活习惯。此外，家长应定其给宝宝修剪指甲，防治指甲感染和表皮损伤。

由于宝宝咬指甲癖的治疗并不是一朝一夕就能见效的，矫治的过程需要较长的时间，所以爸爸妈妈不但要求患儿增强信心，而且也要有耐心，采取爸爸妈妈的监督和宝宝自我监督相结合的方法，巩固治疗的效果，只要能坚持治疗一段时间，就能达到戒除儿童咬指甲癖的这一行为偏离。

自闭症 ●

自闭症又称孤独症，是一种由于神经系统失调导致的发育障碍，其病征包括不正常的社交能力、沟通能力的损害、奇怪的兴趣和刻板的行为模式。

儿童自闭症在现代社会中发病率越来越高，越来越为人们所重视。自闭症是一种由大脑、神经以及基因的病变所引起的综合征。症状主要表现为社会交往和语言沟通障碍，以及兴趣和行为的异常。

儿童自闭症常见的病因及影响因素包括：遗传因素、脑器质性病变、社会心理因素等。儿童孤独症起病年龄早、症状特殊，目前还没有有效的治疗方法，所以至今也没有得到完全治愈的病例。现在比较统一的观点认为，治疗儿童自闭症的关键在于早期发现、早期干预，并通过行为干预和特殊训练等方法，来提高自闭症患儿在日常生活中自理、认知、社会交往及适应社会的能力。

一般而言，患有自闭症的宝宝在 3 岁前会出现一些基本特征，主要包括对外界事物不感兴趣，很少察觉别人的存在；不能掌握社交技巧，缺乏想象力；语言发展迟缓有障碍，对语言理解和非语言沟通有不同程度的困难；在日常生活中，坚持某些行事方式和程序，拒绝改变习惯和常规，并且不断重复一些动作；兴趣狭窄，会极度专注于某些事物，或对事物的某些部分、某些特定形状的物体特别感兴趣。但是自闭症的儿童也会有非常独特的特长，诸如记忆力超群，并且在自己感兴趣的东西上会有卓越的表现。

孤独症患儿的病情好坏与发现疾病的早晚、疾病严重程度、早期言语发育情况、认知功能、是否伴有其他疾病、是否用药、是否训练等多种因素有关。心理学研究发现，自闭症实质的损害是认知障碍。如果能发现早期症状，进行早期诊断、早期治疗无疑会对预后产生积极而有效的影响。

自闭症通过药物治疗有一定的疗效，但是副作用比较明显，一般只用于病情较严重的宝宝。对于一般自闭症患儿的康复训练应该以教育和行为矫正为主，康复训练的内容是多方面的，最重要的是训练他们基本的生活自理能力和一些必要的社会技能。

康复训练计划

1. 爸爸妈妈要帮助宝宝创造语言环境，尽量多与宝宝讲话，并纠正宝宝的发音错误，慢慢培养宝宝的语言沟通能力。

2. 培养宝宝良好的生活习惯，比如规律的作息时间等。

3.教会给宝宝独立的生活能力，比如让宝宝自己穿衣，自己吃饭等基本的自理能力。

4.爸爸妈妈要从小教会宝宝一些基本的生活常识，如见到长辈要问好，用完厕所要冲水，过马路看红绿灯等。

5.爸爸妈妈要逐步帮助宝宝克服其已有的不良习惯，如帮助宝宝摆脱刻板的行为，包括对齐强迫症、程序化行为等。

6.如果宝宝存在明显的运动障碍，爸爸妈妈可以多带宝宝参加集体的体育运动，如打球、跳绳、直线运动等，训练宝宝的运动平衡能力。也可以通过一些精细动作的训练，如串珠、拼图等，培养宝宝的肢体控制能力和提高宝宝的注意力。

由于自闭症患儿长期封闭在自己的世界里，看似简单的训练都会因为宝宝的不配合而变得复杂而困难，所以在对孤独症儿童的康复训练中，爸爸妈妈的耐心是非常重要的，只有按照步骤，循序渐进，反复强化，才能达到对孤独症儿童训练的理想的效果。

强迫症

强迫症是以强迫观念和强迫动作为主要表现的一种神经性病症。以有意识的自我强迫与有意识的自我反强迫同时存在为特征，患强迫症的人明明知道强迫症状的持续存在是毫无意义而且不合理，却不能克制地反复出现，越是企图努力抵制，反而越感到紧张和痛苦。

儿童强迫症是强迫症的一类，是一种明明知道不必要，但又无法摆脱，反复呈现的观念、情绪或行为。在儿童期，强迫行为多于强迫观念，年龄越小这种倾向越明显，强迫症多见于10～12岁的儿童，患儿智力大多是正常的。

儿童强迫症的常见症状包括：强迫计数，即强迫自己数路灯、数电线杆等；强迫性洁癖，即所谓的洁癖，包括反复洗手、反复擦桌子、过分怕脏等；强迫疑虑，即反复检查，总怕家里出问题或发生不幸，变得特别焦虑；以及强迫观念，即反复回忆往事，思维经常纠缠在一些缺乏实际意义的问题上而不能摆脱。一般来说，这类宝宝对自己的强迫行为并不感到苦恼和伤心，只不过是刻板地重复强迫行为而已。如果不让这类孩子重复这些强迫行为，他们反而会感到烦躁、焦虑、不安，甚至发脾气。

注意的是，在正常的生长发育阶段，孩子也时常出现一些强迫行为，如走路数格子，不停地整理自己的衣物，叠被褥要角对角，把毛巾反复铺平、摆正等，但他们没有痛苦感，这些强迫行为也不会影响到他们的日常生活，更不会因为不可克制而导致焦虑，并且会随着时间的推移自然消失，不应该视为病态。

如果孩子在很小的时候特别爱钻牛角尖，对自己要求完美，如果再加上一直做重复的事情而不能接受变化，一点儿都不能通融，那么爸爸妈妈一定要注意了，这就很可能是强迫症的前兆。孩子患上强迫症与一些爸爸妈妈在日常生活中对孩子的教育不当有关。这些爸爸妈妈对孩子管教过分苛刻，要求子女严格遵守规范，决不准许其自行其是，造成孩子生怕做错事而遭到父母惩罚的心理，从而，做任何事都思虑过多，优柔寡断，过分拘谨和小心翼翼，逐渐形成经常性紧张、焦虑的情绪反应。在与人的交往中过分严肃、古板、固执，在生活上过分强求有规律的作息制度和卫生习惯，一切都要求井井有条，甚至书橱内的书、抽屉内物品、衣柜里的衣服都要求排列整齐有序、干干净净。他们为此经常需花费时间整理，而影响其他工作的完成和个人的休息。

对于患强迫症的儿童，除了尽快到医院请医生进行诊治之外，还可在日常生活中帮助孩子进行自我矫正。主要依靠减轻和放松精神压力，最有效的方式是任何事顺其自然，不要对孩子做过的事进行评价，要让他们学会自己调整心态，增强自信，减少不确定的感觉。孩子在经过一段时间的训练和自我意志的努力，会逐步建立自信，强迫的症状也会逐步消除。

在这里，我们为爸爸妈妈提供一些小对策来处理早期的强迫症：

1. 如果孩子属于完美主义者，家长要注意更多地与孩子沟通，以更宽容的态度对待他们，尽量让他们把自己所感受到的压力释放出来。爸爸妈妈应该多看一些与心理学和科学育儿有关的书籍，以便更了解宝宝的心理。

2. 更多地鼓励孩子，让他们对自己有一个正确的评价，不要给孩子设定太高的目标，多用鼓励的语气与孩子说话，以增加他们的自信。

3. 爸爸妈妈要避免自身的焦虑情绪，尽量放松自己，学会放手让孩子去做力所能及的事，做得不好时也不要苛责。其实孩子是可以感受到爸爸妈妈的焦虑情绪的，因为在爸爸妈妈说话或者做事的同时，不经意间这种情绪就会显露出来，而孩子的感受性是很高的。孩子都存在这样一种无意识心理，即认为父母之间的矛盾、父母的不满情绪都是由自己引起、造成的，因此会造成焦虑、自我否定。

抑郁症

抑郁症是一种常见的精神疾病，主要表现为情绪低落、兴趣减低、悲观、思维迟缓、缺乏主动性、自责自罪、食欲不振、睡眠差，担心自己患有各种疾病，感到全身多处不适，严重者可出现自杀念头和行为。

在一般人的观念中，抑郁症都是和成年人，尤其是白领、工作压力大、社会压力大的人有关的，跟"无忧无虑"的宝宝是绝缘的。其实，这种想法是很不正确的，宝宝也会得抑郁症。当宝宝周围的环境发生巨大变化的时候，宝宝的心理就会产生很大的压力，如果不及时对其心理进行调整，这些宝宝会因这些消极影响的日渐深入而出现忧郁症的前期症状。例如在一个父母已离婚的家庭里，与母亲生活在一起的宝宝会经常思念如今已不在身边的父亲。这种家庭的不平衡状态有可能使得孩子变得孤僻起来，不愿与其他小伙伴一起玩，做作业时也不能做到注意力集中，这样的宝宝通常吃饭不香，对自己也总是不满意。

儿童抑郁症还跟宝宝本身的易感素质有关。那些敏感的宝宝在环境巨变或者环境焦虑的时候，患抑郁症的可能性会比一般宝宝高。患急性抑郁症的宝宝病前个性多为倔强、执拗，或为被动－攻击性的人格；患慢性抑郁症的宝宝则病前多表现无能、被动、纠缠、依赖和孤独，以往常有抑郁发作史；患隐匿性抑郁症的宝宝病前可有强迫性和癔症性格特征。

对于抑郁症宝宝，提高爸爸妈妈长对宝宝抑郁症的认识十分重要，因为爸爸妈妈一般容易将宝宝的抑郁症病状归咎于日常发生的具体事情，往往喜欢说"过一段时间就会好的"。爸爸妈妈要学会识别宝宝身上出现的一些抑郁症症状，如宝宝突然出现了尿床现象、睡不好觉、半夜起来在屋里徘徊、老说肚子疼或头疼，或老说一些想离家出走的话等。对于年龄大一些的宝宝，他们还会做出一些比较冒险的行为。此外，儿童抑郁患者也有着一些与成人抑郁症患者相同的症状，如情绪持续低落、爱发脾气、没有力气、对周围的事物提不起兴趣、总爱往坏处想、食欲和睡觉不好、注意力集中不起来等。

如果宝宝连续两周出现 5 个上述症状，爸爸妈妈就应及时带宝宝到有关医院就诊。医生一般会开一些抗抑郁药物，但是副作用比较大，所以要减量用。情况不是很严重的宝宝尽量不要用抗抑郁药物，可以通过一般的心理疗法来治疗。

1. 改变对宝宝不正确的态度，要多关心他们，多理解他们，并对他们多加开导，避免专制的家长作风，让宝宝把自己心中的枳郁全部倾吐出来。

让孩子从内心深处感到爸爸妈妈是他最亲近的人，是世上最疼爱他的人，站着就要求爸爸妈妈为宝宝提供一个和睦温馨的家庭环境，并调整好亲子关系。

2.爸爸妈妈不要对宝宝管得太多、太严厉，要让宝宝有自己的想法，有自己的权利和自由，不要抹杀宝宝发表意见或见解的积极性，否则宝宝以后有什么新奇的想法都没有激情和爸爸妈妈分享了。

3.爸爸妈妈要多安抚宝宝的情绪，多带着宝宝参加户外社交活动，多交朋友，丰富他们的精神生活，可以使宝宝开朗起来。

4.爸爸妈妈要高度警惕抑郁程度较重的宝宝的消极言行，避免他们做出伤害自己和他人的行为。

拔毛癖

拔毛是婴幼儿常见的一种不良习惯，表现宝宝喜欢或无缘无故、不可抑制地拔除自己的头发，使头部多处头发稀少，有时甚至拔眉毛或体毛。拔毛癖不伴有其他精神症状，智力正常。有部分患儿会因此而出现焦虑或忧郁的情绪，多见于学龄期儿童，男女均可发病，但女孩更为多见。拔毛癖是习惯和冲动控制障碍之一，特征是冲动性的拔毛导致毛发丢失。拔毛之前，患儿的紧张感增加，拔完之后有如释重负的轻松感或满足感。

拔毛癖病因不明，有的心理学家认为与情绪焦虑、忧郁有关，也有的心理学家认为与母子关系处理不当有关。另外有些宝宝拔眉毛，拔上肢或脸部的汗毛，产生这一行为多因爱美或模仿或好奇心驱使。学习紧张的儿童，每当遇到难以解答的问题时，常会挠头苦思冥想，渐渐形成每次做题就抓头，以至把头发拔下的习惯。

诊断出宝宝是否患有拔毛癖并不难，但需注意排除精神病，如儿童精神分裂症、精神发育迟滞、儿童抑郁症；躯体疾病，如甲状腺功能低下、缺钙、斑秃、所造成的毛发脱落。如有以上疾病，则以治疗原发病为主。

关于拔毛癖的治疗，迄今还没有特殊疗法。一般认为，患儿随着年龄的增长，长大后可以自愈。很少有爸爸妈妈认为拔毛发癖是行为障碍，故较少有人因此而就诊。如果宝宝的情况比较严重，爸爸妈妈应该及时将宝宝送往医院治疗，医生会通过药物治疗控制宝宝的拔毛癖，一般用小剂量的氟哌啶醇（1~2毫克，每天1~2次），由小量开始，逐渐增量，出现疗效后，就不必再增量，爸爸妈妈要注意的是药物的增减一定要在医生的指导下进行，切忌擅自增减药物，否则会对宝宝的身体健康造成很大的副作用。

如果医生排除了精神病与躯体疾病，那这类患儿更适合运用心理治疗。凡有心理原因的患儿，爸爸妈妈应尽可能地去除宝宝的心理病因，解除紧张的情绪。比如在宝宝出现情绪紧张的时候，可以跟他说说话，转移他的注意力，可也以放一些柔和的音乐缓解宝宝紧张的情绪。在宝宝出现疯狂拔毛的现象时，爸爸妈妈要制止宝宝的行为，可以拿一些纸张给宝宝撕碎，代替宝宝拔毛，来让宝宝发泄情绪。

对于患有精神疾病的患儿，爸爸妈妈在配合医生进行药物治疗的同时，还要结合心理治疗，给宝宝创造一个和谐轻松的生活环境，避免宝宝出现焦虑、恐惧等消极的情绪，刺激神经。此外，爸爸妈妈应该多带宝宝去精神康复中心做康复训练，还要鼓励宝宝多参加有益的户外集体活动，有助于宝宝的身心健康。

抽动症

有些孩子喜欢不同场合地频繁眨眼、皱眉、抽动嘴巴、摇头耸肩扮各种怪相，有时还伴有脖子抽动。如果你的宝宝出现了上述行为，千万不要误以为是孩子染上了坏习惯而大声制止或批评警告，更有甚者棍棒相加。事实上正是这种主观判断上的错误耽误了孩子的治疗，因为很可能孩子患上了"抽动症"。

抽动症和多动症一样，也是一种常见的儿童行为障碍，发病原因是儿童大脑单胺类神经递质失衡所造成的。主要表现为活动过多、自控力较差、注意力不集中、冲动任性；频繁挤眉、眨眼、摇头、噘嘴、耸肩、扭颈、有的喉中发"吭吭、喔喔"异响，说脏话等。由于大多数家长缺乏对"多动症、抽动症"的认识，将其与孩子好动、调皮、不学好、染上坏习惯混为一谈，采取听之任之的态度或没有选对治疗方法，致使各种症状伴随着孩子成长，导致出现自尊心差，缺乏自信，情绪严重不稳、出现抑郁、精神分裂、品行障碍和反社会人格等不良现象。

儿童抽动症是多发于儿童期的运动性或发声性肌肉痉挛，主要表现为不自主的、刻板的动作，例如频繁地眨眼、做怪脸、摇头、耸肩、做出咳嗽声、清嗓声等。

现在多主张把病程在1个月到1年者称为暂时性抽动障碍；病程在1年以上的称为慢性抽动障碍。在慢性抽动障碍中，运动性抽动和发声性抽动应不同时出现。

该病发病率为 1% ~ 7%，有报告达 4% ~ 23% 者，多见于学龄前及学龄早期儿童。男性患者要多于女性，男女患病比例为 3 ~ 4∶1。一般可短时间内自愈或经治疗而愈，顽固者可延数年，甚至延续到成人。

儿童抽动症的病因目前尚不明确，应该是多种因素相互作用的结果。某些神经质、胆怯、多动、情绪不稳定、对人对事敏感及有固执倾向者易得此病。而且本症常伴有不明原因的头痛、腹痛及便秘、遗尿等，因此推测儿童抽动症与儿童本身的体质因素有关。调查研究显示，在诸如对学习要求过度、责备过多、家庭不和、感情上受到忽视或环境中某些紧张气氛等精神刺激因素较多的环境中比较容易诱发本病。这些因素均可使小儿产生矛盾心理，抽动行为即是心理上的矛盾冲突的外在表现。另外，过分限制儿童的活动也可成为本病的诱因。另外，儿童的模仿行为以及某些脑部损伤也会出现抽动症的情况。

对此病的预防要避免对任何不良习惯的模仿，避免各种精神刺激，防治不良情绪的产生。

在治疗方面我们推荐心理治疗，应对儿童父母说明此病性质，不要焦虑紧张，这样可以清除由于父母紧张和过分关注造成的强化作用。对儿童的抽动表现可采取不理睬的态度，使症状逐步减弱消退。不要反复不断地提醒或责备孩子，否则会会强化孩子对抽动的兴奋，使抽动更加频繁。应努力分散儿童的注意力，引导孩子参加各种有意义的活动。对患儿病前的心理因素应详细分析，找出可能的诱因，然后予以解决，例如家庭矛盾的调整等。

另外，有关抽动症与多动症的鉴别请参见前面"多动症"部分。

分离性焦虑

分离性焦虑是指 6 岁以下的宝宝，在与家人，尤其是妈妈分离时，出现的极度焦虑反应。男女宝宝都有可能出现这种状况，它与孩子的个性弱点和对妈妈的过分依恋有关。分离性焦虑如果不加以重视和矫治，会影响宝宝以后的生活，如上学后很容易产生学校恐惧症、考试紧张症，甚至成年后出现急性或慢性焦虑症，阻碍心身的健康发展。

能引起分离性焦虑的原因主要有遗传因素、亲子过分依恋以及生活事件的影响。

患有分离性焦虑的宝宝平时一直与爸爸妈妈或固定的养育者待在一起，不与或少与外界接触。而爸爸妈妈则往往对宝宝过于溺爱、过分保护，事事包办、处处代劳，从而使孩子养成胆小、害羞、依赖性强、不能适应外界环境的个性弱点。一旦与爸爸妈妈突然分离，就容易出现分离性焦虑。并且在出现分离性焦虑之前，往往有生活事件作为诱因，常见的生活事件为与爸爸妈妈突然分离，在幼儿园受到挫折等。

防治宝宝分离性焦虑首先要做到扩大宝宝的接触面，爸爸妈妈要从小让宝宝多与别人接触，而不是使宝宝的"交际圈"集中固定地在几个人身上，接触面越广宝宝的接受能力就越强，从而减轻宝宝的分离性焦虑。其次，爸爸妈妈要培养宝宝的生活自理能力，在宝宝的能力范围之内的事情一定要让宝宝自己完成，尤其是宝宝自己的事情一定要让宝宝尝试着自己完成，这样能增强宝宝适应新环境的能力。最后，合群能力对于宝宝来说也是比较重要的，能使宝宝在进入新环境之后，很快建立起自己的人际关系，并很快融入新环境中。

此外，爸爸妈妈还要做好宝宝入托前的准备工作，不要让宝宝觉得事情来得太突然，让宝宝有一点儿"心理准备"。对于个别有严重焦虑症状，影响到饮食和睡眠并且躯体症状明显的宝宝，爸爸妈妈可以考虑使用抗焦虑药物进行治疗，但是一定要在医生的指导下用药，避免出现用错药的情况。

选择性缄默症

选择性缄默症，是指言语器官无器质性病变、智力正常、并已经获得了语言功能的儿童，在某些精神因素的影响下，表现出顽固的沉默不语现象。此症被认为是小儿神经官能症的一种特殊形式，多在3～5岁时起病。儿童癔症、精神分裂症、儿童孤独症及智力低下等神经精神性疾病也可伴有沉默不语的症状，但不属选择性缄默症。

儿童选择性缄默症是让爸爸妈妈十分头痛的一种儿童心理疾病，主要表现是：有的儿童在一些场合，比如聚会或是陌生人较多的场合会表现得十分沉默，他们不会主动和别人说话，当有人和他们说话的时候，也表现得很冷漠，常常只用一两个字来回答，如：是、不是、可以、不要、知道了等，或者只是用点头摇头来表达他们的想法和意图。情况更严重的儿童只会用字条来传递消息，爸爸妈妈通常认为这是孩子过于内向的表现，但事实上，这是一种非常严重的儿童心理疾病。

选择性缄默症的原因主要是由于家庭环境不好而产生的，如爸爸妈妈的教育不当或者沟通不良，和同龄人接触较少或者缺乏同龄的朋友以及缺乏自信等。

如何预防儿童选择性缄默症的出现呢？心理专家给了我们一些建议：

1. 创造良好的家庭环境。爸爸妈妈首先要努力为孩子创造一个良好、温馨的家庭环境，不要让孩子生活在恐惧和紧张之中，解除孩子的心理压力和困扰，让孩子在一个有良好家庭氛围的环境中健康成长。

2. 鼓励孩子多结交同龄的朋友。要知道每一个人都需要朋友，孩子也不例外。如果一个孩子长时间的独处，没有玩伴和朋友，其心理就会发生很大的变化。并且这些朋友最好是同龄的。因为同龄的朋友在一起才会有更多的话题，玩起来才能更大的满足孩子的玩性，并且调动孩子的主动性和积极性。

3. 正确的教育和引导。对于已经患有儿童缄默症的孩子来说，适当的教育和引导就显得十分重要。当孩子开始和自己的家人说话，或许开始的时候只是比原来多说了几个字，也是很大的突破和进步。这时爸爸妈妈一定要善于把握时机，多引导孩子，让孩子有进一步的改善和进步。在孩子沉默不语的时候切不可对孩子发火或者发脾气，因为这样的话会让孩子更加退缩从而加重病情。而有的时候孩子的病情容易出现反复，这时父母一定不要气馁和放弃，要有信心和耐心，继续引导孩子，争取让孩子早日摆脱疾病的困扰。

4. 多肯定和鼓励孩子的成就。想要让孩子拥有健康的心理和正常的成长，并且摆脱这种儿童缄默症的困扰，爸爸妈妈要经常对孩子进行有益的暗示。当孩子取得一些成绩的时候，哪怕只是很小的成绩也要肯定它并鼓励孩子下次可以做得更好。造成儿童缄默症产生的原因也有一部分是由于孩子缺乏自信心而导致的，所以父母应经常用一些积极的话语去鼓励孩子，使父母的期望转变为孩子的进取心和自信心，就能够逐渐培养孩子的乐观向上的性格和豁达开朗的心态。

第九章

培养精神健康的孩子

与身体健康比较而言，孩子的精神健康也是很重要的。首先，父母与孩子的关系是对孩子最直接的影响，父母的照顾、关注、表扬、尊重、期望等，可能父母对孩子的一次不经心的话语，都会对他们的关系造成很大的伤害。其次，每个孩子所面对的家庭环境是不同的，遇到的问题也是多种多样的，如独生子女家庭、离婚的家庭、单亲家庭、再婚家庭以及收养家庭，这些状况都是家长需要特殊对待的。

父母的照顾

　　年轻爸爸妈妈因为工作忙碌，把孩子交付他人，比如爷爷奶奶或保姆，可是孩子对爸爸妈妈的情感需要是其他人不能代替的。爸爸妈妈经常会用物质的方法作为自己没时间陪孩子的补偿。这种情况下，孩子要什么家长就给什么，在满足了孩子的一切物质要求后，爸爸妈妈也会觉得一切辛苦都是值得的。这种方法并不利于亲子关系，也并不能达到爸爸妈妈的初衷。爸爸妈妈送给孩子漂亮的衣服，先进的电子产品，与其说是为了让孩子过得更好，不如说是让自己的心得到宽慰。对于小孩子来说，最需要的是爱，是安全感，是与亲近的照料者之间牢靠的依恋关系。而这些，都是外在的物质条件不能完全满足的。所以，家长应尽量抽出时间，与孩子共度亲子时光，否则容易使孩子形成孤僻、畏缩或者攻击心理。

　　孩子对于看护人的变换有一种特殊的敏感。从几个月大的时候，宝宝就开始喜欢经常照顾他的那个家长，而且习惯于依靠他。能够赢得宝宝这种信任的只有很少的几个人。孩子会从他们那里寻求保护。如果这个家长离开一段时间，那么即使宝宝只有6个月大，他也会变得很忧郁，没有笑容，不爱吃东西，对人对事都没有兴趣。即使是保姆离了，孩子也会表现出情绪低落，只不过不像爸爸妈妈离开时那么严重罢了。如果负责照顾孩子的人经常更换，几次以后，孩子就会失去深爱别人和深信别人的能力，好像一次次的分离带来的失望让他太痛苦了。

　　正因为这个原因，在最初的两三年里，爸爸妈妈或者其他主要的看护人都不该放弃照顾孩子的职责，这一点很重要。如果实在没有办法，也要等孩子逐渐适应了新的看护人的照顾以后，再把孩子交给这个人。新的看护人必须保证能把孩子一直带下去。在孩子进入幼儿园之后，也应保证孩子由固定的一两个阿姨照顾，以便她们和孩子建立起母子般的关系。

　　随着孩子一天天长大，爸爸妈妈要利用好每天点滴的互动时光，和孩子游戏、散步。在做饭的时候和孩子聊聊天，听听孩子一天在学校里的生活。亲子互动的重点不在于教了孩子什么知识，而是让孩子的内心充满自信，让孩子知道，妈妈永远信任接纳你，当你需要的时候，有妈妈在你的身边，这些对孩子的成长有很大的帮助。

父母是孩子的伙伴

友好而宽容的爸爸妈妈

不管是男孩还是女孩，他们都需要有待在爸爸妈妈身边的机会，也需要爸爸妈妈欣赏他们，和他们一起做些事情。然而，爸爸妈妈忙碌了一天之后，回到家里最想做的事就是放松一下，休息一下。如果爸爸妈妈明白自己的友好态度对孩子有多么重要，他们就会更愿意做出适当的努力，比如和孩子打个招呼，积极回应孩子的问题。当孩子希望爸爸妈妈分享某种乐趣的时候，爸爸妈妈也应该表现得比较感兴趣。这并不是说一位尽职尽责的家长就应该突破极限地勉强自己，爸爸妈妈可以和孩子高高兴兴地聊15分钟，然后跟他们说"我要看报纸了"，这样要好过和孩子气呼呼地玩上1个小时。

妈妈是孩子的伙伴

不管是男孩还是女孩，他们不光需要和妈妈一起做那些反反复复的日常琐事。就像有时跟爸爸一起参加一些活动一样，孩子也需要和妈妈一起参加一些特殊的活动，例如参观博物馆、看电影、看体育比赛、远足、打篮球或者骑自行车兜风等。不管做什么，妈妈都不要把它当成任务，那些活动应该是她和孩子真正喜欢的事情。这种投入的态度是十分关键的。这会帮助孩子和妈妈之间建立一种信任感与分享欲望，有助于妈妈成为孩子的伙伴。

男孩需要友善的爸爸

对于男孩来说，爸爸似乎并不像妈妈一样宽容、友善。大多数爸爸也会因为太想让自己的儿子尽善尽美了。这种望子成龙的愿望常常使他们和儿子在一起的时候不开心。比如，一位急于让儿子成为钢琴家的爸爸可能在孩子很小的时候就带他去练钢琴。而在练习过程中，男孩遇到困难或停止不前时，爸爸往往会很严厉，不停地批评他，哪怕是用友好的口气，儿子也会在心里感到不舒服。这样练琴这件事会变得没有一点儿乐趣，反而会使儿子产生一种印象，觉得自己在爸爸眼里什么也不是，进而自己也会瞧不起自己。其实，如果一个男孩既自信又开朗，那么到了一定的年龄，他就会自然会对自己感兴趣的事情更努力，更付出的。而爸爸给他的肯定比对他的辅导更有帮助。

男孩并不是因为他生来有着男性的身体，就必然会在精神上成为一个真正的男子汉。要让他觉得自己是个男子汉，并且表现得也像个男子汉，他就必须接受外界力量或信念的驱动。有了这种力量或信念的驱使，他才会去模仿他认为友好的成年男子和大男孩的样子，也才会按照他们的样子去塑造自己。只有当他觉得某个人既喜欢他又认可他的时候，他才有可能去效仿这个人。如果爸爸总是对儿子不耐烦，或者总是对他发脾气，那么儿子不但会在爸爸面前感到不自信，在别的男人面前也会觉得心虚。

所以，如果爸爸想帮助自己的儿子长成一个信心十足的男子汉，他就不该在儿子哭的时候冲他发脾气，不该在儿子和女孩一起玩的时候批评他，也不该强迫他去参加体育运动。他应该一看到儿子在身边就感到高兴，让儿子觉得自己和爸爸非常亲密。爸爸有什么秘密也可以告诉儿子，和儿子一起分享。

女孩也需要慈爱的爸爸

在女孩成长的过程中，妈妈有很大的重要性，但爸爸的重要性也是同样不容忽视的。尽管女儿只是在有限的程度上模仿爸爸，但是她会从爸爸的赞许中获得做一个女孩和做一个女人的信心。为了不让她觉得自己不如男孩，爸爸就应该让女儿感到，爸爸喜欢和女儿一起为某件事努力，喜欢女儿为他献出一点儿力量，这种并肩奋斗的事情不是只有男孩子才能做到的，女孩子也可以和爸爸肩并肩一起为目标努力地。当女儿意识到爸爸对她的参与和贡献都很感兴趣的时候，她就会对自己充满信心。

在女孩懂得去欣赏爸爸的男子气质以后，她们就做好了成年的准备，也就可以在这个有一半是男人的世界上独立生活了。她以后同男孩和男人建立友谊的方式，她最终爱上的男人类型，以及她的婚姻生活方式等，都会受到童年时代的父女关系和父母那种互敬互爱关系的强烈影响，所以父亲要做好表率的。

关注孩子的需求

孩子有非常强烈的亲近与关爱的需求，也就是说，他们希望感受被关爱、呵护以及安全。他们希望自己的亲人在身边。因此，以各种形式制定规则，比如：定期全家一起就餐，或者一起游戏。这期间，特别是对大孩子来说，聚在一起的时间长短不重要，重要的是大家在一起时的聚会质量。

孩子有强烈的关注与被关注以及评判的需求。他们的自尊、自信心因此而得到发展。孩子希望体验自己对别人的影响，有人愿意倾听他的愿望。这并不是说，对孩子的每个愿望都要做出让步。恰恰相反，孩子由此知道，并不是每个愿望都能实现的；孩子还要学会有耐心。重要的是，要告诉孩子，家长已经明白他的需求。可以直截了当地考虑孩子的愿望，这样有变通的余地，或者恰当地向孩子做出解释，为什么有些事情行不通。孩子明白他的愿望得到关注，就不必为引起别人注意而绞尽脑汁，他由此心满意足并且更加冷静了。

孩子有知情与安全需求。孩子想了解世间万物。如果家长向孩子解释世间的事物，告诉他们事物的名称，帮助他们对自己所拥有的物品进行分类，这会使孩子更容易理解这个世界。如果孩子的生活有规律、有条理，孩子会感觉很舒服。这样他们就会熟悉正常生活过程，适应生活环境。对孩子来说，家长的行为举止应该有透明度、可预见性。如果成年人总是发无名火，或者做出其他什么令孩子无法理解的事情，这会使孩子产生危机感。家庭内部环境越是和谐、相互尊重，孩子越有安全感。因此，家长之间的冲突尽量不要让孩子知道，特别是幼小的孩子，因为他无法理解究竟发生了什么事情。

孩子是小小探索家。仅有信任对他们还远远不够，他们对周围世界充满好奇。缺少变化或者缺少探究的机会使他们感到百无聊赖，致使他们有破坏性行为。因此，给孩子提供机会，让他感受有益的探究带来的愉悦，满足他求知的渴望，发挥他学习的动力。至于以什么形式提供这些机会，应该视孩子的年龄以及兴趣而定。

孩子希望自己不断成长，变得有能力并强大，按照自己的个性以及个人需求生活。对此，摆在家长们面前的任务是，接受孩子的优、缺点，不要对孩子发展的空间做出错误判断。重要的是，发挥孩子的长处，认可孩子的短处，让孩子得到均衡发展。

家庭中促进孩子心理健康发展的机会很多。如果能关注孩子的需求，可以使教育变得更加轻松。家长与其对某些特定的状态表现得很恼火，比如对孩子的哭闹纠缠，还不如将注意力转移到考虑孩子为什么哭闹上来。做这样的换位思考可以营造解决问题的有利氛围。

安全感的需求

任何人都需要安全感，有的人的安全感来自家庭，有的人的安全来自于物质，给宝宝的安全感就应该从小培养，让宝宝不会有心灵缺失，安全感能让孩子尽快地融入社会，孩子的自信心也与是否有安全感相关，孩子的安全感主要是来自于家庭，爸爸妈妈的爱能够成就更多自信的宝宝。

安全感是孩子心灵成长的一块重要基石，是孩子适应与融入社会，充满信心地生活与学习的前提条件。孩子安全感的建立，和家庭与生活环境的影响有着密切的联系。宝宝的安全感，是父母给予的。而原始安全，绝对可以影响孩子的一生。宝宝的安全来自妈妈，妈妈的安全感很大程度来自自己和家庭的支持。因此，全家人相互理解，相互扶持，就带给宝宝安全的爱。

家庭成员之间融洽的关系，是孩子建立安全感的重要基础。对于孩子来讲，爸爸妈妈就是他的整个世界，是他生活的楷模。如果孩子经常看到爸爸妈妈之间的冲突，孩子会感到极大的不安与畏惧。幼小的心灵会埋下阴影。从这个意义上来讲，爸爸妈妈能送给孩子最好的礼物，就是美好的婚姻，这会直接影响孩子安全感的建立，以及影响社会化、人际关系等诸多方面。因此，拥有一个健康快乐的生长环境，对孩子安全感的建立是至关重要的。对于孩子来说，爸爸妈妈就像是玩伴一样重要，缺少了爸爸妈妈的陪伴，孩子将很难养成良好且规律的生活习惯，安全感自然也就无从建立和培养了。

家庭温柔的陷阱，特别是"隔代疼"，把孩子保护得太好，为孩子成长的每一步，准备好了"清道夫""铺路石"，剥夺了孩子面对困难的机会，使孩子胆小、畏惧困难，自然自身也失去了安全感。因此，应让孩子学会自己的事情自己做，成人不要包办代替。如让孩子适时学会自己吃饭、自己穿衣服、自己收拾自己的物品，自己解决与小朋友的纠纷等，尝试成功，建立自信，只有让孩子多次获得成功的心理体验，才能应对失败的考验。

爸爸妈妈要调整对孩子的教育方式，允许孩子身上存在不好的习惯和小毛病，多一些鼓励和肯定，少一些批评和指责，多陪孩子玩一玩，给孩子一些空间。平时加强与孩子沟通互动的时间，给予孩子更多的情感支持和无条件的关爱。

孩子的安全感是需要爸爸妈妈用心去呵护的，一个拥有安全感的孩子，会很自信、独立，能与其他人友好地相处。如果一个孩子从小就没有培养起健全、足够的安全感，那么成年后心理上的缺陷将可能无法完全修复，所以从小培养宝宝的安全感是非常重要的。

情感的需求

情感是人在社会活动中对客观事物所持态度的体验。丰富而健康的情感是人们精神生活得以高度发展的必要条件。"没有人类的情感，就没有人类对真理的探求"，家庭教育不仅是认识的过程，更是情感交流的过程。国内外的许多研究资料表明：幼儿有很多情感需要。家长需要满足孩子的各种情感需要，才能使其人格得到健康的发展。

被别人爱的需要

爸爸妈妈要经常给孩子以鼓励、赞扬的表情或亲切、温和的问候，对他提出的正当要求尽可能热情、友好地接受并帮助解决，从而让他感受到：爸爸妈妈喜欢我，希望我能进步。

取得好成绩的需要

如果幼儿在生活中老是体验失败的感受，他就会变得灰心丧气。因此，爸爸妈妈一方面应注意向幼儿提出的要求不宜过高，以免超出孩子的能力限度而使他受挫，另一方面，在提要求时要考虑幼儿特长，使他能够在某一方面取得进步或成绩，并享受到由此带来的乐趣。

归属集体的需要

孩子往往很喜欢和别的小朋友一起玩，一起学习，在集体中得到快乐。如果长时间独处，孩子的情绪就会受到压抑，产生抑郁情绪。爸爸妈妈应该设法为孩子创造与同伴共同游戏、学习的机会和条件。即使他暂时不得不离开集体（如生病住院、放假回老家等），爸爸妈妈也要设法通过捎口信等多种方途径，让孩子了解小伙伴对他的思念，从而让他时刻体验到集体的温暖。

自尊的需要

孩子学什么、怎样学，玩什么、怎样玩等不应由爸爸妈妈硬性规定。爸爸妈妈应明智地激发孩子自己开动脑筋去想去做，并让他在自我评价中增强责任感。孩子一旦有了进步，则应及时做出肯定的评价和积极的鼓励。

摆脱过失感的需要

有些孩子犯了过错或经历了几次失败，就精神不振，爸爸妈妈此时若再盲目指责，就更容易使其形成压抑的心态。因而，爸爸妈妈要心平气和地对待孩子的过失和失败，让他知道，每个人都会犯错误，只要改正了就是好孩子。

◇ 克服胆怯的需要

当孩子对陌生的活动产生胆怯心理而不愿参加时，父母的任务不是催逼他去做或者吓唬他，而是有意识地引导他避免经历不幸和伤害。当孩子不小心跌倒磕破膝盖，流了血，他会很害怕，这时父母不能大惊小怪地制造恐怖气氛，而是安慰他：不要紧张，流出的血还会在身体里长出来的。对孩子害怕的事情，父母要加以科学的解释，以消除他的顾虑。

情感的建立会形成一种无声的教育动力，情感过程也是相互影响、相互作用的过程。父母心里有了孩子，孩子就愿意和父母在一起就产生了亲切感，父母尊重、理解、关心孩子，孩子就更加尊敬爸爸妈妈。这样不仅可以促使孩子自觉地接受爸爸妈妈的教诲，还可以使孩子的学习兴趣得以提高，良好的学习习惯得以养成。

朋友的需求

友情对儿童的认知发展、社会与道德发展起着重要作用。在儿童必须脱离对家长依赖性时，同龄人、好朋友是很重要的，因为这种关系结构对孩子提出了特殊的挑战。如果说孩子与爸爸妈妈的关系是通过上下级、权威与服从形式表现的，那孩子与朋友间的友情关系，则常常是在同龄人基础上，更多的是以平等、同一层次以及相互间的关系形式表现出来的。

朋友数量以及性别

在一次问卷调查中，几乎所有的儿童都表示，自己有一个最好的朋友。

越是年幼的孩子朋友越多，但他们说不清究竟有几个。这包括同龄人，以及家长、老师，甚至宠物。对幼儿来说，朋友就是所有与自己友好相处的人（以及动物）。按照这样的标准，朋友数量剧增就不足为奇了。

随着年龄增长，朋友数量开始下降。8 岁、10 岁，特别是 12 岁的孩子通常称自己只有一个"最好的朋友"，而且严格限制为同性朋友。

同类抑或异端

我们选择的朋友都是些怎样的人呢？"物以类聚，人以群分"无疑是源自生活经验的总结，在年龄、出生、志趣相投、对建立友谊关系的观点方面的相似性与同感在交友方面是起决定性作用的。当然也有与此相反的生活经验，就如俗话所说的那样："异性相吸"。上述几个方面看，是否只有差异才是保持友谊关系的基础，也就是说，是否只有这种友谊关系才能提供建立轻松的氛围以及对自己的生活发展有帮助的机会。对孩子而言，回答是很明确的：朋友就是和自己一样的同龄人。

友谊的宗旨

所有 5 岁以及几乎是所有 6 岁的孩子都在问卷调查中表示，需要有一个朋友一起玩耍。

从 8 岁开始，儿童便将朋友视为自己重要的帮手，比如，当自己被人威胁，或者被殴打了；自己要背负重物；自己完不成作业或者陷入困境时。儿童常常以体力上的困境，而青少年则以心灵、精神或道德方面的困境为例，在这样的困境中，他们期望朋友的陪伴或者支持。朋友同时还是聊天的伙伴，是可以帮助自己排解孤独的人。6 岁的孩子还强调："独自待着或者自己一人玩很无聊，所以我需要朋友。"

这个观点对青少年也很重要。他们的表达更带有普遍性，更中肯："否则很孤单，不知道自己该干啥……"人总是需要朋友的，这样不至于独自度过一生。

一个或者许多朋友可以提供一个受保护的社会空间，有保障的安全性、可靠性定性。各个年龄段的人对这个空间都有不同的设想。5 岁或者 6 岁的儿童认为朋友外在的行为方式很重要：朋友首先要"友好"，亦即朋友不能有挑衅性的行为举止。多数 8 岁的儿童也希望自己有很"友好"、符合自己需求的朋友："他必须爱我；他必须经常来看我；来接我；和我一起玩我想玩的游戏。"

论及自己对朋友的安全感与信任度的期望值，10 ~ 12 岁的孩子是这样表达的：一方面他应该和蔼可亲、助人为乐、有一定的承受能力、善于交际；另一方面要守口如瓶，不得告状、泄密。男孩子特别强调的观点是形影不离、严守秘密，即"同谋"（哥们义气）。对女孩们来说，（女性）朋友是守口如瓶的、善解人意的谈话对象，可以向她倾诉自己的烦恼，而不必担心她会向其他人，比如向母亲泄密的人。与注重哥们义气的男孩们相反，女孩们更强调交流私人事宜方面的信任度。

对如何建立安全的社会空间，尽管观点各异，但与此同时也发展了"信任"这个概念。当 5 岁的孩子对这个词还是一知半解时，6 ~ 8 岁的孩子认为这更多的是涉及外在的行为举止："信任就是，你手头有许多钱，但是你没有放钱的口袋。而朋友有个大口袋。你可以把钱放在他的口袋里，事后他把钱还给你。"

信任，12 岁的孩子认为这是保持友谊最重要的条件。随着年龄增长，它的含义也不断扩展到各个方面：12 岁的孩子认为是共守秘密，青少年与成年人认为信任意味着不得传播隐情。

公平、公开地交际

与儿童交往时使用平等的语境对儿童的发展以及培养儿童的自我价值感非常重要。儿童有权利要求坦率的交往方式，因为他们也正需要学习这类方式。这里有一些建议是需要家长们注意的：

避免使用讽刺挖苦、冷嘲热讽的语言。由此，儿童不仅无法交流，更何况他们也不懂这种句子所隐含的意思。如果孩子将牛奶洒了，而家长却说："你干得太漂亮了！"这样孩子会迷惑不解的。

不要发出自相矛盾的信号。注意你的语言与非语言的行为要一致。如果你以一种悲伤的表情对孩子说："你来了，太好了"孩子不会对这样的说法感到高兴，反而有负罪感。

不要对感觉状况作规定。如果孩子抱怨有疼痛，那就是疼痛。因为孩子相信那就是疼痛。不要规劝孩子，让他相信那不是疼痛。因为那样会使孩子对自己本身的感觉麻木不仁。

如果有失望，就明确告诉孩子，不要对此隐瞒什么。面对当今错综复杂的世界，孩子或许比成人更坦然。

通过坦率、公平地与孩子交往，孩子会赢得更大的力量与更多的自信。

如何给孩子立规矩

规矩是建立在充满爱的关系、负责任的、成熟的行为基础上的。"孩子需要规矩"并不是说，家长可以以孩子需要学习其他东西为借口而发挥自己的权威。规矩指的是：负责任地给孩子指明方向、谨慎地制止、在共同生活的价值和守规则方面以身作则，给孩子做出榜样，有意识地遵守规矩。

显然，制定规矩要求家长有毅力。正是由于对是非判断的标准前后不一，许多家长感到无助。害怕失去孩子的爱，与其他家长的竞争（玩具或者零花钱方面），或者出于自己小时候所经历的严格的、无意义的、与不合适的规矩带来的痛苦，家长们往往迷茫，在需要遵守规矩的时候，反而放弃了规矩。

给孩子立规矩意味着，家长要承受实施教育的不舒服的一面——唱白脸，承受孩子给自己带来的愤怒和烦恼。典型的情况以及如何处理孩子有许多事与愿违的行为，如孩子不听话，不乖，不认真对待家长的意见。下面是一些典型的情况以及如何处理：

发问、请求、苦苦哀求

"你不认为自己甜食吃多了吗？"

"你不觉得电视看够了吗？"

"你没发现和你一样大的孩子，这时候都上床睡觉了吗？"

在这些问题背后通常蕴藏着明确的、认真的意思，即什么是应该遵守的规矩。为了避免表现出高高在上的权威性，家长们不是直截了当对孩子把话挑明，而是提问，因为家长暗自希望孩子同意自己的意思，由此而避免冲突。

正确的方法是直截了当把话挑明：

"我想，你可以打住了，你吃了太多的甜食。"

"请把电视关了！"

"天已经很晚了，我想让你现在去睡觉。"

间接要求

孩子在干其他事情时（玩耍、做手工、看电视、吵架等），家长从其他地方发出指令，就是说，从另外的房间（厨房、地下室等），而不是直接面对孩子以有目光交流的形式发出指令。

"整理好房间！"

"把衣服挂好！"

"不要吵了！"

儿童有一个理会的范围，他们听不见对自己不利的指令，会对此不理不睬，因为他们的注意力集中在手头的事物上。另外孩子会猜测，这类间接的指令到底有多少认真的成分，如果不理睬，是否可能"没有危险呢"。

正确的方法是直接面对你的孩子。

不中听的指令要这样发出：直接走向孩子，与孩子平视；如果有必要，可以握住他的手，明确、清楚地说明，他应该干什么。

过于仓促地中断联系

由于生活节奏太快，许多家长往往做出这样的举动：对孩子发出指令（把衣服挂好），然后就转身离开，去干其他事情。回头家长感到惊讶的是：衣服并没挂好，而孩子不见了。

正确的方法是等着，直到孩子做出反应为止。

这个例子的意义在于，家长发出指令（把衣服挂好），并站在那里等到孩子接受指令，并按指令行事。由此使得指令明确得到解释，同时，如果孩子及时做出反应，应予以表扬；如果孩子没有按照指令去做，要再次重复指令。

以禁止替代指令

"停止争吵！"

"不要乱动！"

"不要这样乱抹！"

成年人常常告诉儿童，他们不该干什么，应该干什么，什么不好，会影响谁。他们对可能发生的不良行为做出限制。可是，儿童并不能十分明白，大人期望由此得到什么。

正确的方法是以正面解释的方式明确表达你的愿望。

"你们好好考虑，你们该如何做。"

"请坐下！"

"用勺子，不要用手！"

这样孩子得到明确的指令，明白大人希望他们做什么。

没有预先警告就下指令

"就此打住！"

"马上过来！"

儿童经常是很注重自己上心的事情。他们不会像成人希望的那样，马上停止自己的事情，为此他们需要一定的时间。

正确的方法是留出"启动时间"。

"再过 5 分钟就要吃饭了，准备结束游戏了。"

"再过 10 分钟我们就要出发了。"

"如果这一轮游戏结束了，就不要重新开始了，我们必须马上看牙医了。"

问为什么

"你为什么这么做？"

"你为什么又哭了？"

"你为什么欺骗我？"

"你们为什么又争吵？"

提问"为什么"并不一定真是想探究原因，而是让孩子承认错误，有负罪感。孩子常常感觉到被逼得没有退路。他们试图找借口（比如说"我不知道"）过关，但往往陷入更加无望的境地（比如家长会说"你怎么会不知道啊"！），结果家长和孩子不欢而散。

正确的方法是寻找解决的办法。

"请放好！"

"你们怎样才能重新和好？"

"你有解决的办法吗？"

"你们有可能不再争吵，以后友好相处吗？"

孩子不是陷入防御状态，没有必要找借口解释原因，而是在解决问题方面得到支持。此外，假定他们是有能力解决问题的。

寻求理解

"你应该明白，这部电影对你不合适。"

深深地叹气，家长不停地唠叨，想引导孩子接受成年人的观点，不愿接受这样的事实：孩子是依据自己成长的经历对事物做出判断的，他们的感觉与成人不同。

正确的方法是解释、说明你期望什么。

"我希望你把电视关上，因为我觉得，这部电影对你不合适。"

发出不现实的惩罚指令

"如果再不关电视，你将6周不得出门。"

"如果你不按时回家，我们休假时就不带你出去。"

"如果你不吃干净，就不再给你吃饭了。"

通过这样的或者是类似的威胁，孩子会感到恐惧和不安；抑或看穿了家长只是说说而已，吓唬自己。

正确的方法是说明实在的、可信的结果。

"如果你不顾我们的反对，再打开电视机，那你这一天都别想再看你最喜欢的电视节目。"

"你不按时回家，我们会担心，不知道你究竟在哪里。那你第二天就得在家待着，不准出门。"

"如果你不饿，可以不吃光。当然你也就不用吃餐后甜点了。"

如何让孩子遵守规矩

家长可以通过以下办法来让孩子遵守规矩。

采取预防措施

关注好的、值得表扬的和正确的事情：

"太好了，你能按时回来。"

"太棒了，你会帮我了！"

"很好，你想到这个了。"

"你能这样考虑，多好啊！"

儿童对自己所关注的举动具有足够的注意力，不需要通过特殊的举动吸引他们的眼球。

恰当地表扬

儿童很愿意展示符合成人期望的事情，比如，按时高质量完成作业，这样的可能性通过褒扬和支持得到强化。一个基本规则是即便出现意外（如不准时现象），也应该表扬正常的行为（如准时现象）。

遵守家规

"吃饭时不得看电视。"

"每个人都把自己的餐具放到洗碗机里。"

"在家穿拖鞋。"

每个人必须遵守的、明确的家规可以使共同生活简单化，避免多余的、经常出现的冲突。重要的是要不断检查这些家规是否适合目前的家庭状况，或者随着情况的变化做

出的调整是否合适。家规可以通过家庭谈话形式制定，也可以由家长做主制定。

有效的要求

家长通过合适的预防措施将冲突消灭在萌芽状态，可以通过明确的要求给孩子定方向。如果家长注意到以下几点，那对孩子的要求才会奏效：

只有在你也能做到时，才提出要实施的要求；

提出要求之前，先考虑好，实施要求可能导致的积极和消极的后果；

如果孩子已经由于电视、录像或者电脑分散注意力，而对你视而不见时，不宜宣布要求；

关注一下，看你和孩子谈话时，他是否注意力集中（目光交流或者肢体语言的交流）；

明确说明要求，而不是以请求的形式；

每次只宣布一个要求，并让孩子复述这个要求；

近距离观察，直到孩子按要求做了为止。

惩罚以及符合逻辑的后果

家长总是强调，自己试图给孩子立规矩的所有努力都付诸东流，唯一的法宝是惩罚。如果家长坚信有必要实施惩罚，一定要牢记以下几点建议：

即便在教育儿童时发生了冲突，成人的行为举止仍然可以通过威严、不失态、谨慎和冷静来表现。像对待自己那样对待你的孩子。在实施惩罚之前，做几次深呼吸，提醒自己——我是成年人。

如果在日常生活中，常常惩罚儿童，那就应该扪心自问，自己的心理状况如何。多数惩罚是由于家长本身过于焦虑而造成的。因此，关于孩子是否应该惩罚的问题，首先是由家长的疲惫程度决定的，然后才是孩子所犯的错误或不当行为造成的。

如果考虑了所有的因素，仍然坚信需要惩罚孩子，就请注意有效的惩罚应该是：

有前因后果的；

尽可能直接与某事相关，而不是即兴随意发作的；

要对孩子公平；

事先商谈过的；

根据情节而定；

对事不对人；

必须事先警示。

家长应该明白，随意性的、不受重视的、没有分寸的惩罚会使你对孩子的教育毁于一旦。

家长应该考虑到，自己也曾经是个孩子；自己受到家长惩罚时，是何状况。有时，回忆自己孩童时期发生的类似情况，自己家长如果不是实施惩罚，那将会是何种后果，可能会产生哪些良好的、有益的结果，这样考虑对自己是很有帮助的。

表扬孩子的注意事项

"乖，你真棒！""妈妈为你感到骄傲！"我们经常这样赞扬孩子，然而，看似简单的赞扬都存在着这样那样的问题。例如，"乖，你真棒！"这个赞扬就过于笼统，孩子根本无法感知自己究竟为什么棒？"妈妈为你感到骄傲！"这个赞扬过分地强调了别人的感受，而不是孩子！其实，这样的赞扬忽视了孩子的行为的具体过程，忽视了能力，而强调了结果。久而久之，在无形之中强化了孩子这样的观念——除非获得赞扬，否则，我所做的都是没有价值的。很容易使孩子形成自私自利的性格，害怕甚至经不起失败。家长给孩子的应该是鼓励，而不是赞扬。鼓励是对孩子能力的尊重和信任，赏识的是孩子的努力过程。鼓励多用"你……"的句式。例如，对正在画画的孩子说"你的色彩搭配得真好！"强调是细节和孩子的感受。多用鼓励之后，你会发现，孩子培养了自我意识，平静地承认不完美的现实。

表扬的目的是给孩子们营造一种内部激励机制，让孩子做了好事、完成某项任务时，能从中获得满足感和成就感。这也是孩子成年后从事工作和社会活动的原动力。所以，对孩子的"表扬""鼓励"是为了今后不必再进行针对具体事件的强化，是为了"不表扬"。家长必须充分认识到这一点。另外，家长在奖励孩子时还要注意奖励的方向性和教育性。奖励孩子一定要掌握好方向性问题，不宜单纯为了奖励而奖励。要让孩子明白对他的奖励绝不是对他做的事情的本身，而是奖励他做事的态度。例如，对于孩子的助人为乐的行为进行奖励，通过奖励要让孩子知道怎样做人、做什么样的人。奖励的教育性是通过奖励，使孩子有光荣感和幸福感，从而增强孩子的自尊心和自信心。表扬孩子固然重要，但如果表扬不注意方法和技巧，非但起不到应有的作用，有时还会适得其反。

具体说，在表扬孩子时，应该注意以下问题：

1. 表扬不要敷衍。家长在表扬孩子之前一定要想想孩子是否真的值得表扬，随口就来的表扬，实际上是对孩子不负责任的敷衍，这不是促进孩子健康成长应持的态度。长期敷衍孩子会影响家长在孩子心中的形象与威信。因此，父母应该有一种责任感，应该将表扬孩子看作一件重要的事情，不能漫不经心，张口就来。即使自己忙、情绪不好或有其他原因，也不能用一两句话连哄带骗地表扬打发孩子。

2. 表扬孩子要讲究技巧。一般来说，表扬孩子分为物质奖励和精神奖励。父母在奖励和表扬时要注意孩子的年龄特点和性格特征，将二者巧妙结合，灵活运用。

3. 3 岁以前的孩子，经验很少，他们对某些精神奖励方式缺乏体验，而更看重物质奖励，比如好吃的糖果、点心、漂亮的衣服、玩具等，所以，对于这个年龄阶段的孩子来说，父母应当多采用物质奖励的手段，并适当运用积极鼓励的语言来强化孩子的好习惯和好行为。

随着孩子年龄的增长，可以慢慢过渡到诸如口头表扬、赞许、点头、微笑、注意或认可等精神奖励为主的阶段。比如对三、四岁的孩子，父母对于孩子的良好表现，就可以用给他讲一个有趣的故事、带他到户外或公园游玩、和他一起下棋、做游戏等作为奖励。

培养孩子的兴趣爱好

孩子对周围世界充满了好奇心，对社会、自然及各方面的知识都会产生浓厚的兴趣。兴趣是求知的动力。孩子对某一方面知识产生了兴趣，必然会不断地接触、探求，使孩提时代的兴趣逐步强化，从朦胧、不稳定的意念，变为较明确、相对稳定的志趣。志趣进一步发展，则成为终身为之奋斗的志向，儿童兴趣爱好非常广泛，但保持时间短，特别是新鲜劲一过或一遇到困难便会退缩、回避。所以，培养儿童的正当爱好和兴趣，对一个孩子成材至关重要。如何才能正确引导和培养孩子的兴趣爱好呢？

1. 培养孩子的兴趣爱好要针对孩子的特点，不能完全凭家长的好恶而主观臆断。要根据孩子的性格选择最适合孩子的项目，要尊重孩子。

2. 家长要循循善诱，使孩子的爱好相对稳定，步步深入，在众多爱好中形成一个中心爱好。由单纯从兴趣出发转到有目的地去发展特长的轨道上。不能见异思迁，要持之以恒。特别是当孩子在前进的道路上遇到困难和挫折时，更要鼓励他战胜困难，坚持到底。要通过兴趣的培养提高孩子做事认真坚毅的意志品质。在具体的过程中，家长可提一些有效有益的建议启发孩子去思考，鼓励他动脑筋，想办法克服困难取得成功。

3. 儿童分辨是非的能力较差。易被冒险、赌博等事物所吸引，如迷恋电子游戏机、扑克、麻将牌的儿童越来越多，这些游戏和娱乐对儿童的心理健康影响颇大。所以，家长要从小注意为孩子提供良好的环境和有意义的兴趣爱好，逐渐引导孩子形成健康积极的兴趣爱好。

4. 提供孩子可发挥创造性思维的环境，不要一切包办，要珍惜孩子的好奇心，要耐心、仔细地引导孩子打开创造性思维的大门，满足他们的求知欲。引导孩子认真观察周围的世界，一旦他有了浓厚的观察兴趣，就会主动持久地去认识世界。社会、自然界中的各个领域都是丰富的知识宝库，父母的责任是引导孩子去探索，在培养孩子兴趣的同时培养他们勇于克服困难的性格，使他们逐步养成有毅力、不怕困难、通过努力战胜困难的良好意志品质。

敏感的青春期

　　青春期开始了，对许多家庭而言：父亲一母亲一孩子的和谐甜蜜时代结束了！代替这些甜蜜的常常是双方的争执、挑衅、过分的举动、愤怒和眼泪。

　　孩子情感、生理和社会的独立性发展的时期是几乎包括所有家庭都要面临的一个困难时期，这个时期对所有相关人员而言，都是很高的要求和严峻的考验。青少年的诸多行为令许多家长不能理解，使得家长们害怕。他们担心自己的孩子是否还"正常"，担心自己到目前为止实施的正常的教育是否徒劳，担心孩子滑向犯罪的深渊等。出于这样的担忧，家长往往会采取更过分的措施或者完全取消这个阶段的正常教育。要做到必要的理性和冷静确实很难，但正是这些理性和冷静对这个阶段是有帮助和必要的。

青春期的特点

　　青春期孩子的基本能力，如读、写和计算以及必要的对日常生活的规划与思维定式已经形成。认知发展方面，他们完成了从依据经验进行思维过渡到逻辑思维的发育过程，完成了分类、自上而下地有序（分配）思维的过程。孩子能够抽象思维，就是说，感觉和思考从具体的视觉基础上脱离开来。

　　随着在校学习，各门功课的难度不断加大，孩子对某些功课以及某方面的知识越来越好奇并感兴趣。客观的兴趣越来越凸显。孩子在这个阶段已经可以很好地预测他自己可以完成哪些要求。从意识发育方面看，在这个阶段孩子开始脱离父母家庭，同龄人对他们来说越来越重要。开始时，他们还信奉"男女授受不亲"，很注重这类界限。孩子学会恰当的男性和女性角色行为。他们建立对（周围环境）社会团体和机构的看法，树立道德价值标准。

　　从童年尾声向青年时期的过渡也称为"青春期"，这是一个界限很明显的阶段。青春期大约持续 5 年多时间，这期间有形态各异的发育过程。

　　身体方面的变化：性别特征的发育使得许多青年惶惶不安，产生障碍。不论是男性还是女性青年，都是由此才开始了一个从情感方面脱离父母，与同龄人密切交往，建立朋友关系的过程。

　　学习动机造成矛盾的行为：一方面有了兴趣，另一方面又表现出叛逆的行为，特别是针对学校提出的对学习方面的要求。

　　认知能力发生改变，这是属于青少年发育发展过程中最具影响力的过渡阶段。对事物正确评估的能力得到发展，可以培养设想能力。抽象思维能力更广泛。转移认知思维能力开始发育，即根据一个想法进行思考的能力。由此可以改善接受与处理信息的能力。

青春期的行为以及它的含义

对成年人来说，青春期的男孩和女孩都不可理喻。按照成年人的标准，他们表现得很"非理性"。成年人常常忘了"透过现象看本质"；忘了时不时发问，孩子的所作所为是想表达什么意愿。成年人往往需要"翻译"孩子的行为，尝试理解其"本意"。虽然以下内容不能概括全部，但可能对"翻译"青春期行为和对此的理解提供参考。

典型的家长行为

与青少年有青春期典型的行为方式一样，家长同样也有类似的反应，这些反应可以导致共同生活困难，增加共同生活的压力。家长确实很难在孩子的青春期阶段很好地平衡收与放，监督与信任，给孩子立规矩和给他们以自由空间。孩子们各种各样的、不可预见的行为要求家长们重新审视自己对孩子的态度、行为，以及对待孩子的方式方法。这时，家长们往往可能陷入一种对孩子发展不利的境地：

恶性循环的监督：对于孩子们的疏远和保守自己的隐私，孩子不再什么都说的做法家长们难以接受。不信任与不安导致家长们迅速加强检查措施（口袋、书包、抽屉……），其实家长的领导艺术应该是：一方面通过预支信任尽可能地强化孩子的责任感，同时另一方面尽量减少不必要的检查。

过早独立：出于各种原因，孩子过早独立，家长过高估计了孩子自己承担责任的能力。成年人应该懂得，一方面要要求孩子独立，另一方面，过早独立承担责任会造成冷漠（我对你们反正无所谓）。作为家长，应该认真对待培养孩子独立性的问题。扪心自问，自己作为成年人，应该在什么时候真正上岗。

避免争执：出于心灰意懒、失望、过分压力，出于对孩子的担忧，或者对参加讨论准备不充分，许多家长们下意识地避免冲突，试图以"迂回"方式得到所需的信息。为了产生必要的"摩擦"，青少年会故意挑起事端，强迫家长陷入争端境地。当然，作为家长，不应该计较孩子发起无谓的争端，因为许多争端事实上仅仅为出气，是没有什么实际内容的。

从挑衅中脱身：成年人无法区分、也无法理解孩子想要与家长保持若即若离状态的两难境地。孩子们用非常粗暴的语言（比如蠢猪、笨蛋）对待家长的行为，一方面为了表示与对方保持距离，但另一方面也同样使孩子感觉非常糟糕，因为他们知道，自己的行为方式很不得体。家长们对这种失礼很难接受，伤感情了。但是，孩子这种不受欢迎的举动并不代表他们的为人，而是代表他们成人了。在孩子的青春期阶段，需要我们成年人"宰相肚里能撑船"，内心保持平和的心态，以辨别孩子是青春期的骚动、狂妄，还是真正的越轨。

失败的角色：家长不能接受自己在孩子心目中形象地位受挫。为了表现家长的"优势"，他们找青少年的"碴儿"。他们千方百计想保住自己的地位，而青少年则想颠覆这种优越感。

出于虚荣心、权力欲，或者自己本身的无助，成年人试图通过"穷追猛打"的方式暴露青少年的弱点，置他们于很可笑的境地，目的是想让他们变得不自信。常常出现这样的情景：似乎青少年很在意这一点，他们最难以承受的，就是不被家长所重视。请赐予青春期孩子占了上风的感觉！你是"理想中的爸爸"或者"理想中的妈妈"的时代已经一去不复返了。将自己的角色转变成孩子老练的、可信赖的朋友吧！

针对家长的规定和禁令

不要试图将自己改变得比青少年还年轻。这帮不了你。相对于"职业年轻人"，青少年更看重真正的"成年人"。他们不想拥有40岁的朋友。

请成熟一些，尽管你的不成熟已经在挑衅事件中获胜；

和孩子建立友谊；

制定理性的规章制度，灵活执行，给对方活动的空间；

让青少年不失面子地越轨，并改正自己的违规行为；

对青少年从侧面进行教育（散步时，开车途中、购物期间……）；

扮演在青少年身边起提示作用的角色；

永远不要揭青少年的"疮疤"，这样做绝对会伤害他们；

对某些可说可不说的问题，当耳旁风；

含蓄地表达自己对音乐、嗜好、服装、青少年的全套装备等的看法；

不要咄咄逼人，但愿意效劳；

假设你对青少年总是很重要，尽管有时并不是那么回事儿；

（特别是有外人在的场合）永远不要强调自己最近经历了少有冲突事件的阶段，青少年对此可能会理解为，希望他们制造新的争端，只要出现这样的轻松阶段，就尽情享受吧；

信任青少年，鼓励他们；

不要多关注青少年为自己定的约会地点等；

冷嘲热讽伤人最深；

要想到，在孩子青春期以前，你们之间的关系已经打好基础了；

与其他和你情况相同的家长，以及已经经历过这个阶段的家长交流；

如果你实在无法忍受了，可以这样考虑孩子们常常不听父辈的话，但他们从未错过模仿父辈的机会。

难以启齿的性

现今的青少年对性和避孕知识的了解程度是前所未有的。公众舆论和民间的呼声使得关于性和避孕知识不再是秘不可言，而以往，这类话题是不登大雅之堂的。尽管如此，仍然要求家长在性教育方面给青少年以指导，让他们明白在面对青春期新的情况时如何行事为佳。

通过采取有意识的预防措施，可以减少意外的怀孕现象发生。对于性病的无知问题也成为当务之急，特别是有关艾滋病的危险。

并不是每个青年在青春期都必须经历"狂飙运动阶段"。随着童年时期的蜕变，大部分人想尝试"原本只有成年人可以做的事情"的愿望也会随之滋生。

期望与恐慌

家长应该注意，教导孩子认识自身，抛弃过时的偏见，自然地、自信地对待自己的身体。青春期生理和心理的发育会令孩子产生不安与恐惧。请家长认真对待与此有关的问题。

大部分年轻人很早就更多地开始考虑性生活。在他们还没有开始之前，就已经在谈论并向往性生活了。这造成了很高的期望，增加了紧张程度以及无意识的恐慌。当第一次性行为真正出现时，期望与想象往往很容易转化为失望。

家长不可能影响孩子的需求和愿望，特别是孩子拿感情当儿戏的时候。但无论如何，家中开诚布公的氛围有利于交际，增进信任的基础。

对女孩来说，母亲或者最好的女朋友是值得信赖的倾诉对象。而男孩，如果说需要这样的倾诉对象的话，更多的是男性朋友。

及时考虑避孕工具

人们一直不断重点呼吁正确使用避孕工具，比如避孕套或者药物。许多男孩和女孩"第一次"往往不使用任何避孕工具。尽管有大量的预防艾滋病运动，但避孕套可以令你远离艾滋病和其他的传染病的宣传在青少年中间还是没能够深入人心。为此，母亲不应该再犹豫，当你女儿有需要时，要果断地给她书包里放置避孕套，并告知她使用方法，因为男孩情急之下，很少或者根本就不会想到用避孕套。

结果是，20%的青少年是在有性生活的第一个月怀孕，50%是在前6个月之内怀孕。而自1996年以来，15岁以下的孩子怀孕的数字翻了一番。而当怀孕后才得到合适的指导。很遗憾，这种事情直到很晚才引起重视。

许多年轻的女孩陷入"鸵鸟政策"的境地。她们突然变得无助，一无所知，需等待很久，才能得到合适的援助。

🐚 时尚的性教育

对待性问题的态度越开明，青少年越容易做到对自己和他人的身体保持负责的态度。这个问题可以在散步的时候谈，甚至也可以在匆忙间谈。家长可以以最自然的方式开始谈人体结构、避孕工具的性激素作用、受孕的过程等。只有如此，才能唤起青少年必要的责任意识。

🐚 如果孩子遭到性侵犯

现在人们对这一问题所倾注的关注度远远不够，首先要说的是"恋童癖"：恋童癖者利用孩子来满足自己的性冲动，包括爱抚、摩擦、裸露，却不发生真正的性关系，这种人经常存在于跟孩子非常接近的人群中：家人、朋友、邻居、经常去的朋友圈子。大多数情况下，孩子都会接受这些邪恶的行为而不说什么，因为对他们来说，还不能分辨什么是好，什么是坏，因此也不会明确地接受或者拒绝，但是这对孩子却会造成很严重的心理伤害。

孩子有压力，出现经常性的神经紧张，失眠，发育停止或迟缓，心不在焉，和同伴玩性游戏等，都是应该引起父母警觉的标志。作为家长，应该注意孩子周围所有人的行为：孩子的祖父母、叔伯，你们的邻居、朋友，甚至是你的配偶，儿童精神科医生认为，表示亲热的动作和挑逗的动作之间的界限确实很模糊要提高警惕。

儿童性侵犯一直存在，但是我们的社会拒绝承认和揭露它，在一些专家的督促下，报纸和杂志现在已经开始谈论这个话题了，并且出现了一些新的管理机构，保护这些受侵犯的孩子以及他周围的人。

在看完所有的报纸和电视节目关于性侵犯对儿童造成的伤害的评论后，父母往往考虑的是如何向孩子谈论这个问题。最好的预防方式就是提前向孩子说明这件事。

我们可以根据孩子的理解能力在他 3 ~ 4 岁的时候跟他讨论这个问题。例如，你可以向孩子解释："有些成年人与你的肢体接触是不怀好意的，这些行为包括目光、语言、动作，这些对你来说都是非常危险的。"

你也可以警告你的孩子，这些有可能对他造成伤害的成年人有可能是他以前就认识的，你要向孩子说明，如果这个人对他说，他们之间所做的、所说的都是一个秘密，不能向别人说的时候，就意味着他将伤害孩子。

最后，要同时告诉孩子，不要跟着一个不认识的成年人或者比自己大的孩子到陌生的地方，即使这个人看起来很友好；如果孩子面对这种情况，他应该毫不犹豫地大声呼喊、反抗、挣扎、伺机逃跑，并且及时通知家长。

当然，你不可能一口气把所有事情都交代给孩子，特别是当他年纪还非常小的时候，但是可以分步进行。例如，让孩子看一本关于这一问题的书，这种书籍数量众多，并且在警示的同时不至于使孩子感到害怕，由于它的评论非常到位，所以不会在孩子脑海中产生不良形象，以至于让孩子误入歧途。你可以根据孩子的年龄以及你个人的喜好来选择这种书籍。

任何人怀疑或者了解有对未满 15 岁的未成年人或由于年龄、疾病、残疾而无力自我保护的人进行虐待的事件，都应该向有关机关检举揭发。这样做并不容易，这很容易使人联想到告密。此外，如果我们不能确保事件的真实性（一个孩子可能在放学的时候讲述他的某个同学挨打，或者某个小女孩受到了猥亵，而这一切不过是他在操场听来的），我们情愿保持缄默。

怎么办？怎么讲？这不是孩子的编造或者臆想吗？我们能把这与某些家庭发生的同类事件混为一谈吗？一般说来，受害儿童由于害怕受到责骂，担心不被信任，或者出于害羞，都在犹豫着要不要向大人和盘托出。但是他们会向自己的同学讲述自己到底遭受了什么。

如果碰到这类情况，请把你听到的告诉负责儿童事务的专职人员，这些人会把情况汇报给主管机关，并且采取你不知道如何实施的行政和司法步骤。拨打报警电话同样会有人给你提供相关帮助。同时，负责未成年人事务的司法警察拥有一支专业化队伍，他们也会聆听孩子们的倾诉。

尊重孩子的羞耻心

不管我们愿不愿意，现在，孩子和我们一样，都能天天看到裸露的画面：电视上、杂志上、广告牌上，等等。正因为如此，谈论孩子的羞耻心问题对我们来说才显得很重要，这并不是一个已过时的或陈旧的观点，这种很自然的情感在孩子的成长和教育中都占有一席之地，虽然在前几代人"隐藏一切""都是可耻的"的观念和现在"展示一切""一切都允许"的观点之间有时很难找到平衡，我们还是应该做一些努力。

羞耻心，首先是当我们裸体时被别人看到或看到他人裸体时，本能地感到不舒服。"让我一个人待在这儿。"小女孩跟妈妈说。但羞耻心也是这样一些情绪：不愿意展示那些真正让我们有感触的东西，不想让人知道自己经历的痛苦。

孩子是怎样产生羞耻心的呢？2岁的时候，孩子们都很喜欢光着身子；在海边时，他们很快就换上了游泳衣，或者根本不穿游泳衣。但是，随着他们渐渐长大，一些孩子会因为自己裸体的样子被拍下来而感到后悔；他们要求从相册里或客厅里拿走这些照片；或者，他们有这样的想法，却不敢说。

羞耻心大约从2岁半到3岁的时候开始表现出来，根据孩子的性格和家庭环境的不同，时间也会有差异。同时，这个年龄的孩子开始发现性别的差异了，他们对于男孩女孩身体上的不同很感兴趣，对大人和孩子间的区别也有兴趣。这就要求大人有分寸地回答孩子们的问题，纠正他们的不当行为。

尊重孩子的羞耻心，也有助于不让孩子尴尬。例如，孩子2岁半或3岁时，我们并不建议大人和孩子一起洗澡。一些人错误地认为，如果在洗澡、穿衣服等方面不做任何限制的话孩子就不会过分地害羞。很多孩子长大成年后都会说，因为父母那些毫不害羞的行为让他们受到了很大的伤害，甚至让他们有罪恶感。

我们的社会忽略了，身体和情感是不可分离的。对孩子来说，身体不仅是医学意义上或科学意义上的范畴，还包括全部来自于他所看到的，或他人的目光引起的兴奋情绪和感受。这就要求大人们敏感、体贴和尊重孩子。

帮孩子克服自卑感

现实生活中，许多孩子存在着对自己缺乏信心，瞧不起自己，认为自己什么都不行、无法赶上他人的自卑感。自卑是一种不健康的心理、一种人格缺陷，会影响到人格的健康形成，甚至对人的一生产生消极的影响。自卑往往源于孩子的幼年时期，受很多因素的影响，尤其是父母的早期教育。

作为孩子的父母，一定要在早期就注意帮助孩子避免自卑感的形成。

自卑感会使人害羞，让人长期缺乏勇气，害怕失败，同时也可能出现相反的表现（表面上看来）：好斗、过度自信，蔑视他人，实际上这些都是为了掩饰自信心的不足，是自我防御的表现。这种自卑感是一种障碍：孩子会感到痛苦，与他人保持距离，而且感到不被理解。

怎么做才能让孩子增强自信心呢？一定不要重复对他说"你永远都做不到的"，"你不行"，"你不知道"。特别要避免的是在他做完一件事之后，没有站在他的立场上考虑，没有站在他的立场上说话。而是应该让他有时间说出他的想法，饶有兴致地对他的问题做出答复。渐渐地，孩子就对自己有了信心，他就会表现出主动性，不再害羞。

培养孩子的自信心

自信心对于孩子非常重要。自信心是孩子成才与成功的前提条件，很难想象一个缺乏自信的人能够真正做成什么事情。一个缺乏自信、充满自卑的孩子，即使脑子很聪明，反应灵敏，但在学习中稍遇困难和挫折就会发生问题。自信心可以使孩子不怕困难，积极尝试，奋力进取，取得更多的知识和经验，争取更好的成绩。鼓励、赞扬对增强孩子的自信心是很有益的。幼儿阶段是孩子形成自信的重要时期，培养孩子的自信心，可以从以下几个方面入手：

赏识孩子的点滴进步，多说"你真棒"

比如让 4 岁的孩子自己穿衣服，不要说："你现在自己穿上衣服，下午就给你买雪糕。"而只需说："我想你已经长大了，能够自己穿上它了。"在这样的提示下，他努力穿好了，就会感到自己确实已长大了，就会在此后每天的努力中巩固这种感觉，从而自信心大增。

家长的评价对孩子产生自信心理至关重要。幼儿时期，家长对孩子信任、尊重、承认，经常对他说"你真棒"，孩子就会看到自己的长处，肯定自己的进步，认为自己真的很棒。反之，经常受到家长的否定、轻视、怀疑，经常听到"你真笨、你不行、你不会"的评价，孩子也会否定自己，对自己的能力产生怀疑，从而产生自卑感。因此，家长必须注意自己对孩子的评价，多为孩子的长处而骄傲，不为孩子的短处而遗憾。要以正面鼓励为主，要善于发现孩子身上的闪光点，不盲目的拿自己的孩子同别的孩子比较，而是多拿孩子的过去与现在比较，让孩子知道自己长大了，进步了，从而产生相应的自信心理。尤其是特别要给予发展慢的孩子以更多的关怀和鼓励,让孩子懂得人人都有长处,使这些孩子逐渐树立对自己的正确评价。

创造机会,在实践中培养孩子自信心

家长可以给孩子制定一些可以完成的任务,比如摆碗、盛饭、给爷爷拿眼镜、到信箱拿报纸等,他做到了就表扬。有时也帮他做一些比较困难的事,如洗手绢、擦皮鞋、整理玩具上架等,会做了更要大为表扬,树立她的自信心。早上起床和晚上睡觉要让他自己穿脱衣服,锻炼独立性。须知自信心和独立性要从一点一滴做起,不是抽象的。因此家长应该正确认识到孩子的缺点和优点,正确把握,创设良好的机会和条件让孩子去尝试和发现,发展孩子的各种能力,并在孩子取得成绩时,及时表扬,充分肯定进步,才能让孩子体验到成功的喜悦,产生积极愉快的情绪体验。

用鼓励的方法培养孩子的自信心

鼓励是培养孩子最重要的一个方面,每一个孩子都需要不断鼓励,就好像植物需要阳光雨露一样。没有鼓励孩子不能健康成长。但我们往往轻视对孩子的鼓励,往往忘记鼓励。许多人错误地认为孩子需要的就是教育,不断地教育,而教育更多的就是灌输和训导。

当孩子试着做一件事而没有成功时,我们应避免用语言、用行动向他证明他的失败。我们应该把事和人分开,做一件事失败了并不意味这个孩子无能,只不过他还没有掌握技巧而已。一旦技巧掌握,他就能把事情做好。如果我们采取指责的态度,孩子的自信心就会受到伤害,这个时候就不像掌握技巧那样简单了。孩子可能永远做不成这件事情。对家长而言,我们自己首先不能泄气或失去信心。

想要鼓励孩子,最重要的两条是:第一,不要讽刺他,使他受到不同程度的打击;第二,不要过分地赞扬他,以免产生骄傲情绪。我们对孩子的教育过程中,必须时刻顾及这一点:不要使孩子失去对自己的信心。同时,我们应该知道,如何鼓励孩子的自信心。

让孩子从成功的喜悦中获得自信心

培养孩子自信心的条件是让孩子不断地获得成功的体验,而过多的失败体验,往往使幼儿对自己的能力产生怀疑。因此,老师、家长应根据孩子发展特点和个体差异,提出适合其水平的任务和要求,确立一个适当的目标,使其经过努力能完成。他们也需要通过顺利地学会一件事来获得自信,另外,对于缺乏自信心的孩子,要格外关心。如对胆小怯懦的孩子,要有意识地让他们在家里或班级上担任一定的工作,在完成任务的过程中

培养大胆自信。创造民主、和谐的家庭气氛像人类赖以生存的阳光、空气那样，无时无刻不在影响着孩子的身心健康和智力发展。

此外，我们还可以帮助孩子，发扬优点，以己之长，克己之短的方法来培养、提高孩子的自信心、上进心。

家长对孩子的期望

在孩子出生之前，准父母们就开始憧憬未来宝宝的模样，希望自己的宝宝漂亮、聪明、健康，幻想他将来成为什么样的人物，探讨用什么样的方法去培养他。当孩子出生后，初为父母的人们满怀激动地端详着自己创造的可爱生命，暗暗发誓要让孩子拥有自己所能奉献的一切，愿意付出所有将他塑造得更加完美。随着孩子的长大，父母对他表现出的每一样才能都惊喜不已，然后欢欣而郑重地商讨孩子未来的发展方向。父母所有的这些美好愿望和期冀是十分可贵的，也是成为好父母、培养出好孩子的前提。只是有时，望子成龙心切的家长难免一厢情愿，使期望脱离了现实的基础，为孩子设定了很多扭曲的目标。孩子是父母爱的寄托和快乐的源泉，但不应是生活的全部。在孩子成长过程中，家长对孩子的期望有些误区是应该注意的：

不要认为一味希望孩子像自己

有些家长希望孩子继承自己的某些性格优点或是具备自己所欠缺的特质，有些家长希望孩子"子承父业"或是从事自己曾经梦想却未能如愿的事业。期望或未尽的期望，不知不觉地背负在孩子的肩上，如果孩子恰好能如父母所愿，皆大欢喜。但如果孩子并不想或不能成为父母所希望的那样，孩子会承受巨大的心理负担和不必要的内疚，而父母则无尽失落，无论是孩子还是父母都不快乐。与其这样，为什么不顺其自然，让孩子沿着他自己的轨迹运行，施展他最擅长的才能，发挥他自己的个性呢？孩子长大成为什么样的人，不是父母的心愿所能控制的，孩子最适合干什么，取决于他自己的个性、兴趣、特长，还有环境和机遇。

不能只认为学习好才是有出息

没有人不希望自己的孩子将来有出息。但什么算是有出息，理解各不相同。有人认为世上"唯有读书高"，孩子读大学、硕士、博士，书读得越多越有出息；有人认为无论干什么，只要干出名，就是有出息；有人认为要能挣大钱，也是有出息。家长谈论出息的时候，多半是指孩子未来的学业发展和事业走向，淡化了孩子的健康和品德养成。只有孩子患了重病，家长才真正意识到身体和心理健康的难得。直到孩子犯了大错，家长才认识到性格和品德的培养多么重要。其实，拥有活蹦乱跳的乖孩子的父母也都不要忘记，孩子健壮的体魄、良好的性格和高尚的品质就是成就，就是出息，这才是最值得我们去为之努力和珍惜的。

不要认为孩子是自己的成就

有些家长将孩子视作自己创作的产品，孩子相貌、学习成绩、所得的奖项成了家长与朋友、同事、亲戚攀比、炫耀的资本。每当客人来访，有些家长总要让孩子出来表演节目，在客人的恭维声中感到得意与满足。孩子不愿意或表现不好，家长就生气，责备孩子。很多家长爱对孩子说单位同事的孩子成绩怎么好，邻居小孩怎么出色，发现自己的孩子不如人就乌云满面。这样的做法实际上是忽视了孩子的独立人格，把孩子看作自己的附属品，十分不利于孩子的自信和自尊的培养。如果孩子只是因为物质的成就而被认可，他会觉得只有这些才能获得父母的喜爱。渴望让父母满意的孩子会为此做出超负荷的努力。然而，并不是所有的孩子都能轻松地满足父母的愿望。最终在经历了多次打击和失望之后，孩子会觉得没有了那些成就，自己毫无价值。家长也会因失望而怨恨，甚至惩罚孩子。父母与孩子之间难以建立爱的纽带。

不能认为养孩子是一种投资

有些时候孩子被看作是能给家庭带来收益的劳动力的来源。还有些家长希望养儿防老，指望着孩子将来照顾自己的晚年。养育孩子是对将来养老的一种投资。还有少数的家长希望通过管教孩子感受权力，建立权威。也有家长不自觉地希望孩子永远长不大，永远需要父母的呵护。如果这些期望在家长的心目中占据太大的比例，会严重地影响亲子关系的和谐。

孩子对家长的期望

孩子有什么需求？美国的心理学家亚伯拉罕·马斯洛在几十年前就已经对此给出答案。他认为，人的需求是分级别排列的。在更高一级的愿望出现并实施之前，首先要满足基本生理需求。马斯洛的需求等级首先是生理需求，然后是安全需求（对稳定、安全、无恐慌等的需求），对归属、爱的需求以及价值观的需求，最高等级的需求是实现自我。

当然不可能满足儿童所有的需求。大量挫折也是难以避免的。儿童就是在挫折中成长，在与困难做斗争中、在逆境中练就新能力。但是特别重大的、持续性的挫折也会起长期的副作用。家庭的长期不和谐、贫困、心理障碍、病态的成瘾、家长的犯罪行为，或者与同龄人不良的关系等都属于儿童发育的重要危险因素。同时，我们也应知道，即便这些现象在孩子出生的头几年就出现，这些负面的影响不一定就会自动演变成儿童成长的障碍。有些儿童几乎不受负面影响的伤害，另一些儿童则日后凭借积累正面的经验得以"康复"。

在积极的条件下，儿童可以毫无困难地生长发育。当然积极的家庭生活状况就像精神健康的人群一样稀缺，家庭以它各式各样的人际关系、规则、价值观以及教育方式等给孩子提供生长的条件。积极的生活状况并不表示没有矛盾、没有压力，或者没有问题的家庭生活。起决定作用的是，家长以有利于生长发育的方式和孩子共同生活。

美满婚姻的意义

夫妻是家庭的建筑师，他们通过自己的个性以及行为来决定孩子如何为自己的发展获得积极的条件。心理学家马斯洛发现，人们不断看到自己基本需求得到满足，然后努力实现自我，内心得到发展。他们中大部分人都有自己的生活目标。他们注重现实、反应灵活、感情专一。他们接受自我与他人，没有依赖性，量力而行，有能力与他人建立深厚的友情。

成年人的心理健康以及良好的关系与儿童的需求究竟有什么联系呢？对此的答案众说纷纭：

心理健康的成人是好榜样：儿童从他们那里学到理性思维，带着感情、问题、冲突以及积极的交流方式面对周围环境。

婚姻美满，孩子在家庭中有安全感。他们不会被牵扯到家庭冲突中；不会常常处于紧张状态；没有父母分居、离婚的顾虑。他们可以培养自己的信任能力，而这种能力对积极探究自己周围的环境十分必要。

美满的、经常交流的婚姻对儿童而言是塑造自己有教养形象的模式。他们由此了解了人际关系与个人教养之间的内在联系。

家长认可配偶的独立性与个性，由此也给孩子树立了榜样。孩子可以由此而自由发展，实现自我。

家长心理健康、对自己的婚姻表示满意，他们就不必将孩子作为自己的"第三者"，或者作为满足自己需求的对象，不会将孩子作为私有财产看待，不妨碍孩子的生长发育，亲情与规矩之间的互换可以被认可。

如果家长有明确的规矩与一定的威望，儿童可以明确自己的目标，信赖他们的家长。

由此可见，家长的表率作用以及他们的婚姻关系是何等重要，它关系到共同生活的质量。

父母与孩子之间的关系

在一个健康的家庭里，夫妻都制定了明确的规则，它可以根据运行的情况，灵活执行。它针对孩子对夫妻关系做出限制，照顾家庭成员的各种需求。家庭有公平的分工，发挥家庭功能，家庭成员明白自己的责任和义务。角色定位要考虑到年龄、性别、个人兴趣爱好以及能力。家庭成员之间的关系以及角色可以转变。家庭内部保持灵活的平等，对外表现出有透明度界限。

孩子不需要那种学过最先进的教育学、心理学理论与实践这类技巧的家长。与此相反，孩子希望活跃的对话氛围与相互理解。此外还有些性格特征对搞好关系十分必要：可信与持之以恒、信任与安全、认可与自我认可、自主与团结。双亲要抽出足够的时间与孩子共处，既不冷落，也不溺爱孩子。应该给孩子提供一个可正常生长发育的生活空间；承诺更多的责任，向孩子提供许多积累经验的机会与学习的刺激；引导孩子富有创造性地学习，自我认可；获得实践的乐趣；增强他们的自信。他们要接受并促进孩子的成长变化。

儿童比成人有更大的需求

儿童需要家庭之外的健康成长条件：他们需要祖父母和其他的亲戚，这些人对孩子的生长感兴趣，愿意花时间培养孩子。

儿童需要同伴，和同伴在一起他们感觉惬意、相互认可、相互取长补短。如果家长没时间，他们可以相互照顾。

他们需要这样的学校：在那里老师们能全面地看待他们，而不是由于某门功课不理想而贬低他们；在那里，他们得到全面发展并得到公正的评价；在那里老师和他们建立良好的关系，关心他们。

他们需要健康的环境和居住条件、探索大自然的奥秘、体育运动、玩耍、嬉闹；他们也需要休息、允许和其他人会面等。

当然，不可能给孩子营造如此完美的家庭与生活环境。以上所说的许多内容也没有必要；儿童也会承受许多负面的影响，在矛盾冲突与压力中成长。

为孩子举办生日聚会

几乎所有的孩子都愿意庆贺自己的生日。儿童的生日聚会对他们而言是非同寻常的事情，是他们几天以前，甚至是几周以前就热切盼望的事情。通常是在朋友的生日聚会上和平时在家不同，那时才有机会疯狂地、大声地喧闹。

让孩子放任自流是不合适的。这样很快就会出现争执或者孩子觉得无聊。但成年人也不该大权独揽，指手画脚，因为这是孩子将自己愿望付诸现实的事情。不要喧宾夺主，要照顾到小寿星的愿望，即以他为主。如果小客人多，就少邀请成年客人。

策划

孩子请客，他可以做主，决定被邀请人的名单。有必要根据场地大小、客人的年龄来定邀请客人的人数。建议将小寿星的年龄数作为被邀请客人的人数。策划时千万要注意，不要因为被邀请的孩子太多、场面太大、饮食太丰盛而让主人和小寿星过于劳累！如果小客人众多，有必要在时间上做出相对严格的规定，因为有些幼儿两小时过后就差不多疲倦得不行了。

以下列主题为内容的聚会非常有趣"马戏表演"或者"被邀请的客人都扮成小动物""最受欢迎的魔术师与飞天""恐怖""名人""智慧""诚征魔鬼""如果我们是成年人"等。以这种方式让客人热身，当然也有大量的准备工作要做。无论如何要有创意。当然不要忘了询问孩子的创意：孩子完全可以自己确定主题，有自己的想法，设计相应的服饰。

孩子喜欢吸引眼球的生日餐饮：生日蛋糕，比萨饼，薯条，芦笋，鸡蛋等。这类食品总是很受欢迎的。是布置一个既费时又耗精力的长桌喝咖啡，还是吃喝融为一体的、每个人按自己的喜好取舍的场面？还是到草坪上、森林野炊？或许小寿星希望烧烤？提供的食品量要足，有些孩子认为聚餐的食品味道比家里的好。

游戏节目

儿童在生日聚会上也需要活动。他们不愿意长时间坐着。长时间坐着会引起烦躁与不安。静态与动态结合的安排是最完美的，先是大家坐着庆贺生日，然后绕着桌子做团体游戏等。

动脑筋游戏：听觉游戏给一个孩子蒙上眼睛，他要根据其他人的声音判断是谁。变换方式：蒙上眼睛，根据听到的声音判断是什么声音，如关门的声音、钥匙掉到地上的声音、机器切面包的声音、流水声、冲厕所的声音、将纸从本子上撕下来的声音、写字的声音、打字的声音以及推移桌子的声音等。

触觉游戏：眼睛被蒙住的孩子要通过触摸判断，在自己面前的是谁？也可以将人换成物品，如房门、暖气片等。

嗅觉训练蒙上眼睛嗅不同的物品。适合这个游戏的物品有：橘子、苹果、柠檬、沐浴液、护肤霜、洗涤剂、牙膏、咖啡、口香糖等。其实任何东西都有味道。

记忆力训练一群孩子在一起，然后其中一个到门外。这期间，团队选出一个孩子，让他藏在布单下。门外的孩子进来，猜布单下的孩子是谁，团队中少了谁？

高温天气的水蛇游戏：水管可以给大家带来快乐。一个孩子把持着水管，当所谓的驯蛇人。这个驯蛇人"捕捉"其他的孩子；另一个孩子出其不意地开、关水龙头。这样谁也不知道水管什么时候喷出水来。

水雷游戏：往气球里灌满水，像普通球类那样投掷这个水球。

儿童化妆聚会：收集旧的衣服、毛巾、帽子、边角布料等，就可以给孩子好好装扮一番。

老派的儿童游戏现在也很受欢迎：滚蛋，套袋赛跑，击鼓传花，捉迷藏，强盗，警察与士兵，木偶舞（所有孩子随音乐翩翩起舞，音乐戛然而止，每人必须停止在这个舞姿上不动），踩气球（在每个孩子腿上绑个气球，并试着踩别人腿上的气球。谁的气球最终没被踩爆，他就是胜者）。

跳舞总是受欢迎的节目：孩子们更希望家长们也一起跳。大人可以将孩子架在肩上绕着房间转着跳。也可以让小孩子站在大孩子脚上，像青蛙那样在房间里变换动作。如果很绅士地邀请大孩子跳舞，对方会印象深刻。因此事先要根据客人和小寿星的音乐情调，准备好适合儿童与生日聚会的音乐光盘。

聚会结束

聚会应该以一首动听的曲子渐入尾声：每个孩子得到一个礼品袋作为礼物带回家：里面或者装有糖果，或者是有趣的8开本粘纸、哨子、生日快照合影、彩笔、汽车橡皮、哈利·波特的明信片等。也可以这样安排：在不同的游戏中给赢家以奖励，比如在嗅觉训练游戏中奖励第一名一本笔记簿；奖励游戏中的赢家一支彩笔等。这样的形式，需要一开始就给每个孩子准备两个写上名字的袋子，以便区分赢家的奖品。

孩子对死亡的认识

所有的孩子对死亡都非常感兴趣，在通常情况下，他们对死亡概念的认知都早于我们的想象，这也就是很多家长在面对孩子提出关于死亡的问题时目瞪口呆的原因。但是孩子对于死亡的印象与成年人的完全不一样，因为孩子生活在一个想象中的世界，这个世界与我们生活的世界截然不同。孩子经常无法分清现实与想象中的世界；他们生活的世界具有双重性，一方面，他们依赖于成人世界，另一方面，他们自我感觉非常强大，要求成年人满足他们的一切需要。

孩子对于死亡的认识是随着年龄的变化而变化的，3 岁、10 岁和青年期对死亡的印象是完全不同的。

3 岁以下

在 3 岁以前，死亡对于孩子来说是非正常的；死亡是可以逆转的，我们可以再活过来，就像我们重新醒来一样（在游戏中孩子会对同伴说"我死了"，然后过一会儿他又醒过来了）。但是对死亡的印象经常会使孩子感到恐惧，他们认为死亡是可以传染的，因为在孩子们看来，别人会死，所以他们也会死。

在 3 岁以前，死亡对于孩子来说就是离开的一种形式，或者说是消失，如果家长不能向孩子说明的话，事情将会变得非常有戏剧效果。

3 ~ 4 岁

死亡被理解成为身体重要功能的停止：当我们死了以后，我们就不能移动，不能说话，不能吃东西，不能生孩子（对小女孩来说）。这也就是为什么在很多小孩看来，睡觉和死亡差不多：当我们睡觉的时候，我们就什么也感觉不到了；孩子半夜醒来，即使大声呼喊也没有人过来，房子笼罩在一片死亡一般的寂静当中，孩子就会起床，去确定一下他的父母是否还有呼吸，并且拒绝自己一个人睡觉。在这个年龄段的孩子，需要我们告诉他睡眠对身体和精神的好处。

5 ~ 8 岁

孩子们终于理解人死不能复生，虽然他们理解了，但是还要很多年他们才能接受。

9 ~ 10 岁

孩子对死亡有了整体的把握，他接触了许多东西，尤其是老人。在这个年龄，父母可以跟孩子谈论死亡和现实生活的不可分离的关系。孩子有能力理解死亡同生活紧密相连，是生活的一部分。

不管孩子的年龄多大，孩子对于死亡的想法以及感觉取决于他周围人给他灌输的思想以及他生存的环境，所有的孩子必然有近距离面对死亡的那一刻。孩子们在家中和在学校中听到的关于死亡的消息是完全不一样的，但是有一件事是肯定的，他们在电视上看到的死亡是非正常死亡，这种形式的死亡在他们喜欢的电子游戏中也经常出现，但这并不意味孩子能非常平静地面对亲人的死亡。

年龄、环境、事件都在影响着孩子对于死亡概念的把握，孩子们性格的不同，决定了他们对死亡的反应各不相同，即使他们是处在同一个家庭中。有些孩子并不表现出他们的痛苦，他们正常的作息习惯也不会改变，以至于他们的家长认为，他们是漠不关心的甚至是自私的。事实上，有些孩子性格内敛、有节制，他们不轻易把感情外露。

独生子女的成长

"独生子女家庭"这个现象，在短短几十年间，由特例变为常见的家庭模式。独生子女在现今显示出他们没有兄弟姐妹的缺点。人们指责他们自私、不合群、早熟、娇生惯养、少年老成、孤僻。这些观点是建立在广泛的、严谨的科学基础上的。

一些独生子女通常是随单亲父母生活、成长，并经历了他们父母的离婚或者再婚过程。也就是说，他们比常人更缺少延续性的关爱照顾。此外，科学研究支持这样的观点，即独生子女比多子女家庭的孩子更能胜任独立工作。或许是因为他们不是从小就习惯其他孩子共处。他们的闲暇通常是自己独处，比如看书、听音乐、做手工劳动、照看宠物等，常常都没有亲朋好友在场。

也有例外，比如大量独生子女能迅速准备为某件他直接或间接参与的事件承担责任。但还没有证据表明独生子女具备有别于多子女家庭的孩子的典型个性特征。独生子女与多子女家庭的孩子的个人发展是由日常教育以及社会经验决定的，而不是由他本身是独生子女还是有兄弟姐妹而定。

手足间的敌意

多个子女的家庭中，兄弟姐妹之间的敌意是他们成长过程中必然要经历的部分。兄弟姐妹间的竞争在多子女家庭中也很常见。如果这种敌意不太严重，对孩子并没什么坏处，反而可以帮助孩子们成长为更加宽容、独立和慷慨大方的人。

一般说来，爸爸妈妈关系越融洽，这种敌意存在的可能性就越小。当所有的孩子都得到想要的温暖和关爱，他们就不会去嫉妒其他兄弟姐妹了。如果孩子觉得爸爸妈妈爱他，接受他原本的样子，他就会安全感。

爸爸妈妈或者亲属应该区别的对待不同的孩子，要根据他们的需要分别对待。如果父母每次都给所有孩子一样的待遇，结果往往会是哪个孩子都不满足，他们充满怀疑地仔细研究是否有什么区别，反而会加重孩子的嫉妒心理。

另外，除非有身体伤害的威胁，应尽量别让自己卷入孩子们的辩论。这将迫使孩子们自己解决他们之间的争论，要比依赖父母解决问题好很多。这样的做法也能降低父母无意识的偏心所带来的风险——为战斗增加弹药。

如果父母离婚

如今，人们越来越关注孩子的早熟，他们对周围环境的依赖以及周围环境对他们的身心健康的影响。一个婴儿，生来就对别人和周围环境有依赖，因为他们软弱无力，需要在一个充满爱的环境里成长。然而同时，离婚率在逐年递增，每年都有很多孩子在离了婚的父母之间"左右摇摆"。

我们建立一个家庭，我们证明孩子需要这个家，然而我们却破坏了它，甚至在很早的时候就破坏了它，有很多的离婚是在结婚不到 4 年的时间里发生的。

怎样理解这种反常现象？如果我们做出的决定经常损害孩子的利益，我们怎样才能既维护家庭，又满足孩子的需要？我们必须接受离婚率上升的现实，同时，如果你在夫妻生活中已经失败了，那么努力在为人父母中获得成功吧。

通常，两个人一旦决定离婚，任何东西都无法改变他们的决心。多数一年只会更加激化夫妻双方的矛盾，使彼此的关系更加恶化。但有时候，分开几个月可能更有利于夫妻复合。这期间父母可以有时间思考一下了。很多夫妻都忘了，他们首先是孩子的父母，即使他们离婚或不再生活在一起了，他们也将一直处于这种关系。在他们吵着要离婚时，孩子像是一个人质，变成了父母争吵的关键，纠纷的起因。父母形象是很重要的，要为你的孩子保持一种你们很团结的印象。这确实不容易做到，但是要知道，孩子的童年转瞬即逝，我们不能将其破坏。因此，为了孩子的利益，父母是能够保持共同的观点的。

这项努力需要你遗忘一些东西，为孩子的未来着想，通常第三方（如：心理医生、儿科医生）的介入会使事情明朗化，但这需要时间（一年、两年或者更久）。这就是为什么分手或离婚时，处理家庭事务的法官会要求他们减少争执。

离婚之后，大多数孩子还梦想着他们的父母可以复合，尤其是当父母还保持一定的联系时。这个念头是很容易理解的：所有的孩子都是父母结合产生的，然而在他成长的过程中，父母却分开了。当孩子知道父母由于一些很严重的问题不能再在一起了，这种情况不是他造成的，他也无法改变这种状况时，孩子就会感觉舒服一些。对父母来说，不要给孩子一种错觉——他们还可以回到从前，或者是孩子可以使他们重修旧好。

幸运的是，也有许多离异的家长可以为了孩子的利益，寻求出一种比较平衡的生活方式。最重要的是，要向孩子说明，尽管父母已经分开了，但是还是会像以前一样爱他，并且，父母分开并不是孩子的错。这些父母知道，这对于孩子来说，不仅仅是一种希望，同时也是一种对生活的承诺，他们决定要实现这份承诺。

如何告诉孩子父母将离婚

与孩子的谈话是家长能够给予孩子的最重要的支持，它可以帮助孩子适应由于父母分居而造成的所有变化。谈话的目的是避免孩子产生错觉，这种错觉给许多父母离异的孩子带来麻烦，感觉自己成了边缘人，不被重视，他们在成长中感到无助。应该通过谈话内容产生这样的效果："我为你而活，你对我很重要。"这话适合各种年龄段的孩子。有些幼儿的家长认为，解释是多余的，孩子还小，不能理解如此复杂的事情。但研究表明，没有经过有关谈话的年幼孩子特别易怒与胆小。

当最终决定产生以后，而家长也能够想象得到，今后的日子会发生哪些改变，家庭应该适应哪些（有关住处、照顾孩子、走亲访友、电话等）规定，这时是恰当的谈话时机。家长向孩子介绍的有关今后日常生活的信息越详尽，孩子就越容易适应。

在和孩子说明自己将离婚，结束自己的婚姻之前，先和自己的配偶讨论一下，自己将和孩子说什么，怎么说。如果有可能，最好和配偶一起向孩子谈论你们的决定。这样，孩子会明白，这是你们两人的决定。应该告诉孩子，你们两人都为孩子的健康成长担忧，同时也关心他的健康成长。至于具体说什么，当然要根据孩子的年龄和具体的情况而定。如果孩子还很年幼，家长要着重强调最重要的信息。因为年幼的孩子不可能像大孩子那样承受那么多事情。当然，在这种情况下，家长无论如何不应该争吵，也不应该相互指责。

不必和孩子解释所有的关系，孩子没有必要知道所有细节。首先要考虑什么对孩子最重要。许多孩子对自己未来的生活担忧，他们会有非常具体的问题。孩子也必须知道，将离开家的这位家长情况如何，他将住在哪里，是否有床，有吃的。如果家长不仅提到将要改变的内容，而且也提到自己知道的某些不会改变的，对孩子非常重要的事情（比如，下午到祖父母那里去、定期和离开家的父亲或者母亲去游泳等）。

在谈论到有关的信息时，父母要给孩子这样的提示：虽然父母不可能再作为夫妻共同生活，尽管家人不住在一起，但父母都不会离开孩子，都还是孩子的家长。

孩子对父母分居的反应

孩子并不认为父母的分居是新生活的开始，相反是失去一位家长，失去了爱，失去一位自己喜欢的人，失去了可以帮助自己的家人。父母分居对许多孩子而言，是一种令他们不解并缺乏安全感的情况。许多孩子很少经历父母间的冲突，或者认为父母关系十分稳固。对这些孩子来说，父母分居无疑是个沉重的打击。此外，家长没有和孩子说明分居的缘由，孩子对即将发生的生活变化一无所知，即便是年纪稍大些的孩子，甚至是青年人得到的只是片言只语、单方面的、不完整的解释。对于未来的生活和目前的担忧以及探视权等问题，孩子通常没有发言权。

幼儿的反应

幼儿对父亲的离去几乎是没有感觉。但这潜伏着很大的隐患，母亲因为分居，以及分居引起的困难和自己心理矛盾而不堪重负，以至于无法尽心照看孩子。有些儿童因此而产生睡眠和饮食困难，非常暴躁，无法安静，很难安抚；当然幼儿也比较容易习惯一位长期的陪伴者，接受自己监护人的新伴侣作为自己精神上的家长。

2～6岁的孩子已经能意识到自己失去了父母中的一位，他们会努力去理解父母的离异以及由此引起的后果，但他无法具体想象自己的损失究竟有多大。大部分家长对分居以及其后果的解释都是很笼统的。或者他们的解释不被孩子所理解将吵架作为离异的理由对儿童来说显然是站不住脚的，因为他们也常常和自己的玩伴或者兄弟姐妹吵架，吵完后又和好了。因为他们不理解父母离异的原因，所以常常自责。因为儿童不具备解决冲突的技巧，也不能向大孩子那样寻求帮助，向别人倾诉这一切，所以他们更难理解新的状况。

学龄前儿童往往对分居产生极大的恐慌或者害怕，这种害怕可能会以抓救命稻草似的（抓住父母）形式表现出来。他们害怕被留在自己身边的家长冷落。有些孩子在这种情况下会产生发育倒退的现象，比如尿床、吃饭和睡觉困难等，因为他们想像新生儿那样被悉心照料、被宠爱。在这种情况下，如果家长不是理解这些症状，用爱和关心来帮助孩子，而是生气，并惩罚孩子，那只能加剧这些现象。有些学龄前儿童在父母分手后变得不知所措，惘然若失，具有挑衅性，烦躁不安，倔强与消极；有些则封闭自己、与世隔绝、超然物外。

学龄儿童的反应

7～12岁的孩子更能理解父母离异而产生的变化。他们常常担心家长是否一如既往地关心自己。因为他们体验到分居对自己的压力，常常感觉被冷落，无助，对未来感到恐惧。在这种情况下，一方面，他们也像小孩子那样希望得到父母的宠爱，但也能认可最终的分手决定，并接受新环境。同时，这个年龄段的孩子还有这样的倾向，将自己的家庭关系与其他孩子的家庭做比较，然后考虑同龄的孩子是如何看待自己的。许多孩子首先会认为，自己班上其他孩子的父母都没有离婚，他们为此而感到丢脸，并隐瞒父母离异的事实，封闭自己。

年龄更大些的孩子与小孩子不同，小孩子会将家长的新伴侣视为知心朋友、同盟者，将其视为新朋友，而大孩子则自成一派，认为父母的另一方对家庭的破裂负有责任。但如果家长很消极的话，他们又为家长担心，将自己的所有能量都转移到家庭方面，冷落学业和朋友圈子。

相当常见的是孩子的成绩下降，经常迟到、逃学，神情恍惚，与同龄人相处困难或是具有社会行为障碍，而有些孩子的行为举止显得过于成熟，成为老师的"至爱"。有些孩子在家非常淘气，或者离家出走，还有些孩子则寸步不离自己的家长。

面对男性，女孩会产生负面的行为。（一旦父亲离开）男孩会对他们的社会行为感到不安。如果在家的一方家长向离开家的一方求助，或者经常为了孩子的反常举动相互通电话商量，这样会唤起孩子希望父母重新复合的愿望。由此会加剧已经出现的行为异常和学习困难。大孩子可以自己寻求他人的帮助，能够帮助他们的有关人员（如教师、咨询人员、学校的心理学家）也可以找到他们谈，可以通过这些人的积极影响避免或者减轻孩子的行为障碍。祖父母也可以通过自己的爱和关心来帮助孙子（女）理解自己的父母，向他们表达自己的需求和愿望。

青少年的反应

13岁以后的孩子相对较少体验到父母分居，因为分居大多发生在孩子尚年幼时期。他们对分居都有所觉察，反应也相对平淡。有时他们甚至很高兴，因为紧张的家庭氛围和持续不断的冲突即将结束。与年幼的孩子不同，青少年都以相对现实的态度对待分居。他们能更好地接受新的情况，很少幻想父母重新和解。但是，他们也为此感到恼火、伤心、痛苦或者难为情，而这些情绪的强烈程度与孩子对离开的一方的感情深厚有关，看对方作为榜样的力量而定。

许多青少年在父母分居后迅速成长，但也有的很难顺利完成这个阶段的成长过程，因为他们丧失了家庭的"安全感"；他们面对青春期的问题，感到孤立无援；对成年的道路上有多少困难，他们知之甚少，缺乏帮助和支持。在这种情况下，有些青少年转而与酒精饮料和毒品为伍，提早发生性行为，变得具有挑衅性，违法乱纪。他们也常常考虑到自己的交友能力，害怕自己重蹈父母的覆辙。与年幼的孩子不同，青少年会通过对朋友倾注更多的情感，通过多与朋友交往来加大与父母的距离。他们拒绝参与父母间的冲突。他们还强调自己的独立性，比如在制定有关他们抚养和监护权、遵守探视时间等问题时不与他们协商，他们会表现得非常愤怒。

许多青少年可以设身处地为家长考虑，顺利度过分居的阶段；有些孩子为父母的心理健康承担了太多责任，或者成为家里的顶梁柱；与年幼的孩子不同的是，青少年可以和自己的同龄人、祖父母、成年的熟人或者专家们共同分担因为父母分居而产生的困难。

离婚后如何教育孩子

离婚以后，许多离异的人还是继续感受到痛苦、自怜、失望、担惊受怕、内疚或者后悔。他们感觉自己被抛弃，忍受着消沉，情绪低落，感到孤独、与世隔绝、迷茫、无助与不安。许多人长达数年之久无法重新振作起来开始新生活。特别是年龄较大的人，经过多年的婚姻生活，最终离异，他们往往感到孤独和不幸。同时还有许多人不适应单身生活。因此，许多人渐渐将自己的离异定义为自己所犯的一个错误，这就不足为奇了。

多数离异者在6个月到4年的时间内可以渐渐排除，甚至完全消除这种消极的感觉和症状。离婚后两年内，大部分人重新感觉正常。有些人关注自己，重新发现自己性格中的新内容，体验内心非常大的新发展。也有人体验到强烈的自由感，无拘无束，体验自由带来的兴奋和幸福。他们大胆尝试新的生活方式，穿戴与发型都焕然一新，建立新的社会关系，有新的兴趣爱好和性生活以及参加有创意的活动。有些人再次焕发青春，梅开二度，有了新的朋友圈子，重新调整与孩子的关系，追求新的生活目标，塑造全新的形象。他们对生活十分满意，达到内心的安宁。但如果原先的配偶有了新的配偶、再婚或者又生孩子，或者自己的生活出现重大变化时，对他们的冲击就又像刚刚离婚时一样。

离婚后，双方的紧张关系通常会缓和，但也有离异双方的关系没有什么变化，有的紧张关系甚至更加升级，导致双方关系最终完全决裂。如果有孩子，双方虽然还保持联系。但也只是商讨有关孩子的事情、如何支付子女抚养费、日常生活中的一般事宜，以及具体的个人问题。他们避免谈论以前的婚姻、离异的原因、新的关系或者孩子对离异后的状况是否适应等话题。尽管如此，双方也没少发生冲突。

冲突的导火索

有些冲突是支付子女抚养费引起的，特别是不付、不定期支付或者少付子女抚养费容易引起争执。如果离开的一方支付孩子的抚养费大约是孩子家长收入的1/3，就很容易产生这样的问题。另外当离婚很久以后，或者很久没有联系，也常常会发生冲突。

另外，很多冲突是因为探视权而引起的。不少拥有监护权一方的家长试图为难另一方行使自己的权利，以此来报复自己以前的配偶，惩罚对方不及时，或者不如数支付子女抚养费。如果他重新成家的话，甚至还会对他这个局外人做明确的限定。有些家长不愿意让自己的孩子和有探视权的另一方家长联系，因为他们不接受对方的教育方式和对方的新配偶。双方的进一步发展会对孩子的教育产生不同的效果。

而且有些拥有探视权的家长见面时不准时、临时取消见面、约定的时间不露面，或者看望孩子时当着孩子的面表现出一种否定的态度（咄咄逼人，试图给孩子造成负面的影响）。

没有监护权的家长常常有这样的问题，面对以前的配偶，他感觉自己是失败者，是请求者，是丧失权利的人，他们体验不公平待遇，因而常常退缩。但是拥有监护权的一方也感觉很吃亏，因为他必须承担教育孩子的责任，而离异的配偶几乎没有减轻自己的负担。

许多冲突是因为离异双方没能将配偶和家长这两个概念区分开来。由此，试图将过去配偶间的矛盾通过孩子解决。特别成问题的是，如果过去的配偶只看到对方不好的一面，或者将自己无法接受的态度转移到对方身上。同样，再婚也会导致监护权、探视权和支付生活费等冲突重新爆发。

离异夫妻的关系

离异夫妻的关系大致有 6 种：

1. 完全没有联系。没有监护权的一方不关心或者很少关心孩子。

2. 继续维持敌对关系。愤怒、怨气和失望的情绪通过许多冲突，权利之战，经常性地由法院、律师干预调解，努力让孩子成为自己的同盟者，试图中断对方与孩子的见面等方式加以宣泄。不得不让孩子自己决定跟哪一方。

3. 继续沉淀在心里的消极情感促使原先的配偶将相互联系尽可能地减到最少。而没有监护权的一方可以不受阻碍地使用自己的探视权。在关于孩子今后生活道路等重大问题的决定方面要进行表决。这种表决的形式往往是争执。

4. 原先的配偶关系并没有完全结束。双方还有好感。他们利用对方提供的每一次机会交谈、见面。除了商量教育问题外，还论及个人的和人与人之间的话题，以及一般的话题。孩子和双方都有联系。

5. 双方之间没有特别的好感或者恶意。他们达成共识：双方对孩子都很重要，对孩子有积极的影响。双方都是积极的、负责任的家长，对重要的教育问题保持一致。但他们相互之间联系很少，冲突也少。

6. 虽然对夫妻当时关系的发展没有现成的模式，通常人际关系网也没有做出要求，但这些夫妻还是由原先的配偶关系转变为朋友关系。他们尊重对方为孩子的家长，继续共同教育孩子，抽出许多时间和孩子相处。并仍然保持与公婆（岳父母）的关系。

单身妈妈抚养孩子

许多女性独自抚养孩子，原因很多：夫妻很早分手了，父亲渐渐地或突然地远离家庭生活，或是妈妈决定要把宝宝带到这个世上，她很清楚她要独自抚养宝宝。还有其他比较少见，但同样很不幸的情况，父亲去世、生病等。

所有的孩子都想念父亲

孩子的父亲离开了你，但是不管你愿意不愿意，他终究会在孩子和你的生活中继续扮演重要的角色：首先，像你小时候一样，父亲是孩子出生的源泉；此外，这个父亲是真真实实存在的；还有就是，不管这个男人曾经怎样伤害过你，你的孩子还是会不停地怀念和他生活在一起的日子。你的孩子会和其他孩子一样地怀念父亲。

孩子一直认为，父亲始终存在于母亲的脑子中，不管是以主动或是被动的方式，不管母亲是否抱怨父亲。所以，不管他曾经怎样抛弃过你，不管你怎样抱怨过他，不管你多么不想提起这个男人，不管你现在对他是如何的漠不关心。请为孩子保留一个可以接受的父亲的形象，成长在一个排斥父亲的家庭环境里，会对孩子的心理产生不良影响。同样的，作为母亲，如果刻意地不谈孩子的父亲，也不去考虑关于这个男人的所有事情，那么孩子对父亲的寻找容易使孩子心理早熟。并且这种心理将会伴他到成年期。更严重的是，他在成长的各个阶段用他自己的方式提出的问题，将一直保持无解状态。

如果孩子感到母亲对父亲的憎恨、压抑、敌对之情，那么，他会在心中构想一个父亲的形象，由于这个假想形象的存在，他会排斥或者害怕所有的男人；或者与此相反，他会对这个父亲或者周围其他男性非常痴迷，非常好奇。

我们不能掩藏事实与困难，但是，你可以选择一种孩子可以接受的方式，来向孩子说明他的父亲为什么不承担责任，但是你现在所面对的困难并不会影响你们的生活，也不会影响你们与其他人的关系。换一个角度讲，孩子有权利知道父亲是不完美的，但并不是一无是处，父母离异并不会影响孩子现在的日常生活以及将来的生活。

对于作为单身母亲的你来说，不管造成现状的原因是什么，你可能都会自我封闭。本能地，你都会再寻找一份专一的爱情，一方面为了取代孩子父亲的地位，另一方面为了排遣寂寞。然而，在把孩子当成二人生活的重心时，容易造成孩子对你的过度依恋，以及让孩子产生如果离了你就不能生活的念头。

每位单身母亲在独自抚养孩子的过程中，都应该让孩子试着远离自己，以便将来成为一个独立的男人或女人。这确实是一件很难的事。你应该利用所有机会扩大孩子的世界。从他出生的第1个月起，就给他找一个好的幼儿园，使孩子可以与其他儿童一起玩耍，并学会相信成年人。上幼儿园时，课余以及假期的活动（运动、夏令营）也可以扩大孩子的视野。对你来说，自己抚养孩子的同时也要保持与外界的联系，如与朋友联系、工作等，这样可以使你不仅考虑孩子，也考虑自己的事情。

当孩子意识到自己被爱包围，并且母亲心境平和时，他就会和同龄的孩子一样健康成长：他们经历相同的阶段（有些阶段平静，有些阶段复杂），他们都取得进步，他们背后都有人支持。

家长与孩子的关系

刚离婚时，有监护权的家长在与孩子相处方面会有很大的问题，因为孩子希望父母重归于好，他会在父母间做工作，或者行为反常。而家长这时往往没时间照顾孩子，因为首要的任务是适应新的工作、找对象，以及从心理上解决离婚带来的问题。随着时间的推移，许多拥有监护权的家长又成为善解人意、有责任感的教育者了。

在有些离异家庭中缺少家长照顾的状态仍在继续，孩子被冷落，不得不自己照顾自己。而拥有监护权的家长负担沉重，因为他不得不协调工作、家庭、教育和找对象之间的关系，几乎没有时间恢复体力。由此，许多孩子就像在父母离婚前期那样，被父母当作配偶的替身、同盟者、密探，或者替罪羊而遭受虐待。年龄稍大的孩子必须干家务和照顾弟妹。有时，离异后的父母仍然继续他们之间的争吵，离家的家长只带走一个孩子，因为这个孩子性格像他，因此这个孩子也卷进父母的冲突之中。

离异后，孩子与没有监护权的家长之间的关系常常会淡化。日渐淡薄的联系除了拥有监护权的家长的限制和从中作梗以外，还包括：渐渐对探视孩子失去兴趣；对安排双方合适的见面时间无能为力；有了不包括孩子在内的新的生活方式；迁移到很远的地方；希望不再与原先的配偶发生冲突。孩子们也希望不要，或者尽可能少与对方联系，因为他们认为没有监护权的家长对离婚负有责任；觉得见面不舒服，或者很无聊；不适应同时接受两种不同风格的生活；无法接受对方的新配偶；不想通过这种方式充当中间人、密探或者安慰父母的人；想自己决定和谁以及如何度过自己的业余时间，拒绝固定的见面时间。这种情况当然只是在青少年身上发生。

共同抚养的家长也遭遇一种特殊的情况。某些孩子交替在两个离异家长的家中生活。每周、每月或者每年的某一段时间和其中一位家长共同生活。孩子在从一个家庭到另一个家庭的转换过程中，需要好几个小时才能重新适应。由此产生一系列问题：诸如不同的作息时间，或者对看电视有不同的规定，因父母间冲突引起的紧张情绪等。还会由于完全不同的生活和教育方式而引起其他的问题。积极的方面是，孩子可以有更多的时间和两位家长待在一起，将双方作为自己的教育者和监护人。不必只让一位家长承担抚养孩子的责任，这样家长可以有更多的业余时间。因为家长不在家而找保姆看护孩子的情景也不多见。

孩子的成长

在父母离异后的最初阶段，许多青少年体验到痛苦、伤心或者是恼火，感觉自己被抛弃、不招人喜爱和无能。随着时间推移，这种感觉会慢慢消退。有些孩子最终会认为父母离异是自己时来运转，但也有的认为是背运。许多孩子仍然抱有父母重归于好的愿望。

父母分居后一年时间内，大多数孩子从心理上对家庭危机保持距离，对家庭问题避而远之。在学业上，他们的成绩恢复到父母分居之前的水平；父母离异过后的一段时间内，大部分孩子的成长逐渐恢复正常；只有部分青少年在父母离异后出现反常行为，或者出现心理问题，特别是当他们仍然寄希望于父母重归于好、对父母分居有很深的恐惧感时；一旦孩子认为自己被拥有监护权的家长视为负担时，对他会产生消极的作用，致使他对家长的新配偶产生忌妒，对没有监护权的家长产生敌意。

有些孩子将失去家长以及家长支付子女抚养费的态度理解为，好像自己没有价值，不受家长喜爱。而没有监护权的家长一旦放弃探视权，经常取消见面或者约好见面的时候不露面，这更加引发了这样的感觉。

单身父亲抚养孩子

爸爸独自抚养孩子，比妈妈独自抚养孩子的情况要少一些。同样，原因也是多种多样的：孩子的母亲出走，离婚时孩子判给父亲，或孩子的母亲去世等。

和单身母亲抚养孩子的情况一样，这类孩子也有可能人格分裂，自闭，拘束，好斗，或者太过理想化，这些风险同样应该引起足够重视。

我们可以使用同样的方法：扩大家庭和朋友圈；向孩子列举一些双亲家庭的典范，告诉他们，母亲在其中占有重要地位。女性以及母亲形象的出现，对小女孩和小男孩的成长都非常重要。阳阳的妈妈在他 6 个月大的时候，明确表示要改变自己的生活，坚决地向他的爸爸提出了离婚，之后就抛下阳阳走了。阳阳的爸爸请一位密友的妻子做了儿子的干妈。这位女性自己也有孩子，她经常去接阳阳放学，还经常邀请阳阳在假期和放学后去她家做客。因此，在阳阳的生活里，她既行使着女性的职能，又扮演着母亲的角色。

我们需要一定的时间和空间来评价这些由父亲抚养的孩子的成长状况。一些人惊讶于父亲在孩子日常生活以及情感生活中所表现出来的能力，那是因为他们可能忘记了，这些父亲在孩童时，他们的母亲给他们留下了深刻的印记。

继父母与孩子

继父母与孩子的关系大多是由亲生父母而定的。亲生父母可以通过自己的行为举止影响孩子，决定孩子是否接受继父母。许多亲生父母虽然希望对方插手孩子的教育，但又不想拱手出让自己在孩子心目中的领导地位，不希望继父母插手自己与孩子相对密切的关系。因此，特别是母亲们，她们仅仅只是将小部分教育任务和权利转交给继父们。当继父母与孩子的关系得到积极发展时，某些亲生父母则会感到妒忌。一旦亲生父母认为继父母获得了太多的教育权利，他们就会在对后者所做教育方面的努力暗中作梗。

虽然大多数继父母在再婚前都尝试过和孩子建立联系。但是继父母不可能立即被孩子接受。年幼的孩子自然比青少年更容易接受继父母。如果这位"新人"教育责任心太强、太急切，孩子的抵触情绪就特别大，他们期望对方立即表现爱心和接受自己的尊严。直到孩子真正接受继父母的教育方式，那时继父母应该与孩子已经建立很深的感情，这通常要1~2年以后。

即便继父母与孩子已经关系密切，但也会有很大的抵触情绪。因为后者唯恐继父母再婚后会影响到自己的地位，继父母会抢走自己亲生父母对自己的爱。孩子们由此而表现出妒忌与愤怒，抵制继父母对自己的教育。

如果要求孩子将继父母作为亲生父母接纳，孩子会表现出倔强、敌意、掩饰情感流露、内疚感等情绪。孩子对离家在外的亲生父母感情越深，这种情绪表现得就越强烈。许多家长无法容忍孩子成为两个家庭的成员，只爱自己已分开的亲生父母。

即便孩子接受了这一切，他们也可能会有强烈的背叛父母的内疚感，特别是在继父母非常值得爱的情况下。这时，如果亲生父母能明确地允许孩子与继父母发展关系，那会起积极的作用。

如果家中又有孩子降生，继父母与孩子的关系有可能会改变。夫妻共有的孩子可能会导致非亲生的孩子受冷落。有时，如果孩子爱继父母，将继父母作为自己的亲生父亲或者母亲看待，这样可以减轻压力，致使家中的紧张氛围得以缓解。但更多的情况是孩子会妒忌，感到自己被亲生父母冷落，受歧视。

收养家庭如何育儿

收养的家庭有什么不同吗？一方面，生养家庭和收养家庭拥有同等权利，收养的孩子被接纳为自己的孩子。各种机构都强调两种不同形式的家庭都有同等的权利。另一方面，大量数据明显说明它们之间的区别：在亲生父母眼中充满着对自己后代的期望的同时，大部分养父母要开始面对自己的不育症经历，处理这类事宜。当成年人通常不为当父母的条件担忧，不必依赖别人为孩子的出生做决定时，养父母则必须经历一段长时间的申请过程，证明自己具备潜在的教育者的能力，并久久地期盼这个孩子。

无孕期与分娩

当亲生母亲通过怀孕为孩子的出生做准备时，养父母则必须首先生活在一种迷茫中，他们究竟能否得到一个孩子？他们中的大部分都是突然得到通知，说可以领养一位孩子。他们必须在很短的时间内做出是否接受这位孩子的决定。因此，他们没有时间实施父母角色的转换。他们缺乏亲生母亲的孕期和分娩过程，因此在生理上、心理上和情感上难以做好迎接这位孩子的准备。他们无法成为有经验的家长。因此，到收养的初始阶段结束为止，他们还是处于不安的状态，不得不吐第三者承担监护权。

通常，家长与孩子问的关系是建立在共同的生物社会学属性基础上，随着孩子的降生便自动建立了这类关系。但养父母必须面对缺失的生理关系，只能申请"精神父母"的关系。他们必须先培养这样的感觉，即，这个孩子属于他们。由此而产生的不自信也会在申请收养阶段、当"准养父母"时强化，并承受成功的压力。

收养初期阶段

由于缺乏准备阶段，大部分养父母在承担收养新生儿的责任时忐忑不安。在适应阶段他们通常非常辛苦。通常母亲更容易亲近孩子，很快便培养起做母亲的感觉。男性对此而言相对滞后，为本能地完成父亲角色的转变，他们需要更多的时间。许多人开始都保持一定的距离，或者他们不得不先接近这个孩子。在经历了相当长的一个阶段，这位被收养的新生儿才真正被两位家长视为自己的孩子。

收养年龄较大的孩子的时候，往往要长达半年之久才能达到感情上的正常状态，建立一种父母与子女间的关系。建立正常关系的愿望往往会因为孩子本身的个性而受阻。而孩子这种个性是因为他"悲惨"的生活经历、来自另外一种社会环境而造成的。他们知道自己出生时的姓氏，认识自己的亲生父母和亲戚，常常感受到这种亲情并怀念他们。他们也难以割舍对福利院的保育员、老师以及朋友的爱。由此，他们带着自己生活历史的印记、他们过去的经验和在另外一个生活环境中学到的行为模式来到了这个收养家庭。

家长与子女的关系

不仅养父母倾向于培养与孩子间的正常关系，在感情上与亲生子女一视同仁，就连被收养的孩子也感觉自己在家中和亲戚之间被当作养父母的亲生孩子看待的。与同龄孩子相比，他们与父亲的关系往往更好。看起来，他们的家长与子女的关系并不比血缘关系家庭缺少承受能力、安全、稳固性。

收养家庭共有的一个有趣的现象是"结构雷同性"：养父母寻找他们与孩子之间在外表、性格、行为举止方面的共同之处。这些共同之处方便他们让孩子融入家庭，感觉到相互之间的联系，从孩子身上发现自我。如果他们的本质和性格（非常）相似，就容易建立"更好的"家长与孩了的关系（比如，更开放、更少反感、更多共性）。两位家长都以极大的热情参与孩子的教育培养，关心照顾孩子。

向孩子说明收养真相

向孩子说明他特殊的身份，许多养父母认为是一件重大的、给自己带来恐慌的事宜。他们其实一开始就考虑这个问题了：什么时候开口、如何开口，在什么情况下向孩子解释收养事宜，以及告知孩子的身世。当孩子了解这些情况后，对他的生活会产生什么重要意义；孩子的亲生父母对他具有哪些重要性。现今，大部分养父母都选择了告知孩子真相，因为他们认识到这其中涉及孩子的权利；孩子认为与此相关的信息至关重要，因此不希望从第三者那里听到这一切。一项对养父母的调查研究表明，说明真相往往是从大约 3 岁孩子提出的"我曾经在你肚子里待过？"这种问题开始的。而孩子往往以非常冷静的态度接受否定的回答。

而多数养父母可以肯定，在与孩子说明真相后，孩子的行为没有很大的改变。但许多养父母对自己日后是否需要和孩子重提收养事宜很有顾虑。毫不奇怪，有些被收养的孩子对此很不满意。有个别的孩子甚至在冲突中借题发挥，伤害自己的养父母。

因此，应该不断提及收养事宜，同样也可以以间接的方式，在这些孩子的成长过程中，根据孩子的年龄不断给他们提供涉及这个话题的合适的画册、儿童读物、青年读物等。

公开交流收养的话题会获得良好的结果：一种更好的相互信任关系、对家长更深的感情、更加同心协力、更少的反感、对血缘家庭和收养家庭的区别可以持更宽容的认可态度。

第十章

幼儿常见疾病

本章介绍了婴幼儿在成长过程中遇到的常见疾病，分别从腹部和胃肠道，胸部和肺脏，耳、鼻、喉，眼睛，泌尿生殖道，头、颈和神经系统，心脏，肌肉骨骼疾病，皮肤，慢性疾病等方面进行了讲解。针对每个疾病，从发病的症状、原因以及应对方法三个方面做了详细介绍，帮助家长正确护理生病的婴幼儿。

婴幼儿患病前的常见征兆

情绪不稳

健康宝宝在通常状态下，不哭不闹，精神饱满，容易适应环境，但生病的宝宝往往情绪异常。例如烦躁不安、面色发红、口唇干燥，可能是发热；目光呆滞、直视，两手握拳可能会是惊厥；哭声微弱或长时间不出声有可能是病情严重。此外，如果宝宝表现出萎靡不振、烦躁不安或爱发脾气的情绪，父母要仔细观察，及时就诊。

很多年轻的父母由于没有经验，也缺少耐心，往往会对哭闹的宝宝非常恼火，不明就里地呵斥孩子。因此要提醒父母们一定要控制好自己的情绪，记住宝宝是还不能表达的幼儿，在宝宝情绪异常的时候，父母要及时检查并细心地照顾他。过于严肃的苛责和不理睬都有可能让宝宝的情绪恶化，加重病情。

呼吸不匀

婴幼儿患病时通常会表现出呼吸异常的情况。例如宝宝呼吸变粗、频率加快或时快时慢，伴有面部发红等症状，可能是发热；用嘴呼吸或有深呼吸时的声音可能是鼻子不通气；呼吸急促，每分钟超过 50 次（情绪正常情况下一呼一吸为一次），鼻翼扇动，口唇周围青紫，呼吸时肋间肌肉下陷或胸骨上凹陷，则可能是患了肺炎、呼吸窘迫症、先天性横隔膜疝气等病，家长切不可掉以轻心。

有时小儿身体发热，不能平卧，频繁咳嗽，可能会患有支气管炎；如果突然出现的咳喘伴哮鸣音，则是哮喘发作。小儿经常面色灰青、口唇发紫、家长要提防是心肌炎或先天性心脏病。

进食变化大

健康儿童能按时进食，食量也较稳定。如果发现宝宝食欲突然减少或者增加，往往是患病的前兆。消化性溃疡、慢性肠炎、结核病、肝功能低下、寄生虫病、蛔虫病、钩虫病等都可能引起食欲不振，缺锌、维生素 A 或维生素 D 中毒也都可能引起食欲低下。

如果婴儿平时吃奶、吃饭很好，现在突然拒奶或无力吸吮，或不肯进食或进食减少，则可能存在感染的情况。

食欲增加也可能是疾病所致，最典型的就是儿童糖尿病，总是吃不饱，或者吃得多体重不升反降，就需要家长带到医院去做检查。

如果孩子在饮食上突然有改变，家长也不要对其责骂，先检查清楚是否因为健康问题。

体重异常

婴幼儿出生后，体重增加速度会很快。如体重增长速度减慢或下降，则应怀疑疾病的影响，如腹泻、营养不良、发热、贫血等症状或疾病。作为父母，对婴幼儿吃、玩、睡和精神状况，经常注意观察。

婴儿体重的计算标准：

1~6个月：出生体重 (kg)+ 月龄 ×0.6= 标准体重 (kg)

7~12个月：出生体重 (kg)+ 月龄 ×0.5= 标准体重 (kg)

1岁以上：8+ 年龄 ×2= 标准体重 (kg)

但由于人的体重与许多因素有关，一般在标准体重上下10%浮动都属于正常范围。超过标准体重20%是轻度肥胖，超过标准体重50%是重度肥胖。低于标准体重15%是轻度消瘦，低于标准体重25%是重度消瘦。轻度肥胖和轻度消瘦属于轻度营养不良，重度肥胖和重度消瘦属于重度营养不良。

睡眠异常

正常婴儿一般入睡较快，睡得安稳，睡姿自然，呼吸均匀，表情恬静。而生病的宝宝通常夜间睡眠状况不好，如睡眠少、易醒、睡不安稳等。牙痛、头痛和神经痛等都会使宝宝夜间睡眠不好，瘙痒、肠胃系统疾病或呼吸性疾病也会使宝宝从夜间睡眠中惊醒。

如果宝宝睡前烦躁不安、睡眠中经常踢被子、睡醒后颜面发红、呼吸急促，可能是发热；如果宝宝入睡前用手搔抓肛门，可能是患了蛲虫病；常会在睡眠中啼哭，睡醒后大汗淋漓，平时容易激怒的宝宝可能患有佝偻病；睡觉前后不断咀嚼、磨牙，则可能是白天过于兴奋或有蛔虫感染。

父母在宝宝入睡前检查时还要注意是否有疹子、发热或咳嗽等症状。

排便异常

便秘和腹泻都预示着宝宝身体不适。95%的便秘可以通过多吃些蔬菜或其他高纤维食品解决。同时应该鼓励孩子多活动，增强参与排便肌肉的肌力，养成每天定时排便的习惯。但如果是新生儿出现便秘，最好还是就医问诊。

如果宝宝腹泻，可以从大便的性质来分析腹泻原因，如小肠发炎的粪便往往呈水样或蛋花汤，而病毒性肠炎的粪便多为白色米汤样或蛋黄色稀水样。

在宝宝腹泻期间，父母要为他控制食量，使肠道得到合理休息。母乳喂养的孩子要少吃油腻食品，以免消化不良而加重腹泻。同时，每次便后要用温水清洗宝宝臀部，用毛巾擦干，涂些爽身粉，避免细菌感染和不适感。

腹部和胃肠道

腹痛

腹痛是儿童常见的一种病状，多由于腹部器官病变所引起的，大体上有两种病理形式造成，一种腹部的管状器官如胃、肠痛、胆道、输尿管等痉挛或梗阻引起阵发性腹部绞痛；另一种是腹部肝、肾等脏器肿胀，引起其被膜牵扯，而产生持续性的钝痛。

腹痛的症状

年龄较大的儿童，腹痛时常常会自己诉说。年龄较小不会说话的宝宝，要判断有无腹痛，爸爸妈妈必须仔细观察宝宝的表情。

1. 如果宝宝腹痛，一般会发出尖锐而持续不绝的哭声，并出现腹部胀满、身体蜷缩、两手握拳、脸色苍白、烦闷冒汗等现象。

2. 如果用手按摩宝宝的腹部，宝宝停止哭泣或哭得更厉害则应考虑有腹痛的可能性。

腹痛的原因

引起宝宝腹痛的原因比较复杂，但人们常常从腹痛的性质这个角度寻找原因。

1. 引起宝宝功能性腹痛的原因是腹部着凉、饮食不当、消化不良等。

2. 宝宝器质性腹痛多由胃炎、胃溃疡、肠炎、肠梗阻、肠穿孔、腹膜炎、肝脓肿等引起的。

宝宝腹痛怎么办

1. 宝宝功能性腹痛，疼痛不会太剧烈，持续时间也不会太长，引起严重的后果的可能性较小，妈妈可以用温开水浸湿的热毛巾热敷宝宝的腹部，并摩擦搓热双手按摩宝宝的腹部，很快就能缓解宝宝的疼痛。

2. 如果通过热敷和按摩的方法都不能缓解宝宝的痛苦，一定要去医院检查，弄清起因。

3. 在未弄清腹痛的原因之前，爸爸妈妈不要给宝宝吃任何东西，因为进食会加速肠道蠕动，加重腹痛。不要乱用止痛药，以免掩盖病情，检查不出病因。

4. 在医生的指导下给宝宝服用药物，以及为腹痛宝宝烹调营养美味的专用膳食。

阑尾炎

阑尾炎是指阑尾在多种因素作用下而形成的炎性改变，是最常见的腹部外科疾病，其病情取决于是否及时的诊断和治疗。如果早期诊治，患儿多可在短期内康复，死亡率极低。如果延误诊断和治疗会引起严重的并发症，甚至造成死亡。

阑尾炎的症状

小儿急性阑尾炎一般没有典型的症状，年龄越小越难判断。但是如果宝宝出现一下现象则可考虑宝宝患阑尾炎的可能性。

1. 阵发性哭闹、拒按腹部、不愿活动，往往提示有腹痛。

2. 宝宝出现持续低热，且有升高的趋势，伴有恶心、呕吐、发热、便秘、腹泻等症状。

3. 宝宝的疼痛部位由心窝逐渐转移到右下腹部，并且越来越剧烈。

阑尾炎的原因

1. 由于宝宝上呼吸道感染、扁桃体炎等使阑尾壁反应性肥厚，血流受阻，也会造成小儿急性阑尾炎。

2. 宝宝受凉、腹泻、胃肠道功能紊乱等原因造成肠道内细菌侵入阑尾，导致阑尾发炎，也是小儿急性阑尾炎的原因。

3. 阑尾腔被粪石、异物或寄生虫等堵塞，造成阑尾腔的内容物引流不畅，导致细菌繁殖，这也是引发小儿急性阑尾炎的原因。如果阑尾腔被长时间阻塞就会引起阑尾本身的血液循环障碍，导致组织缺血，从而引发阑尾坏死穿孔。

宝宝阑尾炎怎么办

1. 假如宝宝的疼痛感非常剧烈或疼痛持续超过 6 小时，那么就应马上就医。如果阑尾炎未得到及时的治疗，就很可能造成阑尾破裂，脓汁蔓延至腹腔，引起感染，导致患儿死亡的弥漫性腹膜炎。

2. 当宝宝开始发生腹痛，不能判断情况是否危急的情况下，可以用毛巾包裹热水袋来热敷宝宝的腹部。

3. 不能让宝宝服用解热镇痛剂溶液或是其他的止痛剂，因为这会造成医生诊断上的困难。同时，也不能让宝宝进食，以防需要手术治疗。

4. 急性阑尾炎是可以消退的，但消退后约有 1/4 的患儿会复发。目前医院对于急性阑尾炎一般采用手术的方法，绝大多数手术效果是良好的、安全的。

5. 非手术疗法主要是抗感染，但应做好随时住院治疗的准备工作，以免延误治疗使病情发展到严重程度造成治疗困难。

便秘

小儿便秘是指发生于小儿的以大便干燥坚硬，次数减少，排便间隔时间延长，大便秘结不通为主要表现的疾病。

便秘的症状

判断宝宝是否便秘，不能以排便频率为标准，而是要对宝宝大便的质和量进行总体观察，并且要看对宝宝的健康状况是否有影响。每个宝宝各自身体状况都不同，因而每日正常排便次数也有差别。判断宝宝是否便秘可从以下方面观察。

1. 便秘的宝宝他们的排便周期延长（3～5天），在临床上如果宝宝排便的时间间隔超过48小时，即可视为便秘；

2. 宝宝在排便时小脸涨得通红，双拳紧握，大便难以排出或排出的大便又干又硬；

3. 同时还伴有肛裂疼痛，排便哭闹，粪便污染内裤，腹部胀满，食欲减退等症状。

便秘的原因

小儿便秘的原因总结为以下几个方面：

1. 宝宝饮食过少，或饮食中糖量不足，造成消化后残渣少，大便量少。

2. 饮食中蛋白质含量过高使大便呈碱性，导致大便干燥，排便次数减少。

3. 食物中含钙过高也会引起便秘，如牛奶含钙比人奶多，因而牛乳喂养比母乳喂养发生便秘的机会多。

4. 膳食纤维摄入量不足，食用过多高脂肪、高胆固醇的食物，造成肠胃蠕动缓慢，消化不良，食物残渣在肠道中停滞时间过久，从而引起便秘。

5. 佝偻病、营养不良、甲状腺功能低下等会引起腹肌张力差、肠胃蠕动缓慢，也可导致小儿便秘。

6. 个别宝宝也会因为环境的变化而产生便秘。

宝宝便秘怎么办

对于严重便秘的宝宝，一定要及时地送到医院做先关检查并对症下药，轻度小儿便秘一般可通过以下方法缓解和治疗。

1. 食疗法。给宝宝准备一些润肠通便的食物，使宝宝大便顺畅。

核桃粥：核桃仁富含脂肪、蛋白质、碳水化合物、磷、铁、β–胡萝卜素、核黄素等，具有润肠通便，治疗便秘的功效。可以将核桃研成细末，与大米一起熬煮成粥，给宝宝食用，不仅可治疗便秘，还可以补脑益智。

红薯粥：红薯营养较丰富，具有一定的医疗价值，有补血、活血、暖胃、润肠的功效。红薯含碳水化合物、粗纤维、钙、磷、铁和维生素 A、维生素 C，其所含的蛋白质比大米、面粉要高出很多倍。便秘的宝宝吃几次就能好转。

熟香蕉：香蕉含有丰富的膳食纤维和糖分，润肠通便功能明显。但是，这种作用只有熟透的香蕉才具备，生香蕉可能会适得其反，因此在用香蕉给宝宝治疗便秘时，一定要将香蕉蒸透。

南瓜粥：南瓜含有淀粉、蛋白质、胡萝卜素、维生素 B、维生素 C 和钙、磷等成分。具有厚肠通便的功效。南瓜与大米熬煮成粥，加入少许蜂蜜，按量给宝宝食用，有助于宝宝排便顺畅。

决明茶：决明子含有多种维生素和丰富的氨基酸、脂肪、碳水化合物等成分，宝宝饮用决明茶后不仅能缓解便秘，还可以清热解毒。

2. 训练排便习惯。排便是反射性运动，宝宝经过训练能养成按时排便的好习惯。一般 3 个月以上的宝宝可开始排便训练，每天清晨喂奶后，由爸爸或妈妈两手扶持宝宝，帮助宝宝进行排便训练，连续按时执行 15 ~ 30 天即可养成习惯。

3. 按摩法。爸爸或妈妈将双手摩擦变热后，右手四指并拢，放在宝宝的肚脐上，按顺时针方向轻轻推揉按摩。这样不仅可以缓解便秘、帮助排便，更有助消化。

4. 肥皂条通便法。将肥皂削成铅笔杆粗细、约 3 厘米长的肥皂条，用温开水润湿后插入宝宝的肛门，可以刺激肠壁引起排便。

腹泻

小儿腹泻根据病因分为感染性和非感染性两类，是由多病原、多因素引起的以腹泻为主的一组临床综合征。发病年龄多在 2 岁以下，1 岁以内者约占 50%。腹泻的高峰主要发生在每年的 6 ~ 9 月以及 10 月至次年的 1 月。宝宝夏季腹泻通常是由细菌感染所致，多为黏液便，具有腥臭味；秋季腹泻多由轮状病毒引起，多为水样便或稀糊便，但无腥臭味。

腹泻的症状

不能单纯地从宝宝的排便次数来判断宝宝是否患了腹泻，而是要观察宝宝大便的状况。

1. 患有腹泻的宝宝排出来的是稀水便、蛋花汤样便,有时甚至是黏液便或脓血便。

2. 同时会伴有吐奶、腹胀、发热、烦躁不安、精神不佳等症状。

3. 宝宝轻型腹泻无脱水及中毒症状,宝宝无明显异常,食欲受轻微的影响。

4. 患中型腹泻的宝宝会出现轻度至中度脱水症状,有轻度中毒迹象。

5. 重型腹泻的宝宝会出现重度脱水,表现出烦躁不安、精神萎靡、面色苍白等明显中毒症状。

腹泻的原因

引起小儿腹泻的原因多种多样,因为1～2岁的宝宝生长发育迅速,身体需要较多的营养及热能,但是消化器官尚未完全发育成熟,分泌的消化酶较少,消化能力较弱,容易发生腹泻。

1. 病毒引起的肠胃炎是小儿腹泻最常见的原因。

2. 细菌、轮状病毒、寄生虫、饮食不当、口服药液的副作用、食物中毒等,也是导致小儿腹泻的重要原因。

3. 现在的宝宝多为配方奶喂养,很多父母选用了高脂肪的配方奶,导致宝宝消化不良,或者不定时、不定量地喂养,使得宝宝的肠胃功能紊乱,造成腹泻。

4. 由于天气多变,宝宝添衣不及时,造成腹部着凉,也会导致腹泻。

宝宝腹泻怎么办

治疗小儿腹泻没有特别有效的治疗药物,2岁以下的宝宝使用非处方的抗腹泻药物,在给较大的儿童使用时也要在医生的指导下谨慎使用。因为这些药物经常使肠道损伤恶化。

1. 如果宝宝属于轻型腹泻,不必紧张,只需停止给宝宝喂养配方奶,用一些清淡的食物代替,如米汤、淡粥、淡盐水、淡糖水等,宝宝可很快恢复。

2. 给宝宝准备膳食的时候,瓜果蔬菜要彻底洗净,确保无农药残留,烹煮肉类、水产类时一定要煮熟透,避免寄生虫的滋生。

3. 定期给宝宝的餐具消毒,还要注意宝宝的个人卫生,饭前便后要洗手,以免病从口入。

4. 宝宝中型或重型腹泻,必须送往医院检查,并且注意在检查之前不要让宝宝进食,以免干扰医生的诊断。医生将会根据宝宝的情况和类型进行治疗。

呕吐

小儿呕吐是指小儿的胃或部分小肠里的内容物被强制性地从口排出，伴有恶心、腹肌收缩的疾病。由于宝宝的胃肠功能尚未健全，呕吐是常见现象。

呕吐的症状

1. 宝宝呕吐常常伴有恶心、腹压增高、烦闷不安、吐奶次数频繁、呕吐量较多等症状。

2. 呕吐物往往含有奶块和胃部内容物，甚至混有绿色的胆汁，有时呕吐呈喷射状。

3. 宝宝在呕吐时还会表现出表情痛苦，哭闹不止，呕吐后会无精打采、昏昏欲睡，甚至还会出现发热等并发症。

呕吐的原因

1. 新生儿时，喂奶过量，或者在哭闹时喂奶，造成宝宝吞入大量空气，也会导致呕吐。

2. 配方奶选用不当，蛋白质或脂肪过高，造成宝宝消化不良，这也是导致宝宝呕吐的原因之一。

3. 如果宝宝的呕出物中混有黄色胆汁，则可能是肺炎、败血症、肝炎及其他腹部器官的器质性病变造成的。

4. 如果宝宝胃部的内容物急剧有力地从口中喷出，呕吐之后宝宝仍然大叫啼哭或昏睡，不想吃奶和进食，这多由脑炎、脑膜炎、脑脓肿、脑出血等中枢神经系统疾病引起.

5. 食物中毒也是呕吐的原因之一，往往会伴有哭闹不安、消化不良、胃肠痉挛等症状，应及时就诊。

6. 消化道感染性疾病，如胃炎、肠炎、痢疾、阑尾炎等，也会因为局部刺激而引起反射性呕吐，此时多伴有恶心、腹痛及腹泻等症状。

7. 感冒或其他呼吸道感染也可能引起呕吐，因为这时宝宝容易被鼻涕堵塞，从而产生恶心的感觉。

宝宝呕吐怎么办

宝宝呕吐了，怎么办？如果病情严重，必须立刻就诊，并且在诊断之前不宜给宝宝喂食任何事物，以免造成误诊，确诊之后宝宝的一切护理都应在医生的指导下进行。如果宝宝只是轻微呕吐，细心的妈妈做到以下几点，可以减少宝宝呕吐之后的痛苦和恐惧。

1. 要让孩子坐起，把头侧向一边，以免呕吐物呛入气管；不要经常变动宝宝的体位，也不要抱起宝宝轻晃，否则容易再次引起呕吐。

2.注意观察呕吐情况、呕吐与饮食及咳嗽的关系、呕吐次数、吐出的胃内容等。

3.呕吐后要用温开水给宝宝漱口，清洁口腔，去除异味。较小的婴儿可通过勤喂水，清洁口腔，少量多饮，保证水分供应，以防失水过多，发生脱水。

4.宝宝呕吐后，妈妈可以通过给宝宝按摩来缓解宝宝的痛苦。搓热双掌，沿着宝宝的天柱骨往下推拿，一开始轻轻推，再慢慢加重力道，推到皮肤微微发红即可。坚持每天都推，不仅可以缓解和治疗呕吐，还可以有效的缓解宝宝嗓子痛。

5.注意宝宝的饮食，不要喂食过量，尽量少食多餐。忌食油腻辛辣的食品，以免刺激胃肠。吐后先给宝宝食用清淡的流食、半流食（如大米粥、烂面等），再逐渐过渡到普通饮食。

肝炎

小儿肝炎又称病毒性肝炎，是婴幼儿常见病、多发病。主要由于巨细胞病毒、EB病毒、柯萨奇病毒、单纯疱疹病毒等引起。根据病原体类型分为甲型、乙型和非甲非乙型肝炎，以夏秋季的发病率为较高，爸爸妈妈应提高警惕。

肝炎的症状

1.厌食。宝宝患了肝炎后，食欲下降，饭量比正常时下降，看到油腻的食物会出现恶心、呕吐的现象。

2.精神萎靡。宝宝变得活动量少、精神不振、嗜睡、浑身乏力。

3.面色发黄。患肝炎的宝宝，他们的面部特别是巩膜和结膜处发黄，并逐渐发展到周身皮肤发黄。

4.大小便异常。宝宝大便不成形，颜色变浅，如白陶土状，有时伴随着腹泻；小便呈深黄色，如浓茶水一样，有时尿液浸在尿布或衣服上留有黄色痕迹，这些都是黄疸型肝炎的早期症状。

5.腹痛。患肝炎的宝宝，右上腹经常有隐痛或连续性胀痛感，个别宝宝还会表现为脾脏肿痛，并自己用手按抚上腹部。

肝炎的原因

儿童肝炎通常是由于巨细胞病毒、EB病毒、柯萨奇病毒、单纯疱疹病毒等病毒从口腔侵入，再由血液将病毒输送到肝脏造成的。最容易影响儿童的肝炎是急性甲型肝炎。儿童患病的病情比成人患病的病情要轻微一些。患肝炎后的不适感及症状，因宝宝而异。通常经过四到六周之后，症状会逐渐消失。

宝宝肝炎怎么办

1. 在肝炎急性期的时候，宝宝最好卧床休息，休息好了往往比用药物治疗更为重要。

2. 在肝炎稳定期虽然不必绝对卧床休息，但是也要尽量减少运动，避免疲劳。

3. 患病期间宝宝的饮食应清淡、易消化，荤菜以新鲜鱼虾为宜，但是在烹饪这些食物时，一定要煮熟透，以免细菌滋生，多吃新鲜的蔬菜水果，补充维生素。

4. 肝炎急性发作的时候，要将宝宝与家人隔离，对宝宝的排泄物要用漂白粉消毒，隔离期从发病起1月左右。

5. 不能私自用药，有些药物如四环素、红霉素等有损害肝脏的副作用，长期服用会引起药物性肝炎，爸爸妈妈一定要在医生的指导下给宝宝用药。

蛲虫

蛲虫，亦称屁股虫或线虫，多寄生于人体大肠内，有时见于小肠、胃或消化道更高部位内。蛲虫是宝宝最常见的蠕虫感染疾病。

蛲虫病的症状

1. 患蛲虫病的宝宝表现为烦躁不安、食欲减退、夜间磨牙、消瘦、夜间反复哭闹，睡不安宁。

2. 在宝宝排便时，宝宝大便中可能会有1厘米左右白色线状的虫子在蠕动。

患蛲虫的原因

1. 雌蛲虫在夜间爬到宝宝的肛门处，在周围皮肤上产卵，引起发痒，宝宝用手指抓痒而沾染虫卵，在拿食物吃或吮吸手指时吞入虫孵；

2. 宝宝食用了被污染虫卵的食物，造成虫卵在体内寄生；

3. 宝宝的玩具被虫卵感染，玩了玩具之后没有吸收就拿食物吃，或者经过口鼻，吸入空气中的虫卵，导致蛲虫感染。

宝宝蛲虫病怎么办

1. 培养宝宝良好的卫生习惯，做到饭前、便后勤洗手。

2. 勤为宝宝剪指甲，避免细菌滞留，改正宝宝吮吸手指的坏习惯。

3. 不要让宝宝饮用生水，不吃生冷的蔬菜、肉类等。

4. 保持居室内的清洁卫生，经常清洗孩子的餐具、玩具等。

5. 勤为宝宝换衣裤，衣裤、被单应用开水烫洗，被褥要经常晾晒，以杀灭虫卵。

6. 给宝宝穿满裆裤，防止宝宝用手指接触肛门，每天早晨用肥皂和温水为宝宝清洗肛门周围的皮肤。

阴囊积液

宝宝阴囊积液是由于腹鞘膜突在出生前后未能闭合而形成的一个鞘膜腔，它导致液体的积聚、扩张而形成梨形的腔囊。

阴囊积液的症状

1. 肝郁气滞型：宝宝的阴囊肿痛、皮色发亮、脸色萎黄、精神萎靡；

2. 脾虚下陷型：宝宝的阴囊肿大、食欲减退、大便稀烂，在进食高脂肪、高蛋白的食物后，身体显疲劳；

3. 脾肾两虚型：表现为宝宝的阴囊肿胀，呈椭圆形，有下坠感，下腹不适，行动不便，阴茎隐缩；

4. 寒湿型：阴囊肿大，有光滑的肿块，用手触摸有囊性感，没有发热肿痛的现象；

5. 阴虚型：表现为宝宝的睾丸肿大，如鸡蛋大小，偶尔有胀痛感，宝宝四肢发凉。

阴囊积液的原因

宝宝阴囊积液是由于鞘膜腔与腹膜腔有相通的管道而形成交通型的鞘膜积液，表现为液体能随体位的改变从鞘膜腔来回流动，导致液体的积聚、扩张而形成梨形的腔囊。

常出现阴囊或精索部位囊性肿物，一般宝宝没有不适感，大小可有很大差异，多数为卵圆形或梨形，一般没有疼痛感，有时坠胀不适。长期的慢性鞘膜积液张力大，会对睾丸的血供和温度调节产生不利的影响，严重的可能引起睾丸萎缩，如果积液严重，影响双侧睾丸，很可能影响宝宝将来的生育能力。

宝宝阴囊积液怎么办

1. 给宝宝洗澡时要小心、轻柔，不要伤到宝宝的睾丸。

2. 如果宝宝有不适症状，可能会想用手去抓弄，尽量避免宝宝去触碰阴囊。

3. 注意保持宝宝阴囊处的皮肤清洁，干燥。

4. 给宝宝安排合理的饮食，多吃清淡、营养齐全、种类丰富的食物，多喝水。

5. 如果宝宝的情况比较严重应及时就医，医生会根据宝宝的情况，进行手术治疗或非手术治疗。

腹股沟疝

腹股沟疝俗称疝气，是指腹膜或肚子里的肠子突然下坠到腹股沟（大腿根部），形成与腹腔间的通道，当腹压增加时，可以使腹膜和肠子随着通道进入阴囊内形成疝，使阴囊突然肿大而引起疼痛的疾病。

腹股沟疝的症状

1. 宝宝大腿根部会鼓起一个如乒乓球大小的肿块，用手轻轻推动，才能回到原位，如果腹部再度用力，还会出现脱出的现象。

2. 在宝宝哭闹、运动剧烈，因大便燥结而用力排便时，在腹股沟处会有一个突起的块状肿物，有时会延伸至阴囊或阴唇部位，在平躺或用手按压时会自行消失。

3. 疝气包块无法回到原位时，宝宝的会出现腹痛、发热、恶心、呕吐、厌食、哭闹、烦躁不安等症状。

腹股沟疝的原因

1. 宝宝患腹股沟疝的原因很多，主要是由于宝宝的腹壁和股沟区薄弱，再加上血管、精索或子宫圆韧带穿过，给疝的形成提供了通道。

2. 过早教宝宝站立、行走，造成宝宝肠管下坠，形成腹股沟疝。

3. 宝宝由于便秘而在排便时用力过猛，或者在咳嗽时用力过大，致使腹压升高，为疝的形成提供了动力。

宝宝腹股沟疝怎么办

1. 给宝宝洗澡的时候，应仔细检查女宝宝的腹股沟是否有鼓起，男宝宝的阴囊处是否有肿胀。

2. 对于 1 岁以下的宝宝，不要将他们的腹部裹得太紧，以免加重腹腔的压力。

3. 不要过早的教宝宝站立，以免造成宝宝的肠管下坠，形成腹股沟疝。

4. 多给宝宝吃一些易消化和含粗纤维较多的食物，以保持大便通畅。在宝宝大便干燥时，应采取通便措施，不要让宝宝用力排便。

5.患咳嗽的宝宝要在医生指导下适当吃些止咳药。尽量减少宝宝大声啼哭、大声咳嗽等现象，防止腹压升高。

吸收障碍

吸收障碍是指宝宝肠胃里的酶无法在消化过程中发挥催化作用，导致所摄入的营养成分不能被身体充分吸收的功能性障碍。吸收障碍造成有的宝宝即使按照平衡食谱进食，仍然会引起营养不良。

吸收障碍的症状

1.患吸收障碍的宝宝易出现呕吐、腹痛等现象，并频繁排出松软块状的有燃料气味的大便。

2.宝宝的脂肪减少、肌肉萎缩，容易发生感染，出现干燥的有鳞的皮疹。

3.宝宝营养不良，发育迟缓，体重增长缓慢，有的宝宝甚至体重减轻。

4.免疫力低下，以感染流行性疾病。

吸收障碍的原因

1.由于宝宝的消化功能尚未完善，小肠里的化学物质以及酶无法在消化过程中发挥辅助作用。

2.宝宝的小肠内膜的吸收表面发生器质性变化，无法让足够的营养通过肠壁。

3.此外，缺铁性贫血、维生素 B_{12} 缺乏性贫血以及胰腺炎等，也是造成宝宝吸收障碍的原因。

宝宝吸收障碍怎么办

1.保证宝宝的饮食中营养齐全，不要让宝宝因缺乏某种营养素而导致其他疾病。

2.给宝宝食用易消化、吸收的食物，如豆腐、肉泥、青菜等。

3.适当多增加宝宝的户外运动，多晒太阳，增强宝宝的机体免疫力。

4.情况严重的宝宝，应立即将其送往医院就诊，在医生的指导下用药，并为宝宝安排合理的膳食。

乳糜性肠病

乳糜性肠病是由于麦胶所引起的一种可以导致吸收不良的肠道疾病。

乳糜性肠病的症状

1.主要表现为腹痛、腹泻，并且大便的颜色比较淡，量比较多，呈油脂状或泡沫状，常飘浮于水面，常常散发着恶臭，宝宝每天排便的次数从几次增至十几次。

2. 如果宝宝患了乳糜性肠炎后不及时治疗，就会出现生长迟缓、体重下降、贫血、倦怠乏力等现象。

3. 有的宝宝还会出现毛发稀少、发色枯黄、下肢水肿等。

4. 极少数宝宝可见皮肤可出现色素沉着、湿疹、剥脱皮炎等，严重的甚至还可出现口角炎、舌炎、低血压。

乳糜性肠病的原因

1. 遗传是造成宝宝患乳糜性肠病的原因之一。

2. 麦胶是宝宝患乳糜性肠病的主要原因，因为患此病的宝宝平时经常吃面食，在停止食用面食之后，症状即可缓解，因此证明麦胶是本病的致病因素。

宝宝乳糜性肠病怎么办

1. 宝宝在患了乳糜性肠病之后，要避免给宝宝食用含麦胶的食物，如大麦、小麦、燕麦及裸麦等。

2. 如果宝宝出现并发症，入腹泻、贫血等，爸爸妈妈要带宝宝去医院检查，并对症下药。

3. 给宝宝补充各种维生素、B族元素以及叶酸等。

4. 给宝宝多喝水，最好是淡盐水，可以起到清洗肠胃的作用。

牛奶过敏症

宝宝牛奶过敏症，实际上是指宝宝对牛奶中所含的蛋白过敏，也就是说，是宝宝体内的免疫系统对牛奶蛋白过度反应而造成的。牛奶过敏症是宝宝出生后第一年最常见的食物过敏，大约有 2.5% 的宝宝会出现牛奶过敏症。

牛奶过敏症的症状

1. 宝宝牛奶过敏症的症状集中表现为，宝宝的皮肤或身体会出现红疹、风疹或湿疹；

2. 宝宝普遍出现多痰、打喷嚏、咳嗽或气喘等现象；

3. 在宝宝的肠胃道方面，经常伴有腹部绞痛、呕吐及腹泻的症状，他们常常在喂奶后烦躁不安、哭闹不止；

4. 部分宝宝可能会拒绝吃奶，食欲减退，严重的宝宝会因为哭闹而引起休克；

5. 牛奶蛋白过敏症的症状出现的时间因宝宝而异，有的宝宝在喝下牛奶后立刻产生过敏反应，有的宝宝经过数小时才出现过敏反应，甚至有少数宝宝在数天后才开始显示过敏症状。

牛奶过敏的原因

1. 由于宝宝的肠道中缺乏乳糖酶，对牛奶中的乳糖无法吸收，消化不良，从而引起宝宝的牛奶过敏反应，如腹痛、腹泻等，如果停止奶水，则症状很快会改善。

2. 宝宝对牛奶中的蛋白质产生过敏反应，是造成宝宝过敏症的直接原因。每当宝宝接触到牛奶后，身体就会发生不适症状。

3. 对于较小的宝宝，除了母乳、配方奶之外，牛奶是宝宝主要的食物营养来源，所以是最容易发生牛奶过敏的时期。

宝宝牛奶过敏怎么办

1. 在不知道宝宝为什么出现过敏的现象的情况下，爸爸妈妈要带着宝宝去医院，请医生做婴儿牛奶过敏的专门检查。在检查之前，爸爸妈妈要向医生仔细描述宝宝的病史和体格发育状况，以便于医生做出判断。

2. 如果宝宝喝了牛奶之后，出现过敏的现象，爸爸妈妈要马上停止给宝宝喝牛奶，能母乳喂养尽量用母乳喂养，如果母乳不足，可以给宝宝吃一些深度水解的配方奶，等宝宝大一些后症状会慢慢缓解。

3. 暂停一切与牛奶有关的食物，给宝宝添加清淡、易消化的辅食，如红薯泥、南瓜泥、大米糊等。

雷诺综合征

雷诺综合征又称肢端动脉痉挛症，是多见于 2 ~ 3 岁宝宝的一种罕见而严重的疾病，可导致宝宝严重性损伤，甚至死亡。

雷诺综合征的症状

1. 宝宝发病时手指皮肤苍白，数分钟后发绀，再由发绀（紫绀）色转为潮红，继而肤色恢复正常，整个皮肤变化的过程 15 ~ 30 分钟。当宝宝手指的皮肤苍白或发绀时，会出现指端麻木、刺痛、发凉、迟钝的症状；转为潮红时有轻度烧灼、胀痛的感觉。

2. 宝宝会出现困倦或嗜睡，随后表现出激动、说胡话甚至发怒，进而混乱或失去知觉。

3. 有的宝宝在发病时，会突然发生反复而频繁的呕吐，两次呕吐的时间间隔为 1 ~ 2 小时，并且呕吐现象会持续 24 ~ 36 小时。

4. 病久且反复发作的宝宝，表现为手指皮肤变薄、紧缩、硬韧，伴有关节失灵或僵硬。

5. 患儿常在寒冷的季节或遇到冷刺激，或情绪刺激后，比较容易发作，严重的宝宝可能出现癫痫并进入深昏迷状态。

雷诺综合征的原因

1. 患此病的人常常有家族史，因此雷诺综合征可通过遗传使宝宝致病；

2. 宝宝的中枢神经系统功能失调，使交感神经功能亢进，能使宝宝患上雷诺综合征；

3. 宝宝血循环中的肾上腺素和去甲肾上腺素含量增高，以及肢体小动脉本身的缺陷，对正常生理现象表现出过度反应所致；

4. 也有人认为，初期是肢端小动脉对寒冷有过度反应后，使宝宝出现长期的血管痉挛，造成动脉内膜增生、血流不畅，若再有使肢端小动脉血流减少的各种生理因素，即可作用于病变动脉而引起雷诺综合征；

5. 宝宝所患的免疫疾病和结缔组织病，如系统性红斑狼疮、硬皮病、结节性多动脉炎、皮肌炎、类风湿性关节炎、多肌炎等，都有可能引发雷诺综合征；

6. 如果宝宝出现震动性损伤、直接的动脉创伤、寒冷损伤等物理因素，也会导致宝宝上患雷诺综合征。

宝宝雷诺综合征怎么办

1. 宝宝患了雷诺综合征，一定要去医院治疗，医生会开一些纯中药制剂六味通脉胶囊，这种药是针对雷诺氏现象的治疗研制的，有活血化瘀、温通经脉的作用。

2. 有时候医生也会用针灸的方法，为宝宝疏通经络、调整阴阳、扶正祛邪，这时爸爸妈妈要说服宝宝配合医生的治疗，避免宝宝在针灸的过程中动来动去。

3. 症状较重的宝宝医生一般会用药物治疗，比如会开一些钙拮抗剂硝苯地平，爸爸妈妈要记得按时按量给宝宝服用。

4. 在极为严重的情况下，医生会考虑给宝宝做交感神经切除术，爸爸妈妈要做好宝宝住院手术的准备。

5. 在饮食上，以清淡、易消化、营养全面的食物为主，要给宝宝多喝水，促进血液循环。

6. 爸爸妈妈还可以在中医的指导下，用中药给宝宝进行手足浴，可以改善宝宝手足的血液循环，起到调节机体免疫、调理脏腑的作用。

7. 根据天气变化给宝宝增减衣物，避免宝宝着凉。鼓励宝宝多运动，增强免疫力。

胸部和肺脏

哮喘

哮喘全称支气管哮喘，是一种常见、多发病，是由于通向肺部的纤细的空气通道变得狭窄而引起的，哮喘反复发作，容易造成呼吸困难，严重时可导致窒息死亡。

哮喘的症状

1. 宝宝会产生咳嗽，尤其在夜间或运动后更明显。

2. 呼吸时伴有轻度喘鸣样的鼻音及气喘，感冒期间特别显著。

3. 哮喘发作期，宝宝会有窒息的感觉，呼吸困难，并且皮肤苍白、易出汗。

4. 宝宝患了哮喘，他们的舌头及口唇周围发青，口舌干燥。

5. 宝宝发育迟缓、智力下降、机体免疫力低下，容易引起并发症。

哮喘的原因

1. 引起小儿哮喘的原因有很多，包括感冒、天气变化、运动过量、过度劳累等，其中感冒引起宝宝哮喘是最常见原因；

2. 某些药物也能导致哮喘，如阿司匹林以及一些非激素类消炎药。

3. 吸二手烟及长期闻油漆、油烟等刺激性气味，也是引发哮喘的因素。

4. 此外，小动物的皮毛、室内的粉尘、真菌、花粉等，也能诱发宝宝患哮喘。

5. 家庭成员里有患哮喘、湿疹或过敏性鼻炎的，宝宝患哮喘的概率较高。

宝宝哮喘怎么办

一般的哮喘对宝宝的生长发育影响不大，但是哮喘反复性发作或长期应用肾上腺皮质激素，就有可能给儿童的生长发育带来较大影响。所以爸爸妈妈不能掉以轻心。

1. 让宝宝自然地坐在爸爸或妈妈的大腿上，并使宝宝稍微向前倾，这样能使宝宝呼吸顺畅。

2. 对于喜欢自己坐着的宝宝，放一些柔软的物体支撑宝宝的前臂，比如枕头、娃娃等，以便宝宝能够向前屈身俯靠。

3. 经常用吸尘器清理室内的灰尘，避免宝宝吸入过多粉尘。

4. 宝宝哮喘病发作时，一定要做好记录，以便找出引起宝宝哮喘发作的原因。

5. 如果宝宝的情况较为严重或出现紧急症状，应立刻送往医院治疗。

咳嗽

咳嗽是一种保护性呼吸道反射，是呼吸道受到刺激后的一种生理反射，可以排出呼吸道分泌物或异物，保护呼吸道的清洁和通畅。宝宝咳嗽多数是由普通感冒或流行性感冒引起，持久而剧烈的咳嗽会消耗宝宝的体力，影响睡眠，情况严重的可引起肺泡壁弹性组织的损坏，诱发肺气肿、支气管炎等并发症。

咳嗽的症状

1. 宝宝咳嗽常常表现为喉咙干痒、咳嗽带痰，并伴有呼吸困难。

2. 宝宝声音沙哑、夜间难以入眠、易咳醒、精神萎靡。

3. 宝宝咳出的痰液的黏稠程度因宝宝而异，宝宝可能还不会吐痰，咳到口腔的痰液都吞咽胃里，如果宝宝咳嗽 1 ~ 2 声，痰的声音就没有了，或者不咳了，说明痰液不是很黏稠；如果咳嗽 5 ~ 6 声感觉痰液还在气管里，那么表明痰液比较黏稠。

4. 宝宝有时候会单声咳出，有时会连声咳出，有时咳嗽从咽部附近发出，有时咳嗽的声音比较沉闷，此时往往表明病变已经到了气管。

咳嗽的原因

1. 由感冒、腺病毒感染、鼻炎、扁桃体炎、急慢性咽炎 、急慢性喉炎、喉结核等上呼吸道疾病所致。

2. 传染病、寄生虫病、百日咳、白喉、麻疹、流感、肺吸虫病、肺包虫病、钩虫病都可能引起宝宝咳嗽等。

3. 呼吸道吸入有毒、有害的刺激性气体，如油烟、辣椒味、二氧化流、臭氧、硫酸、盐酸等，均能刺激呼吸道引起咳嗽。

宝宝咳嗽怎么办

1. 如果宝宝的咳嗽是突发性的，爸爸妈妈要仔细检查宝宝是否误食一些小物品，比如糖块或玩具的螺丝钉。如果这种情况，就要设法把它取出来，将宝宝脸朝下，放低头部，稍用力拍打宝宝的背部，让宝宝吐出来。

2. 在宝宝咳嗽并伴有呼吸困难、痰液黏稠时，可以将宝宝横向俯卧在你的膝盖上，然后有节奏的轻拍他的背部，要帮宝宝把痰液从胸腔咳出来。

3. 注意给宝宝的保暖，避免宝宝感冒或感染其他疾病，从而引起咳嗽。

4. 多给宝宝喝点儿水，水能稀释黏稠的分泌物，如果宝宝干咳，睡前给宝宝喝温开水，可使后来得到滋润。

5. 可以给宝宝煮一些清热解毒的止咳茶水，比如冰糖雪梨水、雪梨猪肺汤以及荸荠水等。

6. 对于过敏体质的宝宝，家里最好不要养宠物、养花，不要让宝宝抱着长绒毛玩具入睡，以免引发咳嗽。

哮吼

哮吼是一种因喉部病毒感染而产生的疾病，通常伴有流涕、咳嗽等呼吸系统感染症状，是婴幼儿常见疾病之一。主要是应为喉咙周围组织出现炎症反应、气道痉挛、黏液分泌物阻塞气道，造成宝宝呼吸困难，每次吸气时气流强行通过狭窄的气道而发出刺耳的吼声。

哮吼的症状

1. 宝宝出现呼吸困难，每次呼吸时颈部肌肉、肋骨、胸骨都有明显的起伏。

2. 宝宝不能按正常语速说话，容易出现上气不接下气的情况。

3. 持续咳嗽，呈犬吠样咳嗽，声音沙哑，伴有吸气性喉鸣。

4. 宝宝患了哮吼，常常会出现发热的现象。

哮吼的原因

1. 流感病毒、A 型流感病毒、多核呼吸病毒、鼻病毒等都可能是引起宝宝哮吼的传染源。

2. 宝宝身体抵抗力差，病毒通过感染者打喷嚏、擤鼻涕和鼻腔分泌物在空气中传播污染，使宝宝感染致病。

宝宝哮吼怎么办

1. 用吸尘器清洁宝宝的房间，并在室内加开加湿器，保持空气流通，改善宝宝的呼吸环境。

2. 蒸汽可稀化黏痰，缓解咽部痉挛。可以打开淋浴喷头，使浴室中充满蒸汽，再将宝宝抱到浴室中，使宝宝呼吸畅通。

3. 冷空气有时可缓解哮吼，早晚相对较冷，空气较新鲜，爸爸妈妈可带宝宝去公园散步。

4. 在医生的指导下，按规定剂量给宝宝服用适当的退热药，可退热，降低宝宝呼吸频率。

5. 让宝宝多喝水，补充身体所需的水分，稀释呼吸道的黏液。

6. 如果宝宝哮吼伴有高热热，体温超过 39.5℃；宝宝呼吸急促，频率每分钟超过 50 次，表情痛苦，不能讲话。

7. 如果宝宝出现皮肤苍白、发绀等严重的呼吸窘迫症状，应立即拨打 120，进行急救。

流感

流行性感冒简称流感，是由流感病毒引起的一种急性呼吸道传染疾病，传染性强、发病率高，容易引起暴发性流行疾病。流感主要通过病毒的近距离空气飞沫进行传播，或接触患者以及被病菌污染的物品也有可能感染流感。

流感的症状

1. 宝宝患了流感会出现畏寒高热的症状，体温可达 39 ~ 40℃，三四天后会自行退热。

2. 伴有头疼、浑身肌肉酸痛、精神萎靡、活动量减少等症状。

3. 有的宝宝也会出现恶心、呕吐、腹泻、咳嗽等并发症。

流感的原因

1. 流感主要通过近距离空气飞沫传播，即流感患者在讲话、咳嗽或打喷嚏的过程中，将含有流感病毒的飞沫排放到空气中被宝宝吸入而感染致病。

2. 流感病毒也可通过口腔、鼻腔、眼睛等处黏膜直接或间接接触传播。

3. 接触患者的呼吸道分泌物、体液和感染了病毒的物品也可能造成宝宝被流感病毒感染。

4. 宝宝的身体抵抗力差，对病毒的抵御能力不强。

宝宝流感怎么办

1. 将宝宝送往医院及时就医，在医生的指导下用药。

2. 不要带宝宝去人多的地方，以免传染给其他人，或者宝宝感染到其他疾病。

3. 给宝宝准备的食物一定要清淡、易消化、营养全面，有利于体力的恢复，增强宝宝的免疫力。

4. 保持室内空气流通，以免流感病毒在密闭的室内繁殖，造成宝宝二次感染。

肺炎

小儿肺炎是婴幼儿临床常见病，四季均易发生，以冬春季为多，如治疗不彻底，易反复发作，影响宝宝的生长发育。

肺炎的症状

1. 儿童罹患肺炎时大多有发热症状，体温多在 38℃以上，持续两三天时间，退热药只能使体温暂时下降一会儿，不久便又上升。

2. 患肺炎的宝宝会出现持续咳嗽，呼吸困难，呼吸时胸壁里会发出细小水泡音。

3. 部分患肺炎的宝宝口周、指甲出现轻度发绀，并伴有精神萎靡、烦躁不安、食欲不振、哆嗦、腹泻等症状。

患肺炎的原因

1. 由于宝宝的免疫系统尚未发育完全，被细菌、病毒性的感染后很容易感冒，如果宝宝感冒不得到及时有效的治疗，就会发展成肺炎。

2. 有些宝宝患肺炎是因为不小心将某些微量物体吸入肺部，在肺部形成小的炎性斑块，造成肺部感染，导致肺炎。

3. 此外，宝宝吃太多过甜、过咸或油炸等食物，造成积食，产生内热，在遇到风寒后，肺气不顺畅，导致宝宝患肺炎。

宝宝肺炎怎么办

小儿肺炎只要及时发现和有效的治疗，宝宝就可以很快康复。但情况严重的宝宝易出现下列并发症，如果不及时治疗，会出现心力衰竭、呼吸衰竭、脓气胸、低氧性脑病、中毒性休克以及中毒型肠麻痹等并发症。所以爸爸妈妈要警惕小儿肺炎，并采取相应的措施。

1. 对患肺炎的宝宝，爸爸妈妈要仔细、耐心，注意宝宝的体温和呼吸的情况，并做好记录，以便观察宝宝的变化，协助医生诊断。

2. 给宝宝准备易消化、高营养和富有维生素的食物，最好是流食，有利于宝宝的消化和吸收。

3. 多给宝宝喝水，水可以稀释痰液，有利于痰液的排出，润肺的饮品效果更佳，如冰糖雪梨水、甘蔗水、绿豆汤等。

4. 如果宝宝的房间太干燥，可以用加湿器提高空气湿度，有助于宝宝呼吸。

5. 注意加强宝宝的锻炼，多带宝宝到户外活动，增强体质。

6. 对于重症的宝宝，要及时将其送往医院就诊。肺炎的治疗原则是应用消炎药物，杀灭病原菌，医生会根据宝宝的情况选用敏感的药物，或住院治疗。

肺结核

肺结核是一个很古老的疾病，是由结核杆菌感染引起的慢性传染病。全身各种器官都有可能被结核杆菌侵袭，但主要是肺脏，称为肺结核病。

肺结核的症状

1. 患肺结核的宝宝表现为不活泼、精神疲乏、易激怒、无故哭闹。

2. 有的宝宝也会出现盗汗、脸部潮红、消瘦、乏力、食欲减退和消化不良的症状。

3. 浅表淋巴结肿大，并压迫支气管而引起阵发性咳嗽，伴有呼吸困难。

4. 宝宝的皮肤无缘由的慢性溃疡，有的宝宝也会出现无痛性的血尿等症状，就要首先考虑宝宝患肺结核了。

5. 患肺结核的宝宝常常出现发热的现象，发病急的宝宝会伴有高热热，热型波动较大，常常判断为严重的进行性结核的表现，如粟粒型结核、干酪性肺炎等，应及时就医。

肺结核的原因

1. 呼吸道传染。宝宝吸入了带有结核杆菌的飞沫或尘埃后引起感染，在肺部产生原发病灶所致。

2. 消化道传染。有的宝宝因为喝了未消毒的污染了牛型结核杆菌的牛奶，或吃了被人型结核杆菌所污染的其他食物而感染致病。

3. 皮肤传染。通过皮肤也可传染结核杆菌，但是情况极少。

4. 经胎盘或吸入羊水感染。患有宫内感染结核病的宝宝，是因为妈妈患有全身性结合，主要为粟粒性结核病，或生殖器结核，经胎盘或吸入羊水，使宝宝感染疾病，在出生后不久即可发生粟粒性结核病。

宝宝肺结核怎么办

1. 要注意宝宝呼吸道的卫生，避免病毒再度吸入，尽量不带宝宝去人多的地方，以免感染其他疾病。

2. 培养宝宝良好的个人卫生习惯，使宝宝做到饭前便后要洗手，避免病从口入。

3. 患肺结核的宝宝一定要多喝水，使病毒从尿液和汗液排出；饮食要清淡、营养丰富。

4. 给宝宝选择牛奶时，一定要慎重，避免选择带有牛型结核杆菌的牛奶，导致宝宝感染病毒。

5. 记录好宝宝的变化情况，如果病情有加重的趋势，一定要将宝宝送往医院，及时治疗。

百日咳

百日咳是婴幼儿常见的急性呼吸道传染病，百日咳杆菌是本病的致病菌。其特征为阵发性痉挛性咳嗽咳嗽末伴有特殊的吸气吼声，病程较长，可达数周甚至 3 个月左右，故有百日咳之称。

百日咳的症状

1. 宝宝患了百日咳初期的症状类似感冒或流感，宝宝会打喷嚏、流鼻涕和轻微咳嗽，这种症状的持续约两周时间，接着宝宝会开始严重地、痉挛性地咳嗽；

2. 宝宝患了百日咳后，还会伴有腹泻、发热、支气管肺炎、百日咳脑病等并发症；

3. 会出现连续咳嗽、呼吸困难、表情痛苦、焦躁不安、夜间难以入眠、精神萎靡等症状；

4. 宝宝食欲下降、脸色苍白、发育迟缓。

百日咳的原因

1. 宝宝没有接种百白破疫苗是造成百日咳的原因之一，这种疫苗可以预防百日咳、白喉和破伤风，由于宝宝免疫力低下，不接种该疫苗，患百日咳的概率比较大；

2. 由于百日咳非常容易传染，宝宝直接接触了患百日咳的病人，或者通过近距离的空气飞沫，都很有可能感染病毒而致病；

3. 百日咳病菌一般通过鼻子或喉咙进入宝宝体内，宝宝的呼吸道的卫生或者进食不卫生，都是造成百日咳的原因。

宝宝百日咳怎么办

1. 及时就医，并将宝宝隔离起来，在医生的指导下给宝宝用药。

2. 由于剧烈的咳嗽会消耗体力，使宝宝身心俱疲，所以要不断给宝宝补充能量，尽量减少宝宝的体力消耗。

3. 因为咳嗽容易引起呕吐，要给宝宝准备清淡的、易消化的食物，并且要少量多餐地喂给宝宝吃。

4. 给宝宝洗澡时，要提前将淋浴开一会儿，让浴室充满温热的蒸汽在把宝宝抱进浴室，有助于缓解宝宝的咳嗽。

5. 使用加湿器增加室内的湿度，这样有助于宝宝的呼吸顺畅；同时还要保证室内经常通风换气，每日用紫外线消毒病房，杀死病菌。

蛔虫症

蛔虫症是婴幼儿时期最常见的肠道寄生虫病之一。蛔虫卵主要通过手和食物进入宝宝体内，特别是宝宝喜欢在地上爬行，乱摸物体之后，没有洗手就吸吮指头，用手抓食物吃，3～10岁年龄儿童感染率最高。

蛔虫症的症状

1. 患蛔虫症的宝宝表现为烦躁不安、食欲减退、夜间磨牙、消瘦、夜间反复哭闹，睡不安宁；

2. 会伴有腹痛、腹泻、贫血等并发症；

3. 宝宝在排便时，大便中可能会有 3 厘米左右白色线状的蛔虫在蠕动；

4. 宝宝面色暗黄、营养不良、发育缓慢。

蛔虫症的原因

1. 宝宝食用了被蛔虫污染的食物，造成虫卵在肠道内寄生，导致蛔虫症；

2. 宝宝的玩具、寝具、餐具没有彻底消毒，造成蛔虫虫卵经过口、鼻，进入宝宝体内，导致蛲虫感染。

宝宝蛔虫症怎么办

1. 为宝宝选择食品的时候，最好选择大农场种植的产品，如果是绿肥种植的蔬菜水果，要用清洁剂清洗干净后再食用，最好不要生吃蔬菜。

2. 宝宝在玩耍之后，要提醒他们把手洗干净，并定期清洁宝宝的玩具，给宝宝的衣物、寝具、餐具做定期消毒。

3. 时刻教育宝宝不咬指甲、不吮指头、不喝生水、不随地大便、饭前洗手等，养成宝宝良好的个人卫生习惯。

4. 在医生的指导下给宝宝服用驱虫药，最常见的驱除蛔虫的药物是甲苯达唑。

支气管炎

支气管炎是指气管、支气管黏膜及其周围组织的发炎的病症，由病毒或细菌通过鼻子、咽喉侵入到支气管而引起的支气管黏膜发炎，也有的是由支气管直接感染病毒或细菌引起的。

支气管炎的症状

1. 宝宝患病初期表现为干咳，慢慢有痰咳出，如果是细菌感染，会咳出黄色的痰液，咳嗽一般延续 7 ~ 10 天，有时可迁延 2 ~ 3 周，或反复发作。

2. 宝宝会有发热的症状，一般可达 38 ~ 39℃，偶尔会达到 40℃，高热最多可 2 ~ 3 天即可退热。

3. 宝宝会出现精神疲乏、四肢无力、睡眠质量差以及食欲下降等症状。

4. 有的宝宝可能发生呕吐、腹泻、腹痛等消化道症状。

5. 宝宝在咳嗽严重的时候会伴随着呼吸困难、不能说话和喘息的现象。

支气管炎的原因

1. 引起支气管炎的病毒有很多种，如腺病毒、副流感病毒等可引起冬季感冒，并附着在支气管黏膜上，因此冬季为宝宝患支气管炎的多发季节；

2. 宝宝感染了麻疹病毒、流感病毒也会引起支气管炎；

3. 宝宝由于患感冒、咳嗽等病，没有及时治疗，也是导致宝宝患支气管炎的因素之一。

宝宝支气管炎怎么办

1. 随气温的变化及时给宝宝增减衣物，以免造成宝宝感冒，加重病情。

2. 患了支气管炎的宝宝要多喝水，尤其要给宝宝准备止咳润肺的汤水，如枇杷水、鲜藕饮等。

3. 患病期间的宝宝饮食要清淡、营养充分，以易消化的流质或半流质食物为主，少量多餐地给宝宝喂食，避免一次吃太多，会造成呕吐。

4. 宝宝咳嗽，吐出痰液，可将病毒排出，因此爸爸妈妈要轻拍宝宝的背部，帮助宝宝将痰液咳出。

5. 宝宝体温在 37 ~ 38.5℃时，一般无须服用退热药，如果体温过高，应及时送往医院就诊。

耳、鼻、喉

喉炎

婴幼儿喉炎是以声门区为主的喉黏膜被病毒或细菌感染，导致的炎性反应，多见于 6 ~ 36 个月的宝宝。喉炎是一种常见的上呼吸道疾病，可分为急性和慢性两种。急性喉炎常常是由病毒引起，其次为细菌所致，冬、春两季为发病高峰期。慢性喉炎主要是由于急性咽喉炎治疗不彻底而反复发作转为慢性，或者是因为患有各种鼻病，造成鼻孔阻塞、长期张口呼吸，以及物理、化学因素等经常刺激咽部所致。

喉炎的症状

1. 宝宝患了喉炎会出现发生区水肿。

2. 宝宝会出现呼吸困难，呼吸时伴随着喉鸣。

3. 宝宝会出现声音嘶哑、声音粗涩、低沉、沙哑，其他症状可能还有咳嗽多痰、咽喉部干燥、刺痒、异物感。

4. 宝宝所出现的呼吸困难为吸气性困难，可表现为胸骨上窝、锁骨上窝和肋间隙的吸气性内陷。

患喉炎的原因

1. 大部分宝宝是因为细菌感染而患上喉炎，以链球菌、葡萄球菌和肺炎双球菌为主。

2. 某些急性传染病，如麻疹、猩红热、流感和百日咳等疾病，也是诱发宝宝患喉炎的原因。

3. 宝宝吸入粉尘、烟雾、刺激性气体等也可能导致喉炎。

4. 发热、感冒引起的咽喉肿痛，如果不及时治疗，也是引发喉炎的因素之一。

宝宝喉炎怎么办

1. 小于 2 岁宝宝的喉炎常是病毒性的，无须使用抗生素，只需给予抗病毒药物和止痛药即可。

2. 用食盐水给宝宝漱口或少量饮用，可清楚喉咙部位的细菌，也有消炎的作用，同时服用维生素 A、维生素 C、维生素 E 也有利于喉部黏膜的再生。

3. 宝宝的饮食要清淡，尽量少吃油腻和刺激性食物。

4. 多给宝宝食用吃西瓜、甘蔗、梨子、萝卜、荸荠、鲜藕、罗汉果、胖大海、菊花、阳桃、柠檬等食物，可以滋润宝宝的喉咙。

5. 注意给宝宝保暖，避免宝宝感冒。

6. 不要让宝宝避免接触污浊的空气、少带宝宝去人多的公众场所，保持室内空气流通。

7. 爸爸妈妈不要长时间和宝宝讲话，更要避免宝宝声嘶力竭地喊叫或者哭闹。

口角炎

在气候比较干燥的季节，诸如春季和夏季，宝宝的嘴角经常会出现小泡，并有渗血、糜烂、结痂或者口唇干裂、嘴角裂口等症状，这在医学上称为口角炎。

口角炎的症状

宝宝在患上口角炎之后，嘴角周围发红、发痒，接着出现糜烂、裂口、嘴角干疼。于是宝宝会用舌头去舔，因为在舔过之后会有片刻的舒服感，于是宝宝经常去舔，但是唾液不能保湿，它的蒸发会带走皮肤的水分，导致宝宝的嘴角越来越干，开裂处越来越多，这样就加重口角炎的症状。

口角炎的原因

1. 宝宝患口角炎主要由于缺乏维生素，尤其是缺乏维生素 B_2。

2. 病毒、细菌、真菌等感染，也是引发宝宝口角炎的重要因素，其中白色念珠菌、金黄色葡萄球菌、链球菌是最常见的微生物感染。

3. 由于宝宝接触了某些过敏物质，如唇膏、油膏、香脂等化妆品，引起过敏反应，造成嘴角溃烂。

4. 此外，宝宝营养不良也会导致宝宝患口角炎。

宝宝口角炎怎么办

1. 对于宝宝的口角炎，首先要纠正其偏食、挑食的不良习惯，让宝宝多吃新鲜的蔬菜和水果，多吃富含维生素 B_2 的食物，诸如奶类和豆制品。

2. 清洁宝宝的嘴角之后，给宝宝涂擦一些紫药水、红霉素软膏或者防裂油等药物，可促使局部结痂。

3. 症状较重的宝宝，可以给宝宝口服维生素 C 和维生素 B_2。

4. 用加湿器提高室内的湿度，使宝宝的皮肤不至于太干燥，增加皮脂腺的分泌。

中耳炎

中耳发炎简称中耳炎，俗称"烂耳朵"，是婴幼儿常见的一种疾病，常发生于 8 岁以下宝宝，其他年龄段的人群也有发生，但是数量较少。它经常是普通感冒或咽喉感染等上呼吸道感染所引发的疼痛并发症。

中耳炎的症状

1. 宝宝的耳内有闷胀感或堵塞感，听力减退，出现及耳鸣等最常见症状。

2. 患了中耳炎的宝宝常表现为听力不灵敏，反应迟钝或注意力不集中。

3. 宝宝患有中耳炎后，初期会突然全身发冷、发热，体温可达 38 ~ 40℃，有的宝宝高热而且数日不退，常出现痉挛及不省人事的现象。

4. 宝宝会出现烦躁不安、啼哭不止、面部发红、呼吸深而快的症状。

5. 宝宝的耳朵内部会有水样的液体渗出，并逐渐变得浓稠，直至变成黄色的脓液。

患中耳炎的原因

1. 宝宝的免疫系统正处于发育阶段，功能尚未健全，极易受到感冒或其他病毒的感染。

2. 妈妈长期不恰当的喂奶姿势，使部分奶水流向宝宝的咽鼓管，造成咽鼓管阻塞，细菌繁殖，导致中耳炎。

3. 宝宝长期吸二手烟，感染上呼吸道疾病，导致中耳炎。

4. 不恰当的擤鼻涕方式，如用力过猛，两侧耳朵一起擤，造成中耳受压而造成炎性。

宝宝中耳炎怎么办

1. 当宝宝患上中耳炎后，应该给宝宝服用解热镇痛剂溶液，并且让宝宝把耳朵靠在包裹着毛巾的热水袋上，让头部疼痛的那一侧朝下，以便让耳朵的渗出液排出来。

2. 如果宝宝出现耳痛，则用一条柔软的热毛巾紧靠在宝宝的耳朵，可缓解疼痛。

3. 如果宝宝的耳朵有出脓的现象，应先用3%过氧化氢清洁耳道，然后再滴药。给宝宝滴药时，药液的温度要与体温相近，如果药液过冷的话，应该稍稍加温，以免孩子在药液滴入后出现恶心、呕吐等不良反应。

4. 避免宝宝反复患上呼吸道感染，当患了感冒或其他呼吸道感染时，一定要及时治疗。

5. 对于较小的宝宝，妈妈在给宝宝喂奶时，避免婴幼儿仰卧位吃奶。

6. 宝宝患中耳炎后，应忌食辛辣刺激食品如姜、胡椒、羊肉、辣椒等，多食有清热消炎作用的新鲜蔬菜如芹菜、丝瓜、茄子、荠菜、蓬蒿、黄瓜、苦瓜等。

7. 不能强力给宝宝鼻涕鼻和随便冲洗宝宝的鼻腔，帮宝宝擤鼻涕时不能同时压闭两个鼻孔，应该先擤完一侧再到另一侧。

8. 给宝宝洗澡、洗头发时可用干净脱脂棉球塞入耳道，或用手堵住外耳道口，免被污水灌入耳道。

花粉症

花粉症主要由花粉引起的呼吸道变态反应病，有变态反应体质的宝宝，受不同花粉抗原刺激被致敏后，再次接触相同抗原，即可发生变态反应。

花粉症的症状

1. 花粉症最常见的表现是出现鼻炎，有鼻塞、连续打喷嚏、流清涕等。

2. 宝宝的突出的表现是眼、鼻子、咽喉部及外耳道奇痒难耐，有的宝宝会由于严重的发痒而烦躁不安、哭闹不止。

3. 可引发支气管、哮喘等疾病突然发作，并伴有喘憋、呼吸困难、肺部有喘鸣音等现象，也有表现为眼睛痒、发红、流泪。

4. 医生给宝宝进行鼻镜检查 可看见鼻腔黏膜苍白、水肿、有大量稀薄的或较黏稠的分泌物。

花粉症的原因

1. 宝宝对某种花粉过敏，在吸入该花粉之后，出现花粉症。

2. 宝宝患有过敏性鼻炎，也是导致花粉症的重要原因。

宝宝花粉症怎么办

1. 知道了宝宝的过敏源，应该让宝宝远离这个过敏源。

2. 对于鼻塞、流涕症状严重的宝宝，可以在医生指导下使用一些抗过敏药物进行治疗。

3. 春夏季节，植物生长茂盛，空气中会漂浮着大量花粉，尽量不要让宝宝去植物较多的地方。

流鼻血

宝宝流鼻血是个很常见的现象。夏天气候炎热，冬天室内干燥，这两个季节是最容易出现流鼻血现象的，特别是有的宝宝经常会在夜间流鼻血。

流鼻血的症状

1. 鼻腔前部出血：鼻腔前下部血管交汇区出血，是宝宝最常见的出血部位，有些宝宝喜欢挖鼻孔，甚至可以直接损伤该区域的血管丛，引起出血。该区域出血特点多为出血量不大，持续时间短，易止血，严重的宝宝也可能大量出血，需要住院处理。

2. 鼻腔中上部出血：多为外伤引起，常为动脉性出血，出血量较大，不易止血，如筛骨（头骨之一，位于鼻腔的顶部）骨折引起的筛前动脉出血可以造成宝宝失血性休克。

3. 鼻腔后部的出血：常见于老年人，但宝宝有时流鼻血的区域也会出现在鼻腔前后部。

4. 鼻腔黏膜弥漫性出血：多是由全身慢性疾病引起，如白血病、肝肾功能障碍的儿童；维生素及营养障碍的儿童也会引起弥漫性鼻腔出血。

流鼻血的原因

1. 当宝宝的鼻腔黏膜干燥、毛细血管扩张、有鼻腔炎症或受到刺激时就容易出现流鼻血。

2. 气候条件差，如空气干燥、炎热、气压低、寒冷、室温过高等都可以引起宝宝流鼻血。

3. 有的宝宝有用手抠鼻孔的不良习惯，在鼻黏膜干燥时很容易将鼻子抠出血。

4. 有的宝宝因挑食、偏食、不吃青菜等，缺乏维生素，也会造成流鼻血的现象。

5. 同时，某些全身性疾病如发热、动脉硬化、白血病、血小板减少性紫癜、再生障碍性贫血等，也会引起流鼻血。

宝宝流鼻血怎么办

1. 如果宝宝流鼻血了，要将宝宝的头仰起来，并用凉水轻拍宝宝的额头，擦干净鼻子里的血，知道止住血才让宝宝低下头。如果血流不止，应立刻送往医院处理。

2 如果出血量较小，但又无法确定出血部位，可以用棉花或没用过的压缩面膜纸塞在宝宝的前鼻腔，可以减小宝宝的痛苦。

3. 如果出血量较大，又一时无法判断出血部位，可以采用凡士林纱条填塞前鼻腔，达到压迫止血的目的，在前鼻腔填塞后仍有咽部出血的宝宝，还应进行后鼻孔联合填塞，并将宝宝送往医院止血。

4. 用加湿器保持室内的空气湿度，避免宝宝因呼吸摩擦鼻腔而造成鼻腔出血。

5. 帮助宝宝改掉抠鼻子的换习惯。有的宝宝喜欢有用手抠鼻孔，鼻黏膜干燥时很容易将鼻子抠出血。

6. 饮食上要给宝宝补充多种维生素和矿物质，不要让宝宝因为挑食、偏食而造成维生素缺乏。

还可以用球囊扩张压迫止血，宝宝的痛苦较小，同时取消压迫压力时对鼻黏膜的损伤也较小，不会引发二次出血。但球囊压迫止血一般建议在鼻内镜下进行，必须明确鼻腔出血部位后进行。

耳部感染

宝宝出现的耳部疾病，大多数是由外耳道或中耳感染引起的。

耳部感染的症状

1. 外耳感染的症状：宝宝的外耳道发红；耳朵内侧发痒；宝宝触摸自己患有外耳感染的耳朵时，耳内疼痛加剧；宝宝的耳朵内有渗出液流出。

2. 中耳感染的症状：宝宝患有感染的耳朵疼痛感很强烈，有时甚至会痛得睡不着；对于较小的宝宝，会表现为哭闹、摩擦或用力拉患有感染的耳朵；体温升高；严重的宝宝可能出现部分耳聋。

耳部感染的原因

1. 在给宝宝洗头时，不小心将水弄进宝宝的中耳鼓室区域，没有及时擦干，造成细菌滋生，就很容易造成耳部感染。

2. 宝宝患感冒、鼻窦炎或者过敏时，咽鼓管常常被堵住，为细菌营造了一个黑暗、温暖、潮湿的滋生环境，造成耳部被细菌感染。

3. 宝宝的咽鼓管比较短（大约1.27厘米），而且是水平的，不利于进入咽鼓管的液体流出，因此耳朵容易发炎。

宝宝耳部感染怎么办

1. 给宝宝洗澡时，动作要轻柔，避免洗澡水进入宝宝患有感染的耳朵内，最好用湿毛巾擦的方法给患有耳部感染的宝宝洗头，而不直接用水洗。

2. 将热水袋稍微加热后，用毛巾包好，让宝宝患有感染的耳朵靠在热水袋上，可以减轻宝宝耳朵的疼痛。1岁以下的宝宝一般不用这种方法，如果太热，害怕宝宝因自己不会推开而被烫伤。

3. 如果宝宝患有感染的耳朵，并伴有很大的疼痛感，可以按规定的剂量给宝宝服用对乙酰氨基酚（扑热息痛）酏剂。

4. 如果发现宝宝的耳内有渗出液留出，不要试图擦掉它或探查宝宝的耳朵，只要在有渗出液留出的耳朵外边放一条清洁的手帕，并让宝宝侧卧，将患有感染的耳朵朝下，使得渗出液能够留出。

单纯疱疹

单纯性疱疹是宝宝长的密集型的小水疱或是脓疱，一般发生在口腔周围，但有时也发生在口唇周围，也有可能会发展到口腔内部，或者是其他部位。

单纯疱疹的症状

患有单纯疱疹的通宝宝，经常看到他们口唇周围的皮肤有发红、微微高起的区域，伴有麻痹感或发痒。1天后会形成小的、疼痛的黄色水泡，几天后小水泡结痂。宝宝第一次发病时较重，可能有发热及全身不适等症。如果宝宝的症状较重，如宝宝的单纯性疱疹开始有液体渗出或扩散、病发在眼部附近，这时要及时去医院治疗。

单纯疱疹的原因

1. 单纯性疱疹是由病毒感染引起的，具有很强的传染性，一般的肢体接触都有可能感染单纯疱疹。

2. 宝宝一旦感染，病毒就会潜伏在皮肤内，偶尔会突然发病的情况，如果宝宝患过单纯性疱疹，将来容易再次发生。

3. 有患单纯疱疹史的宝宝，在强烈的日光照射下很容易复发。

4. 一些轻微的疾病，如感冒等，也能激发单纯疱疹。

宝宝单纯疱疹怎么办

1. 当宝宝出现第一个症状时，要用冰块包在毛巾里敷在患处，可以减少扩散。

2. 注意宝宝和其他小朋友的接触，在宝宝患单纯疱疹期间，尽量不要和其他的小朋友亲密接触，以免传染给其他小朋友。

3. 如果宝宝总是反复患单纯性疱疹，可以在患处涂上防晒霜，以免强烈的日光暴晒。

4. 医生给宝宝确诊之后，可能会开一种抗生素药膏，爸爸妈妈要在宝宝开始有发病迹象时就涂上它，可以缓解症状，并防止病情进一步发展。

咽喉肿痛

咽喉肿痛是口咽和喉咽部病变的主要症状，又称"喉痹"。咽部最大的淋巴组织是扁桃体，在儿童时期特别活跃，而扁桃体发炎会直接造成宝宝咽喉肿痛。因此，咽喉肿痛是儿科中最常见的疾病。

咽喉肿痛的症状

宝宝咽喉肿痛集中表现为咽喉部红肿疼痛，吞咽有梗阻感或吞咽困难、吞咽时咽痛加剧等，有时还会伴有发热、耳痛、局部淋巴结肿大等症状。咽喉肿痛在各个年龄段都比较常见，并且常常伴有其他疾病，如普通感冒和流行性感冒等，大多数轻微的喉咙痛在几天内就会消退，但是严重的感染，如感染侵犯了两侧扁桃体时，宝宝会发热，喉咙痛感强烈，造成吞咽困难和吞咽疼痛。

咽喉肿痛的原因

1. 由于宝宝大量进食辛辣的食物，造成肺胃郁火上冲，引起咽喉肿痛。

2. 外感病中的风热感冒也是引起宝宝咽喉肿痛的重要因素。

3. 扁桃体在宝宝的儿童时期比较活跃，而扁桃体发炎的直接症状表现就是咽喉肿痛。

宝宝咽喉肿痛怎么办

宝宝出现咽喉肿痛时，首先要分辨宝宝咽喉肿痛的性质，看看是单纯内热大造成的，还是宝宝体内同时有寒气。因为这两种情况在治疗方法上有很大的不同。

内热引起的咽喉肿痛的处理方法

1. 宝宝要多喝水，早上起床的时候爸爸妈妈可以给宝宝喝淡盐水，去内热的效果更明显。

2. 多给宝宝吃一些清热去火的水果，如苹果、香蕉、梨、猕猴桃等，较小的宝宝可以榨汁饮用。

3. 给宝宝烹饪食物时，尽量要清淡，少用或不用煎、炸的烹饪方法，少用多种调味料，避免宝宝上火。

4. 3 岁以上的宝宝，配合刮痧的方法效果会更明显。刮痧时要沿着宝宝的脊柱两侧，在宝宝的脖子到腰的部位涂上麻油，再用刮痧板从上往下轻轻地刮，宝宝的皮肤比较娇嫩，刮的时候动作一定要轻柔。宝宝内热重时，很容易看到宝宝的背部发红，一般刮十几下即可，刮完后让宝宝多喝温水，有助于体内毒素热火的排出。

5. 如果宝宝太小或者爸爸妈妈不会刮痧，可采用按摩的方法。先搓热宝宝的背部，主要是脊椎和两肩胛之间，再搓宝宝的胳膊，主要是从大拇指向上的内外两侧，连搓十几下，然后再搓宝宝手上的大鱼际，按压手上的合谷穴，这些都是治疗咽喉肿痛的主要穴位，对与缓解宝宝咽喉肿痛非常有帮助。

寒气重、受风寒引起的咽喉肿痛的处理方法

1. 随着天气给宝宝增减衣服，避免宝宝感染风寒；宝宝睡觉时不要吹对流风，宝宝容易着凉。

2. 可以给宝宝煮红糖姜葱茶，有很好的驱寒效果。但是，爸爸妈妈要注意观察，当宝宝的舌苔不发白、小便颜色变深时即可停止。

3. 经常给宝宝泡脚，泡脚的水以 40℃ 为宜。

细菌性感染的咽喉肿痛的处理方法

1. 宝宝轻微喉咙肿痛不需要特殊治疗，如果医生怀疑是细菌性感染，可能给宝宝开一些抗生素治疗。

2. 给宝宝准备富含 B 族维生素的食物，如动物肝脏、瘦肉、鱼类、奶类、豆类、新鲜果蔬等，有利于促进损伤咽部的修复。

3. 保持宝宝的口腔卫生，养成宝宝晨起、睡前刷牙漱口的习惯。

4. 定期清洁宝宝的房间，保持室内空气流通。

外耳道炎

有些宝宝总是不经意的抓耳朵，摇头不安，哭闹不止，那么宝宝可能是患了外耳道炎了。外耳道炎会出现外耳道内产生灼热、疼痛、发痒等症状，病情严重的会伴有全身发热、耳周淋巴结肿大等不适感。

外耳道炎的症状

外耳道炎根据病程可分为急性弥漫性外耳道炎和慢性外耳道炎。

1.急性弥漫性外耳道炎的症状：宝宝会伴有耳痛的症状，发病初期耳道内有灼热感，随着病情的加重，耳道内胀痛，咀嚼或说话时有疼痛感，并且疼痛逐渐加剧，有的宝宝甚至坐卧不安，哭闹不止；病情的发展到一定程度时，宝宝的外耳道内有分泌物流出，并逐渐增多，初期是稀薄的分泌物，逐渐变稠成脓性，并散发出异味。

2.慢性外耳道炎的症状：宝宝患了慢性外耳道炎后，耳道内总是奇痒难耐，经常用手去抓挠，不时有少量分泌物流出。

外耳道炎的原因

1.给宝宝洗澡时不慎进水，又没有及时用棉棒吸干耳内的积水，使耳道内壁的敏感皮肤长时间处在阴湿的环境里，会使外耳道发炎。

2.给宝宝清洁耳朵时，由于用力过猛或用的棉棒太硬，刺激或擦伤耳道内壁，也很容易使宝宝患上外耳道炎。

3.因长期不清洁耳朵，引起耳垢阻塞耳道，也会使宝宝发生外耳道炎的概率提高。

4.温度升高或空气湿度过大，使宝宝的腺体分泌受到影响，降低了局部的防御能力，也是造成宝宝患外耳道炎的原因。

5.由于中耳炎的脓液流入外耳道内，刺激、浸泡耳道内壁的敏感皮肤，使皮肤损伤感染。

宝宝外耳道炎怎么办

1.在宝宝患外耳道炎期间，不能给宝宝挖耳朵，在清洁渗出液时一定不要用水清洗，要用干净的手巾浸上少许的橄榄油，轻轻地擦拭。

2.平时给宝宝清洁耳内污垢的时候不能用发夹、火柴等硬物，一定要用柔软的消毒棉棒，以免刺激耳道内的敏感皮肤。

3.给宝宝洗澡、洗头时一定要格外小心，以免洗澡水流入耳道内。

4.注意宝宝耳部以及周围的清洁卫生，防止宝宝的口水、眼泪等分泌物的侵入。

5.给宝宝烹饪食物时,忌一切海味鲜发物和榨菜、芥菜、雪里蕻等食物,一定要清淡,并且多喝温开水。

鼻窦炎

鼻腔和鼻窦位于颅脑下面,居于咽喉与口腔的上方,在人体的两个眼眶之间,它们之间相互为邻,关系密切。鼻腔和鼻窦发生病变时经常向附近组织蔓延,因而会引起各种各样的并发症。一个或多个鼻窦发生炎症称为鼻窦炎。鼻窦炎它是鼻窦黏膜的炎症,在各种鼻窦炎中,以上颌窦炎最多见,依次为筛窦、额窦和蝶窦的炎症。

鼻窦炎的症状

1.宝宝患了鼻窦炎一般会出现鼻塞的现象,鼻塞的程度时轻时重,造成宝宝呼吸困难,难以入眠。

2.有的宝宝还会并发鼻息肉,鼻息肉的直接后果是使宝宝的鼻子完全堵塞,导致出现暂时性嗅觉障碍。

3.患上鼻窦炎的宝宝都会流脓鼻涕,鼻涕的颜色大多数是黄色或黄绿色,比较黏稠。

4.有的宝宝会感觉到喉咙里面有痰,其实是脓鼻涕太多了流到喉咙里面产生的,咳出后,会闻到臭的味道。

5.患了鼻窦炎的宝宝还会感觉到头痛或者头晕,失眠健忘、焦躁不安、易怒等,严重的患儿还可伴有畏寒,发热,食欲减退,便秘,周身不适症状。

鼻窦炎的原因

1.宝宝过度疲乏、受凉受湿、营养不良或者维生素缺乏等,会造成全身抵抗力降低,导致患上鼻窦炎。

2.宝宝患有贫血,内分泌功能失调,或者患有急性传染病如流感、麻疹、猩红热、白喉等,都可以诱发鼻窦炎。

3.宝宝患的一些鼻腔疾病如鼻中隔偏曲、中鼻甲肥大、鼻息肉、变态反应性鼻炎、鼻腔异物或鼻腔肿瘤等,也会引起鼻窦炎。

4.宝宝扁桃体发炎或腺样体肥大等症,也是引发鼻窦炎的原因。

5.此外,鼻窦外伤骨折,污水进入鼻窦内,没有及时清理干净,或鼻腔分泌物吸入鼻窦等也能造成鼻窦炎发病。

宝宝鼻窦炎怎么办

鼻窦炎的治疗分为全身及局部两类。全身治疗主要是使用抗生素,因为鼻窦炎大部分是因为细菌引起的,特别是化脓菌,所以抗生素是做有效的方法，而且肌肉注射或静脉注射要比口服见效快，但是医生要特别注意宝宝用药后的反应。

局部治疗主要是引流脓鼻涕，以及在患病的局部滴药，常用的局部引流方法叫阴压法，要到医院去做，这种疗法每天一次，5天为一疗程，通常进行几个疗程之后，就会收到良好效果。进行局部治疗时，要在宝宝的鼻腔内滴药，这样药液可以直接接触鼻黏膜，充分发挥药效，但是在滴药后，药液容易流到咽喉部，宝宝会感觉不适，所以爸爸妈妈要事先准备好一杯温开水，滴药后及时给漱口。

中药疗法也是治疗小儿鼻窦炎的有效方法，常用姜氏鼻炎膏，采用"外用塞鼻法"，对小儿鼻窦炎有很好的效果。

此外，还应该注意加强宝宝的营养，让宝宝多休息，增强宝宝的体质；要定期清洁宝宝的房间，保持空气流通，避免灰尘刺激鼻道；在宝宝患上感冒、扁桃体炎等疾病时，一定要及时治疗，避免引发鼻窦炎。

淋巴结肿大

淋巴结是人体淋巴系统的重要组成部分，主要功能是产生淋巴细胞，为身体构建防御屏障，阻拦和吞噬病菌，防止病变蔓延。淋巴结肿大是因为淋巴结内部细胞增生或肿瘤细胞浸润而造成淋巴结体积增大的现象。临床常见的体征。淋巴结肿可见于多种疾病，发生于任何年龄段人群，有良性，也有恶性，所以重视淋巴结肿大的原因，及时就诊是非常重要的，避免贻误治疗的时机。

淋巴结肿大的症状

1. 宝宝淋巴结肿大可表现为，在宝宝的耳后、颈部或下颌处，可以触摸到绿豆大小，并能够来回活动的小疙瘩。

2. 淋巴结肿大的宝宝会出现精神萎靡不振，在触摸那些肿大的淋巴结时，宝宝会有疼痛或哭闹的现象。

3. 有的淋巴结肿大的表面会出现发红、发烫的情况，经常伴有发热、咽喉肿痛等并发症。

4. 病情严重的宝宝会出现持续1～2周发热未退的情况，而且面部、足部、手心的皮肤会发红，眼球结膜、口腔黏膜也很红，颈部淋巴结凸起特别大，在这种情况下，如果不及时治疗，宝宝很有可能引起心脏病。

淋巴结肿大的原因

1. 慢性的局部炎症如口腔内扁桃体炎、龋齿、牙周炎、脂溢性皮炎、中耳炎等，均可引起颌下、枕部、耳后的淋巴结肿大。

2.结核性炎症感染结核杆菌，也会引起淋巴结肿大，同时还伴有低热、盗汗、消瘦等表现。

3.传染病以及全身感染，如宝宝患有麻疹、水痘、传染性单核细胞增多症、白血病等疾病时，可在患儿全身各浅表部位摸到肿大的淋巴结。

4.感染：急性感染，细菌、病毒、立克次体等引起，如急性蜂窝织炎、上呼吸道感染、传染性单核细胞增多症、恙虫病等；慢性感染：细菌、真菌、蠕虫、衣原体、螺丝菌病、丝虫病、性病性淋巴结肉芽肿、梅毒、艾滋病等。

5.淋巴组织的细胞增生、代谢出现异常，以及恶性淋巴瘤都是造成淋巴结肿大的原因，并且会扩散到身体其他部位，引起病变。

宝宝淋巴结肿大怎么办

淋巴结遍布人体各个部位：颈部、颌下、腋窝、胸内、腹内和腹股沟等，是人体免疫系统的重要组成部分。淋巴结就像是宝宝的过滤器，当血液或皮肤被细菌感染后，血液内的细菌、微生物就会被淋巴结清理干净，在清除过程中，淋巴结就会变大；某些毒性比较强的微生物会在宝宝的身体抵抗力较弱的时候进入淋巴结内部，导致淋巴结自身感染。

如果宝宝的淋巴结属于突发性肿大，且肿大程度异常，应及时将宝宝送往医院接受身体检查，以确定是否存在潜在身体疾病。

在发现宝宝的淋巴结肿大后，要仔细检查淋巴结肿大的部位、大小、看能不能移动，并试着用手按住肿大的区域，看宝宝有没有疼痛感；同时还应该拿出体温计给宝宝测体温，观察宝宝的体温和淋巴结的变化情况。如果宝宝的淋巴结没有继续肿大，很活泼，不发热，胃口也很好，那爸爸妈妈就可以放心。

一般来说，小儿淋巴结肿大不需要太多拍片检测的手段，在密切观察后，有时医生会建议给宝宝服用抗生素；症状明显时，医生也会建议给宝宝做血液检测，以便确定病因。

如果宝宝淋巴结肿大是被自身所感染，并且在服用抗生素后症状仍未见好转，医生会给宝宝做淋巴结活组织切片检测，并对症下药。

此外，平时要让宝宝多喝水，使病毒随着尿液排出；宝宝的饮食要清淡，易于消化；并且要让宝宝注意多休息，恢复体力。

扁桃体炎

扁桃体是人体的一个免疫器官，可抵御侵入机体的各种致病微生物，而扁桃体炎即是扁桃体的发炎。扁桃体在宝宝2岁以后开始发炎，4～6岁为扁桃体的活动特别活跃，很容易造成扁桃体发炎，如果扁桃体发炎不及时治疗会引起一系列的并发症，严重影响宝宝的健康。

扁桃体炎的症状

1. 宝宝患了扁桃体炎后，扁桃体区域会出现红肿、灼热、发烫等症状。

2. 宝宝会感觉到咽干涩、发痒、有异物堵塞感，还会出现刺激性咳嗽，呼气时会有口臭。

3. 有的宝宝还会伴有消化不良、头痛、乏力、低热等症状；如果扁桃体过度肥大，可能会出现呼吸困难和说话、吞咽疼痛。

4. 患儿的下颌角淋巴结肿大，可以明显看出凸起。

扁桃体炎的原因

1. 扁桃体炎的致病原以溶血性链球菌为主，其他的如葡萄球菌、肺炎球菌、流感杆菌以及病毒等也可以引起扁桃体发炎。

2. 因为扁桃体窝最易积存细菌和代谢物，是藏污纳垢的场所，只要湿度和温度适宜，很容易被细菌感染。

宝宝扁桃体怎么办

1. 宝宝患了急性扁桃体炎，要送去医院就诊，并在专业医生的指导下进行药物治疗，很快就可以治愈。但是对于患慢性扁桃体炎的宝宝，药物治疗效果不明显，只能暂缓病情的发展而不能彻底清除扁桃体陷窝内的细菌，一旦身体抵抗力下降，又会重新发作。

2. 扁桃体具有一定的免疫功能，并且手术切除扁桃体具有一定的风险，对于宝宝而言，不建议做切除扁桃体手术。

3. 在宝宝扁桃体第一次发炎时，一定要彻底治愈，这样可以减小复发的概率。

4. 早晚让宝宝用淡盐水漱口，也可以让宝宝在早上喝点儿温的淡盐水，可以起到消炎的作用，但是晚上千万不要让宝宝喝淡盐水，只要用淡盐水漱口就好。

5. 督促宝宝多喝水，多吃新鲜青菜、水果，多吃清淡的食物，忌食辛辣刺激性的食物。

6. 要根据天气给宝宝增减衣物，避免宝宝着凉，因为小儿扁桃体发炎多是受凉引起的。

上呼吸道感染

上呼吸道感染是指自鼻腔至喉部之间的急性炎症的总称，是小儿常见病、多发病，一年四季均可发病，尤其在冬季最容易发病。上呼吸道感染绝大部分是由病毒引起，细菌感染常继发于病毒感染之后。常常在宝宝的身体抵抗力下降时入侵，如生病、疲乏、缺乏营养元素时。上呼吸道感染的病原体主要侵犯鼻、咽、扁桃体及喉咙等部位，如果炎症仅局限于某一局部即按该部炎症命名，如咽炎、扁桃体炎等，否则统称为上呼吸道感染。

上呼吸道感染的症状

1.3 个月以下的宝宝患了上呼吸道感染疾病，集中表现为低热，鼻塞，并伴随着哭闹不安、吸吮困难、张口呼吸、拒绝喂奶，严重时还会出现呕吐、腹泻等症状。

2. 宝宝患上呼吸道感染疾病时，突发性发病没有明显征兆，出现不规则发热，并伴有流涕、打喷嚏、头痛、咽痛、胃寒等症状。

3. 上呼吸道感染的宝宝会咳嗽的现象，可分为有痰和无痰两种，有痰的咳嗽又分咳白痰和咳黄痰两种，宝宝咳白痰说明由病毒感染引起，若咳黄痰，则多为细菌感染所引起。

4.3 岁以上的宝宝一般不出现发热的现象，如果发热多为低热，少数也有高热，一般伴有全身酸困、食欲减退、声音嘶哑及咽部疼痛等。

5. 部分宝宝的肚脐周围以及右下腹会出现明显的疼痛，稍加按摩疼痛会减轻。

上呼吸道感染的原因

上呼吸道感染大多是由于病毒感染，少部分是由细菌感染引起的，极少数是原发感染的。

1. 病毒感染占急性上呼吸道感染 90% 左右，常见的病毒有粘病毒包括流行性感冒病毒、副流感病毒、呼吸道合胞病毒等。

2. 细菌感染多为继发，因为病毒感染损害了上呼吸道局部的防御机能，致使潜伏在宝宝上呼吸道内的细菌有了可乘之机。

3. 少数为原发感染，常见细胞为 β 型 A 族溶血性链球菌、肺炎球菌、葡萄球菌及流感嗜血杆菌等，也可以使宝宝患上呼吸道感染。

4. 宝宝的身体抵抗力差，使病毒、细菌等容易入侵，是最直接的原因。

宝宝上呼吸道感染怎么办

1. 及时退热。宝宝患上呼吸道感染后，可能会引起发热，甚至出现发高热，并且出现高热惊厥，因此要用退热的方法将宝宝的体温控制在 38.5℃

以下，当超过38.5℃时，应及时将宝宝送往医院治疗。

2.抗感染。上呼吸道感染多由病毒引起，在治疗的时候主要以抗病毒为主，所以不能随意给宝宝服用抗生素，应该在医生的指导下用药。如果确定了是某种细菌感染，医生会对症下药给予有效的抗生素。

3.局部治疗。对于宝宝咳嗽、流鼻涕、鼻塞、打喷嚏、流眼泪等症状，服用各类感冒药即可缓解这些症状，但是要去专门的药店购买小儿专用药物，并在医生和说明书的指导下给宝宝服用药物。

4.让宝宝充分休息。宝宝在患上呼吸道感染时，身体比较虚弱，尽量不要逗宝宝玩，应该让宝宝充分休息，有利于身体的恢复。

5.让宝宝多饮水。水不仅可以缓解宝宝咽部干涩、喉咙发痒等症状，而且能将病毒稀释，并通过尿液和汗液排出体内，有利于身体的恢复。

6.饮食要清淡。在宝宝患病期间，要给宝宝准备清淡、易消化的食物，多吃新鲜的水果蔬菜，避免大鱼大肉。

7.注意给宝宝保暖。根据天气变化给宝宝增减衣物，以免造成宝宝着凉；还应将宝宝与其他宝宝隔离起来，避免交叉感染。

8.保持室内空气流通，并用加湿器增加室内的湿度，保证宝宝呼吸流畅。

眼睛

弱视

弱视是由于视觉剥夺和或双眼相互作用的异常引起的单眼或双眼视力低下的现象。弱视的宝宝眼部没有直观的器质性病变，也没有出现器质性改变及屈光异常现象，但是视力异常低下，远视力低于0.9，经过矫正后仍达不到正常的水平。弱视可以发生于一只眼睛，也可以同时发生于两只眼睛。弱视中最主要的为斜视性弱视，半数以上的弱视与斜视有关，从症状上来看，斜视为眼位异常，弱视是视力异常。

弱视的症状

1.宝宝弱视的主要症状是视力下降，配戴眼镜后的矫正视力低于0.9，达不到正常水平。

2.宝宝弱视会出现眼位的偏斜、脸面不对称、头颈歪斜和脊椎侧弯等，严重破坏宝宝的形体美，对宝宝以后的身心健康不利。

3.弱视的宝宝眼位会出现异常，如斜视，而且出现内斜视比外斜视更为常见。

4. 弱视的宝宝看事物的眼神跟正常人不一样，正常人眼的注视为中心注视，而弱视的眼睛往往在注视目标时，出现目标偏差，会让人感觉他不在注视那一个目标，称为异常注视或偏心注视。

5. 弱视的宝宝在看事物时，往往会伴有眼球震颤。

弱视的原因

弱视除了遗传外，还有可能是因为宝宝的眼睛在发育过程中，眼部某处的关键神经细胞得不到足够的成像刺激，造成视觉紊乱，导致弱视。0～2岁是宝宝眼睛发育的第一个关键阶段，也是预防弱视的关键阶段。5岁以内是视功能发育的重要时期，视觉发育一直延续到6～8岁。如果这个时期宝宝出现视觉障碍，视细胞就得不到正常的刺激，视功能就会停留在一个低级水平，双眼视力低下，不能矫正，就形成了双眼弱视；若只能用一眼看事物，看事物的那只眼睛经过反复刺激后，视觉发育了，而不能看事物的另一眼发育迟缓，就形成了单眼弱视。所以，要科学地给宝宝的眼睛有利的刺激，并要随时关注宝宝的视力问题，早发现早治疗。

宝宝弱视怎么办

弱视治疗是一项耗时长、疗效慢的医疗工作，需要爸爸妈妈的密切配合，才能更好地帮助宝宝治疗弱视。

1. 爸爸妈妈要多了解育儿知识，细心留意宝宝的视力、看东西的眼神是否异常，如果怀疑宝宝弱视，通过戴眼镜视力也不能达到0.9以上，应尽早带宝宝去医院检查，早发现早治疗，以免贻误病情。

2. 爸爸妈妈对弱视要有深刻认识，充分认识弱视的严重性，并引起重视，切不可抱着无所谓态度。因为弱视治疗需要耗费很长的时间，宝宝年龄小，耐性差，因此爸爸妈妈督促宝宝坚持训练，以免耽误宝宝最好的治疗时机。

3. 弱视的宝宝在接受治疗时，首先要矫正屈光不正，配镜前必须用阿托品散瞳验光（在医院眼科可以做），取得精确的验光度数后，再给宝宝配合理的治疗性眼镜，每隔6个月要复查一次。在治疗的过程中，眼科医生会给宝宝进行各种矫正弱视的训练，如红光闪烁训练、光刷训练、光栅训练等，爸爸妈妈必须按医生要求，让宝宝配合治疗。

沙眼

沙眼是由沙眼衣原体引起的一种慢性传染性结膜角膜炎，是致盲眼病中的一种。因其在睑结膜表面形成粗糙不平的外观，形似沙粒，所以取名沙眼。沙眼是儿童少年常见的慢性传染性眼病，儿童多见，常双眼急性或亚急性发病。

沙眼的症状

患沙眼的宝宝会出现眼睛发痒、有烧灼感、流泪、怕光、眼中有异物感、眼分泌物多而黏稠等表现。1~2个月后转变为慢性期，睑结膜变厚。在急性期、亚急性期及没有完全形成瘢痕之前，沙眼有很强的传染性。随着病情的进展，角膜可出现新生血管，像垂帘状长入角膜，称之为沙眼角膜血管翳。沙眼的严重危害在其并发症和后遗症，迁延不愈的重症沙眼可引起睑内翻倒睫、实质性结膜干燥症、角膜溃疡、慢性泪囊炎等，并常引起视力障碍。

沙眼的原因

沙眼主要通过接触传染，凡是被沙眼衣原体污染过的物体，如手、毛巾、手帕、脸盆、水及其他公用物品都可以传播沙眼。宝宝患上沙眼大多是由于其他家庭成员也患有沙眼，并通过日常接触传染给宝宝。一般生长在无沙眼患者家庭的宝宝的沙眼患病率为37.7%，而有生长在有沙眼患者家庭的宝宝，其沙眼患病率高达82.5%。此外，宝宝在幼儿园或者小区内与患沙眼的宝宝玩耍，也可能患上沙眼。

宝宝沙眼怎么办

1.沙眼主要与预防为主，从小教育宝宝注意个人卫生，养成爱洗手的好习惯，不要随意揉搓眼睛。

2.发现宝宝患了沙眼，应在眼科医生的指导下，选用利福平、磺胺醋酰钠、硼砂金霉素或氯霉素眼药水滴眼，晚上用金霉素眼膏涂于眼内，一般连续用药3~6个月可以治愈。

3.宝宝患了沙眼会出现发痒的感觉，爸爸妈妈要时刻关注宝宝的举动，不要让宝宝用手揉眼睛。在宝宝奇痒难耐时，爸爸妈妈洗干净双手，并让宝宝闭上眼睛，用指腹给宝宝按摩眼部。

4.宝宝治疗沙眼期间，爸爸妈妈要格外注意宝宝的个人用品卫生，如毛巾、衣物等，最好重新消毒一次，避免再次感染。

5.爸爸妈妈切勿和宝宝子共用手帕、洗脸盆、毛巾、洗脸水也应分开使用，以防沙眼交叉感染和传播。

白内障

先天性白内障是儿童常见的眼病，在宝宝出生后第一年出现晶体部分或全部混浊的，称为先天性白内障。由于宝宝在婴儿出生时已有引起晶体混浊的因素，但还未出现白内障，但在1岁之内出现晶体混浊，因此先天性白内障又称为婴幼儿白内障。

白内障的症状

宝宝患了白内障往往会出现视物模糊，并随着时间的推移，视力迅速减退，视野也越来越模糊。宝宝患了白内障通过外部观察眼睛就可以看出来，如果宝宝的眼睛中心部分，一开始看起来是灰色的，然后渐渐发白，那么可以断定宝宝患了白内障。宝宝的先天性白内障可以是家族性的也可以是散发的；可以单眼发病也可以双眼发病；可以单独发病也可以伴发其他眼部异常；另外，多种遗传病或系统性疾病也可伴发先天性白内障；但是最多的还是只表现为白内障。由于先天性白内障在早期即可以发生剥夺性弱视，因此治疗宝宝先天性白内障的方法又不同于一般成人白内障的治疗方法。

白内障的原因

宝宝患白内障除了遗传因素之外，孕妈妈在孕期大量服用维生素 A，也可能可能导致胎儿发生先天性白内障；风疹、麻疹等病毒也可以通过胎盘感染胎儿，使胎儿发生先天性白内障，所以孕妈妈要避免与风疹、荨麻疹等病人接触；孕妈妈在孕期服用四环素类抗生素也会使宝宝在出生后有患白内障的危险。

宝宝白内障怎么办

1. 白内障治疗的目的是恢复视力，首先应注意防止剥夺性弱视的发生。如果发现宝宝有弱视的现象，即 2 ~ 3 月的宝宝出现眼球震颤，表明没有建立固视反向，因此必须早期治疗先天性白内障，使固视反射能正常建立。4 月前治疗剥夺性弱视是可逆的，6 月后治疗效果很差。

2. 一旦发现宝宝患有白内障，要及时将宝宝送往医院检查，由医生按病情和宝宝的年龄决定是否做手术。做到早发现，早干预，早治疗。

3. 对于需要手术的宝宝，爸爸妈妈要尽量安慰宝宝，消除宝宝的畏惧感，并协助医生完成手术。术后爸爸妈妈要按照医生的嘱咐，对宝宝进行术后护理。

4. 风疹综合征的患儿不宜过早手术，因为在感染后早期，风疹病毒还存在于晶体内。所以，如果宝宝患有风疹综合征，在就诊时一定要向医生说明。

5. 平时要尽量避免宝宝被紫外线照射，在户外的时候，要给宝宝戴上帽子，或者给宝宝大伞，以遮挡紫外线。

6. 给宝宝多喝水，并避免宝宝过多哭闹，流泪太多对白内障患儿的眼睛有害。

7. 给患白内障的宝宝多吃一些动物的肝脏，因为动物肝脏富含维生素A，可以营养眼球，收到养肝明目的效果。

青光眼

青光眼是一种发病迅速、危害性大的致盲眼病之一。视神经由很多神经纤维组成，当眼内压增高时，会导致神经纤维损害，引起视野缺损。早期轻微的视野缺损伤通常难以发现，如果因疏忽而造成视神经严重受损，可导致失明。青光眼属双眼性病变，可双眼同时发病，或一眼起病，尽早地进行青光眼的检查、诊断，早发现，早治疗是防止视神经损害和失明的关键。

青光眼的症状

1. 有的宝宝患上了青光眼之后，不痛不痒，不红不肿，就像无症状一样，只是视线渐渐模糊。这就需要爸爸妈妈用心关注宝宝。

2. 宝宝患青光眼时，发病比较急骤，并表现出患眼的侧头部产生剧痛，眼球充血，视力骤降的典型症状。

3. 宝宝表现出畏光、流泪及眼睑痉挛；角膜混浊；眼底发生改变；眼球增大。当宝宝的角膜水肿后，眼球壁受到压力的作用而扩张，使整个眼球不断增大，呈水眼状。

4. 患青光眼的宝宝眼压迅速升高，眼球坚硬，并经常引起恶心、呕吐、出汗等症。

5. 有的患儿在看白炽灯时，会看到白炽灯周围出现彩色晕轮或像雨后彩虹，即虹视现象。

6. 有的患儿也可出现畏光、溢泪、眼睑痉挛和大角膜，严重的甚至渐渐出现失明，在急性发作期 24 ~ 48 小时即可完全失明。

青光眼的原因

1. 宝宝患有青光眼，是因为眼的前房角发育不良，输淋氏管未发育好，房水不能正常排出眼外而使眼压升高。

2. 遗传也是宝宝患先天性青光眼的一个重要因素。

3. 情绪波动，使眼压升高，也是诱发青光眼的原因。

4. 对于学龄的宝宝，在光线较暗的地方停留过久，或者长时间低头阅读，致使眼部疲劳无法缓解等，也可能诱发青光眼。

宝宝青光眼怎么办

1. 发现宝宝患了青光眼，要将宝宝送往医院接受治疗，并在医生的指导下给宝宝用药。

2. 对于需要做手术的宝宝，爸爸妈妈一定要劝说和安慰宝宝，让宝宝配合医生进行手术，叮嘱宝宝在手术的过程中一定不能咳嗽，因咳嗽会增加眼压不利手术进行。爸爸妈妈要做好宝宝的术后眼部护理工作，给宝宝滴眼药水时，一定要洗净双手。

3. 平时让宝宝多喝水，但一次不宜喝的过多，尽量少量多次。

4. 如果宝宝的眼内经常有积液，可以给宝宝食用具有吸收水分与排出水分作用的食物，如金针菜、绿豆、西瓜、丝瓜、冬瓜、胡萝卜等。

5. 不要让宝宝的情绪产生过大的波动，生气和着急以及精神受刺激，很容易使眼压升高，会对病情不利。

6. 保证宝宝充足的睡眠，可以使宝宝的眼睛得到很好的休息，如果宝宝睡觉爱哭闹，睡眠质量差，可以在睡前1个小时，给宝宝喝半杯温牛奶，可以促进宝宝的睡眠。

眼睛的问题

宝宝的眼睛问题主要有两大类，一类是功能低常，一类是眼病。功能低常是发育问题，多数是在内因或外因的作用下过早地停止了发育，从而引发永久性损害。如果早期发现并做到及时干预，绝大多数都会随着宝宝年龄的增长而不断发育完善。眼病则是指发生于眼睛的疾病，种类很多，影响较大的主要有先天性与遗传性眼病、屈光不正和急性眼病。

宝宝眼睛问题的种类

1. 蓝眼：医学上称为"蓝巩膜"，它是临床上许多疾病的重要症状，其中最主要的是成骨不全。由于宝宝的巩膜胶原纤维发育不全，使巩膜半透明，透露葡萄膜而显蓝色。成骨不全是一种遗传性疾病，骨脆、耳聋、蓝巩膜是其三大基本症状。

2. 绿眼：多为先天性青光眼，也叫发育性青光眼，是由于胎儿期房角组织发育异常，使房水排出受阻、眼压升高的一种致盲性眼病。一般患儿在出生时症状不明显，但常常怕光、流泪、眼睑痉挛、眼球大，之后逐渐出现视力下降、眼球发绿、角膜混浊、视神经萎缩等症状。

3. 白蒙眼：为宝宝先天性白内障，表现为黑色瞳孔内有许多白色斑点，甚至整个瞳孔呈弥漫性白色混浊，是胎儿的晶状体在发育过程中受到障碍，或在宝宝出生后的发育过程中晶状体变混浊所造成的。

4. 猫眼：很可能是视网膜母细胞瘤的早期症状，这是一种遗传性的恶性肿瘤，患儿的瞳孔不是常人的黑褐色，而是像猫的瞳孔一样呈黄白色，因此成为猫眼。

5. 望天眼：为先天性上眼睑下垂，表现为宝宝的上眼睑不能正常抬起，平视物体时只能采取仰头姿势。此病多与遗传有关，由动眼神经或提上肌发育不良引起。

6. 眼睛不能注视目标：多为视神经萎缩或某些先天性严重眼病，完全不能注视目标表明宝宝的眼睛看不见，即没有视力；不能准确注视目标或看不见小的物品则表明宝宝的眼睛视力较差。

7. 歪头眯眼：如果宝宝看东西总是歪着头、眯起眼的话，则表明可能有斜视或散光等问题。

8. 白天夜晚视物有差别：如果一到晚上或是进入较暗的环境里，宝宝就看不清东西、无法注视目标的话，就有夜盲症的可能。

9. 眼裂大小不等：正常的宝宝眼裂大小相同或相近，如果差别过大的话则表示可能有先天性眼病。

10. 眼白发红：如果宝宝的眼白发红，则表示结膜充血，是眼睛有炎症的表现。

11. 瞳孔对光无反应：正常情况下，当面对强光时瞳孔可见明显缩小，如果宝宝的瞳孔在面对强光时无反应或者只是轻微缩小，就表明宝宝患有某些眼病。

12. 眼屎突然增多：宝宝的眼屎突然增多，除了可以提示上火之外，还可以表明可能有炎症、泪道堵塞等问题。

宝宝患了眼病怎么办

因此这些眼病的原因很复杂，遗传、感染、眼部外伤、用眼不当等都可能引起宝宝的眼睛疾病。如果发现宝宝眼睛有以上异常表现，就应引起重视，除了注意宝宝的眼部卫生，改正宝宝不合理的用眼习惯，以及饮食和作息之外，还应该带宝宝到眼科检查，做到早发现，早治疗。

眼睑的问题

眼睑——能够活动的眼皮盖，俗称眼皮，位于眼球前方，构成保护眼球的屏障，分为上眼睑和下眼睑。眼睑除了保护眼球之外，还能最外部的易于受伤的角膜，并具有将泪液散布到整个结膜和角膜的作用。

宝宝常见的眼睑问题

1. 眼睑炎症。眼睑湿疹：眼睑湿疹是一种过敏性皮肤病，可单发于眼睑部也可为全身、面部湿疹的一部分。患眼睑湿疹患儿的眼睑处会出现丘疹、脓疱、溃疡、眼球运动障碍等症状。

眼睑炎：眼睑炎即眼睑发炎，在临床上分为葡萄球菌眼睑炎、脂漏性眼睑炎等。宝宝患了眼睑炎，可以可用抗生素局部涂抹在宝宝的患处，也可以给宝宝服用规定量的抗生素。治疗的目标在于减轻症状，保持视力以及遏止并发症。

眼睑癌：眼睑癌是指发生在眼眶缘区域内恶性肿瘤，其发病率居眼部恶性肿瘤的首位。由于眼睑所处的特殊位置，所以宝宝在放疗时眼部的保护，以及放疗后眼部的正确护理非常重要。

2. 眼睑下垂。眼睑下垂是指眼睑提肌因为发育不良或松弛，所造成的上眼皮下垂，眼睛睁大的情形。眼睑下垂可以分为先天性、后天性两型。

先天性眼睑下垂：有的宝宝一生下来就会出现眼睑下垂的性情，常常是因为眼睑提肌发育不良所造成，可以单眼发病，也可以两眼致病，会影响宝宝正常视物。

后天性眼睑下垂：后天性眼睑下垂在婴幼儿期间比较罕见，但也有发生。大部分发生于中老年人，是因为眼睑提肌松弛而引起的眼睑下垂，称为"老年性眼睑下垂"。

外伤引起眼睑下垂：由于外伤及眼睑提肌受伤而引起的眼睑下垂，称为外伤性眼睑下垂，表现为眼睑下垂、眉弓下垂、眼皮松弛等症状，但都可以通过手术矫正。

3. 眼睑接触性皮炎。宝宝患接触性皮炎是宝宝的眼睑皮肤与某些过敏源接触后所产生的过敏反应。其中以药物性皮炎最为典型药物，常见的药物过敏原有抗生素溶液、磺胺类药物、表面麻醉剂、阿托品、汞制剂等。此外洗涤剂也可造成宝宝出现眼睑接触性皮炎。宝宝出现眼睑接触性皮炎后，集中表现为眼睑处发痒、灼痛、皮肤起泡、伴有渗液、充血等。

宝宝眼睑问题怎么办

1. 发现宝宝出现眼睑问题后，要送宝宝到医院检查，并在医生的指导下护理宝宝，症状较轻的话可以选择家庭护理。

2. 平时要注意宝宝的眼睑卫生，经常用淡盐水给宝宝清洁眼睑，可以起到消炎的作用，减少宝宝的眼睑疾病。

3. 如果宝宝的眼睑处有渗出物，要用干净的手巾或棉棒轻轻地清理干净，避免粘连。

4. 在给宝宝的眼睑处上药时，一定要小心，避免药物溅入宝宝的眼睛里，造成损伤。如果不小心溅入，在不伤害到患处的情况下，用大量清水冲洗干净。

5. 给宝宝食用清淡温和的食物，不要给宝宝吃上火的食物，避免分泌物增多，造成眼睑粘连，或是导致患处化脓。

6. 改掉宝宝用手揉眼睛的坏习惯，特别是在宝宝不洗手的情况下。

视力障碍

眼睛是心灵的窗户，是人的无价之宝。宝宝从呱呱落地，就睁着一双大眼睛不断地探索着这个世界。但若不注意用眼卫生，不注意保护眼睛，再好的眼睛也可能发育不良，直接影响到宝宝今后的学习和生活，特别是有的宝宝长大以后，因为视力不好不能选择理想工作，确实令人抱憾终生。

视力障碍的症状

患有视力障碍的宝宝会出现视物模糊、眼睛胀痛、头痛、恶心呕吐等现象。如果宝宝的眼睛出现眼充血、畏光流泪，可能是外角膜炎；如果宝宝表现为头痛、眼胀雾视、虹视，则为青光眼；有的宝宝还会出现眼睛看物体时出现暗点、夜盲、视物变形、视野缺损、眼前黑影飘动、闪光等症状。

视力障碍的原因

炎症是引起宝宝视力障碍最常见的原因，由细菌、病毒、衣原体、真菌、寄生虫等引起的角膜炎、角膜溃疡、虹膜睫状体炎脉络膜炎、眼内炎、全眼球炎眼眶蜂窝织炎等都可能会导致视力障碍。另外，宝宝的眼睛出现屈光不正如近视、远视、散光、老视、斜视、弱视、眼外伤、青光眼等疾病，都可导致视力障碍。我国目前导致宝宝视力障碍的主要原因是弱视、斜视及其他眼疾，发病率是18%。由此可见，学龄前宝宝的视力障碍已是一个不容忽视的问题。

造成宝宝视力障碍的原因，除少部分是先天和遗传造成外，主要由于不好的用眼习惯，如长时间看电视、玩电脑、打游戏机，或是过近距离的读书写字，使眼睛长期处于过度疲劳的状态中。再有，饮食营养不匀衡，也是造成近视的一个重要因素。偏食作为一种不良的习惯，在学龄前儿童中极为普遍。爱吃甜食，不吃蔬菜，精制食品泛滥，均造成体内铬元素、血、钙、维生素不足，眼睛发育不良，已是造成近视的一个重要原因。此外，环境与住宅也是造成宝宝智力障碍的一大原因。现在环境住房之间距离越来越近，茶玻璃、蓝玻璃的普遍使用，墙纸的五颜六色，都造成房间的采光严重不足，这也是造成近视的一个方面。

宝宝视力障碍怎么办

发现宝宝出现视力障碍后，要及时将宝宝送往医院检查视力，并做相应的矫正训练。对于宝宝的视力障碍主要是预防为主，良好的用眼习惯可以使宝宝远离视力障碍。

视力障碍的预防：

1. 控制宝宝看电视及打游戏的时间，连续观看电视、打游戏不能超过半小时（婴幼儿宜 15 ~ 30 分钟）；电视机的摆放距离要在 2 米左右，高度要与宝宝的眼睛平行，从而减少宝宝眼睛的紧张程度。

2. 宝宝在看书写字时姿势要正确，桌椅高矮要适当，时间要控制；当室内光线不足时要开灯补充。

3. 注意宝宝的营养合理，让宝宝多吃新鲜的水果蔬菜，粗粮和细粮要科学搭配，食品多样化，限制宝宝摄入过多脂肪和含糖量过高的食品。

4. 教会宝宝保护好自己的眼睛，注意个人卫生，毛巾、手帕要专人专用，并定期带宝宝去眼科医院进行视力检查，如发现斜视、弱视、近视等眼疾应及时去医院矫正治疗。

眼睛损伤

眼睛是人体最重要的感觉器官，是一个人"心灵的窗户"，人们有 80% 的信息是通过眼睛接收的，因此，从婴幼儿时期开始，就要爱护好、保护好眼睛。但是，宝宝长到 1 岁左右就会走，会跑了，宝宝活动范围变广，都有可能造成意外的眼睛损伤。所以，不能让宝宝拿刀、剪、针、锥、弓箭、铅笔、筷子等尖锐物体，以免宝宝走路不稳摔倒而被刺伤眼球。

眼睛损伤的症状

1. 宝宝的眼睛在受到损伤后，眼睛会出现明显肿胀或瘀伤。

2. 宝宝会出现视力模糊或有重影的现象，并感觉到眼睛里有异物。

3. 有的宝宝在眼皮处会有裂口，并伴有头痛、头晕等症状。

4. 宝宝在眼部损伤之后，会表现出眼睛发红、发肿、疼痛、畏光、流泪、流黏液等症状，重者可有视力障碍。

5. 如果是单只眼睛受伤，那么受伤的眼睛不能像另一只那么自在地转动，受伤的眼睛比不受伤的眼睛要往外凸，并且两只眼睛的瞳孔不一样大。

眼睛损伤的原因

造成宝宝的眼睛损伤主要分为两种，一种是钝性外力撞击，如球类、弹弓丸、石块、拳头、树枝等对宝宝的眼球造成直接损害；另一种是尖锐或高速飞溅物穿破眼球壁引起穿透性损伤，如宝宝在玩刀、剪、针时产生的误伤。

宝宝眼睛受伤的具体原因如下：

1. 发生车祸时，被撞碎的玻璃片或其他金属物件，可能会在极大的冲击力下飞溅起来，误伤宝宝的眼睛。

2. 宝宝在运动时，意外的跌伤、撞伤等，或者小朋友之间打架、撕扯等，也会造成宝宝的眼睛损伤。

3. 灰尘、木屑、飞虫等异物进入眼睛，也是导致宝宝眼睛损伤的原因。

4. 碱性物质和酸性物质，如氨水、苏打水等，不小心溅入宝宝的眼睛时，也会造成宝宝的眼睛被灼伤。

5. 紫外线、红外线照射，也会造成眼睛损伤，引起角膜、结膜炎。

宝宝眼睛损伤怎么办

1. 宝宝发生眼睛损伤，情况比较轻微，可以用毛巾包住冰块冷敷，注意要让宝宝紧闭双眼，1～2日后改为热敷。并在宝宝的眼部滴氯霉素或利福平眼药水，可以预防感染。

2. 如果是角膜轻微擦伤，可以给宝宝涂红霉素眼膏或金霉素眼膏，并包扎损伤的眼睛。

3. 如果伤情较重，如眼球出血、瞳孔散大或变形，眼内容物脱出等症状时，在快速送医院抢救的同时，一定不要擅自包扎宝宝受伤的眼睛，以免造成永久性损伤。

4. 医生会检查宝宝眼睛的损伤情况，然后根据检查结果指导爸爸妈妈该怎么做，如果宝宝只是轻微的角膜被擦伤了，医生可能会开抗生素滴眼液来防止感染；如果情况严重，医生会建议立即手术，那爸爸妈妈就要做好心理准备。

5. 在宝宝眼睛损伤期间，要十分小心宝宝的眼部护理，禁止宝宝揉搓眼睛，并小心处理宝宝的伤口。

6. 在饮食方面，要尽量清淡、易消化、营养丰富，忌食辛辣上火的食物。

泪道阻塞

眼泪可以保持眼睛湿润，避免眼睛受到粉尘、颗粒等对眼睛的伤害，对于保护眼睛，维持良好的视力有重要的意义。但是新生儿时期和幼儿时期的宝宝经常会发生泪道阻塞，造成眼泪不能正常流下。

泪道阻塞的症状

1. 宝宝出现泪道阻塞之后，会表现出溢泪的现象，即眼睛总是泪汪汪。多发生于出生 1 周的宝宝，有的宝宝甚至出生后 1 ~ 2 个月才出现。

2. 宝宝泪道阻塞可伴有不同程度的结膜炎或角膜炎。

3. 宝宝泪道阻塞后，使很多分泌物不能被眼泪正常稀释，造成宝宝的眼睛里有黏性或脓性分泌物，俗称"眼屎"。

4. 有的宝宝还会出现眼部肿胀，部分患儿可自泪囊处挤出透明的黏性分泌物，如挤出时黏液混浊如脓，表明已有泪囊内感染。

泪道阻塞的原因

1. 眼睑及泪点位置异常，使泪点不能接触泪湖，造成宝宝泪道阻塞。泪点异常，包括泪点狭窄、闭塞等。

2. 息肉（是指人体组织表面长出的多余肿物）是造成宝宝泪道阻塞的常见原因，息肉像一小盖将泪点部分或全部遮盖，导致眼泪无法流出。

3. 先天性因素也是宝宝出现泪道阻塞的原因。

4. 泪小管至鼻泪管的阻塞或狭窄，也会造成宝宝出现泪道阻塞，这种阻塞或狭窄可以是先天的，也可以由创伤、烧伤、肿瘤、结石、外伤等造成。

宝宝泪道阻塞怎么办

1. 如果宝宝出现泪道阻塞后，应给宝宝按摩眼睛和点抗生素眼药水，进行保守治疗。

2. 如果宝宝的眼睛里面有脓性分泌物，可以用拇指或十指指腹压迫宝宝的泪囊，按在鼻根及眼睛的内眦中央的部位，顺时针方向挤压脓液，宝宝的眼角就会有一部分脓液流出来，擦干净再给宝宝点眼药水。

3. 经保守治疗后无效的话，应带宝宝到医院接受治疗，医生会根据宝宝的情况选择泪道探通、泪道插管、球囊管扩张术等。

4. 如果宝宝同时患有发热、腹泻、呼吸道感染等疾病，应等宝宝痊愈后在开始手术。

5. 在宝宝手术前 6 小时要禁食禁水，并滴 2 ~ 3 次眼药水。

6. 爸爸妈妈要仔细听医生的叮嘱，做好宝宝的术后护理工作，使宝宝很快恢复。

泌尿生殖道

血尿

血尿是指尿液中红细胞排泄异常增多，超过正常量，是泌尿系统可能有严重疾病的讯号，也是婴幼儿在临床上是一常见疾病。

血尿的症状

1. 宝宝的尿液呈红色、橘黄色和棕色；

2. 宝宝有时会表现出手、脚、眼部肿胀等症状；

3. 有时尿液发红的原因可能是宝宝吃了能使尿液变色的食物，如甜菜、黑莓、食用红色、酚酞等，就会出现红色或橘黄色尿液；

4. 宝宝上火，导致尿痛，尿赤短，也会造成血尿。

血尿的原因

引起血尿的原因有很多种，如包括尿道物理损伤、炎症或感染。某些全身性疾病也可引起血尿，如凝血机制缺陷、中毒、传导性疾病或免疫系统异常。具体表现为：

1. 泌尿系统疾病如各种肾炎（急性肾小球肾炎、病毒性肾炎、遗传肾炎、紫癜性肾炎），结石（肾结石、膀胱结石、尿道结石），以及肾结核、各种先天畸形、外伤、肿瘤等，都会造成宝宝患上血尿。

2. 全身性病症 如出血性疾病、白血病心力衰竭、败血症、维生素C缺乏、高钙尿症等，都会诱发血尿。

3. 食物过敏、放射线照射、药物、毒物、运动后等物理化学因素，也是血尿产生的重要原因。

4. 氨基苷类抗生素如庆大霉素、卡那霉素、妥布霉素等，磺胺类药物如复方新诺明等，头孢类药物如先锋Ⅳ号等，均可引起肾毒性损害，出现血尿的现象。

宝宝血尿怎么办

1. 不能确定宝宝尿液颜色变化的原因时，或尿液颜色变化超过24小时，应该及时将宝宝送往医院治疗。

2. 医生会询问宝宝是否受过伤，是否食用过引起尿液颜色变化的食物，然后会对宝宝进行体格检查，也会对尿液进行采样检查。如果医生发现有尿路感染，还会进行血常规，X光或其他检查。

3. 让宝宝多休息，保持室内温度适宜，空气清新。

4. 让宝宝多喝温开水，使尿路畅通，并将体内的毒素排出体外。

5. 饮食上注意营养搭配合理，患病期间减少使用能引起尿液颜色变化的食物，以免对判断病情不利。

尿道下裂

尿道下裂是一种尿道发育畸形，即尿道开口在阴茎腹侧正常尿道口近端至会阴部的途径上，是小儿泌尿生殖系统最常见的畸形之一，发病率为1/300。根据尿道口的位置可分为龟头下裂、阴茎下裂、阴囊下裂和会阴下裂。

尿道下裂的症状

1. 男宝宝的尿道出口不是在阴茎的前端，而是在阴茎的根部，并且阴茎前面到开口部向下弯曲，宝宝阴茎短小，无法站立小便，排尿时尿不能射向远处。

2. 女宝宝的症状是开口部在阴道里，常出现小便失禁的现象。

3. 此外，还有的宝宝尿管重复，其中一根出现膀胱内的尿液向尿管反流的现象。

4. 患有尿道下裂的宝宝容易反复出现肾盂肾炎。

尿道下裂的原因

1. 引起宝宝尿道下裂的原因包括遗传的因素。

2. 邻苯二甲酸二辛酯是我国产量最大的通用型增塑剂，广泛应用于树脂、塑料制品，如白色塑料袋、一次性饭盒等。人们在使用这些物品时，邻苯二甲酸二辛酯向空气中释放雌激素，使人体内分泌系统的被干扰，这也是引起宝宝尿道下裂的原因之一。

3. 有的孕妈妈在妊娠 8 ~ 16 周期间有流产征兆时，使用了合成黄体激素，也会造成宝宝出生后尿道下裂。

4. 性染色体异常引起尿道下裂的情况虽很少见，但是爸爸妈妈在打算孕育宝宝之前，最好还是检查一下性染色体。

宝宝尿道下裂怎么办

1. 宝宝患有尿道下裂，一定要将宝宝送往医院检查，除冠状沟型尿道下裂可以不做手术外，其各种类型的尿道下裂均要通过手术纠正。进行手术的目的主要是：纠正下屈畸形，需切除阴茎腹侧纤维素，完全伸直阴茎；尿道成形并使其开口位置尽可能接近正常。

2. 应该在症状尚未对宝宝产生精神压力的情况下尽早治疗，一般在宝宝 3 岁以前进行手术比较好。

3.给宝宝洗澡时，一定要轻柔，并用干净的毛巾擦干，保持尿道干燥。

4.对于较小的宝宝要给他勤换尿布，以免粪便和尿液污染尿道；稍大的宝宝，要勤换内裤，避免细菌滋生。

肛门闭锁

肛门闭锁又称低位肛门直肠闭锁，由于原始肛发育异常，未形成肛管，致使直肠与外界不通，但肠发育基本正常。门闭锁属于中位畸形，临床常见。会阴往往发育不良，呈平坦状，肛区被完整皮肤覆盖。宝宝肛门闭锁多为先天性肛门闭锁，必须通过手术治疗。

肛门闭锁的症状

1.患先天性肛门闭锁的宝宝出生后无胎粪排出，很快出现呕吐、腹胀等类似肠梗阻的症状。

2.经过局部检查，会阴中央呈平坦状，肛区部分被皮肤覆盖。

3.部分宝宝的肛区会有一个色素沉淀明显的小凹，并有放射皱纹，刺激该处可见环肌收缩反应。

4.患有肛门闭锁的宝宝在哭闹或屏气时，会阴中央有凸起，把手指放在凸起的部位，会有冲击感，将宝宝摆成臀高头低的姿势，在肛门部叩诊，可以听到类似击鼓的声音。

肛门闭锁的原因

1.胚胎发育阶段，直肠和肛门发育畸形，造成肠闭锁或狭窄。

2.由于原始肛发育异常，未形成肛管，致使直肠与外界不通。

3.胎儿期肠管某部的血运障碍，如胎儿发生肠扭转、肠套叠、胎便性腹膜炎及粘连性肠绞窄、肠穿孔、内疝、肠系膜血管发育畸形等，都会造成肠管某部血运障碍，使肠管发生坏死等病理过程，形成肠闭锁。

宝宝肛门闭锁怎么办

1.发现宝宝患了肛门闭锁之后，要尽早将宝宝送往医院治疗，并可以防止并发症的发生，一般医生会施行会阴肛门成形术，也可采用骶会阴肛门成形术。

2.在行肛门闭锁修复术后，宝宝需要住院数天，所以爸爸妈妈要为宝宝做好住院的准备。

3.宝宝在术后应进行数月的再造肛门扩张术，目的是改善宝宝的括约肌功能，防止肛门狭窄。

4. 小心护理宝宝的术后创口，手术后保持宝宝的下肢屈曲外展，一般在手术后 48 ~ 72 小时拔出置入的肛管，每天都要替宝宝擦洗皮肤，皮肤皱褶处要用婴幼儿爽身粉保护，以免发炎。

5. 在宝宝每次便后，先用温盐水洗净宝宝的肛门，再用碘附擦拭，以免切口被尿粪污染，并保持周围皮肤清洁干燥。

6. 给宝宝喂食高纤维食物，保持大便松软，使宝宝排便通畅。

会阴粘连

会阴粘连是常见与女宝宝的婴幼儿疾病，表现为会阴粘连到一起。会阴粘连大部分是由于宝宝的外阴炎没能及时发现和治疗所致，并且这种粘连会日趋严重，到了宝宝成年后则会发生月经血潴留和性交障碍。

会阴粘连的症状

女宝宝的外阴会出现红肿、发痒，并且伴有异味或异常分泌物，排尿时会出现尿液射流的方向偏斜等排尿异常。

会阴粘连的原因

会阴粘连分为先天性和后天形成两种原因。先天性会阴粘连极少见，一般在女宝宝出生后作体格检查时才发现。出生后形成的会阴粘连比较常见，由于局部皮肤、黏膜受刺激或损伤后感染发炎，加上爸爸妈妈没有及时发现和处理，导致宝宝会阴粘连。

会阴粘连主要原因是由于宝宝的皮肤黏膜娇嫩，外阴前庭区的皮肤黏膜受到各种感染和异常刺激后，容易发生渗出，久而久之会使两侧相贴的小阴唇粘连在一起。比如，如果不及时给宝宝换尿布，使宝宝柔嫩的外阴部经常浸泡在腥臭的尿布中，尿液中的尿素等物质就会刺激外阴部，加上女宝宝的肛门和阴部比较靠近，便后的粪便残留很有可能污染到会阴，使会阴因受感染而粘连。因此，要多留意宝宝的阴部发育，早发现问题，早解决问题。

宝宝会阴粘连怎么办

1. 发现宝宝会阴粘连时，一定要将宝宝送往医院治疗，阴唇粘连不一定要动手术，治疗方法根据粘连组织的厚薄而定。极薄的如薄膜样粘连，且中间可见粘连线时，医生会建议选用雌激素或金霉素软药膏涂抹，再用两手拇指将左右大阴唇向两侧外方轻轻、慢慢地拉开，每天 1 ~ 2 次，数周后，可使小阴唇分离。

2. 如果粘连组织较厚，并且通过雌激素涂抹无效时，医生会建议在麻醉下通过手术分离。

3. 每天晚上在女宝宝睡觉前给她清洗外阴，每次大便后也给予清洗，并用干净的毛巾小心擦干，保持阴部干燥。

4. 给女宝宝清洗阴部时，一定要注意步骤和清洗方向：准备一盆温水，用专用的毛巾，把小阴唇内的分泌物清洗干净，清洗的方向由前向后，先清洗尿道口和阴道口，然后清洗肛门口。

5. 勤为宝宝换纸尿裤，尽量使用透气柔软的纸尿裤，避免宝宝娇嫩的皮肤被捂坏。

6. 不穿或少穿开裆裤，避免外界污染宝宝的阴部；避免给宝宝穿尼龙化纤类衣裤，内裤要宽松舒适，清洗外阴后，应及时更换内裤，并经常把宝宝的内裤放在太阳低下暴晒杀菌。

尿道口狭窄

尿道口尿道狭窄是由多种原因所造成的尿道纤维组织增生，导致尿道管腔的狭窄，是一种罕见的疾病。尿道口狭窄可发生在儿童期的任何年龄，多见于 3 ~ 7 岁的宝宝，其中男宝宝出现尿道口狭窄的现象比女宝宝多。有的宝宝随着月龄的增长会渐渐变宽松，但有的宝宝因尿道口炎症等原因，开口处不但不会变松弛，反而有紧缩的现象。

尿道口狭窄的症状

1. 尿道口狭窄的宝宝在排尿时，尿流非常细而窄。

2. 有的宝宝还会伴排尿吃力、尿痛等症，并且呈滴状排尿或喷射排尿。

3. 宝宝在小便时，会因尿液不能顺利排出，而积存在龟头和包皮之间，有时还会形成水泡样肿胀，时间长了，尿液残存的物质会形成包皮垢，引发包皮炎甚至形成结石。

尿道口狭窄的原因

尿道口狭窄是由于先天性、炎症性、损伤性、医源性等原因所造成的尿道纤维组织增生，从而导致尿道管腔的狭窄。常常伴有排尿困难、尿滞留以及继发感染等症状。

宝宝尿道口狭窄怎么办

1. 在宝宝出现尿道口狭窄的症状之后，要及时带宝宝去医院检查，医生会根据病情评估，采取家庭护理或手术治疗。

2. 宝宝经过家庭护理还不能达到完全显露龟头的效果，且出现反复感染，这时可以选择手术治疗，手术很小，通常在局部麻醉下进行，手术后会有轻微的不适，但很快消失。

3. 每天给宝宝清洗龟头，然后适度上翻包皮使包皮口慢慢变宽松，直至完全显现出龟头为止。每次上翻包皮时都要达到轻度疼痛的程度。

4. 要保持宝宝龟头干燥清洁，并勤为宝宝换洗内裤，避免发生感染。

5. 减少洗涤剂对宝宝龟头的刺激，给宝宝洗衣服时要选用柔和的去污剂，并且彻底漂洗干净，内裤要放在在阳光下暴晒，完全干燥时再给宝宝穿。

隐睾症

隐睾是指男宝宝出生后，单侧或双侧睾丸未降至阴囊而停留在其正常下降过程中的任何一处，也就是说阴囊内没有睾丸或只有一侧有睾丸。一般情况下，胎儿在出生之后，随着生长发育，睾丸自腹膜后腰部开始下降，会在胎儿后期降入阴囊。如果在下降过程中受到阻碍，就会形成隐睾。

隐睾症的症状

隐睾的发生概率是 1% ~ 7%；其中单侧隐睾患者多于双侧隐睾患者，尤以右侧隐睾多见。隐睾有 25% 位于腹腔内，70% 停留在腹股沟，约 5% 停留于阴囊上方或其他部位。

隐睾症常见于婴幼儿，一般通过表面观察无明显症状。患上隐睾症的宝宝其阴囊略扁平，用手触摸明显感觉阴囊是空的。由于睾丸长期停留在不正常的位置，容易引起睾丸萎缩、恶性变、容易受到外伤、睾丸扭转、疝气等躯体症状；另外，对于稍大的孩子，阴囊的空虚会使他们产生自卑感、精神苦闷以及性情孤僻等精神心理方面的改变。

隐睾症的原因

1. 胚胎期牵引睾丸降入阴囊的索状引带退变，或出现收缩障碍，使睾丸不能由原位降入阴囊内。

2. 胚胎期精索血管发育迟缓或终止发育，导致胎儿的睾丸下降不全。

3. 先天性睾丸发育不全使睾丸对促性腺激素不敏感，从而失去下降的动力。

4. 胎儿在生长过程中，孕妈妈缺乏足量的促性腺激素，并通过影响睾酮的产生，影响了睾丸下降的动力。

5. 局部因素如机械性梗阻和腹膜粘连等，都会阻止睾丸正常下降，常常表现为单侧性隐睾症。

6. 内分泌因素也是造成隐睾的原因之一，并且由内分泌因素所致的隐睾症多为双侧性隐睾症。

宝宝隐睾症怎么办

一旦发现宝宝的阴囊内没有睾丸或仅有一侧有睾丸，就要立即将宝宝送往医院就诊。1岁以内的宝宝通过一些药物的应用有可能使睾丸降入阴囊，到了2岁仍然不能下降入阴囊，则要考虑手术治疗，在2岁以前手术对睾丸的生精功能无太大影响，超过四岁则会明显影响，超过八岁则会严重影响，如果超过十二岁即使做了手术，睾丸的生精功能也不能恢复。因此，隐睾下降固定术应在二岁以前进行。

尿道瓣

男宝宝在胎儿发育的早期，尿道起始部有一个极小的瓣，阻挡尿液的通过。通常在出生前消失，以便尿液自由通过尿道到达阴茎的末端，但是有些宝宝在出生后阴茎隔膜仍然存在，导致排尿受阻，引起严重的问题，这种情况成为尿道瓣。后尿道瓣膜，在1岁以下的男宝宝中是最常见的尿道梗阻疾病。

尿道瓣的症状

在妊娠期间进行超声检查通常可以发现这些瓣膜，也有一些直到宝宝出生才被医生发现膀胱肿胀和扩大时才发现。患了尿道瓣的宝宝，会出现滴状排尿和尿流微弱。

患有后尿道瓣膜的宝宝，会出现不同程度的排尿梗阻症状，还可伴有尿线无力、排尿中断、淋漓不尽、尿路感染和脓毒血症等。严重的梗阻会引起肾积水，触摸宝宝的腹部，可以摸到明显的包块，并膀胱容易出现膨胀的现象。少数宝宝甚至可以在两侧肋腹部触及积水的肾脏，多数患了尿道瓣的宝宝在出生后发育迟缓，身高、体重明显落后于同龄孩子。

尿道瓣的原因

1. 由于尿道黏膜皱襞肥大、粘连或发育异常，造成尿道面膜皱襞突入尿道腔内，导致宝宝出现尿流排出障碍。

2. 胚胎时期的尿生殖膜没有完全消退，尿生殖膜的残留，也是造成宝宝患尿道瓣的原因。

3. 中肾管或苗勒管先天畸形，精阜的黏膜与尿道黏膜粘连，也是造成宝宝患尿道瓣的原因。

宝宝尿道瓣怎么办

后尿道瓣需要立即进行治疗，以防止严重的尿路感染和肾脏损伤。因为阻塞严重，尿流会向输尿管回流，产生压力可损伤肾脏。尿道瓣治疗目的主要是除去瓣膜，手术方法的选择和途径需根据梗阻程度及患儿健康状况而定。如果后尿道瓣造成排尿梗阻，对于轻度、中度梗阻伴有轻微氮质血症者，可选用经尿道电灼瓣膜；对于病情稍微严重的少数患儿，医生会将一个小管经阴茎插入膀胱，以暂时缓解阻塞，随后医生会进行膀胱和肾脏 X 光检查以证实诊断，并判断有无上尿道损伤，采取手术去除尿道瓣。

此外，爸爸妈妈要做好协调工作，保证宝宝能够配合医生的治疗。在给宝宝准备食物时，以营养丰富、易消化的食物为宜。要给宝宝多喝水，保持尿道畅通。

尿道感染

尿道感染是婴幼儿常见疾病，尤其多见于女宝宝。尿路由于肾脏、输尿管、膀胱、尿道汇合而形成的通道，由于这些器官被细菌、病毒、真菌或寄生虫等所感染而致病的病理现象，称为尿道感染。根据发炎部位不同，尿道感染可分为膀胱炎、肾炎等。

尿道感染的症状

1. 刚出生的宝宝和 1 岁以内的宝宝在尿道感染后，症状并不明显，大多数患儿只是出现发热的现象，一般在 38℃ 以上，没有伴有咳嗽、流鼻涕等症状。

2. 有少数的宝宝会表现精神不振，并且伴有腹泻、呕吐等症状。

3. 如果宝宝出现膀胱感染时，会出现尿频、尿痛、尿不尽、排尿哭闹和顽固性尿布疹等症状。

4. 病情严重的宝宝还会出现生长发育迟缓、体重增长停滞，甚至痉挛、嗜睡、黄疸等表现。

尿道感染的原因

1. 宝宝的尿道感染多是由细菌、病毒、真菌或寄生虫感染所引起的。

2. 女宝宝尿道感染的概率要比男宝宝高很多，因为女宝宝的尿道离肛门很近，很容易受到粪便等污染物的感染。

3. 绝大多数尿感是由上行感染引起的，尿道及周围的细菌，在宝宝的抵抗力下降或尿道黏膜有轻微损伤时，附着在尿道黏膜上的能力强的细菌，就会侵袭膀胱和肾脏，造成感染。

4. 细菌从身体内的感染灶侵入血流，到达肾脏，也可以造成尿道感染。

5. 下腹部和盆腔器官的淋巴管与肾脏周围的淋巴管有多处的交通汇合，当宝宝患有盆腔器官炎症、阑尾炎和结肠炎时，细菌也可从淋巴道感染肾脏，从而导致尿道感染。

宝宝尿路感染怎么办

1. 如果宝宝的症状较轻，可以通过家庭护理来治疗宝宝的尿道感染。爸爸妈妈要认真做好女宝宝的外阴部护理工作，每次大便后应清洁臀部，尿布要经常换洗，并刚在太阳下暴晒杀菌，最好不穿开裆裤，以免外界污染宝宝的外阴，勤为宝宝换内裤。

2. 男宝宝包皮过长者，在给男宝宝清洗阴茎时，要轻轻地将包皮反过来，彻底清洗藏在皮肤褶皱处的细菌。

3. 让宝宝多饮水，适当喝一些含碱性的饮料，可碱化小便，保持尿道畅通，以减轻尿道症状。

4. 如果宝宝的病情较重，应该立即将宝宝送往医院检查。医生首先会进行尿液检查来确定是否有尿路感染。另外，还可以用血液检查的方式检查白细胞的数量，以确定感染程度。宝宝被确诊为尿路感染后，医生通常会使用抗生素进行大约 1 周的治疗，一般 1 ~ 2 天可退热，但有时候医生还是会建议继续使用抗生素，直到尿液中不再含有细菌和白细胞。

5. 按时按量给宝宝吃药，不能因为宝宝已经退热，就擅自停药，因为体内的病原菌并没有随着抗生素的使用而消失。

6. 尿道感染的宝宝对食物的要求非常严格，在给宝宝烹饪食物时要格外小心。尿路感染的饮食忌胀气之物，如牛奶、豆浆、蔗糖等；忌发物，如猪头肉、鸡肉、蘑菇、带鱼、螃蟹、竹笋、桃子等；忌助长湿热的食物，如甜品和高脂肪食物；忌辛辣刺激之物，因为辛辣的食物可使尿道刺激症状加重，造成排尿困难；忌酸性食物，如猪肉、牛肉、鲤鱼、牡蛎、虾等。

尿床或遗尿

一般宝宝会在 2 ~ 4 岁完成大小便控制训练，但偶尔也会有在夜间尿床的现象。一般 2 岁时一周尿床的次数可能多达 2 次以上，随后逐渐越来越少，到 5 岁时宝宝尿床对的现象会完全消失。但是，也有极少数宝宝 5 岁以后，在睡眠中仍不能自我控制，而把尿液排泄在床上，这种现象称为遗尿。

尿床或遗尿的症状

尿床和遗尿一般没有明显的症状，都是在无法自控的情况下，将尿液排泄在床上。遗尿症可以分为原发性和继发性遗尿症，单纯性和复杂性遗尿症。其中单纯性遗尿症指患儿只在夜间尿床，白天无症状，不伴泌尿系统和神经系统功能异常；复杂性遗尿症指患儿除了会在夜间尿床外，白天还会伴有下泌尿系统症状，常为继发于泌尿系统或神经系统疾病。婴幼儿最常见的是原发性单纯性遗尿症。

尿床的原因

1. 尿床通常是由于宝宝膀胱的容量不足以保存整夜的尿量，而造成的尿液不受控制地外流。

2. 有些宝宝在5岁以后仍有在夜间尿床的现象，通常是因为遗传的因素，还有一小部分5岁以上的宝宝还出现白天尿床的现象，更少见的是白天和夜间都不能憋尿，通常表明膀胱和肾脏有问题。

3. 如果宝宝总是夜间尿床，可能是因为膀胱充盈时清醒的能力发育缓慢。

4. 尿道感染或洗澡时洗涤剂刺激尿道，造成尿道功能失常，也是导致宝宝尿床的原因。

5. 尿道结构异常，如膀胱过小、膀胱颈部阻塞或控制排尿的肌肉不能合理收缩，以及便秘使直肠产生的压力压迫膀胱等，也会造成宝宝尿床。

6. 尿床可能是糖尿病的早期症状，尿道感染或烦恼、焦虑、压抑的情绪等，也会造成宝宝尿床。

宝宝尿床怎么办

1. 避免使用刺激性的去污剂或内裤以及浴室中的发泡产品，减轻对宝宝生殖区域的刺激。

2. 不要过多饮水，尽量不要饮用含咖啡因过多的饮料。

3. 防止宝宝便秘的产生。

4. 在每次宝宝排尿之前，鼓励他憋尿一段时间，以扩大膀胱的容量。

5. 多于尿床次数较多的宝宝，应该带宝宝去医院检查，医生会根据症状提出不同的治疗方案。如果由尿道感染引起，可用抗生素治疗，遗尿问题也会得到解决。如果发现其他的异常，医生会建议请泌尿科专家会诊，寻求更好的治疗。

神经性尿频

神经性尿频症指非感染性尿频尿急，是儿科一个独立的疾病。

神经性尿频的症状

患儿年龄一般在2～11岁，多发生在学龄前儿童。每2～10分钟一次，患儿尿急、尿频，一要小便就不能忍耐片刻，较小患儿经常为此尿湿裤子是本病的特点。反复出现这种情况还容易继发尿路感染或阴部湿疹。

小儿神经性尿频基本上都是父母无意中发现的。到某些基层医疗单位就诊时，常被误诊为泌尿系统感染而使用抗生素治疗，但收效甚微。

神经性尿频的原因

一方面是小儿大脑皮层发育尚不够完善；另一方面是孩子生活中有一些引起精神紧张、对精神状态造成不良刺激的因素。例如生活环境的改变，孩子对刚入托、入学心理准备不足，被寄养给他人抚养，父母的突然分离、亲人的死亡，以及害怕考试或对某种动物的惧怕等。这些都可能使小儿精神紧张、焦虑，使抑制排尿的功能发生，障碍，结果表现出小便次数增多。

宝宝神经性尿频怎么办

发现孩子尿频时，首先要到医院检查：排除身体疾病的影响。当确定为神经性尿频后，家长不必过于紧张，应该对孩子耐心诱导，告诉他身体并没有毛病，不用着急，不要害怕，尿频症状会很快好起来消除患儿的顾虑，鼓励他说出引起紧张不安的事情，关心他提出的问题，给他认真解释，安慰，使他对害怕担心的问题有一个正确认识，尽快恢复到以前轻松愉快的心境之中。这样，尿频就会自然而然地得到纠正。

头、颈和神经系统

脑瘫

脑性瘫痪简称脑瘫，是指宝宝在出生前、出生时或出生后的一个月内，大脑尚未发育成熟，并由于各种原因引起的非进行性脑损伤或脑发育异常所导致的中枢性运动障碍。常常并发有癫痫、智力低下、语言障碍等症状。

脑瘫的症状

脑瘫的主要症状有运动障碍、姿势障碍、语言障碍、视听觉障碍、生长发育障碍、牙齿发育障碍、情绪和行为障碍、癫痫等。痉挛型脑瘫患儿主要表现为以四肢僵硬；手足徐动型患儿，会出现四肢和头部的不自主无意识动作，在做有目的的动作时，全身不自主动作增多，比如面部会出现"挤眉弄眼"，说话及吞咽困难，经常手舞足蹈，还会伴有流口水的现象；共济失调型的患儿，以四肢肌肉无力、不能保持身体平衡、步态不稳、不能完成用手指指鼻等精细动作为特征。

脑瘫的原因

使宝宝患上脑瘫的因素中，产前因素最常见，包括遗传和染色体疾病、先天性感染、脑发育畸形或发育不良，以及胎儿脑缺血低氧致的脑室周围白质软化或基底节（是埋藏在两侧大脑半球深部的一些灰质团块，是组成锥体外系的主要结构）受损等。

孕妈妈在妊娠早期患风疹、带状疱疹或弓形虫病，以及在妊娠中、晚期的严重感染、严重的妊娠高血压综合征、病理性难产等均可导致新生儿脑瘫。

围产因素可能是引起早产儿脑瘫的重要原因，围产因素指发生在分娩开始到生后一周内的脑损伤，包括脑水肿、新生儿休克、脑内出血、败血症或中枢神经系统感染等，都有可能导致宝宝患上脑瘫。

此外，宝宝从1周至3、4岁间所发生的中枢神经系统感染、脑血管病、头颅外伤、中毒等，也会引起的非进行性脑损伤，造成宝宝患上脑瘫。

宝宝脑瘫怎么办

宝宝一旦被确诊为脑瘫后，爸爸妈妈一定要坚强勇敢地面对，对患脑瘫的宝宝要付出比健康宝宝多得多的爱，要牢牢地抓住功能康复和教育两个重点，功能康复是解决脑瘫的关键，教育是让患儿自立的基础。

婴幼儿脑瘫的康复关键在于早发现、早诊断、早干预。但是，脑瘫目前无特殊治疗方法，除癫痫发作时用药物控制以外，其余多为对症处理。在宝宝患病早期，对宝宝实行智力、心理的教育和训练。采用综合性治疗的效果要相对明显一些，综合性治疗包括智力和语言训练、理疗、体疗、针灸、按摩、支架及石膏矫形，矫形手术目的是减少痉挛、改善肌力平衡、矫正畸形、稳定关节。

患脑瘫的宝宝经常会出现跌伤、烫伤、冻伤的现象，爸爸妈妈应给宝宝加床栏，避免摔伤；应用热水袋给宝宝取暖时，水温不可超过50℃，要隔着被子放置，并经常更换部位，避免烫伤；在做灸疗、理疗或拔火罐时也应该注意防止烫伤。

鼓励脑瘫的宝宝最大限度地发挥自身残余功能，通过科学的治疗和训练，提高他们身体上、心理上、社会上、职业上、经济上的能力，尽最大努力缩小他们与健康宝宝之间的差距，消除自卑感，使他们乐观地生活。

婴幼儿患了脑瘫很难治疗，但是正确的预防可以使宝宝远离脑瘫。要根据天气给宝宝增减衣物，注意保暖、避免受凉、预防肺炎、鼓励咳痰、保持呼吸道通畅，每隔2个小时为宝宝翻身拍背一次，这是婴幼儿脑瘫的预防方法之一；鼓励宝宝多吃新鲜的水果蔬菜，少食致胀气食物，预防肠胀气及便秘，也可以预防脑瘫；预防宝宝肢体畸形、挛缩，及时通过按摩的方法促进功能恢复，也可以预防宝宝患上脑瘫。

斜颈

小儿斜颈是由于一侧胸锁乳突肌纤维性挛缩，导致颈部向一侧偏斜，并畸形生长，同时伴有脸部发育受影响，双颊不对称，严重者甚至会导致颈椎侧凸畸形。斜颈是一种比较常见的婴幼儿头颈部先天性疾病，该病在早期进行正确有效的非手术治疗，大多数患儿都能治愈，较严重的患儿也可通过手术的方法治愈。

斜颈的症状

患斜颈的宝宝在出生后 1 月后，一侧胸锁乳突肌有梭形肿块，较硬，用手指触摸，不会来回活动，到 5 个月后肿块逐渐消退，胸锁乳突肌出现纤维性萎缩，并且变短呈条索状；斜颈患儿的头部会歪向一侧边，双颊不对称，一边比较饱满，另一边则出现萎缩的症状；此外，患斜颈的宝宝他们的眼睛也不在一个水平线，会有斜视的倾向。

斜颈的原因

造成宝宝斜颈的因素很复杂，但普遍认为子宫内压力异常或胎位不正是造成宝宝先天性肌性斜颈的主要原因。胎儿在子宫内的位置不止或受到不正常的子宫壁压力，会使宝宝的一侧颈部受压，胸锁乳突肌内局部血液循环受阻，致使胸锁乳突肌发生缺血性纤维挛缩，导致宝宝斜颈；胸锁乳突肌的营养血管栓塞，导致肌纤维变性而形成斜颈，也是造成斜颈的原因；此外，难产以及使用产钳是引起宝宝患肌性斜颈的重要原因之一；而有 1/5 的斜颈患儿有明确的家族史，所以遗传也是造成斜颈的原因，并且通过遗传而患上斜颈的宝宝，经常会伴有先天性髋臼发育不良等部位畸形。

宝宝斜颈怎么办

1.6 个月以下的宝宝，可以在医生的指导下，通过按摩、沙袋固定、体位疗法等进行矫正治疗，长期坚持直到完全康复。

2.1 岁后的宝宝一般采用手术治疗，超过 3 岁的宝宝，面部畸形难以完全恢复正常，所以爸爸妈妈要密切关注宝宝的异常，越早发现，越早治疗效果越好。

3. 发现宝宝患了斜颈之后，爸爸妈妈要学习被动牵拉矫正手法，在 2 周的时候就可以开始被动牵拉矫正，即将患儿的头倾向健康的那一侧，使健康的那一侧的耳垂向肩部靠近，进行与畸形侧相反的方向运动。手法要轻柔，每次牵拉 15 ~ 20 次，一日 4 ~ 6 次。

4. 爸爸妈妈也要掌握给宝宝按摩的操作要点，并自行在家为宝宝按摩，既方便也易于坚持。方法是用手指对挛缩的胸锁乳突肌进行轻柔的捻、推、拉、顺，边揉边捻，每次 15 分钟，每日 2 ~ 3 次，长期坚持，可以使轻度挛缩的胸锁乳突肌逐渐得到舒展，头颈姿势恢复正常。

5. 局部按摩也可以矫正宝宝斜颈，洗净双手，抹上滑石粉，并用拇指或示指在肿块反复按摩，可促进肿块吸收，有助于治疗。

6. 妈妈要根据宝宝的病变位置，选择喂奶的姿势和方向，引起宝宝向健康的一侧偏转，比如宝宝是右侧斜颈，就要在喂奶时把孩子放在左侧，这是一种既轻松有自然的矫正方法。

脑膜炎

脑膜炎是一种娇嫩的脑膜或脑脊膜被细菌或病毒感染导致的疾病，是覆盖在大脑外面组织的发炎现象。脑膜炎比较罕见，但主要发生在 2 岁以下的宝宝。

脑膜炎的症状

1. 宝宝患了脑膜炎会出现发热、头痛、喷射样呕吐、精神萎靡、哭闹不止，3 个月以内的宝宝，发热时达到38℃或更高的体温，3 ~ 6 个月的宝宝，达到39℃或更高的体温，在发热的同时，手脚却是冰凉的。

2. 在出现发热等症状之后，接下来宝宝会出现嗜睡和颈部疼痛，特别是向前伸脖子时疼痛，有的宝宝也会在弓后背时感到疼痛。

3. 患脑膜炎的宝宝会出现粉红色或紫红色、扁平的，用手指摁压后不会褪色的特殊皮疹。

4. 有的宝宝则表现出咳嗽、腹泻、呼吸急促等呼吸道或消化道症状。

5. 部分宝宝也会出现颅内压升高造成囟门凸出，并伴有紧张的情绪，甚至出现抽筋的动作。

患脑膜炎的原因

细菌感染引起的脑膜炎是最为严重的，比较容易感染，而且后果比较严重。可能导致脑膜炎的细菌主要有肺炎球菌、B 群溶血性链球菌、大肠杆菌等，通过空气飞沫传播或触摸等渠道传播，抵抗力低下的宝宝极易感染致病。如果不及时治疗，会出现一系列并发症，或者会有听力困难等后遗症，严重的甚至会出现死亡的现象。

通常病毒性脑膜炎比较常见，一般不严重，并且治愈后不会留下后遗症，病毒性脑膜炎可以由几种不同的病毒所致，如肠病毒、腺病毒、腮腺炎病毒、带状疱疹病毒、流感病毒等，容易在冬季流行，更容易感染 5 岁以上的宝宝。

此外，宝宝所患的麻疹、风疹或水痘之等疾病，也可能会导致宝宝患脑膜炎。

宝宝脑膜炎怎么办

1. 宝宝在出现脑膜炎的症状时，一定要及时带宝宝到医院检查，医生首先会要求进行血液检查和髓液检查，以准确的判断是否是脑膜炎，属于病毒性脑膜炎还是细菌性脑膜炎等。血液和髓液检查都会伴有极大的痛苦，爸爸妈妈要安抚好宝宝，让宝宝配合医生的检查。

2. 如果检查后确定宝宝患了脑膜炎，宝宝将会被安排住院治疗，这时爸爸妈妈要准备好宝宝住院需要的物品。

3. 脑炎发病时多伴有高热，当宝宝体温上升、有寒战时要注意保暖；用退热药时要充分给患儿补充水分；热退后，要及时帮患儿更换掉汗湿的衣服。

4. 对于脑膜炎恢复期的宝宝，爸爸妈妈要帮助他们增强自我照顾的能力和信心，协助宝宝进行锻炼，以便更好地康复。

5. 在宝宝恢复期间，给宝宝准备清淡易消化的食物，多给宝宝吃瓜果蔬菜。

脑积水

脑积水是指颅内脑脊液容量增加。宝宝患了脑积水后，除神经体征外，常伴有精神衰退或痴呆等现象。脑积水是因为颅内疾病引起的脑脊液分泌过多，或因为循环、吸收障碍而导致颅内脑脊液存量增加，脑室扩大的一种顽固性疾病。

脑积水的症状

脑积水的临床症状并不一致，与病理变化出现的年龄、病理的轻重、病程的长短有关。胎儿先天性脑积水，大部分会导致死胎。出生以后脑积水可能出现在宝宝的任何年龄阶段，以发生在 6 个月的宝宝比较多见。年龄小的患者颅缝未接合，头颅容易扩大，所以颅内压增高的症状较少。宝宝脑积水主要表现在出生后数周或月后头颅快速、进行性增大。正常宝宝在前 6 个月头围增加为每月 1.2 ～ 1.3 厘米，患了脑积水的宝宝则为正常增量的 2 ～ 3 倍。并且头颅呈圆形，额部前突，头穹窿部异常增大，前囟扩大隆起，颅缝分离，颅骨变薄，甚至透明。患了脑积水的宝宝还会出现精神萎靡，头部不能抬起，严重的还可伴有大脑功能障碍，表现为癫痫、视力及嗅觉障碍、语言及运动障碍、眼球震颤、斜视、肢体瘫痪及智能障碍等。

脑积水的原因

脑积水病因很多，常见的主要有先天畸形、感染、颅内出血、肿瘤以及某些遗传性代谢病等，或者新生儿窒息、严重的维生素 A 缺乏等，也会造成宝宝患上脑积水。

先天畸形如中脑导水管狭窄、隔膜形成或闭锁、室间孔闭锁畸形、脑血管畸形、脊柱裂、小脑扁桃体下疝等均可造成脑积水。胎儿宫内感染如各种病毒、原虫和梅毒螺旋体感染性脑膜炎未能及早控制，增生的纤维组织阻塞了脑脊液的循环孔道，或胎儿颅内炎症也可使脑池、蛛网膜下腔和蛛网膜粒粘连闭塞。另外，颅内出血后引起的纤维增生、产伤颅内出血吸收不良等，均会造成脑积水。

宝宝脑积水怎么办

发现宝宝有脑积水的症状时，要将宝宝送往医院检查，千万不能疏忽。

对于早期或病情较轻、发展缓慢的脑积水患儿，医生会建议用利尿剂或脱水剂，如乙酰唑胺、双氢克尿噻、甘露醇等脱水治疗，或者经前囟或腰椎反复穿刺放液。

对与进行性脑积水，头颅明显增大，且大脑皮质厚度超过 1 厘米的患儿，医生一般采取手术治疗，主要的手术措施包括减少脑脊液分泌的手术，如脉络丛切除术、后灼烧术等，现已少用；解除脑室梗阻病因的手术，如大脑导水管形成术、扩张术、正中孔切开术以及颅内占位病变摘除术等。

注意的是，对于重度脑积水的患儿，即出现智能低下、失明、瘫痪，而且脑实质明显萎缩，大脑皮质厚度小于 1 厘米等现象的宝宝，均不适宜手术。

在宝宝手术恢复期间，爸爸妈妈一定要做好术后护理，可有助于宝宝的康复。

1. 要将室温保持在 18 ~ 21℃，湿度以 55% 为宜，要定时通风换气，保持病房空气流通，为宝宝提供一个安静、整洁、舒适、安全的治疗康复环境。

2. 给宝宝准备一些开脑窍、通经络、健脾益肾、填精益脑、易消化的食物。

3. 做好心理护理，安抚宝宝焦虑的情绪，树立宝宝战胜疾病的信心，创造出一个接受治疗康复的最佳心理状态。

4. 定时测量宝宝的头部，并做好特护记录，方便医生复诊。

5. 爸爸妈妈要掌握脑积水恢复功能放入训练，以主动运动为主，以便能在宝宝出院后，通过训练达到较好的恢复效果。

脑肿瘤

脑肿瘤就是俗称"脑瘤"，是神经系统中常见的婴幼儿疾病之一，对宝宝神经系统的功能有很大的危害。一般分为原发性脑肿瘤和继发脑肿瘤两大类。原发性脑肿瘤可发生于脑组织、脑膜、颅神经、垂体、血管残余胚胎组织等。继发性肿瘤指身体其他部位的恶性肿瘤转移或侵入颅内形成的转移瘤。常常会威胁宝宝的生命健康。

脑肿瘤的症状

婴幼儿脑肿瘤的早期症状不明显，容易被忽视，从而耽误了早期的诊断和治疗。这对于患儿的病情恢复和生存率的提高是极为不利的。

脑肿瘤的早期症状主要包括头痛、恶心、呕吐等症状，而且头痛的部位均集中在前额及颞部，多为持续性头痛，并阵发性加剧，头痛的感觉经常在早上达到最值，间歇期可以正常。

对于较小的患儿会表现出对玩耍不感兴趣，目光呆滞，不爱说话、易激怒等异常症状；部分宝宝会在走路的时候东倒西歪像喝醉了一样，拿东西拿不稳，握力下降；有的宝宝还会出现颈部僵硬、双眼斜视，或者在看东西时出现重影；嗜睡或者不睡也是脑肿瘤患儿的典型的症状，并且在早上起床时，易发生呕吐的现象。

脑肿瘤的原因

1. 有的宝宝患上脑肿瘤，是因为曾经出现过脑部外伤，如撞伤、砸伤等，并有瘀血残留在脑部，从而发展成肿瘤。

2. 有害的化学物质也会诱发宝宝患上脑肿瘤，比如常见的二亚硝基哌嗪、亚硝基哌啶、甲基亚硝脲、二苯蒽 n- 亚硝酸类化合物等。

3. 宝宝在胚胎发育的过程中，有些细胞会停止生长，并残留在脑中，这些残留细胞具有分化的潜力，可发展为脑瘤，常见的有颅咽管瘤、脊索瘤、畸胎瘤等。

宝宝脑肿瘤怎么办

宝宝出现脑肿瘤的早期症状时，要立刻将宝宝送往医院检查，以免错过宝宝治疗的黄金时期。医生会通过 CT、核磁共振等方式对宝宝进行检查，脑肿瘤可以被很快诊断出来，但是很多父母会在做手术与保守治疗之间徘徊。一般的良性肿瘤只要进行手术，术后5年生存率可达95%以上，是最理想的治疗手段。但是在2岁以前发现患上脑肿瘤，并且肿瘤不是很大，症状比较轻微，也可以适当等待，并定期观察，如果通过药物控制不见好转，在考虑通过手术切除。注意的是，恶性肿瘤越早手术越好，否则将危及宝宝的生命。

术后患儿的护理，要保持患儿呼吸道通畅，及时清除呼吸道内分泌物，定时供氧，有条件可用高压氧舱给氧，每日2~3次，每次45分钟；尽量避免患儿咳嗽、喷嚏、干呕、便秘等，避免在用力时增加颅内压力；多给患儿食用酸枣、猪脑、香菇、核桃、桑葚、黑芝麻、银耳等食物，并且要给宝宝多食用含硒元素的食物，如鸭蛋、鹅蛋、猪肉、人参等，因为硒元素不仅可以有效提高癌症患儿的免疫力，而且还能阻止体内过氧化物和自由基的形成，从而起到保护体内细胞、抑制癌症发生的作用。

梦游症

梦游症俗称"迷症"，是指在睡觉的过程中，突然无意识地爬起来进行某些活动，而后又睡下，并且在醒来后对睡眠期间的活动一无所知的现象。梦游症可发生在儿童的任何时期，但以5~7岁的宝宝最为多见，男宝宝多于女宝宝，并且会持续好几年，大部分患儿在进入青春期后能自行消失。

梦游症的症状

患梦游症的宝宝，会出现一次或多次发作的情况，并且通常发生在夜间睡眠的前1\3阶段；在发作中，宝宝表现神情茫然、目光凝滞，对外界的干涉或他人的交谈毫无反应，并且难以被唤醒；在清醒后，宝宝对于梦游症发作时的情况没有记忆；尽管在最初从发作中醒来的几分钟之内，宝宝会有一段时间的茫然及定向力障碍，但并无精神活动及行为的任何损害；梦游症不会表现出器质性精神障碍。

梦游症的原因

造成宝宝梦游症的原因一般认为是睡眠不足、营养不良、身体虚弱、焦虑不安、受惊吓的恐惧情绪。另外，还与遗传和发育延迟等因素有关，因为同一家族内梦游症发生率高，这说明梦游症有一定遗传性。

宝宝梦游症怎么办

对梦游症的治疗多是心理治疗，诸如厌恶疗法、精神宣泄法等，但是还要以预防为主。

1. 合理安排宝宝的作息时间，避免宝宝过度疲劳和出现高度紧张的情绪，注意宝宝睡眠环境的控制，睡前关好门窗，以免宝宝在梦游发作时外出走失。

2. 收藏好各种危险物品，以免宝宝在梦游发作时发生伤害自己或他人的事件。

3. 不能在宝宝面前谈论他们的病情的严重性，以及它们梦游经过，以免增加宝宝的紧张、焦虑及恐惧情绪。

4. 给宝宝多食用安神补脑、促进睡眠的食物，比如核桃、猪脑、芝麻、牛奶等。

晕动症

婴幼儿晕动症是指宝宝在乘坐车、船、飞机等交通工具时因颠簸、振动、旋转等，造成内耳前庭器官受到较强刺激，产生过量生物电以致前庭神经功能失常的一种病症，俗称晕车、晕船、晕机等。

晕动症的症状

1. 患有晕动症的宝宝，一般会表现出恶心、呕吐、眩晕、脸色苍白、冒冷汗等现象，而且部分宝宝的呕吐会在喂奶或饮水后加剧。

2. 有时宝宝也会出现烦躁不安，双手抓挠头足，无规律地扭动和哭闹等。

3. 有的宝宝会表现出精神萎靡、全身乏力等症状。

晕动症的原因

1. 宝宝的神经系统尚未发育健全，前庭功能还不完善，遇到不规则的颠簸时就会引起前庭神经及小脑有关部位的较强反应，造成自主神经功能发生紊乱而出现晕动症。

2. 大脑接受到来自感觉器官的抵触信息，也是造成宝宝晕动症的原因。

3. 车、船、飞机等交通工具内有油漆、汽油等宝宝难以接受的味道，也会造成宝宝出现晕动症。

宝宝晕动症怎么办

1. 带患有晕动症的宝宝时，要提前1个小时可服用晕车药，上车、船前不宜空腹，但也不要让宝宝吃得过饱。

2. 在旅途中应选择颠簸程度较小的位置给宝宝就座，比如比较靠近车头的位置，或车辆中部的位置。

3. 行驶途中尽量不要让宝宝观看外面快速移动的景物，这样就可以最大限度地避免宝宝发生晕动症。

4.随身携带一个塑料袋,以便在宝宝出现儿呕吐时,用来装吐出的秽物。

5.在宝宝感到恶心时,可以给宝宝吃一点儿橄榄或柠檬之类的食物,可以减轻宝宝因恶心而造成的不适感。

6.如果宝宝的情况已经严重到不能进食,可以试着给宝宝喝一点儿碳酸饮料,如可乐、雪碧等,也可以缓解宝宝的症状。

流行性腮腺炎

流行性腮腺炎是由腮腺炎病毒侵犯腮腺引起的急性呼吸传染病,并可侵犯各种腺体组织或神经系统及肝、肾、心脏、关节等器官,严重者可并发脑膜炎、睾丸炎、卵巢炎、胰腺炎等。流行性腮腺炎是儿童和青少年中常见的呼吸道传染病,多发于冬春两季,多见于2~15岁的儿童和青少年。

流行性腮腺炎的症状

流行性腮腺炎起病大多较急,无前驱症状。患有流行性腮腺炎的患儿,集中表现为发热、畏寒、食欲不佳、恶心呕吐、全身疼痛、头痛、咽痛、哭闹不安等症状。

宝宝在患病1~2天后,一侧或双侧腮腺出现肿大。腮部皮肤表面发热,疼痛明显,张口吃东西时疼痛加剧。2~3天后症状突出,体温可达到39~40℃,在上颌第二臼齿旁颊部黏膜上,可看到肿大的腮腺管口,1~2周痊愈。

流行性腮腺炎的原因

流行性腮腺炎主要是由腮腺炎病毒所引起的,早期传播途径主要是患者的喷嚏、咳嗽飞沫携带的病毒,通过呼吸道传播,使宝宝受感染;宝宝食用了被腮腺炎病毒污染过的食物,或者用了被腮腺炎病毒污染过的餐具、衣物等,也可以使宝宝患上流行性腮腺炎;宝宝营养不良,抵抗力低下,也是造成宝宝被感染的原因之一;孕妈妈感染了流行性腮腺炎后,可通过胎盘传染胎儿,从而导致胎儿畸形或死亡,流产发生率也增加。

宝宝流行性腮腺炎怎么办

对于症状比较严重的宝宝,要立即将宝宝送往医院就诊,并在医生的指导下对宝宝进行调理;同时,要注意保持宝宝的口腔清洁,叮嘱宝宝要多喝水,可以给宝宝喝点儿板蓝根,具有散风解表、清热解毒的作用;并且要给宝宝食用营养丰富、容易消化的软质食物,避免酸性食物;做好宝宝的隔离工作,最好让宝宝卧床休息,直到腮腺肿胀完全消失。

抽搐、痉挛和癫痫

抽搐是婴幼儿神经科常见的临床症状之一，抽搐是指全身或局部骨骼肌群异常的不自主收缩、抽动，经常会引起关节运动和强制。宝宝抽搐、痉挛都是婴幼儿时期所特有的癫痫，但痉挛可以涉及全身，是最严重的一种癫痫类型。

抽搐、痉挛和癫痫的症状

宝宝抽搐时会表现为眨眼、挑眉、皱鼻、伸舌、舔唇、点头、摇头、耸肩、弹指等动作交替进行。在躯干部肌肉的抽抽搐则表现为挺胸、扭腰、腹肌抽动；而上肢抽搐表现为搓手指、握拳、甩手、举臂、扭臂等；下肢抽搐表现为踢腿、抖腿、跺脚甚至走路异常。宝宝发生全身抽搐时会显得很吓人，宝宝会眼睛上翻，牙关紧闭，整个身体或身体的局部还会出现痉挛性的抽动，呼吸沉重，口吐白沫，有时还有大小便失禁的现象。

由发热引起的宝宝痉挛其症状较轻，可能只会出现翻眼、肢体僵硬，较严重的患儿会表现为尖叫、全身各部位抽搐或痉挛样运动，可伴有丧失意识的现象。

抽搐、痉挛和癫痫的原因

1. 抽搐、痉挛和癫痫都可以通过基因遗传使宝宝致病。

2. 宝宝突然受到惊吓、慢性焦虑等是造成宝宝抽搐的重要原因。

3. 严重的感冒和发热也会诱发宝宝抽搐。

4. 寒冷的刺激可以引起宝宝抽搐和痉挛。如宝宝晚上睡觉没盖好被子，小腿肌肉受寒冷刺激后，宝宝会出现小腿抽搐或痉挛，从而背疼醒。

5. 宝宝在剧烈运动后，全身处于紧张状态，腿部肌肉收缩过快，没有及时放松肌肉，造成局部代谢产物乳酸增多，从而引起小腿肌肉抽搐或痉挛。

6. 宝宝运动时间长、运动量大，出汗多，没有及时补充盐分，造成体内液体和电解质大量丢失，导致局部肌肉的血液循环不好，也容易发生痉挛。

7. 疲劳过度、缺钙、上运动神经元损伤等因素也会造成宝宝痉挛。

宝宝抽搐、痉挛和癫痫怎么办

发现宝宝抽搐或痉挛时，应及时将宝宝送往医院，在路途中，爸爸妈妈要采取一些紧急处理方法，以免发生意外。

1. 可以用纱布或小手帕裹在筷子或小调羹上，塞在宝宝的上下齿之间，以防宝宝在抽搐时咬破舌头。如果宝宝的牙齿咬得很紧，不要强行撬开，可用筷子从两侧嘴角往里插入。

2. 在宝宝发生抽搐时，要解开宝宝的衣领，放松裤带，让宝宝平躺，保持呼吸道通畅；并使宝宝的头部偏向一侧，以防呕吐物吸入呼吸道而造成窒息。

3. 用手指重压宝宝的人中，可以避免宝宝出现呼吸停止的现象，有时也可起到止疼的效果。

4. 当宝宝因高热而抽搐时，要给宝宝进行物理降温。

5. 如果宝宝出现手部痉挛，可以轻轻拉直宝宝的手指，摊开手掌，按压指尖，并按摩肌肉。

6. 如果宝宝的小腿发生痉挛，要让宝宝做弓步，即把痉挛腿向后撤，身体下压。

7. 如果宝宝的痉挛出现在大腿，要让宝宝坐在地板上，伸直大腿，然后摁压下膝部，拉直大腿肌肉。

8. 如果宝宝出现足部痉挛，要让宝宝躺下，伸直宝宝的膝盖和足趾，并用力朝胫骨压足部，再按摩挛缩的肌肉。

9. 在饮食上，要注意给宝宝补充钙和维生素 D，可以让宝宝多吃含钙、维生素 D 丰富的食物如虾皮、牛奶、豆制品等。

10. 注意给宝宝保暖，不能让宝宝的局部肌肉受寒。

心脏

高血压

高血压是一种以动脉压升高为特征，可伴有心脏、血管、脑和肾脏等器官，出现功能性或器质性改变的全身性疾病，它分为原发性高血压和继发性高血压两种。儿童高血压诊断的标准尚未统一，通常认为高于该年龄组血压百分位数值，或高于平均值，并经过多次证明，即可诊断为高血压。一般认为，新生儿超过 10.7/6.7kPa（千帕），婴幼儿超过 13.3/8.0kPa，学龄前儿童超过 16.0/10.5kPa，学龄儿童超过 17.3/12.0kPa，即可诊断为宝宝患了高血压。

高血压的症状

宝宝患了高血压，可能会出现头痛、头晕、眼花、恶心呕吐等症状。较小的宝宝因为不会表达，常表现出烦躁不安、哭闹、易怒，或夜间尖声哭叫等。患有高血压的宝宝还会出现体重减轻，发育停滞等现象。如果宝宝的血压过高，还会伴有头痛、头晕加剧、心慌气急、视力模糊、惊厥、失语、偏瘫等高血压现象。

继发性高血压患儿除有上述表现外，还伴有原发病的症状，如患有急性肾小球肾炎的宝宝，在血压升高的同时，经常会伴有发热、水肿、血尿、少尿、蛋白尿等并发症。患嗜铬细胞瘤的宝宝，除血压升高外，还伴有心悸、心跳加速、多汗等症状。

患有轻度高血压的宝宝经常没有明显的症状，但当血压明显升高时，即到了中度或重度高血压阶段，就会出现一系列症状，如头晕目眩、心力衰竭、脑卒中、尿毒症等，会危及宝宝的生命。

高血压的原因

1. 遗传因素是宝宝患高血压最直接的原因，因为大约半数高血压患者有家族史，便可以说明，高血压具有遗传性。

2. 宝宝患有肥胖症也可以导致高血压。

3. 不合理的饮食结构也是造成宝宝高血压的原因之一。比如吃太咸或过分油腻的食物。

4. 宝宝患有的原发性醛固酮增多症、皮质醇增多症以及嗜铬细胞瘤等肾上腺疾病，也会导致宝宝患高血压。

5. 宝宝患有小儿麻痹、颅内出血、肿瘤、脑炎等中枢神经系统疾病，可以导致宝宝患严重的高血压。

宝宝高血压怎么办

1. 定期给宝宝检查血压，做到早发现，早治疗一旦确诊宝宝患了高血压后，应立即展开治疗，同时给宝宝采取保健措施，预防并发症的发生。

2. 给宝宝做菜的时候，应少放盐，多给宝宝吃清淡的食物。

3. 对于肥胖的宝宝，要适当他们的控制饮食，在补充全面营养的前提下，少吃或不吃动物脂肪，多吃新鲜蔬菜水果，不吃重口味的食物。

4. 多带宝宝进行户外运动，有利于宝宝的身心健康。

5. 可以给宝宝饮用一些降压茶水，如决明茶、菊花山楂茶、芹菜红枣茶等，经常饮用有助于降低血压。

川崎病

川崎病又称皮肤黏膜淋巴结综合征，是一种以全身血管炎变为主要病理特点的急性发热性出疹性小儿疾病。多见于 6 ~ 18 个月的宝宝，其中以男宝宝居多。

川崎病的症状

1. 宝宝患了川崎病后，会出现突然发高热，体温在 38 ~ 39℃，但精神较好,食欲也只是稍微下降,这种发热现象可持续5天,之后会慢慢退热。

2. 宝宝的眼球结膜充血,这种症状会随着退热而消散,并且脖子上出现多个淋巴结肿大。

3. 宝宝身上出现圆形水肿状的红斑,中心有水疱,多见于躯干部,但无疱疹及结痂,1周左右消退。

4. 宝宝嘴巴发红、发干、有裂纹,舌头上长出红色的小疙瘩,口腔及咽部有弥散性充血。

5. 宝宝在川崎病急性发作时,会出现手脚硬性水肿、发红,在体温下降时,脚尖开始出现脱皮的现象。

川崎病的原因

对于引起川崎病的原因,医学上还没有定论。曾一度怀疑是由于链球菌所引起,但至今还没有从患儿的体内分离到链球菌,所以没有得到证实;也有医学专家说尘螨传播的立克次体和疱疱短棒菌苗是川崎病的原因,但也没有强有力的证据证明;目前为止,只能说遗传和感染可能是川崎病的病因。但是无论病因是什么,爸爸妈妈都要了解关于婴幼儿疾病的知识,并时刻关注宝宝的生长发育,一旦出现异常,要立刻采取措施,早发现早干预。

宝宝川崎病怎么办

1. 宝宝患了川崎病之后,在发热期间,尽量让宝宝卧床休息,以减少体能的消耗,降低机体的新陈代谢,从而促进身体的恢复。

2. 定时为宝宝测量体温,观察宝宝的伴随症状,并做好记录,在宝宝体温过高时,要适当运用物理方法给宝宝降温,如果物理方法没有效果,而宝宝的体温持续升高的话,要及时送宝宝去医院接受治疗。

3. 如果宝宝出汗较多,要勤为宝宝换下汗湿的异物,保持皮肤干燥,以免着凉。

4. 多给宝宝喝水,给宝宝吃清淡易消化的食物,避免吃油腻、口味过重的食物。

5. 如果宝宝有口腔咽部黏膜充血、口唇皲裂,可让宝宝用淡盐水漱口,每日清洗口腔2～3次,坚持1周即可看到明显的效果。

6. 还有的宝宝会出现口腔溃疡,可以给宝宝涂十六角蒙脱石粉(思密达)以保护黏膜;对于嘴唇干裂的宝宝,可以用甘油给宝宝涂抹;这两个动作均要求轻柔,避免弄疼宝宝或造成出血的现象。

心律失常

心律失常是指心律起源部位、心搏频率与节律以及冲动传导等任意一项出现异常。小儿心律失常主要由折返机制造成，属于儿科的急症之一，如果不及时治疗容易导致宝宝心力衰竭，严重时甚至会死亡。

心律失常的症状

1. 宝宝心律失常可表现为头晕、脑子不清醒、全身乏力、嗜睡等症，有时会伴有说胡话的现象。

2. 因宝宝的个人情况，有的宝宝会出现心率增快，有的宝宝会出现心率过缓。

3. 宝宝心律失常时，心房和心室收缩程序改变，使心脏的排血量下降30%左右，会引起宝宝心虚、胸闷等症状。

4. 有的宝宝会表现出心悸、脸色苍白等症状，并经常伴有呕吐现象。

5. 情况严重的宝宝还会出现心力衰竭，甚至休克，威胁到宝宝的生命。

心律失常的原因

1. 在宝宝心律失常的原因中，先天性因素占了一定的比例，如三尖瓣（类似于一个单向阀门，使血液从右心房流向左心房）下移易并发的房性期前收缩、阵发性室性心动过速、心房扑动等，都会造成宝宝心律失常。

2. 剧烈的运动、情绪的激动、体位的变化，以及中暑、受冻等物理因素，都会造成宝宝心律失常。

3. 各种功能性或器质性心血管疾病，如高血压、冠心病、心脏病等，都是引起宝宝心血管疾病的原因。

4. 内分泌疾病，如甲状腺功能亢进症或减退症、垂体功能减退症、嗜铬细胞瘤等，也能造成宝宝心律失常。

5. 代谢异常，如发热、低血糖、恶病质等，也是造成宝宝心律失常的原因之一。

6. 部分药物也能影响宝宝的心律，如洋地黄类、抗心律失常药物、扩张血管药物、抗精神病药物等。

7. 宝宝在中毒的情况下，心律会出现明显的失常，如重金属（铅、汞）中毒、食物中毒、药物中毒等。

宝宝心律失常怎么办

1. 发现宝宝心律失常后，应立即将宝宝送往医院接受治疗，并在医生的指导下用药。

2. 平时要养成宝宝按时作息的习惯，保证充足的睡眠，保持宝宝平缓的情绪，避免宝宝发怒或异常激动。

2. 给宝宝洗澡时，洗澡水不要太热，洗澡时间也不宜过长，避免宝宝着凉，预防感冒。

3. 让宝宝养成按时排便习惯，保持大便通畅，避免宝宝便秘，因为便秘的宝宝在用力排便时，会对心脏造成很大的压力。

4. 经常带宝宝参加适合宝宝的年龄和体力的运动，有助于身体健康，但不要让宝宝做剧烈的运动，竞赛性活动也应该避免，否则会超过宝宝的心脏负荷能力，造成心律失常。

心脏杂音

心脏杂音其实就是血液流过心脏时产生的异样的声音，具体是指在心音与额外心音之外，在心脏收缩或舒张时血液在心脏或血管内产生端流所致的室壁、瓣膜或血管振动所产生的异常声音。

心脏杂音的症状

心脏杂音可能累及心脏，宝宝就可能出现脸色发青或者脸色苍白、呼吸困难、用口呼吸、口干舌燥等现象，进而出现体重下降，发育迟缓等问题。

如果宝宝的心脏杂音是由风湿热等因素引起的感染，就会出现一些感染的症状，如发热、感冒、脉搏偏快和血流总量增多等症状。

心脏杂音的原因

1. 在宝宝出现心脏杂音的原因当中，先天性因素占了比较大的比例，由先天性心脏病所引起的杂音，一般在宝宝出生时或者出生后几个月检查出来。这种杂音通常不是由炎症引起的，而是因为心脏的结构先天发育异常引起的，患有先天性心脏杂音的宝宝需要送往医院进行仔细的检查。

2. 患有先天性心脏病或者后天性心脏病的宝宝，也很容易出现心脏杂音。

3. 童年时期出现的后天性心脏杂音大部分是由风湿热引起的，如风湿性三尖瓣炎、风湿性三尖瓣关闭不全等，它会使宝宝的心脏瓣膜感染并发炎，引发心音异常。

宝宝心脏杂音怎么办

1. 宝宝出现心脏杂音，一般不用治疗，也不用禁制宝宝做运动，爸爸妈妈不要把宝宝看成身体有残疾的孩子，只需要让宝宝注意不要做剧烈的运动就好。

2.给宝宝制定合理的饮食结构，鼓励宝宝多喝水，多吃新鲜的水果蔬菜，多补充维生素和矿物质。

3.对于患有先天性心脏杂音的宝宝，要注意避免各种感染，尤其是流感，所以每年都应带宝宝去医院接种疫苗。

4.让宝宝养成良好的作息习惯，做到早睡早起，保持良好的精神风貌以及平和的心情，避免宝宝动怒。

肌肉骨骼疾病

跛行

跛行不是病名，是四肢机能障碍的综合征。许多婴幼儿外科病，特别是四肢疾病都可能导致宝宝跛行，一般情况下如果伤势不严重，是可以自愈的。但有时跛行也可能潜伏着其他疾病，因此，需要爸爸妈妈格外留心，必要时要将宝宝送往医院检查，有问题时要及时地治疗，以免造成永久性的残疾。

跛行的症状

因病毒性关节感染而造成跛行的宝宝，会出现发热、关节肿胀和发红的现象。如果感染的部位在髋关节，宝宝会将腿保持在屈腿的位置，挪动方向时会产生剧烈的疼痛感，所以不愿意向任何方向移动髋部和腿，这时爸爸妈妈应立即带宝宝去医院看医生。

跛行的原因

1.疼痛是引起宝宝跛行的最常见原因，如宝宝鞋中进入石子，宝宝的脚踝扭伤，或肌肉韧带拉伤等，都能使宝宝因为疼痛而跛行。

2.双腿不齐引起宝宝跛行的原因，但是这种情况极其罕见，有的宝宝一出生时就存在髋关节脱位，但是爸爸妈妈没有发现，直到学走路时才发行，这时已经难以矫正了。

3.脊柱弯曲也是会造成宝宝跛行，因为脊柱弯曲会使宝宝站不直，身子偏向某一侧，或者出现一条腿长，一条腿短等现象，就会发生明显的跛行。

宝宝跛行怎么办

1.对于突发的跛行，爸爸妈妈在发现宝宝跛行之后，要仔细询问宝宝是否有摔伤或扭伤。如果是摔伤或者扭伤，就要给宝宝处理受伤部位。

2. 如果是如果宝宝的跛行是由于脚底起泡引起，可做简单处理，并让宝宝穿着舒适、宽松的鞋子，避免养成跛行的习惯。

3. 如果宝宝在早起学步时出现跛行，爸爸妈妈要应尽快带宝宝去医院检查，看是否是因为双脚不齐或关节发育缺陷等问题引起的，并对症治疗。

4. 对于跛行的宝宝，爸爸妈妈要有耐心，要在宝宝走路时提醒他们要注意走路的姿势，并通过反复纠正治疗宝宝跛行的现象。

扁平足

扁平足俗称平足，习惯上是指足部正常的内侧纵弓的丧失。宝宝从出生到 4～5 岁，较容易出现扁平足，随着年龄的增长，到 6 岁左右会发育形成明显的足弓。如果宝宝在 8 岁时仍未出现明显的足弓，那可能形成扁平足了。

扁平足的症状

宝宝在扁平足的初发期，足弓外观无异常，但行走路程过长后会感觉到足部疲劳和疼痛，小腿外侧踝部有时会感觉到疼痛，足底中心和脚背会有肿胀，局部皮肤发红，足部活动内翻轻度受限。宝宝站立时，会出现足扁平、外翻的症状。经过休息后，部分症状、体征可逐渐消失。严重的宝宝，会出现足部僵硬，活动明显受限，即使经过较长时间休息，症状也很难改善。还有的宝宝因不及时治疗而诱发腰背痛及髋、膝关节疼痛。

扁平足的原因

1. 遗传因素在扁平足的发病中起重要作用，宝宝扁平足一般为基因遗传。

2. 宝宝的舟状骨、副舟骨、距骨以及跟骨等足部骨骼出现异常，容易使宝宝出现扁平足。

3. 宝宝的胫前肌、腓骨肌等足部肌肉出现异常，也会使宝宝患扁平足。

4. 宝宝的足内、外侧肌比较软柔，负重时足部肌肉、韧带受力不平衡，也是造成宝宝扁平足的原因。

5. 宝宝的骨和关节非常容易变形，在站立时导致足弓扁平，也可能是因为足内线有一个脂肪垫而隐藏了足弓。

宝宝扁平足怎么办

1. 要多带宝宝参加户外运动，适量的运动有利于宝宝足部外侧肌肉和韧带的锻炼，以改善足部肌肉和韧带的力量，促进足弓的发育。

2. 给宝宝买鞋子时，要尽量选择舒适、轻便的鞋子，尽量不要穿带跟的鞋，会增加足弓压力，加重平足。

3. 可使用矫形鞋或足弓垫来矫正，通过长时间坚持矫正宝宝的扁平足。

4. 在每天晚上睡觉前用温热水给宝宝泡脚，热水浸足也比较有益，可以促进足部血液循环，温水泡脚一般 40 ~ 50℃为佳，不宜太热，以免烫伤。

5. 宝宝的鞋袜要常换洗和晾晒，保证鞋子的干燥、暖和，并且在选购袜子时，一定要选择柔软、透气性好的棉袜或羊毛袜。

足内翻

足内翻是一种发育性畸形，在宝宝出生时就能发现，大多由于胫骨后肌痉挛引起的踝关节畸形。婴幼儿足内翻是指 6 个月以下的宝宝不能正常并拢两脚，并且足底向内翻转，并且婴幼儿足内翻多为先天性足内翻。

足内翻可以发生在单足或双足，在发育过程中，由于足的肌腱和韧带发育出现故障，未能与足部其他的肌腱韧带的发育保持同步，其后果是这些肌腱和韧带将足的后内侧牵拉向下，导致足向下向内扭转，足部的各块骨头因此处于异常的位置上，足部内翻、僵硬，并且不能回到正常的位置。

足内翻的症状

1. 患足内翻的宝宝会表现为单足或双足出现不同程度的畸形，内翻、内收，不能正常并拢双脚。

2. 患足内翻的宝宝在学走路时，会用前足或足外侧缘着地面行走，随着年龄渐大，畸形逐渐加重。

3. 病情比较严重的宝宝会出现用足背行走的现象，并且负重处出现滑囊和胼胝。

4. 通过拍摄 X 线片，可以清晰地看到距骨、跟骨、骰骨的骨化中心，有时可见到第三楔骨，所有的跖骨和趾骨均已出现，而跗舟状骨要到 3 岁才出现骨化中心。

足内翻的原因

足内翻的原因多是由于足骨先天异常，或在胎内的位置异常所致。内翻足有 10% 由遗传引起，且有时伴有其他畸形。患内翻足的宝宝中也有发现髋关节脱位的，因此，这方面的检查也很重要。

宝宝足内翻也可能由于足的肌腱和韧带发育出现故障，未能与足部其他的肌腱韧带的发育保持同步，造成这些肌腱和韧带将足部的后内侧牵拉向下，导致足部向下，并且向内扭转，足部的各块骨头因此处于异常的位置上，直接足部内翻、僵硬，并且不能回到正常的位置。

宝宝足内翻怎么办

1. 如果发现宝宝的足部有异常，要马上带宝宝到专门的足部整形外科做检查，并尽快开始治疗。

2. 对于症状较轻的宝宝，可以经常有意识地用手将宝宝内翻的脚翻转至正常位置，长期坚持会起到矫正的作用。

3. 如果宝宝需要通过手术来矫正，要做好宝宝住院的准备。

4. 对于接受治疗了的宝宝，然已经治愈，但以后可能会复发，所以爸爸妈妈要通过按摩或晚上背包包穿矫正鞋，来保持宝宝治愈后的效果，避免反弹。

肘部损伤

肘部损伤是 4 岁以下的宝宝最常见的肢体损伤。

肘部损伤的症状

1. 出现肘部损伤的宝宝，会因为疼痛而表现出手臂环抱身体、肘部轻度弯曲、手掌朝向身体，并出现呻吟、哭闹不安等现象。

2. 宝宝出现肘部损伤后，尝试拉直他的手臂或者使他手掌朝上时，宝宝会因疼痛本能地抵抗。

3. 严重的肘部损伤一般还会出现关节脱臼，肿胀严重，并有明显的畸形现象。

肘部损伤的原因

在宝宝肘部附近的软组织滑进肘关节并陷入里面时发病。宝宝的肘关节非常松弛，在被用力拉时容易分开，大人握紧宝宝的手或腕将其提起、突然猛拉或晃动时，或者在宝宝伸开手臂时跌倒都极有可能导致宝宝肘部损伤。

宝宝肘部损伤怎么办

1. 在发现宝宝出现肘部损伤之后，不要试图自己治疗这种损伤，要及时送完医院，避免留下后遗症。

2. 在送宝宝去医院的过程中，要保持宝宝的姿势自然，切勿压迫或移动，不要轻易摇动宝宝受伤的肘部。

3. 如果宝宝觉得害怕，要抚慰宝宝的情绪，避免宝宝因为疼痛和焦躁而挪动手肘。

4. 给宝宝洗澡和脱衣服时要格外小心，以免弄疼宝宝受伤的手肘。

5. 给宝宝穿宽松舒适的衣服，便于宝宝活动，脱衣服时也容易。

膝内翻和膝外翻

膝内翻和膝外翻，在临床相当多见，其中以小儿膝内翻和膝外翻最为多见。膝内翻也称为 O 形腿，是指双侧下肢伸直位双侧踝关节并拢，双侧膝关节内侧并不拢；膝外翻一般也称为 X 型腿，指两足并立时，两侧膝关节碰在一起，并且两足内踝无法靠拢。

膝内翻和膝外翻的症状

膝内翻的症状：宝宝患了膝内翻表现为膝盖向内侧翻，站立或走路时双足足尖朝内，呈外八字。并且因为膝盖向内侧翻，宝宝在行走时常常伴有膝盖碰撞和摩擦的现象。

膝外翻的症状：宝宝患了膝外翻表现为膝盖向外侧翻，两股骨内髁间的距离较大，站立或走路时呈 O 形腿，宝宝在走路时经常伴有重心外移。

无论是膝内翻还是膝外翻，因为走路的姿势畸形，宝宝都会出现小腿肌肉疼痛或者肌肉痉挛的现象。

膝内翻和膝外翻的原因

1. 遗传因素是造成宝宝膝内翻和膝外翻的常见因素。

2. 宝宝长期缺钙也会造成膝内翻和膝外翻。

3. 但引起宝宝膝内翻和膝外翻更直接的原因，还是在于宝宝习惯性的走姿、站姿、坐姿及一些运动。

4. 外侧副韧带松弛也会造成膝内翻，因为在外侧副韧带松弛的情况下，内侧副韧带偏大的力量就会牵拉小腿胫骨向内侧旋转，形成膝内翻。

5. 软骨营养障碍、小儿佝偻病、外伤、骨折等，也会造成宝宝膝外翻。

宝宝膝内翻和膝外翻怎么办

1. 如果宝宝属于生理性膝内翻和膝外翻，无须过多为宝宝担心，随着宝宝的生长发育，症状会自行消失。

2. 多留意宝宝的走姿、站姿、坐姿，在宝宝出现膝内翻或膝外翻的时候，及时纠正。

3. 对于由疾病引起的膝内翻和膝外翻，爸爸妈妈要积极配合医生治疗。

4. 对于膝外翻的宝宝，爸爸妈妈可以通过正 O 仪器、夹板、绑腿、锻炼、矫正鞋垫等方式矫正。

5. 对于膝内翻的宝宝，爸爸妈妈可以通过锻炼宝宝腿部内侧肌肉的方法矫正。具体操作为：让宝宝双脚分开与肩同宽，双足稍内扣，膝关节内扣做下蹲和起立的动作，20 次一组，每天做 2 ~ 4 组，长期坚持可有矫正的效果。

6. 宝宝膝内翻也可以通过矫正股骨方向来矫正，具体操作为：让宝宝平躺，双足曲起，小腿与大腿呈 45°，臀部抬起，使上身与大腿成一平面，长期坚持也可以起到很好的矫正效果。

皮肤

疣

疣是由病毒引起的一种皮肤表面赘生物，俗称"瘊子"，是一种常见的幼儿疾病。疣的潜伏期为 1 ~ 3 个月，有很强的传染性，受伤的皮肤容易感染。

疣的症状

由于疣的种类不同，临床表现各异：

扁平疣：呈米粒及芝麻大扁平隆起的损害，表面光滑，色浅褐或正常皮肤色。

传染性软疣：发病初期为米粒大小，呈半球形丘疹，中心有小白点，并随着病情的发展逐渐增至如绿豆大，比较硬，中心凹陷似肚脐窝，呈灰白、乳白、微红或正常皮肤色，表面光滑，可挤出白色乳酪样物。

寻常疣：初起为米粒大小，微黄色角化性丘疹，中央可见一点针头大的小红点，逐渐增至绿豆大小，圆形或多角形乳头状隆起，境界明显，质硬，表面粗糙呈刺状，灰白或污褐色。

疣长在脚底称为鸡眼，是一种比较硬的凸起，穿鞋走路时会因摩擦而出现疼痛的感觉。

疣的原因

疣具有一定的传染性，主要是由痘中传染性软疣病毒引起，一旦形成免疫，就可以自然痊愈。此外，宝宝肝火旺盛、肌肤干燥也是长疣的原因。疣好发于躯干、四肢、肩胛、阴囊等处，一般 6 ~ 9 个月可消退，但也有持续几年不退的情况。如果宝宝的疣发在眼睑上，常可引起慢性结膜炎或角膜炎。

宝宝疣怎么办

1. 发现宝宝长疣之后，可以带宝宝去医院治疗，否则影响美观。医生多采取挤压或刮出法。即在消毒患处后，用消过毒的镊子夹住疣的底部，然后用力一提，把整个疣体取下来。这个过程宝宝会很疼，爸爸妈妈要协助医生，尽量使宝宝配合治疗。

2. 对于出现感染的宝宝，要用外用雷硼锌软膏或红霉素软膏给宝宝消炎。

3. 注意宝宝的皮肤清洁，宝宝要用自己专门的毛巾，避免交叉感染。

4. 可以在宝宝患病期间，给他们戴上手套，禁止宝宝用手去抓，避免感染到其他部位，出现新的疣。

5. 在饮食上，应该尽量选择清淡、易消化、营养全面的食物。

水痘

水痘是由水痘带状疱疹病毒初次感染引起的急性传染病。传染率很高，主要发生在婴幼儿，以发热及成批出现周身性红色斑丘疹、疱疹、痂疹为特征。水痘在患病痊愈后，可以获得终身的免疫。

水痘的症状

水痘起病较急，常常带有发热、头痛、全身倦怠等前驱症状。宝宝在发病 24 小时内即可出现皮疹，并随着病情的发展变为豌豆大的圆形水疱，周围有明显的红晕，水疱的中央呈肚脐窝状，并奇痒难耐。宝宝刚开始发病时，红疹出现在面部和头部，并迅速扩展至躯干、四肢。大概在 2 ~ 3 天后水疱会干涸结痂，脱落而痊愈，不留疤痕。

患病期间宝宝集中表现为烦躁不安、精神疲乏、嗜睡等症状。宝宝患了水痘后会引起很多并发症，主要包括：皮肤疱疹继发感染，脓疱疹、蜂窝织炎、败血症、脑炎等。

水痘的原因

水痘患者是宝宝感染水痘唯一的传染源，春冬是水痘的多发季节。宝宝在接触水痘患者，或者感染了经空气飞沫传播的病毒之后，即可感染水痘。加上宝宝的免疫力低下，发病率可达 95% 以上。

宝宝水痘怎么办

宝宝患了水痘之后，应尽早隔离，直到全部皮疹结痂为止，以免传染给其他宝宝。水痘没有特效的治疗，主要是对症处理及预防皮肤继发感染，保持清洁避免发痒并防止继发感染。局部治疗以止痒和防止感染为主，爸爸妈妈可以给宝宝擦甲紫液止痒。对于继发感染的宝宝可外用抗生素软膏，当宝宝的继发感染全身症状严重时，可以在医生的指导下用适量抗生素。

如果宝宝的口腔出现疹子，会因疼痛导致进食困难，这时要给宝宝吃一些易于消化、顺口爽滑及营养丰富的食物，以流质、半流质的食物为主，忌油腻、刺激性食物以及发物，叮嘱宝宝要多喝水。

宝宝在有水疱或者发热的时候，不宜给宝宝洗澡，但是要勤换衣物，并放在太阳底下暴晒，杀菌，避免水疱破裂后的渗出液沾染衣服，造成健康的皮肤也受感染。

湿疹

湿疹是幼儿时期常见的一种过敏性皮肤病，大多发生在宝宝的面颊、额部、眉间和头部，严重时可绵延到躯干、四肢。是由多种内外因素引起的表皮及真皮浅层的炎症性皮肤病。

湿疹的症状

宝宝患病初期，他们的双颊、头皮、额部、眉间、颈部、颌下或耳后会出现红斑，也可扩展到其他部位。随着病情的发展，红斑会变成小点状丘疹、疱疹，有的很痒，有的不是很痒，疱疹破损，渗出液流出，干后形成痂皮。

湿疹发作时，宝宝会烦躁不安，手脚不断乱动，有的宝宝会倚在抱着他的人身上摩擦止痒。因此，小水疱经常被擦破，形成大片潮红、湿润的糜烂。渗液很多的时候，可湿透宝宝的衣物，干燥后结成痂皮脱落后，有的宝宝会痊愈，有的宝宝也可继发成化脓性感染，或引起附近淋巴结肿大。

湿疹的原因

1.诱发宝宝患湿疹的原因很多，主要有对母乳里蛋白质或对牛羊奶、牛羊肉、鱼、虾、蛋等食物过敏。

2.过量喂养而导致宝宝消化不良也能引发湿疹。

3.宝宝吃糖过多，造成肠内异常发酵也是湿疹的诱因。

4.肠寄生虫、强光照射、遗传等都是宝宝患湿疹的原因。

5.如果宝宝总是在同一个季节患湿疹，可能是因为季节性的过敏源过敏，比如花粉过敏。

宝宝湿疹怎么办

1.尽量避免那些容易使宝宝过敏的刺激性食物，要给宝宝多吃含有丰富的维生素、无机盐和水的食物。

2.避免喂食过量，防止宝宝消化不良。

3.每天都要给宝宝洗澡，保持宝宝皮肤的清洁，避免感染。

4.为了防止宝宝抓患区皮肤，在夜晚睡觉时，可给宝宝戴上干净的手套。

5.在宝宝患病期间，要给宝宝穿着宽松舒适、透气性好、吸湿性好的棉质衣服。

6. 如果宝宝是因为季节性过敏源而患湿疹，用肥皂帮宝宝清洁患处后，再用大量清水冲洗，并仔细找出过敏源，避免宝宝下次再感染。

风疹

风疹是婴幼儿常见的一种呼吸道传染病。由于风疹的疹子来得快，去得也快，像一阵风一样，因此得名"风疹"。风疹病毒在体外生存能力很弱，传染性强。一般通过咳嗽、谈话或喷嚏等传播。多见于 1 ~ 5 岁儿童，6 个月以内婴儿因有来自母体的抗体获得抵抗力，很少发病。得一次风疹，可终身免疫，很少再患。

风疹的症状和原因

风疹从接触感染到症状出现，要经过 14 ~ 21 天。在开始的 1 ~ 2 天症状很轻，宝宝会出现低热或中度发热，轻微咳嗽、乏力、胃口不好、咽痛和眼发红等轻度上呼吸道症状。在发热 1 ~ 2 天后会出现皮疹，先从面部、颈部开始，在 24 小时内蔓延至全身。出疹后第二天开始，面部及四肢皮疹可变成针尖样红点，类似于猩红热一样的皮疹。一般在 3 天内迅速消退，留下较浅色素沉淀。宝宝在出疹期体温不再升高，但宝宝没有感觉到不适，照常饮食嬉戏。风疹与麻疹不同，风疹全身症状较轻，不会像麻疹那样出现黏膜斑。

宝宝风疹怎么办

如果宝宝得了风疹，应及时将宝宝隔离治疗，并让宝宝卧床休息 1 周。爸爸妈妈应给宝宝补充维生素及富有营养、易消化食物，如菜末、肉末、大米粥等。

注意宝宝的皮肤清洁卫生，防止细菌继发感染。风疹并发症常见的有脑炎、心肌炎、关节炎、出血以及肝、肾功能异常等，一旦发生，爸爸妈妈应该及时带宝宝去医院检查治疗。

患风疹的宝宝需要加强护理，对于空气的要求比较高。要保持室内空气新鲜、流通，在空气比较干燥时，要用加湿器加湿空气，给宝宝营造一个较好的康复环境。

过敏

过敏是现代小儿医学中的一大课题，所谓过敏，是指免疫系统对于外来物质的过分反应。宝宝的皮肤细腻，免疫力不是很强，所以经常可以看到宝宝的脸部、手部、脚部等处发生湿疹，这是婴幼儿皮肤炎症，大部分是由过敏引起的。

过敏的症状

如果发现宝宝出现以下症状，证明宝宝有过敏的可能性。

1.宝宝的皮肤局部发生红肿发痒等异常。先天过敏体质的宝宝容易得异位性皮肤炎。异位性皮肤炎是一种发生于皮肤的慢性、发痒性疾病，患有异位性皮肤炎的患儿，也常带有其他的过敏性疾病，如过敏性鼻炎、气喘、荨麻疹等。

2.宝宝咳嗽、呼吸异常。过敏的宝宝会出现咳嗽、呼吸急促困难、呼气吸气时带有哮鸣声等症状。

3.季节性过敏的宝宝，会经常性地流鼻水、鼻塞、揉鼻子、揉眼睛。过敏体质的宝宝到了天气变化较大的季节，尤其是春秋两季，常出现打喷嚏、流鼻涕、鼻塞、鼻子痒、揉鼻子等症状，而且病状呈季节性复发。

4.宝宝食物过敏或者药物过敏后，会出现皮肤剧痒、出疹子，甚至腹痛、腹泻等症状，严重的还会出现口吐白沫，脸色酱紫等中毒现象。

过敏的原因

诱发过敏病的因素有直接因素和间接因素两种，直接因素包括过敏源、呼吸道病毒感染，化学刺激物如香烟尼古丁、汽车尾气、臭氧等，这些因素可直接诱发过敏症状。间接因素则包括运动、天气剧变、室内外温差大于7℃、喝冰水、情绪不稳定等，这些因素都会造成过敏现象。容易在幼儿呼吸的过程中造成过敏的过敏源有室内灰尘、尘螨、羽毛、皮屑、真菌、蟑螂、花粉等；容易引起过敏的食物有：牛奶、禽蛋、花生、坚果、黄豆及豆制品、麦类、螃蟹、虾、鳕鱼、蚌壳等；此外，某些药物也能造成宝宝药物过敏，而且对于过敏的药物因宝宝而异。

宝宝过敏怎么办

1.如果宝宝出现食物过敏或者药物过敏，应该立即将宝宝送往医院治疗。

2.如果宝宝是因为洗涤用品或者宝宝霜之类的外用物品而过敏，要用大量清水将这些物质清洗干净，并用干净的毛巾擦干。

3.对于过敏体质的宝宝，要尽量避免给宝宝食用牛奶、鸡蛋、花生、海鲜等食物，在添加新的辅食时，应该以量少质稀为原则，在确定宝宝不会对某种食物过敏之后，在作为食物给宝宝食用。

4.知道宝宝对某种过敏源过敏之后，应该使宝宝远离过敏源，避免再次过敏。

5.对于粉尘过敏、花粉过敏的宝宝，要注意定期清洁房间，保持空气新鲜、湿润，还应该注意不要在室内养花，避免宝宝过敏。

6. 鼓励宝宝多运动，提高机体免疫力。

7. 过敏期间宝宝的饮食一定要清淡，营养丰富，并叮嘱宝宝多喝水。

脱发

宝宝在生后数周内，会出现胎毛脱落的现象，经过几个月后会自然恢复，属于正常生理现象。如果宝宝在 1 岁以后，还出现大量持续的脱发现象，那可能由某些疾病所导致的。

脱发的症状

1. 宝宝出生时头发颇多，但几个月之后，后脑勺位置的头发逐渐磨掉、脱落，如果宝宝没有异常的行为表现，如哭闹不安、食欲减退等，一般认为是胎毛脱落，属于正常的生理现象。

2. 如果宝宝是佝偻病所引起的脱发，那么宝宝在持续脱发的同时，还会伴有多汗、烦躁、哭闹等症状。

3. 有的宝宝一出生就没有头发，有时会伴随着指甲和牙齿的发育异常。

脱发的原因

1. 胎毛脱落是宝宝脱发的原因之一，但是是正常的生理现象。

2. 宝宝因为身体内缺乏钙和维生素 D 引起佝偻病，从而造成脱发现象。

3. 由于枕部受汗液刺激，宝宝经常在睡觉时转动头部，使头部与枕头摩擦，结果造成枕部头发稀疏、脱落，形成典型的枕部环状脱发，医学上称之为"枕秃"。

4. 宝宝的头部清洁不彻底，造成皮痂，使发根不能透气，也会造成宝宝脱发。

宝宝脱发怎么办

1. 宝宝出现病理性脱发现象，爸爸妈妈要带宝宝去医院检查，如果是佝偻病所致，要及时给宝宝补充钙质和维生素 D。

2. 勤为宝宝洗头发，并选用宝宝专用洗发露，动作要轻柔，不要用力揉搓头发，保持头发清洁卫生，能促进头发生长，缓解脱发的症状。

3. 多给宝宝梳理头发，按摩宝宝的头部穴位，并按宝宝头发自然生长的方向梳理，可防止脱发的现象，但是动作一定要轻柔，以免使宝宝的头皮受伤。

4. 适当接受阳光照射对宝宝头发的生长也非常有益，因为紫外线可促进头皮的血液循环，改善头发质量。

5. 为宝宝提供全面的营养，要保证肉类、鱼、蛋、水果和各种蔬菜的摄入和搭配，含碘丰富的紫菜、海带也要经常给宝宝食用。

麻疹

麻疹是婴幼儿最常见的急性呼吸道传染病之一，主要致病菌是麻疹病毒。其传染性很强，在人口密集而未普种疫苗的地区极易发生流行，2～3年发生一次大流行，1～5岁的宝宝发病率最高。

麻疹的症状

宝宝患了麻疹之后，集中表现为发热、上呼吸道炎症、眼结膜炎等；有的宝宝在皮肤上会出现红色斑丘疹，黏膜上会有麻疹黏膜斑，丘疹消退后会留下色素沉淀，并伴有糠麸样脱屑。分阶段具体表现为：

1. 前驱期：宝宝从发病至出疹前一般需要3～5天，并伴有发热、咳嗽等上呼吸炎、黏膜炎、病毒血症、口腔黏膜白斑等。

2. 出疹期：宝宝发病3～4日之后，皮疹从耳后、发际蔓延到耳前、面颊、前额、躯干及四肢等部位，最后达手心、足心，大约3天后遍及全身。皮疹初为淡红色斑丘疹，稀疏分明。后来症状加重，丘疹界限分明，体温高，全身淋巴结肿大，肺部可有罗音。此时，宝宝出现嗜睡或烦躁不安的现象。

3. 恢复期：宝宝出疹3～5天后，发热开始减退，全身症状减轻，皮疹按出疹的先后顺序消退，留下褐色色素斑，并可在1～2周消失。

麻疹的原因

宝宝患麻疹是因为感染了麻疹病毒，而麻疹患者是唯一的传染源，患儿从接触麻疹后7天至出疹后5天均有传染性，病毒存在于眼结膜、鼻、口、咽喉和气管等分泌物中，通过喷嚏、咳嗽、说话等空气飞沫传播。此时，如果宝宝接触麻疹患者，或者触摸了被麻疹病毒所污染的物品之后，都有可能患上麻疹。

宝宝麻疹怎么办

宝宝患麻疹后，恢复护理是非常重要的。

1. 宝宝在发病初期会出现发热的现象，可以在医生的指导下适当地给服用一些退热药，并让宝宝卧床休息。

2. 给宝宝洗澡时，水温要适宜，以37～37.5℃为宜，室温要保持在23～27℃。

3. 如果宝宝感到眼睛疼痛，并且有黏稠的分泌物，可以用温开水兑的淡盐水给宝宝清洗眼睛。

4. 在宝宝患麻疹期间，饮食一定要清淡，多给宝宝吃一些易消化、营养全面的食物。患麻疹的宝宝对维生素 A 的需求量特别大，需要大量补充维生素 A，所以要给宝宝吃富含维生素的食物。

疥疮

疥疮是由疥螨虫寄生于人体皮肤表层内引起的慢性传染性皮肤病。如果不注意预防，有可能在婴幼儿中流行。

因此患儿需要到医院皮肤科就诊，按照医生医嘱坚持用药，治疗满整个疗程。所用衣物、被褥等用开水烫洗，进行消毒杀虫。同时患儿洗热水澡，再用灭疥药涂擦全身，疗程完毕后再洗澡，冲洗干净，换上消毒过的衣物，并将换下来的衣物、被褥等用开水烫洗或煮沸消毒。患儿家人需要注意消毒隔离。如果家中有其他人患病，需要同时治疗。

疥疮的症状和原因

宝宝会出现皮肤剧烈发痒，晚上尤为明显。年龄较大的宝宝，这种皮疹表现为位于皮肤下方许多的充满液体的肿块，婴儿的肿块可能分散或孤立，一般位于手掌和足底。

疥疮可以发生于身体的任何部位，传染性很强，在一家人或集体宿舍中往往相互传染。疥虫离开人体能存活 2 ~ 3 天，因此，使用病人用过的衣服、被褥、鞋袜、帽子、枕巾也可间接传染。少数情况下，也可通过患疥疮的动物接触后感染。

宝宝疥疮怎么办

1. 宝宝患有疥疮后，应立即隔离，以彻底阻断传染源。

2. 宝宝穿过的衣服，用过的被褥等物品必须进行彻底清洗，或在阳光下暴晒，也可用熨斗烫而达到杀灭疥螨的目的。

3. 用肥皂水给宝宝洗澡，小心清洗患处。

4. 帮助宝宝修剪指甲，克服发痒，尽量减少宝宝抓挠患处，以免抓破。

荨麻疹

荨麻疹俗称风团，是由于皮肤黏膜血小管扩张及渗透性增加而引起的一种水肿反应。幼儿也会患荨麻疹，并且出疹的情况和成人相似。

荨麻疹的症状

宝宝患了荨麻疹之后，身上会异常刺痒，此时宝宝会用手不断地抓挠，并出现神情焦躁、哭闹不止的现象。当脱下宝宝的衣服时，会看见宝宝的胸、背、腹等处出现红色隆起疹块，过一段时间又就会消失，但是会反复发作，有时候宝宝还会伴有恶心的症状。

宝宝的皮肤会随着抓挠会迅速出现大小不等，形状不一，颜色为红色或白色的水肿性皮肤隆起。部分宝宝会出现发热、头疼、恶心、呕吐、腹痛、腹泻等症状，严重时还可伴有面色苍白、呼吸困难、血压下降等休克表现。

患荨麻疹的原因

引起宝宝患上荨麻疹的原因有很多，爸爸妈妈在日常生活中要留心观察宝宝患荨麻疹的原因，并使宝宝避开致病环境。

1. 食物及添加剂、药物以及易过敏的食物等都可能使宝宝患上荨麻疹。

2. 细菌感染和真菌感染也会造成宝宝患荨麻疹。

3. 动、植物及其吸入物，也是宝宝患上荨麻疹的因素之一。

4. 宝宝患荨麻疹具有一定的遗传性，但这种情况比较少。

宝宝荨麻疹怎么办

1. 如果宝宝是在服用某种药物后出现的荨麻疹，情况不是很严重的话，停止服用该种药物即可。要尽量让宝宝避开病原环境。回想宝宝在什么环境或者吃过什么食物后发病，以后要尽量减少再次接触的机会。

2. 如果怀疑宝宝是由食物引起的荨麻疹，可以多给宝宝瞌睡，稀释并冲出残留食物。

3. 宝宝出现皮肤发痒，可以给宝宝涂含有薄荷成分的药膏或抗过敏药膏可使症状减轻。

4. 将宝宝的指甲剪短，勤给宝宝洗手，为避免宝宝抓挠局部皮肤，可以给宝宝戴上手套。

5. 患荨麻疹期间，宝宝的饮食要清淡，以流质和半流质的食物为主，并叮嘱宝宝多喝水，注意休息，以免消耗体力。

脓疱病

脓疱病是一种传染性极强的细菌性皮肤感染疾病，可以出现在身体的任何部位，但常常攻击身体暴露部位。幼儿患病的部位多位于面部，特别是口鼻周围，有时也可会出现在手臂或腿部。

脓疱病的症状

宝宝在患病初期，皮肤上出现浅在的水疱，多位于鼻子和嘴巴周围。这些水疱随着病情的发展水疱迅速变成脓疱，周围有炎性红晕围绕，疱壁薄而易破，此时宝宝会出现奇痒难耐、烦躁不安的现象。脓性水疱抓破后会出现疱面糜烂，并有渗出物向四周蔓延。脓疱干涸后结成灰黄或蜜黄色厚痂，痂皮脱落后不留疤痕，遗留暂时的色素沉着，并且色素会逐渐消失。

脓疱病的原因

1. 宝宝患脓疱病可能是因为原存在的某些发痒性皮肤病，如湿疹、虫咬皮炎、外伤等，使宝宝的皮肤损伤，导致化脓球菌侵入而致病。

2. 宝宝的皮肤薄嫩、免疫功能发育不全，极易被链球菌或金黄色葡萄球菌感染致病。

3. 有皮肤破损的宝宝在不清洁的浴缸或浴盆内洗澡，很容易被细菌感染致病。

4. 天气炎热，宝宝在玩耍中爱出汗，但是爸爸妈妈没有来得及给宝宝清洁，使宝宝的皮肤撑起被汗液浸渍，也会造成宝宝患上脓疱病。

宝宝脓疱病怎么办

1. 在发现宝宝出现脓疱病的症状时，可以带宝宝去医院检查，医生会判断引起疾病的细菌，并选择合适的抗生素治疗。

2. 在宝宝确诊为脓疱病之后，要将宝宝隔离起来，避免传染给其他家庭成员或者其他的宝宝。

3. 不要让宝宝触摸受损部位，以免发生继发感染，并避免健康的皮肤受到感染。

4. 用肥皂水给宝宝仔细清洁受损部位，并用大量清水冲洗，避免肥皂的碱残留在宝宝的皮肤上。

5. 如果宝宝的损伤部位由脓性渗出液，要用清洁的手巾或者消毒棉花帮宝宝清理干净。

金钱癣

金钱癣又称为环癣，是一个个圆形的红印，是受真菌所感染的皮肤病。金钱癣在生长时，中心光滑，边界呈红色。

金钱癣的症状

如果宝宝的胸部或头皮侧面有一个圆形的鳞屑样斑块，形如金钱状，并且患病的区域没有毛发，则可能是患有鳞屑金钱癣。宝宝可能头皮有很多鳞屑、并伴有轻度发痒。

宝宝在患了金钱癣之后，会出现单个或多个红色针头大小的水疱，随着病情的发展，水疱会逐渐融合，呈边界清楚的斑片，表面有细薄鳞屑。

金钱癣的原因

引起金钱癣的病原菌主要是红色毛癣菌、石膏样毛癣菌和絮状表皮癣菌。宝宝患鳞屑金钱癣可能是接触了金钱癣患者，也可能由感染金钱癣的猫、狗等宠物传播。

宝宝金钱癣怎么办

1. 由于鳞屑金钱癣有传染的可能性，如果宝宝患有这种金钱癣，要注意适当隔离。

2. 不要让宝宝用手抓患病区域，避免扩散感染。

3. 给宝宝洗头发时，要彻底地清洁宝宝的头皮，污垢的残留极易感染红色毛癣菌。

4. 对于情况严重的宝宝，要将其送往医院检查，医生会根据宝宝的情况对症下药，一般会开咪康唑等，宝宝持续用药 1 周后，可见鳞屑逐渐消退。

5. 不要让宝宝接触患有金钱癣的宠物，并建议在有宝宝的家庭，尽量不要养宠物。

猩红热

猩红热是一种叫 A 组 β 型溶血性链球菌的细菌感染引起的急性呼吸道传染疾病，溶血性链球菌通过咳嗽和喷嚏传播。猩红热多见于小儿，尤其多见于 5 ~ 15 岁的孩子。

猩红热的症状

1. 宝宝患了猩红热之后会出现发热的现象，并且多为持续性发热，体温可达 39℃左右，有时会伴有头痛、全身不适等症状。

2. 有的宝宝还会表现为咽痛、吞咽痛，局部充血并伴有脓性渗出液，颌下及颈部淋巴结处呈非化脓性肿大。

3. 出现皮疹是猩红热最显著的症状。宝宝的皮肤上分布着弥漫充血性针尖大小的丘疹，用手摁压会出现褪色，会发痒，此时宝宝会刺痒难耐，并不停用手抓挠。

4. 宝宝有时伴随头痛、呕吐、腹泻等症状。

5. 有的宝宝的舌乳头突出，很像草莓，称为"草莓舌"。

患猩红热的原因

宝宝患猩红热是由 A 组 β 型溶血性链球菌引起的，并通过呼吸道、消化道、血液传播给宝宝。一年四季都有发生，以冬春之季发病较多。

宝宝猩红热怎么办

1. 发现宝宝有猩红热的症状时，及时将宝宝送往医院就诊，一般是10～14天内服用抗生素，大多首选青霉素，早期应用可缩短病程，减少并发症。

2. 经常用温水帮宝宝洗澡，保持宝宝的皮肤清洁，并擦拭适量的炉甘石洗剂帮助宝宝止痒。

3. 对于较大的宝宝，要用淡盐水给宝宝漱口，较小的宝宝爸爸妈妈可以用药棉蘸着盐水擦拭宝宝的口腔。

4. 注意保持室内空气流通，并定时清洁，减少灰尘、棉絮等漂浮物，以免病毒造成宝宝上呼吸道感染。

5. 宝宝患病期间，饮食以清淡、易消化为主，适合吃流质、半流质食物，如粥、面汤、蛋汤等，要多给宝宝喂水，有利于排出细菌毒素。

红斑感染

传染性红斑，又称"五号病"，是由病毒感染引起的一种皮肤病。因出疹时宝宝的脸颊呈淡红色，故又称苹果病，常在幼儿中集体发生。

红斑感染的症状

红斑感染的症状非常轻，宝宝在患病后不发热或偶有微热，最高只有37.5℃。皮疹首先出现在面颊部，而后依次向上肢、下肢、躯干及臀部蔓延，偶有微痒和烧灼感，此症状将会在4～14天后消失；出疹1～2天后，在躯干、臀部及四肢会出现对称性、边界清楚、花边状或网状的丘疹；4～5天以后，红斑从脸颊及躯干上按出疹的顺序消退，皮疹消退后不脱屑。

在整个患病的过程中，有的宝宝会出现咽痛、呕吐、眼结膜及咽部充血的症状。

红斑感染的原因

宝宝出现传染性红斑是由于病毒感染所致，其病原体为细小病毒B19，此病毒也被认为是慢性贫血的原发性病因。长期以来，传染性红斑大多被认为是一种病毒性传染病，但未能获得实验室方面的证据。直到1983年Andersorl等从33例传染性红斑患者的血清中检测出细小病毒B19的免疫球蛋白M及免疫球蛋白G抗体，因此认为B19此种病毒就是引起传染性红斑的病因。

宝宝红斑感染怎么办

1. 发现宝宝猩红热的症状之后，一定要及时带宝宝去医院检查，医生确诊后，会指导爸爸妈妈做好宝宝的日常护理。

2. 将宝宝隔离起来，尤其不要让孕妇接近感染了红斑的宝宝，否则孕妇在感染红斑后会出现流产的危险。

3. 如果宝宝情况不严重，但是出现发热的现象，可以给宝宝服用规定剂量的对乙酰氨基酚（扑热息痛）糖浆退热。保持宝宝皮肤清洁。

4. 给宝宝准备清淡、营养丰富的食物，并鼓励宝宝多喝水，以补充体液。

婴儿玫瑰疹

婴儿玫瑰疹又称幼儿急疹，是婴幼儿常见的急性发热出疹性疾病，其特点是宝宝在高热 3 ~ 5 天后，体温突然下降，同时在宝宝的皮肤上出现玫瑰红的斑丘疹。是小儿常见病毒感染性疾病之一。

玫瑰疹的症状

玫瑰疹多发生于 6 至 18 个月的宝宝，发病急，发病后宝宝的体温迅速升高，常在 39 ~ 40℃。高热早期重症的宝宝可能伴有惊厥，有的宝宝会出现轻微流涕、咳嗽、眼睑水肿、眼结膜炎等症状。

宝宝在发热期间，会有食欲减退、恶心呕吐、轻微腹泻或便秘等症状，并伴有咽部充血，颈部淋巴结肿大。宝宝在发热 3 ~ 5 天后体温会骤降，退热后宝宝全身会出现大小不等的淡红色斑疹，先从宝宝的胸腹部开始，很快蔓延至全身，这时宝宝一般已经退热。

玫瑰疹的原因

婴儿玫瑰疹的发病的原因还没有得到证实，大多认为是病毒由呼吸道侵入血液而引起机体对病毒的免疫反应。而皮疹则为病毒血症本身造成的局部表现，至于宝宝为什么会有热退出疹的现象，目前还没得到解答。

宝宝玫瑰疹怎么办

宝宝患了婴儿玫瑰疹之后，一般不用特殊治疗，只要加强护理和给予适当的对症治疗，几天后就会自己痊愈。宝宝患病期间，要让宝宝卧床休息，尽量少宝宝的户外活动，并注意将宝宝隔离，避免交叉感染。

在宝宝发热时，要给宝宝多喝水，以及时补充体液。宝宝的饮食以容易消化的食物为主，适当补充维生素 B 和维生素 C 等。如果的体温较高，宝宝会出现哭闹不止、烦躁不安等情况，可以用物理降温的方式给宝宝降温，或适当应用少量的退热药物，以免宝宝发生惊厥。对于情况严重的宝宝，要送往医院治疗。

胎记和血管瘤

血管瘤是小儿最常见的先天性血管畸形，发病率较低，而"胎记"正是血管瘤的一种。血管瘤可出现在宝宝的各个部位，以皮肤、皮下组织最为多见，有的明显覆盖于皮肤表面，有的则呈树状生长于皮肤表层之下，靠肉眼不易察觉。

胎记和血管瘤的症状

宝宝身体的某部位出现生长速度迅速的痣或斑，一般呈现紫红色，有时是黄褐色。这些痣或斑一般长在宝宝的脸部，如颌面、唇、舌、鼻尖、眼睑等特殊部位。这些痣或斑用手触摸有软软的感觉，局部温度较高，甚至有的包块具有搏动性。

如果发现宝宝身上出现蚊虫叮咬一样的红斑，按压红斑，如果红斑逐渐褪色，松手后又会复原则为血管瘤，若不褪色，则为胎记。少部分血管瘤为恶性血管瘤，会伴有溃烂、出血、感染等并发症。

胎记和血管瘤的原因

宝宝出现胎记和血管瘤的原因比较复杂，但是目前还没有统一而确定的说法。普遍认为造成宝宝出现胎记和血管瘤的原因是：宝宝在胎儿发育的过程中，特别是在早期血管性组织分化阶段，由于血管性组织控制的基因段出现小范围错乱而发展成血管瘤。

宝宝胎记和血管瘤怎么办

如果宝宝长的是胎记，一般不用治疗。但是，如果宝宝长的是血管瘤，要及时将宝宝送往医院检查。因为血管瘤具有生长快速的特点，特别是1岁以内的宝宝。尽管血管瘤本身没有损害，但它能破坏周围组织，甚至些血管瘤呈浸润性生长，不仅会影响宝宝的外观美观，还会导致功能障碍，甚至危及宝宝的生命。所以爸爸妈妈要格外留心宝宝身上长的痣和斑，避免恶性肿瘤的情况，做到早发现早治疗。

昆虫叮咬和蜇伤

宝宝被昆虫叮咬和蜇伤是很常见的现象，特别是在夏天，蚊虫等盛行，当宝宝穿着短衣短裤在树下乘凉、玩耍时，娇嫩的皮肤被叮咬和蜇伤是在所难免的。

昆虫叮咬和蜇伤的症状

宝宝被昆虫叮咬或蜇伤后，会出现局部肿胀、发痒、疼痛，严重的可伴有头晕、恶心、呕吐、出血、发热、昏迷或过敏等全身症状，而被蜇伤的部位会出现微小刺眼或肿块。

当宝宝被黄蜂等有毒的昆虫蜇伤后，随着毒液的扩散，除了会引起局部反应外，还会导致伤口出血以及中枢神经系统抑制现象。严重时宝宝还会出现休克，呼吸、心搏骤停等现象。

少数宝宝在刚刚被蜇伤后，除了发痒、肿胀外，没有什么特别的症状，但是数日后有出现突然死亡的情况。所以，爸爸妈妈不要忽视宝宝被昆虫叮咬和蜇伤这种事情，要尽早采取相应的处理方法，避免宝宝出现意外伤害。

宝宝昆虫叮咬和蜇伤怎么办

1. 蚊虫叮咬。宝宝在被蚊虫叮咬之后，可用清水洗净被叮咬部位，用干净的毛巾擦干后，涂些花露水或牙膏来止痒。如果宝宝被叮咬的局部出现过敏性水肿，最好给宝宝涂抹抗组织胺药膏。如果宝宝出现奇痒难耐、哭闹不安的现象，制止宝宝不要让宝宝用手抓挠，还可用 1 ~ 2 片阿司匹林研碎，用小量凉开水调成糊状，涂在叮咬，可起到消肿止痒的效果。

2. 毛毛虫蜇伤。如果宝宝是被毛毛虫蜇伤，要先用流动的清水冲洗，尽可能冲掉毒毛。并用肥皂水清洗宝宝被蜇伤的局部，擦干净水后，再涂抹抗组织胺药膏或一些常用的脱敏药膏。

3. 蜜蜂蜇伤。当宝宝被蜜蜂蜇伤后，应立即让宝宝平躺，消除其紧张情绪。如果蜜蜂的针刺留在宝宝的皮肤里，迅速取出针刺，动作要轻柔，避免毒液扩散或弄疼宝宝。拔除针刺后，要用肥皂水给宝宝清洗蜇伤部位。如果宝宝是被大黄蜂蜇伤，在拔除针刺，并用肥皂水清洗之后，要立即将宝宝送往医院，因为被黄蜂蜇伤很可能会引发宝宝猝死。

乳痂和脂溢性皮肤炎

宝宝刚出生时，在皮肤表面有一层油脂，这是一种由皮肤和上皮细胞分泌物所形成的黄白色物质。如果长时间不给宝宝洗头，或者洗不干净，这些分泌物会和灰尘聚集在一起形成较厚的乳痂。当这些乳痂扩散到宝宝的耳部、面部等区域时，就成了脂溢性皮肤炎。乳痂会在宝宝 6 个月的时候出现好转，最迟在 1 岁之前会彻底痊愈，而且愈后不再复发，是宝宝正常的新陈代谢过程。但是脂溢性皮肤炎如果得不到及时的治疗会出现恶化的现象。

脂溢性皮肤炎的症状

宝宝在患脂溢性皮肤炎后，他们的眉心、鼻侧、头顶、双颊及身体皱褶处等，会出现一种非湿疹样的干燥、油腻、落屑的红斑。病情严重的宝宝会在他们的腋下发现黄色的油状分泌物，干燥后会有块状的皮屑。宝宝在患脂溢性皮肤炎时可能会出现轻微的发痒现象，也有的宝宝完全不会觉得痒，而且宝宝的进食、睡眠、精神状态也没有受到影响。

脂溢性皮肤炎的原因

宝宝患脂溢性皮肤炎的原因可能是真菌感染所致，但是尚未被证实。但是宝宝皮脂腺分泌过旺，在给宝宝洗头时没有彻底洗干净，造成乳痂堆积，是造成宝宝患脂溢性皮肤炎的原因之一。遗传因素也是造成宝宝患脂溢性皮炎的原因，如果爸爸妈妈头皮屑特多，或曾患过脂溢性皮炎，宝宝就很容易长乳痂，并发展成脂溢性皮肤炎。此外，由于宝宝的抵抗力低下，而脂溢性皮肤炎最青睐抵抗力低下的人群，除了艾滋病患者，宝宝就是最容易感染脂溢性皮肤炎的人群。

宝宝脂溢性皮肤炎怎么办

1. 勤为宝宝洗头，除了单纯用清水清洗外，还应该用比较柔和的宝宝专用洗发露为宝宝清洗头发，或是到医院购买婴幼儿专用的抗脂溢性皮肤炎的清洁用品给宝宝洗头。

2. 经常用梳子给宝宝梳头，但是动作要轻柔，不宜使用梳齿尖利的梳子，要选用梳齿较平缓的梳子，不仅可以去除乳痂，还可以按摩头部。

3. 保持宝宝患处的皮肤清洁，防止引发感染。

4. 勤为宝宝换洗枕巾，并放在太阳底下杀菌消毒。

5. 在饮食方面，要给宝宝准备清淡、易消化、营养丰富的食物，避免给宝宝食用油脂较多的食物。

慢性疾病

贫血

缺铁性贫血是小儿的常见病，主要发生在 6 个月至 3 岁的婴幼儿，是指末梢血液中单位容积内红细胞数、血红蛋白量以及红细胞压积低于正常值，或其中一项明显低于正常水平。宝宝的贫血多数是缺铁性贫血。

贫血的症状

患有贫血的宝宝一般会出现脸色蜡黄或显得苍白、食欲减退、活动减少、生长发育迟缓，头发又细又稀、容易烦躁、畏寒，身体抵抗力较差，很容易患感冒、消化不良、腹泻，甚至肺炎等疾病。有些严重贫血的宝宝还可有呼吸暂停现象，俗称"背过气"，常在大哭时发生。年龄稍大的患儿则出现多动，注意力不集中、反应迟钝、理解力差等现象，少数患儿会出现异食癖等并发症。

贫血的原因

1.宝宝贫血一般是由于体内的铁元素缺少，不足以供应血红细胞的合成而造成的贫血情况。

2.宝宝体内缺乏叶酸、维生素 B_{12}，导致血红蛋白合成出现障碍，引起宝宝患巨幼红细胞性贫血。

3.血细胞形态的改变也是造成宝宝贫血的原因，如基因突变导致的镰刀形贫血症。

4.宝宝体内的造血干细胞损伤是直接造成宝宝贫血的原因之一，如再生障碍性贫血。

5.宝宝由于某种损伤造成失血过量，或者宝宝频繁出血等，都会导致宝宝贫血。

6.各种原因导致宝宝的红细胞被破坏，也会引起宝宝贫血。

7.不合理的饮食习惯，也能造成宝宝铁元素的缺乏，从而导致宝宝贫血。

宝宝贫血怎么办

1.对于缺铁性贫血的宝宝，可以给宝宝服用规定量的铁剂。铁剂是治疗缺铁性贫血的特效药，其种类很多，一般以口服无机盐是最经济、方便和有效的方法。

2.多数宝宝发病的原因是由于饮食不当，所以必须改善宝宝的饮食结构，使宝宝摄入丰富的营养，避免养成宝宝偏食、挑食的坏习惯。

3.给宝宝多吃一些含铁丰富的食物，如菠菜、红枣、动物血、动物肝脏等。此外，还可以给宝宝吃些富含维生素 C 的水果，可以促进铁的吸收。

4.爸爸妈妈需要小心的是，不能盲目地给宝宝补铁，因为铁剂过多会以引起宝宝中毒，要适量，否则适得其反。

5.带宝宝多做户外运动，多晒晒太阳增强体质，提高自身的机体活力。

6.对于严重贫血的宝宝，即经常出现晕厥、休克的宝宝，要及时带宝宝去医院检查，并在医生的指导下护理宝宝。

糖尿病

婴幼儿糖尿病是由于胰岛素不足引起的糖、脂肪以及蛋白等代谢紊乱所致的一种代谢性疾病。婴幼儿糖尿病发作突然，病情变化急剧，如不尽早诊断，并进行适当治疗，就会危及宝宝的生命。

糖尿病的症状

糖尿病起病较急，约有 1/3 的患儿在发病前患有发热及上呼吸道、消化道、尿路或皮肤感染等病史。患糖尿病的宝宝会有多饮、多尿、多食，但体重减轻、消瘦明显、疲乏无力、精神萎靡等糖尿病典型症状亦会出现。如果宝宝在自己能控制小便后又出现遗尿现象，常为婴幼儿糖尿病的早期症状。患糖尿病的宝宝很容易出现各种感染，尤其是呼吸道及皮肤感染，女宝宝会出现真菌性外阴炎、会阴炎等并发症。长期血糖得不到控制患儿，可在 1 ~ 2 年内发生白内障，晚期患儿因微血管病变导致视网膜病变及肾功能损害。

糖尿病的原因

1. 胰岛素不足是引起宝宝患糖尿病的最主要原因。

2. 遗传因素是引起宝宝患糖尿病的原因之一。

3. 宝宝自身免疫系统的缺陷也会造成宝宝患糖尿病，例如谷氨酸脱羧酶抗体、胰岛细胞抗体等，这些异常的自身抗体可以损伤人体胰岛分泌胰岛素的 b 细胞，使之不能正常分泌胰岛素。

4. 肥胖是引起 2 型糖尿病的原因。

5. 病毒可会诱发糖尿病，例如流行性腮腺炎、风疹等，以及能引起脊髓灰质炎的柯萨奇病毒家族，都可以在 1 型糖尿病中起作用。

宝宝糖尿病怎么办

1. 怀疑宝宝患了糖尿病，要及时送宝宝到医院诊断。如果宝宝被确诊是患了糖尿病，必须要注射胰岛素，因为单纯的饮食疗法效果十分微小。

2. 为确定适宜的胰岛素用量，爸爸妈妈要给宝宝检测早饭前和睡觉前的尿糖（检验尿痛的试纸可以在药店买到），并详细记录下来，在带宝宝去复查时交给医生，可帮助医生诊断。

3. 注意宝宝的饮食结构，以清淡、低糖、营养全面的食物为主，不能让宝宝吃甜腻的食物或喝含糖量高的饮料，以免加重病情。

4. 运动对糖尿病患儿有益处，但在运动前爸爸妈妈应该给宝宝吃点儿零食，避免宝宝发生低血糖的现象。

营养不良

宝宝营养不良是指由于营养摄入不足，加上机体消化、吸收利用的功能不完善，动用了宝宝体内的糖原，接着消耗体内脂肪，从而造成的体格、智力等发育迟缓的现象，特别是指宝宝的体重方面。

营养不良的症状

宝宝营养不良从程度上分为轻度、中度和重度，程度不一样宝宝所表现出来的症状也不一样。

轻度营养不良：宝宝的体重停滞不增，或体重减少 15% ~ 25%，皮下脂肪层变薄，肌肉也变得不坚实。

中度营养不良：宝宝的体重会减少 25 ~ 40%，身高低于正常。随即皮下脂肪层消失，肋骨、脊柱突出，皮肤苍白或蜡黄，失去弹性，肌肉张力低下，会出现不能站立，哭声无力，运动功能发育迟缓，情绪不稳定，睡眠不安，食欲减退等现象。

重度营养不良：宝宝的体重会减轻 40% 以上，身高明显低于正常，皮下脂肪层消失。会出现发育迟缓，骨龄低，颌颧骨突出，老人貌，皮肤苍白干燥无弹性，生命体征低弱，情绪不稳定，食欲不振或厌食症等现象。此外还会出现免疫力低下，极容易感染疾病。

营养不良的原因

1. 营养摄入不足造成的蛋白质、热量供给不足，是宝宝营养不良的最直接原因。

2. 对于较小的母乳喂养的宝宝可能是因为妈妈的母乳不足，或是宝宝本身的消化、吸收功能有障碍。

3. 对于较小的人工喂养的宝宝，可能是因为爸爸妈妈选用的配方奶营养成分不够，或者在冲奶粉时由于奶瓶的刻度不精确，造成调兑过稀，造成宝宝营养摄入不足。

4. 喂养不当也是造成宝宝营养不良的原因，比如添加辅食不当，仓促断奶，饮食结构不合理等。

5. 消化系统疾病、先天畸形、唇裂、腭裂、幽门狭窄、贲门松弛等，会造成喂养困难，也会导致宝宝营养不良。

6. 宝宝的消化功能不健全，以及宝宝所患的肠炎、痢疾、寄生虫、肝炎等消化道感染性疾病也是造成宝宝营养不良的原因。

7. 宝宝偏食、挑食等不良的饮食习惯，也会造成宝宝营养不良。

宝宝营养不良怎么办

1. 对于轻度、中度营养不良的宝宝，一般不用药物治疗，通过改善饮食即可达到治愈的效果。但是患重度营养不良的宝宝，一定要将宝宝送往医院检查，明确引起宝宝营养不良的原因。

2. 爸爸妈妈应该定期检查宝宝的各项生长发育指标，如身高、体重、乳牙数目等，早发现宝宝在生长发育上的偏离，尽早加以干预。

3. 提倡母乳喂养，尤其对早产儿和低体重儿更为必要。人工喂养要尽量采用牛奶及乳制品，以保证摄入足够的热能和优质蛋白质及脂肪。

4. 给宝宝添加辅食时，一定要以营养丰富而全面的食物为主，避免宝宝因缺乏某种营养元素而造成营养不良。

5. 积极预防和治疗各种婴幼儿疾病，特别是肺炎、腹泻，保证宝宝的胃肠道功能正常。

6. 保证宝宝睡眠充足，并培养良好的饮食习惯，防止宝宝挑食、偏食，不要给宝宝吃过多的零食，以免影响宝宝的食欲。

7. 经常带宝宝到户外呼吸新鲜空气，多晒太阳，多运动，增强宝宝的体质。

纤维囊肿

纤维囊肿是一种遗传性疾病，可导致身体内某些腺体分泌发生变化，会影响身体多处，其中以肺部和消化系统所受的影响最为严重。白种人最常患上纤维囊肿，大约每2500个初生婴儿中，便有一个会患上这种基因遗传疾病，非洲人和亚洲人患上此病则较少。

纤维囊肿的症状

纤维囊肿患儿的症状在婴幼儿期和童年时并不明显，根据特定病例的严重程度和受影响器官的差异，症状有很大变化，但所有患病的宝宝的汗液中都有盐分过量的现象，可导致宝宝皮肤上出现盐的结晶。

在人的肺部里，有若干分量的黏液经常在气道表面流动，其功能是带走代谢废物和细菌。但由于纤维囊肿患儿所分泌的黏液太黏稠，所以不能正常发挥其功能，而这些黏液正好为细菌提供理想的繁殖环境。如果不及早治理，会使宝宝的感染加重，出现久咳、咳痰、气喘、呼吸困难等症状。

此外，患了纤维囊肿的宝宝在得不到及时的治疗时，会持续排出油腻的粪便，并可伴有腹痛、便秘等现象。

纤维囊肿的原因

纤维囊肿是一种遗传性疾病，纤维囊肿患儿的爸爸妈妈必定是疾病的基因带原者，并通过遗传使宝宝致病。

宝宝纤维囊肿怎么办

虽然对于纤维囊肿，目前还没有有效的治疗方法，但是随着医学研究的深入，对纤维囊肿以及由它引起的综合征的治疗取得了很大进展。发现宝宝患有纤维囊肿之后，要及时将宝宝送往医院进行治疗。医生会根据纤维囊肿累及的器官和疾病的严重程度，提出不同的治疗方案。纤维囊肿的治疗是以减少肺部分泌为目标，并做到对症下药。

此外，让宝宝卧床休息，保证充足的睡眠。在宝宝出现咳嗽时，要轻拍宝宝的背部，帮助宝宝将痰液咳出。并且给宝宝准备清淡、易消化、营养丰富的食物，保证宝宝营养均衡。多带宝宝参加户外运动，提高宝宝的机体免疫力。

HIV 感染或艾滋病

婴幼儿艾滋病是指婴幼儿在被人类免疫缺陷病毒 (HIV) 感染后，所导致的获得性免疫缺陷综合征。感染了 HIV 病毒，会使婴幼儿的身体免疫力降低，造成各种感染性疾病或恶性肿瘤发生，导致死亡。

HIV 感染或艾滋病的症状

人体在感染艾滋病毒后，大部分人没有任何症状，就直接进入到艾滋病潜伏期（一般可长达 10 年左右），宝宝也一样。但是也有一部分宝宝会出现急性期症状，其中主要表现为：有 10% 左右的患儿出现类似流感的症状，如：全身不适、肌肉酸痛、发热、出汗、乏力、厌食、恶心、腹泻、咽痛等；部分宝宝还可能出现头痛、怕光以及虚性脑膜炎；大约有 25% 的患儿会出现皮疹，常表现为斑疹或荨麻疹，出现在颈部，腋窝下淋巴结出现肿大，另外还有的患儿表现出肝脾肿大，口腔、食管黏膜溃疡等；少数患儿可能会有无菌性脑膜炎的神经系统症状，如脑膜脑炎、周围神经炎及急性多发神经炎；患儿在体检时，还可出现颈部、枕部或腋窝处淋巴结肿大、皮疹及肝、脾肿大，口腔及食管溃疡等现象。

HIV 感染或艾滋病的原因

HIV 感染者和艾滋病病人是本病的唯一传染源。HIV 主要存在于感染者和病人的血液、精液、阴道分泌物、乳汁中。宝宝感染 HIV 病毒或患上艾滋病主要是通过母婴传播，即患有艾滋病的妈妈在怀孕、生产和母乳喂养的过程中，将 HIV 病毒传播给胎儿及宝宝。此外感染了 HIV 病毒的血制品也是导致宝宝感染艾滋病的原因之一。

宝宝 HIV 感染或艾滋病怎么办

1. 发现宝宝 HIV 感染或患了艾滋病之后，立即将宝宝送往专门的艾滋病治疗中心治疗，其治疗的费用完全由国家承担。

2. 对感染了艾滋病的宝宝，免疫力极其低下，需要接种很多种疫苗，在给宝宝预防接种时可以选用灭活疫苗接种，而不能使用活疫苗，如卡介苗、水痘疫苗等。但麻疹疫苗仍可以接种，因为麻疹可使 HIV 阳性儿童出现严重致死性的病变。

3. 除了要接受正规的治疗之外，爸爸妈妈平时要注意保护宝宝免受细菌、病毒感染，并且注意不要让宝宝受伤流血，以免发生感染或流血不止。

4. 对于还未断奶的、通过母婴传播的艾滋宝宝，立即停止母乳喂养，改成人工喂养。

5. 爸爸妈妈对患了艾滋病的宝宝，仍然要按照正常宝宝一样的方法进行养育和教育，并鼓励和安慰宝宝，尽量减少宝宝的恐惧、自卑等心理伤害。

6. 注意宝宝的饮食起居，多让宝宝卧床休息，并补充全面的营养。

处理慢性健康问题

宝宝的慢性健康问题是持续 3 个月以上的疾病，或者至少要住院治疗一个月的疾病。尽管儿童时期多数慢性健康问题的症状相对较轻，但任何类型轻微疾病或残障，都会对宝宝和家庭造成一定的压力。所以爸爸妈妈不能忽视宝宝的慢性健康问题，更不要以为这些问题慢慢就会好，应该及时地、积极地干预。

压力和抉择

如果宝宝在出生时患有先天性疾病或者在出生后 1 年内患慢性疾病，爸爸妈妈可能面临以下压力和抉择。

1. 爸爸妈妈在得知宝宝的健康状况不是很好时，经常会产生一种失望和罪孽感，经常挣扎与充满希望和极度失望之间。

2. 爸爸妈妈必须积极配合医务人员的工作，更好地帮助宝宝战胜疾病。

3 爸爸妈妈还可能面临宝宝疾病的治疗和手术的抉择，会面对担心、焦虑和恐惧等。

4. 作为爸爸妈妈就必须承担给宝宝某些特殊护理的责任，还要为宝宝能得到好的治疗而付出大量的时间、金钱、精力和情感。

5. 可能需要不断调整自己并满足宝宝的需要，协调其他家庭成员的关系。

寻求帮助

宝宝生病了，爸爸妈妈会承担很多的责任和压力，在自己不能够承受的时候，爸爸妈妈要多方寻求帮助，以帮助宝宝尽快康复。

1. 为了避免承受过重的压力，可以选择医务人员作为自己宝宝医疗问题的全面协调员。

2. 也可以是宝宝的主治医师，还可以是与宝宝治疗最为密切的医务人员，他们应该非常了解你的家庭，使你感觉非常放心，并且愿意花时间回答你的问题，愿意就宝宝的护理问题与其他医生或治疗师合作。

3. 如果宝宝的需要并非与医疗有关，他可能需要特殊学校或其他治疗。爸爸妈妈可能需要外来的财力或者政府的帮助，还需要了解为慢性疾病或残障儿童申请特殊服务的资源和规则。

平衡宝宝和家庭的需要

有时，具有特殊需要的宝宝会占据爸爸妈妈所有的关注，几乎没有时间关心其他家庭成员，或处理工作、朋友等外界的关系，这会让所有人感觉到痛苦，因此作为患儿的爸爸妈妈要找一个平衡的方法。

如果宝宝必须住院治疗，让宝宝重新回归正常的家庭和社会生活对他的个人健康和良好的生存适应性至关重要。把宝宝当作病人看待的时间越长，随后产生的情感和社会问题可能就越多。过度保护生病的宝宝，会导致他很难形成自我约束，不利于宝宝的成长。

宝宝在生病时需要的是更多的鼓励而不是保护，不要专注于他不能做什么，而是要专注于他能做什么。如果让他有一个和同龄的宝宝一起玩耍的机会，对他可能非常有益处。

特殊话题

无论何时，父母双方都应该参与宝宝治疗的讨论与决定，通常情况是爸爸或妈妈一人带着宝宝去看医生，随后转述医生的叮嘱以及医生的建议等，这样会造成理解的偏差，比较理想的情况是爸爸妈妈一起去，并好好配合医生了解宝宝的生活环境，这样有助于及时决定和处理问题。

坦率地与宝宝及其他家庭成员一起讨论宝宝的病情，如果爸爸妈妈没有告诉宝宝真相，他可能会产生孤独与排斥的情感，甚至会产生不信任感，认为他的病情比实际更严重。因此，公开与宝宝说明，在确定宝宝理解后观察他的反应，并给予安慰和支持，消除宝宝的恐惧感。

每个宝宝都需要爱和尊重，不要对宝宝过分担忧，有的宝宝可能比你想象的坚强，放松地关爱宝宝，鼓励和支持他，会比较有利于宝宝的成长。

婴幼儿就医

由于宝宝不可能详细地描述出自己的病情，所以所有的异常症状都是由爸爸妈妈代为描述。因此，当带宝宝去医院看病的时候，爸爸妈妈要注意以下几个问题。

带好宝宝的健康档案

一份健康档案主要包括的内容有：宝宝的姓名、出生日期、性别、出生指标（身长、体重、头围、胸围、毛发、皮肤、胎记）、体格发展记录（身长、坐高、体重、头围、胸围、牙齿、视力、听力）、预防接种记录、微量元素测试记录、白细胞测试记录、过敏史、主要病史以及过往手术史。

一份具体详尽的专属健康档案对爸爸妈妈、宝宝以及医生都很重要，可以方便医生参考，尽快对宝宝的病症做出诊断，可以为治疗节省不少时间。因此，有必要给宝宝准备一个专属档案，最好同时还能准备一个健康资料袋，这些都可以为日后生病诊断提供准确的资料，帮助医生诊断和合理选择药物。

健康资料袋主要是用来收集宝宝的检查表、病历等，包括有宝宝的预防接种卡、完整的病历、X光照片或报告、心电图、B超、化验单、体检表等各种病历原始单据。这些病历单据要按照时间排好顺序，方便医生根据需要进行查找。另外，各类过敏史，如食物过敏、接触过敏、药物过敏等的记录，也要一并收入资料袋中。

叙述宝宝的病情

在医生问诊的时候，爸爸妈妈要按照病情的先后来向医生叙述病情，首先要说清楚目前的症状，然后才是宝宝以前的情况。需要注意的是，在向医生描述病情的时候，应该是描述宝宝的症状，而不能做诊断式的叙述。如，你可以说"我的宝宝咳嗽，而且还有痰"，而不要说"我的宝宝感冒了"，同时还要注意不要随意夸大或缩小宝宝的病情。

当向医生反映宝宝的病情时，应从时间、体温、饮食、睡眠、排便、其他异常状态几方面来反映。

首先，向医生叙述的时候最好能说明发病时间、间隔时间等详细情况。以发热为例，从时间上区分就可以分为稽留热、间歇、不规则热、长期低热等，它们分别由不同的疾病引起。因此准确而详细地描述各种症状发生和持续、间隔的时间，对医生的诊疗大有帮助。

其次，宝宝生病后的饮食也会在不同程度上有所变化。爸爸妈妈要观察宝宝在饮食上的变化。主要向医生叙述饮食的增减情况、饮食间隔次数的变化以及宝宝有无饥饿感、饱胀感、停食等现象。如宝宝有偏食的情况，应说明是喜干还是喜稀，喜素还是喜荤，有无病后停奶、吐奶现象；同时还要说明宝宝的饮水情况，是口干舌燥要喝水，还是总想喝水。如宝宝吃过不干净的食物，也要告诉医生。

除了饮食之外，生病的宝宝也可能伴随着睡眠异常。爸爸妈妈要向医生说明白宝宝睡眠的时间和状态，尤其是要注意与平时不同的情形。如是否久久不能入睡，是否稍有动静就会醒，睡眠中有无哭泣、磨牙、出汗等。

大小便的状况也要反映。应该将宝宝的大小便如实地介绍给医生，如大小便的颜色、次数、形状、气味以及大小便时有无哭闹等。

宝宝生病了的话，很多时候都伴随着体温的异常，因此，对体温变化的叙述是不可缺少的。如果在家已经测过体温的话，就要求爸爸妈妈向医生说明测体温的时间及次数，最高和最低时分别为多少度。还要注意说明宝宝发热有无规律性、周期性以及发热时有无抽搐等其他伴随症状。

患有不同疾病的宝宝，根据疾病的不同，还会出现这样或那样的个体异常，这些都要在问诊的时候及时反映给医生，如有无出汗、呕吐、咳嗽等症状；四肢活动是否自如、颈项是否僵直；神态是否清楚，有无烦躁不安、哭闹、嗜睡、昏睡的现象等。这些对判断疾病都有重要意义，因此爸爸妈妈的叙述越准确和详细，对医生的诊治就越有用。

既往病史和就诊前的诊治情况描述

除了宝宝患病时的种种异常之外，爸爸妈妈还有必要向医生说明宝宝的既往病史以及就诊前的诊治状况，以便医生根据情况做出适合的治疗方案。有的时候，还需要向医生说明出生时情况，如出生时是否顺利、妈妈妊娠是否足月、妈妈妊娠时患过什么病、吃过什么药等。

有的时候在带宝宝来医院就诊之前，爸爸妈妈会在家自行治疗过或去过其他医院治疗，这些同样要告诉毫无保留地告诉医生。有的爸爸妈妈出于怕医生反感等多种心理，不愿把宝宝就诊情况告诉医生，这样的话，最终受到危害的还是宝宝。所以，对于宝宝来医院就诊以前是否还去过其他医院求医诊治过，已服过什么药，剂量多少等这些情况，爸爸妈妈没有必要刻意回避隐瞒，都要尽量详细地向医生讲明，以免重复检查浪费时间和短期内重复用药引起不良后果。

第十一章

婴幼儿安全用药

本章主要针对婴幼儿安全用药的问题进行了讲述。婴幼儿用药守则、什么样的药适合婴幼儿、如何给婴幼儿喂药、合理使用抗生素等，为家长提供了用药指导。如何预防药物不良反应、药品的保存方法、怎样煎服中药等，这些实用的技巧可以帮助家长科学合理地照顾生病的婴幼儿。

婴幼儿用药守则

"良药苦口利于病",但是对于很多既非医生又非护士的年轻父母来说,科学用药是一门很高深的学问,再加上让宝宝乖乖吃下"苦口的良药"简直难上加难。所以,掌握婴幼儿用药守则,可以帮助爸爸妈妈克服这两个棘手的难题。

守则一: 糖浆类药剂——准确测量药量

糖浆一种是比较容易被宝宝接受的药物,因为糖浆普遍会添加一些水果味道,让宝宝吃起来口感不那么苦涩,易于宝宝吞咽。给宝宝喂药前,要注意先轻轻摇晃药瓶,使药剂的各种成分均匀混合,再用小量杯准确地测量出宝宝一次需要的药量。给宝宝喂药时,以宝宝最舒服、最喜欢的姿势将宝宝抱在怀里,记得一定要将宝宝的手抓牢,以防宝宝在挣扎的时候将药碗打翻。给宝宝喂药的器具可选用小汤匙、喂药器、奶嘴、小量杯等,既专业又安全。

守则二: 药粉类药物——水要适量

药粉类药物可采用与糖浆类药剂相同的喂食方法。很多父母认为宝宝生病后应该多喝水,所以在冲泡药粉时加入大量的清水,其实这样做并不科学,因为如果宝宝不能一次性将水全部喝完,这样就会间接减少了用药量,影响药效。给宝宝喂食药粉类药物时,可以选用一个大点儿的汤匙,将所要冲兑的药粉全部倒入大勺子中,再加入开水,以刚刚加满大勺子的水量为宜,搅拌均匀,稍稍凉凉后,让宝宝一口吞下,然后再喂清水给宝宝喝。

守则三: 肛门用药——先消毒双手

肛门用药免去了给宝宝喂药的艰难环节,见效快,深受年轻父母的喜爱。采用肛门用药前,需要先洗净双手,如果有条件的话,将双手消毒之后更好。为增加药物的润滑效果,易于塞进宝宝的肛门,可以在药物的表面涂抹少量的橄榄油,并像平时换尿布一样将宝宝的双腿微微抬起,把药物缓缓地塞入宝宝的肛门。注意的是,在塞入药物之后,要用手指按压宝宝的肛门约10分钟,以防宝宝因为肛门肌肉的收缩将药物推出。

什么样的药适合婴幼儿

宝宝吃的药，必须是儿童专用药物。因为儿童专用的药物充分考虑到了宝宝的生理、心智发育状况和对药物的吸收、代谢能力，无论在药物成分，还是剂量上都做了考量和严格的规定，安全系数更高；另外，儿童专用药物一般都采用了科学的矫味剂，改善了药物的口味，易于宝宝接受；而且儿童专用药物大部分都是水剂药物，使宝宝容易吞咽；此外，儿童专用药物最贴心的地方是，一般都会附带有剂量刻度的小杯子和喂药器，有利于爸爸妈妈准确地把握药的剂量，喂药器也大大降低了给宝宝喂药的难度。

如何给婴幼儿喂药

宝宝一旦生病，最令父母头痛和烦心的事便是喂药了。很多父母在给宝宝喂药时手忙脚乱，加上宝宝的挣扎、反抗，经常弄得一片狼藉。掌握给宝宝喂药的技巧，不仅给爸爸妈妈解决很多烦恼，也利于宝宝更快康复。

1. 选择正确的喂药时间。最佳的喂药时间一般是饭前半小时，因为此时宝宝的胃已排空，有利于药物的吸收，也可以避免宝宝服药出现呕吐的现象。注意的是，像阿司匹林、对乙酰氨基酚（扑热息痛）等会对胃有强烈刺激作用的药物，应该放在饭后 1 小时服用，以防止宝宝的胃黏膜损伤。

2. 给宝宝戴好围嘴。在给宝宝喂药前，先给宝宝戴好围嘴，并在旁边准备好卫生纸或毛巾，在药物溢出宝宝的嘴角时，便于擦拭。

3. 仔细查看药名。给宝宝喂药时，仔细查看好药名和剂量，以免误服药物，或剂量不准确；在喂药过程中，宝宝吐出来的药物记得要及时补上，否则会因药量不足而影响药效。

4. 对于新生儿宝宝，他们味觉尚未发育成熟，可用塑料软管吸满药液，在将管口放在宝宝的口中，少量多次地给宝宝吸入药物；也可将药物用温开水兑开，倒进奶瓶里，让宝宝自己吮吸。

5. 禁止在宝宝哭闹的时候灌药，捏鼻子灌药也是不允许的。因为这样宝宝很容易把药物呛入气管，轻者出现呛咳、呕吐等现象，重者可能造成宝宝窒息死亡。

6. 有的爸爸妈妈担心药物太苦，宝宝不肯吃，就在喂药的时候掺一些牛奶或果汁，想通过改善药物的口感，让宝宝接受。这种做法是不科学的，因为牛奶中含有很多的无机盐类物质，可能会与某些药物的成分发生作用，影响药效；果汁与止咳药等一起服用，会降低药效，不能达到治病的目的。

7. 用糖果给宝宝解苦。1 岁到 3 岁大的宝宝对药物已逐渐敏感了，开始哭闹挣扎，不肯吃药。这时可以把药丸、药片研成粉末，用温水调成稀糊状，把宝宝抱在怀里，呈半仰卧状，左手扶着宝宝的头部，右手拿着勺子，一勺一勺地将药物送入宝宝的嘴里，每喂完一口，可以拿糖果给宝宝舔一舔，可以消除口中的固涩感。

婴幼儿禁用药物

宝宝得了病，用药一定要慎重，凡是注明婴幼儿禁用或者慎用的药物一定不要用在宝宝的身上。因为宝宝的肝、肾功能尚未发育成熟，肝脏解毒功能弱，肾脏的排毒功能也差，很多药物是不适合宝宝使用的，甚至宝宝在使用某些药物之后出现中毒的现象。

婴幼儿时期，宝宝禁用或者慎用的药物如下：

1. 诺氟沙星、环丙沙星等喹诺酮类药物，婴幼儿服用可引起软骨发育障碍，不能给宝宝服用该类药物。

2. 磺胺类药物对婴幼儿的肾脏功能损害较大，严重时还可能导致消化道出血和药物中毒，一定要慎用，如果非用不可，那就在医生的指导下使用。注意：新生儿和早产儿禁用磺胺类药物。

3. 链霉素、新霉素、卡那霉素、妥布霉素、庆大霉素等氨基糖苷类药物，婴幼儿服用之后，容易引起耳聋和肾脏功能损伤。

4. 氯霉素是一种通过抑制细菌蛋白质合成而起到抑菌药，可诱发致命的不良反应，如可引起宝宝患灰婴综合征和粒细胞减少症，严禁使用。

5. 成人感冒药如感康、康必得、速效感冒胶囊，宝宝服用之后可引起骨髓造血功能或神经损害。

6. 解热镇痛药、抑酸药、泻药不能给宝宝使用；氯霉素滴眼液、萘甲唑啉（滴鼻净）等也不能长期给宝宝使用。

药物不良反应的种类

药物能治病，也能致病。许多药物除了具有治疗疾病的作用之外，还会产生一些不良反应。消化系统方面的如恶心、呕吐、腹泻、腹痛等；神经系统方面的如头痛、失眠、头晕、耳鸣、精神失常等；循环系统的如血压降低、心跳加快或减慢及心跳节律不正常等；血液方面如白细胞减少或增多、血小板减少、贫血等；其他方面的如肝功能不正常、肝大、尿血和蛋白尿、呼吸抑制等。按类型分为副作用、毒性反应、过敏反应和继发反应等。

药物的副作用

药物的副作用是指药物在治疗剂量下，伴随药物的治疗作用而发生的其他非预期的反应，可能会对宝宝带来不适或痛苦，但是一般都比较轻微，多是可以恢复的功能性变化，不会造成严重的危害，如服用红霉素会引起恶心、呕吐、胃部不适等；服用阿托品治疗胃肠绞痛，可以缓解疼痛，可是同时又引起口干；服用氯苯那敏（扑尔敏）能引起头晕、嗜睡等；服用氯丙嗪有抗精神病作用，但长期应用可引起 39% 的病人出现震颤、肌肉抽搐等反应。

药物的毒性反应

药物的毒性反应是指由于用药量过大或者用药时间过长对人体造成较严重的危险，不仅影响治疗效果，同时还会给患儿造成难以恢复的损害，如链霉素、庆大霉素可引起耳聋；保太松有时可引起肝炎、血尿等。

药物的过敏反应

药物的过敏反应是指特异体质的患儿，特别是过敏体质的患儿，在用药时引起的一种病理性免疫反应，比如会出现皮疹、荨麻疹、血管神经水肿，甚至过敏休克等症状。对于已经发生过一次药物过敏的患儿，如果不引起重视，很容易发生第二次药物过敏。第二次药物过敏的临床症状，不仅比第一次严重，而且还有可能发生剥脱性皮炎。

药物的继发反应

药物的继发反应是指患儿服用某种药物，继药物的治疗作用之后出现的一种反应，也称为治疗矛盾。如镇痛药引起的成瘾性，因为镇痛药含有少量能使人上瘾的吗啡；广谱抗生素引起的继发性，导致假膜性肠炎；皮质激素引起的依赖性等。

特异质反应

由于患儿有先天性遗传异常，对于某些药物反应特别敏感，出现与该药物完全无关的反应。出现这种情况是由于个体遗传素质所引起的代谢酶的缺陷。如恶性高热是对包括胆碱和各种吸入性麻醉药、镇静药等在内的一些药物的异常反应，其成因是横纹肌（也包括心肌）肌浆网上的钙离子释放通道，即已知的肉桂碱受体发生了遗传变异。

后遗反应

后遗反应是指患儿停止服用某种药物之后，血药浓度已降到有效值以下仍然残留的药物效应。它可以非常短暂，也可以比较持久，停药后大多可以恢复，少数会引起到久性器质性损害。

药物的成病作用

有些患儿长期服用某些药物，在停药后除了具有强烈的心理上的渴求外，还会有生理上的依赖，并由此出现"戒断症状"，这叫作药物的成病作用，又叫药物的依赖性。

如何预防药物不良反应

1. 在医生的指导下正确选择和使用药物，并按照使用说明书严格控制用药量、安排用药时间。尽量不用或者少用药物，一种药能解决病症，坚决不用两种药；协同作用虽然能提高药效，但毒副作用也会增强。

2. 给宝宝用药时，不仅要考虑到药物的药效，还必须考虑到宝宝的具体情况，如宝宝的年龄、个体差异和身体状况等。忌乱用药，也不能自行增减宝宝的药量，更不能擅自延长或缩短疗程。

3. 对于患有慢性病的宝宝，爸爸妈妈要记住哪些药物不能给宝宝使用，如溃疡病患儿不宜服用阿司匹林，否则会诱发溃疡出血。

4. 有药物过敏史的宝宝在就医时，爸爸妈妈要向医生说明，避免医生在不知情的情况下使用这些药物，对宝宝造成不良的影响。

5. 如果患儿在使用某些药物后，出现与本药无关的征象，如皮疹、发热、腹泻、腹痛等，应该考虑宝宝是不是药物过敏，并立刻送往医院诊断。

6. 对于患有肝、肾疾病的宝宝，用药要格外小心，尽量避免那些会加重肝肾功能耗损的药物。

7. 在患儿用药期间，爸爸妈妈要记住宝宝服用这种药物，医生叮嘱不能吃的食物，一定不要因为疏忽而给宝宝食用，以免影响疗效。

成人药能给婴幼儿吃吗

由于宝宝的肝肾功能尚未发育完全成熟，肝脏的解毒功能和肾脏的排毒功能都比较弱，在药物使用上，宝宝不同于成年人。大多数的成人用药，都不能用于小儿。有的爸爸妈妈认为宝宝只是在体重和身高上和大人有差距，把成人的药物按比例减量后给宝宝服用就行，这是不对的，会对宝宝的身体造成很大的危害。

成人吃的药宝宝不一定能吃，如成人用的止咳药喷托维林（咳必清）、止咳糖浆，内含麻黄碱、吗啡等成分，不能随便给宝宝服用。又如抗生素中的氨基糖苷类、喹诺酮类、磺胺类、氯霉素等对宝宝都有不同的危害。凡是说明书上注明小儿不宜使用的药物，就一定不要用在宝宝身上。有些成人药物，虽然宝宝也能用，如维生素、助消化药等，但爸爸妈妈在用药前，要明确该药的成分含量以及小儿的用量范围。

宝宝并不是成人的缩影。宝宝从对药物的反应跟成人是不一样的，在成人身上的轻微副作用，也许在宝宝身上就可能是毒性反应，所以爸爸妈妈在给宝宝用药时一定要加倍小心。

乱吃补药有害处

不少爸爸妈妈为了让宝宝长得健壮一些，经常给宝宝额外补充一些"补药"，特别是当宝宝生病时，他们认为是因为宝宝的身体太虚弱所致，于是想方设法给宝宝加营养。他们除了会给宝宝准备高糖、高脂肪、高热量的食物外，还会给宝宝吃一些类似脑白金这类的保健品，甚至有的爸爸妈妈给宝宝吃人参、阿胶等补药，但效果往往适得其反。

补药主要是在营养缺乏病或营养消耗增多等情况下食用，如果单纯为了增加营养而服用过多的补药并无好处。因为营养类补品毒性虽小，但如果不加选择地、长期或短期大量服用，也会发生一些不良反应。

1. 缺乏维生素宝宝生长发育迟缓，适当补充可以促进宝宝体格的生长发育。但服用过量，也会产生恶心、晕眩等不良反应。

2. 维生素 C 对宝宝的身体有许多益处，有保护细胞、增强白细胞及抗体的活性等功能。但长期大量服用，会导致血浆中维生素 C 的浓度一直处于饱和状态，宝宝容易产生草酸盐尿，或形成泌尿系统的草酸盐结石。

3.宝宝吃过多的补药会加重宝宝的肠胃负荷，造成消化不良，发生腹胀、腹泻等症状，反而阻碍了宝宝的生长发育。

4.宝宝生病期间，爸爸妈妈常常会想要给宝宝吃补药，以便补虚养血，让宝宝快点儿康复。但是，如果所选用的补药与宝宝的体质相抵触，不仅无益，还可加重宝宝的病情。

5.经常乱给宝宝服用补药，还会造成宝宝的机体内分泌功能紊乱，出现免疫力降低、智力下降等副作用。

6.糖类、脂肪、胆固醇的增加和堆积，容易使宝宝患肥胖症。

7.经常给宝宝服用补药，也是造成宝宝性早熟的一个重要因素，其特征是男孩阴茎过早变粗，女孩乳房突然增大或阴道流出白带样的分泌物，长阴毛。

合理使用抗生素

抗生素对于治疗某些婴幼儿疾病很有效，不少爸爸妈妈由于医学知识的缺乏和过分信赖抗生素，在养育宝宝的过程中滥用抗生素，错误地认为抗生素越高级越好，总喜欢把抗生素作为预防药物长期使用。使用抗生素治疗宝宝的疾病时，首先要针对病因，对症下药，并严格按照疗程接受治疗，不能随便延长用药时间。

使用抗生素的原则

1.能用低级的抗生素就不用高级的。

2.用一种抗生素能解决问题的就不用第二种。

3.能够通过口服制剂达到治疗目的的就不用针剂。

4.能够使用肌内注射达到治疗目的的就不用静脉注射。

合理应用抗生素注意以下几点

1.宝宝的一般感冒及流感绝大多数是由病毒引起的，没有必要使用抗生素。

2.患了猩红热、急性化脓性扁桃体炎的宝宝，首先应该选择用青霉素治疗，既可以治疗疾病本身，还可以预防肾炎等并发症的发生。

3.不要任意加大抗生素的用量，加大用量虽然可提高疗效，但药物的用量过大，会导致生病的宝宝药物中毒。

家庭 OTC 药箱

婴幼儿宝宝身体抵抗力差,很多时候说病就病,无论是午夜时分还是凌晨 3 点,也不是随时随地都可以买到药品,并且买药会耽误宝宝的治疗时间,所以家中备一个 OTC 药箱是非常必要的。

针对婴幼儿这一特殊的群体,准备的药品都应该是这个阶段的宝宝最常用的。例如:

工具:体温计、纱布、消毒棉签、创可贴、剪刀等。

消毒外用药品:2.5% 碘酒、75% 酒精等。

创伤外用药品:2% 红药水、1% 紫药水、过氧化氢、高锰酸钾等。

眼科外用药品:利福平眼药水、红霉素眼膏等。

臀红或皮肤皱褶糜烂处用药:鞣酸软膏、氧化锌软膏等。

退热药:含有扑热息痛的退热糖浆或药片、小儿退热栓等。

治疗腹泻的药物:十六角蒙脱石(思密达)、小儿泻速停等。

微生态制剂:整肠生、乳酶生等。

助消化药:多酶片、健胃消食片等。

止痒药:炉甘石洗剂、氟轻松软膏等。

感冒药:感冒颗粒、小儿感冒片、双花口服液等。

去痰止咳药:川贝枇杷膏、喉枣散、急支糖浆、甘草合剂等。

抗生素:阿莫西林、罗红霉素等。

维生素:维生素 AD、维生素 C、维生素 B 等。

解痉药:氯苯那敏(扑尔敏)等。

以上药物在药店均可买到,在给宝宝用药时,一定要看清使用说明,并严格按照使用说明的规定用药,以免发生意外。

家庭药品的保存方法

家里有了 OTC 药箱之后,就要考虑这些药品应该如何保存了。很多爸爸妈妈因为不懂得药物的保存常识或贮存方法不当,导致很多药品变质、失效。其实,药品应该放在安全、避光、通风、干燥的地方,以免药品变质,造成浪费。

家庭药品的保存方法有以下几点:

1. 密封保存:有些药品久置空气中,容易产生氧化的现象,应该密封保存。如维生素 C、鱼肝油滴剂等，放于清洁干燥、避光的地方。

2. 避光保存：有些药品如维生素 C、硝酸甘油及各种针剂在光线的作用下，很容易变质，应存放在棕色的瓶子中，并避光保存。

3. 冷藏保存：有些药品因室温过高而容易变质，如青霉素、链霉素、乙肝疫苗等，应放在 2 ~ 15℃的低温环境中保存，如果环境温度不允许，可以放在冰箱低温保存。

4. 将药品放在宝宝拿不到的地方，防止包包误服药物引起中毒。

5. 药品要贴上标签，标签不清时要及时更换，以免用错药。定期检查药品的生产日期，如果发现过期的药品，或者出现变色、浑浊、沉淀、发霉现象的药品，应该立即将其扔掉。

6. 不同性质的药品应用不同的保管方法，而且内服药与外用药要分开保存。

7. 中药丸要注意防潮、防鼠、防虫蛀；芳香类药物要用瓶装，防止挥发。

怎样煎服中药

中药防疾病又保健，而且比西药温和许多，对宝宝的身体损害也比较小。很多爸爸妈妈在给宝宝煎煮中药时，往往只考虑水、火候这两个因素，这是远远不够的。中药能否发挥药效，煎得好不好是一个关键。

1. 煎药的器具最好是砂锅、紫砂盅或搪瓷制器，煎中药忌用铁器，因为铁能与植物中药中的鞣质发生化合反应，使中药中的有效成分沉淀，降低药效。

2. 中药洗净，倒入药罐之后，应加入干净的冷水（以没过药材 2 厘米为宜）浸泡 30 分钟，使药物润透再看着煎。

3. 每服中药煎两次，一般先煎 20 ~ 30 分钟，第二次煎 15 ~ 20 分钟，再将两次煎得的药液充分混合。

4. 贝壳、甲壳类、虫类以及骨类等动物药，如龟壳、蜈蚣、虎骨等这类药物的有效成分不易煎出，须先煎 40 分钟左右之后，再将其他药材放进去共同煎煮。

5. 有些中药的有效成分受热后易挥发，或者加热时间稍长，就会破坏药物的功效，如薄荷、大黄等，要在其他的药物快煎好之前再放入，稍稍煎煮即可。

6. 对于某些质地较轻，煎煮后容易漂浮在表面，不利于宝宝服用的药物，以及一些质地较重的，煎好之后会产生沉淀的药物，煎煮之前应先包扎好，再同其他药物一起煎煮。

7. 对于人参、鹿茸、冬虫夏草等这类贵重药物，为了避免耗损，最好用另外的药罐煎煮取汁后，再兑入其他的煎好的药液内。

8. 在煎煮中药的过程中，要用筷子不断地搅拌，以免煎煳了，一旦药物煎干或煳罐，禁止给宝宝服用，会有中毒的危险。

9. 中药煎剂每次服药量因宝宝而异，但是一般是 50 ～ 100 毫升，分早、晚两次服用。中药要温着服用，以免药液偏热或偏冷对宝宝的胃产生刺激，引起呕吐和胃脘不适。

10. 滋补药应该在饭前 1 小时给宝宝服用，镇静催眠药一般在宝宝睡前半小时服用。

附录一 准妈妈孕期检查备忘录

产检次数	产检时间	产检内容	备注
第一次	12周	• 进行问诊 • 量体重和血压 • 身体各个部位检查 • 听胎心 • 妇科检查 • 血常规 • 尿常规 • 白带 • 梅毒筛查 • "胎儿颈部透明带"筛查	• 领取"孕妇健康手册"
第二次	13～16周	• 进行问诊 • 量体重和血压 • 听胎心 • 测宫高 • 腹围 • 水肿检查 • 血常规 • 尿常规 • 内诊（子宫颈防癌图片检查） • 唐氏症筛检 • 羊膜穿刺检查	• 如果孕妈妈年龄在35周岁以上，建议在18周可抽血做唐氏症筛检（16～18周最佳）； • 胎儿颈部透明带大于3.0毫米，抽血结果概率大于1/270者，有唐氏症儿的可能性，应安排做羊膜腔穿刺检查； • 施行羊膜穿刺的周期，原则上是以16～20周开始进行，主要是看胎儿的染色体异常与否。
第三次	17～20周	• 进行问诊 • 量体重和血压 • 听胎心 • 测宫高 • 腹围 • 水肿检查 • 血常规（根据医生建议） • 尿常规 • 详细超音波检查	• 孕20周做超声波检查，主要是看胎儿外观发育上是否有较大的问题。
第四次	21～24周	• 进行问诊 • 量体重和血压	• 如检查出患有妊娠糖尿病，需要控制饮食及注射胰岛素；

产检次数	产检时间	产检内容	备注
		• 听胎心 • 测宫高 • 腹围 • 水肿检查 • 血常规（根据医生建议） • 尿常规 • 妊娠糖尿病 • 妊娠胆汁淤积症筛检	• 胆汁酸升高，即表示有妊娠胆汁淤积症，需监护用药直到产后。有些甚至要提前终止妊娠； • 孕中期以后较容易贫血、缺钙，所以要多食用含铁的食物，补铁、补钙。
第五次	25～28周	• 进行问诊 • 量体重和血压 • 听胎心 • 测宫高 • 腹围 • 水肿检查 • 血常规（根据医生建议） • 尿常规 • 乙型肝炎抗原 • 梅毒血清试验 • 艾滋病抗体检查	• 此阶段最重要的是为孕妈妈抽血复查梅毒、艾滋病、乙型肝炎有关抗原、抗体； • 血糖、胆汁酸的复查也很必要。
第六次	29～32周	• 进行问诊 • 量体重和血压 • 听胎心 • 测宫高 • 腹围 • 水肿检查 • 下肢水肿 • 血常规（根据医生建议） • 尿常规 • 心电图检查 • 肝胆B超检查 • 子痫前症筛查	• 孕28周以后，孕妇的产检是每2周检查1次； • 针对血压、蛋白尿、尿糖所做的检查非常重要； • 特别注意避免子痫； • 根据情况复查血糖、胆汁酸。
第七次	33～35周	• 进行问诊 • 量体重和血压 • 听胎心 • 测宫高	• 孕34周时，建议做一次详细的超声波检查，以评估胎儿当时的体重及发育状况，并预估胎儿至足月生产时的重量；

续表

产检次数	产检时间	产检内容	备注
		• 腹围 • 水肿检查 • 下肢水肿 • 血常规（根据医生建议） • 尿常规 • 骨盆内诊 • 超声波检查 • 评估胎儿体重	• 孕 37 周时，要注意预防早产。
第八次	36 周	• 进行问诊 • 量体重和血压 • 听胎心 • 测宫高 • 腹围 • 水肿检查 • 血常规（根据医生建议） • 尿常规	• 从 36 周开始，产检以每周检查 1 次为原则，并持续监视胎儿的状态； • 可开始准备一些入院用的东西，以免生产当天手忙脚乱。
第九次	37 周	• 进行问诊 • 量体重和血压 • 听胎心 • 测宫高 • 腹围 • 水肿检查 • 血常规（根据医生建议） • 尿常规 • 心电图	• 随时密切监测身体变化； • 注意临产征兆。
第十次	38 ~ 42 周	• 进行问诊 • 量体重和血压 • 听胎心 • 测宫高 • 腹围 • 血常规（根据医生建议） • 尿常规 • 胎儿监护	• 孕 38 周后可以考虑催生； • 未生产前，仍应坚持每周检查一次； • 如果超过 41 周还未有分娩迹象，应该住院催产。

附录二 宝宝所需营养素及食物来源表

营养元素	作　　用	补充来源
蛋白质	是构成脑细胞发育的基本原料，同时参与脑的生理功能和代谢活动，维持大脑内环境稳定，维持机体正常功能。	猪肉、牛羊肉、鸡肉、鸭肉、海鱼类、虾类、墨鱼、贝类、蟹类、蛋类、奶类、豆腐、豆浆、四季豆、扁豆、豌豆、花生、杏仁、
脂肪	婴幼儿成长必需的营养物质，维持身体机能，保护人的内脏，维持体温，提供能量和人体必需的脂肪酸，促进脂溶性维生素如维生素 A、维生素 D、维生素 E、维生素 K 以及胡萝卜素等的吸收，保持神经组织的正常功能。	肉类、禽类、鱼类、全脂奶、蛋类、动物肝脏和肾脏、植物油和动物油、花生、核桃、瓜子、杏仁、腰果、栗子
碳水化合物	供给每日所需能量，构成细胞核组织、节省蛋白质、维持脑细胞的正常功能、调节脂肪代谢、提供膳食纤维	蔗糖、水稻、小麦、玉米、大麦、燕麦、高粱、甘蔗、甜瓜、西瓜、香蕉、葡萄等、坚果、胡萝卜、番薯
钙	构建骨骼和牙齿的重要成分，参与神经、骨骼、肌肉代谢，维持正常神经肌肉的兴奋性，对人的生命活动具有重要作用	肉类、奶类、豆类、蛋类、海产品、动物骨、虾皮、毛蟹、绿色蔬菜、嫩豆腐、南瓜子、猪肉松。
铁	人体血红蛋白、肌红蛋白和大脑神经纤维髓鞘的物质基础，为脑细胞提供营养素和充足的氧气，并影响神经传导。	动物肝脏、瘦肉、蛋黄、芝麻酱、黑木耳、河蟹、鱼类、黄豆、黑豆、豆制品、芹菜、白菜、海带、香菇、菠菜、荠菜、柑橘、香蕉、桃、红枣、桂圆、樱桃、米、麦
锌	促进婴幼儿体格尤其是脑细胞的生长，从而增强记忆、促进思维的活跃。	乳类、动物肝脏、牛肉、鸡蛋、鸡肉、蘑菇、豆类、坚果类、芝麻、小麦、木耳、土豆、芝麻、卷心菜、贝类海产品
镁	参与蛋白质的合成和肌肉的收缩作用，调节人的心脏活动，降低血压，预防抽搐病。	紫菜、谷类、豆类、烤马铃薯、冬菜、苋菜、辣椒、蘑菇、阳桃、桂圆、核桃仁、虾米、花生、芝麻、海产品

营养元素	作　　用	补充来源
碘	合成甲状腺素，促进蛋白质、脂肪和糖的分解，提供生长发育的养料，维持正常免疫功能	海藻、海带、紫菜、鱼类、蔬菜、小麦、鸡蛋、玉米、高粱、大米、葡萄、龙虾
磷	构成骨骼和牙齿，保证机体正常新陈代谢	瘦肉、鱼类、奶类、豆类、谷类、核桃仁、花生米、西瓜子
铜	维持胶原组织活力，促进铁的吸收利用，预防突发性四肢无力或瘫痪	牡蛎、动物内脏、甲壳类食品、豆类、口蘑、榛子、黑芝麻、香菇、海参、花生、猪肉、紫菜、莲子、青豆、绿豆、花生、核桃、西瓜子、葵花子
钴	组成维生素 B_{12}，促进血红细胞的形成和作用	动物肝脏、猪肉、蟹肉、蛋类、豆类、木耳、银耳、酸奶
锰	维持细胞代谢，促进骨骼成长，保持成骨细胞的活性，保护心血管	糙米、米糠、核桃、麦芽、花生、木耳、口蘑、紫菜、大豆粉、葵花子、马铃薯、莲子、松子、榛子、大多数蔬菜
铬	维持体内葡萄糖的正常含量，预防近视	干酪、蛋类、小麦、麸面、玉米、糙米、牛肉、鸡肉、动物肝脏、柑橘、葡萄、草莓、马铃薯、菠菜、紫菜、黄花菜、豆类、红糖、面包、
硒	维持骨骼正常发育，促进成长	芝麻、动物内脏、大蒜、蘑菇、海米、鲜贝、酵母、小麦胚、海参、鱿鱼、牡蛎、干贝、带鱼、黄鱼、猪肉、羊肉
氟	维持骨骼正常发育，促进牙齿生长，预防骨质疏松	鱼类、虾类、海带、稻米、莲子、红枣、菠菜、动物骨、大豆、鸡蛋、牛肉
镍	刺激血细胞生长，促进红细胞再生	茶叶、坚果、海产品、可可、奶油、谷类、肉类、黄花菜、雪菜、紫菜、银耳、木耳
钒	刺激骨髓造血功能，降低血压	海产品、谷类、豆类、蔬菜、植物油、莲子、红枣、猪肉
锡	促进蛋白质及核酸反应，催化还原反应，促进生长	谷物、蔬菜、肉类、豆类、核桃、红枣、松子、莲子

营养元素	作　　用	补充来源
硅	参与黏多糖的合成，促进骨骼生长，维持上皮组织及结缔组织强度和弹性，维持血管的正常功能	谷物、麸皮、肉类、豆类、葱、茭白、荠菜、雪豆、黄花菜、银耳、木耳、海带、红枣、葱
维生素 A	促进视力发育和牙齿、骨骼、头发的成长，维持细胞的正常运作	鱼肝油、动物肝脏、鱼类、蛋类、奶制品、海产品、胡萝卜、番瓜、黄色水果、黄绿蔬菜
维生素 B_1	调节神经、肌肉系统的兴奋和传导，维持大脑正常生理功能	杂粮、豆制品、猪肝、瘦肉、乳类、鸡蛋、新鲜水果及蔬菜
维生素 B_2（核黄素）	避免多不饱和脂肪酸对人体的不利影响，促进婴幼儿成长发育	肉类、豆腐、毛豆、酵母、全麦、糙米、牛奶、菠菜、绿叶蔬菜、坚果类、芝麻
维生素 B_6	参与氨基酸和不饱和脂肪酸的代谢，维持神经系统稳定	蛋黄、麦胚、酵母、动物肝、肾、肉、奶、大豆、谷类、香蕉
维生素 B_{12}	维持红细胞生成速度，预防贫血	肉类、动物肝脏、海产品、禽蛋类
维生素 C	促进铁质的吸收，活化细胞与细胞间的联系和人体骨胶原的合成，提高机体免疫力	猕猴桃、红枣、青椒、草莓、柚子、柑橘、西瓜及其他新鲜水果和蔬菜
维生素 D	帮助钙、磷被人体吸收及利用，保证婴幼儿健康发育	鱼肝油、深海鱼类、动物肝脏
维生素 E	促进大脑发育，避免多不饱和脂肪酸的不利影响，提高机体免疫力	动物肝脏、小麦胚芽、芝麻油、红花子油、麦芽糖、甘薯、莴苣
维生素 K	促进血液正常凝固及骨骼生长，保证婴幼儿健康成长	油菜、菠菜、莴苣、苜蓿等绿叶类及根茎类蔬菜
DHA/ARA	参与脑细胞膜磷脂的合成，构成视网膜，促进视神经发育	核桃、芝麻、海鲜

附录三　0～3岁宝宝的心智发育表

年龄	动作能力	语言能力	感知周围环境的能力
新生儿	动作无规律、不协调，经常紧握双拳	只会通过哭叫来表达	对声音没有明显的反应

续表

年龄	动作能力	语言能力	感知周围环境的能力
2个月	仰卧位时能够自己抬头，角度在45°以内	会发出和谐的喉音。	有面部表情，眼睛可以随着事物转动
3个月	抱着坐时可以坐直，能手握手	发出咿咿呀呀的声音	有面部表情，眼睛可以随着事物转动，视野可以看到180°的范围
4个月	俯卧两手能支持抬起胸部，手能握玩具	会发出笑声	见到食物表示喜悦，有意识的哭笑
5个月	扶腋可站直，两手各握一个玩具	能喃喃地发出单调音节	伸手取物，能辨别人声
6个月	能独立坐着，会玩玩具	能喃喃地发出单调音节	能认识熟人和陌生人，自拉衣服，自握足玩
7个月	会翻身，独坐很久，将玩具从一手换入另一手	能发出爸爸妈妈等复音，但无意识	能听懂自己的名字，自握饼干吃
8个月	会爬，会坐起、躺下，会扶着栏杆站起来，会拍	重复大人所发出的简单音节	注意观察大人的行动，并开始学着模仿
9个月	学站立，会从抽屉中取出玩具	开始能说一两个词语	看见熟人会伸手出来要人抱
10个月	熟练爬行动作	能懂几个较复杂的词句，如吃饭等	能模仿成人的动作
11个月	能独站片刻，能扶住行走	理解一些简单的命令，能表示是否愿意。	在大人的指导下会招手再见
12个月	自己能走路，可以弯腰拾东西	能识别一两个自己身体的部位	对人和事物有喜憎之分，穿衣能合作，用杯喝水
15个月	走得好，能蹲着玩，能搭简单的积木	能说出自己的名字。	能表达同意或不同意
18个月	由大人领着，会走台阶	能认识和指出身体各部分	会表达自己要大小便，会自己吃饭，认识色彩
2岁	手的动作更准确，会用勺子吃饭	会说简短的句子	能完成简单的动作，如拾起地上的物品，会表达喜、怒、怕、懂
2岁半	双脚能够进行跳跃的动作	能回答简单的问题。	能认图识物
3岁	能跑，会骑三轮车，自己可以脱衣、穿衣（简单的衣服）	能说短歌谣，会数简单的数字	已经有性别意识，表示自尊心、同情心、怕羞